Handbuch Offshore-Windenergie

Rechtliche, technische und wirtschaftliche Aspekte

von

Dr. Jörg Böttcher

Oldenbourg Verlag München

Bibliografische Information der Deutschen Nationalbibliothek

Die Deutsche Nationalbibliothek verzeichnet diese Publikation in der Deutschen Nationalbibliografie; detaillierte bibliografische Daten sind im Internet über http://dnb.d-nb.de abrufbar.

Rosenheimer Straße 145, D-81671 München
Telefon: (089) 45051-0
www.oldenbourg-verlag.de

Lektorat: Anne Lennartz
Herstellung: Tina Bonertz
Titelbild: thinkstockphotos.com
Einbandgestaltung: hauser lacour
Gesamtherstellung: Grafik & Druck GmbH, München

Dieses Papier ist alterungsbeständig nach DIN/ISO 9706.

ISBN 978-3-486-71529-3
eISBN 978-3-486-71776-1

Vorwort

Die Diskussion um die Energieversorgung nimmt seit Jahren einen herausgehobenen Platz in der politischen und gesellschaftlichen Diskussion ein. Insbesondere die in Deutschland Mitte 2011 beschlossene Energiewende markiert neben dem Abschied von der Atomenergie auch die stärkere Hinwendung zu erneuerbaren Energien, die insbesondere in der Nutzung der Offshore-Windenergie einen wesentlichen Pfeiler der zukünftigen Energieversorgung Deutschlands sieht: Die Bundesregierung will diesen Bereich von derzeit 200 MW bis 2021 auf 10 GW ausbauen. Im europäischen Vergleich sind in Großbritannien und Dänemark bereits heute nennenswerte Offshore-Kapazitäten entstanden. Allerdings befinden sich auch die energiepolitischen Rahmenbedingungen insbesondere in den EU-Mitgliedsländern im Gefolge der Schuldenkrise noch stärker im Fluss, was die Planbarkeit von Investitionen und die Etablierung von Märkten für erneuerbare Energien erschwert[1].

Bei all der Fach- und Medienpräsenz der Erneuerbaren Energien ist ein Aspekt erstaunlich: Im Zusammenhang mit Erneuerbaren Energien wird nur sehr selten das Thema ihrer Umsetzung angesprochen. Stattdessen fokussiert sich die Diskussion zumeist auf einzelne Themenfelder, wie ihren politischen, ökologischen und technischen Aspekten. Eine zusammenhängende Darstellung der rechtlichen, technischen und wirtschaftlichen Aspekte, die gleichermaßen erfüllt sein müssen, damit ein Offshore-Windenergie-Vorhaben realisiert werden kann, liegt bislang nicht vor. Dies mag damit zusammenhängen, dass Vorhaben aus dem Bereich Erneuerbare Energien erst seit wenigen Jahren Größenordnungen erreicht haben, die sie für Kapitalgeber interessant machen und sich in einer jungen Branche im Anschluss an die Bewährtheit der Technik rechtliche und wirtschaftliche Standards erst etablieren müssen.

Dieses Buch ist aus der Wahrnehmung entstanden, dass es eines gemeinsamen Verständnisses und konzertierten Vorgehens von Vertretern aus Technik, Recht und Wirtschaft bedarf, um Windenergievorhaben zu realisieren. Daher wird in dieser Publikation der Weg beschritten, verschiedene Experten aus den genannten Bereichen zum Thema Projektfinanzierung von Offshore-Windparks zu Wort kommen zu lassen, so dass in der Gesamtschau vermittelt wird, welche Aspekte bei der Realisierung zu beachten sind.

Der Anspruch dieser Publikation ist zum einen aufzuzeigen, welche technischen und rechtlichen Voraussetzungen zum derzeitigen Zeitpunkt erfüllt sein müssen, um ein Offshore-Windenergieprojekt über die Finanzierungsmethode einer Projektfinanzierung zu realisieren.

---

1 Als Beispiele können etwa die Verwerfungen angeführt werden, die in verschiedenen Märkten der Solarbranche seit 2008 stattgefunden haben: Regelmäßig wurden von den Ländern, die feststellten, dass ihr Fördersystem mehr Investitionen induzierte als erwartet, die Tarife reduziert und ein Kapazitätsdeckel eingeführt. Dass die Tarifkürzungen zum Teil auch für bestehende Vorhaben galten, ist als ordnungspolitischer Sündenfall zu werten und hat das Vertrauen in die Stabilität des Rechts- und Regulierungssystems dieser Länder beeinträchtigt. Siehe hierzu J. Böttcher 2012c, S. 22.

Dabei muss man sich zum einen bewusst sein, dass sich insbesondere die Technik ständig dynamisch weiterentwickelt und die rechtlichen Rahmendaten auf die Marktgegebenheiten sowie möglichen energiepolitischen Vorgaben reagieren, so dass die Vorhaben insbesondere während der Entwicklungsphase dynamisch und flexibel gesteuert werden müssen. Zum anderen soll durch den bewussten interdisziplinären Ansatz auch erreicht werden, dass der Leser für die Anforderungen der verschiedenen Teilbereiche sensibilisiert wird. Diese Darstellung ersetzt aber umgekehrt auch nicht eine projektspezifische Unterstützung und Beratung durch Spezialisten aus den jeweiligen Bereichen – dafür sind die Vorhaben einerseits zu spezifisch und andererseits befinden sich die rechtlichen, technischen und wirtschaftlichen Aspekte auch in einer beständigen Weiterentwicklung.

Zur Realisierung von Projektfinanzierungen in einer Branche müssen mindestens zwei Voraussetzungen erfüllt sein: Die Technik muss langfristig einen stabilen und prognostizierbaren Output liefern können und der Staat muss ein klares, planbares und verlässliches Rechts- und Regulierungsumfeld vorgeben, das den Investoren und Fremdkapitalgebern eine hinreichende Planungssicherheit für einen wirtschaftlichen Betrieb verschafft. Sind diese beiden grundsätzlichen Anforderungen erfüllt, eröffnet sich die Möglichkeit für eine wirtschaftliche Nutzung der Windenergie, und zwar zumeist in Form einer Projektfinanzierung. Zentrales Merkmal einer Projektfinanzierung ist die enge Verknüpfung des Schicksals des Projektes mit der Rückführung der Darlehen. Es sind die zukünftigen Cashflows des Vorhabens, die einzig für die Begleichung der operativen Kosten, die Bedienung des Kapitaldienstes und für Ausschüttungen an die Investoren verwandt werden können. Neben diese Cashflow-Orientierung der Projektbeurteilung tritt eine vertragliche Einbindung verschiedener Projektbeteiligter, die den Erfolg des Vorhabens unterstützen sollten (*Risk Sharing*). Damit ist der gesamte Risikomanagement-Prozess bei einer Projektfinanzierung ein gleichgerichtetes Zusammenspiel von Risikoidentifikation, Risikoallokation und Risikoquantifizierung.

Damit Projektfinanzierungen im Windenergiebereich realisiert werden können, müssen konsequenterweise Experten aus den Bereichen Technik, Recht und Wirtschaft zusammenfinden und eine für ein Vorhaben maßgeschneiderte Lösung entwickeln. Dieses in der Praxis bei jedem Vorhaben geübte Vorgehen war auch Ausgangspunkt der vorliegenden Arbeit. Bei der Konzeptionierung dieses Buches war schnell klar, dass Offshore-Windenergie für praktisch alle Beteiligten ein neues Betätigungsfeld ist, in dem die Zusammenarbeit der Beteiligten neu geregelt, Lösungsmöglichkeiten für neue Themenfelder gefunden und Spielregeln neu entwickelt werden müssen.

Die Offshore-Industrie ist eine der faszinierendsten Bereiche der Erneuerbaren Energien: Zunächst kommt ihr im Konzept der Energiewende eine zentrale, unverzichtbare Rolle zu. Dies mag den positiven Effekt haben, eine hohe Aufmerksamkeit im Politikbetrieb zu genießen, andererseits aber auch die Gefahr mit sich bringen, den erratischen Schwankungen der Gunst der politisch Handelnden ausgesetzt zu sein, was einer Planbarkeit nicht zuträglich ist. Eine Politik der „ruhigen Hand“ wäre sicherlich wünschenswert, ist aber kaum zu erwarten. Weiter werden erst seit etwa 2004 Offshore-Windparks errichtet, die mit den heutigen Anlagen ansatzweise vergleichbar sind. Das ist für eine Technik ein sehr kurzer Zeitraum, um als Heilsbringer für die Energieversorgung aufzusteigen.

Das Agieren im Bereich Offshore lässt sich derzeit gut als „Handeln unter pionierhaften Bedingungen“ beschreiben. Das hat Konsequenzen: Einerseits wird das Konzept einer Projektfinanzierung, das ja in seiner reinen Ausprägung wesentlich auf „bewährte“ und „planbare“ Strukturen und Techniken angewiesen ist, bis an die Grenze seiner Möglichkeiten geführt. Andererseits bestehen mehrere Initiativen, Arbeitskreise und Stiftungen, die das Thema Offshore-Windenergie aus verschiedenen Blickwinkeln betrachten, Lösungsvorschläge erarbeiten und versuchen, das erworbene Wissen breit unter den Projektbeteiligten zu verbreiten.

Der guten Ordnung halber sei angemerkt, dass die Autoren ihre individuelle Meinung vertreten. Ihre Aussagen und Wertungen müssen weder notwendigerweise die Meinung der Unternehmen oder Institutionen widerspiegeln, für die die Autoren arbeiten, noch die Auffassung der übrigen Autoren treffen. Fehler habe ich selbstverständlich selbst zu vertreten.

Mein aufrichtiger Dank gilt den Autoren dieses Buches. Sie haben mit großem Enthusiasmus und Engagement seine Realisierung erst ermöglicht.

Kiel, im November 2012 *Dr. Jörg Böttcher*

Inhalt

Abbildungsverzeichnis

Tabellenverzeichnis

1 Einleitung

1.1 Zukunftsperspektiven und Herausforderungen der Offshore-Windenergie

DIRK BRIESE, MAREIKE WESTHÄUSER

1.1.1 Einleitung

Erneuerbare Energien sind seit einigen Jahren aus der öffentlichen Diskussion nicht mehr wegzudenken. Insbesondere seit den Ereignissen in Fukushima im März 2011 sind sie auch Dauerthema in der deutschen Politik. So wurde die erst Ende 2010 beschlossene Laufzeitverlängerung der Kernkraftwerke wieder aufgehoben und stattdessen ein Kernenergieausstieg bis 2022 beschlossen. Dieses Vorhaben resultiert in einem Umbau des Energieversorgungssystems in Deutschland, von einem zentral ausgerichteten Versorgungssystem hin zu einer eher dezentralen Energieerzeugung, die geprägt ist vom Einsatz Erneuerbarer Energien.

Mit dem Energiekonzept der Bundesregierung vom September 2010 und den gesetzlichen Beschlüssen aus dem Jahr 2011 bestehen langfristig angelegte Pläne, diese „Energiewende" einzuleiten und durchzuführen. Demnach sollen u.a. die Treibhausgasemissionen in Deutschland bis zum Jahr 2050 um 80 Prozent bis 95 Prozent gegenüber dem Wert von 1990 gesenkt werden. Die Offshore-Windenergie stellt bei diesem Vorhaben eine wichtige Säule dar: Das Flächenpotenzial in der deutschen Nord- und Ostsee ist enorm und Wind kostenlos zu nutzen.

Dieser einleitende Aufsatz soll einerseits zeigen, welche Ergebnisse beim Auf- und Ausbau der Offshore-Windenergie in Deutschland bisher erreicht wurden, andererseits aber auch darstellen, welche Herausforderungen in den nächsten Jahren auf die Branche zukommen werden. Da die Branche ständig in Bewegung ist – dies zeigt allein die Vielzahl der täglichen Meldungen in der Tages-/Wirtschafts- und Fachpresse – handelt es sich bei Ziel und Inhalt dieses Aufsatzes eher um ein *„moving target"*. Für den Leser bleibt daher zu berücksichtigen, dass der Aufsatz im Oktober 2012 erstellt wurde und weitestgehend den Stand zu diesem Zeitpunkt abbildet.

Im Folgenden werden zunächst die politischen und rechtlichen Rahmenbedingungen der Offshore-Windenergie in Deutschland erläutert (Ziffer 1.1.2), da diese richtungsweisend für den Auf- und Ausbau sind. Die zum Zeitpunkt der Erstellung diskutierten Änderungen (z.B. Haftungsregelung, komplette Umgestaltung des EEGs und des Energiemarktes) können die Lage der Branche jederzeit komplett verändern. Auf das erste Kapitel folgt eine Übersicht über den Markt, dessen Akteure sowie Entwicklung (Ziffer 1.1.3). Ausgehend von dieser Grundlage wird gezeigt, welche Potenziale sich entlang der Wertschöpfungskette bieten (Ziffer 1.1.4). Abschnitt 1.1.5 widmet sich der Frage, vor welchen Herausforderungen die Branche steht und wie diese gelöst werden können. Fazit und Ausblick fassen die wesentlichen Aspekte noch einmal zusammen (Ziffer 1.1.6).

Die Datenbasis für diesen Aufsatz, der einleitend einen Überblick über derzeitige Entwicklungen in der Offshore-Windbranche gibt, ist einerseits die Offshore-Datenbank von wind**:research**, in welcher gut 800 Windparks weltweit mit über 300 Kriterien je Park erfasst sind. Andererseits wurde auf diverse Studien zurückgegriffen:

- Offshore Wind Deutschland: Status, Marktanteile, Entwicklungen
- Der Markt für Operation & Maintenance in der Offshore-Windenergie bis 2030
- MARIKO (Hrsg.): Potenziale der Offshore-Windenergie für die Wachstumsregion Ems-Achse, 2012
- Transport, Logistik und Häfen für die Offshore-Windenergie in Europa bis 2030
- Der Markt für Gründungsstrukturen in der Offshore-Windenergie in Europa bis 2030
- Offshore-Windenergie in Europa bis 2030: Herausforderungen, Markt, Potenziale, Strategien
- WAB/PwC (Hrsg.): Volle Kraft aus Hochseewind – Potenziale der Offshorewindenergie in Deutschland bis 2021 (2012)

trend**:research** widmet sich seit über 15 Jahren Themen rund um die Ver- und Entsorgungsbranche. Im Jahr 2010 wurden die Kompetenzen im Bereich Windenergie unter der neuen Marke wind**:research** gebündelt. wind**:research** setzt Desk- und Field Research-Methoden ein und unternimmt umfangreiche Datenbankanalysen, Literatur-, Zeitschriften-, Zeitungs- und Internetrecherchen. Die Basis der telefonischen Experteninterviews im Rahmen des Field Research bildet ein offener, qualitativ ausgerichteter Frageleitfaden, der sich weniger auf das gezielte Erfassen von Antworten zu festen, vorher bestimmten Fragestellungen beschränkt, sondern es vielmehr erlaubt, möglicherweise zuvor unberücksichtigte, Aspekte zu ermitteln und einzubeziehen. Hierbei ist zusätzlich zu beachten, dass nicht allen Befragten dieselben Fragen gestellt werden, sondern dass einige Fragestellungen nur an die entsprechenden Spezialisten gerichtet werden.

Diese praxis- und marktnahe Befragung erlaubt die konkrete Darstellung von Optimierungspotenzialen, Marktentwicklungen, wesentlichen Einflussfaktoren auf die Marktentwicklung, Praxiserfahrungen und Pilotprojekten.

1.1.2 Politische und rechtliche Rahmenbedingungen

1.1.2.1 Energiewende und Zielsetzung für die Offshore-Windenergie

Bis zum Jahr 2020 soll der Anteil der Erneuerbaren Energien in Deutschland auf mindestens 30 Prozent am gesamten Bruttostromverbrauch gesteigert und danach kontinuierlich erhöht werden. Eine wesentliche Säule des zukünftigen Energiemixes stellt dabei die Windenergie, insbesondere offshore dar.

Für eine Strukturierung des weiteren Ausbaus der Windkraft in Deutschland wurde im Baugesetzbuch (BauGB) im § 35 die Privilegierung bestimmter Gebiete, unter anderem auch für die Windkraft, festgelegt. Auf Arealen, bei welchen diese Vorgaben zutreffen, ist es ausdrücklich erwünscht, Windenergieanlagen zu errichten. Für die Errichtung von sogenannten

Kleinwindanlagen unter 50 Metern Höhe greift das Baugenehmigungsverfahren, verankert in der Bauordnung des jeweiligen Bundeslandes. Kleinstanlagen unter zehn Meter Höhe bedürfen als verfahrensfreie Anlagen der technischen Gebäudeausrüstung regelmäßig keiner eigenen Genehmigung. Weiterhin sieht der nationale Aktionsplan Erneuerbare Energien vor, bis zum Jahr 2020 zehn Gigawatt Leistung aus Offshore-Windenergie installiert zu haben und bis zum Jahr 2030 sollen 2,5 Gigawatt und damit rund 15 Prozent des deutschen Strombedarfs durch diese Erneuerbaren Energien-Art gedeckt werden können. Laut dem NATIONALEN MASTERPLAN MARITIME MEERESTECHNOLOGIEN (NMMT) des Bundesministeriums für Wirtschaft und Technologie (BMWi) sollen die jährlichen Ausgaben in die Offshore-Windenergie auf rund neun Milliarden Euro steigen.

Überblick: Entwicklung der einzelnen Energieerzeugungsarten

Der Ausbau Erneuerbarer Energien wird derzeit aufgrund der bereits erläuterten Zielsetzungen massiv vorangetrieben. Die Bundesregierung sieht vor allem in der Windenergie eine Schlüsseltechnologie im CO_2-freien Energiemix der Zukunft. Windkraft nimmt bisher die Spitzenposition bei der Stromerzeugung aus Erneuerbaren Energien ein, obwohl das Potenzial noch lange nicht ausgeschöpft ist. Vor allem bei der verstärkten Nutzung der Windenergie auf dem Meer sowie dem Austausch alter Windenergieanlagen an Land mit leistungsfähigeren Anlagen (sog. „Retrofit“) besteht hohes Potenzial.

Die Bundesregierung will die Potenziale der Wasserkraft durch Ersatz, Modernisierung und Reaktivierung vorhandener Anlagen sowie den Neubau von Kleinwasserkraftanlagen an bestehenden Querbauwerken weiter nutzen und hat entsprechend im neuen Wasserhaushaltsgesetz vom 1. März 2010 die ökologischen Anforderungen an Wasserkraftanlagen konkretisiert. Daneben ist Biomasse bei der Stromerzeugung im Kommen: Biomasse, Biogas, Deponie- und Klärgas sowie der biogene Anteil des Abfalls erbrachten 2011 rund sechs Prozent der gesamten Stromerzeugung aus Erneuerbaren Energien. Durch die neue Eigenverbrauchsregelung bei Solarenergie will die Bundesregierung den Strombezug aus dem Netz reduzieren und dieses entlasten. Das wiederum soll die Integration der Erneuerbaren Energien in das Stromnetz beschleunigen.

Der Nationale Aktionsplan für Erneuerbare Energien, der im August 2010 von der Bundesregierung beschlossen wurde und vorsieht, 18 Prozent Erneuerbare Energien am Bruttoendenergieverbrauch im Jahre 2020 zu erreichen, wurde im Jahr 2011 bereits übertroffen.

Deutschland verfügt über einen relativ ausgewogenen Energiemix, wie die folgende Abbildung 1 deutlich macht. Die Stromerzeugung aus Erneuerbaren Energien umfasste im Jahr 2011 20 Prozent. Acht Prozent davon stammten aus Windenergieanlagen, ebenso viel aus Wasserkraft und Biomasse und weitere drei Prozent aus Photovoltaik. Für die zukünftige Entwicklung ist in den nächsten Jahren mit einem deutlichen Zubau Erneuerbarer Energien zu rechnen.

Im Energiemix der Zukunft sollen die Erneuerbaren Energien den Hauptanteil übernehmen und auf dem Weg dahin kontinuierlich die konventionellen Energieträger durch Erneuerbare Energien ersetzen, wobei die Kernenergie laut dem alten Energiekonzept der schwarz-gelben Regierung vom September 2010 als eine „Brücke“ fungieren sollte. Der in 2011 beschlossene schnellere Ausstieg aus der Kernenergie soll nach dem Willen der Unionsfraktion durch den Zubau von neuen Gas- und Kohlekraftwerken kompensiert werden.

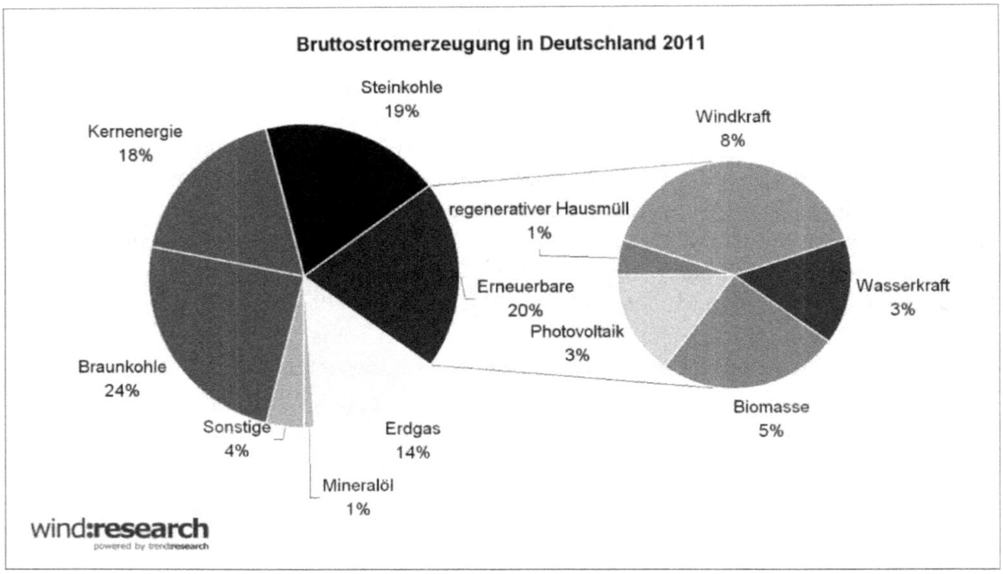

Abbildung 1: Struktur der Stromerzeugung in Deutschland 2011[2]

1.1.2.2 Auswirkungen von Gesetzesänderungen

EEG-Novelle

Ein wichtiger Motor und erfolgreiches Instrument beim Ausbau der Erneuerbaren Energien ist das Gesetz für den Vorrang Erneuerbarer Energien (umgangssprachlich: Erneuerbare Energien Gesetz (EEG)). Mit dem EEG werden die Netzbetreiber verpflichtet, Strom aus Erneuerbaren Energien vorrangig abzunehmen und zu vergüten. Das Vergütungssystem in Deutschland ist insbesondere durch das EEG und die Erweiterungsoptionen durch verschiedene Boni einerseits attraktiv und zugleich im europäischen Vergleich umfangreich bzw. komplex. Auch mit dem Erneuerbare-Energien-Wärmegesetz (EEWärmeG) vom 1. Januar 2009 soll zunehmend Wärme aus Erneuerbaren Energiequellen gewonnen werden.

Durch das EEG wird den Betreibern von Erneuerbaren Energieanlagen eine garantierte Einspeisevergütung über einen definierten, langfristigen Zeitraum gewährt. Die Höhe der Einspeisevergütung richtet sich nach der jeweiligen Technologie und hat wesentlichen Einfluss auf die weitere Entwicklung des Ausbaus. In regelmäßigen Abständen wird das Gesetz novelliert, um die Vergütungssätze den aktuellen Gegebenheiten und dem bisherigen technologischen Fortschritt anzupassen.

Laut EEG (Stand letzte Neufassung Januar 2012) gilt für Onshore-Anlagen eine Grundvergütung von 4,87 Ct/kWh in 2012 über 20 Jahre und eine Anfangsvergütung von 8,93 Ct/kWh in 2012 über fünf Jahre. Zusätzlich zur Anfangsvergütung gibt es den Systemdienstleistungsbonus von 0,48 Ct/kWh für Windenergieanlagen, die bis zum 1. Januar 2015 ans Netz gehen.

---

2 Quelle: wind**:research** auf Datenbasis des AG Energiebilanzen e.V.

Für Offshore-Anlagen gilt eine Grundvergütung von 3,5 Ct/kWh über 20 Jahre und eine Anfangsvergütung von 15 Ct/kWh über zwölf Jahre. Optional wird auch eine Vergütung nach dem Stauchungsmodell angeboten, das bei Inbetriebnahme vor dem 1. Januar 2018 eine Stauchung der Anfangsvergütung auf acht Jahre mit 19 Ct/kWh bewirkt; die verlängerte Anfangsvergütung bleibt bei 15 Ct/kWh. Nimmt aufgrund der größeren Entfernung zur Küste oder wegen zunehmender Wassertiefe das Investitionsvolumen für einen Offshore-Windpark zu, so fließen diese Faktoren in die Vergütungssätze ein. Je zusätzlicher Seemeile Küstenentfernung zuzüglich zu der Basisentfernung von zwölf Seemeilen entspricht die Verlängerung der Phase der erhöhten Vergütung 0,5 Monate. Für jeden zusätzlichen Meter Wassertiefe, der über den Basiswert von 20 Metern hinaus geht, erhöht sich diese Verlängerung um 1,7 Monate.

Darüber hinaus bestehen folgende zusätzliche Fördermöglichkeiten:

- KfW-Programm „Offshore-Windenergie“[3]
- Förderung von Industriestandorten wie etwa Häfen oder Produktionsstandorte (beispielsweise durch Bundesländer oder Gemeinden)
- Forschungsförderung (z.B. durch BMU oder BMWi)
- Förderung innovativer Technologien/Projekte im Rahmen des EU-Konjunkturprogramms (z.B. BARD Offshore 1 und weitere)
- Projektförderung „Jülich“
- Spitzencluster-Wettbewerb der Bundesregierung

Eine Kürzung der bisherigen EEG-Einspeisevergütung im Rahmen der nächsten Novelle könnte verheerende Auswirkungen auf den weiteren Ausbau der Offshore-Windenergie in Deutschland haben.

Seeanlagenverordnung

Die Seeanlagenverordnung von 1997 regelt die Genehmigungsverfahren für die Errichtung und den Betrieb von Anlagen innerhalb der deutschen Ausschließlichen Wirtschaftszone (AWZ). Diese Verordnung beruht wiederum auf dem deutschen Seeaufgabengesetz (SeeAufgG) und dem Seerechtsübereinkommen der Vereinten Nationen (SRUe) von 1982. Die Einhaltung der Seeanlagenverordnung fällt in die Zuständigkeit des BUNDESAMTES FÜR SEESCHIFFFAHRT UND HYDROGRAPHIE (BSH), womit dieses die erste Anlaufstelle für Projektentwickler ist. Die Projektplanungen innerhalb der deutschen Zwölf-Seemeilen-Zone fallen dahingegen in den Zuständigkeitsbereich der angrenzenden Bundesländer.

Die drei Hauptbedingungen für einen erfolgreichen Verlauf des Genehmigungsverfahrens sind:

- Gewährleistung der Sicherheit und Leichtigkeit des Schiffsverkehrs
- vertretbare Beeinträchtigung der Meeresumwelt
- Anpassung an die Erfordernisse der Raumordnung sowie Sicherung der überwiegend öffentlichen Belange, wie der Rohstoffsicherung, Landesverteidigung und Fischerei.

---

[3] Siehe Kapitel 5.6.

Damit eine erteilte Genehmigung erhalten bleibt, muss nach spätestens zweieinhalb Jahren nach der Erteilung mit dem Bau des Windparks begonnen werden. Um Flächenreservierungen zu vermeiden, sind die Berechtigungen zur Errichtung und zum Betrieb der Anlagen auf dieser Fläche auf 25 Jahre begrenzt.

Bei Offshore-Windparks mit mehr als 20 Anlagen wird zusätzlich eine Umweltschutzprüfung gemäß des Umweltverträglichkeitsprüfungsgesetzes (UVPG) benötigt. Der Antragsteller ist dabei verpflichtet, selbst für eine Untersuchung der Meeresumwelt in dem geplanten Baugebiet sowie für eventuelle Auswirkungen der Bebauung aufzukommen.

Die naturschutzfachliche Beurteilung der Offshore-Windparks erfolgt in der Ausschließlichen Wirtschaftszone durch das BUNDESAMT FÜR NATURSCHUTZ (BfN). Mittlerweile ist aufgrund der Antragsflut und der Veränderung der Zuständigkeiten (mehr Einflussnahme durch das BfN) eine Verlängerung des Genehmigungsverfahrens eingetreten.

Die novellierte Fassung der Seeanlagenverordnung trat im Januar 2012 in Kraft. Ziel dieser Novellierung ist es u.a., die Vergabe der nötigen Genehmigungen zu bündeln und den Genehmigungsprozess so zu vereinfachen. Das BSH ist seitdem in der Rolle der Planfeststellungsbehörde. Es besteht die Möglichkeit, das Verfahren durch Fristsetzungen seitens des BSH zu beschleunigen. Neu ist auch die Einführung der „Konkurrenzregel", die besagt, dass für einen Standort nur noch ein Antragsverfahren auf Anlagenzulassung betrieben werden muss. Außerdem soll die Vorratshaltung von Offshore-Projekten vermieden werden: Es werden lediglich Genehmigungen verlängert, für die konkrete Realisierungsschritte der Investoren vorliegen.

Hierbei hat das BSH folgende Zuständigkeiten:

- Festlegung geeigneter Seegebiete für Offshore-Windenergieanlagen im Einvernehmen mit dem Bundesministerium für Umwelt, Naturschutz und Reaktorsicherheit und unter Beteiligung weiterer fachlich betroffener Ministerien und der Öffentlichkeit und nach Anhörung der Länder.
- Genehmigung von Offshore-Windenergieanlagen innerhalb der Ausschließlichen Wirtschaftszone sowie
- Genehmigung des Abschnittes der Netzanbindung, der durch die Ausschließliche Wirtschaftszone verläuft.

Das Bundesamt für Naturschutz unterstützt fachlich und wissenschaftlich das Bundesministerium für Umwelt, Naturschutz und Reaktorsicherheit in allen Fragen des Naturschutzes und ist zuständig für die Identifizierung geeigneter Flächen, auf denen die Errichtung von Offshore-Windenergieanlagen aus Naturschutzperspektive unbedenklich ist.

Netzausbau und geplante Gesetzgebung

Die Netzanbindung von Offshore-Windparks stellt die Netzbetreiber vor neue Herausforderungen. Seit Inkrafttreten des Infrastrukturplanungsbeschleunigungsgesetzes (Dezember 2006) sind Netzbetreiber verpflichtet, die Netzanbindung für alle Offshore-Windenergieanlagen sicherzustellen. Der Anschluss ist somit nicht mehr Aufgabe der Parkbetreiber.

In Deutschland gibt es zwei Netzbetreiber, die für die Netzanbindung der Offshore-Windenergieanlagen verantwortlich sind. Das holländische Unternehmen TENNET TSO GMBH trägt die Verantwortung für die Anschlüsse und Kabeltrassen in der Nordsee und 50 HERTZ TRANSMISSION GMBH trägt die Verantwortung dafür in der Ostsee.

Der Netzausbau läuft derzeit schleppend. Dies liegt im Besonderen daran, dass die Offshore-Windparks in Deutschland im Vergleich zu anderen Staaten Europas weit von der Küste entfernt erbaut werden und die Anbindung der Windenergieanlagen an das Stromnetz an Land mit besonders hohen Kosten verbunden ist. Seit 2012 droht der schleppende Netzausbau die positive Entwicklung der Offshore-Windenergie zu gefährden. Die Unklarheit über die Haftungsregelung – für den Fall der Fertigstellung eines Windparks ohne Netzanbindung – verunsichert die Investoren und bringt die Projektplanung ins Stocken.

Um die Haftungsregelung zeitnah zu klären und den geplanten Ausbau der Offshore-Windenergie voranzutreiben, wurde die „AG BESCHLEUNIGUNG“ auf Initiative des Bundeswirtschaftsministers PHILIPP RÖSLER im Januar 2012 gegründet. Konkret wurde eine Arbeitsgruppe ins Leben gerufen, die unter der Moderation der STIFTUNG OFFSHORE-WINDENERGIE steht und sowohl auf die Verzögerungen bei den Offshore-Windparkbetreibern als auch auf Finanzierungsschwierigkeiten des Übertragungsnetzbetreibers TenneT reagiert. Die Arbeitsgruppe besteht aus Experten des Windenergie-Sektors und erarbeitet Lösungsvorschläge, um die Hindernisse für eine fristgerechte Netzanbindung von Offshore-Windparks aus dem Weg zu schaffen.

Auf Grundlage der Lösungsvorschläge der Arbeitsgruppe sollten entsprechende Änderungen im Energiewirtschaftsgesetz (EnWG) vorgenommen werden, die erstmals im Juli 2012 in einer gemeinsamen Meldung des BMU und des BMWi vorgestellt wurden und anschließend in den Referentenentwurf für die dritte Novelle des EnWG vom 27. August 2012 mit aufgenommen wurden. Am 26. Oktober soll die Novelle des EnWG vom Bundestag verabschiedet werden.

Bezüglich des Netzausbaus (besonders in Bezug auf Haftungsrisiken und Finanzierungsfragen) enthält die Novelle des EnWG folgende Inhalte:

- Ein jährlicher Offshore-Netzplan soll erarbeitet werden, der die Netzinfrastruktur zur Anbindung der Offshore-Windparks in der deutschen Ausschließlichen Wirtschaftszone koordiniert und damit für eine vorausschauende Gesamtplanung sorgt. Die Ausarbeitung des Plans liegt in der Verantwortung des BSH und ein erster Entwurf soll bis zum 29.11.2012 vorliegen.
- Für Offshore-Windparks, die auf den bisherigen individuellen Anbindungsanspruch nach § 17 Absatz 2a EnWG vertraut haben, wird durch eine Übergangsregelung sicher gestellt, dass sie ab dem Zeitpunkt der unbedingten Netzanbindungszusage ebenfalls den pauschalierten Schadensersatz erhalten. Das hilft den Offshore-Windparkprojekten, die derzeit bereits von erheblichen Verzögerungen der Netzanbindung betroffen sind.
- Bei nicht rechtzeitiger Anbindung oder einer längeren Störung einer Leitung soll ein betriebsbereiter Offshore-Windpark ab dem
  - 11. Tag der ununterbrochenen Nichteinspeisung einen pauschalierten Schadensersatz in Höhe von 90 Prozent der entgangenen EEG-Einspeisevergütung erhalten.
  - Soweit die Einspeisung aufgrund mehrerer einzelner Störungen an mehr als 18 Tagen im Kalenderjahr nicht möglich ist, besteht der Anspruch unmittelbar ab dem 19. Tag.

  - Für die Zwecke der Berechnung der pauschalierten Vergütung ist davon auszugehen, dass die Anlage 11 Kilowattstunden je Kilowatt installierter Leistung an jedem Tag der Störung erzeugt hätte.
- Ob die Netzanbindung rechtzeitig fertig gestellt ist, bestimmt sich künftig nach dem im Offshore-Netzentwicklungsplan festgelegten Realisierungszeitpunkt. Um bei Verzögerungen der Netzanbindung mögliche Instandhaltungskosten für den Offshore-Windpark zu vermeiden, wird die Herstellung der Betriebsbereitschaft der Offshore-Anlage mit Fertigstellung der Fundamente für die Windkraftanlagen vermutet.
- Für betriebsbedingte Wartungszeiten an der Netzanbindung erhält der betriebsbereite Offshore-Windpark den pauschalierten Schadensersatz, sollte die Wartungszeiten zehn Tage im Kalenderjahr überschreiten.
- Die Kosten des pauschalierten Schadensersatzes trägt der anbindungsverpflichtete Übertragungsnetzbetreiber, der diese abhängig vom eigenen Verschuldensgrad bundesweit und ohne Zeitverzug über eine Haftungsumlage wälzen kann. Ausnahme: Bei grober Fahrlässigkeit trägt der Netzbetreiber 20 Prozent der Kosten (jedoch maximal 20 Mio. Euro pro Schadensfall und maximal 60 Mio. Euro pro Kalenderjahr), und bei Vorsatz ist eine Kostenwälzung ausgeschlossen.
- Soweit die Netzanbindung länger als 90 Tage nicht verfügbar ist, kann der anbindungsverpflichtete Übertragungsnetzbetreiber die Kosten des pauschalierten Schadensersatzes über die Haftungsumlage nur wälzen, soweit er alle möglichen und zumutbaren Maßnahmen zur Schadensminimierung und -beseitigung ergriffen hat.
- Die Haftung des Übertragungsnetzbetreibers gegenüber Offshore-Windparks für nicht vorsätzlich verursachte Sachschäden wird je Schadensereignis auf 100 Millionen Euro begrenzt.
- Um die Verbraucher vor übermäßigen Belastungen zu schützen, hat der anbindungsverpflichtete Übertragungsnetzbetreiber nach Marktverfügbarkeit angemessene und wirtschaftliche Versicherungen abzuschließen. Diese sind der Bundesnetzagentur zur Genehmigung vorzulegen.
- Für den Zeitraum, in dem der Offshore-Windpark den pauschalierten Schadensersatz in Anspruch nimmt, entfällt der Anspruch auf die EEG-Einspeisevergütung bzw. verkürzt sich der Zeitraum des Anspruchs auf die erhöhte EEG-Einspeisevergütung entsprechend.

Nachdem die Netzanbindung und die diesbezüglich aufgekommene Haftungsfrage gesetzlich verankert sind, ist die Planungssicherheit für die Beteiligten Projektentwickler und Investoren wiederhergestellt. Dies könnte einen Schritt für den weiteren Ausbau der Offshore-Windenergie bedeuten. Die momentan ca. 200 MW installierte Leistung (Stand Oktober 2012) soll bis zum Jahr 2020 auf bis zu 10.000 MW ausgebaut werden. Welche Projekte dieses Vorhaben tragen und wie sich die Anteile an den Projekten auf die Marktteilnehmer verteilen, ist in der folgenden Ziffer 1.1.3 dargestellt.

1.1.3 Marktübersicht Deutschland (Nord- und Ostsee)

Weltweit bietet die Windenergie eine attraktive Alternative zu konventionellen Energiequellen. Bisher (Stand Ende 2011) können insgesamt über 200.000 MW installierte Leistung verbucht werden; zwei Prozent davon sind auf dem Meer installiert. Europa, mit einer Gesamtleistung von über 90.000 MW (Stand Ende 2011) nimmt dabei den ersten Platz ein.

Allerdings entwickelt sich auch der asiatische Windenergiemarkt schnell und stetig und könnte Europa die Führungsposition bald streitig machen. Im vergangenen Jahr verzeichnete der asiatische Markt bereits 52 Prozent der neu installierten Leistung weltweit. 4.000 MW bzw. vier Prozent der europäischen Gesamtleistung aus der Windkraft entfallen auf die Offshore-Windenergie. Dieser Anteil wird vor allem von Großbritannien und Dänemark, aber auch von den Niederlanden, Belgien, Deutschland und Schweden getragen.

Diese Zahlen verdeutlichen, dass der Ausbau der Offshore-Windenergie – trotz der verfügbaren Flächen und besseren Windbedingungen auf dem Meer – weit hinter dem Ausbau der Onshore-Windenergie steht, und dass das Potential noch nicht ausgeschöpft ist. Bestehende Pläne in Europa sehen vor, das Potential zu nutzen und die installierte Leistung an Offshore-Windenergie bis zum Jahr 2020 auf knapp 60.000 MW zu steigern. Deutschland, entsprechend der nationalen Zielsetzungen, möchte sich daran zu gut einem Sechstel beteiligen. Eine Vielzahl von Offshore-Projekten in der Nord- und Ostsee unterstützt dieses Vorhaben. Nachfolgend werden die Projekte in der deutschen Nord- und Ostsee vorgestellt.

1.1.3.1 Status Quo

In Deutschland sind derzeit knapp 200 MW an Leistung aus Offshore-Windenergie in der Nord- und Ostsee installiert (Stand Oktober 2012). Die installierte Leistung setzt sich aus den rund 108 MW der Testfelder „alpha ventus“ und EnBW Baltic 1 und den 24 fertig gestellten und ans Netz angeschlossenen Windenergieanlagen des Windparks BARD Offshore 1 zusammen. BARD Offshore 1 ist der erste kommerzielle Offshore-Windpark Deutschlands und soll bis Anfang des Jahres 2014 komplett (insgesamt 80 Windenergieanlagen) fertig gestellt werden. Sechs weitere Offshore-Windparks in der Nordsee (Borkum Riffgat, Borkum West II, Global Tech 1, Meerwind Ost, Meerwind Süd und Nordsee Ost) und ein weiterer Offshore-Windpark in der Ostsee (Baltic II) befinden sich im Aufbau.

Die nachstehende Tabelle 1 listet die in Betrieb befindlichen Offshore-Windparks in der deutschen Nord- und Ostsee auf. Sie zeigt, in welchem deutschen Meer der Park liegt, welche Gesamtleistung für den Park vorgesehen ist, wie viel davon bereits installiert ist und gibt das Datum der voraussichtlichen vollständigen Errichtung an.

Tabelle 1: Aktuell installierte Leistung aus Offshore-Windenergie[4]

Offshore-Windparks	Meer	Aktuell installierte Leistung (Stand: Oktober 2012)	Installierte Leistung nach Projektabschluss	Projektstatus
„alpha ventus“	Nordsee	60 MW	60 MW	Offizielle Inbetriebnahme: April 2010
EnBW Baltic 1	Ostsee	48,3 MW	48,3 MW	Offizielle Inbetriebnahme: Mai 2011
BARD Offshore 1	Nordsee	120 MW	400 MW	In Bau. Inbetriebnahme: Dezember 2013/Januar 2014

4 Quelle: wind:**research** 2012 (in Betrieb = Turbinen installiert, Netzanschluss ist erfolgt).

Derzeit sind knapp 100 genehmigte und geplante Projekte in Deutschland veröffentlicht, die zusammen eine installierte Leistung von rund 32.000 MW ergeben. Teilweise sind die Gebiete jedoch parallel verplant, so dass die Realisierung aller Projekte in dieser Form nicht möglich ist. Bisher wurden 34 Windparks mit einer geplanten Leistung von insgesamt ca. 9.300 MW vom BSH bzw. den Bundesländern genehmigt. Vier der Projekte liegen innerhalb der 12-Seemeilenzone.

Die zwei folgenden Tabellen beinhalten alle in Bau und geplanten Offshore-Windparks in der Nord- sowie in der Ostsee.

Tabelle 2: Offshore-Windparks in der deutschen Nordsee[5]

Offshore-Windparks	Status	Meer	Entfernung zur Küste (km)	Ø Wassertiefe (Spanne in m)	Ø Wind-geschwindigkeit (m/s)
BARD Offshore 1	In Bau, teilweise in Betrieb	Nordsee	89	39 bis 41	10,02
Borkum Riffgat	In Bau	Nordsee	14,5	18 bis 23	9,86
Borkum West II (Phase 1)	In Bau	Nordsee	45	30	9,92
Global Tech I	In Bau	Nordsee	93	39 bis 41	10,05
Meerwind Ost	In Bau	Nordsee	80	23 bis 26	9,5
Meerwind Süd	In Bau	Nordsee	80	23 bis 26	9,5
Nordsee Ost	In Bau	Nordsee	30	19 bis 24	k.A.
Albatros	Genehmigt	Nordsee	105	ca. 40	10,05
Amrumbank West	Genehmigt	Nordsee	36	20 bis 25	9,77
Borkum Riffgrund	Genehmigt	Nordsee	55	23 bis 29	9,92
Borkum Riffgrund West	Genehmigt	Nordsee	50	29 bis 33	9,94
Borkum West II (Phase 2)	Genehmigt	Nordsee	45	30	9,92
Butendiek	Genehmigt	Nordsee	34	ca. 20	9,79
DanTysk	Genehmigt	Nordsee	70	21 bis 31	9,96
Delta Nordsee 2	Genehmigt	Nordsee	40	ca. 40	9,89
EnBW Hohe See	Genehmigt	Nordsee	90	26 bis 39	10,05
Gode Wind I	Genehmigt	Nordsee	33	28 bis 33	9,87
Gode Wind II	Genehmigt	Nordsee	80	28 bis 34	9,87
He dreiht II	Genehmigt	Nordsee	85	ca. 39	10
Hochsee Windpark He Dreiht	Genehmigt	Nordsee	80	ca. 39	10
Innogy Nordsee I	Genehmigt	Nordsee	46	26 bis 34	9,89
MEG Offshore 1	Genehmigt	Nordsee	40	27 bis 33	9,92
Nordergründe	Genehmigt	Nordsee	22	4 bis 14	9,95
Nördlicher Grund	Genehmigt	Nordsee	84	27 bis 38	10
Offshore-Windpark „Deutsche Bucht"	Genehmigt	Nordsee	110	ca. 40	10,03

5 Quelle: wind**:research** 2012.

Tabelle 2: Fortsetzung

Offshore-Windparks	Status	Meer	Entfernung zur Küste (km)	Ø Wassertiefe (Spanne in m)	Ø Windgeschwindigkeit (m/s)
Offshore-Windpark Delta Nordsee 1 (ENOVA Offshore North Sea Windpower)	Genehmigt	Nordsee	39	29 bis 35	9,89
Sandbank 24	Genehmigt	Nordsee	90	30 bis 40	10,08
Veja Mate	Genehmigt	Nordsee	90	39 bis 41	10,03
Aiolos	Geplant	Nordsee	115	ca. 39	10,06
Aquamarin	Geplant	Nordsee	83	ca. 38	10,02
AreaC I	Geplant	Nordsee	66	36 bis 41	9,97
AreaC II	Geplant	Nordsee	66	ca. 37	9,94
AreaC III	Geplant	Nordsee	66	ca. 37	9,91
Bernstein	Geplant	Nordsee	108	ca. 41	10,07
BightPower I	Geplant	Nordsee	74	ca. 37	10
BightPower II	Geplant	Nordsee	74	ca. 37	10
Borkum Riffgrund II	Geplant	Nordsee	34	23 bis 29	9,92
Borkum Riffgrund West II	Geplant	Nordsee	52	29 bis 33	9,94
Citrin	Geplant	Nordsee	111	ca. 41	10,06
Diamant	Geplant	Nordsee	111	ca. 41	10,07
Enova Offshore NSWP 4	Geplant	Nordsee	205	42 bis 43	10,03
Enova Offshore NSWP 5	Geplant	Nordsee	200	ca. 43	10,07
Enova Offshore NSWP 6	Geplant	Nordsee	190	ca. 43	10,07
Enova Offshore NSWP 7	Geplant	Nordsee	158	ca. 43	10,03
Euklas	Geplant	Nordsee	143	ca. 45	10,05
GAIA I	Geplant	Nordsee	110	39 bis 41	10,11
GAIA II	Geplant	Nordsee	110	39 bis 41	10,08
GAIA III	Geplant	Nordsee	110	39 bis 41	10,08
GAIA IV	Geplant	Nordsee	110	39 bis 41	10,08
GAIA V	Geplant	Nordsee	110	39 bis 41	10,08
GlobalTech II	Geplant	Nordsee	70	37 bis 39	10
GlobalTech III	Geplant	Nordsee	70	ca. 37	10
Gode Wind III	Geplant	Nordsee	39	30 bis 34	9,87
H2-20	Geplant	Nordsee	200	30 bis 60	10
Hochsee Testfeld Helgoland	Geplant	Nordsee	35	ca. 24	9,77
Horizont	Geplant	Nordsee	125	ca. 38	10,11
Horizont Ost	Geplant	Nordsee	121	ca. 43	10,11
Horizont West	Geplant	Nordsee	131	ca. 41	10,11
Hütter Offshore I	Geplant	Nordsee	86	ca. 38	10,02
Hütter Offshore II	Geplant	Nordsee	84	ca. 37	9,98
Hütter Offshore III	Geplant	Nordsee	81	ca. 37	9,98
Hütter Offshore IV	Geplant	Nordsee	78	ca. 38	9,98

Tabelle 2: Fortsetzung

Offshore-Windparks	Status	Meer	Entfernung zur Küste (km)	Ø Wassertiefe (Spanne in m)	Ø Windgeschwindigkeit (m/s)
Jules Verne	Geplant	Nordsee	174	39 bis 41	10,09
Kaikas	Geplant	Nordsee	115	ca. 39	10,05
Kaskasi	Geplant	Nordsee	35	20 bis 23	9,77
Meerwind West	Geplant	Nordsee	30	25 bis 39	9,82
Nautilus	Geplant	Nordsee	178	40 bis 42	10,09
Nemo	Geplant	Nordsee	183	39 bis 41	10,06
Nordpassage	Geplant	Nordsee	75	24 bis 34	9,96
Notos	Geplant	Nordsee	89	ca. 39	10,05
Offshore Windpark „Austerngrund“	Geplant	Nordsee	87	ca. 40	10,07
OWP West	Geplant	Nordsee	55	29 bis 33	9,94
Sandbank 24 Extension	Geplant	Nordsee	90	25 bis 34	10,08
Sea Storm	Geplant	Nordsee	110	ca. 41	10,06
Sea Storm II	Geplant	Nordsee	110	ca. 41	10,06
Sea Wind I	Geplant	Nordsee	90	ca. 39	10,02
Sea Wind II	Geplant	Nordsee	90	ca. 39	10,05
Sea Wind III	Geplant	Nordsee	110	ca. 41	10,1
Sea Wind IV	Geplant	Nordsee	110	ca. 42	10,06
Skua	Geplant	Nordsee	85	ca. 38	10,02
VentoTec Nord II	Geplant	Nordsee	104	ca. 41	10,06
Witte Bank	Geplant	Nordsee	120	ca. 45	10,09

Die offiziellen Pläne zum Ausbau der Offshore-Windenergie und die bereits veröffentlichten Projekte sind ausreichend, um die Ziele der Bundesregierung tatsächlich zu erreichen. Allerdings ist der Ausbau der Offshore-Windenergie von Schwierigkeiten begleitet, die das Erreichen der Ziele gegebenenfalls verhindern. Um zu einer realistischen Einschätzung zu kommen, betrachtet wind:**research** laufend den Status der einzelnen Offshore-Windparkprojekte und erstellt anhand dessen eine projektgenaue Prognose zum Ausbau der Offshore-Windenergie („Hochlaufkurven“). Basis für diese Prognose bildet eine Datenbank, in der über 700 Offshore-Windparks weltweit erfasst und anhand von rund 330 Kriterien bewertet werden. Über diese Kriterien und deren Gewichtung wird ein Score für jedes einzelne Projekt ermittelt, aus dem ein Ranking mit der Umsetzungsreihenfolge resultiert. Dabei werden verschiedene Szenarien für die zukünftige Entwicklung erstellt: Best-Case-, Referenz-, und Worst-Case-Szenario. Diesen Szenarien werden unterschiedliche Prämissen zugrunde gelegt. Das Best-Case-Szenario, in welchem aktuelle Herausforderungen zeitnah bewältigt werden, zeigt eine ambitionierte Entwicklung des Zubaus, sodass bis 2020 über neun GW installierte Leistung erreicht werden. Im Referenzszenario – der am wahrscheinlichsten eintretenden Situation – ist in 2020 mit einer installierten Leistung von circa sieben GW in der deutschen Nord- und Ostsee zu rechnen. Eine Prämisse dieser Berechnung ist u.a., dass noch im Jahr 2012 die Haftungsregelung für Verzögerungen beim Bau des Netzanschlusses sowie für Leitungsschäden gesetzlich geklärt wird. Treten die für das Referenzszenario definierten Prämissen überwiegend nicht ein, kommt es zum „Worst Case“: Lediglich diejenigen Offshore-Windparks werden tatsächlich realisiert, die sich aktuell in Bau befinden. Unter der Annahme einer stark gebremsten Entwicklung aufgrund weiterer Verzögerungen werden zwar bis zum Jahr 2016 Offshore-Windparks

Tabelle 3: Offshore-Windparks in der deutschen Ostsee[6]

Offshore-Windparks	Status	Meer	Entfernung zur Küste (km)	Ø Wassertiefe (Spanne in m)	Ø Wind-geschwindigkeit (m/s)
Baltic 2	Genehmigt	Ostsee	32	20 bis 40	8,82
Arkona-Becken Südost	Genehmigt	Ostsee	35	21 bis 38	8,64
GEOFReE	Genehmigt	Ostsee	19	ca. 20	k. A.
Wikinger	Genehmigt	Ostsee	35	21 bis 34	8,64
Adlergrund 500	Geplant	Ostsee	40	34 bis 37	8,64
Adlergrund GAP	Geplant	Ostsee	36	36 bis 41	8,58
Adlergrund Nordkap	Geplant	Ostsee	36	36 bis 41	8,64
Arcadis Ost 1	Geplant	Ostsee	17	41 bis 46	8,75
ArconaSee Süd	Geplant	Ostsee	22	ca. 41	8,7
ArkonaSee Ost	Geplant	Ostsee	39,8	ca. 41	8,64
ArkonaSee West	Geplant	Ostsee	25,7	ca. 42	8,7
Baltic Power East	Geplant	Ostsee	33,4	43 bis 47	8,82
Baltic Power West	Geplant	Ostsee	31,8	ca. 42	8,82
BalticEagle	Geplant	Ostsee	30	41 bis 44	8,7
Beltsee	Geplant	Ostsee	9	25 bis 36	k. A.
Beta Baltic	Geplant	Ostsee	13	ca. 21	k. A.
Strom-Nord	Geplant	Ostsee	30	43 bis 45	8,7
Wikinger A02	Geplant	Ostsee	39	29 bis 36	8,75
Windanker	Geplant	Ostsee	42	41 bis 48	8,72

errichtet, sodass die installierte Leistung auf knapp drei GW ansteigt, die Entwicklung nach diesem Jahr ist jedoch unklar. Die nachfolgende Abbildung 2 zeigt die Entwicklung in den drei genannten Szenarien im Vergleich und zeigt, in welchem Umfang sie jeweils vom politischen Ziel abweichen.

Die Betrachtung der drei Szenarien zum Ausbau der Offshore-Windenergie zeigt, dass das politische Ziel im „Best Case"-Szenario beinahe erreicht, während es im „Worst Case"-Szenario um mehr als 70 Prozent verfehlt wird. Allerdings ist die Eintrittswahrscheinlichkeit der Annahmen im Referenzszenario am höchsten, sodass im wahrscheinlichsten Fall rund sieben GW installierte Leistung in der deutschen Nord- und Ostsee realisiert sind.

Dem Überblick über die bestehenden und geplanten Offshore-Projekte auf deutschem Hoheitsgebiet sowie über die Ausbaupotenziale unter verschiedenen Szenarien, folgt die Betrachtung der räumlichen Verteilung der geplanten Offshore-Windparks in der Nord- und Ostsee. Des Weiteren wird auf die geologischen Begebenheiten der Planungsgebiete eingegangen.

6 Quelle: wind:**research** 2012.

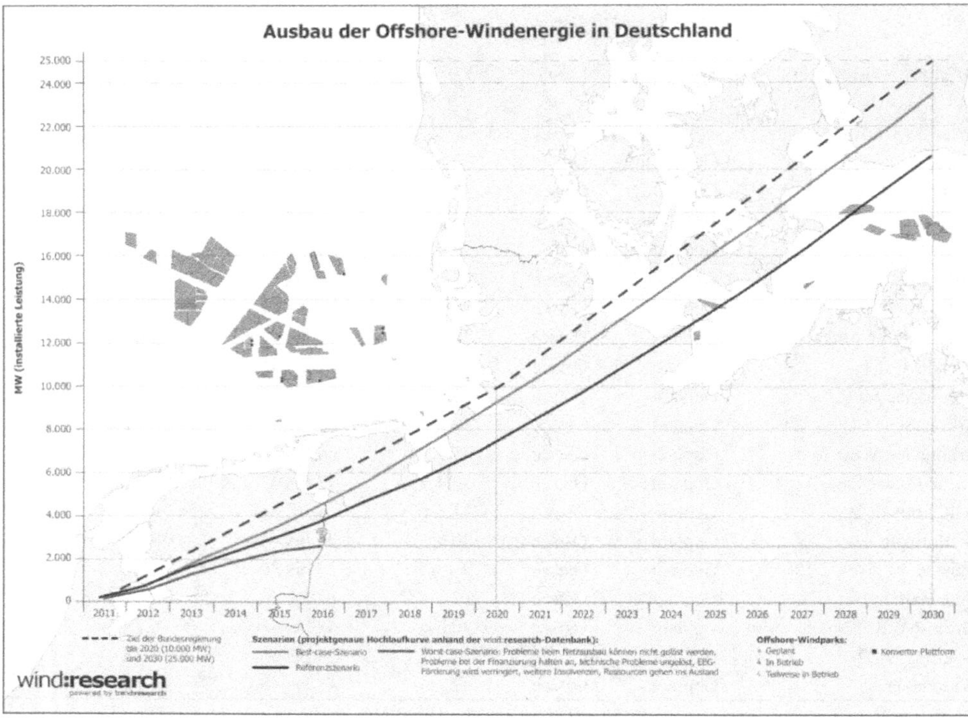

Abbildung 2: Ausbau der Offshore-Windenergie in Deutschland (Stand 09/2012)

1.1.3.2 Planungen deutsche Nord- und Ostsee

Der deutsche Anteil an der Nordsee wird von den Ausschließlichen Wirtschaftszone Dänemarks, Großbritanniens und den Niederlanden begrenzt. Charakteristisch für die deutsche Ausschließliche Wirtschaftszone der Nordsee ist ihre stete Zuspitzung mit zunehmender Entfernung von der Küste. Der deutsche Anteil an der Ostsee ist im Vergleich zu deren Gesamtgröße relativ gering und gleicht einem schlangenförmigen Gebilde von Flensburg bis zur Grenze mit Polen, in der Nähe von Greifswald. Der Gesamtanteil Deutschlands an den beiden Meeren beträgt rund 57.000 km².

Innerhalb der deutschen Meere befindet sich eine Vielzahl von geplanten und genehmigten Offshore-Windparkprojekten, so dass sich die verfügbaren Flächen zunehmend verkleinern. Die folgenden Karten zeigen die geografische Lage der Offshore-Windparks in der Nord- und Ostsee und geben gleichzeitig den Status der Projekte an.

Die deutsche Nordsee ist im europäischen Vergleich ein relativ flach abfallendes Meer. Größere Wassertiefen und demnach ungünstigere Bedingungen für den Bau von Offshore-Windenergieanlagen mit Fundamenten (ab einer Wassertiefe von über 40 Metern) treten erst mit großer Entfernung zur Küste auf. Nichtsdestotrotz sind die Parks im Vergleich zu anderen europäischen Ländern relativ weit von der Küste entfernt geplant. Dies liegt an den bestehenden Umweltauflagen und kommt der Wahrung des Wattenmeers zu Gute, welches seit 2009 UNESCO-Weltnaturerbe ist (siehe Abbildung 3).

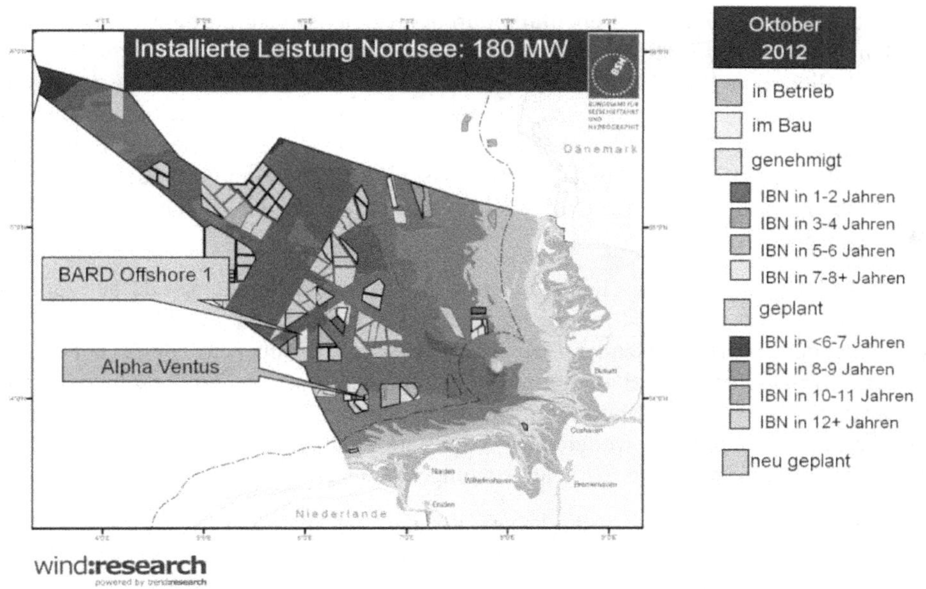

Abbildung 3: *Status quo: Installierte Leistung von Offshore-Windenergie in der deutschen Nordsee*[7]

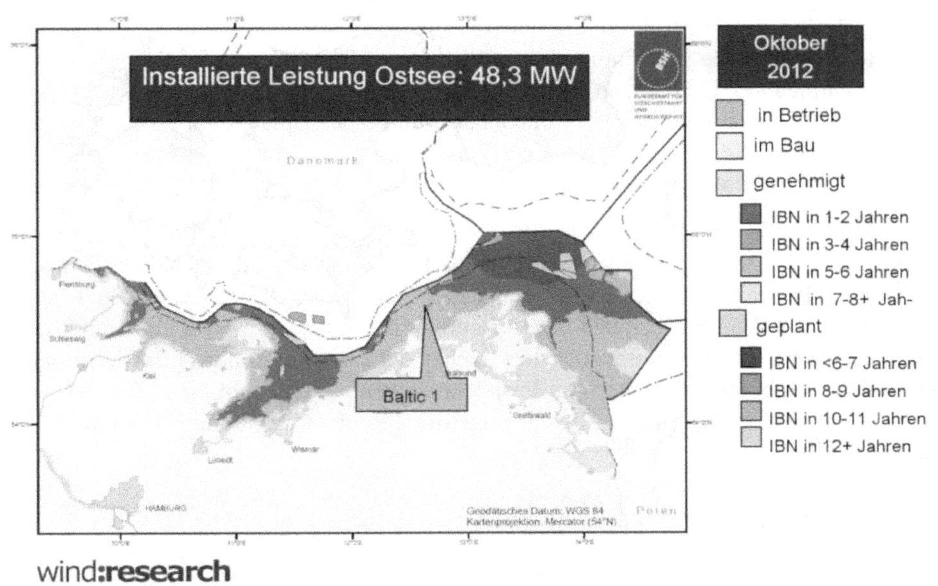

Abbildung 4: *Status quo: Installierte Leistung von Offshore-Windenergie in der deutschen Ostsee*[8]

---

7 Quelle: BSH (Grundkarte), Darstellung wind**:research**.

8 Quelle: BSH (Grundkarte), Darstellung wind**:research**.

Die deutsche Ostsee zeichnet sich ebenfalls durch vergleichsweise geringe Wassertiefen aus. Bei dem Großteil der Seefläche misst der Abstand von der Wasseroberfläche bis zum Seeboden lediglich zehn bis 20 Meter. Nur in der Eckernförder und Mecklenburger Bucht sinkt der Meeresboden im Vergleich zu den anderen Wassertiefen schneller ab und erreicht küstennah schon größere Tiefen. Entlang der Grenze der deutschen Ausschließlichen Wirtschaftszone misst der Abstand von Wasseroberfläche zum Seeboden zwischen 20 und 40 Metern und ist damit immer noch gut geeignet für die Errichtung von Offshore-Windenergieanlagen.

Ein signifikanter Unterschied zwischen Nord- und Ostsee besteht in der Anzahl der geplanten Offshore-Windparks. Dabei ist zu beachten, dass die Nordsee über eine wesentlich größere Ausschließliche Wirtschaftszonen-Fläche verfügt. Dazu kommt, dass der Wind in der Nordsee direkt vom offenen Meer kommt und keine Hindernisse die Windgeschwindigkeit (durchschnittlich neun bis zehn Metern pro Sekunde) mindern. Die Ostsee dagegen ist fast komplett von Land umschlossen, wodurch die Windstärke reduziert ist (durchschnittlich acht bis neun Metern pro Sekunde) und Wirbelentstehungen begünstigt sind.

Die Wassertiefen haben Einfluss auf die Projektplanung, vor allem mit der Hinsicht auf die Wahl der Gründungsstrukturen. Der Fundamenttyp, der für die Errichtung eines Offshore-Windparks ausgewählt wird, hat wiederum hohen Einfluss auf die Gesamtkosten eines Parks. Für Tiefen ab 50 Metern sind die bisher entwickelten Gründungsstrukturen sehr kostspielig oder gar nicht einsetzbar[9]. In der Studie „Der Markt für Gründungsstrukturen in der Offshore-Windenergie in Europa bis 2030" von wind**:research** wird angenommen, dass die Entwicklung der Gründungsstrukturen in den kommenden Jahren stark vorangetrieben wird und die erste kommerzielle Errichtung eines schwimmenden Windparks im Jahr 2018 möglich ist. Schwimmende Fundamenttypen bieten, aufgrund ihres geringeren Materialverbrauchs und Gewichts und der damit verbundenen weniger kostspieligen Errichtungsmethoden, die Möglichkeit, die Gesamtkosten eines Parks zu senken. Mit neuen Fundamenttypen wird der Weg für weitere Planungen neben den bereits angekündigten Projekten in großen Meerestiefen frei.

Die tabellarische Darstellung der Offshore-Windparks in Deutschland und die geografische Darstellung der Positionen dieser in der deutschen Nord- und Ostsee geben einen guten Überblick über die Gesamtkapazitäten der Offshore-Windenergie in Deutschland und deren Potenzial, die „Energiewende" voranzutreiben. Neben der Planungsstruktur gibt die Kenntnis darüber, welche Unternehmen hinter den Projekten stehen, einen Einblick in die Offshore-Windenergie in Deutschland. Nachfolgend sind die Marktanteile in der Offshore-Windenergie dargestellt.

1.1.3.3 Entwicklung der Marktanteile

Der folgende Abschnitt gibt Aufschluss über die Marktteilnehmer in der Offshore-Windenergie in Deutschland sowie deren Anteile an den geplanten Projekten. Die aktuelle Verteilung der Marktanteile ist mit Hinsicht auf die Anteile der Projektentwickler an den bestehenden, im Bau befindlichen und geplanten Windparks dargestellt, die zukünftige Entwicklung der Marktanteile bezieht sich auf die sich in Betrieb befindlichen Off-

9 Siehe hierzu die Ausführungen von PROF. DR. DANNENBERG in Kapitel 4.1.

shore-Windparks und ist in Projektentwickler, Eigentümer und Betreiber gegliedert. Der Abschnitt stützt sich auf die Studie „Offshore Wind Deutschland: Status, Marktanteile, Entwicklungen“, die lediglich auf Projekte in der deutschen Nordsee Bezug nimmt. Dementsprechend bezieht sich auch der folgende Abschnitt ausschließlich auf Projekte in der Nordsee.

Die folgende Abbildung 5 zeigt, dass bei momentanem Stand (05/2012) die Projektentwicklung der geplanten, in Bau befindlichen und bereits fertig gestellten Offshore-Windparks innerhalb der deutschen Nordsee mit 43,4 Prozent, d.h. zu einem Anteil von über einem Drittel, von Unternehmensgruppen bewerkstelligt wird. Die Projektentwickler nehmen in der Betrachtung einen Anteil von 39,4 Prozent ein. Nationale Energieversorgungsunternehmen haben mit 9,0 Prozent einen geringeren Anteil an der Projektentwicklung der Offshore-Windparks. Zu 6,6 Prozent sind internationale Energieversorgungsunternehmen an der Projektentwicklung beteiligt und mit etwa 1,6 Prozent stellen Banken und Fonds einen sehr geringen Teil der Entwickler für Offshore-Windparks dar.

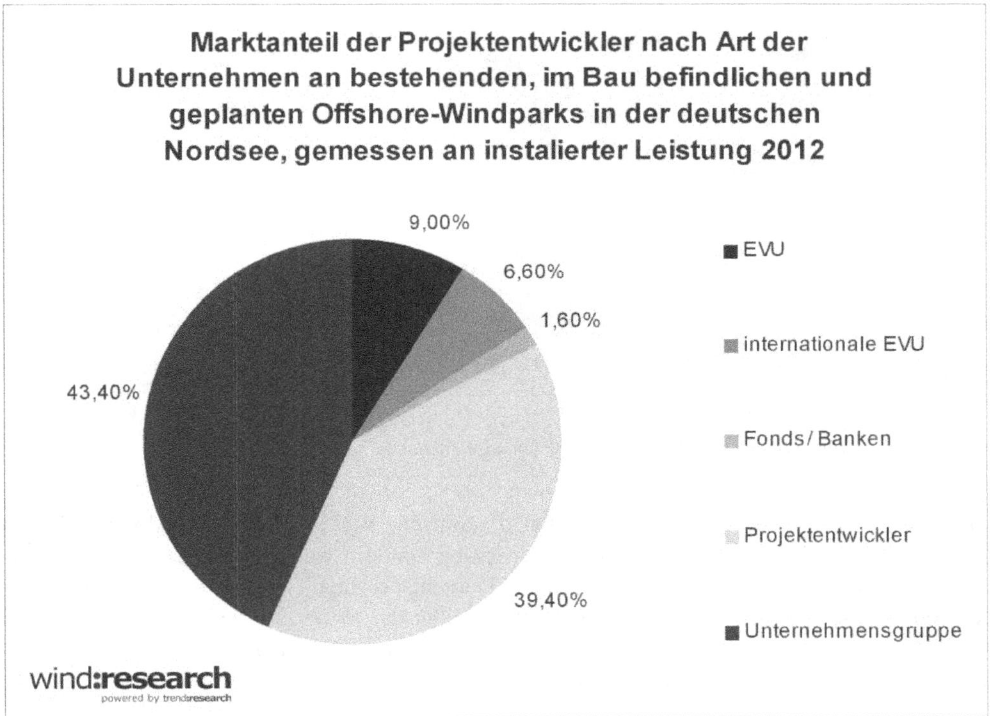

Abbildung 5: Marktanteile bei der Projektentwicklung nach Art der Unternehmen (Stand 05/2012)

Aus dieser Grafik ergibt sich die Frage, welche Projektentwickler konkret hinter den Anteilen stehen. Abbildung 6 verdeutlicht die Anteile der Projektentwickler an den Offshore-Windparks nach Unternehmen und demonstriert Folgendes: Mit einem prozentualen Anteil von 28,7 Prozent ist die WINDREICH AG führend in diesem Marktsegment, gefolgt von der PNE WIND AG mit 10,2 Prozent. Die drittgrößte Beteiligung an den Projektentwicklungen hat mit

9,7 Prozent die BARD-GRUPPE. Mit 9,0 Prozent folgt ENOVA dicht an vierter Stelle und weiterhin erwähnenswert ist das Unternehmen WPD mit 6,6 Prozent. Unternehmen mit weniger als zwei Prozent des Marktanteils, insgesamt 13, wurden in der Abbildung 6 unter Sonstige zusammengefasst.

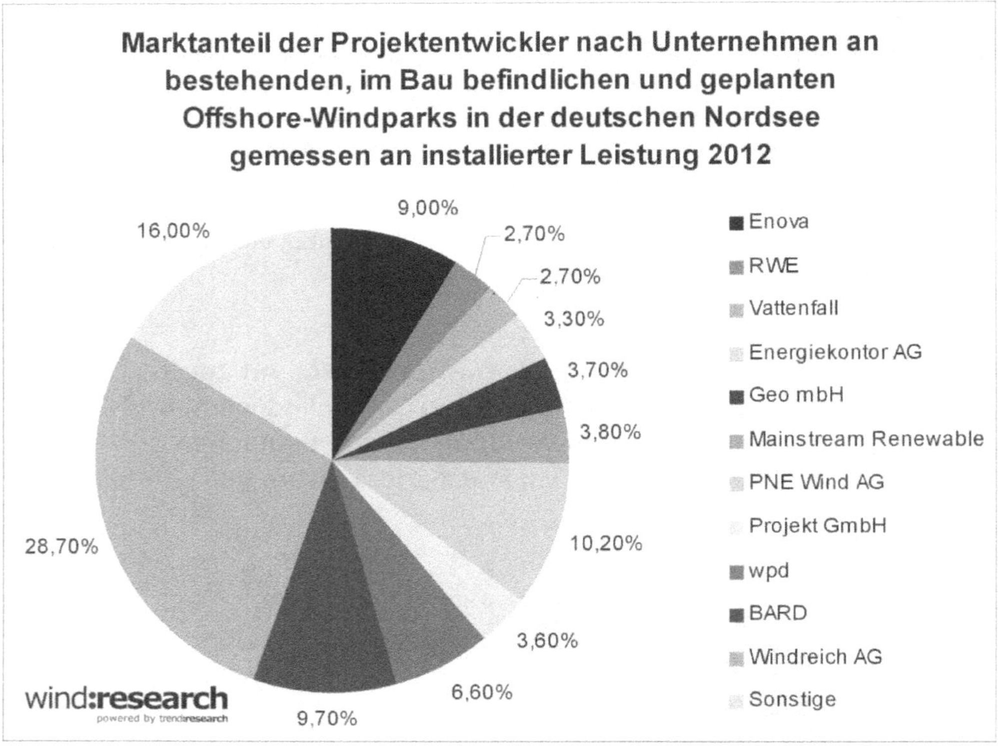

Abbildung 6: Marktanteile der Projektentwickler nach Unternehmen

Die Offshore-Windbranche entwickelt sich dynamisch. Viele Offshore-Windparks bleiben nicht in den Händen der ursprünglichen Entwickler, sondern werden verkauft, sobald sie errichtet werden bzw. vollständig erbaut sind. Dementsprechend ist nachfolgend zum einen dargestellt, wie sich die Anteile der Projektentwickler der in Betrieb befindlichen Offshore-Windparks über den Zeitraum von 2014–2020 entwickeln und zum anderen, wie sich die Anteile der Eigentümer der Offshore-Windparks im gleichen Zeitraum entwickeln.

Abbildung 7 demonstriert für die Projektentwickler Folgendes: Im Jahr 2014 halten BARD, die WINDREICH AG und die Projektgesellschaft GLOBAL TECH 1 mit jeweils 21,53 Prozent die größten Anteile. Weitere Anteile an der Projektentwicklung in diesem Jahr halten RWE INNOGY mit 15,5 Prozent und N.PRIOR (13,99 Prozent) sowie die ENERGIEKONTOR AG (5,92 Prozent). Zwei Jahre später, im Jahr 2016, hält BARD mit 23,36 Prozent den weitaus größeren Teil an den in Betrieb befindlichen Offshore-Windparks. Die restlichen Anteile verteilen sich auf die Amrumbank West GmbH, wpd, WKU AG, die Windreich AG, RWE Innogy, N.prior, die Global Tech 1 GmbH und die WindMW mit sechs bis knapp zwölf Pro-

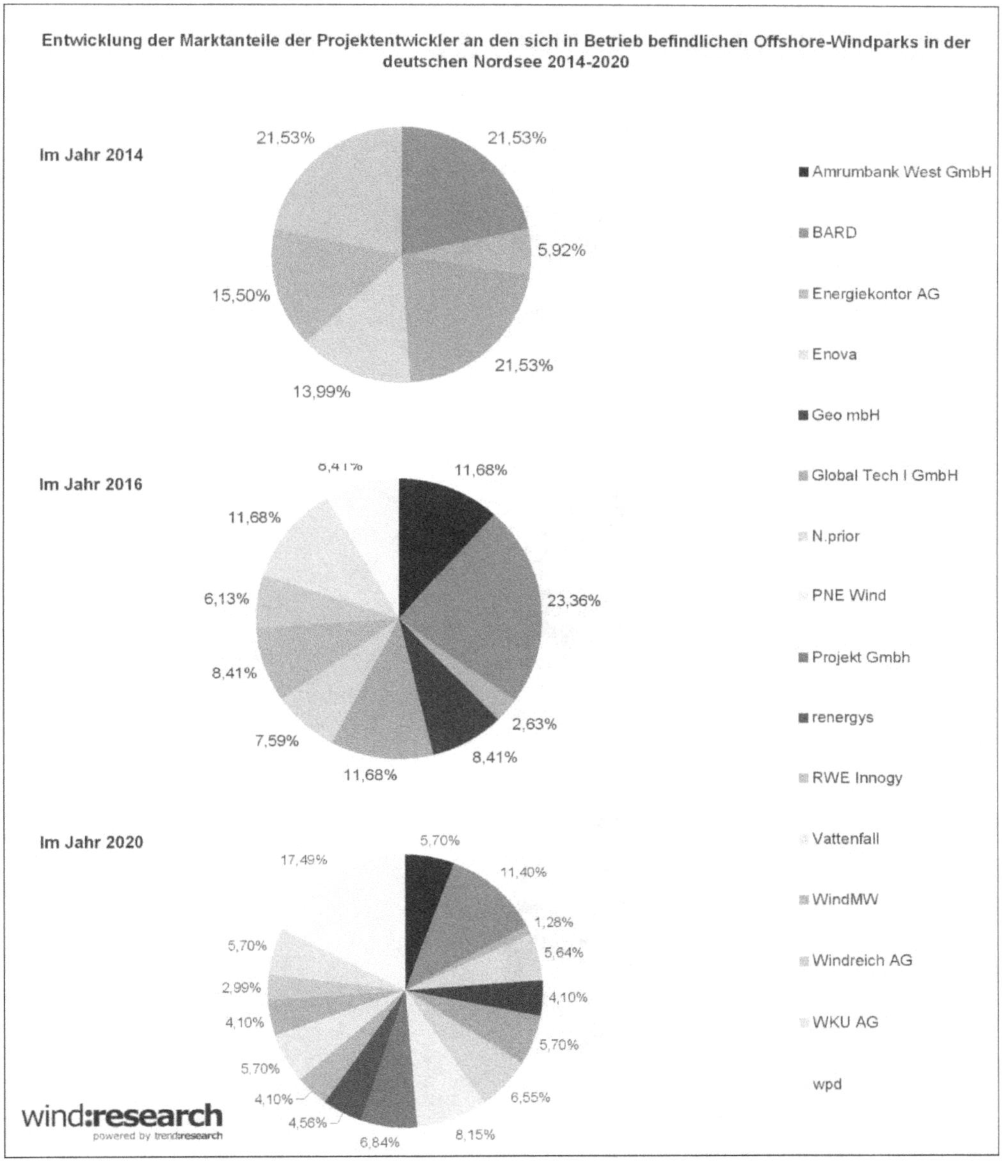

Abbildung 7: Entwicklung der Marktanteile der Projektentwickler (Nordsee)[10]

zent sowie auf die ENERGIEKONTOR AG mit lediglich 2,56 Prozent. Im Jahr 2020 vervielfacht sich, aufgrund der zunehmenden Anzahl der in Betrieb befindlichen Offshore-Windparks, die Anzahl der Marktteilnehmer mit Anteilen an der Projektentwicklung. Der größte Anteil entfällt mit 17,49 Prozent auf wpd.

---

10 Entwicklung der Marktanteile der Projektentwickler (Nordsee) an den sich in Betrieb befindlichen Offshore-Windparks in der deutschen Nordsee 2014–2020.

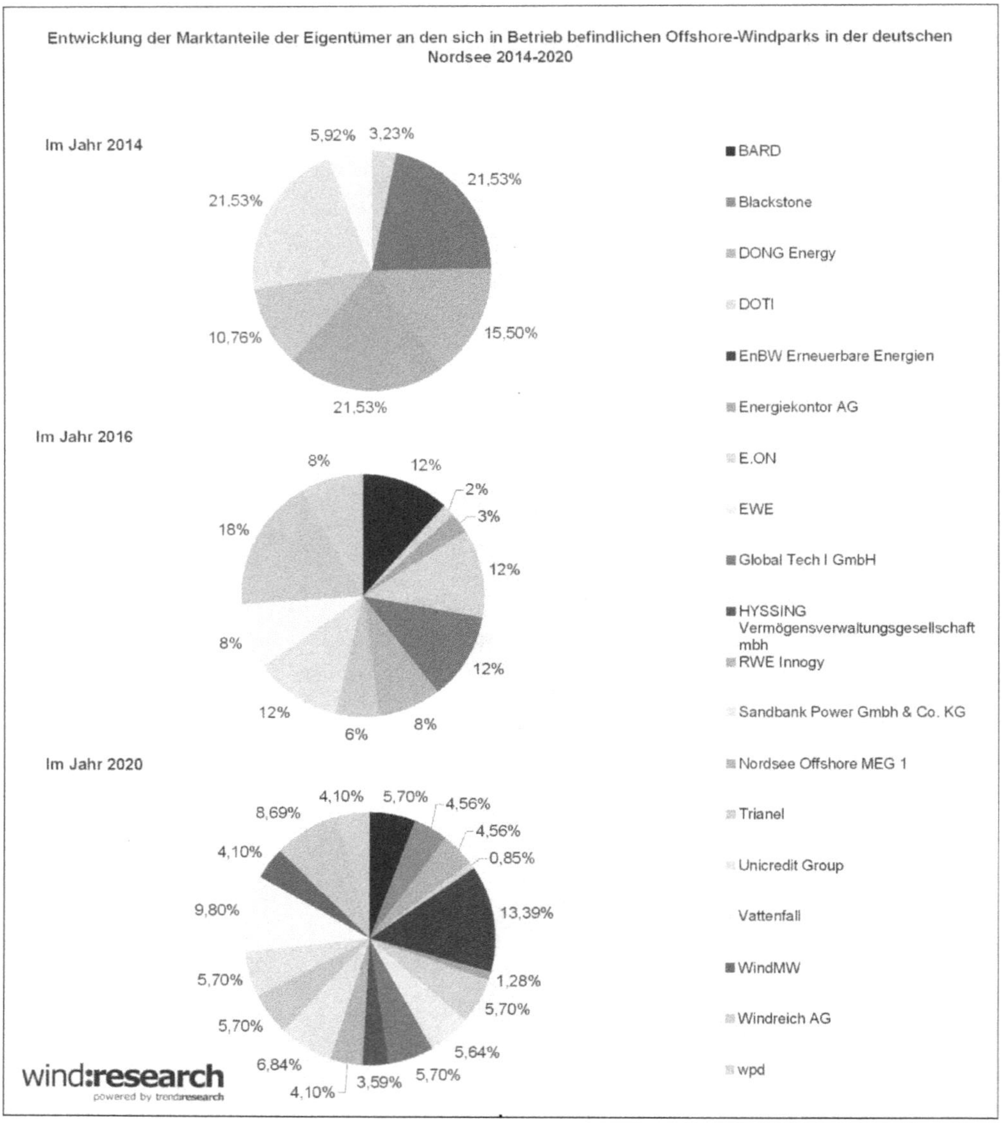

Abbildung 8: Entwicklung der Marktanteile der Eigentümer(Nordsee) [11]

Abbildung 8 verdeutlicht die Marktanteile der Eigentümer an den in Betrieb befindlichen Offshore-Windparks im Zeitraum 2014–2020. Deutlich wird, dass sich auch hier die Anzahl der Marktteilnehmer mit Besitz an einem oder mehreren Windparks auf See über die Jahre hinweg vervielfacht. Im Jahr 2014 fällt der größte Anteil mit 21,53 Prozent noch auf die UNICREDIT-GROUP. In den darauffolgenden Jahren vergibt diese ihren Anteil und andere

[11] Entwicklung der Marktanteile der Eigentümer an den sich in Betrieb befindlichen Offshore-Windparks in der deutschen Nordsee 2014–2020.

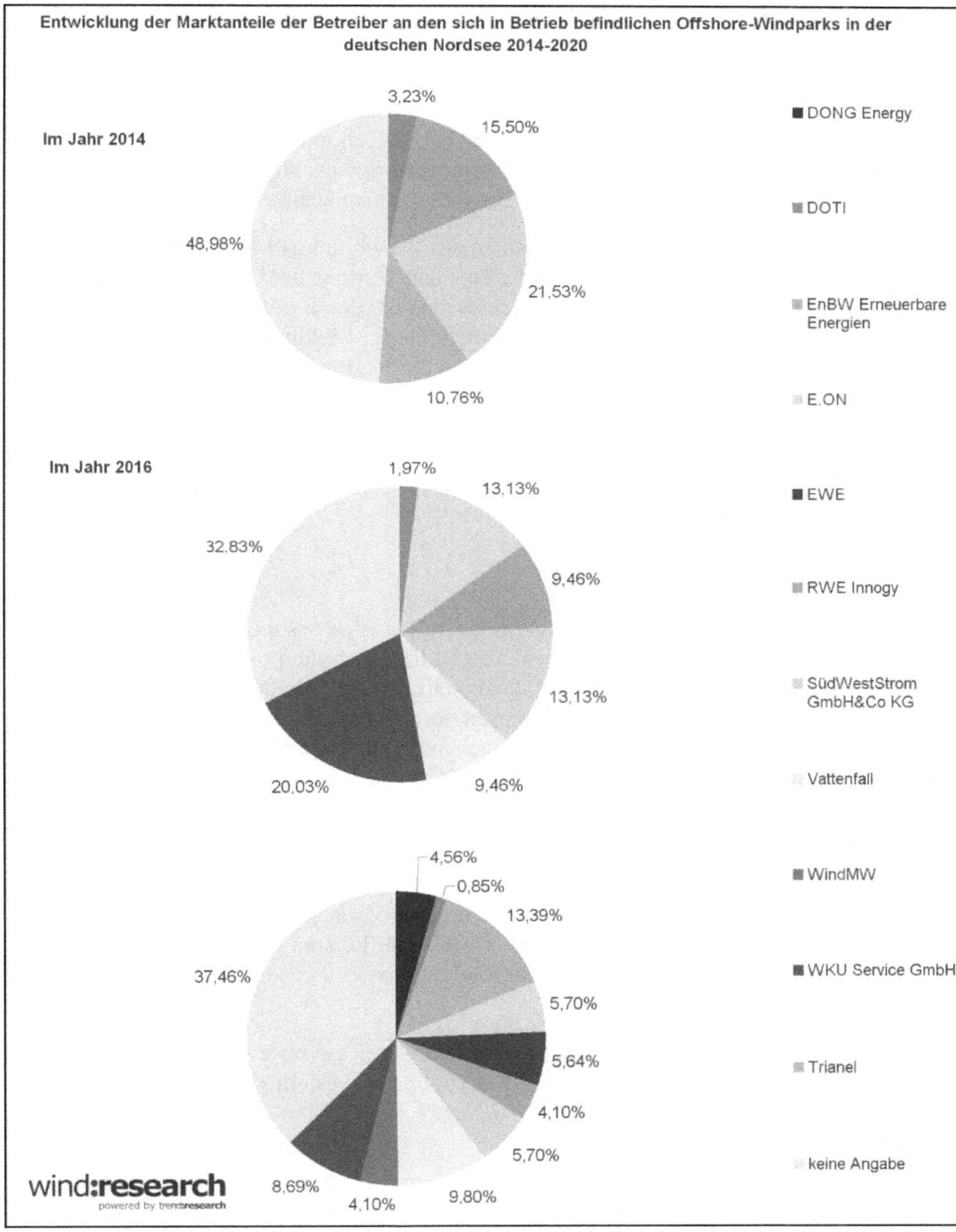

Abbildung 9: Entwicklung der Marktanteile der Betreiber (Nordsee)

Unternehmen kommen in der Darstellung hinzu. 2014 entfallen weitere große Anteile mit jeweils 21,53 Prozent auf die GLOBAL TECH 1 GMBH und die Projektgesellschaft NORDSEE OFFSHORE MEG 1 und 15,5 Prozent sind im Besitz der RWE INNOGY. Die anderen Anteilseigner sind Trianel (10,76 Prozent), DONG Energy (5,92 Prozent) und DOTI (3,23 Prozent). In den Jahren bis 2020 entwickelt sich der Marktanteil der Eigentümer wie in Abbildung 8 anhand der drei Charts dargestellt. Bei momentanem Stand gehört im Jahr 2016 mit 18 Prozent der weitaus größte Anteil der WINDREICH AG. Im Jahr 2020 fällt nach bisheriger Prognose der größte Anteil mit knapp zehn Prozent, jedoch mit wesentlich weniger Abstand zu den restlichen Anteilseignern, auf das Energieversorgungsunternehmen VATTENFALL. Je nach Verkaufsentwicklung kann sich diese Prognose jedoch noch ändern.

Sobald die Offshore-Windparks errichtet und an das Versorgungsnetz angeschlossen sind, werden Betreiber bestimmt, die für die Instandhaltung und Wartung der Parks über ihre Lebenszeit hinweg verantwortlich sind. Mitunter handelt es sich bei den Betreibern auch um die Eigentümer. Die nachstehende Abbildung 9 verdeutlicht die Entwicklung der Marktanteile der Betreiber im selbigen Zeitraum von 2014–2020. Da die meisten Parks bisher lediglich in Planung sind, sich nur einige in Bau befinden und wenige fertig gestellt sind, ist die Verteilung der Verantwortlichkeiten noch nicht geklärt. Dies verdeutlicht in allen drei Charts die Kategorie „keine Angaben“. Deutlich wird auch, dass Trianel im Jahr 2014 noch 10,76 Prozent Marktanteile als Betreiber hält, in den darauffolgenden Jahren jedoch keine Betreiberfunktion mehr wahrnehmen wird.

1.1.3.4 Erste „Lessons learnt“

Der weiteren Entwicklung der Offshore-Windenergie mangelt es nicht an fehlenden Projektplänen. Dies verdeutlichen die vorherigen Abschnitte. Auch die politische Unterstützung ist gegeben. Jedoch werden Stimmen lauter, die die Offshore-Windindustrie für ihre hohen Kosten kritisieren und die Entwicklung zu bremsen versuchen. Von daher ist es für eine weitere positive Entwicklung des Marktes ausschlaggebend, von Vorgängerprojekten zu lernen und dadurch Prozesse zu optimieren und Kosten zu senken.

Allgemein können die Marktakteure auf nur wenig Erfahrung sowohl in der Errichtung als auch bei Betrieb und Wartung von Offshore-Windparks zurückgreifen. Auch die Erfahrungen, die in den europäischen Nachbarländern gesammelt wurden, sind nicht ohne Weiteres auf die deutschen Verhältnisse übertragbar. Zwar gibt es in Dänemark und dem Vereinigten Königreich bisher eine höhere installierte Leistung, aber die Parks dort werden unter anderen Voraussetzungen, insbesondere hinsichtlich der Küstenentfernung und Wassertiefen, erbaut.

Dennoch können einige „lessons learnt“ für die bereits seit ein bis zwei Jahren in Betrieb befindlichen Testparks „ALPHA VENTUS“ und BALTIC I herausgestellt werden.

Volllaststunden

Der Betrieb des ersten Parks in der deutschen Nordsee – „ALPHA VENTUS“ – zeigt überraschende Ergebnisse: Während man von rund 3.900 Volllaststunden ausging, konnte dieser Park im Jahr 2011 rund 4.500 Volllaststunden erreichen. Das ist gut 15 Prozent über dem prognostizierten Jahreswert und auf die konstant guten Windverhältnisse zurückzuführen. Dieser Trend setzte sich auch im ersten Quartal 2012 fort, in welchem das Ertragsplus bei zehn Prozent lag.

Auch die Ergebnisse des ersten kommerziellen Parks in der Ostsee, BALTIC 1, konnten die Erwartungen übertreffen. Die Verfügbarkeit der Anlagen bei „ALPHA VENTUS" lag trotz Instandhaltungsmaßnahmen von September bis Mitte Oktober 2010 bei gut 98 Prozent.

Produzierte Menge Strom

2011 produzierte „ALPHA VENTUS" 267 GWh Strom, womit 76.000 Haushalte (3 Personen-Haushalte) versorgt werden konnten, was um ca. 15 Prozent über dem prognostizierten Jahreswert liegt.

Auch der Windpark BALTIC I zeigt einen überwiegend positiven Ertrag im Vergleich zu den Erwartungen. In den Monaten April, Mai und Juli des Jahres 2011 lag die produzierte Strommenge über den prognostizierten Werten. Im August waren der geplante und tatsächliche Ertrag fast identisch und lediglich in den Monaten Juni und September wurden die Erwartungen „zu hoch" gesetzt. Insgesamt wurden die Erwartungen mit einer Zielerreichung von 108 Prozent erfüllt.

Ökologie

Bei dem Testfeld „ALPHA VENTUS" konnte, wie erwartet, eine schnelle Besiedlung der Gründungsstrukturen beobachtet werden. Eine negative Entwicklung im Sinne einer einseitigen Entwicklung für bestimmte Arten oder bei Fischen wurde dagegen nicht festgestellt.

Auch in Bezug auf den Einfluss auf Vögel konnten keine negativen Beobachtungen gemacht werden. Rastvögel wurden, wie vorerst vermutet, nicht von ihren Habitaten verdrängt und auch für Zugvögel konnten bisher keine deutlichen negativen Ergebnisse ausgemacht werden.

Ein weiterer Umweltaspekt bezieht sich auf den Lärm, der beim Einrammen der Gründungsstrukturen in den Meeresboden entsteht. Dieser Rammschall kann zur Beeinträchtigung von Säugetieren, vor allem von Schweinswalen oder sogar zu einer Schädigung deren Gehör führen. Um der Beeinträchtigung entgegenzuwirken, wurde der Schallschutz für maritime Lebewesen auf 160 Dezibel in 750 Metern Entfernung gesetzt. Diese Lautstärke darf der Rammschall gemäß den Genehmigungen maximal betragen. Mögliche Schutzmaßnahmen werden derzeit entwickelt. Eine davon ist der Blasenschleier, der die Schallemissionen reduzieren soll. Andere Maßnahmen beziehen sich auf optimierte Verfahrenstechniken. Beispielhaft sei hier das Offshore Foundation Drilling (HOCHTIEF) genannt, bei dem die Gründungsstrukturen in den Boden gebohrt anstatt gerammt werden.

Logistik

Die Logistik steht bei der Entstehung eines Projektes im Vordergrund, gestaltete sich allerdings in der Entstehung der bisherigen Offshore-Windparks schwierig. Es zeigt sich, dass es in Deutschland sowie in anderen Ländern Europas an geeigneten Schiffen, Produktions- und Lagerflächen sowie Hafenkapazitäten mangelt. Kleine „Patzer", wie im Sommer dieses Jahres beim Bau des Offshore-Windparks Nordsee Ost, als das Errichterschiff beim Aufladen der Fundamente im Wattenmeer einzusinken drohte, verhindern bisher den reibungslosen Ablauf der Parkerrichtung und erhöhen die Nachfrage an standardisierten Logistikkonzepten. Logistikunternehmen rüsten sich dagegen und entwickeln aktuell maritime Logistikkonzepte, die dem Bedarf der Offshore-Windenergie angepasst sind[12]. Gleichermaßen werden die Hafenkapazitäten an vielen Standorten ausgebaut.

Diese Ergebnisse sind vor allem bezüglich der Erträge und Umweltverträglichkeit von Offshore-Windparks vielversprechend. Die Windräder auf See laufen mehr Stunden auf höchstem Niveau als ursprünglich angenommen und auch die erwirtschaftete Energiemenge steht über dem geplanten Ertrag. Zudem ist die Beeinträchtigung der Umwelt geringer als zuvor vermutet und Techniken zum Schutz der maritimen Tierwelt befinden sich bereits in der Entwicklung.

Die Offshore-Windenergie steht damit in einem positiven Licht. Um sie jedoch tatsächlich wirtschaftlich und marktfähig zu gestalten, müssen vor allem die bisher hohen Errichtungs- und Betriebskosten gesenkt werden und kosteneffektive Logistikkonzepte ausgearbeitet werden.

Folgend gehen wir auf die Wertschöpfungspotenziale der Offshore-Windindustrie ein und betrachten daran anschließend die Herausforderungen der Branche.

1.1.4 Wertschöpfung: Potenziale

Die Wertschöpfung in der Offshore-Windindustrie durchläuft sieben Stufen, angefangen bei der Projektplanung bis hin zum Betrieb und Rückbau. Jede Stufe wird von Engineering-Prozessen, Forschungs- und Entwicklungsvorhaben sowie Dienstleistungen in den Bereichen Beratung, Service, IT etc. begleitet (vgl. Abbildung 10).

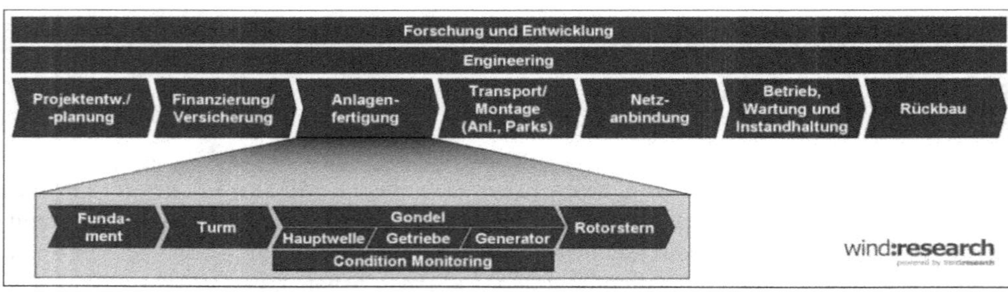

Abbildung 10: Wertschöpfungskette der Offshore-Windenergie

Die Studie „Volle Kraft aus Hochseewind" der PwC und WAB (2012) geht von einer momentanen Beschäftigtenzahl (Vollzeitäquivalente) von ca. 14.000 aus und rechnet damit, dass sich diese in den nächsten zehn Jahren auf über 30.000 verdoppeln wird. Im Vergleich dazu ist die Beschäftigtenzahl im Onshore-Bereich zu nennen, die sich aktuell (Stand 2012) auf 100.000 beläuft. Auch das Umsatzvolumen, so prognostiziert die Studie, erhöht sich um ein Vielfaches von ca. 6.000 Mio. Euro im Jahr 2010 auf über 22.400 Mio. Euro im Jahr 2021. Die Profiteure des Ausbaus sind – anders als angenommen – jedoch nicht nur die küstennahen Regionen. Aus den Wertschöpfungsbereichen Anlagenbau und Zulieferindustrie sind insgesamt knapp 40 Prozent in den Bundesländern Nordrhein-Westfalen (17,15 Pro-

12 Siehe hierzu die Beiträge in Kapitel 4.5 und 4.6.

zent), Bayern (12,2 Prozent) und Baden-Württemberg (8,8 Prozent) angesiedelt. Der Umsatzanteil dieser Länder liegt bei über 50 Prozent.

Des Weiteren ist eine starke Verteilung der Wertschöpfungskette nicht nur im Küstenraum, sondern auch in den industriellen Ballungsräumen Süd- und West-Deutschlands festzustellen. Besonderes Entwicklungspotenzial, so nimmt die Studie weiterhin an, liegt vor allem in den Bereichen Anlagenbau und Dienstleistungen. Der weitaus größte Umsatz- und Beschäftigungsanteil fällt schon heute auf die Anlagenfertigung. Wie die Studie „Volle Kraft aus Hochseewind" belegt, erwirtschaftet diese Wertschöpfungsstufe – zusammen mit der Zulieferindustrie – im Jahr 2012 rund 62 Prozent (3,6 Mrd. Euro) des Branchenumsatzes. Im Hinblick auf die Beschäftigtenzahl ist der Anteil sogar noch höher. Im gleichen Jahr beträgt er aufgrund der Personalintensität bei dieser Wertschöpfungsstufe rund 76 Prozent. Die Anlagenfertigung und die dazugehörigen Zulieferbetriebe sind in ganz Deutschland zu finden. Die relativ meisten Unternehmen sind in Nordrhein-Westfalen angesiedelt (17,1 Prozent), gefolgt von Niedersachsen (13,4 Prozent) und Bayern (12,2 Prozent).[13] Da dem Anlagenbau neben den aktuell schon positiven Ergebnissen hohes Entwicklungspotenzial mit Bezug auf die Technik und Kosteneinsparpotenziale von bis zu 40 Prozent durch standardisierte Herstellungsprozesse zugesprochen wird, ist eine überaus positive Entwicklung in der Zukunft wahrscheinlich.

Des Weiteren wird der Dienstleistungsbranche Entwicklungspotenzial für die kommenden Jahre zugesprochen. Sobald die geplanten Offshore-Windparks errichtet sind, fallen große Bedarfe mit Bezug auf den Betrieb der Anlagen an. Ingenieurdienstleister und Spezialunternehmen wie Taucher- oder Helikopterunternehmen werden benötigt, um Wartungsarbeiten auf hoher See vorzunehmen und die Arbeiter möglichst schnell zu den Anlagen zu transportieren. Diese Annahmen bestätigen die Ergebnisse derselben Studie. In den Jahren 2010–2021 wird der Umsatzanteil der Wertschöpfungsstufe Betrieb und Instandhaltung von vier Prozent auf etwa 15 Prozent steigen.

1.1.5 Herausforderungen

Die Offshore-Windenergie bietet Deutschland ein enormes Potenzial und wird eine entscheidende Stütze bei der Energiewende darstellen. Dies wurde in den vorhergehenden Abschnitten deutlich. Nichtsdestotrotz gibt es spezielle Herausforderungen, denen sich die Branche stellen muss. Herausforderungen für die Offshore-Windenergie bestehen u.a. in den Bereichen Netzanbindung, Finanzierung und Versicherung, Naturschutz (insbesondere Schallschutz), Technik (z.B. Gründungssysteme) und im Bereich Installation und Logistik (z.B. aufgrund der Wassertiefe und Küstenentfernung). Nachfolgend wird auf die wichtigsten Herausforderungen genauer eingegangen.

1.1.5.1 Geographische Lage

Die Lage und der Zuschnitt der deutschen Ausschließlichen Wirtschaftszone sind ausführlich in Ziffer 1.1.3.2 beschrieben. Obwohl die deutsche Nordsee relativ flach ist, birgt sich in der geographischen Lage die erste Herausforderung für den Ausbau der Offshore-Windenergie in Deutschland. Der schleswig-holsteinische und niedersächsische Bereich des deutschen Wat-

---

13 PWC/WAB: Volle Kraft aus Hochseewind – Potenziale der Offshorewindenergie in Deutschland bis 2021.

tenmeeres gehört seit 2009 zum UNESCO-Weltnaturerbe und eine Bebauung der küstennahen Gebiete ist daher untersagt. Erst in weiter Entfernung zur Küste sind Gebiete für die Bebauung mit Offshore-Windenergieanlagen freigegeben. Dort ist die Wassertiefe größer, was zur Folge hat, dass nur bestimmte Gründungsstrukturen für den Einsatz in Frage kommen. Diese sind jedoch, insbesondere aufgrund des größeren Materialverbrauchs, wesentlich kostspieliger. Auch hat die Entfernung zur Küste (bis über 100 km) eine längere Anfahrtszeit zur Folge. Dadurch steigen die Charterpreise der Schiffe, der Kraftstoffbedarf erhöht sich und das Gefahrenpotenzial vergrößert sich. Weiterhin steigen die Personalkosten, da die tägliche Anfahrt zum Baufeld nicht gewährleistet werden kann und für die Unterbringung der Mitarbeiter vor Ort gesorgt werden muss.

1.1.5.2 Netzanschlussproblematik

Der nötige Ausbau der Netzanschlüsse hat sich als größere Herausforderung herausgestellt als zuvor gedacht. Um die Leistungen aus der Offshore-Windenergie auch einspeisen und voll ausnutzen zu können, soll der Ausbau mit dem Energieleitungsausbaugesetz (EnLAG) gefördert werden. Es beschleunigt 24 Leitungsbauvorhaben im Höchstspannungs-Übertragungsnetz, die insbesondere zur Netzintegration der Windenergie dringend erforderlich sind. Ziel ist es, durch Clusterbildung Gruppen von Windparks zu schaffen, die ihren erzeugten Strom an (Netz-)Knotenpunkte leiten, um ihn von dort aus ans Festland zu leiten. Um eine Beschleunigung beim Thema Netzanschlüsse herbeizuführen, wurden Änderungen im EnWG vorgenommen, die es vorsehen, Clusteranbindungen gesetzlich festzuhalten. Das BSH ist – wie in Kapitel 3.1 beschrieben – damit beauftragt worden, jährlich einen Offshore-Netzplan zu erstellen, in welchem die Kabeltrassen für die Anbindungsleitungen eingetragen und geeignete Offshore-Anlagen zur Anbindung identifiziert werden.

Insgesamt stellt die Netzanschlussproblematik derzeit, d.h. im Herbst 2012, die größte Herausforderung für die Offshore-Windbranche dar: Sie hemmt den weiteren Ausbau, insbesondere aufgrund der Engpässe des zuständigen Netzbetreibers TENNET. Dieser kündigte einen finanziellen, materiellen und personellen Engpass beim Offshore-Netzausbau an. Gleichermaßen wurde dabei die Forderung formuliert, dass der Ausbau von der Regierung mitgetragen werden sollte. Schnell wurde jedoch von Regierungsseite deutlich, dass eine solche finanzielle Unterstützung nicht zu erwarten sei. Stattdessen werden nun externe Investoren gesucht, die TENNET bei dem Vorhaben unterstützen. Seit August 2012 hat TENNET der Beteiligung privater Investoren offiziell zugestimmt. Seitdem gibt es einen US-amerikanischen Investor mit Interesse. Ob es jedoch zu einer Beteiligung kommt, ist bei momentanem Stand (Oktober 2012) unklar.

Eine Klärung hinsichtlich der Haftungsregelung bei Verzögerung der Anschlüsse von Offshore-Windparks zeichnet sich ab. Diese hat TENNET nicht alleine zu tragen, sondern die dadurch entstehenden Kosten werden über den Strompreis auf die Verbraucher umgelegt. Diese Entscheidung hat der Netzanschlussproblematik Wind aus den Segeln genommen. Nichtsdestotrotz bleibt die tatsächliche Realisierung der Netzanbindung ein spannendes und nicht unerhebliches Thema für den Ausbau der Offshore-Windenergie.

1.1.5.3 Finanzierungsproblematik

Die Finanzierungsproblematik hängt maßgeblich mit der bereits genannten Schwierigkeit des Netzausbaus und der bisher rechtlich noch nicht gelösten Haftungsregel zusammen. Die unbedingte Netzanschlusszusage des zuständigen Netzbetreibers ist in der Regel eine Voraussetzung für die Finanzierung, wurde bisher jedoch nur für vereinzelte Parks vergeben. Wer die unbedingte Netzanschlusszusage nicht vorlegen kann, wird schwerlich einen Finanzgeber für das jeweilige Projekt finden, da dieser um die zeitgerechte Anbindung an das Stromnetz und die dadurch fehlenden Erträge bangt. Zwar wurde sich, wie oben beschrieben, darauf geeinigt, die fehlenden Einkünfte der Windpark-Betreiber auf die Verbraucher umzulegen. Trotzdem ist die Planungslage für viele Investoren im Bereich der Offshore-Windenergie noch unklar.

Gleichzeitig sind die Bedingungen, welche in den Finanzierungen angesetzt werden, nicht der tatsächlichen Situation entsprechend: Meist werden nur rund 3.200 Volllaststunden für die Offshore-Windparks zugrunde gelegt. Der erste in Betrieb befindliche Park „ALPHA VENTUS" erzielt hingegen deutlich bessere Ergebnisse (vgl. Ziffer 1.1.3.4). Von Seiten der Kreditgeber wird die Finanzierung damit unnötig erschwert.

1.1.5.4 Logistik

Vielfach werden zum Transport und der Installation der Windturbinen Gerätschaften genutzt, die auch schon bei der Installation von Gas- und Ölplattformen zum Einsatz kamen. Die speziellen Anforderungen der Windenergie werden dabei jedoch kaum berücksichtigt, so dass hier ein großes Optimierungspotenzial besteht. Eine wesentliche Herausforderung sind die schweren Lasten und großen Dimensionen, die eine entsprechende Beschaffenheit der Kaje sowie der Transportmittel erfordern. Die Kapazitäten für den Bau und die Verladung von Offshore-Windenergieanlagen sowie für die Installation dieser werden momentan in Deutschland ausgebaut. Baumaßnahmen dieser Art werden momentan u.a. in den Häfen Wilhelmshaven, Cuxhaven oder Norddeich durchgeführt. Pläne dafür gibt es u.a. in den Häfen Emden und Bremerhaven.

Ein ausgereiftes oder gar zertifiziertes Logistikkonzept gibt es bisher noch nicht. Stattdessen werden unterschiedliche Möglichkeiten ausprobiert und nach „ad-hoc-Lösungen" gesucht. Einerseits hat dies den Vorteil, dass Lernerfolge zu verzeichnen sind, anderseits steigt aber auch die Fehler- und Gefahrenquelle und die Kosten sind dementsprechend hoch. Langfristig wird sich aber – so die Einschätzung von wind:**research** – ein Konzept hinsichtlich der Installation der Parks durchsetzen.

Daneben stellt die relativ geringe Anzahl von Installations- und Serviceschiffen ein logistisches Problem dar. Um die Bedarfe in diesem Bereich zu decken, müssen in den kommenden Jahren mehrere Schiffe gebaut werden, die für die Errichtung von Offshore-Windenergieanlagen geeignet sind. Um die relativ hohen Charterpreise dabei zu umgehen, denken einige Projektentwickler/Betreiber bereits darüber nach, in eigene Spezialschiffe zu investieren bzw. haben diese Investitionen bereits getätigt.

1.1.5.5 Technologische Herausforderungen

Ein möglicher Weg, die Ausbauziele zu erreichen, führt über die Anlagengröße. Ein Blick auf die Entwicklung der letzten 20 Jahre zeigt, dass generell ein Trend zu leistungsstärkeren Anlagen verzeichnet werden kann. Während bisher Offshore-Windenergieanlagen mit jeweils einer Nennleistung von drei bis fünf MW zum Einsatz kommen, kann sich dies bereits in den nächsten Jahren deutlich verändern. Mit bis zu einer Anlagengröße von 15 MW rechnen Optimisten.

Allerdings gestaltet sich die Anpassung an größere Windenergieanlagen Offshore nicht so einfach wie Onshore. Die Kräfte der Wellen und des Windes sind beachtlich, und die Anforderungen an die Gründungsstrukturen wachsen mit zunehmender Größe der Anlagen erheblich. Mit zunehmender Anlagengröße müssen dementsprechend auch die Technik der Gründungsstrukturen und die Installationsverfahren weiterentwickelt werden.

Eine Herausforderung, mit welcher die Branche zwar nicht in diesem Ausmaß gerechnet hatte, die beim Offshore-Windpark „ALPHA VENTUS“ jedoch bereits auftrat, ist der Kolkschutz. Hier muss verhindert werden, dass die Fundamente aufgrund der veränderten Strömungsverhältnisse ausgespült werden und das Fundament somit an Standfestigkeit verliert. Beim ersten Park „alpha ventus“ betrug die Auskolkung im Frühjahr 2012 bereits rund sieben Meter. Für dieses Phänomen muss folglich dringend eine Lösung gefunden werden.

Bevor diese Schwierigkeit überhaupt auftreten kann, muss die Branche die noch nicht endgültig bewältigte Schwierigkeit des Schallschutzes angehen. Problematisch ist das Rammen der Fundamente in den Meeresboden, da die dabei verursachten Geräuschemissionen der Meerestierwelt Schaden zufügen können. Berühmt wurden dadurch die Schweinswale in der Nordsee, zu deren Schutz der Lärmpegel deutlich gesenkt werden sollte. Um die vorgegebenen Richtwerte einzuhalten, wurden viele Möglichkeiten ausprobiert: kleiner Blasenschleier, großer Blasenschleier, eine Kombination beider oder auch das Bohren der Fundamente anstatt des Rammens. Zwar wurde in der Zwischenzeit eine Möglichkeit gefunden, die Richtwerte einzuhalten, aber eine Senkung der Höchstwerte zum Naturschutz scheint momentan nicht abwegig.

1.1.5.6 Industrielle Herausforderungen

Die industriellen Herausforderungen beziehen sich vor allem auf die Einführung standardisierter Herstellungsprozesse. Bisher überwiegen in der Offshore-Windenergie noch Einzelaufträge, die von Bauunternehmen entgegengenommen werden und im individuellen Herstellungsmodus realisiert werden. Die Professionalisierung der Branche und die damit zunehmende Serienproduktion beinhalten langfristig jedoch großes Kostensenkungspotenzial.

In letzter Zeit nehmen – parallel zu den bereits genannten Verzögerungen – auch Verzögerungen in der Fertigung der Komponenten, im Bau und der Installation von Windenergieanlagen und den Netzanschlüssen bzw. deren Komponenten zu. Dies führt allgemein zu höheren Kosten, was den Druck auf die Branche in Bezug auf Kostenreduktion erhöht.

Einen hohen Kostenfaktor bei der Errichtung von Offshore-Windparks stellt die Logistik dar. Als Beispiel ist hier die Situation in Bremerhaven zu nennen: Bevor die einzelnen Komponenten von der Fertigung bis aufs offene Meer gelangen, sind aufgrund der Infrastruktur mehrere Schleusengänge notwendig. Der Bau eines Terminals, das zukünftig für die Auslieferung von Komponenten für Offshore-Windenergieanlagen genutzt werden soll, verzögert sich immer wieder und die nun zur Anwendung kommenden Zwischenlösungen lassen die Kosten enorm ansteigen.

Einen Überblick über die Zusammensetzung der Gesamtkosten eines Offshore-Windparks bietet die nachfolgende Abbildung 11.

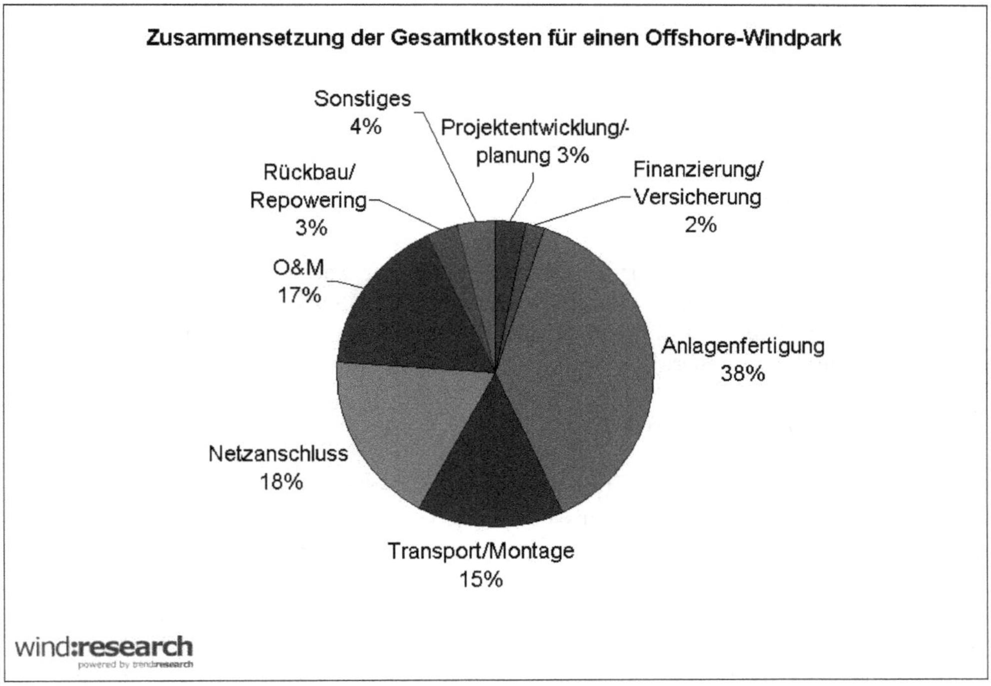

Abbildung 11: Zusammensetzung der Gesamtkosten für einen Offshore-Windpark

Auf allen Stufen der Wertschöpfungskette bestehen vielfältige Ansätze zur Kostensenkung, angefangen von der Reduzierung von teuren Zwischenlösungen, insbesondere in der Logistik, über Einzellösungen im technischen Bereich, z.B. beim Schallschutz, Turbinenbau bis hin zu hohen Versicherungs- und Finanzierungskosten, die u.a. aufgrund der noch nicht als Standard akzeptierten Technik entstehen. Die größten Kostensenkungspotenziale bestehen in der Anlagenfertigung (bis zu 40 Prozent) sowie im Bereich Transport/Montage (20–50 Prozent), wie Abbildung 12 zeigt. Die Potenziale zur Kostenreduktion bestehen folglich zum einen auf der Ebene der Produktoptimierung/-innovation und zum auf der Ebene der Prozessoptimierung/-innovation.

Perspektivisch muss die Offshore-Windenergie Kostensenkungen realisieren und Strompreise in Höhe von rund 10 Ct/kWh darstellen, um einerseits im Wettbewerb der Erneuerbaren, aber auch andererseits in der politischen Diskussion über die Kosten der Energiewende zu bestehen.

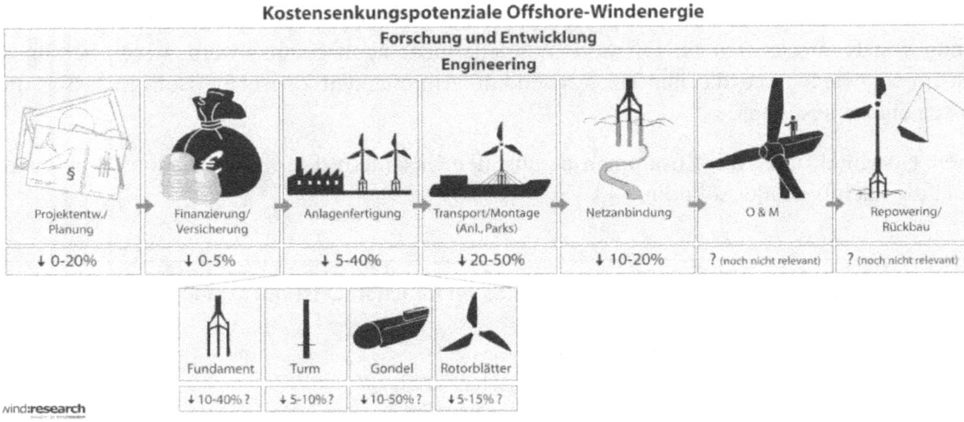

Abbildung 12: Kostensenkungspotenziale Offshore-Windenergie

Eine weitere Herausforderung für die Industrie bildet der wachsende asiatische Markt. Um mit diesem konkurrenzfähig zu bleiben, ist ebenfalls die Senkung der Herstellungskosten ausschlaggebend. Außerdem müssen die Qualität der Anlagenteile und der technologische Vorsprung weiterhin gesichert werden.

1.1.6 Fazit und Ausblick

Die Offshore-Windenergie bietet Deutschland ein enormes Potenzial und kann eine entscheidende Stütze beim Kernenergieausstieg darstellen. Doch die Entwicklung schreitet nicht in dem von der Bundesregierung geplanten und erhofften Tempo voran. Da im Bereich der Photovoltaik und der Onshore-Windenergie die politischen Ziele hinsichtlich des Ausbaus bisher immer erreicht und sogar übererfüllt wurden, setzte man auch für die Offshore-Windbranche ambitionierte Ziele für die Jahre 2020 und 2030. Ein großer Vorteil der Offshore-Windenergie liegt – im Vergleich zur Onshore-Windenergie – im enormen Flächenpotenzial, das in der deutschen Nord- und Ostsee zum Bau zur Verfügung steht. Dies ließ vermuten, dass der Ausbau zügig voranschreiten würde und man wenig Bürgerproteste oder genehmigungsrechtliche Schwierigkeiten zu erwarten habe. Doch die politischen Ausbauziele werden aller Voraussicht nach nicht erreicht. Die Gründe dafür sind vielfältig: Einerseits sind die Rahmenbedingungen für den Ausbau nach wie vor nicht optimal und andererseits stellt die praktische Umsetzung eine Schwierigkeit für die Errichter der Parks dar.

Das größte Hemmnis beim weiteren Ausbau der Anlagen stellt derzeit – insbesondere ab dem Veröffentlichungszeitpunkt des „TENNET-Brandbriefs" – der Netzanschluss dar. Auch wenn hier beispielsweise mit der Novelle der Seeanlagenverordnung erste positive Schritte getan werden konnten, ist die Gesetzeslage verbesserungswürdig. Die Regelung der Haftung – im Herbst 2012 erwartet – stellt im Hinblick auf die Verbesserung der Rahmenbedingungen einen maßgeblichen Schritt dar. Eine solche Regelung sichert rechtlich die Ansprüche der Parkbetreiber bei Verzögerungen des Netzanschlusses und erleichtert auch die Finanzierung der Milliarden-Projekte. Eine Haftungsregelung bietet den Investoren Sicherheit und löst damit das derzeitige Risiko, dass auch bereits abgeschlossene Finanzierungen aufgrund von Verzögerungen oder weiterer Gründe wieder zurückgezogen werden.

Spannend stellt sich aus derzeitiger Sicht die Frage dar, welchen Effekt die Haftungsregel auf die gesamte Branche haben wird. An dieser Stelle lohnt ein Blick zurück auf das Jahr 2011. Im Fokus der öffentlichen Diskussion zu Offshore-Windparks stand das Thema „Finanzierung". Dieses wurde als wesentliches Hemmnis identifiziert und die Branche forderte Unterstützung durch den Staat. Tatsächlich wurde im August 2011 das Kreditprogramm „Offshore-Windenergie" der Kreditanstalt für Wiederaufbau KfW aufgelegt, welches ein Kreditvolumen im Umfang von fünf Milliarden Euro für die zehn ersten deutschen Offshore-Windparks zur Verfügung stellt. Auch wenn lange um die Konditionen gerungen und auf die Einigung und damit den Start der Förderung gewartet wurde, wird es jedoch – zumindest bislang – kaum genutzt. Danach löste das Thema „Netzanschluss" das Thema „Finanzierung" in der öffentlichen Diskussion ab. Es bleibt abzuwarten, welche der weiteren Herausforderungen nach Abschluss der Haftungsregelung in den Fokus rücken wird.

Weitere Gründe für Verzögerungen liegen z.B. im Naturschutz oder der Logistik. Das Ausmaß der Schwierigkeiten wurde insgesamt von allen Beteiligten unterschätzt: Unter den speziellen Voraussetzungen der deutschen Ausschließlichen Wirtschaftszone (z.B. Wassertiefen, Küstenentfernungen etc.), wird „Neuland" betreten. Auch Erfahrungen anderer Länder (Vereinigtes Königreich und Dänemark) sind aufgrund der unterschiedlichen Ausgangssituation nur bedingt zu übertragen und entsprechend kann bei der Errichtung deutscher Offshore-Windparks kaum davon profitiert werden. Es fehlt vor allem an ausgereiften Konzepten und etablierten Prozessen.

Auch wenn der Erfahrungsschatz, auf den bei der Realisierung von Offshore-Windparks in der deutschen Nord- und Ostsee zurückgegriffen werden kann, bisher noch gering ist, verläuft die Lernkurve durch die starke Vernetzung der Branche jedoch vergleichsweise steil. Zusätzliche Kapazitäten für Produktion, Umschlag, Transport und Installation der Offshore-Windenergieanlagen werden derzeit in einem hohen Tempo auf- und ausgebaut und die bestehende Konkurrenz zwischen den Unternehmen und den Hafenstandorten wirkt dabei belebend auf die weitere Entwicklung. Im technischen Bereich gab und gibt es viele Fortschritte, sodass beispielsweise verschiedene Hersteller bereits Windenergieanlagen mit einer Nennleistung von fünf MW und mehr als Standard produzieren. Diese technologischen Entwicklungen und Erfahrungen stellen eine enorme Exportchance für die hiesigen Unternehmen dar. Nicht vernachlässigt werden dürfen die Ergebnisse des ersten Offshore-Windparks in Deutschland „ALPHA VENTUS". Diese zeigen, dass höhere Volllaststunden zu erreichen sind, als man zuvor erwartet hatte, und die Windkraft auf dem Meer ertragsstark ist. Ebenso steigen dadurch die Renditeerwartungen, was perspektivisch zu verbesserten und einfacheren Finanzierungen führen müsste.

Trotz dieser ersten Schritte liegt noch ein weiter und anspruchsvoller Weg vor der gesamten Branche. Von enormer Bedeutung werden in den nächsten Monaten und Jahren Kostensenkungen sein, damit die Offshore-Windenergie sowohl im Wettbewerb der Erneuerbaren Energien als auch in der politischen Diskussion über die Kosten der Energiewende bestehen kann. Kostensenkungspotenziale bestehen entlang der gesamten Wertschöpfungskette. Die beiden wichtigsten Ansätze sind zum einen die Reduzierung von teuren Zwischenlösungen (insbesondere in der Logistik) durch ausgereifte Konzepte und standardisierte Verfahren und zum anderen Materialeinsparungen in der Anlagenfertigung. Darüber hinaus gibt es weitere technologische Herausforderungen, vor welche die Branche in der nächsten Zeit gestellt wird: z. B. von einem optimalen Kolkschutzkonzept über die Frage des „Grouting" bis hin zu effizienten Schallschutzmaßnahmen, durch welche die gesetzlichen Vorgaben eingehalten werden können.

Die Betrachtung der drei Szenarien zum Ausbau der Offshore-Windenergie zeigt, dass das politische Ziel im Jahr 2020 im „Best Case"-Szenario beinahe erreicht, während es im „Worst Case"-Szenario um mehr als 70 Prozent verfehlt wird. Allerdings ist die Eintrittswahrscheinlichkeit der Annahmen im Referenzszenario am höchsten, sodass im wahrscheinlichsten Fall rund sieben GW installierte Leistung in der deutschen Nord- und Ostsee realisiert sind. Um das „Worst-Case"-Szenario zu verhindern, besteht dringender Handlungsbedarf und die genannten Herausforderungen müssen kurzfristig gelöst werden.

1.2 Politische, rechtliche und energiewirtschaftliche Rahmenbedingungen der Offshore-Nutzung

THORSTEN FALK, ANDREAS WAGNER

1.2.1 Einführung

Die Offshore-Windenergieentwicklung wurde 2011/12 massiv vom Thema Offshore-Netzausbau und den Finanzierungsschwierigkeiten des Übertragungsnetzbetreibers TENNET geprägt. Ausgangspunkt der Diskussion war ein Schreiben von TENNET an die Bundesregierung vom 7. November 2011, in dem das Unternehmen aufgrund eigener finanzieller, materieller und personeller Engpässe die Vergabe weiterer Netzanschlüsse solange ausgeschlossen hat, bis die Haftungsfrage für Verzögerungen und Unterbrechungen eindeutig geklärt ist. Zugleich könne die Finanzierung weiterer Netzausbaumaßnahmen nur unter der Maßgabe erfolgen, dass TENNET lediglich in Minderheitsbeteiligungen bei weiteren Aufträgen beteiligt sei.

Damit hat TENNET öffentlich erklärt, dass es derzeit nicht in der Lage sei, seiner gesetzlichen Verpflichtung zum Netzanschluss der Offshore-Windparks, möglicherweise aber auch weiterer Netzausbaumaßnahmen mit größeren Finanzierungsvolumina an Land, nachzukommen. Neben den offenen Haftungsfragen für den Bau und den Betrieb des Offshore-Netzes spielt dabei vornehmlich die wirtschaftliche Leistungsfähigkeit von TENNET eine zentrale Rolle. Der geschätzte Investitionsbedarf in den nächsten 10 Jahren im Gebiet des niederländischen Staatsunternehmens TENNET – also in den Niederlanden und Deutschland – beläuft sich auf deutlich über 20 Milliarden Euro, bei einem Umsatz im Jahr 2011 von 1,5 Mrd. € und einem Nettogewinn von 200 Mio. €[14]. Vor diesem Hintergrund wird deutlich, dass neben den vorhandenen Offshore-spezifischen Herausforderungen beim Netzausbau ein zentraler Akteur im Bereich natürlicher Monopole, also der Netzinfrastruktur, mittelständig geprägt ist (ungeachtet der Eigentumsverhältnisse). Angesichts der zur Erreichung der Ausbauziele notwendigen Investitionen in den nächsten 10 Jahren stellt sich die Frage nach der wirtschaftlichen Leistungsfähigkeit eines wesentlichen Akteurs im Bereich der Netzinfrastruktur mit zunehmender Dringlichkeit. Inwieweit das laufende Zertifizierungsverfahren durch die BUNDESNETZAGENTUR auch die Prüfung der wirtschaftlichen Leistungsfähigkeiten abdecken wird, bleibt vor dem Hintergrund der Stellungnahme der EU-Kommission vom September 2012 zum laufenden Zertifizierungsprozess von TenneT abzuwarten. Ungeachtet der Ergebnisse scheint eine Diskussion über den Aufbau einer leistungsstarken Organisationsstruktur zwingend angezeigt.

1.2.1.1 AG Beschleunigung

Als Folge des Schreibens von TENNET und der sich daran anschließenden öffentlichen Diskussion wurde auf Initiative von Bundeswirtschaftsminister RÖSLER unter Beteiligung des Bundesumweltministeriums am 13. Januar 2012 die AG „BESCHLEUNIGUNG DER NETZANBINDUNG VON OFFSHORE-WINDPARKS“ (nachfolgend AG BESCHLEUNIGUNG) ins Leben gerufen. In der AG BESCHLEUNIGUNG waren alle für die Offshore-Netzanbindung relevanten

14 Vgl. TENNET, Jahresbilanz 2011.

Akteure vertreten: auf Seiten der Industrie die Übertragungsnetzbetreiber, die Anbieter von HGÜ-Technik (Konverterstationen und Kabel), Versicherungswirtschaft sowie die Hersteller und die Betreiber der Offshore-Windenergieanlagen und deren Verbände; auf Seiten der Politik und Behörden die zuständigen Ministerien die AG BESCHLEUNIGUNG, ebenso wie Bundesnetzagentur (BNETZA) und das BUNDESAMT FÜR SEESCHIFFFAHRT UND HYDROGRAPHIE (BSH).

Nach zweimonatiger intensiver Arbeit legte die AG BESCHLEUNIGUNG unter Moderation der STIFTUNG OFFSHORE-WINDENERGIE bereits am 22. März 2012 den beiden zuständigen Bundesministern RÖSLER und RÖTTGEN ein umfangreiches Maßnahmenpaket vor, das einen volkswirtschaftlichen Gesamtansatz verfolgt und neben verschiedenen Maßnahmen im Ergebnis ein neues Netzanbindungsregime, den sogenannten Systemwechsel vorschlägt. Ein Großteil der verschiedenen Vorschläge sowie die grundsätzliche Ausgestaltung des Systemwechsels werden in Ziffer 1.2.2 ausführlich dargestellt.

1.2.1.2 Novelle des EnWG

Vermutlich Anfang 2013 wird der aktuell – Oktober 2012 – im Bundestag diskutierte Gesetzentwurf zur Regelung der Haftungsfragen bei der Netzanbindung von Offshore-Windparks sowie zum neuen Netzanbindungsregime (Systemwechsel) bereits in Kraft getreten sein und somit einen weiteren Meilenstein in der Fortentwicklung der regulatorischen Rahmenbedingungen der Offshore-Windenergie darstellen. Ziffer 1.2.5 stellt die historische Entwicklung der wesentlichen gesetzlichen Rahmenbedingungen dar.

Die bisher bekannten Neuregelungen des Entwurfs des Dritten Gesetzes zur Neuregelung energiewirtschaftsrechtlicher Vorschriften (1. Lesung Bundestag, Stand Oktober 2012) sind im Grundsatz zu begrüßen. Sie bieten die Möglichkeit, bisherigen Defiziten im Netzanbindungsregime durch einen Gesamtansatz zu begegnen, der alle bisherigen offenen Fragen adressiert und dabei eine möglichst breite Anzahl an Akteuren entsprechend ihrer Leistungsfähigkeit und der jeweiligen Risikosphäre integriert[15]

Teilweise unklar bzw. nicht geregelt sind bisher Maßnahmen zur Vermeidung bzw. Minimierung von Haftungsansprüchen bei Verzögerung oder Unterbrechung von Offshore-Netzanbindungen, wie sie von der AG BESCHLEUNIGUNG und der STIFTUNG OFFSHORE WINDENERGIE vorgeschlagen wurden. Diese Maßnahmen würden zu einer deutlichen Erhöhung der Investitionssicherheit auf Netz- und Windparkseite führen und ermöglichten zugleich ein volkswirtschaftliches Optimum. Hier müssen die endgültigen gesetzlichen Regelungen im Detail analysiert und nachfolgend durch die vorhandenen Gestaltungsspielräume der einzelnen Akteure, insbesondere auf Seiten der Netz- und Windparkbetreiber sowie der zuständigen Behörden (BSH und BNETZA) ausgestaltet werden.

Die STIFTUNG OFFSHORE-WINDENERGIE hat in der öffentlichen Diskussion deutlich gemacht, dass die volkswirtschaftlichen Risiken aus den sich in 2012 und 2013 verzögernden Netzanschlüssen durch eine Priorisierung der Fertigstellung der Netzanschlüsse, durch temporäre Netzanschlussmaßnahmen sowie ein Netzanschlussmanagement problemlos halbiert werden

---

15 Vgl. auch Ziffer 1.1.2.2.

könnten. Die von der Bundesregierung im Gesetzentwurf auf 1 Mrd. Euro bezifferten möglichen Schäden könnten somit auf etwa 500 Millionen Euro reduziert werden.

1.2.1.3 Vorschläge für schadensmindernde Maßnahmen

Der Aufbau einer geeigneten Netzinfrastruktur in Nord- und Ostsee ist nicht zuletzt aus Gründen der Systemsicherheit – und damit auch aus Verbraucherschutzgründen – zwingend angezeigt. Allein das von der STIFTUNG OFFSHORE-WINDENERGIE und dem Offshore Forum Windenergie beauftragte BET-Gutachten „TECHNISCHE OPTIONEN ZUR VERBINDUNG VON OFFSHORE-HGÜ-KOPFSTATIONEN UND DEREN WIRTSCHAFTLICHE IMPLIKATION" hat gezeigt, dass erhebliche Potentiale zur kurzfristigen technischen Optimierung des Offshore-Netzes bestehen.[16] Allein die Verbindung der einzelnen Offshore-Netzanbindungen untereinander reduziert die Kostenrisiken bei möglichen Netzausfällen drastisch und bildet die Grundlage für ein effizientes Netzanschlussmanagement. Eine so genannte Vermaschung führt somit zu einer effizienten Nutzung der begrenzten Ressource Netzanschlusskapazität. Der Entwurf des Offshore-Netzplans des BSH vom September 2012 greift diesen Punkt bereits an prominenter Stelle auf und versucht, die raumordnerischen Voraussetzungen für ein effizientes und energiewirtschaftlich geeignetes Offshore-Netz zu schaffen. Ein wesentliches Ziel eines solchen Offshore-Netzes ist es auch, Antworten auf die aktuellen Probleme bei Verzögerungen und Netzausfällen zu entwickeln und somit die Risiken drastisch zu minimieren. Insofern kommt dem Offshore-Netzplan sowie dem Offshore-Netzentwicklungsplan der Übertragungsnetzbetreiber, der erstmalig zum 1. März 2013 von der BNETZA vorzulegen ist, eine zentrale Bedeutung zu und wird zu intensiven Diskussionen im ersten Halbjahr 2013 führen. Den in Ziffer 1.2.3 dargestellten Lösungsansätzen kommt somit eine entscheidende Rolle zu.

1.2.1.4 Positive Entwicklung beim Ausbau der Offshore-Windenergie

Problematisch an der Netz- und Finanzierungsdiskussion des Jahres 2012 ist, dass der Fokus der öffentlichen Wahrnehmung bei Politikern, Medien und damit der breiteren Öffentlichkeit fast ausschließlich auf den Verzögerungs- und Finanzierungsproblemen von TENNET und den damit verbundenen möglichen Kosten für die Verbraucher lag. Im Fokus der öffentlichen Wahrnehmung stehen vor diesem Hintergrund fast ausschließlich negative Aspekte, die letztlich in den Schwierigkeiten bei der fristgerechten Bereitstellung der Netzinfrastruktur sowie deren Finanzierung durch den verantwortlichen Netzbetreiber begründet sind und nicht durch die Realisierung der Windparks selber.

Die positive Entwicklung der Offshore-Windenergie in den Jahren 2011 und 2012 ist vor diesem Hintergrund fast vollständig in der öffentlichen Wahrnehmung untergegangen, obwohl sich Ende 2012 bereits rd. 2.000 MW Offshore-Leistung in Betrieb bzw. in der Bauphase befinden. In 2013 sollen nach Planung der Unternehmen weitere rd. 1.000 MW zusätzlich in den Bau gehen. Diese erste Umsetzungsphase kommerzieller Windparks mit einer Gesamtleistung von 3.000 MW kann die Grundlage für eine weitere effiziente Entwicklung in Deutschland und Europa darstellen, da sie belastbare Ergebnisse über die Errichtung und den Betrieb von Offshore-Windparks in Wassertiefen von 20 bis 40 m sowie in Küstenentfernungen von bis zu 100 km liefert.

[16] http://www.offshore-stiftung.com/60005/Uploaded/Offshore_Stiftung|BET-Kurzgutachten_Vermaschung.pdf.

Die Erfahrungen der ersten Ausbaustufe können bei einem weiteren kontinuierlichen Ausbau auch zu erheblichen Kostendegressionen führen, hierin sind sich alle Akteure einig. Nur mittels einer robusten nachhaltigen Entwicklung wird es möglich sein, die Kosten für die Nutzung der Windenergie auf See effizient zu gestalten und die vorhandenen Kostendegressionspotentiale zu erschließen. Die Untersuchungen von CROWN ESTATE[17] in Großbritannien haben sehr deutlich gezeigt, dass bis 2020 erhebliche Kostensenkungsmöglichkeiten erschlossen werden können, wenn durch eine robuste und dynamische Marktentwicklung Skalen-, Technologie- und Lerneffekte zum Tragen kommen können.

Allerdings besteht in Deutschland aufgrund der Finanzierungsprobleme von TENNET sowie der aktuellen Diskussion um Änderungen des Förderregimes aktuell die Gefahr, dass eine solche robuste und stetige Marktentwicklung zumindest für die nächsten zwei bis drei Jahre abrupt gestoppt wird, was mit erheblichen negativen Konsequenzen für die komplette Wertschöpfungskette verbunden wäre. Deshalb ist es nicht zuletzt auch aus Gründen der notwendigen Kostensenkung bei der Nutzung der Windenergie auf See zwingend notwendig, das Finanzierungsproblem von TENNET kurzfristig zu lösen, ggf. auch durch einen temporären Einstig der KFW bei einzelnen Netzanbindungen zu überbrücken.

1.2.1.5 Kostensenkungspotenziale

Bei der Offshore-Windenergie können Kostendegressionspotentiale – wie schon zuvor bei der Windenergienutzung an Land und bei der Solarenergie – durch das Sammeln von praktischen Erfahrungen (Lernkurveneffekt) sowie durch Skaleneffekte und eine Industrialisierung der Fertigungskette erreicht werden. Genauso wichtig ist aber auch der Wettbewerb auf Investorenseite. Hier lohnt sich ein Blick darauf, wie sich die Investorenvielfalt in Deutschland darstellt, u.a. auch bedingt durch die gesetzlichen Rahmenbedingungen des EEG und EnWG, Dabei wird deutlich, dass das bisherige regulatorische Regime zu einer großen Investorenvielfalt und damit auch zu mehr Wettbewerb als in anderen Ländern geführt hat.

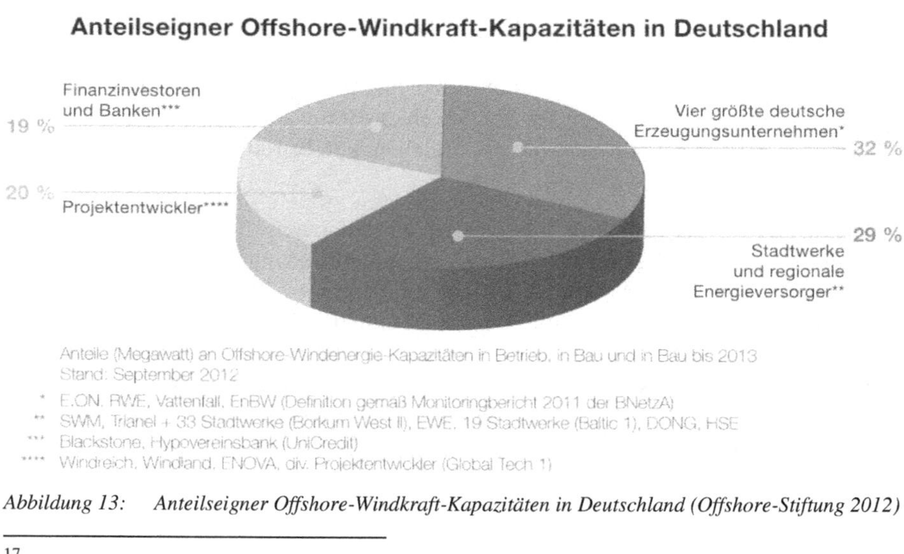

Abbildung 13: Anteilseigner Offshore-Windkraft-Kapazitäten in Deutschland (Offshore-Stiftung 2012)

[17] http://www.thecrownestate.co.uk/energy/.

Unterstrichen wird dieser Aspekt auch durch Untersuchungsergebnisse aus Großbritannien, die erhebliche Kostendegressionspotentiale allein durch den Wechsel des bisherigen Quoten- und Marktpreissystems hin zu einem Einspeisetarifsystem sehen.

Die Diskussion um die Fortentwicklung des EEG ist zwar notwendig und sinnvoll, sollte aber sachlich geführt und insbesondere die unterschiedlichen Vorlaufzeiten – von der Investitionsentscheidung bis hin zur Inbetriebnahme – für die einzelnen erneuerbaren Energieträger (PV – wenige Monate, Offshore – mehr als fünf Jahre) differenziert berücksichtigen.

In der aktuellen Diskussion über die Fördermechanismen sowie Kosten und Nutzen der Energiewende, u.a. bedingt durch die stark gestiegene EEG-Umlage wird fast ausschließlich auf die Stromgestehungskosten und zunehmend weniger auf die Systemkosten abgestellt. Die positiven Effekte (von Klima- und Umweltschutz über Wertschöpfung und neue Beschäftigungspotenziale bis hin zu vermiedenen Energieimportkosten) bleiben in der öffentlichen Diskussion oftmals nur ein Nebenaspekt.

1.2.1.6 Integrierte energiewirtschaftliche Gesamtbetrachtung

Am Ende wird nur ein Kraftwerk Deutschland, verbunden mit einer engen europäischen Komponente, im Ergebnis erfolgreich sein. Dies steht auch bei den meisten Experten und politischen Entscheidungsträgern außer Frage, wird aber leider aufgrund der häufig sehr kurzen Betrachtungszeiträume, u.a. auch aufgrund der Wahlzyklen sowie des Systems der EEG-Umlage zu wenig über die Grenzen der einzelnen Erzeugungsarten hinaus offen diskutiert.

In Ziffer 1.2.6 soll der Versuch unternommen werden, energiewirtschaftliche Aspekte der Offshore-Windenergie in ein „Koordinatensystem Kraftwerk Deutschland“ einzuordnen. Allein aufgrund der praktischen Erfahrungen aus dem Betrieb der ersten Offshore-Windparks ALPHA VENTUS und BALTIC I – mit einer Stromeinspeisung von über 8.000 Stunden im Jahr und Volllaststunden von bis zu 4.500 – lassen diesen Blick als sinnvoll und notwendig erscheinen. Dies wird insbesondere dann deutlich, wenn man sich Untersuchungen von renommierten Forschungseinrichtungen ansieht, die für Prognosen der Stromgestehungskosten für die Jahre 2020 und 2030 von 3.200 Volllaststunden bei der Nutzung der Windenergie auf See ausgehen[18].

Darüber hinaus gibt es noch eine Vielzahl von genehmigungsrechtlichen, administrativen und technologischen Fragestellungen, die im Hinblick auf die Nutzung der Windenergie auf See zu beantworten sind. Dies fängt an bei ökologischen Fragestellungen wie dem Schallschutz und der Frage der Beleuchtung der Windparks, der Fortentwicklung von Arbeitsschutz- und Sicherheitskonzepten und einem abgestimmten Havariekonzept, technischen Fragestellungen wie Parkdesign, Anlagenauslegung und alternativen Gründungstechnologien bis hin zu Fragen der Vermarktung des Windstroms und der Flexibilisierung durch eine stärkere Einbindung von Verbrauchern und der Nutzung von Speichern, insbesondere im Hinblick auf die Netz- und Systemintegration. Geeignet für die Fortentwicklung der Konzepte bzw. Beantwortung der offenen Fragen sind die Erfahrungen, die durch den Bau und den Betreib der ersten Ausbaustufe von 3.000 MW gesammelt werden können.

---

[18] Vgl. Fraunhofer Institut ISE (2012): Stromgestehungskosten Erneuerbarer Energien, S. 17.

1.2.2 Netzinfrastruktur – Grundlage für eine effiziente und nachhaltige Entwicklung der Offshore-Windenergie

1.2.2.1 Vorbemerkung

Am 13. Januar 2012 wurde im Nachgang des sogenannten „Brandbriefes“ von TENNET vom 7. November 2011 auf Initiative von Bundeswirtschaftsminister RÖSLER unter Beteiligung des Bundesumweltministeriums die AG „BESCHLEUNIGUNG DER NETZANBINDUNG VON OFFSHORE-WINDPARKS“ (nachfolgend AG BESCHLEUNIGUNG) ins Leben gerufen. Auftrag der Arbeitsgruppe war die Erarbeitung von Lösungsvorschlägen im Hinblick auf die entstandenen Verzögerungen bei Offshore-Netzanschlüssen und daraus resultierende Auswirkungen für die Offshore-Windparkbetreiber sowie die Finanzierungsschwierigkeiten des für die Nordsee zuständigen Übertragungsnetzbetreibers TENNET.

Ein eingesetzter Arbeitsausschuss aus Übertragungsnetzbetreibern (TENNET, 50 HERTZ), Herstellern von Netzanbindungen (ABB, ALSTOM, SIEMENS) sowie Windenergieanlagen (VDMA), Offshore-Windparkbetreibern (AG BETREIBER), der Versicherungswirtschaft (MARSH), Verbänden (OFW, BDEW) sowie Vertretern von Bundesbehörden (BMWI, BMU, BSH, BNETZA) hat unter Moderation der STIFTUNG OFFSHORE-WINDENERGIE verschiedene Lösungsmöglichkeiten entwickelt.

Konsens bestand nach einer gemeinsamen Problemanalyse in der Einschätzung, dass das bisherige Verfahren der Netzanbindung entsprechend des § 17 2a EnWG überdacht und neue – auch gesetzgeberische – Weichenstellungen notwendig sind, um die in der Netzanbindung von Offshore-Windenergieanlagen aufgetretenen Schwierigkeiten zu überwinden und damit diesen Teil der Energiewende reibungslos umsetzen zu können. Dieser Wechsel im Netzanbindungsregime wird aktuell unter dem Begriff „Systemwechsel“ diskutiert und findet sich auch in den für Anfang 2013 erwarteten neuen gesetzlichen Regelungen wieder[19]. Aufgrund dieser notwendigen gesetzlichen Regelungen sowie der späteren Ausgestaltung möglicher Verordnungsermächtigungen im EnWG bzw. der verankerten Festlegungskompetenz kommt der Bundesregierung und deren nachgeordneter Behörden sowie dem Deutschen Bundestag eine besonders aktive und entscheidende Rolle im Prozess zu.

Im Nachgang der Ergebnisse der AG Beschleunigung haben am 27. Juli 2012 die STIFTUNG OFFSHORE-WINDENERGIE, das OFW, der BDEW, der VDMA sowie die Übertragungsnetzbetreiber 50HERTZ und TENNET ein Positionspapier „Eckpunkte eines Systemwechsels bei der Netzanbindung von Offshore-Windparks“ vorgelegt, das sich intensiv mit der Ausgestaltung des Systemwechsels auseinandersetzt und Lösungsvorschläge aufzeigt und damit zur Diskussion um einen anzustrebenden Systemansatz beigetragen hat[20].

Neben der Definition der Ziele eines Systemwechsels und der Darstellung der Möglichkeiten zur konkreten Umsetzung hat dieses Positionspapier deutlich gemacht, dass eine Änderung des Netzanbindungsregimes auf alle angrenzenden gesetzlichen Regelungen Auswirkungen hat, die im Folgenden dargestellt werden:

---

19 Vgl. auch Ziffer 1.1.2.2.

20 http://www.offshore-stiftung.com/Offshore/523/51/51/60005/design1.html.

- das EnWG inkl. Onshore-Netzentwicklungsplan (NEP), der Bundesbedarfsplan (BBP) und Offshore-Netzplan (ONP),
- das Raumordnungsgesetz (ROG) inkl. ONP und die Seeanlagenverordnung (SeeAnlV),
- das Erneuerbare-Energien-Gesetz (EEG) und ggf. sogar im KfW-Programm sowie
- die Rolle der Bundesnetzagentur (BNETZA) im Rahmen ihrer bisherigen und ggf. zukünftigen Festlegungskompetenz und
- die Rolle des BUNDESAMTES FÜR SEESCHIFFFAHRT UND HYDROGRAPHIE (BSH) als Planfeststellungs- und Genehmigungs- sowie als Raumordnungs- und Planungsbehörde.

Der im Bundestag im Oktober 2012 in 1. Lesung diskutierte Gesetzentwurf greift verschiedene Punkte der AG Beschleunigung, aber auch des Positionspapiers zum Systemwechsel auf und bildet eine geeignete Grundlage für die Entwicklung eines effizienten Netzanbindungsregimes.

Da es aber für das Gelingen des Systemwechsels insbesondere auf die weicheren Stellschrauben der verschiedenen Vorschläge – Netzanschlussmanagement, temporäre Netzanschlussmaßnahmen, Realisierungsfahrpläne – ankommt, kann mit Stand Oktober 2012 noch nicht endgültig abgeschätzt werden, inwieweit der neue gesetzliche Rahmen (voraussichtliches Inkrafttreten Anfang 2013) diese ausreichend berücksichtigt wird.

Aus Sicht der STIFTUNG OFFSHORE-WINDENERGIE bedarf es neben den aktuell vom Bundestag diskutierten Änderungen des EnWG auch der Zusammenführung aller gesetzlichen Regelungen. Schon jetzt ist erkennbar, dass die verschiedenen Regelungen noch nicht sinnvoll ineinandergreifen. Allein am Beispiel der Verbindlichkeit des Netzanschlusstermins nach dem wahrscheinlich neuen EnWG-System sowie den Regelungen im EEG im Hinblick auf das Auslaufen des Stauchungsmodells sowie das Einsetzen der 7 %igen Degression (2017/2018) wird dies deutlich und kann zu deutlichen Verzögerungen von weiteren Investitionsentscheidungen für OWP führen. Nach einer Analyse der STIFTUNG OFFSHORE-WINDENERGIE stehen finale Investitionsentscheidungen von rd. 5.000 MW an, wobei nur ein Bruchteil ausgelöst werden wird, wenn nicht eine engere Abstimmung der gesetzlichen Regelungen sowie die kurzfristige Auslösung (Anfang 2013) der bereits überfälligen bzw. jetzt anstehenden drei bis vier Netzanbindungen erfolgt.

Der letztgenannte Punkt wird in 2013 und 2014 mit großer Sicherheit intensiver Erörterungen bedürfen und muss im Ergebnis zu einer weiteren Fortentwicklung des gesetzlichen Rahmens führen. Aufgrund der anstehenden Landtags- und Bundestagswahlen sowie der Diskussion über die Fortentwicklung des EEG ist allerdings nicht mit schnellen gesetzlichen Lösungen zu rechnen. Damit kommt den eingangs genannten weichen Stellschrauben, die den vorgegebenen gesetzlichen Rahmen des EnWG sowie der verschiedenen Netzpläne positiv ausfüllen können, kurzfristig eine ganz zentrale Rolle für den Aufbau und die Nutzung einer effizienten Netzinfrastruktur zu. Nachfolgend (Ziffer 1.2.2.2) sollen die wesentlichen Aspekte kurz dargestellt werden.

Ebenfalls diskussionswürdig ist aber auch das bisherige System der Anreizregulierung für die Netzinfrastruktur. Vor dem Hintergrund der Energiewende und der Ausbaudynamik Erneuerbarer Energien befindet sich Deutschland vor einer Phase erheblicher Investitionsentscheidungen in den Netzinfrastrukturbereich, wobei zunehmend eine mittel- und langfristige Ausrichtung der Netzausbauplanung und somit der Investitionen erfolgen sollte.

Das bisherige Regulierungssystem wurde aber entwickelt vor dem Hintergrund eines bestehenden Stromverbundnetzes auf Basis konventioneller Kraftwerke, das als wesentliche Aufgaben den Erhalt der Netzinfrastruktur und die Hebung von Effizienzpotentialen auf der Grundlage einer Jahrzehnte alten Technologie hatte.

Aktuell werden in Verteil- sowie Übertragungsnetzen zunehmend neue innovative Technologien (smart-grid, HGÜ, Erdkabel etc.) eingesetzt. Neue Betriebskonzepte ergeben sich aus der stärkeren Nutzung der erneuerbaren Energien, dem Ziel der stärkeren Einbindung der Verbraucher als aktive Netzelemente sowie von Systemdienstleistungstransporten. Insofern sollte kurzfristig darüber diskutiert werden, inwieweit auch ein Systemwechsel bei der Anreizregulierung notwendig ist.

1.2.2.2 Weiterführende Lösungsansätze für einen effizienten Ausbau und Betrieb des Offshore-Netzes

Das übergeordnete Ziel der Lösungsvorschläge der AG BESCHLEUNIGUNG und des Positionspapiers wie auch der anstehenden Änderungen des EnWG ist der Aufbau einer Netzinfrastruktur, die durch technische und organisatorische Maßnahmen den Stromtransport in die Verbrauchszentren sicherstellt, insbesondere vor dem Hintergrund der Systemsicherheit, möglicher Schadensrisiken und deren Versicherbarkeit, dem Austausch mit den Anrainerstaaten sowie der rechtzeitigen Bereitstellung der Netzkapazitäten für die Offshore-Windparks. Eine enge Verzahnung des Offshore-Netzplans mit der Netzplanung an Land sowie die Berücksichtigung bei der Aufstellung von Netzentwicklungsplänen als zentraler Baustein des deutschen Übertragungsnetzes ist eine zwingende Voraussetzung für eine energie- und volkswirtschaftlich effiziente Zielerreichung.

Die von den Herstellern der Offshore-Netzanbindungssysteme im Jahr 2008/9 benannten Lieferfristen für Netzanschlüsse von 30 Monaten sind 2009 in das Positionspapier der BNETZA[21] eingeflossen. Die 30-Monatsfrist war insbesondere vor dem Hintergrund der Realisierungsfrist von Offshore-Windparks (i.d.R. 30 Monate ab Investitionsentscheidung) ein für alle Beteiligten akzeptabler Zeitraum und stellte eine geeignete Synchronisierung der Bauphasen der Offshore-Windparks sowie der Netzanschlüsse dar.

Aktuell werden für die Realisierung der Offshore-Netzanschlüsse allerdings Zeiträume von rd. 50 Monaten plus x benötigt. Diese Verzögerungen im Vergleich zu den ursprünglichen Planungen sind u.a. in der erstmaligen und großtechnischen Anwendung der Hochspannungs-Gleichstrom-Übertragungstechnologie (HGÜ) in dieser Größenordnung auf dem Meer begründet, sowie einer derzeit noch geringen Zahl von Anbietern, die insbesondere auch im Hinblick auf Genehmigungs- und Zertifizierungsverfahren, aber auch im Bereich des Projektmanagements als Generalunternehmer für Großanlagen im maritimen Bereich eine steile Lernkurve durchlaufen.

In diesem Zusammenhang muss aber auch betont werden, dass entlang der gesamten Investitions- und Wertschöpfungskette alle Beteiligten (Hersteller, Netz- und Windparkbetreiber, Zertifizierer, Behörden, maritime Wirtschaft, Banken, Versicherer) einen intensiven Lern-

21 http://www.bundesnetzagentur.de/cln_1932/DE/Sachgebiete/ElektrizitaetGas/Sonderthemen/AnbindungOffshorewindparks/AnbindungOffshoreWindparks_Basepage.html.

prozess durchlaufen. Dieser Lernprozess muss Antworten liefern zu den Fragen, die aktuell nur mit hohen Unsicherheiten beantwortet werden können und insbesondere Investoren und Versicherungen zurückhaltend agieren lassen.

Entscheidend für den Erfolg der Offshore-Entwicklung wird auch sein, ob es gelingt, von den Erfahrungen einzelner Akteure Rückschlüsse für andere Marktakteure zu generieren oder allen dieser – zum Teil – schmerzhafte Prozess bevorsteht. Im alten Netzanbindungsregime gab es keinerlei vertragliche Beziehungen zwischen Netz- und Windparkinvestoren und man berief sich stets auf die gesetzlichen Verpflichtungen zum fristgerechten Netzanschluss. Ein gemeinsames Projekt ist Offshore durch diese fehlende direkte Verbindung der einzelnen Akteure noch nicht geworden. Insofern sind die Netz- und die Windparkseite noch immer eine *„black box"* für die andere Seite. Dies muss sich zwingend ändern.

Die AG BESCHLEUNIGUNG konnte Anfang 2012 verschiedene Optimierungspotentiale im Bereich der Beschleunigung der Netzanschlüsse identifizieren, die einen Zeitgewinn bringen (insbesondere Planungs- und Genehmigungsverfahren, Beauftragung und Vergabe der Netzanschlüsse und Personalkapazitäten). Darüber hinaus wird insbesondere in der Standardisierung der Netzanschlusssysteme ein hohes Beschleunigungspotential gesehen, wodurch zugleich bei volkswirtschaftlicher Kostenoptimierung die Qualität und Zuverlässigkeit des Gesamtsystems erhöht werden könnte.

Vor diesem Hintergrund kommt dem Netzanschlussmanagement, temporären Netzanschlussmaßnahmen und der Vermaschung der einzelnen Konverterstationen zur Kosten- und Risikominimierung bei verzögerten Netzanschlüssen und der optimalen Ausnutzung der knappen Ressource Übertragungskapazität bis zum Aufbau eines Offshore-Netzes in seiner Endphase eine hohe Bedeutung zu.

Um die genannten Potentiale abrufen zu können, sieht die AG BESCHLEUNIGUNG einen zentralen Lösungsansatz in den sogenannten Realisierungsfahrplänen. Mit einem von Übertragungsnetz- und Windparkbetreibern gemeinsam aufgestellten Realisierungsfahrplan für die Offshore-Netzanbindung soll ein größtmögliches Maß an Verbindlichkeit erlangt und dadurch eine größtmögliche Transparenz zwischen allen Beteiligten hergestellt werden. In einem solchen „Vertragsverhältnis" könnten dann auch geeignete Schadensminderungsmaßnahmen geeignet bewertet und ggf. umgesetzt werden. Die aufgeführten Maßnahmen sind für Alt- als auch für Neufälle zwingend anzuwenden.

1.2.3 Darstellung der Lösungsansätze

1.2.3.1 Optimierung Netzanschlussverfahren

Ziel ist neben der Beschleunigung der Netzanbindungen insbesondere eine Synchronisierung der Bauphasen der Offshore-Windparks sowie der Netzanschlüsse, eine deutlich engere Zusammenarbeit der verschiedenen Akteure und eine volkswirtschaftlich effiziente Nutzung der begrenzten Ressource Übertragungskapazität. Im Ergebnis ergibt sich eine höhere Verbindlichkeit der Netzanschlusstermine, eine Standardisierung und mittelfristig eine Beschleunigung der Realisierung von Netzanschlüssen sowie eine Erhöhung der Investitionssicherheit.

Die Analyse der verschiedenen Verfahren zeigt unterschiedliche Optimierungsmöglichkeiten auf, die nachfolgend skizziert werden. Aufgrund der Parallelität verschiedener Planungs-,

Genehmigungs- und Zertifizierungsprozesse, der angestrebten höheren Verbindlichkeit der Netzanschlusstermine – die zu längeren Fristen führen kann – sowie der aktuellen Marktsituation ist kurz- und mittelfristig (Vergaben von Netzanschlüssen in den Jahren 2012–2014, Inbetriebnahmen bis 2017–2019) von einer Realisierungsfrist von rd. 50 Monaten für die Offshore-Netzanbindung auszugehen. Erst bei Umsetzung der nachfolgend skizzierten Optimierungsmaßnahmen und einer Lernkurve (zwei bis drei Jahre) – insbesondere auf der Grundlage der Standardisierungen – sollte mittel- bis langfristig auch eine deutlich kürzere Realisierungszeit für Offshore-Netzanschlüsse angestrebt werden (30 Monaten plus x).

Die verschiedenen Optimierungsmöglichkeiten, die von der AG BESCHLEUNIGUNG erarbeitet und im Folgenden dargestellt werden, ergänzen sich in Teilen bzw. bauen aufeinander auf.

1.2.3.2 Planungs- und Genehmigungsverfahren

Vorziehen der Planungs- und Genehmigungsprozesse

Eine vorausschauende Planung für den mehrjährigen Offshore-Netzplan muss durch den Übertragungsnetzbetreiber bereits vor Erteilung der einzelnen Offshore-Windparkgenehmigungen beginnen. Die damit verbundenen Kosten sollten grundsätzlich umlagefähig sein. Besondere Bedeutung erlangt der Einstieg in die frühzeitige Planung auch vor dem Hintergrund, dass auf Vorplanungen und bereits vorliegende Genehmigungen aus der Zeit vor der gesetzlichen Verpflichtung zum Netzanschluss in § 17 Abs. 2a EnWG (Dez. 2006) zunehmend nicht mehr zurückgegriffen werden kann. Eine übergeordnete Planung, z.B. über die Raumordnung, kann zu einer deutlichen Beschleunigung in den Einzelgenehmigungsverfahren führen.

Bund und Länder sollten projektunabhängig Trassen sichern, die dann entsprechend des Bedarfs realisiert und genutzt werden können: das BSH über den Offshore-Netzplan sowie das Land Niedersachsen über die Raumordnung (3. und 4. Trasse). Die derzeit geltenden Bauausschlussfenster sollten vor dem Hintergrund der praktischen Erfahrungen evaluiert werden. Die bisher im Positionspapier der BNetzA existierenden Vorgaben zur Aufnahme der Planungs- und Genehmigungsprozesse sind umzusetzen („gelebte Praxis"). Dies darf aber nicht dazu führen, dass sich die anstehenden Ausschreibungen und Vergaben der Netzanbindungen bei fehlender Genehmigung weiter verzögern.

Mit einer frühzeitig begonnenen übergeordneten Planung und rechtzeitig vorliegenden Einzelgenehmigungen wird im Regelfall ein Beschleunigungspotential von mehreren Monaten erwartet. Grund sind klarere Genehmigungs- und Zertifizierungsvorgaben für den Herstellungs- und Installationsprozess der Netzanschlüsse. Vor diesem Hintergrund ist der Ansatz der übergeordneten langfristigen Planung durch das BSH (Offshore-Netzplan) sowie durch die Übertragungsnetzbetreiber (Offshore-Netzentwicklungsplan) entsprechend der aktuellen Regelung des EnWG (Stand 2012) sowie der vorgesehenen gesetzlichen Regelung (nach Inkrafttreten des Systemwechsels) zu begrüßen.

Steuerung der Planfeststellungsverfahren

Ein weiterer Schwerpunkt wird von der AG BESCHLEUNIGUNG auch in einer frühzeitigen Abstimmung zwischen Antragstellern, Behörden und Trägern Öffentlicher Belange (TÖB) gesehen sowie einer ausreichenden Personaldecke bei allen Beteiligten.

Aus Sicht der Länder müssen die Unterlagen qualitativ einen Stand aufweisen, der keiner nennenswerten Nachbesserung bedarf. Die eingereichten Planfeststellungsunterlagen sollten nach Möglichkeit bereits im Vorfeld mit den Trägern Öffentlicher Belange abgestimmt werden. Im Fall von Privatbetroffenheiten sollten vorherige und frühzeitige Abstimmungen mit potentiellen Einwendern erfolgen. Im Verlauf des Verfahrens sollten nach Möglichkeit keine Planänderungen mehr vorgenommen werden, die zu erneuter Auslegung der Antragsunterlagen führen würden. Die notwendigen Kosten hierfür müssen grundsätzlich umlagefähig sein. Den Küstenländern wird empfohlen ggf. zu prüfen, inwieweit eine Standardisierung der Antragsunterlagen hinsichtlich des Inhalts und Umfangs, z.B. auch auf der Grundlage der Ergebnisse der AG „MUSTERPLANUNGSLEITLINIEN“ im BMWi hilfreich ist. Weiterhin sollten durch eine gewisse personelle Konstanz die gesammelten Erfahrungen bei den ÜNB's und deren Auftragnehmern sowie bei den Genehmigungsbehörden gehalten werden.

1.2.3.3 Standardisierung der Netzanschlüsse

In der Entwicklung von Standards im Bereich der Netzanschlüsse wird ein wesentlicher Beitrag zur Beschleunigung der Realisierung der Offshore-Netzanschlüsse und für mehr Wettbewerb gesehen.

Die bisherigen Abläufe (Ausschreibungen, Design, Zertifizierung) können bei Vorliegen von Standards für den elektrotechnischen sowie den konstruktiven Bereich um einige Monate gestrafft werden. Gleichzeitig werden Kostenersparnisse und eine bessere Versicherbarkeit bei eingetretenen Sachschäden des Systems erwartet. Der beim BSH laufende Prozess zur Standardisierung, in den insbesondere die Übertragungsnetzbetreiber, Zertifizierer und Hersteller involviert sind, bietet kurzfristig ein geeignetes Gremium für den Prozess der Standardisierung. Hierzu wurden vier Unterarbeitsgruppen gebildet, die von der Industrie geleitet werden. Ziel ist die Entwicklung von Mindestanforderungen an die Standardkonstruktion der Offshore-Plattformen.

Im Rahmen des vom BSH Ende September 2012 vorgelegten Entwurfs des Offshore-Netzplans wurden bereits Grundsätze für die Netzanschlüsse vorgelegt, die sich aus dem Standardisierungsprozess heraus aktuell ergeben. Diese Grundsätze werden aber noch nicht ausreichen, sondern müssen insbesondere auch im Hinblick auf die Auslegung der Konverterstationen konkretisiert werden. Darüber hinaus bedarf es im Rahmen der Arbeiten des COUNCIL ON LARGE ELECTRIC SYSTEMS (CIGRÉ) schnell verbindlicher einheitlicher Standards für die HGÜ-Technologie, damit zukünftig die unterschiedlichen Systeme der verschiedenen Hersteller miteinander kompatibel sind und dem Aufbau eines europaweiten Gleichstromnetzes nicht entgegen stehen.

Durch die Standardisierung wird ein wesentlicher Beitrag zur Beschleunigung bei Zertifizierungs- und Genehmigungsverfahren sowie Planung, Errichtung und Betrieb geleistet. Insbesondere wird dadurch auch die Verlässlichkeit geplanter Liefertermine, die Qualität und somit die Systemzuverlässigkeit erhöht. Zugleich bilden diese Standards auch die Grundlage für die Öffnung des Marktes für weitere Anbieter und für eine Vergabe einzelner Gewerke (Kabel, Plattform, HGÜ-Technologie, Verlegung, Installation) durch die Übertragungsnetzbetreiber. Die bisherige Vergabepraxis (ausschließlich an Generalunternehmer) schränkt den Wettbewerb massiv ein und führt mittel- und langfristig zu höheren Netzanbindungskosten.

Ein weiterer Vorteil der Standardisierung besteht darin, dass einzelne Netzanschlüsse frühzeitig vergeben werden können, der genaue Installationsort der Konverterstation bis zu einem zu definierenden späteren Zeitpunkt (bedingt durch Installationsabläufe sowie Fertigungszeitraum der Gründung) später bestimmt werden kann und somit flexibler auf die Realisierungsschritte der Windparks in den einzelnen Clustern reagiert werden kann.

1.2.3.4 Netzanschlussmanagement und temporäre Netzanschlussmaßnahmen

Die in Bau befindlichen bzw. beauftragten Netzanschlüsse sollten optimal ausgenutzt werden. Insbesondere in Netzengpassclustern könnten Netzanschlussmanagement sowie temporäre Netzanschlussmaßnahmen „freie" Kapazitäten effizient nutzen, zumindest für eine Übergangszeit bis zur vollständigen Inbetriebnahme der jeweiligen Windparks. Bis zur Inbetriebnahme der weiteren notwendigen Konverterstationen könnte also der in „Warteschleife" befindliche Windpark mit angeschlossen bzw. Verzögerungen aufgefangen werden.

Daraus ergibt sich, dass die Möglichkeit einer abschnittsweisen Inbetriebnahme der Windparks vorgesehen werden sollte. Ein entsprechendes Anschlusskonzept wäre durch den zuständigen ÜNB im Rahmen einer Schadensminderungsstrategie (für Altfälle) sowie im Rahmen des Offshore-Netzentwicklungsplans zu entwickeln, um in der Übergangsphase Offshore-Windparks schneller ans Netz anschließen zu können und somit den Schaden bei Verzögerungen zu minimieren. In diesem Rahmen sollte auch geprüft werden, inwieweit zur Risikominimierung bei Betriebsunterbrechungen ein Anschluss an zwei getrennte Nachbarplattformen nicht grundsätzlich sinnvoll ist und temporäre Netzanschlussmaßnahmen im Rahmen des Netzanschlussmanagements nicht auch grundsätzlich technische Vorteile haben können. Die Beschleunigungspotentiale hängen letztlich stark von der jeweiligen Situation im Cluster ab sowie dem Grad der Vermaschung und bedürfen deshalb einer Einzelfallbetrachtung.

1.2.3.5 Vermaschung des Offshore-Netzes

Die bisherigen Maßnahmen und Planungen von Offshore-Netzanbindungen in der deutschen Nordsee sehen so genannte Sammel- bzw. Clusteranbindungen für Offshore-Windparks vor. Über diese Sammelanbindungen kann jeweils eine Leistung von bis zu 900 MW (aktueller Stand der Technik) abgeführt werden. Die Idee der Realisierung von Sammelanbindungen folgt dem von allen Beteiligten akzeptierten Gebot der wirtschaftlichen und ökologischen Effizienz. Bisher sind diese Sammelanbindungen nicht bzw. nur in einem sehr begrenzten Umfang untereinander verbunden.

Neben den volkswirtschaftlichen und ökologischen Vorteilen von Clusteranbindungen kann aber aufgrund der bisher nicht vorgesehenen Verbindung (Vermaschung) der Clusteranbindungen untereinander ein möglicher Ausfall/Schaden bei einer Sammelanbindung zu einem Verlust der Einspeisung von derzeit bis zu 900 MW führen. Der erzeugte Strom könnte in diesem Fall nicht in die Verbrauchszentren abgeleitet werden. Darüber hinaus hätte die unterbrochene Netzanbindung auch erhebliche Konsequenzen für die betroffenen Offshore-Windparks. Durch den Versorgungsausfall und die ausbleibende Vergütung des Windstroms entstehen nicht nur finanziellen Risiken, sondern auch die zwingend notwendige Notstromversorgung des gesamten Windparks über Notstromaggregate wäre nicht mehr gegeben.

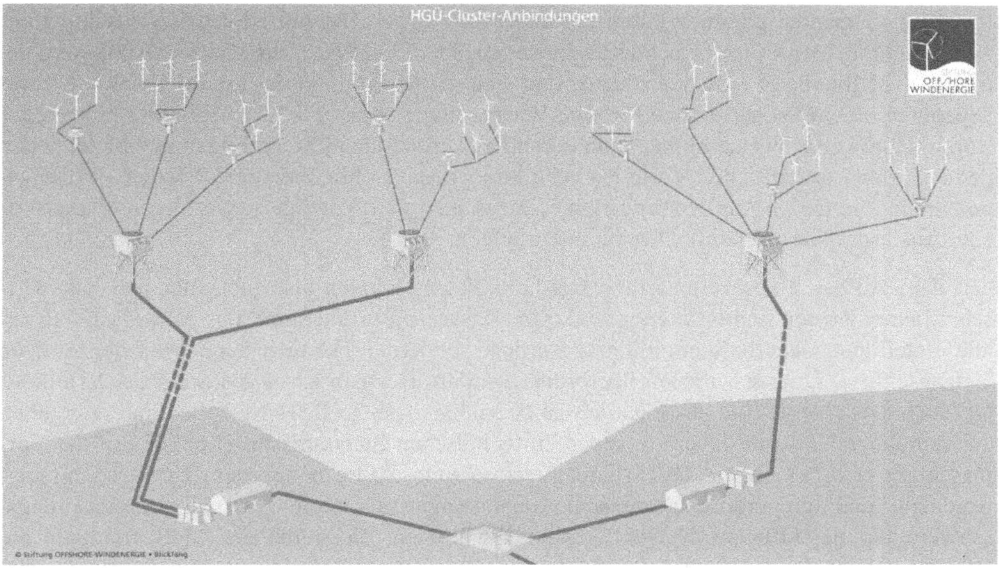

Abbildung 14: Offshore-Netz ohne Verbindung der Konverterstationen

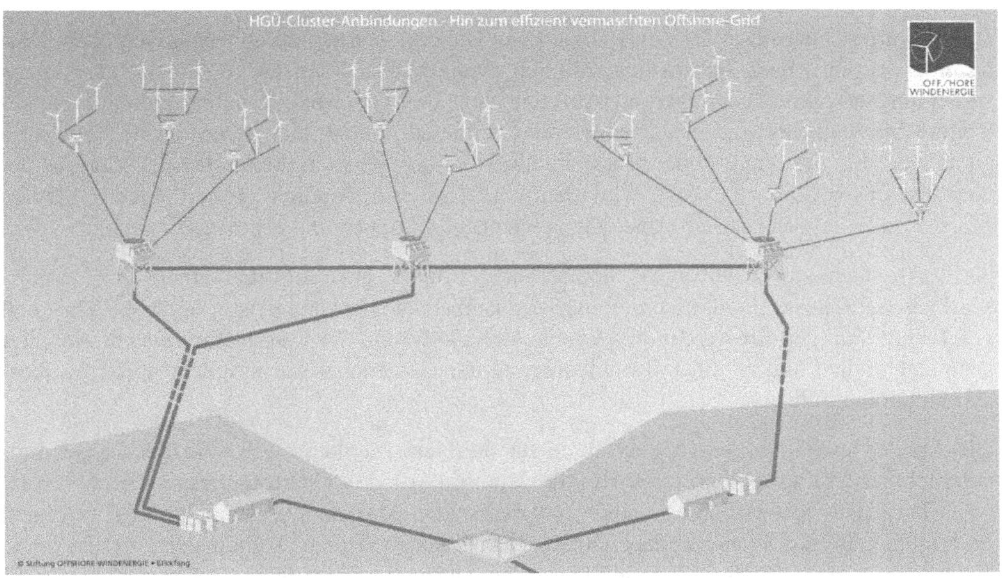

Abbildung 15: Vermaschtes Offshore-Netz

Durch eine Vermaschung, also die Verbindung der Offshore-Netzanbindungen (Konverterstationen) untereinander, lassen sich die möglichen Verluste bei einem Netzausfall drastisch reduzieren, da über die verbundenen weiteren Konverterstationen Strom abgeleitet werden kann (je nach freien Kapazitäten bzw. im Teillastbereich der Windparks). Zugleich wäre die Stromversorgung des Offshore-Windparks weiterhin sichergestellt.

Das BET-Gutachten kommt zu dem Ergebnis, dass allein eine zusätzliche Vermaschung des zweiten und dritten Clusteranschlusses im sogenannten DolWin-Cluster das Ausfallrisiko um rund 290 Millionen Euro senken würde und sich die Risikominimierung im DolWin-Cluster gegenüber einem Szenario ohne jegliche Vermaschung sogar auf 1,57 Milliarden Euro reduzieren ließe. Diese Vermaschung kann durch Drehstromkabel (AC) erfolgen und bietet neben den energiewirtschaftlichen Vorteilen auch kurzfristig erschließbare und effiziente Lösungspotentiale, die helfen, die Haftungsrisiken zu senken und Verzögerungen durch eine effiziente Auslastung der Netzinfrastruktur aufzufangen.

Mit dem Aufbau eines vermaschten Offshore-Netzes können also nicht nur die volkswirtschaftlichen Kosten und Risiken gesenkt und das Ausfall- und somit das Haftungsrisiko für alle Beteiligten dauerhaft minimieren werden, sondern es können auch zwischenzeitliche Netzanschlussengpässe wirksam überbrückt werden. Deshalb ist es aus Sicht der STIFTUNG OFFSHORE-WINDENERGIE ausdrücklich zu begrüßen, dass im BSH-Netzplan klare Vorgaben zur räumlichen Trassensicherung sowie zu technischen Standards im Hinblick auf die Vermaschung erfolgen sollen. Das Thema Vermaschung sollte neben dem Netzanschlussmanagement und temporären Netzanschlussmaßnahmen auch ein zentraler Untersuchungsschwerpunkt der Offshore-Netzentwicklungspläne sein, die durch die ÜNB erstmalig am 1. März 2013 vorzulegen sind.

1.2.3.6 Vergabeverfahren und Beauftragung von Netzanschlüssen

Bisher wurden Netzanschlüsse im Rahmen von Generalunternehmeraufträgen vergeben. Dies hat dazu geführt, dass sich bisher lediglich zwei Unternehmen (ABB, SIEMENS) an Ausschreibungsverfahren beteiligt und Aufträge von TENNET erhalten haben. Aktuell gibt es weitere Marktakteure, die in diesem Bereich anbieten wollen, hier ist insbesondere Alstom zu nennen. Bei der Analyse der Marktsituation und der Schwierigkeiten bei der Vergabe der Netzanschlüsse durch TENNET wird deutlich, dass eine deutlich größere Flexibilität am Markt bestünde, wenn die einzelnen Gewerke ausgeschrieben und beauftragt würden.

Nach Aussagen der Übertragungsnetzbetreiber könnte sich aufgrund einer verändernden Marktsituation auch eine Ausschreibung von Einzelgewerken kurzfristig anbieten. Dies soll von Fall zu Fall geprüft werden und könnte allein aufgrund der Marktöffnung mehr Anbieter nach sich ziehen und zu einer Beschleunigung der Gewerke sowie möglicherweise zu Kostenreduktionen führen.

Die Art der jeweiligen Vergabeverfahren für die Netzanschlüsse (z.B. Einzellose, Generalunternehmer, Alliance Contracting) sollte weiterhin von den Übertragungsnetzbetreibern jeweils kurzfristig auf Grundlage einer entsprechenden Marktanalyse und -abfrage erfolgen. Im Hinblick auf das Transparenzgebot der Realisierungsfahrpläne sollten sich Übertragungsnetzbetreiber und Offshore-Windparkbetreiber über die jeweiligen Ausschreibungs- und Vergabeprozesse informieren.

Weiterhin bedarf es der Verstärkung der F&E-Aktivitäten sowie eines stärkeren Erfahrungsaustauschs zwischen Wissenschaft und Industrie sowie der bereits erwähnten Standardisierung.

1.2.3.7 Personalkapazitäten

Die Erarbeitung vollständiger Unterlagen, die für die Schaffung einer völlig neuen Infrastruktur auf See im Rahmen von Planungs- und Genehmigungsverfahren, Ausschreibungs- und Vergabeverfahren der Netzanschlüsse, beim Durchlaufen von Zertifizierungsphasen sowie bei der gesamten Projektbegleitung notwendig sind, verursacht einen erheblichen Personalbedarf bei allen Beteiligten, d.h. bei Übertragungsnetzbetreibern, Herstellern und Subunternehmern sowie auf Seiten der Behörden. Dieser – nicht zuletzt durch die komplexe Materie bedingte – hohe Personalbedarf wurde bisher bei allen Beteiligten deutlich unterschätzt und hat damit auch zu den bekannten Verzögerungen beigetragen.

Neben der intensiveren Einarbeitung in die verschiedenen Themenkomplexe sollte industrieseitig – insbesondere im Bereich der Hersteller, Zertifizierer und ÜNB – die Personaldecke deutlich aufgestockt werden. Hierzu sollte mit der BNetzA geklärt werden, welche zusätzlichen Personalkapazitäten bzw. Aufträge an Dritte bei den ÜNB zur Beschleunigung der Verfahren gewälzt werden können, insbesondere auch die Kostenanerkennung nach § 4 Abs. 5a StromNEV bei der Beschäftigung von Spezialisten.

1.2.3.8 Realisierungsfahrpläne

Um zukünftig Schäden durch Verzögerungen zu vermeiden, sind – unabhängig vom endgültigen, neuen Netzanbindungsregime – möglichst frühzeitig verbindliche Netzanbindungstermine anzustreben. Nur auf dieser Grundlage werden nennenswerte Investitionsentscheidungen in die Errichtung von Offshore-Windparks erfolgen.

Entsprechend der bisher vorgesehenen Übergangsfristen für den Systemwechsel sowie dem angedachten System der Zuweisung von Netzanschlusszeitpunkten ist davon auszugehen, dass es eine Phase ab Vergabe der nächsten HGÜ-Netzanschlüsse von rd. 24 Monaten geben wird, in der kein weiterer Windpark einen verbindlichen Netzanschlusstermin, aus dem er Haftungsansprüche ableiten kann, erhalten wird.

Insofern bedarf es einer formalisierten Kommunikation zwischen den einzelnen Akteuren. Hierfür bietet es sich an, sogenannte verbindliche Realisierungsfahrpläne von OWP und ÜNB unter Einbeziehung von Lieferanten, Generalunternehmern, Zertifizierer und Genehmigungsbehörden zu vereinbaren. Erste Schritte für die Realisierungsfahrpläne sollten bereits bei der Aufstellung der Offshore-Netzentwicklungspläne erfolgen, intensiviert sollte der Prozess ab der Festlegung der Netzanschlusstermine und der sich daran anschließenden Ausschreibungsverfahren werden.

Der gemeinsam aufgestellte Realisierungsfahrplan soll ein Höchstmaß an Verbindlichkeit erlangen und zu einer größtmöglichen Transparenz zwischen Übertragungsnetzbetreibern und Windparkbetreibern führen. Seine Aufstellung und Begleitung erfolgt unter der Moderation der BNetzA oder eines von ihr eingesetzten externen Moderators. Über einen regelmäßigen Jour fixe aller Beteiligten sollte der Plan evaluiert und gesteuert werden.

Dieses Instrument ist insofern nicht neu, da es bereits in der Kraftwerks-Netzanschlussverordnung bereits existiert und insofern nur an die Besonderheiten des maritimen Bereichs angepasst werden müsste.

1.2.4 Strukturelle Änderungen

Systemwechsel beim Netzanbindungsregime

Übergeordnetes Ziel eines Systemwechsels bei der Offshore-Netzanbindung ist der Aufbau einer Netzinfrastruktur, die durch technische und organisatorische Maßnahmen den Stromtransport in die Verbrauchszentren vor dem Hintergrund der Systemsicherheit, möglicher Schadensrisiken und deren Versicherbarkeit, dem Austausch mit den Anrainerstaaten sowie der rechtzeitigen Bereitstellung der Netzkapazitäten für die Offshore-Windparks sicherstellt.

Eine enge Verzahnung des Offshore-Netzplans mit der Planung an Land sowie die Berücksichtigung bei der Aufstellung von Netzentwicklungsplänen als zentraler Baustein des deutschen Übertragungsnetzes sind eine zwingende Voraussetzung für eine energie- und volkswirtschaftlich effiziente Zielerreichung.

Der Aufbau eines Offshore-Netzes kann bei singulärer Anbindung einzelner Windparks bzw. Cluster zu volkswirtschaftlichen Ineffizienzen insbesondere im Hinblick auf die Investitions- und Betriebskosten sowie Sicherheits- und Haftungsfragen führen. Dies haben verschiedene aktuelle Untersuchungen, wie z.B. die 3E-Studie *„Offshore Electricity Grid Infrastructure in Europe"* (2011)[22], die Analyse der AG „HAFTUNGSRISIKEN" unter Leitung der Firma MARSH (2012) sowie das BET-Gutachten zur Vermaschung der Offshore-Netzes (2012) verdeutlicht.

Kurzfristig ist es nicht möglich, die zeitlich stark unterschiedlichen Bauphasen sowie die Investitionszeitpunkte für die Clusteranschlüsse sowie der Offshore-Windparks aufeinander sinnvoll abzustimmen. Notwendig ist ein Wechsel hin zu einem strategischen Netzausbau im EnWG. Die vom Gesetzgeber in § 17 Abs. 2a EnWG geregelte Pflicht zur Errichtung von Anschlussleitungen müssen von den Terminplanungen einzelner OWP entkoppelt werden. Stattdessen ist eine mehrjährige ganzheitliche Ausbauplanung vorzulegen, die die kurzfristig ausgelösten Anschlussvorhaben ersetzt. In einem solchen mehrjährigen Offshore-Netzplan werden Realisierungszeitpunkt, Ort und Größe zukünftiger Netzanschlüsse so festgelegt, dass ein vorausschauender Netzausbau und Standardisierung möglich werden.

Der von der Bundesregierung im August 2012 verabschiedete Gesetzentwurf verfolgt diesen Systemansatz und entwickelt ein neues Netzanbindungsregime auf Grundlage des vom BSH erstellten Offshore-Netzplans sowie der Offshore-Netzentwicklungspläne der Übertragungsnetzbetreiber[23].

Das BSH plant Ende 2012 bzw. Anfang 2013 die Vorlage des Offshore-Netzplans in seiner Endfassung. Die Übertragungsnetzbetreiber müssen erstmalig zum 1. März 2013 den Offshore-Netzentwicklungsplan der BNetzA vorlegen. Im Ergebnis soll es dann eine Darstellung der Offshore-Netzinfrastruktur für die nächsten 10 Jahre geben, die räumlich abgesichert (Teil des BSH) und netztechnisch (Teil der ÜNB) fundiert ist. Daraus ergeben sich die angestrebten Zeitpunkte für den Netzanschluss einzelner Offshore-Windparkcluster. Auf dieser Grundlage sollen dann die Ausschreibungen und Vergaben für die Netzanschlüsse erfolgen.

---

22 http://www.ewea.org/fileadmin/ewea_documents/documents/publications/reports/OffshoreGrid__report.pdf.

23 Vgl. auch Ziffer 3.2.3.9.

Nach einer ersten Analyse ist dieses System grundsätzlich geeignet, eine sinnvolle Netzinfrastruktur aufzubauen. Dies setzt allerdings einen leistungsfähigen Übertragungsnetzbetreiber voraus, der in Zusammenarbeit mit den Windparkinvestoren die Instrumente Netzanschlussmanagement, temporäre Netzanschlussmaßnahmen und Realisierungsfahrpläne nutzt, um ein größtmögliches Maß an Flexibilität und Transparenz herzustellen, und damit auch Investitionssicherheit schafft.

1.2.5 15 Jahre regulatorische Rahmenbedingungen Offshore

Welchen Stellenwert der Gesetzgeber dem Thema Nutzung der Windenergie auf See über die letzten 10 bis 15 Jahre eingeräumt hat, wird in der nachfolgenden stichpunktartigen Auflistung der wesentlichen Meilensteine des regulatorischen Rahmens seit Ende der 1990er Jahre deutlich.

Tabelle 4: Wichtige Rechtsnormen für die Nutzung der Offshore-Windenergie

Jahr	Rechtsnorm
1997	Erlass der Seeanlagenverordnung
1999	Erste Antragstellung auf Errichtung eines Offshore-Windparks
2000	Verabschiedung einer expliziten Offshore-Vergütung von 9,1 Ct/kWh für 9 Jahre im EEG
2001	Erteilung der ersten Genehmigung zum Bau eines Offshore-Windparks durch das BSH
2002	Verabschiedung der Offshore-Strategie durch die Bundesregierung mit unverbindlichen Ausbauzielen (2–3 GW bis 2010 und bis zu 25 GW bis 2030) Novellierung des Bundesnaturschutzgesetzes und damit Schaffung der rechtlichen Grundlage zur Ausweisung von Windeignungs- und Naturschutzgebieten
2004	Verabschiedung einer differenzierten Offshore-Vergütung mit 9,1 Ct/kWh für 12 Jahre plus Verlängerung der Regelung in Abhängigkeit von Küstenentfernung und Wassertiefe im EEG
2005	Festlegung von 3 Eignungsgebieten in der AWZ (nach § 3a SeeAnlV)
2006	Verpflichtung der Netzbetreiber zum Anschluss der OWP mit Baubeginn bis Ende 2011 im Rahmen des Infrastrukturplanungsbeschleunigungsgesetzes (Änderung EnWG)
2009	Inkrafttreten der Raumordnung in der AWZ von Nord- und Ostsee Inkrafttreten der Neufassung des EEG 2009 – Anhebung der Vergütung (13 Ct/kWh für mindestens 12 Jahre) – Sprinterprämie (2 Ct/kWh) für Projekte, die bis Ende 2015 in Betrieb gehen – Anreiz zur Eigenvermarktung (3,5 Ct/kWh nach 12 Jahren) Verlängerung der Offshore-Netzanbindungsverpflichtung der zuständigen Übertragungsnetzbetreiber für OWP mit Baubeginn bis Ende 2015 Veröffentlichung des Positionspapiers zur Offshore-Netzanbindung durch die BNETZA
2009–2011	Durch die weltweite Wirtschafts- und Finanzkrise erschwert sich die Finanzierung von Großprojekten deutlich, worauf die Bundesregierung mit dem KfW-Offshore-Programm reagiert, das ab Juni 2011 mit einem Gesamtvolumen von 5 Mrd. € für die Finanzierung von Offshore-Windparks zusätzliche Liquidität zu marktüblichen Konditionen bereitstellt (bis zu 50 % des benötigten Fremdkapitals)
2012	Inkrafttreten der Neufassung des EEG 2012: – Einführung des optionalen Stauchungsmodells bis Ende 2017 (8 Jahre 19 Ct/kWh) – Alternativoption: Vergütung von 15 Ct/kWh für mindestens 12 Jahre – 7 % Degression ab 1.1.2018 – unbegrenzte Netzanbindungsverpflichtung
2013	Geplantes Inkrafttreten der Änderung des EnWG (1.1.2013): – Klärung der Haftungsfrage bei Verzögerungen und Unterbrechungen der Netzanschlüsse – Einführung des Systemwechsels auf der Grundlage eines Offshore-Netzplans des BSH sowie des Offshore-Netzentwicklungsplans der ÜNB

Bei der Analyse fällt auf, dass ein Gesamtansatz beim Ausbau der Offshore-Windenergie zwar mit Vorlage der Ausbaustrategie der Bundesregierung aus dem Jahr 2002 angestrebt wurde, allerdings in der Rückschau eine Vielzahl von Maßnahmen eher situativ auf die jeweils aktuellen Probleme erscheinen. Dies soll weniger als Kritik, sondern vielmehr als Hinweis darauf verstanden werden, dass der Lernprozess bei der Nutzung der Windenergie auf See mangels Erfahrungen und fehlender Referenzprojekte ein überaus zäher und aufwändiger Prozess für alle Beteiligten war. Es bedurfte erst des Beginns der Umsetzung der 1. Ausbaustufe mit 3 GW und den sich daraus ergebenen Erfahrungen, um einen Gesamtansatz verfolgen zu können, der durch eine Vielzahl von unterschiedlichen Akteuren gestützt wird.

Vor diesem Hintergrund kommt dem Inkrafttreten des neuen gesetzlichen Rahmens Anfang 2013 eine besondere Bedeutung zu. Entscheidend wird sein, das neue Regime an den Stellen schnell mit Leben zu erfüllen, die im Gesetz bisher noch nicht bis in das letzte Detail geregelt werden konnten.

1.2.6 Diskussion um ein Koordinatensystem „Kraftwerk Deutschland“

In der aktuellen Diskussion um das Gelingen und die Kosten der Energiewende gerät die Offshore-Windenergienutzung aufgrund ihrer derzeit noch relativ hohen Stromgestehungskosten sowie der kostenintensiven Netzinfrastruktur zunehmend in die Kritik. Dabei fokussiert sich die Kritik einerseits auf die höheren Stromgestehungskosten im Vergleich zur Windenergie an Land und auf den sich verzögernden Ausbau trotz erheblicher gesetzgeberischer Anstrengungen. Grundsätzlich müssen die beschriebenen Kostendegressionspotentiale erschlossen werden, damit die Offshore-Windenergienutzung perspektivisch kostengünstiger wird. Dies steht außer Frage und kann durch eine robuste Marktentwicklung in den nächsten Jahren erreicht werden.

In der Diskussion um die Gestaltung der Energiewende scheint es sinnvoll, wie auch in der konventionellen „alten“ Kraftwerkswelt, die Gesamtstromversorgung über 365 Tage im Jahr in den Vordergrund zu stellen und nicht ausschließlich die reinen Stromgestehungskosten einzelner Energieträger. So gibt es z.B. alte „Gas- und Ölschätzchen“, die nur an wenigen Tagen im Jahr zum Einsatz kommen und exorbitant hohe Stromgestehungskosten haben. Diese werden nicht hinterfragt, sondern als Back-Up-Kapazität akzeptiert. Vor dem Hintergrund der Ausbauziele 2030 bis 2050 ist es unabdingbar, ein *Kraftwerk Deutschland* zu denken und entsprechende infrastrukturelle Maßnahmen zu ergreifen.

Bis 2020 werden die gesetzlich verankerten Ausbauziele beim Ausbau der erneuerbaren Energien erreicht bzw. übertroffen. Insofern konzentriert sich die Diskussion aktuell darauf, welche EE-Erzeuger man ggf. deckeln sollte. Aufgrund der aktuellen Diskussion um die EEG-Umlage im Herbst 2012 stehen hier in erster Linie die teuren Erzeuger im Fokus. Hierbei erfolgt aber bislang erneut nur eine Diskussion über das Erreichen von Jahresdurchschnittswerten in 2020 und möglichst geringen Erzeugungskosten. Parallel hierzu wird die Diskussion geführt, ob im konventionellen Kraftwerkbereich ab 2020 eine Kapazitätslücke entsteht, der durch neue Marktmechanismen (u.a. Kapazitätsmärkte) begegnet werden sollte. In dieser Diskussion werden bisher die erneuerbaren und konventionellen Kraftwerke leider noch nicht ausreichend zusammengedacht. Es gilt, bei der weiteren Entwicklung die Systemkosten in Summe zu minimieren, insbesondere vor den in der Energiewirtschaft sehr langen Lebenszyklen von bis zu 40 Jahren bei Kraftwerken und bis zu 80 Jahren bei Infrastrukturmaßnahmen (Netze, Großspeicher).

Die bisherigen Diskussionsansätze müssen vor diesem Hintergrund um den Aspekt der Frage der Netz- und Systemintegration erweitert werden. Die Frage der weiteren Marktintegration sollte dann auf Grundlage der Ergebnisse und eines Gesamtsystemansatzes erfolgen. Die einzelnen Energieträger sollten entsprechend ihrer Vorteile im Hinblick auf die mittel- und langfristige Umgestaltung der Energieversorgung bewertet werden. Diese Bewertung sollte technologiespezifisch und naturräumlich (im Hinblick auf das jeweilig vorherrschende Wetterregime) erfolgen. Dabei geht es nicht darum, einzelne Energieträger zu beschneiden, sondern vielmehr einen möglichen optimalen Versorgungsmix abzuleiten, der den Speicher- und konventionellen Back-up-Kraftwerksbedarf auf ein notwendiges Minimum reduziert.

Daran anschließend könnte dann die Diskussion über mögliche Markt- und Fördermechanismen für die erneuerbaren und konventionellen Kraftwerke geführt werden.

Knackpunkt der Analyse ist die Netzinfrastruktur. Mit einer „Kupferplatte“ in Europa wäre dies unproblematisch zu leisten. Es ist aber davon auszugehen, dass wir mindestens in den nächsten 20 Jahren mit nennenswerten Netzrestriktionen leben müssen und insofern ein Optimum der Zusammensetzung nicht erreichen können. Die Netzrestriktionen ergeben sich einerseits aus dem sehr langsamen Umbau der Stromnetze auf der Übertragungsnetzebene sowie der bisher noch begrenzten „Transportierbarkeit“ von Systemdienstleistungen. Aufgrund dieser Begrenztheit bedarf es heute selbst in Zeiten mit einer hohen Einspeisung aus Windenergie- bzw. Solaranlagen des Betriebs von konventionellen Kraftwerkkapazitäten von rd. 25 % der Last (10 bis 25 GW).

Aufgrund des hohen Stellenwerts der Netzinfrastruktur kommt dem Netzentwicklungsplan der Übertragungsnetzbetreiber ein überaus großer Stellenwert zu. Dieser Netzentwicklungsplan ist grundsätzlich das geeignete Instrument zur Diskussion der unterschiedlichen Instrumente, da er als einziges Instrument das natürliche Monopol Netzinfrastruktur mit der Erzeugungsseite zusammenführen kann und somit Sensitivitäten verschiedener Stellschrauben aufzeigen und Netzrestriktionen berücksichtigen kann.

Bislang wird das Instrument Netzentwicklungsplan nicht in dem genannten Sinne genutzt, obwohl dies der gesetzliche Rahmen bei positiver Auslegung möglicherweise im Rahmen der Alternativenprüfung bereits jetzt hergeben würde. Grundsätzlich sollte auch diskutiert werden, inwieweit die Netzbetreiber neue Aufgaben übernehmen sollten und wie dies organisatorisch geregelt werde. Nur mit Hilfe von Netzsignalen an Erzeuger und Verbraucher werden smart-grids und Speicher tatsächlich zu einer Netzentlastung und somit zu einem geringeren Netzausbau führen, was im aktuellen regulatorischen Umfeld nicht der Fall und im regulatorischen Rahmen (noch) nicht angelegt ist.

Nachfolgend werden beispielhaft einige zentrale Punkte für eine verbesserte Netz- und Systemintegration angerissen und dargestellt, die in der weiteren Diskussion zu berücksichtigen wären. Auch bisher geeignete Indikatoren für die Energiewirtschaft, wie z.B. die Jahreshöchstlast, sollten neu definiert werden, um genauere und möglichst wertneutrale Bewertungsmaßstäbe als Grundlage der Diskussion über die Fortentwicklung des regulatorischen Rahmens zu besitzen.

1.2.6.1 Alternativenprüfung zur aktuellen Gesetzeslage

Die Vorgaben für den Untersuchungsrahmen des Netzentwicklungsplans als Grundlage der Entwicklung der Netzinfrastruktur orientieren sich maßgeblich am erwarteten Ausbau der erneuerbaren Energien sowie dem – sich aus Marktsicht ergebenden – konventionellen Kraftwerkpark und dessen Einsatzplanung sowie den gesetzlichen Rahmenbedingungen.

Der Ausbau der erneuerbaren Energien, insbesondere auch der Offshore-Windenergie, orientiert sich an den naturräumlichen und klimatologischen Gegebenheiten und ist insofern räumlich nur begrenzt bzw. kaum steuerbar. Mehrfach wird im Netzentwicklungsplan aber unterstrichen, dass insbesondere die „freie Standortwahl konventioneller Kraftwerke“ sowie „Speichervolumen, die Bewirtschaftung und die geographische Lage“ den Netzausbaubedarf erheblich beeinflussen.

Aufgrund der gesetzlichen Regelungen haben die Übertragungsnetzbetreiber keinen Einfluss auf die Standortwahl von Speichern und konventionellen Kraftwerken, weshalb eine Alternativenprüfung im Netzentwicklungsplan nicht erfolgt. Um technische und wirtschaftliche Konsequenzen, ggf. auch für nachfolgende Fortentwicklungen der gesetzlichen Rahmenbedingungen, abschätzen zu können, sollte geprüft werden, ob es sich hierbei um sinnvolle „Stellschrauben“ für einen volks- und energiewirtschaftlich optimalen Ausbau der Netze handelt. Dabei sollte auch diskutiert werden, inwieweit die Rolle und die Aufgaben der Netzbetreiber neu zu definieren sind. Eine grundsätzliche Auseinandersetzung über diese Fragen sollte kurzfristig, möglichst im Rahmen des Netzentwicklungsplans, erfolgen.

1.2.6.2 Reduzierung des Anteils der konventionellen must-run-Einheiten

Aufgrund des zügigen Ausbaus der erneuerbaren Energien wird es verstärkt zu Situationen kommen, in denen die erneuerbaren Energien die Last in Deutschland vollständig decken. Dies wird anfänglich insbesondere nachts sowie am Wochenende auftreten, später aber auch in laststärkeren Situationen. Die im Auftrag der Übertragungsnetzbetreiber ermittelten Werte des Anteils konventioneller Kraftwerke zur Sicherstellung der Systemsicherheit (10 bis 20 GW) machen deutlich, dass eine 100 %-Durchdringung durch Strom aus EE-Anlagen bisher noch nicht möglich ist. Sollte dies aber nicht mittelfristig gelingen, so wird es verstärkt zu Abregelungen trotz Netzausbaus kommen. Diese Abregelungen wären aber bei Weiterentwicklung der EE-Anlageneigenschaften sowie des Aufbaus einer intelligenten Netzinfrastruktur technisch nicht notwendig.

So ist es z.B. grundsätzlich möglich, dass Windenergieanlagen in Starkwindzeiten auch die notwendige „Trägheit“ der rotierenden Massen konventioneller Kraftwerke abbilden. Darüber hinaus bietet die Wechselrichtertechnologie in den EE-Anlagen erhebliche Potentiale zur Bereitstellung von Systemdienstleistungen. Dass im Rahmen der Erstellung des Netzentwicklungsplans keine Auseinandersetzung mit dem Thema „Reduzierung konventioneller must-run- Units aus Systemsicherheitssicht“ erfolgt, erstaunt auch deshalb, weil die Übertragungsnetzbetreiber mit dem HGÜ-Overlaynetz gezielt eine neue Technologie gewählt haben, die zur Bereitstellung von Systemdienstleistungen an erzeugungsfernen Netzpunkten (z.B. bei Starkwind in Süddeutschland) sehr gut geeignet ist. Insofern sollte sich der Anteil konventioneller must-run-Units deutlich geringer darstellen als bisher erwartet. Die Reduzierung des Anteils konventioneller must-run-Units hätte auch Konsequenzen auf die Vermarktung des EE-Stroms, was in der Konsequenz zu höheren Erlösen führen müsste.

Deshalb sollte kurzfristig im Rahmen des Netzentwicklungsplans

- eine Strategie zur Reduzierung konventioneller must-run-Units entwickelt werden und
- der Anteil ausgewiesen werden, der im System mit HGÜ-Overlaynetz aus Systemsicherheitsgründen in 2022 und 2032 noch benötigt wird.

1.2.6.3 Probabilistische Untersuchungen

Für die Bewertung der Ergebnisse des Netzentwicklungsplans und möglicher Alternativen ist es notwendig, die Auslastung der jeweiligen Trassen bzw. die Häufigkeit und Dauer bestimmter Erzeugungs- und Lastsituationen zu kennen, die zu den aufgezeigten Netzausbaumaßnahmen führen. Hierfür bedarf es zwingend probabilistischer Untersuchungen. Da ein vollständiges Jahr für die Zeitpunkte 2022 und 2032 auf der Grundlage der Daten von 2007 simuliert wurde, liegen diese Daten im Grundsatz vor, wenn auch in sehr vereinfachter Form. Insofern sollten für die Jahreshöchstlast, für die Auslastung der dargestellten Trassen sowie die Einspeisespitzen aus Windenergie und Sonne (für Deutschland sowie für den jeweiligen Netzknoten) die Extremwerte, die Häufigkeit des Auftretens sowie deren Dauer ausgewiesen werden. Damit würde dann auch deutlich werden, zu welchem Zeitpunkt eine Trasse volkswirtschaftlich zwingend notwendig ist und welchen Trassen auf der Zeitachse eine höhere Priorität zukommt.

1.2.6.4 Indikator Jahreshöchstlast

Das deutsche Höchstspannungsnetz ist u.a. auf die Deckung der Jahreshöchstlast auszulegen, so lautet eine der Vorgaben für den Netzentwicklungsplan. Dies ist grundsätzlich sinnvoll. Allerdings hat der absolute Wert wenig Aussagekraft für den Umbau der Energieversorgung. Es ist anzunehmen, dass die Jahreshöchstlast zukünftig bei hoher Windeinspeisung und damit aufgrund des Merit-Order-Effekts bei vergleichsweise geringeren Strompreisen auftritt. Es scheint aber zunehmend unwahrscheinlich, dass die Jahreshöchstlast in dieser Höhe zukünftig auch in windschwachen Erzeugungssituationen (PV kann aufgrund der bekannten Zeiten des Auftretens vernachlässigt werden) aufgrund der dann zu erwartenden Börsenpreissituation auftritt.

Um die Jahreshöchstlast als Indikator besser einordnen zu können, bedarf es der Darstellung, an wie vielen Tagen und Stunden der Verbrauch in Deutschland im Bereich der Jahreshöchstlast liegt und ob bzw. welchen Einfluss die jeweilige Wetterlage auf Erzeugung und Verbrauch und damit auf die Börsenpreissituation hat.

Für die Bewertung der Potentiale zur Flexibilisierung der Last bedarf es darüber hinaus der Ausweisung des Verbrauchs der einzelnen Verbrauchergruppen. Dies ist auch vor dem Hintergrund der Diskussionen um den Bedarf an konventionellen Kraftwerken und der kontroversen Diskussion über das Instrument von Kapazitätsmärkten von entscheidender Bedeutung, da hierdurch Arbeits- und Leistungsdefizite klarer analysiert werden können.

1.2.6.5 Systemverantwortlichkeit

Die vier Regelzonen in Deutschland sind historisch entstanden und weniger aus der Notwendigkeit der Netzplanung und des Netzbetriebs heraus. Diskussionen über mögliche Änderungen zur energie- und volkswirtschaftlichen Optimierung werden regelmäßig geführt.

Das Fazit des Netzentwicklungsplans unterstreicht deutlich, dass aufgrund der besonderen Eigenschaften der HGÜ-Technologie für die Systemsicherheit sowie der regelzonenübergreifenden Planung der Trassen und deren Betrieb neue Regelungskonzepte notwendig werden. Insofern sollte kurzfristig geklärt werden, wie technisch und organisatorisch ein solches Netz betrieben werden kann und welche Gefahren sich ergeben, wenn die Konverterstationen der jeweiligen Trasse nicht in einer Regelzone liegen.

Dabei sollte auch geprüft werden, inwieweit ein Systemverantwortlicher unerlässlich ist, ggf. auch auf europäischer Ebene. Dabei geht es nicht unbedingt um Eigentumsverhältnisse, sondern vielmehr um organisatorische Fragen und die Frage der Zuständigkeit für die Systemverantwortung. Auch für das AC-Netz scheint eine Diskussion angezeigt und sollte in einer grundsätzlichen Diskussion über die Aufgaben der Netzbetreiber münden.

2 Projektfinanzierung eines Offshore-Windparks

DR. JÖRG BÖTTCHER

2.1 Einleitung

Die INTERNATIONAL ENERGY AGENCY (IEA) prognostiziert in einer ihrer Studien (WORLD ENERGY OUTLOOK 2009), dass der weltweite primäre Energiebedarf zwischen 2007 und 2030 mit einer jährlichen Wachstumsrate von 1,5 % ansteigen wird, wobei Asien und der Mittlere Osten Hauptträger des Bedarfs sein werden. Die Stromnachfrage wird im gleichen Zeitraum sogar um 2,5 % ansteigen. Dieser erwartete Energiebedarf lässt sich nur dann decken, wenn auch hinreichende Finanzierungsmittel zur Verfügung stehen, was vor dem Hintergrund der noch nicht gänzlich ausgestandenen Finanzkrise eine Herausforderung sein wird. Die IEA sieht bis 2030 einen kumulierten Kapitalbedarf von etwa 26 Billionen USD, wobei etwa die Hälfte der Investitionen in Entwicklungsländern benötigt wird. Im gleichen Zeitraum steigen die CO_2-Emissionen – ohne einen Politikwechsel – ebenfalls mit einer jährlichen Wachstumsrate von 1,5 % an mit den vielfach beschriebenen Folgen für das globale Klima. Um den Temperaturanstieg unter 2 Grad Celsius zu begrenzen, bedarf es erheblicher politischer Anstrengungen und umfangreicher Investitionen in umweltverträgliche Energieträger. Der STERN-REPORT hat darüber hinaus deutlich gemacht, welche weltweiten ökonomischen Folgen sich aus dem Klimawandel ergeben: Die jährlichen Kosten entsprechen, sofern nicht gehandelt wird, einem jährlichen Verlust zwischen 5 % bis 20 % des globalen Bruttoinlandsprodukts, wobei Entwicklungs- und Schwellenländer noch wesentlich härter betroffen sein können.

Die genannten Aspekte umreißen das politische Spannungsfeld der Energiepolitik, die eine langfristige Versorgungssicherheit zu akzeptablen Preisen und ökologisch verträglichen Rahmenbedingungen sicherstellen will. Erneuerbaren Energien kommt in diesem Umfeld eine hohe Bedeutung zu, da sie benötigt werden, um den Treibhauseffekt möglichst klein zu halten. Während bestimmte Formen – wie Wasserkraft, Onshore-Windenergie und Photovoltaik – mittlerweile als etablierte Technologien angesehen werden können, befinden sich andere Technologien – wie Offshore-Windenergie und Solarthermie – in einer frühen Marktphase, die aber gleichwohl erhebliches Ausbaupotential versprechen.

Im Rahmen dieser Darstellung soll untersucht werden, welche Rahmenbedingungen bei der Realisierung von Offshore-Windenergie-Vorhaben in Form einer Projektfinanzierung zu beachten sind. Dieses bedarf, wie im Vorwort beschrieben, eines abgestimmten Vorgehens von Spezialisten aus den Bereichen Recht, Technik und Wirtschaft, und spiegelt sich hier in einer

Aufteilung in drei entsprechende Themenblöcke. Wir betrachten hier ausschließlich die Offshore-Windenergie, da zu Onshore-Windenergieprojekten erhebliche Unterschiede im Risikoprofil und teils auch in den Fördersystemen bestehen, was wiederum Auswirkungen auf die Marktteilnehmer, die Spielregeln und die Finanzierungsstruktur hat[24].

DIRK BRIESE und MAREIKE WESTHÄUSER haben im ersten Teil der Einleitung zunächst dargestellt, welche Zukunftsperspektiven die Offshore-Windenergie hat und vor welchen Herausforderungen sie steht. ANDREAS WAGNER und THORSTEN FALK haben diese Perspektive um die aktuellen energiewirtschaftlichen Rahmenbedingungen und Engpässe bei der Realisierung von Offshore-Windenergievorhaben in Deutschland ergänzt. In diesem Kapitel beschreibt DR. JÖRG BÖTTCHER die wesentlichen Aspekte einer Projektfinanzierung und leitet auf die einzelnen Kapitel über.

Der rechtliche Teil betrachtet im ersten Block das regulative und vertragliche Umfeld: Zunächst beschreiben PROF. CHRISTIAN DAHLKE und DR. KAI TRÜMPLER den Weg zur und die Anforderungen an die Genehmigung von Offshore-Windparks. DR. KRISTINA REBMANN und MATTHIAS HIRSCHMANN stellen die rechtlichen Aspekte bei der Netzanbindung dar. DIRK TRAUTMANN bringt uns den Stand des Rechts- und Regulierungsumfelds in Deutschland und Frankreich nahe. DR. HOLGER KRAFT und MATTHIAS SETHMANN beleuchten im Anschluss die wesentlichen Projektverträge und die flankierenden Rahmenbedingungen, die für die rechtliche Strukturierung und wesentliche Teile der Risikoallokation essentiell sind. Es schließen sich im zweiten Block Themenfelder an, die transaktionsspezifisch zu betrachten sind: Wiederum DR. KRISTINA REBMANN und MATTHIAS HIRSCHMANN erläutern, wie ein Due Diligence-Prozess aufgebaut und strukturiert werden sollte, der die Basis für die Erreichung des *Financial Close* ist. DR. STEFAN KILGUS, ALEXANDER WOJTEK und DR. RICHARD VON HOFF beschreiben die wesentlichen Anforderungen, die Banken an die Ausgestaltung der Vertrags- und Sicherheitenstruktur stellen. Bei der Komplexität und Neuigkeit des Themas Offshore kommt dem Thema des Projekt- und Konfliktmanagements eine besondere Bedeutung zu (SILKE KATTERBACH).

Im technischen Teil legt PROF. DR. LOTHAR DANNENBERG dar, welche Belastungen auf Offshore-WEAs einwirken und welche Aspekte bei ihren Gründungsstrukturen zu beachten sind. HEIKO STOHLMEYER und JANOSCH ONDRACZEK beschäftigen sich mit dem Fertigstellungsprozess eines Windparks. Die Anforderungen an die Zertifizierung von Offshore-Windenergieanlagen und Offshore-Windparks beschreiben MIGUEL ROENES BUENO, KIMON ARGYRIADIS, MIKE WÖBBEKING und AXEL DOMBROWSKI. Auf die methodischen Anforderungen an die Abschätzung des Energieertrages und mögliche Fallstricke gehen DR. VOLKER BARTH, DR. THOMAS NEUMANN und ANNETTE WESTERHELLWEG in ihrem Beitrag ein. Logistik- und Wartungskonzepte stellt DR. CLAUS BURKHARDT vor. RALF NEULINGER et al. untersuchen die Betriebsrisiken und Betriebskosten von Windenergieprojekten. In der Summe werden im Technik-Teil die Aspekte dargestellt, die für die Beurteilung der langfristigen Geeignetheit der Technik relevant sind.

Im wirtschaftlichen Teil wird auf den Ergebnissen der rechtlichen und technischen Darstellung aufgesetzt, die um verschiedene, komplementäre wirtschaftliche Teilaspekte ergänzt werden. Dem Thema Versicherung wird mit der Darstellung gewerblicher Versicherungen

---

24 Siehe hierzu J. Böttcher (Hrsg.) 2012: Handbuch Windenergie, ebenfalls im Oldenbourg-Verlag erschienen.

(THOMAS ELLESER und TIMOTHY HALPERIN SMITH) umfangreich Raum gegeben. DR. THOMAS KOTTKE skizziert die Möglichkeit einer Versicherung gegen Wetterrisiken. Steuerliche Aspekte bei der Projektgestaltung beschreiben LARS BEHRENDT, FRANK WISCHOTT, JASKA KRÜGER und GREGOR DZIEYK. Die Rolle der Eigenkapitalgeber geht bei Offshore-Projekten deutlich über die eines bloßen Eigenkapitalgebers hinaus, ein Aspekt, den JÜRGEN MAIER beleuchtet und JÖRN DÄINGHAUS sowie BETTINA AMBACHER um die Darstellung von Beteiligungsmodellen erweitern. Wichtig für die Fremdfinanzierung sind die Einbindung des KfW-Sonderprogramms Offshore (CARLOS CHRISTIAN SOBOTTA), die Möglichkeit, Mittel der EUROPÄISCHEN INVESTITIONSBANK einzubinden (BRANKO CEPURAN) und die Risikoabsicherung über die Einbindung von Export-Kreditversicherungen (KAI-HENNING KIEHN). DR. JÖRG BÖTTCHER gibt Hinweise, wie die Finanzierungsstruktur optimiert werden kann.

Starten wollen wir mit einer Entwicklungsperspektive – den Chancen von Offshore-Windenergieprojekten an dem zukünftigen Energie-Mix. Derzeit stellt sich die Situation in Europa wie folgt dar:

Tabelle 5: Installierte OWP-Kapazität in Europa (Stand: 2011)

	GB	DK	NL	DE	BE	SW	FI	IE	NO	POR
Anzahl OW-Parks	18	13	4	6	2	5	2	1	1	1
Anzahl WEAs	636	401	128	52	61	75	9	7	1	1
Installierte Kapazität	2093,7	857,3	246,8	200,3	195	163,7	26,3	25,2	2,3	2

Die Hoffnung besteht, dass diese einmalige Erfolgsgeschichte der Onshore-Windenergie ihre Fortsetzung auch bei der Nutzung der Windparks auf Hoher See findet. Im Jahr 2009 wurden in Europa acht Offshore-Windparks mit insgesamt 199 Windkraftanlagen und einer Gesamtkapazität von 577 MW errichtet (2008: 373 MW). Für Deutschland wird ein konstantes Wachstum der Offshore-Windenergie erwartet, so dass im Jahr 2021 etwa 21.000 MW in Nord- und Ostsee installiert sein könnten. DIRK BRIESE und MAREIKE WESTHÄUSER haben zum Stand und der zu erwartenden Entwicklung in Kapitel 1.1 ausführlich Stellung genommen.

Die Entwicklung der Offshore-Windparks verlief bis zur Jahrtausendwende recht zögerlich: Die eingesetzten Anlagen der 1. Generation waren häufig in geschützten Gewässern platziert, zudem deutlich teurer als Onshore-Anlagen und auch nicht hinreichend für die Bedingungen auf Hoher See vorbereitet. Das änderte sich zunächst auch nicht mit dem Vorhaben HORNS REV, bei dem aber zum ersten Mal eine Multi-MW-Anlage zum Einsatz kam. Die Erfahrungen bei HORNS REV, bei der sämtliche Gondeln wegen schadhafter Transformatoren und Generatoren abmontiert und an Land repariert werden mussten, haben zu einer merkbaren Konzentration auf die besonderen Herausforderungen geführt, die ein Offshore-Einsatz mit sich bringt. Mit zunehmendem Zutrauen in die Offshore-Technologie wurden die Entfernung zur Küste und die Wassertiefe größer, was wiederum den Einsatz neuer Gründungskonzepte erforderlich machte.

Bis zum Vorhaben Q7 sind alle Offshore-Parks als Unternehmensfinanzierungen dargestellt worden; insofern ist die Anwendung der Methodik einer Projektfinanzierung für Offshore-Windparks verhältnismäßig neu. Wie in anderen Branchen auch, müssen sich die Projektbeteiligten damit erst einmal an ein gemeinsam geteiltes Set von Finanzierungsparametern herantasten. Dies passiert in einer Zeitphase, in der zunächst durch die Finanz- und Wirtschaftskrise, dann durch die Schuldenkrise die Finanzierungsmöglichkeiten verhangen sind.

Das EEG 2012 verbessert die Investitionsbedingungen für Offshore-Windparks. Die Einspeisevergütung steigt für die ersten zwölf Jahre nach Inbetriebnahme von 13 Ct/kWh auf 15 Ct/kWh. Außerdem können sich die Betreiber für das so genannte Stauchungsmodell entscheiden. Danach erhalten sie für die ersten acht Jahre 19 Ct/kWh, im Anschluss ist dann vom Gesetzgeber nur noch eine Vergütung von 3,5 Ct/kWh garantiert. Welche Option günstiger ist, ist letztlich ein Rechenexempel, in dem neben der barwertigen Betrachtung auch Annahmen über unterschiedlich lange Finanzierungslaufzeiten und erwartete höhere Vergütungssätze im Rahmen einer Direktvermarktung einfließen. Die meisten Offshore-Windparkbetreiber scheinen sich derzeit für das Stauchungsmodell zu entscheiden.

Allerdings: Ohne angemessene staatliche Förderung wird die Offshore-Windindustrie nicht den Take-Off schaffen, was sich an dem ausgeprägten Risikoprofil und den weitgehend fehlenden öffentlichen Erfahrungen festmachen lässt[25]. Zunächst zeigen Offshore-Windparks ein stärker ausgeprägtes Risikoprofil, das sie derzeit in der Gunst der Kapitalgeber nicht gerade steigen lässt. Weiter sind sie so kapitalintensiv, dass sie eine konzertierte Herangehensweise mehrerer Kapitalgeber erfordern, die parallel ein solches Vorhaben strukturieren und finanzieren müssen. Schließlich ist die erst im Aufbau befindliche Wertschöpfungskette (Zulieferer, Hersteller und Installation) stark abhängig davon, dass die Investitionsentscheidungen zum Bau der Windparks kurzfristig getroffen werden. Bereits getätigte Investitionen in die Hafeninfrastruktur und Produktionsstätten, insbesondere in den Küstenländern, laufen ohne kurzfristige Investitionsentscheidungen ins Leere und gefährden junge Unternehmen. Ob die staatliche Unterstützung ausreicht, um eine kontinuierliche Entwicklung der Branche zu gewährleisten, bleibt abzuwarten.

Unabhängig davon, ob Onshore- oder Offshore-Vorhaben betrachtet werden, stellt sich die Frage, über welche Finanzierungsmethodik Windenergie-Vorhaben finanziert werden. In Frage kommen eine Unternehmensfinanzierung oder eine Projektfinanzierung. Beide methodischen Ansätze werden wir in Ziffer 2.2 kurz darstellen.

[25] Ökonomisch handelt es sich um einen möglichen Marktversagenstatbestand, hier einem transaktionalen Marktversagen. Siehe J. Böttcher 2012a, S. 45–52.

2.2 Windenergie und Projektfinanzierung

Mehrheitlich werden Windenergievorhaben in Form von Projektfinanzierungen realisiert, sofern sie eine hinreichende technische Stabilität aufweisen und über ein zugeschnittenes Rechts- und Regulierungsumfeld verfügen.

Bei einer Projektfinanzierung sind es das Vorhaben und dessen Cashflow, nicht aber ein bestimmtes Unternehmen, das für die Finanzierung gerade steht. Das Vorhaben muss ein geschlossener, in sich rechtlich, technisch und wirtschaftlich tragfähiger Kreis sein, der den Investoren eine glaubwürdige Aussicht auf eine angemessene Eigenkapitalverzinsung und den Fremdkapitalgebern ausreichende Sicherheit auf Rückführung des eingesetzten Kapitals bietet: Das Projekt muss sich selbst tragen, sich selbst finanzieren. Dies ist der Grundgedanke einer Projektfinanzierung.

Für den Begriff der Projektfinanzierung finden sich in der Literatur unterschiedliche Definitionsansätze, wobei sich der von NEVITT/FABOZZI weitgehend durchgesetzt hat:

Projektfinanzierung ist die Finanzierung eines Vorhabens, bei der ein Darlehensgeber zunächst den Fokus der Kreditwürdigkeitsprüfung auf die Cashflows des Projekts als einzige Quelle der Geldmittel, durch die die Kredite bedient werden, legt[26].

In dieser Definition ist das zentrale Prinzip der Cashflow-Orientierung (*Cashflow Related Lending*) verankert: Die Projektkredite werden im Vertrauen darauf zur Verfügung gestellt, dass die Cashflows des Projektes so stabil sind, dass neben den Betriebskosten auch der Kapitaldienst sicher bedient werden kann. Da die Stabilität der Cashflows voraussetzt, dass sich die Projektbeteiligten im Sinne des Projektes verhalten, untersuchen die Darlehensgeber im Rahmen ihrer Kreditprüfung genau die vertraglichen und gesetzlichen Grundlagen, unter denen ein Projekt agiert. Das ist mit „zunächst" gemeint: Neben die Cashflow-Orientierung tritt im weiteren Verlauf der Projektprüfung die Beurteilung und Ausgestaltung der Risikoposition der verschiedenen Projektbeteiligten (*Risk Sharing*). Damit man das Projekt von Einflüssen außerhalb der explizit vereinbarten Verträge abschirmen kann, muss eine eigenständige Projektgesellschaft gegründet werden, die Träger aller Rechte des Projektes ist und die die Projektkredite verbucht (*Off-Balance Financing*)[27].

Da die Cashflows die einzige Quelle der Kreditbedienung und Eigenmittelverzinsung sind, ergeben sich besondere Anforderungen an ihre Stabilität und Verlässlichkeit. Neben einer intensiven Risikoidentifikation geht es darum, nach ökonomischen Kriterien Risiken auf einzelne Projektbeteiligte zu verteilen. Im Anschluss erfolgt eine Risikoquantifizierung in Form eines Cashflow-Modells und eines Rating-Verfahrens, die u.a. darüber Auskunft geben, wieviel Fremdmittel einem Vorhaben zur Verfügung gestellt werden können, wie die Tilgungsstruktur aussehen sollte und welche weiteren Gestaltungselemente Einzug in die Struktur

26 P. K. Nevitt; F.J. Fabozzi 2000, S. 1. Auch wenn durch die Definition eine klare Betonung auf die Rolle der Kreditgeber gelegt werden, wird im Folgenden die Methode der Projektfinanzierung aus dem Blickwinkel der verschiedenen Projektbeteiligten vorgenommen, da ihr effizientes Zusammenspiel entscheidend für den Erfolg einer Projektfinanzierung ist. Die deutliche Betonung der Rolle der Kreditgeber ist gleichwohl sinnvoll, da sie den mit Abstand größten Anteil an der Gesamtfinanzierung übernehmen sollen und damit ihre Akzeptanz dafür entscheidend ist, ob eine Projektfinanzierung zustande kommt oder nicht.

27 W. Schmitt 1989, S. 24.

finden sollten. Die Erarbeitung einer Finanzierungsstruktur und die Möglichkeiten ihrer Optimierung sind ein Hauptthema des Kapitels 5.9. Dabei muss man sich bewusst sein, dass die jeweiligen Teilaspekte des Risikomanagementprozesses – Identifikation, Quantifizierung und Allokation von Risiken – nicht in einer gerichteten zeitlichen Abfolge geschehen, sondern miteinander wechselseitig in Verbindung stehen. Um die Aussagen zur Risikoquantifizierung angemessen würdigen zu können, ist es daher notwendig, die verschiedenen Teilaspekte eines Risikomanagements zu berücksichtigen. Dies werden wir – soweit nötig – in diesem Einführungskapitel tun und ansonsten auf die spezifischen Kapitel verweisen.

Zum Verständnis des methodischen Ansatzes ist es hilfreich, kurz die Unterschiede zwischen einer Unternehmensfinanzierung und einer Projektfinanzierung zu skizzieren: Kommt eine Unternehmensfinanzierung zum Einsatz, wird ein Investitionsvorhaben als Teil des Unternehmens betrachtet. Die Bewertung des Investitionsvorhabens basiert auf der Kreditwürdigkeit des Gesamtunternehmens und nicht auf dem erwarteten Cashflow des Projekts an sich. Wird dagegen eine Projektfinanzierung realisiert, ist die Bewertung der Fremdkapitalgeber ausschließlich an die Fähigkeit des Projekts geknüpft, einen eigenen Cashflow zu generieren.

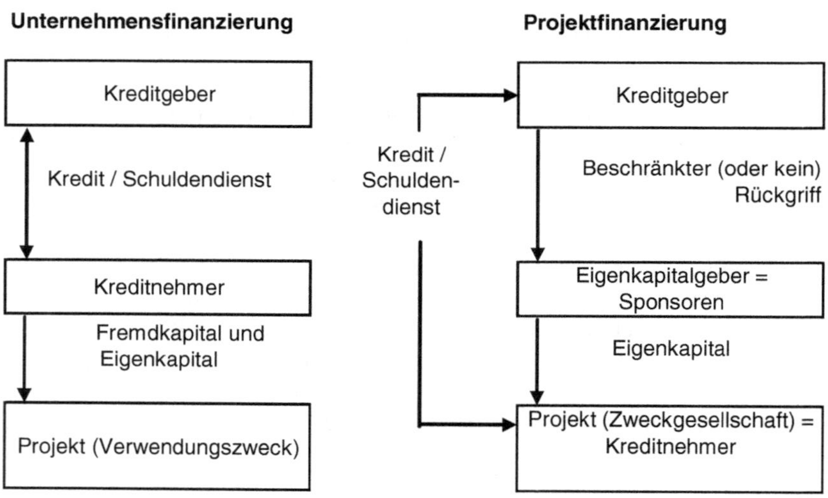

Abbildung 16: Vergleich Unternehmensfinanzierung und Projektfinanzierung[28]

Da die Sponsoren bei einer Projektfinanzierung eine unbegrenzte Haftung für das Fremdkapital ablehnen, wird für die Realisierung der Projekte die Gründung einer eigenständigen Projektgesellschaft durch die Sponsoren als Gesellschafter regelmäßig notwendig. Alleiniger Geschäftsgegenstand dieser Projektgesellschaft ist die Realisierung, also die Errichtung und der Betrieb des Projekts. Sie nimmt als Einzweckgesellschaft die Fremdmittel auf und haftet unbeschränkt mit ihrem Vermögen, so dass bei formaler Betrachtung ein Unternehmenskredit vorliegt. Materiell handelt es sich aber um einen Kredit für das konkrete Vorhaben. Die Kreditgeber erwarten die Rückzahlung des Kapitaldienstes allein aus dem Cashflow, der aus dem Projekt generiert wird. Als Sicherheit stehen allein die Aktiva und der Cashflow des

28 In Anlehnung an W. Schmitt 1989, S. 22.

Projekts als Haftungsmasse den Gläubigern zur Verfügung. Diese Haftungsmasse ist allerdings projekttypisch nur schwer verwertbar, was mit Blick auf die hohen Investitionsspezifika (Kraftwerke, Mobiltelefonienetze, Transportsysteme etc.) nicht näher erläutert werden muss. Daher wird im Krisenfall, in dem der Cashflow zur Bedienung des Kapitaldienstes nicht ausreicht, nicht die Sicherheitenverwertung im Vordergrund stehen, sondern die Fortführung des Projekts, erforderlichenfalls unter finanziellen Opfern aller Beteiligter[29].

Da die Cashflows die einzige Quelle der Kreditbedienung und Eigenmittelverzinsung sind, ergeben sich besondere Anforderungen an ihre Stabilität und Verlässlichkeit. Neben einer intensiven Risikoidentifikation geht es darum, nach ökonomischen Kriterien Risiken auf einzelne Projektbeteiligte zu verteilen[30]. Im Anschluss erfolgt eine Risikoquantifizierung in Form eines Cashflow-Modells, das u.a. darüber Auskunft gibt, wieviel Fremdmittel einem Vorhaben zur Verfügung gestellt werden können, wie die Tilgungsstruktur aussehen sollte und welche weiteren Gestaltungselemente Einzug in die Struktur finden sollten.

Dabei muss man sich bewusst sein, dass die jeweiligen Teilaspekte des Risikomanagementprozesses – Identifikation, Allokation und Quantifizierung von Risiken – nicht in einer gerichteten zeitlichen Abfolge geschehen, sondern miteinander wechselseitig in Verbindung stehen. Um die Aussagen zur Risikoquantifizierung angemessen würdigen zu können, ist es daher notwendig, die verschiedenen Teilaspekte eines Risikomanagements zu berücksichtigen, die in den verschiedenen Kapiteln dargestellt werden.

Wesensmerkmal jeder Projektfinanzierung sind die Orientierung an den zukünftigen Cashflows und die Einbindung der Projektbeteiligten, woraus sich folgende Konsequenzen ableiten:

1. Zunächst ist bei einer Projektbeurteilung ein besonderes Augenmerk auf die Faktoren zu legen, die den Cashflow beeinflussen. Als maßgebliche Cashflow-Determinanten für ein Projekt kommen namentlich die Beschaffungsseite, die Absatzmärkte, die Betriebskosten, die Finanzierungskonditionen und schließlich Einflussgrößen des öffentlichen Sektors in Betracht.
2. Die Aufteilung der Risiken auf die Projektbeteiligten erfolgt dabei normalerweise nach dem Grundsatz, dass die Vertragspartei das Projektrisiko übernehmen sollte, das sie aufgrund ihrer Geschäftstätigkeit am besten beurteilen und somit auch kontrollieren kann (Grundsatz der Kontrollfähigkeit).
3. Dieser Grundsatz der Risikoverteilung ist aber nur dann anwendbar, wenn außerdem der Grundsatz der Risikotragfähigkeit berücksichtigt wird: Es geht dabei um die Frage, ob die vertraglich verpflichteten Projektbeteiligten aufgrund ihrer Bonität und wirtschaftlichen Leistungsfähigkeit auch in der Lage sind, ihre vertraglichen Verpflichtungen zu erfüllen. Insofern beinhaltet jede Projektfinanzierung auch Bestandteile einer Unternehmensfinanzierung, da die zumindest partielle Risikoübernahme durch die Projektbeteiligten wesentlich für eine Projektfinanzierung ist und in jedem Fall auch eine Bonitätsbeurteilung dieser Risikoträger erforderlich macht, wie sie für Unternehmensfinanzierungen typisch ist. Die Bonität des Risikoträgers ist umso intensiver zu prüfen, je weitgehender sich ein Projektbeteiligter vertraglich gegenüber dem Projekt verpflichtet. Diesbezüglich wird auf die einschlägige Literatur der Kreditnehmerbeurteilung verwiesen.

---

29 J. Böttcher 2006, S. 130–133.

30 Siehe hierzu J. Böttcher 2009, S. 52–71.

4. Schließlich müssen zwingend die Anreizwirkungen der jeweiligen Vertragsgestaltung mit berücksichtigt werden. Aus einer Ex-post-Perspektive mag es dem Auftraggeber gleichgültig sein, wie ein gutes Projektergebnis erzielt wurde. Ex ante möchte er aber die Wahrscheinlichkeit eines guten Ergebnisses erhöhen, und das kann er nur, indem er Einfluss auf das Verhalten der beauftragten Partei nimmt. Könnte er ihn beobachten, würde er ihn durch entsprechende Anweisungen zu dem gewünschten Verhalten zwingen. Regelmäßig kann der Auftraggeber aber nicht kostenlos kontrollieren, ob seine Anweisungen befolgt wurden. Wesentlich ist daher, dem Auftragnehmer ein Anreizschema zu geben, das ihn aus eigenem Interesse zu dem gewünschten Verhalten anhält. Dafür muss er in aller Regel am Erfolg und auch am Risiko des jeweiligen Vorhabens beteiligt werden, und zwar unabhängig davon, über welche Risikotragfähigkeit er verfügt.

Fragt man den Gründen für den zwischenzeitlich zögerlichen Ausbau der Offshore-Windenergie, so wird man in der Zeitachse deutlich unterschiedliche Gründe ausmachen können, wobei ab dem Jahr 2008 insbesondere die Finanzkrise zu beachten ist:

Tabelle 6: Hemmnisse für den Ausbau der Offshore-Windenergie

Hauptgründe für den verzögerten Baubeginn von Offshore-Windparks in Deutschland	Befragung 2007	Befragung 2009	Mögliche Ursache für die Veränderung
Finanzierung	20%	53%	Folge der Finanzkrise
Netzanbindung	45%	26%	Positionspapier der Bundesnetzagentur
Verfügbarkeit von Anlagen	38%	0%	Ausbau der Kapazitäten
Fehlende Wirtschaftlichkeit	35%	18%	Novelle des EEG
Fehlende Logistik	0%	18%	Zukünftiger Bedarf, mangelnde Logistik
Genehmigungsverfahren	25%	11%	Positionspapier der Bundesnetzagentur

Quelle: trend:**research** "Der Markt für Offshore-Windenergie in Deutschland 2008-2020" (1. und 2. Auflage)

Die Folgen der Finanzkrise werden als der Hauptgrund für die verzögerte Realisierung von Offshore-Windparks angesehen, andererseits ist sie auch der Grund dafür, dass – aufgrund rückläufiger Nachfrage – die Verfügbarkeit von Anlagen im Jahr 2009 keine Bedeutung mehr gehabt hat. Seit etwa einem Jahr wird man die Probleme der Netzanbindung und die Haftungsregelungen als ein neues, wesentliches Hemmnis anführen können[31].

Die methodischen Besonderheiten einer Projektfinanzierung – Fokussierung auf den Cashflow des Projektes, die Haftungsentlassung der Sponsoren nach erfolgter Fertigstellung und die explizite vertragliche Einbindung der verschiedenen Projektbeteiligten – führen dazu, dass dem Risikomanagement eines Windenergievorhabens eine besondere Bedeutung zukommt. Diese Teilaspekte skizzieren wir in Ziffer 2.3.

[31] Siehe hierzu Ziffer 1.2.2.

2.3 Risikomanagement bei Windenergievorhaben

There are known knowns; there are things we know we know.
We also know there are known unknowns; that is to say we know there are some things we do not know.
But there are also unknown unknowns – there are things we do not know we don't know.

DONALD RUMSFELD, US SECRETARY OF DEFENSE, FEBRUARY 2002

DONALD RUMSFELD hat in seiner Zeit als US-Verteidigungsminister darauf hingewiesen, dass es Risiken gibt, von denen wir gar nicht wissen, dass sie Risiken darstellen können – die „unknown unknowns". Das sind die Risiken, die man möglichst vollständig vermeiden möchte, da sie eine belastbare Planung unmöglich machen können. Die Wahrscheinlichkeit, in das von SILKE KATTERBACH (Kapitel 3.7) beschriebene Stadium des Improvisierens zu geraten, ist dann recht hoch. Wir werden uns in diesem Kapitel mit dem Thema des Risikomanagements bei Offshore-Windparks beschäftigen.

In der betriebswirtschaftlichen Literatur existiert eine Vielzahl von Interpretationsvarianten für den Begriff des Risikos[32]. Risiko soll hier als negative Abweichung vom Planwert einer Zielgröße verstanden werden, da sie für jeden Beteiligten eine Verlustgefahr bedeutet[33].

Durch das Risikomanagement soll ein systematischer und erfolgsorientierter Ansatz zum Umgang mit Risiken erreicht werden. Dies gilt insbesondere für Projektfinanzierungen, da die Neuartigkeit und Einzigartigkeit jedes Projekts unbekannten Einflussfaktoren unterliegt, welche zu Risikopositionen führen[34]. Des Weiteren ergeben sich durch die zukunftsgerichtete Cashflow-Orientierung und die damit verbundene Rückgriffsbegrenzung auf die Sponsoren spezielle Anforderungen an das Risikomanagement, da hierdurch regelmäßig auch unternehmerische Risiken auf die Fremdkapitalgeber übertragen werden[35].

Die Bedeutung der Behandlung von Risiken im Zusammenhang mit einer Projektfinanzierung ergibt sich unmittelbar aus ihrem Charakter: Da es allein das Vorhaben ist, das als wirtschaftliche Basis für die angemessene Eigenkapitalverzinsung und die Bedienung des Kapitaldienstes dient, ist die Werthaltigkeit und die Robustheit des Projekts von entscheidender Bedeutung. Da das Projekt aber erst sukzessive entsteht, lässt sich die Wirtschaftlichkeit nur per Prognose bestimmen. Da die Perspektive in die Zukunft zunehmend unsicher ist, hat sich die Prognose mit dem Eintritt aller Arten von Einflüssen zu befassen, deren Wirkung auf das Projekt einzuschätzen und nach Wegen zu suchen, ob und inwieweit einzelne Projektbeteiligte bereit sind, das Projekt von Risiken freizuhalten.

---

32 Ausführlicher M. Hupe 1995, S. 43ff.; D. Tytko 1999, S. 142f.; H. Uekermann 1993, S. 23. Zum Risikobegriff aus technischer Sicht siehe P. Frohböse 2010, S. 13–16.

33 In Anlehnung an M. Hupe 1995, S. 46. In einem breiteren Begriffsverständnis wird unter Risiko die Gefahr verstanden, dass ein tatsächlich realisiertes Ergebnis vom erwarteten Ergebnis positiv oder negativ abweicht. Positive Abweichungen werden dann als „Chance" bezeichnet, negative Abweichungen als „Risiko im engeren Sinn". Dieser letztgenannten Interpretation des Risikobegriffs wollen wir hier folgen.

34 M. Hupe 1995, S. 43ff.

35 K.-U. Höpfner 1995, S. 166ff.

Dabei lassen sich die Erfolgsfaktoren von Windenergieprojekten wie folgt beschreiben:

Tabelle 7: Erfolgsfaktoren einer Projektfinanzierung im Bereich Windenergie

1.	Verlässlichkeit und Prognostizierbarkeit des Rechts- und Regulierungsumfeldes / Durchsetzbarkeit von Verträgen	Qualitative Projekt-Prüfung
2.	Einsatz nur von bewährter Technik	
3.	Angemessene Risikozuweisung zu einzelnen Projektbeteiligten	
4.	Rechnerische Wirtschaftlichkeit des Vorhabens	
4.1.	Volatilitäten der Hauptrisikotreiber	
	4.1.1. Einzahlungen und Auszahlungen	CF-Modell / Rating-Tool
	4.1.2. Volatilitäten der Preise und Mengen	Rating-Tool
	4.1.3. Makroökonomische Faktoren (i.w. Zinssatzentwicklung)	Rating-Tool
4.2.	Unsicherheit über das Niveau der Prognose für die Cashflows, so genannte *Banking Case Uncertainty* (BCU)	Rating-Tool
4.3.	Korrelationen zwischen den Hauptrisikotreibern, insbesondere zwischen den Kosten und Erlösen	CF-Modell / Rating-Tool

Die ersten drei genannten Aspekte – Stabilität des Rechts- und Regulierungsumfeldes, Einsatz bewährter Technik und Risikoallokation – müssen bei jeder Projektfinanzierung vollumfänglich erfüllt sein. Sobald diese Anforderungen erfüllt sind, geht es letztlich um eine finanzielle Optimierungsaufgabe, die in Abhängigkeit von den Volatilitäten der verschiedenen Einflussgrößen zu lösen ist. Der erste Teil der Projektprüfung ist damit eher grundsätzlicher Natur, der zweite Teil Gegenstand der Risikoquantifizierung.

Am Anfang des Einsatzes von Projektfinanzierungen steht die Frage nach der grundsätzlichen Geeignetheit der einzusetzenden Technik, die eine klare und langfristig stabile Energieproduktion garantieren muss. Derzeit erleben wir eine Unterteilung zwischen Onshore- und Offshore-Projekten. Da beide Teilbereiche deutlich unterschiedliche Risikoprofile aufweisen und auch im Rahmen der jeweiligen Regulierungssysteme regelmäßig unterschiedlich gefördert werden, ergeben sich unterschiedliche Anforderungen an das jeweilig angemessene Risikokonzept, so dass diese beiden Teilbereiche auch gesondert dargestellt werden. Während Onshore-Vorhaben vielfach realisiert worden sind und die Risiken während der Fertigstellungs- und Betriebsphase hinreichend bekannt sind, bietet die Realisierung von Offshore-Windparks häufig doch Überraschungen. Selbst scheinbar feststehende Details, wie die Art der Montage der Rotorblätter, mögen im Zuge der Errichtung revidiert werden. Ursprüngliche Planungen müssen revidiert werden und teilweise muss improvisiert werden. Regelmäßig wird es sich um Maßnahmen handeln, die technisch oder wirtschaftlich unverzichtbar sind, aber ein Grundprinzip der Projektfinanzierung stark belasten: das der Prognostizierbarkeit der verwandten Technik.

Die Risiken bei Projektfinanzierungen können von Projekt zu Projekt hinsichtlich ihres Inhalts, ihrer Ursache, ihres Ausmaßes und ihrer Eintrittswahrscheinlichkeit stark voneinander abweichen. Gleichwohl gibt es Gruppen von Risiken, die in gleicher oder ähnlicher Weise bei den meisten Projektfinanzierungen zu einer Gefährdung des Cashflows führen können und insofern Gegenstand des Risikomanagements sein müssen. Zur Visualisierung ist es häufig hilfreich, die Einflussgrößen der Wirtschaftlichkeit eines Vorhabens darzustellen.

Eine zweckmäßige Unterteilung der Risiken kann so erfolgen, dass sie in Bezug auf ihre Inhalte und ihre Ursachen weitgehend überschneidungsfrei ist und auf die Möglichkeiten ihrer Beeinflussbarkeit durch die verschiedenen Projektbeteiligten abgestellt wird. Eine solche Gliederung erscheint sinnvoll, da sich in der Praxis unterschiedliche Maßnahmen herausge-

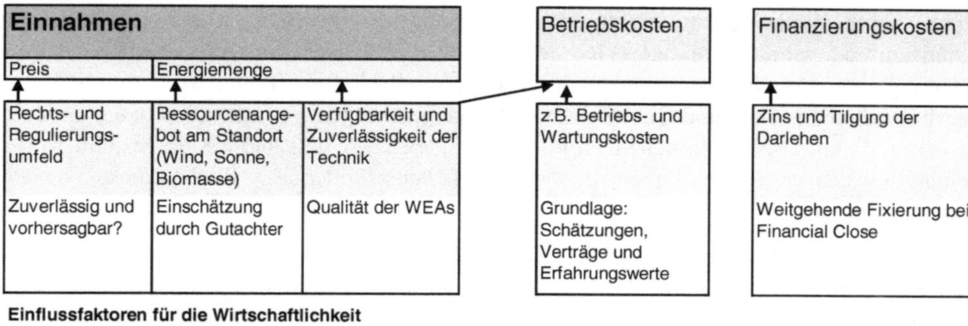

Abbildung 17: Einflussfaktoren für die Wirtschaftlichkeit

bildet haben, die die Risiken meist mit einem möglichst engen Bezug zu ihren Ursachen handhaben[36]. Daher wird im Folgenden unterschieden zwischen Risiken, die von der Projektgesellschaft oder anderen Projektbeteiligten kontrolliert werden können (projektendogene Risiken) und solchen Risiken, die außerhalb der Projektbeteiligten auf das Projekt einwirken (projektexogene Risiken). Eine Besonderheit von projektexogenen Risiken stellen Risiken dar, die von keiner der am Projekt beteiligten Parteien kontrolliert werden können, so genannte Force Majeure-Risiken.

Diese Unterteilung ist wirtschaftlich zweckmäßig, da die Methodik der Projektfinanzierung wesentlich darin besteht, belastbare Verträge zwischen der Projektgesellschaft und zentralen Projektbeteiligten zu strukturieren, die damit Risiken vom Projekt fernhalten. Dies erfordert die vertragliche Einbindung von Projektbeteiligten in das Projekt, oder anders formuliert: Endogene Risiken sind aus Sicht der Projektgesellschaft besser beherrschbar als exogene Risiken.

Tabelle 8: Übersicht über exogene und endogene Risiken

Endogene Risiken	Exogene Risiken
Fertigstellungsrisiko (Kapitel 3.4, 4.2 und 4.3)	Technisches Risiko i.w.S.
Technisches Risiko i.e.S. (Kapitel 4.1)	Ressourcenrisiko (Kapitel 4.4)
Managementrisiko (Kapitel 3.4)	Zulieferrisiko
Absatzrisiko	Marktrisiko
Betriebsrisiko (Kapitel 3.4 und 2.3)	Vertragsrisiko
Abandonrisiko	Wechselkursrisiko
	Rechts- und Regulierungsumfeld (Kapitel 2.2 und 2.3)
	Genehmigungsrisiko (Kapitel 3.1)
	Inflationsrisiko
	Zinsänderungsrisiko
	Force Majeure-Risiko

36 Auch eine ökonomische Analyse der Vertragsbeziehungen legt eine derartige Verknüpfung von Risiko und Risikoträgerschaft nahe. Aus Effizienzgesichtspunkten ist es besser, wenn die Risikozuweisung auf den Risikoeintritt konditioniert ist. Siehe hierzu J. Böttcher 2009, S. 67–69.

Wichtig ist: Es ist die Vertragsstruktur, die bei einzelnen Risikotypen darüber entscheidet, ob es sich um endogene oder exogene Risiken handelt: So überführt erst die vertragliche Verpflichtung des Abnehmers, Produkte der Projektgesellschaft zu einem bestimmten Preis, einer bestimmten Menge und Qualität abzunehmen, ein exogenes Marktrisiko in ein endogenes Absatzrisiko. Die wesentlichen Projektrisiken haben wir in Tabelle 8 dargestellt, wobei wir auch jeweils angegeben haben, in welchem Teilabschnitt dieses Buches diese Themen behandelt werden.

In vielen Bereichen haben sich im Laufe der Zeit bestimmte Grundverteilungsregeln von Risiken etabliert. Da die Technik der Projektfinanzierung – mit unterschiedlichen Abstufungen – für bestimmte Bereiche, z.B. Offshore-Windenergieprojekten – aber verhältnismäßig neu ist, haben sich bestimmte Grundregeln noch nicht trennscharf herausgebildet und zwingen zu neuen Diskussionen über eine angemessene Zuordnung von Chancen und Risiken.

Die verschiedenen Einzelrisiken können adressiert und durch Einbindung der verschiedenen Projektbeteiligten in ihren Auswirkungen auf das Projekt zumindest gemildert werden. Gleichwohl verbleiben Restrisiken, die über übergeordnete Sicherungssysteme aufgefangen werden müssen. Zu diesen Systemen zählen neben dem Aufbau einer effizienten Informationsstruktur vor allem die Entwicklung einer stabilen Projekt- und Finanzierungsstruktur. Folgendes Schaubild soll die Zusammenhänge verdeutlichen:

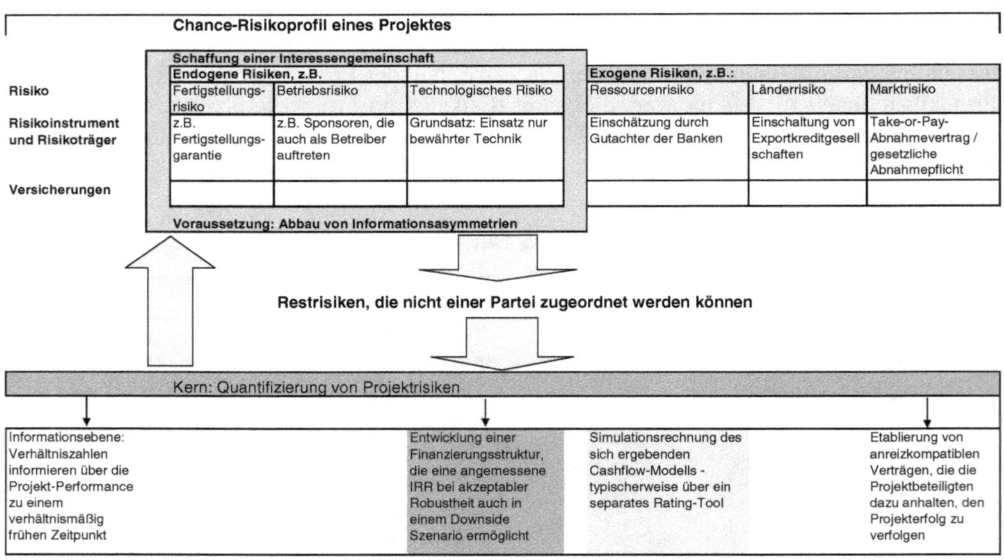

Abbildung 18: Risikomanagementprozess bei einer Projektfinanzierung – Teil I

Für ein erfolgreiches Risikomanagement ist es wichtig, ausgehend von den identifizierten Risiken eines Projektes deren Auswirkungen auf die ökonomische Leistungsfähigkeit und Belastungsfähigkeit zu erfassen. Dadurch lassen sich Erkenntnisse für die Auswahl der risikopolitischen Maßnahmen und die erfolgreiche Bewältigung von Krisensituationen gewinnen. Hierzu bedarf es einer Risikoquantifizierung, die den Einfluss der einzelnen Projektrisiken auf den Cashflow abbildet.

Erkennbar ist aber auch, dass das Thema Risikomanagement eines gemeinschaftlichen Antritts von Spezialisten aus Recht, Technik und Wirtschaft bedarf. Die Projektbeteiligten eines Vorhabens werden die Teilaspekte ihrer Einbindung in der Abbildung 18 wieder finden, aber erst durch ihr abgestimmtes Zusammenspiel lässt sich ein tragfähiges Projekt entwickeln und realisieren.

Die Risiken, die Risikoinstrumente und Risikoträger bei Offshore-Windenergievorhaben sind in der folgenden Übersicht dargestellt, wobei sie für Onshore-Vorhaben in abgeschwächter Form ebenfalls gelten.

Tabelle 9: Risikoprofil und Risikoinstrumente bei Offshore-Windparks

	Stichwort	Risikoaspekte	Risikoinstrumente	Risikoträger
Fertigstellung	Multi-Contracting versus Generalunternehmer	Anzahl der Arbeitspakete, Schnittstellen, Versicherbarkeit	Erfahrener Koordinator, enge Projektkoordination	C, S, B
	Genehmigungen	Liegen alle Genehmigungen vor und sind diese auch durchsetzbar (insbesondere Netzanbindung)?	Projektkoordination	S, B
	Widerstände	Berücksichtigung und möglichst Einbindung der Bedenken der verschiedenen Interessengruppen	Projektkoordination	S, B
	Standortspezifische Gegebenheiten (Wellengang, Wetter, Gründung)	Derartige Gegebenheiten können während der Fertigstellung, aber auch dem Betrieb zu erheblichen Zahlungskonsequenzen führen	Realistische Zeitplanung mit Reserven	S, PG, B, V
	Mögliche Konsequenzen: Verspätung oder Kostenüberschreitungen		Fixierung der Kostenkomponenten, Kostenüberschreitungslinie, Eigenkapitalnachschusspflicht, Versicherung	S, PG, B, V
Technologie und Betrieb	Passung der Hauptkomponenten	Gründung und Kolkschutz, WEA, Netzanbindung	Projektkoordination	C, PG, S, B
	Langlebigkeit	Einsatz bewährter Technik (Track Record)	Performance-Garantien, Versicherungen, Reservekonten, Belastbarkeit des Vorhabens, Versicherbarkeit der Technik	C, PG, S, B, V
Betriebsrisiko	Verfügbarkeit	Sind die Verfügbarkeiten realistisch abgeschätzt?	Condition Monitoring, Performance-Garantien, evtl. Versicherungen	AL, PG, S, B, V
	Langlebigkeit der gesamten Anlagenkonfiguation	Auswirkung von Salz, Welle, Feuchtigkeit.	Condition Monitoring, Performance-Garantien	AL, PG, S, B, V
	Wartungskonzept	Zugang zu den Anlagen, Fernwartung, Austausch von Komponenten	Performance-Garantien	WU/AL, PG, S, B
Rechts- und Regulierungs-umfeld	Bemessung der Vergütungssätze	Auskömmlichkeit und Prognostizierbarkeit der Vergütungssätze; Festpreis- versus Quotensysteme	Risikoquantifizierung	PG, S, B
	Passende Rechtsrahmen	Netzanbindung	Projektkoordination	S, B

AL: Anlagenlieferant, WU: Wartungsunternehmen, C: Contractor, PG: Projektgesellschaft, S: Sponsor, B: Banken, V: Versicherung

Als wesentliche Risikosphären lassen sich die Teilbereiche Fertigstellung, Technologie, Betrieb und Rechtsumfeld ausmachen. Während das Rechts- und Regulierungsumfeld in den jeweiligen Ländern als eher vergleichbar mit den jeweiligen Onshore-Systemen angesehen werden kann, sind die drei ersten Teilrisiken bei Offshore-Vorhaben ausgeprägter. Gerade in diesen Bereichen ist daher eine stärkere Einbindung von Projektbeteiligten in die Risikoallokation erforderlich, als dies bei Onshore-Projekten erforderlich ist.

Während wir bislang die Risiken und die Risikoinstrumente isoliert betrachtet haben, müssen diese in ihrer gesamten Wirkung auf das Projekt analysiert und bewertet werden. Dies erfolgt im Rahmen der Risikoquantifizierung des Projektes über ein Cashflow-Modell. Das Cashflow-Modell dient dabei der Entwicklung einer projektbezogenen Finanzierungsstruktur, die unter der Berücksichtigung eines zu definierenden Sicherheitsabschlages so auszugestalten ist, dass die bankseitigen Anforderungen für die Gewährung einer Projektfinanzierung über die gesamte Finanzierungslaufzeit stets erfüllt werden können.

Beispielhaft können sich die Einzelrisiken in einer Gesamtschau wie folgt darstellen:

Tabelle 10: Zusammenfassung der Einzelrisiken bei Windenergieprojekten

Risiko	Risikoinstrumente	Standardabweichung gegenüber Onshore	Plan-Annahmen Offshore
Elementarrisiko	Heranziehen von mindestens zwei Ertragsgutachten, die standortspezifisch erstellt werden	8,00%	9,00%
Unsicherheit des Ertragsgutachtens	Explizite Nennung der Unsicherheiten im Ertragsgutachten, z.T. Eliminierung auch von Teilunsicherheiten (z.B. durch Besichtigung vor Ort)	4,00%	5,00%
Verzögerte Fertigstellung	Hereinnahme einer Fertigstellungsgarantie	0,00%	3,00%
Angemessene Berücksichtigung der Verfügbarkeit	Vertragliche Verpflichtung, Erfahrungswerte	0,50%	5,00%
Steigerung der operativen Kosten	Vertragliche Fixierung der operativen Kosten. Vorsichtige, konservative Kalkulation der Kosten	1,00%	4,00%
Preis- bzw. Absatzrisiko	Absatzpreise gesetzlich garantiert und damit über Projektlaufzeit kalkulierbar	0,00%	0,00%
Force Majeure	Abschluss der üblichen Versicherungen	0,00%	0,00%
Gesamte Standardabweichung		9,01%	12,49%

Während sich bei Onshore-Projekten die genannten Risiken aufgrund umfangreicher Erfahrungen mit früheren Projekten verhältnismäßig gut abschätzen lassen, liegen diese umfänglichen Erfahrungswerte bei Offshore-Windparks in dieser Form so nicht vor. Insofern ist die Schätzung der Standardabweichungen bei einem Offshore-Windpark mit deutlichen Unsicherheiten verbunden. Tatsächlich kann es sein, dass sich mit zunehmenden Erfahrungen die Standardabweichungen eines Offshore-Windparks deutlich verändern. Beispielsweise könnte das Elementarrisiko bei Offshore-Windparks geringer ausfallen, da das Windangebot auf Hoher See tendenziell stetiger ausfällt und auch Störungen der Anströmung durch Hindernisse nicht vorhanden sind.

Aus Gründen der mangelnden Quantifizierbarkeit der nach Anwendung von Risikoinstrumenten verbleibenden Einzelrisiken wird von den Banken ein pauschaler Sicherheitsabschlag anhand von Erfahrungswerten aus dem jeweiligen Anwendungsgebiet festgelegt. Der Sicherheitsabschlag für ein konkretes Projekt kann in seiner Höhe folglich von Bank zu Bank unterschiedlich bemessen sein.

Im Anschluss an diese allgemeine Darstellung zum Risikomanagementprozess werden wir in Ziffer 2.4 die verschiedenen Einzelrisiken skizzieren, die bei Windenergievorhaben von besonderer Bedeutung sind.

2.4 Relevante Einzelrisiken – Zuweisung von Verantwortlichkeiten

Wie eingangs beschrieben, erfordert eine erfolgreiche Projektfinanzierung eine angemessene vertragliche Einbindung der Projektbeteiligten.

Das Grundprinzip eines an den Handlungsanreizen orientierten Risk Sharings bei einer Projektfinanzierung ist, der Partei das Risiko zuzuordnen, die den Risikoeintritt am besten beeinflussen kann. Bei risikoaversen Projektbeteiligten ist bei dieser Risikoübertragung allerdings der Trade-Off mit der vom jeweiligen Vertragspartner eingeforderten Risikoprämie zu berücksichtigen. Es gibt Fälle, in denen es sich nicht lohnt, Handlungsanreize zu setzen, weil die Prämie dafür zu hoch wäre. Im Ergebnis kommt es nicht auf einen maximalen, sondern auf einen optimalen Risikotransfer an, der gerade ausreicht, die gewünschten effizienten Handlungsanreize zu setzen.

Wesentlich ist, der beauftragten Partei ein Anreizschema zu geben, das sie aus eigenem Interesse zu dem gewünschten Verhalten bringt. Dafür muss sie in aller Regel am Erfolg und damit auch am Risiko des jeweiligen Vorhabens beteiligt werden, und zwar unabhängig davon, über welche Risikotragfähigkeit sie verfügt. Die Vereinbarungen zur Risikoallokation bilden ein komplexes Anreizschema, das die Interessen der Projektbeteiligten harmonisieren und auf den Erfolg des Projekts ausrichten soll. Danach noch verbleibende Risiken können nach dem Kriterium der Risikotragfähigkeit verteilt werden, also z.B. an Versicherungen ausgelagert werden oder bei den Financiers verbleiben. Zunächst kommt es aber darauf an, eine Vertragsstruktur zu finden, bei der sich alle Beteiligten für das Projekt einsetzen. Welche Verträge sich hierfür eignen, hängt davon ab, was zum Verhalten der einzelnen Parteien gerichtsfest feststellbar ist.

In diesem Kapitel werden die branchenspezifischen Besonderheiten von Windenergie-Vorhaben mit dem traditionellen Risikomanagementprozess einer Projektfinanzierung verzahnt. Die Darstellung ermittelt für verschiedene Formen von Windenergieprojekten das jeweilige Risikoprofil und beschreibt geeignete Maßnahmen zur Risikobewältigung. Das Kapitel endet mit einer bewertenden Zusammenfassung der betrachteten Einzelrisiken (Ziffer 2.4.7).

In Kapitel 5.9 erfolgt die Risikoquantifizierung, bei der die zuvor dargestellten Risikopotentiale der Einzelrisiken ganzheitlich untersucht werden und unter diesen Aspekten eine tragfähige Finanzierungsstruktur entwickelt wird. Die Risikoquantifizierung erfolgt anhand eines Fallbeispiels.

2.4.1 Das Ressourcenrisiko – Abschätzung des Energieertrages

Von zentraler Bedeutung für die Wirtschaftlichkeit eines Windenergievorhabens ist eine realistische Prognose seines Energieertrages. DR. THOMAS NEUMANN et al. wird dieses zentrale Thema in Kapitel 4.4 behandeln.

Das Windangebot an einem Standort ist für die Wirtschaftlichkeit eines Vorhabens, aber auch für die Auslegung der Anlagen zentral. Dies gilt insbesondere aufgrund der physikalischen Gesetzmäßigkeit, dass die aus dem Wind zu gewinnende Energiemenge unter idealen Bedingungen mit der dritten Potenz der Windgeschwindigkeit zunimmt: Verdoppelt sich etwa die Windgeschwindigkeit, verachtfacht sich die Energieausbeute.

Tabelle 11: Abhängigkeit der Energieproduktion von der Windgeschwindigkeit[37]

Windgeschwindigkeit in m/s	Windgeschwindigkeit, bezogen auf 6 m/s	Energieproduktion eines 10 MW-Windparks *	Relative Energieproduktion, bezogen auf 6 m/s	Relative Kapitalkosten, bezogen auf 6 m/s
5	83,33	11.150	62,94	100
6	100,00	17.714	100,00	100
7	116,67	24.534	138,50	102
8	133,33	30.972	174,84	105
9	150,00	36.656	206,93	110
10	166,67	41.386	233,63	120

* Luftdichte: 1,225 kg/m^3; Verluste von 12 %, Raleigh-Wind-Verteilung

Dass dies ein theoretischer Wert ist, zeigt sich bereits an der obigen Tabelle 11. Die alleinige Kenntnis der durchschnittlichen Windgeschwindigkeit sagt zunächst wenig über die zu erzielende Jahresenergieproduktion aus, sondern muss um eine Reihe von zusätzlichen Informationen ergänzt werden. Gleichwohl kommt einer präzisen und zuverlässigen Abschätzung des Windangebots am Standort eine überragende Bedeutung zu. Dabei gibt es zwei grundsätzliche Unsicherheiten: Das Ressourcenrisiko, also die durch den Wind erzielbare Energieproduktion und die Unsicherheit dieses Berechnungsergebnisses („Gutachtenrisiko"). Beispielhaft können Unsicherheiten an einem Standort wie in Tabelle 12 ausgewiesen werden:

Tabelle 12: Beispiele einer Unsicherheitsbewertung

Ergebnisunsicherheit im Energieertrag	
Gesamtunsicherheiten plausibilisierte Windklimatologie	10 %
Berechnungsunsicherheiten bei Übertragung auf WEA-Standorte innerhalb des Windparks	2 %
Unsicherheiten der Leistungskurve	10 %
Unsicherheiten der Parkwirkungsgradberechnung	3 %
Gesamtunsicherheit für Langjahresenergieertrag	14,6 %

Innerhalb der Unsicherheitsberechnung wird angenommen, dass die jeweiligen Teilunsicherheiten voneinander unabhängig sind, so dass die Gesamtunsicherheit über die Quadratwurzel bestimmt wird. Viele Banken verlangen, dass die Gesamtunsicherheit nicht einen Wert von 20 % überschreitet. Spätestens in einem solchen Fall müsste eine Reduzierung der Unsicherheit angestrebt werden, etwa durch den Einbezug weiterer Standortmessungen oder einen längeren Zeitraum von Messdaten[38].

37 EWEA (Hrsg): Wind Energy – The Facts, Technology, S. 47.

38 Allerdings würde sich auch vorher schon empfehlen, diese Unsicherheit zu reduzieren, da der ermittelte Wert Eingang in die Rating-Verfahren der Banken findet. Je geringer die Unsicherheit ausfällt, desto besser wird in der Tendenz das Rating ausfallen.

Die Einschätzung des an einem Standort zu erwartenden Energieangebotes basiert auf Windgutachten oder Windmessungen, Erfahrungen über die Verfügbarkeit[39], zu erwartende Netzverluste aufgrund der notwendigen Umspannung und Leitungsverluste aufgrund des Stromtransports vom Windpark zum Netzeinspeisepunkt.

2.4.2 Das Funktionsrisiko – Bewährte Technologie?

Mit Hilfe einer Windenergieanlage wird die Strömungsenergie des Windes in mechanische bzw. elektrische Energie umgewandelt. Zentrales Bauelement ist der Rotor, der von der umströmenden Luft in Bewegung gesetzt wird. Es werden zwei Wirkprinzipien unterschieden: Bei dem bereits bei den ersten Windmühlen verwendeten einfachen Widerstandsläufer wird eine geometrische Fläche dem Wind entgegengehalten. Mit diesem Prinzip können maximal 12 % der Strömungsenergie gewonnen werden. Der effizientere Antriebsläufer hingegen nutzt die aerodynamischen Auftriebskräfte einer Flügelform zur Erzeugung einer Drehbewegung und kann damit mit heutiger Technologie einen Wirkungsgrad von bis zu 50 % erzielen, was bereits nahe an dem physikalischen Limit von 59 % liegt (so genannte BETZ-Grenze). Der Rotor ist über eine Welle und in der Regel über ein Getriebe mit einem Generator verbunden, der entweder direkt oder über eine Leistungselektronik Strom in das Netz einspeist. Die Leistung einer Windenergieanlage steigt mit der dritten Potenz der Windgeschwindigkeit, die wiederum mit der Höhe über dem Boden zunimmt und allgemein von der Beschaffenheit des Geländes abhängt.

Kleinere WEA werden meist durch eine Windfahne von selbst in den Wind gedreht, während größere Anlagen die Gondel mit geregelten Elektromotoren aktiv der Windrichtung nachführen. Bei der Leistungsregulierung von WEA werden zwei Prinzipien unterschieden: Bei der einfachen Stall-Regelung erfolgt die Drehzahlbegrenzung bei Erreichen der Nenndrehzahl und Nennleistung automatisch durch konstruktionsbedingten Strömungsabriss (so genannter Stall-Effekt) an den Blättern. Bei größeren Anlagen wird jedoch meist eine Pitch-Regelung eingesetzt, bei der die Blattflügel elektromotorisch um ihre eigene Achse gedreht (gepitcht) werden können. Auf diese Weise kann abhängig von der Windgeschwindigkeit immer der aerodynamisch günstigste Blattanstellwinkel eingehalten werden, so dass konstruktive Lasten reduziert und insbesondere im Teillastbetrieb bessere Stromerträge eingefahren werden können.

Die Anlaufgeschwindigkeit einer WEA beträgt ca. 3 bis 4 m/s. Bei Nennwindgeschwindigkeit (ca. 12–16 m/s) gibt sie ihre maximale Leistung (Nennleistung) ab, die in etwa konstant gehalten wird bis zum Erreichen der Abschaltgeschwindigkeit (d.h. etwa bei 25 m/s). Dann muss aus Schutz vor mechanischer Überlastung der Rotor gebremst oder stillgesetzt und ggf. die Blätter aus dem Wind gedreht werden. Bereits Mitte der 80er Jahre wurde in Deutschland mit „GROWIAN“ eine für damalige Verhältnisse mit 3 MW Leistung außergewöhnlich große Experimentalanlage in Betrieb genommen. Wegen Dauerfestigkeitsproblemen wurde sie jedoch wenige Jahre später wieder abgebaut. Letztendlich gelang der Durchbruch bei der Windenergienutzung erst mit einer evolutionären, stufenweisen Entwicklung und Vergrößerung der Anlagentechnik, ausgehend von Leistungsgrößen zwischen 50 und 100 kW. Die

[39] Bei der Verfügbarkeit sind neben dem reinen Zahlenwert vor allem die Definition von Verfügbarkeitszeiten relevant: Dies gilt bereits für Onshore-Projekte (dort können etwa Transportzeiten für ausgefallene Teile ausgeschlossen sein) und gilt noch viel mehr für Offshore-Projekte.

folgende Abbildung verdeutlicht den technischen Fortschritt, der bei neuen WEA in Bezug auf Leistung, Größe und insbesondere Ertrag erzielt werden konnte: Im Zeitraum von 1985 bis 2005 konnte die Leistung von WEA um das 60-Fache und ihr Ertrag sogar um das 180-Fache gesteigert werden.

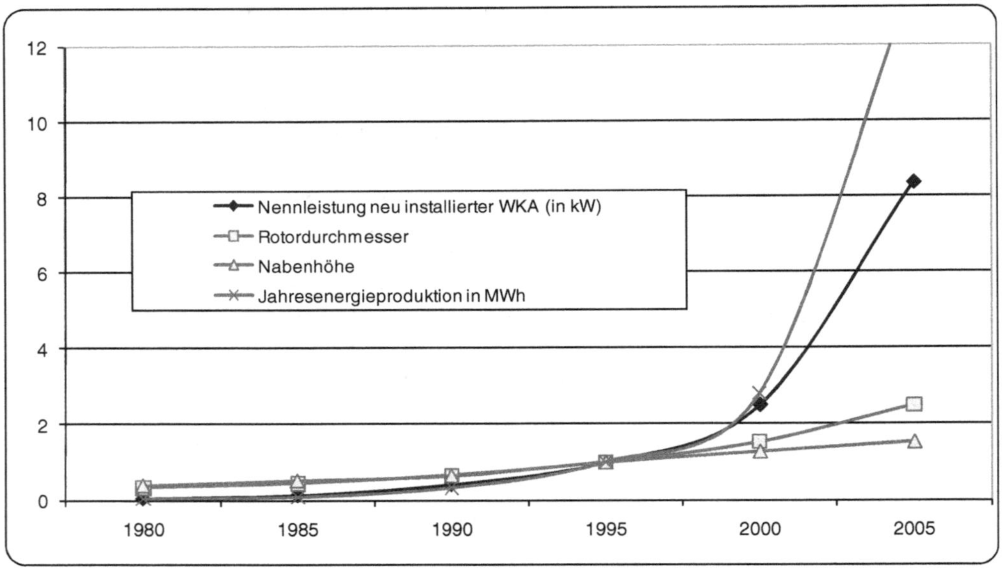

Abbildung 19: Relative Entwicklung einzelner Parameter im Windenergie-Bereich[40]

Die Leistungssteigerung der Windenergieanlagen hat dabei zu einer wesentlichen Verbesserung der Wirtschaftlichkeit der Anlagen geführt[41], die die Windenergie an Hochwindstandorten in die Lage setzt, Strom auch im Wettbewerb zu konventioneller Stromerzeugung wettbewerbsfähig produzieren zu können. Die EWEA schätzt, dass Windenergie an Hochwindstandorten kostendeckend einen Vergütungssatz zwischen 4 bis 5 Ct/kWh verlangt, und an windschwächeren Standorten von bis zu 8 Ct/kWh[42]. Bei einer derartigen Abschätzung muss man immer vor Augen haben, dass sich die Anlagenpreise gerade im Bereich der Erneuerbaren Energien sehr dynamisch innerhalb der letzten Jahre entwickelt haben: Steigende Rohstoffpreise führten etwa 2006 und 2007 zu einem deutlichen Anstieg der Turbinenpreise, so dass sich die obigen Preise nach oben entwickelten. Abzuwarten bleibt, wie sich der Turbinenmarkt im weiteren Gefolge der Finanz- und Wirtschaftskrise und dem sich anschließenden Aufschwung weiter entwickeln wird.

[40] Die Werte des Jahres 1995 wurden jeweils auf 100 % gesetzt, so dass die Abbildung die relative Entwicklung in Bezug auf dieses Jahr abbildet. Die absoluten Werte für 1995 lauten: Nennleistung: 250 kW, Rotordurchmesser: 30 m, Nabenhöhe: 50 m und Jahresenergieproduktion: 400 MWh. BTM Consult Update 03/2008.

[41] Von Branchenexperten wird eine Effizienzverbesserung zwischen 2 und 3 Prozent pro Jahr während der letzten 15 Jahre geschätzt.

[42] EWEA, Wind Energy – The Facts, S. 8. Die Vergleichsrechnung ging dabei von Turbinenpreisen von 1,1 M€ pro MW sowie einem Abzinsungszinssatz von 7,5 % aus.

Die Anforderung, lediglich bewährte Technik zu verwenden, stellt im Bereich Windenergie eine besondere Herausforderung dar. Ein erstes Beispiel hierfür ist die Entwicklung der Nennleistungen bei neu installierten Windkraftanlagen in Europa:

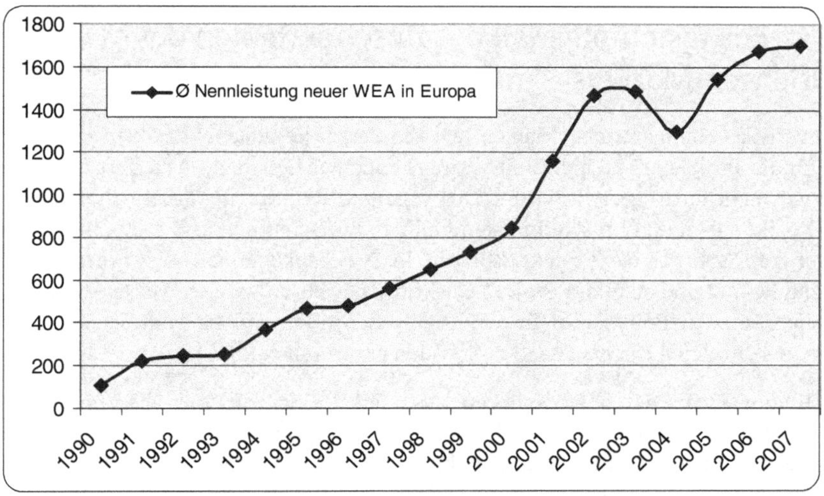

Abbildung 20: Durchschnittliche Nenn-Leistung neuer Windkraftanlagen in kW[43]

Erkennbar ist, dass sich die durchschnittliche Nennleistung von neu installierten Anlagen innerhalb des letzten Jahrzehnts fast kontinuierlich erhöht hat, was zum einen mit erhöhten Materialanforderungen, zum anderen aber auch mit höherem Energieertrag einhergeht. Das Problem stellt sich für die Kreditgeber darin, dass sie Anlagen finanzieren sollen, für die es erst Erfahrungswerte von wenigen Jahren gibt, sie andererseits ihren Kredit – bei einer typischen Finanzierungsstruktur – erst vollständig nach 15 Jahren zurückgezahlt erhalten.

Der Einsatz wird insoweit möglich, als zum einen Null-Serien durch den Hersteller getestet werden, um Verbesserungen zu ermöglichen und einen gewissen Track Record vorzuweisen. Andererseits handelt es sich um graduelle Weiterentwicklungen bewährter Technologie und zumeist nicht um ein vollständig neues Technik-Konzept[44].

Derzeit sind dem Einsatz von Offshore-WEA durch die maximal wirtschaftlich zu erschließende Wassertiefe Grenzen gesetzt. Fest installierte Gründungsstrukturen können in der Regel nur bis zu einer Wassertiefe von 50 m eingesetzt werden. PROF. DR. LOTHAR DANNENBERG wird diesen Aspekt in seinem Beitrag in Kapitel 4.1 näher erläutern.

---

[43] EWEA 2009, S. 41.

[44] Allerdings müssen die Kreditgeber gegenüber der Argumentation, es handele sich um eine Modifikation bewährter Technologie, vorsichtig sein. Gerade bei Projektfinanzierungen, die hierauf vertraut haben, haben sich teils erhebliche Probleme ergeben, sei es, weil das Zusammenwirken unterschiedlicher Anlagenkomponenten nicht funktioniert hat oder weil bestimmte Einsatzstoffe zum ersten Mal großindustriell bei einem Projekt eingesetzt worden sind.

Kommt es in der Startphase eines Projektes zu technischen Problemen, sind diese häufig nicht trennscharf von dem Fertigstellungsrisiko abzugrenzen. Dies ist insoweit relevant, als regelmäßig unterschiedliche Verpflichtete für das eine oder das andere Risiko eintreten. Das Fertigstellungsrisiko betrachten wir in Ziffer 2.4.3.

2.4.3 Das Fertigstellungsrisiko – Besonderheiten des Offshore-Marktes

Das Fertigstellungsrisiko beinhaltet alle Risiken und die daraus folgenden Verluste, die realisiert werden, wenn die Projektanlage nicht mit vertragsgerechter Leistung, verzögert, zu höheren Kosten oder gar nicht fertig gestellt wird[45]. Das genannte Risiko kann erhebliche Auswirkungen auf das Projekt haben und im schlimmsten Fall den wirtschaftlichen Betrieb unmöglich machen und somit zum Abbruch des Projektes führen. Da die Banken eine Projektfinanzierung nur bei ausreichend hohem und stabilem Projekt-Cashflow gewähren werden, verlangen sie bei Identifizierung eines solchen Preisrisikos in der Regel eine umfangreiche Haftung eines der Projektbeteiligten, der für den ggf. entstehenden Schaden aufkommen muss.

Um dem Fertigstellungsrisiko entgegenzuwirken, sind eine Reihe von Verträgen entwickelt worden, die dieses Risiko – in unterschiedlichem Umfang – Sponsoren, Kreditnehmern und Anlagenlieferanten zuweisen. Es ist nicht ungewöhnlich, dass bei Verfehlen eines Stichtages, der zu einem bestimmten Tarif berechtigt, eine Strafzahlung vereinbart wird, die die Mindereinnahmen kompensiert. Dabei kann die Pönale so gewählt werden, dass die Belastbarkeit des Vorhabens aus Banksicht konstant bleibt.

Grundsätzlich können die üblichen finanziellen Möglichkeiten, die Folgen eines Fertigstellungsrisikos zu begrenzen, wie in Tabelle 13 dargestellt klassifiziert werden.

Tabelle 13: Verteilung von Fertigstellungsrisiken auf die Kapitalgeber

	Fertigstellungsgarantien	**Nachschussverpflichtung**
Gegenstand:	Die Sponsoren stehen solange für die Rückführung der Kredite ein, bis das Projekt fertiggestellt ist.	Werden die geplanten Kosten überschritten, verpflichten sich Sponsoren oder Kreditgeber, dem Projekt zusätzliches Eigenkapital oder Fremdkapital zur Verfügung zu stellen.
Umfang bzw. Form:	Der Umfang der Fertigstellungsgarantie kann sich auf den Gesamtbetrag der Projektkredite oder auch nur auf einen bestimmten Prozentsatz beziehen.	1. Completion Undertaking: Die Sponsoren müssen so lange weiteres Kapital zuführen, bis die Fertigstellung erreicht ist. Ist diese Verpflichtung unbegrenzt, entspricht dies wirtschaftlich einer Fertigstellungsgarantie. 2. Pool-of-Funds-Vereinbarung: Ökonomisch handelt es sich um eine betragsmäßig begrenzte Nachfinanzierungsverpflichtung der Sponsoren.

Wegen des sehr weit reichenden Umfangs einer Fertigstellungsgarantie einerseits und den bei der Projekterstellung häufig kaum überschaubaren Risiken andererseits werden häufig Regeln vereinbart, die die Verpflichtungen des Garanten beschränken.

45 J. Böttcher 2009, S. 73–79.

Im Regelfall der Limited-Recourse-Finanzierung wechselt die Risikotragung mit der Fertigstellung der Anlage: Waren bis dahin die Sponsoren oder der Anlagenbauer für die Fertigstellung verantwortlich und zumindest teilweise auch den Kreditgebern gegenüber verpflichtet, ist es im Anschluss nur noch das Projekt, das sich damit zu einer Non-Recourse-Projektfinanzierung wandelt[46]. Diese zeitliche Haftungsbeschränkung der Sponsoren ist der wesentliche ökonomische Grund für diese, eine Projektfinanzierung statt einer Unternehmensfinanzierung zu wählen. Da dieser Haftungswechsel für die Risikoallokation entscheidend ist, wird regelmäßig große Sorgfalt darauf verwandt zu definieren, wann „Fertigstellung" erreicht ist[47]. Im Regelfall wird die Fertigstellung durch einen unabhängigen Gutachter festgestellt, der neben der Feststellung der Errichtung auch bestimmte Leistungstests vornimmt.

Regelmäßig stellt man fest, dass Generalunternehmer (EPC-Contractor) vorzugsweise bei Onshore-Projekten zum Einsatz kommen[48], während dies bei Offshore-Projekten bei heutigen Vorhaben praktisch nicht mehr der Fall ist. Bei letzteren Projekten hat sich von der anfänglichen Einbindung von Generalunternehmern – z.B. bei NYSTED in 2003 und KENTISH FLATS in 2005 – der Markt hin zu einem Multi-Contracting entwickelt. Multi-Contracting bedeutet, dass das gesamte Vorhaben nicht mehr von einer Partei gegenüber dem Projekt und den Kapitalgebern verantwortet wird, sondern dass mehrere Parteien die Teilgewerke für das Vorhaben liefern. Dieses Vorgehen hat Vorteile, aber auch deutliche Nachteile (siehe hierzu auch vertieft Kapitel 3.4).

- Vorteilhaft ist sicherlich, dass es für die einzelnen Gewerke jeweils eine größere Anzahl von Anbietern gibt, die die geforderte Teilleistung anbieten können. Über das größere Angebot kann man erwarten, dass günstigere Preise durchgesetzt werden können.
- Nachteilig ist eindeutig das Schnittstellenproblem. Insbesondere zwischen den Gewerken Gründung und Anlagenlieferung besteht bei Offshore-Windparks ein erheblicher Abstimmungsbedarf, um die dynamischen Lasten der Anlage unter Einfluss von Wind und Welle aufzunehmen. Die Koordination der Teilgewerke ist zeitkritisch – Verspätungen bei einem Teilgewerk können unmittelbar auch Einfluss auf andere Teilgewerke nehmen.

---

46 Für die Projektprüfung bedeutet dies: Die Fremdkapitalgeber müssen sich nicht nur über die Tragfähigkeit des Projektes aufgrund seines erwarteten Cashflow-Stroms in der Betriebsphase Gedanken machen, sondern sich bis zum Abschluss der Fertigstellungsphase in ihren Analysen auch auf die Bonität der Sponsoren konzentrieren. Dabei muss man auch vor Augen haben, dass die Haftung der Sponsoren oder des Generalunternehmers nicht unbeschränkt ist, sondern aus ökonomischen Überlegungen regelmäßig betragsmäßig begrenzt ist.

47 Der frühest mögliche Zeitpunkt ist die Errichtung der Anlage, also das Ende der Bau- und Montagearbeiten (physische Fertigstellung). Allerdings kommt es für den Wert einer Anlage auf deren Funktionstüchtigkeit an – Fertigstellung meint in diesem Zusammenhang den Probelauf, bei dem bestimmte Leistungsparameter nachgewiesen werden müssen. Darüber hinaus kann eine gewisse Betriebszeit gefordert sein, in der stufenweise bestimmte Leistungsparameter nachgewiesen werden müssen. Am weitesten geht die Forderung, dass auch bestimmte Wirtschaftlichkeitskriterien des Anlagenbetriebs nachgewiesen werden (Economic Test). Sofern Parameter herangezogen werden, die nicht mit der Anlage selbst zusammenhängen (z.B. realisierte Nachfrage), verschiebt sich der Charakter einer Non-Recourse-Projektfinanzierung wieder in Richtung einer Unternehmensfinanzierung.

48 EPC steht für *Engineering. Procurement and Construction.* Tatsächlich ist diese Begriffsorientierung ökonomisch nicht sonderlich hilfreich, da es vielmehr darum geht, wer verantwortlich für ein Risiko ist. Insofern ist der deutsche Begriff wesentlich präziser.

Eine Ursache für die Dominanz des Multi-Contracting insbesondere bei Offshore-Windparks mag darin gesehen werden, dass sich die Anteile der einzelnen Gewerke deutlich von Onshore-Windparks unterscheiden.

Tabelle 14: Investitionskostenaufgliederung bei Onshore- und Offshore-Projekten

	Onshore	Offshore
Turbine	68%	45%
Netzanschluss	14%	15%
Installation	9%	20%
Fundamente	9%	20%

Während bei Onshore-Windparks die Windkraftanlagen mit einem Anteil von gut zwei Dritteln den größten Anteil der Gesamtinvestitionskosten ausmachen und die Fundamentierungsarbeiten zum Teil auch federführend durch die Anlagenlieferanten ausgeführt werden können, machen bei Offshore-Windparks Leitungskosten und Gründungskosten einen erheblichen Teil der Gesamtinvestitionskosten aus. Die Anteile der einzelnen Kostenblöcke an den Gesamtkosten variieren insbesondere bei den Offshore-Windparks erheblich, sei es, weil zum Beispiel Netzanschlusskosten aufgrund von regulatorischen Vorschriften außerhalb des Projektes getragen werden, sei es aufgrund der unterschiedlichen Entfernung bis zum Einspeisepunkt oder den unterschiedlichen Wassertiefen, die jeweils andere Fundamenttypen erforderlich machen. Die meisten Offshore-Standorte in Deutschland befinden sich in großer Entfernung zur Küste und großer Wassertiefe, da die wirtschaftliche Nutzung der Meeresfläche von mehreren Parteien beansprucht wird. Typische Vorhaben in Deutschland haben eine Distanz zur Küste von 30 bis 100 Kilometern und weisen eine Wassertiefe zwischen 20 und 40 m auf (siehe auch Ziffer 1.1.3). Die meisten bisher realisierten Offshore-Windparks im europäischen Ausland weisen eine Entfernung von unter zehn Kilometer von der Küste und eine Wassertiefe von unter zehn Meter auf. Tieferes Wasser und größere Entfernung zur Küste bedeuten aufwändigere Fundamenttypen, längere Kabelverbindungen und eine erschwerte Zugänglichkeit.

Ein weiterer Grund kann darin gesehen werden, dass die Fertigstellung von Offshore-Windanlagen komplexer verläuft als bei Onshore-Anlagen. Bereits die Planung stellt besondere Anforderungen. Dem BUNDESAMT FÜR SEESCHIFFFAHRT UND HYDROGRAPHIE (BSH) kommt die zentrale Rolle im Genehmigungsverfahren zu[49]. Das BSH legt fest, welche Seegebiete für OWP in Frage kommen. Dies erfolgt im Einvernehmen mit dem BMU, unter Beteiligung weiterer eingebundenen Ministerien, der Öffentlichkeit und der Einbindung der Länder. Weiter ist das BSH zuständig für die Genehmigung von OWP und der Netzanbindungen innerhalb der ausschließlichen Wirtschaftszone. Die Rolle des BSH werden PROF. CHRISTIAN DAHLKE und DR. KAI TRÜMPLER in Kapitel 3.1 näher ausführen.

Der Transport stellt – neben der Verfügbarkeit von Transporteinrichtungen – deutlich erhöhte Anforderungen und die Montage ist ein kompliziertes und aufwendiges Unterfangen. Zwei Verfahren sind hier zu nennen: Einerseits das Zusammensetzen der einzelnen Komponenten vor Ort auf See, andererseits die vollständige Montage der Windenergieanlage an Land und die Verladung per Schwimmkran (Vorhaben BEATRICE). In beiden Fällen kann die Errichtung der Anlagen nur bei gutem Wetter und ruhiger See ausgeführt werden, was insbe-

49 Siehe hierzu die Ausführungen in Kapitel 3.1.

sondere in der Nordsee ein enges, jährliches Zeitfenster von etwa 120 Tagen bedeutet. Damit ergibt sich die Gefahr, dass die Verfügbarkeit der Transportgeräte nicht mehr gegeben ist und sich die Fertigstellung deutlich verzögert.

Im Rahmen der Fertigstellung von Offshore-Windparks ist die Netzanbindung von besonderer Bedeutung. Ausgehend von den Vorschlägen der AG BESCHLEUNIGUNG OFFSHORE-NETZANBINDUNG haben sich die beiden Bundesminister ALTMAIER und RÖSLER darauf verständigt, einen mehrjährigen Offshore-Netzentwicklungsplan einzuführen. Einerseits soll der Plan Realisierungszeitpunkt sowie Ort und Größe der Netzanschlüsse festlegen, damit eine bessere Abstimmung mit dem Onshore-Netzausbau erfolgen kann. Andererseits sieht der Plan Schadenersatzzahlungen vor für den Fall, dass es zu Verzögerungen bei der Errichtung bzw. Störungen beim Betrieb von Netzanbindungsleitungen kommt. Die Details dieser Regelung werden in Kapitel 3.2, Ziffer 3.4.7 und Ziffer 1.2.2 vorgestellt.

Diese wahrgenommenen Risiken werden im Rahmen der Risikoallokation explizit oder implizit den verschiedenen Projektbeteiligten zugewiesen. Werden Risiken nicht explizit zugewiesen, sind es die Projektgesellschaft und die fremdfinanzierenden Banken, die diese Risiken faktisch übernehmen. Hinsichtlich der Übertragung von Risiken spielen verschiedene Aspekte eine Rolle, wie etwa die Marktmacht der jeweiligen Beteiligten oder die Kontrollfähigkeit der Risiken durch die jeweiligen Projektbeteiligten. Vor allem ist die Risikoallokation aber eine ökonomische Frage, die ein optimales Maß an Risikotransfer anstrebt, das gerade einen hinreichenden Anreiz schafft, auf den Erfolg des Projektes hinzuarbeiten.

Nach dieser Skizzierung des Themas Fertigstellung wenden wir uns nunmehr in Ziffer 2.4.4 dem Betriebsrisiko zu.

2.4.4 Das Betriebs- und Managementrisiko

Unter dem Betriebs- und Managementrisiko werden alle Gefahren verstanden, die zu Unterbrechungen oder sogar zum Stillstand der Anlage führen können. Die Ursachen für ein Betriebs- und Managementrisiko liegen in der Regel in Fehlern bei der Planung, Organisation, Durchführung und Kontrolle von Betriebsabläufen (z.B. logistische Schwachstellen oder Fehlkalkulationen) oder in einer fehlerhaften Bedienung sowie mangelhafter Wartung und Instandhaltung durch das Anlagenpersonal. Das Betriebsrisiko ist eng mit dem technischen Risiko verbunden. Letztlich ist von dem Betrieb der Anlage abhängig, wie die Komponenten belastet werden und die Langfrist-Performance des Projektes ausfällt. Aufgrund der besonderen Bedeutung eines qualifizierten Betriebsmanagements werden sich RALF NEULINGER et al. in Kapitel 4.5 mit dem Betrieb von Onshore-Windparks beschäftigen.

Häufig lässt sich das Betriebs- und Managementrisiko auch auf die Unerfahrenheit des Managements selbst zurückführen[50]. Selbst die Einstellung erfahrenen Personals garantiert noch keine gute Betriebsführung. Bei komplexen Projekten ist neben der reinen Qualifikation wichtig, dass das Team gut zusammenarbeitet und richtig in das Projekt eingewiesen ist.

Die dadurch hervorgerufenen Einschränkungen des Produktionsbetriebes wirken sich in Abhängigkeit ihres Ausmaßes auf die Produktionsmenge und somit auf den Absatz sowie die Erlössituation negativ aus. Des Weiteren kann sich das Betriebsrisiko in erhöhten Produk-

[50] M. Schulte-Althoff 1992, S. 118.

tionskosten äußern, beispielsweise durch technische Probleme der Projektanlage während des Produktionsprozesses. Diese erhöhten Kosten mindern bei konstanter Ertragslage wiederum den Cashflow[51]. Da dieser nach Projektfertigstellung durch den üblichen Wegfall der Fertigstellungsgarantie die wichtigste Sicherheit darstellt und die primäre Tilgungsquelle ist, reagieren Kreditgeber sensibel auf Betriebsstörungen, so dass Banken ein Management bevorzugen, das hinlängliche technische und wirtschaftliche Erfahrung bei der Betriebsführung einer ähnlichen Anlage aufweisen kann. Sofern die Sponsoren nicht die nötige Erfahrung einer Betriebsführung aufweisen können, ist der Einsatz einer professionellen Betriebs- und Managementgesellschaft notwendig, die sich verpflichtet, für einen kontinuierlichen Betrieb des Projektes und für die Funktionsfähigkeit der Projektanlage zu sorgen. Die Auswahl des Betreibers sollte sich anhand folgender Kriterien orientieren und erfolgt häufig über entsprechende Referenzprojekte der Gesellschaft:

- Reputation der Gesellschaft,
- Fähigkeit zur Betriebsführung,
- Erfahrung im Betrieb vergleichbarer Anlagen,
- Fähigkeit, geeignetes Personal zur Verfügung zu stellen.

Die rechtliche Strukturierung erfolgt über den Betriebsführungsvertrag, der die Rechte und Pflichten des Betreibers genau festlegt. Um einen angemessenen Anreiz für den Betreiber zu setzen, sollte seine Vergütung zumindest zum Teil variabel gestaltet werden: Gewinnbeteiligungen und Pönalen wirken als Anreiz zum besseren Wirtschaften und effizienten Betrieb der Projektanlage und bilden das Gegenstück zur Eigenkapitalrendite der Sponsoren[52]. Mit der Wahl eines Betreibers sollte mithin eine dem Projekt und den Projektkrediten entsprechende Laufzeit vereinbart werden. Für den Fall, dass man sich in der Eignung des Betreibers getäuscht hat oder mangelhafte Leistungen einen Wechsel verlangen, sollte der Betriebs- und Managementvertrag ein Recht zur Kündigung zulassen.

Um Probleme aus der Schnittstelle zwischen Betreiber und Hersteller möglichst zu vermeiden, wird in vielen Projekten ein langfristiger Wartungsvertrag mit dem Hersteller abgeschlossen. Wichtige Wartungen werden damit außerhalb der Verantwortung des Betreibers durchgeführt und Anzeichen für fehlerhaften Betrieb können frühzeitig erkannt werden.

Nach dieser kurzen Einstimmung auf das Thema Betrieb wenden wir uns nunmehr einem der wichtigsten Themen bei der Projektrealisierung zu, der Beurteilung des Rechts- und Regulierungssystems.

2.4.5 Das Rechts- und Regulierungsrisiko in ausgewählten Ländern

An dieser Stelle wird üblicherweise auf die Fördermaßnahmen im Rahmen der Entgeltsysteme und der Abnahmeverpflichtung eingegangen. Wir verweisen an dieser Stelle auf Kapitel 3.3. Zusätzlich möchten wir deutlich machen, dass es neben einem auskömmlichen und prognostizierbaren Tarifsystem auch darum geht, die flankierenden Rahmenbedingungen ak-

---

51 W. Schmitt 1989, S. 146; H. Uekermann 1993, S. 75.

52 Mit näheren Erläuterungen zur Ausgestaltung von Betriebsführungsverträgen siehe H. Uekermann 1993, S. 76ff. und D. Tytko 1999, S. 84f.

zeptabel zu gestalten, um die für Investitionen notwendige Planungssicherheit zu schaffen. Im Zusammenhang mit Offshore-Projekte ist dies vor allem das Thema der Netzanbindung (siehe hierzu Kapitel 3.2 und Ziffer 1.2.2).

Wie bereits in der Einleitung beschrieben, kommt der Stabilität und Verlässlichkeit des Regulierungsumfeldes eine herausragende Bedeutung zu. Dies ist auch der Grund, dass DIRK TRAUTMANN das deutsche und französische Regulierungssystem in Kapitel 3.3 vorstellt. Zentrale Bedeutung haben in diesem Zusammenhang die nationalen Branchen-Regulierungen, die regelmäßig in Form von Mindestpreissystemen ausgestaltet sind und zumeist eine vorrangige Abnahmepflicht für „grünen Strom“ vorsehen. Mittlerweile sind die Break-Even-Kosten von Windenergieprojekten so niedrig, dass auch Vorhaben in Mengenregulierungssystemen realisiert werden können. Zumeist erfolgt hier dann aber die Strukturierung auf Basis eines staatlich garantierten Mindestpreises oder eines bilateralen Stromabnahmevertrages.

Ein zweiter Aspekt dieser Preisregulierung ergibt sich aus der Erlaubnis zur Eigenvermarktung des erzeugten Stroms, denn das EEG verpflichtet den Anlagenbetreiber nicht, den Strom zu den Konditionen des EEG zu veräußern. Während dies bislang bei den anderen Erneuerbaren Energien aufgrund der hohen Differenz von EEG-Vergütungssatz zu Marktpreisen noch keine Rolle spielte, wird dies nun für Offshore-Windparks relevant. So ist es durchaus wahrscheinlich, dass in einer Eigenvermarktung ein höherer Preis als 3,5 Ct/kWh gezahlt wird.

Ein Vergütungssystem gibt einen ersten Eindruck über die Attraktivität eines Landes für Windenergie-Projekte. Primär muss aber sichergestellt werden, dass das Vorhaben mit allen Rechten versehen ist, um errichtet und wie geplant betrieben werden zu können. Zudem muss die Rechtsordnung es zulassen, dass die jeweiligen Projektverträge auch durchgesetzt werden können. Damit kommen dem Due Diligence-Prozess (siehe Kapitel 3.1) und der Ausgestaltung zentraler Projektverträge (siehe Kapitel 3.4) eine herausragende Bedeutung zu.

Basis eines Engagements in Projekte ist das Vertrauen darin, dass ein einmal gesteckter rechtlicher Rahmen auch für die Laufzeit des Projektes respektiert wird und nicht nachträglich auch für bestehende Engagements geändert wird. Dieses Thema, das in der Literatur unter dem Aspekt der „unechten Rückwirkung“ diskutiert wird, hat gegen Jahresende 2010 eine ungeahnte aktuelle Bedeutung erlangt, nachdem die spanische Regierung ein Dekret erlassen hat, das unmittelbar Einfluss auf bestehende Solarvorhaben nimmt und unter anderem eine projektbezogene Absenkung der Vergütung in den Jahren 2011 bis 2014 zwischen 10 und 20 % vornimmt. Der Windbereich war hiervon ausgenommen; gleichwohl ist natürlich das Vertrauen in die Stabilität des spanischen Regulierungssystems beeinträchtigt.

2.4.6 Zinsänderungsrisiko

Vorhaben im Windenergiebereich reagieren aufgrund ihrer Kapitalintensität sensibel auf Änderungen der Zinskosten. Damit sind neben dem absoluten Zinsniveau gleichermaßen die Zinssatzveränderungen abzusichern.

Das allgemeine Zinsniveau zum Zeitpunkt des Financial Close ist eine erste Größe, die bei der Projektprüfung zu betrachten ist. Üblicherweise werden die Zinssätze zum Zeitpunkt des *Financial Close* zu einem Teil und für einen bestimmten Zeitraum gesichert, so dass eine feste Kalkulationsbasis besteht. Regelmäßig wird bei den Term Loans eine Zinsbindung über einen bestimmten Zeitraum vereinbart. Nach Ablauf dieser Zinsbindung werden die Konditionen entsprechend den dann geltenden Marktkonditionen neu festgelegt. Aus einem dann höheren Zinssatz ergeben sich relativ höhere Zinszahlungen, die sich direkt auf den Cashflow auswirken. Diese Gefahr wird als Zinsänderungsrisiko bezeichnet.

Wir haben in der folgenden Abbildung 21 dargestellt, wie sich eine Veränderung des Zinsniveaus um jeweils einen bzw. zwei Prozentpunkte auf die Belastbarkeit auswirkt.

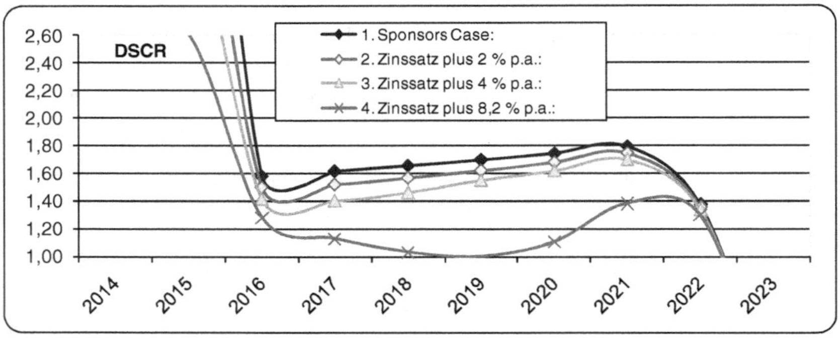

Abbildung 21: Auswirkung einer Zinsänderung auf den DSCR-Verlauf[53]

	Min. DSCR	Ø DSCR	IRR
1. Sponsors Case	1,37	2,74	5,52 %
2. Zinssatz plus 2 % p.a.:	1,35	2,28	2,89 %
3. Zinssatz plus 4 % p.a.:	1,33	2,01	0,52 %
4. Zinssatz plus 8,2 % p.a.:	1,00	1,51	–4,08 %

Erkennbar ist, dass die Abhängigkeit der Wirtschaftlichkeit vom Zinsniveau zum Zeitpunkt des Financial Close bedeutsam ist und gleichermaßen Investoren wie Sponsoren betrifft. Für die Investoren bedeutet eine selbst geringfügige Erhöhung des Zinssatzes eine deutliche Verschlechterung ihrer internen Rendite. Zusätzlich müssen aber auch bestimmte Belastungsanforderungen der Fremdkapitalgeber eingehalten werden. Sehen diese beispielsweise vor, dass eine bestimmte Belastbarkeit erreicht wird, müsste bei der Gefahr einer Zinserhöhung eine Anpassung der Finanzierungsstruktur angestrebt werden, die genau dies sicherstellt. Dies kann auch über eine Eigenmittelerhöhung erfolgen, was wiederum zu einer Absenkung der internen Rendite führen würde. Die hier diskutierte Darstellung spielt insbesondere dann eine Rolle, wenn die Projektgesellschaft aus bestimmten Gründen mit dem Abschluss eines Zinssicherungsgeschäftes wartet.

Mit dem Auslaufen der Zinsbindungsfrist stellt sich dieses Thema wiederum von neuem. Regelmäßig wird daher für den Großteil der langfristigen Darlehen und meistens für den größten Teil der Laufzeit eine Zinssicherung vereinbart. Auf die Darstellung entsprechender Szenarien verzichten wir hier allerdings. Hinsichtlich weiterer Überlegungen zu Zinsänderungsrisiken verweisen wir auf das Fallbeispiel in Kapitel 5.9.

[53] Die hinter dem DSCR-Verlauf stehenden Annahmen ergeben sich aus dem Kompromiss-Modell unseres Beispielfalls (Ziffer 5.9.6).

2.4.7 Zusammenfassende Würdigung der Einzelrisiken

Während wir bislang die Risiken und die Risikoinstrumente isoliert betrachtet haben, müssen diese in der Finanzierungspraxis hinsichtlich ihrer gesamten Wirkung auf das Projekt analysiert und bewertet werden. Dies erfolgt im Rahmen der Risikoquantifizierung des Projektes über ein Cashflow-Modell. Das Cashflow-Modell dient dabei der Entwicklung einer projektbezogenen Finanzierungsstruktur, die unter der Berücksichtigung eines zu definierenden Sicherheitsabschlages so auszugestalten ist, dass die bankseitigen Anforderungen für die Gewährung einer Projektfinanzierung über die gesamte Finanzierungslaufzeit stets erfüllt werden können. Die Einzelrisiken stellen sich in einer Gesamtschau wie folgt dar:

Tabelle 15: Einzelrisiken bei Windenergieprojekten

Risiko	Risikoinstrumente	Standardabweichung gegenüber Plan-Annahmen Onshore	Offshore
Elementarrisiko	Heranziehen von mindestens zwei Ertragsgutachten, die standortspezifisch erstellt werden	8,00%	9,00%
Unsicherheit des Ertragsgutachtens	Explizite Nennung der Unsicherheiten im Ertragsgutachten, z.T. Eliminierung auch von Teilunsicherheiten (z.B. durch Besichtigung vor Ort)	4,00%	5,00%
Verzögerte Fertigstellung	Hereinnahme einer Fertigstellungsgarantie	0,00%	3,00%
Angemessene Berücksichtigung der Verfügbarkeit	Vertragliche Verpflichtung, Erfahrungswerte	0,50%	5,00%
Steigerung der operativen Kosten	Vertragliche Fixierung der operativen Kosten. Vorsichtige, konservative Kalkulation der Kosten	1,00%	4,00%
Preis- bzw. Absatzrisiko	Absatzpreise gesetzlich garantiert und damit über Projektlaufzeit kalkulierbar	0,00%	0,00%
Force Majeure	Abschluss der üblichen Versicherungen	0,00%	0,00%
Gesamte Standardabweichung		9,01%	12,49%

Aus Gründen der mangelnden Quantifizierbarkeit der nach Anwendung von Risikoinstrumenten verbleibenden Einzelrisiken wird von den Banken ein pauschaler Sicherheitsabschlag anhand von Erfahrungswerten aus dem jeweiligen Anwendungsgebiet festgelegt. Der Sicherheitsabschlag für ein konkretes Projekt kann in seiner Höhe folglich von Bank zu Bank unterschiedlich bemessen sein.

Den Untersuchungen in dieser Arbeit soll ein Sicherheitsabschlag von 20 % auf den geplanten Jahresenergieertrag zu Grunde gelegt werden. Dieser Abschlag ist ausreichend bemessen, um auch das kombinierte Eintreten von Einzelrisiken bei dem betrachteten Projekt DOWNY O'DRAKE (siehe Kapitel 5.9) realistisch abbilden und auffangen zu können.

2.5 Entwicklung einer Finanzierungsstruktur aus dem bisherigen Risikomanagement

2.5.1 Grundsätzliche Überlegungen

Im Anschluss an die Prozessstufen Risikoidentifikation und Risikoallokation schließt sich die Risikoquantifizierung an, die auch eine Überprüfung der Wirtschaftlichkeit darstellt. Hierzu werden die monetären Konsequenzen der vertraglichen und gesetzlichen Grundlagen eines Projektes über ein Cashflow-Modell abgebildet und mit Blick auf mögliche Änderungen des Planablaufs untersucht. Dabei endet die Risikoquantifizierung im Regelfall nicht mit einer statischen Cashflow-Bewertung, sondern wird um ein Rating-Tool ergänzt, das über Simulationsrechnungen verschiedene Umweltszenarien abbildet und zu einer Risikoeinschätzung des Vorhabens gelangt.

Das Cashflow-Modell eines Projektes ist aber nicht nur für die Kreditgeber von herausragender Bedeutung, sondern auch für die Investoren eines Projektes. Beide Kapitalgebergruppen sind gleichermaßen am Erfolg eines Vorhabens interessiert, wobei sie allerdings unterschiedliche Anspruchsebenen und Anspruchsgrundlagen haben. Während die Fremdkapitalgeber einen erfolgsunabhängigen und fixen Anspruch auf Bedienung des Kapitaldienstes aus dem Projekt haben, erheben die Eigenkapitalgeber einen erfolgsabhängigen und damit variablen Anspruch auf den verbleibenden freien Cashflow. Das methodische Werkzeug, mit dem beide Gruppen ein Vorhaben beurteilen, ist ein projektspezifisches Cashflow-Modell.

Allerdings markiert das Cashflow-Modell noch nicht den Endpunkt der wirtschaftlichen Betrachtung der Kreditgeber. In einem nächsten Schritt geht es darum, eine Simulationsrechnung des Cashflow-Verlaufs vorzunehmen, die darüber informiert, wie sich das Projekt unter einer Vielzahl von möglichen Umweltszenarien entwickeln kann. Das Ergebnis dieser Simulationsrechnungen ist eine Ratingeinschätzung, die eine Risikokategorie ausweist und damit über die Risikoprämie die Zinskosten bestimmt und somit auch die Finanzierungsstruktur maßgeblich beeinflusst. Damit geht es in einem zweiten Teil darum herauszuarbeiten, welche quantitativen und qualitativen Faktoren das Rating beeinflussen können.

Im Folgenden soll ein Windenergie-Vorhaben mittels einer Analyse seiner Risikopotentiale auf seine Projektfinanzierungsfähigkeit hin untersucht werden. Da die Ausprägung der Projektrisiken in großem Maße von dem jeweiligen Finanzierungsobjekt abhängt, wird ein Fallbeispiel aus der Praxis betrachtet und bewertet.

Im Regelfall werden dabei in einem ersten Schritt – ausgehend vom Basisfall – verschiedene, zentrale Cashflow-relevante Parameter verändert und in ihrer Auswirkung auf den Cashflow untersucht. Wir stellen im Folgenden nur die zentralen Ergebnisse vor; eine detaillierte Diskussion erfolgt in Kapitel 5.9.

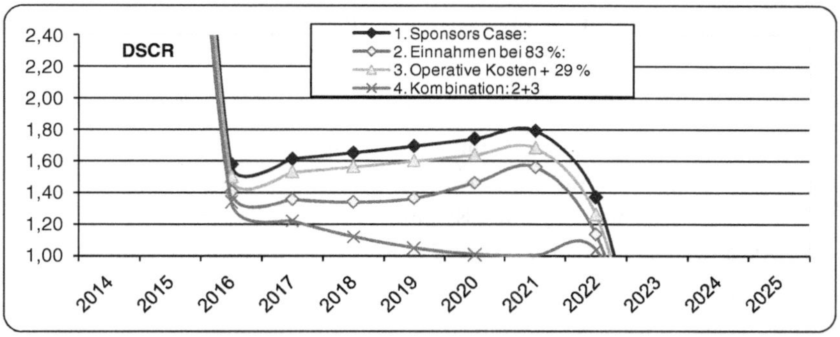

Abbildung 22: DSCR bei verschiedenen Parameteränderungen

	Min. DSCR	Ø DSCR	IRR
1. Sponsors Case	1,37	2,74	5,52 %
2. Einnahmen bei 83 %:	1,13	2,37	–3,14 %
3. Operative Kosten plus 29 %:	1,26	2,60	–1,26 %
4. Kombination: 2+3	1,00	2,11	–15,40 %

Erkennbar ist, dass Windenergievorhaben empfindlich auf eine Änderung des Einnahmenniveaus reagieren, während sie gegenüber Änderungen der Betriebskosten einigermaßen robust sind. Die wesentliche Erklärung für dieses Risikoprofil liegt in den verhältnismäßig geringen Kapitalkosten begründet, die etwa zwei Mal geringer sind als bei Solarprojekten.

Die eigentliche zusammenfassende Quantifizierung eines Projektrisikos erfolgt über ein Cashflow-Modell, das neben der Bewertung der Projektrisiken auch eine Optimierung der Finanzierungsstruktur zulässt. Das Cashflow-Modell ist für die Risikoquantifizierung von zentraler Bedeutung, aber die Risikoquantifizierung endet nicht mit dem Cashflow-Modell. Zusätzlich erfolgen auf Basis des Cashflow-Modells – zumeist separat vorgenommene – Simulationsrechnungen über ein Rating-Tool, das verschiedene Projektverläufe bei unterschiedlichen Umweltszenarien simuliert und aus Risikosicht der Banken bewertet. Die Simulationsrechnungen werden dabei im Windenergiebereich wesentlich durch die Variabilität des Windangebotes sowie der prognostizierten Entwicklung der Zinsstrukturkurven beeinflusst. Qualitative Faktoren, wie etwa die Bewertung des Fertigstellungsrisikos und die Erfahrungen des EPC-Contractors, haben gegenüber den quantitativen Faktoren eine zumeist nachrangige Bedeutung[54].

Das Cashflow-Modell dient einer ersten Abschätzung der Projektbelastbarkeit und Wirtschaftlichkeit, und das Rating-Verfahren ermöglicht es dann, die Robustheit des Cashflow-Verlaufs angesichts verschiedener Umweltveränderungen zu bewerten. Das Rating-Ergebnis korrespondiert mit einer Risikobepreisung. Sofern diese von der im Cashflow-Modell verwandten Risikobepreisung abweicht, die ja zunächst eine Schätzgröße abbildet, muss das Modell angepasst und die Simulationsrechnung wiederholt werden. Im Bedarfsfall muss dieser Prozess so lange wiederholt werden, bis Cashflow-Modell und Rating-Modell von den-

54 Da es sich bei den Rating-Tools um separate Software-Anwendungen handelt, die für den Benutzer lediglich Eingaben zulassen, können die Details des Verfahrens im Rahmen dieser Arbeit leider nicht vorgestellt werden.

selben Annahmen ausgehen. Insofern ist die Cashflow-Modellierung und die Bewertung durch ein Rating-Tool ein iterativer Prozess.

Die Ziele, die mit einem Rating-Tool verfolgt werden, lassen sich wie folgt subsumieren:

1. Objektive und standardisierte Risikobeurteilung eines Projektes.
2. Kalkulation eines Gesamtrisikos für eine Projektfinanzierung – Ermittlung einer Ausfallwahrscheinlichkeit, die wiederum für die Risikobepreisung relevant ist.
3. Regulatorische Anforderungen, insbesondere die Kapitaladäquanzanforderungen nach Basel II, können eingehalten werden[55].

Das Rating-Tool geht dabei wie folgt vor:

1. Simulation der wesentlichen Risikotreiber unter einem bestimmten Annahmen-Set und unter Berücksichtigung von
2. makroökonomischen Faktoren: Zinssätze, Wechselkurse und Inflationsannahmen sowie
3. branchenspezifischen Annahmen: basierend auf einem Random-Walk-Ansatz, der auf historischen Volatilitäten und Korrelationen basiert.

In diesem Zusammenhang müssen aus Rating-Sicht zwei Volatilitäten unterschieden werden: Dies ist zum einen die Volatilität des Elementarangebots, zum anderen die im Ertragsgutachten angegebene Prognoseunsicherheit der Gutachter. Da wir die Volatilität des Elementarangebots bereits oben skizziert haben und im Kapitel 3.3 vertieft betrachten werden, wollen wir hier auf den zweiten Aspekt, die Prognoseunsicherheit der Gutachter, eingehen. Diese zweite Volatilität, die so genannte *Banking Case Uncertainty* (BCU), beschreibt den Umstand, dass nicht nur das Windangebot als solches unsicher ist, sondern auch das korrekte Startniveau des Windenergieangebots. Das im Rating-Sinn korrekte Start-Niveau ist das Annahmen-Set, das mit derselben Wahrscheinlichkeit $p = 0{,}5$ überschritten und unterschritten wird (so genannter $p(50)$-Fall). Die BCU ist daher ein Maß für die Verlässlichkeit der Prognose eines Ertragswertgutachtens.

1. Die Berücksichtigung der BCU führt zu einer Parallelverschiebung der DSCR-Reihe und damit zu einer Erhöhung der Ausfallwahrscheinlichkeit.
2. Wird die BCU nicht explizit vom Gutachter angegeben, wird systemseitig ein Wert von 16 % unterstellt (bei expliziter Angabe sind vielleicht 10 bis 15 % üblich).

Damit ergeben sich folgende Empfehlungen für die Beauftragung von Ertragsgutachten:

1. Es sollten standortspezifische Gutachten erstellt werden. Regelmäßig sind die dabei ermittelten Standardabweichungen geringer als die länderbezogenen Werte.
2. Des Weiteren sollte der Gutachter explizit angeben, mit welcher Unsicherheit er bei seinem Gutachten rechnet, ansonsten erfolgt auch hier eine „Bestrafung“ des Projekts mit verhältnismäßig hohen Werten. Ggf. lässt sich auch über relativ kostengünstige Maßnahmen eine Verbesserung der Prognosequalität erreichen, etwa dem Einbezug von Daten benachbarter Windparks. Ein Standortbesuch sollte ohnehin Standard sein, um die lokalen Verhältnisse abschätzen zu können.

---

55 Der BASELER AUSSCHUSS hat in 2004 ein Kapitalregelwerk verabschiedet (Basel II), das im Kreditwesengesetz und der Solvabilitätsverordnung in deutsches Recht umgesetzt worden ist. Siehe hierzu z.B. T. Cramme et al. (Hrsg): Handbuch Solvabilitätsverordnung, Stuttgart 2007 [Schäffer-Poeschel-Verlag].

Beide Maßnahmen führen dazu, dass die Volatilitäten bezogen auf das Elementarangebot geringer ausfallen, was sich günstig auf das Rating-Ergebnis und damit auf die Fremdkapitalausstattung auswirkt. Damit haben wir bereits erste Hinweise zur Verbesserung der Finanzierungsstruktur gegeben. Dieses Thema werden wir nun etwas systematischer in Ziffer 2.5.2 darstellen.

2.5.2 Hinweise zur Optimierung aus Sicht der Investoren und der Fremdkapitalgeber

Investoren und Kreditgeber haben das gleichgerichtete Interesse, ein Projekt so wirtschaftlich wie möglich zu gestalten. Ein hoher Cashflow-Überschuss bedeutet einerseits, dass die Fremdkapitalgeber mit größerer Sicherheit ihre festen und erfolgsunabhängigen Rückzahlungsansprüche erfüllt sehen, aber auch, dass die Sponsoren mehr bzw. frühzeitigere Ausschüttungen realisieren können. Während beide Gruppen ein gleichgerichtetes Interesse haben, den Projektwert zu steigern, besteht ein Wettbewerb um die Verwendung der Cashflows. Wie bereits oben angesprochen, haben die Sponsoren ein Interesse daran, möglichst viel Cashflow frühzeitig auszuschütten, während die Fremdkapitalgeber möglichst schnell getilgt werden wollen. Die Erarbeitung einer Finanzierungsstruktur beinhaltet damit immer auch einen Verhandlungsprozess zwischen den beiden Kapitalgebergruppen.

Die wichtigsten Maßnahmen zur Verbesserung der Finanzierungsstruktur liegen in folgenden Aspekten:

1. Eine Verlängerung der Laufzeit der *Term Loans* führt zu einer Verbesserung der internen Rendite, aber auch zu einer höheren Belastbarkeit des Projektes. Die Grenzen der Laufzeitwahl werden durch das Rechts- und Regulierungsumfeld sowie die technische Lebensdauer der Anlagen abgesteckt.
2. Bei der Wahl der optimalen tilgungsfreien Zeit ist es nicht ganz so einfach. Einerseits wird der Sponsor an einer möglichst langen tilgungsfreien Zeit interessiert sein, die fremdfinanzierende Bank hingegen wird typischerweise einen Zeitraum zwischen 18 und 24 Monaten präferieren. Dies liegt wesentlich darin begründet, dass die Schuldendienstreserve mit hinreichender Sicherheit auch in einem Belastungs-Szenario aufgebaut werden kann.
3. Dieser Aspekt bringt uns zur Wahl der Höhe der Schuldendienstreserve. Tendenziell wird ein Sponsor dieses Konto so gering halten wie möglich, andererseits würden die Banken bei einem vollständigen Verzicht auf dieses Sicherungsinstrument ihre Eigenkapitalanforderungen wesentlich anheben.

Die dargestellten Maßnahmen zur Verbesserung der Finanzierungsstruktur können selbstverständlich noch weiter ausdifferenziert werden. Zusammen gefasst geht es aber zumeist darum, die verfügbaren Cashflows so zu verteilen, dass die Investoren eine akzeptable Wirtschaftlichkeit bei einer angemessenen Belastbarkeit erreichen können.

2.5.3 Einbindung von Versicherungen in die Finanzierungsstruktur

Ein auf das Projekt bezogenes Risikomanagement bedarf eines zugeschnittenen Versicherungsprogramms während der Errichtungs- und Betriebsphase. Der Erwerb von Versicherungsschutz ist der entgeltliche Transfer bestimmter eigener Risiken in die Bilanzen von Versicherungen. Ökonomisch besteht damit kaum ein Unterschied zwischen der Risikoübertragung auf eine Versicherung oder andere Beteiligte, so dass die obigen Überlegungen zum Risikotransfer auch hier gelten. THOMAS ELLESER und TIMOTHY HALPERIN SMITH stellen in Kapitel 5.1 verschiedene Aspekte der Einbindung von Versicherungen in eine Projektfinanzierungsstruktur vor.

Bei der Einbindung von gewerblichen Versicherungen in ein Risikomanagementkonzept sind folgende Aspekte zu beachten:

1. Bei Projektfinanzierungen gilt ein gestuftes Subsidiaritätsprinzip: Zunächst wird nach ökonomischen Prinzipien verhandelt, welche Projektpartei welches Risiko übernimmt, bevor die Einbindung einer Versicherung erfolgt. Die Entscheidung ob, wann, zu welchen Konditionen und in welchem Umfang ein Risikotransfer vorgenommen werden muss, ist keine isolierte Entscheidung, sondern Teil eines geschlossenen Risikomanagementprozesses.
2. Versicherungen werden den Versicherungsnehmer regelmäßig auf bestimmte Verhaltensweisen und Informationspflichten verpflichten, die wiederum Rückwirkung auf die Vertragserfüllung auch anderer Verträge haben werden. Neben den Anforderungen an eine Versicherbarkeit von einzelnen Risiken, die für die Planbarkeit der Cashflows von großer Bedeutung ist, tritt die Anforderung, über den Umfang und die Ausgestaltung der Versicherungen die richtigen Anreize für die Projektbeteiligten zu setzen.

Bei der Einbindung von Versicherungen in ein Risikomanagementkonzept sind folgende Aspekte zu beachten. Zunächst einmal muss die Versicherung prüfen, ob ein Risiko überhaupt versicherbar ist, wobei verschiedene Prüfungsebenen zu unterscheiden sind: In einem ersten Schritt wird geprüft, ob die Risiken Anreiz kompatibel verteilt sind: Dies verlangt, dass Projektbeteiligte, die ein Risiko auch üblicherweise kontrollieren können, dies auch im konkreten Einzelfall tun. Umgekehrt: Eine Versicherung wird beispielsweise kaum ein Fertigstellungsrisiko übernehmen, wenn der Anlagenbauer nicht einen wesentlichen Teil dieses Risikos selbst übernimmt.

Als weitere, versicherungs-mathematische Bedingungen werden dabei der Zufallsgrad eines Schadenseintritts, die eindeutige Zurechenbarkeit des Versicherungsfalls auf ein versichertes Ereignis und die Abschätzbarkeit der finanziellen Konsequenzen bei Risikoeintritt untersucht. Zentral für die Versicherbarkeit von Projektrisiken ist, dass überhaupt ein Sachschaden an den versicherten Sachen entstanden ist und dass dieser unvorhergesehen eingetreten ist. Dies bedeutet zunächst, dass einzelne Teile der Projektanlage zerstört oder beschädigt sein müssen; die bloße Mangelhaftigkeit einer Sache genügt nicht[56].

[56] T. Haukje; T. Kottke 2010, S. 60f.

Ebenfalls wird kein Versicherungsschutz greifen, wenn ein Schadenereignis unvermeidbar ist und definitiv eintreten wird. Die Zufälligkeit bzw. die Ungewissheit über das Entstehen, den Zeitpunkt und/oder die Schadenhöhe sind zwingend erforderlich. Zu den vorhersehbaren Schäden von Windvorhaben zählen insbesondere Schäden durch Abnutzung und Verschleiß. Es ist eindeutig, dass einzelne Komponenten – wie etwa der Generator – nur eine begrenzte Lebensdauer aufweisen und damit kein zufälliges Schadensereignis ursächlich ist. Der Versicherungsnehmer muss damit rechnen, dass Verschleißteile nach einer gewissen Zeit zwangsläufig ausgetauscht werden müssen. Vorhersehbar sind etwa Schäden durch bekannte Mängel, welche nicht versicherbar sind. Sind Mängel bekannt, so ist die Projektgesellschaft verpflichtet, diese zu beseitigen. Ohne Versicherungsschutz käme der Sachschaden wahrscheinlich gar nicht erst zustande, da sofort Maßnahmen zur Verhinderung eingeleitet worden wären. Aus diesem Grund kann eine Versicherung nicht eine Entschädigung leisten, die grob fahrlässig aufgrund der Kenntnis des Versicherungsschutzes verursacht worden ist.

Eine besondere und auch qualitativ herausgehobene Bedeutung für Projektfinanzierungen bietet die Möglichkeit der Einbindung von Exportkreditversicherungen, die wir im Folgenden skizzieren wollen[57]. Ihre Bedeutung steht in engem Zusammenhang mit einem Erklärungsansatz für Projektfinanzierungen, die ihren Bedarf gerade bei internationalen Großprojekten in der Verknüpfung von Anlagenlieferung und Anlagenfinanzierung sieht. Zur Absicherung des Kreditrisikos bei Exportgeschäften stellen eine Reihe von Ländern ihren Exporteuren Ausfuhrgewährleistungen, Kapitalanlagegarantien und so genannte ungebundene Finanzkredite.

Die Auswirkungen einer Exportkreditversicherung erschöpfen sich nicht allein in der Absicherungsfunktion und der dagegen stehenden Versicherungsprämie, sondern führen zu erheblich niedrigeren Liquiditätskosten im Rahmen der Refinanzierung. Dabei sind drei Aspekte gegeneinander abzuwägen:

1. Eine Risikoabsicherung verursacht eine Versicherungsprämie, die je nach Risikoland unterschiedlich hoch ausfällt und im Rahmen der Investitionsplanung mitfinanziert werden muss.
2. Positiv wirkt die risikomäßige Substitution des Projektrisikos durch das Länderrisikos des Garantiegebers für den gedeckten Kreditteil. Dieser Vorteil wird umso größer ausfallen, je größer die Differenz zwischen dem Projektrisiko und dem Risiko des Garantielandes ausfällt.
3. Durch die zusätzliche Einbindung einer Verbriefungsgarantie wird erreicht, dass die finanzierenden Banken für den gedeckten Teil den Pfandbriefmarkt als Refinanzierungsquelle erschließen. Dieser weist regelmäßig wesentlich niedrigere Liquiditätskosten auf als sie jedenfalls in Folge der Finanzkrise für kommerzielle Bankkredite üblich geworden sind. Dieser Vorteil wird umso größer ausfallen, je größer die Differenz zwischen den Liquiditätskosten der beiden Refinanzierungsquellen ausfällt.

Bewertet werden müssen diese Maßnahmen einerseits durch den Investor im Rahmen seines Investitionskalküls, andererseits durch die Bank im Rahmen ihrer Risikobewertung. Im Ergebnis wird durch die Einbindung einer Finanzkreditdeckung bereits eine erhebliche Verbesserung der LGD (*Loss Given Default*) erreicht, die sich positiv auf die Entscheidungsgröße

[57] Siehe hierzu die Ausführungen von KAI-HENNING KIEHN in Kapitel 5.8.

RAROC (*Risk Adjusted Return on Capital*) auswirkt. Die Hereinnahme einer Verbriefungsgarantie verbessert das Ergebnis nochmals wesentlich, da diese eine günstigere Refinanzierung ermöglicht und damit ebenfalls höhere Deckungsbeiträge der Bank zulässt. In jedem Fall erscheint es bei großvolumigen Windenergie-Vorhaben angeraten zu überprüfen, ob eine Finanzkreditgarantie – mit oder ohne Verbriefungsgarantie – nicht eine sinnvolle Ergänzung der Finanzstruktur darstellt.

In der Gesamtbetrachtung erweisen sich Versicherungen als äußerst vielschichtige Strukturelemente für die Absicherung und Optimierung von Projektfinanzierungen. Einerseits erlauben sie unter den beschriebenen Voraussetzungen eine notwendige residuale Absicherung gegenüber spezifischen Projektrisiken und sind damit ein unverzichtbarer Bestandteil einer Risikoallokation. Andererseits ermöglichen Exportkreditversicherungen die Mobilisierung von Fremdkapital zu günstigeren Konditionen als sie jedenfalls im Zuge der Finanzkrise üblich sind.

3 Rechtliche Rahmenbedingungen

3.1 Genehmigungssituation bei Offshore-Windparks

CHRISTIAN DAHLKE, DR. KAI TRÜMPLER

3.1.1 Einleitung

Wie so vieles, was unter dem Begriff Offshore-Windenergie diskutiert wird, ist auch das Thema Baugenehmigung eines, das mit den Schlagworten „Pionierarbeit" und – ironischerweise – „Neuland" in Verbindung gebracht wird. Dies liegt zum einen an dem häufig verbreiteten Unwohlsein bei „Neuerungen" und zum anderen an dem nicht vorhandenen Erfahrungsschatz mit Genehmigungsverfahren a) für eine noch nicht ausentwickelte Technologie sowie b) im Bereich von Meeresflächen in einem durch die aktuelle Energiepolitik gesellschaftlich extrem sensibilisierten Umfeld.

Dies unterscheidet sich übrigens – um mit einem Vorurteil aufzuräumen – nicht von den Problemen unserer europäischen Nachbarn mit solchen Verfahren. Die Kollegen, die ich in diesem Zusammenhang kennengelernt habe, berichteten über ähnliche Unsicherheiten in ihrem Land. Rechtlich hat man dort jedoch andere Lösungen entwickelt. In unseren Nachbarländern Schweden, Dänemark, Niederlande, Belgien und Großbritannien werden Flächen für Offshore-Windenergie-Vorhaben mit unterschiedlichen Instrumenten identifiziert und für die Beplanung vorgegeben (Ausschreibung, Einzelprojektförderung). Diesen Weg ist man in Deutschland nicht gegangen. Neben dem reinen Baugenehmigungsverfahren verwendet man hierzulande andere Gestaltungselemente zur Entwicklung der Offshore-Windenergie. Zum einen gibt es die staatlich garantierte Einspeisevergütung nach dem Erneuerbaren Energien Gesetz (EEG)[58] sowie zum anderen – seit 2007 – die Netzanschlussverpflichtung gegenüber Windparks durch den Übertragungsnetzbetreiber gemäß Energiewirtschaftsgesetz (EnWG, § 17 Abs. 2a[59]). Der gesetzliche Ausschluss der Einspeisevergütung für Windparks in Naturschutzgebieten (seit Mitte 2004 § 31 Abs. 5 EEG[60]) stellt eine räumliche Steuerung der Vorhaben dar. Seit 2008/2009 geben Raumordnungspläne für die AWZ von Nord- und Ostsee Vorgaben und Hinweise für die Gestaltung der Meeresflächen, so dass beispielsweise in Vorrangflächen für die Schifffahrt keine Hochbauten errichtet werden dürfen. Eine weitergehende Restriktion für die Beplanung der Flächen zwecks Errichtung von Windparks war

---

58 Erneuerbare-Energien-Gesetz vom 25.10.2008 (BGBl. I S. 2074), zuletzt geändert durch Art. 2 Abs. 69 G. v. 22.12.2011 I 3044.

59 EnWG = Energiewirtschaftsgesetz vom 07.07.2005 (BGBl I S. 1970, 3621) zuletzt geändert durch Art. 2 G. v. 16.01.2012 (BGBL. I S. 74).

60 Eingefügt als § 10 Abs. 7 Erneuerbare-Energien-Gesetz in der Fassung vom 21. Juli 2004 (BGBl I S. 1918ff.).

hiermit nicht verbunden. Für den Windparkplaner war damit von zentraler Bedeutung, dass er sich für die erfolgreiche Beantragung und den Erhalt des Baurechts geschickt durch ein sich entwickelndes Einzelzulassungsverfahren bewegt.

Insofern kommt dem Genehmigungsverfahren in Meeresflächen von Deutschland eine zentrale Funktion zu. Das BSH hat mittlerweile 29 Einzelanträge mit insgesamt über 2000 einzelnen Anlagen genehmigt, 2 Anträge im Jahr 2004 abgelehnt[61]. Ferner lagen weitere 97 Anträge zur weiteren Bearbeitung vor[62].

Die Rechtsgrundlagen: Die völkerrechtlichen Grundlagen des SRÜ

Der rechtliche Ausgangspunkt für die Behandlung solcher maritimer Vorhaben ist aber in allen Ländern jeweils derselbe: Das Seerechtsübereinkommen (SRÜ) der Vereinten Nationen von 1982[63].

Im SRÜ, das gemeinhin als Verfassung der Meere verstanden wird, werden in Bezug auf die staatlichen Rechte der Küstenstaaten verschiedene Zonen unterschiedlicher rechtlicher Bedeutung definiert. In den Artikeln 2 ff. SRÜ ist das Küstenmeer geregelt.

Das Küstenmeer darf sich, gemessen von der Basislinie (Art. 5-14 SRÜ), bis zu 12 Seemeilen (1 sm = 1852 m) ins Meer erstrecken. Luftraum, Meeresboden und Meeresuntergrund in diesem Bereich werden dem Küstenmeer zugeordnet (Art. 2 Nr. 2 SRÜ). Das derart mit der 12-Seemeilengrenze bestimmte Küstenmeer einschließlich außerhalb dieser Grenze liegender Reeden[64] unterliegen der „Souveränität des Küstenstaates" (Art. 2 Nr. 1 SRÜ), die nach Maßgabe des SRÜ (Art. 2 Nr. 3) ausgeübt werden muss[65].

Exkurs: Grundlagen Genehmigungsverfahren im Hoheitsgebiet Deutschlands

Für das Genehmigungsverfahren für einen Offshore-Windpark innerhalb des Küstenmeeres Deutschlands bedeutet dies, dass sich das Verfahren nach dem normalen innerstaatlichen Recht richtet. Die völkerrechtlich eingeräumten Möglichkeiten hat Deutschland umgesetzt, indem die Anlagengenehmigungen im Küstenmeer nach den auch an Land geltenden Gesetzen[66] in der Verantwortung der Bundesländer durchgeführt werden. Das Ergebnis des Verfahrens schließt im Fall einer Zulassung andere erforderliche Genehmigungen mit ein[67].

Da in Deutschland nur sehr wenige Vorhaben im Küstenmeer beantragt, und, nach zumeist intensiver Behandlung in Raumordnungsverfahren der Länder Niedersachsen bzw. Mecklen-

[61] „Adlergrund" und „Pommersche Bucht".

[62] Stand vom 14. Juni 2012, siehe dazu: www.bsh.de/de/Meeresnutzung/Wirtschaft/Windparks/index.jsp und www.bsh.de/de/Meeresnutzung/Wirtschaft/CONTIS-Informationssystem/index.jsp.

[63] Zeichnung am 10. Dezember 1982, in Kraft seit dem 16. November 1994. Beitritt Deutschlands nach dem Vertragsgesetz Seerechtsübereinkommen vom 2. September 1994 (BGBl. II S. 1798, 1799).

[64] Art. 12 SRÜ, Außenelbe-Reede 20 km südöstlich Helgoland.

[65] Z.B. Duldung der friedlichen Durchfahrt fremdflaggiger Schiffe.

[66] § 10 Bundes-Immissionsschutzgesetz in der Fassung der Bekanntmachung vom 26. September 2002 (BGBl. I S 3830), zuletzt geändert durch Art. 2 des Gesetzes vom 24. Februar 2012 (BGBl. I S. 212).

[67] § 13 BImSchG, sogen. Konzentrationswirkung.

burg-Vorpommern im Verfahren nach BImschG genehmigt worden sind[68], konzentriert sich der weitere Beitrag auf die dem Autor näher liegende Zuständigkeit des BSH.

Besondere Bedeutung für das Thema hat Abschnitt V des SRÜ, der in den Art. 55 ff. die **ausschließliche Wirtschaftszone (AWZ)** regelt. Diese sich seewärts der 12-Seemeilengrenze ausdehnende Zone darf von der Basislinie bis zu 200 Seemeilen in das Meer reichen[69]. Nach Art. 56 Nr. 1a SRÜ hat der Staat in dieser Zone

> *„souveräne Rechte zum Zweck der Erforschung und Ausbeutung, Erhaltung und Bewirtschaftung der lebenden und nicht lebenden natürlichen Ressourcen der Gewässer über dem Meeresboden, des Meeresbodens und seines Untergrunds sowie hinsichtlich anderer Tätigkeiten zur wirtschaftlichen Erforschung und Ausbeutung der Zone wie der Energieerzeugung aus Wasser, Strömung und Wind" (sog. funktionale Hoheitsrechte).*

Interessant dabei ist, dass die Staaten offenbar bereits 1982 eine Ahnung darüber hatten, aus dem Meer heraus auch Energie erzeugen und exklusiv für ihr Land sichern zu wollen.

Die historisch gewachsene und insoweit nicht ganz einfach durchschaubare Systematik der Zonen differenziert zwischen der Nutzung der Bodenschätze und der Nutzung des Raumes „darüber". Die im – chronologisch älteren – Regelungsregime über den, im Gegensatz zur AWZ erweiterbaren[70] Festlandsockel sind in Abschnitt VI in den Art. 76 ff. SRÜ verankert, auf den Art. 56 Nr. 3 SRÜ als speziellere Regelung verweist. Damit sind die Regelungen der Art. 57 ff. SRÜ aus dem Abschnitt V für Bodenschätze des Abschnitts VI zwar anwendbar, aber im Zweifel nachrangig zu den Vorgaben des Abschnitts VI. Weiter führt Art. 56 Nr. 1 b) lit i) SRÜ aus, dass der Küstenstaat Hoheitsbefugnisse in Bezug auf *„die Errichtung und Nutzung von künstlichen Inseln, von Anlagen und Bauwerken"* hat.

Mit Hoheitsbefugnissen besteht eine völkerrechtliche Grundlage für staatliche Genehmigungsverfahren für Offshore-Windparks und deren Stromexportsysteme Richtung Festland in der AWZ[71]. Die weiteren Regelungen des Abschnitts V sowie insbesondere Art. 58 SRÜ mit den Verweisungen auf völkerrechtliche Verpflichtungen und die Grundfreiheiten des Art. 87 SRÜ[72] machen deutlich, dass die hoheitlichen Befugnisse in der AWZ nur eingeschränkt wahrgenommen werden dürfen. Insoweit wird hier von der AWZ als Funktionshoheitsgebiet gesprochen[73], so dass das für das Hoheitsgebiet geltende Recht des Bundes oder auch der Bundesländer jeweils daraufhin geprüft werden muss, ob es mit den Rahmenvorgaben des SRÜ vereinbar ist und in der AWZ überhaupt Geltung beanspruchen darf. Unabhängig davon ist es eine Frage des innerstaatlichen Rechts, ob es für den Geltungsanspruch zwingend einer Erstreckungsklausel für die AWZ bedarf. Letzteres wird für die Vorschriften

---

68 Riffgatt (Emsmündung), Nordergründe (Wesermündung), Baltic 1 (nördlich Darß).

69 Art 55, 57 SRÜ.

70 Art 76 SRÜ.

71 Transnationale Stromkabel werden demgegenüber völkerrechtlich im Festlandsockelregime verortet, Art. 79 SRÜ.

72 Die Freiheit der Schifffahrt; des Überflugs; des Legens unterseeischer Kabel und Rohrleitungen; Errichtung künstlicher Inseln und anderer nach dem Völkerrecht zulässiger Anlagen; der Fischerei und der wissenschaftlichen Forschung.

73 Wolfgang Graf Vitzthum (Hrsg.), 2010: Völkerrecht (5. neu bearb. Auflage) De Gruyter, 5. Abschnitt: Raum und Umwelt im Völkerrecht.

des öffentlich-rechtlichen Genehmigungsrechts sicherlich zu begrüßen sein, für die Frage der Geltung von Regeln des internationalen und nationalen Privatrechts – Stichwort: „Gilt dort draußen das BGB?" – ist ein solches Junktim sicherlich wenig hilfreich, da nicht erkennbar ist, welche realistischen Rechtsszenarien mit dieser Thematik behandelt werden sollten.

Relevanz entfalten im öffentlich rechtlichen Bereich eher die Regelungen des Art. 60 (SRÜ) zu Art und Umfang von Sicherheitszonen. Die durch die völkerrechtlichen Befugnisse eingeräumten Gestaltungsspielräume werden später wieder aufgegriffen.

Das nationale Genehmigungsregime für die AWZ

Die grundlegende nationale Umsetzungsnorm der völkerrechtlichen Regelungen ist für den Bereich der Genehmigungsverfahren für Offshore-Windparks das Seeaufgabengesetz (SeeAufgG)[74]. Benennt man puristisch § 9 Abs. 1 Nr. 4a in Verbindung mit § 1 Nr. 10a SeeAufgG als gesetzliche Grundlage für die Verordnungsermächtigung, um dann lediglich die „eigentliche" Rechtsgrundlage der Seeanlagenverordnung (SeeAnlV) zu behandeln, greift man schon zu diesem Zeitpunkt zu kurz. Nur die Betrachtung der Weiterentwicklung aller einschlägigen gesetzlichen Grundlagen kann die Genese der Regelungsmaterie für die Offshore-Windparks vollständig aufzeigen. Selbst Praktiker müssen dem Gang der Rechtsentwicklung Aufmerksamkeit schenken, um einzelne Fallgestaltungen verstehen und beurteilen zu können.

Historie

Grundsätzlich stellt die Rechtsänderung aus dem Juni 2011 für das SeeAufgG sowie die Änderung der SeeAnlV im Januar 2012 mit dem Übergang der Zulassung von Anlagen der Energieerzeugung und des Energietransports von der einfachen Baugenehmigung zum neu eingeführten Instrument der Planfeststellung einen Paradigmenwechsel dar. Wahrscheinlich ist der Übergang berechtigt und im Hinblick auf die immer deutlicher werdende Komplexität der Vorhaben vielleicht überfällig. Auf der anderen Seite wurde das Genehmigungsverfahren für Offshore-Windparks in der AWZ auch im Gewand des einfachen Baugenehmigungsverfahren bereits seit der ersten Verfahrenseinleitung im Herbst 1999 in einer Weise gestaltet, die diesen Übergang erleichtert. Die bisher geübten Prozesse und Entscheidungsparameter unterscheiden sich von der Planfeststellung auch aus Sicht des Antragstellers kaum. Doch zurück zum Anfang.

Deutschland hat nach Inkrafttreten des Seerechtsübereinkommens mit Wirkung zum 1. Januar 1995[75] die Errichtung einer deutschen AWZ in Nord- und Ostsee erklärt. Noch 1995 wurde in das Seeaufgabengesetz erstmals die Aufgabe der Prüfung, Zulassung und Überwachung von Seeanlagen in § 1 als neue Nr. 10a sowie eine entsprechende Verordnungsermächtigung für das Bundesverkehrsministerium (§ 9 Abs. 1 Satz 1 Nr. 4a) aufgenommen.[76]

---

[74] Seeaufgabengesetz in der Fassung der Bekanntmachung vom 26. Juli 2002 (BGBl. I S. 2876), zuletzt geändert durch Art. 2 des Gesetzes vom 22. Dezember 2011 (BGBl. I S. 3069).

[75] Vertragsgesetz Seerechtsübereinkommen vom 2. September 1994, BGBl. II, S. 1798ff.

[76] Art. 1 des Gesetzes vom 6. Juni 1995 (BGBl. I S. 778).

Da zum damaligen Zeitpunkt weder konkrete noch gar dringliche Anfragen für die Errichtung von Offshore-Bauwerken in der AWZ vorlagen, ließ man sich mit der Verordnung ein wenig mehr Zeit und entwickelte dann ein erfreulich knapp gefasstes Werk. Dieses erging als Ministerverordnung unter dem 23. Januar 1997[77]. Sie bildete in ihren Grundzügen lange eine solide Basis für im Jahr 1999 beginnende Anfragen und Anträge auf Errichtung von Offshore-Windenergieanlagen.

Von Anfang an wurde die Rechtsmaterie der Seeanlagenverordnung von bergrechtlichen und seefischereirechtlichen Zulassungstatbeständen (Öl-/Gasförderplattformen, Pipelines, passive Fischereigeräte) klar abgegrenzt. Der Anwendungsbereich des § 1 SeeAnlV und die Zulassungspflicht des § 2 SeeAnlV sollte Anlagen betreffen, die oberhalb des Meeresgrundes ihren wirtschaftlichen Zweck – insbesondere der Energieerzeugung – finden. Die Genehmigung war in § 3 SeeAnlV als sogenannte gebundene Entscheidung ausgestaltet; d.h., es besteht ein Rechtsanspruch auf Erteilung, soweit nicht einer der genannten Versagungsgründe vorlag, bzw. nicht durch die Anordnung von Nebenbestimmungen ausgeräumt werden konnte.

Bis zur Änderung im Jahr 2008 gab es in § 3 SeeAnlV lediglich die beiden Versagungsgründe der „Beeinträchtigung der Sicherheit und Leichtigkeit des Verkehrs“ sowie der „Gefährdung der Meeresumwelt“, durch die genannten Regelbeispiele mehr oder weniger erläutert. Immerhin ermöglichte die Nennung des „Luftraumes“ beim verkehrlichen Regelbeispiel die Einbeziehung der Sicherheitsbelange des Luftverkehrs[78].

Ferner konnte über den recht weiten Verschmutzungsbegriff des SRÜ, der als Regelbeispiel für die Gefährdung der Meeresumwelt aufgeführt war (und ist), die (Ramm-) Schallproblematik über den dort genannten Tatbestand des „Einleitens von Energie“ in das Meer unproblematisch in die Entscheidungsprozesse eingebracht werden. Ob das Einbringen von Schall eine Gefährdung der Meeresumwelt darstellen kann, bedurfte danach keiner weiteren Diskussion. Der Frage, ob der allgemeine Vogelzug, der auch über dem Meer stattfindet, eine Gefährdung gerade der „Meeresumwelt“ darstellen könnte, begegnete die Genehmigungsbehörde mit so großem Unverständnis, dass sie der Vorschriftengeber im Rahmen der Novelle 2002 klarstellend als eigenes Regelbeispiel einführte.

Beide Versagungsgründe werden nachfolgend noch näher beleuchtet, zumal diese selbst nach der Einführung der Planfeststellung nach wie vor als abwägungsresistente Tatbestandsmerkmale durch § 5 Abs. 6 Nr. 1 und 2 SeeAnlV (2012) quasi vor die Klammer gezogen worden sind. Die damalige Genehmigung, die einzig auf der Prüfung der beiden Versagungsgründe beruhte, konnte einfacher auch als dingliche Unbedenklichkeitsbescheinigung in verkehrsrechtlicher und umweltschutzrechtlicher Hinsicht qualifiziert werden.

Die Zulassung konnte mit einer – verlängerbaren – Befristung (§ 4 Abs. 1 SeeAnlV) sowie mit Bedingungen und Auflagen verbunden werden, sowie die Einhaltung bestimmter technischer Standards vorschreiben (§ 4 Abs. 2 SeeAnlV).

---

77 Seeanlagenverordnung vom 23. Januar 1997 (BGBl. I S. 57) – SeeAnlV.

78 Obwohl man im Hinblick auf die Rechtsgrundlage im SeeAufgG diesbezüglich hätte Zweifel hegen können; immerhin ist die Freiheit des Überflugs ebenfalls eine der Grundfreiheiten, die das SRÜ schützt; Art. 87. SRÜ. Allerdings dienen Anforderungen an die Anlagen ja gerade der Sicherheit des Überfluges für Luftfahrzeuge auch aus Drittstaaten.

Weitere Grundzüge der SeeAnlV (1997), die inhaltlich weitgehend in die Neufassung übernommen wurden, sind Regelungen zur Einrichtung einer Sicherheitszone (§ 7, heute § 11), die Rückbauverpflichtung nach Beendigung der Nutzung (§ 12, heute § 13) sowie die mit der Überwachung der Anlagen verbundenen Befugnisse des BSH (§ 15, heute § 16), die die Ordnungsgemäßheit und Genehmigungskonformität von Errichtung und Betrieb der Anlagen sicherstellen. Hierdurch sind Bau- und Betriebsstilllegungen ebenso möglich, wie die Anordnung der Beseitigung der Anlagen, soweit die zu wahrenden Zwecke und Belange nicht auf andere Weise gewahrt werden können. Wichtig war und ist in diesem Zusammenhang die Bestimmung des Pflichtenkreises des Anlagenbetreibers (§ 13, heute § 14) und die hiermit verbundene Benennung der innerhalb der Betreiberfirma zur Vertretung berechtigten Person als verantwortliche Person im Sinne des § 14 (heute §15).

Die erste substanzielle Änderung der Seeanlagenverordnung im Jahr 2002 spiegelte die ersten gemachten Erfahrungen wider und fiel in die Zeit einer Neuregelung des Bundesnaturschutzgesetzes. Da sowohl die Diskussionen um Offshore-Windparks als auch die Debatte um die Ausweisung von Naturschutzgebieten in der AWZ einen zwischenzeitlichen Höhepunkt erreicht hatten, verwundert es nicht, dass die Seeanlagenverordnung per Gesetz als Art. 2 des BNatSchGNeuregG geändert wurde, ohne dass die eigentliche Rechtsgrundlage des SeeAufgG berührt wurde[79].

Die Neuregelung entschied die damalige Debatte über die Frage, ob in der AWZ europäisches Naturschutzrecht – insbesondere das Recht der Umweltverträglichkeitsprüfung und das Recht des Gebietsschutzes der FFH-Richtlinie – angewendet werden darf. Im neuen Bundesnaturschutzgesetz selbst wurde der Gebietsschutz – und nur dieser – des FFH-Regimes nach § 33 BNatSchG sowie dessen Vorgaben für die FFH-Verträglichkeitsprüfung in § 34 BNatSchG in einem neuen § 38 Abs. 1 Satz 1 BNatSchG (2002) für entsprechend anwendbar erklärt. § 38 Abs. 1 BNatSchG (2002) enthielt in den Nummern 1 bis 5 nähere Angaben darüber, inwieweit Beschränkungen der verschiedenen maritimen Nutzungen durch diese naturschutzrechtlichen Vorgaben zulässig sind, wobei für die Offshore-Windenergie nach Nr. 5 nur die sich aus § 34 BNatSchG ergebenden Beschränkungen zulässig sind. Im Ergebnis bedeutete dies, dass das BSH seitdem im Rahmen der Zulassung auch die Tatbestände einer möglichen oder tatsächlichen erheblichen Beeinträchtigung eines Schutzgebietes in die Prüfung der Gefährdung der Meeresumwelt zu integrieren und dort das Ergebnis der Prüfung in gesonderten Abschnitten darzustellen hatte. Da Deutschland auf dieser Grundlage alsbald eine Reihe von marinen Schutzgebieten meldete (über 30 % der deutschen AWZ sind in Brüssel als Schutzgebiet gemeldet und von der EU vollständig in die Liste der Gebiete aufgenommen worden), entwickelte dies zügig praktische Relevanz für Antragsteller und BSH. In der Seeanlagenverordnung selbst wurde mit § 2a die Anwendung des UVPG vorgeschrieben, soweit die Vorhaben nach Anlage des UVPG der UVP-Pflicht unterliegen[80]. Da dort ab 20 einzelnen Windenergieanlagen (WEA) eine obligatorische UVP-Pflicht geregelt ist, betraf diese alle Anträge. Das BSH hatte jedoch im Vorgriff auf eine Regelung das Procedere und den materiellen Prüfumfang bereits so ambitioniert gestaltet, dass hierdurch keine zusätzli-

[79] Art. 2 G zur Neuregelung des Rechts des Naturschutzes und der Landschaftspflege und zur Anpassung anderer Rechtsvorschriften (BNatSchGNeuregG) v. 25. März 2002 (BGBl. I S. 1193).

[80] § 3 Abs. 1 i.V.m. Anlage 1 Ziffer 1.6 des Gesetz über die Umweltverträglichkeitsprüfung in der Fassung der Bekanntmachung vom 24. Februar 2010 (BGBl. I S. 94), zuletzt geändert durch Art. 5 Abs. 15 des Gesetzes vom 24. Februar 2012 (BGBl. I S. 212).

chen Untersuchungen oder relevante zeitliche Verzüge für die Verfahren entstanden. Dies ist normativ und faktisch nach wie vor so – jetzt ist die UVP-Pflicht entsprechend in § 9 SeeAnlV (2012) geregelt.

Eine weitere Neuerung stellte § 3a SeeAnlV dar, der die Bekanntgabe von besonderen Eignungsgebieten für Windenergie in der AWZ erlaubte. Dieses als antizipiertes Sachverständigengutachten zu verstehende Instrument sollte gleichsam als Pendant zu den marinen Schutzgebieten entstehen und war insofern ein Vorläufer der heutigen Raumordnung, ohne dem ausgewiesenen Gebiet einen eigenen Rechtsstatus zu geben. Da die vom BSH auf der Grundlage dieser Vorschrift 2005 bekanntgegebenen Gebiete[81] durch die Raumordnung mittlerweile zu „echten" Vorranggebieten für Windenergie erklärt worden sind, ist diese Vorschrift bedeutungslos geworden.

Eine noch heute nachwirkende Neuregelung betraf die Konkurrenz von Antragstellern für dieselben Planungsflächen. Da es keinen räumlich eingegrenzten Bereich gab und insofern jeder für alle Bereiche der deutschen AWZ Genehmigungsanträge einreichen durfte, entstand ein sogenanntes „Windhundrennen" um die besten Flächen. Die ersten Vorhaben wurden vom BSH noch in sogenannte Pilotphasen und Ausbauphasen unterteilt, wobei die erste Phase nicht mehr als 80 einzelne WEA enthalten durfte. Jedoch beanspruchten die Antragsteller von Pilot- und Ausbauphasen insgesamt exklusiven Gebietsschutz. Eine Beschränkung und Steuerung der Anträge durch den Gesetz- oder Verordnungsgeber in räumlicher und zeitlicher Hinsicht wäre in dieser Phase noch möglich gewesen. Da letzteres jedoch nicht geschah, beantragten viele Antragsteller die Pilotphasen mit 80 WEA nebst Ausbauphasen mit mehreren hundert teilweise bis zu 1500 Einzelanlagen mit dem Begehr auf räumliche Alleinstellung. Damit war fast die gesamte deutsche AWZ der Nordsee auf einen Schlag komplett überplant, obwohl für diese Dimensionen nirgends realistische Szenarien der Verwirklichung erkennbar waren. Der Gesetzgeber reagierte auf diese reine „Claimsicherung", indem er in § 5 Abs. 1 Satz 4 SeeAnlV die Exklusivität der Flächenreservierung durch Antragstellung aufhob. Nunmehr sollte der Antrag eine Genehmigung erhalten, der zuerst „genehmigungsfähig" war. Dadurch wurde das Windhundrennen *um* die Flächen um das Rennen *auf* der Fläche erweitert, auch wenn dies vornehm „Prioritätsprinzip" genannt wurde. Die Genehmigungsbehörde ging und geht davon aus, dass es sich bei diesem Zeitpunkt der Genehmigungsfähigkeit um einen gegenüber der früheren Sicht nachgelagerten Termin handelt, so dass diese nicht bereits mit Prüffähigkeit eines Antrags erreicht sein kann. Genehmigungsfähig ist insofern ein Antrag erst dann, wenn er alle formal erforderlichen Verfahrensschritte absolviert hat – einschließlich der Durchführung eines Erörterungstermins – und danach auch materiell einigermaßen Aussicht auf Erfolg hat; so beschreibt es auch der Raumordnungsplan AWZ, S. 19:

> *„Als planungsrechtlich verfestigt gelten Projekte, sobald die öffentliche Bekanntmachung und die Auslegung der Antragsunterlagen sowie der Unterlagen nach § 6 UVPG (in der Regel in Form einer Umweltverträglichkeitsstudie) gemäß § 9 Abs. 1b UVPG erfolgt ist. Das Vorhaben muss außerdem im Zeitpunkt der Beurteilung der planungsrechtlichen Verfestigung unter materiellen Gesichtspunkten als grundsätzlich genehmigungsfähig bewertet werden."*

---

[81] Besondere Eignungsgebiete für Windenergieanlagen „Nördlich Borkum", „Westlich Adlergrund" und „Kriegers Flak", GMBl 2005, S. 1253ff.

Dieser Ansatz hat zwar zu einigen ordnenden Koordinierungsanstrengungen der Antragssteller untereinander, aber – bis heute – auch zu in der Sache sehr unerfreulichen Rechtsstreitigkeiten geführt[82]. Dies ist nun mit der Neufassung 2012 neu geregelt; gebietsbezogene Exklusivität lässt sich nach dem § 3 SeeAnlV 2012 mittels eines Ersuchens um Unterrichtung im Sinne des § 5 UVP nun deutlich schneller herstellen.

Chronologisch erfolgte die nächste genehmigungsrelevante Gesetzesänderung durch § 31 Abs. 5 EEG[83]. Dort wurde geregelt, dass Windenergieanlagen in Natur- und Vogelschutzgebieten der AWZ keine Einspeisevergütung beanspruchen dürfen. Hiermit sollten Anreize zu vorhabensbedingten Eingriffen in diese Schutzgebiete vermieden werden. Durch die Nennung des Genehmigungsdatums nach dem 1. Januar 2005 wurde dem bis dahin bereits im Bereich eines Vogelschutzgebietes genehmigten Vorhaben „BUTENDIEK“ Bestandsschutz gewährt. Diese Regelung im EEG erscheint gesetzestechnisch systemfremd, da sie mit dem wirtschaftlich-faktischen Ausschluss eher eine raumordnungsrechtliche Qualität aufweist. Mit dem Raumordnungsplan für die AWZ wurde diese Systemwidrigkeit insoweit geheilt, als dass dort im verbindlichen Ziel Nr. 3[84] die Errichtung von Windenergieanlagen in Natura 2000-Gebieten für unzulässig erklärt wird.

Der bereits mehrfach erwähnte Raumordnungsplan fußt auf der 2004 durch das EAG Bau neu eingeführten Möglichkeit der Aufstellung eines Raumordnungsplans für die AWZ durch das BUNDESMINISTERIUM FÜR VERKEHR, BAU UND STADTENTWICKLUNG als Verordnung[85]. Bevor diese Verordnung erlassen werden konnte, musste der Plan vom BSH entworfen und in einem Konsultationsverfahren bis zur Entscheidungsreife gebracht werden. Hierfür musste – ein Novum für derartige Meeresflächen – eine Strategische Umweltprüfung entworfen, in einem Scoping-Verfahren behandelt und im Rahmen der quellenbezogenen Betrachtung[86] geprüft werden. Von dieser Prüfung und den entsprechenden Konsultationen mit Behörden, Verbänden, Küstenbundesländern, Anrainerstaaten und der vom BMVBS zu beteiligenden Bundesressorts bis zum Inkrafttreten des Nordseeplanes dauerte es insgesamt 5 Jahre.[87]

Vor diesem Inkrafttreten erfuhr nicht nur die Rechtsgrundlage Raumordnungsgesetz eine Novelle, so dass die Raumordnung in der AWZ nunmehr in § 17 Abs. 3 ROG verortet ist[88], vielmehr erfuhren 2008 auch das SeeAufgG und die SeeAnlV substanzielle Änderungen. Die Aufgabenbeschreibung des § 1 Nr. 10a SeeAufgG wurde um die „Erfordernisse der Raum-

82 VG Hamburg, Urteil vom 19.06.2009-19 K 1782/08; OVG Hamburg, Beschluss vom 01.02.2010-5 Bs 225/09.

83 § 31 Abs 5 EEG eingefügt als § 10 Abs. 7 Erneuerbare-Energien-Gesetz in der Fassung vom 21. Juli 2004 (BGBl I S. 1918ff.).

84 Ziffer 3.5.1 der Verordnung über die Raumordnung in der deutschen ausschließlichen Wirtschaftszone (AWZ) in der Nordsee vom 21.09.2009 (BGBl. I S. 3107). Die Aufstellung erfolgte als Rechtsverordnung des Bundesministeriums für Verkehr, Bau und Stadtentwicklung gemäß § 17 Abs. 3 des Raumordnungsgesetzes (ROG) vom 22.12.2008 (BGBl. I S. 2986), zuletzt geändert durch Art. 9 des Gesetzes vom 31.07.2009 (BGBl. I S. 2585).

85 Europarechtsanpassungsgesetz Bau (EAG Bau) vom 24. Juni 2004 (BGBl. I S. 1359 , § 18a ROG).

86 D.h., es werden nur die Auswirkungen geprüft, die aufgrund der Festlegung als Ziel und Grundsatz in Betracht kommen, nicht der Planungsraum AWZ in toto.

87 Verordnung über die Raumordnung in der deutschen ausschließlichen Wirtschaftszone in der Nordsee (AWZ Nordsee-ROV) vom 21.09.2009 (BGBl. I S. 3107) vom 21. September 2009.

88 Raumordnungsgesetz vom 22.12 2008 (BGBl. I Nr. 65 vom 30.12.2008, S.2986).

ordnung" und „sonstige öffentliche Belange" erweitert.[89] Dadurch konnten zum einen die Beachtung und Berücksichtigung der (2008 in Aufstellung befindlichen) Ziele und Grundsätze der Raumordnung rechtssicher als Genehmigungsvoraussetzung in die Einzelgenehmigungsverfahren eingebracht werden. Zum anderen wurden durch die „sonstigen öffentlichen Belange" auch die Interessen in den offiziellen Prüfungsprozess mit aufgenommen, die bis dahin in den Verfahren zwar vertreten waren, formal aber im Gegensatz zu den genannten Belangen Verkehr und Meeresumwelt keine Genehmigungshürde hätte darstellen dürfen. Die Genehmigungsbehörde ging zwar bereits damals davon aus, dass die in den Verfahren regelmäßig angesprochenen Belange der Rohstoffsicherung[90], des Tourismus, der Denkmalpflege, des Gesundheits- und Arbeitsschutzes, des Luftverkehrs, des Militärs und der Fischerei, soweit diese als öffentliche Belange allgemein zu wahren sind, im Rahmen der bis dahin erteilten Genehmigungen auch bei gehöriger Berücksichtigung nicht zu einer Versagung geführt hätten. Jedoch ist es für die rechtssichere Anordnung von die Belange wahrender Auflagen deutlich einfacher, auf einer eindeutigen gesetzlichen Grundlage entscheiden zu können. Ferner vereinfacht und verbessert dies auch die Behandlung der Belange im Verfahren, da diese nun auch positiv-rechtlich eine objektive Legitimation beanspruchen können und sollen.

Das zitierte SeeVerkRÄndG enthält in Artikel 6 eine lange Zeit wenig bemerkte Änderung des Arbeitsschutzgesetzes. Diese schreibt die Geltung § 1 Abs. 1 Satz 2 ArbSchG in der AWZ vor, so dass nun die bis dahin teils bestrittene Zuständigkeit der Bundesländer eindeutig besteht und die dortigen Regelungen sowie die auf der Grundlage dieser Norm erlassenen Verordnungen ebenfalls auf die Errichtung und den Betrieb von Anlagen in der AWZ angewendet werden müssen. So erstreckt sich nun die umfassende Regelungsmaterie zu Arbeitssicherheit, Gesundheitsschutz, notfallmedizinischer Vorsorge etc. und anderen wichtigen Bereichen auch auf den Offshore-Bereich und bildet als öffentlicher Belang einen Gegenstand der Genehmigung sowie des Vollzuges. Fachlich werden diese Belange von Stellen des jeweiligen Küstenbundeslandes wahrgenommen. Während in Niedersachsen das GEWERBEAUFSICHTSAMT OLDENBURG für den Vollzug der entsprechenden Vorschriften als zuständige Behörde benannt wurde (§ 1 Abs. 3 der ZustVO-Umwelt-Arbeitsschutz vom 27.10.2009, Nds, GVBl 2009, 374) werden die Aufgaben in Schleswig-Holstein von der BERUFSGENOSSENSCHAFT HANDEL UND WARENDISTRIBUTION (BGHW) im Auftrag des dortigen Sozialministeriums wahrgenommen. Die räumliche Abgrenzung zwischen den beiden Bundesländern definiert die niedersächsische Zuständigkeitsverordnung nach dem Abkommen zwischen den Ländern Schleswig-Holstein und Niedersachsen über die Abgrenzung der Zuständigkeit im Bereich des deutschen Anteils am Festlandsockel unter der Nordsee vom 12. April 2007[91].

Ferner ist die 2008 erfolgte Änderung der Rechtsgrundlage für die SeeAnlV noch von Bedeutung, als dass in § 9 Abs. 2 Nr. 4a SeeaufgG die Möglichkeit der bis dahin schon regel-

---

89 Gesetz zur Änderung seeverkehrsrechtlicher, verkehrsrechtlicher und anderer Vorschriften mit Bezug zum Seerecht (SeeVerkRÄndG); G. v. 08.04.2008 BGBl. I S. 706 (Nr. 15); Geltung ab 18.04.2008; Änderung SeeAufgG Art. 1.

90 Gemeint: ÖL/Gas/Sand/Kies im Rahmen der Rohstoffsicherungsklausel des § 48 Abs. 1 Satz 2 BBergG: *„...ist dafür Sorge zu tragen, dass die Aufsuchung und Gewinnung so wenig wie möglich beeinträchtigt werden"* Bundesberggesetz vom 13. August 1980 (BGBl. I S. 1310).

91 Nds. MBl. S. 371.

mäßig als Nebenbestimmung in den Genehmigungen enthaltenen Anforderungen einer finanziellen Sicherheitsleistung für die Absicherung des Rückbaus der Anlagen klarstellend gesetzlich geregelt wurde.

Die besagten Änderungen des SeeAufgG wurden sodann in der SeeAnlV umgesetzt[92]. Bei gleicher Systematik – gebundene Entscheidung mit Rechtsanspruch – wurden „Erfordernisse der Raumordnung" und „sonstige überwiegende öffentliche Belange" nach § 3 Satz 1 Nr. 2 SeeAnlV in den Rang der Versagungsgründe gesetzt und die Ziele der Raumordnung als Regelbeispiel in die Aufzählung des § 3 Satz 2 als Nr. 4 SeeAnlV aufgenommen. In § 12 SeeAnlV wird die Entscheidung über die Beseitigungspflicht auch an die Gewichtung sonstiger öffentlicher Interessen gebunden und die Möglichkeit der Anforderung einer den Rückbau absichernden Sicherheitsleistung positiv eröffnet (§ 12 Abs. 3 SeeAnlV).

Daneben enthält die Änderung weitere Neuregelungen, deren Erforderlichkeit sich aus der Verwaltungspraxis ergeben haben. Die Vorschriften über den Erlass von Nebenbestimmungen wurden präzisiert. In der Neufassung von § 4 SeeAnlV wurden die Nebenbestimmungen aufgeführt, die Rechtsfolgen der Nichteinhaltung beschrieben sowie die nachträgliche Änderung oder Ergänzung und die wiederholte Verlängerung von Befristungen ermöglicht.

Von großer Bedeutung war, und ist, die hier erstmals in § 5 Abs. 2 SeeAnlV positiv-rechtlich vorgegebene Möglichkeit, den Antrag in Teilabschnitten zu genehmigen, so dass handhabbare, abgegrenzte Vorhabensbereiche gesondert und ggf. in Entwicklungsschritten zugelassen und realisiert werden können. Die von der Genehmigungsbehörde seit dem Jahr 2000 etablierte Regel, dass ein Vorhaben – in Analogie zu der Größe des ersten Nordsee-Offshore-Windparks „HORNS REV 1" in Dänemark – nur bis zu 80 Einzelanlagen genehmigungsfähig sei, war in die Diskussion geraten, so dass diese Regelung hilfreich ist. Mittlerweile stellt sich die Lage so dar, dass es für die die Realisierung betreibenden Investoren eher günstiger ist, die Vorhaben in kleinere Entwicklungseinheiten aufzuteilen, um Finanzierung und Komponentenbestellung besser organisieren zu können.

Des Weiteren versieht § 5 Abs. 2 SeeAnlV auch die von der Genehmigungsbehörde praktizierte Strategie der bauordnungsrechtlichen Freigaben mit einer positiven Regelung, so dass die Praxis auch hier mit gesteigerter Rechtssicherheit agieren kann.

Schließlich ermöglichte § 5 Abs. 6 SeeAnlV die öffentliche Bekanntmachung und Auslegung der Zulassungsentscheidung zugleich als Mittel der Zustellung. Da der Kreis der möglichen Betroffenen bei gesteigerter Aufmerksamkeit für Belange im Offshore-Bereich eher zunimmt, aber im Hinblick auf die Naturschutzverbände, die Fischer, die Inhaber und Nutzer von weiteren Vorhaben des Sandabbaus, des Strom- und Telekommunikationskabelbetriebes, des Pipelinebetriebes sowie weiterer Windparkunternehmer unübersichtlicher wird, ist die Eröffnung dieser Möglichkeit der Bekanntgabe und Inlaufsetzung der Rechtsbehelfsfrist im Sinne der Rechtssicherheit sehr förderlich.

Neben einigen weiteren Änderungen soll für die Neufassung 2008 noch die Erweiterung der Genehmigungspflicht auf Anlagen für meereskundliche Untersuchungen erwähnt werden (§ 1 Abs. 2 Nr. 3 SeeAnlV). Damit werden Forschungsplattformen ebenso dem Genehmigungsregime unterworfen, wie nicht nur sehr begrenzt temporäre Installationen von wissen-

92 Erste Verordnung zur Änderung der SeeAnlV vom 15. Juli 2008 (BGBL I 1296ff.).

schaftlichen Instituten sowie auch von Betreibern von Windparks, die diese im Rahmen des Monitorings errichten und betreiben; letztere bedürfen allerdings nur dann einer gesonderten Genehmigung, soweit sie sich außerhalb der eingerichteten Sicherheitszonen der Anlagen befinden.

Die raumordnungsrechtliche Konkretisierung der oben beschriebenen Umsetzung der Ziele und Grundsätze auf normativer Ebene erfolgte dann chronologisch 2009 und 2010 mit der Bekanntgabe der Verordnungen für die Raumordnungspläne für die AWZ der Nord- und Ostsee.[93] Insbesondere die aus den anerkannten Schifffahrtsrouten abgeleitete Struktur schuf eine räumliche Grundordnung. Die im Plan als Ziel der Raumordnung dargestellten Bereiche der Schifffahrtsrouten sowie die als Grundsatz festgelegten Navigationsbereiche für die Schifffahrt gaben ein unumstrittenes Kartenbild ab, das die Flächen, die nunmehr potenziell noch konfliktfrei beplant werden konnten, transparent gemacht hat.

Eine weitere für die Genehmigungsverfahren wichtige Gesetzesänderung stellte die nächste Neufassung des BNatSchG dar, welche in einem sehr eiligen Gesetzgebungsverfahren nach dem Scheitern eines einheitlichen Umweltgesetzbuches beschlossen wurde. Das Gesetz zur Neufassung wurde als Art. 1 des Gesetzes vom 29.7.2009- I 2542 – beschlossen. Es trat gem. Art. 27 Satz 1 dieses Gesetzes am 1.3.2010 in Kraft und enthielt – von vielen unbemerkt – neben der 2002 noch abgelehnten allgemeinen Erstreckung auf die AWZ in § 56 Abs. 1 BNatSchG auch neue Verwaltungsbefugnisse für das Bundesamt für Naturschutz. Dieses wurde für Verfahren über § 58 Abs. 1Satz 1 BNatSchG zuständig, soweit diese nicht von einer anderen Genehmigungsbehörde im sogenannten Huckepackverfahren bearbeitet wurden; für Entscheidungen über Auswirkungen eines zulassungspflichtigen Vorhabens auf Schutzgebiete war Letzteres der Fall, so dass es bei einer Benehmensregelung – § 58 Abs. 1 Satz 2 BNatSchG – blieb. Für den Bereich des Artenschutzes und insbesondere der Möglichkeit der Ausnahme von den Verboten des § 44 Abs. 1 Nr. 1 und 2 BNatSchG – Tötungs- und Verletzungsverbot bzw. Verbot der erheblichen Störung der lokalen Population, Ausnahmen nach § 30 Abs. 3 BNatSchG für das Verbot von erheblichen Beeinträchtigungen gesetzlich geschützter Biotope im Sinne des § 30 Abs. 2 Nr. 6 BNatSchG sowie der Möglichkeit der Befreiung (§ 67 BNatSchG) – wurde dies nicht vorgesehen, so dass es bei der allgemeinen Zuständigkeit des BfN für Vorgänge in der AWZ blieb. Diese Tatbestände durften vom BSH nicht mit entschieden werden, weil die vormalige Genehmigung nach SeeAnlV 2008 nach anderen Vorschriften erforderliche Genehmigungen nicht ersetzen durfte. Materiell stellt die Beurteilung dieser Tatbestände jedoch wichtige Teilaspekte des Versagungsgrundes „Gefährdung der Meeresumwelt" im Sinne des § 3 SeeAnlV dar. Daher bedurfte es für diese Vorfragen vor einer Vorhabensgenehmigung für einen Windpark einer Klärung durch das BfN. Diesbezüglich bestand mit dem BfN auch Einvernehmen. Diese Klärungen erfolgten jedoch in vielen Fragen nicht, da zum einen einige naturwissenschaftliche Grundlagen für die Beantwortung dieser Fragen noch nicht in einer Weise geklärt sind, die eine rechtssichere Auslegung ermöglichen. Zum anderen konnte sich das BfN einer von der Genehmigungsbehörde vorgeschlagenen verwaltungspraktischen Lösung (noch) nicht anschließen, so dass faktisch ein längerer Stopp der Verfahren zu verzeichnen war. Nach wie vor steht

93 Verordnung über die Raumordnung in der deutschen ausschließlichen Wirtschaftszone in der Nordsee vom 21.09.2009 (BGBl. I S. 3107); Verordnung über die Raumordnung in der deutschen ausschließlichen Wirtschaftszone in der Ostsee vom 10.12.2009 (BGBl. I S. 3861).

eine Einigung zu Fragen des Lärmschutzes beim Einrammen von Pfählen im Sinne eines effektiven Schweinswalschutzes aus. Der Gesetzgeber hat mit der letzen Novellierung des SeeaufgG und der SeeAnlV darauf reagiert. Allerdings verbleibt es für „Altverfahren" bei der Verwaltungskompetenz des BfN für Ausnahmen und Befreiungen.

Erwähnenswert im Zusammenhang mit der BNatSchG-Novelle 2012 ist noch die Regelung, dass Windparkvorhaben gemäß § 56 Abs. 3 BNatSchG von der Umsetzung des § 15 BNatSchG ausgenommen sind, soweit diese bis 31.12.2016 genehmigt werden. Dahinter verbirgt sich eine von der Genehmigungsbehörde unterstützte Privilegierung von Offshore-Vorhaben gegenüber dem Eingriff-Ausgleichstatbestand des § 15 BNatSchG. Allerdings gilt dieser nur für Offshore-Windparks, nicht für Stromexportsysteme eines Übertragungsnetzbetreibers.

Mit der letzten Novelle des SeeAufgG[94] und der SeeAnlV[95] wurde ein Systemwechsel vorgenommen, denn mit Wirkung vom 31.01.2012 werden Offshore-Windparks künftig nur noch im Wege der Planfeststellung zugelassen, soweit sie noch nicht öffentlich bekannt gemacht worden sind.[96]

Nicht zuletzt aufgrund der soeben dargelegten Konstellation mit den gesonderten Zuständigkeiten des BfN für das Genehmigungsverfahren für Windparks in der AWZ wurde durch Änderungen des SeeAufgG[97] und der SeeAnlV[98] das Zulassungsverfahren im Rahmen der Energiewende als Planfeststellungsverfahren ausgestaltet. Die hiermit verbundene Konzentrationswirkung führt dazu, dass das BSH nun alle erforderlichen einzelnen Verwaltungsakte in seiner Entscheidung konzentrieren kann und muss; einschließlich etwaiger Ausnahmen oder Befreiungen von Verboten des BNatSchG.

Allerdings handelt es sich bei dem Planfeststellungsbeschluss nicht um eine Abwägungsentscheidung in der bisher üblichen Form der Abwägung aller Interessen bei gleicher Bedeutungsqualität, da drei Tatbestandsmerkmale durch § 5 Abs. 6 SeeAnlV „vor die Abwägungsklammer gezogen" worden sind. Die abwägungsresistenten Tatbestandsmerkmale sind zunächst die beiden bekannten der „Beeinträchtigung der Sicherheit und Leichtigkeit des Verkehrs" und der „Gefährdung der Meeresumwelt". Diesen privilegierten Tatbestandsmerkmalen ist in § 5 Abs. 6 Nr. 1 SeeAnlV die „Beeinträchtigung der Landes- und Bündnisverteidigung" beigefügt worden, nachdem vorher die „militärischen Belange" eine gesonderte Erwähnung in der Rechtsgrundlage des § 1 Nr. 10a SeeAufgG gefunden haben.

Letzteres entsprach einem langjährigen Petitum der Wehrbereichsverwaltung, wird jedoch aufgrund der Fokussierung des hiervon differenziert formulierten Merkmals der „Landes- und Bündnisverteidigung" in der SeeAnlV noch konkretisiert werden müssen. Da in der SeeAnlV als abwägungsresistent nicht allgemein alle „militärischen Belange" aufgeführt werden, werden die Abgrenzungen zwischen den Begrifflichkeiten noch zu diskutieren sein.

---

94 Seeaufgabengesetz in der Fassung der Bekanntmachung vom 26. Juli 2002 (BGBl. I S. 2876), zuletzt geändert durch Art. 2 des Gesetzes vom 22. Dezember 2011 (BGBl. I S. 3069).

95 Seeanlagenverordnung vom 23. Januar 1997 (BGBl. I S. 57), zuletzt geändert durch Art. 1 der Verordnung vom 15. Januar 2012 (BGBl. I S. 112).

96 Übergangsvorschrift § 17 Abs. 1–3 SeeAnlV).

97 Erstes Gesetz zur Änderung schifffahrtsrechtlicher Vorschriften (1. SchifffRÄndG) k.a. Abk.; G. v. 22.07.2011 BGBl. I S. 1512 (Nr. 39); Geltung ab 30.07.2011.

98 Art. 1 der Verordnung vom 15.01.2012 (BGBl. I S. 112).

Jedenfalls bleibt abzuwarten, ob die Beeinträchtigung jedes militärischen Belanges zugleich eine Beeinträchtigungen der Landes- und Bündnisverteidigung nach sich zieht. In Bezug auf diese Merkmale findet also keine Abwägung mit anderen Interessen statt und es verbleibt insofern bei der gebundenen Entscheidung.

Daher ist der Entscheidungsfindung bei den neu geregelten Verfahren nun nochmals eine Stufe hinzugefügt worden.

Zunächst sind vor anderen Prüfungen die Entscheidungen über Arten-, Biotop- und Gebietsschutz einschließlich etwaiger Ausnahmen, bzw. Befreiungen im Bereich des Naturschutzes zu treffen, um diesbezüglich im Benehmen mit dem BfN eine Entscheidung über die Umweltverträglichkeit sowie den – abwägungsresistenten – Versagungsgrund der „Gefährdung der Meeresumwelt" fällen zu können.

Sodann sind Prüfungen der verkehrs- und verteidigungsbezogenen Belange vorzunehmen, deren Ergebnisse mit der verkehrsbezogenen Einvernehmensbehörde – den früher als „Zustimmungsbehörden" tätigen Wasser- und Schifffahrtsdirektionen – und den Fachbehörden der militärischen Belange abgestimmt werden müssen. Erst nach Herstellung des schifffahrtsbezogenen Einvernehmens und der Beurteilung der differenzierten Bewertung der militärischen Belange ist sodann eine planfeststellungstypische Abwägung der noch verbliebenen Belange und Interessen durchzuführen.

Allerdings werden einige Verfahren noch nicht nach den neuen Vorschriften behandelt. Die Verfahren, in denen der Antrag, die Antragsunterlagen sowie die eingereichte Umweltverträglichkeitsstudie im Sinne des § 9 Abs. 1 UVPG öffentlich bekannt gemacht wurden, werden in der Regel nach der Fassung der SeeAnlV weitergeführt, die zum Zeitpunkt der Bekanntgabe galt – § 17 Abs. 1–3 SeeAnlV 2012. Beantragte Vorhaben, die keiner formellen Umweltverträglichkeitsprüfung bedürfen, beispielsweise die Stromableitungssysteme des Übertragungsnetzbetreibers, werden nach dem zum Zeitpunkt des Eingangs eines ordnungsgemäßen Antrags weitergeführt (§ 17 Abs. 4 SeeAnlV). Diese Regelungen sind als Ausprägung des Vertrauensschutzgedankens zu verstehen, auf dessen Wirkungen auch verzichtet werden kann. In letzterem Fall können Vorhabensträger für Windparks oder Stromtransportsysteme auf Antrag in das Planfeststellungsverfahren wechseln – § 17 Abs. 5 SeeAnlV – und sich damit möglicherweise eine erhöhte Rechtssicherheit erarbeiten, indem sie in den Genuss der Konzentrationswirkung gelangen können.

Ein weiteres neues Element der SeeAnlV 2012 ist die neue Konkurrenzregelung des § 3 SeeAnlV. Das dort in Abs. 1 und 2 geregelte qualifizierte Ersuchen im Sinne des § 5 UVPG auf Erteilung eines Untersuchungsrahmens für die Umweltverträglichkeitsstudie vermittelt neue Möglichkeiten. Ein solches Ersuchen – soweit erfolgreich – resultiert zu einem weitaus früheren Zeitpunkt exklusiven Gebietsschutz als die frühere Regelung, bei der – § 5 Abs. 1 Satz 4 SeeAnlV der alten Fassungen seit 2002 – das Rennen auf der Fläche mindestens bis zum Erörterungstermin stattfinden konnte. Erstmalig kann das BSH auf Grundlage dieses Ersuchens spätere Anträge oder Ersuchen für gleiche Flächen – nach Anhörung der Beteiligten – solange zurückstellen, wie der erste Ersuchende seine Zeit- und Maßnahmenpläne einhält. Die Zurückstellung kann nach Abs. 3 auch auf der Grundlage eines ordnungsgemäßen Planfeststellungsantrages gemäß § 4 Abs. 1 SeeAnlV erfolgen.

Bezüglich des Ersuchens wird sicherlich die Voraussetzung der Vorlage eines „nachvollziehbaren“ Zeit- und Maßnahmenplans „bis zur Inbetriebnahme“ der Anlage einen zentralen Punkt für kritische Auseinandersetzungen darstellen, da dies nach den bisherigen Erfahrungen zum Zeitpunkt der Beantragung eines Untersuchungsrahmens noch niemandem gelungen ist. Damit intendiert der Vorschriftengeber ersichtlich eine Erhöhung der Anforderung im Hinblick auf die Realisierungsabsicht und die hierfür notwendige Konkretisierung.

Da der hiermit verbundene Einschnitt gravierend sein dürfte, regelt die Übergangsvorschrift ausdrücklich, dass mit der Neuregelung ausschließlich künftige Anträge und Konstellationen gemeint sind und nicht in bereits bestehende Konkurrenzlagen eingegriffen werden soll; diesbezüglich bleibt es – § 17 Abs. 6 SeeAnlV – für bereits begonnene Rennen auf derselben Fläche bei der alten Rechtslage.

§ 17 Abs. 7 SeeAnlV stellt jedoch klar, dass die dem BSH im Sinne der Verfahrensbeschleunigung und Effektivierung neu eingeräumten Befugnisse der Fristsetzung für die Einreichung von Dokumenten für den Planfeststellungsbeschluss und dessen Vollzug für sämtliche Verfahren gilt – neue wie alte oder bereits genehmigte. Es soll niemand Vertrauensschutz genießen dürfen, der Vorhaben nicht in angemessener Weise zur Realisierung bringt – auch hier werden investorenseitig vorzulegende Zeit- und Maßnahmenpläne eine sehr wichtige Rolle spielen.

In diesem Zusammenhang stellt derzeit die Netzinfrastruktur die größte Unsicherheit für alle Beteiligten dar. Jegliche Versuche, die in großer Zahl vorhandenen Genehmigungsinhaber für Offshore-Windparks zur eiligen Realisierung zu motivieren, verpufften, da die mit dem Ende 2006 verkündeten Energiewirtschaftsgesetz (EnWG) verbundene Sicherheit des Erhalts eines Netzanschlusses durch einen zentralen Übertragungsnetzbetreiber (ÜNB) bei Installation des Windparks nicht nachhaltig gewährleistet werden konnte. In vielen Verfahren hätte insofern ein verbindlicher Zeitplan des Windparkbetreibers wenig Sinn gemacht, da die zeitliche Entwicklung des für ihn zentral bedeutsamen Netzanschlusses außerhalb seiner Einfluss- und Rechtssphäre lag und liegt und ihm ein Verfehlen von Meilensteinen nicht zugerechnet werden kann. Das Anziehen von „Daumenschrauben“ mit der Androhung des Erlöschens oder des Entzugs der Baugenehmigung – respektive des Zurückweisens des Planfeststellungsantrages – ist nur dann sinnvoll, wenn das Thema des Netzanschlusses berechenbar gelöst ist.

Da die bis Mitte 2011 bestehende Gesetzeslage nach § 17 Abs. 2a EnWG mit dem Grundsatz des Einzelanschlusses nur sehr bedingt funktionierte und im Sinne eines systematischen Stromnetzes zu suboptimalen Ergebnissen führte, ergänzte der Gesetzgeber die besagte Norm um weitere Sätze, die die Entwicklung und Herausgabe eines Offshore-Stromnetzplanes für die AWZ vorsieht, nach dem sich der weitere Ausbau des Offshore-Netzes richten soll. Das Gesetz beauftragt hiermit das BSH.

Damit dieses von allen Beteiligten geforderte neue Instrument nicht von rechtlich nicht schützenswerten Einzelinteressen behindert wird, hat der Verordnungsgeber der SeeAnlV eine hierfür komplementäre Regelung geschaffen. Die am 15.06.2012 auf der Grundlage des § 10 SeeAnlV (2012) in Kraft getretene Veränderungssperre sichert Seeflächen in der AWZ davor, dass auf ihnen entgegenstehende Anlagen beantragt werden und gegenüber den Netzinfrastrukturvorhaben Rechtsansprüche auf der Grundlage der Argumentation des Vertrauensschutzes geltend gemacht werden. Das heißt, dass das Netz – immerhin das öffentliche Verteilungsnetz – Vorrang vor Einzelvorhaben haben soll.

Damit dieser Vorrang verfassungsrechtlich einwandfrei durchgesetzt werden kann, regelt die Übergangsvorschrift des § 17 Abs. 8 der SeeAnlV (2012), dass die Veränderungssperre keine Flächen erfassen darf, die als Standorte für Windenergieanlagen bereits Vertrauensschutz genießen. Das bedeutet, dass bereits genehmigte Standorte ebenso wenig von der Sperre erfasst werden dürfen, wie durch öffentliche Bekanntmachung des Antrags nach § 2 SeeAnlV in der bis zum 30. Januar 2012 geltenden Fassung planungsrechtlich verfestigte Lokationen.

Die 2012 erfolgte Änderung der SeeAnlV hat eine Reihe von Veröffentlichungen nach sich gezogen[99]. Diese sollen hier nicht besprochen werden.

Dass mit der Änderung der Rechtsgrundlage in zentralen Bestandteilen und einem Erweitern der Handlungsmöglichkeiten der Behörde anfangs Unsicherheiten verbunden sind – nicht zuletzt für die Genehmigungsbehörde selbst – ist systemimmanent; eine Fortführung einer berechenbaren und situationsangemessenen Auslegung der Tatbestandsmerkmale durch das BSH wird wie bisher erfolgen, um die gesetzlich vorgegebenen Ziele bestmöglich zu verwirklichen[100].

3.1.2 Genehmigungsverfahren (Antragsunterlagen, Beteiligungsrunden)

Die Gestaltung des bis zur Neuregelung 2012 nichtförmlichen Genehmigungsverfahrens sollte sowohl § 10 Satz 2 VwVfG entsprechen – *„Das Verfahren ist einfach, zweckmäßig und zügig durchzuführen“* – als auch dem Umstand Rechnung tragen, dass sowohl die Technologie, als auch angemessene Verfahrensschritte noch auf keinerlei Erfahrungshintergrund im Offshore-Bereich zurückgreifen konnten, so dass der mit dem Verfahren zu gestaltende Prozess für alle beteiligten Neuland darstellte. Weil Neuartigkeiten gewöhnlich auch Skepsis und Befürchtungen erzeugen, mussten die Schritte behutsam und aufeinander abgestimmt konzipiert werden, um den Prozess möglichst berechenbar und transparent darzustellen.

Die Vorgaben aus der SeeAnlV (97) waren in § 5 glücklicherweise recht offen für Gestaltungsprozesse. Vorgegeben war die Schriftlichkeit des Antrags (Abs. 1 Satz 1), einige Anforderungen an die Art der beizufügenden Unterlagen bezüglich der technischen Darstellung des geplanten Vorhabens für Errichtung und Betrieb (Abs. 1 Satz 2) sowie die im Ergebnis prozedurale Vorgabe des Abs. 3, bei der Genehmigung die Stellungnahmen der Behörden und sonstigen Stellen, deren Aufgabenbereich durch das Vorhaben berührt wird, zu berücksichtigen, was die vorherige Einholung der entsprechenden Stellungnahmen implizierte.

Ferner musste nach § 6 SeeAnlV (97) unter dem Gesichtspunkt des Tatbestandsmerkmals der Beeinträchtigung des (See-)Verkehrs vor einer Genehmigung die Zustimmung der örtlich

99 U.a.: Büllesfeld, D., Koch, N., Stackelberg, Felix v., 2012: Das neue Zulassungsregime für Offshore-Windenergieanlagen in der ausschließlichen Wirtschaftszone (AWZ). In: Zeitschrift für Umweltrecht (ZUR) 2012, S. 274–281, Spieth, W. F. und M. Uibeleisen, 2012: Neues Genehmigungsregime für Offshore-Windparks. Neue Zeitschrift für Verwaltungsrecht (NVwZ) 2012, Heft 6, 321ff.

100 Zum Stand der Offshore-Windparks in Nord- und Ostsee siehe: http://www.bsh.de/de/Meeresnutzung/Wirtschaft/CONTIS-Informationssystem/ContisKarten/NordseeOffshoreWindparksPilotgebiete.pdf (für die Nordsee), http://www.bsh.de/de/Meeresnutzung/Wirtschaft/CONTIS-Informationssystem/ContisKarten/OstseeOffshoreWindparks Pilotgebiete.pdf (für die Ostsee).

zuständigen Wasser- und Schifffahrtsdirektion (WSD) vorliegen. Letzteres ist bis heute inhaltlich unverändert, auch wenn dies ab 2012 in der aktuellen Fassung der SeeAnlV in § 8 als Einvernehmensregelung gefasst ist. Die örtliche Zuständigkeit der WSDen lässt sich wie folgt beschreiben: Die WSD Nordwest in Aurich ist in der AWZ für den Bereich vor den ostfriesischen Inseln mit dem hoch frequentierten küstennäheren Verkehrstrennungsgebiet (VTG) Terschelling German Bight von der deutsch-niederländischen Abgrenzung der AWZ bis einschließlich der Tiefwasserreede Elbe verantwortlich. Die Zuständigkeit der WSD Nord in Kiel umfasst den Bereich des küstenferneren VTG German Bight Western Approach (den sogen. Tiefwasser- oder auch Gefahrgutweg) sowie der weiteren Seeflächen der AWZ der Nord- und Ostsee der deutschen AWZ.

Die dem Antrag beizufügenden Unterlagen müssen Art und Umfang des beantragten Vorhabens so konkret erläutern, dass der Antrag prüffähig ist. § 5 Abs. 1 SeeAnlV (97) verlangte die *„Darstellung der Anlage und ihres Betriebes einschließlich Sicherheits- und Vorsorgemaßnahmen“*. Letztere finden sich auch im neuen § 4 Abs. 1 SeeAnlV (2012) zum Planfeststellungsverfahren wieder. Hier kommt nun ein vorzulegender Zeit- und Maßnahmenplan hinzu, der der Beschleunigung des Verfahrens dienen soll, worauf später noch eingegangen wird.

Grundsätzlich hat das BSH diese Vorgaben immer so ausgelegt, dass dem technologischen Neuland des Verfahrensgegenstandes sowie dessen fortlaufender Entwicklung ebenso Rechnung getragen wurde, wie den Anforderungen der Träger öffentlicher Belange und der zu beteiligenden Stellen.

Anders ausgedrückt: Hätte das BSH vollständig zertifizierte und bauordnungsrechtlich durchgeprüfte Bauwerksunterlagen verlangt, hätte ein Genehmigungsprozess erst vor circa drei Jahren beginnen können und es wären nicht bereits 29 Genehmigungen zu erteilen gewesen. Insofern wurde die Anforderung, eine gutachtlich bestätigte Unterlage einzureichen, dass die beantragte Anlage den anerkannten Regeln der Technik entspricht – so § 5 Abs. 2 SeeAnlV (97) – nicht gestellt.

Das BSH hat dieses in der Vorschrift vorgesehene Verlangen nie geltend gemacht, weil es diese anerkannten Regeln erkennbar noch nicht gab und in großen Bereichen der Maschinen- und Gründungstechnik nach wie vor hieran ein Mangel besteht. Um die technische Innovation in diesem Bereich zu ermöglichen und nicht zu stoppen, wurden an derartige Dokumente nicht allzu strenge Maßstäbe angelegt; die technische Konkretisierung der Anlage wurde dem nachfolgenden Genehmigungsvollzug vorbehalten, ohne allerdings möglicherweise betroffene Belange dabei bereits aus dem Blick zu verlieren. An diesen Stellen wurde mit objektivierbaren Begrenzungen (Höhe der Anlage) oder „worst-case-Annahmen“ (maximaler Umfang der Versiegelung der Grundfläche) gearbeitet. In § 4 Abs. 1 SeeAnV (2012) ist nun „nur noch“ vom Stand der Technik die Rede, wobei ein solcher nach der Errichtung des Testfeldvorhabens *„alpha ventus“* darstellbar sein sollte.

Die im Rahmen dieser Praxis herausgebildeten Maßstäbe an Art und Umfang der für die Verfahrenseinleitung erforderlichen Antragsunterlagen bildet mittlerweile § 3 Abs. 2 SeeAnlV (2012) ziemlich gut ab:

1. „Ausführliche Beschreibung des Vorhabens“ bedeutet den Zweck – in den planfeststellungspflichtigen Vorhaben entweder die Erzeugung von Energie oder die Ableitung der erzeugten Energie –, die Darstellung der Anlagen einschließlich der Gründungskonstruk-

tion, deren Anzahl und deren Abstände untereinander sowie insbesondere die präzise Angabe der beplanten Örtlichkeit in der AWZ mit Darstellung der peripheren Anlagenkoordinaten.

2. Auch eine „umfassende Darstellung möglicher Auswirkungen auf die berührten öffentlichen Belange" gehörte bisher schon immer zu den Anforderungen; hier muss der Antragsteller vorerkunden und darstellen, welche möglichen Konflikte mit dem Vorhaben an der beantragten Lokation entstehen könnten und wie er damit im Verfahren umzugehen gedenkt.
3. Das „Konzept zur Ermittlung und Bewertung der Auswirkungen" im Sinne des § 3 Abs. 2 SeeAnlV (2012) bezieht sich auf den vorstehenden Abs. 1, der sich wiederum auf das UVPG bezieht. Gemeint ist hier die Darlegung der ökologischen Schutzgüter an der beantragten Lokation mit einem Vorschlag für die Durchführung der für Windparks nahezu obligatorischen Umweltverträglichkeitsprüfung. Unter der Bearbeitung des Tatbestandsmerkmals der „Gefährdung der Meeresumwelt" war dies auch bisher materiell bereits Gegenstand des Anforderungskatalogs.

3.1.2.1 Beteiligungsrunden

Unter Versendung der eingereichten Unterlagen, soweit diese als diskussions- und dem Grunde nach als prüffähig angesehen wurden, leitete das BSH das Verfahren – zumeist – mittels einer ersten Beteiligungsrunde ein. Dieser Schritt ist formal nicht vorgeschrieben und dient insbesondere dazu, bereits auf dieser Grundlage erkennbare Versagungsgründe einer weitergehenden Diskussion zuzuführen, um den Antrag zu ändern, zu ergänzen und zu verbessern oder die Möglichkeit zu geben, diesen nicht weiter zu verfolgen. Zu diesem Zweck erfolgt die Versendung in der Regel an die zuständige WSD – als Zustimmungs- bzw. Einvernehmensbehörde –, die oberste Luftfahrtbehörde im BMVBS, das Bundesamt für Naturschutz (BfN), das Umweltbundesamt (UBA), das von Johann Heinrich von Thünen-Institut für Seefischerei (vTI), die Wehrbereichsverwaltung, das jeweils zuständige Bergamt sowie an eine koordinierende Stelle in jedem der drei Flächenküstenbundesländer. Da diese Verfahrenshandlung nicht gesetzlich vorgegeben ist, war sie gelegentlich Gegenstand von Diskussionen über mögliche Einsparpotenziale in zeitlicher Hinsicht. Klargestellt sei, dass dieser Schritt disponibel ist und nur dann gegangen wird, soweit er sich als in der Sache nützlich zu sein verspricht. Als die Verfahren Anfang des Jahrhunderts begannen, waren die Antragsteller in aller Regel sehr froh, dass diese Vorabprüfung der Verantwortlichen für die zentralen öffentlichen Belange auf See getätigt wurde, weil auch die Antragsteller in diesen Bereichen Neuland betraten und den damit begonnenen iterativen Prozess sehr schätzten. Eine ähnliche Konstellation finden wir auch in den Bereichen vor, in denen in sehr weiter Küstenentfernung noch nicht allzu gefestigte Erkenntnisgrundlagen über ökologische Gegebenheiten sowie die dortigen Seeverkehre und grundsätzliche morphologische und ozeanographische Umweltbedingungen vorliegen, so dass – jedenfalls erst für im nächsten Jahrzehnt zur Verwirklichung anstehende Vorhaben – ebenfalls ein Interesse an einem behutsamen Verfahrensfortgang besteht. Wenn und soweit jedoch die örtlichen Um- und Zustände für ein beantragtes Gebiet durch bereits bearbeitete Nachbarverfahren ausreichend bekannt erscheinen, oder sich das Vorhaben in einem bereits raumordnungsrechtlich ausgewiesenen Vorranggebiet für Windenergie befindet, wird auf diesen Verfahrensschritt verzichtet werden.

In diesen Konstellationen wird mit dem Antrag und den eingereichten Antragsunterlagen sogleich der Verfahrensschritt eingeleitet, der in der Verwaltungspraxis als zweite Beteiligungsrunde mit Antragskonferenz bezeichnet wird. Zu diesem Zweck werden die Unterlagen den zu beteiligenden Stellen zur Stellungnahme innerhalb einer bestimmten Frist übersandt und damit einhergehend oder mit gesonderter Nachricht zu einer Antragskonferenz eingeladen.

Der Begriff der „sonstigen Stellen" i.S.d. § 5 Abs. 3 SeeAnlV (97) war dabei im Sinne größtmöglicher Transparenz extensiv ausgelegt worden, so dass alle Stellen, Verbände, Vereinigungen etc., die einen Bezug zu Offshore-Belangen herzustellen vermochten, in den Verteiler aufgenommen worden sind; abgelehnt wurde eine Beteiligungsabsicht lediglich in einem Fall: dem eines Jägerverbandes. Dies dürfte sich künftig deswegen partiell ändern, weil die durch das BNatSchG 2010 vorgeschriebene Beteiligung nach dem dortigen § 63 Abs. 1 auf die anerkannten Vereinigungen beschränkt ist, so dass nicht mehr alle Verbände Antragsunterlagen erhalten werden, die sich in nachvollziehbarer Weise beim BSH um Beteiligung bemüht haben. Dies wird jedoch dadurch abgemildert, dass das BSH auch bisher bereits in dieser Phase des Verfahrens eine Öffentlichkeitsbeteiligung mittels Auslegung der Antragsunterlagen bei der Genehmigungsbehörde nach öffentlicher Bekanntmachung in zwei überregionalen Tageszeitungen sowie dem Amtsblatt des BSH „NACHRICHTEN FÜR SEEFAHRER (NFS)" durchführt. Dies ist bisher gesetzlich nicht gefordert, wurde aber in allen Verfahren seit dem Jahr 2000 im Einvernehmen mit den Antragstellern so praktiziert, um frühzeitig Transparenz herzustellen.

Dies hat im übrigen Implikationen für die unter dem Gesichtspunkt möglicher grenzüberschreitender Auswirkungen auf die Umwelt eventuell erforderliche Notifikationen gegenüber Anrainerstaaten nach den Regeln des Espoo-Übereinkommens[101] sowie §§ 8 und 9a UVPG[102], da die ausländische Öffentlichkeit in dem Zeitpunkt über ein Vorhaben informiert werden muss, wenn die inländische Öffentlichkeit hierüber informiert wird. Nach den bisherigen Erfahrungen wird allerdings eine so frühzeitige Information der Anrainer dort durchaus geschätzt, da dies die Berechenbarkeit der grenzüberschreitenden Verfahren und Prozesse erhöht und geeignet ist, störende Einflüsse „zur Unzeit" zu vermeiden. Die deutsche Administration würde schließlich auch gerne frühzeitig wissen, wie sie darauf reagieren soll, wenn der Nachbarstaat ein Kraftwerk nahe der Staatsgrenze plant. Auch dies wird derzeit in der Praxis umgesetzt – insbesondere in den Verfahren in der räumlich beengteren Ostsee – und stellt desto weniger ein Problem dar, je öfter dieser Prozess abläuft und die beteiligten ausländischen Stellen sich darauf einstellen können. Hierbei hat es sich bewährt, dass die Vertragsstaaten des Espoo-Übereinkommens jeweils einen nationalen Ansprechpartner als Kontaktpunkt benannt haben, der nach den bisherigen Erfahrungen die erforderlichen Informationen sehr gut in die eigene Administration hineingibt.

Spätestens nach Eingang und Auswertung der Stellungnahmen wird sodann eine Antragskonferenz anberaumt. Diese hat mindestens zwei rechtlich geforderte Zwecke. Zum einen sollte damit dem vormals in einem früheren § 71 e VwVfG (in der bis zum 18.02.2008 geltenden

101 Gesetz zu dem Übereinkommen vom 25. Februar 1991 über die Umweltverträglichkeitsprüfung im grenzüberschreitenden Rahmen sowie zu der auf der zweiten Konferenz der Parteien in Sofia am 27. Februar 2001 beschlossenen Änderung des Übereinkommens, Espoo-Vertragsgesetz vom 7. Juni 2002, BGBl. II S. 1406, BGBl. II 2003, S. 715.

102 Gesetz über die Umweltverträglichkeitsprüfung in der Fassung der Bekanntmachung vom 24. Februar 2010 (BGBl. I S. 94), zuletzt geändert durch Art. 5 Abs. 15 des Gesetzes vom 24. Februar 2012 (BGBl. I S. 212).

Fassung) formulierten Postulat nachgekommen werden, die in einem Sternverfahren zusammengekommenen Stellungnahmen zu einem sehr frühen Zeitpunkt mit Antragsteller und beteiligten Stellen zu besprechen, um frühzeitig Klarheit über Anforderungen und Beschleunigungspotenziale für das Verfahren erlangen und identifizieren zu können. Zum anderen dient der Termin dem „Scoping" im Sinne des § 5 UVPG, indem dort der antragstellerseitige Vorschlag – heute: „Ersuchen" – für die Durchführung der Umweltverträglichkeitsuntersuchung besprochen werden soll, um im Nachgang hierzu den voraussichtlichen Untersuchungsrahmen festzulegen.

Die nachfolgende Abstimmung der Niederschrift über die Antragskonferenz gewährleistet eine gute Nachvollziehbarkeit des Prozesses sowie der im Verfahren besprochenen Themen. Das Ersuchen im Sinne des neuen § 3 SeeAnlV mit seinen prozeduralen Konsequenzen kann hier noch nicht beschrieben werden; wie hiermit umgegangen wird, ist noch nicht festgelegt. Naheliegend wäre ein weiterer Schritt mit einem Termin zur Abklärung der mit § 3 SeeAnlV (2012) intendierten Gebietsexklusivität, da eine Zurückstellung eines Begehrens eines Konkurrenten nur nach Anhörung aller Beteiligter zulässig ist.

Für den nächsten prozeduralen Schritt – die dritte Beteiligungsrunde – reicht der Antragsteller eine Umweltverträglichkeitsstudie nebst einer obligatorischen Risikoanalyse über die Eintrittswahrscheinlichkeit einer Kollision zwischen Schiffen und Bauwerken ein. Dem ist eine aktualisierte Fassung des Antrags sowie der Antragsunterlagen mit der sich zumeist weiter konkretisierten Darstellung des Vorhabens vorangestellt, um den Anforderungen des § 6 Abs. 3 Nr. 1 UVPG zu genügen.

Weitere obligatorische Bestandteile sind eine allgemein verständliche, nichttechnische Zusammenfassung i.S.d. § 6 Abs. 3 Satz 2 UVPG sowie gesonderte Abschnitte zum Gebiets- und – bereits vor dem Inkrafttreten des BNatSchG 2010 – Artenschutz im Sinne der Flora-Fauna-Habitat-Richtlinie. Seit einigen Jahren besteht die Anforderung, die Dokumente einer Baugrundvoruntersuchung für die erste bauordnungsrechtliche Freigabe nach dem Standard Konstruktion des BSH in diesem Verfahrensstadium ebenfalls zum Gegenstand insbesondere der UVS zu machen, um hiermit relevante Untersuchungen aus dem konkret beplanten Raum für die Studie und die Prüfung der Schutzgüter „Boden/Benthos"[103] nutzbar zu machen. Insgesamt werden damit die Anforderungen weiter erhöht. Hiermit wird auch der Grad der Konkretisierung des Vorhabens dahingehend erhöht, als noch besser abgeschätzt werden kann, welche Auswirkungen das zukünftige Projekt haben wird. Somit bleibt im Genehmigungsverfahren sichergestellt, dass kein auswirkungsrelevanter Umstand dem nachgelagerten Vollzugsverfahren allein überlassen bleibt.

Diese Unterlagen werden nach öffentlicher Bekanntmachung, wie oben beschrieben, an die Träger öffentlicher Belange mit der Bitte um Stellungnahme versandt. Ferner wird der Antrag nebst den Unterlagen, wie dargelegt, öffentlich bekannt gemacht – nach § 4 Abs. 2 SeeAnlV(2012) an diesem Punkt zusätzlich auch im Verkehrsblatt – und bei der Genehmigungsbehörde bzw. Planfeststellungsbehörde für einen Monat ausgelegt. Die Frist für die Abgabe behördlicher Stellungnahmen darf drei Monate nicht überschreiten; Einwendungen privater Personen einschließlich der Umwelt- und Naturschutzverbände sind innerhalb von zwei Wochen nach Ende der Auslegungsfrist bei der Planfeststellungsbehörde einzureichen.

103 Auf oder im Meeresboden lebende Tiere.

Der Erörterungstermin wird dann zukünftig im formalisierten Verfahren entsprechend § 73 Abs. 6 VwVfG organisiert und durchgeführt.

Soweit das BSH zu der Überzeugung gelangt, dass das Vorhaben genehmigungsfähig sein könnte, fertigt es einen Entscheidungsentwurf, der dann der zuständigen WSD – wie oben bereits ausgeführt – zur Zustimmung, bzw. zur Erklärung des Einvernehmens, vorgelegt wird. Daneben ergeht die Anfrage an die oberste Luftfahrtbehörde, ob das Vorhaben mit den entworfenen Nebenbestimmungen die Sicherheit des Flugverkehrs nicht wesentlich beeinträchtigt.

Die zu treffende Entscheidung – je nach anzuwendender Fassung der SeeAnlV Genehmigung/Versagung oder Planfeststellungsbeschluss/Ablehnung – wird dem Antragsteller zugestellt sowie entsprechend § 9 Abs. 2 UVPG iVm. § 74 Abs. 4 und 5 VwVfG öffentlich ausgelegt. Dies wird in besagter Weise öffentlich bekannt gemacht.

Auch im Hinblick auf die Dinglichkeit der Zulassung ist vom BSH immer sehr nachdrücklich auf die Pflichten der verantwortlichen Personen gemäß § 14 SeeAnlV (heute § 15) SeeAnlV sowie auf die dokumentierte Bestellung bzw. Delegation der Verantwortlichkeit hingewiesen worden. Entsprechende Vorschriften sind in einer eigenen detaillierten Nebenbestimmung geregelt.

3.1.2.2 Standards und ihre Implementierung

Die effiziente Durchführung von Verfahrensschritten und die Erreichung einer effektiven Bearbeitung von Dokumenten für Ersteller und Prüfer hängt nach den bisher gemachten Erfahrungen entscheidend davon ab, dass gleichförmige Prozeduren mit allgemein bekannten Entscheidungskriterien und Parametern verwendet werden. Genau dies fehlte jedoch zu Beginn der Verfahren durchgängig. Zwar kannte man aus den Verfahren an Land bereits Schemata zur Durchführung von Umweltverträglichkeitsprüfungen; ferner wurde der Eindruck vermittelt, dass man für technische Fragestellungen auf Regelwerke über Onshore-Windenergieanlagen und für Themen aus dem Offshore-Bereich auf die Erfahrungen des Öl- und Gassektors würde zurückgreifen können.

Es stellte sich nun bei der Entwicklung der Fragestellungen, was überhaupt eine „Gefährdung der Meeresumwelt“ darstellen könnte und welche Dokumente für die Darlegung der „technischen Merkmale der Anlage“ (§ 5 Abs. 2 SeeAnlV, alt) notwendig sein könnten, nach und nach heraus, dass die bekannten Checklisten und Prüfungsparameter nicht den Kern des Projektes „Offshore-Windpark“ trafen.

Das BSH hat daher immer erklärt, dass es gern bereit ist, an Standards zu arbeiten, soweit anderweitige spezifische Regelwerke nicht zur Verfügung stehen, bzw. wegen spezieller Offshore-Aspekte nicht analog angewendet werden können. Daraus hat sich eine Kultur von „BSH-Standards“ entwickelt. Sowohl für die Umweltverträglichkeit, als auch für die Baugrunderkundung und die konstruktive Ausführung von Offshore-Windenergieanlagen sind mittlerweile Standards vom BSH herausgegeben worden[104]. Alle Standards folgen demselben System, das auf der Entstehungsgeschichte des ersten Standards beruht.

[104] http://www.bsh.de/de/Produkte/Buecher/Standard/index.jsp.

Historisch waren die ökologischen Fragestellungen diejenigen, die zuerst zu klären waren. Schließlich war technisch noch nicht geklärt, welche Windenergieanlagen auf welchen Fundamenten zur Ausführung kommen sollten. Allerdings strebten die Antrag stellenden Gesellschaften gleichwohl den Erhalt einer Genehmigung an. Hierfür war und ist jedoch eine Umweltverträglichkeitsstudie nebst amtlicher Umweltverträglichkeitsprüfung obligatorisch zu durchlaufen. Insofern waren Prüfprogramme und Parameter für diese gutachtlichen Ausarbeitungen der Umweltverträglichkeitsstudien kritisch. Demzufolge waren die ersten Antragskonferenzen/Scoping-Termine sehr zeitintensiv, weil man sich über bis dahin nicht allgemein reglementierte Details auseinandersetzte. Auch nach elf Stunden war man sich nicht ganz einig über die Fragen, wie man Zugvögel auf See zählt und ob man nach 100 oder 900 Metern Messstreifen (Transekte) mit dem Schiff fahren darf, um dabei die Zugvögel oder Schweinswale zu zählen. Aus dieser Konstellation heraus bildeten sich zwei unterschiedliche Gruppen, die dasselbe Ziel hatten: ein harmonisiertes Programm. Das BSH erhielt von der Existenz der jeweils heterogen besetzten Gruppen Kenntnis und integrierte beide Strömungen, in denen Behörden ebenso wie wissenschaftliche Institutionen und Umweltbüros in unterschiedlicher Gewichtung vertreten waren. Resultat einer „Integrationssitzung" im BSH war die Bildung von schutzgutspezifischen Arbeitsgruppen, die jeweils einen zu prüfenden Aspekt – Rastvögel/Zugvögel, Boden/Benthos, Fische, marine Säuger – zu bearbeiten hatten, in denen beide Gruppen unter der Moderation des BSH mitarbeiteten.

Ergebnis der Aktivitäten war das Standarduntersuchungskonzept (StUK) des BSH, auf dessen Grundlage nunmehr von der Struktur her vergleichbare Umweltverträglichkeitsstudien effizient und vorhersehbar angefertigt und entschieden werden können.

Von zentraler Bedeutung der Entstehung eines solchen Standards ist neben dem allgemeinen Bedürfnis ein Prozess der Einbeziehung wichtiger Spezialisten aus verschiedenen Bereichen. Essenziell ist die Zusammenführung der Bedürfnisse der Lehre (Universitäten), der Wirtschaft mit den privatrechtlich agierenden Büros („Consulter") sowie der behördlichen Vertreter. Die Fachkreise müssen jeweils mit so vielen kompetenten Fachleuten besetzt sein, dass mit der Herausgabe des Standards eine Fachkonvention verbunden ist, die zunächst die Vermutung der Richtigkeit in sich trägt. Dies ist bisher stets gelungen.

Nicht immer und nicht zeitlich von Beginn an müssen Vertreter der Antragsteller oder Investoren dabei sein, deren Interesse bei naturwissenschaftlich-technischen Fragestellungen häufig zu der Diskussion führt, welche Methode wirtschaftlich die günstigste sein könnte. Wichtig ist allemal ein erstes fachlich geprägtes Konzentrat, das bereits zu einem frühen Zeitpunkt Grundstrukturen herausarbeitet, die technisch sowie ökonomisch verwertbar sein können. Derartige Konzepte müssen permanent auf ihre generelle Aussagekraft geprüft werden, um Akzeptanz zu bekommen und zu erhalten; insofern ist eine einzelfallorientierte Anpassung oder sogar eine allgemeine Fortschreibung bei Bekanntwerden neuer Erkenntnisse durchzuführen.

Daher enthalten auch alle drei vom BSH herausgegebenen Standards die Klausel, dass Abweichungsanträge von den Regelvorgaben auf Antrag möglich sind und durchgeführt werden dürfen, soweit dies gegenüber dem BSH gutachtlich nachvollziehbar und plausibel begründet wird. Die Regelvorgaben oder Mindestanforderungen der Standards mussten bei ihrer Entstehung von einem jeweils sehr geringen Erfahrungswissen ausgehen. Dies galt gleichermaßen für die ökologischen Untersuchungen wie auch für die Fragen zur Baugrunderkundung, da es nur sehr wenige auf Offshore-Windparks übertragbare Kenntnisse gab. Deswegen wurden die Vorgaben aus Vorsorge zunächst sehr anspruchsvoll festgelegt. Häufig ist es in einem späteren Stadium im Einzelfall – in einem bereits mehrfach gut erkundeten Bereich – wenig sinnvoll, ähnliche Untersuchungen mit mutmaßlich gleichem Ergebnis durchführen zu lassen, weil es nun mal vom Standard gefordert wird. Beispielsweise sieht der Standard Baugrunderkundung für den Vorentwurf vor, dass in der Regel zehn Prozent der Standorte erkundet werden müssen. Bei einem Vorhaben mit 80 WEA würde dies acht Erkundungen erfordern. Wenn der Unternehmer jedoch nachweist, dass ganz in der Nähe vorhandene Baugrundaufschlüsse für das beantragte Planungsgebiet herangezogen werden können oder bei homogen aufgebauten Meeresböden eine geringere Anzahl an Aufschlüssen für die repräsentative Beschreibung der Baugrundverhältnisse erforderlich ist, kann einer entsprechend beantragten Abweichung zugestimmt werden.

Mit dem Standard „Konstruktion“ wurde auch ein prozessorientiertes Ablaufschema erarbeitet. Anlage 2 des Standards unterscheidet modellhaft drei Phasen vor Baubeginn, an deren Ende jeweils auf der Grundlage der bauherrenseitig eingereichten Unterlagen eine behördliche Freigabe steht.

Die erste Phase umfasst die Entwicklungsphase, welche die Erstellung der Design Basis (Entwurfsgrundlage) sowie einen Vorentwurf beinhaltet. Für die Design Basis müssen die vor Ort herrschenden Umweltbedingungen (insbesondere Wind, Wassertiefe, Strömung, Seegang, Baugrund) analysiert, erfasst und deren auf das zu errichtende Bauwerk einwirkende Lasten beschrieben werden. Ferner ist das Normenwerk für den Entwurf der Anlagen festzulegen. Auf dieser Grundlage sowie konstruktiver Vorgaben (Turbine usw.) ist der für die zu errichtende Anlage erforderliche Vorentwurf auszuarbeiten. Dabei ist es noch nicht zwingend erforderlich, bereits das endgültige Bauwerk der Gründung und der Turbine abschließend zu bestimmen. Mit diesem Schritt soll insofern nur die prinzipielle Durchführbarkeit des Bauplans für eine Offshore-WEA oder eine Umspannplattform im geplanten Seegebiet nachgewiesen werden. Eine Ausnahme macht hier die Schwergewichtsgründung (Flachgründung) – Schwergewichtsgründungen führen im Gegensatz zu Pfahlgründungen die einwirkenden Lasten (Kräfte) über die Fläche in den Boden ab. Aus diesem Grund ist für eine belastbare Bewertung ihrer Umweltverträglichkeit die Kenntnis des Baugrundaufbaus an jeden Anlagenstandort sowie ein über den Vorentwurf hinausgehender Konstruktionsentwurf („Vorstufe eines Basic Designs“) erforderlich, um sicherzustellen, in welchem Umfang nicht ausreichend tragfähige Schichten vor der Installation entfernt werden müssen und welchen Flächenumgriff das Fundament beinhaltet. Dies unterscheidet Schwergewichtsfundamente wesentlich von Pfahlgründungen, bei denen eine repräsentative Baugrunderkundung für diesen Zweck ausreichend ist und deren endgültige Pfahllängen erst für die 2. Freigabe bemessen werden müssen.

In der Regel sollten die Dokumente zur 1. Freigabe auch bereits die Kollisionsanalyse enthalten, um in dieser Phase bereits konstruktiv auf Befunde der Anprallsituation mit dem „Bemessungsschiff“ reagieren zu können.

Ferner sollte zur 1. Freigabe auch ein Konzept der gutachtlichen Untersuchung eines in Deutschland bisher nicht zugelassenen Baustoffes und seiner konkreten Verwendung zum Erhalt einer Zustimmung im Einzelfall (ZiE) eingereicht werden. Letzteres betrifft derzeit häufig die Verwendung eines Spezialmörtels (*„Grout“*), der Gründungspfähle mit dem darüber und darauf zu installierenden Turm und der Gründungskonstruktion verbindet. Hintergrund ist hier, dass die im Offshore-Bereich in Großbritannien oder Norwegen verwendeten Baustoffe oder Bauverfahren in Deutschland über keine Zulassung verfügen. Darüber hinaus variieren Art und Menge des Materials je nach konkreter Konstruktion sehr stark. Für diese Verwendungen benötigt man eine ZiE des BSH[105], die bis zur 3. Freigabe vorliegen muss.

An dieser Stelle ist auch die hervorragende Zusammenarbeit mit anderen Fachbehörden außerhalb des gesetzlich normierten Rahmens hervorzuheben, insbesondere die BUNDESANSTALT FÜR MATERIALFORSCHUNG UND -PRÜFUNG (BAM) und die BUNDESANSTALT FÜR WASSERBAU (BAW) unterstützen das BSH in schwierigen technischen Allgemein- und Einzelfragen.

Nachdem nun seit wenigen Jahren ein gewisser Erfahrungsschatz für diese Fragestellungen aufgebaut wurde, hat das BSH für noch laufende Verfahren allgemein vorgegeben, dass die Dokumente der 1. Freigabe regelmäßig Bestandteil der Unterlagen für den Erörterungstermin noch während des Genehmigungsverfahrens sind. Damit ist dann auch sichergestellt, dass die Umweltverträglichkeitsstudien sich an einem weiter konkretisierten Bauwerk orientieren und die Auswirkungen auf die Schutzgüter Boden und Benthos auf der Grundlage der Design Basis noch besser abgeschätzt werden können. Damit wird auch dem gelegentlich zu vernehmenden Einwand[106] begegnet, dass allzu viele Konkretisierungen des Bauvorhabens in das nachgelagerte Vollzugsverfahren verschoben werden, in dem keine Umweltverträglichkeitsstudie und keine Öffentlichkeitsbeteiligung durchgeführt wird. Alle wesentlichen Umstände möglicher Beeinträchtigung privater oder öffentlicher Interessen werden im Verfahren vor Erteilung der Genehmigung behandelt.

Die 2. Phase behandelt das „Basic Design“ (grundlegender Entwurf), in dem die Darstellung sowie die konstruktiven Nachweise der Standsicherheit für die konkrete Anlage mit ihrer Gründungskonstruktion (z.B. Pfähle mit Wanddicke und Einbindungstiefe) auf der Basis einer vollständigen Baugrunderkundung an jedem Standort zur 2. Freigabe eingereicht wird.

Die 3. Freigabe behandelt die Nachweise der sicheren Durchführung der Errichtung, wobei hier nur die Prozeduren darzustellen sind, die auf die konstruktiven Eigenschaften der Anlage Einfluss nehmen können (z.B. Transport- und Hebevorgänge ab Abgangshafen).

Für einige spezielle Fragestellungen wie das Phänomen der Zyklik – Verhalten der Tiefgründung während laufender dynamischer Belastung auf See – und der anzuwendenden Normen und ihrer Reihenfolge hat das BSH nach mehrmonatiger Konsultation in einem Fachkreis gesonderte Anwendungshinweise herausgegeben[107], in denen die Anwendung des Eurocode (EC) 7 sowie die neugefasste EA Pfähle[108] verbindlich eingeführt worden ist.

---

[105] Merkblatt: Verfahrenshinweise für die Zustimmung im Einzelfall beim BSH – Groutverbindung, Stand 9. August 2011. http://www.bsh.de/de/Produkte/Buecher/Standard/Groutverbindung.pdf.

[106] Dannecker, M. und Y. Kerth, 2011: Die Verwaltungspraxis des Bundesamtes für Seeschifffahrt und Hydrographie (BSH) bei der Genehmigung von Offshore-Windparks – Stärken, Schwächen, Reformbedarf. Deutsches Verwaltungsblatt (DVBl) 2011, Heft 23, 1460–1466.

[107] http://www.bsh.de/de/Produkte/Buecher/Standard/Anlage1.pdf.

[108] Dt. Gesellschaft f. Geotechnik e.V. (Hrsg.), 2012: EA-Pfähle. Empfehlungen des Arbeitskreises „Pfähle“. 2., wesentlich überarb. u. erw. Auflage, ErnstSohn – A Wiley Company.

Derzeit befinden sich alle drei Standards in einem Evaluierungsprozess. Das Standarduntersuchungskonzept für die ökologischen Fragen, das zuletzt in der 3. Fassung 2007 neu herausgegeben worden war, wird auf der Grundlage der Ergebnisse aus einem Projekt überarbeitet werden. Im Rahmen des Gesamtprojektes RAVE (Research at *alpha ventus*) leitet das BSH das „StUK plus“-Projekt, das sich mit der ökologischen Begleitforschung am ersten deutschen Offshore-Windpark *„alpha ventus“* beschäftigt. Das Projekt wird erst 2014 abgeschlossen; die jeweiligen Facharbeitskreise der einzelnen Schutzgüter werden jedoch bereits jetzt einberufen, um die gewonnenen Erkenntnisse schnellstmöglich in den neuen Standard einzubringen.

Die Standards Baugrunderkundung und Konstruktion befinden sich seit Januar 2012 ebenfalls in einer Evaluation; in diesen Bereichen besteht nach Auskunft der Vertreter aus der Wirtschaft der dringende Bedarf nach erweiterter Standardisierung. Gerade auch im Hinblick auf die Umspannplattformen des Windparks sowie die Konverterstationen der Übertragungsnetzbetreiber bestehen entgegen erster Annahmen von Seiten der Industrie viel zu wenig Standardinhalte und Mindestanforderungen. Das BSH hat sich bereit erklärt, den Gesamtprozess zu moderieren und ggf. hier einen eigenen Standard für diese Plattformen herauszugeben. Auch hier sind im Januar 2012 eine ganze Reihe von Unterarbeitsgruppen gegründet worden, die ausschließlich von Vertretern der Hersteller oder Zertifizierer – und nicht behördlich – geleitet werden. Der Abschluss dieser Arbeiten ist für Ende 2012/Anfang 2013 vorgesehen.

Neben den Standards des BSH sind im Laufe der Zeit auch aus anderen Bereichen gewisse Regelwerke hinzugekommen. Die Wasser- und Schifffahrtsdirektionen Nord und Nordwest mit ihrem gemeinsamen Dezernat für Verkehrstechnik stellen auf Anfrage sowohl eine „Rahmenvorgabe der WSV zur Gewährleistung der fachgerechten Umsetzung verkehrstechnischer Auflagen im Umfeld von Offshore-Hochbauten“ als auch eine „Richtlinie für Gestaltung, Kennzeichnung und Betrieb von Windenergieanlagen“ zur Verfügung, in der der derzeitige Stand der Mindestanforderungen zur Erfüllung der seeverkehrsrechtlichen Auflagen dargelegt ist.

Für die Erfüllung der Anforderungen zur Sicherstellung der Sicherheit im Luftverkehr ist zunächst die Allgemeine Verwaltungsvorschrift zur Kennzeichnung von Luftfahrthindernissen[109] neben den Regelwerken der ICAO und der IEC zu verwenden.

Die aus Sicht der Notfallrettung unabdingbaren Installationen von Abwinschflächen auf den Windenergieanlagen, auf die und von denen Personen mittels Hubschrauber und Winschseil hin- bzw. abtransportiert werden können, haben auch eine Standardisierung erfahren. Hierfür sind 2011 von den Luftfahrtbehörden sowie externen Spezialisten „Gemeinsame Grundsätze des Bundes und der Länder über Windenbetriebsflächen auf Windenergieanlagen“[110] erarbeitet und herausgegeben worden, die das BSH verbindlich eingeführt hat.

Die technischen Regelvorgaben oder Mindestanforderungen aus den genannten Standardwerken erfahren ihre Implementation in die Einzelverfahren über die Anordnung der Verwendung und Anwendung durch Nebenbestimmungen im jeweiligen Genehmigungsbescheid. Standardnebenbestimmung Nr. 3 des Genehmigungsbescheides bestimmt, dass die

[109] Derzeit Fassung vom 24.April 2007, Bundesanzeiger Nr. 81, 4471ff.

[110] BAnz vom 27.Januar 2012, Nr. 16, 338.

einzelnen Anlagen in Konstruktion und Ausstattung dem Stand der Technik entsprechen müssen. Dies gilt ebenso für die Errichtung einschließlich etwaiger bauvorbereitender Maßnahmen. Im Weiteren wird in den Nebenbestimmungen sowie in deren Begründung die Anwendung der dort genannten Werke ausdrücklich geregelt. In Nebenbestimmung Nr. 6 wird bezüglich des See- und Luftverkehrs die Ausstattung der Anlagen mit verkehrsschützenden Einrichtungen (z.B. Kennzeichnung und Befeuerung) nach dem Stand der Technik generalklauselartig vorgegeben. Es wurde bewusst nicht der Terminus der „anerkannten Regeln der Technik" verwendet, da sehr viele Einrichtungen, Installationen und Prozeduren für Offshore-Windparks noch in der Erprobung sind. Unter „Stand der Technik" wird eine Technik oder eine Prozedur verstanden, die bereits dem Experimentierstadium des Standes der Wissenschaft und Technik insofern entwachsen ist, als diese zumindest im Offshore-Bereich erprobt ist, den vorgesehenen Zweck durchgehend erreicht (z.B. Reichweiten von Lampen, Einhaltung von Emissionswerten) und ohne wesentliche Hinderungsgründe seriell in einer Vielzahl von Anwendungsfällen bestimmungsgemäß angewendet werden kann.

In den Genehmigungsbescheiden ist mit dem Zusatz der Vorgabe der „jeweils geltenden Fassung" des Standards die Rechtsfigur der dynamischen Verweisung verwendet worden. Dies bedeutet, dass der Bauherr oder Betreiber immer jeweils die aktuelle Fassung der technischen Mindestanforderungen zu erfüllen hat. Dies mag auf den ersten Blick als wenig berechenbar erscheinen. Auf der anderen Seite ist dies bei technischen Anlagen, deren Zustand ggf. für das Ausmaß eines Schadens an hochwertigen Rechtsgütern verantwortlich ist, nicht ungewöhnlich. Auf der anderen Seite wäre eine Festschreibung eines Standes der Technik zum Zeitpunkt der Genehmigungserteilung nicht sozialadäquat und hätte die bisherige Genehmigungsstrategie des BSH – Zulassung von technischer Innovation durch Zulassung von Anlagen, die es zum Zeitpunkt der Genehmigung noch gar nicht gab – ad absurdum geführt. Beispielsweise lagen zwischen Genehmigung und Baubeginn bei den bisherigen Projekten „ALPHA VENTUS", „BARD OFFSHORE I" und „BORKUM WEST II" fünf bis sieben Jahre, in denen sich der technische Fortschritt in hoher Geschwindigkeit entwickelte (LED-Technik, AIS-Systeme, Nachrichtentechnik etc.). In dieser Konstellation ist die Vorgabe des jeweils gültigen Standes der Technik nicht nur berechtigt, sondern auch erforderlich, um die proaktive Zulassungsstrategie in verantwortbarer Weise fortführen zu können. Dass es unter dem Gesichtspunkt der Verhältnismäßigkeit in der Ausprägung des Vertrauensschutzes Konstellationen geben mag, in denen eine verwaltungsseitig zugelassene Lösung nicht in jedem Falle umgehend wieder umgeplant werden muss, weil sich eine Anforderung aktuell in einem Regelwerk geändert hat, ist so selbstverständlich, dass dies hier nicht weiter thematisiert werden muss.

Die Nebenbestimmungen des BSH gliedern sich nach den Schutzgütern der SeeAnlV. Das BSH hat im Verlauf der Genehmigungsverfahren eine Reihe von Gefahren identifiziert, die diesen Schutzgütern drohen. Jede Nebenbestimmung begegnet in der Regel einer solchen Gefahr.

Die Zulässigkeit der Nebenbestimmungen ergibt sich daher für die allermeisten Nebenbestimmungen schon aus § 36 Abs. 2 VwVfG, ohne dass es einer spezialgesetzlichen Regelung bedurft hätte. Dennoch ist die Ermächtigung zum Erlass von Nebenbestimmungen in der SeeAnlV gesondert geregelt (s.o.).

Die Nebenbestimmungen unterscheiden sich zudem in ihrem Detaillierungsgrad: während einige Regelungen recht genaue Handlungsvorschriften enthalten, geben andere dem Genehmigungsinhaber lediglich auf, erkannten Gefahren durch geeignete Maßnahmen zu begegnen, ohne dass diese Maßnahmen konkret benannt werden. Die Entwicklung der konkreten Maßnahmen obliegt dem Antragsteller. Die entsprechende Auflage sieht häufig die Entwicklung eines Konzeptes zur Durchführung dieser Maßnahmen durch den Antragsteller vor, das dann seinerseits nochmals zu prüfen und zu genehmigen ist.

Diese Vorgehensweise erklärt sich ebenfalls aus dem Pioniercharakter der Offshore-Windenergie. Es war und ist in vielen Fällen zum Zeitpunkt der Genehmigung nicht möglich, wirksame detaillierte Auflagen gegen alle Gefahren zu erlassen, häufig deshalb, weil die technische Entwicklung zwar absehbar, aber noch nicht abgeschlossen ist; in einigen Fällen auch, weil die Auswirkungen der Errichtung und des Betriebs der WEA nicht im Einzelnen bekannt sind und noch erforscht werden.

Die Verlagerung der Entscheidung über konkrete Maßnahmen in die Zukunft bietet dann – trotz der damit für den Genehmigungsinhaber einhergehenden Unsicherheiten – die einzige Möglichkeit, den Verwaltungsakt überhaupt zu erlassen. Andernfalls müsste die Genehmigung versagt werden, da eine Gefahr für ein Schutzgut erkannt wurde, aber eine Auflage zu ihrer Abwendung aufgrund der nicht ausreichenden Erkenntnislage der Genehmigungsbehörde nicht erlassen werden kann.

Die Nebenbestimmungen im Einzelnen

Das BSH hat in der Vergangenheit die Nebenbestimmungen durchnummeriert und die Nummerierung im Wesentlichen nicht verändert, so dass gleiche Nummern in den Bescheiden den gleichen Regelungsinhalt haben.

Die einzelnen Nebenbestimmungen leiten sich von den Kernschutzgütern der SeeAnlV (1997) ab:

- Sicherheit und Leichtigkeit des Verkehrs
- Meeresumwelt.

Wie bereits angesprochen, legte die SeeAnlV (1997) folgende Versagensgründe als Regelbeispiele fest: die Beeinträchtigung des Betriebs oder der Wirkung von Schifffahrtsanlagen/Schifffahrtszeichen; die Beeinträchtigung der Benutzung der Schifffahrtswege oder des Luftraums, Beeinträchtigung der Schifffahrt; die Besorgnis einer Verschmutzung der Meeresumwelt im Sinne des Artikels 1 Abs. 1 Nr. 4 des SRÜ und die SeeAnlV (2002) die Gefährdung des Vogelzuges.

Ebenso, wie diese Schutzgüter und Regelbeispiele prägend für das Genehmigungsverfahren waren, erfuhren sie auch in den Nebenbestimmungen eine besondere Aufmerksamkeit.

Die Nebenbestimmungen lassen sich im Einzelnen wie folgt gliedern:

(a) Nrn. 1 und 2: Räumliche Umgrenzung der Genehmigung
(b) Nrn. 3 und 5, 18, 20: Bautechnisch sichere Ausführung
(c) Nr. 6.1: Sicherheit der Schifffahrt
(d) Nr. 6.3: Sicherheit der Luftfahrt
(e) Nrn. 7 bis 9: Notfallvorsorge und Arbeitssicherheit
(f) Nr. 10: Schutz und Sicherheitskonzept

(g) Nr. 11: Monitoring

(h) Nr. 12: Rückbausicherheit

(i) Nr. 13: Spezielle Anforderungen während der Bauphase

(j) Nrn. 4, 14, 19, 21: Meeresumweltschutz

(k) Nrn. 5, 15 bis 18: Verfahrensvorschriften zur Sicherstellung der Vorgaben der Genehmigung

(l) Nrn. 22 bis 26 Schlussbestimmungen

(a) Nr. 1 und 2: Räumliche Umgrenzung der Genehmigung
Die Nebenbestimmung Nr. 1 bezeichnet nach dem Tenor nochmals die Zahl der genehmigten WEA und deren Lage. Die Genehmigung wird für eine jeweils bestimmte Zahl an Einzelanlagen erteilt. Aus Gründen der Übersichtlichkeit werden in der Nebenbestimmung selbst nur die Koordinaten der jeweils äußeren die Lage des Windparks bestimmenden Anlagen genannt (Eckkoordinaten), die weiteren Positionen sind in der Regel in Anlage 1 zur Genehmigung festgelegt. Die Genehmigung erfasst nur die Errichtung der beantragten Anlagen auf einer bestimmten Position, dem Genehmigungsinhaber wird nicht ein dauerhaftes „Baugrundstück“ in der AWZ zugewiesen. Eine exklusive Flächennutzung geht mit der Genehmigung zunächst faktisch einher, spätestens mit § 3 SeeAnlV (2012) aber auch rechtlich. Analog der dem Staat völkerrechtlich zustehenden funktionalen Hoheitsrechte vermittelt die Genehmigung dem Antragsteller nunmehr ein öffentlich-rechtlich begründetes, bedingtes, befristetes funktionales Besitzrecht am Vorhabensgebiet. Es ist befristet und bedingt durch die Vorgaben von Gesetz und Genehmigung (nicht zuletzt den Zeit- und Maßnahmenplan) und funktional begrenzt, als es ausschließlich auf die Errichtung von WEA gerichtet ist (und nicht andere Nutzungen ausschließen kann, etwa Aquakultur).

Da es im Zuge der Feinplanung der Anlagen nach den Gegebenheiten vor Ort durchaus noch zu Verschiebungen kommen kann (die genehmigungspflichtig sind), legt das BSH in Abstimmung mit der obersten Luftfahrtbehörde für den Anflug von Hubschraubern Korridore fest, die in jedem Fall von Hindernissen freizuhalten sind. Aus Gründen der Rechtsklarheit und Transparenz werden diese nochmals gesondert in der Genehmigung aufgenommen.

Der Antragsteller muss nach Abschluss der Errichtung einen Baubestandsplan einreichen, aus dem die tatsächlichen Koordinaten der errichteten Bauwerke hervorgehen (angelehnt an das „as-laid survey“ bei Seekabeln).

(b) Nrn. 3, 18, 20: Bautechnisch sichere Ausführung
Die WEA müssen dem allgemeinen Stand der Technik entsprechen. Der Beitrag des BSH zur Fortentwicklung und Festschreibung dieses Standes liegt im Wesentlichen in der Standardisierungsarbeit.

(c) Nr. 6.1: Sicherheit der Schifffahrt
Die Sicherheit und Leichtigkeit des Seeverkehrs ist eines der zentralen Schutzgüter der SeeAnlV, bereits die SeeAnlV (1997) sah für alle wesentlichen Entscheidungen, die dieses Gut betreffen, ein Einvernehmen mit der zuständigen Wasser- und Schifffahrtsverwaltung vor. Entsprechend sind die Nebenbestimmungen unter 6.1 in enger Abstimmung mit den zuständigen WSDen entwickelt worden.

Der Aufbau der Nebenbestimmung folgt einem ähnlichen Schema wie zur bautechnischen Ausführung: nach einer allgemein formulierten Anforderung an die Einhaltung des Standes der Technik folgt der Verweis auf standardähnliche Vorgaben („Rahmenvorgabe der WSV") zur Kennzeichnung der WEA. Ergänzend wird dem Antragsteller auferlegt, die allgemeingültigen Anforderungen in einem Kennzeichnungskonzept auf sein spezifisches Vorhaben zu übertragen. Das Konzept und ein darauf nochmals abgestimmter Umsetzungsplan bedürfen der Genehmigung des BSH und der Zustimmung der WSD.

In den weiteren Nebenbestimmungen unter 6.1 folgen detaillierte Kennzeichnungsvorgaben, die auch im Kennzeichnungskonzept zu berücksichtigen sind. Nicht der Sicherheit des Schiffsverkehrs im eigentlichen Sinn dient die Nebenbestimmung 6.1.6: sie soll sicherstellen, dass U-Boote in Notsituationen nicht mit dem Windpark kollidieren. Entsprechend ist hier die Wehrbereichsverwaltung als beteiligte Behörde bestimmt. Nr. 6.1.8 betrifft hingegen die Pflicht des Betreibers, Änderungen an seinem Kennzeichnungskonzept zu dulden, die sich aus Nachbarschaftsbebauung ergeben.

(d) Nr. 6.3: Sicherheit der Luftfahrt

Mangels einer ausdrücklichen Zuständigkeitsregelung für luftfahrtrechtliche Genehmigungen für Offshore-WEA wurden die Nebenbestimmungen in Abstimmung und mit Zustimmung der obersten Luftfahrtbehörde erlassen. Aufgrund der Konzentrationswirkung im Planfeststellungsverfahren der SeeAnlV (2012) wäre dies wohl nicht mehr erforderlich, es ist aber davon auszugehen, dass diese geübte Verwaltungspraxis weiter besteht.

Die Nebenbestimmungen Nr. 6.3.1 bis 6.3.6 betreffen die WEA in ihrer Eigenschaft als Luftfahrthindernis (§ 14 LuftVG). Sie sind darauf gerichtet, eine Kollision eines nach Sicht fliegenden Luftfahrzeugs mit den WEA zu vermeiden, Kern ist hierbei die Nachtkennzeichnung durch das Feuer W, rot.

Nrn. 6.3.7 bis 6.3.9 betreffen die WEA und Umspannplattform als Ziel des Luftverkehrs. Mit Vorliegen der gemeinsamen Grundsätze zu Windenbetriebsflächen liegt für die Errichtung und den Betrieb von Abwinschplattformen ein Stand der Technik vor. Da die Umspannplattform in der Regel ein Hubschrauberlandedeck aufweist, muss der sichere An- und Abflug gewährleistet sein. Aus fliegerischer Sicht wäre eine freie Ecklage des Umspannwerkes günstig, dies lässt sich aber nicht immer gewährleisten. Zum einen ist dies für die Kabelführung innerhalb des Parks ungünstig und zum anderen sind ohnehin nur wenig Parks ohne Nachbarbebauung geplant. Das BSH hat hier stattdessen freizuhaltende Korridore (s.o.) angeordnet, die nach Ansicht der Luftfahrtbehörde und nach Rücksprache mit vor Ort erfahrenen Piloten einen sicheren Flugbetrieb ermöglichen.

Durch die Nebenbestimmungen 6.1 und 6.3 werden die technischen Vorgaben der jeweils verkehrsträgerspezifischen Regelwerke weitgehend umgesetzt. Es besteht jedoch noch weiterer Bedarf einer koordinierenden Fortentwicklung, die der Sondersituation eines großflächigen Schifffahrts- und Luftfahrthindernisses voll gerecht wird und die Belange des Vogelschutzes einbezieht. So ist bekannt, dass Lichtinseln auf dem Meer in der Nacht eine deutliche Anziehungskraft auf Vögel ausüben, eine nachvollziehbare Ermittlung des minimalen Befeuerungsbedarfs der WEA steht jedoch noch aus. Denkbar wäre bspw. auch eine Aktivierung nach Bedarf, etwa bei Annäherung von Luftfahrzeugen. Das BSH hat sich in Nr. 6.3.2 die Anordnung einer einheitlichen Nachtkennzeichnung vorbehalten.

(e) Nrn. 7 bis 9: Notfallmaßnahmen und Arbeitssicherheit
Die Nummern 7 und 9 regeln allgemeine konstruktive Grundsatzanforderungen mit Auswirkungen auf den Arbeitsschutz. Im Zuge des Planfeststellungsverfahrens ist hier eine deutliche Erhöhung der Regelungsdichte zu erwarten, da bislang von der Gewerbeaufsicht wahrgenommene Belange des Arbeitsschutzes bereits in der Genehmigung berücksichtigt werden können. Nebenbestimmung Nr. 8 regelt ausdrücklich die Pflicht von Anlagenbetreibern zur Unterstützung von Notfallmaßnahmen der Seenotrettung u.a. durch Abschaltung der WEA.

(f) Nr. 10: Schutz- und Sicherheitskonzept
Nebenbestimmung 10 greift die bereits oben vorgestellte Methodik des Konzeptes in einem größeren Zusammenhang wieder auf. Die teilweise allgemein gehaltenen Anforderungen in den Nebenbestimmungen 6 bis 9 müssen vom Genehmigungsinhaber in einem Schutz- und Sicherheitskonzept (SchuSiko) auf sein Vorhaben detailliert umgesetzt werden. Eine Umsetzung bereits im Genehmigungsverfahren ist in der Regel nicht möglich, da bei Antragstellung und Genehmigung die Detailplanung der Anlagen noch nicht genügend weit fortgeschritten ist (vgl. z.B. Nebenbestimmung Nr. 6.3). Diese Verlagerung der durchaus umfangreichen Detailplanung auf den Genehmigungsinhaber ist für diesen belastend und durch nachgeschaltete Zustimmungs- und Genehmigungserfordernisse auch mit Unsicherheiten behaftet. Da aber aus tatsächlichen Gründen diese Arbeit zum Zeitpunkt der Genehmigungserteilung nicht zu leisten ist, bliebe als Alternative nur der Aufschub der Genehmigungsentscheidung bis eine hinreichend genaue Detailplanung für den Windpark vorliegt. Nicht nur würde dies zu erheblichen Investitionshindernissen führen, es widerspricht auch ersichtlich dem Anliegen der SeeAnlV, eine möglichst zügige Genehmigungsentscheidung herbeizuführen (vgl. z.B. § 3 Abs. 4 SeeAnlV).

Neben der Umsetzung der Nebenbestimmungen 6 bis 9 enthält das SchuSiko zwei wichtige Elemente der Unfallprävention: zum einen ist durch den Genehmigungsinhaber eine aktive Seeraumbeobachtung vorzunehmen (Nr. 10.2). Damit sollen mögliche Kollisionen bereits im Vorfeld verhindert werden. Zum anderen muss der Anlagenbetreiber eigene Schleppkapazitäten vorhalten, um havarierten Schiffen zu helfen, die auf den Park zutreiben (Nr. 10.3). Diese Verpflichtung gilt nur dann, wenn nicht bereits anderweitig ein Schlepper bereitgehalten wird (etwa staatlicherseits). Im Genehmigungsverfahren wurde ermittelt und in der Genehmigung als Voraussetzung für die Anwendbarkeit von Nr. 10.3 festgestellt, wann die Bebauung im Seegebiet des Windparks soweit vorangeschritten ist, dass nur mit einem Schlepper das Risiko einer Schiffskollision tragfähig erscheint (vgl. hier Versagensgründe im Einzelnen).

(g) Nr. 11: Monitoring
Nebenbestimmung Nr. 11 verpflichtet den Anlagenbetreiber, die Umweltauswirkungen des Vorhabens entsprechend des geltenden StUK zu untersuchen. Monitoring während Bau- und Betriebsphase ist ein entscheidendes Instrument, um die tatsächlichen Auswirkungen der Anlagen auf die Umwelt mit den prognostizierten Auswirkungen abzugleichen und im Fall einer negativen Abweichung rechtzeitig steuernd einzugreifen.

(h) Nr. 12: Rückbausicherheit
Nebenbestimmung Nr. 12 ist die Ausgestaltung der gesetzlichen (§ 13 Abs. 1 SeeAnlV) und verwaltungsrechtlichen (Nr. 24) Rückbauverpflichtung. Mit Inkrafttreten der Anlage zu § 12 SeeAnlV (§ 13 SeeAnlV 2012) sind letzte Zweifel an der Zulässigkeit dieser Nebenbestim-

mung ausgeräumt. In der Praxis hat sich zur Stellung der Rückbausicherheit eine Mischform aus Bürgschaft und Rückstellung etabliert, die jeweils das für einen bestimmten Zeitpunkt des Baus und Betriebs ermittelte Rückbaurisiko abdecken soll. Da jedoch Zweifel an der Gleichwertigkeit betrieblicher Rückstellungen mit Sicherheitsleistungen nach § 232 BGB bestanden, können diese nach der SeeAnlV 2012 nur noch mit der Einschränkung zugelassen werden, dass sie insolvenzsicher sind und bei Eintritt des Sicherungsfalls uneingeschränkt für den Sicherungszweck zur Verfügung stehen (Ziffer 2 des Anhangs zu § 13 Abs. 3 SeeAnlV (2012), s.a. Rechtsgutachten zu der Anordnung von Sicherheitsleistungen für Offshore-Windenergieanlagen, WHITE & CASE, 08.02.2011)[111].

(i) Nr. 13: Spezielle Anforderungen während der Bauphase

Nr. 13 legt detaillierte Anforderungen an die Bekanntmachung der Bautätigkeit und die Absicherung der Baustelle durch den Genehmigungsinhaber fest. Insbesondere darf durch die Bautätigkeit die Sicherheit des Schiffs- und Luftverkehrs nicht beeinträchtigt werden. Ein gesondertes Schiff (Verkehrssicherungsfahrzeug – VSF) muss für die Bauzeit nur für die Sicherung der Baustelle zur Verfügung stehen.

(j) Nrn. 4, 14, 19, 21: Meeresumweltschutz, Emissionen

Materielle Forderungen zum Meeresumweltschutz finden sich im Wesentlichen in den Nebenbestimmungen Nrn. 4, 14, 19 und 21. Nr. 4 betrifft allgemeine konstruktive Anforderungen. Insbesondere sind Emissionen in die Meeresumwelt möglichst zu vermeiden. Dies betrifft Schadstoffe, aber auch Schall. Nr. 4 regelt auch weitergehende Wechselwirkungen des Windparks mit Funkgeräten durch elektromagnetische Störungen und mögliche Beeinträchtigungen anderer Parks durch Turbulenzen.

Nr. 14 regelt Schallemissionen nochmals gesondert vor dem Hintergrund europäischer Artenschutzanforderungen. Da es noch keinen einheitlichen, gesicherten Stand der Technik gibt, um die geforderten Grenzwerte einzuhalten, bleibt es auch hier dem Anlagenbetreiber überlassen, eine für sein Gründungskonzept geeignete Methode der Schallminimierung zu wählen und in einem Konzept der Genehmigungsbehörde darzulegen. Gerade an dieser Stelle zeigt sich das schon angesprochene Spannungsfeld zwischen Bestimmtheit der Auflage und der absehbaren Belastung des Adressaten der Genehmigung einerseits und der Bewältigung der Unsicherheiten, die mit Pioniertechnologien einhergehen, zum Wohl der Allgemeinheit andererseits. Wollte die Genehmigungsbehörde hier auf eine einheitliche, günstige und einfache Lösung warten, könnte eine Genehmigung nicht erfolgen. Die Gefahr durch Rammarbeiten für Meeressäuger ist nachgewiesen, sie unterliegen dem Schutz der SeeAnlV und der im BNatschG umsetzten artenschutzrechtlichen Vorgaben der EU. Da aber abzusehen ist, dass von Genehmigungserteilung bis Baubeginn mehrere Jahre vergehen, ist eine Verlagerung der endgültigen Entscheidung der Art und Weise der Schallminimierung zwar mit Unsicherheiten für den Genehmigungsinhaber verbunden, aber deutlich weniger belastend als eine negative Genehmigungsentscheidung.

Nr. 19 setzt die allgemeine Vorgabe der Nr. 4 nochmals speziell für Schadstoffe, sowie Abfall und Betriebsstoffe um. Dabei muss der Anlagenbetreiber ein auf seinen Park zugeschnittenes Konzept für den Umgang mit Abfall- und Betriebsstoffen vorlegen.

[111] http://www.bsh.de/de/Meeresnutzung/Wirtschaft/Windparks/Grundlagen/BSH_W%26C_Gutachten.pdf.

Nr. 21 dient der Umsetzung des in der SeeAnlV vor 2012 noch gesondert geforderten Schutzes des Vogelzugs. Die Nebenbestimmung sieht ein Monitoring der Auswirkung von sog. Massenzugereignissen vor. Darüber hinaus hat sich das BSH vorbehalten, die Anlagen im Falle eines solchen Ereignisses abschalten zu lassen.

(k) Nrn. 5, 15 bis 18: Verfahrensvorschriften zur Sicherstellung der Vorgaben der Genehmigung

Nebenbestimmung Nr. 5 sieht die Einreichung von besonderen Nachweisen für die Einhaltung der in Nr. 4 bestimmten konstruktiven Anforderungen vor. Die im Einzelnen erforderlichen Nachweise ergeben sich aus dem Standard Konstruktion. Erst nach Prüfung der eingereichten Nachweise erteilt das BSH eine Freigabe für den jeweils nächsten Verfahrensabschnitt, bis hin zur Bau- und schließlich zur Betriebsfreigabe. Nr. 18 verpflichtet den Anlagenbetreiber zu einer regelmäßigen Überwachung der Anlagen, deren Ausgestaltung ebenfalls im Standard Konstruktion näher detailliert ist.

Nr. 15 soll eine zügige Errichtung des Windparks als Ganzes sicherstellen. Noch 2008 haben verschiedene Antragsteller im Erörterungstermin die Auffassung vertreten, dass die Errichtung von 80 Anlagen in 12 Monaten keinerlei Probleme bereitet. Mittlerweile zeigt die Erfahrung, dass bei ambitionierter Planung die Errichtung eines Bauabschnittes, der ca. 20 Anlagen umfasst, innerhalb eines Jahres nicht ausgeschlossen ist. Es bleibt zu hoffen, dass mit zunehmender Erfahrung eine zügigere Errichtung erreicht werden kann, die eine routinemäßige Einhaltung der Nebenbestimmung Nr. 15 ermöglicht.

(l) Nrn. 22 bis 26 Schlussbestimmungen

Nebenbestimmung Nr. 22 befristet die Genehmigungsdauer auf 25 Jahre nach Inbetriebnahme, mit ausdrücklicher Verlängerungsmöglichkeit. 25 Jahre ist dabei aus Sicht des BSH ein angemessener Zeitraum, da er hinreichende Investitionssicherheit schafft. Darüber hinausgehende Aussagen zur Sicherheit des Betriebs der Anlagen sind schlechterdings nicht seriös möglich.

Nr. 23 dient ähnlich wie Nr. 18 der zügigen Umsetzung der Genehmigung, gibt aber einen absoluten Zeitrahmen vor. Wie unter Nr. 1 beschrieben, liegt in der Genehmigung de facto ein Ausschluss anderer Marktteilnehmer für die genehmigten Standorte. Im Vergleich zu den Errichtungskosten machen die Genehmigungskosten einen kleinen Bruchteil aus. Aufgrund dieses wirtschaftlichen Anreizes ist es nicht ausgeschlossen, dass der Antragsteller eine Genehmigung nur auf Vorrat beantragt, er nur eine Verwertungs- aber keine Verwirklichungsabsicht verfolgt. Um im Interesse des Gemeinwohls auf eine möglichst zügige Errichtung hinzuwirken, hat das BSH das nunmehr auch gesetzlich (§ 5 Abs. 4 Nr. 3 SeeAnlV) vorgesehene Instrument des Meilensteinplans entwickelt. Hält der Genehmigungsinhaber die von ihm selbst vorgesehenen Meilensteine nicht ein, kann seine Genehmigung erlöschen. Wie bereits dargelegt, findet eine verhältnismäßige Umsetzung dieser Nebenbestimmung ihre Grenzen dort, wo der Genehmigungsinhaber auf Dritte zur Umsetzung des Zeit- und Maßnahmenplans angewiesen ist.

Nr. 24 enthält die in Nr. 12 abgesicherte Rückbauverpflichtung und macht einige allgemeine Vorgaben zu der Ausgestaltung des Rückbaus, insbesondere im Hinblick auf die Sicherheit des Schiffsverkehrs.

Nebenbestimmung Nr. 25 enthält einen allgemeinen Auflagen- und Widerrufsvorbehalt. Nr. 26 macht deklaratorisch darauf aufmerksam, dass andere erforderliche Genehmigungen (z.B. für das Strom abführende Kabel) gesondert eingeholt werden müssen.

3.1.2.3 Versagensgründe im Einzelnen

In der Praxis sind folgende Versagensgründe besonders relevant: die Beeinträchtigung einer Population von Rastvögeln durch Scheucheffekte (a), die Gefährdung der Sicherheit und Leichtigkeit des Schiffsverkehrs durch die Verursachung eines zu hohen Kollisionsrisikos (b) und die Gefährdung von Meeressäugern durch Rammschall (c). Die besondere Brisanz dieser möglichen Versagensgründe liegt darin begründet, dass sie systemimmanent sind, und sich durch technische Maßnahmen nur beeinflussen, aber nicht völlig verhindern lassen. Während etwa der Eintrag von schädlichen Betriebsstoffen in die Meeresumwelt durch geeignete Verfahrensweisen ausgeschlossen werden kann, geht von den WEA systembedingt eine Scheuchwirkung für scheue Vogelarten aus. Da technische Maßnahmen zur absoluten Vermeidung nicht zur Verfügung stehen, muss in jedem Einzelfall eine genaue Prüfung erfolgen.

Wie bereits ausgeführt, sind die Schutzgüter Beeinträchtigung der Sicherheit des Schiffsverkehrs und Gefährdung der Meeresumwelt abwägungsfest. Andererseits ist auch dem Gesetzgeber bewusst, dass es sich bei Windparks um Industrieanlagen handelt, die ohne Einwirkung auf die Umgebung nicht gebaut werden können. Wo ein Windpark steht, kann ein Schiff nicht fahren. Es ist daher evident, dass nicht jede Einwirkung auf die Umgebung die Schwelle zum Versagensgrund überschreitet. Es ist am Verwaltungsverfahren zu klären, ab welchem Punkt die bloße Wirkung auf den Schiffsverkehr in eine „Beeinträchtigung der Sicherheit" umschlägt; ab wann aus einer Wirkung auf einzelne Tiere eine Gefährdung der Meeresumwelt wird.

Ziel der Genehmigungsbehörde war immer, hier nachvollziehbare, allgemeingültige und vor allem quantitative Kriterien aufzustellen. Über die Mindestanforderung des Gleichbehandlungsgrundsatzes hinaus sollte dies zu einer breiten Akzeptanz und einer Planbarkeit der Genehmigungsentscheidung für den Antragsteller führen.

(a) Beeinträchtigung einer Population von Rastvögeln
Die Beeinträchtigung von Rastvögeln ist ein Unterfall der Gefährdung der Meeresumwelt. Die Bedeutung, die diesem Punkt vom BSH beigemessen wird, zeigt sich nicht zuletzt darin, dass die beiden bislang rechtskräftig gewordenen ablehnenden Bescheide im Wesentlichen mit der Störung einer Rastvogelart begründet wurden.

Es gilt als wissenschaftlich gesichert, dass manche Rastvogelarten, d.h. Arten, die einen Großteil ihres Lebens auf dem Meer verbringen und insbesondere in Nord- und Ostsee überwintern, ausgesprochen scheu auf Störungen jeglicher Art reagieren. Für die Genehmigungsverfahren geht das BSH davon aus, dass besonders sensible Arten die Windparks selbst sowie einen 2 km weiten Umkreis meiden werden. Neuere Untersuchungen hierzu im Rahmen des StUK-plus-Projektes sind noch nicht abgeschlossen. Als sensible Arten sind für die Nordsee vor allem der Seetaucher (Sterntaucher und Prachttaucher, *Gavia stellata* und *Gavia arctica*), für die Ostsee die Eisente (*Clangula hyemalis*) relevant geworden.

Zunächst lagen sowohl zur Populationsdichte als auch Verteilung der beiden Sterntaucherarten nur wenige Erkenntnisse vor. Nachvollziehbare Kriterien, ab wann eine Störung und der damit verbundene Verlust des Lebensraumes für Rastvögel von einer so großen Bedeutung sind, dass sie als Gefährdung der Meeresumwelt einzuschätzen sind, gab es nicht. Das BSH griff schließlich auf Kriterien zurück, die im Rahmen des „Übereinkommen über Feuchtgebiete, insbesondere als Lebensraum für Wasser- und Watvögel, von internationaler Bedeutung (Ramsar-Konvention)“[112] erarbeitet wurden. Danach ist ein Rastgebiet dann von internationaler Bedeutung, wenn es mindestens einmal pro Jahr 1 % der biogeographischen Population einer Wasservogelart beherbergt[113]. Dass dieses Kriterium für ganz andere Zwecke entwickelt worden war und die Übertragung auf Nord- und Ostsee zur Beurteilung der Auswirkungen von WEA nur ein Notbehelf sein konnte, war dem BSH wohl bewusst. Aus den Genehmigungsbescheiden lässt sich ein deutliches Unwohlsein ablesen (*„Dieses Kriterium auf die Beurteilung eines Eingriffs zu übertragen, erscheint wegen der sehr unterschiedlichen Intentionen fachlich und wissenschaftlich nicht begründbar.“* Genehmigungsbescheid MEERWIND SÜD vom 16.05.2007, S. 67), aber andere, wissenschaftlich begründete Kriterien waren nicht verfügbar.

Das BSH errechnete nun anhand von Zählungen im Rahmen der UVS, wie viele Seetaucher pro km² im Vorhabensgebiet gefunden wurden und multiplizierte diese Zahl mit der Fläche des Windparks zzgl. eines 2 km breiten Randstreifens. Die sich so ergebende Zahl von „vertriebenen“ Rastvögeln wurde zu der Zahl aus vorangegangenen, genehmigten Verfahren addiert. Die Gesamtzahl wurde in Beziehung zur Winterrastpopulation gesetzt. Das Vorhaben war genehmigungsfähig, wenn die Gesamtzahl unter 1 % der Winterrastpopulation lag.

Für die Ostsee führte eine eingehende Prüfung zweier Verfahren zu einer Ablehnung, da die Auswirkung insbesondere auf ein Winterrastgebiet für Eisenten (*Clangula hyemalis*), Gryllteisten (*Cepphus grylle*) und Samtenten *(Melanitta fusca)* so groß waren, dass eine negative Auswirkung auf ihre Populationen zu befürchten war[114].

Für die Nordsee entwickelte sich auf der Grundlage der vielen projektbezogenen Vorhaben und begleitenden grundlegenden Forschungsprojekte um 2010 herum für das BSH ein genaueres Gesamtbild zur Verteilung von Rastvögeln. Durch die Auswertung mit Hilfe biostatistischer Methoden gelang es, Gebiete zu identifizieren, die vorwiegend dem Aufenthalt von Sterntauchern dienen. Diese sollen von weiterer Bebauung freigehalten werden, liegen aber teilweise ohnehin in bestehenden Schutzgebieten. Andernorts kann dann eine Bebauung stattfinden. Mit dieser Herangehensweise zeigte sich auch das BfN einverstanden.

(b) Verursachung eines zu hohen Kollisionsrisikos

Die Errichtung von 80 WEA für einen Einzelpark, bzw. mehreren hundert Anlagen in der Teilfläche eines Eignungsgebietes, bleibt nicht ohne Auswirkungen auf die Schifffahrt im betroffenen Seegebiet. Die Anlagen liegen in der Regel außerhalb wichtiger Schifffahrts-

112 Ramsar-Konvention vom 2. Februar 1971 (BGBl II S. 1266), in Kraft am 25. Juni 1976 gem. Bek. v. 16.7.1976 (BGBl II S. 1265).

113 Siehe Dierschke, V., O. Hüppop und S. Garthe, 2003: Populationsbiologische Schwellen der Unzulässigkeit für Beeinträchtigungen der Meeresumwelt am Beispiel der in der deutschen Nord- und Ostsee vorkommenden Vogelarten. In: Seevögel, 24, 61–72.

114 „Adlergrund“ und „Pommersche Bucht“.

routen, wie etwa den Verkehrstrennungsgebieten vor der Nordseeküste, und sind mit einer Sicherheitszone umgeben, deren Befahren untersagt ist.

Bei ordnungsgemäßem Befahren der betroffenen Seegebiete besteht eine Kollisionsgefahr daher nicht. Jedoch hat das BSH bereits frühzeitig, dabei auch auf begründete Kritik der betroffenen Inselgemeinden reagierend, Situationen berücksichtigt, die zwar nicht dem ordnungsgemäßen Schiffsbetrieb entsprechen, aber erfahrungsgemäß auftreten können, wie z.B. eine Havarie des Schiffes oder eine Unaufmerksamkeit der Besatzung.

Um zu vermeiden, dass sich die Erörterung berechtigter Besorgnisse in einem qualitativen „wird schon gut gehen" erschöpft, verpflichtete das BSH die Antragsteller zur Durchführung von quantitativen Risikoanalysen. Vereinfacht dargestellt versuchen diese Risikoanalysen auf der Grundlage von Verkehrserhebungen im Vorhabensbereich unter Zuhilfenahme bestimmter Annahmen (z.B. Ausfallhäufigkeit des Antriebs, Fehlerhäufigkeit der Besatzung) zu berechnen, wie oft ein Schiff auf Kollisionskurs mit den Anlagen geraten wird und es ohne weiteren Eingriff zur Kollision kommt. Hierzu dienten verschiedene statistische (basierend auf vorangegangenen Unfällen) und modellhafte (die Verkehrssituation wird im Computer für eine Vielzahl von Fällen simuliert) Ansätze. Aufgrund der ersten, uneinheitlichen Ergebnisse der verschiedenen Gutachter fand sich 2004 unter Leitung des BMVBS und des BSH eine Arbeitsgruppe zusammen, die einerseits technische Annahmen vereinheitlichte (z.B. für welche Zeit kann der Driftweg eines antriebslosen Schiffes berücksichtigt werden), andererseits aber auch übereinkam, welche Kollisionshäufigkeiten noch akzeptabel sind. Die Gruppe legte fest, dass ein Risiko von einer Kollision in 100 Jahren grundsätzlich hinnehmbar ist, ein Risiko von einer Kollision in 50 Jahren einer intensiven Einzelfallprüfung bedarf und ein höheres Risiko grundsätzlich nicht akzeptabel ist.

Für die ersten Windparks wurde noch ein relativ geringes Risiko festgestellt, es stieg aber mit zunehmender Zahl genehmigter Anlagen das kumulative Risiko aller betrachteten Anlagen. Gleichzeitig wurden die Analysen durch plausiblere Annahmen, nicht zuletzt auch auf Grund reger Beteiligung der Öffentlichkeit in den Verfahren, und größere Datengrundlagen, z.B. durch die Erfassung der Verkehrsströme durch AIS (*Automatic Identification System* – eine einheitliche Funkidentifizierung für Schiffe) weiter verbessert. Während die ersten Analysen regelmäßig vorhersagten, eine Kollision werde nur einmal in mehreren tausend Jahren auftreten, wird das Risiko nun für Parks an den VTG auf ca. einmal in 100 Jahren geschätzt, in der Kumulation aller genehmigten Parks in diesem Verkehrsbereich auf ca. einmal in 20 Jahren.

2008 erörterte die Richtwertegruppe auch die Berücksichtigung von risikomindernden Maßnahmen außerhalb der Sphäre des Antragstellers, vor allem die staatlicherseits vorgehaltenen Notschlepper in der deutschen Bucht. Diese werden nun routinemäßig bei der Betrachtung des Risikos in den VTGen mit einbezogen. Jedoch führt auch dies aufgrund der fast durchgängig geplanten Bebauung zwischen den VTGen nicht mehr zu akzeptablen Risikowerten.

Wenn ein nicht mehr vertretbares Risiko besteht, obliegt es dem Anlagenbetreiber, eigene risikomindernde Maßnahmen vorzusehen. Dies ist vor allem eine aktive Seeraumbeobachtung, die allerdings Kollisionen mit antriebslosen Schiffen nur bedingt vorbeugen kann. Letztlich muss der Anlagenbetreiber eigene Notschlepper bereitstellen, die havarierten Schiffen zu Hilfe eilen können. Eine solche Auflage wurde in den letzten Verfahren ausgesprochen, die Genehmigungen nahe den VTG betrafen[115]. Risikomindernde Maßnahmen, die auf der Einschätzung des Gesamtrisikos beruhen, müssen erst dann umgesetzt werden, wenn die Schwelle der Bebauung zu einem nicht hinnehmbaren Risiko überschritten ist. Konkret ist durch den Betreiber erst dann ein eigener Notschlepper bereitzustellen, wenn die Bebauung im Seegebiet auch unter Einschluss Risiko mindernder Maßnahmen durch den Staat das akzeptable Maß überschritten hat.

(c) Gefährdung von Meeressäugern durch Rammschall

Meeressäuger und hier vor allem Schweinswale unterliegen auch außerhalb von gesondert ausgewiesenen Schutzgebieten dem Artenschutz nach der FFH-Richtlinie, umgesetzt durch §§ 44 ff. BNatschG. Auch unabhängig davon würde ihre Gefährdung auch als Gefährdung der Meeresumwelt einen Ablehnungsgrund darstellen. Wie bereits ausgeführt, überträgt das Rammen der Gründungspfeiler für WEA sehr laute Schallwellen ins Wasser. Wasser leitet diese Schallwellen aufgrund seiner physikalischen Eigenschaften sehr gut weiter.

Der Schalldruck kann bei unmittelbarer Einwirkung an der Rammstelle zur Verletzung oder sogar zum Tod der Tiere führen und er kann ihr Hörvermögen zeitweise oder dauerhaft beeinträchtigen. Die Beeinträchtigung des Hörvermögens könnte die Kommunikation und Nahrungsaufnahme der Ultraschall nutzenden Schweinswale erschweren.

Das BSH hat eine Reihe von Auflagen getroffen, die der Belastung der Schweinswale durch die Rammarbeiten entgegenwirken sollen. Zunächst sollen Schweinswale durch Geräte, die laute Unterwassergeräusche aussenden (sog. *Pinger* und *seal scarer*) von der Rammstelle vertrieben werden. Das Rammen selbst soll anschließend möglichst langsam starten. Und schließlich darf die Lautstärke in einer Entfernung von 750 m 160 Dezibel (dB re 1 µPa) nicht überschreiten. Auch die Spitzenpegel dürfen in 750 m Entfernung 190 dB re 1 µPa nicht überschreiten. All dies muss der Genehmigungsinhaber durch ein Schallschutzkonzept (s.o.), das ggf. geeignete Minimierungsmaßnahmen enthält, sicherstellen.

Durch diese Auflagen ist eine Verletzung der Schweinswale nicht zu besorgen. Auch eine erhebliche Störung liegt wohl nicht vor, da die Schweinswale nach dem bisherigen, allerdings unvollständigen Erkenntnisstand, recht bald nach der Rammung die betroffenen Gebiete wieder aufsuchen.

Ähnlich stellt sich die Bewertung der Frage dar, ob Rammungen eine Beeinträchtigung ausgewiesener Schutzgebiete entgegen § 34 BNatschG darstellen können. In Betracht kommen hier vor allem die FFH-Gebiete „BORKUM RIFFGRUND“ und das „SYLTER AUßENRIFF“, die ausdrücklich auch Schweinswale in ihren Erhaltungszielen benennen. Aufgrund der oben beschriebenen weiten Ausbreitung von Unterwasserschall kann es auch im FFH-Gebiet zu Vermeidungsverhalten der Schweinswale kommen, wenn in nahegelegenen Vorhaben Rammungen durchgeführt werden. Vor allem aufgrund der umfangreichen Anforderungen an die Schallminimierung und die nur zeitweilige Meidung der Nutzung der FFH-Fläche durch Schweinswale sieht das BSH in den Rammungen keine erhebliche Beeinträchtigung des Gebietes. Diese Einschätzung wird vom BfN so nicht geteilt. Es erscheint jedoch fraglich, ob sich in Bezug auf dasselbe Schutzgut Arten- und Gebietsschutz derart trennen lassen, dass einerseits im Rahmen des Artenschutzes davon ausgegangen werden kann, dass die Ramm-

115 Vgl. Genehmigung Borkum Riffgrund 2 vom 30.12.2011, S. 32–42.

arbeiten angesichts der durchzuführenden Schallminimierung nicht zu einer erheblichen Störung führen werden, andererseits aber im Rahmen des Gebietsschutzes aufgrund derselben Arbeiten eine erhebliche Beeinträchtigung zu besorgen sein soll. Es bleibt zu hoffen, dass eine Bearbeitung der Anträge im Planfeststellungsverfahren nach der SeeAnlV (2012) eine Klärung herbeiführen kann.

3.1.2.4 Vollzug der Genehmigung; Themen und Beteiligte

Dieses Thema ist in diesen Verfahren deswegen von großer Bedeutung, weil sehr viele Auflagen und Vorgaben aus den Genehmigungsbescheiden funktionaler Natur sind. Dies bedeutet, dass viele Konzepte, Pläne, Konkretisierungen erst im Zuge der Realisierung vorgenommen werden müssen. Zeitlich hängt die Realisierung der Genehmigung davon ab, ob und in welcher Zusammensetzung Investoren in das Vorhaben eingestiegen sind und welche Strategie diese verfolgen. Da diese Prozeduren, die bisher nach Erteilung einer Genehmigung abgelaufen sind, regelmäßig mehrere Jahre andauern, wird üblicherweise ein sogenanntes drittes Untersuchungsjahr bezüglich der Schutzgüter der Umweltverträglichkeitsstudie durchzuführen sein. Nach den Regeln des StUK 3 wird ein weiteres Untersuchungsjahr verpflichtend, wenn nicht im dritten Jahr nach Erteilung des Bescheides mit dem Bau begonnen wird. Dieses ist in dem Jahr durchzuführen, das dem Jahr des Baubeginns vorausgeht. Eine solche erneute Untersuchung benötigt einen logistischen Vorlauf, zumal das BSH hierfür einen der Situation angepassten neuen Untersuchungsrahmen vorgibt. Da dies auf Antrag des Bauherren geschieht, erfährt die Genehmigungsbehörde spätestens zwei Jahre vor geplantem Baubeginn von der Absicht des künftigen Windparkbetreibers.

Neben dieser Komponente der Umweltverträglichkeitsstudie hat der Bauherr nun zur Abarbeitung der Nebenbestimmungen aus der Genehmigung weitere Dokumente zu erarbeiten und vorzulegen. Dazu gehört ein Schutz- und Sicherheitskonzept – Standardnebenbestimmung Nr. 10 – mit diversen Notfallplänen einschließlich eines Kennzeichnungs- und Befeuerungsplans zur Wahrung der Sicherheitsbelange von Seeschifffahrt, Luftfahrt sowie den im Windpark beschäftigten Personen.

Hinsichtlich der Kennzeichnungs- und Befeuerungspläne ist darauf zu achten, dass die Rahmenvorgabe der WSDen hier ein abgestuftes Vorgehen vorsehen. Ähnlich der Systematik des Standards Konstruktion werden hier aufeinander aufbauende Planungen verlangt, die einen abstrakteren Konzeptplan, einen auf die konkrete Anlage bezogenen Umsetzungsplan sowie eine Abnahme zur Kontrolle der Einhaltung des Umsetzungsplans vorsehen. Die Pläne müssen jeweils von einem geeigneten Dritten fachlich geprüft worden sein.

Ferner ist an die vor Baubeginn vorzulegende finanzielle Absicherung des Rückbaus der Anlagen zu denken, die auf einem nachvollziehbaren und geprüften Kostenansatz beruhen muss.

Nicht zuletzt sind nun auch die Unterlagen für die konstruktive Ausgestaltung der Anlagen selbst zu erstellen und einzureichen. Bei letzteren ist jeweils daran zu denken, dass die konstruktiven Anforderungen an die Schutzeinrichtungen bestmöglich in den Entwurfsprozess integriert werden müssen. Dies betrifft insbesondere den sogenannten *„secondary steel“* für die „Verkehrsflächen“ Boatlandings, Abwinschplattformen, Luken, Leitern, Geländer etc. sowie Anforderungen der Emissionsreduzierung bei der Kennzeichnung. Speziell bei zu rammenden Tiefgründungen ist nach der Standardnebenbestimmung Nr. 14 ein gestuftes

Schallschutzkonzept vorzulegen, das bereits auf die konkrete Gründungskonstruktion abgestimmt ist. Nachdem aktuell im praktischen Geschehen der Gründung sowie der Durchführung von Schallschutzmaßnahmen mit diversen Blasenschleiern eine Reihe von Erfahrungen gemacht werden konnten, wird zukünftig kein Antrag auf 2. Freigabe positiv beurteilt werden, sofern mit dem eingereichten „Basic Design“ nicht auch das darauf abgestimmte Schallminderungskonzept mit den detailliert beschriebenen Methoden zur Freigabe vorgelegt wird.

Dieser exemplarischen und nicht abschließenden Darstellung ist zu entnehmen, dass hier viele unterschiedliche Fragestellungen abzuarbeiten sind, die jedoch häufig ineinander greifen. Durch die zusätzliche Erschwernis der fehlenden Erfahrungen im Offshore-Bereich ergibt sich für alle Beteiligten ein schwieriger und komplexer Prozess, der nur in iterativen Entwicklungsschritten geleistet werden kann. Das BSH hat für diesen Prozess die Systematik fortlaufender „Jour Fixes“ entwickelt, der in der Regel wie folgt abläuft:

Der Bauherr reicht zur Erfüllung einer seiner Verpflichtungen Dokumente ein, die die Genehmigungsbehörde selbst prüft oder an die das Dokument betreffende Fachstelle zwecks Einholung einer Stellungnahme weitergibt. Fachstellen in diesem Zusammenhang sind insbesondere:

für Belange des Verkehrs:

- die Wasser- und Schifffahrtsdirektionen bzw. die Wasser- und Schifffahrtsämter,
- die Dienststelle Schiffssicherheit bei der Berufsgenossenschaft Verkehr,
- das Havariekommando,
- die oberste Luftfahrtbehörde im BMVBS;

für Belange des Meeresumweltschutzes:

- das Bundesamt für Naturschutz,
- das Umweltbundesamt (Emissionen, Abfall);

für militärische Belange:

- die Wehrbereichsverwaltung Nord sowie technische Fachstellen der Marine und der Luftwaffe

für Belange des Arbeitsschutzes:

- das Gewerbeaufsichtsamt Oldenburg für Niedersachsen,
- die Berufsgenossenschaft für Handel und Warendistribution (BGHW) für
- Schleswig-Holstein sowie als Koordinierungsstelle für die Genehmigungsbehörde
- für Mecklenburg Vorpommern das Landesamt für Gesundheit und Soziales

Aus den Dokumenten und den daraufhin eingehenden Stellungnahmen der Fachstellen ergeben sich jeweils eine Reihe von Nachfragen, Kritikpunkten und Änderungsbegehren; nicht selten sind schon im Dokument selbst Fragen an die staatlichen Stellen formuliert.

Dies wird sodann auf einem Jour-Fixe besprochen, wobei der Bauherr „seine Seite“ (d.h. Teilnahme der entsprechenden beauftragten Gutachter) organisiert und das BSH die staatliche Seite, indem die jeweiligen Experten – je nach Themen der vom Bauherren vorgeschlagenen Tagesordnung – hinzugezogen werden, damit die Beteiligten sich auch direkt zu den Besprechungspunkten austauschen. Aus den hierfür vom Bauherren gefertigten und mit allen Beteiligten abgestimmten Protokollen ergibt sich das Ergebnis der Prüfung sowie die Absprache über das weitere Vorgehen. Mit dieser Methode können unkompliziert auch gemeinsame Verständnisse über Art und Umfang von Verpflichtungen und deren Erfüllung – im Einzelfall – verbindlich formuliert und dokumentiert werden, soweit dies ohne formales Ergänzungsverfahren rechtlich möglich ist. Diese Vorgehensweise einer Prozesskoordinierung wird seit einiger Zeit unter dem Begriff „one-stop-shop-strategy" empfohlen.

Für den bauordnungsrechtlichen Vollzug nach dem Standard Konstruktion[116] sowie für die Zustimmung im Einzelfall (ZiE) mit dem System der Freigaben (s.o.) wird analog verfahren. Diesbezüglich sind zusätzlich folgende Aspekte von Relevanz:

Die beim BSH für den Erhalt der Freigaben einzureichenden Dokumente – Gutachten, Nachweise der Standsicherheit etc. – müssen in aller Regel bereits durch einen Zertifizierer/Prüfsachverständigen geprüft sein. Für Art und Ausmaß der Einbindung der Pfähle in den vorgefundenen Baugrund muss der Unternehmer einen geotechnischen Sachverständigen benennen, der nicht der beauftragten Bohrfirma angehört und die Baugrunderkundung durchführt. Der Unternehmer ist regelmäßig schon durch eigene Qualitätssicherungssysteme und durch seine Finanziers und Versicherungen gehalten, sein Vorhaben in allen Bestandteilen extern prüfen bzw. zertifizieren zu lassen. Das BSH hat daraufhin entschieden, seine bauordnungsrechtliche Funktion als „Plausibilisierer" wahrzunehmen und von einer – weiteren – Vollprüfung mit Vergleichsberechnungen und Nachberechnungen der Unterlagen abzusehen. Bei der Plausibilisierung bedient sich das BSH der Beratung durch die BUNDESANSTALT FÜR WASSERBAU (BAW) sowie die BUNDESANSTALT FÜR MATERIALFORSCHUNG UND -PRÜFUNG (BAM). Beim BSH eingehende Dokumente werden auf Vollständigkeit geprüft und an BAW und BAM zur Stellungnahme weitergeleitet. Freigaben erfolgen nach erfolgter Konsultation, zumeist nach Besprechung bei einem Jour-Fixe.

In der Praxis ergeben sich aus verschiedenen Gründen im Detail häufig allgemein noch nicht abschließend geklärte Fragen, die jeweils einer unbedingten Freigabe im Wege stehen. Soweit machbar und verantwortbar, wird sodann eine Freigabe mit Maßgaben erteilt, die den Verlauf nicht aufhalten, aber für die Nachreichung von Nachberechnungen und gesonderten Darstellungen einen späteren Zeitpunkt vor – vollständiger – Errichtung des Vorhabens vorsehen. Oder es werden im Wege der Maßgabe die Erstellung von Konzepten und deren Durchführung für bestimmte Formen der Beobachtungsmethode verbindlich angeordnet. Dies wiederum trägt dem Umstand Rechnung, dass es bspw. bisher keine dokumentierten Erfahrungen für die Einbindelängen von Pfählen mit derart großem Durchmesser bzw. keine verwertbare Empirie für Phänomene wie Kolkbildung bei vergleichsweise neuartigen Gründungstypen gibt.

---

116 Baeßler, M.; Dahlke, C.; Eißfeldt, F.; Lüddecke, F.; Rücker, W.; Vierfuß, U.; Zeiler, M., 2009: Erste Erfahrungen bei der Realisierung der Tragstrukturen von Offshore-Windenergieanlagen in der deutschen ausschließlichen Wirtschaftszone. Stahlbau, 78 (2009), No. 4, 267–275.

3.1.2.5 Netzanschluss

Offshore-Windparks benötigen ein Stromexportsystem, um den im Windpark erzeugten Strom in das terrestrische Stromnetz und damit zum Verbraucher zu liefern. Dieser scheinbare Allgemeinplatz hat sich mittlerweile zum ernsthaftesten Problem der Entwicklung der Offshore-Windenergie entwickelt.[117] Dass ein solcher Stromanschluss schwierig und kostenintensiv ist, hat der Gesetzgeber schon länger erkannt und mit der Ende 2006 in Kraft getretenen Änderung des Energiewirtschaftgesetzes[118] bezweckt, den vorher auch hierfür verantwortlichen Windparkentwickler zu entlasten. Im neuen § 17 Abs. 2a EnWG wird bestimmt, dass der regional zuständige Übertragungsnetzbetreiber den erzeugten Windstrom beim Windpark abholen und für die Einspeisung in das Netz sorgen muss. Die Anbindungsleitung gilt dann als öffentliches Netz.

Die legislative Bestimmung der Anschlussleitung als öffentliches Energieversorgungsnetz hat insofern einen jahrelangen juristischen Disput entschieden, als damit auch dieses Stromexportsystem ein eigenständiges Vorhaben wurde und nicht mehr als Bestandteil des Windparkvorhabens eingestuft werden konnte. Genehmigungsrechtlich unterfällt es nach wie vor der Seeanlagenverordnung. Die Seeanlagenverordnung 2012 regelt nun ausdrücklich derartige Transportsysteme als planfeststellungsbedürftig. Im Gegensatz zu den hiervon bis Ende 2016 ausgenommenen Windparkvorhaben gilt für diese Vorhaben der Eingriffstatbestand des § 15 BNatSchG uneingeschränkt. Das BSH hat in Kooperation mit dem BUNDESAMT FÜR NATURSCHUTZ hierfür ein System der Eingriffsbilanzierung und Ausgleichsberechnung erarbeitet, das in den entsprechenden Bescheiden nachlesbar ist[119].

Eine Pflicht zur Durchführung einer Umweltverträglichkeitsprüfung ist für Stromkabelsysteme nach wie vor im UVPG nicht vorgesehen; die entsprechenden ökologischen Schutzgüter sind jedoch über den Versagungsgrund der „Gefährdung der Meeresumwelt“ umfänglich abzuarbeiten.

Die Netzanbindung ist zu dem Zeitpunkt bereitzustellen, an dem die anzubindenden Offshore-Anlagen betriebsbereit sind. Wegen der langen Vorlaufzeiten und der mit der Finanzierung, Vergabe und Fertigung der Komponenten verbundenen Unwägbarkeiten vermochten es die Windparkentwickler und die Übertragungsnetzbetreiber nicht, den für beide Seiten zutreffenden Zeitpunkt der Auslösung der Vergaben zu koordinieren. Dies wurde als „Henne-Ei-Problem“ bekannt und zum Stolperstein in der Entwicklung.

---

117 Zum Entwurf des Offshore-Netzplans für die Nordsee siehe: http://www.bsh.de/de/Meeresnutzung/Offshore-Netzplan/Dokumente/Entwurf_Offshore-Netzplan.pdf.

118 Art. 7 Gesetz zur Beschleunigung von Planungsverfahren für Infrastrukturvorhaben vom 09.12.2006 BGBl. I S. 2833 Wortlaut § 17 Abs 2a: „Betreiber von Übertragungsnetzen, in deren Regelzone die Netzanbindung von Offshore-Anlagen im Sinne des § 10 Abs. 3 Satz 1 des Erneuerbare-Energien-Gesetzes erfolgen soll, haben die Leitungen von dem Umspannwerk der Offshore-Anlagen bis zu dem technisch und wirtschaftlich günstigsten Verknüpfungspunkt des nächsten Übertragungs- oder Verteilernetzes zu errichten und zu betreiben, die Netzanbindungen müssen zu dem Zeitpunkt der Herstellung der technischen Betriebsbereitschaft der Offshore-Anlagen errichtet sein. Eine Leitung nach Satz 1 gilt ab dem Zeitpunkt der Errichtung als Teil des Energieversorgungsnetzes.“

119 http://www.bsh.de/de/Meeresnutzung/Wirtschaft/Windparks/index.jsp.

Auch die Herausgabe eines Positionspapiers durch die BUNDESNETZAGENTUR[120], in dem Kriterien für die Erteilung von Netzanbindungszusagen vorgegeben wurden, half nur einen Schritt weiter, vermochte jedoch nicht die Systemlosigkeit der Einzelnetzanschlüsse zu verhindern. Schließlich änderte der Gesetzgeber das Energiewirtschaftsgesetz erneut[121] und führte ein System von Planungen ein, um mehr Systematik und Berechenbarkeit in die Entwicklung des Energieübertragungs- und -versorgungsnetzes hineinzubringen. Für das gesamte bundesrepublikanische Energieversorgungsnetz müssen die Übertragungsnetzbetreiber nunmehr 10-Jahres- Netzentwicklungspläne (NEP) vorlegen, aus denen die Bundesnetzagentur einen Bundesbedarfsplan (§ 12e EnWG) erstellt, der nach § 12e Abs. 2 EnWG auch die Anbindungsleitungen für Offshore-Anlagen enthält.

Für den Bereich der AWZ stellt darüber hinaus das BSH einen jährlich fortzuschreibenden Offshore-Netzplan auf (§ 17 Abs. 2a Satz 3 und 4 EnWG).

Entsprechende Planungen befinden sich aktuell in der Konsultationsphase, die auch eine strategische Umweltuntersuchung und Umweltprüfung zum Gegenstand haben wird.

Ferner hat das BSH für die Bereiche der AWZ, die für eine Offshore-Netzplanung erforderlich sind und noch nicht anderweitig rechtsgültig in Anspruch genommen worden sind, eine Veränderungssperre gem. § 10 SeeAnlV verfügt[122].

Es bleibt abzuwarten, ob die neuen Instrumente so greifen, dass die entstandenen Widrigkeiten beim Netzanschluss überwunden werden können.

[120] http.//www.bundesnetzagentur.de/DE/Sachgebiete/ElektrizitaetGas/Sonderthemen/AnbindungOffshore Windparks/AnbindungOffshoreWindparks_node.html.

[121] Art. 2 Netzausbaubeschleunigungsgesetz Übertragungsnetz (NABEG) Art. 1 G. v. 28.07.2011 BGBl. I S. 1690 (Nr. 43); Geltung ab 05.08.2011, Maßnahmen zur Beschleunigung des Netzausbaus Elektrizitätsnetze vom 28.07.2011 BGBl. I S. 1690, Gesetz zur Neuregelung energiewirtschaftsrechtlicher Vorschriften (EnWNG), k.a.Abk.; G. v. 26.07.2011 BGBl. I S. 1554 (Nr. 41); Geltung ab 04.08.2011.

[122] Verkehrsblatt N. 114, 15.06.2012: Bekanntmachung einer Veränderungssperre für Seegebiete.

3.2 Der Netzanschluss

DR. KRISTINA REBMANN, MATTHIAS HIRSCHMANN

3.2.1 Einleitung

Die rechtzeitige Fertigstellung des Netzanschlusses hat essentielle Bedeutung für die Finanzierung von Offshore-Windparkprojekten, denn ohne Netzanschluss kann kein Strom eingespeist und entsprechend keine Einspeisevergütung erzielt werden, die für die Deckung der laufenden Betriebs- und Erhaltungskosten sowie für die Rückzahlung der Finanzierung nötig ist. Entsprechend führt die fehlende Einspeisemöglichkeit zu einer erheblichen finanziellen Belastung der Projektgesellschaft. Es ist daher wichtig, dass der Windpark den produzierten Strom unverzüglich einspeisen kann und diese Einspeisemöglichkeit auch dauerhaft gewährleistet ist.

Anders als die Errichtung des sonstigen Windparkequipments einschließlich der internen Kabeltrasse obliegt die Errichtung des Netzanschlusses nicht der Projektgesellschaft, sondern den Betreibern der Übertragungsnetze. Entsprechend ist der Einfluss der Projektgesellschaft und der Banken auf die rechtzeitige Erstellung des Netzanschlusses gering. Selbst wenn die Projektgesellschaft alle Meilensteine des Bauzeitenplanes für den Offshore-Windpark rechtzeitig umgesetzt hat, besteht ein Risiko, dass der Netzanschluss vom Übertragungsnetzbetreiber nicht oder nicht in einem ausreichenden Umfang zur Verfügung gestellt wird. Aktuell besteht bei zahlreichen Offshore-Windparkprojekten Sorge über die rechtzeitige Erstellung des Netzanschlusses und dementsprechend stellt sich unmittelbar die Frage, wer für die hieraus entstehenden Schäden haftet. Ziel dieses Kapitels ist es, aus rechtlicher Sicht die Pflichten der einzelnen Projektbeteiligten im Zusammenhang mit dem Netzanschluss aufzuzeigen. Dabei werden wir neben der aktuell noch geltenden Rechtslage insbesondere auch auf den aktuellen Gesetzesentwurf der Bundesregierung zur Neuregelung energiewirtschaftlicher Vorschriften vom 24. September 2012[123] (nachfolgend „EnWG-E") eingehen, der unter anderem eine Neuregelungen der Netzanbindungsregeln sowie erstmalig eine detaillierte Regelung der Haftung für etwaige Schäden, die aus einer verspäteten Anbindung oder Störungen der Anbindung entstehen können, vorschlägt. Einen Überblick über den aktuellen Diskussionsstand sollen die Ziffer 3.2.3.9 und 3.2.4.5 geben.

3.2.2 Die Netzanschlussverpflichtung des Übertragungsnetzbetreibers

Rechtliche Grundlage für den Netzanschluss von Offshore-Windenergieanlagen ist derzeit § 17 Abs. 2a EnWG. Abweichend vom allgemeinen Grundsatz gemäß § 13 EEG, wonach der Betreiber einer Anlage zur Erzeugung von Erneuerbaren Energien für die Erstellung der Anschlussleitung bis zum Verknüpfungspunkt des Übertragungsnetzbetreibers selbst verantwortlich ist, beinhaltet § 17 Abs. 2a EnWG für Offshore-Windenergieanlagen eine Spezialrege-

[123] Entwurf zur Neuregelung energiewirtschaftsrechtlicher Vorschriften, BT-Drucksache 17/10754, abrufbar unter http://dip21.bundestag.de/dip21/btd/17/107/1710754.pdf.

lung, die die Erstellung des Netzanschlusses dem Übertragungsnetzbetreiber auferlegt.[124] Hintergrund und Zweck dieser im Jahr 2006 neu eingeführten Vorschrift ist es, die Errichtung und Nutzung von Offshore-Windenergieanlagen in Nord- und Ostsee zu beschleunigen und vor allem die Offshore-Windanlagenbetreiber von den hohen Netzanbindungskosten finanziell zu entlasten.[125] Zu beachten ist, dass der aktuelle Gesetzesentwurf der Bundesregierung vom 24. September 2012 unter anderem eine Aufhebung des § 17 Abs. 2a EnWG vorsieht.[126] Allerdings soll nach dem Gesetzesentwurf § 17 Abs. 2a EnWG für Offshore-Windenergie Anlagen in der zum Zeitpunkt des Inkrafttretens der Neuregelung geltenden Fassung fortgelten, wenn diese bis zum 29. August 2009 eine unbedingte Netzanschlusszusage erhalten haben oder im Falle der bedingten Netzanbindungszusage spätestens zum 1. September 2012 die Voraussetzungen für eine unbedingte Netzanbindungszusage nachgewiesen haben.[127] Entsprechend möchten wir zunächst auf die bislang geltende Rechtslage eingehen. Auf die vorgeschlagenen Neuerungen werden wir dann in Ziffer 3.2.3.9 näher eingehen.

Konkret heißt es in § 17 Abs. 2a EnWG:

> *„Betreiber von Übertragungsnetzen, in deren Regelzone die Netzanbindung von Offshore-Anlagen im Sinne des § 3 Nr. 9 des Erneuerbare-Energien-Gesetzes erfolgen soll, haben die Leitungen von dem Umspannwerk der Offshore-Anlagen bis zu dem technisch und wirtschaftlich günstigsten Verknüpfungspunkt des nächsten Übertragungs- oder Verteilernetzes zu errichten und zu betreiben.“*

In der Praxis bedeutet dies, dass sowohl auf dem Festland als auch auf See kilometerlange Kabel verlegt werden müssen,[128] was sowohl aus technischer als auch organisatorischer und finanzieller Sicht eine erhebliche Herausforderung darstellt. Hinsichtlich des Zeitpunktes der Netzanbindung heißt es: „[…] die Netzanbindungen müssen zu dem Zeitpunkt der Herstellung der technischen Betriebsbereitschaft der Offshore-Anlagen errichtet sein.“ Auf die Frage, was dies im Einzelnen bedeutet, werden wir in Ziffer 3.2.3 dieses Kapitels näher eingehen.

Zusätzlich zur allgemeinen Netzanschlusspflicht gemäß § 17 Abs. 2a Satz 1 EnWG sind die Übertragungsnetzbetreiber gemäß § 17 Abs. 2a Satz 6 EnWG auch verpflichtet, dem Offshore-Windanlagenbetreiber diejenigen Aufwendungen zu erstatten, die diesem für die Planung und Genehmigung der Netzanschlussleitungen bis zum 17. Dezember 2006, bevor also der § 17 Abs. 2a EnWG eingeführt wurde, entstanden sind, soweit diese Aufwendungen den Umständen nach für erforderlich anzusehen waren und den Anforderungen eines effizienten Netzbetriebs nach § 21 EnWG entsprechen. Darüber hinaus regelt § 17 Abs. 2a Satz 7 EnWG die Pflicht der Übertragungsnetzbetreiber, die ihnen im Zusammenhang mit der Offshore-Anbindung entstandenen Kosten über eine finanzielle Verrechnung untereinander auszugleichen. § 9 Abs. 3 des Kraft-Wärme-Kopplungsgesetzes findet entsprechende Anwen-

124 Hartmann in Danner/Theobald, Energierecht, 72. Ergänzungslieferung 2011, § 17 EnWG Rn. 15.

125 Hartmann in Danner/Theobald, siehe Fn. 124, § 17 EnWG Rn. 15.

126 Artikel 1, Ziffer 10 des Entwurfes zur Neuregelung energierechtlicher Vorschriften, BT-Drucksache 17/10754, siehe Fn. 123.

127 § 118 Abs. 12 EnWG-E.

128 Beispielsweise umfasst die erforderliche Kabeltrasse für die Netzanbindung DolWin1 nach Angaben von TenneT insgesamt 165 km Kabel, von 90 km an Land und 75 km auf See, siehe http://www.tennettso.de/site/binaries/content/assets/tasks/offshore/100341_ten_husum_dolwin_en.pdf.

dung. Damit können die Übertragungsnetzbetreiber die Kosten der Netzanbindung bundesweit wälzen und gemäß § 21 EnWG auf die Netznutzungsentgelte umlegen.[129] Unklar ist, ob sich diese Ausgleichsregelung lediglich auf die generelle Kostentragungspflicht gemäß § 17 Abs. 2a Satz 1 EnWG bezieht oder auch auf die nunmehr in § 17 Abs. 2a Satz 6 EnWG geregelte Pflicht zur Erstattung bisher angefallener Entwicklungskosten. Der Wortlaut in § 17 Abs. 2a Satz 7 EnWG verweist insoweit nur auf § 17 Abs. 2a Sätze 1–3 EnWG. Allerdings war die nunmehr in § 17 Abs. 2a Satz 6 EnWG geregelte Kostenerstattungspflicht bis zur Einfügung der neuen Sätze 2–4 mit Wirkung zum 5. August 2011 in Satz 3 geregelt und damit von der Kostenwälzung erfasst. Insofern ist hier von einem Redaktionsversehen des Gesetzgebers auszugehen, zumal aus der Gesetzesbegründung kein abweichender Regelungswille des Gesetzgebers erkennbar ist.

3.2.3 Zeitpunkt des Netzanschlusses und Anbindungsverfahren

Wie bereits aufgezeigt, bestimmt § 17 Abs. 2a Satz 1 2. Halbsatz EnWG, dass der Netzanschluss zu dem Zeitpunkt der Herstellung der technischen Betriebsbereitschaft der Offshore-Anlagen errichtet sein muss. Durch diese Regelung soll dem Projektentwickler die nötige Planungs- und Rechtssicherheit gewährleistet werden, die dieser für seine Investitionsentscheidung benötigt.[130] Diese vom Wortlaut her einfache Regelung wirft jedoch in der Umsetzungspraxis etliche Fragen auf und erfordert insbesondere eine enge Verzahnung der Bauzeitenpläne zwischen Offshore-Windanlagenbetreiber und Übertragungsnetzbetreiber. Sollte der Netzanschluss, wie es momentan bei einigen Offshore-Windparkprojekten zu befürchten ist, nicht rechtzeitig fertiggestellt werden können, spielt die Frage der „Rechtzeitigkeit“ insbesondere für die Frage der Haftung für daraus resultierende Schäden eine Rolle.

3.2.3.1 Technische Betriebsbereitschaft

Nachdem § 17 Abs. 2a Satz 1 2. Halbsatz EnWG maßgeblich auf den Zeitpunkt der technischen Betriebsbereitschaft der Offshore-Windenergieanlagen abstellt, stellt sich zunächst die Frage, wann denn eine „technische Betriebsbereitschaft“ gegeben ist. Der durch § 17 Abs. 2a EnWG vorgegebene Zeitpunkt der technischen Betriebsbereitschaft der Offshore-Anlagen wird gesetzlich nicht definiert. Nach allgemeinem Verständnis besteht „technische Betriebsbereitschaft“, wenn die Anlage fertig gestellt ist, also grundsätzlich und tatsächlich dauerhaft Strom erzeugen kann. Zudem muss der Offshore-Windanlagenbetreiber alle erforderlichen Maßnahmen für eine Anbindung an das Netz vorgenommen haben. Insbesondere muss er die Anschlussleitungen zum wirtschaftlich günstigsten Verknüpfungspunkt errichtet haben und die Anlage muss alle Regeln der Technik für die Einspeisung und den Dauerbetrieb erfüllen.[131] In Bezug auf die einzelne Offshore-Windenergieanlage lässt sich dieser Zeitpunkt rasch ausmachen. Da Offshore-Windparkprojekte aber üblicherweise aus einer Vielzahl von Windenergieanlagen bestehen, wird gelegentlich die Frage aufgeworfen, ob es für die Zwecke des § 17 Abs. 2a Satz 1 2. Halbsatz EnWG auf die technische Betriebsbereitschaft des

129 Prall in Altrock/Oschmann/Theobald, Erneuerbare-Energien-Gesetz, 3. Auflage, München 2011, § 31 Rn. 70.

130 Prall in Altrock/Oschmann/Theobald, siehe Fn. 129, § 31 Rn. 70.

131 Compes/Schneider, KSzW 03.2011, 277, 281; Oschmann in Danner/Theobald, siehe Fn. 124, § 3 EEG Rn. 79, 80.

gesamten Windparks oder die der einzelnen, insbesondere natürlich der zuerst fertiggestellten Windenergieanlage(n) ankommt. Diese Frage ist bislang ungeklärt. Daher ist das Gesetz an dieser Stelle auszulegen. Der Wortlaut des Gesetzes spricht im Plural von „Offshore-Anlagen", so dass argumentiert werden könnte, maßgeblicher Zeitpunkt für die Bereitstellung des Netzanschlusses sei die technische Betriebsbereitschaft des gesamten Offshore-Windparks. Umgekehrt ist aber zu berücksichtigen, dass das gesamte Vergütungssystem des EEG immer die einzelne Windenergieanlage berücksichtigt. Beispielsweise wird bei der Berechnung der 20-jährigen Vergütungsdauer oder bei der Berechnung von degressionsabhängigen Vergütungssätzen immer auf die einzelne Windenergieanlage abgestellt, so dass es durchaus vorkommen kann, dass verschiedene Windenergieanlagen eines Windparks zwar einen gemeinsamen Netzanschluss nutzen, aber unterschiedliche Vergütungen beziehen. Im Ergebnis spricht daher vieles dafür, dass der Netzanschluss für jede einzelne Anlage zum Zeitpunkt ihrer technischen Betriebsbereitschaft bereitstehen muss. Müsste nämlich abgewartet werden, bis der gesamte Offshore-Windpark technisch bereit ist, würde dies – beispielsweise im Fall der Verzögerung der Errichtung einzelner Anlagen – dazu führen, dass bereits fertiggestellte und betriebsbereite Offshore-Windenergieanlagen nicht einspeisen könnten. Es ist nicht anzunehmen, dass der Gesetzgeber mit seiner Formulierung „Offshore-Anlagen" dieses gewollt hatte.

3.2.3.2 Beginn der Errichtungsarbeiten – Das Positionspapier der Bundesnetzagentur

Zwar lässt sich der Zeitpunkt der technischen Betriebsbereitschaft, zu dem der Netzanschluss vorliegen muss, relativ klar bestimmen, jedoch handelt es sich sowohl bei der Planung des Offshore-Windparks als auch bei der Planung des Netzanschlusses um komplexe Prozesse, die eine lange Vorlaufzeit benötigen und mit zahlreichen Unwägbarkeiten verbunden sind.[132] Entsprechend ist der genaue Zeitpunkt, zu dem die Rechtsfolgen des § 17 Abs. 2a EnWG eintreten, lange Zeit nicht konkret planbar und verlangt dem zuständigen Übertragungsnetzbetreiber eine Prognoseentscheidung ab, auf deren Grundlage er mit der Planung und Errichtung des Netzanschlusses beginnen muss. Dabei muss der Übertragungsnetzbetreiber in der Praxis nicht nur einen einzelnen Windpark betrachten, sondern parallel sämtliche in seinem Zuständigkeitsbereich geplanten Windparkvorhaben berücksichtigen und in seine Planung mit einbeziehen.[133] Trifft der Übertragungsnetzbetreiber eine fehlerhafte Prognoseentscheidung und ist der Netzanschluss entsprechend nicht rechtzeitig verfügbar, drohen dem Übertragungsnetzbetreiber Schadensersatzansprüche der betroffenen Offshore-Windanlagenbetreiber.[134] Umgekehrt muss ein Übertragungsnetzbetreiber, der frühzeitige Investments in ein Projekt tätigt, das letztendlich nicht verwirklicht wird, fürchten, dass die getätigten mitunter erheblichen finanziellen Aufwendungen als sogenannte „Stranded Investments" nicht als Investitionsbudget im Sinne von § 23 Abs. 1 ARegV anerkannt werden und demzufolge nicht auf die Netznutzungsentgelte umgelegt werden können.[135]

---

[132] Prall in Altrock/Oschmann/Theobald, siehe Fn. 129, § 31 Rn. 71.
[133] Hinsch, ZNER 2009, 333, 335.
[134] Siehe hierzu im Einzelnen unter Ziffer 3.2.4.
[135] Prall in Altrock/Oschmann/Theobald, siehe Fn. 129, § 31 Rn. 71.

Entsprechend bestand nach Inkrafttreten des § 17 Abs. 2a EnWG erhebliche Rechtsunsicherheit darüber, wann der geeignete Zeitpunkt erreicht sei, um die für die Realisierung des Netzanschlusses erforderlichen Maßnahmen zu ergreifen. In der Praxis verhielten sich die zuständigen Übertragungsnetzbetreiber eher zögerlich und stellten verschiedene Kriterien auf, deren Erfüllung durch den Offshore-Windanlagenbetreiber sie zur Voraussetzung für den Beginn der Errichtung der Netzanbindung machten.[136] Insbesondere machten Übertragungsnetzbetreiber die Netzanbindungszusage vom Nachweis einer Finanzierung des Projekts abhängig. Umgekehrt verlangten Banken als Voraussetzung einer Finanzierung eines Offshore-Windparkprojektes das Vorliegen einer Netzanbindungszusage (sogenanntes „Henne-Ei-Problem").[137]

Auf dieses Dilemma reagierte die Bundesnetzagentur in ihrem Positionspapier vom Oktober 2009, indem sie Kriterien für die Netzanbindung aufstellte und den Ablauf des Netzanbindungsverfahrens konkretisierte.[138] Mit einem Annex vom Januar 2011 wurde dieses Positionspapier noch einmal weiterentwickelt.[139] Ziel des Positionspapiers ist es, den Beteiligten durch sachgerechte und transparente Kriterien die erforderliche Planungssicherheit zu geben, so dass eventuell bestehende Blockaden für Investitionsentscheidungen gelöst bzw. verhindert werden und eine zügige und fristgerechte Netzanbindung gewährleistet ist. Umgekehrt sollten aber auch Fehlinvestitionen vermieden werden und die Kostenbelastung für die Energieverbraucher sollte auf das notwendige Maß beschränkt werden.[140]

Zu beachten ist jedoch, dass das Positionspapier keinen Gesetzescharakter hat und insbesondere keine Modifikation der gesetzlichen Pflicht nach § 17 Abs. 2a Satz 1 EnWG darstellt. Das bedeutet, dass selbst bei Einhaltung der Vorgaben aus dem Positionspapier ein Gesetzesverstoß vorliegt, wenn der Netzanschluss nicht gemäß § 17 Abs. 2a Satz 1 EnWG zum Zeitpunkt der technischen Betriebsbereitschaft des Offshore-Windparks in ausreichenden Umfang verfügbar ist.[141] Die Kriterien sind daher, wie das Positionspapier explizit betont, nicht als Investitionsbedingung zu verstehen, ohne deren Vorliegen der Übertragungsnetzbetreiber nicht mit der Herstellung des Netzanschlusses beginnen dürfte.[142] Im Einzelfall kann ein früheres Handeln des Übertragungsnetzbetreibers zur Erfüllung seiner Pflichten nach § 17 Abs. 2a EnWG sogar geboten sein.[143] Eine gewisse rechtliche Sicherheit bieten die im Positionspapier dargelegten Anbindungskriterien aber insoweit, als dem Übertragungsnetzbetreiber – sofern er nach Erfüllung der Anbindungskriterien investiert oder sonstige Auf-

136 Compes/Schneider, KSzW 03.2011, 277, 278.

137 Vgl. Ziffer 1 des Positionspapiers zur Netzanbindungsverpflichtung gemäß § 17 Abs. 2a EnWG vom Oktober 2009, abrufbar unter: http://www.bundesnetzagentur.de/DE/Sachgebiete/ElektrizitaetGas/Sonderthemen/AnbindungOffshoreWindparks/AnbindungOffshoreWindparks_node.html.

138 Positionspapier zur Netzanbindungsverpflichtung gemäß § 17 Abs. 2a EnWG vom Oktober 2009, siehe Fn. 137.

139 Annex vom Januar 2011 zum Positionspapier Netzanbindungsverpflichtung gemäß § 17 Abs. 2a EnWG vom Oktober 2009, abrufbar unter: http://www.bundesnetzagentur.de/DE/Sachgebiete/ElektrizitaetGas/Sonderthemen/AnbindungOffshoreWindparks/AnbindungOffshoreWindparks_node.html.

140 Ziffer 2 des Positionspapiers zur Netzanbindungsverpflichtung gemäß § 17 Abs. 2a EnWG vom Oktober 2009, siehe Fn. 137.

141 Prall in Altrock/Oschmann/Theobald, siehe Fn. 129, § 31 Rn. 71.

142 Ziffer 2.1.1 des Positionspapiers zur Netzanbindungsverpflichtung gemäß § 17 Abs. 2a EnWG vom Oktober 2009, siehe Fn. 137.

143 Prall in Altrock/Oschmann/Theobald, siehe Fn. 129, § 31 Rn. 74.

wendungen getätigt hat – eine verspätete Realisierung oder gar eine Nichtrealisierung des Projektes im Rahmen von Kosten- und Effizienzprüfungen nicht entgegengehalten wird.[144] Umgekehrt soll es nach Ansicht der Bundesnetzagentur ein missbräuchliches und auch fahrlässiges Handeln des Übertragungsnetzbetreibers darstellen, wenn er trotz Erfüllung der Anbindungskriterien nicht investiert und nicht entsprechend der im Positionspapier dargelegten Kriterien mit der Planung und Realisierung des Netzanschlusses beginnt.[145]

3.2.3.3 Anbindungskriterien

Nach dem Positionspapier der Bundesnetzagentur wird eine ausreichende Realisierungswahrscheinlichkeit insbesondere dann vermutet, wenn dem Übertragungsnetzbetreiber die folgenden Kriterien nachgewiesen werden:

1. die erforderlichen öffentlich-rechtlichen Genehmigungen der Offshore-Windenergieanlagen oder eine behördliche Zusicherung gemäß § 38 VwVfG einer derartigen Genehmigung durch die zuständige Behörde,
2. ein plausibler Bauzeitenplan, in dem die wesentlichen Schritte für die Realisierung des Offshore-Windparkprojektes darzustellen sind,
3. die Durchführung der Baugrunduntersuchungen für sämtliche Standorte der Offshore-Windenergieanlagen, welche bei der Dimensionierung der Netzanbindung berücksichtigt werden sollen, in der Form, wie sie nach den BSH-Standards für die 2. Freigabe vorzulegen ist,
4. die Verträge über die Bestellung der Offshore-Windenergieanlagen und
   (a) eine verbindliche Finanzierung für diejenigen Offshore-Windenergieanlagen, die laut Bauzeitenplan im ersten Jahr der Realisierung des Offshore-Windparks errichtet werden sollen, wobei die Finanzierung ggf. unter dem Vorbehalt der Erteilung einer Netzanbindungszusage stehen kann, oder
   (b) „Vor"-Verträge über die Bestellung der wesentlichen Großkomponenten (Fundamente, die Umspannplattform inklusive Umspannwerk und die Verkabelung der Offshore-Windenergieanlagen mit dem Umspannwerk).[146]

Weitere teilweise recht ausführliche Erläuterungen zu den einzelnen Anbindungskriterien finden sich unter Ziffer 2.1.3 des Positionspapiers. Ein ausführliches Eingehen hierauf würde jedoch den Rahmen dieser Darstellung sprengen.

3.2.3.4 Realisierungsfahrplan

Die vorgenannten Anbindungskriterien regeln den Zeitpunkt, zu dem der Übertragungsnetzbetreiber spätestens mit der Errichtung der Netzanbindung beginnen sollte. Wie oben bereits angedeutet, geht dem Errichtungsbeginn jedoch eine notwendige und häufig langwierige Planungsphase voraus, weshalb der Übertragungsnetzbetreiber bereits deutlich vor Erfüllung

---

[144] Ziffer 2.1.1 des Positionspapiers zur Netzanbindungsverpflichtung gemäß § 17 Abs. 2a EnWG vom Oktober 2009, siehe Fn. 137; Prall in Altrock/Oschmann/Theobald, siehe Fn. 129, § 31 Rn. 74.

[145] Ziffer 2.1.1 des Positionspapiers zur Netzanbindungsverpflichtung gemäß § 17 Abs. 2a EnWG vom Oktober 2009, siehe Fn. 137; Prall in Altrock/Oschmann/Theobald, siehe Fn. 129, § 31 Rn. 74.

[146] Ziffer 2.1.2 des Positionspapiers zur Netzanbindungsverpflichtung gemäß § 17 Abs. 2a EnWG vom Oktober 2009, siehe Fn. 137.

der Anbindungskriterien mit seinen Planungen beginnen muss. Dies berücksichtigend stellt die Bundesnetzagentur in ihrem Positionspapier zusätzliche teilweise recht ausführliche Grundsätze über das Anbindungsverfahren auf.[147] Demnach soll der Übertragungsnetzbetreiber spätestens mit dem Nachweis des Anbindungskriteriums Nr. 1 (Vorliegen der Genehmigungen oder einer behördlichen Zusicherung) damit beginnen, die Trassen zu planen und die Genehmigungen für die Netzanbindung einzuholen.[148] Zudem sei zur Gewährleistung eines rechtzeitigen Netzanschlusses eine enge Abstimmung der Planung des Offshore-Windanlagenbetreibers mit der Planung des Übertragungsnetzbetreibers erforderlich. Aus diesem Grund sieht die Bundesnetzagentur – gestützt auf § 17 Abs. 2a EnWG – eine Pflicht des Übertragungsnetzbetreibers und des Offshore-Windparkentwicklers zur wechselseitigen Unterstützung und Förderung.[149] Gestützt auf diese Unterstützungs- und Förderpflicht seien die Parteien gehalten, in Anlehnung an § 4 Abs. 5 KraftNAV einen Realisierungsfahrplan zu vereinbaren. Mit der Verhandlung des Realisierungsfahrplans sei schnellstmöglich, spätestens jedoch nach Vorliegen der Anbindungskriterien Nr. 1 und Nr. 2 sowie der Baugrunduntersuchung gemäß BSH-Standards für die 1. Freigabe zu beginnen, wobei der Plan nach Ansicht der Bundesnetzagentur innerhalb von drei Monaten abgeschlossen sein sollte.[150] Inhaltlich sollte der Realisierungsfahrplan Zeitpunkte definieren, bis zu denen wesentliche Schritte zur Verwirklichung des Offshore-Windparks sowie der Netzanbindung eingeleitet oder abgeschlossen sein sollen. Zudem sollte der Realisierungsfahrplan „angemessene Regelungen“ über die Auswirkung der Nichteinhaltung der wesentlichen insbesondere zeitlichen Vorgaben beinhalten.[151]

3.2.3.5 Sammelanbindungen und Stichtagslösung

Aus ökonomischen und ökologischen Gründen wird grundsätzlich angestrebt, dass mehrere Offshore-Windparks an eine gemeinsame Netzanbindung angeschlossen werden (Sammelanbindung).[152] Eine entsprechende Regelung wurde durch das Gesetz über Maßnahmen zur Beschleunigung des Netzausbaus Elektrizitätsnetze vom 28. Juli 2011 nunmehr auch in § 17 Abs. 2a Sätze 2–4 EnWG neu eingefügt. Demnach sollen

> *„Netzanbindungen in der Regel als Sammelanbindung ausgeführt werden, die entsprechend der am Markt verfügbaren Kapazität die Anbindung von möglichst vielen Offshore-Anlagen ermöglicht, die über eine Genehmigung oder eine Zusicherung der zuständigen Genehmigungsbehörde verfügen und in einem räumlichen Zusammenhang stehen, der die gemeinsame Anbindung in technischer und wirtschaftlicher Hinsicht erlaubt.“*

147 Ziffer 2.3 des Positionspapiers zur Netzanbindungsverpflichtung gemäß § 17 Abs. 2a EnWG vom Oktober 2009, siehe Fn. 137.

148 Ziffer 2.3.1 des Positionspapiers zur Netzanbindungsverpflichtung gemäß § 17 Abs. 2a EnWG vom Oktober 2009, siehe Fn. 137.

149 Ziffer 2.3.1 des Positionspapiers zur Netzanbindungsverpflichtung gemäß § 17 Abs. 2a EnWG vom Oktober 2009, siehe Fn. 137.

150 Ziffer 2.3.2 des Positionspapiers zur Netzanbindungsverpflichtung gemäß § 17 Abs. 2a EnWG vom Oktober 2009, siehe Fn. 137.

151 Ziffer 2.3.2 des Positionspapiers zur Netzanbindungsverpflichtung gemäß § 17 Abs. 2a EnWG vom Oktober 2009, siehe Fn. 137.

152 Ziffer II des Annexes vom Januar 2011 zum Positionspapier Netzanbindungsverpflichtung gemäß § 17 Abs. 2a EnWG vom Oktober 2009, siehe Fn. 139; Prall in Altrock/Oschmann/Theobald, siehe Fn. 129, § 31 Rn. 77.

Die Prüfung der Effizienz von Sammelanbindungen verlangt vom Übertragungsnetzbetreiber ein aufwendiges Planungsverfahren, da er bei der Planung zahlreiche Offshore-Windparkprojekte und deren individuelle Projektfortschritte stets im Blick behalten muss. Änderungen im Bauzeitenplan eines einzelnen Projektes können weitreichende Auswirkungen auf andere Projekte haben und Änderungen der bisherigen Planung der Sammelanbindung nach sich ziehen. Um dem Übertragungsnetzbetreiber sowie auch den weiteren von der Sammelanbindung betroffenen Offshore-Windparkprojekten eine gewisse Planungssicherheit zu vermitteln und eine ständige Aktualisierung der Planung zu vermeiden, hat die Bundesnetzagentur die sogenannte **Stichtagslösung** entwickelt.[153] Demnach soll der Übertragungsnetzbetreiber nicht ständig, sondern lediglich zweimal im Jahr gehalten sein, zu prüfen, ob und inwieweit ein annähernd gleicher Entwicklungsstand bei den einzelnen Offshore-Windparkprojekten gegeben ist. Konkret hat der Übertragungsnetzbetreiber jeweils zum 1. März sowie zum 1. September eines Kalenderjahres den Status der anbindungswilligen Projekte zu prüfen. Erfüllen diese zum jeweiligen Stichtag mindestens die Anbindungskriterien Nr. 1 und Nr. 2 sowie alternativ zusätzlich entweder das Anbindungskriterium Nr. 3 oder das Anbindungskriterium Nr. 4, sind diese Projekte im nachfolgenden Ausschreibungstermin zu berücksichtigen. Darüber hinaus stellt die Bundesnetzagentur im Annex vom Januar 2011 zu ihrem Positionspapier klar, dass die Ausschreibung einer Sammelanbindung bereits dann gerechtfertigt sein kann, wenn nur ein einzelner Offshore-Windpark zum relevanten Zeitpunkt die erforderlichen Anbindungskriterien ausweist, jedoch die Anbindung weiterer bereits genehmigter Projekte möglich und sinnvoll erscheint.[154]

3.2.3.6 Ausschreibungsverfahren und Netzanbindungszusage

Auf Basis der vorgenannten Stichtagslösung ist der Übertragungsnetzbetreiber nach Ansicht der Bundesnetzagentur gehalten, jeweils bis zum 30. April und zum 31. Oktober eines Kalenderjahres Ausschreibungen für Netzanbindungen durchzuführen. Hierbei sind sämtliche Projekte zu berücksichtigen, die bis zum 1. März bzw. 1. September desselben Jahres die Anbindungskriterien Nr. 1 und Nr. 2 sowie alternativ zusätzlich entweder das Anbindungskriterium Nr. 3 oder das Anbindungskriterium Nr. 4 erfüllen. Eine Veränderung der für den kommenden Ausschreibungstermin zu berücksichtigenden Einspeiseleistung ist ab diesem Termin nicht mehr möglich.[155] Die Ausschreibung selbst hat dann innerhalb von 2 Monaten ab diesem Prüfungstermin, mithin bis zum 30. April bzw. bis zum 31. Oktober zu erfolgen.[156] Zugleich hat der Übertragungsnetzbetreiber für diese Projekte eine **bedingte Netzanbindungszusage** zu erteilen, die lediglich durch die Vorlage der noch ausstehenden Anbindungskriterien bedingt sein darf.[157] Für Projekte, die bereits eine bedingte Netzanbindungszusage erhalten haben, liegt der nächste bedeutsame Stichtag 4 Monate nach Erteilung der bedingten

---

153 Ziffer 2.2 des Positionspapiers zur Netzanbindungsverpflichtung gemäß § 17 Abs. 2a EnWG vom Oktober 2009, siehe Fn. 137.

154 Ziffer II des Annexes vom Januar 2011 zum Positionspapier Netzanbindungsverpflichtung gemäß § 17 Abs. 2a EnWG vom Oktober 2009, siehe Fn. 139.

155 Ziffer 2.3.3 des Positionspapiers zur Netzanbindungsverpflichtung gemäß § 17 Abs. 2a EnWG vom Oktober 2009, siehe Fn. 137.

156 Ziffer 2.3.3 des Positionspapiers zur Netzanbindungsverpflichtung gemäß § 17 Abs. 2a EnWG vom Oktober 2009, siehe Fn. 137.

157 Ziffer 2.4.1 des Positionspapiers zur Netzanbindungsverpflichtung gemäß § 17 Abs. 2a EnWG vom Oktober 2009, siehe Fn. 137.

Netzanbindungszusage, mithin am 1. September desselben Jahres bzw. am 1. März des Folgejahres. An diesem Datum wird geprüft, ob nunmehr sämtliche Anbindungskriterien erfüllt sind. Ist dies der Fall, ist der Übertragungsnetzbetreiber verpflichtet, spätestens binnen weiterer 2 Monate, also jeweils bis zum 31. Oktober bzw. bis zum 30. April, einen Zuschlag auf die vor 6 Monaten gestartete Ausschreibung zu geben sowie dem Offshore-Windanlagenbetreiber eine **unbedingte Netzanbindungszusage** zu erteilen.[158]

Offshore-Windparks, die im Rahmen der Ausschreibung berücksichtigt wurden, es aber nicht geschafft haben, das noch fehlende Anbindungskriterium innerhalb der genannten Fristen zu erfüllen, erhalten keinen Zuschlag und werden frühestens nach dem Ablauf von 6 weiteren Monaten wieder für eine Ausschreibung berücksichtigt.[159]

Reichen die dem Übertragungsnetzbetreiber auf seine Ausschreibung angebotenen Kapazitäten nicht aus, um die gesamten Einspeiseleistungen derjenigen Projekte zu befriedigen, die zum maßgeblichen Stichtag alle vier Anbindungskriterien erfüllen, soll der Übertragungsnetzbetreiber nach Ansicht der Bundesnetzagentur eine anteilige Kürzung der Einspeiseleistungen für alle von dieser Sammelanbindung betroffenen Projekte vornehmen.[160]

3.2.3.7 Vergabe von Überkapazitäten

Durch die überwiegende Ausschreibung von Sammelanbindungen mit möglichst hohen Kapazitäten kann es zum Zeitpunkt des Zuschlages zu Überkapazitäten kommen. Dies wäre z.B. der Fall, wenn einzelne im Rahmen der Ausschreibung berücksichtigte Projekte zum Zeitpunkt der Zuschlagreife nicht sämtliche erforderlichen Anbindungskriterien erfüllen. Für diesen Fall hat die Bundesnetzagentur in ihrem Annex vom Januar 2011 zum Positionspapier Leitlinien für eine diskriminierungsfreie Vergabe von Überkapazitäten aufgestellt. Hinsichtlich des Zeitpunktes der Vergabe freier Kapazitäten befürwortet die Bundesnetzagentur ebenfalls ein Stichtagssystem und eine Koppelung an die für die Ausschreibung bzw. den Zuschlag maßgeblichen Stichtage 30. April sowie 31. Oktober.[161] Konkret solle die Entscheidung auch hier auf Basis der im Positionspapier genannten Anbindungskriterien erfolgen. Dabei gilt folgende Rangfolge:

1. Im ersten Rang ist unter Erteilung einer unbedingten Netzanbindungszusage die Einspeiseleistung von solchen Offshore-Windparks zu berücksichtigen, die
   - im Entscheidungszeitpunkt die Kriterien 1 bis 4 erfüllen und
   - zum vorhergehenden Stichtag eine bedingte Netzanbindungszusage erhalten haben.
2. Im zweiten Rang ist unter Erteilung einer unbedingten Netzanbindungszusage die Einspeiseleistung von solchen Offshore-Windparks zu berücksichtigen, die im Entscheidungszeitpunkt die Kriterien 1 bis 4 zwar erfüllen, aber zum vorhergehenden Stichtag keine bedingte Netzanbindungszusage erhalten haben.

158 Ziffer 2.3.4 des Positionspapiers zur Netzanbindungsverpflichtung gemäß § 17 Abs. 2a EnWG vom Oktober 2009, siehe Fn. 137.

159 Vgl. Ziffer 2.3.4 des Positionspapiers zur Netzanbindungsverpflichtung gemäß § 17 Abs. 2a EnWG vom Oktober 2009, siehe Fn. 137.

160 Ziffer 2.3.4 des Positionspapiers zur Netzanbindungsverpflichtung gemäß § 17 Abs. 2a EnWG vom Oktober 2009, siehe Fn. 137.

161 Ziffer IV des Annexes vom Januar 2011 zum Positionspapier Netzanbindungsverpflichtung gemäß § 17 Abs. 2a EnWG vom Oktober 2009, siehe Fn. 139.

3. Im dritten Rang ist unter Erteilung einer bedingten Netzanbindungszusage die Einspeiseleistung von solchen Offshore-Windparks zu berücksichtigen, die im Entscheidungszeitpunkt entweder die Kriterien 1 bis 3 oder die Kriterien 1, 2 und 4 erfüllen.
4. Unter Offshore-Windparkentwicklern, die im Hinblick auf die Verteilung von Überkapazitäten nach Ziffer 3 den gleichen Rang aufweisen, werden die freien Kapazitäten zu gleichen Teilen vergeben. Bei der Bewertung der Gleichrangigkeit können unter Beachtung des Diskriminierungsverbots technische, genehmigungsrechtliche und wirtschaftliche Gesichtspunkte Berücksichtigung finden, so dass eine Abweichung von der Aufteilung zu gleichen Teilen möglich ist. Ist die Anbindung aller gleichrangigen Offshore-Windparks – bspw. aufgrund fehlender freier Schaltfelder am HGÜ-Konverter – nicht möglich, entscheidet über den/die freien Anbindungsplätze das Los.
5. Der die Kriterien für eine unbedingte oder bedingte Netzanbindungszusage erfüllende Offshore-Windparkentwickler kann entsprechend den Regeln des Positionspapiers eine Ausschreibung auslösen, soweit seine Kapazität nach den Ziffern 3 und 4 nicht berücksichtigt wurde.[162]

3.2.3.8 Realisierung

Ist eine unbedingte Netzanbindungszusage erteilt, sollte der Übertragungsnetzbetreiber nach Ansicht der Bundesnetzagentur die Netzanbindung so früh wie möglich, spätestens jedoch innerhalb von 30 Monaten ab Erteilung der unbedingten Netzanbindungszusage errichten.[163] Abweichungen von dieser 30-monatigen Frist seien nur gestattet, wenn diese auf Umständen beruhen, die der Übertragungsnetzbetreiber nicht zu vertreten habe oder der Offshore-Windpark nach eigenem Bekunden des Projektentwicklers erst zu einem späteren Zeitpunkt technisch betriebsbereit sein wird.[164]

Eine abweichende Frist schlägt die Bundesnetzagentur für den Fall vor, dass ein Windpark zum Zeitpunkt des maßgeblichen vorangegangenen Stichtags die erforderlichen mindestens drei Anbindungskriterien noch nicht erfüllt hatte und dementsprechend in der Ausschreibung nicht berücksichtigt wurde, dann jedoch während eines laufenden Ausschreibungsverfahrens sämtliche Anbindungskriterien vollständig nahezu zeitgleich erfüllt. Für diesen Fall stellt die Bundesnetzagentur klar, dass grundsätzlich auch, ohne dass es zuvor eine bedingte Anschlusszusage gegeben hätte, am maßgeblichen folgenden Stichtag eine unbedingte Anschlusszusage zu erteilen sei. Mangels Berücksichtigung dieses Projektes in der bereits laufenden Ausschreibung solle die 30-monatige Frist für diesen Windpark aber nur dann und soweit gelten, wenn entsprechende Überkapazitäten aus bereits bezuschlagten Netzanbindungen zur Verfügung stünden. Ist dies nicht der Fall, müsse sich die Frist naturgemäß um den für eine erneute Ausschreibung benötigten Zeitraum von 6 Monaten, mithin auf insgesamt 36 Monate verlängern.[165]

---

[162] Ziffer IV des Annexes vom Januar 2011 zum Positionspapier Netzanbindungsverpflichtung gemäß § 17 Abs. 2a EnWG vom Oktober 2009, siehe Fn. 139.

[163] Vgl. Ziffer 2.4.2 des Positionspapiers zur Netzanbindungsverpflichtung gemäß § 17 Abs. 2a EnWG vom Oktober 2009, siehe Fn. 137.

[164] Ziffer 2.4.1 des Positionspapiers zur Netzanbindungsverpflichtung gemäß § 17 Abs. 2a EnWG vom Oktober 2009, siehe Fn. 137.

[165] Ziffer IV des Annexes vom Januar 2011 zum Positionspapier Netzanbindungsverpflichtung gemäß § 17 Abs. 2a EnWG vom Oktober 2009, siehe Fn. 139.

Aus rechtlicher Sicht ist an dieser Stelle noch einmal zu betonen, dass die vorgenannten von der Bundesnetzagentur aufgestellten Fristen keinesfalls rechtsverbindlich sind und nicht dazu geeignet sind, die Pflicht gemäß § 17 Abs. 2a EnWG zu modifizieren, wonach der Netzanschluss zum Zeitpunkt der technischen Betriebsbereitschaft bereitzustellen ist. Entsprechend kann nicht angenommen werden, dass im Falle einer Einhaltung der 30-monatigen Frist eine schuldhafte Verspätung des Übertragungsnetzbetreibers generell auszuschließen ist. Es ist somit nicht ausgeschlossen, dass im Einzelfall ein Gericht den Zeitraum von 30 Monaten sogar für zu lang erachten mag und einen Anschluss auch bei Einhaltung der 30 Monate schon als verschuldete Verspätung werten könnte. Hier sollte im Einzelfall auf die Umstände der jeweils zu errichtenden Anbindung, wie beispielweise Entfernung des Windparks von der Küste oder auch die Art der Anbindung, also ob Sammel- oder Einzelanbindung, geachtet und diese entsprechend bewertet werden. Umgekehrt dürfte allerdings im Falle einer nicht durch äußere Umstände gerechtfertigten Verzögerung des Netzanschlusses über die 30-monatige Frist hinaus eine verschuldete Verspätung des Übertragungsnetzbetreibers grundsätzlich indiziert sein.

3.2.3.9 Aktuelle Entwicklungen

Offshore-Netzplan

Mit Wirkung zum 5. August 2011 ist der neue § 17 Abs. 2a EnWG in Kraft getreten. Demnach soll das BSH im Einvernehmen mit der Bundesnetzagentur und in Abstimmung mit dem Bundesamt für Naturschutz und den Küstenländern jährlich einen Offshore-Netzplan für die AWZ erstellen, in dem die Offshore-Anlagen identifiziert werden, die für eine Sammelanbindung geeignet sind. Das Verfahren zur Aufstellung eines solchen (ersten) Offshore-Netzplanes wurde inzwischen vom BSH angestoßen.[166] In einem ersten Schritt hat das BSH am 15. Juni 2012 eine Veränderungssperre gemäß § 10 SeeAnlV für die AWZ der Nordsee erlassen. Die Veränderungssperre soll sicherstellen, dass die von ihr betroffenen Gebiete während des Zeitraumes, der für die Erstellung des Offshore-Netzplanes benötigt wird, nicht anderweitig beplant bzw. bebaut werden. Ausgenommen von der Veränderungssperre bleiben aber Offshore-Anlagen, bei denen die öffentliche Bekanntmachung der Auslegung der Unterlagen für einen Erörterungstermin bereits erfolgt ist. Zugleich hat das BSH am 20. Juni 2012 einen ersten Entwurf für den Offshore-Netzplan Nordsee vorgelegt und ein Konsultationsverfahren angestoßen.[167] Für den Bereich der Ostsee sieht das BSH bisher keinen Bedarf für eine Flächensicherung, so dass für diesen Bereich zunächst keine Veränderungssperre erlassen wurde.[168]

Zudem wurde ebenfalls mit Wirkung zum 5. August 2011 ein neuer § 17 Abs. 2b in das EnWG eingefügt. Dieser stellt zunächst klar, dass der Offshore-Netzplan keine Außenwirkung entfaltet und nicht durch Dritte anfechtbar ist. Entsprechend kann der Offshore-Netzplan auch nicht dazu dienen, verbindliche Anbindungstermine für die Anbindung einzelner Windparks festzulegen. Vielmehr wird gemäß § 17 Abs. 2b EnWG die Bundesnetzagentur offiziell ermächtigt, im Rahmen eines Festlegungsverfahrens nach § 29 Abs. 1 EnWG Kriterien für (1) die Errichtung von Netzanbindungen und (2) die Ermittlung der Realisierungswahrscheinlich-

166 Siehe http://www.bsh.de/de/Meeresnutzung/Offshore-Netzplan/index.jsp.

167 Siehe http://www.bsh.de/de/Meeresnutzung/Offshore-Netzplan/index.jsp.

168 Siehe http://www.bsh.de/de/Meeresnutzung/Offshore-Netzplan/index.jsp.

keit der Errichtung von Offshore-Anlagen sowie (3) die diskriminierungsfreie Vergabe von Anbindungskapazitäten zu bestimmen. Diese Festlegung nach § 17 Abs. 2b EnWG sollte das bisherige Positionspapier der Bundesnetzagentur ersetzen. Das Festlegungsverfahren ist aktuell noch nicht abgeschlossen. Die Bundesnetzagentur hat hierzu am 19. November 2011 ein Eckpunktepapier veröffentlicht.[169] Dieses Papier beinhaltet im Wesentlichen die bereits im Positionspapier vom Oktober 2009 sowie im dazugehörigen Annex vom Januar 2011 aufgestellten Kriterien.[170] Die wesentliche Neuerung des Eckpunktepapiers ist die sogenannte „Kautionslösung". Demnach soll der Anlagenbetreiber künftig alternativ anstelle der im Eckpunktepapier dargelegten Anbindungskriterien Nr. III.3 und III.4[171] zum Nachweis einer hinreichenden Realisierungswahrscheinlichkeit eine Sicherheitsleistung in Höhe von 200.000 Euro pro MW zu reservierender Netzanschlussleistung bereitstellen können. Diese Sicherheitsleistung sollte zurück zu gewähren sein, sobald die Anbindungskriterien Nr. III.3 und III.4 erfüllt sind. Erlischt dagegen die Genehmigung zur Errichtung des Offshore-Windparkvorhabens oder erklärt der Genehmigungsinhaber, das Vorhaben aufzugeben, soll die Sicherheitsleistung ersatzlos verfallen. Wird der Offshore-Windpark später mit einer geringeren als der reservierten Netzanschlussleistung realisiert, soll die Sicherheitsleistung anteilig erlöschen.[172] Nicht mehr Gegenstand des Eckpunktepapiers sind die noch im Positionspapier dargelegten Umsetzungsfristen von 30 bzw. 36 Monaten. Hintergrund sei, dass Netzanbindungen nunmehr nur noch mit einer Bauzeit von 45 bis 50 Monaten am Markt angeboten würden und nicht mehr wie im Zeitpunkt der Veröffentlichung des Positionspapiers mit einer Bauzeit von 30 Monaten.[173]

Stellungnahmen der Verbände und auch der Übertragungsnetzbetreiber 50 HERTZ TRANSMISSION GMBH und TENNET TSO GMBH stehen dem Eckpunktepapier kritisch gegenüber. Insbesondere wird überwiegend eine langfristige und ganzheitliche Ausbauplanung gefordert, die von den Terminplanungen der einzelnen Offshore-Windparks losgelöst ist und auf Basis einer rechtsverbindlichen Regelung erfolgen sollte.[174] Sofern die Kautionslösung nicht generell abgelehnt wird[175], divergieren die Ansichten über die Höhe der Sicherheit erwar-

169 Eckpunktepapier der Bundesnetzagentur – Beschlusskammer 6 – vom 19.12.2011.

170 Eckpunktepapier der Bundesnetzagentur – Beschlusskammer 6 – vom 19.12.2011, siehe Fn. 169, S. 2ff.

171 Diese sind identisch mit den im Positionspapier vom Oktober 2009 dargelegten Anbindungskriterien Nr. 3 und 4, siehe hierzu oben unter Ziffer 3.2.3.3.

172 Eckpunktepapier der Bundesnetzagentur – Beschlusskammer 6 – vom 19.12.2011, siehe Fn. 169, S. 4.

173 Eckpunktepapier der Bundesnetzagentur – Beschlusskammer 6 – vom 19.12.2011, siehe Fn. 169, S. 2.

174 U.a. Stellungnahme des BDEW, Bestimmung von Kriterien für die Genehmigung zur Errichtung von Offshore-Netzanbindungen – Konsultation der Bundesnetzagentur für ein Festlegungsverfahren, S. 8, abrufbar unter: http://www.bundesnetzagentur.de/DE/DieBundesnetzagentur/Beschlusskammern/1BK-Geschaeftszeichen-Datenbank/BK6/2011/BK6-11-101bis200/BK6-11-196/BK6-11-196_Eckpunktepapier_Offshore-_Windparks.html?nn=54756; Stellungnahme der TenneT, abrufbar unter http://www.bundesnetzagentur.de/DE/DieBundesnetzagentur/Beschlusskammern/1BK-Geschaeftszeichen-Datenbank/BK6/2011/BK6-11-101bis200/BK6-11-http://www.bundesnetzagentur.de/-DE/DieBundesnetzagentur/Beschlusskammern/1BK-Geschaeftszeichen-Datenbank/BK6/2011/BK6-11-101bis200/BK6-11-196/Stellungnahmen_Eckpunktepapiwer/Stellungnahme_Eckpunkte_Tennet.pdf?-__blob=publicationFile; Stellungnahme 50Hertz, abrufbar unter http://www.bundesnetzagentur.de/-DE/-DieBundesnetzagentur/Beschlusskammern/1BK-Geschaeftszeichen-Datenbank/BK6/2011/BK6-11-101bis200/-BK6-11-196/Stellungnahmen_Eckpunktepapiwer/Stellungnahme_Eckpunkte_50Hertz.pdf?-__blob=publicationFile.

175 TenneT sieht die Gefahr, dass durch die Kautionslösung die ohnehin kritische Anschlusssituation noch verschärft würde, Stellungnahme der TenneT, S. 2, siehe Fn. 174.

tungsgemäß zwischen Übertragungsnetzbetreibern[176] und Turbinenherstellern bzw. Windanlagenbetreibern[177] erheblich.

Gesetzesentwurf zur Änderung des Anbindungsverfahrens

Diese Kritik am Eckpunktepapier haben das BUNDESMINISTERIUM FÜR WIRTSCHAFT UND TECHNOLOGIE (BMWi) und das BUNDESMINISTERIUM FÜR UMWELT, NATURSCHUTZ UND REAKTORSICHERHEIT (BMU) aufgegriffen und in ihrer gemeinsamen Presseerklärung vom 2. Juli 2012 die Festlegung eines mehrjährigen Offshore-Netzentwicklungsplanes vorgeschlagen, der den Realisierungszeitpunkt sowie Ort und Größe zukünftiger Netzanschlüsse verbindlich regeln soll.[178] Dieser Vorschlag hat durch den Gesetzesentwurf der Bundesregierung vom 24. September 2012 weitere Konkretisierungen erfahren.[179] Beabsichtigt ist ein grundlegender Systemwechsel. Während bislang jeder Offshore-Windanlagenbetreiber zum Zeitpunkt der Fertigstellung seines Windparks einen individuellen Anbindungsanspruch hatte, soll künftig nur noch ein Anspruch auf Kapazitätszuweisung in einem diskriminierungsfreien Verfahren bestehen.[180] Einzelheiten möchten wir Ihnen nachfolgend näher vorstellen:

Gemäß § 17a EnWG-E soll das BSH künftig jährlich im Einvernehmen mit der Bundesnetzagentur sowie in Abstimmung mit dem BMU sowie den Küstenländern einen Bundesfachplan Offshore erstellen. Dieser soll die räumliche Ordnung der Nutzungsinteressen regeln und insbesondere folgende Festlegungen beinhalten: Offshore-Anlagen, die für eine Sammelanbindung geeignet sind, Trassen oder Trassenkorridore für Anbindungsleitungen sowie grenzüberschreitende Stromleitungen, Übertrittspunkte zwischen deutscher AWZ und Küstenmeer und Standorte für Konverterplattformen, sowie Festlegungen zu technischen Regelvorgaben und Planungsgrundsätzen. Der Bundesfachplan Offshore soll künftig den Offshore-Netzplan nach § 17 Abs. 2a Satz 3 und 4 EnWG ersetzen und ebenso wie dieser keine Außenwirkung entfalten und nicht selbständig durch Dritte anfechtbar sein. Er soll jedoch als Grundlage für das Planfeststellungs- und Genehmigungsverfahren für Offshore-Anlagen nach der Seeanlagenverordnung dienen.[181]

Konkrete Fertigstellungstermine für den Beginn und die Umsetzung von Anbindungsleitungen für Offshore-Windenergieanlagen sollen künftig durch einen sogenannten „Offshore-Netzentwicklungsplan" festgelegt werden. Der Offshore-Netzentwicklungsplan soll einen Zeitraum von 10 Jahren umfassen und künftig, unter Berücksichtigung der Festlegungen des Bundesfachplanes Offshore und des Szenariorahmens nach § 12a EnWG, jährlich jeweils zum 3. März eines jeden Jahres von den Übertragungsnetzbetreibern aufgestellt und der Bundes-

176 50Hertz hält einen Bezug zur Höhe der drohenden „Stranded Investments" für sachgerecht, Stellungnahme der 50Hertz, S. 5, siehe Fn. 174.

177 Stellungnahme der Vestas, abrufbar unter http://www.bundesnetzagentur.de/DE/DieBundesnetzagentur/-Beschlusskammern/1BK-Geschaeftszeichen-Datenbank/BK6/2011/BK6-11-101bis200/BK6-11-196/Stellungnahmen_Eckpunktepapiwer/Stellungnahme_Eckpunkte_VESTAS.pdf?__blob=publicationFile; Stellungnahme Trianel, abrufbar unter http://www.bundesnetzagentur.de/DE/DieBundesnetzagentur/Beschlusskammern/1BK-Geschaeftszeichen-Datenbank/BK6/2011/BK6-11-101bis200/BK6-11-196/Stellungnahmen_Eckpunktepapier/-Stellungnahme_Eckpunkte_Trianal.pdf?__blob=publicationFile.

178 http://www.bmwi.de/DE/Presse/pressemitteilungen,did=495058.html.

179 Entwurf zur Neuregelung energiewirtschaftsrechtlicher Vorschriften, BT-Drucksache 17/10754, siehe Fn. 123.

180 Begründung zu § 17d EnWG-E, Entwurf zur Neuregelung energiewirtschaftsrechtlicher Vorschriften, BT-Drucksache 17/10754, siehe Fn. 123, S. 28.

181 § 17a Abs. 5 EnWG-E.

netzagentur zur Genehmigung vorgelegt werden.[182] Erstmals soll dieses zum 3. März 2013 erfolgen. Bei der Festlegung der Termine für Beginn und Umsetzung einzelner Maßnahmen haben die Übertragungsnetzbetreiber neben den im Szenariorahmen nach § 12a EnWG von der Regulierungsbehörde genehmigten Erzeugungskapazitäten die zu erwartenden Planungs-, Zulassungs- und Errichtungszeiten sowie die am Markt verfügbaren Errichtungskapazitäten zu berücksichtigen.[183] Kriterien für die zeitliche Abfolge der Umsetzung sind nicht mehr wie bisher allein der Entwicklungsstand des anbindungswilligen Vorhabens, sondern künftig auch wirtschaftliche Kriterien, insbesondere die räumliche Nähe zur Küste, die geplante Inbetriebnahme der Konverterstation und des Netzanknüpfungspunktes an Land. Die Bundesnetzagentur soll ermächtigt werden, nähere Bestimmungen zum Inhalt des Verfahrens zur Erstellung des Offshore-Netzentwicklungsplanes sowie weiterer Kriterien zur Festlegung der Anschlussreihenfolge festzulegen.[184] Durch die nunmehr flexibleren Kriterien soll eine größere Effizienz bei der Errichtung der kostspieligen Anbindungsleitungen erreicht werden. Zudem soll dem Übertragungsnetzbetreiber ein gewisser Wertungsspielraum eingeräumt werden. Die vom Übertragungsnetzbetreiber getroffene Auswahl der Anlagen und der zeitlichen Reihenfolge unterliegt allerdings der Prüfung durch die Bundesnetzagentur, da der Offshore-Netzentwicklungsplan durch diese bestätigt werden soll.[185] Die für den (Onshore-) Netzentwicklungsplan geltenden § 12c und d EnWG sollen künftig auch für den Offshore-Netzentwicklungsplan angewendet werden.[186] Sollte diese Neuregelung umgesetzt werden, wird mit Spannung zu erwarten sein, mit welcher Priorisierung derzeit in der Planung befindliche Projekte in dem erstmals zum 3. März 2013 vorzulegenden Offshore-Netzentwicklungsplan aufgenommen werden.

Die konkrete Pflicht des Übertragungsnetzbetreibers zur Errichtung der Anbindungsleitung soll künftig in § 17d EnWG-E geregelt sein. Demnach soll der Übertragungsnetzbetreiber, in dessen Regelzone der Netzanschluss erfolgen soll, die Leitung entsprechend der im Offshore-Netzentwicklungsplan festgelegten Termine errichten. Der Übertragungsnetzbetreiber soll künftig verpflichtet sein, spätestens nach Auftragsvergabe gegenüber dem Betreiber der Offshore-Windenergieanlage den voraussichtlichen Fertigstellungstermin der Anbindungsleitung bekannt zu machen und diesen auf seiner Internetseite zu veröffentlichen. Eine Änderung des bekannt gemachten voraussichtlichen Fertigstellungstermins soll ab diesem Zeitpunkt nur noch mit Zustimmung der Regulierungsbehörde möglich sein. 30 Monate vor Eintritt der voraussichtlichen Fertigstellung soll der bekannt gemachte Fertigstellungstermin verbindlich werden, so dass dem Windanlagenbetreiber ab diesem Zeitpunkt ein verbindlicher Anspruch auf Netzanbindung zustehen wird.[187] Steht der Netzanschluss dann am verbindlich gewordenen Fertigstellungstermin dennoch nicht zur Verfügung, knüpfen sich hieran Entschädigungsregelungen, die nun erstmals auch unmittelbar im EnWG festgelegt werden sollen.[188] Hierauf werden wir unten unter Ziffer 3.2.4.5 näher eingehen.

182 § 17b Abs. 1 und 2 EnWG-E.

183 § 17b Abs. 2 EnWG-E.

184 § 17d Abs. 5 EnWG-E.

185 § 17c Satz 1 EnWG-E.

186 § 17c Satz 1 EnWG-E.

187 § 17d Abs. 3 Satz 1 i.V.m. § 17 Abs. 2 Satz 3 EnWG-E.

188 Begründung zu § 17d EnWG-E, Entwurf zur Neuregelung energiewirtschaftsrechtlicher Vorschriften, BT-Drucksache 17/10754, siehe Fn. 123, S. 28.

Weiter ist zu beachten, dass der einmal verbindlich gewordene Anbindungstermin und der damit einhergehende Anbindungsanspruch nicht auf unbegrenzte Zeit besteht, sondern wieder erlischt, wenn von ihm nicht Gebrauch gemacht wird (sogenanntes „Use-it-or-lose-it"-Prinzip).[189] Beginnt der Offshore-Windanlagenbetreiber nicht mindestens zwölf Monate vor dem verbindlichen Fertigstellungstermin mit der Errichtung der Windenergieanlagen, bzw. sind diese nicht innerhalb von zwölf Monaten nach Fertigstellung der Netzanbindung betriebsbereit, soll die Bundesnetzagentur berechtigt sein, in einem diskriminierungsfreien Verfahren in Abstimmung mit dem BSH die bestehende Anbindungskapazität an Dritte zu vergeben.[190] Zu beachten ist, dass es sich nicht um eine zwingende Rechtsfolge handelt, sondern nur um eine „Kann-Regelung", die der Behörde Ermessen einräumt. Dabei ist zwischen dem wirtschaftlichen Interesse des Offshore-Windanlagenbetreibers und dem öffentlichen Interesse an einer möglichst schnellen Nutzung der Anschlussleitung abzuwägen. Dadurch soll dem Verhältnismäßigkeitsgrundsatz Rechnung getragen werden.[191]

Für den Fall, dass ein Übertragungsnetzbetreiber seinen Ausbaupflichten nicht nachkommt, sieht der Gesetzesentwurf eine Durchsetzungskompetenz der Bundesnetzagentur gemäß § 65 Abs. 2a EnWG vor.[192] Demnach soll die Bundesnetzagentur den Übertragungsnetzbetreibern Umsetzungsfristen setzen können und für den Fall, dass diese Fristen nicht eingehalten werden, sogar selbst ein Ausschreibungsverfahren zur Umsetzung der Maßnahmen durchführen können.

3.2.4 Haftungsfragen

Aktuell zeichnet sich bei einigen Offshore-Windparkprojekten ab, dass eine rechtzeitige Fertigstellung des Netzanschlusses nicht mehr geleistet werden kann. Der für den Anschluss der in der Nordsee geplanten Windparkprojekte zuständige Übertragungsnetzbetreiber TENNET TSO GMBH warnte in einem Brief an die Bundesregierung vom November 2011, die Errichtung von Anschlüssen sei in der bisherigen Form nicht länger möglich. Wegen der ständig steigenden Zahl von Anschlusspetenten stießen alle Beteiligten an die Grenzen ihrer Ressourcen. Hinzu kämen massive Probleme bei der Beschaffung des notwendigen Kapitals.[193]

Ist der Netzanschluss zum Zeitpunkt der technischen Betriebsbereitschaft der Offshore-Windenergieanlagen nicht verfügbar, drohen erhebliche finanzielle Ausfälle auf Seiten der Windanlagenbetreiber, insbesondere Einspeiseausfälle sowie Erhaltungs- und Zinsaufwendungen.[194] Nach einer beispielhaften Berechnung des BUNDESVERBANDS DER ENERGIE- UND WASSERWIRTSCHAFT E.V. (BDEW) beträgt der Verlust eines erst 12 Monate nach Fertigstellung an das Netz angeschlossenen Windparks mit 400 MW knapp 150 Millionen Euro, wo-

---

189 Begründung zu § 17d EnWG-E, Entwurf zur Neuregelung energiewirtschaftsrechtlicher Vorschriften, BT-Drucksache 17/10754, siehe Fn. 123, S. 28.

190 § 17d Abs. 3 Satz 3 EnWG-E.

191 Siehe hierzu Begründung zu § 17d EnWG-E, Entwurf zur Neuregelung energiewirtschaftsrechtlicher Vorschriften, BT-Drucksache 17/10754, siehe Fn. 123, S. 28.

192 § 17d Abs. 6 EnWG.

193 Artikel „Netzbetreiber warnt vor Engpässen bei Windparks im Meer" vom 16. November 2011, abrufbar unter http://www.sueddeutsche.de/wirtschaft/probleme-mit-offshore-windparks-nordsee-ohne-anschluss-1.1190286.

194 Stellungnahme des BDEW, Bestimmung von Kriterien für die Genehmigung zur Errichtung von Offshore-Netzanbindungen – Konsultation der Bundesnetzagentur für ein Festlegungsverfahren, S. 3, siehe Fn. 174.

bei die entgangene Einspeisevergütung noch nicht eingerechnet wurde, sondern lediglich der Barwertverlust durch die Verlagerung des 20-jährigen Vergütungszeitraumes um 12 Monate nach hinten.[195] Derartige Szenarien sind nach momentanem Stand der Dinge nicht abwegig.

Darüber hinaus mag es in der Zukunft auch Fälle geben, bei denen ein Netzanschluss zwar anfänglich zur Verfügung stand, aber während der Betriebsphase des Windparks etwa aufgrund einer technischen Störung ausfällt. In beiden Fällen stellt sich die Frage der Haftung des Übertragungsnetzbetreibers.

Das EnWG beinhaltet zu diesen Fragen aktuell keine ausdrückliche Regelung, so dass für die Lösung allgemeine rechtliche Grundsätze herangezogen werden müssen, wobei zu unterscheiden ist, ob die entsprechende Verspätung oder Störung vom Netzbetreiber zu vertreten ist oder nicht. Entsprechend groß ist die Verunsicherung aller Betroffenen. Immer wieder sind in der Vergangenheit, insbesondere aus der Perspektive der Übertragungsnetzbetreiber, Forderungen nach einer Haftungsbegrenzung bzw. Solidarisierung möglicher Schäden aufgeworfen worden.[196] Aus Sicht des Projektentwicklers stellt sich die Frage, ob und in welchem Umfang Schadensersatzansprüche geltend gemacht werden können. Zudem besteht Unsicherheit darüber, wie sich ein Projektentwickler im Falle einer sich bereits abzeichnenden Verspätung des Netzanschlusses verhalten sollte, um einerseits Schäden gering zu halten, andererseits aber eine ausreichende Tatsachenbasis für einen Schadensersatzanspruch zu schaffen. Entsprechend wurden in der Vergangenheit sowohl seitens der Windanlagenbetreiber als auch seitens der Übertragungsnetzbetreiber Investitionen zurückgehalten, in der Hoffnung, der Gesetzgeber werde zeitnah eine klärende Regelung finden, um bestehende Rechtsunsicherheiten auszuräumen.[197]

Die Bundesregierung hat diese Probleme erkannt und in ihrem aktuellen Gesetzesentwurf vom 24. September 2012[198] Klarstellungen vorgeschlagen. Auf Einzelheiten der aktuellen Rechtslage und künftiger Reformvorschläge werden wir in Ziffer 3.2.4.5 näher eingehen.

---

[195] Stellungnahme des BDEW, Bestimmung von Kriterien für die Genehmigung zur Errichtung von Offshore-Netzanbindungen – Konsultation der Bundesnetzagentur für ein Festlegungsverfahren, S. 6, siehe Fn. 174. Ausgegangen wurde hierbei von einem Windpark mit einer installierten Leistung von 400 MW, wobei der Park mit 4000 Volllaststunden im Jahr läuft, der eingespeiste Strom nach dem Stauchungsmodell vergütet wird und der Kalkulationszinssatz 9 % beträgt. Errechnet wurden dabei ein Barwertverlust durch die Verlagerung der Einspeisevergütungen in Höhe von rund 117 Mio. Euro sowie zusätzliche Kosten in Höhe von rund 30,4 Mio. Euro für sonstige Kosten, z.B. Stromversorgung im Notstrombetrieb.

[196] Vgl. Stellungnahme von 50Hertz Transmission zum NABEG-Entwurf, Ausschussdrucksache 17(9)518 vom 23. Juni 2011, S. 3f., abrufbar unter http://www.bundestag.de/bundestag/ausschuesse17/a09/anhoerungen/Archiv_der_Anhoerungen/9_Oeffentliche_Anhoerung/Stellungnahmen/17_9_518.pdf; Stellungnahme der TenneT TSO GmbH zur öffentlichen Anhörung des Ausschusses für Wirtschaft und Technologie am 27. Juni 2011, Ausschussdrucksache 17(9)521 vom 23. Juni 2011, S. 1f., abrufbar unter http://www.bundestag.de/bundestag/ausschuesse17/a09/anhoerungen/Archiv_der_Anhoerungen/9_Oeffentliche_Anhoerung/Stellungnahmen/17_9_521.pdf; Brief der TenneT TSO GmbH an den Bundesminister für Wirtschaft und Technologie vom 17.02.2012 S. 4ff., abrufbar unter http://ingrid-nestle.de/fileadmin/user_upload/gruene_btf_nestle/Netze/Tennet_Anschreiben_BundesministerRoesler_120217.pdf.

[197] Siehe hierzu Begründung zu § 17e EnWG-E, Entwurf zur Neuregelung energiewirtschaftsrechtlicher Vorschriften, BT-Drucksache 17/10754, siehe Fn. 123, S. 29.

[198] Entwurf zur Neuregelung energiewirtschaftsrechtlicher Vorschriften, BT-Drucksache 17/10754, siehe Fn. 123.

3.2.4.1 Vom Übertragungsnetzbetreiber nicht verschuldete Störungen des Netzanschlusses

Eine Regelung für den Fall eines unverschuldeten Ausfalls bzw. Wegfalls der Einspeisemöglichkeit beinhaltet der mit Inkrafttreten des EEG 2012 neu eingeführte § 31 Abs. 4 EEG. Dieser sieht vor, dass sich im Falle einer vom Übertragungsnetzbetreiber nicht verschuldeten verspäteten Verfügbarkeit des Netzanschlusses oder einer nachträglichen Unverfügbarkeit des Netzanschlusses, die länger als sieben aufeinanderfolgende Tage andauert, die erhöhte Anfangsvergütung nach § 31 Abs. 2 EEG bzw. – im Falle einer Wahl des Stauchungsmodells – nach § 31 Abs. 3 EEG beginnend mit dem 8. Tag der Störung um den Zeitraum dieser Störung verlängert. Durch diese Regelung soll dem Windanlagenbetreiber, auch wenn mangels Verschulden kein unmittelbarer Haftungsschuldner zur Verfügung steht, zumindest eine Mindestabsicherung gegeben werden.[199] Verhindert wird hier jedoch lediglich, dass der ansonsten durch eine Inbetriebnahme ausgelöste Zeitraum der Anfangsvergütung bereits ausgelöst wird, ohne dass die Offshore-Windenergieanlage einspeisen und Erlöse erzielen kann. Zu beachten ist aber, dass die Norm ausdrücklich nur auf die Anfangsvergütung abstellt, während die Dauer des allgemeinen 20-jährigen Vergütungszeitraumes gemäß § 21 Abs. 2 EEG, der mit dem Zeitpunkt der Inbetriebnahme der Offshore-Windenergieanlage beginnt, weiterhin läuft. Dies wird allerdings jedenfalls dann keine praktischen Auswirkungen haben, wenn die Verfügbarkeit des Netzanschlusses zwar verspätet, aber noch im selben Jahr wie die tatsächliche Inbetriebnahme erfolgt, da der Vergütungszeitraum nach § 21 Abs. 2 EEG 20 Jahre zuzüglich des verbleibenden Zeitraumes des Inbetriebnahmejahres umfasst.

Nicht von § 31 Abs. 4 EEG erfasst werden sämtliche dem Anlagenbetreiber durch die verspätete oder fehlende Einspeisemöglichkeit entstehenden finanziellen Verluste etwa aufgrund erhöhter Erhaltungs- und Zinsaufwendungen.

3.2.4.2 Haftung des Übertragungsnetzbetreibers bei verschuldeten Störungen des Netzanschlusses

Eine Solidarisierung der Einspeiseverluste über § 31 Abs. 4 EEG kommt nicht in Betracht, wenn der Übertragungsnetzbetreiber die Störung des Netzanschlusses zu vertreten hat. In diesem Fall ist vielmehr der Übertragungsnetzbetreiber Adressat möglicher Schadenersatzansprüche des Windanlagenbetreibers.

Nach überwiegender Ansicht begründet die Vorschrift des § 17 Abs. 2a EnWG ein gesetzliches Schuldverhältnis zwischen dem Übertragungsnetzbetreiber und dem Anschlusspetenten.[200] Entsprechend kämen im Falle einer Verletzung der Anschlusspflicht vor allem Schadensersatzansprüche gemäß §§ 280 Abs. 1 und 2, 286 BGB in Betracht. Darüber hinaus wäre auch an eine Haftung des Übertragungsnetzbetreibers nach § 32 Abs. 3 EnWG sowie aus unerlaubter Handlung gemäß § 823 Abs. 2 BGB in Verbindung mit § 17 Abs. 2a EnWG zu

---

199 Entwurf eines Gesetzes zur Neuregelung des Rechtsrahmens für die Förderung der Stromerzeugung aus erneuerbaren Energien, BT-Drs 17/6071, S. 76.

200 Bourwieg in Britz/Hellermann/Hermes, Energiewirtschaftsgesetz, 2. Auflage, München 2010, § 17 Rn. 47a; Prall in Altrock/Oschmann/Theobald, siehe Fn. 129, § 31 Rn. 70; Wustlich ZUR 2007, 122, 128; Hinsch, ZNER 2009, 333, 339; a.A. dagegen: Risse, Haller, Schilling NVwZ 2012 592, 596, die die Annahme eines gesetzlichen Schuldverhältnisses ablehnen.

denken. Alle diese Fälle haben gemeinsam, dass sie ein schuldhaftes Verhalten des Übertragungsnetzbetreibers voraussetzen. Zugunsten des Anschlusspetenten hat die Geltendmachung eines Anspruches über §§ 280 Abs. 1 und 2, 286 BGB gegenüber den anderen Anspruchsnormen jedoch den Vorteil, dass hier die Beweislast für das Verschulden umgekehrt ist. Während Ansprüche gestützt auf § 32 Abs. 3 EnWG und § 823 Abs. 2 BGB dem allgemeinen Grundsatz folgen, dass der Anspruchssteller sämtliche anspruchsbegründenden Voraussetzungen zu beweisen hat,[201] gilt im Rahmen von §§ 280 Abs. 1 und 2, 286 BGB eine Beweislastumkehr.[202] In diesem Fall läge es bei dem Übertragungsnetzbetreiber, darzulegen und zu beweisen, dass er die Verzögerung nicht schuldhaft herbeigeführt hat. Der Verschuldensmaßstab richtet sich dabei nach § 276 BGB und umfasst Vorsatz und Fahrlässigkeit. Als typische Beispiele für vom Übertragungsnetzbetreiber zu vertretende Verzögerungen dürften die nicht rechtzeitige Einleitung der Genehmigungsverfahren, die Fehleinschätzung seiner Leistungsfähigkeit oder auch verspätete Materialbestellungen anzusehen sein.[203] Kein Verschulden des Übertragungsnetzbetreibers dürfte jedenfalls bei unvorhersehbaren Verzögerungen bei den Genehmigungserteilungen seitens der Behörden sowie Verzögerungen bei der Errichtung aufgrund von höherer Gewalt, insbesondere aufgrund unvorhersehbarer Naturereignisse vorliegen.[204] Zweifelhaft ist dagegen, ob objektiv bestehende Kapazitätsengpässe der Lieferanten ein Verschulden des Übertragungsnetzbetreibers ausschließen. Hier könnte argumentiert werden, der Übertragungsnetzbetreiber hätte sich abzeichnende Kapazitätsengpässe vermeiden können, wenn er sich frühzeitig bei den Lieferanten entsprechende Zeitfenster gesichert hätte.[205]

Grundsätzlich gilt im Rahmen der Haftung nach §§ 280 ff. BGB, dass der Schuldner nicht nur für eigenes Verschulden haftet, sondern sich gemäß § 278 BGB auch das Verschulden solcher Personen zurechnen lassen muss, derer er sich zur Erfüllung seiner Verbindlichkeiten bedient. Dies wird ganz überwiegend auch für die Haftung bei Verletzungen eines öffentlich-rechtlichen Schuldverhältnisses, wie es nach überwiegender Ansicht aus § 17 Abs. 2a EnWG resultiert, angenommen.[206] Ob dieses uneingeschränkt auch für den Übertragungsnetzbetreiber gilt, sofern ein Verschulden von Lieferanten der Anbindungskomponenten, beispielsweise in Bezug auf die Herstellung und Verlegung von Kabel, vorliegt, ist streitig.[207] Basierend auf höchstrichterlichen Entscheidungen, die zum Kauf- und Werkvertragsrecht ergangen sind,[208] lässt sich argumentieren, dass die Lieferung der Komponenten nicht zum Pflichtenkreis des Übertragungsnetzbetreibers im Sinne von § 17 Abs. 2a EnWG gehöre und daher ein Verschulden der Zulieferer hier nicht zuzurechnen sei.[209] Dies gilt insbesondere, wenn man sich auf den Standpunkt stellt, der Übertragungsnetzbetreiber schulde nicht selbst die Herstellung und Errichtung der Komponenten, sondern habe lediglich eine organisatori-

201 Sprau in Palandt, siehe Fn. 360, § 823 Rn. 80.

202 Grüneberg in Palandt, siehe Fn. 360, § 280 Rn. 35, 40.

203 Hierzu Hinsch, ZNER 2009, 333, 339.

204 Compes/Schneider, KSzW 03.2011, 277, 282.

205 Hinsch, ZNER 2009, 333, 339.

206 Grüneberg in Palandt, siehe Fn. 360, § 278 Rn. 7.

207 Bejahend Hinsch, ZNER 2009, 333, 339, ablehnend Risse, Haller, Schilling, NVwZ 2012, 592, 597, die bereits generell eine zivilrechtliche Haftung ablehnen.

208 BGH NJW 1978, 1157; BGH NJW 2008, 2837, 2840.

209 Hinsch, ZNER 2009, 333, 339; Risse, Haller, Schilling, NVwZ 2012, 592, 597.

sche Pflicht, den Netzanschluss federführend zu koordinieren und sich die Pflicht des Übertragungsnetzbetreibers darauf beschränke, erforderliche Subunternehmer sorgfältig auszuwählen.

Zudem setzt Verzug gemäß § 286 Abs. 1 BGB grundsätzlich eine Mahnung voraus. Diese ist jedoch gemäß § 286 Abs. 2 Nr. 1 BGB dann entbehrlich, wenn für die Leistung eine Zeit nach dem Kalender bestimmt wird. Es wird vertreten, dass eine hinreichende Zeitbestimmung vorliegen soll, wenn ein Realisierungsfahrplan existiert, der verbindliche Vereinbarungen der Parteien über die Umsetzung einzelner Meilensteine zu bestimmten Zeitpunkten vorsieht.[210] Ob dies den Anforderungen an eine hinreichende Zeitbestimmung im Sinne von § 286 Abs. 2 Nr. 1 BGB genügt, ist jedoch nicht gesichert. Aus diesem Grund sollte der Offshore-Windanlagenbetreiber im Fall einer Verzögerung sicherheitshalber eine formale Mahnung gegenüber dem Übertragungsnetzbetreiber vornehmen.

Liegen die Voraussetzungen für einen Schadensersatzanspruch vor, kann der Offshore-Windanlagenbetreiber gemäß §§ 249 ff. BGB grundsätzlich sämtliche ihm aufgrund der Pflichtverletzung entstandenen Schäden, einschließlich entgangener Gewinne, ersetzt verlangen. Dabei ist er gemäß § 249 Abs. 1 BGB so zu stellen, wie er bei rechtzeitiger Errichtung des Netzanschlusses stehen würde. Als bedeutsamste Schadensposition ist hier zunächst die entgangene Einspeisevergütung zu nennen. Weitere typischerweise in diesem Zusammenhang entstehenden Schäden sind z.B. zusätzlich anfallende Bauzeitzinsen, Mehrkosten für die Energieversorgung der Windenergieanlagen über Eigenversorgung, Mehrkosten aufgrund von Preisgleitklauseln oder Pönalen in Lieferverträgen, Lagerkosten sowie gegebenenfalls entstehende Mehrkosten für Schiffsreservierungen etc.[211] Aus dieser nicht abschließenden Aufzählung etwaiger Schadensposten wird deutlich, dass jegliche Verzögerungen bei der Offshore-Netzanbindung wirtschaftlich sensible Folgen für die Beteiligten aufweisen können.

Zu beachten ist, dass sich der Windanlagenbetreiber gegebenenfalls eigenes Mitverschulden bei einer Verspätung nach § 254 BGB schadensmindernd anrechnen lassen muss. Ein Mitverschulden des Windanlagenbetreibers könnte sich beispielsweise daraus ergeben, dass aus Gründen, die bei ihm liegen, ein einvernehmlicher Realisierungsfahrplan nicht vereinbart wurde.[212] Weitere Gründe für ein Mitverschulden könnten gegeben sein, wenn der Windanlagenbetreiber die ihm obliegenden Kooperations- und Informationspflichten[213] verletzt.[214] Dies kann zu einer Reduzierung bzw. sogar zu einem kompletten Ausschluss der Haftung führen.

Die vorgenannten Grundsätze gelten bei einer Unterbrechung des bereits erstellten Netzanschlusses entsprechend. § 17 Abs. 2a EnWG verpflichtet den Übertragungsnetzbetreiber nämlich nicht nur dazu, den Netzanschluss herzustellen, sondern auch dazu, den Netzanschluss stets aufrechtzuerhalten.

---

210 Compes/Schneider, KSzW 03.2011, 277, 282.

211 Compes/Schneider, KSzW 03.2011, 277, 283.

212 Compes/Schneider, KSzW 03.2011, 277, 283.

213 Derartige Pflichten sind zwar nicht ausdrücklich gesetzlich geregelt, bestehen aber nach überwiegender Meinung (siehe hierzu auch oben unter Ziffer 3.2.3.4).

214 So auch Wustlich, ZUR 2007, 122, 128; BT-Drs. 16/3158, S. 44; Prall in Altrock/Oschmann/Theobald, siehe Fn. 129, § 31 Rn. 70.

3.2.4.3 Praktische Herausforderungen

Aus rechtlicher Sicht kann die Frage gestellt werden, wann ein Schadensersatzanspruch wegen Verletzung der Anbindungspflicht entsteht und wie sich ein Projektentwickler zu verhalten hat, wenn während der Planungs- und Errichtungsphase bereits deutlich wird, dass eine Verspätung des Netzanschlusses droht.

Ausgehend vom Wortlaut des § 17 Abs. 2a EnWG könnte argumentiert werden, dass eine Pflichtverletzung erst dann vorliegt, wenn die Offshore-Windenergieanlagen vollständig errichtet worden sind und technische Betriebsbereitschaft erlangt haben. Eine solche Auslegung würde den Windanlagenbetreiber verpflichten, trotz möglicherweise bereits erkennbarer Unmöglichkeit eines rechtzeitigen Netzanschlusses die Anlagen zu einem Zeitpunkt ins Meer zu stellen, zu dem eine Einspeisemöglichkeit offensichtlich noch nicht besteht. Diese Methode wäre rechtlich eine sichere Möglichkeit, sich Schadensersatzansprüche „zu sichern". Auf der anderen Seite muss hier aber auch die Obliegenheit der Schadensminderung gemäß § 254 BGB im Auge behalten werden. Werden die Anlagen aufgestellt, obwohl ein rechtzeitiger Netzanschluss absehbar nicht mehr möglich ist, entstehen Schäden, die bei umsichtigem Handeln hätten vermieden werden können. Ein Übertragungsnetzbetreiber könnte auf dieser Basis eine Minderung von Schadensersatzansprüchen aufgrund Mitverschuldens argumentieren.

Ein aus Sicht des Windanlagenbetreibers denkbarer Ansatz wäre es, die Fertigstellung des Windparks zu verzögern, sobald abzusehen ist, dass sich der Netzanschluss sicher erheblich verzögern wird, und den eigenen Zeitplan entsprechend anzupassen. Praktisch ist dies aber nicht ohne weiteres möglich, denn bereits gebuchte Kapazitäten z.B. für Spezialschiffe lassen sich nicht einfach verschieben. Zudem sind die Errichtungsarbeiten stark wetterabhängig und können ohnehin nur in bestimmten Zeitfenstern durchgeführt werden. Sofern ein solches Vorgehen erwogen wird, sollte dies zudem stets nur in enger Absprache mit dem Übertragungsnetzbetreiber erfolgen und besonders sorgfältig dokumentiert werden. Letztlich wird der Windparkentwickler in jedem Fall beweisen müssen, dass er auch ohne die bewusste Verzögerung der Fertigstellung in der Lage gewesen wäre, die technische Betriebsbereitschaft zum gemäß Realisierungsfahrplan vorgesehenen Zeitpunkt des Netzanschlusses fertigzustellen. Darüber hinaus kann selbst bei sorgfältiger Dokumentation nicht ausgeschlossen werden, dass ein Gericht sich streng am Wortlaut des § 17 Abs. 2a EnWG orientiert und die tatsächliche technische Betriebsbereitschaft der Windenergieanlagen als Voraussetzung für jegliche Schadensersatzansprüche verlangt.

3.2.4.4 Haftungsbegrenzung

Vor dem Hintergrund der drohenden beträchtlichen Schäden, die im Falle eines verzögerten Netzanschlusses im Raum stehen, stellt sich die Frage, ob der Übertragungsnetzbetreiber für entstandene Schäden unbegrenzt haftet, oder ob Haftungsbegrenzungen Anwendung finden.

Aktuell finden sich Haftungsbegrenzungen zugunsten des Übertragungsnetzbetreibers in § 18 der Niederspannungsanschlussverordnung (NAV). Dieser regelt die allgemeinen Bedingungen, zu denen Übertragungsnetzbetreiber nach § 18 EnWG jedermann an ihr Niederspannungsnetz anzuschließen und den Anschluss zur Entnahme von Elektrizität zur Verfügung zu stellen haben.[215] Die Niederspannungsanschlussverordnung beschränkt in § 18 die Haftung des Übertragungsnetzbetreibers für Schäden, die ein Anschlussnutzer durch Unterbrechung oder durch Unregelmäßigkeit in der Anschlussnutzung erleidet. Dies gilt sowohl für die Haftung aus Vertrag, aus dem Anschlussnutzungsverhältnis als auch aus unerlaubter Handlung. Zudem beinhaltet § 18 Abs. 1 Niederspannungsanschlussverordnung eine gesetzliche Beweislastumkehr dahingehend, dass ein vorsätzliches oder grob fahrlässiges Verhalten grundsätzlich vermutet wird. Nach dem ausdrücklichen Wortlaut und dem Anwendungsbereich der NAV gilt § 18 für den Anschluss an das Niederspannungsnetz. Darüber hinaus regelt § 25a Stromnetzzugangsverordnung (StromNZV) auch für andere Netzebenen eine entsprechende Anwendung. Dies gilt allerdings nicht für den Netzanschluss, sondern nur für den Netzzugang, der das Bestehen eines Netzanschlusses erst voraussetzt. Eine entsprechende Regelung der Haftungsobergrenzen besteht jedoch nicht für Ansprüche des Offshore-Windanlagenbetreibers gegenüber dem Übertragungsnetzbetreiber. Auch müssen die Betreiber von Offshore-Windenergieanlagen nicht befürchten, dass ein Übertragungsnetzbetreiber den Netzanschluss von einem Vertrag, der eine Haftungsobergrenze zum Inhalt hat, abhängig macht. § 4 EEG verbietet es dem Übertragungsnetzbetreiber, den Netzanschluss von dem vorherigen Abschluss eines Vertrages abhängig zu machen.

Teilweise wird argumentiert, die gesetzliche Verpflichtung der Übertragungsnetzbetreiber, den Netzanschluss von Offshore-Windparks auf eigene Kosten und eigenes Risiko herzustellen, verstoße gegen die grundrechtlich geschützte Berufsfreiheit sowie Eigentumsfreiheit der Übertragungsnetzbetreiber und sei deshalb wegen eines Verfassungsverstoßes nichtig.[216] Dies gelte jedenfalls dann, wenn man die Norm dahingehend auslege, dass der Übertragungsnetzbetreiber gegenüber dem Windparkinvestor auch privatrechtlich auf Schadensersatz hafte, wenn die Netzanbindung verspätet oder fehlerhaft sei.[217] Zur Begründung wird vorgetragen, es fehle an einer Rechtfertigung für die Grundrechtseingriffe, schließlich könne der Staat als sogenanntes milderes Mittel die Netzanbindung auch selbst übernehmen.[218] Ob diese Argumentation einer verfassungsrechtlichen Prüfung standhält, ist ungewiss. Dagegen spräche zunächst, dass die Übertragungsnetzbetreiber die größere Sachnähe zur Erstellung eines Netzanschlusses haben und eine staatliche Erstellung nicht gleichermaßen effizient und damit nicht gleichermaßen geeignet wäre. Zudem ließe sich argumentieren, dass die erforderlichen Ausbaukosten gemäß § 23 Abs. 1 Nr. 5 der Anreizregulierungsverordnung, sofern den Übertragungsnetzbetreiber kein Verschulden trifft, auf die Netzentgelte umgelegt werden würden und der Übertragungsnetzbetreiber daher nicht einseitig belastet wäre.

Ob zusätzlich auch die nur im Verschuldensfall entstehenden Schadensersatzkosten umlagefähig sind, ist dagegen streitig. Vieles spricht dafür, dass es sich hier nicht mehr um „notwendige Kosten“ des Netzanschlusses handelt und daher eine Umlagefähigkeit zu verneinen ist. Es gibt jedoch Stimmen, die vor dem Hintergrund verfassungsrechtlicher Bedenken eine weite Auslegung des § 23 Abs. 1 Nr. 5 der Anreizregulierungsverordnung befürworten und auch Schadensersatzkosten hier einbeziehen wollen.[219] Für die Zukunft soll diese Rechts-

215 § 1 Abs. 1 NAV.
216 Risse, Haller, Schilling, NVwZ 2012, 592, 596.
217 Risse, Haller, Schilling, NVwZ 2012, 592, 595.
218 Risse, Haller, Schilling, NVwZ 2012, 592, 597.
219 Risse, Haller, Schilling, NVwZ 2012, 592, 597.

frage durch eine gesetzliche Regelung gelöst werden, die eine Umlagefähigkeit grundsätzlich bejaht, aber je nach Verschuldensgrad bestimmte Selbstbehalte des Übertragungsnetzbetreibers vorsieht.[220]

3.2.4.5 Aktuelle Entwicklungen

Neben den Vorschlägen zur Reformierung des Anbindungsverfahrens durch Einführung eines Offshore-Netzentwicklungsplans sieht der Gesetzesentwurf der Bundesregierung vom 24. September 2012 auch Vorschläge zum Haftungsregime vor.[221]

Erstmals soll mit § 17e EnWG-E eine Entschädigungsregelung für Fälle der verspäteten Netzanbindung sowie für Netzanbindungsstörungen und Unterbrechungen wegen betriebsbedingter Wartungsarbeiten im EnWG verankert werden. Diese soll abweichend von der bisherigen Rechtslage unabhängig davon sein, ob den Übertragungsnetzbetreiber ein Verschulden an der Verspätung der Störung trifft. Diese verschuldensunabhängige Haftung stellt eine Ausnahmeregelung im deutschen Rechtsystem dar. Gerechtfertigt wird sie nach Ansicht des Gesetzgebers aufgrund der besonderen Risiken, die der Offshore-Windanlagenbetreiber eingeht. Beispielsweise steht hier – anders als bei Onshore-Anlagen, für die das $n-1$-Prinzip gilt – im Fall einer Störung keine Ersatzleitung zur Verfügung. Umgekehrt erscheint es aber auch nicht sachgerecht, dem Übertragungsnetzbetreiber das alleinige Risiko des Netzanschlusses aufzubürden. Entsprechend sieht der Gesetzesentwurf, abhängig von Verschuldensgrad des Übertragungsnetzbetreibers, Selbstbehalte des Offshore-Windanlagenbetreibers sowie die Möglichkeit der Kostenwälzung der Haftungsschäden auf die Allgemeinheit vor.[222] Durch die Selbstbehalte soll zudem gewährleistet werden, dass der Offshore-Windanlagenbetreiber einen Anreiz behält, mögliche Schadensminderungsmaßnahmen zu ergreifen.[223] Diese Einschränkungen der Höhe nach gelten jedoch nicht, wenn der Übertragungsnetzbetreiber die Störung oder Verspätung des Netzanschlusses vorsätzlich herbeigeführt hat.[224]

Für die Berechnung der Höhe der Entschädigungszahlungen soll die durchschnittliche Leistung einer vergleichbaren Anlage im entsprechenden Zeitraum zugrunde gelegt werden.[225] Dadurch sollen Überkompensationen und die Erstattung allgemeiner Betriebsrisiken vermieden werden. Herrschte beispielsweise an einem Tag ohne verfügbaren Netzanschluss Windstille, soll der Windanlagenbetreiber keine Entschädigungszahlung erhalten. Gleiches soll gelten, wenn der Windanlagenbetreiber die Netzstörung selbst zu vertreten hat.[226] Weitere Ansprüche des Windanlagenbetreibers auf Vermögensschäden, die aus dem gestörten Netzanschluss resultieren, z.B. Wartungsaufwendungen oder Kosten eines Notbetriebes, sollen

220 Siehe hierzu näher unter Ziffer 3.2.4.5.

221 Entwurf zur Neuregelung energiewirtschaftsrechtlicher Vorschriften, BT-Drucksache 17/10754, siehe Fn. 123.

222 Begründung zu § 17e EnWG-E, Entwurf zur Neuregelung energiewirtschaftsrechtlicher Vorschriften, BT-Drucksache 17/10754, siehe Fn. 123, S. 30.

223 Begründung zu § 17e EnWG-E, Entwurf zur Neuregelung energiewirtschaftsrechtlicher Vorschriften, BT-Drucksache 17/10754, siehe Fn. 123, S. 31.

224 § 17e Abs. 1 Satz 4 EnWG-E.

225 § 17e Abs. 1 Satz 2 EnWG-E i.V. § 17e Abs. 2 Satz 1 EnWG-E am Ende.

226 § 17e Abs. 1 Satz 6 EnWG-E.

ausgeschlossen werden.[227] Unklar bleibt, ob dies auch im Fall von Vorsatz des Übertragungsnetzbetreibers gelten soll.

Darüber hinaus soll die Haftung des Übertragungsnetzbetreibers für Sachschäden, außer im Fall von Vorsatz, je Schadensereignis insgesamt auf 100 Millionen Euro begrenzt sein.[228] Hier mögen sich in der Praxis Fragen stellen, wie der Begriff „Schadensereignis" in diesem Sinne abzugrenzen ist und was unter „Sachschäden" zu verstehen ist. Beispielsweise ist nicht eindeutig, ob hierunter auch zusätzlicher Reparaturaufwand fällt, der daraus resultiert, dass Anlagen ungenutzt im Meer standen. Da jedoch § 17e Abs. 2 Satz 4 EnWG-E (siehe hierzu im Einzelnen unten) gerade vermeiden möchte, dass Anlagen trotz offensichtlich verspätetem Netzanschluss zur Wahrung von Schadensersatzansprüchen ins Meer gestellt werde, spricht einiges dafür, dass der Gesetzgeber derartige Schäden generell als nicht ersatzfähige Schäden einstufen wollte.

Im Fall einer Störung oder eines verspäteten Netzanschlusses soll der Windanlagenbetreiber alternativ zu einer finanziellen Entschädigung berechtigt sein, eine Verlängerung der EEG-Vergütungsperiode nach § 31 Abs. 4 EEG zu verlangen.[229] Bereits nach aktueller Rechtslage findet § 31 Abs. 4 EEG im Fall einer durch den Übertragungsnetzbetreiber nicht verschuldeten Störung des Netzanschlusses Anwendung.[230]

Entschädigungen bei gestörtem Netzanschluss und Wartungsunterbrechungen

§ 17e Abs. 1 Satz 2 EnWG-E beinhaltet Regelungen für den Fall, dass die Einspeisung aufgrund einer Störung der Netzanbindung nicht möglich ist. Voraussetzung für einen Entschädigungsanspruch soll zunächst die Betriebsbereitschaft der Offshore-Windenergieanlage sein. Liegt kein vorsätzliches Verhalten des Übertragungsnetzbetreibers vor, sollen Entschädigungsansprüche erst ab dem 11. Tag ununterbrochener Störung und nur in Höhe von 90 % der entgangenen Einspeisevergütungen bestehen. Tage, an denen zumindest eine teilweise Einspeisung möglich ist, werden hierbei nicht berücksichtigt.[231] Der aktuelle Entwurfsstand macht insoweit keine Unterschiede, ob an einem Tag nur 1 Minute oder 24 Stunden eingespeist werden konnte. Erfolgen Störungen nicht zusammenhängend, aber an mehr als 18 ganzen Tagen pro Kalenderjahr, soll ab dem 19. Tag ebenfalls ein Entschädigungsanspruch bestehen.[232] Im Fall von betriebsbedingten Wartungsarbeiten an der Netzanbindung soll ein Entschädigungsanspruch bereits ab dem 11. Tag im Kalenderjahr gelten, ohne dass es hier auf eine zusammenhängende Periode ankommen soll.[233]

Entschädigungen bei verspätetem Netzanschluss

Wie bereits dargelegt, soll der maßgebliche Zeitpunkt für Entschädigungsansprüche wegen der verspäteten Errichtung des Netzanschlusses künftig der gemäß § 17 Abs. 2 Satz 3 EnWG-E

227 § 17e Abs. 1 Satz 5 EnWG-E.

228 § 17g EnWG-E.

229 § 17 Abs. 6 EnWG.

230 Vgl. oben unter Ziffer 3.2.4.1.

231 Begründung zu § 17e EnWG-E, Entwurf zur Neuregelung energiewirtschaftsrechtlicher Vorschriften, BT-Drucksache 17/10754, siehe Fn. 123, S. 30.

232 § 17e Abs. 1 Satz 3 EnWG-E.

233 § 17e Abs. 3 EnWG-E.

verbindlich gewordene Fertigstellungstermin gemäß Offshore-Netzentwicklungsplan sein.[234] Ist der Netzanschluss bis zu diesem Datum nicht verfügbar, soll der Windanlagenbetreiber künftig ab dem 11. aufeinanderfolgenden Tag nach dem gemäß § 17 Abs. 2 Satz 3 EnWG-E verbindlich gewordenen Fertigstellungstermin Entschädigungszahlungen verlangen können, wenn die Offshore-Windenergieanlagen zu diesem Zeitpunkt betriebsbereit waren. Ihm sollen dann Entschädigungen in Höhe von 90 % der hypothetischen Einspeisevergütung zustehen.[235] Ebenso wie bei den Netzanschlussstörungen gelten auch hier die zeitlichen und prozentualen Begrenzungen nicht im Fall von Vorsatz. Um bei bereits absehbarer Verzögerungen eine unwirtschaftliche Errichtung der Anlagen nur zum Zwecke der Wahrung von Entschädigungsansprüchen zu vermeiden, soll die Herstellung der Betriebsbereitschaft der Offshore-Anlage auch dann angenommen werden, wenn das Fundament der Windenergieanlage sowie die Umspannanlage zur Umwandlung der Elektrizität auf eine höhere Spannungsebene errichtet wurden und aus Gründen der Schadensminderungspflicht auf die Herstellung der tatsächlichen Betriebsbereitschaft verzichtet wurde.[236] Dies setzt unter anderem voraus, dass der Betreiber bereits sämtliche Bestandteile der Offshore-Windenergieanlage erworben hat und ihm diese zur Fertigstellung der Offshore-Anlage tatsächlich zur Verfügung stehen.[237] Soweit auch die Offshore-Anlage bei der Fertigstellung verzögert ist, besteht der Entschädigungsanspruch erst ab dem Zeitpunkt, zu dem die tatsächliche Betriebsbereitschaft tatsächlich hergestellt ist oder hergestellt worden wäre.[238] Um einem möglichen Missbrauch durch den Offshore-Windanlagenbetreiber vorzubeugen und auch dem Grundsatz Rechnung zu tragen, dass mit einer Entschädigung kein Profit erzielt werden soll, soll der Offshore-Windanlagenbetreiber verpflichtet werden, die erhaltenen Zahlungen inklusive Zinsen zurück zu gewähren, wenn die technische Betriebsbereitschaft der Offshore-Anlage nicht innerhalb einer von der Regulierungsbehörde gesetzten Frist tatsächlich hergestellt wird.[239]

Kostenwälzung

Um den für die Netzanbindung zuständigen Übertragungsnetzbetreiber nicht unbillig zu belasten, soll er künftig, abhängig von seinem Verschuldensgrad, berechtigt sein, gezahlte Entschädigungsleistungen bundesweit über einen Belastungsausgleich zu wälzen.[240] Letztlich werden die Entschädigungszahlungen dann als Aufschlag auf die Netzentgelte anteilig auf die Letztverbraucher umgelegt.[241] Bei Fahrlässigkeit des Übertragungsnetzbetreibers soll der Übertragungsnetzbetreiber einen Eigenanteil tragen, der nicht dem Belastungsausgleich unterliegt. Die Höhe des Eigenanteils variiert abhängig von der Höhe der Entschädigungszahlung. Der aktuelle Gesetzesentwurf beinhaltet folgende Staffelung:[242]

234 Siehe hierzu auch oben unter Ziffer 3.2.3.9.

235 § 17e Abs. 1 Satz 1 EnWG-E i.V. § 17e Abs. 2 Satz 1 EnWG-E am Ende.

236 § 17e Abs. 2 Satz 4 EnWG-E.

237 Begründung zu § 17e EnWG-E, Entwurf zur Neuregelung energiewirtschaftsrechtlicher Vorschriften, BT-Drucksache 17/10754, siehe Fn. 123, S. 31.

238 Begründung zu § 17e EnWG-E, Entwurf zur Neuregelung energiewirtschaftsrechtlicher Vorschriften, BT-Drucksache 17/10754, siehe Fn. 123, S. 31.

239 § 17e Abs. 2 Satz 5 EnWG-E, Begründung zu § 17e EnWG-E, Entwurf zur Neuregelung energiewirtschaftsrechtlicher Vorschriften, BT-Drucksache 17/10754, siehe Fn. 123, S. 31.

240 § 17f Abs. 1 Satz 1 EnWG-E.

241 § 17f Abs. 1 Satz 2 EnWG-E.

242 § 17f Abs. 2 Satz 2 EnWG-E.

- 20 Prozent Eigenanteil für den Teil der Entschädigungszahlungen bis zu 200 Millionen Euro im Kalenderjahr,
- darüber hinaus 15 Prozent für den Teil der Entschädigungszahlungen, der 200 Millionen Euro übersteigt bis zu einer Höhe von 400 Millionen Euro im Kalenderjahr,
- darüber hinaus 10 Prozent für den Teil der Entschädigungszahlungen, der 400 Millionen Euro übersteigt bis zu einer Höhe von 600 Millionen Euro im Kalenderjahr,
- darüber hinaus 5 Prozent für den Teil der Entschädigungszahlungen, der 600 Millionen Euro übersteigt bis zu einer Höhe von 800 Millionen Euro im Kalenderjahr.

Dies führt zu einem maximalen Selbstbehalt von 100 Millionen Euro pro Kalenderjahr. Trifft den Übertragungsnetzbetreiber kein Verschulden, soll er auch nicht mit einem Selbstbehalt belastet werden und kann entsprechend geleistete Entschädigungszahlungen vollumfänglich wälzen.[243] Zu beachten ist allerdings, dass der Gesetzesentwurf hinsichtlich der Verschuldensfrage eine Beweislastumkehr vorsieht, wonach bei verspätetem Netzanschluss Fahrlässigkeit des Übertragungsnetzbetreibers vermutet wird.[244] § 17 Abs. 3 EnWG-EG konkretisiert den Sorgfaltsmaßstab. Demnach soll der Übertragungsnetzbetreiber einen Belastungsausgleich nur verlangen dürfen, soweit er darlegt und nachweist, dass er alle möglichen und zumutbaren Schadensminderungsmaßnahmen ergriffen hat, um einen Schadenseintritt zu verhindern, den eingetretenen Schaden unverzüglich zu beseitigen und weitere Schäden abzuwenden oder zu mindern. Der anbindungsverpflichtete Übertragungsnetzbetreiber hat den Schadenseintritt und die ergriffenen Schadensminderungsmaßnahmen zu dokumentieren und darüber auf seiner Internetseite zu informieren.[245] Bei Vorsatz soll eine Kostenwälzung über den Belastungsausgleich ausgeschlossen sein.[246] Trotz der auf den ersten Blick recht detaillierten Regelung im Gesetzesentwurf bleiben Detailfragen offen. Beispielsweise nimmt der Gesetzesentwurf nicht dazu Stellung, ob es bei der Frage des Verschuldens nur auf den Übertragungsnetzbetreiber selbst ankommt, oder ob auch Verschulden der bei der Errichtung des Netzanschlusses beauftragten Zulieferer zugerechnet werden soll.[247]

Der Gesetzesentwurf beinhaltet weitere Regelungen zur konkreten Ausgestaltung der Kostenwälzung, die den Rahmen dieser Darstellung sprengen würden.[248] Letztlich sollen die gewälzten Kosten jedoch über einen bestimmten Aufschlag auf die Netzentgelte pro Kilowattstunde von den Stromverbrauchern getragen werden. Um die finanziellen Belastungen der Verbraucher zu begrenzen, sollen Höchstwerte für die Umlage festgesetzt werden, wobei ebenso wie im KWKG eine Differenzierung je nach Stromverbrauch erfolgen soll, die stromintensive Unternehmen des Produzierenden Gewerbes privilegiert.[249] Durch die eingezogene Begrenzung der Höhe des im Rahmen des Belastungsausgleichs umzulegenden Betrags ist nicht auszuschließen, dass die insgesamt vorhandenen Umlagebeträge in einem Jahr eventuell nicht ausreichen könnten, um alle in diesem Jahr entstandenen Entschädigungsansprüche

243 Begründung zu § 17e EnWG-E, Entwurf zur Neuregelung energiewirtschaftsrechtlicher Vorschriften, BT-Drucksache 17/10754, siehe Fn. 123, S. 33.

244 § 17f Abs. 3 Satz 2 EnWG-E:

245 § 17f Abs. 3 Satz 3 EnWG-E.

246 § 17f Abs. 2 Satz 1 EnWG-E.

247 Siehe zu diesem Problem oben unter Ziffer 3.2.4.2.

248 Für Einzelheiten ggl. § 17f Abs. 4–6 EnWG-E.

249 § 17f Abs. 5 EnWG-E.

abzudecken. In einem solchen Fall sollen die nicht von der Umlage abgedeckten Summen bei der Berechnung und Festsetzung der Umlagebeträge in den Folgejahren berücksichtigt werden können. Es bliebe daher gewährleistet, dass alle entstehenden Entschädigungskosten im Rahmen der Umlage berücksichtigt und auf alle Stromverbraucher umgelegt werden können.[250]

Versicherungen

§ 17h EnWG-E sieht vor, dass der anbindungsverpflichtete Übertragungsnetzbetreiber nach Marktverfügbarkeit angemessene und wirtschaftliche Versicherungen zur Deckung von Vermögens- und Sachschäden, die beim Betreiber von Offshore-Anlagen aufgrund einer nicht rechtzeitig fertig gestellten oder gestörten Netzanbindung entstehen, abschließen soll.[251] Auch wenn der Wortlaut des Gesetzesvorschlages insoweit nicht ganz eindeutig ist, verstehen wir die Gesetzesbegründung dahingehend, dass eine Pflicht zum Abschluss einer solchen Versicherung nicht besteht. Vielmehr sollen Anreize für den Übertragungsnetzbetreiber zum Abschluss einer solchen Versicherung gesetzt werden.[252] Ein solcher Anreiz zum Abschluss einer Versicherung besteht für den anbindungsverpflichtenden Übertragungsnetzbetreiber in der Möglichkeit, von der Versicherung Ersatz der Kosten für Entschädigungen nach den § 17e Absatz 1 und 2 EnWG-E zu erhalten, so dass im Umfang der Versicherungsleistungen für den Übertragungsnetzbetreiber kein Selbstbehalt nach § 17f Absatz 2 anfiele.[253] Der Gesetzgeber erkennt insoweit an, dass entsprechende Versicherungsprodukte nur stark eingeschränkt am Markt verfügbar sind.[254] Versicherungsleistungen sollen bei der Berechnung des Belastungsausgleichs nach § 17f Absatz 4 EnWG-E berücksichtigt werden. Die Kosten der Versicherungen sollen als Kosten des Netzbetriebs zudem bei der Ermittlung der Netzentgelte berücksichtigt werden.[255] Zu diesem Zweck wird eine Pflicht des Übertragungsnetzbetreibers im Gesetzesentwurf statuiert, den Abschluss einer Versicherung gegenüber der Regulierungsbehörde nachzuweisen.[256]

Übergangsregelungen

Der Gesetzesentwurf sieht eine Übergangsregelung für Windenergieanlagen vor, die bereits bis zum 29. August 2012 eine unbedingte Netzanschlusszusage erhalten hatten bzw. bis zum 29. August 2012 eine bedingte Netzanschlusszusage erhalten hatten und das fehlende Anbindungskriterium bis zum 1. September 2012 nachweisen konnten. Für diese Windenergieanlagen soll der in der Anbindungszusage genannte Termin maßgeblich für die Entstehung von

---

250 § 17f Abs. 6 EnWG-E, Begründung zu § 17e EnWG-E, Entwurf zur Neuregelung energiewirtschaftsrechtlicher Vorschriften, BT-Drucksache 17/10754, siehe Fn. 123, S. 36.

251 § 17h Satz 1 EnWG-E.

252 Vgl. Begründung zu § 17h EnWG-E, Entwurf zur Neuregelung energiewirtschaftsrechtlicher Vorschriften, BT-Drucksache 17/10754, siehe Fn. 123, S. 36f.

253 Begründung zu § 17h EnWG-E, Entwurf zur Neuregelung energiewirtschaftsrechtlicher Vorschriften, BT-Drucksache 17/10754, siehe Fn. 123, S. 37.

254 Begründung zu § 17h EnWG-E, Entwurf zur Neuregelung energiewirtschaftsrechtlicher Vorschriften, BT-Drucksache 17/10754, siehe Fn. 123, S. 36f.

255 Begründung zu § 17e EnWG-E, Entwurf zur Neuregelung energiewirtschaftsrechtlicher Vorschriften, BT-Drucksache 17/10754, siehe Fn. 123, S. 37.

256 § 17h Satz 2 EnWG-E.

Entschädigungsansprüchen sein.[257] Entschädigungsansprüche sollen auch für diese Anlagen den genannten Höchstgrenzen und Selbstbehalten unterliegen. Leider sieht der Gesetzesentwurf keine Regelung vor, was gelten soll, wenn die bereits erteilte bedingte oder unbedingte Netzanschlusszusage noch keinen konkreten Anbindungstermin benennt. In diesem Fall steht nicht fest, zu welchem Zeitpunkt die Entschädigungsansprüche bei verspäteter Netzanbindung erwachsen. Eine mögliche Lösung hierfür wäre eine verbindliche Festlegung in dem erstmals am 3. März 2013 vorzulegenden Offshore-Netzentwicklungsplan. Sofern Schäden bei diesen Anlagen noch nicht eingetreten sind, liegt hier ein Fall der „unechten Rückwirkung" vor. Diese hält der Gesetzgeber für gerechtfertigt, da aufgrund der bisher unklaren Rechtslage kein schutzwürdiges Vertrauen bestand. Zudem sei die Erstreckung auch auf „Altfälle" erforderlich, um endlich die gewünschte Rechtsklarheit zu schaffen, die als notwendig angesehen wird, um Investitionsblockaden aufzulösen.[258] Anderenfalls sei wegen der strittigen Rechtslage unklar gewesen, ob und in welchem Umfang ein Entschädigungsanspruch bestünde.[259] Auch seien die betroffenen Offshore-Windanlagenbetreiber nicht unbillig belastet, denn sie könnten alternativ zum begrenzten Entschädigungsanspruch auch von ihrem Optionsrecht Gebrauch machen und für den Zeitraum der Störung eine Verschiebung der EEG-Förderungsdauer gemäß § 17e Abs. 6 EnWG-E i.V.m. § 31 Abs. 4 EEG wählen.[260]

257 § 17e Abs. 2 Satz 6 EnWG-E.

258 Begründung zu § 17e EnWG-E, Entwurf zur Neuregelung energiewirtschaftsrechtlicher Vorschriften, BT-Drucksache 17/10754, siehe Fn. 123, S. 32. Vgl. dazu auch Fn. 196.

259 Begründung zu § 17e EnWG-E, Entwurf zur Neuregelung energiewirtschaftsrechtlicher Vorschriften, BT-Drucksache 17/10754, siehe Fn. 123, S. 32.

260 Begründung zu § 17e EnWG-E, Entwurf zur Neuregelung energiewirtschaftsrechtlicher Vorschriften, BT-Drucksache 17/10754, siehe Fn. 123, S. 32.

3.3 Vergleich einzelner Regulierungssysteme – Deutschland und Frankreich

DIRK TRAUTMANN

3.3.1 Einleitung

An verschiedenen Stellen dieses Buches wurde bereits auf die Relevanz des Regulierungssystems für die Umsetzung von Offshore-Windprojekten hingewiesen. Bei derartig komplexen und kapitalintensiven Projekten wie es Offshore-Windparks darstellen, kommt es entscheidend auf Transaktionssicherheit an. Dies beinhaltet neben der Frage der technischen Realisierbarkeit insbesondere auch das Bestehen eines zuverlässigen Rechtsrahmens. Nur wenn den Beteiligten die „Spielregeln" von vorneherein klar sind, werden sie überhaupt in die bereits vom zeitlichen und finanziellen Aufwand anspruchsvolle Planung einsteigen. Da wie bei den meisten erneuerbaren Energien die Wettbewerbsfähigkeit mit konventionell erzeugtem Strom noch nicht von selbst gegeben ist, bedarf es der Sicherstellung eines auskömmlichen und risikoadäquaten Vergütungssystems. Damit kommt insbesondere dem Erneuerbare Energien Gesetz (EEG) eine herausragende Bedeutung zu. Daher soll im ersten Teil dieses Kapitels das EEG in Bezug auf Offshore-Windprojekte näher beleuchtet werden. Nach einer Zusammenfassung der für Offshore-Windprojekte maßgeblichen Regelungen sowie einer kurzen Darstellung der Historie der derzeitigen Regelungen sowie der Frage der Vereinbarkeit mit höherrangigem Recht werden die wesentlichen Aspekte der Vergütung dargestellt. Aufgrund der zumindest im onshore Bereich bereits wachsenden Bedeutung wird auch das Thema Direktvermarktung vertieft aufgegriffen.

Ein weiterer Aspekt ist die Frage der Verlässlichkeit auf das bestehende System über den Lebenszyklus des Projekts. Gerade in jüngerer Zeit hat es hier im Solarbereich – eher im Ausland als in Deutschland – kritische Entwicklungen gegeben. Die Änderung bereits zugesagter Tarife in Spanien oder die Einführung einer speziellen Steuer in der Tschechischen Republik haben in der ganzen Branche die Alarmglocken schrillen lassen. Daher soll auch die Frage des Risikos einer solchen späteren Änderung beleuchtet werden.

Wesentliche Teile des rechtlichen Rahmens stellen natürlich auch Fragen der Genehmigungserfordernisse und -prozesse sowie des Netzanschlusses dar. Da diese Themen jedoch für Deutschland ausführlich in Spezialkapiteln behandelt werden[261], sollen sie hier nur der Vollständigkeit halber erwähnt werden.

Nach dem national geprägten Teil werfen wir einen Blick über den Tellerrand und stellen das entsprechende Regulierungssystem in Frankreich dar. Dabei kann es sich naturgemäß nur um einen kurzen Abriss der jeweiligen rechtlichen Aspekte handeln. Da jedoch Vergütungs-, Genehmigungs- und Netzanschlussfragen ineinander greifen und nicht überall der deutschen Systematik folgen, werden die letzteren Punkte im internationalen Teile ebenfalls übersichtsartig mit behandelt.

261 Kapitel 3.2 (Netzanschluss) und 3.1 (Genehmigungssituation bei Offshore-Windparks).

3.3.2 Das EEG

Das Gesetz über den Vorrang Erneuerbarer Energien (Erneuerbare Energien Gesetz, kurz EEG) vom 25. Oktober 2008[262] in seiner durch Artikel 1 des Gesetzes vom 12. April 2011 geänderten Fassung[263] (EEG 2012) beinhaltet bezüglich Offshore-Windprojekten vor allem die nachfolgenden Aspekte.

Nachdem in § 1 in gesetzgeberisch eher unüblicher Weise der Zweck mit einer Zielvorgabe hinsichtlich des Anteils erneuerbarer Energien an der Stromversorgung festgelegt wird, enthält insbesondere § 4 EEG bereits eine auch für die Praxis nicht unwichtige Regelung. Dort wird festgehalten, dass es sich um ein gesetzliches Schuldverhältnis handelt und somit die Verpflichtungen auch zwischen Netzbetreiber und Anlagenbetreiber ohne weitere vertragliche Vereinbarung gelten. Dies hat in der Praxis dazu geführt, dass zwar Kostenübernahmevereinbarungen hinsichtlich der Erstellung des Netzanschlusses getroffen werden, ansonsten aber regelmäßig keine weiteren Verträge über Anschlussnutzung und Stromabnahme geschlossen werden. Dies liegt auch daran, dass in der Anfangsphase viele Netzbetreiber im Rahmen der von ihnen erstellten Musterverträge vom EEG abweichende und für den Anlagenbetreiber nachteilige Regelungen aufnehmen wollten.

Im Weiteren enthält das EEG den Zwang zum vorrangigen Anschluss von erneuerbare Energieanlagen durch den jeweiligen Netzbetreiber sowie die Pflicht zur vorrangigen Stromabnahme aus solchen Anlagen. Allerdings gelten hier gewisse Einschränkungen. So besteht in engen Grenzen die Möglichkeit eines „Einspeisemanagements“ durch den Netzbetreiber. Nach § 6 Abs. 1 Nr. 1 ist jede Anlage mit technischen Einrichtungen auszustatten, mit denen der Netzbetreiber jederzeit die Einspeiseleistung bei Netzüberlastung ferngesteuert reduzieren kann. Auch wenn die Netzbetreiber zunächst nach § 9 die Verpflichtung haben, ihr Netz immer auf den Stand der Technik zu optimieren und die erforderlichen Kapazitäten zur Verfügung zu stellen, sind sie ausnahmsweise nach § 11 berechtigt, die Einspeiseleistung einzelner Anlagen zu regeln. Dies setzt voraus, dass ansonsten ein Netzengpass im jeweiligen Netzbereich entstünde. Weiterhin ist erforderlich, dass der Vorrang für Strom aus erneuerbaren Energien gewahrt wird, soweit nicht ansonsten die Sicherheit und Zuverlässigkeit der Stromversorgung gefährdet wäre. Für den Anlagenbetreiber halten sich die Nachteile aus einer solchen Herabsetzung seiner Einspeiseleistung jedoch in Grenzen. Er hat im ersten Schritt Anspruch auf 95 % der entgangenen Einnahmen zuzüglich der zusätzlichen Aufwendungen und abzüglich der ersparten Aufwendungen. Sobald die entgangenen Einnahmen 1 % der Einnahmen des betreffenden Jahres überschreiten, ist ab diesem Zeitpunkt zu 100 % zu entschädigen.

Der wichtigste Aspekt dürfte jedoch die Vergütung des eingespeisten Stroms sein. Die für Offshore-Windanlagen maßgeblichen Regelungen finden sich in den §§ 16, 19, 20, 21 und 31. Das Thema Direktvermarktung wird in den §§ 33a ff. geregelt. Beide Themen werden in der Folge (s.u. Ziffer 3.3.2.2 und 3.3.2.3) im Detail behandelt.

Die Regelungen zum bundesweiten Ausgleich und der Übertragung der höheren Kosten auf den Letztverbraucher (§§ 34–44) sollen hier nur insoweit Erwähnung finden als ein starker

262 BGBl. I S. 2074.

263 BGBl. I S. 619.

Ausbau der Offshore-Windkapazitäten das bereits bestehende Nord-/Südgefälle hinsichtlich der Abnahmemengen aus regenerativen Energien weiter verstärken wird.

§ 60 beinhaltet eine Regelung zur unentgeltlichen Nutzung von Seewasserstraßen und der deutschen ausschließlichen Wirtschaftszone. Auch wenn dies theoretisch nicht auf Windprojekte beschränkt ist, dürfte die praktische Relevanz in diesem Bereich liegen. Grundsätzlich wäre die Bundesrepublik Deutschland berechtigt, Entgelte für die Nutzung der Ausschließlichen Wirtschaftszone zu verlangen, da dem Bund die Zulassung von Nutzungen nach dem Ausführungsgesetz zum UN-Seerechtsübereinkommen[264] sowie dem ergänzenden Seeaufgabengesetz[265] zusteht. Da es sich zumindest bei Offshore-Anlagen mit fester Verbindung mit dem Meeresgrund (anders als bei der Befahrung der Gewässer mit Schiffen) um eine Sondernutzung handelt, wäre der Bund berechtigt, für diese Sondernutzung eine Gebühr zu erheben. Zu beachten ist, dass diese Freiheit von der Zahlung eines Nutzungsentgelts nur solange gilt, wie die EEG-Vergütung bezahlt wird. Nach Ablauf der 20 Jahresfrist könnte ein Nutzungsentgelt festgesetzt werden. Nachdem in der Fassung des EEG 2009 noch Auslegungsbedarf hinsichtlich der Frage bestand, ob diese Befreiung auch für die Fälle der Direktvermarktung gilt, hat der Gesetzgeber dies durch Aufnahme der entsprechenden Verweise auf die Direktvermarktung im EEG 2012 klargestellt.

3.3.2.1 Historie und Ziele des EEG sowie seine Vereinbarkeit mit höherrangigem Recht

Das EEG hat eine längere und in weiten Teilen erfolgreiche Historie. Bereits in den 50er Jahren des vergangenen Jahrhunderts gab es Sonderregelungen für Strom aus erneuerbaren Energien, die sich damals auf Wasserkraft beschränkte. 1952 erließ der Staatsminister für Wirtschaft des Freistaats Bayern eine Strompreisregelung für Kleinwasserkraftwerke. Darin wurden bestimmte Arbeits- und Leistungspreise für den eingespeisten Strom ohne gleichzeitige Begründung eines Kontrahierungszwangs festgesetzt. In der Folge liefen die Entwicklungen über das Kartellrecht und Verbändevereinbarungen[266]. Anfang der 90er Jahre gewann das Thema deutlich an Dynamik und mündete schließlich im Stromeinspeisungsgesetz. Während man sich bis dahin bezüglich der Vergütung von Strom aus erneuerbaren Energien an den vermiedenen Kosten orientiert, wurde im Stromeinspeisungsgesetz von dieser Linie abgewichen und eine Einspeisevergütung für Strom aus erneuerbaren Energien eingeführt. Über eine Novellierung im Jahr 1994 kam es schließlich zu einer Neufassung 1998. In dieser fanden sich erstmals auch Offshore-Anlagen, da nach § 2 StrEinspG 1998 auch solche Erzeugungsanlagen begünstigt wurden, die sich nicht im Versorgungsgebiet des Netzbetreibers befinden. Problematisch war die Härtefallklausel, die bei Erreichen eines Deckels von 5 % Anteil Strom aus erneuerbaren Energien an dem insgesamt von einem Elektrizitätsversorgungsunternehmen abgesetzten Stroms das Elektrizitätsversorgungsunternehmen von der Abnahmepflicht befreite. Insbesondere in Schleswig-Holstein mit seinem hohen Anteil an Windenergie war der Deckel kurz davor erreicht zu werden.

---

264 Vom 6.6.1995, BGBl. I S. 778.

265 Vom 27.9.1994, BGBl. I S. 2802 i.d.F. von Art. 1 Ziff. 1 des Ausführungsgesetzes zum SRÜ vom 6.6.1995, BGBl. I S. 778. zuletzt geändert durch Art. 1 des Seerechtsänderungsgesetzes vom 8.4.2008, BGBl. I S. 706.

266 Siehe nähere Darstellung in Salje, EEG Kommentar 5. Auflage, Einführung Rdnr. 29–33.

Unter anderem aufgrund der anhaltenden Diskussionen um die Härtefallklausel wurde schließlich Anfang 2000 das EEG verabschiedet, das am 1.4.2000 in Kraft trat. In der Folge beschäftigte sich auch die EU mit dem Thema Förderung der erneuerbaren Energien. Am 27.10.2001 trat die Richtlinie 2001/77/EG des Europäischen Parlaments und des Rates vom 27. September 2001 zur Förderung der Stromerzeugung aus erneuerbaren Energiequellen im Elektrizitätsbinnenmarkt mit der Auflage der Umsetzung in nationales Recht bis zum 27.10.2003 in Kraft. Die Umsetzung gestaltete sich langwieriger als gedacht, da es insbesondere zwischen Bundesregierung und Bundesrat zu unterschiedlichen Auffassungen kam. Das EEG 2004 als Umsetzung der EU-Richtlinie 2001/77/EG trat schließlich am 1.8.2004 in Kraft. Hinsichtlich Offshore-Windanlagen sah dies eine Grundvergütung von 6,19 Ct/kWh und eine Anfangsvergütung von insgesamt 9,1 Ct/kWh vor.

Die Änderungen der kleinen EEG-Reform betrafen im Wesentlichen die Einschränkung der Beteiligung stromintensiver Unternehmen an der Umlage der höheren EEG-Vergütung sowie Transparenzregelungen, während sich mit der EEG-Novelle 2009 auch maßgebliche Vorschriften hinsichtlich Offshore-Windanlagen änderten. So wurde zwar die Grundvergütung auf 3,5 Ct/kWh herab gesetzt, stattdessen aber die Anfangsvergütung auf 13 Ct/kWh für die ersten 12 Jahre erhöht. Für Anlagen, die bis zum 31.12.2015 in Betrieb genommen werden, beträgt diese 15 Ct/kWh („Schnellstarterbonus"). Klarheit wurde auch im Hinblick auf die Definition der Küstenlinie geschaffen. Der Status im Hinblick auf die Vergütung wird nachfolgend unter Ziffer 3.3.2.2 dargestellt.

Von Anfang an stellte sich sowohl beim EEG als auch bei seinem Vorgänger, dem Stromeinspeisungsgesetz, die Frage nach der Vereinbarkeit mit höherrangigem Recht. Dazu gehören neben dem Grundgesetz auch europäische Rechtsnormen. Hauptansatzpunkt war die durch die Förderung gegebene Bevorzugung regenerativer Energien. So wurde diskutiert, ob das Stromeinspeisungsgesetz gegen das EU-Beihilferecht aus Art. 28 EG verstieß. In der PREUSSEN ELEKTRA ENTSCHEIDUNG[267] stellte der EUROPÄISCHE GERICHTSHOF fest, dass es sich bei dem StrEinspG nicht um einen Verstoß gegen europäisches Beihilferecht handelt, da es bereits an einer mittelbaren oder unmittelbaren Übertragung staatlicher Mittel fehlt. Grund hierfür war, dass die erhöhten Entgelte nicht von staatlichen Institutionen gezahlt werden. Da beim EEG der Netzbetreiber die erhöhten Entgelte zahlt und diese letztlich auf die Verbraucher umgelegt werden, greift diese Argumentation weiterhin. Auch ein Verstoß gegen die Warenverkehrsfreiheit wurde nicht gesehen, da diese Beschränkung durch vorrangige Ziele des Umweltschutzes gedeckt sei. In der Zwischenzeit wurde auch die bereits erwähnte EU-Richtlinie 2001/77/EG erlassen, die unter anderem auch Regelungen zur Förderung Erneuerbarer Energien enthält und ausdrücklich von einem Fortbestand unterschiedlicher mitgliedstaatlicher Fördermaßnahmen für Strom aus Erneuerbaren Energien ausgeht.

Auch Verstöße gegen das Grundgesetz sind in Betracht gezogen worden. Entscheidungen des Bundesverfassungsgerichts gibt es weder zum StrEinspG noch zum EEG in der Hauptsache. Bisher sind alle Anträge entweder zurück genommen, als unzulässig verworfen oder nicht zur Entscheidung angenommen worden. Hinsichtlich eines möglichen Verstoßes gegen das Grundgesetz kommen insbesondere die Art. 3 Abs. 1, 12, 14 GG in Betracht. Art. 3 Abs. 1 GG ist schon deswegen nicht verletzt, weil mit dem EEG eine bundesweite Ausgleichsregelung geschaffen wurde. Auch die Befreiung bestimmter Industrien von der EEG-

---

[267] EuGH ZNER 2001, 49.

Umlage ist grundsätzlich möglich, um die internationale Wettbewerbsfähigkeit dieser Industrien zu erhalten. Allerdings wird dies unter Umständen bei weiterem rapiden Anstieg der EEG-Umlage neu zu bewerten sein. Art. 12 schützt die Berufsfreiheit. Diese wird zwar für die Netzbetreiber aufgrund der vorrangigen Abnahmeverpflichtung von grünem Strom eingeschränkt. Spätestens auf der Ebene der Rechtfertigung eines solchen Eingriffs muss man aber wohl zu einer Ablehnung einer Verfassungswidrigkeit kommen. Das EEG dient der Schonung der Ressourcen an endlichen Energieträgern sowie dem Klimaschutz. Es fördert somit Gemeinschaftsinteressen von höherem Rang, die durch die Einführung des Art. 20 a GG zum Staatsziel erhoben worden sind.[268] Auch ein Verstoß gegen das Eigentumsrecht (Art. 14 GG) ist nach allgemeiner Meinung nicht gegeben. Art. 14 GG schützt das Erworbene, nicht aber den künftigen Erwerb von Rechtspositionen.

Im Ergebnis ist das EEG nicht nur ein Förderungsinstrument für die Stromerzeugung aus regenerativen Energien, das weltweit viele Nachahmer gefunden hat, sondern durch seine internationale Vorreiterrolle auch ein maßgebliches Instrument der Wirtschaftsförderung in Deutschland geworden. Die weltweite Bedeutung der deutschen Wind- und Solarunternehmen wäre nicht vorstellbar ohne die Möglichkeit, im deutschen Heimatmarkt durch die Förderung des EEG die Entwicklung der Technologien voranzutreiben. Diese wirtschaftsfördernde Bedeutung des EEG hat sich insbesondere in der jüngeren Vergangenheit bei den Diskussionen um die Reduzierung der Förderung für Photovoltaik-Anlagen gezeigt. Hier haben Bundesländer mit einem hohen Anteil an Unternehmen aus der Photovoltaikbranche unabhängig von der Parteizugehörigkeit ihrer Regierungsvertreter erbitterten Widerstand gegen die Pläne der Bundesregierung auf massive und schnelle Absenkungen der EEG-Vergütung für Solarstrom geleistet.

3.3.2.2 Vergütungsregelungen

Die Vergütungsregelungen für Strom aus Offshore-Windparks sind mehrfach den Bedingungen des Marktes angepasst worden. So betrug die Grundvergütung nach dem EEG 2004 zwar mit 6,19 Ct pro kWh mehr als heute mit 3,5 Ct/kWh. Allerdings betrug die Anfangsvergütung nach dem EEG 2004 nur 9,1 Ct/kWh. Diese wurde zunächst im EEG 2009 deutlich auf 13 Ct/kWh erhöht, gleichzeitig verbunden mit einem Schnellstarterbonus für Anlagen, die bis 31.12.2015 in Betrieb genommen sind in Höhe einer Anfangsvergütung von 15 Ct/kWh. Auch diese Vergütungsansätze stellten sich jedoch als nicht ausreichend dar, um den mittlerweile durchaus zahlreicher genehmigten Offshore-Projekt den entscheidenden Anstoß zu geben. Zumal erste Projekte in der Umsetzung offenbarten, dass die Risiken in der Errichtungsphase unter Umständen etwas unterschätzt wurden.

Insofern wurden die Regelungen im Rahmen des EEG 2012 noch einmal grundlegend modifiziert. Die Kernvorschriften sind weiterhin §§ 16 und 31. Dabei handelt es sich um einen Mindestvergütungsanspruch; die Zahlung einer höheren Vergütung wird nicht ausgeschlossen.

Grundvergütung und erhöhte Anfangsvergütung

§ 31 legt neben der Grundvergütung von 3,5 Ct/kWh fest, dass in den ersten zwölf Jahren ab Inbetriebnahme eine Anfangsvergütung von 15 Ct/kWh zu zahlen ist. Dieser Zeitraum ver-

[268] BGH NJW 1997, 574, 577 – Stromeinspeisung II.

längert sich in Abhängigkeit von der Entfernung zur Küstenlinie sowie der Wassertiefe. Für jede über zwölf Seemeilen hinausgehende Entfernung zur Küstenlinie verlängert sich die erhöhte Anfangsvergütung um 0,5 Monate. Für jeden über 20 Meter hinausgehenden Meter Wassertiefe verlängert sich der Zeitraum um 1,7 Monate. So ergibt sich für eine Anlage in einer Entfernung von 18 Seemeilen und einer Wassertiefe von 23 Metern eine Verlängerung der Anfangsvergütung von 8,1 Monaten. Zu beachten ist, dass die Küstenlinie mit Verweis auf bestimmte Seekarten in § 3 Nr. 9 definiert ist. Eine nachträgliche Veränderung der Küstenlinie bleibt daher außer Betracht. Eine Verlängerung der Gesamtdauer der EEG-Vergütung über den Zeitraum von 20 Jahren plus Inbetriebnahmejahr (§ 21 Abs. 2) ist damit allerdings nicht verbunden.

Das Stauchungsmodell

Das EEG 2012 hat zudem in § 31 Abs. 3 das sogenannte „Stauchungsmodell“ eingeführt. Für Anlagen, die vor dem 1.1.2018 in Betrieb genommen werden, kann der Anlagenbetreiber eine erhöhte Anfangsvergütung von 19 Ct/kWh beanspruchen, die dann allerdings nur für acht Jahre gezahlt wird. Auch hier besteht die vorstehend dargestellte Möglichkeit der Verlängerung in Abhängigkeit von der Entfernung von der Küstenlinie und der Wassertiefe. Allerdings beträgt die Anfangsvergütung während des Verlängerungszeitraums nur 15 Ct/kWh. Das Stauchungsmodell soll eine schnellere Amortisation der hohen Investitionskosten mit sich bringen und die Finanzierbarkeit der Projekte erleichtern. In der Regel dürfte das Stauchungsmodell attraktiver sein, da Zahlungsströme erheblich vorverlagert werden und sich später realisierende Projektrisiken (z.B. aus höherem Wartungsaufwand als geplant) weniger Relevanz haben. Dennoch ist in jedem Einzelfall zu berechnen, welches Vergütungsmodell vorteilhafter ist.

Degression

Für Offshore-Windanlagen, die nach dem 1.1.2018 in Betrieb genommen werden, reduzieren sich die Vergütung und Boni jährlich zum 1. Januar um 7 % (§ 20). Damit handelt es sich mit Abstand um den höchsten Degressionssatz, so dass hier von dem größten Technologie- und Preissprung ausgegangen wird. Allerdings wird abzuwarten sein, wie sich der Markt in den kommenden Jahren entwickelt. So wäre eine Verlängerung der bestehenden Regelungen auch für den Zeitraum der Fertigstellung ab 2018 oder weitere Modifizierungen durchaus vorstellbar. Da hier erhebliche politische Einflüsse relevant sind, sind aber auch andere Richtungen nicht auszuschließen.

Verspäteter Netzanschluss

Soweit die Einspeisung länger als sieben Tage nicht möglich ist, weil die Netzleitung nicht rechtzeitig fertig gestellt wurde oder gestört ist, und der Netzbetreiber dies nicht zu vertreten hat, verlängert sich die Anfangsvergütung beginnend mit dem achten Tag der Störung (§ 31 Abs. 4). Schwierig kann in diesem Zusammenhang die Klärung der Frage sein, ob die Störung vom Netzbetreiber zu vertreten ist. Während dies in Fällen, in denen er eine Order oder eine Genehmigung nicht rechtzeitig auf den Weg gebracht hat, klar zu bejahen sein wird und in Fällen der verzögerten Genehmigung durch die Behörden oder verspätete Lieferung aufgrund höherer Gewalt regelmäßig zu verneinen sein dürfte, gibt es einige praktische Grenzfälle. Insbesondere bei Personalengpässen oder Kapazitätsengpässen bei Lieferung und Installation stellt sich die Frage, ob dies für den Netzbetreiber vorhersehbar und die Verzögerung bei anderer, vorausschauender Organisation vermeidbar war.[269] Der Gesetzgeber hat hier einen Spagat zwischen einer Entschädigung für den Anlagenbetreiber und der „nicht übermäßigen Belastung des Letztverbrauchers" gemacht, indem er von einer unmittelbaren Entschädigung Abstand genommen hat. Während dies aus Sicht des Letztverbrauchers nachvollziehbar erscheint, da er ja schließlich auch keinen Strom aus der Anlage beziehen kann, sind die Auswirkungen für den Anlagenbetreiber unter Umständen gravierend. Er hat die Investition auf seiner Seite getätigt, erzielt aber nun trotz Erfüllung aller seiner Verpflichtungen nicht die erwarteten Cashflows. So laufen insbesondere Zinsen aus einer eventuellen Finanzierung auf. Dieses Risiko ist bei der Erstellung von Finanzmodellen, insbesondere für Bankenfinanzierungen, angemessen zu berücksichtigen. Fraglich ist auch, ob eine Versicherung gegen solche Szenarien möglich ist, soweit diese über einen längeren Zeitraum andauern.

Vergütungsbeginn

Nach § 21 Abs. 1 beginnt die Pflicht zur Zahlung der EEG-Vergütung zu dem Zeitpunkt, in dem der Generator erstmals Strom ausschließlich aus Erneuerbaren Energien erzeugt und in das Netz nach § 8 Abs. 1 oder Abs. 2 eingespeist hat. Konkret heißt dies für die Windkraftanlage, dass es darauf ankommt, wann diese das erste Mal Strom aus Windenergie erzeugt und zumindest an das Netz der Anlagenbetreiberin angeschlossen ist und der Strom mittels kaufmännisch-bilanzieller Weitergabe durch dieses Netz in ein allgemeines Versorgungsnetz angeboten wird. Abgestellt wird dabei auf die einzelne Windkraftanlage, so dass für unterschiedliche Anlagen innerhalb eines Windparks unterschiedliche Laufzeiten beziehungsweise Tarife Anwendung finden können. Besonders relevant wird dies, wenn die Errichtung verschiedener Anlagen sich über den Jahreswechsel erstreckt, da dann das jeweilige Inbetriebnahmejahr abweicht und so über die Berechnungsmethode des § 21 Abs. 2 für im neuen Jahr errichtete Anlagen nahezu ein Jahr länger die EEG-Vergütung gezahlt wird.

3.3.2.3 Direktvermarktung

Die Direktvermarktung bekommt aus zweierlei Richtungen eine zunehmende Bedeutung. Zum einen ist es die Intention des Gesetzgebers, die Vergütung für Strom aus erneuerbaren Energien mittel- bis langfristig aus dem starren Konzept der EEG-Vergütung zu bekommen, unter anderem, damit Erneuerbare Energien ihre Wettbewerbsfähigkeit im Energiebinnenmarkt erreichen[270]. Grund hierfür ist, dass durch den zunehmenden Anteil an EEG-Strom und die Abnahmeverpflichtung eine Teilmonopolisierung auf den Liefermarkt entsteht. Auf der anderen Seite gibt es auch Abnehmer, die ein Interesse an der langfristigen Sicherung der Stromversorgung aus erneuerbaren Energiequellen haben. Ob dies aus einer Marktprognose herrührt oder die Motivation stärker von der Marketingseite (Stichworte: „grünes Unternehmen", „nachhaltiges Wirtschaften") getrieben wird, lässt sich im Einzelfall nicht ohne Weiteres feststellen.

Die für Offshore-Wind relevanten Regelungen finden sich in den §§ 33a bis 33h EEG. Generell ist es möglich, den Strom aus einem Offshore-Windpark der Direktvermarktung zuzuführen. Die in § 33a Abs. 2 genannte Ausnahme für Strom, der nicht durch ein Netz geleitet wird und in unmittelbarer räumlicher Nähe zur Anlage verbraucht wird, dürfte hier regelmä-

---

269 Zum Schadensersatzanspruch gegen den Netzbetreiber s. Kapitel 3.2 und Ziffer 3.4.7.

270 Salje EEG Kommentar, 5. Auflage, § 17 Rn 3.

ßig nicht einschlägig sein. Das Gesetz kennt drei Arten der Direktvermarktung: (1.) Direktvermarktung mit Inanspruchnahme einer im EEG geregelten Marktprämie (§ 33 b Nr. 1), (2.) Direktvermarktung an einen Grünstromhändler, der ihn für das Grünstromprivileg nach § 39 nutzt (§ 33 b Nr. 2) und (3.) sonstige Direktvermarktung (§ 33 b Nr. 3), die aber dann auch keine weitere Privilegierung unter dem EEG erfährt. Für den Fall der Direktvermarktung muss sich der Anlagenbetreiber für eine Form entscheiden, um nicht gegen das Doppelvermarktungsverbot des § 56 zu verstoßen.

Voraussetzungen der Direktvermarktung

Grundsätzlich kann nur der gesamte Strom aus einer Anlage in die Direktvermarktung gehen. Dies soll vermeiden, dass die Direktvermarktung nur für Strom gewählt wird, der zu höheren Preisen über die Strombörse veräußert werden kann und „billigerer" Strom der EEG-Vergütung unterfällt. Eine Ausnahme hierzu stellt der § 33 f dar, der die prozentuale Direktvermarktung vorsieht und als Spezialnorm dem § 33 c Abs. 1 vorgeht. Hier unterliegt ein konstanter Prozentsatz der Direktvermarktung. Da die Berechnungen auf viertelstündlichen Messungen der tatsächlichen Einspeisung beruhen und somit für jeden Viertelstundenabschnitt der gleiche Prozentsatz über die Direktvermarktung läuft, besteht das vorstehend genannte Risiko der „Rosinenpickerei" nicht. Der Prozentsatz ist Gegenstand der Mitteilung an den Netzbetreiber, so dass auch dieser nur monatlich gewechselt werden kann. Möglich ist auch die prozentuale Verteilung auf verschiedene Arten der Direktvermarktung.

Weitere Voraussetzungen für die Direktvermarktung sind nach § 33 d, dass

- grundsätzlich ein ungeminderter Anspruch auf EEG-Vergütung nach § 16 besteht
- kein vermiedenes Netznutzungsentgelt nach der Stromnetzentgeltverordnung in Anspruch genommen wird
- die technischen Einrichtungen gemäß § 6 Absatz Nr. 1 und 2 (ferngesteuerte Reduzierung der Einspeiseleistung bei Netzüberlastung, Abruf der jeweiligen Ist-Einspeisung)
- Messung der Ist-Einspeisung in viertelstündlicher Auflösung
- Bilanzierung in einem Bilanz- oder Unterbilanzkreis, in dem ausschließlich Strom bilanziert wird, der in derselben Form direkt vermarktet wird.

Diese Voraussetzungen sollten für Offshore Windparks regelmäßig unproblematisch erfüllt bzw. erfüllbar sein.

Ein etwas komplexeres Feld ist der Wechsel zwischen EEG-Vergütung und Direktvermarktung beziehungsweise den verschiedenen Formen der Direktvermarktung. Der Wechsel ist monatlich zum Monatsersten möglich. Der Wechsel muss allerdings mit mindestens einem Monat Vorlauf angezeigt werden. Dabei sind bisher formlose Mitteilungen ausreichend. Jedoch sind die Netzbetreiber nach § 33 d Abs. 3 verpflichtet, bis 1.1.2013 ein einheitliches, massengeschäftstaugliches, elektronisches Verfahren zur Verfügung zu stellen. Nach Einführung eines solchen Verfahrens ist dieses von den Anlagenbetreibern ausschließlich zu nutzen (§ 33 Abs. 4). Verstoßen die Anlagenbetreiber gegen die Vorgaben nach §§ 33 c oder 33 d, verlieren sie für die Dauer des Verstoßes sowie drei weitere Monate den Anspruch auf die Marktprämie (§ 33 g Abs. 3) beziehungsweise darf dieser Strom nicht bei der Berechnung der Verringerung der EEG-Umlage angerechnet werden (§ 39 Abs. 2). Letzteres kann bei einem hierdurch bedingten Unterschreiten der Mindestschwellen des § 39 (siehe hierzu nachfolgend unter *Direktvermarktung zur Verringerung der EEG-Umlage*, S. 165) sogar weitreichende Konsequenzen für den Stromhändler haben.

Vergütung bei Direktvermarktung

Die Vergütungen bei der Direktvermarktung ermitteln sich nach den nachfolgenden Prinzipien. In allen Fällen entfällt für die Dauer der Direktvermarktung der Anspruch auf die EEG-Vergütung nach § 16.

Marktprämienmodell

Das Marktprämienmodell wurde durch das EEG 2012 neu eingeführt, nachdem der EEG-Erfahrungsbericht eine entsprechende weitere Anreizwirkung für die Direktvermarktung empfohlen hatte. Bei dem Marktprämienmodell erhält der Anlagenbetreiber zunächst die Vergütung aus seiner Vereinbarung mit dem Dritten Abnehmer. Die Marktprämie selbst ermittelt sich nach den Vorgaben des § 33 h und der Anlage 4 zum EEG. In der Folge werden lediglich die Vorschriften für nach dem 31.12.2012 erzeugten Strom dargestellt.[271] Im ersten Schritt wird der Durchschnittspreis für Strom aus Offshore-Windanlagen an der Strombörse EPEX ermittelt. Dafür wird zunächst für jede Stunde eines Kalendermonats der durchschnittliche Wert der Stundenkontrakte am Spotmarkt der Strombörse EPEX in Leipzig mit der Menge des in dieser Stunde tatsächlich erzeugten Stroms aus Offshore-Anlagen multipliziert. Nach Addition dieser Werte für den gesamten Monat wird die Summe dividiert durch die Menge des in dem Monat erzeugten Stroms aus Offshore-Anlagen (jeweils unabhängig davon ob diese Anlagen die EEG-Vergütung erhalten oder direkt vermarkten). Von diesem Durchschnittswert wird ein pauschaler Betrag für den im Zusammenhang mit dem Börsenhandel anfallenden Aufwand als Managementprämie abgezogen. Letzterer beträgt vorbehalt-

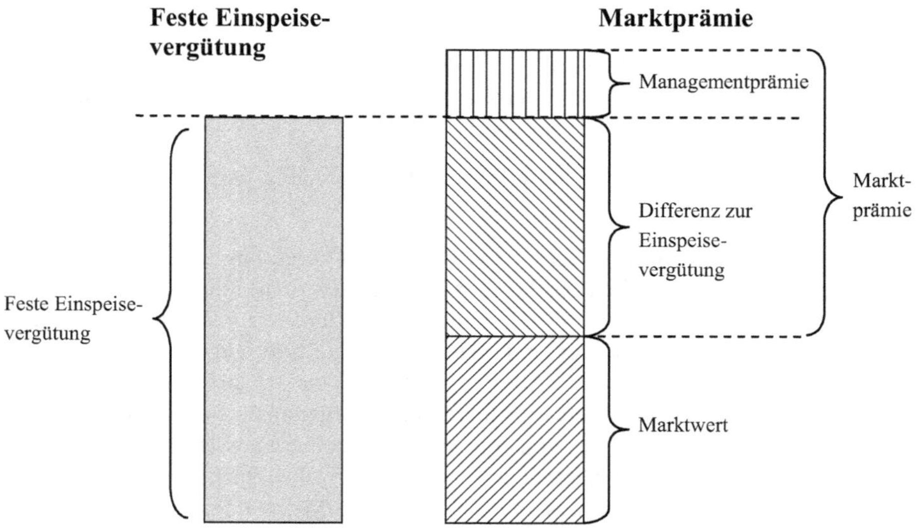

Abbildung 23: Schema Marktprämienmodell

[271] Für vor dem 1.1.2013 erzeugten Strom s. Nr. 2.3.1 iVm. 2.2 der Anlage 4 zum EEG.

lich des Erlasses einer entsprechenden Rechtsverordnung für das Jahr 2013 1,00 Ct pro kWh und nimmt in den Folgejahren jeweils um 0,15 Ct pro kWh ab. Der so ermittelte Betrag stellt den energieträgerspezifischen Referenzmarktwert für den betreffenden Monat dar. Die dem Anlagenbetreiber zustehende Marktprämie ist der Differenzbetrag zwischen EEG-Vergütung (§§ 16 und 31) und dem so ermittelten Referenzmarktwert.

Die Berechnung lässt sich auch schematisch darstellen (Abbildung 23).

Damit gleicht die Marktprämie den Nachteil der Direktvermarktung gegenüber der EEG-Vergütung schablonenhaft aus und übersteigt diese modellhaft um die Managementprämie. Soweit der Anlagenbetreiber bessere Preise als auf dem Spotmarkt der Strombörse erzielen kann, darf er diese zusätzlichen Gewinne behalten. Wenn die durch ihn erzielten Preise niedriger liegen, hat er die entsprechenden Verluste zu tragen. Genauso kann er bei niedrigeren Managementkosten gegenüber dem vom Gesetz angesetzten Managementprämien zusätzliche Gewinne realisieren. Soweit hier ein Zwischenhändler tätig wird, werden sich Anlagenbetreiber und Zwischenhändler regelmäßig die Prämie teilen.

Direktvermarktung zur Verringerung der EEG-Umlage

Der zweite Fall betrifft die Vermarktung an ein Elektrizitätsversorgungsunternehmen, das hierdurch seine EEG-Umlage verringern kann. Diese verringert sich um 2,0 Ct pro kWh (jedoch höchstens in Höhe der EEG-Umlage), wenn die nachfolgenden Voraussetzungen erfüllt werden (§ 39). Es muss sich um einen sogenannten Grünstromhändler handeln, der mindestens 50 % seines Stroms aus erneuerbaren Energiequellen bezieht. Weiterhin müssen mindestens 20 % des von ihm gehandelten Stroms aus fluktuierenden erneuerbaren Energien (Wind, Solar) stammen. Bei der Berechnung werden nur solche Strommengen berücksichtigt, die zur Deckung des Bedarfs der gesamten von diesem Unternehmen belieferten Letztverbraucher benötigt wurden. Zudem bestehen weitreichende Melde- und Anzeigepflichten des Elektrizitätsversorgungsunternehmens gegenüber ihrem regelverantwortlichen Übertragungsnetzbetreiber. Die Meldung der Inanspruchnahme des Privilegs und der voraussichtlich davon erfassten Strommengen bis zum 30. September des Vorjahres dient insbesondere auch der besseren Abschätzung der EEG-Umlage jeweils zum 15. Oktober.

Hinsichtlich der Anforderungen gab es einen intensiven Disput zwischen Bundesregierung und Bundesrat. Da der Bundesrat diese Methode als wesentliches Instrument der Direktvermarktung ansah, wollte er die Voraussetzungen verschärfen (z.B. 70 % Strom aus erneuerbaren Energien, 0 % Strom aus Kernenergie). In einigen wenigen Aspekten ist die Bundesregierung dem Bundesrat gefolgt, so dass Änderungen in das letztlich verabschiedete Gesetz Eingang gefunden haben.

Bei dieser Form der Direktvermarktung dürfte die Abschätzung der Vorteilhaftigkeit der Variante durch den Offshore-Windanlagenbetreiber grundsätzlich einfacher sein. Die wesentlichen Risiken aus den gesetzlichen Voraussetzungen dürften regelmäßig beim Stromhändler verbleiben, da diesen die genannten Pflichten des § 39 treffen. Somit wird in den Stromabnahmeverträgen regelmäßig ein bestimmter Preis vereinbart werden. Dieser kann fix sein oder sich an den Preisen der Strombörse orientieren. In letzterem Fall werden sich der Stromhändler und der Anlagenbetreiber den Vorteil der Verringerung der EEG-Umlage teilen.

Sonstige Fälle der Direktvermarktung

Grundsätzlich möglich sind auch sonstige Fälle der Direktvermarktung nach § 33 b Nr. 3. Da diese jedoch keinerlei Förderung unterliegen, dürften sie auf absehbare Zeit bei Offshore-Windprojekten keine Rolle spielen. Diese Variante wird erst dann interessant, wenn die Förderung durch die EEG-Vergütung für ein Projekt wegfällt oder die tatsächlichen Strompreise über der EEG-Vergütung liegen. In diesen Fällen wäre auch diese Variante insofern bedeutsam, als der Anschlusszwang als wesentliche Regelung des EEG weiterhin bestehen bliebe.

Zusammenfassung Direktvermarktung

Das EEG stellt mit dem Marktprämienmodell und dem Grünstromprivileg zwei interessante Alternativen der Direktvermarktung zur Verfügung. Welche im konkreten Fall tatsächlich Vorteile bieten kann, ist jeweils von den Investoren bzw. den finanzierenden Banken abzuschätzen. Beim Marktprämienmodell kommt es entscheidend darauf an, ob die erzielten Strompreise über dem Durchschnittspreis der Leipziger Strombörse liegen oder die Managementkosten für die Direktvermarktung unter der gesetzlichen Vorgabe liegen. In jedem Fall ist zu berücksichtigen, dass bei der Direktvermarktung der Anlagenbetreiber das Solvenzrisiko seines Vertragspartners trägt. Dieses Risiko dürfte bei einzelnen Stromhändlern tendenziell größer als bei den Netzbetreibern sein.

3.3.3 Gefahr der nachträglichen Rechtsänderung

In jüngerer Zeit werden immer wieder die Gefahren einer nachträglichen Tarifänderung diskutiert. Anlass bieten hier vor allem die Erfahrungen mit Photovoltaikprojekten im Ausland. So wurde in Spanien der Einspeisetarif nachträglich auch für bestehende Projekte herabgesetzt. Die Tschechische Republik hat eine spezielle Steuer für Gewinne aus Solarstrom für bestehende Projekte eingeführt, die wirtschaftlich der Reduzierung des Einspeisetarifs nahe kommen. Somit stellt sich die Frage, ob ein entsprechendes Risiko auch in Deutschland besteht.

Dabei sind verschiedene Fälle voneinander zu unterscheiden. Der erste Fall betrifft die Änderung der EEG-Vergütung für die Vergangenheit. Da in diesem Fall ein zum Zeitpunkt der Verkündung bereits abgeschlossener Tatbestand neu geregelt wird, handelt es sich um eine sogenannte „echte Rückwirkung“. Diese ist grundsätzlich aus dem Rechtsgedanken des Art. 20 Grundgesetz (GG) verboten und bedarf dabei einer besonderen Rechtfertigung, da hier der Grundsatz des Vertrauensschutzes Vorrang genießt. Eine solche Rechtfertigung aus „zwingenden Gründen des gemeinen Wohls oder ein nicht – oder nicht mehr – vorhandenes schutzbedürftiges Vertrauen des einzelnen“[272] ist hier nur schwer vorstellbar, so dass ein solches Vorgehen des Gesetzgebers nahezu ausschließlich verfassungswidrig sein dürfte. Zumindest eine auch stark steigende EEG-Umlage dürfte auch bei einer damit verbundenen zusätzlichen Belastung der Bevölkerung für sich genommen keinen entsprechenden Rechtfertigungsgrund darstellen.

Der zweite Fall betrifft die Tarifänderung für die Zukunft für Anlagen, die bereits in Betrieb sind. Auch hier kann argumentiert werden, dass eine echte Rückwirkung vorliegt, da der grundsätzliche Anspruch auf die entsprechende Vergütung mit (erster) Inbetriebnahme für

[272] BVerfGE 72,200/258; 97, 67/79f.

den gesamten im Gesetz festgelegten Zeitraum entsteht. Dagegen lässt sich einwenden, dass der konkrete Anspruch jeweils erst mit der tatsächlichen Einspeisung entsteht. Somit handelt es sich nicht um einen abgeschlossenen Tatbestand, der nachträglich neu geregelt wird. Insofern wird man hier regelmäßig nur von einer „unechten Rückwirkung" ausgehen können. Diese liegt vor, wenn eine Norm auf gegenwärtige, noch nicht abgeschlossene Sachverhalte und Rechtsbeziehungen für die Zukunft einwirkt und damit zugleich die Rechtsposition nachträglich entwertet[273]. Eine solche unechte Rückwirkung ist nicht grundsätzlich unzulässig, da die allgemeine Erwartung des Bürgers, das geltende Recht werde fortbestehen, verfassungsrechtlich nicht geschützt ist. Allerdings können sich aus dem Grundsatz des Vertrauensschutzes und dem Verhältnismäßigkeitsprinzip Grenzen der Zulässigkeit ergeben.

Hier findet also regelmäßig eine Abwägung der Interessen des Gesetzgebers an Gestaltungsfreiraum und dem Schutz des Vertrauens des betroffenen Bürger statt.

In der Anlagensplittingentscheidung von 2009[274] sah das Bundesverfassungsgericht eine Änderung der Rechtslage im Hinblick auf die Behandlung mehrerer künstlich in kleinere Einheiten aufgesplitteter Anlagen als eine Anlage als sachlich gerechtfertigt an. Durch die Rechtsänderung im Rahmen des EEG 2009 (§ 19) wurde durch Neuregelung des Anlagenbegriffs klargestellt, dass eine künstliche Aufsplittung einer Anlage in mehrere Einzelanlagen zur Erzielung einer höheren EEG-Vergütung nicht möglich ist. Dagegen hatte sich ein Anlagenbetreiber mit der Verfassungsbeschwerde gewandt und auf den Vertrauensschutz in die vor der Änderung geltende Regelung berufen. Das Bundesverfassungsgericht stellte fest, dass (1) der Gesetzgeber in der Begründung zu § 3 Abs. 2 EEG 2004 zu erkennen gegeben habe, dass diese Regelung auch die Umgehung der für die Vergütungshöhe geltenden Leistungsschwellen durch Aufteilung in kleine Anlage verhindern sollte, (2) die Bundesregierung bereits vor Inbetriebnahme der ersten Anlage signalisiert habe, sie halte das Anlagensplitting für rechtsmissbräuchlich und (3) es auch in der Rechtsliteratur bereits Stimmen in diese Richtung gegeben habe. Damit habe es eine unsichere Rechtsgrundlage gegeben, auf deren Basis sich ein schutzwürdiges Vertrauen auf den Fortbestand der geltenden Regelung nicht habe bilden können.

Der Sachverhalt unterscheidet sich jedoch aufgrund des Missbrauchselements deutlich von Fällen, in denen ein Anlagenbetreiber seine Investition im Vertrauen auf eine bestimmte, klar definierte Tarifhöhe getätigt hat. Hier sollte regelmäßig der Vertrauensschutz des Anlagenbetreibers überwiegen.

Fraglich ist, wie Sachverhalte zu beurteilen sind, in denen eine Anlage noch nicht in Betrieb genommen wurde, aber bereits nicht unerheblicher Aufwand in die Entwicklung beziehungsweise Errichtung der Anlage betrieben wurde. Hier könnte man dazu neigen, dies in die Kategorie zu stecken, dass der verfassungsrechtliche Vertrauensschutz nicht so weit gehe, dass der Staatsbürger vor jeder Enttäuschung bewahrt wird. In einem jüngeren Verfahren[275] lehnte das Bundesverfassungsgericht eine Beschwerde eines Solarparkentwicklers ab, der sich gegen die Einführung eines Stichtags für die Aufstellung eines Bebauungsplans als Voraussetzung für die Zahlung der EEG-Vergütung auf Grünflächen wandte. Grundsätzlich

---

[273] BVerfGE 101,239/263; 69,272/309.

[274] BVerfG ZNER 2009, 27.

[275] BVerfG REE 2011, 13ff.

wird mit Verweis auf die Intention des EEG, durch das geschaffene Vergütungssystem für erneuerbare Energien einen Anreiz für Investitionen in entsprechende Anlagen zu schaffen, ein Vertrauenstatbestand in die Vergütungsregelungen vom Bundesverfassungsgericht bejaht. Allerdings finde dieser hier keine Anwendung, da aufgrund des fehlenden Bebauungsplans kein schutzbedürftiges Vertrauen vorlag. Das Gericht stützt seine Begründung darauf, dass es keinen Anspruch auf den Erlass eines bestimmten Bebauungsplans gebe. Das Verfahren sehe gerade die freie Entscheidung der handelnden Gemeinderäte bei der Aufstellung eines Bebauungsplans vor.

Man könnte geneigt sein, die Ausgangsbasis des dargestellten Falls mit einem Offshore-Windpark vor Erteilung der BSH-Genehmigung zu vergleichen. Dies würde die Gefahr mit sich bringen, dass bis zu einer solchen Genehmigung getätigte Aufwendungen verloren wären, wenn die EEG-Vergütung zwischenzeitlich geändert wird. Allerdings unterscheidet sich die rechtliche Situation dadurch, dass ein Anspruch auf Erlass eines Bebauungsplans nicht besteht, dagegen aber der einklagbare Anspruch auf Erteilung einer BSH-Genehmigung besteht, wenn die Voraussetzungen hierfür erfüllt sind. Hinzu kommt, dass § 31 Abs. 3 EEG vorsieht, dass alle bis 31.12.2017 in Betrieb genommenen Anlagen die erhöhte Anfangsvergütung erhalten. Dies zeigt, dass bewusst lange Vorlauffristen aufgenommen wurden, um diese Investitionen zu ermöglichen und zu fördern. Insofern wird ein verstärkter, vorwirkender Vertrauensschutz geschaffen. Seine Grenze findet das allenfalls dort, wo der Tarif sich als deutlich überhöht herausstellt. Regelmäßig werden jedoch nicht zu knapp bemessene Übergangsregelungen erforderlich sein.

Damit sollte über den Grundsatz des Vertrauensschutzes aus Art. 20 GG ein Schutz vor nachträglichen Änderungen der EEG-Vergütung auch für die Zukunft bestehen, soweit bereits nennenswerte Investitionen aufgrund dieses Vertrauens auf die Rechtslage getätigt wurden. Als weitere Rechtsgrundlagen kommen mit ähnlichen Überlegungen Art. 12 (Berufsfreiheit) und Art. 14 (Eigentumsgarantie) GG in Betracht.[276]

3.3.4 Zusammenfassung

Das EEG 2012 hat die Attraktivität von Offshore-Projekten durch die Einführung des Stauchungsmodells noch einmal erhöht. Im Zusammenspiel mit anderen Maßnahmen, wie insbesondere des KfW-Förderprogramms[277], sollte es möglich sein, einen Schub für die Realisierung von Offshore-Projekten zu bringen. Die Varianten der Direktvermarktung werden bereits bei der Strukturierung neuer Projekte mit in Betracht gezogen. Schwachstellen der EEG-Regelungen sind die fehlende unmittelbare Entschädigung bei verspätetem, vom Netzbetreiber nicht zu vertretenden Netzanschluss. Die Gefahr einer wirksamen Rechtsänderung des Tarifsystems für bestehende oder in einem fortgeschrittenen Stadium der Umsetzung befindliche Anlagen kann als gering eingeschätzt werden. Damit sollte das EEG nicht nur einen attraktiven, sondern vor allem auch rechtssicheren Rahmen für die erheblichen Investitionen in Offshore-Windprojekte darstellen.

---

276 Siehe zu dem gesamten Komplex auch ausführlicher Kalinski, EEG Vergütung: Vertrauensschutz bei künftigen Änderungen der Rechtslage, Erörterung unter Berücksichtigung der Entscheidung des BVerfG zum sog. Anlagensplitting 2009, Rechtsgutachten vom 8. Mai 2009.

277 Siehe hierzu Kapitel 5.6.

3.3.5 Das Französische Regulierungssystem

3.3.5.1 Einleitung

Frankreich hat lange Küstenlinien und somit hinreichend Möglichkeiten für Offshore-Windprojekte. Obwohl Frankreich im Hinblick auf Offshore-Windparks hinter anderen europäischen Ländern bisher zurück liegt, hat man sich dort ehrgeizige Ziele gesetzt. Im Programm zum Schutz der Umwelt (GRENELLE POUR L'ENVIRONNEMENT) von 2007 war das Ziel von 6 GW installierter Offshore-Windkapazität ausgegeben worden. Im April 2012 sind vier Aufträge für die Erstellung und den Betrieb von Offshore-Windparks mit einem Gesamtvolumen von 1,8 bis 2,25 GW erteilt worden. Näheres kann der nachfolgenden Tabelle entnommen werden:

Tabelle 16: Übersicht über Offshore-Projekte in Frankreich

Lage	Tiefe	Distanz zur Küste	Ausgewählte Bieter	Maximum der installierten Kapazität (MWp)	Minimum der installierten Kapazität (MWp)
Fécamp	26 bis 36 Meter	13 km von Fécamp 15 km von Etretat	Eolien Maritime France Konsortium EF EN und DONG Energy zu installierende Turbinen: Alstom 6 MW Heliade 150	500	480
Courseulles-sur-Mer	21 bis 32 Meter	> 10 km	Eolien Maritime France Konsortium EF EN und DONG Energy zu installierende Turbinen: Alstom 6 MW Heliade 150	500	420
Saint-Brieuc	30 bis 40 Meter	16 km	Ailes Marines SAS Konsortium Iberdrola/ Eole-RES zu installierende Turbinen: Areva 5 MW	500	480
Saint-Nazaire	12.5 bis 23 Meter	> 12 km	Eolien Maritime France Konsortium EF EN und DONG Energy zu installierende Turbinen: Alstom 6 MW Heliade 150	750	420

Eine weitere Ausschreibung von zwei Projekten ist für die zweite Hälfte 2012 angekündigt worden. Dabei handelt es sich um die Neuausschreibung des Projekts TRÉPORT, das in der ersten Runde aufgrund des aus Sicht des Staates zu hohen Angebots des einzigen Bieters nicht vergeben wurde, sowie die Ausschreibung des Projekts NOIRMOUTIER (Vendée).

Auch wenn es naturgemäß viele Gemeinsamkeiten gibt, unterscheidet sich das französische Regulierungssystem für Offshore-Windparks in wesentlichen Punkten vom deutschen System. Einer der wichtigsten Aspekte ist die Tatsache, dass es in der Praxis keinen einheitlichen Einspeisetarif gibt, sondern dass dieser jeweils im Rahmen eines Vergabeverfahrens individuell für ein Projekt ermittelt wird. In diesem Verfahren spielen neben dem Preis aber auch technische Lösungen und die Auswirkungen auf die Umwelt aufgrund des konkreten Angebots eine Rolle.

3.3.5.2 Einspeisevergütung

Es ist nicht so, dass das französische Recht keinen Einspeisetarif für Offshore-Windprojekte kennt. Eine Verordnung bezüglich der Einspeisetarife für Strom aus Windenergie[278] wurde am 17. November 2008 erlassen. Darin wurde der Tarif für Offshore-Windprojekte auf 13 Ct pro kWh für die ersten zehn Jahre festgelegt. Dies wird gemeinhin als zu niedrig angesehen und es fanden sich keine Entwickler und Investoren, die auf dieser Basis einen Offshore-Windpark in Frankreich realisieren wollten. Daher entschied sich der französische Staat in der Folge, die Offshore-Projekte auszuschreiben und die Preisgestaltung den privaten Bietern zu überlassen. Dabei wurde den Bietern für jedes Projekt separat eine gewisse Spanne für die Preisgestaltung vorgegeben. Für die Projekte FÉCAMP und COURSEULLES-SUR-MER lag diese zwischen 11,5 und 17,5 Ct/kWh, für die Projekte SAINT-BRIEUC und SAINT-NAZAIRE aufgrund ihrer weiteren Entfernung von der Küste und der größeren Wassertiefe zwischen 14 und 20 Ct/kWh. Ein Bieter, der genau den unteren Wert geboten hat, bekam die volle Punktzahl in der Wertung, ein Bieter, der die obere Grenze angeboten hat, null Punkte. Der Preis stellte 40 % der Wertung dar. Weitere 40 % der Wertung bezogen sich auf den industriellen Teil. Dies beinhaltete Darstellung und Vorlage entsprechender Nachweise bezüglich der technischen Umsetzung und Auswirkungen auf die lokale Industrie, wie z.B. der Kooperation verschiedener Unternehmen, der Sicherung der wesentlichen Anlagenkomponenten sowie der Installationskapazitäten (Schiffe und Personal), der Auswirkungen auf lokale Zulieferer und den Arbeitsmarkt, der Schaffung von Research & Development-Kapazitäten vor Ort. Die restlichen 20 % der Wertung entfielen auf die Behandlung des Themas Auswirkungen auf die Umwelt und andere Meeresnutzer, d.h. Konzepte und Technologien zur Reduzierung der Umweltbelastungen bei Aufbau, Betrieb und Rückbau sowie Umgang mit Auswirkungen auf Schifffahrt und Fischerei. Damit ist festzuhalten, dass dem Preis in Form der angebotenen Vergütung ein wesentliches Gewicht zukommt, dass aber ein höherer Preis auch durch bessere Leistungen in den anderen Bereichen ausgeglichen werden kann bzw. der niedrigste Preis nicht unbedingt erfolgreich sein muss.

Wenn die Einspeisevergütung aufgrund des Bieterverfahrens ermittelt wurde, besteht anders als in Deutschland kein gesetzliches Schuldverhältnis mit dem Netzbetreiber. Allerdings hat wie in anderen (onshore) Wind- und Solarprojekten in Frankreich der Anlagenbetreiber einen gesetzlichen Anspruch auf Abschluss eines Stromabnahmevertrages mit der in Staatsbesitz befindlichen EDF (Électricité de France). Dieser Stromabnahmevertrag wird für die Dauer von 20 Jahren auf Basis des Angebots des Anlagenbetreibers im Bieterverfahren abgeschlossen.

Nach Zuschlagserteilung hat der erfolgreiche Bieter 18 Monate Zeit, um auf eigene Kosten unter anderem die folgenden Prüfungen und Untersuchungen vorzunehmen:

- Untersuchung der ozeanographischen und meteorologischen Daten
- Unterwasser-, topologische, geophysikalische und geotechnische Untersuchungen (einschließlich Proben)
- Kampfmittelgutachten
- Umweltverträglichkeitsprüfung (Natura 2000, etc.)

[278] Arrêté fixant les conditions d'achat de l'électricité produite par les installations utilisant l'énergie mécanique du vent.

Das Ziel ist es, die wirtschaftlichen Annahmen des Angebots zu bestätigen. Hintergrund ist, dass im Bieterprozess nur sehr eingeschränkt Informationen und Prüfmöglichkeiten zur Verfügung stehen. Insofern stellt sich die Frage, inwieweit Anpassungen des Strompreises bei negativen Erkenntnissen möglich sind. Aufgrund der eingeschränkten Informationsbasis bei Abgabe des Angebots erscheint dies sachgerecht. Allerdings ist vergaberechtlich zu beachten, dass bei wesentlichen Abweichungen von dem ursprünglich angebotenen Preis eine Aufhebung und Neuausschreibung erforderlich wird. Hier besteht sowohl eine nicht unerhebliche Unsicherheit aus dem Verfahren heraus als auch das Risiko, dass am Ende nicht zwingend der günstigste Angebot zum Zuge kommt, da unter Umständen nicht nur geringe Anpassungen vorgenommen werden.

Die Höhe der genannten Tarife mag aus der Sicht der deutschen EEG-Vergütung zunächst überraschen. Allerdings ist zu beachten, dass in Frankreich der Anlagenbetreiber die gesamten Netzanschlusskosten zu tragen hat (zum Prozedere siehe nachfolgend unter der Überschrift Netzanschluss). Diesbezüglich ist zunächst ein angenommener Wert in das Angebot (zuzüglich 7 % Aufschlag) aufzunehmen. Sobald die tatsächlichen Kosten von RTE mitgeteilt wurden, ist der Strompreis entsprechend anzupassen. Da diese Kosten nicht von dem Anlagenbetreiber beeinflusst werden, ist die entsprechende Anpassung auch vergaberechtlich unproblematisch.

3.3.5.3 Umlage der erhöhten Stromkosten

Gerade aufgrund der in Deutschland wieder entbrannten Debatte über die EEG-Umlage und die damit verbundene deutliche Erhöhung der Stromkosten für Endabnehmer, erscheint es sinnvoll, sich die in Frankreich geltenden Mechanismen anzuschauen. Da, wie oben dargestellt, die EDF verpflichtet ist, einen Stromabnahmevertrag mit dem Anlagenbetreiber zu den erhöhten Tarifen abzuschließen, entstehen zunächst der EDF erhöhte Gestehungskosten. Diese werden der EDF aus einem Fonds erstattet. Dieser Fonds wird aus einer Umlage (CONTRIBUTION AU SERVICE PUBLIC DE L'ÉLECTRICITÉ, CSPE) gespeist. Die CSPE wird von der französischen Regierung auf Basis eines Vorschlags der Energieregulierungskommission festgelegt und betrug in der Vergangenheit

2008	0,48 Ct/kWh
2009	0,45 Ct/kWh
2011	0,75 Ct/kWh
1. Hj. 2012	0,90 Ct/kWh
seit Juli 2012	1,05 Ct/kWh

Es ist offensichtlich, dass die Beträge deutlich niedriger liegen als in Deutschland, auch wenn ein klarer Anstieg unverkennbar ist. Der Grund dürfte zum einen in dem deutlich niedrigeren Anteil der erneuerbaren Energien am Strommix in Frankreich begründet liegen. Zum anderen wird der CSPE zunächst von allen Endverbrauchern bezahlt. Allerdings gibt es auch hier eine Beschränkung für Industrieunternehmen. So ist die Zahlung pro Produktionsstätte auf € 559.350 (€ 550.000 in 2011 and € 500.000 in 2009) beschränkt. Dies entspricht einer verbrauchten Kapazität von 53,27 GWh pro Jahr bis zu der die Zahlung des CSPE in voller Höhe erfolgt.

3.3.5.4 Nutzung des Meeresbodens

Eine Frage, die sich auch in Frankreich vorrangig stellt, ist die Frage nach den für die Nutzung des Meeresgrundes maßgeblichen Regelungen. Grundsätzlich ist die Nutzung des Wassers und der Luft über dem Wasser frei möglich. Da bei Offshore-Windanlagen jedoch (bisher) das Fundament auf dem Meeresboden steht, bedarf es für diese Nutzung spezieller Rechte. Bisher sind alle vergebenen Projekte innerhalb der 12 Seemeilen-Grenze, so dass hier eine spezielle Konzession erforderlich ist.

Ein Entwurf bezüglich weitergehender Regelungen zu Maßnahmen und Vorhaben in der Ausschließlichen Wirtschaftszone, dem Kontinentalsockel, der Wirtschaftszone und der ökologischen Schutzzone sowie die Verlegung von Kabeln und Unterwasserpipelines liegt vor und wird seit längerem diskutiert. Diese würde ein klares Rechtssystem für die Nutzung des Meeresbodens auch in der französischen Ausschließlichen Wirtschaftszone mit sich bringen.

3.3.5.5 Genehmigungsprozesse

Ursprünglich war auch für Offshore-Anlagen eine Baugenehmigung erforderlich. Dieses Erfordernis wurde aber durch das Grenelle II-Gesetz[279] abgeschafft. Diese ist nur noch für mit dem Offshore-Projekt zusammenhängende an Land befindliche Vorhaben (z.B. ein Umspannwerk) erforderlich.

Für die Nutzung maritimer Flächen außerhalb eines Hafens ist eine Konzession des Präfekten des jeweiligen Departements erforderlich. Im Rahmen der Prüfung besteht eine Konzentrationswirkung, da der Präfekt die Abstimmungen mit anderen Behörden (kommunale und staatliche) unter anderem den betroffenen Kommunen sowie dem Präfekten für Seeangelegenheiten (préfet maritime).

Grundsätzlich erfordern Maßnahmen, die zu einer Beeinträchtigung der natürlichen Küstenlandschaft außerhalb von Hafen- und Industriegebieten führen, vor der Umsetzung einer Erklärung des Öffentlichen Interesses (*déclaration d'utilité publique*) durch die Präfektur. Soweit der Windpark die Küstenlinie nicht tangiert, sollte dies nach herrschender Meinung jedoch allenfalls für die Kabel im Hinblick auf den Abschnitt an der Küstenlinie von Bedeutung sein. Um Restrisiken auszuschließen, wird empfohlen, das Thema mit der zuständigen Präfektur abzustimmen.

Außerdem benötigen Offshore-Windparks eine wasserrechtliche Genehmigung. Dies beinhaltet auch eine Umweltgenehmigung, da es sich um Baumaßnahmen im Kontakt mit der maritimen Umwelt handelt, einen direkten Einfluss auf diese Umwelt hat und Kosten von mehr als € 1,9 Millionen verursacht.

Wie Onshore-Windanlagen benötigen auch Offshore-Anlagen eine Betriebsgenehmigung. Gemäß Artikel L.311-11 des Energiegesetzes[280] wird diese Genehmigung automatisch mit Zuschlagsentscheidung im Bieterprozess erteilt.

---

279 Loi no. 2010-788 of 12 July 2010 portant engagement national pour l'environnement – Article 421-5 des Planungsgesetzes.

280 Code de l'énergie.

Auch das Meer vor Frankreich wird auf vielfältige Weise genutzt, so dass ein Aspekt im Genehmigungsprozess auch immer der Einfluss eines Windprojekts auf die anderen Nutzer ist. Vor dem Hintergrund, dass in Frankreich bereits viele Onshore-Projekte von Umweltschutzorganisationen angegriffen werden (ca. 25–30 %), ist damit zu rechnen, dass sich dieser Trend für Offshore-Windprojekte noch verstärken wird, da sich hier nicht nur Umweltschutzorganisationen berufen fühlen, sondern unter Umständen auch Interessen der Fischer und der Seeschifffahrt betroffen sind.

3.3.5.6 Netzanschluss

Im Gegensatz zu Deutschland gibt es keinen separaten Verantwortlichen für den Netzanschluss auf See. Es gelten die gleichen Regeln wie für Onshore-Projekte, so dass die generellen Vorschriften der RTE („EDF – Réseau de Transport d'Electricité") Anwendung finden und sich die Entwickler ein technisches und finanzielles Angebot für den Netzanschluss einholen müssen. Die Arbeiten werden von RTE im Einklang mit der Verordnung Nr. 2007-1280 vom 28. August 2007 und den für die jeweilige Zone festgelegten Bedingungen durchgeführt. Die Kosten für den gesamten Netzanschluss sind von der Offshore-Windparkgesellschaft zu tragen, so dass dies zu deutlich höheren Anfangsinvestitionen führt (s. auch oben zum Thema *Vergütung*). Da die ersten Projekte noch nicht in der Umsetzung sind, lässt sich noch nicht sagen, ob es bei der zeitlichen Umsetzung des Netzanschlusses ähnliche Probleme wie in Deutschland geben wird. Allerdings ist festzuhalten, dass es für die Erstellung des Netzanschlusses keine zeitlichen Vorgaben seitens des Staates gibt. Zwar gibt es Vorgaben hinsichtlich der Fristen, innerhalb derer das Angebot erstellt werden muss. Der für die Erstellung des Netzanschlusses anzusetzende Zeitraum ergibt sich aber aus dem Angebot der RTE selbst. Hier ist RTE auch im Bereich Onshore-Projekte eher für seine konservativen Ansätze bekannt, so dass eine verspätete Fertigstellung sehr selten ist. Für den Fall einer verspäteten Fertigstellung kann Schadensersatz nach den allgemeinen Regeln geltend gemacht werden; Sonderregeln für Offshore-Windprojekte gibt es (bisher) nicht. Somit muss der Anlagenbetreiber nachweisen, dass RTE die Verzögerung zu vertreten hat.

3.3.5.7 Vorlage von Rückbauavalen

Ähnlich wie in Deutschland ist auch in Frankreich sicher zu stellen, dass nach Ende der Nutzungsdauer ein Rückbau der Anlagen stattfindet. Dies ist durch entsprechende Garantie einer Bank oder einer Versicherung abzusichern. Es gibt keine speziellen Regelungen für Offshore-Projekte, so dass die Vorschriften für Onshore-Windanlagen Anwendung finden[281]. Anders als in Deutschland ist die Rückbausicherheit erst mit Fertigstellung der Anlagen vorzulegen. Sie beträgt € 50.000 pro Windturbine. Der Betrag wird jedes Jahr an die Inflation (Index für Baukosten) angepasst.

Zusätzlich ist eine Sicherheit eines Konzessionärs für den Rückbau erforderlich. Nach den gesetzlichen Regelungen[282] ist diese Sicherheit an den Kosten des Rückbaus zu orientieren. Die Sicherheit kann durch die Bürgschaft einer Bank oder Versicherung oder durch Barhinterlegung bei der CAISSE DES DÉPÔTS ET CONSIGNATIONS erbracht werden. Die Höhe wird

[281] Artikel L.553-3 des Umweltgesetzes.

[282] R. 2124-8 des Code général de la propriété des personnes publiques.

im Rahmen der Konzessionsvergabe von dem Präfekten festgelegt. In der ersten Runde der Offshore-Windprojekte wurde die Höhe dieser Sicherheit auf mindestens € 50.000 pro MW festgelegt.

Das derzeitig im Entwurf vorliegende Regelungswerk zur Nutzung der Ausschließlichen Wirtschaftszone sieht konkretere Regelungen zur Sicherheitsleistung vor. Allerdings ist im derzeitigen Entwurf nur die Möglichkeit der Barhinterlegung vorgesehen; eine Bürgschaft einer Versicherung oder Bank wäre dann nicht möglich. Bei den im Raum stehenden Summen für Offshore-Projekte dürfte diese Herangehensweise sich durchaus nachteilig auf die Planung und Finanzierbarkeit von Offshore-Projekten auswirken. Allerdings sind auch bereits zahlreiche Eingaben zu dem vorliegenden Entwurf gemacht worden, so dass dieser Punkt im weiteren Verfahren gegebenenfalls modifiziert wird.

3.3.5.8 Zusammenfassung

Das französische System stellt eine durchaus beachtenswerte Variante zum deutschen Konzept dar. Es bleibt zu verfolgen, wie die Angebotspreise für die Projekte sich entwickeln. Dies nicht nur im Hinblick auf neue Projekte, sondern auch bezüglich Preisanpassungen nach näherer Untersuchung der örtlichen Gegebenheiten. Bei einem anhaltend starken Marktinteresse könnten hier auch Anhaltspunkte für eine zukünftige angemessene und sachgerechte EEG-Vergütung gefunden werden, da die Reaktion des Marktes schneller als in dem starren System der festen EEG-Vergütung erfolgen sollte.

Auch die Diskussion über die Rechtsgestaltung in der Ausschließlichen Wirtschaftszone sollte weiter verfolgt werden, da auch in Deutschland noch gewisser Klärungs- bzw. gesetzgeberischer Bedarf besteht.

Nicht zuletzt sollte auch das Thema Netzanschluss Beachtung finden. Insbesondere wird darauf zu achten sein, ob sich zeitliche Probleme wie in Deutschland vermeiden lassen und inwieweit die Einbeziehung der Kosten in die tarifliche Vergütung dauerhaft tragfähig ist. Hier könnte insbesondere aufgrund der deutschen Erfahrungen Zurückhaltung bei Finanzierern bestehen. Auf der anderen Seite liegen die bisherigen französischen Projekte allesamt deutlich näher zur Küste als die deutschen Offshore-Windparks.

Der französische Markt hat nach einem späten Start jetzt an Dynamik gewonnen. In der Folge wird auch das stärkere Regelungsbedürfnis für Offshore-spezifische Sachverhalte erkannt. Auch wenn einige derzeit auf dem Tisch liegende Vorschläge mit Problemen behaftet sind, scheint die Entwicklung in die richtige Richtung zu gehen.

3.4 Die Projektverträge eines Offshore-Windparks

DR. HOLGER KRAFT, MATTHIAS SETHMANN

3.4.1 Einleitung/Besonderheiten eines Offshore-Wind-Projektes

Aufgabe der Projektverträge ist es, einen verlässlichen vertraglichen Rahmen für die langfristig erfolgreiche Realisierung des Offshore-Wind-Projektes zu setzen. Auf Grundlage der Projektverträge soll Klarheit über alle gegenseitigen Rechte und Pflichten des Auftraggebers und der verschiedenen Auftragnehmer im Zusammenhang mit der Errichtung und dem Betrieb des Offshore-Wind-Parks geschaffen und deren Durchsetzbarkeit sichergestellt werden.

Der folgende Beitrag befasst sich mit den besonders wichtigen Projektverträgen über die Errichtung, die Instandhaltung und die Betriebsführung eines Offshore-Windparks sowie mit dem Netzanschluss- und dem Einspeisevertrag. Der Beitrag berücksichtigt hierbei, dass es für sehr viele Offshore-Projekte elementar ist, dass die Projektverträge „bankable“ sind, d.h. den Anforderungen finanzierender Banken genügen.

Die Projektverträge eines Offshore-Windpark-Projektes sind nur dann gut, wenn sie alle relevanten Schnittstellen sowie die Besonderheiten des jeweiligen Projektes berücksichtigen und für alle besonderen Themenstellungen adäquate Regelungen treffen.

Offshore-Windpark-Projekte sind durch eine Reihe von Besonderheiten gekennzeichnet, die sie von Erneuerbare-Energien-Projekten, die onshore verwirklicht werden, teils deutlich unterscheiden. Zunächst ist festzustellen, dass die Investitionsvolumina üblicherweise sehr viel höher sind, als dies bei Onshore-Projekten üblich ist. Dies ist zum einen in der großen Anzahl von Windenergieanlagen je Offshore-Windpark (vielfach bis zu 80) begründet, zum anderen darin, dass die Windenergieanlagen häufig wesentlich größer dimensioniert sind (bisher i.d.R. Nennleistungen im Spektrum von 3 MW bis 5 MW), als dies selbst bei modernen Onshore-Windparks üblich ist. Weitere Kostenfaktoren von erheblicher Bedeutung sind die größer dimensionierten und aufwändiger konstruierten Fundamente, die Notwendigkeit, ein Offshore-Umspannwerk zu errichten und der Umstand, dass alle Komponenten des Offshore-Windparks auf die hohe See verschifft und dort montiert werden müssen.

Weiter ist es so, dass vielfach nicht ein Investor allein ein Offshore-Wind-Projekt realisiert, sondern sich mit weiteren Investoren zusammenschließt. Für die Realisierung der Fremdfinanzierung gilt Ähnliches. Große Offshore-Finanzierungen, deren Volumen ohne Weiteres EUR 1 Milliarde übersteigen können, erfolgen regelmäßig durch große und tendenziell internationaler geprägte Bankenclubs. Die größere Zahl von Beteiligten auf Investoren- wie auf Bankenseite bewirkt einen erhöhten Abstimmungsbedarf. Folge der Einbindung einer Mehrzahl (international agierender) Banken ist zugleich, dass die Anforderungen an die Qualität und Komplexität der vertraglichen Ausgestaltung der verschiedenen Vertragsbeziehungen zunimmt und gefordert wird, die Vertragsgestaltung nach international anerkannten Standards (z.B. FIDIC) auszurichten.

Die höheren Investitionsvolumina und die höheren Kosten für die Verwirklichung eines Offshore-Windparks haben zur Folge, dass der nach den Bestimmungen des Erneuerbare-Energien-Gesetzes zahlbare Vergütungssatz für offshore erzeugten Windstrom deutlich über den Vergütungssätzen für Onshore-Windstrom liegt. Nur so lassen sich Investoren motivieren, wie politisch gewollt in den Ausbau der Offshore-Windenergie zu investieren.

Besonders sind Offshore-Wind-Projekte auch hinsichtlich der öffentlich-rechtlichen Genehmigungen und der Flächensicherung. Es bedarf für Offshore-Windparks in der deutschen Ausschließlichen Wirtschaftszone (AZW) einer Genehmigung des BUNDESAMTES FÜR SEESCHIFFFAHRT UND HYDROGRAFIE (BSH-Genehmigung), die im Wege eines aufwändigen mehrstufigen Verfahrens erteilt wird[283]. Aufgrund dieser BSH-Genehmigung ist der Inhaber der Genehmigung dann berechtigt, den Offshore-Windpark zu errichten. Es bedarf keiner weiteren Sicherung der für die Errichtung des Offshore-Windparks notwendigen Flächen (wie onshore etwa über Grunderwerb oder über Pachtverträge und flankierende Dienstbarkeiten), da an dem Meeresboden in der AWZ keine Grundstücksrechte erworben werden können. Zu beachten ist allerdings, dass im Küstenmeer, d.h. innerhalb der 12-Meilen-Zone, das für Onshore-Projekte geltende Recht auch auf Offshore-Projekte anwendbar bleibt. Hiernach ist bei Windenergieprojekten eine Genehmigung nach dem Bundesimmissionsschutzgesetz erforderlich. Weiterhin ist es zur Flächensicherung erforderlich, dass der Auftraggeber Nutzungsverträge mit dem Eigentümer der Flächen, auf denen der Offshore-Windpark errichtet werden soll – in der Regel der Bundesrepublik Deutschland – abschließt.

Eine weitere wesentliche Besonderheit liegt im Bereich des Netzanschlusses. Während ein Onshore-Windpark relativ leicht durch eine externe Kabeltrasse angeschlossen werden kann, ist es extrem aufwändig und teuer, ein Seekabel mit der erforderlichen Kapazität zu legen. Der Gesetzgeber hat dem Betreiber des Offshore-Windparks diese Last abgenommen. Der Übertragungsnetzbetreiber – in der Nordsee derzeit TENNET, in der Ostsee derzeit 50 HERTZ – hat den Anschluss zu realisieren und die Kosten zu tragen. Diese Kosten sind zwar regelmäßig umlagefähig, dennoch sehen sich die Übertragungsnetzbetreiber mit dieser Aufgabe überfordert. Die absehbare Folge ist eine erhebliche Verspätung vieler Netzanschlüsse mit großen Risiken für die Realisierung der betroffenen Projekte. Dies und die ungeklärte Haftungsfrage in Fällen von Verzögerungen haben dazu geführt, dass die Bundesregierung Anfang 2012 eine Neufassung der relevanten Regelungen initiiert hat. Die Novelle des Energiewirtschaftsgesetzes ist Anfang 2013 in Kraft getreten.[284]

Charakteristisch für Offshore-Wind-Projekte ist weiter, dass auch technisch in gewissem Umfang Neuland betreten wird. Vielfach werden Technologien verwendet, denen ein langjähriger „Track Record" fehlt. Zugleich werden Offshore-Windparks in anspruchsvoller Umgebung auf hoher See errichtet, was besondere Anforderungen an die Konstruktion der Komponenten, aber auch an die Errichtung des jeweiligen Offshore-Windparks stellt und mit erhöhten Risiken verbunden ist.

Offshore-Wind-Projekte sind im Vergleich zu Onshore-Projekten komplexer, weil Offshore-Windparks aus einer Vielzahl von Gewerken bestehen, hinsichtlich derer in erheblichem Ausmaß Koordinierungsbedarf besteht. Die wesentlichen Gewerke eines Offshore-Windparks

---

283 Siehe hierzu den Beitrag von Prof. Dahlke und Dr. Trümpler in Kapitel 3.1.

284 Siehe hierzu auch Kapitel 1.2.

sind die Windenergieanlagen, deren Fundamente, die Umspannplattform sowie die parkinterne Verkabelung zwischen den einzelnen Windenergieanlagen und nicht zuletzt auch die (Offshore-)Logistik.

3.4.2 Besonderheiten der verschiedenen Gewerke eines Offshore-Wind-Projektes

Die einzelnen Gewerke eines Offshore-Wind-Projektes werden im Folgenden in Bezug auf Themenstellungen vorgestellt, die bei der Verhandlung und Ausgestaltung der Projektverträge von erheblicher Bedeutung sind:

Offshore-Logistik[285]

Wesentliches Element der Errichtung und des Betriebs eines auf hoher See befindlichen Windparks ist naturgemäß, dass die für den Offshore-Transport, die Offshore-Montage und auch für die Wartung und Instandhaltung erforderlichen Schiffe (z.B. Errichtungsschiff, *Crew Transport Vessel*, *Hotel Vessel*) beschafft, ausgerüstet und bereitgehalten werden müssen. Dies kann entweder durch den (zukünftigen) Betreiber des Offshore-Windparks (zumeist eine Projektgesellschaft) oder durch ein mit dem Gesellschafter der Projektgesellschaft verbundenes Unternehmen erfolgen[286] oder dadurch, dass einem oder mehreren Auftragnehmern für die verschiedenen Gewerke die Beschaffung und Bereithaltung der (für den Offshore-Transport und die Montage ihrer jeweiligen Komponenten notwendigen) Schiffe als Teil der Leistungspflichten auferlegt wird[287].

Bei der Verhandlung der Projektverträge kommt in diesem Zusammenhang dem Umgang mit *Adverse Weather*, also mit Wettergegebenheiten, die ein Arbeiten im Offshore-Baufeld unmöglich machen, eine besondere Bedeutung zu. Regelungsbedürftig sind die Definition von *Adverse Weather*, d.h. die Festlegung der Windgeschwindigkeiten und Wellenhöhen, bei deren Überschreiten *Adverse Weather* vorliegen soll, und insbesondere auch die Aufteilung der aus dem Auftreten von *Adverse Weather* resultierenden wirtschaftlichen und sonstigen Risiken (v.a. Verzögerungen und Mehrkosten) zwischen den Parteien.

Fundamente

Hinsichtlich der Fundamente sind vertragliche Regelungen zur Einhaltung der maßgeblichen öffentlich-rechtlichen Lärmschutzvorgaben während der Errichtungsphase bedeutsam. Die Offshore-Errichtung der Fundamente bewirkt – im Besonderen bei Rammgründungen – ein erhebliches Lärmaufkommen, das für Schweinswale und andere Meeressäuger eine Belastung darstellt. Die BSH-Genehmigungen stellen regelmäßig bestimmte Anforderungen zur Lärmvermeidung auf[288]. Hierzu gehört in der Regel, dass umfassende Maßnahmen zur Lärm-

---

[285] Vgl. zur aktuellen Situation auch Weinhold, neue Energie 01/2012, S. 42ff.

[286] Vgl. exemplarisch Pressemitteilung der RWE Innogy GmbH vom 21. Mai 2012, http://www.rwe.com/web/cms/de/86182/rwe-innogy/aktuelles-presse/pressemitteilung/?pmid=4007864.

[287] Vgl. hierzu auch Sail & Wind Energy –Special Edition Offshore 2012, S. 22ff.

[288] Vgl. exemplarisch Ziffern 14 der BSH-Genehmigungen zu den Offshore-Windparks Gode Wind II (http://www.bsh.de/de/Meeresnutzung/Wirtschaft/Windparks/Genehmigungsbescheide/Nordsee/Gode_Wind_II/Genehmigungsbescheid_Gode_Wind_II.pdf) und EnBW He Dreight (http://www.bsh.de/de/Meeresnutzung/

minderung, etwa durch den Einsatz von Blasenschleiern, getroffen werden müssen. Teilweise behält sich das BSH vor, die Anforderungen an den Lärmschutz auch nachträglich weiter zu verschärfen. Die Herausforderung für den Auftraggeber ist insofern, durch entsprechende vertragliche Verpflichtungen des Auftragnehmers sicherzustellen, dass den Anforderungen des BSH tatsächlich entsprochen wird.

Besondere Themenstellung im Zusammenhang mit den Fundamenten ist weiter die Lastenkalkulation (siehe auch nachfolgend unter „Windenergieanlagen"), die der Lieferant der Fundamente im Zusammenwirken mit dem Lieferanten der Windenergieanlagen vorzunehmen hat und die für das genaue Design der Fundamente von wesentlicher Bedeutung ist. Die Lastenkalkulation ist auch onshore beachtlich, offshore jedoch von ungleich größerer Bedeutung, weil die Fundamentstrukturen komplexer sind und ein aufwändiger iterativer und wechselseitiger Kalkulationsprozess erforderlich ist, um die Lasten für die Windenergieanlagen und die Fundamente zu bestimmen. Zudem ist das Schadenspotential falscher Lastenberechnungen bei Offshore-Projekten ungleich größer, weil nachträgliche bauliche Korrekturen und Reparaturen – wenn überhaupt – nur mit einem sehr viel größeren technischen und logistischen und damit auch finanziellen Aufwand möglich sind.

Windenergieanlagen

Offshore wird, wie geschildert, wirtschaftlich, rechtlich und insbesondere auch technisch in gewisser Hinsicht noch immer Neuland betreten. Wegen der hohen Investitionskosten besteht ein Anreiz, Windenergieanlagen mit einer hohen Nennleistung einzusetzen. Diese Windenergieanlagen verfügen bislang teilweise über keinen langjährigen *Track Record.* Der Auftraggeber muss daher sicherstellen, dass alle notwendigen, insbesondere auch durch die BSH-Genehmigung geforderten Zertifizierungen rechtzeitig vorliegen. Aus diesem Grund ist es für den Auftraggeber auch wichtig, dass die Gewährleistung und auch das Haftungsregime streng ausgestaltet sind. Dies gilt im Besonderen auch mit Blick auf den Umgang mit Serienschäden.

Hinsichtlich der Leistungsgarantien ergeben sich zusätzliche offshore-spezifische Themenstellungen in Bezug auf die Verfügbarkeitsgarantie (*Availability Guarantee*) und die Leistungskurvengarantie (*Power Curve Guarantee*). Hinsichtlich der *Availability Guarantee* spielt v.a. der Umgang mit den Risiken von *Adverse Weather* und der Frage der Verfügbarkeit der Offshore-Logistik eine Rolle. Bezüglich der *Power Curve Guarantee* ist zu beachten, dass einschlägige Windmessdaten offshore bislang nur mit ungleich größerem Aufwand erhoben werden können. Während es onshore üblich ist, zum Zwecke der Messung der Windstärken Messmasten zu errichten, ist dies offshore zwar technisch möglich, wenn auch sehr viel aufwändiger und damit außerordentlich teuer.

Angesichts der hohen Kosten von Mängelbeseitigungsmaßnahmen auf hoher See und unter Berücksichtigung des Umstandes, dass der Auftragnehmer offshore nicht ohne Weiteres und in jedem Fall nur mit erheblichem Aufwand durch einen Dritten ersetzt werden kann, ist es für den Auftraggeber weiter besonders wichtig, dass die Leistungsfähigkeit des Auftragnehmers während der gesamten Gewährleistungsfrist sichergestellt ist. Die Absicherung der

Wirtschaft/Windparks/Genehmigungsbescheide/Nordsee/He_dreiht/Genehmigungsbescheid_He_dreiht.pdf). Siehe außerdem die Ausführungen in Kapitel 3.1.

Leistungsfähigkeit durch entsprechende Sicherheiten kann daher von entscheidender Bedeutung sein.

Parkinterne Verkabelung

Nach den Anforderungen der BSH-Genehmigungen sind die Kabel in einer bestimmten Mindesttiefe im Meeresboden einzugraben[289]. Dies soll Beschädigungen durch ausgeworfene Anker und andere Gegenstände verhindern. Mit der gleichen Motivation werden auch von den Versicherungen – teils strengere – Anforderungen an die Mindestverlegetiefe gestellt. Weiterer Grund für das Erfordernis einer Mindestverlegetiefe ist, dass eine Erwärmung der Sedimente im obersten Bereich des Meeresbodens, wie sie bei dem Betrieb dicht unter der Oberfläche des Meeresbodens verlegter Kabel entstünde, vermieden werden soll [290]. Weiterhin ist die Verlegung der parkinternen Verkabelung zeitkritisch, da teilweise ohne vorherige Verlegung des Kabels in dem jeweiligen Fundament die Montage der Windenergieanlage nicht erfolgen kann und ohne vollständige Verlegung der Verkabelung auch ein im Übrigen voll einsatzbereiter Offshore-Windpark nicht in vollem Umfang Strom einspeisen und Einnahmen generieren kann.

Umspannplattform

Die rechtzeitige Errichtung der Offshore-Umspannplattform ist essentiell, da ohne betriebsbereite Umspannplattform ein ansonsten komplett fertig errichteter Offshore-Windpark keine einzige Kilowattstunde Strom in das Netz einspeisen und keinen einzigen Euro verdienen kann. Diese Thematik stellt sich im Grundsatz auch onshore, ist offshore jedoch wegen der hohen Investitionskosten und der zugleich weitaus höheren Gefahr, dass es zu Verzögerungen bei der Leistungserbringung kommt, von ungleich größerer Bedeutung. Eine sensible Thematik stellt auch der Transport der Umspannplattform von der Werft an den endgültigen Offshore-Standort dar. Weiter ist bei der Gestaltung des Umspannplattform-Errichtungsvertrags zu berücksichtigen, dass es zumeist zwei Inbetriebnahmen geben wird – die „kalte“ Inbetriebnahme und die „heiße“ Inbetriebnahme. Die kalte Inbetriebnahme erfolgt vielfach, sobald die Umspannplattform – als chronologisch erstes der Gewerke – offshore vollständig baulich errichtet ist, teilweise – je nach Vertragsgestaltung – jedoch auch noch an Land in der Werft. Eine solche kalte Inbetriebnahme ist naturgemäß beschränkt auf solche Funktionsprüfungen, für die der Anschluss des fertig errichteten Windparks an die Umspannplattform und der externe Netzanschluss nicht erforderlich sind. Die vollständige heiße Inbetriebnahme mit anschließender Abnahme erfolgt hingegen erst, wenn der Anschluss der Windenergieanlagen an die Umspannplattform vollzogen ist, so dass die Funktionsfähigkeit der gesamten Umspannplattform ohne Einschränkungen geprüft und bestätigt werden kann.

---

289 Vgl. exemplarisch Ziffern 6.2 der BSH-Genehmigung der BSH-Genehmigungen zu den Offshore-Windparks BARD 1 (http://www.bsh.de/de/Meeresnutzung/Wirtschaft/Windparks/Genehmigungsbescheide/Nordsee/BARD_Offshore_1/Genehmigungsbescheid_BARD_Offshore_1.pdf) und Delta Nordsee 2 (http://www.bsh.de/de/Meeresnutzung/Wirtschaft/Windparks/Genehmigungsbescheide/Nordsee/Delta_Nordsee_2/Genehmigungsbescheid_Delta_Nordsee_2.pdf).

290 Zum sog. 2-K-Kriterium vgl. http://www.stromeffizienz.de/page/fileadmin/offshore/documents/StAOWind_Workshops/Kabel_in_Schutzgebieten/Kabel_in_Schutzgebieten_Vortrag_Merck.pdf.

3.4.3 Gestaltung des Vertragskonzeptes – Generalunternehmerverträge, Multicontracting, Alliance Contracting

Wie sich aus dem zuvor Geschilderten ergibt, handelt es sich bei einem Offshore-Windpark in der Errichtungs- und auch in der Betriebsphase um ein außerordentlich komplexes Kraftwerksprojekt mit einer Vielzahl von Gewerken, Schnittstellen und Risiken. Aus Investoren- und Bankensicht wäre es daher erstrebenswert, wenn in beiden Phasen die Verantwortlichkeit für die Koordinierung der Gewerke und der Schnittstellen und die sich hieraus ergebenden Risiken sowie auch Planungs- und allgemeine Fertigstellungsrisiken weitgehend auf einen Dritten abgewälzt werden könnten.

Dieser Überlegung entspricht das Konzept des Generalunternehmers. Bei Anwendung dieses Konzeptes würde der Generalunternehmer durch den Auftraggeber alleinverantwortlich mit der Planung sowie der vollständigen, d.h. schlüsselfertigen und betriebsbereiten Lieferung und Montage des gesamten Offshore-Windparks zu einem festen Zeitpunkt und gegen eine fixe Vergütung beauftragt. Alle in diesem Zusammenhang bestehenden Risiken einschließlich des Fertigstellungsrisikos lägen bei dem Generalunternehmer. Es wäre seine Sache, sicherzustellen, dass tatsächlich alle notwendigen Teilleistungen von ihm selbst oder von Subunternehmern, die er zu beauftragen und aus der ihm zustehenden Vergütung zu bezahlen hat, rechtzeitig, vollständig und mangelfrei erbracht und ordnungsgemäß koordiniert sowie sauber voneinander abgegrenzt, v.a. aber auch konsistent und lückenlos aufeinander abgestimmt werden. Dem Generalunternehmer würde insoweit auch das Risiko der Insolvenz seiner Subunternehmer auferlegt. Koordinierungsaufwand und Schnittstellenrisiko wären allein ihm zugewiesen.

Vielen Unternehmern sind in Bezug auf Offshore-Wind-Projekte die mit der Übernahme der Generalunternehmerstellung verbundenen Risiken zu groß. Grund hierfür ist nicht zuletzt auch, dass – wie geschildert – die Logistik aufgrund der Notwendigkeit, die für die Errichtung notwendigen und sehr teuren Spezialschiffe zu beschaffen, vorzuhalten und zu betreiben, weitaus aufwändiger und kostenträchtiger ist als onshore.

Diese besondere Risiko- und Kostenstruktur hat zur Folge, dass der Auftraggeber reine Generalunternehmerlösungen zur vollständigen Errichtung eines schlüsselfertigen Offshore-Windparks mit pauschaler Vergütung und vollständiger Risikoübernahme – wenn sie überhaupt angeboten werden – sehr teuer zu bezahlen hätte. Gleichzeitig jedoch herrscht im Offshore-Wind-Bereich ein erheblicher Preisdruck, da potentielle Investoren die Risiken eines Offshore-Engagements nur dann übernehmen und gegenüber ihren Financiers rechtfertigen können, wenn gegenüber alternativ bestehenden und weniger risikobehafteten Investitionsmöglichkeiten eine deutlich höhere Rendite erzielt werden kann. Eine solche deutlich höhere Rendite kann vor dem Hintergrund des aktuellen EEG-Vergütungstarifs nur dargestellt werden, wenn sich die Kosten in einem engen Rahmen halten. Dies hat dazu geführt, dass – anders als etwa im Photovoltaikbereich oder bei Onshore-Wind-Projekten – bislang im Offshore-Wind-Bereich Generalunternehmerlösungen nicht anzutreffen sind[291].

[291] Vgl. hierzu auch Busch, NZBau 2011, 1, 2.

Offshore-Windparks werden daher zurzeit i.d.R. im Wege des *Multicontractings* errichtet. Hierbei beauftragt der Auftraggeber verschiedene Auftragnehmer damit, jeweils einzelne, für die vollständige Lieferung und Errichtung des Offshore-Windparks erforderliche Teilleistungen zu erbringen. Dies kann sich auf die Lieferung einzelner Komponenten in den Verschiffungshafen, auf den Offshore-Transport oder auf einzelne Errichtungsleistungen beschränken, aber auch die vollständige Errichtung einzelner oder auch mehrerer Komponenten einschließlich Lieferung und Offshore-Transport umfassen[292] (bei Letztgenanntem kann man zumindest von einer Teil-Generalunternehmerbeauftragung sprechen). Auch die Bereitstellung der für die Errichtung des Offshore-Windparks erforderlichen Schiffe kann eine eigene, vom Auftraggeber separat eingekaufte Teilleistung darstellen.

Jeder einzelne Auftragnehmer ist beim *Multicontracting* im Grundsatz nur für die jeweils von ihm vertraglich geschuldeten Teilleistungen verantwortlich. Eine hierüber hinausgehende Gesamtverantwortung gibt es grundsätzlich nicht, so dass in Bezug auf den Offshore-Windpark als Ganzes das allgemeine Fertigstellungs- und Preisrisiko bei dem Auftraggeber liegt. Dieser muss sicherstellen, dass alle notwendigen Teilleistungen beauftragt und die Schnittstellen zwischen den einzelnen Gewerken inhaltlich, zeitlich und organisatorisch sauber aufeinander abgestimmt sind und keine unkalkulierbaren Nachforderungen entstehen[293].

Für die Betriebsphase gilt das Geschilderte weitgehend sinngemäß. Auch hier sind reine Generalunternehmerlösungen, die die Wartung und Instandhaltung sowie ggf. auch die technische und kaufmännische Betriebsführung des gesamten Offshore-Windparks zu festen Kosten umfassen, bisher nur in absoluten Ausnahmefällen anzutreffen. Hier wirkt die Multicontracting-Ausgestaltung der Errichtungsphase nach. Hintergrund hierfür ist u.a., dass sich die Lieferanten der einzelnen Komponenten vielfach vertraglich ausbedingen, dass nur sie selbst während der Gewährleistungszeit Arbeiten an der jeweiligen Komponente durchführen dürfen, wenn nicht die Gewährleistungsansprüche erlöschen sollen. Zudem werden sich andere Anbieter damit schwertun, für nicht von ihnen hergestellte Komponenten langfristig zu festen Kosten das Betriebsrisiko zu erheblichen Teilen zu übernehmen.

Vereinzelt zu beobachten sind Vertragsgestaltungen, wonach – zumindest nach Ablauf der Gewährleistungsfristen – Wartung, Instandhaltung und auch Betriebsführung bei einem Betriebsführer gebündelt sind, dieser jedoch anstelle einer fixen Vergütung jeweils Ersatz der konkret anfallenden Kosten zzgl. einer Marge verlangen kann.

Von Teil-Generalunternehmerlösungen in der Betriebsphase kann am ehesten mit Blick auf die Windenergieanlagen gesprochen werden. Hier ist es regelmäßig so, dass während der Laufzeit des Windenergieanlagen-Instandhaltungsvertrages, den der Auftraggeber üblicherweise mit dem Lieferanten der Windenergieanlagen für die fünf bis zehn Jahre der Betriebsphase abschließt, der Auftragnehmer nicht nur die Instandhaltungsleistungen selbst schuldet, sondern auch die Beschaffung und Bereithaltung der Logistik, d.h. insbesondere der notwendigen Schiffe und ggf. Helikopter. Hintergrund dieser Windenergieanlagen-Instandhaltungsverträge ist, dass Auftraggeber regelmäßig nur dann zum Erwerb der Windenergieanlagen bereit sind, wenn der Lieferant für die ersten fünf bis zehn Betriebsjahre das Betriebsrisiko

---

292 Vgl. auch Darstellung beispielhafter Gestaltungsmöglichkeiten bei Busch a.a.O.

293 Vgl. Busch, NZBau 2011, 1, 2f.

der Windenergieanlagen durch Übernahme der Instandhaltungsverpflichtung gegen feste Kosten weitestgehend übernimmt. Es besteht insofern ein enger Zusammenhang zum Windenergieanlagen-Liefervertrag.

Eine in Deutschland noch nicht verbreitete Alternative zum Generalunternehmerkonzept und auch zum Multicontracting ist das sog. *Alliance Contracting*[294]. Hierbei entwickeln Auftraggeber und Auftragnehmer das Projekt zunächst in wirtschaftlicher und technischer Sicht gemeinsam. Der Auftragnehmer übernimmt anschließend die Ausführung, während der Auftraggeber an der Steuerung und Überwachung mitwirkt. Strategische Entscheidungen werden in einem von Auftraggeber und Auftragnehmer paritätisch besetzten „Aufsichtsrat" getroffen. Kann kein Einvernehmen erzielt werden, erfolgt eine abschließende und bindende Entscheidung in einem vorab vereinbarten und organisierten Mediationsverfahren. Dem Auftragnehmer steht – außer bei Vorsatz – in jedem Fall ein fixer Teil der vereinbarten Vergütung zu. Gewinn und sonstige Gemeinkosten erhält der Auftragnehmer als Erfolgsvergütung ganz oder teilweise bei Erreichen der Projektziele. Wegen der Übernahme der Projektverantwortung durch beide Seiten gibt es (außer bei Vorsatz) weder Vertragsstrafen noch sonstige Schadensersatzansprüche[295]. Inwieweit *Alliance Contracting* zumindest mittelfristig eine auch für die deutsche Offshore-Praxis interessante Möglichkeit der Vertragsgestaltung darstellt, ist derzeit noch nicht zu beurteilen.

3.4.4 Schnittstellenbewältigung

Liegen, wie geschildert, das Schnittstellenrisiko und die Verantwortung zur Koordinierung der verschiedenen Gewerke bei der Projektgesellschaft als Auftraggeber, so hat diese geeignete Maßnahmen zu ergreifen, um das Schnittstellenrisiko zu begrenzen und auch den Koordinierungsaufwand so weit wie möglich zu reduzieren bzw. teilweise doch auf die Auftragnehmer zu verlagern (die gleiche Notwendigkeit hat natürlich auch ein Generalunternehmer, der die Leistungen seiner Subunternehmer zu koordinieren und aufeinander abzustimmen hat). Dies kann entweder durch Abschluss einer gewerkeübergreifenden Schnittstellenvereinbarung oder dadurch geschehen, dass in den verschiedenen Liefer- und Errichtungsverträgen die einzelnen Schnittstellen jeweils konkrete Regelungen erfahren[296].

Gewerkeübergreifende Schnittstellenvereinbarung

Bei einer Schnittstellenvereinbarung[297] handelt es sich um eine Mehr-Parteien-Vereinbarung zwischen dem Auftraggeber und nach Möglichkeit allen wesentlichen Auftragnehmern. Eine solche Schnittstellenvereinbarung verpflichtet die verschiedenen Auftragnehmer zum einen zu einem frühzeitigen Informationsaustausch (insbesondere über auftretende Problemstellungen, absehbare anderweitige Verzögerungen oder Abweichungen von der Planung), zur Abstimmung und Koordinierung ihrer Arbeiten (u.a. durch Benennung von Schnittstellenverantwortlichen) und zur Einhaltung eines gemeinsamen Terminplans (*Master Programme*, hierzu unten). Weiterhin wird in der Schnittstellenvereinbarung hinsichtlich der verschiedenen, besonders bedeutsamen Schnittstellen konkret festgelegt, in welcher Weise und unter wessen Verantwor-

---

294 Vgl. Grüb, Frankfurter Allgemeine Zeitung, 8. August 2012, Seite 19; Wronna/Gehle, IBR 2006, 657.

295 Grüb a.a.O.; Wronna/Gehle a.a.O.

296 Zur Bewältigung von Schnittstellen auch Busch a.a.O.

297 Vgl. auch Helm/Glock in Siebel/Röver/Knütel, Rn. 538ff.

tung diese Schnittstellen zu bewältigen sind und wie die betroffenen Auftragnehmer und der Auftraggeber bei der Bewältigung der jeweiligen Schnittstelle konkret zusammenzuwirken haben. Hierbei bietet sich an, diese Zuständigkeiten und Verantwortlichkeiten zusätzlich in einer Matrix zu veranschaulichen. Im Interesse des Auftraggebers ist es naturgemäß, die jeweils betroffenen Auftragnehmer gemeinschaftlich und pauschal zur ordnungsgemäßen Abstimmung und Schnittstellenbewältigung zu verpflichten, ohne selbst weiter hierfür verantwortlich zu sein. Für den Auftraggeber ideal wäre es hierbei, wenn die jeweils betroffenen Auftragnehmer gesamtschuldnerisch für die ordnungsgemäße Abstimmung und Schnittstellenbewältigung einzustehen und zu haften hätten. Erwiese sich dann in der Praxis die Zuweisung von Aufgaben und Verantwortung als unzureichend, wäre dies dem Risiko der Auftragnehmer zugewiesen, nicht mehr jedoch in der Risikosphäre des Auftraggebers. Angesichts dessen, dass auf Grundlage des Vorgenannten die Schnittstellenrisiken und Koordinierungspflichten letztlich doch weitgehend den Auftragnehmern auferlegt würden, ist eine solche gesamtschuldnerische Haftung gleichwohl nur schwer durchsetzbar. Die Auftragnehmer werden die hiermit verbundenen Risiken regelmäßig nicht eingehen wollen und zudem auch nicht bereit sein, unbeschränkte Haftung zu übernehmen. Ohne eine ausreichende Haftung ist eine Schnittstellenvereinbarung für den Auftraggeber jedoch nur von begrenztem Wert.

Schnittstellenregelungen in den Einzelverträgen

Scheitert der Abschluss einer gewerkeübergreifenden Schnittstellenvereinbarung ganz oder verweigern einzelne wesentliche Gewerke die Mitwirkung an der Schnittstellenvereinbarung, so wird es notwendig, jeweils in den betroffenen Liefer- und Errichtungsverträgen selbst die relevanten Schnittstellenthemen zu regeln. Von ganz maßgeblicher Bedeutung ist hierbei, dass die vertraglichen Regelungen in allen Liefer- und Errichtungsverträgen, die von der Schnittstelle betroffen sind, inhaltlich konsistent aufeinander abgestimmt sind. Es ist insofern für den Auftraggeber die besondere Herausforderung, solche konsistenten Regelungen durchzusetzen. Dies ist häufig schwierig, weil jeder Auftragnehmer nur das notwendige Minimum an Schnittstellenverantwortlichkeit und -risiko übernehmen will. Dem Auftraggeber wird es daher regelmäßig nicht gelingen, alle wesentlichen Schnittstellen eines komplexen Offshore-Projektes durch eine Vielzahl von genau aufeinander abgestimmten Klauseln so zu regeln, dass die Schnittstellenrisiken vollständig ausgeschaltet werden. Es kann jedoch gelingen, die Schnittstellenrisiken erheblich zu reduzieren.

In Offshore-Projekten spielen v.a. die folgenden Schnittstellenthemen eine erhebliche Rolle:

Absicherung der Einhaltung des übergeordneten Bauzeitenplans

Der Auftraggeber muss neben der Sicherstellung des ordnungsgemäßen Zusammenwirkens der verschiedenen Auftragnehmer in sachlicher und technischer Hinsicht insbesondere dafür sorgen, dass die verschiedenen Gewerke auch zeitlich sinnvoll aufeinander abgestimmt sind. Der Auftraggeber erstellt daher üblicherweise einen übergeordneten Bauzeitenplan (häufig als *Master Programme* bezeichnet), der hinsichtlich sämtlicher Gewerke abbildet, zu welchen Zeitpunkten die verschiedenen Leistungen zu erbringen sind. Dies ist als solches nicht offshore-spezifisch. Pünktlichkeit ist bei Offshore-Wind-Projekten jedoch noch einmal von gesteigerter Bedeutung, da jede Verzögerung schon deswegen immense Mehrkosten verursachen kann, weil Schiffe länger vorgehalten bzw. neu beschafft oder einzelne Leistungen aufgrund jahreszeitbedingter Schlechtwetterperioden womöglich über Monate überhaupt nicht erbracht werden können.

Es kann insofern insbesondere offshore zu keinem Zeitpunkt ausgeschlossen werden, dass es aufgrund äußerer Einflüsse, aber insbesondere auch wegen Verzögerungen bei einem der Gewerke zu erheblichen zeitlichen Verschiebungen des gesamten Bauablaufs aller Gewerke gegenüber dem *Master Programme* kommt. Insofern ist wichtig, dass dem Auftraggeber in diesem Fall Mittel zur Verfügung stehen, um eine Anpassung der einzelnen Liefer- und Errichtungsverträge an den durch die Verschiebung bewirkten neuen Zeitplan, d.h. an ein neues *Master Programme,* zu verlangen und ggf. zu erzwingen. Die Liefer- und Errichtungsverträge sehen daher üblicherweise vor, dass der Auftraggeber gegen Erstattung der hieraus resultierenden Mehrkosten (ggf. zuzüglich Marge) Leistungsänderungen (sog. *Variations*[298]) einseitig anordnen kann, denen der jeweilige Auftragnehmer im Grundsatz Folge zu leisten hat. Mit solchen *Variations* kann der Auftraggeber sowohl eine geänderte technische bzw. bauliche Ausführung der Leistungen als auch einen geänderten Zeitplan anordnen.

Konsistenz der Spezifikationen
Ganz wesentliches Schnittstellenthema ist, wie oben erwähnt, die Harmonisierung der Leistungspflichten der verschiedenen Auftragnehmer in sachlicher und technischer Hinsicht. Der Auftraggeber muss sicherstellen, dass die Leistungspflichten so aufeinander abgestimmt und zugleich auch voneinander abgegrenzt sind, dass in den Schnittstellenbereichen die einzelnen Leistungen zueinander passen. Es bedarf detaillierter technischer Spezifikationen, die gerade auch hinsichtlich der jeweiligen Schnittstellen die notwendigen Regelungen treffen. Andererseits ist wichtig, dass der Auftraggeber in die Lage versetzt wird, sich offenbarende Inkonsistenzen dadurch zu beseitigen, dass die Leistungspflichten der betroffenen Auftragnehmer entsprechend angepasst werden. Hierfür steht dem Auftraggeber, wie oben dargestellt, üblicherweise das Recht zur Anordnung von *Variations* zur Verfügung.

Regelungen zum Gewahrsamswechsel
Bei Offshore-Wind-Projekten bedürfen die Liefer- und Errichtungsverträge zumeist gesonderte Regelungen zum Wechsel des Gewahrsams (d.h. der tatsächlichen Sachherrschaft) an den jeweiligen Komponenten. So ist der Bauzeitenplan vielfach so getaktet, dass bereits vor der Abnahme einer bestimmten Komponente – exemplarisch eines Fundaments – der Auftragnehmer eines anderen Gewerkes Arbeiten an dieser Komponente vornimmt. Beispielsweise kann es vorkommen, dass der für die Verlegung der Innerparkverkabelung zuständige Auftragnehmer bereits vor der Abnahme eines Fundamentes das Kabel in das Fundament einführt und dort befestigt. Der Auftragnehmer wird in diesem Zusammenhang darauf drängen, dass Beschädigungen an der Komponente durch die Tätigkeit des anderen Auftragnehmers – ungeachtet des Umstandes, dass Abnahme und Gefahrenübergang auf den Auftraggeber noch nicht erfolgt sind, nicht seiner Haftung und Gewährleistung unterfallen. Auch bedarf es Regelungen dazu, in welcher Weise der andere Auftragnehmer konkret zur Nutzung und zur Arbeit an der Komponente berechtigt sein soll.

Regelungen zum Gewahrsamswechsel sind weiter dann erforderlich, wenn Lieferung, Offshore-Transport und Offshore-Montage der jeweiligen Komponente nicht von *einem* Auftragnehmer durchgeführt werden. So gibt es z.B. Vertragsregime, die bestimmen, dass Komponenten von Lieferanten nur in den Hafen zu liefern sind, anschließend von einem anderen Auftragnehmer in das Offshore-Baufeld verschifft und dort wiederum von dem Lieferanten

298 Vgl. zu *Variations* auch Kraft in Gerhard / Rüschen / Sandhövel, S. 523f.

unter Mitwirkung des Auftraggebers errichtet werden. Es kommt insoweit sowohl im Hafen als auch im Offshore-Baufeld zu Gewahrsamswechseln, hinsichtlich derer genau zu bestimmen ist, zu welchem Zeitpunkt die Verantwortlichkeit für die Komponente und die Gefahr des zufälligen Untergangs bzw. der zufälligen Beschädigung jeweils übergehen und wie die verschiedenen Beteiligten hierbei zusammenzuwirken haben. Typischerweise wird in diesem Zusammenhang auch vereinbart und näher spezifiziert, dass im Vorfeld des Gewahrsamswechsels eine gemeinsame Besichtigung der betroffenen Komponente mit entsprechender Protokollierung zu erfolgen hat, um den Zustand der Komponente bei Gewahrsamsübergang eindeutig zu dokumentieren. Weiterhin werden ggf. spezifische Regelungen zur Verteilung der Beweislast getroffen.

Lastenkalkulation
Eine Schnittstelle von wesentlicher Bedeutung besteht in Bezug auf die sog. Kalkulation der Belastungen, die die Windenergieanlagen und die Fundamente aushalten müssen (Lastenkalkulation). Die Strukturen der Windenergieanlagen sind während des Betriebes durch die in Intensität und Richtung stetig wechselnden Winde erheblichen physischen Belastungen ausgesetzt[299]. Um sicherzustellen, dass Windenergieanlagen und auch Fundamente bei größtmöglicher Effizienz und Materialersparnis gleichwohl so beschaffen sind, dass sie alle einwirkenden Lasten ohne Verformungen und Beschädigungen aushalten, werden Windenergieanlagen-Lieferant und Fundamente-Lieferant üblicherweise vertraglich verpflichtet, schon in der Planungsphase gemeinsam im Rahmen eines wechselseitigen Prozesses die Parameter hinsichtlich Konstruktion und Dimensionierung zu ermitteln.

Eine ordnungsgemäße Lastenkalkulation ist auch onshore bedeutsam. Bei Offshore-Projekten ist die ordnungsgemäße vertragliche Regelung einer solchen Lastenkalkulation jedoch noch einmal von größerer Wichtigkeit, da hier der Windenergieanlagen-Lieferant üblicherweise nicht bereit ist, alle Parameter seiner Windenergieanlagen offenzulegen. So können nur im Rahmen eines iterativen Prozesses, bei dem wesentliche Berechnungsleistungen durch *beide* betroffenen Auftragnehmer erfolgen, sachgerechte Parameter für die Dimensionierung der Fundamente ermittelt werden. Wirtschaftlich besonders bedeutsam ist die ordnungsgemäße Lastenkalkulation offshore insbesondere deswegen, weil sich unzureichend dimensionierte Fundamente auf hoher See – wenn überhaupt – nur sehr eingeschränkt reparieren oder ertüchtigen lassen und die Kosten hierfür – auch angesichts des komplexen Designs der Fundamente – besonders hoch wären.

Regelungsbedarf besteht insoweit zum einen hinsichtlich der Ausgestaltung des iterativen Prozesses im Detail, zum anderen hinsichtlich der Rechtsfolgen von Fehlern der Parteien bei der Lastenberechnung. Klassischer Streitpunkt ist hierbei, wie weit die Verantwortlichkeit des jeweiligen Auftragnehmers für die Ergebnisse dieses wechselseitigen Prozesses reicht. Während es für den Auftraggeber ideal wäre, wenn sowohl der Fundamente- als auch der Windenergieanlagen-Hersteller eine vollständige eigene Verantwortung für sämtliche Berechnungsschritte und das Gesamtergebnis des iterativen Prozesses trügen, sind die jeweiligen Lieferanten zumeist nicht bereit, über die Richtigkeit der von ihnen selbst zugelieferten Daten hinaus eine Verantwortung für diesen Prozess zu übernehmen. Verhandlungsergebnis kann hier sein, dass es zwar weiterhin keine Gesamtverantwortung der Lieferanten für die Richtigkeit des gesamten

---

299 Zu Lasten bei Windenergieanlagen siehe Hau, Windenergieanlagen, 3. Auflage 2003, S. 161ff.

Prozesses gibt, dass diese aber zumindest jeweils für die von ihnen selbst zugelieferten Daten und Berechnungen und auch für die von ihnen unter Einbeziehung der Fremddaten durchgeführten Berechnungen – wenn auch nicht für die Fremddaten selbst – haften. Streitpunkt ist dann noch, inwieweit die Haftung ein Verschulden der jeweiligen Vertragspartei erfordern soll.

3.4.5 Besondere Themen der Errichtungsverträge

Nachfolgend sollen die verschiedenen Fragestellungen im Zusammenhang mit der Errichtung eines Offshore-Wind-Vorhaben weiter vertieft sowie vertragliche Regelungs- und Lösungsansätze vorgestellt werden. Hierbei wird zugrunde gelegt, dass es sich bei den vertraglichen Vereinbarungen um Individualvereinbarungen handelt, so dass das Recht der Allgemeinen Geschäftsbedingungen (§§ 305 ff. BGB) unberücksichtigt bleibt[300]. Auf eine umfassende Darstellung der nicht offshore-spezifischen Regelungsaspekte von Liefer- und Errichtungsverträgen wird hierbei verzichtet[301].

Maßnahmen zur Sicherung der pünktlichen Leistungserbringung

Wie oben geschildert, ist es neben der Sicherstellung des ordnungsgemäßen Zusammenwirkens in sachlicher und technischer Hinsicht von besonderer Bedeutung, dass die verschiedenen Gewerke auch zeitlich sinnvoll aufeinander abgestimmt sind. Hat der Auftraggeber hierfür das *Master Programme* als übergeordneten Bauzeitenplan erstellt, wäre dieses gleichwohl ohne Wert, wenn nicht alle Gewerke verpflichtet wären, die ihnen nach dem *Master Programme* zugewiesenen Leistungszeiten tatsächlich einzuhalten. Jedem der Liefer- und Errichtungsverträge wird daher wiederum ein eigener, nur die Leistungen des jeweiligen Gewerkes umfassender und auf das *Master Programme* abgestimmter Detail-Bauzeitenplan (*Programme*) zugrunde gelegt und der Auftragnehmer auf dieses Programme *verpflichtet.*

Bleibt der Auftragnehmer hinter dem *Programme* zurück, hat er unter bestimmten Umständen Geldzahlungen an den Auftraggeber zu leisten. Allerdings ist üblicherweise nicht die pünktliche Erbringung jeder einzelnen Teilleistung mit einer Zahlungspflicht sanktioniert. Vielmehr wird entweder nur auf die termingerechte Fertigstellung oder zusätzlich auf die pünktliche Erfüllung besonders wichtiger Zwischenschritte, der sog. Meilensteine, abgestellt. Solche Meilensteine sind v.a. solche Teilleistungen eines Gewerkes, auf deren termingerechte Erbringung andere Gewerke besonders angewiesen sind, weil diese zwingende Voraussetzung für die eigene Leistungserbringung sind. Die Zahlungspflicht des Auftragnehmers für die verspätete Erreichung eines Meilensteines kann rechtlich als pauschalierter Schadensersatz (*Liquidated Damages*) oder als Vertragsstrafe (*Penalty*) ausgestaltet werden. Während die Vertragsstrafe eine echte – im Grundsatz frei verhandelbare – Strafe für den Verzug des Auftragnehmers ist, handelt es sich bei den *Liquidated Damages* um pauschal berechneten Schadensersatz ohne Strafcharakter[302], der der Höhe nach von vornherein an

---

300 Nach den gesetzlichen Bestimmungen zum Recht der Allgemeinen Geschäftsbedingungen (§§ 305ff. BGB) und der hieraus von der Rechtsprechung entwickelten Grundsätze wäre eine Vielzahl von in Liefer- und Errichtungsverträgen vereinbarten Regelungen als unwirksam anzusehen. Solche Regelungen können nur dann wirksam vereinbart werden, wenn dies auf einer individualvertraglichen Grundlage geschieht, also der Inhalt der Regelung zwischen den Vertragsparteien im Einzelnen ausgehandelt wird.

301 Eine solche umfassende Darstellung findet sich bei Kraft in Gerhard/Rüschen/Sandhövel, S. 513ff.

302 Hök, ZfBR 2006, 107.

dem zu erwartenden Schaden auszurichten ist und hinsichtlich dessen dem Auftragnehmer der Nachweis eines niedrigeren tatsächlichen Schadens grundsätzlich möglich bleibt[303].

Die Zahlungsverpflichtung bei verspäteter Leistung soll den Auftragnehmer nicht nur zur zeitgerechten Leistungserbringung motivieren. Sie dient v.a. auch dazu, dem Auftraggeber einen Ausgleich für die verzögerungsbedingt erlittenen Nachteile zu schaffen. Diese Nachteile lassen sich im Grundsatz in zwei Gruppen einordnen: Mindereinnahmen und Mehrkosten. Zum einen erleidet der Auftraggeber Mindereinnahmen und ein zumindest zeitweiliges Ausbleiben von Cashflow, wenn der Offshore-Windpark verzögerungsbedingt erst verspätet in Betrieb genommen werden und Strom einspeisen kann. Besonders gravierend ist dies, wenn sich die Inbetriebnahme in die nächste Degressionsstufe verschiebt: Strom aus Erneuerbaren Energien wird nach den Regelungen des EEG über die gesamte Förderungsdauer mit einem bestimmten Vergütungssatz je kWh vergütet. Dieser feste Vergütungssatz für neu in Betrieb genommene Erneuerbare-Energien-Anlagen reduziert sich mit jedem Kalenderjahr um einen gewissen Prozentsatz (sog. Degression, vgl. § 20 EEG). Maßgeblich für die Höhe des Vergütungssatzes ist insoweit das Jahr der Inbetriebnahme. Wird eine Erneuerbare-Energien-Anlage verspätet erst nach dem Degressionsstichtag in Betrieb genommen, mindert dies die Vergütung des erzeugten Stroms über die gesamte Förderungsdauer. Dies reduziert zwangsläufig die Rentabilität und kann das Projekt schlimmstenfalls gänzlich unwirtschaftlich machen. Bei Offshore-Wind-Projekten ist diese Thematik gleichwohl derzeit noch von eingeschränkter Relevanz, da nach dem geltenden Recht eine Degression nicht vor dem Jahr 2018 einsetzt (dann allerdings um jährlich 7 %, vgl. § 20 Abs. 2 Nr. 7 a) EEG 2012). Mehrkosten können z.B. erhöhte Finanzierungskosten und namentlich bei Offshore-Wind-Projekten solche Kosten sein, die, wie geschildert, dadurch entstehen, dass die anderen Gewerke ihre eigenen Zeitpläne an die neuen Gegebenheiten anpassen, ihre eigenen Leistungen verschieben und die Verfügbarkeit von Gerät, Personal und ggf. auch Subunternehmerleistungen über einen längeren Zeitraum sicherstellen müssen. Für diese Kosten können die anderen Gewerke regelmäßig Ersatz von dem Auftraggeber verlangen.

Besondere Merkmale der Liefer- und Errichtungsverträge für Offshore-Wind-Projekte im Zusammenhang mit dem *Programme* und Verzögerungen sind insbesondere:

- Die im Fall von Verzögerungen zahlbaren *Liquidated Damages* bzw. *Penalties* sind im Vergleich zu Lieferverträgen für andere Erneuerbare-Energien-Projekte üblicherweise ausgesprochen hoch. Dies ist darin begründet, dass, wie zuvor geschildert, Verzögerungen bei Offshore-Wind-Projekten in der Regel weit höhere Kosten verursachen, als dies bei anderen Erneuerbare-Energien-Projekten der Fall ist.
- Weiter ist für Offshore-Wind-Projekte charakteristisch, dass stärker als bei anderen Erneuerbare-Energien-Projekten darauf hingewirkt wird, dass Verzögerungen und damit verbundene immense Mehrkosten gar nicht erst entstehen. Es werden sehr häufig vertragliche Mechanismen zur effektiven Kontrolle des Baufortschritts vereinbart, um Verzögerungen frühzeitig entgegenwirken zu können. Dies sind insbesondere umfassende Prüf- und Inspektionsrechte des Auftraggebers, die diesen berechtigen, in den Fertigungsanlagen des Auftragnehmers und häufig auch wichtiger Subunternehmer den Stand der Vertragserfüllung zu überprüfen und Qualitätskontrollen vorzunehmen.

303 BGH NJW 2006, 1056; Hök, IBR 2008, 1187 (nur online).

- Ausdruck dieses präventiven Ansatzes zur Vermeidung von Verzögerungen ist auch, dass teilweise schon die verspätete Erbringung von Vorleistungen, die noch nicht Teil der eigentlichen Lieferung und Errichtung sind, mit *Liquidated Damages* bzw. *Penalties* belegt ist. Dies gilt insbesondere für die termingerechte Übergabe aller relevanten Design- und Zertifizierungs-Unterlagen, die bereits lange vor dem Beginn der Herstellung und Errichtung des jeweiligen Gewerkes dem Auftraggeber vorzulegen sind. Relevant ist dies insbesondere dann, wenn Prototypen errichtet werden sollen, die bislang nicht in anderen Offshore-Windparks Verwendung gefunden haben, aber auch bei anderen, noch nicht im Markt etablierten Modellen. Die Zertifizierungsunterlagen sind deshalb besonders wichtig, weil ohne den erfolgreichen Abschluss des Zertifizierungsprozesses der Offshore-Windpark nicht rechtmäßig errichtet und betrieben werden darf. Das aus fehlenden Zertifizierungsunterlagen resultierende Schadenspotential ist insofern erheblich.
- Hinsichtlich der Fundamente und Kabel kommt es häufig, hinsichtlich der Windenergieanlagen gelegentlich vor, dass die Fertigstellung einer Gruppe dieser Komponenten, einer sog. *Section*, als Meilenstein definiert wird. Dies ist dann sinnvoll, wenn die Fertigstellung der gesamten *Section* erforderlich ist, damit die nachfolgenden Gewerke mit ihrer Arbeit in diesem Bereich des Offshore-Baufeldes überhaupt beginnen können. So kann etwa der Kabelverleger sinnvollerweise erst dann beginnen, die Kabel in die Fundamente einer *Section* einzuspeisen, wenn alle Fundamente der *Section* errichtet sind, und auch erst im Anschluss hieran kann der Windenergieanlagenlieferant die Windenergieanlagen auf den Fundamenten dieser *Section* montieren.

Üblicherweise wird die Zahlungspflicht auf einen bestimmten Prozentsatz der vertraglichen Vergütung des Auftragnehmers begrenzt. Ist diese Höchstgrenze erreicht, ist der Auftraggeber häufig zur Kündigung berechtigt – der Verzug könnte sich sonst ohne Konsequenzen für den Auftragnehmer unbegrenzt fortsetzen. Der Auftraggeber wird allerdings angesichts der drohenden wirtschaftlichen Folgen den Vertrag in aller Regel nur als *Ultima Ratio* tatsächlich kündigen. Das Kündigungsrecht dient somit vornehmlich als Druckmittel, um den Auftragnehmer zur Beschleunigung der Arbeiten bzw. zur freiwilligen Weiterzahlung der *Liquidated Damages* bzw. der Vertragsstrafe über die Höchstgrenze hinaus zu bewegen. Umstritten ist in den Vertragsverhandlungen zumeist auch, ob der Auftraggeber berechtigt sein soll, über die Zahlungspflicht hinausgehende Verzugsschäden geltend zu machen oder ob diese Zahlungen abschließend sein sollen. Letzteres ist in der Praxis der Regelfall. Allerdings werden Auftraggeber darauf drängen, diesen Grundsatz zu durchbrechen, falls es wegen einer gravierenden Verzögerung zu einer Beendigung des Vertragsverhältnisses kommt.

Für die Vertragsgestaltung stehen zwei grundsätzliche Regelungsmodelle zur Auswahl. Nach dem in Deutschland früher üblichen „Verzugs-Modell“ bedeutet jedes Zurückbleiben hinter dem ursprünglichen Meilenstein-Termin einen Verzug; es sei denn, dem Auftragnehmer gelingt der Nachweis, dass er die Verzögerung nicht zu vertreten hat. Ob der Auftragnehmer eine Verzögerung zu vertreten hat, hängt davon ab, ob ihn oder seinen Erfüllungsgehilfen Verschulden trifft. Ob ein Verschulden vorliegt, d.h. ihm die Verzögerung vorzuwerfen ist, bedarf dann in jedem Einzelfall der – notwendigerweise nachträglichen – Prüfung anhand der konkreten Fallumstände.

Angloamerikanisch geprägte „*Extension of Time-Vertragsmodelle*“ (wie etwa auf Grundlage der Vertragsmuster des FIDIC Yellow Books und des FIDIC Silver Books) stellen demgegenüber nicht direkt auf das – notwendigerweise sehr allgemeine – Kriterium des „Verschuldens“

ab. Vielmehr legen die Parteien schon in den Vertragsbestimmungen selbst weitgehend fest, welche Arten von Fallumständen den Auftragnehmer zu einer Bauzeitverlängerung berechtigen sollen. Es werden insoweit die Risikosphären der Parteien definiert. Beruht eine Verzögerung auf Fallumständen, die der Risikosphäre des Auftraggebers zugeordnet sind, ist dem Auftragnehmer eine Verlängerung der Bauzeit zu gewähren mit der Folge, dass das Programme und damit auch die Meilenstein-Termine entsprechend anzupassen (d.h. zu verschieben und neu festzulegen) sind. Insofern liegt schon keine Verzögerung vor, wenn der Auftragnehmer den Meilenstein zwar erst nach dem ursprünglichen, aber zumindest bis zum aktualisierten Meilenstein-Termin erreicht. Wird hingegen auch der aktualisierte Meilenstein-Termin „gerissen", ist der Auftragnehmer ab dem aktualisierten Meilenstein-Termin zur Zahlung verpflichtet. Dies gilt gleichfalls, falls der Auftragnehmer ohne Bauzeitverlängerungen den (ursprünglichen) Meilenstein-Termin nicht einhält, etwa weil die Verzögerung auf Umstände zurückzuführen ist, die der Risikosphäre des Auftragsnehmers zugewiesen wurden. Es kommt insofern allein auf die Frage an, ob die Risikosphäre des Auftragnehmers oder des Auftraggebers betroffen ist. Einer gesonderten Verschuldensprüfung bedarf es nicht mehr.

Zwar weichen die Ergebnisse beider Regelungsansätze häufig nicht gravierend voneinander ab, da regelmäßig jeder Partei alle von ihr zu verantwortenden Umstände und Ereignisse als Teil ihrer Risikosphäre zugewiesen sind. Das *„Extension of Time"*-Modell ist dennoch im Vergleich als vorzugswürdig anzusehen. Das explizite Aushandeln der Tatbestände, welche eine Verlängerung der Bauzeit nach sich ziehen, schafft schon während der Vertragsverhandlungen Klarheit über die Abgrenzung der Risikosphären. Dies erleichtert die Risikokalkulation der Parteien erheblich. Böse Überraschungen in Form einer bei Vertragsschluss unerwarteten Auslegung des „Verschuldens" durch ein erkennendes Gericht bleiben so aus. Das *„Extension of Time"*-Modell ist zudem flexibler, da es den Parteien die Möglichkeit einräumt, bei jedem Risiko zu verhandeln und zu vereinbaren, in wessen Sphäre es fallen soll. Die Risikostrukturen verschiedener Verträge können insofern ganz unterschiedlich sein. Diese Flexibilität ist angesichts dessen, dass gerade bei Offshore-Wind-Vorhaben ganz unterschiedliche Ansätze der Risikoverteilung zu beobachten sind, wertvoll. Weiterhin wird durch die formelle Verlängerung der Bauzeit und die Anpassung des *Programmes* (wenn die Parteien sich hierauf einigen können) für alle Beteiligten klar ersichtlich, um welchen Zeitraum der Meilenstein-Termin verschoben wurde. Der Auftraggeber ist damit besser in der Lage, die *Programmes* der übrigen Gewerke an die neue Situation anzupassen.

Adverse Weather

Entsprechend dem oben Gesagten ist es empfehlenswert, die Voraussetzungen von *Adverse Weather* zu definieren und die aus dem Auftreten von *Adverse Weather* resultierenden wirtschaftlichen und sonstigen Risiken (v.a. Verzögerungen und Mehrkosten) den Parteien klar zuzuweisen.

Aus Auftraggebersicht liegt es nahe, dem Auftragnehmer die mit *Adverse Weather* verbundenen Risiken komplett zuzuordnen. Dies würde bedeuten, dass der Auftragnehmer für schlechtwetterbedingte Verzögerungen weder eine Verlängerung der Bauzeit noch Kostenersatz verlangen könnte. Diese Lösung bringt es mit sich, dass der Auftragnehmer die sich hieraus für ihn ergebenden Risiken nur durch einen ganz erheblichen Risikoaufschlag auf die vom Auftraggeber zu zahlende Vergütung rechtfertigen und adäquat abbilden kann. Dies ist für den Auftraggeber in der Regel wirtschaftlich unattraktiv.

Die bisherige Praxis tendiert daher eher zu Mischformen. Häufig wird vereinbart, dass der Auftragnehmer ein bestimmtes Kontingent an Schlechtwettertagen im *Programme* und seiner Preiskalkulation bereits berücksichtigt hat. Für über das Schlechtwetterkontingent hinausgehende Verzögerungen kann der Auftragnehmer dann hingegen Bauzeitverlängerung und Kostenersatz verlangen.

Bei derartigen Ansätzen kommt der Festlegung der Wind- und Wetterparameter zur Definition von *Adverse Weather* besondere Bedeutung zu: Hinsichtlich der Wellenhöhen kann es hierbei keine pauschale Definition geben, da der maßgebliche Schwellenwert und die Eigenschaften des verwendeten Errichtungsschiffs in Wechselwirkung zueinander stehen. Vereinbaren die Parteien, dass das Errichtungsschiff nur bis zu einer vergleichsweise geringen Wellenhöhe einsetzbar sein muss, sind die technischen Anforderungen an das Schiff entsprechend geringer und die Beschaffung billiger, was die Höhe der vom Auftraggeber zu zahlenden Grundvergütung reduziert. Soll das Errichtungsschiff hingegen auch bei großen Wellenhöhen einsetzbar sein, sind die an das Schiff gestellten technischen Anforderungen höher, die Beschaffung teurer und auch die vom Auftraggeber zu zahlende Grundvergütung muss entsprechend höher sein. Allerdings wird dann auch *Adverse Weather* sehr viel seltener auftreten, so dass sich weniger schlechtwetterbedingte Verzögerungen und geringere Mehrkosten ergeben dürften.

Hinsichtlich des Windes bedarf es einer Differenzierung danach, welche Leistung konkret erbracht werden soll. Das Verschrauben des untersten Turmelementes mit dem Fundament ist auch bei vergleichsweise starkem Wind noch möglich, während etwa die Montage der Rotorblätter schon bei geringeren Windstärken unterbleiben muss. Die Regelungsregime der Errichtungsverträge greifen diese Differenzierung teilweise auf, so dass für unterschiedliche Leistungen unterschiedliche Windgeschwindigkeiten als Schwelle zu *Adverse Weather* definiert werden. Teilweise wird aber auch nur pauschal eine Geschwindigkeitsschwelle für alle Teilleistungen festgelegt. Da diese dann allerdings so niedrig liegen muss, dass bei Windgeschwindigkeiten bis hin zu dieser Schwelle tatsächlich alle Leistungen erbracht werden können, hat dies zur Folge, dass hinsichtlich solcher Leistungen, die auch bei höheren Windgeschwindigkeiten noch erbracht werden könnten, *Adverse Weather* formal früher eintritt, als dies praktisch erforderlich wäre. Inwieweit vor diesem Hintergrund eine solche pauschale Lösung akzeptabel ist, ist von den Parteien kommerziell zu entscheiden. Für den Auftraggeber dürfte sie nur dann attraktiv sein, wenn die an den Auftragnehmer zahlbare Grundvergütung für die Errichtungsleistungen hinreichend unter derjenigen liegt, die bei differenzierten Schwellenwerten zahlbar wäre und mit Blick auf entsprechende Wetterstatistiken ohnehin damit zu rechnen ist, dass *Adverse Weather* während des für die Offshore-Montage vorgesehenen Zeitraums nur selten auftritt.

Wichtig ist weiter, eine genaue Abgrenzung von *Adverse Weather* zur *Force Majeure* vorzunehmen. Bei *Force Majeure* handelt es sich um unvermeidbare Ereignisse höherer Gewalt, die außerhalb der Kontrolle der Parteien stehen und insoweit keiner von ihnen zugeordnet werden können und gegen die vernünftigerweise keine Vorkehrungen getroffen werden können, wie etwa Krieg, Terrorismus, Revolution, radioaktive Strahlung und Naturkatastrophen wie Erdbeben, Hurrikans und vulkanische Aktivität[304]. Eine Abgrenzung ist deshalb wichtig, weil bei

[304] Vgl. exemplarisch Ziffer 19.1 der FIDIC CONDITIONS OF CONTRACT FOR PLANT AND DESIGN-BUILD (Yellow Book).

Vorliegen von *Force Majeure* in der Regel – unabhängig von bestimmten Kontingenten und Kriterien – eine Bauzeitverlängerung zu gewähren ist. Würde dies auch auf *Adverse Weather*-Ereignisse – die der o.g. Definition von *Force Majeure* regelmäßig entsprechen dürften – Anwendung finden, wäre das besondere Regelungsregime für *Adverse Weather* ohne praktische Bedeutung und damit konterkariert. In den Liefer- und Errichtungsverträgen wird daher regelmäßig ausdrücklich angeordnet, dass Umstände, die *Adverse Weather* darstellen, keine *Force Majeure* im Sinne der vertraglichen Regelungen darstellen und insoweit ausschließlich das *Adverse-Weather*-Regime Anwendung findet. Ausnahmen hiervon sind nur ganz außergewöhnliche Wetterereignisse wie Tsunamis und Hurrikans.

Logistik: Beschaffungsverpflichtung und Verzug

Die Beschaffung und Bereithaltung der für die Offshore-Errichtung einer Komponente notwendigen Schiffe kann Teil der Leistungspflichten des Auftragnehmers sein, der für den Erfolg eines bestimmten Werkes – beispielsweise der Lieferung und Offshore-Montage der Windenergieanlagen – einzustehen hat. Ist dies der Fall, sollte im Interesse aller Projektbeteiligten die Beschaffungs- und Bereithaltungsverpflichtung des Auftragnehmers möglichst genau spezifiziert sein.

Es läge im Interesse des Auftraggebers, wenn der Auftragnehmer möglichst weitgehend verpflichtet wäre, zu jeder Zeit die zur Leistungserbringung notwendigen Schiffe bereitzuhalten – d.h. auch dann noch, wenn sich durch Verzögerungen im Bauablauf die Einsatzzeiten der Schiffe weit über den nach dem ursprünglichen Programme vorgesehenen Zeitraum hinaus verschieben. Das Risiko von Verzögerungen im Baufortschritt wäre dann bezüglich der Beschaffung und Bezahlung der Schiffe vollständig dem Auftragnehmer auferlegt. Eine solche Regelung ist nach den aktuellen Marktbedingungen mit einer nur begrenzten Verfügbarkeit von entsprechenden Spezialschiffen für den Auftragnehmer kaum akzeptabel, da er seinerseits wiederum sicherstellen müsste, dass er ständig und unbefristet auf die Schiffe zugreifen kann. Da ein solches Zugriffsrecht die Verfügbarkeit der Schiffe für andere Projekte blockiert, wäre ein solches Vorgehen für den Auftragnehmer mit so hohen Kosten verbunden, dass der Auftragnehmer kein marktfähiges Angebot für seine Leistungen abgeben könnte.

Eine Alternative hierzu ist, dass der Auftragnehmer die Schiffe nur für die nach dem ursprünglichen Programme vorgesehenen Einsatzzeiten beschaffen und bereithalten muss. Dies ist jedoch regelmäßig für den Auftraggeber nicht akzeptabel. Die für die Errichtung eines Offshore-Windparks notwendigen Schiffe stellen derzeit (noch) ein knappes Gut dar. Dies hat zur Folge, dass ein Schiff nach Ablauf der Charter zumeist bereits wieder anderweitig gebunden und damit nicht mehr verfügbar ist. Besteht also die Notwendigkeit, über die erforderlichen Schiffe auch nach dem Ende der ursprünglichen Charterzeit zu verfügen, so ist dies entweder überhaupt nicht oder nur zu sehr hohen Kosten möglich. Ggf. kann es auch Wochen oder Monate dauern, bis nach Ablauf einer Charter ein anderes Schiff beschafft und entsprechend ausgerüstet ist. Wäre der Auftragnehmer insofern nur verpflichtet, während der ursprünglich vorgesehenen Einsatzzeiten die Schiffe vorzuhalten, so könnten schon wenige Tage Verzögerung ggf. monatelange Folgeverzögerungen und ggf. ruinöse Mehrkosten hervorrufen.

Es bedarf daher einer differenzierten Regelung, die zum einen ein Ausufern der Kosten verhindert, zum anderen in gewissem Ausmaß sicherstellt, dass bei Verzögerungen die notwendigen Schiffe weiterhin verfügbar bleiben. Weiter sollte sichergestellt sein, dass durch Verzögerungen bedingte Mehrkosten und anderweitige Konsequenzen der hierfür verantwortlichen Partei auferlegt werden. Hier sind ganz verschiedene Lösungen denkbar. Die nachfolgend dargestellte Gestaltungsmöglichkeit ist nur beispielhaft:

- Der Auftragnehmer wird verpflichtet, die Schiffe für die nach dem ursprünglichen *Programme* vorgesehenen Einsatzzeiten zuzüglich eines bestimmten Zeitpuffers (beispielhaft 60 Tage) fest einzuchartern. Darüber hinaus hat der Auftragnehmer sicherzustellen, dass ihm im Chartervertrag die Möglichkeit eingeräumt wird, zumindest mit einigem zeitlichen Vorlauf die Charter per Option um einen gewissen Zeitraum zu verlängern. Über den Verlängerungszeitraum hinaus besteht dann zumindest die Verpflichtung des Auftragnehmers, sich bestmöglich um die Beschaffung eines Ersatzerrichtungsschiffes zu bemühen. Durch diese Staffelung wird sichergestellt, dass die Schiffe zumindest eine gewisse Zeit lang über die eigentlich vorgesehene Einsatzzeit verfügbar bleiben, ohne dass die Kosten ausarten.
- In einem zweiten Schritt ist dann zu prüfen, wem jeweils eine eingetretene Verzögerung zuzurechnen ist und wer in welchem Umfang für Zusatzkosten verantwortlich ist. Als Ausgangspunkt kann beispielsweise der o.g. Zeitpuffer zu gleichen Teilen dem Auftraggeber und dem Auftragnehmer zugewiesen werden. Kommt es zu einer Verzögerung, wird die Dauer der Verzögerung von dem Puffer derjenigen Partei abgezogen, die diese Verzögerung zu verantworten hat. Ist der Puffer einer Partei aufgebraucht, kann sie berechtigt sein, der jeweils anderen Partei ihren Puffer zu einem zuvor festgesetzten Preis abzukaufen. Sind beide Puffer aufgebraucht und treten weitere Verzögerungen bzw. verzögerungsbedingte Mehrkosten ein, so werden diese Kosten zwischen den Parteien anteilig aufgeteilt, wie diese für die Gesamtverzögerung verantwortlich sind. War eine der Parteien verpflichtet, ihren Puffer (teilweise) an die andere Partei zu verkaufen, so ist dies entsprechend zu berücksichtigen.

Regelungsbedürftig ist in diesem Zusammenhang auch, in wessen Risikosphäre es liegen soll, wenn es wegen technischer Defekte, anderweitiger mangelnder Seetauglichkeit oder extern beeinflusster Beschädigungen zu einem Ausfall des Schiffes kommt. Sachgerecht sollte das Risiko technischer Defekte oder anderweitiger mangelnder Seetauglichkeit, die in der Konstruktion oder dem Zustand des Schiffes begründet ist, dem Auftragnehmer auferlegt sein. Abweichende Regelungen können allerdings geboten sein, wenn im Vertrag selbst das Schiff bereits namentlich bezeichnet ist. Es kann dann im Einzelfall davon auszugehen sein, dass der Auftraggeber die Tauglichkeit dieses Schiffes überprüft hat und insofern zumindest einen Teil des Risikos selbst übernehmen muss. Hinsichtlich extern beeinflusster Beschädigungen wird sich der Auftraggeber regelmäßig zumindest teilweise das Risiko auferlegen lassen müssen. Es kommt häufig vor, dass dieses Risiko allein seiner Risikosphäre zugewiesen wird.

Übereignungsregelungen bei Offshore-Vorhaben

Offshore-spezifischer Regelungsbedarf besteht weiterhin hinsichtlich der Übertragung des Eigentums (Übereignung) an den verschiedenen Komponenten des Offshore-Windparks auf den Auftraggeber.

Den Zeitpunkt der Übereignung einer Sache, d.h. auch eines Kraftwerkes, können die Parteien im Grundsatz frei vereinbaren. Die Interessenlagen sind hier grundsätzlich entgegengesetzt: Während der Auftragnehmer seinen Vergütungsanspruch bestmöglich absichern und daher die Übereignung des gesamten Kraftwerks grundsätzlich erst möglichst spät vornehmen will, ist der Auftraggeber bestrebt, ungesicherte Zahlungen vor der Übereignung zu vermeiden und schnellstmöglich Eigentum an dem gesamten Kraftwerk zu erlangen. Dies entspricht auch der Motivation der finanzierenden Banken. Diese verlangen in der Regel die Bestellung umfassender Sicherheiten, bevor Kreditmittel freigegeben werden. Eine solche Besicherung erfolgt hierbei insbesondere auch durch Sicherungsübereignung des erworbenen Kraftwerks durch den Auftraggeber an die Bank. Voraussetzung hierfür ist, dass der Auftraggeber zuvor selbst Eigentum erlangt hat.

Häufig wird im Wege einer Kompromisslösung vereinbart, dass das Eigentum an den verschiedenen Teilen eines Gewerkes sukzessive jeweils dann übergeht, wenn der jeweilige Teil durch den Auftragnehmer geliefert und durch den Auftraggeber bezahlt worden ist. Auf diese Weise werden die wirtschaftlichen und finanziellen Risiken der Parteien begrenzt. Da es gleichwohl häufig unmöglich ist, allein über die Abstimmung des Zahlungsplans mit dem Lieferplan Vorleistungen einer der Parteien gänzlich zu vermeiden, wird regelmäßig vereinbart, dass die jeweils andere Partei die sich aus solchen Vorleistungen ergebenden Risiken durch die Stellung von Sicherheiten (üblicherweise Bürgschaften oder Zahlungsgarantien) abzusichern hat. Letztlich jedoch ist die konkrete Regelung des Übereignungsregimes immer auch vor dem Hintergrund der Verhandlungspositionen der Vertragsparteien zu sehen.

Die vorgenannten Überlegungen zur Ausgestaltung der Übereignung können in Bezug auf Offshore-Wind-Projekte in der Ausschließlichen Wirtschaftszone (AWZ) in Nord- und Ostsee jedoch nur sehr eingeschränkt gelten[305]. Der Handlungs- und Gestaltungsspielraum der Parteien ist nämlich dadurch erheblich begrenzt, dass nicht sicher ist, dass eine Übereignung von Sachen, die sich zum Übereignungszeitpunkt in der AWZ befinden, rechtlich tatsächlich Wirksamkeit entfaltet.

Nach dem sachenrechtlichen Grundsatz des *lex rei sitae* (Art. 43 EGBGB) erfolgt die Übereignung einer Sache stets nach den Bestimmungen der Rechtsordnung des Staates, in dem sich diese zum Zeitpunkt der Übereignung befindet. Abweichende Parteivereinbarungen sind grundsätzlich unwirksam, weil nur unter strikter Einhaltung des Grundsatzes des *lex rei sitae* das Eigentum an einer Sache und die Wirksamkeit ihres Erwerbs auch für Dritte transparent nachvollziehbar sind und nur so die Verkehrsfähigkeit der Sache sichergestellt werden kann. Deutsche Gesetze und damit auch die sachenrechtlichen Bestimmungen des BGB sind jedoch grundsätzlich nur auf deutschem Staatsgebiet anwendbar. Nach dem Seerechtsübereinkommen (SRÜ) gehören die Seegebiete der AWZ allerdings nicht zum deutschen Staatsgebiet. Anders als bei einer ganzen Reihe anderer Gesetze hat der Gesetzgeber auch nicht durch eine entsprechende Erstreckungsklausel ausdrücklich bestimmt, dass die sachenrechtlichen Bestimmungen des BGB auch in der AWZ gelten sollen. Die sachenrechtlichen Bestimmungen des BGB sind in der AZW insoweit zumindest nicht direkt anwendbar, so dass auch ein unmittelbarer Rückgriff auf den Grundsatz des *lex rei sitae* insoweit nicht erfolgen kann.

Die Rechtsfolgen und die praktische Handhabung des Umstandes, dass eine direkte Anwendung des deutschen Sachenrechts in der AWZ nicht möglich ist, sind umstritten[306].

---

305 Instruktiv Müller-Helle/Theilmann, RdE 2010, 369ff.; Böttcher, RNotZ 2011, 589ff.

306 Überblicke zum Meinungsstand u.a. bei Reichert-Facilides, WM 2011, 1544, 1545ff.; Dinger/Goldner, ZBB 2009, 204, 206f.

- Teilweise wird vertreten, dass das deutsche Sachenrecht in der AZW zumindest analoge, d.h. entsprechende Wirkung entfaltet. Die Begründungen hierfür sind vielfältig[307]. Gegen eine solche entsprechende Anwendung wird jedoch vorgebracht, dass Deutschland in der AZW zwar über „ausschließliche Hoheitsbefugnisse zur Errichtung künstlicher Inseln, Anlagen und Bauwerke“ (Art. 56 Abs. 1 lit. b, 60 Abs. 2 SRÜ) verfüge und insofern ein Bedürfnis nach Eigentumsregelungen für solche Bauwerke bestehe, der Gesetzgeber aber – anders als hinsichtlich einer Reihe anderer Gesetze (z.B. EEG, Raumordnungsgesetz) – nicht bestimmt habe, dass das BGB auch in der AWZ Geltung erlangen soll[308]. Hieraus ließe sich schließen, dass eine Anwendbarkeit des deutschen Sachenrechts in der AWZ seitens des Gesetzgebers nicht gewünscht ist. In jedem Fall wäre es gefährlich, sich auf eine analoge Anwendbarkeit des deutschen Sachenrechts zu verlassen und hierauf die vertragliche Gestaltung der Übereignung in der AWZ zu gründen[309].
- Vertreten wird weiter, dass eine Übereignung von in der AWZ befindlichen Sachen auch dann wirksam vollzogen werden könne, wenn zumindest die Einigung über den Eigentumsübergang und die Übergabe bzw. die Vereinbarung des Besitzkonstituts bereits zu einem Zeitpunkt erfolgen, zu dem sich die Sachen noch auf deutschem Hoheitsgebiet befinden. Dann sei es auch unschädlich, wenn die Einigung aufschiebend bedingt werde und die aufschiebende Bedingung erst eintritt, wenn sich die Sache bereits in der AWZ befindet[310]. Aus dogmatischer Sicht ist dem zuzustimmen. Gleichwohl ist diese Betrachtung bislang nicht höchstrichterlich bestätigt worden.

Da auch ansonsten höchstrichterliche Rechtsprechung zu der Frage einer Übereignung in der AWZ bislang nicht existiert[311], erscheint es aus Sicht des Auftraggebers weiterhin sachgerecht, eine sichere Ausgestaltung des Übereignungsvorgangs zu wählen und auf einer Übereignung bereits zu einem Zeitpunkt zu bestehen, an dem sich das betreffende Teil noch in deutschem Hoheitsgebiet, d.h. in einem deutschen Verschiffungshafen, oder noch an Bord eines deutschen Schiffes befindet[312]. Die Übereignung erfolgt damit in der Regel zeitlich deutlich vor der Zahlung der relevanten Vergütung. Die Motivation des Auftragnehmers, sich auf eine Übereignung zu einem so frühen Zeitpunkt einzulassen, ist verständlicherweise gering. Er verliert hierdurch ein wirksames Mittel zur Absicherung seines Vergütungsanspruches. Lösung ist dann auch hier zumeist, dass der Auftraggeber entsprechende Zahlungssicherheiten, z.B. in Form einer Bankbürgschaft oder Garantie, zu stellen hat.

Eine zuletzt vermehrt diskutierte Alternative zur Ausgestaltung des Übereignungsregimes ist, die jeweiligen Komponenten nicht an den Auftraggeber selbst, sondern zu einem sehr frühen Zeitpunkt an eine separate Projektgesellschaft (sog. *Asset Company*) zu übertragen, die dauerhaft Eigentümerin der Komponenten bleibt[313]. Die Anteile an dieser *Asset Company* könnten dann unmittelbar zur Sicherheit an eine finanzierende Bank verpfändet werden. Von Vorteil kann dies insbesondere dann sein, wenn erst zu einem späteren Zeitpunkt eine Bank-

307 Vgl. Böttcher, RNotZ 2011, 589, 594ff.; Büllesfeld/Multmeier, ZNER 2009, S. 7ff.

308 Vgl. Müller-Helle/Theilmann, RdE 2010, 369, 370.

309 Vgl. Müller-Helle/Theilmann, RdE 2010, 369, 370 mwN.

310 Vgl. Müller-Helle/Theilmann, RdE 2010, 369, 370ff.

311 Müller-Helle/Theilmann a.a.O.

312 Vgl. hierzu auch Riede in Gerhard/Rüschen/Sandhövel, Finanzierung Erneuerbare Energien, 2011, S. 846f.

313 Vgl. Riede in Gerhard/Rüschen/Sandhövel, S. 847; Müller-Helle/Theilmann, RdE 2010, 369, 374f.

finanzierung erfolgen soll und das Projekt bis dahin über Eigenkapital finanziert wird. Auch kann der Weg über eine *Asset Company* es erleichtern, die Finanzierung zu einem späteren Zeitpunkt neu zu strukturieren. Allerdings ist die Gesamtkonstellation auch hier kompliziert, so dass stets eine sorgfältige Prüfung des Für und Wider im Einzelfall zu erfolgen hat.

Mangelgewährleistung

Hinsichtlich der Mangelgewährleistung stehen bei Liefer- und Errichtungsverträgen für Offshore-Wind-Projekte folgende Themen im Vordergrund:

Neue Technologie

Wie dargestellt, wird offshore vielfach neue Technologie verwendet, hinsichtlich derer langjährige Erfahrungswerte, auch in Bezug auf die Wahrscheinlichkeit von Gewährleistungsfällen, fehlen. Auftraggeber und Banken legen insofern Wert auf eine strenge Ausgestaltung des Gewährleistungsregimes. Weiter besteht ein erhöhtes Sicherungsbedürfnis, das sich in prozentual höheren Gewährleistungseinbehalten bzw. -bürgschaften oder anderen adäquaten Sicherheiten ausdrückt. Auftraggeber und finanzierende Banken achten hierbei auch darauf, dass die Gewährleistungsbürgschaft auf erstes Anfordern zahlbar ist, um sich langwierige und risikoreiche Nachweise hinsichtlich des tatsächlichen Vorliegens eines Mangels zu ersparen, die gerade offshore mit besonderem Aufwand verbunden sind. Von besonderer Bedeutung ist angesichts der großen Volumina auch die Bonität der bürgenden Bank.

Nacherfüllung

Im Falle eines Mangels ist der Auftragnehmer nach dem Gesetz zunächst verpflichtet, diesen zu beseitigen (Nacherfüllung). Der Auftraggeber kann ihm hierbei eine angemessene Frist setzen. Angemessen ist die Frist dann, wenn sie eine letzte Gelegenheit zur Erbringung der Leistung eröffnet, ohne jedoch so großzügig bemessen sein zu müssen, dass der Auftragnehmer eine überhaupt noch nicht begonnene Leistung erst noch anfangen und fertigstellen kann[314]. Aus Sicht des Auftraggebers und der Banken ist hier wichtig, dass die Verpflichtung des Auftragnehmers zur Nacherfüllung keinen Haftungsgrenzen unterliegt. Regelungsbedürftig kann im Einzelfall auch sein, wer die Kosten der für die Nacherfüllung erforderlichen Offshore-Logistik zu tragen hat. Dies wird regelmäßig der Auftragnehmer sein. Umstritten kann dies jedoch insbesondere dann sein, wenn der Auftragnehmer als Hersteller/Lieferant die mangelhafte Komponente nicht selbst offshore montiert hat.

Ersatzvornahme

Scheitert die Nacherfüllung innerhalb angemessener Frist, berechtigt dies den Auftraggeber in der Regel, auf Kosten des Auftragnehmers den Mangel selbst zu beseitigen oder hiermit einen Dritten zu beauftragen (Ersatzvornahme). Auftragnehmer versuchen diesbezüglich vielfach, die Verpflichtung zur Kostenerstattung für solche Ersatzvornahmen den allgemeinen Haftungsbegrenzungen oder eigenen Höchstgrenzen zu unterwerfen. Dies ist aus Auftraggeber- und Bankensicht problematisch. Die Mangelgewährleistung und damit auch die Ersatzvornahme sind ein Abbild der Primärleistungspflicht des Auftragnehmers, d.h. seiner Verpflichtung, die vertraglich geschuldeten Leistungen ordnungsgemäß und damit frei von

[314] BGH NJW 1985, 855, 857; OLG Düsseldorf, NJW-RR 1992, 951; Palandt/Grüneberg, BGB, 71. Auflage 2012, § 323, Rn. 14 mwN.

jeglichen Mängeln zu erbringen. Zugleich sind Maßnahmen der Ersatzvornahme gerade in Bezug auf Offshore-Wind-Projekte besonders teuer, weil die erforderlichen Schiffe bzw. Hubschrauber gesondert beschafft werden müssen. Dies ist regelmäßig mit hohen Zusatzkosten verbunden, die onshore nicht anfallen würden. Auftraggeber und Banken sind insofern regelmäßig nicht bereit Haftungsbegrenzungen oder -höchstgrenzen für die Ersatzvornahme zu akzeptieren.

Umstritten ist zumeist auch, ob und inwieweit der Auftragnehmer trotz der Ersatzvornahme weiter für die ordnungsgemäße Funktionstüchtigkeit seines Werkes verantwortlich bleiben soll. Der Auftragnehmer behauptet regelmäßig, angesichts der Fremdeinwirkung im Zuge der Ersatzvornahme und mangelnder eigener Einflussmöglichkeiten hierauf sei ihm eine solche Verantwortlichkeit nicht zuzumuten. Diese Argumentation geht allerdings fehl, denn erst die mangelhafte Leistungserfüllung durch den Auftragnehmer macht die Ersatzvornahme überhaupt erforderlich. Der Auftragnehmer hat insofern durchaus die Möglichkeit, durch ordnungsgemäße Nacherfüllung Einfluss zu nehmen – und die Ersatzvornahme von vornherein überflüssig zu machen. Mögliche Kompromissregelung kann hier sein, dass der Auftragnehmer für das Kraftwerk verantwortlich bleibt, sofern der Auftraggeber den mit der Ersatzvornahme beauftragten Dritten sorgfältig ausgewählt und verpflichtet hat, die gleichen Qualitätsanforderungen, wie sie der Auftragnehmer unter dem Vertrag schuldet, zu erfüllen.

Minderung

Nach dem Gesetz steht dem Auftraggeber bei Scheitern der Nacherfüllung zudem ein Recht zur Minderung der Vergütung zu. Auftragnehmer versuchen regelmäßig, dieses Minderungsrecht vertraglich auszuschließen, da sich der Minderungsanspruch vielfach in einer Verpflichtung zur Erstattung bereits geleisteter Zahlungen niederschlägt und damit faktisch wie eine Verpflichtung zum Schadensersatz empfunden wird. Gleichwohl ist das Minderungsrecht auch für den Auftragnehmer in bestimmten Konstellationen gerade bei Offshore-Projekten durchaus sinnvoll: Liegt etwa ein Mangel vor, der weder funktions- noch sicherheitsrelevant ist, aber nur mit ganz übermäßigem (insbesondere durch die erforderliche Logistik bedingten) Aufwand beseitigt werden kann, so dürfte es regelmäßig wesentlich kostengünstiger sein, dem Auftraggeber im Wege der Minderung einen Teil des Kaufpreises zu erstatten, als diese übermäßigen Mangelbeseitigungskosten tatsächlich aufzuwenden.

Rücktritt

Das Recht zum Rücktritt mit der Folge der kompletten Rückabwicklung der erbrachten Leistungen wird in Liefer- und Errichtungsverträgen für Offshore-Wind-Projekte sehr häufig gleichfalls erheblich eingeschränkt oder ganz ausgeschlossen. Dies ist insbesondere darin begründet, dass der tatsächliche Offshore-Rückbau der jeweiligen Komponente zum einen mit außerordentlich hohen Kosten verbunden und teilweise auch schlicht unmöglich wäre, etwa weil auf sämtlichen mangelhaften Fundamenten die Windenergieanlagen bereits montiert und in Betrieb sind.

Schadensersatz wegen Mängeln

Schließlich stehen den Parteien nach dem Gesetz grundsätzlich auch Schadensersatzansprüche zu, die jedoch zumeist gleichfalls gesonderten vertraglichen Einschränkungen unterworfen werden (siehe hierzu auch nachfolgend zur Haftung). Bei der Vertragsgestaltung zu beachten ist, dass Mangelfolgeschäden, d.h. Schäden, die durch die Mangelhaftigkeit an einer anderen Sache (auch an einem anderen – nicht von dem Mangel unmittelbar betroffenen – Teil des Gewerkes oder des übrigen Offshore-Windparks) oder einem sonstigen Rechtsgut entstehen, nach deutschem Recht (und damit anders als im angloamerikanischen Rechtskreis) keinen Anspruch auf Nachbesserung, sondern einen Schadensersatzanspruch begründen[315]. Auftraggeber und Banken haben daher in besonderer Weise darauf zu achten, dass Ansprüche auf Ersatz der Mangelfolgeschäden weder pauschalen vertraglichen Haftungsbeschränkungen oder -ausschlüssen unterworfen noch durch die Festlegung, dass die im Vertrag explizit normierten Mangelgewährleistungs- und Schadensersatzansprüche abschließend sein sollen (*Sole-Remedy*-Klausel), ausgeschlossen werden. Es bedarf insofern expliziter Rückausnahmen vom oft vertraglich vereinbarten weitgehenden Ausschluss von Schadensersatzansprüchen, wodurch zumindest eine uneingeschränkte Ersatzpflicht für Mangelfolgesach- und -personenschäden sichergestellt sein muss.

Gewährleistungsfrist

Bei Onshore-Erneuerbare-Energien-Projekten werden häufig Gewährleistungsfristen von zwei Jahren (gesetzliche Gewährleistungsfrist für bewegliche Sachen, § 634a Abs. 1 Nr. 1 BGB) oder von fünf Jahren (gesetzliche Gewährleistungsfrist für Bauwerke, § 634a Abs. 1 Nr. 2 BGB) diskutiert. In Bezug auf Offshore-Wind-Projekte gelingt es Auftraggebern und Banken in der Regel, eine Gewährleistungsfrist von mindestens fünf Jahren durchzusetzen. Hierbei handelt es sich zumeist um eine harte Verhandlungsposition. Wie dargestellt, wird offshore häufig Technologie verwendet, die neu ist und hinsichtlich derer bislang keine langjährigen Erfahrungswerte vorliegen. Auftraggeber und Banken sind insofern bestrebt, die hiermit verbundenen Risiken zumindest insoweit dem Auftragnehmer zuzuweisen, als dass dieser über einen längeren Zeitraum hinweg für Gewährleistungsfälle einzustehen hat.

Zu klären sind neben der nominellen Dauer auch die genauen Modalitäten von Beginn und Ende der Gewährleistungsfrist. Dies ist gerade bei Offshore-Wind-Projekten praktisch sehr bedeutsam, da sich bei der Mehrzahl der Gewerke (Fundamente, Kabel, Windenergieanlagen) die Offshore-Montage in mehreren Abschnitten teils über einen Zeitraum von mehreren Monaten erstreckt. Es liegt insofern nahe, auch die Abnahme in Teilabschnitten (sog. *Sections*) entsprechend dem Baufortschritt vorzunehmen. Regelmäßig wird insoweit auch vereinbart, dass die Gewährleistungsfrist zeitversetzt für jede der *Sections* mit der jeweiligen Abnahme beginnt. Fraglich ist dann allerdings, ob die Gewährleistung für jede der *Sections* gesondert nach Ablauf der nominellen Frist oder für alle *Sections* zu einem einheitlichen Zeitpunkt enden soll. Aus praktischen Gründen wäre die zweite Variante naheliegend und wird auch zumeist vereinbart, wobei häufig umstritten ist, woran die Berechnung des Endes der Gewährleistungsfrist anknüpfen soll. Ein Anknüpfen an der Abnahme der letzten *Section* und damit des gesamten Gewerkes würde bewirken, dass hinsichtlich der zuvor abgenommenen *Sections* die tatsächliche Gewährleistungsfrist ggf. erheblich länger wäre als nominell vorgesehen. Dies ist aus Auftragnehmersicht v.a. deshalb sehr problematisch, weil nicht ausgeschlossen werden kann, dass wetter- oder anderweitig bedingte Verzögerungen die Abnahme der letzten *Section* ggf. über Monate hinter den planmäßig vorgesehenen Zeitpunkt hinausschieben. Der Auftragnehmer muss insofern erhebliche zusätzliche Risiken und potentielle Mehrkosten befürchten. Bei einem Anknüpfen an ein früheres Ereignis, etwa an die Abnahme der ersten *Section* oder an ein rechnerisches durchschnittliches Abnahmedatum,

315 Vgl. MüKoBGB/Ernst, 5. Auflage 2007, § 280, Rn. 79.

würde wiederum zumindest bei den später abgenommenen *Sections* die tatsächliche hinter der nominellen Dauer der Gewährleistungsfrist zurückbleiben. Dies wird von den finanzierenden Banken sehr häufig nicht akzeptiert. (Ein) risiken- und kostenreduzierender Kompromiss kann hier sein, zwar grundsätzlich an die letzte Abnahme anzuknüpfen, dies aber nur dann, wenn diese innerhalb eines bestimmten Zeitraums nach der Abnahme der vorletzten *Section* erfolgt. Anderenfalls könnte entweder an die Abnahme der vorletzten *Section* oder an den letzten Tag des „zulässigen" Zeitraums angeknüpft werden.

Regelungsbedürftig ist schließlich noch, wie die Gewährleistungsfrist für Ersatzteile ausgestaltet sein soll, die im Zuge der Gewährleistung in den bestehenden Anlagen montiert werden. Nach der herrschenden Rechtsprechung kann die Montage unter bestimmten Umständen zur Folge haben, dass die Gewährleistung für solche Ersatzteile in voller Länge neu zu laufen beginnt (sog. Kettengewährleistung[316]). Dies ist für den Auftragnehmer allerdings häufig nicht akzeptabel, da sich so die Gewährleistungsfrist für einzelne Teile und damit auch die Notwendigkeit, Personal und Logistik hierfür vorzuhalten, bei mehrfacher Nachbesserung nahezu unbegrenzt fortsetzt. Vielfach vereinbarter Kompromiss ist daher, dass die Gewährleistungsfrist für Ersatzteile zwar im Grundsatz ab dem Zeitpunkt der Montage in voller Länge neu zu laufen beginnt, zugleich jedoch ein sog. *Long Stop Date* bestimmt wird, mit dessen Ablauf alle noch bestehenden Gewährleistungsansprüche verjähren, d.h. auch in Bezug auf später montierte Ersatzteile, deren Gewährleistungsfrist noch nicht abgelaufen ist. Der Auftraggeber sollte in diesem Zusammenhang darauf achten, dass das *Long Stop Date* nicht zu kurz bemessen wird. Die Markterfahrung zeigt, dass sich *Long Stop Dates*, die zwei Jahre über das nominelle Ende der ursprünglichen Gewährleistungsfrist hinausgehen, in der Regel durchsetzen lassen.

Serienschäden

Gegenstand kontroverser Verhandlungen sind in Bezug auf die Liefer- und Errichtungsverträge – insbesondere für die Windenergieanlagen – weiterhin die Regelungen zu Serienschäden. Diese sind auch onshore üblich, jedoch wegen des o.g. Umstandes, dass viele der offshore errichteten Windenergieanlagen-Typen zumeist noch nicht über einen langjährigen und etablierten *Track Record* verfügen, bei Offshore-Wind-Projekten von ungleich größerer Bedeutung. In Ermangelung von Erfahrungswerten ist es für den Auftraggeber wichtig, dass im Falle ähnlicher Schäden an mehreren Windenergieanlagen eine möglichst umfassende Ursachenanalyse, d.h. eine Überprüfung von möglichst allen anderen Windenergieanlagen, und zur Vermeidung weiterer Schäden ggf. auch ein präventiver Austausch der verdächtigen Teile an allen übrigen Windenergieanlagen erfolgt. Der Auftragnehmer hingegen will eine solche Verpflichtung zur Überprüfung und zum präventiven Austausch von Teilen gerade auch deswegen ausschließen oder zumindest weitestmöglich begrenzt halten, weil – in viel stärkerem Maße als onshore – mit der Überprüfung aller Windenergieanlagen und einem umfassenden Austausch von verdächtigen Teilen auf hoher See hohe Kosten verbunden wären, die kaum über die Marge aufgefangen werden dürften. Auch hier sind verschiedene Kompromissregelungen vorstellbar. So ist denkbar, dass bei Feststellung eines Serienschadens nicht alle weiteren Windenergieanlagen, sondern zunächst nur ein substantieller Teil (z.B. 50 %) daraufhin zu überprüfen ist, ob auch an diesen die Serienschäden festzustellen sind. Ist dies dann nicht der Fall, bedarf es keiner weiteren Maßnahmen. Sollten die Serienschäden jedoch auch bei einem

---

316 Vgl. zum Meinungsstand exemplarisch MüKoBGB/H.P. Westermann, 6. Auflage 2012, § 438, Rn. 41 mwN.

solchen frei verhandelbaren Anteil weiterer Windenergieanlagen festgestellt werden, könnte dies entweder eine Prüfpflicht hinsichtlich aller Windenergieanlagen oder gar die Verpflichtung zur Folge haben, bei allen Windenergieanlagen die betroffenen Teile vorsorglich auszutauschen. Gegenstand der Verhandlungen ist letztlich regelmäßig auch die Definition des „Serienschadens" selbst. Je nachdem, ob diese Definition weiter oder enger erfolgt (indem zum Beispiel auch „ähnliche" oder nur „identische" Schäden erfasst werden), kann dies die tatsächliche wirtschaftliche Bedeutung der Serienschadensklausel erheblich beeinflussen.

Haftung

Die konkrete Ausgestaltung des Haftungsregimes ist im Rahmen der Verhandlungen über die Liefer- und Errichtungsverträge für Offshore-Wind-Projekte zumeist außerordentlich umkämpft, da diese unmittelbar das Ausmaß der von den jeweiligen Parteien übernommenen Risiken bestimmt und daher von großer wirtschaftlicher Bedeutung ist. Das Verhandlungsergebnis ist insoweit vielfach Ausdruck der Marktposition und der hieraus abgeleiteten Verhandlungsmacht der Parteien. Zugleich bedarf es bei der Bewertung der Haftungsregelungen stets eines genauen Blickes auf die Höhe und Strukturierung der Vergütung, die – zumindest theoretisch und zumeist auch in der Praxis – umso höher ausfällt, je mehr Risiken der Auftragnehmer übernimmt (und umgekehrt).

Neben den klassischen Fragestellungen[317] gibt es auch hinsichtlich der Gestaltung des Haftungsregimes offshore-typische Besonderheiten:

- Angesichts der hohen Risiken eines Offshore-Projektes und der bislang vergleichsweise geringen Erfahrungswerte sind die – sich üblicherweise nach der Höhe der Vergütung bemessenden – Haftungshöchstgrenzen in der Regel höher als bei Onshore-Projekten.
- Aus Auftraggebersicht ist darauf zu achten, dass die Primärleistungsansprüche und die Ansprüche auf Mängelgewährleistung keinen Haftungsbeschränkungen unterliegen. Umstritten ist diesbezüglich häufig, inwieweit auch für die Kosten eventueller Ersatzvornahmen im Rahmen der Mängelbeseitigung eine Rückausnahme von grundsätzlichen Haftungshöchstgrenzen vorgenommen werden soll. Dies ist bei Offshore-Projekten deshalb besonders relevant, weil Ersatzvornahmen regelmäßig sehr aufwändig und teuer sein dürften.[318]
- Werden Vertragsmuster der FIDIC (YELLOW BOOK/SILVER BOOK) verwendet, ist insbesondere aus Auftragnehmersicht zu beachten, dass hiernach die Beseitigung von Schäden an dem Leistungsgegenstand (d.h. Mangelfolgeschäden) konzeptionell nicht Teil des Haftungs-, sondern des Mangelgewährleistungsregimes ist[319]. Ein Verschulden bzw. Vertreten müssen des Auftragnehmers ist insofern – anders als im deutschen Recht – für die Verpflichtung zur Beseitigung der Mangelfolgeschäden nicht erforderlich.
- Bei Charterverträgen für Seeschiffe wird vielfach auf Grundlage des sog. *Knock for Knock*-Prinzips vereinbart, dass jede der Parteien im Schadensfall die von ihr erlittenen Schäden selbst zu tragen hat. Dies funktioniert in der Praxis, weil solche Schadensereignisse über entsprechend ausgestaltete Versicherungen abgedeckt werden. Auftragnehmer versuchen im Zusammenhang mit der Verhandlung von Liefer- und Errichtungsverträ-

---

317 Vgl. Kraft in Gerhard/Rüschen/Sandhövel, S. 530ff.

318 Siehe hierzu auch S. 196 f. „Ersatzvornahme"

319 Vgl. Ziffer 11.1 FIDIC Yellow Book; siehe hierzu auch S. 197 f. „Schadensersatz wegen Mängeln".

gen für Offshore-Wind-Projekte gelegentlich auch, die Anwendbarkeit des *Knock for knock*-Prinzips durchzusetzen. Dies hätte zur Folge, dass der Auftragnehmer für Schäden, die er etwa bei der Montage der Windenergieanlagen an den Fundamenten oder Kabeln verursacht, nicht einzustehen hätte. Für den Auftraggeber kann dies nur dann akzeptabel sein, wenn es ihm gelingt, die hierdurch entstehende Haftungslücke durch adäquate Versicherungen zu schließen und auch die Vergütung unter dem Liefer- und Errichtungsvertrag so ausgestaltet ist, dass der Auftraggeber den zusätzlichen Versicherungsschutz und eventuelle Selbstbeteiligungen tragen kann. Zudem sollte zumindest eine Haftung des Auftragnehmers für Vorsatz bestehen (die sich nach deutschem Recht ohnehin nicht vorab vertraglich ausschließen lässt).

Beschaffung des Schiffes durch die Projektgesellschaft

Wie unter Ziffer 3.1.2.1 dargestellt, kann es die Projektgesellschaft (bzw. in der Praxis häufiger eine Schwestergesellschaft, die zum gleichen Konzern gehört) selbst übernehmen, die für den Offshore-Transport, die Offshore-Montage und auch für die Wartung und Instandhaltung erforderlichen Schiffe (z.B. Errichtungsschiff, *Crew Transport Vessel*, *Hotel Vessel*) zu beschaffen, auszurüsten und bereitzuhalten. Denkbar ist hierbei sowohl, dass die Schiffe eingechartert, d.h. gemietet werden, als auch, dass die Projektgesellschaft die Schiffe selbst erwirbt oder bauen lässt. Letzteres kann insbesondere attraktiv sein, wenn der Auftraggeber bzw. die dahinter stehende Muttergesellschaft beabsichtigt, sich bei einer Vielzahl von Offshore-Wind-Projekten zu engagieren. Bei der Gestaltung des Schiffbauvertrages hat der Auftraggeber dann im Blick zu behalten, dass nach vielen gängigen Standard-Schiffsbauverträgen die Regelungen für den Fall des Lieferverzugs[320] sehr zu seinem Nachteil ausgestaltet sind. So sehen Standardverträge üblicherweise vor, dass die ersten 30 Tage Lieferverzug ohne Konsequenzen bleiben und erst für die daran anschließenden 150 bzw. 180 Tage *Delay Damages* nach abgestuften Tagessätzen zu zahlen sind[321]. Nach Ablauf von 180 bzw. 210 Tagen darf die Werft ein neues Lieferdatum vorschlagen, während der Auftraggeber zur Kündigung berechtigt ist (und sich auf Verlangen der Werft auch verbindlich innerhalb einer bestimmten Frist für oder gegen eine Kündigung zu entscheiden hat)[322], allerdings weder *Liquidated Damages* für den darüber hinausgehenden Verzug noch Schadensersatz verlangen kann[323]. Folge einer solchen Regelung ist, dass die Werft nach Ablauf der 210 Tage kaum eine Motivation zur zügigen Ablieferung hat, da eine Kündigung des Schiffsbauvertrages durch den Auftraggeber, der auf das Schiff angewiesen ist, vielfach nicht zu erwarten ist. Zudem ist eine Verzögerung der Ablieferung des Schiffes für die Werft insbesondere dann besonders attraktiv, wenn angesichts der konjunkturellen Entwicklung zu erwarten ist, dass das Schiff im Falle der Kündigung durch den Auftraggeber zu sehr viel besseren Konditionen an einen Dritten verkauft werden könnte. Der Auftraggeber wird insofern vielfach begehren, dass der Schiffsbauvertrag um Regelungen zum Schadensersatz im Kündigungsfall bzw. zur Zahlung von *Liquidated Damages* über die 210 Tage hinaus und um eine Haftung der Werft zumindest für Vorsatz ergänzt wird.

320 Vgl. hierzu auch Curtis, The Law Of Shipbuilding Contracts, Third Edition; 2002, S. 61ff.

321 Vgl. BIMCO Standard Newbuilding Contract (NEWBUILDCON), Ziffer 13; Standard Shipbuilding Contract of The Shipbuilders' Association of Japan (SAJ Form), Article III (a), (b).

322 Vgl. NEWBUILDCON Ziffer 13; Ziffer 39 (a)(iii) Abs. 2; SAJ Form, Article III.1 (c); Article VIII.4.

323 SAJ Form, Article X.3; Curtis, S. 63.

Hinsichtlich der Haftung ist im Schiffsbauvertrag vielfach bestimmt, dass jede der Parteien die von ihr erlittenen Schäden selbst zu tragen hat und insbesondere die Haftung für Folgeschäden mit Ausnahme der geschilderten *Liquidated Damages* ausgeschlossen ist. Eventuell von dem Auftraggeber beigestellte Ausrüstung ist allerdings regelmäßig vom Auftragnehmer mitversichert. Inwieweit diese Haftungsregelung für den jeweiligen Auftraggeber akzeptabel ist, hängt insbesondere davon ab, ob es ihm gelingt, die hierdurch entstehenden anderweitigen zusätzlichen Risiken adäquat zu versichern.

3.4.6 Projektverträge in der Betriebsphase

WEA-Instandhaltungsvertrag

Der Instandhaltungsvertrag für die Windenergieanlagen (WEA-Instandhaltungsvertrag) gehört zu den wichtigsten Projektverträgen während der Betriebsphase eines Offshore-Windparks. Investoren, die auf eine kalkulierbare Rendite angewiesen sind, und finanzierende Banken verlangen regelmäßig, dass das technische Betriebsrisiko während der Laufzeit des WEA-Instandhaltungsvertrages auf den Auftragnehmer zurückverlagert wird. Mit Abschluss eines WEA-Instandhaltungsvertrages verpflichtet sich der Lieferant der Windenergieanlagen insoweit, für einen Zeitraum von i.d.R. fünf bis teilweise zehn Jahren ab Abnahme die Instandhaltung der Windenergieanlagen zu übernehmen. Darüber hinaus verpflichtet sich der Lieferant im Rahmen des WEA-Instandhaltungsvertrages regelmäßig, während der Vertragslaufzeit eine bestimmte Verfügbarkeit der Windenergieanlagen zu gewährleisten (Verfügbarkeitsgarantie).

Hinsichtlich der genauen Ausgestaltung des Leistungsinhaltes und des Vergütungsregelung eines WEA-Liefervertrages gibt es verschiedene Konzepte:

- So gibt es Verträge, bei denen alle Elemente der Instandhaltung, das heißt regelmäßige Kontrolle und ggf. der Austausch von Verschleißteilen (Wartung[324]), Überwachung und Fehleranalyse (Inspektion[325]), Erledigung der notwendigen Reparaturmaßnahmen (Instandsetzung[326]) sowie vereinzelt auch Maßnahmen zur Optimierung (Verbesserung[327]), als vertragliche Leistungen geschuldet und auch mit einer fixen Pauschalvergütung abgegolten sind. Zu berücksichtigen ist dann, dass die Instandhaltungspflichten des Auftragnehmers unter dem WEA-Instandhaltungsvertrag zumindest in den ersten (zumeist fünf) Jahren der Vertragslaufzeit parallel neben der Verpflichtung des Auftragnehmers zur Mängelgewährleistung unter dem Liefer- und Errichtungsvertrag für die Windenergieanlagen stehen. Es wird daher vielfach vereinbart, dass für den Zeitraum der Gewährleistungsphase unter dem Liefer- und Errichtungsvertrag die Pauschalvergütung unter dem WEA-Instandhaltungsvertrag herabgesetzt wird. Ansonsten wäre es so, dass der Auftrag-

[324] DIN 31051:2003-06: „Maßnahmen zur Verzögerung des Abbaus des vorhandenen Abnutzungsvorrats".

[325] DIN 31051:2003-06: „Feststellung und Beurteilung des Ist-Zustandes einer Betrachtungseinheit einschließlich der Bestimmung der Ursachen der Abnutzung und dem Ableiten der notwendigen Konsequenzen für eine künftige Nutzung".

[326] DIN 31051:2003-06: „Maßnahmen zur Rückführung einer Betrachtungseinheit in den funktionsfähigen Zustand, mit Ausnahme von Verbesserungen".

[327] DIN 31051:2003-06: „Kombination aller technischen und administrativen Maßnahmen sowie Maßnahmen des Managements zur Steigerung der Funktionssicherheit einer Betrachtungseinheit, ohne die von ihr geforderte Funktion zu ändern".

geber die Instandsetzungsverpflichtung sowohl unter dem Liefer- und Errichtungsvertrag (als einkalkulierten Teil der Gesamtvergütung) als auch unter dem WEA-Instandhaltungsvertrag als Teil der Pauschalvergütung und damit zweimal bezahlen müsste, obwohl der Auftragnehmer die Leistung rein praktisch nur einmal erbringen kann. Vertragskonzepte dieser Art, bei denen umfassende Leistungspflichten mit einer Pauschalvergütung kombiniert werden, werden meist von sicherheitsorientierten Investoren bevorzugt.

- Gegenstück hierzu sind WEA-Instandhaltungsverträge, bei denen nur einzelne Leistungspflichten mit der Pauschalvergütung abgegolten sind, etwa Wartung und Inspektion, während die übrigen Leistungen, etwa die Instandsetzung, gesondert zu bezahlen sind. Verträge, die eine stärkere variable Vergütungskomponente enthalten, werden von Investoren bevorzugt, die zu vergleichsweise geringen Kosten Wartung und Inspektion absichern wollen, hinsichtlich der Instandsetzung jedoch bereit sind, erhebliche Kostenrisiken einzugehen.

Auch hinsichtlich des WEA-Instandhaltungsvertrages gibt es neben den klassischen Fragestellungen im Zusammenhang mit Instandhaltungsverträgen[328] eine Reihe offshore-spezifischer Besonderheiten, die im Nachfolgenden dargestellt werden sollen:

Logistik
Da ein großer Teil der Instandhaltungsmaßnahmen nur vor Ort an den Windenergieanlagen selbst durchgeführt werden kann, ist die Offshore-Logistik auch in der Betriebsphase von besonderer Bedeutung[329].

Bei der Gestaltung des WEA-Instandhaltungsvertrags ist zunächst zu klären, ob die Beschaffung und Bereithaltung der erforderlichen Schiffe und ggf. Helikopter Teil der von dem Auftragnehmer geschuldeten Leistungen sein soll. Alternative ist, dass die Logistik von dem Auftraggeber beigestellt wird. Sicherheitsorientierte Investoren und Banken werden in der Regel daran interessiert sein, dass die Logistik zu den Leistungspflichten des Auftragnehmers gehört, da hierdurch Schnittstellenrisiken vermieden werden. Eine Beistellung durch den Auftraggeber ist für diesen v.a. dann interessant, wenn dieser bzw. mit ihm verbundene Unternehmen entsprechende Logistikkapazitäten vorhalten.

Ist die Logistik vom Auftragnehmer zu beschaffen und vorzuhalten, so ist zu regeln, inwieweit die mit der Beschaffungs- und Vorhaltepflicht verbundenen Risiken mit der Pauschalvergütung abgegolten sein sollen. Es ist also zu entscheiden, inwieweit Verzögerungen und Mehrkosten durch *Adverse Weather*, anderweitige äußere Einflüsse, eine mangelnde Verfügbarkeit des Schiffes oder andere Einflüsse den Auftragnehmer zur Aussetzung der Leistungen und zum Kostenersatz berechtigen sollen bzw. inwieweit all diese Risiken mit der Pauschalvergütung abgegolten und insofern dem Auftragnehmer zugewiesen sind.

Verfügbarkeit
Maßgeblich für die Rentabilität eines Offshore-Windparks ist, dass die Windenenergieanlagen möglichst ohne Unterbrechung „verfügbar“ sind, d.h. betriebsbereit Strom produzieren und in das Netz einspeisen können. Nur wenn die Windenergieanlagen verfügbar sind, können Einspeiseerlöse erzielt werden. Dies gilt onshore wie offshore (und letztlich sinngemäß

328 Vgl. Kraft in Gerhard/Rüschen/Sandhövel, Seite 535ff.

329 Vgl. hierzu auch Busch, NZBau 2011, 85, 87.

auch für alle anderen Arten von Kraftwerkstypen). Ziel der Beauftragung des Auftragnehmers unter dem WEA-Instandhaltungsvertrag ist daher immer auch, die Ausfallzeiten der Windenergieanlagen so gering wie möglich zu halten. Der Auftraggeber verlangt daher üblicherweise von dem Auftragnehmer, dass dieser ein bestimmtes Mindestmaß an Verfügbarkeit der Windenergieanlagen garantiert – wird dieses Mindestmaß unterschritten, hat der Auftragnehmer Strafzahlungen zu leisten (Verfügbarkeitsgarantie/*Availability Warranty*)[330].

Gegenstand der Verhandlungen über die Verfügbarkeitsgarantie ist dann zum einen der nominelle Wert der garantierten Verfügbarkeit (regelmäßig in Form eines bestimmten Prozentsatzes), zum anderen (und von Erstem nicht zu trennen) die Berechnung dieses Wertes. Wird beispielsweise eine Verfügbarkeit von 95 % garantiert, bedeutet dies nicht, dass die Windenergieanlagen an 347 von 365 Tagen eines Kalenderjahres tatsächlich einspeisebereit sein müssen. Vielmehr ist es üblich (und auch sachgerecht), dass in bestimmten Fällen auch nicht einspeisebereite Windenergieanlagen gleichwohl als „verfügbar“ gelten[331]. Solche sog. Stillstandszeiten werden dann nicht auf die Verfügbarkeitsgarantie angerechnet und sind somit für den Auftragnehmer unschädlich. Es liegt in der Natur der Sache, dass der Auftraggeber bestrebt ist, den Anwendungsbereich einer solchen „fingierten Verfügbarkeit“ möglichst eng zu fassen, während der Auftragnehmer auf einen weiten Anwendungsbereich hinzuwirken versucht. Klassischerweise wird die Verfügbarkeit u.a. bei Anlagenstillstand aufgrund höherer Gewalt, aufgrund von Eingriffen seitens des Auftraggebers, aufgrund von Routinewartungen, äußerer Ursachen wie Blitzeinschlag und Eisbildung, bei Netzstörungen und in Fällen zu schwachen oder zu starken Windes fingiert[332].

Offshore-spezifischer Regelungsbedarf besteht insbesondere dahingehend, inwieweit es zu einer Anrechnung auf die Verfügbarkeitsgarantie kommen soll, wenn in Ermangelung der erforderlichen Transportmittel notwendige Wartungs- oder Instandsetzungsarbeiten nicht rechtzeitig durchgeführt werden können und es hierdurch zu einem Anlagenstillstand kommt. Die Auftraggeber argumentieren hier regelmäßig, dass solche Stillstandszeiten zulasten der Verfügbarkeitsgarantie zu rechnen seien, da der Auftragnehmer das Risiko einer mangelnden Verfügbarkeit als Teil seiner Verpflichtung zur Beschaffung und Vorhaltung der notwendigen Infrastruktur mit übernommen habe.

Regelungsbedarf besteht weiterhin hinsichtlich der Risiken von *Adverse Weather*. Diesbezüglich wird häufig vereinbart, dass Stillstandszeiten aufgrund *Adverse Weather* bedingter Verzögerungen bei Wartung und Instandsetzung nicht zulasten der Verfügbarkeitsgarantie gehen, sondern als „verfügbar“ fingiert werden. Dies kann allerdings dann anders sein, wenn die Risiken von *Adverse Weather* pauschal oder zumindest hinsichtlich bestimmter Kontingente dem Auftragnehmer zugewiesen sind – was sich dieser mit einer erhöhten Pauschalvergütung abgelten lassen dürfte.

Von großer wirtschaftlicher Bedeutung ist bei der Ausgestaltung der Verfügbarkeitsgarantie neben der Höhe der Strafzahlungen für jeden Prozentpunkt, um den die tatsächliche hinter der garantierten Verfügbarkeit zurückbleibt, insbesondere auch, inwieweit diese Strafzahlungen insgesamt der Höhe nach begrenzt sind. Weit verbreitet ist hier, zum einen eine jährliche

330 Vgl. hierzu Kraft in Gerhard/Rüschen/Sandhövel, S. 537f.; Busch, NZBau 2011, 85, 87f.

331 Vgl. Busch, 85, 88.

332 Vgl. hierzu Hau, 520ff.

Höchstgrenze in Form eines bestimmten Prozentsatzes der in dem jeweiligen Jahr zahlbaren Pauschalvergütung und zum anderen zusätzlich eine absolute Höchstgrenze für alle während der gesamten Vertragslaufzeit zahlbaren Strafzahlungen in Form eines bestimmten Prozentsatzes der insgesamt gezahlten Pauschalvergütung vorzusehen. Der Auftraggeber ist hierbei daran interessiert, möglichst hohe Höchstgrenzen zu vereinbaren, während der Auftragnehmer auf niedrige Höchstgrenzen hinwirkt. Zu beachten ist jedoch, dass vielfach zumindest dann ein Kündigungsrecht des Auftraggebers begründet wird, wenn die absolute Höchstgrenze aller Zahlungen während der gesamten Vertragslaufzeit überschritten wird, da ansonsten der Auftragnehmer während der gesamten restlichen Vertragslaufzeit keinerlei Bemühungen mehr unternehmen müsste, um die Verfügbarkeit der Windenergieanlagen sicherzustellen, aber gleichwohl die volle Pauschalvergütung verlangen könnte.

So wie ein Zurückbleiben hinter der garantierten Verfügbarkeit die Verpflichtung des Auftragnehmers zu Strafzahlungen zur Folge hat, wird häufig auch vereinbart, dass bei einem (wesentlichen) Überschreiten der garantierten Verfügbarkeit dem Auftragnehmer Bonuszahlungen zustehen sollen. Hierdurch wird der Auftragnehmer weiter motiviert, auf eine hohe Verfügbarkeit hinzuwirken. Zugleich wird jedoch auch der zusätzliche Ertrag des Auftraggebers im Falle hoher Verfügbarkeit geschmälert, wobei seine Hoffnung ist, dass solche zusätzlichen Erträge bei Vereinbarung einer solchen Bonusregelung häufiger entstehen.

Im Ergebnis ist es hinsichtlich der Verfügbarkeitsgarantie so, dass jede Regelung immer vor dem Hintergrund der Höhe der vereinbarten Pauschalvergütung zu sehen ist. Ist eine hohe Verfügbarkeit garantiert und ist zudem auch ein rigider Maßstab an die fingierte Verfügbarkeit anzulegen, bedeutet dies selbst dann, wenn weiterhin auch hohe Höchstgrenzen für die Strafzahlungen vereinbart sind, nicht automatisch, dass der Auftraggeber eine für ihn wirtschaftlich attraktive Vereinbarung erzielt hat, da sich der Auftragnehmer die erhöhten Risiken solcher Regelungen durch einen entsprechenden Aufschlag auf die Pauschalvergütung vergüten lassen wird. Ziel muss also sein, eine adäquate Balance zwischen Risiken, der Höhe der Strafzahlungen und der Vergütungsgestaltung zu finden.

Anstelle einer Verfügbarkeitsgarantie sichert der Auftragnehmer gelegentlich die Einhaltung bestimmter Reaktionszeiten zur Einleitung von Schadensermittlungs- und Instandsetzungsmaßnahmen zu. Umstritten ist dann vielfach, inwieweit ein Überschreiten der Reaktionszeit nur bei Verschulden des Auftragnehmers zu Strafzahlungen führen soll. Auch eine solche Reaktionszeiten-Regelung ist im Grundsatz geeignet, Stillstandszeiten zu reduzieren, da die zahlungsbewehrte (Selbst-)Verpflichtung zu kurzen Reaktionszeiten zu einer beschleunigten Fehlerbeseitigung motivieren dürfte. Im Offshore-Wind-Bereich ist die Zusicherung einer bestimmten Verfügbarkeit gleichwohl deutlich häufiger anzutreffen. Dies ist auch darin begründet, dass eine belastbare Verfügbarkeitsgarantie häufig zwingende Voraussetzung für eine Bankenfinanzierung ist: Stehen die Windenergieanlagen still, ist über die Zahlungen unter der Verfügbarkeitsgarantie der notwendige Cashflow zumindest in gewissem Umfang gleichwohl gesichert.

Schulung von Personal

Teil der Leistungspflichten unter einem WEA-Liefervertrag ist häufig auch, dass der Auftragnehmer (bzw. der technische Betriebsführer) eine bestimmte Anzahl von Mitarbeitern des Auftraggebers während der Vertragslaufzeit in die Bedienung, Entstörung und Instandhaltung der Windenergieanlagen einzuweisen und einzuarbeiten hat. Der Auftraggeber (bzw.

der Betriebsführer) wird so in die Lage versetzt, nach Ablauf des WEA-Instandhaltungsvertrages Bedienung, Entstörung und Instandhaltung der Windenergieanlagen selbst auszuführen. Dies ist insbesondere dann interessant, wenn der Auftraggeber dauerhaft danach strebt, selbst Windenergieanlagen technisch zu betreuen oder wenn die spätere Übernahme der Instandhaltung durch den Betriebsführer entsprechend vertraglich vereinbart ist. Auch dies ist insoweit eine offshore-Besonderheit, da die Betriebsführung von Windparks durch die Eigentümer onshore nur selten anzutreffen ist.

Gewährleistung
Wie oben dargestellt, ist die konkrete Ausgestaltung des Gewährleistungsregimes unter den Liefer- und Errichtungsverträgen von herausragender Bedeutung. In Bezug auf den WEA-Instandhaltungsvertrag gilt dies in dem Fall, dass auch die Instandsetzung als Teil der vertraglichen Leistungspflichten des Auftragnehmers geschuldet und mit der Pauschalvergütung abgegolten ist, jedoch nur eingeschränkt. Dann ist der Auftragnehmer ohnehin dazu verpflichtet, während der gesamten Laufzeit des WEA-Instandhaltungsvertrages Mängel und andere Schäden ohne gesonderte Vergütung zu beseitigen. Bedeutung erlangen die Regelungen des Gewährleistungsregimes gleichwohl auch in einer solchen Konstellation nach dem Ende der Laufzeit des WEA-Instandhaltungsvertrages, wenn die vertraglichen Instandsetzungspflichten nicht mehr bestehen und sich die Verpflichtung zur Mängelbeseitigung nur noch aus den nachlaufenden Gewährleistungsansprüchen ergeben kann. Inhaltliche Relevanz haben bezüglich der Ausgestaltung der Gewährleistungsregimes unter dem WEA-Instandhaltungsvertrag die gleichen Themenstellungen, die auch für die Gewährleistung unter den Liefer- und Errichtungsverträgen bedeutsam sind.

Zusätzliches Thema hinsichtlich des Beginns von Gewährleistungsfristen ist noch, dass die Abnahme der von dem Auftragnehmer unter dem WEA-Instandhaltungsvertrag erbrachten Leistungen häufig fingiert wird, da eine tatsächliche Abnahme „vor Ort“ im Offshore-Windpark dem Auftraggeber zumeist nur mit allzu großem Aufwand möglich wäre. Aus Sicht des Auftraggebers ist dann darauf zu achten, dass durch die Fiktion der Abnahme seine Mängelgewährleistungsansprüche nicht eingeschränkt werden, etwa indem mit der Abnahmefiktion eine Bestätigung der in jeder Hinsicht ordnungsgemäßen Leistungserbringung durch den Auftragnehmer verbunden wird.

Haftung
Gegenstand kontroverser Verhandlungen sind auch bezüglich der WEA-Instandhaltungsverträge insbesondere die klassischen Fragestellungen zur Haftung des Auftragnehmers[333]. Dem besonderen Charakter des WEA-Instandhaltungsvertrages als Dauerschuldverhältnis ist es geschuldet, dass häufig jahresbezogene Haftungshöchstgrenzen in Anlehnung an die jährliche Vergütung und zusätzlich noch eine Gesamthaftungshöchstgrenze, die sich an der bis dahin gezahlten Gesamtvergütung orientiert, vereinbart werden. Angesichts des – zuvor bereits dargestellten – Umstandes, dass langjährige Erfahrungswerte mit dem Betrieb von Offshore-Windparks weitgehend fehlen, besteht hierbei seitens der Auftraggeber – auch wegen entsprechender Forderungen der finanzierenden Banken – ein Bedürfnis nach einer stärkeren Absicherung und damit höheren Haftungshöchstgrenzen, als dies onshore der Fall wäre. Hinsichtlich der Ausnahmen von solchen Haftungshöchstgrenzen gilt das unter Ziffer 3.4.5

333 Vgl. hierzu Kraft in Gerhard/Rüsch/Sandhövel, S. 540.

(„Haftung“) Gesagte im Ergebnis entsprechend. Wird die Gesamthaftungsgrenze überschritten, begründet dies häufig ein Recht des Auftraggebers zur Kündigung des Vertrages, sofern die Gesamthaftungshöchstgrenze nicht freiwillig von dem Auftragnehmer hochgesetzt wird.

Betriebsführungsverträge

Durch den Abschluss des WEA-Instandhaltungsvertrages wird nur die ordnungsgemäße Instandhaltung der Windenergieanlagen während der Vertragslaufzeit sichergestellt. Für einen ordnungsgemäßen und rentablen Betrieb des Windparks ist es jedoch erforderlich, auch hinsichtlich der übrigen Bestandteile des Windparks in technischer und kaufmännischer Hinsicht die Betriebsführung sicherzustellen. Dies kann dadurch geschehen, dass der Auftraggeber als Eigentümer des Offshore-Windparks selbst die technische und kommerzielle Betriebsführung des Windparks übernimmt und hierfür entsprechende Ressourcen unterhält. Dies ist insbesondere dann häufig der Fall, wenn es sich bei dem Eigentümer um ein Energieversorgungsunternehmen handelt, das auch bisher schon andere – in der Regel konventionelle – Kraftwerke in Eigenregie betrieben hat und insoweit umfassende Erfahrungen in diesem Bereich gesammelt hat.

Sofern der Offshore-Windpark jedoch von Investoren gehalten wird, die selbst nicht operativ mit dem Betrieb von Kraftwerken befasst sind, wird die ordnungsgemäße technische und kaufmännische Betriebsführung regelmäßig dadurch sichergestellt, dass der Eigentümer mit einem oder mehreren Dienstleistern Verträge über die Durchführung der technischen und kaufmännischen Betriebsführung des Offshore-Windparks abschließt. Häufig werden hierbei beide Leistungen in einem Vertrag zusammengefasst. Nicht unüblich ist, dass ein solcher Betriebsführungsvertrag über eine sehr lange Laufzeit – gegebenenfalls bis zu 20 Jahren – abgeschlossen wird.

Ein umfassender Betriebsführungsvertrag über die technische und kaufmännische Betriebsführung eines Offshore-Windparks kann beispielhaft folgenden Leistungsinhalt haben:

- Vertragsverhandlung, -abwicklung und -management gegenüber Netzbetreiber, Lieferanten, Dienstleistern, Banken, Versicherungen u.a.; Abschluss und Aufrechterhaltung des notwendigen Versicherungsschutzes
- Anspruchsprüfung, -erfassung und -geltendmachung, v. a. wegen Leistungs-, Gewährleistungs- und Sekundäransprüchen aus Liefer- und Instandhaltungsverträgen, wegen Einspeisevergütung und Versicherungsleistungen (Claim Management)
- Kontrolle und Abnahme der Leistungen der verschiedenen Auftragnehmer (Vor-Ort-Prüfung, Prüfung von Protokollen und Dokumentationen, Qualitätskontrolle)
- Erledigung von Zahlungsverkehr und Rechnungswesens (einschließlich Liquiditätsmanagement und Disposition der Geldmittel)
- Erstellung von Betriebsberichten (z.B. zu Windaufkommen, Energieproduktion, Erträgen, Betriebskosten, Verfügbarkeit, wesentlichen Schäden und Defekten, Liquiditätsstatus und -planung) und Erstellung von Geschäftsabschlüssen (Reporting und Information)
- Fernüberwachung und Steuerung des Betriebs des Windparks sowie technische Betriebsführung der Umspannplattform und des Mittelspannungsnetzes (einschließlich Abstimmung mit dem Übertragungsnetzbetreiber)

- Übernahme der Bedienung, Entstörung und Instandhaltung der Windenergieanlagen nach dem Ende der Laufzeit des WEA-Instandhaltungsvertrages; zuvor Überwachung der Tätigkeit des Auftragnehmers unter dem WEA-Instandhaltungsvertrag und Schulung bzw. Einarbeitung eigenen Personals in die Bedienung, Entstörung und Instandhaltung der Windenergieanlagen (vgl. auch Ziffer 3.4.6 „WEA-Instandhaltungsvertrag“, S. 201)
- Instandhaltung der übrigen Windparkinfrastruktur, d.h. der Umspannplattform, der Fundamente und der internen Verkabelung
- Bereitstellung der erforderlichen Infrastruktur, d.h. der Schiffe und ggf. Helikopter. Hierbei sind insbesondere die Spezifika hinsichtlich Kapazitäten, Ausstattung, Wettereigenschaften usw. genau festzulegen und insoweit Einvernehmen darüber zu erzielen, bis zu welchen Wettergegebenheiten eine Einsatzfähigkeit gewährleistet sein soll. Weiter ist zu klären, inwieweit der Betriebsführer für die erfolgreiche Ersatzbeschaffung einzustehen haben soll, sofern diese erforderlich wird.
- HSE-Management, d.h. Management aller Fragestellungen im Zusammenhang mit Sicherheit und Gesundheit in Bezug auf den Betrieb des Offshore-Windparks

Sofern, wie zuvor beispielhaft dargestellt, nach Ende der Laufzeit des WEA-Instandhaltungsvertrages auch die Instandhaltung der Windenergieanlagen durch den Betriebsführer als Teil seiner Leistungspflichten mit übernommen wird, ist es besonders wichtig, dass der Übergang vom WEA-Instandhaltungsvertrag zum Betriebsführungsvertrag reibungslos erfolgt. Dies ist durch entsprechende vertragliche Bestimmungen sicherzustellen.

Verbreitet ist, dass – anders als beim WEA-Instandhaltungsvertrag – die Tätigkeit des Betriebsführers nicht mit einer alle Leistungen abdeckenden Pauschalvergütung abgegolten ist. Vielmehr erfolgt die Vergütung sehr häufig in Form einer fixen Grundvergütung für die dienstleistungsbezogenen Leistungskomponenten (Reporting und Monitoring, Claim Management, Vertragsmanagement etc.), während hinsichtlich der Instandhaltung einschließlich der Beschaffung und Vorhaltung der Logistik sowie für die sonstige Inanspruchnahme Dritter ein Ersatz der dem Betriebsführer hierdurch tatsächlich entstehenden Kosten zuzüglich einer bestimmten Marge erfolgt (*„cost plus fee“*). Der Betriebsführer trägt insoweit nur sehr eingeschränkt das Risiko von unerwartet auftretenden Kosten, kann aber auch nicht durch effiziente Leistungserbringung im Bereich der Instandhaltung und sehr günstige Beschaffung der Logistik und von Subunternehmerleistungen seine Gewinnspanne optimieren. Für den Auftraggeber bedeutet eine solche kombinierte Vergütungsgestaltung einen Verzicht auf die ausgeprägte Kostensicherheit, wie sie ihm unter dem WEA-Instandhaltungsvertrag durch die pauschale Vergütung gewährt wird. Auftraggeber (bzw. die dahinter stehenden Investoren) versuchen deshalb vereinzelt, auch hinsichtlich der Instandhaltungsleistungen und der Logistik pauschale Vergütungen durchzusetzen.

Vielfach ist auch unter dem Betriebsführungsvertrag eine bestimmte Verfügbarkeit oder die Einhaltung bestimmter Reaktionszeiten geschuldet. Zu klären ist dann auch hier der Umgang mit *Adverse Weather* und den anderen relevanten Einflussfaktoren. Nicht unüblich ist es zudem auch unter den Betriebsführungsverträgen Bonusregelungen für den Fall besonders hoher Verfügbarkeit vorzusehen.

Die Haftung des Betriebsführers ist im Verhältnis zu dem wirtschaftlichen Wert des von ihm betreuten Offshore-Windparks regelmäßig gering ausgeprägt. Auch hier sind jährliche Haftungshöchstgrenzen in Anlehnung an die Vergütung üblich, die durchaus niedriger liegen als bei den WEA-Instandhaltungsverträgen. Chancen und Haftungsrisiken stünden sonst für den Betriebsführer in keinem vernünftigen Verhältnis zueinander. Vielfach begehrt der Betriebsführer zudem, für solche Leistungen, die tatsächlich von Subunternehmern erbracht werden, auch dann, wenn er diese in eigenem Namen in Auftrag gegeben hat (vgl. oben), nicht selbst einstehen zu müssen, sondern stattdessen nur seine eigenen Ansprüche gegen die jeweiligen Subunternehmer an den Auftraggeber abzutreten. Er argumentiert hierbei regelmäßig, dass sich der Auftraggeber in dem Fall, dass die Subunternehmer nur namens und in Vertretung des Auftraggebers durch den Betriebsführer beauftragt werden, gleichfalls auf die unmittelbaren Ansprüche gegen den jeweiligen Subunternehmer beschränken müsste.

3.4.7 Netzanschluss, Einspeisevertrag, Direktvermarktung

Hintergrund und gesetzliche Rahmenbedingungen

Von entscheidender Bedeutung für die Realisierung eines Offshore-Projektes und dort insbesondere für den Zeit- und Finanzierungsplan ist die Frage, wann der Netzanschluss „steht".

Die Regelungen für On- und Offshore-Anlagen unterscheiden sich. Onshore-Anlagen muss der Netzbetreiber an das öffentliche Stromnetz anschließen (§ 5 Abs. 1 EEG), die Kosten für die Kabelroute zwischen dem Umspannwerk der Anlage und dem Verknüpfungspunkt trägt der Anlagenbetreiber selbst.

Für Offshore-Anlagen galt mit § 17 Abs. 2a Satz 1 EnWG, der im Jahre 2006 mit dem Infrastrukturbeschleunigungsgesetz in das EnWG aufgenommen wurde, eine Sonderregelung. Danach hatte der Übertragungsnetzbetreiber die Verantwortung und die Kostenlast für das Kabel von dem Umspannwerk der Offshore-Anlage zu dem Verknüpfungspunkt. Die Anbindung musste mit der technischen Betriebsbereitschaft der Anlage errichtet sein.

Diese nach dem Gesetz zunächst sehr klaren Verpflichtungen führten in der Praxis allerdings zu Realisierungsschwierigkeiten. Unter dem Stichwort „Henne-Ei-Problematik" wurde darüber diskutiert, wie die widerstreitenden Interessen von Projektentwicklern und Übertragungsnetzbetreibern in Einklang gebracht werden können. Während die Projektentwickler ohne eine verbindliche schriftliche Zusage zum tatsächlichen Zeitpunkt der Realisierung der Netzanbindung die hohen Investitionskosten scheuten, zögerten die Übertragungsnetzbetreiber, mit den Arbeiten für den Netzanschluss zu beginnen, ohne sich sicher sein zu können, dass der jeweilige Offshore-Windpark tatsächlich gebaut wird. Der Hintergrund für dieses Zögern war, dass die Kosten für die Anbindung eines letztlich nicht realisierten Offshore-Windparks möglicherweise nicht auf die übrigen Übertragungsnetzbetreiber und wirtschaftlich letztlich auf die Endverbraucher umlagefähig sind und der Übertragungsnetzbetreiber stattdessen auf diesen Kosten als *stranded investments* sitzen bleibt. Um mehr Transparenz und Verlässlichkeit in das Verfahren zu bringen, hatte die Bundesnetzagentur daher im Oktober 2009 ein Positionspapier zu der Netzanbindungsverpflichtung veröffentlicht. Dieses nannte bestimmte Netzanbindungskriterien, bei deren Vorliegen der Netzbetreiber von einer hinreichend hohen Realisierungswahrscheinlichkeit ausgehen konnte. Bei Vorliegen der Netzanbindungskriterien sollte der Übertragungsnetzbetreiber daher zur Abgabe der verbindlichen Netzanschlusszusage (mit einem konkreten Anschlussdatum) und zur Ausschreibung der Realisierung des Netzanschlusses verpflichtet sein. Gleichzeitig sollte es ihm bei der Prüfung des Investitionsbudgets, das die Voraussetzung für die Umlage der Netzanbindungskosten ist, nicht entgegengehalten werden können, wenn der Windpark letztlich doch nicht realisiert wird. Die Frage der Haftung bei Verzögerung des Netzanschlusses war im Gesetz nicht speziell geregelt. Allgemein wurde davon ausgegangen, dass der Übertragungsnetzbetreiber nach den allgemeinen gesetzlichen Bestimmungen bei Verschulden der Höhe nach unbegrenzt haftet.[334] Der Gesetzgeber hatte mit dem Infrastrukturbeschleunigungsgesetz die Netzanbindungspflicht im Wesentlichen auf die beiden Übertragungsnetzbetreiber in Nord- und Ostsee übertragen. Insbesondere TenneT, zuständig für die Nordsee, macht in der jüngsten Vergangenheit geltend, unter den genannten gesetzlichen Rahmenbedingungen und vor dem Hintergrund drohender Schadensersatzansprüche überfordert zu sein. Inwieweit dieses Argument zutrifft, soll hier nicht beurteilt werden. Die öffentliche Diskussion um die Verzögerung beim Ausbau dieser Offshore-Netzverbindung hat den Gesetzgeber zum Handeln veranlasst.

Anfang 2013 ist eine Novelle des EnWG auf Grundlage eines gemeinsamen Entwurfs von Bundeswirtschafts- und Bundesumweltministeriums in Kraft getreten.

Maßstab für die termingerechte Fertigstellung des Netzanschlusses ist nun nicht mehr der Zeitpunkt der Betriebsbereitschaft des jeweiligen Offshore-Windparks. Vielmehr sind die Übertragungsnetzbetreiber verpflichtet, die Offshore-Netzanbindungen im Einklang mit dem jeweils geltenden Offshore-Netzentwicklungsplan zu errichten. § 17d Abs. 1 EnWG bestimmt hierzu:

> *„Betreiber von Übertragungsnetzen [...] haben die Leitungen entsprechend der Vorgaben des Offshore-Netzentwicklungsplans zu errichten und zu betreiben. Sie haben mit der Umsetzung der Anbindungsleitungen und Konverterplattformen entsprechend den Vorgaben des Offshore-Netzentwicklungsplans zu beginnen und die Errichtung der Anbindungsleitungen und Konverterplattformen zügig voranzutreiben."*

Die Übertragungsnetzbetreibern sind durch § 17b Abs. 1 EnWG verpflichtet, jeweils jährlich zum 3. März einen gemeinsamen Offshore-Netzentwicklungsplan vorzulegen. Dieser bedarf dann der Bestätigung durch die Bundesnetzagentur, § 17c EnWG. Die Übertragungsnetzbetreiber haben hierbei die im sog. Szenariorahmen nach § 12a EnWG von der BNetzA genehmigten Erzeugungskapazitäten zu Grunde zu legen. Der gemeinsame nationale Offshore-Netzentwicklungsplan muss nach § 17b Abs. 1 S. 2 EnWG

> *„unter Berücksichtigung der Festlegungen des jeweils aktuellen Bundesfachplan Offshore im Sinne des § 17a mit einer zeitlichen Staffelung alle wirksamen Maßnahmen zur bedarfsgerechten Optimierung, Verstärkung und zum Ausbau der Offshore-Anbindungsleitungen enthalten, die in den nächsten zehn Jahren für einen schrittweisen, bedarfsgerechten und wirtschaftlichen Ausbau sowie einen sicheren und zuverlässigen Betrieb der Offshore-Anbindungsleitungen erforderlich sind."*

Maßgeblich für die inhaltliche Gestaltung der Offshore-Netzentwicklungspläne sind also der jeweils aktuelle Bundesfachplan Offshore und der Szenariorahmen nach § 12a EnWG. Den Bundesfachplan Offshore hat das BSH jährlich im Einvernehmen mit der BNetzA und in Abstimmung mit dem Bundesamt für Naturschutz und den Küstenländern zu erstellen. Der Bundesfachplan Offshore soll für die AWZ Festlegungen treffen zu:

---

334 Hinsch, ZNER, 2009, 333, 335; Kersting, BKR 2011, 57, 59; Wustlich, ZUR 2007, 122, 128; a.A.: Risse, Haller, Schilling, NVwZ, 2012, 592.

- Offshore-Anlagen, die für Sammelanbindungen geeignet sind,
- Trassen oder Trassenkorridoren für Anbindungsleitungen für Offshore-Anlagen,
- Grenzpunkten zwischen AZW und Küstenmeer,
- Standorten von Umspannplattformen,
- Trassen oder Trassenkorridoren für grenzüberschreitende Stromleitungen,
- Trassen oder Trassenkorridoren für mögliche Verbindungsleitungen und zu
- standardisierten Technikvorgaben und Planungsgrundsätzen.

Der Bundesfachplan Offshore soll keine Außenwirkungen entfalten und nicht selbständig durch Dritte anfechtbar sein, kann aber über das Instrument der Veränderungssperre erhebliche faktische Auswirkungen haben.

Der Offshore-Netzentwicklungsplan hat nach § 17b Abs. 2 S. 1 EnWG für alle o.g. Maßnahmen Angaben zum geplanten Zeitpunkt der Fertigstellung zu enthalten und verbindliche Termine für den Beginn der Umsetzung dieser Maßnahmen vorzusehen. Weiterhin hat er *„die zu erwartenden Planungs-, Zulassungs- und Errichtungszeiten sowie die am Markt verfügbaren Errichtungskapazitäten"* zu berücksichtigen.

Während in dem Offshore-Netzentwicklungsplan also nur das Datum für den Beginn der Umsetzung genannt wird, soll der Fertigstellungstermin gesondert bekannt gegeben werden. Der Übertragungsnetzbetreiber hat spätestens nach Auftragsvergabe das Datum des voraussichtlichen Fertigstellungstermins der jeweiligen Anbindungsleitung dem Anlagenbetreiber bekannt zu machen und zusätzlich auf seiner Internetseite zu veröffentlichen. Eine Änderung dieses Fertigstellungstermins ist dann nur noch mit Zustimmung der BNetzA möglich. Die BNetzA hat hierbei die Entscheidung über ihre Zustimmung nach pflichtgemäßem Ermessen und unter Berücksichtigung der Interessen der Beteiligten und der volkswirtschaftlichen Kosten zu treffen. 30 Monate vor dem Eintritt der voraussichtlichen Fertigstellung wird der bekannt gemachte Fertigstellungstermin verbindlich. Änderungen sind dann nicht mehr zulässig.

Nach § 17d Abs. 3 EnWG sollen die Anlagenbetreiber im Rahmen der von der BNetzA zugewiesenen Kapazitäten auf den ihnen zugewiesenen Anbindungsleitungen Anspruch auf Netzanbindung ab dem verbindlich festgelegten Fertigstellungszeitpunkt haben. Ansprüche der Anlagenbetreiber auf Erweiterung der Kapazitäten oder Kompensationen für den Fall dass keine ausreichenden Kapazitäten zur Verfügung stehen, soll es nicht geben. Hat der jeweilige Anlagenbetreiber nicht spätestens zwölf Monate vor dem verbindlichen Fertigstellungstermin mit der Errichtung der Windenergieanlagen begonnen oder sind diese nicht innerhalb von 18 Monaten nach dem verbindlichen Fertigstellungszeitpunkt technisch betriebsbereit, soll die BNetzA berechtigt sein, die zugewiesenen Kapazitäten auf andere Offshore-Windparks zu übertragen (*„Use it or lose it"*-Prinzip).

Weitergehende eigene Regelungen zur Zuweisung der Kapazitäten an die einzelnen Anlagenbetreiber und auch zur Übertragung der Kapazitäten trifft das neue EnWG nicht. Stattdessen wird die BNetzA im Einvernehmen mit dem BSH diese Regelungen im Rahmen eines Festlegungsverfahrens selbst treffen, § 17d Abs. 5 Nr. 3 EnWG (neu). Wann diese Kapazitätszuweisung zu erfolgen hat, lässt das Gesetze offen. Auch anderweitig werden keine weiteren Vorgaben getroffen.

Hinsichtlich der Haftung des jeweiligen Übertragungsnetzbetreibers für Störungen der Netzanbindung und für eine verzögerte Fertigstellung des Netzanschlusses soll nunmehr nach § 17e EnWG Folgendes gelten:

- Kann eine betriebsbereite Anlage länger als zehn Tage in Folge wegen einer Störung der Netzanbindung nicht einspeisen, hat der Anlagenbetreiber ab dem elften Tag der Störung Anspruch auf Entschädigung in Höhe von 90 Prozent der entgangenen Einspeisevergütung. Dies gilt ausdrücklich auch, wenn der Übertragungsnetzbetreiber die Störung nicht zu vertreten hat. Bei Störungen der Netzanbindung an mehr als 18 Tagen im Kalenderjahr steht dem Anlagenbetreiber abweichend vom Vorgenannten unmittelbar ab dem 19. Tag Entschädigung zu. Er hat also nicht mehr als 18 Tage Netzstörungen pro Kalenderjahr selbst zu tragen. Der maximale Ausfall wird also kalkulierbar. Die Berechnung erfolgt dabei „tagesscharf" danach, was ein vergleichbarer Park in dem entsprechenden Zeitraum erzielt hätte. Dies gilt allerdings dann nicht, wenn der Anlagenbetreiber die Störung selbst zu vertreten hat. In einem solchen Fall soll ihm keinerlei Entschädigung zustehen. Hat hingegen der Übertragungsnetzbetreiber die Netzstörung vorsätzlich herbeigeführt, kann der Anlagenbetreiber abweichend vom Vorgenannten die vollständige entgangene Einspeisevergütung bereits ab dem ersten Tag verlangen. Ausdrücklich ist schließlich bestimmt, dass über das Dargestellte hinaus eine Inanspruchnahme des anbindungsverpflichteten Übertragungsnetzbetreibers für Vermögensschäden aufgrund einer gestörten Netzanbindung ausgeschlossen ist.
- Die Entschädigung in Höhe von 90 % der entgangenen Einspeisevergütung kann der Anlagenbetreiber auch verlangen, wenn der betriebsbereite Offshore-Windpark mangels Fertigstellung der Netzanbindung nicht zu dem nach dem aktuellen Offshore-Netzentwicklungsplan bestimmten verbindlichen Fertigstellungstermin einspeisen kann. Auch hier greift die Regelung erst ab dem 11. Tag. Bei vorsätzlicher Verzögerung der Netzanbindung gilt auch hier, dass ab dem ersten Tag die vollständige Einspeisevergütung verlangt werden kann. Auch diese Regelungen sind abschließend.

  Bemerkenswert ist, dass von einer den Entschädigungsanspruch begründenden Betriebsbereitschaft der Anlagen schon dann ausgegangen werden soll, wenn das Fundament der Windenergieanlage sowie die Umspannplattform errichtet sind, von der Installation der Windenergieanlagen selbst und damit von der Herstellung der tatsächlichen Betriebsbereitschaft jedoch aus Gründen der Schadensminderung abgesehen wurde.

  Allerdings hat der Anlagenbetreiber die gesamte Entschädigung zuzüglich Zinsen zurückzuzahlen, wenn „nicht innerhalb einer angemessenen, von der Regulierungsbehörde festzusetzenden Frist nach Fertigstellung der Netzanbindung die technische Betriebsbereitschaft" der Anlagen tatsächlich hergestellt sind. Es soll insoweit also der BNetzA zufallen, die maßgebliche Frist zu konkretisieren.
- Eine wichtige Regelung trifft § 17e Abs. 2 EnWG hinsichtlich derjenigen Windparks, die bereits über eine unbedingte bzw. eine bedingte Netzanbindungszusage verfügen. Hiernach soll dem verbindlichen Fertigstellungszeitpunkt der in der unbedingten Netzanbindungszusage benannte Fertigstellungstermin gleichstehen, sofern die unbedingte Netzanbindungszusage bis zum 29. August 2012 erteilt wurde oder zunächst eine bedingte Netzanbindungszusage erteilt wurde und der Anlagenbetreiber bis zum 1. September 2012 die Kriterien für die unbedingte Netzanbindungszusage nachgewiesen hat. Das bedeutet, dass auch bezüglich solcher „Altfälle" ein verschuldensunabhän-

giger Entschädigungsanspruch bestehen soll. Die Regelung ist insoweit gegenüber dem bestehenden Regime vorteilhaft und bewirkt insbesondere, dass die Windparks mit bestehender Netzanschlusszusage hinsichtlich der zugesagten Fertigstellungstermine Bestandschutz genießen. Insofern soll die Regelung des alten § 17 Abs. 2 a EnWG fortgelten. Gleichzeitig findet für diese Parks aber auch die oben beschriebene *„Use it or lose it"*-Regelung Anwendung.

Problematisch ist jedoch, dass die Netzbetreiber teilweise in den von ihnen erteilten Netzanbindungszusagen keinen konkreten Fertigstellungstermin genannt haben. Hier gilt, dass unter anderem aus Gründen der Diskriminierungsfreiheit diese Parks nicht schlechter gestellt werden dürfen als Parks mit einem konkreten Datum. Diese Fälle wird man grundsätzlich wie folgt zu lösen haben: Da der Gesetzgeber in der Übergangsregelung nach § 118 Abs. 12 EnWG ausdrücklich geregelt hat, dass § 17 Abs. 2a EnWG a.F. fortgilt, muss für diese Parks weiterhin der Anschluss grundsätzlich zum Zeitpunkt der technischen Betriebsbereitschaft des Windparks errichtet sein. Relevant ist also in erster Linie das aus dem Bauzeitenplan abzuleitende Datum für die Herstellung der technischen Betriebsbereitschaft des Windparks. Erst sekundär, etwa wenn der Übertragungsnetzbetreiber dieses Datum, ohne dass er dies zu vertreten hat, nicht erreichen kann, wird man hilfsweise auf den Zeitrahmen des Positionspapiers der Bundesnetzagentur abstellen können. Obwohl die Bundesnetzagentur nach dem alten Recht keinen gesetzlichen Auftrag zur Regelung der Netzanbindungsfrage durch das Positionspapier hatte, nimmt der Gesetzgeber in der neuen Fassung des EnWG ausdrücklich auf das Konzept der Netzanbindungszusagen Bezug, welches auf dem Positionspapier beruht. Der Gesetzgeber billigt die dort enthaltenen Vorgaben also nicht nur, sondern knüpft auch entscheidende Rechtsfolgen daran. Damit macht sich der Gesetzgeber auch die zeitlichen Vorgaben des Positionspapiers zu Eigen. Nach dem Positionspapier gilt, dass die Anbindung innerhalb von 30 Monaten nach Erteilung der unbedingten Netzanbindungszusage zu errichten ist. Dementsprechend würde der Zeitpunkt für den Beginn des Entschädigungszeitraums 30 Monate nach Erteilung der unbedingten Netzanbindungszusage liegen.

Gemäß § 17f EnWG sind die Übertragungsnetzbetreiber untereinander zum Ausgleich der an die Anlagenbetreiber zu leistenden Entschädigungszahlungen im Wege der finanziellen Verrechnung verpflichtet. Die Übertragungsnetzbetreiber sind berechtigt, diese Kosten anteilig auf die Endverbraucher umzulegen. Im Falle von Vorsatz kann der Übertragungsnetzbetreiber keinen Ausgleich verlangen. Hat der Übertragungsnetzbetreiber die Entschädigungspflicht fahrlässig herbeigeführt, hat er einen Eigenanteil der Entschädigungszahlungen selbst zu tragen, der bei der Ermittlung der Netzentgelte nicht zu berücksichtigen ist,

> *„in Höhe von 20 Prozent für den Teil der Entschädigungszahlungen bis zu einer Höhe von 200 Millionen Euro im Kalenderjahr,*
> *darüber hinaus in Höhe von 15 Prozent für den Teil der Entschädigungszahlungen, die 200 Millionen Euro übersteigen bis zu einer Höhe von 400 Millionen Euro im Kalenderjahr,*
> *darüber hinaus in Höhe von 10 Prozent für den Teil der Entschädigungszahlungen, die 400 Millionen Euro übersteigen bis zu einer Höhe von 600 Millionen Euro im Kalenderjahr,*
> *darüber hinaus in Höhe von 5 Prozent für den Teil der Entschädigungszahlungen, die 600 Millionen Euro übersteigen bis zu einer Höhe von 800 Millionen Euro im Kalenderjahr."*

Dies bedeutet im Ergebnis, dass der Eigenanteil des jeweiligen Übertragungsnetzbetreibers auf EUR 100 Mio. pro Kalenderjahr beschränkt ist. Bei fahrlässig, jedoch nicht grob fahrlässig verursachten Schäden ist der Eigenanteil des anbindungsverpflichteten Übertragungsnetzbetreibers auf 17,5 Millionen Euro je Schadensereignis begrenzt.

Wichtig ist in diesem Zusammenhang, dass von Gesetzes wegen vermutet wird, dass im Schadensfall zumindest grobe Fahrlässigkeit des Übertragungsnetzbetreibers vorliegt. Dem Übertragungsnetzbetreiber bleibt es hiernach gleichwohl unbenommen, fehlende eigene grobe Fahrlässigkeit nachzuweisen.

Nach der Vorstellung des Gesetzgebers soll der Übertragungsnetzbetreiber das Risiko, den Eigenanteil zu tragen, versichern. Die Kosten für diese Versicherung sind dann, das ergibt sich zumindest aus der Gesetzesbegründung, umlagefähig.

Das neue Gesetz regelt einige Fragen nicht in der erhofften Klarheit. Für die derzeit in der Planung und im Bau befindlichen Projekte, bei denen die Verzögerung absehbar ist, ist insbesondere die Frage nach einer Interimsanbindung drängend. Besteht ein Anspruch und wenn ja, wer trägt die Kosten? Sowohl nach der alten als auch nach der neuen Rechtslage dürfte den Übertragungsnetzbetreibers eine entsprechende Verpflichtung treffen. Nach dem alten Recht ergibt sich dies aus allgemeinen zivilrechtlichen Grundsätzen (§ 254 Abs. 2 BGB). Im neuen Recht, nach dem die Mehrkosten letztlich der Stromverbraucher zu tragen hätten, findet diese Schadensminderungspflicht spezialgesetzlich Eingang in § 17f Abs. 3 EnWG. Danach hat der Übertragungsmaßnahmen alle zumutbaren Maßnahmen zur Schadensminderung zu treffen.

Vertragliche Regelungen

Wie dargestellt, ist das Verhältnis zwischen Übertragungsnetzbetreiber und Anlagenbetreiber zunächst durch die gesetzlichen Regelungen geprägt. Nach dem alten Recht besteht das Risiko der Haftung für schuldhaft verursachte Schäden in unbegrenzter Höhe. Unter bestimmten Voraussetzungen haftet der Übertragungsnetzbetreiber zudem nicht nur für sein eigenes Verschulden, sondern auch für das seiner Subunternehmer, wenn es sich bei Ihnen um Erfüllungsgehilfen im Sinne des § 278 BGB handelt. Nach dem neuen Recht, kann diese Frage zumindest Auswirkungen darauf haben, welchen Eigenanteil der Übertragungsnetzbetreiber selbst zu tragen hat.

Die Übertragungsnetzbetreiber haben unter dem alten Recht versucht, ihre Haftung gegenüber den Anlagenbetreibern im Rahmen von Netzanschluss- oder Einspeiseverträgen zu begrenzen. Entsprechende Entwürfe, die die Übertragungsnetzbetreiber in der Vergangenheit vorgelegt haben, enthalten Haftungsbeschränkungen, die sich an typischen Onshore-Verträgen orientieren. Durch die umlagefähige Haftung nach dem neuen Recht dürfte sich dieses Problem entschärfen.

Für die Übergangszeit werden Vereinbarungen zur Herstellung von Interimsanbindungen im Mittelpunkt stehen. Wie dargestellt, ist absehbar, dass die Netzanbindung nicht für alle Windparks rechtzeitig stehen wird. Um die vorhandenen oder in absehbarer Zukunft fertiggestellten Sammelanbindungen beginnt ein Konkurrenzkampf im Markt. Die Netzbetreiber haben angekündigt, dass es denkbar ist, die vorhandenen Kapazitäten anteilig an die einspeisewilligen Parks zu verteilen und die Einspeiseleistung dann herunter zu regulieren. Wenn also etwa ein Kabel und eine Konverterplattform mit 800 MW zur Verfügung stünden, aber vier Parks mit jeweils 300 MW räumlich und technisch einspeisebereit wären, könnten alle vier Parks mit reduzierter Einspeiseleistung angeschlossen werden. Aufgrund der ohnehin vorhandenen Schwankungen der einzuspeisenden Energiemenge und durch zusätzliche Maßnahmen des Netzmanagements soll die Energiemenge, die nicht eingespeist werden kann, nach Angaben der Netzbetreiber relativ gering ausfallen. Mit guten Gründen kann man vertreten, dass die Netzbetreiber auf Grund Ihrer Schadensminderungspflicht die Obliegenheit trifft, diese vorübergehende Anbindung zu schaffen und dass sie zugleich verpflichtet sind, Mindereinahmen der Anlagenbetreiber nach den Regelungen des Einspeisemanagements auszugleichen. Da allerdings auch Gegenargumente gegen diese Auffassung vertreten werden, ist zu erwarten, dass die Übertragungsnetzbetreiber vertreten werden, zu der Schaffung dieser Zwischenlösung nicht verpflichtet zu sein und fordern, dass die Anlagenbetreiber die Kosten für solche Anbindungen selbst tragen. Auch hier sind also ggf. vertragliche Regelungen erforderlich.

Auch wenn die Regelung des Anschlusses und der Einspeisung nach den gesetzlichen Regelungen weder unbedingt nötig, noch für den Anlagenbetreiber günstig sein dürfte, gibt es zahlreiche regelungsbedürftige Rechtsverhältnisse zwischen Anlagenbetreiber und Übertragungsnetzbetreiber, für die sich vertragliche Regelungen anbieten. Regelungsbedürftig, um späteren Streit zu vermeiden, können etwa technische Ausgestaltungen des Netzanschlusses, Eigentumsgrenzen oder Anforderungen an den Einspeiser sein. Daneben gibt es tatsächliche Schnittstellen zwischen dem Aufgabenbereich des Anlagenbetreibers und dem des Netzbetreibers, etwa auf den Konverterplattformen oder in Hinblick auf Einrichtungen des Netzbetreibers auf dem Umspannwerk. Für diese Bereiche sollten die Eigentums-, Wartungs-, und Zugangsrechte geregelt werden.

Die Abnahme und Vergütung des Stroms bedarf wegen der garantierten EEG-Vergütung grundsätzlich keiner vertraglichen Regelung. Neben der Möglichkeit, den Strom zu den festen Sätzen in das Netz einzuspeisen, hat der Anlagenbetreiber allerdings die Möglichkeit, den Strom im Rahmen der sogenannten Direktvermarktung zu veräußern. An der gesetzlichen Anschlusspflicht ändert dies nichts. Der Anlagenbetreiber kann den Strom unter Inanspruchnahme einer Marktprämie oder zum Zwecke der Verringerung der EEG-Umlage vermarkten. Auch für diese Modelle sind vertragliche Regelungen erforderlich. Neben dem Vertrag zwischen Erzeuger und Abnehmer, der etwa Vergütungs- und Abrechnungsregeln enthält, können auch Regelungen zwischen verschiedenen Einspeisern erforderlich werden. Nach § 33c EEG dürfen Anlagenbetreiber Strom, der mit Strom aus einer anderen Anlage über eine gemeinsame Messeinrichtung abgerechnet wird, nur direkt vermarkten, wenn der gesamte über diese Messeinrichtung abgerechnete Strom an Dritte direkt vermarktet wird. Diese Regelung kann bei Offshore-Windparks eine Rolle spielen, wenn etwa Parks unterschiedlicher Betreiber über ein gemeinsames Umspannwerk einspeisen oder Teile eines Parks unterschiedlichen Betreibern zugewiesen sind. Wünscht einer der Betreiber die Direktvermarktung, sind dann gegebenenfalls – was zulässig ist – die einzelnen Anlagen mit Zählern auszustatten. In diesem Fall müssen aber Regelungen zur Ermittlung der Übertragungsverluste getroffen werden, die sowohl von allen Betreibern als auch von dem Stromabnehmer akzeptiert werden.

Neben der Einspeisung in das Netz muss auch der Strombezug geregelt sein. Da der Verbrauchsstrom ebenfalls über das Offshore-Kabel geliefert wird, fallen Einspeise- und Bezugsmöglichkeit hier zusammen. Während bei der fehlenden Einspeisemöglichkeit Verluste durch verlorene EEG-Vergütung drohen, sind bei fehlender Stromlieferung Schäden an den Turbinen aufgrund des Stillstandes denkbar. Will man diese Schäden vermeiden, sind aufwändige und teure Interimslösungen erforderlich. Dieses Risiko sollte im Idealfall vertraglich abgefangen werden.

Kommt es zu der Nutzung gemeinsamer Infrastruktur, etwa Innerparkverkabelung oder Umspannwerk, durch mehrere Betreiber, sind auch hierfür vertragliche Regelungen erforderlich, die eine langfristige Nutzungsmöglichkeit sicherstellen. Eine dingliche Sicherung des Nutzungsrechts, die eine erhöhte Sicherheit für den Fall der Insolvenz bieten würde, kann bei Anlagen, die in der Ausschließlichen Wirtschaftszone errichtet werden, nicht, wie es üblicherweise onshore geschehen würde, über die Eintragung von beschränkt persönlichen Dienstbarkeiten erfolgen. Daher wird versucht, über andere Konstruktionen ein ähnliches Ergebnis zu erzielen. Denkbar ist etwa die Einräumung von Nießbrauchrechten. Hier ist allerdings zu bedenken, dass die Frage, ob deutsches Sachenrecht in der AWZ überhaupt anzuwenden ist, weiter ungeklärt ist (vgl. Ziffer 3.4.5 „Übereignungsregelungen bei Offshore-Vorhaben", S. 192).

Auch in dem weitgehend durch die relevanten gesetzlichen Bestimmungen geprägten Bereich des Netzanschlusses besteht also ein erheblicher Bedarf für beide Seiten, vertragliche Regelungen zu treffen. Dadurch könnte insbesondere in technischen Fragen eine Eindeutigkeit der geforderten Parameter erreicht werden, die derzeit noch fehlt. Die jetzt klarer geregelte Haftung wird den Abschluss solcher Vereinbarungen eher fördern.

3.5 Darstellung und Konzeption eines Due Diligence-Prozesses im Rahmen einer Akquisition eines Offshore-Windparks

DR. KRISTINA REBMANN, MATTHIAS HIRSCHMANN

3.5.1 Einleitung

Der Begriff „Due Diligence" heißt wörtlich übersetzt „gebotene Sorgfalt" oder „gebührende Sorgfalt" und spezifiziert einen Sorgfaltsmaßstab. In der Rechts- und Wirtschaftspraxis wird der Begriff jedoch regelmäßig in einem anderen Kontext verwendet und meint die sorgfältige Analyse, Prüfung und Bewertung eines Objektes im Rahmen einer beabsichtigten geschäftlichen Transaktion. Im Kontext der Projektfinanzierung meint „Due Diligence" die eingehende Prüfung des zu finanzierenden Projektes, mit dem Ziel, mögliche Risiken zu identifizieren, die den Cashflow und damit die Rückzahlung des Darlehens gefährden. Einzelheiten zur Herkunft des Begriffs und zum heutigen Verständnis werden wir unter Ziffer 3.5.2 näher erläutern.

Der in der Praxis häufigste Anlass für die Durchführung einer Due Diligence sind Prüfungen des Zielobjektes im Vorfeld einer Unternehmensakquisition. Prüfungen werden hier häufig sowohl durch den Verkäufer als auch durch den potentiellen Käufer durchgeführt. Ein weiterer regelmäßiger – hier im Vordergrund stehender – Anwendungsfall für eine Due Diligence ist die Prüfung durch eine finanzierende Bank im Zusammenhang mit Projektfinanzierungen. Je nach Auftraggeber und Anlass kommen der Due Diligence verschiedene Funktionen zu, auf die wir nachfolgend unter Ziffer 3.5.3 eingehen werden.

Neben der Unterscheidung nach Anlass und Auftraggeber werden Due Diligence-Prüfungen regelmäßig auch nach ihrem inhaltlichen Prüfungsschwerpunkt unterschieden. Zu erwähnen sind an dieser Stelle insbesondere die rechtliche, finanzielle, kommerzielle und technische Due Diligence. Einzelheiten hierzu werden unter Ziffer 3.5.4 dargestellt.

Die Due Diligence als „Prozess" bedarf ausführlicher Vorbereitung und sorgfältiger Koordination. Mit dem typischen Ablauf eines solchen Due Diligence-Prozesses beschäftigt sich Ziffer 3.5.5 dieses Beitrages.

Schließlich werden wir unter Ziffer 3.5.6 auf rechtliche Themen eingehen, die regelmäßig im Zusammenhang mit Due Diligence-Prüfungen bei Offshore-Windparks auftreten und für eine erfolgreiche Projektfinanzierung entscheidend sind. Hierbei sollte neben der rechtlichen Prüfung immer auch das Gesamtprojekt im Auge behalten werden. Insbesondere gibt es regelmäßig Schnittstellen zwischen den einzelnen Due Diligence-Bereichen, die es zu koordinieren und abzustimmen gilt. Einige Beispiele für solche Schnittstellen sollen unter Ziffer 3.5.7 erläutert werden.

3.5.2 Begriff und Herkunft der Due Diligence

Wie oben bereits angerissen, stimmen die wörtliche Übersetzung des Begriffes Due Diligence und dessen Bedeutung im allgemeinen Sprachgebrauch nicht unbedingt überein. Ursprünglich entstammt der Begriff der Due Diligence dem angloamerikanischen Kapital- und Anlegerschutzrecht und zwar konkret dem Securities Act 1933. Der Securities Act 1933 regelte die erstmalige Ausgabe von Effecten (*securities*) und in diesem Zusammenhang auch die Haftung der an der Wertpapierausgabe beteiligten Personen (sogenannte Emissionsprospekthaftung).[335] Demnach haften die bei der Begebung der Wertpapiere beteiligten Personen, insbesondere der Emittent, die Unterzeichner des *registration statements*, das Übernahmekonsortium, die Abschlussprüfer und andere Experten gegenüber den Ersterwerbern eines öffentlich angebotenen Wertpapiers für Verluste, die diesen aus dem betreffenden Wertpapier entstehen, wenn die bei der US-Börsenaufsichtsbehörde zu hinterlegenden Registrierungsangaben irreführende Angaben enthielten. Einer solchen Haftung konnten sich die beteiligten Personen nur dann entziehen, wenn sie eine *„reasonable investigation“*[336], mithin eine sorgfältige Prüfung durchgeführt hatten.[337] Dieser von an der Emission beteiligten Experten zu führende Entlastungsbeweis wird im angloamerikanischen Rechtskreis als *„due diligence defence“* oder *„reasonable investigation defence“* bezeichnet.[338]

Eine ähnliche Regelung findet sich im Securities Exchange Act 1934, der den Handel mit bereits zugelassenen Wertpapieren, mithin auch den Verkauf von Unternehmen oder Unternehmensteilen im Rahmen eines sogenannten *„share deals“* regelt. Nach der dortigen Rule 10b-5[339] besteht eine Haftung für unrichtige, irreführende und unterlassene Angaben im Rahmen des Anteilsverkaufes.[340] Dieser Grundsatz darf jedoch nicht im Sinne einer generellen gesetzlichen Gewährleistungshaftung des Veräußerers im Rahmen eines Unternehmensverkaufes verstanden werden, sondern betrifft nur eine klar umgrenzte Haftung für Angaben im Zusammenhang mit dem Verkauf und dem Vertragsinhalt.[341] Daneben gilt im angloamerikanischen Rechtskreis im Zusammenhang mit Unternehmensverkäufen der Grundsatz „ca-

---

335 Beisel in Beisel/Andreas, Beck'sches Mandatshandbuch – Due Diligence, 2. Auflage, München 2010, § 1 Rn. 17.

336 Der Abschlussprüfer haftet gem. sec. 11(b)(3) SA 1933 nicht, wenn *„he had, after reasonable investigation, reasonable ground to believe and did believe, at the time such part of the registration statement became effective, that the statements therein were true and that there was no omission to state a material fact required to be stated therein or necessary to make the statements therein not misleading...“*. Der Sorgfaltsmaßstab für die Begriffe „reasonable investigation“ und „reasonable ground“ wird in sec. 11(c) SA 1933 näher definiert, wo es heißt *„the standard of reasonableness shall be that required of a prudent man in the management of his own property“*.

337 Beisel in Beisel/Andreas, siehe Fn. 335, § 1 Rn. 19.

338 Berens/Strauch in Berens/Brauner/Strauch, Due Diligence bei Unternehmensakquisitionen, 6. Auflage 2011, S. 7; Merkt, WiB 1996, 145, 146.

339 Rule 10b-5 besagt: *"It shall be unlawful for any person, directly or indirectly, by the use of any means or instrumentality of interstate commerce, or of the mails or of any facility of any national securities exchange, (a) To employ any device, scheme, or artifice to defraud, (b) To make any untrue statement of a material fact or to omit to state a material fact necessary in order to make the statements made, in the light of the circumstances under which they were made, not misleading, or (c) To engage in any act, practice, or course of business which operates or would operate as a fraud or deceit upon any person, in connection with the purchase or sale of any security."*

340 Beisel in Beisel/Andreas, siehe Fn. 335, § 1 Rn. 19, 20.

341 Merkt, WiB 1996, 145, 146.

veat emptor“. Danach besteht keine grundsätzliche Haftung des Verkäufers, vielmehr müssen die Parteien Haftungsregelungen individuell aushandeln und vertraglich vereinbaren.[342] Damit ein solches vertragliches Gewährleistungsregime ausgearbeitet und auf den konkreten Sachverhalt abgestimmt werden kann, bedarf es einer ausführlichen vorherigen Prüfung des Kaufobjektes durch den Käufer.[343] Vor diesem Hintergrund hat sich in der Rechtspraxis im Zusammenhang mit einer Unternehmenstransaktion die regelmäßige Durchführung eingehender Prüfungen des Zielobjektes etabliert, die in der Praxis auch als „Due Diligence-Phase“ bezeichnet werden. Demzufolge kam es zu einem Bedeutungswandel des Begriffes. Im transaktionsbezogenen Sprachgebrauch wird der Begriff „Due Diligence“ nunmehr regelmäßig nicht entsprechend seiner ursprünglichen Bedeutung nämlich der Definition eines Sorgfaltsmaßstabes verwendet, sondern meint vielmehr regelmäßig den Prüfungsprozess selbst.[344] Genauer wäre es deshalb, von einer Due Diligence-Prüfung zu sprechen.

Diese Rechtspraxis hat sich auf den deutschen Rechtsraum übertragen. Zwar besteht hier, anders als nach dem angloamerikanischen Recht, grundsätzlich sehr wohl eine gesetzliche Gewährleistungshaftung des Verkäufers. Diese wird jedoch regelmäßig durch vertragliche Regelungen im Unternehmenskauf weitestgehend ausgeschlossen und durch ein eigenständiges vertragliches Haftungsregime ersetzt, so dass die „Due Diligence-Prüfung“ des Zielobjektes auch in der deutschen Rechtspraxis erhebliche Bedeutung gewonnen hat.

3.5.3 Anlässe und Ziele von Due Diligence-Prüfungen

Anlass für die Durchführung einer Due Diligence-Prüfung ist regelmäßig die Eingehung von Vertragsbeziehungen, bei denen eine Vertragspartei gegenüber der anderen Partei überlegenes Wissen hat. In diesen Fällen wird die Partei mit dem unterlegenen Wissen bemüht sein, ihr Informationsdefizit durch eine eigene Informationsbeschaffung und Bewertung auszugleichen, um auf diesem Wege die Qualität ihrer Entscheidungen zu erhöhen und eine Verhandlungsposition auf „Augenhöhe“ zu erreichen. Beim häufigsten Anwendungsfall einer Due Diligence-Prüfung im Vorfeld eines Unternehmenskaufes hat der Verkäufer regelmäßig einen Informations- und Wissensvorsprung gegenüber dem Käufer. Gelegentlich kann dies aber auch umgekehrt sein. Beispielsweise bei einem sogenannten Management Buy-Out, bei dem das Unternehmen an seine Geschäftsführer oder Vorstände veräußert wird.[345] Im Vorfeld einer Projektfinanzierung hat typischerweise die Projektgesellschaft als Darlehensnehmerin einen Wissensvorsprung und die finanzierende Bank wird bestrebt sein, sich möglichst umfassend über das finanzierende Projekt zu informieren.

Neben den vorstehend erwähnten Fällen, die sicher in der Praxis die häufigsten Anlässe für eine Due Diligence-Prüfung bilden, sind als mögliche Anlässe für eine Due Diligence-Prüfung beispielsweise auch die Vorbereitung eines Börsenganges, die Vorbereitung eines Outsourcing-Prozesses, die Vergabe von Kapital für innovative Unternehmen bei Venture Capital-Finanzierungen, die Ermittlung von Abfindungsansprüchen ausscheidender Gesellschafter, die Ermittlung von Zugewinnausgleichsansprüchen, die Überprüfung des Manage-

---

342 Krüger/Kalbfleisch DStR 1999, 174; Berens/Strauch in Berens/Brauner/Strauch, siehe Fn. 338, S. 8; Merkt, BB 1995, 1041, 1042, ders. WiB 1996, 145, 146.

343 Loges, DB 1997, 965.

344 Beisel in Beisel/Andreas, siehe Fn. 335, § 1 Rn. 20.

345 Beisel in Beisel/Andreas, siehe Fn. 335, § 1 Rn. 2.

ments durch die Gesellschafter oder die Publizitätspflicht von Prospektinformationen bei öffentlichen Übernahmeangeboten zu nennen.[346] Eine ausführlichere Beschäftigung mit diesen Anwendungsfällen soll jedoch hier nicht im Vordergrund stehen und würde den Rahmen dieser Darstellung sprengen.

3.5.3.1 Due Diligence des Käufers

Wie bereits angedeutet, stellt die Due Diligence des Käufers bei Unternehmensverkäufen den Regelfall dar. Dabei dient sie dem potentiellen Käufer eines Unternehmens oder von Unternehmensanteilen dazu, den Wissensvorsprung auszugleichen, den der Verkäufer dem Käufer gegenüber hat. Ein weiteres Ziel der Due Diligence des Käufers ist es, die Werthaltigkeit und Risiken des Zielunternehmens reell einzuschätzen.[347] Sie hat dementsprechend eine Informations- sowie Analyse-, Wert- und Risikoermittlungsfunktion, mit dem Ziel transaktionsrelevante Risiken und Schwachstellen zu ermitteln.[348] Das Ergebnis der Due Diligence-Prüfung bildet regelmäßig die Grundlage für die Entscheidung darüber, ob, zu welchen Bedingungen und zu welchem Preis ein Kauf in Betracht kommt. Insbesondere dienen die Ergebnisse der Due Diligence dem Käufer im Rahmen der Verhandlung über eine angemessene Haftungsstruktur. Schließlich erfüllt die Due Diligence im Rahmen einer Unternehmenstransaktion auch eine gewisse Beweisfunktion. Häufig wird der Inhalt der zur Verfügung gestellten Unterlagen im Rahmen des Unternehmenskaufvertrages dem Käufer aufgrund vertraglicher Vereinbarung mit der Folge eines Haftungsausschlusses als bekannt zugerechnet.

An dieser Stelle stellt sich die Frage, ob der Käufer aus rechtlicher Sicht zur Durchführung einer Due Diligence verpflichtet ist. Hierzu kann festgehalten werden, dass eine explizite gesetzliche Verpflichtung des Käufers, vor dem Erwerb eines Unternehmens eine Due Diligence-Prüfung durchzuführen, nicht existiert. Der Verkäufer ist vielmehr kraft Gesetzes zur Gewährleistung verpflichtet.[349] In der Praxis wird das Gewährleistungsregime des BGB zwar regelmäßig abbedungen, aber durch eine Garantiehaftung des Verkäufers ersetzt. Allerdings stellt das Gesellschaftsrecht Anforderungen an die Sorgfalt von Mitgliedern der Geschäftsleitung von Kapitalgesellschaften, die im Regelfall faktisch dennoch zu einer Pflicht der Geschäftsleitung des Käufers führen, im Vorfeld einer Unternehmensakquisition eine Due Diligence-Prüfung vorzunehmen.[350] So normiert § 93 Abs. 1 Satz 1 AktG, dass die Vorstandsmitglieder einer Aktiengesellschaft bei ihrer Geschäftsführung die Sorgfalt eines ordentlichen und gewissenhaften Geschäftsleiters anzuwenden haben. Eine Verletzung dieser Pflicht führt gemäß § 93 Abs. 2 AktG zu einer Schadensersatzpflicht der Vorstandsmitglieder gegenüber der Gesellschaft. Entsprechendes gilt gemäß § 43 Abs. 1 und 2 GmbHG auch für Geschäftsführer einer GmbH. Zwar wird der Geschäftsleitung eines Unternehmens grundsätzlich ein unternehmerischer Gestaltungsspielraum zugebilligt. Aufgrund des bei Unternehmenskäufen bestehenden hohen Risikopotentials wird dieser Gestaltungsspielraum aber wiederum insofern eingeschränkt, als eine Pflicht zur Durchführung von Maßnahmen zur Risikoprophylaxe

346 Weitere Beispiele bei Berens/Strauch in Berens/Brauner/Strauch, siehe Fn. 338, S. 11, 12 und Beisel in Beisel/Andreas, siehe Fn. 335, § 4 Rn. 3, 14, 23, 28.

347 Vossler in Oetker, Kommentar zum Handelsgesetzbuch (HGB), 2. Auflage, München 2011, Anhang zu §§ 25–28 Rn. 15; Beisel in Beisel/Andreas, siehe Fn. 335, § 1 Rn. 2.

348 Beisel in Beisel/Andreas, siehe Fn. 335, § 1 Rn. 24f.

349 Werner, ZIP 2000, 989, 990f.

350 Vgl. Werner, ZIP 2000, 989, 990f.; Elfring, JuS-Beilage 2007, 3, 9ff.; Kiethe, NZG 1999, 976, 983.

regelmäßig angenommen wird.[351] Im Fall eines Unternehmenskaufes wird daher die Pflicht des Vorstandes zur Durchführung einer Due Diligence-Prüfung als Maßnahme zur Risikovorbeugung regelmäßig bejaht.[352] Etwas anderes kann jedoch ausnahmsweise dann gelten, wenn sich der Geschäftsleitung eine kurzfristige Geschäftschance bietet oder andere zeitliche Restriktionen ein Abwarten einer Due Diligence-Prüfung – zumindest in vollem Umfang – nicht möglich machen oder aber der Verkäufer eine Due Diligence-Prüfung des Käufers verweigert.[353] Ebenso kann die Durchführung einer umfangreichen Due Diligence-Prüfung als unverhältnismäßig angesehen werden, wenn die hierfür anfallenden Kosten außer Verhältnis zum Transaktionsumfang und den damit einhergehenden Risiken stehen. Letztlich kann die Frage, ob die Geschäftsleitung zur Durchführung einer Due Diligence-Prüfung verpflichtet ist, nicht pauschal beantwortet werden und ist immer anhand der Umstände des Einzelfalles zu entscheiden.

Schadensersatzpflichten können aber nicht nur die Geschäftsleitung einer Gesellschaft, sondern unter Umständen auch die Mitglieder eines Aufsichtsrats treffen. Für diese gilt über die Verweisung in § 116 AktG sinngemäß auch der soeben dargestellte Sorgfaltsmaßstab der Geschäftsleitung nach § 93 AktG. Erteilt der Aufsichtsrat also seine Zustimmung für die Durchführung eines Unternehmenskaufs, ohne dass er sich zumindest über die Ergebnisse einer Due Diligence-Prüfung informiert und diese Ergebnisse selbstständig analysiert hat, können sich seine Mitglieder schadensersatzpflichtig machen.[354]

3.5.3.2 Due Diligence des Verkäufers

Neben der käuferseitigen Due Diligence führt häufig auch der Verkäufer selbst im Vorfeld einer Unternehmensveräußerung eine eigene Due Diligence-Prüfung durch, die auch als „Vendor Due Diligence“ bezeichnet wird. Durch eine eigene Prüfung kann der Verkäufer frühzeitig etwaige Schwachstellen, aber auch unentdeckte Potentiale erkennen und dieses im Rahmen der Transaktionsstruktur berücksichtigen.[355] Die Ergebnisse der Verkäufer-Due Diligence erleichtern es dem Verkäufer, den Verkaufsprozess optimal zu steuern und zu kontrollieren, um so die Chancen für einen erfolgreichen Abschluss der Transaktion zu erhöhen. So können Umstände, die sich negativ auf den Preis auswirken bzw. insgesamt die Verkaufsfähigkeit erschweren, häufig durch entsprechende Maßnahmen frühzeitig beseitigt werden. Unerkannte Potentiale, die dem Verkäufer erst im Rahmen der Verkäufer-Due Diligence offenbar werden, können es dem Verkäufer ermöglichen, das Unternehmen gegenüber potentiellen Käufern optimal darzustellen und ihn in seiner Verhandlungsposition stärken. Im Rahmen von Bieterverfahren, bei denen ein Verkäufer einer Vielzahl an Kaufinteressenten gegenüber steht, werden Ergebnisse einer Verkäufer-Due Diligence oftmals auch den potentiellen Bietern zeitgleich zur Verfügung gestellt, um auf diese Weise den Bietprozess zu beschleunigen und eine einheitlichere Ausgangslage zu schaffen.[356] Darüber hinaus empfiehlt

351 Werner, ZIP 2000, 989, 991; Kiethe, NZG 1999, 976, 981.

352 LG Hannover, AG 1997, 198, 200; Werner, ZIP 2000, 989, 991; Böttcher, NZG 2005, 49f.; Kiethe, NZG 1999, 976, 982.

353 Vgl. hierzu Werner, ZIP 2000, 989, 993f.; Elfring, Jus-Beilage 2007, 3, 10f.

354 Elfring, Jus-Beilage 2007, 3, 11.

355 Nawe/Nagel in Berens/Brauner/Strauch, siehe Fn. 338,S. 764.

356 Nawe/Nagel in Berens/Brauner/Strauch, siehe Fn. 338, S. 766.

sich die Verkäufer-Due Diligence auch mit dem Ziel, die aus Verkäufersicht optimale Transaktionsstruktur festzulegen. In diesem Zusammenhang spielt insbesondere die steuerrechtliche Due Diligence häufig eine besondere Rolle.

Im Hinblick auf gegebenenfalls bestehende Aufklärungspflichten des Verkäufers gegenüber dem Käufer, kann die Frage gestellt werden, ob der Verkäufer sogar zu einer eigenen Due Diligence verpflichtet ist. Hierbei ist allerdings zu bedenken, dass in der einschlägigen Rechtsprechung Aufklärungspflichten des Verkäufers ohnehin nur in engen Grenzen angenommen werden.[357] So steht die Annahme von Informationspflichten seitens des Verkäufers grundsätzlich unter dem Vorbehalt, dass jede Vertragspartei gehalten ist, sich die für ihre Entscheidung maßgebenden Informationen selbst zu beschaffen, beim Unternehmenskauf mithin beim Verkäufer zu erfragen.[358] Beim Unternehmenskauf beschreibt der BGH in ständiger Rechtsprechung die Aufklärungspflichten des Verkäufers dahingehend, „dass bei Verhandlungen über einen Unternehmenskauf der Verkäufer den Kaufinteressenten auch ungefragt über solche Umstände aufzuklären hat, die den Vertragszweck vereiteln können und daher für seinen Entschluss von wesentlicher Bedeutung sind, sofern er die Mitteilung nach der Verkehrsauffassung erwarten durfte."[359] Zudem wird eine Aufklärungspflicht nur angenommen, wenn ein Informationsgefälle zu Lasten einer Vertragspartei besteht.[360] Hat der Verkäufer selbst jedoch schon keine Kenntnis über etwaige wertmindernde Faktoren, kann ihn diesbezüglich in der Regel auch keine Aufklärungspflicht treffen. Nicht zum Umfang vertraglicher Aufklärungspflichten des Verkäufers kann es somit gehören, sich vorab im Rahmen einer eigenen Due Diligence über potentiell wertmindernde Fakten zu informieren, um dann den Käufer entsprechend aufklären zu können.

3.5.3.3 Due Diligence der finanzierenden Bank

In dieser Darstellung im Vordergrund stehen soll der auch in der Praxis häufig relevante Anwendungsfall der Due Diligence im Rahmen einer Projektfinanzierung. Für die projektfinanzierende Bank stellt eine eigene Due Diligence-Prüfung und deren zufriedenstellender Ausgang die Grundlage für den Abschluss der Finanzierungsverträge dar. Die Due Diligence-Prüfung der Bank dient ähnlich wie die Käufer-Due Diligence vornehmlich dem Zweck, Informationen über das zu finanzierende Projekt zu erhalten. Weil der finanzierenden Bank bei der Projektfinanzierung keine oder nur beschränkte Rückgriffsmöglichkeiten im Fall des Scheiterns des Projekts zur Verfügung stehen, und sie sich weniger auf die Bonität eines Schuldners, sondern gerade auf die Stärke des Projekts verlassen muss, bedarf es vor Abschluss der Finanzierungsverträge einer ganz besonders sorgfältigen Prüfung des Projekts. Ziel ist es, potentielle Risiken zu ermitteln, zu bewerten und durch vertragliche Gestaltung, insbesondere Allokation bestehender Risiken und Definition der Auszahlungsvoraussetzungen, hinreichend abzusichern.

Darüber hinaus ist auch aus Sicht einer finanzierenden Bank die Frage zu stellen, ob nicht bereits aus rechtlichen Gesichtspunkten eine Pflicht zur Durchführung einer Due Diligence-Prüfung besteht. Sofern die finanzierende Bank in der Rechtsform einer GmbH oder einer

357 BGH, DB 1970, 42; BGH, NJW 1989, 763, 764.

358 Westermann in Münchener Kommentar zum BGB, 6. Auflage 2012, § 453 Rn. 41.

359 BGH, NJW 2002, 1042, 1043; BGH, NJW 2001, 2163, 2164.

360 Ellenberger in Palandt, Bürgerliches Gesetzbuch, Kommentar, 71. Auflage 2012, § 123 Rn. 5.

AG organisiert ist, gelten die vorstehend unter Ziffer 3.5.3.1 dargestellten Grundsätze entsprechend. Darüber hinaus kann sich eine Pflicht zur umfassenden Prüfung eines zu finanzierenden Projektes aus § 18 des Kreditwesengesetzes (KWG) ergeben. Nach § 18 Abs. 1 Satz 1 KWG darf ein Kreditinstitut einen Kredit, der insgesamt Euro 750.000 oder 10 % des haftenden Eigenkapitals des Instituts überschreitet, nur gewähren, wenn es sich von dem Kreditnehmer die wirtschaftlichen Verhältnisse, insbesondere durch Vorlage der Jahresabschlüsse, offen legen lässt. Diese Regelung ist dem bankaufsichtsrechtlichen Grundsatz geschuldet, wonach Kredite nur nach umfassender und sorgfältiger Prüfung des Ausfallrisikos des Kreditnehmers zu vergeben und sodann laufend zu überwachen sind.[361] Da bei Projektfinanzierungen der Kreditnehmer typischerweise eine Projektgesellschaft ist, die zur Ermöglichung des spezifischen Projektes erst gegründet wird, kommt es für die Analyse des Ausfallsrisikos weniger auf den Kreditnehmer selbst und dessen aufgrund der Neugründung naturgemäß nicht existente bzw. wenig aussagekräftige Jahresabschlüsse an, sondern auf das zu finanzierende Projekt.[362] Die Bank muss sich ein Bild von der Wirtschaftlichkeit des Projektes machen. Erforderlich hierzu ist eine umfassende Analyse der Finanzierungsstruktur, der Eigenkapitalquote, der zu erwartenden Einkünfte, der Investoren und des Sicherheitenkonzeptes.[363] Die Mindestanforderungen der BUNDESANSTALT FÜR FINANZDIENSTLEISTUNGSAUFSICHT (BaFin) an das Risikomanagement fordern zudem eine Prüfung der technischen Machbarkeit und der rechtlichen Risiken, welche in die Bewertung des Ausfallrisikos einzubeziehen sind.[364] Die Banken können sich dazu eines vom Kreditnehmer unabhängigen sach- und fachkundigen Dritten bedienen, dessen Eignung jedoch vorher zu überprüfen ist.[365]

3.5.4 Inhaltliche Arten der Due Diligence

Neben der Unterscheidung nach Art und Anlass lassen sich Due Diligence-Prüfungen vor allem auch nach ihrem funktionellen Inhalt unterscheiden. Im Rahmen der Finanzierung von Offshore-Windparkprojekten werden regelmäßig Due Diligence-Prüfungen aus rechtlicher, technischer, finanzieller und kommerzieller Sicht unterschieden. Daneben werden im Rahmen von Unternehmenskäufen je nach Tätigkeitsfeld des Zielunternehmens und Anlass der Due Diligence auch noch weitere Prüfungen wie beispielsweise die steuerliche, die kulturelle, die Human Resources, die strategische oder marktbezogene und die umweltbezogene Due Diligence durchgeführt. Diese haben jedoch für Offshore-Windparkprojekte regelmäßig keine Relevanz und sollen deshalb im Rahmen dieser Darstellung nicht näher beleuchtet werden.

---

361 Bundesverband Öffentlicher Banken Deutschlands, Leitfaden zur Erstellung eines Beurteilungssystems nach § 18 KWG, Ziffer 2.1 S. 8, abrufbar unter: www.voeb.de/download/publikation_beurteilung-par18kwg.pdf.

362 Bock in Boos/Fischer/Schulte-Mattler, Kreditwesengesetz, Kommentar, 4. Auflage 2012, § 18 Rn. 62.

363 Bock in Boos/Fischer/Schulte-Mattler, siehe Fn. 362, § 18 Rn. 62.

364 Rundschreiben 11/2010 (BA) – Mindestanforderungen an das Risikomanagement – MaRisk, BTO 1.2 TZ 5, abrufbar unter: http://www.bafin.de/SharedDocs/Veroeffentlichungen/DE/Rundschreiben/rs_1011_ba_marisk.html?nn=2798666#doc2676948bodyText28.

365 Rundschreiben 11/2010 (BA) – Mindestanforderungen an das Risikomanagement – MaRisk, BTO 1.2 TZ 5, siehe Fn. 364.

3.5.4.1 Rechtliche Due Diligence

Im Falle der Prüfung durch eine Bank zur Vorbereitung einer Projektfinanzierung dient die rechtliche Due Diligence der Prüfung aller rechtlich relevanten Beziehungen des zu untersuchenden Projektes. Genauer zu betrachten sind im Rahmen dieser Prüfung sämtliche rechtlichen Aspekte, die für die Kreditentscheidung der finanzierenden Bank relevant sind. Bei Offshore-Windparkprojekten betrifft dies regelmäßig die bereits abgeschlossenen Projektverträge, die für die Errichtung und den Betrieb des Windparks erforderlichen Genehmigungen, den Status des Netzanschlusses, die Nutzbarkeit der Windenergieanlagen als Sicherungsmittel sowie im Küstenmeer auch Fragen der Berechtigung zur Nutzung des Meeresbodens. Daneben spielen regelmäßig auch versicherungsrechtliche Fragen eine Rolle. Diese werden häufig aber auch im Rahmen einer gesonderten versicherungsrechtlichen Due Diligence näher untersucht. Eine Due Diligence des Versicherungskonzepts umfasst die Prüfung sämtlicher für das Projekt vorgesehener Versicherungen. Ziel der Due Diligence ist es stets, herauszufinden, ob der Schuldendienst an die finanzierenden Banken in Belastungssituationen des Projekts noch gewahrt bleibt.

Weitere zentrale Untersuchungsgegenstände einer rechtlichen Due Diligence sind typischerweise auch arbeitsrechtliche, kartellrechtliche, IP- und IT-rechtliche Fragen, sowie die Bewertung anhängiger Rechtsstreitigkeiten. Diese spielen jedoch im Rahmen einer Projektfinanzierung keine bzw. nur eine untergeordnete Rolle. Gleiches gilt für gesellschaftsrechtliche Fragestellungen, insbesondere die Verifizierung der unbelasteten Inhaberschaft und Übertragbarkeit der Unternehmensanteile. Während diese Fragen bei der Prüfung für eine Unternehmensakquisition im Wege eines Share Deals zentrale Bedeutung haben, stehen derartige Fragen bei Due Diligence-Prüfungen als Grundlage für Projektfinanzierungen nicht im Fokus, da es hier materiell nicht um den Erwerb der Projektgesellschaft geht, sondern um die Bewertung des zu finanzierenden Projektes selbst. Eine gesellschaftsrechtliche Untersuchung ist hier nur insoweit erforderlich, wie es darum geht, die ordnungsgemäße Gründung und den Bestand der Projektgesellschaft zu verifizieren, da diese regelmäßig Vertragspartnerin der Finanzierungsverträge sein wird.

Die soeben angerissenen für die Finanzierung von Offshore-Windparks besonders relevanten rechtlichen Themen werden unter Ziffer 3.5.6 noch einmal detaillierter beleuchtet.

3.5.4.2 Finanzielle Due Diligence

Die finanzielle Due Diligence ist eine Analyse der Finanzdaten des Zielobjektes, wobei regelmäßig sowohl die historischen als auch die auf Basis von Businessplänen für die Zukunft erwarteten Finanzdaten Gegenstand der Prüfung sind.[366] Im Rahmen eines Unternehmenskaufes hat die finanzielle Due Diligence entscheidenden Einfluss auf die Kaufpreisfindung. Aber auch für projektfinanzierende Banken ist die finanzielle Due Diligence von erheblicher Bedeutung, um Informationen über die Chancen und Risiken der Finanzierung zu erlangen.[367] Dies ist deshalb so wichtig, weil die einzigen der Bank zur Verfügung stehenden Sicherheiten, der Cashflow und die Aktiva der Projektgesellschaft sind und der Schuldendienst allein aus dem Cashflow generiert wird. Im Unterschied zur finanziellen Due Diligence im

[366] Störk/Hummitzsch in Beisel/Andreas, siehe Fn. 335, § 34 Rn. 1.
[367] Störk/Hummitzsch in Beisel/Andreas, siehe Fn. 335, § 35 Rn. 1.

Rahmen von Unternehmensakquisitionen erübrigt sich jedoch bei der Finanzierung eines noch in der Entwicklung befindlichen Offshore-Windparkprojektes eine Prüfung der historischen Vermögens-, Ertrags- und Finanzlage der Zielgesellschaft, da insoweit vor Inbetriebnahme des Offshore-Windparks keine hierfür relevanten Daten zur Verfügung stehen. Anders mag dies jedoch sein, wenn eine Bank in die Finanzierung eines bereits bestehenden Projektes einsteigt.

Gegenstand der finanziellen Due Diligence für die Finanzierung eines Offshore-Windparks ist insbesondere die sorgfältige Analyse der zu erwartenden Ertragskraft des Projektes. Diese hängt unter anderem natürlich von äußeren nicht beeinflussbaren Faktoren, insbesondere Wetterrisiken und den am Standort erwarteten Windverhältnissen ab, die im Rahmen von Sachverständigengutachten in die Analyse einfließen. Daneben sind die laufenden Kosten, etwa solche aus Wartungsverträgen, Versicherungen etc. zu bewerten, die den Cashflow reduzieren.

3.5.4.3 Technische Due Diligence

Neben der rechtlichen und finanziellen Due Diligence nimmt auch die technische Due Diligence bei Offshore-Windparkprojekten eine bedeutende Stellung ein. Dies gilt besonders deshalb, weil es im Bereich der Offshore-Windkraft noch keine ausgereifte und erprobte Technik gibt. Hierbei stehen insbesondere die technische Prüfung der beabsichtigten Turbine sowie des sonstigen Windparkequipments, beispielsweise Fundamente, Umspannwerk sowie parkinterne Verkabelung im Vordergrund der Prüfung. Weitere Themen sind die Einschätzung der technischen Umsetzbarkeit des geplanten Projektes innerhalb des geplanten Zeitplanes unter Berücksichtigung der genehmigungsrechtlichen Vorgaben, sowie die Haltbarkeit und Funktionsfähigkeit der Einrichtungen gegenüber den hohen Belastungen auf See. Neben der rein technischen Prüfung der Anlagen empfiehlt es sich regelmäßig auch, die bereits bestehenden Projektverträge und deren Leistungskataloge von einem technischen Experten prüfen zu lassen, um beispielsweise Lücken in der Projektplanung ausschließen zu können. Es lohnt sich regelmäßig, bereits bei der Verhandlung der Projektverträge einen technischen Berater mit einzubeziehen.

3.5.4.4 Kommerzielle Due Diligence

Neben der finanziellen Due Diligence wird im Rahmen von Unternehmenstransaktionen häufig auch eine sogenannte kommerzielle Due Diligence-Prüfung durchgeführt. In eine solche Prüfung wird anders als bei der finanziellen Due Diligence auch das ökonomische Umfeld des Zielobjektes mit einbezogen. Gegenstand der Untersuchung sind regelmäßig eine Beschaffungs-, Produktions-, Markt-, Absatz- und Konkurrenzanalyse, gelegentlich auch eine Prüfung der Führungs- und Organisationsstruktur sowie der Unternehmenskultur.[368] Im Wesentlichen erstreckt sich diese Prüfung also auf den wirtschaftlichen Gehalt der zukünftigen Geschäftstätigkeit der Projektgesellschaft.[369] Diese Aspekte spielen im Falle des Erwerbs und der Finanzierung von EEG-Projekten allerdings eine untergeordnete bzw. teilweise auch

368 Römer/Groth in Beisel/Andreas, siehe Fn. 335, § 38 Rn. 3.

369 Krüger/Kalbfleisch, DStR 1999, 174, 175; Beisel in Beisel/Andreas, siehe Fn. 335, § 1 Rn. 43; Holzapfel/Pöllath, Unternehmenskauf in Recht und Praxis, 14. Auflage, Köln 2010, S. 18.

überhaupt keine Rolle. Hintergrund ist die gesetzliche Verpflichtung des Netzbetreibers, den aus Erneuerbaren Energien erzeugten Strom vorrangig abzunehmen und zu vergüten. Markt-, Absatz- oder Konkurrenzrisiken stellen sich insofern – jedenfalls während der Dauer der erhöhten Anfangsvergütung – hier nicht.[370] Die kommerzielle Due Diligence wird sich daher bei Offshore-Windparkprojekten im Wesentlichen auf die kommerzielle Bewertung der bestehenden sowie der noch abzuschließenden Projektverträge konzentrieren.

3.5.5 Durchführung und Konzeption des Due Diligence-Prozesses

Der Ablauf einer Due Diligence hängt grundsätzlich davon ab, wer diese durchführt bzw. durchführen lässt. Der Auftraggeber wird abhängig von seiner Rolle naturgemäß unterschiedliche Interessen mit der jeweiligen Due Diligence Prüfung verfolgen, die im Rahmen der Durchführung und Konzeption des Prozesses zu berücksichtigen sind.

3.5.5.1 Mandatierung/Vorbereitungen

Wie dargelegt, hängt die sinnvolle und effiziente Strukturierung eines Due Diligence-Prozesses maßgeblich davon ab, welche Ziele der Auftraggeber erreichen möchte. Insbesondere sollte möglichst frühzeitig entschieden werden, welche funktionellen Prüfbereiche übernommen werden sollen. Auf dieser Basis ist dann zu entscheiden, welche Elemente vom Auftraggeber selbst abgedeckt werden können und für welche Bereiche externe Berater hinzugezogen werden, die dann entsprechend zu mandatieren sind. Dabei werden für die Due Diligence im Rahmen einer Projektfinanzierung regelmäßig rechtliche und technische Berater, gelegentlich auch Versicherungsexperten hinzugezogen. Die finanzielle Due Diligence-Prüfung wird meist „inhouse“ durch die finanzierende Bank durchgeführt.

Vor der Beauftragung eines externen Beraters empfiehlt es sich, den Prüfungsumfang zu konkretisieren und die an die jeweiligen Prüfungsteile zu stellenden Anforderungen zu definieren. Ziel einer Due Diligence im Vorfeld einer Projektfinanzierung sollte es sein, die projektfinanzierende Bank umfassend darüber zu informieren, ob und wenn inwieweit das Projekt Risiken aufweist, die dessen generelle Umsetzung bzw. den Cashflow bis zur Rückführung des Darlehens gefährden.

Zu beachten ist, dass eine vollumfängliche Prüfung in der häufig engen zur Verfügung stehenden Zeit oftmals nicht möglich ist. Vor diesem Hintergrund sind Umfang und Tiefe des Prüfungsprozesses abzuwägen. An dieser Stelle sind nicht zuletzt auch die Kosten im Auge zu behalten, die mit zunehmendem Prüfungsumfang ansteigen. In diesem Zusammenhang ist festzuhalten, dass – obwohl Auftraggeber der Due Diligence im Regelfall die projektfinanzierende Bank ist – die Kosten der Due Diligence üblicherweise vom künftigen Darlehensnehmer übernommen werden und die Kostenerstattung als Auszahlungsbedingung im Darlehensvertrag festgehalten wird. Bei Unternehmenskäufen werden oftmals Schwellenwerte

[370] Einschränkend muss man sich vor Augen halten, dass die Marktfähigkeit der Erneuerbaren Energien ein zentrales Ziel der Bundesregierung ist, was mit einer immer stärkeren Anforderung an eine Direktvermarktung einhergeht. Für den Bereich Offshore zeigt sich diese Intention des Gesetzgebers etwa an der niedrigen Grundvergütung von 3,5 Ct/kWh nach Auslaufen der erhöhten Förderung, die eine alternative Vermarktung außerhalb des EEG nahelegt.

festgelegt, unterhalb derer Risiken nicht näher zu prüfen sind. Im Rahmen von Projektfinanzierungen bietet sich dies aber weniger an, da es hier stets um die Umsetzbarkeit des Projektes im Ganzen geht.

Ebenfalls möglichst vor Beginn der Prüfungsphase sollte besprochen werden, in welchem Umfang die Ergebnisse der Due Diligence präsentiert werden. Für weitere Einzelheiten hierzu siehe unten unter Ziffer 3.5.5.4.

Für den geordneten Ablauf des Due Diligence-Prozesses empfiehlt es sich, einen zentralen Ansprechpartner zu definieren, der den gesamten Prozess steuert und stets den Gesamtüberblick über die einzelnen Due Diligence Bereiche hält. Dies ist vor allem auch im Hinblick auf den regelmäßigen Austausch der Prüfungsergebnisse und die Koordination von Schnittstellenthemen wichtig (siehe hierzu im Einzelnen unter Ziffer 3.5.7).

3.5.5.2 Erstellung eines Datenraumes

Voraussetzung, um überhaupt eine Due Diligence-Prüfung durchführen zu können, ist die Aufbereitung des zu prüfenden Datenmaterials. Dies geschieht regelmäßig in Form eines sogenannten „Datenraumes", in dem alle projektrelevanten Informationen und Dokumente zur Verfügung gestellt werden. Im Rahmen einer Projektfinanzierung wird der Datenraum üblicherweise von dem Projektentwickler bzw. dem zukünftigen Darlehensnehmer aufbereitet. Grundlage für die dort zur Verfügung gestellten Daten bildet dabei in der Regel der von der finanzierenden Bank und den externen Beratern ausgearbeitete Prüfungsrahmen. Auf Basis dieses Prüfungsrahmens werden sogenannte „Due Diligence-Checklisten" erstellt und den verantwortlichen Personen auf Seiten des Darlehensnehmers übermittelt. Diese Due Diligence-Checklisten sind oftmals relativ umfangreich und fragen in einem Prüfschema sämtliche denkbaren rechtlichen, finanziellen und technischen Aspekte eines Projektes ab. Dies geschieht mit dem Ziel, vollumfängliche Informationen über das Projekt zu erhalten, wobei auch die Aussage, dass bestimmte Sachverhalte nicht einschlägig sind, ein wichtiger Informationsbestandteil ist.

Der Datenraum kann ein physisch existierender Raum sein, in dem die zu sichtenden Unterlagen in physischer Form, meist aufbereitet in Aktenordnern, zur Verfügung gestellt werden. Physische Datenräume bieten sich an, wenn der Umfang des verfügbaren Materials gering ist und der mit der Erstellung eines virtuellen Datenraumes verbundene Aufwand außer Verhältnis zum Projektvolumen steht. Nachteile eines physischen Datenraumes liegen insbesondere in der regelmäßig beschränkten Zugangsmöglichkeit und des im Nachhinein erschwerten Nachweises, welche Informationen konkret wem und wann zur Verfügung gestellt wurden. Dies spielt im Rahmen der Projektfinanzierung zwar nur eine untergeordnete Rolle, hat aber beim Unternehmenskauf umso größere Bedeutung, da der Inhalt des Datenraumes dem Käufer oftmals durch vertragliche Regelung als bekannt zugerechnet wird und es insoweit einer geordneten Dokumentation über dessen Inhalt bedarf.

Aufgrund der oben aufgezeigten Nachteile des physischen Datenraumes haben sich in den letzten Jahren überwiegend virtuelle Datenräume durchgesetzt. Hier werden die zu sichtenden Daten über eine gesicherte Website zur Verfügung gestellt. Dies kann sowohl über eigene Ressourcen, als auch über einen professionellen Datenraumprovider erfolgen. Bei Offshore-Windparkprojekten bieten sich virtuelle Datenräume allein aufgrund des meist erheblichen Umfangs zu prüfender Unterlagen an. Auch besteht hier der Vorteil, dass der Datenraum von den verschiedenen Beraterteams gleichzeitig und rund um die Uhr genutzt werden kann. Zudem bieten virtuelle Datenräume die Möglichkeit, auch im Nachhinein über entsprechende Datensicherung nachzuweisen, welche Informationen zur Verfügung gestellt worden sind. Oftmals kann über individuelle Log-in Daten sogar nachvollzogen werden, wer konkret zu welchem Zeitpunkt ein bestimmtes Dokument geöffnet hat.

3.5.5.3 Prüfungsphase

Nach Erstellung des Datenraumes beginnt die eigentliche Due Diligence-Prüfung, wobei dies nicht bedeutet, dass die Erstellung des Datenraumes zu diesem Zeitpunkt bereits finalisiert sein muss. Vielmehr sollte der Datenraum auch nach Beginn der Prüfphase regelmäßig um projektrelevante Informationen aktualisiert werden, die während der Datenraumphase bekannt werden. Häufig werden auch aufgrund konkreter Nachfragen einzelner Beteiligter noch nachträglich Informationen bereitgestellt, die nicht nur für den Fragenden, sondern für alle Beteiligten relevant sind.

Die Prüfphase sollte zunächst mit einer kursorischen Sichtung der verfügbaren Unterlagen beginnen, um mögliche offensichtliche Lücken und etwaige Inkonsistenzen frühzeitig identifizieren zu können. Üblicherweise besteht die Möglichkeit, während der Prüfphase aufkommende Fragen im Rahmen eines sogenannten „Q&A-Prozesses" zu beantworten. Bei Unternehmenskäufen wird die Anzahl der zugelassenen Fragen verkäuferseitig gelegentlich begrenzt, bei Due Diligence-Prüfungen der Bank ist dies jedoch unüblich und wäre auch nicht interessengerecht. Aus Sicht des Darlehensnehmers ist es hier wichtig, konkrete Ansprechpartner für die Beantwortung von Fragen abzustellen, damit eine umgehende Antwort sichergestellt und der Gesamtprozess nicht verzögert wird.

Im weiteren Verlauf der Prüfphase steht die detaillierte Prüfung des verfügbaren Datenmaterials im Hinblick auf projektrelevante Risiken, sowie die Erarbeitung konkreter Lösungsvorschläge im Vordergrund.

3.5.5.4 Form und Gestaltung des Due Diligence-Reports

Die Ergebnisse der Due Diligence-Prüfung werden üblicherweise in Form eines Due Diligence-Reports präsentiert. Hier sollte bereits vor Beginn der eigentlichen Prüfphase zwischen Auftraggeber und Prüfer besprochen werden, welchen Umfang und welche Detailtiefe der Report haben sollte. Im Wesentlichen ist hier zwischen einem sogenannten *„Full Report"* und einem sogenannten *„Red Flag Report"* zu unterscheiden. In jedem Fall sollte der Due Diligence-Report eine sogenannte *„Executive Summary"* beinhalten, in der besonders wichtige identifizierte Untersuchungsergebnisse, sogenannte *„Findings"* in übersichtlicher Form zusammengefasst werden, damit sich der Adressat einen schnellen Überblick über die wesentlichen Aspekte und Risiken des Projektes machen kann. Hieran schließt sich bei einem vollumfänglichen Due Diligence-Report eine ausführliche Erläuterung sämtlicher im Rahmen der Prüfung identifizierten Themen an. Beispielsweise werden in umfänglichen Reports Inhalte der erforderlichen Projektgenehmigungen oder Details der abgeschlossenen Projektverträge oftmals recht ausführlich erläutert, um dem Leser ein umfassendes Bild zur Verfügung zu stellen. Ebenso finden sich in Full Reports oftmals auch erläuternde Hinweise zu den relevanten rechtlichen Hintergründen, beispielsweise zum Regelungsregime des EEG oder zum Netzanschluss. Vollumfängliche Due Diligence-Reports, die im Zusammenhang mit der Finanzierung oder dem Erwerb von Offshore-Windparkprojekten erstellt werden, umfassen meist Größenordnungen von 100 bis 200 Seiten, in Einzelfällen sogar mehr.

Abweichend von einer ausführlichen Darstellung werden vielfach auch wesentlich kürzere Präsentationen der Due Diligence-Ergebnisse gewünscht, die sich auf die Darstellung der wesentlichsten und besonders bedeutsamen Prüfungsergebnisse beschränken. Solche als *„Red Flag Report"* bezeichnete Darstellungen sind wesentlich leserfreundlicher und aufgrund des erheblich geringeren Aufwands naturgemäß auch kostengünstiger. Wichtig ist aber auch beim Red Flag Report, dass immer eine vollständige Prüfung erfolgen sollte, denn nur eine vollständige Prüfung kann gewährleisten, dass keine wesentlichen Risiken übersehen werden. Zudem versetzt dies den Prüfer in die Lage, im Fall von Rückfragen einzelne Punkte jederzeit noch detaillierter zu erläutern. Entsprechend wird beim Red Flag Report lediglich die Ergebnispräsentation auf wesentliche Aspekte reduziert.

Welche Art des Due Diligence-Reports im Einzelnen sinnvoll ist, sollte stets im Vorfeld unter Berücksichtigung der Zielsetzung des Mandanten erörtert werden. Kürzere Darstellungen bieten sich eher für Mandanten an, die selbst bereits tief mit der Prüfungsmaterie vertraut sind und nur einen geringen Bedarf an erläuternden Hinweisen haben. Dagegen bieten sich für weniger mit der Materie vertraute Entscheidungsträger eher umfänglichere Darstellungen an. Nicht zuletzt hat die Frage des Umfangs eines Due Diligence-Reports naturgemäß auch Auswirkungen auf die entstehenden Prüfkosten.

In jedem Fall sollte der Due Diligence-Report neben einer Darstellung der Prüfungsergebnisse auch konkrete Lösungsvorschläge beinhalten. Im Rahmen der Projektfinanzierung bedeutet dies, dass sämtliche identifizierten Risiken so verteilt werden sollten, dass nach Möglichkeit keine die Rückzahlung des Schuldendienstes gefährdenden Risiken in der Projektgesellschaft verbleiben. Dies kann beispielsweise durch Anpassung der Projektverträge oder durch entsprechende Versicherungen sichergestellt werden. Diese sollten sich bei der Projektfinanzierung dann in den Darlehensverträgen als Auszahlungsvoraussetzungen wiederfinden.

3.5.6 Typische rechtlich relevante Themen im Zusammenhang mit Offshore-Windparks

Wie bereits angedeutet, gibt es bei der Due Diligence-Prüfung von Offshore-Windparkprojekten bestimmte rechtliche Themen, die sich regelmäßig stellen und auf die wir in diesem Abschnitt näher eingehen wollen. Hierzu gehören insbesondere die für die Errichtung und den Betrieb des Windparks erforderlichen Genehmigungen, die bereits abgeschlossenen Projektverträge, der Status des Netzanschlusses, die Nutzbarkeit der Windenergieanlagen als Sicherungsmittel, Fragen der Berechtigung zur Nutzung des Meeresbodens im Küstenmeer sowie Fragen der Einspeisevergütung.

3.5.6.1 Genehmigungsrechtliche Aspekte

Für die Errichtung und den Betrieb eines Offshore-Windparks bedarf es einer öffentlich-rechtlichen Genehmigung. Weitere Genehmigungen sind für die Errichtung der externen Kabeltrassen erforderlich. Diese sind zwar vom Netzbetreiber zu beschaffen, dennoch lohnt es sich aus Sicht des Projektfinanzierers, auch diese in die Prüfung mit einzubeziehen, um etwaige hieraus resultierende Verzögerungen des Netzanschlusses in die Risikobewertung mit einfließen lassen zu können. Dabei hängt die Frage des einschlägigen Genehmigungsregimes vom Standort des geplanten Windparks ab. Offshore-Windparks in der deutschen ausschließlichen Wirtschaftszone unterliegen dem Genehmigungsregime der Seeanlagenverordnung, während sich die Genehmigung von Windparks im Küstenmeer nach dem BImSchG richtet. Für Einzelheiten des Genehmigungsverfahrens verweisen wir auf den Beitrag in Ziffer 3.1.

Bei einem sich noch in der Planungsphase befindlichen Offshore-Windparkprojekt stellt die Genehmigung im Regelfall das wesentliche bereits bestehende „Asset“ dar[371] und nimmt daher in der rechtlichen Due Diligence eine für die Projektfinanzierung bedeutende Rolle ein. Insbesondere gilt es zu untersuchen, ob die Projektgesellschaft Inhaber der Genehmigungen ist und die Genehmigungen den geplanten Projektumfang abdecken. Zudem ist zu prüfen, ob die Genehmigung wirksam und bestandskräftig ist. Dies wird bei einer Projektfinanzierung regelmäßig als Auszahlungsvoraussetzung verlangt. Bei einer Due Diligence im Vorfeld eines Unternehmenskaufes wird sich die Due Diligence im Fall anhängiger Widersprüche oder Anfechtungsklagen auch auf die Erfolgsaussichten dieser Rechtsmittel erstrecken.

Ein weiterer Schwerpunkt der genehmigungsrechtlichen Prüfung sind die bei Genehmigungen für Offshore-Windparks bestehenden umfangreichen und oftmals standardisierten Nebenbestimmungen, die einen erheblichen Einfluss auf die Errichtungsphase sowie den späteren Betrieb des Windparks haben.

Beispielsweise beinhalten die Genehmigungen für Offshore-Windparks typischerweise Umsetzungsfristen, sowohl bezogen auf den Beginn der Errichtungsarbeiten, als auch für die Fertigstellung des Windparks. Auf diese Weise soll verhindert werden, dass Genehmigungen auf Vorrat beantragt werden, um sich für die Zukunft Flächen zu sichern. Vielmehr sollen nur solche Projektierer ein Genehmigungsverfahren anstoßen, die auch ein ernsthaftes Interesse an der zeitnahen Errichtung des Windparks haben.[372] Werden die in der Genehmigung festgesetzten Fristen nicht eingehalten, führt dies zum Erlöschen der Genehmigung. Allerdings sind in der Vergangenheit Fristen häufig sogar mehrfach verlängert worden, wenn es gewichtige Gründe für die nicht fristgerechte Umsetzung gegeben hat.[373] Im Rahmen der Due Diligence ist zu prüfen, ob sich das Vorhaben noch „im Zeitplan“ befindet und welche tatsächlichen sowie rechtlichen Risiken einer fristgerechten Umsetzung entgegenstehen könnten. Zu beachten ist beispielsweise, dass die Errichtung stark von Wetterrisiken abhängt und die Wintermonate schon per se nicht für Offshore-Arbeiten genutzt werden können. Zudem ist auch die Verfügbarkeit der erforderlichen Spezialschiffe regelmäßig ein Engpass, der bei der Planung zu berücksichtigen ist. An dieser Stelle ist die enge Koordination mit der Prüfung der Projektverträge sowie mit der technischen Due Diligence von Bedeutung.

---

371 Dannecker/Kehrt, DVBl 2009, 748, 750.

372 Brandt/Gaßner, Seeanlagenverordnung, Kommentar, Berlin 2002, § 9 Rn. 1; oder auch Genehmigungstext für das Projekt „Borkum Riffgrund I“ S. 83, abrufbar unter: http://www.bsh.de/de/Meeresnutzung/Wirtschaft/Windparks/Genehmigungsbescheide/Nordsee/Borkum_Riffgrund/Genehmigungsbescheid_Borkum_Riffgrund.pdf.

373 Nach § 5 Abs. 4 der SeeAnlV 2012, die das Genehmigungsverfahren nunmehr als Planfeststellungsverfahren ausgestaltet, kann die Planfeststellungsbehörde den Planfeststellungsbeschluss in diesem Fall ganz oder teilweise aufheben. Das Erlöschen ist somit nicht mehr zwingende Rechtsfolge.

Darüber hinaus beinhalten Genehmigungen für Offshore-Windparks regelmäßig Nebenbestimmungen, die den Betrieb des Windparks einschränken und sich damit nachteilhaft auf den Cashflow auswirken können. Zu nennen ist an dieser Stelle beispielsweise ein regelmäßig in den BSH-Genehmigungen enthaltener Auflagenvorbehalt für den Fall eines künftig intensiven Vogelzuges. Eine weitere regelmäßig auftretende Nebenbestimmungen ist das Erfordernis einer Sicherheit zur Absicherung der Rückbaukosten. Die Höhe der erforderlichen Rückbausicherheit ist in die Berechnung des Finanzierungsbedarfes mit einzubeziehen.

3.5.6.2 Fragen des Netzanschlusses

Neben der Genehmigung ist auch die Verfügbarkeit des Netzanschlusses für die Projektfinanzierung eines Offshore-Windparks von essentieller Bedeutung und nimmt ebenfalls im Rahmen der rechtlichen Due Diligence einen erheblichen Schwerpunkt ein. Im Vordergrund steht hier die Frage der rechtzeitigen Errichtung des Netzanschlusses und der Rechtsfolgen, sofern dies nicht gelingen sollte. Für Einzelheiten zu diesem derzeit brisant diskutierten Thema verweisen wir auf unseren weiteren Beitrag im Kapitel 3.2 dieses Buches.

3.5.6.3 Projektrelevante Verträge

Ein weiterer Schwerpunkt der rechtlichen Due Diligence liegt bei den bereits abgeschlossenen Projektverträgen. Da Generalübernehmerverträge für die Errichtung von Offshore-Windparkprojekten derzeit am Markt nicht angeboten werden, bedarf es regelmäßig eines ganzen Straußes verschiedener Projektverträge zum Einkauf der erforderlichen Komponenten und Dienstleistungen. Dieses Prinzip wird auch als „Multicontracting" bezeichnet. Die Verträge sind sowohl aus kommerzieller wie auch aus rechtlicher Sicht zu prüfen. Schwerpunkte der rechtlichen Prüfung sind dabei insbesondere das Gewährleistungs- und Haftungsregime, die Verteilung der verschiedenen Projektrisiken einschließlich der aus dem Multicontracting resultierenden Schnittstellenrisiken und die Sicherung des Eigentumserwerbes an den wesentlichen Offshore-Komponenten, insbesondere an den Windenergieanlagen. Auch hier gilt, dass bei einer Finanzierung im Wege der Projektfinanzierung keine relevanten Risiken in der Projektgesellschaft verbleiben sollten.

Gelingt es nicht, dies im Rahmen der Vertragsverhandlungen entsprechend auszuräumen, sind Versicherungslösungen zu prüfen. Hierbei ist allerdings zu beachten, dass zwar nahezu sämtliche Projektrisiken auch versicherbar sind, die Versicherungsprämien aber auch nicht außer Verhältnis zu den erwarteten Erträgen stehen dürfen, damit das Projekt insgesamt noch rentabel bleibt.

Ein weiterer wichtiger Punkt im Rahmen der Projektfinanzierung ist die Übertragbarkeit bzw. die Regelung eines Eintrittsrechtes der finanzierenden Bank in die projektrelevanten Verträge, damit die Bank im Fall des Zahlungsausfalls der Projektgesellschaft das Projekt fortführen kann. Dies ist bedeutsamer als die Verwertung von Sicherheiten, denn durch diese allein kann der Finanzierungsaufwand nicht gedeckt werden.

Für weitere Einzelheiten zum Thema Projektverträge verweisen wir auf die Darstellung in Kapitel 3.4 dieses Buches.

3.5.6.4 Eigentum an Offshore-Windenergieanlagen und Grundstücksnutzung

Die Frage der Anwendbarkeit des deutschen Zivilrechts in der ausschließlichen Wirtschaftszone Deutschlands (AWZ) wird in der rechtlichen Literatur umfänglich diskutiert. Zwar herrscht weitgehend Einigkeit darüber, dass das deutsche Zivilrecht auch in der AWZ anwendbar ist[374], mangels einschlägiger höchstrichterlicher Rechtsprechung ist dies jedoch nicht gesichert, und die rechtlichen Begründungen für die Anwendbarkeit differieren.[375] Dieser auf den ersten Blick eher theoretische juristische Streit hat in der Praxis gewisse Auswirkungen, sofern es um die Frage des Eigentums an Offshore-Windenergieanlagen geht. Insbesondere stellt sich die Frage, ob an bereits „offshore" installierten Anlagen Eigentum wirksam begründet und übertragen werden kann. Aus Sicht der finanzierenden Bank ist dies bedeutsam, da neben Ansprüchen auf Einspeisevergütung auch das Eigentum an den Windenergieanlagen regelmäßig als Sicherungsmittel eingesetzt wird. Ausführlich mit dieser Frage beschäftigt sich der Beitrag in Kapitel 3.6 dieses Buches.

Neben der Frage des Eigentums stellt sich auch die Frage nach der Berechtigung zur Nutzung des Meeresbodens, die jedoch in der rechtlichen Literatur bislang weniger Beachtung gefunden hat. Ebenso wie bei der Eigentumsfrage muss hierbei grundsätzlich danach unterschieden werden, ob sich die Offshore-Windenergieanlagen im Küstenmeer oder in der AWZ befinden.

Grundstücksnutzung im Bereich des Küstenmeers

Als Küstenmeer werden Gewässer bezeichnet, die Teil des offenen Meeres sind, aber unmittelbar an die Landfläche eines Staates angrenzen. Gemäß Art. 3 des Seerechtsübereinkommens der Vereinten Nationen vom 10. Dezember 1982 (SRÜ) hat jeder Staat das Recht, die Breite seines Küstenmeers bis zu einer Grenze festzulegen, die höchstens zwölf Seemeilen von den nach dem SRÜ festgelegten Niedrigwasserlinie entlang der Küste (sog. Basislinien gemäß Seekarten) entfernt sein darf. Von diesem Recht hat Deutschland vollumfänglich Gebrauch gemacht.

Art. 2 SRÜ bestimmt, dass sich die Souveränität eines Küstenstaates auch auf das jeweilige Küstenmeer dieses Staates erstreckt, wobei dies sowohl den Luftraum über dem Küstenmeer als auch den Meeresboden und Meeresuntergrund des Küstenmeeres mit einschließt. Das Küstenmeer ist mithin deutsches Hoheitsgebiet, in dem deutsches Recht Anwendung findet.[376] Eigentümerin des Küstenmeeres ist die Bundesrepublik Deutschland.[377] Dies folgt aus Art. 89 Abs. 1 GG i.V.m § 1 Satz 1 WaStrVermG, wonach die Bundesrepublik Deutschland Eigentümerin sämtlicher Bundeswasserstraßen ist. Zu den Bundeswasserstraßen gehören nach der gesetzlichen Definition in § 1 Abs. 1 Nr. 2 i.V.m. § 1 Abs. 2 WaStrG sämtliche Flächen zwischen der Küstenlinie bei mittlerem Hochwasser oder der seewärtigen Begrenzung

374 Diekamp, ZBB 2004, 10, 22; Wurmnest, RabelsZ Bd. 72 (2008), 236, 247ff.; Büllesfeld/Multmeier, ZNER 2009, 7, 11; Müller-Helle/Theilmann, RdE 2010, 369, 370; Dinger/Goldner, ZBB 2009, 204, 208, 211.

375 Büllesfeld/Multmeier, ZNER 2009, 7, 10f.; Diekamp, ZBB 2004, 10, 20ff.; Wurmnest, RabelsZ Bd. 72 (2008), 236, 244ff.; Dinger/Goldner, ZBB 2009, 204, 208, 211.

376 Diekamp, ZBB 2004, 10, 11; Wurmnest, RabelsZ Bd. 72 (2008), 236, 243f.; Böttcher, RNotZ 2011, 589, 590f.; Hofmann/Baumann, RdE 2012, 53, 55.

377 Wurmnest, RabelsZ Bd. 72 (2008), 236, 250; Diekamp, ZBB 2004, 10, 11ff.

der Binnenwasserstraßen und der seewärtigen Begrenzung des Küstenmeeres. Ausgenommen sind lediglich die Hafeneinfahrten, die von Leitdämmen oder Molen ein- oder beidseitig begrenzt sind, die Außentiefs, die Küstenschutz-, Entwässerungs-, Landgewinnungsbauwerke, Badeanlagen und der trockenfallende Badestrand. Dieses Verständnis wurde auch von der höchstrichterlichen Rechtsprechung mehrfach bestätigt.[378]

Als Eigentümerin des Meeresbodens im Küstenmeer ist die Bundesrepublik Deutschland grundsätzlich berechtigt, über dessen Nutzung zu entscheiden. Entsprechend bedarf es für die Nutzung durch einen privaten Offshore-Windparkbetreiber einer entsprechenden Einwilligung der Bundesrepublik Deutschland. Ähnlich wie bei Onshore-Windenergieanlagen werden zur Erlangung eines schuldrechtlichen Nutzungsrechtes in der Praxis langfristige Nutzungsverträge zwischen dem Offshore-Windparkbetreiber und der Bundesrepublik Deutschland abgeschlossen.[379] Zuständig hierfür ist die Wasser- und Schifffahrtsverwaltung des Bundes. Diese hat der Bund zur Wahrnehmung der ihm zugewiesenen Verwaltungsaufgaben aus Art. 89 Abs. 2 GG errichtet.[380] Erfasst davon ist auch die Wahrnehmung der Rechte und Pflichten, die aus der privatrechtlichen Eigentümerstellung des Bundes hinsichtlich der Bundeswasserstraßen resultieren.[381] Der Regelungsgehalt eines solchen Flächennutzungsvertrages sollte und wird in der Regel zusätzlich zu der Nutzungserlaubnis noch weitere Gesichtspunkte umfassen, z.B. Regelungen zu Verkehrssicherungspflichten und der Haftungsverteilung zwischen der Projektgesellschaft und der Wasser- und Schifffahrtsverwaltung.

Ein Entgelt für die Nutzung des Meeres wird von der Bundesrepublik Deutschland bislang nicht erhoben. Dies ergibt sich aus § 60 EEG, wonach die Nutzung des Küstenmeeres und der AWZ unentgeltlich ist, solange ein Anlagenbetreiber den Vergütungsanspruch nach § 16 EEG geltend macht oder den erzeugten Strom gemäß § 33 b Nr.1 oder Nr. 2 EEG direkt vermarktet. Sowohl die feste Einspeisevergütung nach § 16 EEG als auch die geförderte Direktvermarktung gemäß § 33 b Nr. 1 oder Nr. 2 EEG werden gemäß § 21 Abs. 2 EEG ab der Inbetriebnahme der Anlage für 20 Jahre zuzüglich des Inbetriebnahmejahres gewährt. Für den Zeitraum nach Ablauf dieser Periode ist die Bundesrepublik Deutschland berechtigt, ein Entgelt zu erheben.

Nicht eindeutig geregelt ist die Frage der Anwendbarkeit des § 60 EEG für den Bereich der 3-Meilen Zone. § 3 Nr. 9 EEG regelt, dass Windenergieanlagen innerhalb der 3-Meilen Zone für Zwecke des EEG nicht als „Offshore-Anlage" zu qualifizieren ist. § 60 EEG greift den in § 3 Nr. 9 EEG definierten Begriff „Offshore-Anlage" allerdings nicht auf, sondern stellt nur allgemein auf „Anlagen" ab. Vieles spricht jedoch dafür, dass es sich hierbei um ein Redaktionsversehen handelt und § 60 EEG innerhalb der 3-Meilen Zone keine Anwendung findet.[382]

Im Falle einer entgeltlichen Nutzung ist der Flächennutzungsvertrag – ebenso wie die bei Onshore-Windparks typischerweise bestehenden Nutzungsverträge – als Mietvertrag zu qua-

---

378 BGHZ 102 1,3; 108, 110, 116.

379 Friesecke, Bundeswasserstraßengesetz, Kommentar, 6. Auflage, 2009, § 31 Rn. 3; Wurmnest, RabelsZ Bd. 72 (2008), 236, 257.

380 Gröpl in Maunz/Dürig, Grundgesetzkommentar, 63. Ergänzungslieferung 2011, Art. 89 Rn. 60.

381 Gröpl in Maunz/Dürig, siehe Fn. 380, Art. 89 Rn. 65.

382 Salje, EEG 2012, 6. Auflage, § 60 Rn. 3.

lifizieren.[383] Im Anwendungsbereich von § 60 EEG dürfte ein solcher Nutzungsvertrag dagegen aufgrund der Unentgeltlichkeit wohl als Leihe einzuordnen sein.

Bei Onshore-Windparks wird für die erforderlichen Einrichtungen neben dem schuldrechtlichen Nutzungsvertrag regelmäßig auch eine dingliche Absicherung in Form von beschränkt persönlichen Dienstbarkeiten oder Erbbaurechten angestrebt. Hierdurch soll eine Absicherung für den Fall der Insolvenz des Grundstückseigentümers oder der Verwertung des Grundstücks im Wege der Zwangsversteigerung geschaffen werden. Da für den Meeresboden ganz überwiegend keine Grundbücher geführt werden, scheidet die Bestellung dinglicher Rechte in den meisten Fällen bereits faktisch aus, da die für die Bestellung eines solchen dinglichen Rechtes erforderliche Grundbucheintragung nicht möglich ist. Sofern in Einzelfällen dennoch Grundbücher bestehen[384], wäre zwar theoretisch auch eine dingliche Absicherung möglich, allerdings ist dies nach unserer Erfahrung in der Praxis bislang nicht relevant geworden und würde nach unserer Einschätzung von der Bundesrepublik Deutschland auch nicht gewährt werden. Letztlich ist das faktische Risiko einer Insolvenz bzw. einer Zwangsversteigerung jedoch bei der Bundesrepublik Deutschland als Grundstückseigentümerin gering, so dass die Notwendigkeit einer dinglichen Absicherung nicht in gleichem Maße besteht wie bei Onshore-Anlagen, die regelmäßig auf privatem Grund errichtet werden.

Im Rahmen der rechtlichen Due Diligence ist zu prüfen, ob ein entsprechender Nutzungsvertrag vorliegt und dieser das geplante Vorhaben vollständig abdeckt. Die Laufzeit sollte mindestens die geplante Betriebsdauer des Offshore-Windparks umfassen.

Grundstücksnutzung in der AWZ

Die AWZ hat ihre rechtliche Grundlage in Art. 55 ff. SRÜ und beschreibt ein jenseits des Küstenmeers gelegenes und an dieses angrenzendes Gebiet mit einer Breite von bis zu 200 Seemeilen ebenfalls gemessen von der Niedrigwasserlinie (Basislinie gemäß SRÜ). Diese Zone gehört nicht zum Staatsgebiet der Bundesrepublik Deutschland; jedoch hat diese dort gemäß Art. 56 SRÜ souveräne Rechte und ausschließliche Befugnisse. Dazu zählen gemäß Art. 56 Abs. 1 lit. a SRÜ unter anderem das Recht zur Ausbeutung der AWZ durch Energieerzeugung aus Wasser, Strömung und Wind sowie gemäß Art. 56 Abs. 1 lit. b (i) in Verbindung mit Art. 60 Abs. 1 SRÜ die Hoheitsbefugnisse in Bezug auf die Errichtung und Nutzung von künstlichen Inseln, von Anlagen und Bauwerken. Hiervon erfasst sind auch die Errichtung und der Betrieb von Windenergieanlagen. Man spricht insoweit von einem Funktionshoheitsraum.[385]

Hinsichtlich der Eigentumsverhältnisse besteht Einigkeit darüber, dass Eigentum am Meeresboden selbst in der AWZ nicht begründet werden kann; die AWZ mithin aneignungsunfähiges Niemandsland darstellt.[386] Somit ist zur Nutzung dieses Gebietes, anders als im Küstenmeer, der Abschluss eines privatrechtlichen Nutzungsvertrages nicht erforderlich, beziehungsweise mangels Eigentümer auch gar nicht möglich. Auch können dementsprechend keine dinglichen Sicherungsrechte erlangt werden.

383 Für Onshore-Windparks vgl. Goecke/Gamon, WM 2000, 1309.

384 Im Ausnahmefall bucht der Bund auch Meeresflächen, jedoch nur solche, die von der Seewasserstraße ausgegrenzt werden können (Wurmnest, RabelsZ Bd. 72 2008, 236, 251; Böttcher, RNotZ 2011, 589, 597).

385 Wurmnest, RabelsZ Bd. 72 (2008), 236, 241.

386 Wurmnest, RabelsZ Bd. 72 (2008), 236, 252.

Die BSH-Genehmigung ist daher bei Offshore-Windparks in der AWZ einzige Rechtsgrundlage zur Aufstellung der Offshore-Windenergieanlagen und impliziert das Nutzungsrecht am Meeresgrund.

Ebenso wie im Bereich des Küstenmeeres ist ein Nutzungsentgelt für den Betrieb von Offshore-Windparks auch in der AWZ ist nicht zu leisten. Dies ergibt sich auch hier aus § 60 EEG.

3.5.6.5 Einspeisevergütung

Die gesetzliche Einspeisevergütung nach dem EEG ist von entscheidender Bedeutung und maßgebliche Voraussetzung für die erfolgreiche Finanzierung von Offshore-Windparkprojekten. Das EEG statuiert einen festen Anspruch des Offshore-Windparkbetreibers auf vorrangige Abnahme und Vergütung des in den Windkraftanlagen erzeugten Stromes für einen fixen Zeitraum von 20 Kalenderjahren zuzüglich des Inbetriebnahmejahres (§ 21 Abs. 2 Satz 1 EEG) und schafft deshalb – vorausgesetzt, dass ein rechtzeitiger und kapazitätsmäßig ausreichender Netzanschluss vorliegt – grundsätzlich eine verlässliche Sicherheit für die Vermarktung des in den Offshore-Windenergieanlagen erzeugten Stromes.

Voraussetzungen und Höhe der Einspeisevergütung bestimmen sich nach dem EEG, und zwar in der Fassung, die zum Zeitpunkt der Inbetriebnahme der jeweiligen Anlage gilt.

Aufgrund entsprechender Übergangsregelungen in der bisherigen Gesetzgebungspraxis finden regelmäßig – auch im Falle späterer Änderungen des EEG nach Inbetriebnahme des Windparks – die zum Zeitpunkt der Inbetriebnahme der jeweiligen Windenergieanlage gültigen Vergütungssätze auf die gesamte Vergütungsdauer Anwendung. Etwas anderes wäre aufgrund des grundsätzlichen Rückwirkungsverbots nur in engen Ausnahmefällen möglich, die besondere Umstände erfordern.[387]

Hinsichtlich der Einzelheiten der Einspeisevergütung verweisen wir auf die Darstellung in Kapitel 3.3 dieses Buches. Besonders hervorheben möchten wir daher an dieser Stelle nur zwei Aspekte, bei denen dem Offshore-Windparkbetreiber Wahlrechte in Bezug auf das Vergütungsregime zustehen und die Einfluss auf den Cashflow des Projektes haben. In diesen Fällen empfiehlt es sich, aus Sicht der finanzierenden Bank entsprechende Zustimmungsvorbehalte in den Finanzierungsverträgen zu etablieren.

Zum einen sei hier das sogenannte „Stauchungsmodell“ genannt:

Für Offshore-Windenergieanlagen, die vor dem 1. Januar 2018 in Betrieb genommen werden, hat der Anlagenbetreiber ein Wahlrecht. Nach § 31 Abs. 3 EEG kann er alternativ zur 12-jährigen üblichen Dauer der Anfangsvergütung, die sich abhängig von der Entfernung zur Küste und der Wassertiefe des Standorts der Offshore-Windenergieanlage noch verlängern kann, das sogenannte „Stauchungsmodell“ wählen. Hier erhält er für einen Zeitraum von acht Jahren eine erhöhte Anfangsvergütung von 19 Ct/kWh. Abhängig von der Entfernung zur Küste und der Wassertiefe des Standorts der Offshore-Windenergieanlage verlängert sich der Zeitraum der Anfangsvergütung gemäß § 31 Abs. 2 noch um eine gewisse Zeit. In die-

387 Klinski, EEG-Vergütung: Vertrauensschutz bei künftigen Änderungen der Rechtslage, Rechtsgutachten im Auftrag des BMU, 25.6.2009, S. 20ff., abrufbar unter: http://www.bmu.de/files/pdfs/allgemein/application/pdf/klinski_eeg_verguetung.pdf.

sem verlängerten Zeitraum der Anfangsvergütung wird jedoch gemäß § 31 Abs. 3 Satz 2 EEG nur die übliche Anfangsvergütung von 15 Ct/kWh gewährt. Aus Sicht der finanzierenden Bank besteht regelmäßig ein erhebliches Interesse an der Nutzung des Stauchungsmodells, da dies zu einer deutlich schnelleren Rückführung des Schuldendienstes und damit zu einer Reduzierung langfristiger Projektrisiken führt. Entsprechend wird die finanzierende Bank ein starkes Interesse haben, den Darlehensnehmer im Rahmen der Projektverträge zur Wahl des Stauchungsmodells zu verpflichten.[388]

Zum anderen sei hier die Möglichkeit der Direktvermarktung erwähnt:

Alternativ zur festen Einspeisevergütung besteht für Offshore-Windparkbetreiber auch die Möglichkeit, den erzeugten Strom direkt zu vermarkten. Ein Wechsel in die Direktvermarktung und zurück in die feste Einspeisevergütung ist auf kalendermonatlicher Basis möglich und muss gegenüber dem Netzbetreiber angezeigt werden. Das EEG 2012 bietet dem Anlagenbetreiber zusätzliche Anreize für eine Direktvermarktung, da er, je nach Wahl des Direktvermarktungsmodells, ergänzend zum erzielten Marktpreis eine zusätzliche Marktprämie erhalten kann. Diese Marktprämie gleicht die Differenz zwischen der EEG-Einspeisevergütung und dem durchschnittlichen energieträgerspezifisch ermittelten und um einen Referenzfaktor korrigierten Börsenpreis aus. Erzielt der Anlagenbetreiber auf dem Weg der Direktvermarktung Preise, die oberhalb des so ermittelten durchschnittlichen Referenzpreises liegen, kann er mit dem Marktprämienmodell zusätzliche Erlöse erzielen. Umgekehrt birgt die Direktvermarktung aber auch Risiken, sofern die tatsächlich erzielten Preise unterdurchschnittlich sind. Insbesondere während der Dauer der Anfangsvergütung ist die Direktvermarktung nach unserer Einschätzung für Offshore-Windparkanlagen weniger attraktiv. In jedem Fall sollte auch dieses Thema bei der Ausgestaltung der Finanzierungsverträge angemessen berücksichtigt werden.

3.5.7 Typische Überschneidungspunkte mit anderen Bereichen der Due Diligence

Im Rahmen der rechtlichen Due Diligence ergeben sich vielfach Überschneidungspunkte zu anderen funktionellen Prüfungsbereichen, die wir an dieser Stelle näher beleuchten möchten. Insbesondere ergeben sich nach unserer Erfahrung regelmäßig wiederkehrende Überschneidungspunkte zu finanziellen bzw. kommerziellen sowie technischen Themen. An dieser Stelle ist es wichtig, dass die verschiedenen Due Diligence-Prüfungen, die oftmals aufgrund des hohen Termindrucks parallel stattfinden, gut miteinander koordiniert werden. Aus Sicht des einzelnen Beraters setzt dies voraus, dass identifizierte Schnittstellen möglichst bereits während der Prüfphase frühzeitig adressiert und kommuniziert werden.

3.5.7.1 Überschneidung mit finanzieller und kommerzieller Due Diligence

Überschneidungen mit der finanziellen bzw. kommerziellen Due Diligence-Prüfung ergeben sich in vielfacher Hinsicht. Zu nennen sind hier an erster Stelle die abgeschlossenen Projektverträge, die nicht nur rechtlich, sondern vor allem auch aus finanzieller bzw. kommerzieller

[388] Einige ökonomische Überlegungen sind in Kapitel 5.9 dargestellt.

Sicht zu analysieren sind. Ein Beispiel für eine typische Schnittstelle sind im Rahmen der rechtlichen Due Diligence festgestellte Haftungsbeschränkungen, die eine Einschränkung gegenüber dem weitgehend uneingeschränkten Haftungsregime des BGB beinhalten. In solchen Fällen sollte die rechtliche Due Diligence idealerweise eine Aussage dazu treffen können, ob eine Haftungsbeschränkung dem Marktstandard entspricht. Im Bereich von Offshore-Windparkprojekten ist die Frage der Marktüblichkeit allerdings vielfach kaum zu beurteilen, da sich in diesem noch relativ jungen Markt ein einheitlicher Marktstandard noch gar nicht herausgebildet hat. Unabhängig von Marktstandards sollte in jedem Fall für das konkrete Projekt überlegt werden, welche potentiellen Haftungsszenarien bestehen und wie sich die vertragliche Haftungsbeschränkung in diesen Fällen konkret auswirken würde. Potentielle Schäden, die durch die Haftungsbeschränkung ausgeschlossen werden, gilt es kommerziell zu bewerten. Da wie oben bereits erwähnt für eine erfolgreiche Projektfinanzierung die Projektgesellschaft generell von erheblichen Haftungsrisiken freizuhalten ist, stellt sich hier die Frage, auf welchem Weg eine weitgehende Risikoabsicherung erreicht werden kann. Letztlich geht es oftmals darum, Risiken auf Dritte abzuwälzen. So können Ausfallrisiken beispielsweise durch Verfügbarkeitsgarantien, die regelmäßig mit Wartungsverträgen verknüpft sind, auf den Vertragspartner des entsprechenden Vertrages abgewälzt werden. Andere Risiken lassen sich durch zusätzliche Versicherungen abdecken. An dieser Stelle muss aber stets im Auge behalten werden, dass zusätzliche Absicherungen und Risikoübernahmen durch Dritte höhere Projektkosten nach sich ziehen, die wiederum die Rendite des Projektes reduzieren werden. Diese Aspekte sind im Rahmen einer finanziellen Gesamtbewertung des Projektes mit einzubeziehen.[389]

Als weiteres Beispiel können Nebenbestimmungen der öffentlich-rechtlichen Genehmigungen genannt werden. Aufgabe der rechtlichen Due Diligence ist es, solche Nebenbestimmungen festzustellen und auf ihre Rechtmäßigkeit zu prüfen. In einem zweiten Schritt sollten dann im Rahmen der kommerziellen Due Diligence die potentiellen Auswirkungen auf die Finanzstruktur des Projektes und die künftigen Projekterlöse bewertet werden. Eine regelmäßig in Genehmigungen für Offshore-Windparks anzutreffende Nebenbestimmung ist die Auflage, vor Beginn der Errichtung, eine Sicherheit in Höhe der voraussichtlichen Höhe der Rückbaukosten zu erbringen. Die konkrete Höhe der Sicherheit bleibt dabei im Genehmigungstext regelmäßig offen. Über die Ermittlung der voraussichtlichen Kosten hat der Vorhabenträger einen Nachweis zu erbringen.[390] Eine weitere häufig anzutreffende Nebenbestimmung ist der Vorbehalt, die Arbeiten verschiedener benachbarter Offshore-Windparks zu koordinieren, um schädliche kumulative Auswirkungen auf geschützte Rechtsgüter bei der Bauausführung zu verhindern.[391] Dies kann zu Verzögerungen der Errichtungsarbeiten führen und empfindliche Mehrkosten nach sich ziehen. Derartige Szenarien sollten in der Gesamtkalkulation Berücksichtigung finden.

Kommerziell zu berücksichtigen sind des Weiteren etwaige betriebseinschränkende Nebenbestimmungen, die zu einer Abschaltung der Windenergieanlagen führen können. Zu nennen ist hier beispielsweise die Standardnebenbestimmung, mit welcher sich die Genehmigungsbehörde vorbehält, gegebenenfalls die Abschaltung von Windenergieanlagen anzuordnen,

389 Siehe zu einer ökonomischen Analyse des Risikotransfers J. Böttcher 2012, [Möglichkeiten einer Projektfinanzierung bei CSP-Vorhaben], S. 67–97.

390 Vgl. z.B. Genehmigungstext für das Projekt „Borkum Riffgrund I“ Nebenbestimmung Nr. 12, siehe Fn. 372.

391 Vgl. z.B. Genehmigungstext für das Projekt „Borkum Riffgrund I“ Nebenbestimmung Nr. 15, siehe Fn. 372.

soweit besonders intensiver Vogelzug mit hinreichender Wahrscheinlichkeit den Bereich des Vorhabens passiert.[392]

3.5.7.2 Überschneidungen mit technischer Due Diligence

Aufgrund der noch unausgereiften Technik sieht man sich im Rahmen der Realisierung von Offshore-Windparkprojekten besonderen technischen Herausforderungen gegenüber gestellt. Die technische Due Diligence nimmt hier eine bedeutende Rolle ein, wobei sich regelmäßig Schnittstellen zur rechtlichen Due Diligence ergeben, von denen wir an dieser Stelle beispielhaft einige hervorheben wollen.

Zu nennen sind hier wiederum die Projektverträge, die nicht nur aus rechtlicher und kommerzieller Sicht, sondern auch aus technischer Sicht geprüft werden sollten. Ein wichtiger Aspekt ist dabei die Prüfung der Vollständigkeit und technischen Umsetzbarkeit des Leistungskataloges in den Errichtungsverträgen.

Ebenfalls Gegenstand einer technischen Prüfung sollte die Einhaltung und Umsetzbarkeit der Genehmigungsanforderungen sein. Ein wichtiger Aspekt ist beispielsweise die Frage, ob die Fertigstellung des Offshore-Windparks innerhalb der im Genehmigungsbescheid vorgegebenen Frist möglich ist oder ob bereits zum Zeitpunkt der Prüfung Verzögerungen unvermeidbar sind. Daneben findet sich in Genehmigungsbescheiden für Offshore-Windparks regelmäßig eine Nebenbestimmung zum Schutze der Schweinswale, wonach – ohne dass dies näher präzisiert wird – „bei der Gründung und Installation der Offshore-Windenergieanlagen diejenige Arbeitsmethode nach dem Stand der Technik zu verwenden ist, die nach den vorgefundenen Umständen so geräuscharm wie möglich ist."[393] Zwar wird in der Nebenbestimmung selbst kein Schwellenwert definiert, allerdings findet sich in den entsprechenden Begründungen der jeweiligen Genehmigungsbescheide ein Hinweis, dass das Umweltbundesamt für die Errichtungsarbeiten die Einhaltung eines Grenzwertes von 160 dB in einem Umkreis von 1500 Meter um die Rammstelle fordert und das BSH diesen Wert als Annäherungswert für gut verwendbar hält.[394] Dagegen wird in den durch das BSH aufgestellten „Leitsätzen für die Anwendung der Eingriffsregelung innerhalb der ausschließlichen Wirtschaftszone und auf dem Festlandsockel im Rahmen von § 58 Abs. 1 Satz 2 BNatSchG" ein Grenzwert von 160 dB in einer Entfernung von nur 750 Meter zur Lärmemission festgehalten.[395] Aktuell ist jedoch noch keine gesicherte Technik verfügbar, die dieses Erfordernis sicher erfüllen würde. Allerdings wird derzeit bei der Errichtung des Windparks Borkum West II die sogenannte Blasenschleier-Technik getestet.[396] Hierbei wird rund um die Rammstelle auf den Meeresboden ein Schlauch gelegt, in den mittels Kompressoren Druckluft gepumpt wird. Durch kleine Öffnungen entweicht die Druckluft wie ein Schleier aus Luftblasen und bildet damit eine Barriere für Schallwellen.[397] Auf diese Weise soll der

392 Vgl. z.B. Genehmigungstext für das Projekt „Borkum Riffgrund I" Nebenbestimmung Nr. 21, siehe Fn. 372.

393 Vgl. z.B. Genehmigungstext für das Projekt „Borkum Riffgrund I" Nebenbestimmung Nr. 14, siehe Fn. 372.

394 Vgl. z.B. Genehmigungstext für das Projekt „Borkum Riffgrund I" S. 55, siehe Fn. 372.

395 Leitsätze für die Anwendung der Eingriffsregelung innerhalb der ausschließlichen Wirtschaftszone und auf dem Festlandsockel im Rahmen von § 58 Abs. 1 Satz 2 BNatSchG, abrufbar unter: http://www.bsh.de/de/Meeresnutzung/Wirtschaft/Windparks/Grundlagen/Leitsaetze_Eingriffsregelung.pdf.

396 Siehe http://www.trianel-borkum.de/de/windpark/bildergalerie/blasenschleier.html.

397 Siehe http://www.hydroschall.de/?page_id=8.

Unterwasserschall auf den Grenzwert von 160 dB reduziert werden. Sollte sich diese Technik als erfolgreich erweisen, dürfte diese künftig den vom BSH geforderten Stand der Technik darstellen. Sollte dies nicht gelingen, bestünde theoretisch das Risiko, dass das BSH bis zur Entwicklung einer erfolgversprechenden Technik die Errichtung vollständig untersagt. Naheliegender erscheint uns allerdings, dass das BSH zum Schutz der Schweinswale umfangreich von seinem Recht Gebrauch machen wird, Errichtungsarbeiten benachbarter Windparks zu koordinieren bzw. umfangreiche Vergrämungsmaßnahmen anordnen wird. Dies kann zu erheblichen Bauzeitverzögerungen und Kostensteigerungen führen. Vor diesem Hintergrund empfiehlt es sich, im Rahmen der technischen Due Diligence stets die aktuellen technischen Entwicklungen zur Reduzierung der Schallemissionen zu verfolgen und in die Bewertung mit einzubeziehen.

3.5.7.3 Schnittstellenkoordination

Die dargestellten Überschneidungen zeigen, dass es sich bei einer Due Diligence-Prüfung im Zusammenhang mit der Finanzierung eines Offshore-Windparks um einen komplexen Vorgang handelt, der die Einbindung verschiedener Expertenteams erfordert. Naturgemäß entsteht hierdurch ein erheblicher Koordinationsaufwand, sowohl innerhalb der einzelnen Expertenteams, als auch übergreifend zwischen den verschiedenen Due Diligence-Bereichen. Insbesondere sollte schon zu Beginn des Prozesses darauf geachtet werden, dass eine effektive Kommunikationsbasis gewährleistet ist[398]. Zu diesem Zweck empfiehlt es sich, einen zentralen Projektmanager zu definieren, der dafür Sorge trägt, dass bereits während des laufenden Due Diligence-Prozesses relevante Erkenntnisse, insbesondere solche mit Schnittstellenpotential, frühzeitig adressiert und im Rahmen des Due Diligence-Teams zirkuliert werden. Wie bereits aufgezeigt, ergeben sich im Rahmen der rechtlichen Due Diligence besonders häufig Schnittstellen zu anderen Bereichen. Aus diesem Grund gehört die frühzeitige Identifikation und Kommunikation solcher Schnittstellen zu den wesentlichen Aufgaben des rechtlichen Beraters. Hierbei ist auch im Auge zu behalten, dass einzelne Due Diligence-Ergebnisse, die auf den ersten Blick unproblematisch erscheinen mögen, mitunter mit dem entsprechenden Hintergrundwissen aus den anderen Due Diligence-Bereichen in einem anderen Licht erscheinen.[399]

Der Erfolg eines Due Diligence-Prozesses hängt damit ganz erheblich von der guten Koordination und Zusammenarbeit der Due Diligence-Teams miteinander ab.

398 Siehe hierzu auch die Ausführungen von Silke Katterbach in Kapitel 3.7.

399 So auch Andreas in Beisel/Andreas, siehe Fn. 335, § 9 Rn. 10.

3.6 Sicherheitenstruktur und Finanzierungsdokumentation bei Offshore-Windparks aus Bankensicht

DR. STEFAN KILGUS, ALEXANDER WOJTEK,
DR. WICHARD VON HOFF

3.6.1 Einleitung

3.6.1.1 Allgemeines

Nicht zuletzt vor dem Hintergrund des sog. Atomausstiegs sollen nach Vorstellung der Bundesregierung Offshore-Windparks einen erheblichen Beitrag zur Energieversorgung Deutschlands leisten. Nach Angaben der WINDENERGIE-AGENTUR WAB erwartet die Bundesregierung bis 2030 Offshore-Investitionen in Höhe von 75 Milliarden Euro. Ziel ist, bis zum Jahr 2020 durch Offshore-Wind 10 Gigawatt Strom zu erzeugen, bis 2050 soll die Hälfte des Stroms für Deutschland durch Offshore-Windparks erzeugt werden[400]. Die Errichtung von Offshore-Windparks ist ausgesprochen kapitalintensiv. So wurden bei den deutschen Offshore-Windparks „MEERWIND“ und „GLOBAL TECH I“ sowie bei dem belgischen Projekt „C-POWER“ und dem englischen Projekt „LINCS“ jeweils ein Investitionsvolumen von teilweise deutlich über eine Milliarde EUR benötigt. Nur die großen Energieversorgungskonzerne sind in der Lage, solche Projekte ausschließlich über Eigenkapital zu finanzieren. Über solche Möglichkeiten verfügen die Sponsoren der meisten deutschen Offshore-Windparks nicht. Sie sind auf Fremdkapital angewiesen, in der Regel in Form der Projektfinanzierung.

Bei der Projektfinanzierung werden die Investitionen eines klar umrissenen Projekts, das in der Regel Eigentum einer Projektgesellschaft ist, finanziert, wobei die Rückzahlung aus dem Cashflow dieses Projekts generiert wird. Ein Rückgriff auf die Sponsoren als Gesellschafter der Projektgesellschaft ist nur ganz begrenzt möglich. Zur Besicherung der das Projekt finanzierenden Banken werden im Wesentlichen alle Vermögensgegenstände des Projekts verwendet.

Projektfinanzierungen haben in der neuen Offshore-Windindustrie wachsende Bedeutung erlangt. Im Vereinigten Königreich erfolgte eine Fremdfinanzierung zunächst überwiegend erst nach Fertigstellung des Projekts. Erste Projektfinanzierungen einschließlich der Bauphase wurden in Belgien mit den Projekten C-POWER und BELWIND abgeschlossen. Auch die ersten in Deutschland finanzierten Offshore-Windparks, zu denen MEERWIND SÜD/OST und GLOBAL TECH I rechnen, wurden in dieser Weise finanziert. Inzwischen wurde mit LINCS auch bei einem britischen Offshore-Windpark das Closing einer derartigen Projektfinanzierung erreicht.[401]

Vor dem Hintergrund der Investitionsvolumina, die für die Errichtung von Offshore-Windparks benötigt werden, stellt sich überdies die Frage, wie sich eine verlässliche Besicherung an Offshore-Windparks aus Sicht der Banken darstellen lässt. Dieser Beitrag stellt die im

[400] Offshore Windenergie, Das Magazin der Windenergie-Agentur WAB, S. 20.

[401] Offshore Windenergie, Das Magazin der Windenergie-Agentur WAB, S. 20.

Rahmen von projektfinanzierten deutschen Offshore-Windparks übliche Finanzierungsdokumentation und Sicherheitenstruktur vor, wobei insbesondere auf die Fragen eingegangen wird, die sich bei der Besicherung von in der ausschließlichen Wirtschaftszone belegenen Offshore-Windparks, die Besicherung in Form von Direktverträgen und die Besicherung an der Genehmigung stellen.

3.6.1.2 Darstellung der Finanzierungsdokumentation

Das Kerndokument der Projektfinanzierung eines Offshore-Windparks ist der Kreditvertrag. Darin werden in der Regel mindestens zwei Kredittranchen geregelt, die deutlich größere Investitionskredittranche und die kleinere Kostenüberschreitungstranche.

Grundlage für den Investitionskredit sind die von diesem und dem Eigenkapital anteilig zu finanzierenden budgetierten Gesamtinvestitionskosten. Sie werden in einem zwischen den Investoren und den Banken abgestimmten Budget ermittelt. Darin enthalten sind die Kosten der Fertigstellung des Offshore-Windparks, in erster Linie die Vergütungen unter den Projektverträgen. Das sind insbesondere der Turbinenliefervertrag, die Lieferverträge für die Fundamente, die Innerparkverkabelung und das parkeigene Umspannwerk sowie die jeweiligen Installationsverträge.[402] Hinzu treten unter anderem die Kreditzinsen und -kosten und die Versicherungskosten in der Bauphase. Sollte das Budget nicht eingehalten werden können, werden die Kostenüberschreitungen wiederum anteilig vom Eigenkapital und unter der Kostenüberschreitungstranche gedeckt.

Die Aufteilung der budgetierten Gesamtinvestitionskosten auf Eigen- und Fremdkapital erfolgt nach Maßgabe des *„Debt Sizing"*. Maßgeblich sind dabei in der Regel die Einhaltung eines Mindestschuldendienstdeckungsgrads und einer Mindesteigenkapitalquote. Die Methode der Berechnung des Schuldendienstdeckungsgrads variiert dabei von Projekt zu Projekt. In jedem Fall geht es um die Gegenüberstellung der Einnahmen des Projekts während der Betriebsphase und bestimmten Mindestausgaben. Auf der Einnahmenseite steht dabei die Einspeisevergütung nach § 31 EEG, wobei eine hinreichend wahrscheinliche Windprognose zugrunde zu legen ist. Auf der Ausgabenseite sind die budgetierten Betriebskosten sowie der Schuldendienst unter dem Investitionskredit anzusetzen. In unserer Erfahrung wird in der Regel ein Mindestschuldendienstdeckungsgrad im Rahmen des *Debt Sizing* dabei häufig bei 1,30 bis 1,40 zu 1 liegen[403]. Die Mindesteigenkapitalquote wird nicht unter 30 % liegen.[404]

Für die Rückführung der Kredite wird auf den Cashflow in Form der gesetzlichen Einspeisevergütung während der Hochtarifphase abgestellt. Das bedeutet, dass die Kredite regulär vor Ende der Hochtarifphase getilgt sein müssen. Die Laufzeit des Kredites wird also danach bestimmt, ob das reguläre zwölfjährige Vergütungsmodell mit einer Einspeisevergütung von € 150/MWh zur Anwendung kommt[405] oder das achtjährige Stauchungsmodell (mit einer

402 Im Bereich von Offshore-Windprojekten werden hingegen Generalunternehmerverträge (sog. EPC-Verträge) noch nicht angeboten. In der Regel werden in unserer Erfahrung zwischen zwei und sieben Bau-Projektverträge abgeschlossen, so auch Kersting, Die Projektfinanzierung eines Offshore-Windparks, BKR 2011, 57, 60.

403 So auch Kersting, BKR 2011, 57, 58.

404 Nach KfW-Offshore Programm: 33 $^1/_3$ %.

405 § 31 Abs. 2 S. 1 EEG.

Einspeisevergütung von € 190/MWh)[406] und welche Ergänzungsperiode[407] greift. Die Laufzeit kann durch Pflichtsondertilgungen aus Überschussliquidität weiter verkürzt werden. Hiervon wird besonders dann Gebrauch gemacht, wenn die Finanzkennzahlen unterhalb bestimmter Schwellenwerte bleiben.

Ein weiterer Schutz gegen eine ungünstige Entwicklung des Projekts wird durch Reservekonten erreicht. Dabei werden in der Regel mindestens ein Schuldendienstreservekonto (*debt service reserve account*) und ein Wartungsreservekonto (*maintenance reserve account*) eingerichtet. Gegen Zinsschwankungen werden Zinssicherungsderivate abgeschlossen.

Gewissermaßen parallel zum Investitionskredit und zur Kostenüberschreitungstranche der kommerziellen Banken können Tranchen der Förderbanken treten. Dabei spielen die EUROPÄISCHE INVESTITIONSBANK (EIB)[408], die KREDITANSTALT FÜR WIEDERAUFBAU (KfW)[409] und ausländische Exportförderungsbanken, insbesondere die dänische EKSPORT KREDIT FONDEN (EKF)[410], eine bedeutende Rolle. Dabei gewährt die EIB in erster Linie selbst Darlehen, die zum größeren Teil von kommerziellen Banken garantiert werden, zum kleineren Teil von der EIB selbst ins Risiko genommen wird[411]. Die KfW kann nach ihrem Offshore-Programm selbst wie eine Konsortialbank Darlehen gewähren[412]. Die von EULER HERMES AG und PRICEWATERHOUSECOOPERS abgewickelte deutsche Exportförderung spielt beim Einsatz deutscher Produkte bei ausländischen Offshore-Windparks ebenfalls eine bedeutende Rolle.[413]

Weitere Kredittranchen können etwa der Vorfinanzierung der Umsatzsteuer während der Bauphase oder der Ausreichung von Avalen an Projektgesellschaften dienen.

Die Investoren verpflichten sich gegenüber den Banken und der Projektgesellschaft zu ihrem Eigenkapitalbeitrag. In diesem Zusammenhang werden auch die Nachrangigkeit von Gesellschafterdarlehensforderungen und die Rangstufen unter den Gläubigern geregelt.

Sonach setzt sich die Finanzierungsdokumentation beispielhaft zusammen aus:

- dem Rahmenkreditvertrag (*common terms and facilities agreement*) zwischen allen Kreditgebern, Hedgingbanken, sonstigen Finanzierungsparteien und der Projektgesellschaft als Darlehensnehmer;
- den Sonderkreditvereinbarungen mit Förderbanken;
- der Verpflichtungserklärung der Investoren gegenüber den Banken und der Projektgesellschaft, Eigenkapital einzuzahlen (*equity support agreement*);

---

406 § 31 Abs. 3 EEG.

407 § 31 Abs. 2 S. 2, Abs. 3 S. 2 EEG.

408 Etwa bei dem deutschen Projekt Global Tech I oder bei dem belgischen Projekt C-Power.

409 Nach dem € 5 Mrd. Offshore Programm, das bislang bei den (deutschen) Projekten Meerwind und Global Tech I zum Einsatz kam. Siehe hierzu den Beitrag von CHRISTIAN SOBOTTA in Kapitel 5.6.

410 Zwei der bedeutendsten Turbinenhersteller – Vestas und Siemens – fertigen ihre Produkte in Dänemark. EKF hat unter anderem an dem deutschen Projekt MEERWIND und dem belgischen Projekt C-POWER mitgewirkt.

411 Siehe hierzu den Beitrag von BRANKO CEPURAN in Kapitel 5.7.

412 Denkbar ist auch die Kreditvergabe über „Hausbanken“, die stärker nach KfW-Kriterien ausgerichtet werden. Siehe hierzu auch den Beitrag von CARLOS-CHRISTIAN SOBOTTA (Kapitel 5.6).

413 Etwa bei dem belgischen C-Power Projekt, bei dem deutsche REpower Turbinen zum Einsatz kamen. Hier wurde eine Kredittranche zu 95 % von der Bundesrepublik garantiert. Siehe insgesamt zur Einbindung von Euler Hermes den Beitrag von KAI-HENNING KIEHN (Kapitel 5.8).

- der Nachrang- und Gläubigervereinbarung zwischen allen Finanzierungsparteien, allen Investoren und der Projektgesellschaft (*subordination and intercreditor agreement*);
- den verschiedenen Hedgingdokumenten;
- den Sicherheitenverträgen; sowie
- sonstigen Finanzierungsdokumenten, wie Gebührenvereinbarungen.

3.6.1.3 Sicherheitenstruktur

Die Sicherheitenstruktur besteht bei Offshore-Windprojekten, wie bei anderen Projektfinanzierungen auch, aus der Verpfändung der Gesellschaftsanteile an der Projektgesellschaft und aus der Besicherung aller Vermögensgegenstände der Projektgesellschaft.

Eine Verwertung der Gesellschaftsanteile hat den Charme, dass die Gesellschaft selbst, im Wege eines Anteilserwerbs (*share deal*), erworben wird. Alle Vermögensgegenstände und Verträge der Projektgesellschaft gehen automatisch über. Um wirtschaftlich das gleiche Ergebnis zu erzielen, müssen alle Sicherheiten über die einzelnen Vermögensgegenstände der Projektgesellschaft durchgesetzt werden, bis schließlich – wie bei einem *asset deal* – das gesamte Unternehmen übertragen ist.

Doch hat auch die Verwertung der Gesellschaftsanteile Nachteile. Zunächst ist nach deutschem Recht eine Verwertung grundsätzlich nur durch öffentliche Versteigerung möglich[414]. Ein freihändiger Verkauf durch die verwertenden Banken als Pfandgläubiger kommt daher nur in Betracht, wenn der Verpfänder zum Zeitpunkt der Pfandreife zustimmt[415] oder wenn die Gesellschaftsanteile einen Börsen- oder Marktpreis haben[416], was bei Projektgesellschaften, die üblicherweise die Rechtsform einer GmbH oder einer GmbH & Co. KG haben, regelmäßig nicht der Fall ist[417]. Die Verwertung kann auch nicht in der Weise erfolgen, dass der Pfandgläubiger das Eigentum an dem Gesellschaftsanteil unmittelbar erwirbt[418]. Gegen eine Verwertung der Gesellschaftsanteile spricht auch, dass nicht nur die Vermögensgegenstände und Verträge übergehen, sondern auch alle Verbindlichkeiten. Das ist nicht immer wünschenswert.

Deshalb ist bei Projektfinanzierungen stets auch die Möglichkeit einer Verwertung aller Vermögensgegenstände zu bedenken. Die insoweit zu schaffende Sicherheitenarchitektur besteht zunächst aus den klassischen Sicherungsinstrumenten:

- der Globalzession hinsichtlich aller Ansprüche, insbesondere auf die Zahlung der Einspeisevergütung nach EEG, aus Versicherungsvertrag, aus Gewährleistung und sonstigen vertraglichen Gründen gegen die verschiedenen Projektparteien;

414 §§ 1277 S. 2, 1245 Abs. 2, 1235 Abs. 1 BGB.

415 §§ 1277 S. 2, 1245 Abs. 2 BGB.

416 §§ 1277 S. 2, 1245 Abs. 2, 1235 Abs. 2, 1221 BGB. Zum Begriff des Börsen- und Marktpreises vgl. knapp Palandt/Grüneberg, BGB, 71. Aufl. 2012, § 385 Rn. 1.

417 MüKo-GmbHG/Reichert/Weller, 2010, § 15 Rn. 537.

418 Ulmer/Winter/Löbbe, GmbHG 2005, § 15 Rn. 166, die darauf hinweisen, dass eine solche Verwertung zulässig ist, wenn der Verpfänder zur Zeit der Verwertung zustimmt; Sester, Insolvenzfeste Direktverträge in der Projektfinanzierung und bei Public-Private-Partnership-Projekten, ZBB 2004, 283, 286.

- der Sicherungsübereignung (oder einer sonstigen sachbezogenen Sicherheit) hinsichtlich der Windenergieanlagen, einschließlich Turbinen, Fundamenten, Kabeln und Umspannwerk; wegen der Lage der Offshore-Windparks in der Ausschließlichen Wirtschaftszone oder den Küstengewässern bestehen hier Besonderheiten, die unten näher dargestellt werden; und
- der Verpfändung der verschiedenen Konten, die nach der Dokumentation der Projektfinanzierung erforderlich sind.

Doch stellen auch die Projektverträge als solche und die Projektgenehmigung einen Wert an sich dar.

Projektverträge werden noch nicht durch die Abtretung der darunter bestehenden Ansprüche und Rechte übertragen. Der Vertrag bleibt zwischen denselben Parteien bestehen, also zwischen der Projektgesellschaft und ihrem Zulieferer. Um auch die Projektverträge selbst zu übertragen, werden Direktverträge abgeschlossen, mit denen den Kreditgebern oder von diesen bestimmten Dritten ein Eintrittsrecht in den Projektvertrag gewährt wird. Dies wird unten näher dargestellt werden.

Schließlich werden teilweise auch Projektgenehmigungen verpfändet, wie ebenfalls unten näher darzustellen sein wird.

3.6.2 Sicherheit über die Bestandteile des Offshore-Windparks

Eine der komplexesten und streitigsten Rechtsfragen im Zusammenhang mit Offshore-Windprojekten betrifft die Frage nach den Sicherheiten an den Turbinen und den anderen Bestandteilen des Offshore-Windparks, wie den Fundamenten, der Innerparkverkabelung und dem parkseitigen Umspannwerk.

3.6.2.1 Anwendbares Sachenrecht

Um zu entscheiden, welches Sicherungsmittel in Betracht kommt, ist zunächst zu klären, welches Sachenrecht zur Anwendung kommt. Unterstellt, deutsche Gerichte werden zur Frage des anwendbaren Sachenrechts herangezogen[419], wird das anwendbare Sachenrecht grundsätzlich durch die *lex rei sitae*, das Recht des Staates, in dem sich die als Sicherheit vorgesehene Sache befindet[420], bestimmt[421].

---

[419] Vgl. Leif Böttcher, Das Meer als Rechtsraum – Anwendbarkeit deutschen Sachenrechts auf Offshore Windkraftanlage und Möglichkeiten der Kreditsicherung, RNotZ 2011, 589, 593, Fn. 64f.

[420] Art. 43 Abs. 1 EGBGB.

[421] Bei der Frage der Bestimmung des anwendbaren Sachenrechts für die Bestandteile des Offshore-Windparks wird gelegentlich auch die Regelung des auf Wasserfahrzeuge anwendbaren Rechts in Art. 45 Abs. 1 Nr. 2 EGBGB geprüft. Doch kann eine fest mit dem Meeresboden verbundene Windenergieanlage beim besten Willen und bei weitester Auslegung nicht unter den Begriff des Wasserfahrzeugs subsumiert werden. Ein anderes mag bei schwimmenden Turbinen gelten, die derzeitig technisch diskutiert werden; vgl. Wurmnest, Windige Geschäfte? Zur Bestellung von Sicherungsrechten an Offshore-Windkraftanlagen, RabelsZ 72 (2008), 236, 245.

3.6.2.2 Völkerrechtliche Ordnung des Meeres

An Land ist in aller Regel klar festzustellen, in welchem Staat eine Sache belegen ist. Offshore ist diese Feststellung etwas schwieriger. Insoweit ist zunächst zwischen den verschiedenen Meereszonen nach dem UN-Seerechtsübereinkommen[422] zu unterscheiden. Das UN-Seerechtsübereinkommen unterteilt das Meer in folgende Zonen, von der Küste seewärts:

- die *inneren Gewässer*[423], die zwischen Basislinie und Land liegen. Die normale Basislinie ist die Niedrigwasserlinie entlang der Küste[424]. Allerdings kann die Methode der geraden Basislinie verwendet werden, die bestimmte geographische Punkte miteinander verbindet und der Niedrigwasserlinie vorgelagert ist. Sie kommt etwa zur Anwendung, wo sich eine Inselgruppe entlang der Küste in unmittelbarer Nähe erstreckt[425]. Davon hat Deutschland unter anderem bei den nord- und ostfriesischen Inseln in der Nordsee Gebrauch gemacht[426];
- das *Küstenmeer*, das sich seewärts von der Basislinie aus erstreckt, dessen Breite höchstens 12 Seemeilen betragen darf[427] und im Falle Deutschlands auch 12 Seemeilen beträgt[428]. Die inneren Gewässer und das Küstenmeer, die zusammen meist die Küstengewässer genannt werden[429], unterliegen der Souveränität des Küstenstaates[430]; und
- die *Ausschließliche Wirtschaftszone*[431], die an das Küstenmeer angrenzt. Sie gehört nicht mehr zum Hoheitsgebiet des Küstenstaates, doch verfügt der angrenzende Küstenstaat über begrenzte Souveränitätsrechte unter anderem zum Zweck der Energieerzeugung aus Wind[432]. Die seewärtige Grenze der Ausschließlichen Wirtschaftszone darf sich nicht mehr als 200 Seemeilen von der Basislinie erstrecken[433]. Sie wird jedoch auch durch die Ausschließlichen Wirtschaftszonen benachbarter Staaten begrenzt[434]. Das ist in Deutschland für die gesamte Ausschließliche Wirtschaftszone der Fall.

Der sich nach der Systematik des UN-Seerechtsübereinkommens seewärts an die Ausschließliche Wirtschaftszone anschließende Festlandsockel[435] und die danach folgende Hohe See[436]

---

422 Vom 10. Dezember 1982, BGBl. 1994 II 1798 (in Fußnoten: „UN-SeeRÜbk").

423 Art. 8 UN-SeeRÜbk.

424 Art. 5 UN-SeeRÜbk.

425 Art. 7 Abs. 1 UN-SeeRÜbk.

426 Diekamp, Sicherungsübereignung von Offshore-Windenergieanlagen, ZBB 2004, 10, 11. Vgl. auch Bekanntmachung der Proklamation der Bundesregierung über die Ausweitung des deutschen Küstenmeeres vom 11. November 1994 (BGBl. 1994 I S. 3428, in Fußnoten: „Küstenmeer-Proklamation").

427 Art. 3 UN-SeeRÜbk.

428 Vgl. Küstenmeer-Proklamation.

429 Statt vieler: Wurmnest, RabelsZ 72 (2008), 236, 250.

430 Art. 2 UN-SeeRÜbk.

431 Art. 55ff. UN-SeeRÜbk.

432 Art. 56 Abs. 1 lit. a UN-SeeRÜbk.

433 Art. 57 UN-SeeRÜbk.

434 Art. 74 UN-SeeRÜbk.

435 Art. 76 UN-SeeRÜbk.

436 Art. 86ff. UN-SeeRÜbk.

gibt es daher nicht in den an die deutsche Ausschließliche Wirtschaftszone seewärts angrenzenden Gewässern[437].

Die inneren Gewässer und das Küstenmeer gehören sonach zum Territorium der Bundesrepublik Deutschland. Hier findet klar deutsches Sachenrecht Anwendung[438].

3.6.3 Ausschließliche Wirtschaftszone

3.6.3.1 Anwendbares Recht

Die Ausschließliche Wirtschaftszone gehört hingegen nicht zum deutschen Territorium. Daher gibt es bei einer in der Ausschließlichen Wirtschaftszone befindlichen Sache keinen „Staat, in dem sich die Sache befindet". Eine ausdrückliche Regelung des Internationalen Privatrechts, welches Sachenrecht auf in der Ausschließlichen Wirtschaftszone befindliche Sachen Anwendung findet, gibt es im deutschen Recht zum gegenwärtigen Zeitpunkt nicht[439]. In der Literatur wird die Frage kontrovers diskutiert.

Die extreme, von *Risch* vertretene Meinung betont, dass die deutsche Ausschließliche Wirtschaftszone territorial nicht zur Bundesrepublik rechnet. Nach dem UN-Seerechtsübereinkommen seien zwar bestimmte Souveränitätsrechte auf den Küstenstaat übertragen worden. Diese ließen es auch zu, dass die Anwendbarkeit des nationalen Sachenrechts angeordnet werde. Von dieser Möglichkeit habe allerdings die Bundesrepublik keinen Gebrauch gemacht[440]. Auch zur Anwendung des deutschen Internationalen Privatrechts komme es nicht, da dieses nur „bei Sachverhalten mit einer Verbindung zu einem ausländischen Staat"[441] anwendbar sei. Dies sei bei der deutschen Ausschließlichen Wirtschaftszone nicht der Fall, da die ausschließliche Rechtssetzungszuständigkeit bei Deutschland liege[442]. In der Konsequenz findet in der Ausschließlichen Wirtschaftszone weder deutsches Sachenrecht noch sonst ein anderes Sachenrecht Anwendung. Jedes Sacheigentum gehe bei Verbringung in die Ausschließliche Wirtschaftszone verloren[443], was sich offenkundig auch auf ein Sicherungseigentum erstrecken würde[444]. Der verfassungsrechtliche Eigentumsschutz[445] beschränke sich

---

437 Diekamp, ZBB 2004, 10, 11, der auch feststellt, dass es in den deutschen Gewässern auch keine sog. Archipelgewässer (Art. 46ff. UN-SeeRÜbk) gibt. Kahle, Nationale (Umwelt-)Gesetzgebung in der deutschen ausschließlichen Wirtschaftszone am Beispiel der Offshore Windparks, ZUR 2004, 80, 81 weist darauf hin, dass die Bundesrepublik auch von der Möglichkeit, eine Anschlusszone (Art. 33 SeeRÜbk.) zu bestimmen, keinen Gebrauch gemacht hat.

438 Unstreitig. Vgl. Diekamp, ZBB 2004, 10, 11; Böttcher, RNotZ 2011, 589, 590f.

439 Böttcher, RNotZ 2011, 589.

440 Risch, Windenergieanlagen in der Ausschließlichen Wirtschaftszone, Diss. TU Dresden, 2006, S. 163f. unter Hinweis auf Art. 60 UN-SeeRÜbk; so auch Diekamp, ZBB 2004, 10, 21, der allerdings eine Regelungslücke annimmt. Diese will er aufgrund der Regelungszuständigkeit aus Art. 60 UN-SeeRÜbk Deutschlands durch die analoge Anwendung der lex rei sitae gem. Art. 43 Abs. 1 EGBGB schließen.

441 Art. 3 EGBGB.

442 Risch, Windenergieanlagen a.a.O., S. 164. Sie führt weiter aus, dass wegen des verfassungsrechtlichen Wesentlichkeitsprinzips auch ein formelles Gesetz die Erstreckung des deutschen Sachenrechts auf die Ausschließliche Wirtschaftszone regeln müsse, Risch, Windenergieanlagen a.a.O., S. 164ff. Gegen diese Meinung spricht aber, dass das Wesentlichkeitsprinzip nicht auf Rechtsverhältnisse des privaten Rechts Anwendung findet; anderer Meinung statt vieler auch: Diekamp, ZBB 2004, 10, 21.

443 Risch, Windenergieanlagen a.a.O., S. 171.

444 Dieses Verständnis haben auch Dinger/Goldner, ZBB 2009, 204, 206.

dann auf die Windenergieanlage und die Genehmigung nach Seeanlagenverordnung als Teil des eingerichteten und ausgeübten Gewerbebetriebs der Projektgesellschaft[446].

Die wohl ganz herrschende Meinung kommt aber mit unterschiedlichen Begründungen zum Ergebnis, dass das deutsche Sachenrecht in der Ausschließlichen Wirtschaftszone Anwendung findet[447].

Zunächst ist die Meinung von *Risch* schon im Ansatz abzulehnen. Die Vorstellung, dass es in der deutschen Ausschließlichen Wirtschaftszone kein Privateigentum geben kann, mutet nicht nur seltsam an[448], sondern ist schlicht unrichtig[449]. Selbstverständlich nimmt der Staat nicht hin, dass das erworbene Eigentum durch die bloße Verbringung in die Ausschließliche Wirtschaftszone untergeht. Das wäre ein massiver Eingriff in die verfassungsrechtlich geschützte Eigentümerstellung, für die es keinerlei Rechtfertigung gibt. Vielmehr akzeptiert das Internationale Privatrecht bei Standortveränderungen auch die Fortgeltung der Rechte an einer Sache, die aufgrund des bisherigen Sachenrechts geschaffen wurden, solange sie nicht in Widerspruch zum neuen Sachenrecht stehen[450]. Dasselbe gilt natürlich auch bei Verbringung in einen staatsfreien Raum und entsprechend auch bei Verbringung in die Ausschließliche Wirtschaftszone[451].

Auch geht der Gesetzgeber selbstverständlich davon aus, dass an den einzelnen Gegenständen von Offshore-Windparks in der Ausschließlichen Wirtschaftszone Eigentum begründet werden kann. Der Vergütungsanspruch für Offshore-Windenergie[452] stellt auf den Anlagenbetreiber ab. Anlagenbetreiber ist aber, „wer unabhängig vom Eigentum die Anlage für die Erzeugung von Strom aus Erneuerbaren Energien ... nutzt“[453]. Zwar geht der Gesetzgeber davon aus, dass auch ein Nichteigentümer Anlagenbetreiber sein kann. Doch setzt eine zivilrechtliche Nutzungsbefugnis immer ein vom Eigentümer abgeleitetes Recht voraus[454]. Entsprechendes gilt für den Inhaber der Genehmigung nach der Seeanlagenverordnung. Adressat der Genehmigung ist derjenige, der die rechtliche und tatsächliche Verfügungsgewalt über

445 Art. 14 GG.

446 Risch, Windenergieanlagen a.a.O., S. 197.

447 Böttcher, RNotZ 2011, 589, 594f.; Dinger/Goldner, ZBB 2009, 204, 212; im Ergebnis ebenso: Diekamp, ZBB 2004, 10, 20ff.; Wurmnest, RabelsZ 72 (2008), 236, 247ff.; Bamberger/Roth/Spickhoff, BGB 2. Aufl. 2008, Art. 43 EGBGB Rn. 6; MüKo-BGB/Wendehorst, 5. Aufl. 2010, EGBGB Art. 46 Rn. 10, insb. Fn. 26; Müller-Helle/Theilmann, RdE 2010, 369, 370; Gottschall, Die Absicherung von Offshore-Windkraftanlagen nach deutschem und US-amerikanischem Recht, Diss. Universität zu Köln, 2011, S. 67.

448 Das gesteht Risch, Windenergieanlagen a.a.O., S. 171, selbst ein.

449 Vgl. Reichert-Facilides, Eigentumsschutz und Verwertung von Windenergieanlagen in der ausschließlichen Wirtschaftszone, WM 2011, 1544, 1547 mit ausführlicher rechtshistorischer Analyse der Eigentumsrechte in der Ausschließlichen Wirtschaftszone.

450 Art. 43 Abs. 2 EGBGB; vgl. auch OLG Koblenz NJW-RR 2003, 1563 zur Frage des gutgläubigen Erwerbs eines in Frankreich gestohlenen und nach Deutschland verbrachten Fahrzeugs.

451 So auch Dinger/Goldner, ZBB 2009, 204, 212; MüKo-BGB/Wendehorst, EGBGB Art. 43 Rn. 120 m.w.N. („Schutz wohlerworbener Rechte im IPR“), 131 („Trägheitsprinzip“).

452 § 31 EEG.

453 § 3 Nr. 2 EEG.

454 Reichert-Facilides, WM 2011, 1544, 1547.

die Anlage besitzt. Das ist entweder der Eigentümer oder eine Person, die ihr Nutzungsrecht vom Eigentümer herleitet[455].

Die Seeanlagenverordnung geht auch davon aus, dass Anlagen selbst auf Hoher See einen Eigentümer haben können[456]. Dann wäre es inkonsequent, in der Ausschließlichen Wirtschaftszone zivilrechtliches Eigentum zu verneinen[457].

Hinsichtlich anderer Gegenstände in der Ausschließlichen Wirtschaftszone geht das EEG vom Eigentum des Netzbetreibers an seinen Anlagen zur Herstellung des Netzanschlusses aus[458]. Das ins deutsche Recht übernommene UN-Seerechtsübereinkommen enthält Vorschriften, die vom Eigentum an unterseeischen Kabeln ausgehen; sie sehen nämlich die Haftung des Eigentümers vor[459].

Ein anderes ergibt sich auch nicht aus einer Nichtannahmeentscheidung des Bundesverfassungsgerichts vom 26.4.2010[460]. Dabei ging es um eine unter anderem auf die verfassungsrechtliche Eigentumsgarantie gestützte Verfassungsbeschwerde von Fischern, deren Widerspruch gegen einen Offshore-Windpark abgewiesen worden war. Da zivilrechtliches Eigentum an Seefischen erst mit deren Aneignung begründet wird[461], erfolgt der Eigentumserwerb erst an Bord der Fischereiboote und nicht schon in der Ausschließlichen Wirtschaftszone. Nichts anderes sollte durch die etwas zu weit geratene Formulierung („Insoweit weisen die [Beschwerdeführer] selbst zutreffend darauf hin, dass die Rechtsordnung ein Institut wie das Eigentum in der ausschließlichen Wirtschaftszone nicht kenne.“) zum Ausdruck gebracht werden[462].

Der Zweck des Internationalen Privatrechts ist es, für jedes Rechtsverhältnis unter Privaten ein anwendbares Recht zu bestimmen. Das Internationale Privatrecht beansprucht insoweit universelle Geltung. Dabei wird grundsätzlich von der Gleichwertigkeit der Privatrechtsordnungen ausgegangen. Es soll also eine Auswahlentscheidung zwischen allen anwendbaren Rechtsordnungen getroffen werden. Kein Privatrechtsverhältnis soll ohne Regelung durch ein anwendbares Recht auskommen müssen. Das gilt auch für das Sachenrecht. Daher beansprucht das Internationale Privatrecht auch dann eine Entscheidung zum anwendbaren Sachenrecht, wenn sich die Sache in einem staatsfreien Gebiet befindet[463]. Bei reinen Inlands-

455 Reichert-Facilides, WM 2011, 1544, 1547; Brandt/Geßner, Seeanlagenverordnung, 2002, § 2 Rn. 25.

456 § 1 S. 1 Nr. 2 SeeanlagenVO: „Diese Verordnung gilt für die Errichtung und den Betrieb von Anlagen … 2. auf der Hohen See, sofern der Eigentümer Deutscher mit Wohnsitz im Geltungsbereich des Grundgesetzes ist.“

457 Reichert-Facilides, WM 2011, 1544, 1548.

458 § 9 Abs. 2 EEG: „Die Pflicht [zur Erweiterung der Netzkapazität] erstreckt sich auf sämtliche für den Betrieb des Netzes notwendigen technischen Einrichtungen sowie die im Eigentum des Netzbetreibers stehenden oder in sein Eigentum übergehenden Anschlussanlagen.“ Vgl. Reichert-Facilides, WM 2011, 1544, 1547, der zu Recht darauf hinweist, dass diese Vorschrift keine unmittelbare Aussage für Windenergieanlagen enthält, Dinger/Goldner, ZBB 2009, 204, 208. Vgl. auch Büllesfeld/Multmeier, ZNER 2009, 7, 11.

459 Art. 114, 115 UN-SeeRÜbk. Vgl. auch Reichert-Facilides, WM 2011, 1544, 1547.

460 BVerfG NVwZ-RR 2010, 555, 556.

461 §§ 958, 960 BGB.

462 Reichert-Facilides, WM 2011, 1544, 1545 versteht die Aussage nach ihrem Wortlaut weiter, aber für ein in dieser Weite unzutreffendes obiter dictum.

463 Böttcher, RNotZ 2011, 589, 592f.; Wurmnest, RabelsZ 72 (2008), 236, 245f.; Müller-Helle/Theilmann, RdE 2010, 369, 370.

sachverhalten kann die Prüfung des Internationalen Privatrechts unterbleiben, weil ausländisches Recht ohnehin nicht in Betracht kommt; der Auslandsbezug ist nicht Voraussetzung, sondern Ergebnis der Prüfung nach Internationalem Privatrecht[464]. Dies gilt aber nur für den Bereich des Privatrechts.

Die Vorstellung, dass das deutsche Sachenrecht nur dann in der Ausschließlichen Wirtschaftszone zur Anwendung kommt, wenn ein Erstreckungsgesetz dies bestimmt, entstammt dem öffentlichen Recht. Bei der Frage der einseitigen, hoheitlichen Regelung von Lebenssachverhalten durch das öffentliche Recht kann nur der nach Völkerrecht über Souveränität verfügende Staat die Geltung seiner Normen beanspruchen. Es kann also stets nur ein öffentliches Recht zur Anwendung kommen[465]. Ein Interessenkonflikt mit einem ausländischen Souverän scheidet aus. Wo die Souveränität endet, endet auch das öffentlich-rechtliche Normsetzungsrecht. An diesem Punkt mag die Normsetzungsbefugnis eines anderen Souveräns beginnen oder auch nicht. Im staatsfreien Raum gibt es keinen Souverän und entsprechend auch kein anwendbares öffentliches Recht.

In der Ausschließlichen Wirtschaftszone, in der nur eine partielle Souveränität besteht, sind daher Erstreckungsregelungen im Bereich des öffentlichen Rechts erforderlich. Indes kann der Meinungsstreit, ob die gesamte deutsche Rechtsordnung in der deutschen Ausschließlichen Wirtschaftszone zur Anwendung kommt, soweit sie mit dem UN-Seerechtsübereinkommen kompatibel ist[466] oder nur soweit dies der Anwendung völkerrechtlich vermittelter Hoheitsbefugnisse dient[467] oder nur soweit ein Erstreckungsgesetz die Anwendung ausdrücklich vorsieht[468] (wobei insoweit streitig ist, ob die Regelungen in Art. 56 und 60 des UN-Seerechtsübereinkommens[469], Regelungen des EEG[470] ausreichen oder eben nicht[471]), für die Frage, ob und welches Sachenrecht in der deutschen Ausschließlichen Wirtschaftszone Anwendung findet, dahinstehen. Denn entgegen der teilweise vertretenen Meinung betrifft die Frage nur Normen des öffentlichen Rechts, nicht auch des Privatrechts.

---

464 Das ist der wohl verstandene Regelungsgehalt des Art. 3 EGBGB. So auch: Dinger/Goldner, ZBB 2009, 204, 211; Wurmnest, RabelsZ 72 (2008), 236, 245 m.w.N.; MüKo-BGB/Sonnenberger, EGBGB Art. 3 Rn. 8.

465 Vgl. Wurmnest, RabelsZ 72 (2008), 236, 246. In diese Richtung auch: Müller-Helle/Theilmann, RdE 2010, 369, 370.

466 Czybulka, Das Rechtsregime der Ausschließlichen Wirtschaftszone im Spannungsfeld von Nutzungs- und Schutzinteressen, NuR 2001, 367, 369f., der dies – vor allem mit Blick auf das Naturschutzrecht – mit dem Prinzip der Einheit und Widerspruchsfreiheit der Rechtsordnung begründet. Dagegen ausführlich: Dinger/Goldner, ZBB 2009, 204, 210.

467 Kahle, ZUR 2004, 80, 83 aus dem Blickwinkel des Umweltrechts.

468 Diekamp, ZBB 2004, 10, 21; Risch, Windenergieanlagen a.a.O., S. 163f.

469 Diekamp, ZBB 2004, 10, 21 (Gesamtverweisung auf Internationales Privatrecht des Küstenstaats durch Art. 60 Abs. 2 UN-SeeRÜbk). Dagegen mit der Begründung, Art. 60 Abs. 2 UN-SeeRÜbk gewähre nur eine Normsetzungsbefugnis, aus der nicht zwingend deren Ausnutzung folgt, Dinger/Goldner, ZBB 2009, 204, 210f.

470 Dinger/Goldner, ZBB 2009, 204, 208 unter Verweis auf §§ 3 Nr. 2, 9 Abs. 2 und 66 Abs. 3 EEG, die alle eigentumsbezogene Regelungen enthalten und in der Ausschließlichen Wirtschaftszone gelten, § 2 Nr. 1 EEG; Büllesfeld/Multmeier, „Auf hoher See?“ – Zur Anwendbarkeit nationalen Zivilrechts auf Offshore Windenergieanlagen in der deutschen Ausschließlichen Wirtschaftszone, ZNER, 2009, 7, 10f.: Anwendbarkeit des BGB, da die Anwendbarkeit von § 2 Nr. 1 EEG keine isolierte Anwendung nur des EEG vorsehen könne.

471 Risch, Windenergieanlagen a.a.O., S. 163f.

Sonach ist das jeweilige Internationale Privatrecht des jeweils zur Entscheidung berufenen Spruchkörpers anzuwenden[472]. Soweit ein deutsches Gericht oder Schiedsgericht entscheidet, findet deutsches Internationales Privatrecht Anwendung.

Dabei sind zwei grundsätzliche Ansätze denkbar: Zunächst kann in der Ausschließlichen Wirtschaftszone das Sachenrecht des Küstenstaats angewendet werden. Das bedeutet letztlich eine Zuweisung der Ausschließlichen Wirtschaftszone zum Küstenstaat[473]. Zum anderen könnte auch gefragt werden, mit welchem Staat die jeweils in die Ausschließliche Wirtschaftszone eingebrachte Sache die engste Verbindung hat[474].

Für den ersten Ansatz spricht, dass dem Küstenstaat in der Ausschließlichen Wirtschaftszone beschränkte, aber im Verhältnis zu allen anderen Staaten ausschließliche Hoheitsrechte zugewiesen werden. Auch wenn die Ausschließliche Wirtschaftszone gebietsrechtlich Niemandsland ist, so ist es doch dem funktionalen Hoheitsraum des Küstenstaats zugehörig[475]. Ausschließlich dieser Staat hat hoheitliche Kompetenzen[476]. Die Hoheitsrechte beziehen sich gerade auch auf die in der deutschen Ausschließlichen Wirtschaftszone errichteten Offshore-Windparks. Insoweit wird etwa die Genehmigung nach der Seeanlagenverordnung durch das BUNDESAMT FÜR SEESCHIFFFAHRT UND HYDROGRAPHIE erteilt. Die Einspeisung erfolgt nach Maßgabe des EEG. Aufgrund der exklusiven Souveränitätsrechte des Küstenstaats kann auch im Bereich der Ausschließlichen Wirtschaftszone eine über den Lageort begründete eindeutige Beziehung zur Rechtsordnung des Küstenstaats hergestellt werden[477].

Für diese Auslegung spricht auch die vergleichende Betrachtung zum internationalen Zivilprozessrecht und zu ausländischen Rechten. Zum einen hat der EUROPÄISCHE GERICHTSHOF für die arbeitsrechtlichen Klagen eines Arbeitnehmers die Gerichte des Küstenstaates als international zuständig angesehen, auf dessen Festlandsockel sich die verschiedenen Einrichtungen zur Erforschung und Ausbeutung von Meeresressourcen befanden, auf denen er tätig war[478].

Teilweise wird dem entgegengehalten, dass die in Art. 43 Abs. 2 EGBGB geregelte *lex rei sitae* nur das Verhältnis zwischen Staaten regelt, nicht aber das Verhältnis zu staatsfreien

---

472 Teilweise werden für die Anwendbarkeit des deutschen Internationalen Privatrechts auch Anhaltspunkte im UN-Seerechtsübereinkommen gesehen. Böttcher, RNotZ 2011, 589, 593 unter Verweis auf die Begriffe „sovereign rights" und „jurisdiction" in Art. 56 Abs. 1 UN-SeeRÜbk sowie Diekamp, ZBB 2004, 10, 21 unter Verweis auf Art. 60 Abs. 2 UN-SeeRÜbk. Die Anwendbarkeit des Internationalen Privatrechts richtet sich stets nach der lex fori des Gerichts und bedarf keines Verweises.

473 So u.a. Reichert-Facilides, WM 2011, 1544, 1549; Wurmnest, RabelsZ 72 (2008), 236, 249; Bamberger/Roth/Spickhoff, Art. 43 EGBGB Rn. 6; ähnlich auch: MüKo-BGB/Wendehorst, EGBGB Art. 46 Rn. 10 (Analogie zu Art. 43 bis 45 EGBGB).

474 Dinger/Goldner, ZBB 2009, 204, 211.

475 Böttcher, RNotZ 2011, 589, 594.

476 Wurmnest, RabelsZ 72 (2008), 236, 247, insbesondere mit Verweis auf die Rechtssetzungskompetenz in Art. 56, 60 und 80 UN-SeeRÜbk.

477 Wurmnest, RabelsZ 72 (2008), 236, 247.

478 EuGH 27.2.2002, Rs. C-37/00 (Herbert Weber/Universal Ogden) Slg. 2002, I-2013 (obwohl die Entscheidung sich auf den Festlandsockel bezieht, dürfte sie entsprechend auch auf die Ausschließliche Wirtschaftszone Anwendung finden); dazu m.w.N. Wurmnest, RabelsZ 72 (2008), 236, 247f.

Gebieten, wie der Ausschließlichen Wirtschaftszone[479]. Diese Argumentation greift aber nicht bei analoger Anwendung des Art. 43 Abs. 2 EGBGB[480].

Für den zweiten Ansatz spricht, dass das Internationale Privatrecht, wenn keine klare Kollisionsnorm ersichtlich ist, oft nach der engsten Verbindung fragt. Das kommt für das Internationale Sachenrecht dadurch zum Ausdruck, dass die gesetzliche Rechtswahl bei einer wesentlich engeren Verbindung zu einem anderen Recht eine Abweichung von der *lex rei sitae* erlaubt[481]. Es kommen verschiedene Anknüpfungspunkte für die engste Verbindung in Betracht: Diskutiert wird hier z.B. das Recht der letzten Belegenheit der Sache an Land oder im Küstenmeer, das Register und die Flagge des Transportschiffes oder das Heimatrecht des Eigentümers[482].

Bei Offshore-Windparks in der deutschen Ausschließlichen Wirtschaftszone spricht für die Anwendung deutschen Sachenrechts auch, dass die Energieerzeugung nach deutschem Recht, nämlich dem EEG, vergütet wird, dass die Einspeisung jedenfalls derzeit ausschließlich über eine Netzanbindung an das deutsche Festland erfolgt, dass das Genehmigungsverfahren durch eine deutsche Behörde, nämlich das BUNDESAMT FÜR SEESCHIFFFAHRT UND HYDROGRAPHIE, erfolgt und dass nach unserer Kenntnis alle Betreiber von Offshore-Windparks bislang Gesellschaften nach deutschem Recht und mit Sitz in Deutschland sind[483].

Es sind aber nach diesem Maßstab auch Anknüpfungen an ausländisches Recht möglich. So erfolgt die Lieferung von Bestandteilen des Offshore-Windparks nicht notwendig aus Deutschland: Zwei der im Offshore-Sektor wichtigsten Turbinenhersteller haben ihre Fertigungsstätten in Dänemark und liefern auch gerne von dänischen Seehäfen aus. Auch aus anderen Ländern können Zulieferungen erfolgen, etwa aus den Niederlanden oder aus England. Dabei ist eine Durchquerung des deutschen Küstenmeers oft nicht praktikabel. Auch die Transport- und Installationsschiffe verfügen meist nicht über eine deutsche Flagge oder Registrierung.

Gegen diesen Ansatz spricht, dass verschiedene Anknüpfungspunkte für die engste Verbindung in Betracht kommen können, so dass die theoretische Gefahr besteht, dass es innerhalb eines Offshore-Windparks zu divergierenden Rechtsordnungen kommen könnte. Auch erscheint insbesondere der Verweis auf das Recht des Transport- und Installationsschiff recht zufällig und für Dritte kaum nachvollziehbar. Daher spricht vieles dafür, auch in solchen Fällen die engere Anknüpfung beim deutschen Recht zu sehen.

Das Internationale Sachenrecht sollte aber im Interesse der Rechtssicherheit einfache und klare, also auch für Dritte schnell nachvollziehbare Verweisungen ermöglichen. Daher ist das

479 Dinger/Goldner, ZBB 2009, 204, 211.

480 Diekamp, ZBB 2004, 10, 21.

481 Art. 46 EGBGB.

482 Reichert-Facilides, WM 2011, 1544, 1548f. stellt diese Varianten jeweils als unterschiedliche Meinungen dar. Das lässt sich aber nicht in den Fundstellen verifizieren.

483 Zum Genehmigungsverfahren des BSH siehe den Beitrag von CHRISTIAN DAHLKE und DR. KAI TRÜMPLER in Kapitel 3.1.

deutsche Sachenrecht auf in der deutschen Ausschließlichen Wirtschaftszone belegenen Sachen anzuwenden. Die *lex rei sitae* in Art. 43 Abs. 2 EGBGB ist analog anzuwenden[484].

Das entspricht auch der internationalen Praxis. In vielen Staaten wurde ausdrücklich die Anwendbarkeit des nationalen Zivilrechts in der Ausschließlichen Wirtschaftszone geregelt[485].

3.6.3.2 Folge einer Verbindung mit dem Meeresboden

Kommt man mit der ganz herrschenden Meinung zum Ergebnis, dass in der deutschen Ausschließlichen Wirtschaftszone deutsches Sachenrecht Anwendung findet, stellt sich die Frage, welche Auswirkung die Verbindung der Windenergieanlagen mit dem Meeresboden auf das Sicherungseigentum hat. Bekanntlich führt die dauerhafte Verbindung von beweglichen Sachen mit Grundstücken grundsätzlich zum Verlust des selbständigen Eigentums an der beweglichen Sache[486]. Doch kann am Meeresboden (außerhalb der Küstengewässer, dazu sogleich) kein Eigentum begründet werden[487], auch nicht in der Ausschließlichen Wirtschaftszone[488]; es handelt sich um nicht aneignungsfähiges Niemandsland[489]. Auch handelt es sich nicht um Grundstücke im Sinne des deutschen Sachenrechts, denn es fehlt an der Grundbuchfähigkeit[490]. Deshalb gibt es auch in der Ausschließlichen Wirtschaftszone keinen privatrechtlichen Nutzungsvertrag über den Meeresboden[491]. Wenn aber am Meeresboden kein Eigentum besteht und es sich auch nicht um Grundstücke handelt, kann das Eigentum an den Windenergieanlagen nicht aufgrund einer Verbindung verloren gehen[492]. Es handelt sich um sonderrechtsfähige bewegliche Sachen[493].

3.6.3.3 Kreditsicherung

Bei der Prüfung der in Betracht kommenden Sicherheiten über in der Ausschließlichen Wirtschaftszone befindliche Sachen sind die Auswirkungen der unterschiedlichen Rechtsmeinungen zu berücksichtigen.

Nach der hier vertretenen und ganz herrschenden Meinung findet in der deutschen Ausschließlichen Wirtschaftszone deutsches Sachenrecht Anwendung. Bei den Windenergieanlagen und an-

484 So auch: Reichert-Facilides, WM 2011, 1544, 1549; Böttcher, RNotZ 2011, 589, 594f.; Diekamp, ZBB 2004, 10, 20ff.; wohl auch Müller-Helle/Theilmann, RdE 2010, 369, 370.

485 Wurmnest, RabelsZ 72 (2008), 236, 248 mit Hinweis u.a. auf Art 51 des rumänischen Gesetzes Nr. 105 über die Regelung der internationalen Privatrechtsverhältnisse vom 22.9.1992 und den US-amerikanischen OUTER CONTINENTAL SHELF ACT (43 USC 1333). Anscheinend gibt es ähnliche Regelungen auch in Kanada, Großbritannien und Dänemark. Hingegen behilft sich das norwegische Recht, wie noch zu zeigen sein wird, mit der Anwendbarkeit des Schiffshypothekenrechts.

486 §§ 93 Abs. 1, 946 BGB.

487 BGHZ 44, 27, 31 Rn. 10; Böttcher, RNotZ 2011, 589, 599; Dinger/Goldner, ZBB 2009, 204, 211; Reichert-Facilides, WM 2011, 1544, 1549; Wurmnest, RabelsZ 72 (2008), 236, 252.

488 Böttcher, RNotZ 2011, 589, 599; Dinger/Goldner, ZBB 2009, 204, 211; Reichert-Facilides, WM 2011, 1544, 1549; Dannecker/Kerth, Die rechtlichen Rahmenbedingungen für Offshore-Windenergieanlagen in der deutschen Ausschließlichen Wirtschaftszone (AWZ), DVBl 2009, 748, 749; Wurmnest, RabelsZ 72 (2008), 236, 252.

489 Wurmnest, RabelsZ 72 (2008), 236, 252; Dannecker/Kerth, DVBl 2009, 748, 749.

490 Dinger/Goldner, ZBB 2009, 204, 211f.; Wurmnest, RabelsZ 72 (2008), 236, 259.

491 Wurmnest, RabelsZ 72 (2008), 236, 259.

492 Dinger/Goldner, ZBB 2009, 204, 211f.; Wurmnest, RabelsZ 72 (2008), 236, 259.

493 Wurmnest, RabelsZ 72 (2008), 236, 259.

deren Bestandteilen von Offshore-Windparks handelt es sich um bewegliche Sachen. Sie können in Form einer Sicherungsübereignung Gegenstand einer Kreditsicherung sein[494].

Nach der Gegenmeinung findet in der Ausschließlichen Wirtschaftszone weder deutsches noch irgendein anderes Recht Anwendung. Dann ist unsicher, nach welchem Recht sachenrechtliche Vorgänge in der Ausschließlichen Wirtschaftszone zu behandeln sind. Doch sieht das deutsche Internationale Privatrecht vor, dass die in einem anderen Staat begründeten Rechte an einer Sache grundsätzlich erhalten bleiben, wenn die Sache in einen anderen Staat gelangt. Sie darf nur nicht im Widerspruch zum Recht des Belegenheitsorts stehen[495]. Da jedoch nach der Gegenmeinung in der Ausschließlichen Wirtschaftszone kein Sachenrecht zur Anwendung kommt, würden die bereits begründeten Rechte an Sachen fortbestehen. Ein anderes gilt nur dann, wenn man mit der Extremposition von *Risch* annimmt, dass alle zuvor begründeten Eigentumsrechte in der Ausschließlichen Wirtschaftszone untergehen. Dieser Meinung ist deutlich widersprochen worden.

Soweit also Gegenstände in die Ausschließliche Wirtschaftszone transportiert werden, sollten bereits an Land Sicherungsrechte geschaffen werden. Bei einem Transport aus Deutschland kann eine Sicherungsübereignung erfolgen[496]. Das ist sogar noch an Bord des im deutschen Hafen befindlichen Schiffes möglich[497]. Eigentumsvorbehalte von Lieferanten sollten vollständig an Land aufgegeben werden. Dazu sind Lieferanten nach unserer Erfahrung bei entsprechender Vertragsgestaltung angesichts der rechtlichen Unsicherheit in der Ausschließlichen Wirtschaftszone bereit[498].

Außerhalb des Hafens wird vielfach auf die Flagge des Transportschiffes abgestellt, um das Sachenrecht zu bestimmen[499]. Das ist nicht unproblematisch. Zunächst sollten sich die Flagge und der Registerort decken. Auch ist nicht geklärt, welches Recht an Bord eines Schiffes gilt, das die Küstengewässer eines anderen Staates passiert. Im Übrigen führen nach unserer Erfahrung die eingesetzten Transportschiffe in den seltensten Fällen die deutsche Flagge.

Bei einem Transport aus anderen Jurisdiktionen muss eine Lösung gefunden werden, die unabhängig davon effektiv bleibt, welches Recht ein Gericht auf die Sache anwendet.

Denkbar ist auch, dass Vermögensgegenstände in eine Einzweckgesellschaft eingebracht werden, deren Anteile an die finanzierenden Banken verpfändet werden[500]. Dann sollte es aber über die Verpfändung der Gesellschaftsanteile hinaus zu einer Besicherung an den Vermögensgegenständen kommen, um eine Verwertung zu vermeiden.

494 So auch: Böttcher, RNotZ 2011, 589, 599; Dinger/Goldner, ZBB 2009, 204, 212.

495 Art. 43 Abs. 2 EGBGB. Siehe auch Dinger/Goldner, ZBB 2009, 204, 212; MüKo-BGB/Wendehorst, EGBGB Art. 43 Rn. 120 m.w.N. („Schutz wohlerworbener Rechte im IPR"), 131 („Trägheitsprinzip"). Vgl. auch BGH NJW 1963, 1200, das die Behandlung eines nach Deutschland verbrachten Lastkraftwagens betrifft, an dem wirksam ein französisches Registerpfandrecht bestellt worden war. Dieses Recht berechtigte den Registerpfandgläubiger zur vorzugsweisen Befriedigung nach § 805 ZPO.

496 So auch: Dinger/Goldner, ZBB 2009, 204, 210.

497 OLG Hamburg OLGE 10 (1905), 114 für einen Fund an Bord eines deutschen Schiffes im New Yorker Hafen.

498 Anders: Müller-Helle/Theilmann, RdE 2010, 369, 370ff., der von einer insoweit fehlenden Bereitschaft ausgeht.

499 Dinger/Goldner, ZBB 2009, 204, 210.

500 Dinger/Goldner, ZBB 2009, 204, 210.

3.6.4 Küstengewässer

3.6.4.1 Anwendbares Recht und Eigentumslage

In den zum Hoheitsgebiet der Bundesrepublik gehörenden Meeresgewässern, also dem Küstenmeer und den inneren Gewässern (den Küstengewässern), findet deutsches Recht Anwendung. Es findet also das Sachenrecht des BGB Anwendung[501].

Die Bundesrepublik ist Eigentümerin der Küstengewässer. Denn die Bundesrepublik ist Eigentümerin[502] der zu den Bundeswasserstraßen gehörenden Seewasserstraßen[503]. Dies gilt nicht nur für die Fahrrinnen, sondern für die gesamten Küstengewässer[504].

3.6.4.2 Grundstückseigenschaft der Küstengewässer

Dabei handelt es sich bei den Küstengewässern um Grundstücke[505], die nach unserer praktischen Erfahrung mindestens teilweise katastermäßig erfasst sind[506]. Grundbücher sind nicht angelegt. Dies ist nach der Grundbuchordnung auch nicht erforderlich, da im Eigentum des Bundes stehende Grundstücke grundsätzlich buchungsfrei sind[507]. Dem liegt die Vorstellung zugrunde, dass Grundstücke, die im Eigentum des Bundes stehen, im Regelfall nicht am Rechtsverkehr teilnehmen[508]. Der Bund kann allerdings der Einrichtung eines Grundbuchs zustimmen[509]. Der Bund agiert in den Küstengewässern auch wie ein Grundstückseigentümer und schließt nach unserer Erfahrung – vertreten durch die zuständigen Wasser- und Schifffahrtsämter – Grundstücksüberlassungsverträge mit den Projektgesellschaften ab[510].

---

501 In der älteren Literatur wird teilweise geprüft, ob es nach Art. 65 EGBGB überlagerndes Landessachenrecht gibt, vgl. ausführlich Diekamp, ZBB 2004, 10, 11ff.; Wurmnest, RabelsZ 72 (2008), 236, 250f., Fn. 62. Diese Vorschrift wurde aber mit Wirkung zum 1. März 2010 aufgehoben (BGBl. 2009 I S. 2585).

502 § 1 WaStrVermG. Für die bisherigen Reichs-Seewasserstraßen im alten Bundesgebiet auch Art. 89 Abs. 1 GG. Seit der Wiedervereinigung auch in den neuen Bundesländern, Wurmnest, RabelsZ 72 (2008), 236, 250; Böttcher, RNotZ 2011, 589, 596; Mangoldt/Klein/Stark/Ibler, GG, 6. Aufl. 2010, Art. 89, Rn. 12. Da das gesamte Küstenmeer im Eigentum des Bundes steht, gilt dies auch für die Ausweitung des Küstenmeeres (von drei auf zwölf Seemeilen) im Jahr 1994 aufgrund der Küstenmeer-Proklamation, Wurmnest, RabelsZ 72 (2008), 236, 250, Fn. 60.

503 § 1 Abs. 1 Nr. 2 WaStrG.

504 BGHZ 47, 117, 120ff. (Schlei); BGHZ 102, 1, 3 (Brodesbyer Noor); BGH NVwZ 1997, 99, 100 (Hafen Strande); BGH NJW 1989, 2464 (Hohwachter Bucht). Vgl. Wurmnest, RabelsZ 72 (2008), 236, 250f.; Böttcher, RNotZ 2011, 589, 596.

505 Böttcher, RNotZ 2011, 589, 597; Wurmnest, RabelsZ 72 (2008), 236, 251.

506 So auch Wurmnest, RabelsZ 72 (2008), 236, 251; Böttcher, RNotZ 2011, 589, 597. Diekamp, ZBB 2004, 10, 16 stellt aufgrund seiner Befragung von Behörden dar, dass in Niedersachsen die Gebiete in der Drei-Seemeilen-Zone katastermäßig und teilweise auch grundbuchlich erfasst sind, die darüber hinaus gehende katastermäßige Erfassung aber ausgesetzt ist, bis Unsicherheiten über den Grenzverlauf mit den Niederlanden und Schleswig-Holstein geklärt sind. In Schleswig-Holstein bestünden teilweise Kataster. Gegen die grundbuchliche Erfassung bestünden keine Bedenken.

507 Nach § 3 Abs. 2 GBO erhalten solche Grundstücke nur auf Antrag des Eigentümers oder eines Berechtigten ein Grundbuchblatt. Vgl. auch Wurmnest, RabelsZ 72 (2008), 236, 251; Böttcher, RNotZ 2011, 589, 597.

508 Böttcher, RNotZ 2011, 589, 597.

509 § 3 Abs. 2 GBO.

510 So auch Wurmnest, RabelsZ 72 (2008), 236, 257.

3.6.4.3 Wesentlicher Bestandteil

Daher stellt sich die Frage, ob und unter welchen Voraussetzungen eine Sicherungsübereignung der Windenergieanlagen und der anderen Bestandteile des Offshore-Windparks möglich ist. Diese Diskussion wird parallel auch für Onshore-Windturbinen geführt[511]. Dabei stellt sich zunächst die Frage, ob es sich bei den einzelnen Bestandteilen der Windenergieanlagen, des Umspannwerks und der Innerparkverkabelung um wesentliche Bestandteile des Meeresgrundstücks handelt[512]. Sollte dies bejaht werden, ist zu fragen, ob ein sogenannter Scheinbestandteil vorliegt, also ob die Windenergieanlage eine „Sache [ist], die nur zu einem vorübergehenden Gebrauch mit dem Grund und Boden verbunden wurde“[513], oder ob die Verbindung mit dem Meeresgrundstück in „Ausübung eines Rechts“ erfolgt ist[514]. Liegt kein Scheinbestandteil vor, ist der Gegenstand ein wesentlicher Bestandteil eines Grundstücks und damit nicht sonderrechtsfähig. Etwa bestehende Rechte gehen mit der Verbindung zum Meeresboden unter; der Grundstückseigentümer, also der Bund, erwirbt Eigentum[515]. Anderenfalls handelt es sich im Rechtssinn um eine bewegliche Sache, an der Sicherungseigentum bestellt werden kann.

Wesentliche Bestandteile sind zunächst solche Bestandteile, die nicht entfernt werden können, ohne dass der eine oder andere zerstört oder in seinem Wesen verändert wird[516]. Zu den wesentlichen Bestandteilen eines Grundstücks rechnen insbesondere Gebäude, soweit diese, jedenfalls teilweise, fest mit dem Grundstück verbunden sind, und die zur Herstellung des Gebäudes eingefügten Sachen[517]. Ob die Windenergieanlage als Gebäude anzusehen ist oder als Maschine, ist streitig. Wenn sie als Gebäude einzustufen ist[518], ist sie als Ganzes wesentlicher Bestandteil des Meeresgrundstücks. Dabei ist unerheblich, ob es eine feste Verbindung zwischen den einzelnen Bestandteilen gibt, solange nur das Fundament fest mit dem Meeresboden verbunden ist[519]. Denn dann wird die gesamte Windenergieanlage als eine einheitliche, auf einander abgestimmte Struktur verstanden. Alle Bestandteile können dann nämlich wohl als zur „Herstellung des Gebäudes eingefügte Sachen“[520] angesehen werden und sind damit insgesamt als wesentlicher Bestandteil des Meeresgrundstücks anzusehen[521].

Ist sie hingegen eine „aufgeständerte Maschine“[522], kommt den tatsächlichen Gegebenheiten größere Bedeutung zu. Eine wesentliche Verbindung besteht dann nur, wenn nicht nur zwi-

511 Vgl. dazu etwa OLG Schleswig WM 2005, 1909; Peters, Wem gehören Windkraftanlagen auf fremdem Grund und Boden?, WM 2002, 110; Peters, Windkraftanlagen und §§ 93ff. BGB, WM 2007, 2003, 2004 einerseits; Goecke/Gamon, WM 2000, 1309ff.; Ganter, WM 2002, 105ff. andererseits.

512 § 94 BGB.

513 § 95 Abs. 1 S. 1 BGB.

514 § 95 Abs. 1 S. 2 BGB.

515 § 946 BGB.

516 § 93 BGB.

517 § 94 Abs. 2 BGB.

518 So: Diekamp, ZBB 2004, 10, 17f.; Wurmnest, RabelsZ 72 (2008), 236, 253; Ganter, WM 2002, 105, 106; Goecke/Gamon, WM 2000, 1309, 1311; Erman/Michalski, BGB 13. Aufl. 2011, § 94 Rn. 4.

519 Goecke/Gamon, WM 2000, 1309, 1311.

520 § 94 Abs. 2 BGB.

521 Goecke/Gamon, WM 2000, 1309, 1311.

522 So: Peters, WM 2002, 110, 111; ders., WM 2007, 2003, 2004f., auch unter Hinweis auf die steuerrechtliche Einordnung nach § 2 Abs. 1 S. 2 Nr. 1 GrEStG (Betriebsvorrichtung, kein Gebäude). Doch überzeugt die An-

schen Fundament und Meeresboden, sondern auch zwischen den einzelnen Bestandteilen der Windenergieanlage eine feste Verbindung besteht. Ob die weiteren Bestandteile einer Windkraftanlage, also etwa das Anschlussstück zwischen Fundament und Turm, der Turm, die Gondel, der darin enthaltene Generator und die Rotorblätter ihrerseits jeweils fest miteinander verbunden sind, ist hingegen jeweils aufgrund der technischen Gegebenheiten zu analysieren[523]. Hier lässt sich durchaus argumentieren, dass bei bestimmten Windenergieanlagen keine feste Verbindung angenommen werden kann, da eine Entfernung, z.B. der Gondel, teilweise für Reparaturzwecke eingeplant wird. Auch ist nicht immer eine feste Verbindung zwischen Fundament, Verbindungsstück und Turm vorgesehen.

Einigkeit besteht zunächst darüber, dass man eine feste Verbindung der Fundamente mit dem Meeresboden bei den derzeit gängigen Monopile-, Tripod-, Tripile- und Jacket-Fundamenten ohne weiteres bejahen kann[524]. Diese werden tief in den Meeresboden eingerammt. Dasselbe gilt auch für Schwerkraftfundamente. Die Rechtsprechung lässt eine auf Schwerkraft gründende Verbindung ausreichen, wenn die Entfernung mit unverhältnismäßig großen Schwierigkeiten, insbesondere Kosten verbunden ist und wenn eine dauerhafte Verbindung beabsichtigt sei[525]. Das ist bei der Entfernung von Schwerkraftfundamenten vom Meeresboden der Fall; sie ist aufgrund des Gewichts und der Notwendigkeit des Einsatzes von Spezialschiffen mit beträchtlichen Kosten verbunden[526]. Bei den in der technischen Diskussion stehenden schwimmenden Turbinen[527] dürfte jedoch zweifelhaft sein, ob eine feste Verbindung mit dem Meeresboden besteht.

Um zu ermitteln, ob ein Bauwerk ein Gebäude ist, ist auf die natürliche und wirtschaftliche Betrachtungsweise unter Beachtung der Verkehrsauffassung abzustellen[528]. Dabei wird von der Rechtsprechung ein recht weiter Begriff verwendet. Als Bauwerk wurden von der Rechtsprechung unter anderem Brücken[529], die Förderanlage in einem Grubenschacht[530] und klassische Windmühlen[531] angesehen. Es geht also nicht nur um das Haus im klassischen Sinn[532] als Gebäude. Das spricht dafür, auch Windenergieanlagen als Gebäude zu beurteilen.

---

wendung der steuerlichen Argumentation im Zivilrecht nicht, da ganz andere Fragestellungen zu beurteilen sind. Ähnlich auch für Gondel und Rotor von Onshore-Turbinen: Ganter, WM 2002, 105; MüKo-BGB/Stresemann, 6. Aufl. 2012, § 94 Rn. 18.

523 Peters, WM 2007, 2003, 2004f.; anders: generell für feste Verbindung zwischen Fundament, Turm, Gondel und Rotor unter anderem: Wurmnest, RabelsZ 72 (2008), 236, 253.

524 Goecke/Gamon, WM 2000, 1309, 1310; Peters, WM 2007, 2003, 2004 (beide für Onshore-Turbinen); vgl. auch BGH NJW 1978, 1311 (Pavillonaufbau zusammen mit Fundament als Gebäude anzusehen und wegen fester Verbindung des Betonfundaments mit Boden wesentlicher Bestandteil des Grundstücks).

525 RG Warn. Rspr. 1932, Nr. 114 für einen 100 t schweren Gasometer.

526 Diekamp, ZBB 2004, 10, 17; vgl. auch Wurmnest, RabelsZ 72 (2008), 236, 253.

527 Vgl. Wurmnest, RabelsZ 72 (2008), 236, 245.

528 Diekamp, ZBB 2004, 10, 17; Wurmnest, RabelsZ 72 (2008), 236, 253; Goecke/Gamon, WM 2000, 1309, 1310f.; Soergel/Marly, BGB, § 94 Rn. 22f.; für weite Auslegung auch: Erman/Michalski, § 94 Rn. 4, 8.

529 OLG Karlsruhe NJW 1991, 926 (Brücke als Gebäude, das ein wesentlicher Bestandteil beider Ufergrundstücke ist).

530 BGHZ 57, 60.

531 Böttcher, RnotZ 2011, 589, 598 (auch für Leuchttürme); Diekamp, ZBB 2004, 10, 18; Ganter, WM 2002, 105, 106; Wurmnest, RabelsZ 72 (2008), 236, 253f. Fn. 78; Goecke/Gamon, WM 2000, 1309, 1311.

532 So aber mit der Begriffsbestimmung: „unbewegliche, durch Arbeit und Verbindung von Material mit Erdboden hergestellte Sachen, die durch räumliche Umfriedung gegen äußere Einflüsse Schutz bieten und den Eintritt von Menschen ermöglichen“: Peters, WM 2002, 110, 112.

Nach der Rechtsprechung ist jedoch eine in ein Gebäude eingebrachte Maschine nur dann ein Gebäudebestandteil, wenn die Maschine und das Gebäude aufeinander abgestimmt sind[533]. Das ist aber bei Windenergieanlagen der Fall: Windenergieanlagen sind gerade zur Aufnahme des Generators und der Rotorblätter konstruiert[534]. Insoweit gibt es eine Parallele zu den in der Rechtsprechung entschiedenen Fällen einer für die Windmühle bestimmten Maschine[535] oder eines für ein Schiff bestimmten Motors[536].

Auch das Umspannwerk dürfte als Gebäude anzusehen sein. Die Innerparkverkabelung wird in den Meeresboden eingegraben und mit den Turbinen und dem Umspannwerk verbunden. Ob dadurch aber tatsächlich eine feste Verbindung zum Meeresboden[537] oder zu den Turbinen und zum Umspannwerk begründet wird, hängt von den jeweiligen Umständen ab. Aus Beratungssicht wird man wohl auch hier von einem wesentlichen Bestandteil ausgehen müssen.

3.6.4.4 Scheinbestandteil wegen Ausübung eines Rechts

Daher kommt es entscheidend auf die Frage an, ob ein Scheinbestandteil vorliegt.

Einräumung einer beschränkt persönlichen Dienstbarkeit

Ein Scheinbestandteil wegen der Verbindung mit dem Grundstück in Ausübung eines Rechts käme dann in Betracht, wenn der Bund bereit und befugt wäre, der Projektgesellschaft eine beschränkt persönliche Dienstbarkeit einzuräumen. Dann könnte, wie es der Praxis bei Onshore-Windparks[538] entspricht, eine Sicherungsübereignung erfolgen.

Bei den bisherigen Reichswasserstraßen ist es dem Bund wegen der verfassungsrechtlichen Eigentumszuweisung nicht gestattet, Eigentum zu übertragen oder aufzugeben[539]. Dabei handelt es sich um die Meeresgewässer, die sich innerhalb der bei Inkrafttreten des Grundgesetzes geltenden Drei-Seemeilenzone der alten Bundesrepublik befanden[540]. Hiervon wird nur insoweit eine Ausnahme gemacht, als Flächen von der Seewasserstraße ausgegrenzt werden sollen, etwa weil sie für Häfen, Landgewinnung oder Badeanlagen benötigt werden[541]. Solche küstennahen Flächen kommen regelmäßig nicht für Offshore-Windparks in Betracht. Diese Vorschrift wird als Verbot von Verfügungen über das Eigentum an im Bundeseigentum stehende Wasserstraßen verstanden[542].

---

533 BGHZ 26, 225, 229 (Serienmäßig hergestellter Schiffsmotor ist wesentlicher Bestandteil des Motorschiffes, das erst mit dem Einbau des Schiffsmotors vom Schiffsrumpf zum Motorschiff wird); RG JW 1911, 573f. (Windmühle); Diekamp, ZBB 2004, 10, 18; Goecke/Gamon, WM 2000, 1309, 1311; Erman/Michalski, BGB, § 94 Rn. 12; Ganter, WM 2002, 105, 106 (jedenfalls für Rotor einer Onshore-Turbine, offen gelassen für Generator); anders, mit Verweis auf die Lage bei Flugzeugtriebwerken: MüKo-BGB/Stresemann, § 94 Rn. 18.

534 Goecke/Gamon, WM 2000, 1309, 1311.

535 RG JW 1911, 573f. (Windmühle); vgl. auch Goecke/Gamon, WM 2000, 1309, 1311 m.w.N.

536 BGHZ 26, 225, 229 (Schiffsmotor); vgl. auch Goecke/Gamon, WM 2000, 1309, 1311.

537 Vgl. BGH NJW 1978, 1311. Darin war ein Betonfundament 80 cm tief in das Erdreich eingelassen worden, was für eine feste Verbindung als ausreichend angesehen wurde.

538 Vgl. dazu nur Diekamp, ZBB 2004, 10, 13; MüKo-BGB/Stresemann, § 94 Rn. 17.

539 Art. 89 Abs. 1 GG weist das Eigentum an den ehemaligen Reichswasserstraßen dem Bund zu.

540 Mangoldt/Klein/Stark/Ibler, GG, 6. Aufl. 2010, Art. 89, Rn. 1 ff, 7, 12.

541 Wurmnest, RabelsZ 72 (2008), 236, 251.

542 Wurmnest, RabelsZ 72 (2008), 236, 251; Mangoldt/Klein/Stark/Ibler, GG, 6. Aufl. 2010, Art. 89, Rn. 18.

Ob der Bund befugt ist, diese Meeresgrundstücke zu belasten, ist streitig[543]. Eine unbegrenzte Zulassung von Belastungen, etwa in Form von Grundpfandrechten, würde die verfassungsrechtliche Eigentumszuweisung unterlaufen, insbesondere wenn es zu einer Verwertung kommt. Ähnliches gilt für Erbbaurechte, bei denen dem Erbbauberechtigten eine eigentümerähnliche Position eingeräumt wird[544]. Hingegen erscheint uns die Einräumung von beschränkt persönlichen Dienstbarkeiten möglich zu sein. Hier wird argumentiert, dies sei von der verfassungsrechtlichen Eigentumszuweisung an den Bund und zur Vermeidung von Nutzungskonflikten gefordert[545]. Das überzeugt jedoch nicht, da sich der Bund auch im schuldrechtlichen Nutzungsvertrag mit der Projektgesellschaft in ähnlicher Weise verpflichtet. Letztlich kann das aber derzeit dahinstehen. Denn der Bund ist zur Einrichtung von Grundbüchern und zur Bestellung von dinglichen Rechten nach unserer Erfahrung nicht bereit[546].

Die verfassungsrechtliche Eigentumszuweisung ist auf die bisherigen Reichswasserstraßen beschränkt und kann entgegen einer in der Literatur vertretenen Meinung[547] nicht auf die Seewasserstraßen erstreckt werden, an denen die Bundesrepublik im Zuge der Wiedervereinigung[548] und der Ausweitung des Küstenmeeres[549] Eigentum erlangt hat[550]. Jedenfalls dort ist eine Belastung und sogar Übertragung von Eigentum möglich[551].

Einräumung von öffentlich-rechtlichen dinglichen Rechten

Neben diesem privatrechtlichen dinglichen Recht kann sich ein Scheinbestandteil auch aufgrund eines öffentlich-rechtlichen dinglichen Rechts ergeben. Das wird etwa bei Energieversorgungs- und Fernmeldeleitungen in öffentlichen Wegen angenommen und in anderen Fallgruppen diskutiert[552]. Ein solches öffentlich-rechtliches dingliches Recht wird dann angenommen, wenn entweder dem Eigentümer eine öffentlich-rechtliche Duldungspflicht für staatliches Handeln, das auf seinem Grundstück enteignungsgleiche Wirkung hat, auferlegt wird oder wenn das Benutzungsrecht des Grundstücks auch gegenüber dem Eigentümer durch Gesetz gewährt wird[553]. Beides ist bei Offshore-Windparks in den Küstengewässern nicht der Fall. Eine enteignungsgleiche Wirkung scheidet schon deshalb aus, weil der Bund Eigentümer des Meeresgrundstücks ist und die Nutzung für private Zwecke erfolgt. Die Duldung zur Nutzung resultiert nicht aus der Genehmigung, die im Bereich der Küstengewässer nach BImSchG erfolgt. Diese Genehmigung erlaubt zwar der Projektgesellschaft die Errichtung des Offshore-Windparks. Für die Nutzung des Meeresgrundstücks ist hingegen die Zustimmung

543 Im Wesentlichen ohne Begründung für die Zulässigkeit von Belastungen: Böttcher, RNotZ 2011, 589, 597; nur bei Beachtung der Verpflichtungen aus Art. 89 GG: Mangoldt/Klein/Stark/Ibler, GG, 6. Aufl. 2010, Art. 89, Rn. 18. Anderer Auffassung: Wurmnest, RabelsZ 72 (2008), 236, 251.

544 Anderer Auffassung: Böttcher, RNotZ 2011, 589, 597f.

545 Wurmnest, RabelsZ 72 (2008), 236, 251.

546 So auch: Diekamp, ZBB 2004, 10, 13; Wurmnest, RabelsZ 72 (2008), 236, 252f.

547 Wurmnest, RabelsZ 72 (2008), 236, 251.

548 Art. 8 Einigungsvertrag.

549 Durch die Küstenmeer-Proklamation.

550 Mangoldt/Klein/Stark/Ibler, GG, 6. Aufl. 2010, Art. 89, Rn. 16.

551 Mangoldt/Klein/Stark/Ibler, GG, 6. Aufl. 2010, Art. 89, Rn. 16.

552 Diekamp, ZBB 2004, 10, 18 m.w.N.

553 Diekamp, ZBB 2004, 10, 19 m.w.N.

des Grundstückseigentümers erforderlich[554]. Dementsprechend schließt nach unserer Kenntnis der Bund einen Pachtvertrag über das Meeresgrundstück ab.

Zwischenergebnis und Ausblick

Nach herkömmlicher Sicht werden Offshore-Windparks in den Küstengewässern also nicht in Ausübung eines Rechts mit dem Meeresgrundstück verbunden.

Wenn aber der Bund nicht bereit (oder befugt) ist, dingliche Rechte an einem Meeresgrundstück einzurichten, er aber andererseits bereit ist, zu bestätigen, dass das Eigentum an den Bestandteilen des Offshore-Windparks bei der Projektgesellschaft bzw. den das Projekt finanzierenden Banken oder deren Rechtsnachfolgern liegt, fragt sich, ob aus dieser Erklärung zusammen mit dem Nutzungsüberlassungsvertrag eine Sonderrechtsfähigkeit der Bestandteile des Offshore-Windparks folgt.

Aus Beratungssicht wird man aber nicht annehmen können, dass die Bestandteile eines Offshore-Windparks Scheinbestandteile sind.

3.6.4.5 Scheinbestandteil wegen vorübergehenden Gebrauchs

Ein Scheinbestandteil käme aber dann in Betracht, wenn die Verbindung mit dem Meeresgrundstück nur zu einem vorübergehenden Gebrauch erfolgt[555]. Ein vorübergehender Gebrauch ist anzunehmen, wenn die Wiederaufhebung der Verbindung von Anfang an beabsichtigt ist und dies sich mit dem nach außen tretenden Sachverhalt in Einklang bringen lässt[556]. Es spricht eine tatsächliche Vermutung dafür, dass der schuldrechtlich Berechtigte, also etwa der Mieter oder Pächter eines Grundstücks, bei der Verbindung von Sachen mit dem Grundstück nur im eigenen Interesse handelt und nicht die Absicht hat, die Sachen nach der Beendigung des Nutzungsverhältnisses dem Grundstückseigentümer zu überlassen. Diese Vermutung ist erschüttert, wenn der Grundstückseigentümer nach Ende der Mietzeit verpflichtet oder berechtigt ist, die Sache zu übernehmen[557]. Teilweise wird darüber hinaus darauf abgestellt, dass die Sache bei Ende der Nutzungsdauer nicht verbraucht sein darf[558].

Bei Offshore-Windenergieanlagen hat die Projektgesellschaft von vornherein die Absicht, die Turbinen zu entfernen. Dies beruht auf der bauplanungsrechtlichen Rückbauverpflichtung[559], die sich nach unserer Kenntnis auch in den Genehmigungen spiegelt[560]. Dabei hat die

---

554 Diekamp, ZBB 2004, 10, 19.

555 § 95 Abs. 1 S. 1 BGB.

556 OLG Schleswig WM 2005, 1909, 1912; Diekamp, ZBB 2004, 10, 19; Goecke/Gamon, WM 2000, 1309, 1311; Wurmnest, RabelsZ 72 (2008), 236, 254. Ein vorübergehender Gebrauch kommt auch dann in Betracht, wenn die Wiederaufhebung der Verbindung nach den tatsächlichen Umständen, insbesondere wegen der natürlichen zeitlichen Begrenzung des Zwecks zu erwarten ist. Doch liegt, anders als beim Abbau von Bodenschätzen, eine natürliche zeitliche Begrenzung des Zwecks bei der Gewinnung von Strom aus Windenergie nicht vor, Diekamp, a.a.O.; Wurmnest, a.a.O.

557 BGHZ 104, 298, 301; BGHZ 92, 70, Rn. 16; OLG Schleswig WM 2005, 1909, 1912; Diekamp, ZBB 2004, 10, 19; Ganter, WM 2002, 105, 107; MüKo-BGB/Stresemann, § 94 Rn. 17; Goecke/Gamon, WM 2000, 1309, 1311f.; Peters, WM 2007, 2003, 2006.

558 Diekamp, ZBB 2004, 10, 19; Ganter, WM 2002, 105, 107; Goecke/Gamon, WM 2000, 1309, 1311f.; Bamberger/Roth/Fritzsche, § 95 Rn. 5f.; anders: MüKo-BGB/Stresemann, § 94 Rn. 17; Peters, WM 2007, 2003, 2006.

559 § 35 Abs. 5 S. 2 BauGB.

Projektgesellschaft gegenüber der Genehmigungsbehörde auch Sicherheit für den Rückbau zu leisten, etwa durch Stellung einer Bankbürgschaft.

Das entspricht auch dem Interesse der Bundesrepublik als Seegrundstückseigentümer. Denn bei Eigentumserwerb infolge einer Verbindung bestünde eine Ausgleichspflicht der Bundesrepublik gegenüber der Projektgesellschaft wegen des Eigentumsverlusts[561].

Demgegenüber wird teilweise argumentiert, dass die Lebensdauer von Offshore-Windenergieanlagen nicht länger ist als die geplante Nutzungsdauer[562]. Dabei sind automatische Verlängerungen des Nutzungsverhältnisses zu berücksichtigen[563]. Dies wird damit begründet, dass in einem solchen Fall die vorübergehende Nutzung nicht auf dem Willen des Betreibers beruht, sondern auf der kurzen Lebensdauer der Anlage[564].

Diese Meinung wirft eine Reihe von praktischen Fragen auf: Die Lebensdauer von Offshore-Windenergieanlagen kann nur ungenügend prognostiziert werden. Zunächst ist unsicher, wie die Lebensdauer zu bestimmen ist: Denkbar wäre, auf die technische Funktionsfähigkeit nach üblicher Wartung und Reparatur abzustellen[565]. Dann ist aber zu fragen, wie diese Lebensdauer mangels langfristiger und belastbarer Erkenntnisse prognostiziert werden soll. Weiter ist zu klären, auf welche Bauteile abzustellen ist. Auch ist unklar, wie eine Änderung der Verhältnisse, etwa durch verbesserte Wartungsmöglichkeiten, sich auswirken soll[566]. Schließlich ist es aber auch misslich, wenn die Projektgesellschaft gezwungen ist, den Windpark abzubauen, bevor dieser seine Funktionsfähigkeit verliert[567]. Ob das für Onshore-Windparks bemühte Argument, dass Windenergieanlagen gerne auch vor Ende der Laufzeit im Rahmen eines Repowering gegen leistungsstärkere Anlagen ersetzt und auf dem Zweitmarkt veräußert werden[568], auch Offshore eine Option werden wird, ist angesichts der hohen Installationskosten und der deutlich höheren Abnutzung in der maritimen Umwelt eher zweifelhaft.

Entscheidend ist aber, dass das gerade für Offshore-Windprojekte ungewisse Kriterium der Lebensdauer hinter die ohnehin aufgrund der Genehmigung befristete Nutzungsdauer und

---

560 Inhaltlich ähnlich, wenn auch mit teilweise anderer Begründung, Diekamp, ZBB 2004, 10, 19; ähnlich (als Hilfsargument im Hinblick auf Turbinen in der Ausschließlichen Wirtschaftszone) Reichert-Facilides, WM 2011, 1544, 1549.

561 §§ 946, 951 BGB. So auch Wurmnest, RabelsZ 72 (2008), 236, 258, der auch damit argumentiert, dass die Bundesrepublik ein Interesse daran hat, dass die Windenergieanlagen nach Ende der Nutzungsdauer entfernt werden, damit die Küstengewässer wieder ihrer Bestimmung als Seewasserstraße zugeführt werden können (a.a.O, 257f.). Ob diese Nutzungspriorität aber tatsächlich noch dauerhaft besteht, ist fraglich. Vgl. auch Peters, WM 2007, 2003, 2006 für Onshore-Turbinen: auch dort habe der Eigentümer kein Interesse an einem Verbleib der Windenergieanlage nach Ende der Mietzeit.

562 Ganter, WM 2002, 105, 108; Böttcher, RNotZ 2011, 589, 598 (10% längere voraussichtliche Lebensdauer als beabsichtigte Nutzungsdauer); Wurmnest, RabelsZ 72 (2008), 236, 258 (entscheidend sei, ob eine ordentlich gewartete und reparierte Anlage nach Ablauf der regulären Nutzungsdauer noch einen eigenen wirtschaftlichen Wert hat, also auf einem Zweitmarkt verwertet werden kann).

563 Goecke/Gamon, WM 2000, 1309, 1311.

564 Böttcher, RNotZ 2011, 589, 599.

565 So selbst für Onshore-Turbinen: Ganter, WM 2002, 105, 109.

566 Ganter, WM 2002, 105, 108 schlägt insoweit vor, auf den Zeitpunkt der erstmaligen Verbindung abzustellen.

567 Goecke/Gamon, WM 2000, 1309, 1312.

568 OLG Schleswig WM 2005, 1909, 1912; Peters, WM 2007, 2003, 2004.

Verpflichtung zum Rückbau zurücktreten sollte[569]. Daher sprechen unseres Erachtens die überzeugenderen Argumente für die Eigenschaft als Scheinbestandteil.

3.6.4.6 Praktische Hinweise

Empfehlenswert wäre es, wenn der Nutzungsüberlassungsvertrag eine befristete Laufzeit vorsieht, die kürzer ist als die Lebensdauer der Windenergieanlage bzw. des Umspannwerks. Wie dargestellt, ist das aber praktisch problematisch, weil ungewiss ist, wie die Lebensdauer rechtssicher zu bestimmen ist. Dies entspricht in der Regel auch nicht dem Interesse der Projektgesellschaft, die gezwungen sein kann, den Windpark abzubauen, bevor dieser seine tatsächliche Funktionsfähigkeit verloren hat[570]. Empfehlenswert ist aber, dass der Nutzungsüberlassungsvertrag dieselbe Laufzeit hat wie die Genehmigung.

Eine rechtssichere und wirtschaftlich sinnvolle Gestaltung kann folglich nicht durch Befristung des Nutzungsüberlassungsvertrages erfolgen. Daher stehen Banken vor dem Dilemma, dass rechtlich unsicher ist, ob eine Sicherungsübereignung infolge Verbindung der jeweiligen Offshore-Windenergieanlage in den Küstengewässern mit dem Meeresboden erlöscht.

In diesem Fall würde die Bundesrepublik Deutschland als Eigentümerin des Meeresgrundstücks auch Eigentümerin der Windenergieanlage. Daher kann sie gebeten werden, dass sie die Eigentümerstellung der Projektgesellschaft (bzw. des Sicherheitentreuhänders für die finanzierenden Banken aufgrund der Sicherungsübereignung) zu bestätigen[571]. Das führt zwar nicht zu einer Änderung der dinglichen Rechtslage. Doch ist das Risiko einer anderweitigen Verfügung durch die Bundesrepublik zu vernachlässigen. Außerdem kann dann aufgrund der schuldrechtlichen Vereinbarung mit der Bundesrepublik auch eine Behandlung als Eigentümer verlangt werden. Das sollte eine quasi-dingliche Rechtsstellung ermöglichen.

Daher bleibt die Sicherungsübereignung zusammen mit der Bestätigung der Bundesrepublik das Sicherungsinstrument der Wahl.

3.6.5 Vorschlag für eine gesetzliche Neuregelung

Demnach ist die Bestellung von Kreditsicherheiten sowohl im Bereich der Ausschließlichen Wirtschaftszone als auch der Küstengewässer mit Unsicherheiten behaftet. Das gilt in besonderem Maße dann, wenn der Offshore-Windpark sich in der Ausschließlichen Wirtschaftszone befindet. Hier bestehen rechtstechnische Herausforderungen besonders dann, wenn die Bestandteile aus dem Ausland angeliefert werden.

Daher wäre eine gesetzliche Regelung wünschenswert. Aus unserer Sicht wäre eine relativ unproblematische Regelung in der Weise möglich, dass das Schiffsregister für Offshore-Windparks und auch andere Anlagen innerhalb der Küstengewässer und der Ausschließli-

569 Diekamp, ZBB 2004, 10, 20; ähnlich für Wasserleitung: BGH NJW 1980, 771; für Dalben in der Weser: OVG Bremen NJW-RR 1986, 955, 956f.; für Onshore-Turbinen: OLG Schleswig WM 2005, 1909, 1912; Peters, WM 2002, 110, 117f.; ders., WM 2007, 2003, 2007.

570 Goecke/Gamon, WM 2000, 1309, 1312.

571 Eine solche Regelung enthielt auch der Mietvertrag für Onshore-Turbinen, der Gegenstand des Rechtsstreits OLG Schleswig WM 2005, 1909, 1912 war.

chen Wirtschaftszone geöffnet würde. In diesem Fall bestünde die Kreditsicherheit in einer Schiffshypothek[572]. Das ist anscheinend auch in Norwegen so umgesetzt worden[573].

Hinsichtlich der Umsetzung steckt der Teufel im Detail: Nach Schiffshypothekenrecht gibt es auch gegenüber der Hypothek bevorrechtigte durch gesetzliche Pfandrechte gesicherte Gläubiger, zu denen unter anderem die Schiffsbesatzung wegen ihrer Heuer rechnen[574]. Ist es gerechtfertigt, diese schiffsspezifische Regelung auch auf Offshore-Windparks anzuwenden? Durch Schiffshypotheken (ähnlich wie für durch Grundpfandrechte) besicherte Forderungen kommen unter bestimmten Voraussetzungen als Deckungsstock für Pfandbriefbanken und Versicherungen in Betracht. Ist es gerechtfertigt, die darin zum Ausdruck kommende hohe Sicherheit solcher Forderungen auch auf die Projektfinanzierung von Offshore-Windparks anzuwenden[575]? Schiffe führen die Flagge des Heimathafens. Soll dies auch für Windenergieanlagen gelten[576]? Dies scheint in Norwegen erforderlich zu sein[577]. Diese Herausforderungen im Detail sprechen aber nicht gegen eine gesetzliche Neuregelung durch Anwendung des Schiffshypothekenrechts.

Das Instrument der Schiffshypothek erscheint als Pfandrecht gegenüber der Sicherungsübereignung auch insoweit vorteilhaft, als das rechtliche Eigentum bei der Projektgesellschaft verbleibt. Damit werden Haftungsansprüche gegen die finanzierenden Banken als Eigentümer weniger wahrscheinlich, auch im Hinblick auf etwaige Umweltverschmutzungen, die aufgrund der Meeresströmung auch in Drittstaaten ausgelöst werden könnten.

3.6.6 Direktverträge

Wenn das Projekt nicht in der Weise verwertet werden kann, dass die Anteile an der Projektgesellschaft auf einen Dritten übertragen werden, sondern im Wege der Übertragung der einzelnen Vermögensgegenstände, müssen auch die Projektverträge selbst übertragen werden. Hierzu dienen Direktverträge. Ziel dieser Verträge ist es, die Projektgesellschaft im Verwertungsfall durch den Erwerber des Projekts zu ersetzen.

Das gelingt noch nicht durch die Sicherungsabtretung von Rechten und Ansprüchen unter den Projektverträgen. Denn der Projektvertrag bleibt weiter unter den bisherigen Parteien bestehen. Daher könnten die Vertragsparteien, gäbe es keinen Direktvertrag, entscheiden, wie in einer Verwertungssituation mit dem Vertrag zu verfahren ist. In einer solchen Situation kann die Projektpartei in der Regel den Projektvertrag kündigen und sich von dem Projekt zurückziehen. Sie kann auch einem Erwerber des Projekts ein Angebot unterbreiten, das weniger attraktiv ist als der mit der Projektgesellschaft vereinbarte Projektvertrag. Eine Vertragsübernahme des Projektvertrags bedürfte der Mitwirkung der Projektgesellschaft selbst. Eine solche Mitwirkung ist, wenn die Insolvenz bevorsteht, gegebenenfalls anfechtbar. Fer-

572 Wurmnest, RabelsZ 72 (2008), 236, 261; Böttcher, RNotZ 2011, 589, 600.

573 Wurmnest, RabelsZ 72 (2008), 236, 261; Böttcher, RNotZ 2011, 589, 601, beide mit Hinweis auf § 39 *Lov um sjørfarten* vom 24.6.1994, Nr. 39, www.lovdata.no.

574 §§ 754, 755, 761 HGB.

575 In diese Richtung wohl: Wurmnest, RabelsZ 72 (2008), 236, 261, der die daran anknüpfende Anwendbarkeit des Refinanzierungsregisters begrüßt.

576 Soll dann auch die Tonnagebesteuerung (§ 5a EStG) bei Offshore-Windenergieanlagen Anwendung finden?

577 Wurmnest, RabelsZ 72 (2008), 236, 261 Rn. 103.

ner kann es im Falle der Insolvenz der Projektgesellschaft zu Auswirkungen auf die Projektverträge kommen. Daher müssen Direktverträge insbesondere unter Beachtung des Insolvenzrechts gestaltet werden[578].

Direktverträge (Direct Agreements[579]) werden zwischen der Projektgesellschaft, dem Sicherheitentreuhänder (Security Agent) für die finanzierenden Banken und den wesentlichen Vertragspartnern der Projektgesellschaft abgeschlossen. Während bei klassischen Projektfinanzierungen die Zahl der Vertragspartner überschaubar ist, weil Generalunternehmerverträge gängig sind, werden solche Verträge bei Offshore-Projekten (noch) nicht verwendet. Die Projektgesellschaft schließt also mit verschiedenen Unternehmen Liefer-, Installations- und Wartungsverträge ab und richtet ein eigenes Schnittstellen-Management ein. Dies hat zur Folge, dass auch die Direktverträge mit den einzelnen Zulieferern untereinander abgestimmt sein müssen, so dass ein Austausch der Projektgesellschaft zeitgleich bei allen wichtigen Projektverträgen ermöglicht wird.

Die Auswahl der mit Direktvertrag zu versehenden Projektverträge richtet sich dabei danach, wie wichtig der Projektvertrag für die Fertigstellung und Durchführung des Projekts ist und wie leicht der Projektvertrag am Markt ersetzt werden kann. In der Regel werden alle wichtigen Komponenten (also Turbine, Fundament, Innerparkverkabelung und parkeigenes Umspannwerk) hinsichtlich der Lieferung und Installation erfasst. Hinzu kommt mindestens der Turbinenwartungsvertrag.

Direktverträge dienen in erster Linie dem Sicherungsinteresse der finanzierenden Banken[580]. Daher haben Vertragspartner der Projektgesellschaft gelegentlich Bedenken gegen den Abschluss solcher Verträge. Doch handelt es sich letztlich um ein Mittel, um die Finanzierbarkeit (*bankability*) der Projektverträge sicherzustellen. Außerdem werden die Kriterien für den Austausch des Vertragspartners vorab klar zwischen den finanzierenden Banken und dem Vertragspartner geregelt.

3.6.6.1 Wesentliche Inhalte eines Direktvertrages

Kernregelungspunkt des Direktvertrages ist die Möglichkeit des Eintritts des Erwerbers des Projekts als neue Projektgesellschaft an Stelle der bisherigen Projektgesellschaft. Hierzu wird die neue Projektgesellschaft vom Sicherheitentreuhänder als eintretende Partei im Rahmen einer Vertragsübernahme bestimmt.

Ausgangspunkt der Überlegungen ist die Möglichkeit einer Kündigung durch den Vertragspartner unter dem Projektvertrag. Würde der Vertragspartner eine solche Kündigung aussprechen können, könnte das Projekt nicht mehr fertiggestellt werden und es wäre den Banken nicht mehr möglich, die Projektgesellschaft im Rahmen einer Verwertung des Projekts auszuwechseln. Daher wird der Vertragspartner verpflichtet, während einer Stillhalteperiode keine Kündigungserklärung auszusprechen. Die Stillhalteperiode beginnt durch Mitteilung der Kündigungsabsicht durch den Vertragspartner an den Sicherheitentreuhänder. Sie be-

---

578 Vgl. hierzu insgesamt Sester, ZBB 2004, 283, 286ff.

579 Direktverträge wurden ursprünglich in der Londoner Finanzierungspraxis entwickelt; sie sind aber auch bei deutschen Projektfinanzierungen internationalen Zuschnitts üblich geworden, vgl. dazu Sester, ZBB 2004, 283, 285f.

580 Vinter, Project Finance, 3. Aufl. (2005), Rn. 8-030.

ginnt auch mit der Mitteilung einer Kündigungsabsicht des Kreditvertrags durch den Sicherheitentreuhänder.

Die Stillhalteperiode ermöglicht es allen beteiligten Parteien, das weitere Vorgehen zu besprechen. Dazu muss zunächst entschieden werden, ob die eingetretene Störung Anlass für den Austausch der Projektgesellschaft sein soll. Dann ist der Erwerber des Projekts zu finden. Unter den Direktverträgen können Abstimmungsprozesse zwischen dem Sicherheitentreuhänder und dem Vertragspartner angelegt sein. Dann kann der Erwerber die Neuverhandlung von Projektverträgen mit den verschiedenen Vertragspartnern fordern. Schließlich sind Abstimmungen im Bankenkonsortium erforderlich. All dies kostet Zeit. Daher muss die Stillhalteperiode so lang gewählt werden, dass eine sinnvolle Abstimmung unter allen Beteiligten möglich ist, und so kurz, dass das Projekt nicht zu lange unterbrochen wird.

Aus dieser Konzeption resultiert eine Reihe von Folgefragen. Zunächst stellt sich die Frage, ob und durch wen der Vertragspartner während der Stillhalteperiode bezahlt wird. Auch stellt sich die Frage, in welchem Umfang der Vertragspartner an dem Auswahlprozess für die neue Projektgesellschaft mitwirken kann. Hier haben die Banken das Interesse an einer möglichst flexiblen Verwertung. Zu regeln ist auch, wie mit Altverbindlichkeiten der abgelösten Projektgesellschaft unter dem Projektvertrag umzugehen ist. Dabei ist das Interesse der Vertragspartei an einer umfassenden Bezahlung abzuwägen mit dem Interesse des Erwerbers des Projekts an einer klaren Regelung seiner Belastung.

3.6.6.2 Insolvenzrechtliche Problematik in Deutschland

Werden die Sicherheiten verwertet und das Eintrittsrecht unter den Direktverträgen durchgesetzt, wird sich eine Insolvenz der Projektgesellschaft praktisch kaum vermeiden lassen. Natürlich sollte dies nach Möglichkeit vermieden werden[581]. Doch dienen Sicherheiten und natürlich auch Direktverträge gerade dazu, eine Verwertung des Projekts zu ermöglichen. Daher müssen die insolvenzrechtlichen Fragestellungen bedacht werden.

- Eine Reihe von nachteiligen Konsequenzen wird durch die Eröffnung des Insolvenzverfahrens ausgelöst. Ab diesem Zeitpunkt kann der Insolvenzverwalter entscheiden, ob ein beiderseits nicht vollständig erfüllter Vertrag erfüllt werden soll oder nicht[582]. Von der Projektgesellschaft erteilte Aufträge, Geschäftsbesorgungsverträge und Vollmachten erlöschen[583]. Für Miet- und Pachtverträge der Projektgesellschaft gilt eine Kündigungssperre wegen Zahlungsverzug vor Insolvenzantrag und wegen Vermögensverfalls[584]. Abweichende Vereinbarungen sind unwirksam[585].

[581] So auch Sester, ZBB 2004, 283, 286.

[582] § 103 Abs. 1 InsO.

[583] §§ 115 bis 117 InsO. Geschäftsbesorgungsverträge sind Dienst- und Werkverträge, bei denen es sich um eine selbständige Tätigkeit wirtschaftlicher Art handelt, die im fremden Interesse erbracht (oder nach der Gegenmeinung mit einer besonderen Treuepflicht gegenüber des Geschäftsbesorgers gegenüber den Interessen des Geschäftsherrn als einer Hauptpflicht ausgestattet ist), vgl. Palandt/Sprau, BGB 70. Aufl. 2012, § 675 Rn. 3ff. Dazu rechnet insbesondere die Beauftragung des Rechtsanwalts oder Steuerberaters. Keine Geschäftsbesorgungen erbringen hingegen Bauunternehmen, Palandt/Sprau, a.a.O., Rn. 4. Kritisch sind Baubetreuungs- und Bauträgerverträge, Palandt/Sprau, a.a.O., Rn. 17ff.

[584] § 112 InsO.

[585] § 119 InsO. Vgl. insgesamt auch Sester, ZBB 2004, 283, 286f.

Die im Direktvertrag vorgesehene Vertragsübernahme durch die Bank oder einen von ihr benannten Dritten führt zur Beendigung der Vertragsbeziehung zwischen Projektgesellschaft und Vertragspartner. Hier kann der Insolvenzverwalter also nicht mehr sein Erfüllungswahlrecht ausüben. Das ist dann unkritisch, wenn die Beendigung auf einer Lösungsklausel beruht[586]. Das sind vertragliche Kündigungs- oder Rücktrittsrechte oder aufschiebende Bedingungen, soweit sie nicht an die Insolvenzeröffnung anknüpfen[587].

- Die zweite insolvenzrechtlich kritische Fragestellung ergibt sich aus dem Anfechtungsrecht[588]. Danach kann eine Lösungsklausel isoliert angefochten werden, wenn sie zusätzliche Pflichten begründet, die über die Vertragsbeendigung hinausgehen und gerade im Vorfeld einer Insolvenz greifen[589]. Die Konsequenz einer solchen Anfechtung ist, dass der Projektvertrag mit dem Insolvenzverwalter fortbesteht.

  Eine Gläubigerbenachteiligung durch den Vertragseintritt nach dem Direktvertrag kann dann vermieden werden, wenn der Lösungsberechtigte auch kraft Gesetzes dasselbe Recht gehabt hätte[590]. Das ist dann der Fall, wenn Lösungsklauseln für den Fall des Verzuges oder für den Fall einer wesentlichen Vertragsverletzung oder für den Fall der Vermögensverschlechterung vereinbart werden[591].

- Daher muss der Direktvertrag so gestaltet werden, dass aus Sicht der alten Projektgesellschaft die Vertragsbeendigung und ihr Austausch durch die neue Projektgesellschaft wie eine Kündigung erfolgt, die nicht wegen der Insolvenzeröffnung erklärt wird. Insoweit ist sicherzustellen, dass unter dem Kreditvertrag ein Kündigungsrecht besteht, wenn der Vertragspartner seine Absicht zur Kündigung eines Projektvertrages anzeigt. Ebenso muss unter dem Projektvertrag ein Kündigungsrecht bestehen, wenn die Bank die Absicht anzeigt, den Kreditvertrag zu kündigen[592]. Die Kündigungsgründe unter dem Kreditvertrag und den Projektverträgen werden in der Regel spezieller sein, als die gesetzlichen Kündigungsgründe. Im Gesetz findet sich insbesondere keine ausdrückliche Regelung, wonach ein Vertrag gekündigt werden kann, weil ein anderer Vertrag gekündigt werden kann (*cross default*). Doch sind solche Kataloge von Kündigungsgründen bei größeren Finanzierungen üblich. Sie haben den Zweck, die gesetzlichen Kündigungsgründe zu präziseren und späteren Streit über das Vorliegen eines Kündigungsgrundes zu verhindern. Das spricht gegen eine Gläubigerbenachteiligung[593].
- Schließlich sollte jedes Handeln der Projektgesellschaft zum Zeitpunkt ihres Ausscheidens aus dem Vertrag vermieden werden; sie sollte nur als Empfängerin von Willens-

586 Sester, ZBB 2004, 283, 286f.

587 MüKo-InsO-Huber, § 119, Rn. 22; HK-InsO-Marotzke, § 119, Rn. 2, 6f.

588 §§ 129ff. InsO.

589 BGH ZIP 1994, 40, 41 (entschädigungslose automatische Übereignung einer Breitbandverteilanlage bei Kündigung wegen Insolvenzeröffnung – die isolierte Anfechtung der Klausel, die eine entschädigungslose Übereignung der Anlage vorsah, wurde zugelassen); Sester, ZBB 2004, 283, 287; BGH ZIP 1993, 521; MüKo-InsO-Kirchhof, § 129, Rn. 130.

590 BGH ZIP 1994, 40, 42; Sester, ZBB 2004, 283, 287; MüKo-InsO-Kirchhof, § 129, Rn. 130.

591 Solche Klauseln entsprechen den zivilrechtlichen Wertungen, §§ 323 Abs. 1 und 4, 314, 315 BGB. Vgl. HK-InsO-Marotzke, § 119, Rn. 2; Sester, ZBB 2004, 283, 287.

592 Sester, ZBB 2004, 283, 287 („gekreuzte Kündigungsmöglichkeiten").

593 Sester, ZBB 2004, 283, 287.

erklärungen teilnehmen[594]. Gerade auch deshalb sollte der Direktvertrag als Vertragsübernahmeoption ausgestaltet werden[595].

3.6.7 Sicherheit über die Genehmigung

Im Hinblick auf ein Verwertungsszenario, bei dem nicht die Anteile an der Projektgesellschaft, sondern deren Vermögensgegenstände verwertet werden sollen, stellt sich die Frage, ob auch die Genehmigung für den Offshore-Windpark Gegenstand einer Sicherheit sein kann. Das ist dann der Fall, wenn die Genehmigung als solche selbständig übertragen werden kann. Dann ist eine Verpfändung[596] oder Sicherungsabtretung möglich.

Die Übertragbarkeit der Genehmigung des BUNDESAMTS FÜR SEESCHIFFFAHRT UND HYDROGRAPHIE für in der Ausschließlichen Wirtschaftszone gelegenen Offshore-Windparks[597] wird in der Seeanlagenverordnung wie folgt adressiert:

> *„Der Adressat eines Planfeststellungsbeschlusses, einer Plangenehmigung oder einer Genehmigung hat dem Bundesamt für Seeschifffahrt und Hydrographie unverzüglich anzuzeigen, wenn der Planfeststellungsbeschlusses, die Plangenehmigung oder die Genehmigung auf einen anderen übertragen wird. Das Gleiche gilt für den Betreiber, wenn der Betrieb der Anlage auf eine andere Person übertragen wird.“*[598]

Danach unterstellt die Seeanlagenverordnung die Übertragbarkeit der Genehmigung. In der Tat werden auch Genehmigungen nach der Seeanlagenverordnung isoliert übertragen, nach unserer Erfahrung jedoch nur in der Frühphase des Projekts, also zu einem Zeitpunkt, zu dem eine Auszahlung unter dem Kreditvertrag noch nicht erfolgt ist und mit den Bauarbeiten unter den Projektverträgen noch nicht begonnen wurde.

Da die Genehmigung für den Offshore-Windpark aber eine exakt bestimmte Fläche innerhalb der Ausschließlichen Wirtschaftszone betrifft, stellt sich die Frage, ob die Genehmigung so sehr sachlich mit dem Projekt verbunden ist, dass sie nicht isoliert übertragen werden kann, sondern nur zusammen mit dem Projekt. Denn sachbezogene Genehmigungen gehen in der Regel auf den Rechtsnachfolger über, soweit sie subjektive Rechte begründen[599]. Das ist unter anderem bei Baugenehmigungen weitgehend auch ausdrücklich geregelt[600]. Ähnliches wird auch ohne ausdrückliche Regelung für die Genehmigungen nach § 4 BImSchG angenommen[601], die auch für die Offshore-Windparks in den Küstengewässern relevant sind.

Unseres Erachtens wird man eine isolierte Übertragung der Genehmigung zur Errichtung von Offshore-Windparks zulassen müssen, soweit noch nicht mit der Errichtung des Offshore-Windparks auf See begonnen wurde. Ab diesem Zeitpunkt ist eine Übertragung der Geneh-

---

594 Sester, ZBB 2004, 283, 287.

595 So im Ergebnis auch Sester, ZBB 2004, 283, 288, der auch Vorverträge mit Verpflichtungscharakter erörtert.

596 § 1274 BGB.

597 Nach § 6 SeeanlagenVO.

598 § 15 Abs. 5 SeeanlagenVO.

599 Erichsen/Ehlers/Remmert, Allgemeines Verwaltungsrecht, 14. Aufl. 2010, § 18 Rn. 16 Fn. 97; Dietlein, Nachfolge im Öffentlichen Recht, Habil. Köln 1999, S. 328.

600 Vgl. beispielhaft: § 58 Abs. 2 Hamburgische BauO.

601 BVerwGE 84, 209, 211 Rn. 23.

migung nur zusammen mit der zivilrechtlichen Position möglich, die die Betreibereigenschaft ermöglicht, in der Regel also der Eigentümerstellung hinsichtlich der Anlagen.

Vor diesem Hintergrund ist eine Verpfändung oder Sicherungsabtretung der Genehmigung möglich und sinnvoll. Da eine selbständige Übertragbarkeit nach Baubeginn nicht mehr möglich ist, erlischt insoweit wohl das Sicherungsrecht. Doch ist klarzustellen, dass die Rechtslage nicht eindeutig ist. Denkbar ist, dass die Genehmigung zu keinem Zeitpunkt Gegenstand eines Sicherungsinstruments werden kann. Denkbar ist auch, dass sie auch nach Projektfertigstellung Gegenstand eines Sicherungsinstruments sein kann. In jedem Fall werden die Interessen der finanzierenden Banken am besten dadurch geschützt, wenn die Genehmigung verpfändet oder zur Sicherheit übertragen wird.

3.6.8 Zusammenfassung

Die Mehrzahl der deutschen Offshore-Windparks wird über eine Projektfinanzierung finanziert werden. Angesichts der Finanzierungsvolumina sind neben der Einbindung eines finanzkräftigen Sponsors die Beteiligung von staatlichen und europäischen Förderbanken, wie der KfW und der EIB sowie von Exportkreditversicherungen, wie der EKF und der Euler Hermes Kreditversicherung, erforderlich.

Die Ausgestaltung der Sicherheitenverträge weist im Gegensatz zu herkömmlichen Projektfinanzierungen einige Besonderheiten auf:

Abhängig von der konkreten Belegenheit des Offshore-Windparks in den deutschen Küstengewässern (also innerhalb der 12-Seemeilen-Zone) oder in der deutschen Ausschließlichen Wirtschaftszone (also seewärts der Küstengewässer), muss die Besicherung an den Bestandteilen des Offshore-Windparks vor dem Hintergrund der bisher ungeklärten Rechtslage erfolgen. In der Ausschließlichen Wirtschaftszone findet unseres Erachtens deutsches Recht Anwendung. Eine Verbindung mit dem Meeresboden scheidet dort aus, so dass eine Sicherungsübereignung möglich erscheint. Um jedoch der teilweise vertretenen Meinung Rechnung zu tragen, dass in der Ausschließlichen Wirtschaftszone weder deutsches noch ein anderes Recht Anwendung findet, empfiehlt es sich, die Sicherheiten noch vor Verschiffung an Land zu bestellen.

In den Küstengewässern, die zum deutschen Territorium gehören, findet deutsches Sachenrecht sicher Anwendung. Doch kann es hier zu einer Verbindung der Windenergieanlagen und der anderen Bestandteile eines Offshore-Windparks mit dem Meeresboden kommen, dessen Eigentümerin die Bundesrepublik ist. Wie für Onshore-Windenergieanlagen ist streitig, ob Windenergieanlagen wesentlicher Bestandteil des (See-) Grundstücks werden (und damit nicht mehr Gegenstand von besonderen Rechten, wie einer Sicherungsübereignung sein können), wenn die Dauer der vorgesehenen Verbindung kürzer ist als die wirtschaftliche Lebensdauer der Anlage. Unseres Erachtens spricht vieles dafür, die Nutzungsdauer als begrenzt anzusehen, weil bei Offshore-Windenergieanlagen von vornherein bei Projektende die Entfernung der Turbine vorgesehen ist. Das ist Bestandteil der Genehmigung. Doch ist zur Vermeidung von Unsicherheiten zu empfehlen, dass darüber hinaus mit der Bundesrepublik als Vermieterin des Seegrundstücks zu klären ist, dass sie die Eigentümerstellung der Projektgesellschaft und der projektfinanzierenden Banken akzeptiert.

Es wäre wünschenswert, wenn der Gesetzgeber die (modifizierte) Anwendung der Schiffshypothek auf Offshore-Windenergieanlagen zuließe.

Abgesehen von der kritischen Frage der wirksamen Sicherungsübereignung weist die Sicherheitenstruktur bei Offshore-Windparks weitere Besonderheiten auf: Aufgrund des verbreiteten Multi-Contracting-Ansatzes sind regelmäßig zahlreiche Direktverträge abzuschließen, die den Fortbestand der wesentlichen Projektverträge auch bei Ersetzung der ursprünglichen Projektgesellschaft sicherstellen. Bei der Ausgestaltung dieser Direktverträge sind insbesondere Vorgaben des zwingenden Insolvenzrechts zu beachten.

Schließlich erfolgt zu Sicherungszwecken auch eine Verpfändung oder Sicherungsübertragung der Genehmigung, die unseres Erachtens zumindest bis zum Beginn der Errichtung des Offshore-Windparks wirksam sein sollte.

So spiegeln auch die Finanzdokumentation und Sicherheitenstruktur die Komplexität der Errichtung und des Betriebs von Offshore-Windparks wider.

3.7 Projekt- und Konfliktmanagement

SILKE KATTERBACH

"If you want to make God laugh, tell him about your plans." (WOODY ALLAN)

3.7.1 Einleitung

Offshore-Projekte haben einen planerischen Vorlauf von mehreren Jahren, in denen das Design, die Produktion und der zeitliche Ablauf der Installation so detailliert wie möglich geplant und berechnet wird; von zahlreichen Experten in verschiedenen Firmen aus unterschiedlichen Ländern. Und trotz aller vorbereitenden Planung ergeben sich im Projektverlauf Veränderungen, die grundlegend unterschiedliche Ursachen und Auswirkungen haben können. Es ist daher unerlässlich zu verstehen, welche Ursachen und Auswirkungen Veränderungen für das Projektteam haben können und welche Anforderungen sich daraus an die Leitung von komplexen Projekten ergeben, in denen Veränderungen an der Tagesordnung sind.

Welche Bedeutung messen wir dabei dem Menschen und seiner Veränderungsfähigkeit, bzw. -bereitschaft bei? Im Weißbuch der EUROPÄISCHEN UNION „Wachstum, Wettbewerbsfähigkeit, Beschäftigung“ wird das Ziel unternehmerischer Mitarbeiterqualifizierung wie folgt beschrieben:

> *„Die (...) Grundfähigkeiten reichen von der perfekten Beherrschung des Grundwissens (Sprachkenntnisse...) bis hin zu technologischen und sozialen Fertigkeiten: Entwicklungs- und Handlungsfähigkeit in einem komplexen und von hoher Technologiedichte geprägtem Umfeld, das besonders durch die Bedeutung der Informationstechnologien gekennzeichnet ist; Kommunikationsfähigkeit und Organisationsvermögen (...).*[602]*“*

In diesem Artikel sollen die psychologischen Grundlagen und Handlungsmöglichkeiten für ein erfolgreiches Projektmanagement beschrieben werden.

3.7.2 Grundlagen menschlichen Verhaltens in Systemen

Projekte scheitern am Menschen

Ein Blick in die Projektrealität in Unternehmen macht den Einfluss sogenannter „weicher Faktoren“ auf den Projekterfolg deutlich. Jährlich führt die Gesellschaft für Projektmanagement zusammen mit einem Beratungsunternehmen Studien zur Effektivität von Projekten durch. Danach scheitern nach vorsichtiger Schätzung ca. 30 % aller Projekte (Engel, Quadejacob 2008). Einer der meistgenannten Gründe ist mangelnde Kommunikation. Collette ergänzt: 44 % aller Projekte dauern länger als geplant, was eine durchschnittliche Zeitabweichung von 70 % und eine durchschnittliche Kostenüberschreitung von 95 % zur Folge hat (Collette, 2009).

Das „Maut-Debakel“ (Von Dohmen und Herwig, 2004) rund um das Unternehmen TOLL COLLECT macht deutlich, dass Fehler Einzelner, Kommunikationsprobleme, kulturelle Hür-

[602] EU 1993, S. 141.

den und Unterschiede oder persönliches Statusdenken viel Geld kosten können. Denn es ist der Mensch, der agiert.

WILFRIED DÖRNER (1992) analysiert in seinem Buch „Die Logik des Misslingens“ einige Beispiele des Scheiterns. An Hand von Planspielen und Computersimulationen wertet er aus, welche menschlichen Faktoren in dynamischen Systemen zu Fehlentscheidungen führen. Tanaland ist ein Gebiet in Ostafrika und existiert nur als Computersimulation. Versuchspersonen werden mit den vielseitigen Herausforderungen konfrontiert, denen sich dieser zwar erdachte, dennoch realitätsnahe Landstrich ausgesetzt sieht. Ausgestattet mit allen nur möglichen politischen und ökonomischen Kompetenzen führten die Versuchspersonen Tanaland zielsicher in die Katastrophe. So reagierten die Versuchspersonen bei beginnender Nahrungsknappheit hektisch mit dem Anbau von Getreide. Sie übersahen dabei die Nebenwirkungen der Monokultur, die dadurch entstand. DÖRNER beschreibt darin u.a. das Phänomen der „Überregulation“. Keine der Versuchspersonen handelte in schlechter Absicht, es ist für Einzelpersonen extrem schwer, alle Fern- und Nebenwirkungen möglicher Handlungsoptionen im Blick zu haben und richtig einzuschätzen. DÖRNER wertet die mitunter fatale Verkettung von Fehlentscheidungen an Hand von mehreren beobachtbaren Verhaltensdeterminanten aus und findet erschreckende Parallelen zu tatsächlich passierten Katastrophen wie dem Kernreaktor-Unfall in Tschernobyl im Jahr 1986.

In Offshore-Projekten heißt das für Verantwortliche, sich des Phänomens der Überregulation und dem z.T. unüberschaubaren Netz von Fern- und Nebenwirkungen bewusst zu sein und Entscheidungen möglichst in einem kompetenten und eingespielten Team auf ihren Eskalationseffekt hin überprüfen zu lassen. Ein Mensch allein ist bei der Komplexität dazu kaum in der Lage.

Bis heute fällt es schwer, in technologielastigen Großprojekten wie z.B. Offshore-Windprojekten den weitreichenden Einfluss von sogenannten „weichen Faktoren“ auf den Erfolg von Milliardenprojekten zu akzeptieren. Natürlich sind diese Ursachen des Scheiterns nicht immer offensichtlich und somit im Einzelfall schwer nachweisbar. Aber Erkenntnisse aus Psychologie, Hirnforschung und Soziologie lassen sich nicht ignorieren.

Die große Aufmerksamkeit, mit der die Öffentlichkeit und die Politik die Boombranche Offshore betrachtet, lässt nicht zu, dass vermeintlich „menschliche Schwächen“ das Risiko eines potenziellen Milliardenverlusts beeinflussen. Darüber hinaus ist diese Art von Ursachen des Scheiterns nur schwer nachweisbar und erst recht ist die Suche nach Verursachern weder möglich noch sinnvoll.

So wie im Fußball „Geld keine Tore schießt“, sondern das Team einen Vorteil hat, dessen Coach etwas von Teamdynamik und Motivation versteht, so wird auch das Projekt erfolgreich sein, dessen Projektleitung verstanden hat, wie komplexe Systeme funktionieren und wie Menschen mit Veränderungen umgehen.

Das Projektteam als komplexes dynamisches System

Im betriebswirtschaftlichen Umfeld ist eine Abkehr vom Glauben an die Existenz des sog. HOMO OECONOMICUS beobachtbar. Die tief verankerte Überzeugung, der Mensch sei ein rational gesteuertes Wesen, das über alle Informationen verfüge und eigeninteressiert nutzenmaximierend agiere, verliert an Bedeutung. In weiten Teilen unseres gesellschaftlichen und beruflichen Lebens werden wir allerdings immer noch mit dem mechanistischen Menschenbild konfrontiert, das den Menschen als „Reaktionsmaschine“ darstellt, die linear „funktioniert“. Die Psychologie, und in jüngerer Zeit auch die Neurophysiologie, belegen die Komplexität des menschlichen Handelns. Das Verständnis dieser Komplexität ist eine wesentliche Voraussetzung dafür, die steigenden Ansprüche an das Individuum und seine Leistungsfähigkeit in einer global vernetzten Hochtechnologiewirtschaft erfüllen zu können. Die Offshore-Windenergiebranche ist daher nicht nur eine große technisch-ökonomische Herausforderung, sondern stellt auch besondere Anforderungen an ein neues und anderes Miteinander der beteiligten Menschen. Um tatsächlich zu verstehen, wie ein Team von Menschen unter den komplexen Bedingungen bestmöglich miteinander arbeiten kann, ist es sinnvoll, sowohl über den Menschen an sich, als auch über die Dynamik von Systemen grundlegende Kenntnis zu besitzen.

Seit den 50er Jahren des letzten Jahrhunderts bietet die Systemtheorie, und darin vor allem die Selbstorganisationstheorie, nützliche Rahmenbedingungen für die Betrachtung des Menschen und seines Verhaltens. Diese Theorie hat ihren Ursprung in den Naturwissenschaften (Thermodynamik) und findet heute breite Anwendung in anderen Disziplinen wie Soziologie und Psychologie (Kruse und Stadler, 1995).

Exkurs: Geschichte der Systemtheorie

Die Frage nach der Herkunft von Ordnungen oder Zuständen im Sinne von Strukturentstehung beschäftigt Philosophen bereits seit der Antike. Aristoteles (384–322 v.Chr.) ging davon aus, dass der Mensch einen „inneren Plan der Dinge“ in sich trage. Ein Kind kommt seiner Ansicht nach bereits mit diesem Plan zur Welt, den es über die Zeit entwickelt bzw. entfaltet (im wahren Wortsinn). So ist es erklärbar, dass Neugeborene kaum über sichtbare, aber doch angeborene Fähigkeiten verfügen, die sie relativ schnell perfektionieren und, gemäß ihrem „inneren Plan“ zu vernünftigen und fähigen Erwachsenen werden. Aristoteles prägte dafür den Begriff „Entelechie“ (sinngemäß: „was das Ziel in sich hat“). Diese Entwicklung wird durch die Vollkommenheit als finale Ursache (Ziel, auf das alles abgestimmt ist) gelenkt.

In der klassischen Dynamik – eng verbunden mit dem Namen Isaac Newtons (1643–1727) – sind Veränderungen determiniert und statisch. Unter gleichen Ausgangsbedingungen ist jede Veränderung umkehrbar. Der zweite Hauptsatz der Thermodynamik führt den Begriff des thermodynamischen Gleichgewichts ein. Er besagt, dass die Veränderung eines Systems mit wachsender Entropie eine Grenze hat: den Zustand des thermodynamischen Gleichgewichts, der maximalen Entropie. Die zuvor unterschiedlichen Systemkomponenten sind nun nicht mehr zu unterscheiden, es herrscht – im physikalischen Sinne – größte Unordnung.

In den 20er Jahren des 20. Jahrhunderts galt das Forschungsinteresse der Tatsache, dass sich Systeme in einer sich ständig verändernden Umwelt stabil verhalten, bzw. einen Gleichgewichtszustand nach einer Störung wieder erlangen können. Bis in die 60er Jahre lag der Schwerpunkt dieses Forschungsgebiets auf der Abweichungskorrekturfähigkeit offener Systeme. Die Kybernetik, wie sich diese Wissenschaft nach dem griechischen Wort für Steuermannskunst nennt, versucht, Gesetzmäßigkeiten in der Anpassungsfähigkeit von Systemen zu finden. Der Mathematiker Norbert Wiener (1894–1964) gründete 1942 ein interdisziplinäres Seminar mit Physiologen und Ingenieuren, um Parallelen zwischen unbelebten und belebten Systemen in ihrer Anpassungsfähigkeit zu ziehen.

Ilya Prigogine (1971) beschreibt Fluktuationen als kleine Zufallsschwankungen in einem System, die, sich selbst verstärkend, einen neuen Systemzustand herbeiführen. Ausgehend von einer Vielfalt an möglichen neuen Systemzuständen, die selbstorganisiert über Fluktuation eintreten können, bezeichnet Prigogine diese Systeme als „Systeme mit dissipativer Struktur". Hier gilt das Prinzip: Ordnung durch Fluktuation. Der Thermodynamiker und Nobelpreisträger Prigogine betont, dass Störungen aus der Systemumwelt oder Eigenfluktuation im System der Motor für Systementwicklung sein können. In dieser Entwicklungsspirale entsteht Ordnung aus Chaos. Die Begriffe „Stabilität" und „Instabilität" spielen eine zentrale Rolle in der Ordnungsbildung von Systemen.

Ein Projektteam ist ein System, das aus menschlichen Individuen besteht, deren Denken und Handeln jeweils nicht vorhersagbar oder linear sind. Dennoch wird bei Projektbeschreibungen genau davon ausgegangen: Vorhersagbarkeit und Linearität. NIKLAS LUHMANN, einer der bedeutendsten Soziologen und Systemtheoretiker der jüngeren Geschichte, beschreibt die Komplexität von Systemen so: „Als komplex wollen wir eine zusammenhängende Menge von Elementen bezeichnen, wenn (…) nicht mehr jedes Element jederzeit mit jedem anderen verknüpft sein kann." (Luhmann, 1984, S. 46).

Um also ein Bild darüber zu gewinnen, wie der Erfolg oder Misserfolg bedeutsamer Projekte mit dem „Faktor Mensch" zusammenhängt, ist es wichtig, theoretische Grundannahmen mit praktischen Maßnahmen zu verknüpfen.

Die Theorien des klassischen Projektmanagements konzentrieren sich auf strukturierende Methoden und Tools (Projektstrukturplan, Checklisten, Liste offener Punkte, Schnittstellenmatrix). Projektteams allerdings sind vor allem soziale Systeme und agieren über Kommunikation.

Die große Herausforderung für das Projektmanagement von Offshore-Projekten ist es daher, einen ganzheitlichen Ansatz zu entwickeln, der die bestehenden Methoden um die systemische Sichtweise erweitert und mit entsprechenden Kompetenzen ergänzt. Projektmanagement muss in der Lage sein, jederzeit flexibel mit der Dynamik und Selbstorganisation der Beteiligten umzugehen. *„Ashby's Law"* beschreibt die Herausforderung: Um ein komplexes System (Projektteam) unter Kontrolle zu bringen, müssen wir in der Lage sein, mindestens ebenso viel Komplexität und Vielfalt aufzubringen, wie das System in sich hat (vgl. Ashby 1961). Danach reichen vermeintlich einfache Antworten auf komplizierte Projektfragen in der Regel nicht aus, um den Erfolg sicherzustellen.

Umgang mit Komplexität und Dynamik

Komplexität heißt, dass ein Projekt aus vielen Elementen besteht, die hochgradig miteinander vernetzt sind. Dynamik beschreibt das Aktivitätspotenzial und die Geschwindigkeit, mit der gearbeitet wird. In Offshore-Projekten sind viele Beteiligte an unterschiedlichen Standorten mit unterschiedlicher Kultur/Sprache und vielfältigen Aufgaben involviert, die untereinander hoch vernetzt sind, also in großer Abhängigkeit voneinander agieren. Das bedeutet, dass die Parameter Komplexität und Dynamik als „hoch", bzw. „weiter steigend" beschrieben werden können.

„Die zunehmende Globalisierung erfordert eine permanente Neuorientierung an den sich ständig wechselnden Bedingungen (…). Es ist eine wichtige Aufgabe des Projektmanagements, diese Bedingungen so transparent an die Mitarbeiter im Projektteam zu vermitteln, dass sie immer wieder neu motiviert werden" (Hahn, 2002, S. 19).

Leider gibt klassisches Projektmanagement keinen Anhaltspunkt dafür, wie diese durchaus nachvollziehbaren Ziele erreicht werden können.

Ein erster Schritt besteht darin zu verstehen, wie sich Projektteams in unterschiedlichen Situationen verhalten und welche Handlungsstrategie sich daraus für Verantwortliche ableiten lässt. Diese Handlungsstrategien sind abhängig von dem Zustand, in dem sich das Projekt befindet. Wie beschrieben, kann ein komplexes Projekt als System verstanden werden, dessen Verhalten in verschiedenen Zuständen gut untersucht ist (Kruse, 2004, siehe Abbildung 24). Diese Erkenntnisse sind übertragbar auf Abteilungen, Unternehmen, soziale Gruppen oder eben auch Projektteams.

	HANDLUNGSSTRATEGIE		HANDLUNGSSTRATEGIE	
	Steuerung	Regelung	Versuch und Irrtum	Selbst-organisation
Systemzustand	STABIL	STABIL	INSTABIL	INSTABIL
Organisation	EINFACH	KOMPLEX	EINFACH	KOMPLEX
Funktionsweise	Ursache - Wirkung	Soll-Ist-Abgleich	Such-bewegung	Muster-wechsel
	Management von Stabilität		**Management von Instabilität**	

Abbildung 24: Management von Stabilität und Instabilität (Kruse, 2004)

„‚Stabilität' bedeutet, dass sich das System vorhersagbar verhält und man aus dem vergangenen Verhalten das zukünftige Verhalten schätzen kann; ‚Instabilität' hingegen beschreibt, dass das System spontan sprunghafte Zustandsänderungen durchläuft und die Zukunft nicht als Verlängerung der Vergangenheit vorhersagbar ist" (Kruse, 2004, S. 41). Besonders beachtenswert ist an dieser Betrachtung, dass die Handlungsstrategie eine grundlegend andere ist, je nachdem, in welche Kategorie sich das System aktuell einordnen lässt.

Ein Beispiel für einen stabilen Systemzustand ist der planmäßige Ablauf eines Projekts. Kleine Abweichungen vom Zeitplan werden ausgeglichen. Der Systemzustand kann als „stabil" bezeichnet werden.

„Die Prozesse in diesem System werden auf eine verschachtelte Hierarchie von Regelvorgängen über negative Rückkopplung, also über die Minimierung von Soll-Ist-Abweichungen geordnet. Das Prinzip der Regelung basiert auf Rückmeldeschleifen. (…) Nach dem gleichen Schema lassen sich viele Prozesse in der Natur und auch die meisten komplexeren technischen Lösungen darstellen. Eben deshalb ist die Steuerungs- und Regelungstheorie, die Kybernetik erster Ordnung, eine der produktivsten

> *wissenschaftlichen Ansätze des 20. Jahrhunderts gewesen; bis heute dient sie den Ingenieuren als zentrales Denkmodell." (Kruse, 2004, S.43)*

Steuerung und Regelung sind gebunden an Stabilität, an die Vorhersagbarkeit zukünftiger Entwicklungen.

Was aber passiert bei Abweichungen vom Plan, bei unvorhersehbaren Ereignissen bzw. außerplanmäßigen Vorkommnissen, wie z.B. dem Ausfall wichtiger Ressourcen, dem Verlust von Investoren, umwälzenden politischen Entscheidungen o.ä. Hier gilt es, in Ergänzung unseres Alltagsverständnisses von „Management" zusätzliche Handlungsoptionen zur Verfügung zu haben. Das System muss in der Instabilität gemanagt werden, wobei „managen" in diesem Zusammenhang eben NICHT Steuern und Regeln bedeutet. Andere als die gewohnten Managementmethoden sind notwendig. KRUSE beschreibt das Management von Instabilität an Hand einer Segelmetapher:

> *„Besondere Herausforderungen entstehen, wenn sich das Schiff in fremden Gewässern auf der Suche nach unbekannten Küsten befindet. Steuern und Regeln sind nicht mehr möglich. Es gibt keine Seekarten und kein ortsbezogenes Vorwissen, an dem sich das Handeln orientieren kann. Die Situation ist komplex und instabil (...). Es bleibt nur die Entwicklung von Visionen, das Vertrauen auf Intuition, die Sensibilisierung für die Wahrnehmung aktueller Gegebenheiten und das bewegliche Sich-Einlassen auf jede noch so kleine Veränderung. Der Kurs entsteht also aus der schrittweisen, wechselseitig aufeinander bezogenen Abstimmung von Zielvorstellungen und vorgefundenen Bedingungen. Das Handeln ist Ergebnis einer spontanen, eigendynamischen Ordnungsbildung." (Kruse 2004, S.49).*

Die Auseinandersetzung mit den zwei grundlegend unterschiedlichen Arten von Management ist in erster Linie eine Führungsaufgabe. Projektleiter, Teilprojektleiter, Koordinatoren und andere Führungsfunktionsträger in der Projektorganisation brauchen daher sowohl das Verständnis, als auch die Fähigkeiten zum Management von Instabilität. Das ist ungewohnt und neu und wird weitestgehend nicht als Kompetenz wahrgenommen, geschweige denn an Universitäten gelehrt.

3.7.3 Die Rolle der Führung

Die Intelligenz liegt im Team

Eine Führungskraft in einem komplizierten und umfangreichen Offshore-Projekt hat dementsprechend weit mehr zu leisten als fachlichen Input zu geben bzw. Abläufe zu überwachen und zu koordinieren. Letzteres wird als originäre Aufgabe eines Projektleiters verstanden und die dazu notwendigen Fähigkeiten werden als grundlegende Kompetenzen des Managements von Stabilität vorausgesetzt. Was sind aber die Kompetenzen, die eine Führungskraft entwickeln muss, um auch bei Veränderungen, also in der Instabilität seiner Führungs- und Projektverantwortung gerecht zu werden? In einer Situation, in der kaum Reaktionszeit zur Verfügung steht, die geordneten Bahnen längst verlassen sind und auf Grund mangelnder Erfahrungswerte auf nichts Vertrautes zurückgegriffen werden kann?

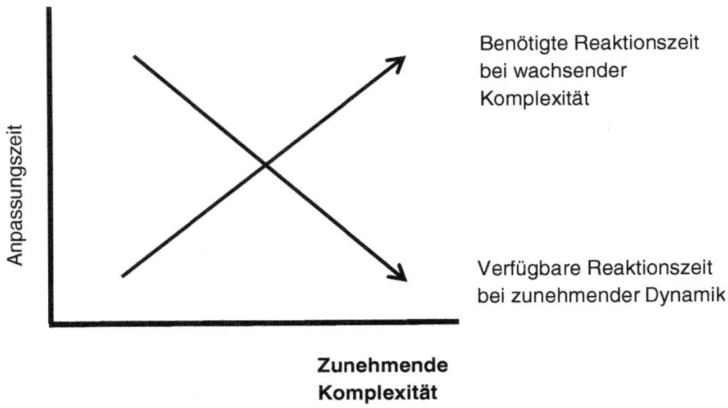

Abbildung 25: Der Zusammenhang zwischen Dynamik, Komplexität und Reaktionszeit[603]

Offshore-Projektteams vereinen die Expertise von Geologen, Kaufleuten, Elektroingenieuren, Maschinenbauern und einige Kompetenzen mehr. Kein einzelnes Teammitglied kann das komplette Projekt überblicken und niemand kann intelligenter sein als das gesamte Team – auch nicht der Projektleiter. Von der Idee, alles im Griff zu haben, sollten sich Führungskräfte verabschieden, gleichwohl das ein normales Machtbedürfnis des Menschen zu sein scheint. Ein Einzelner kann nicht intelligenter sein als das System. Er kann nur noch die Intelligenz des Systems moderieren. In Zukunft wird sich das Machtgefüge verschieben und die „Bühne" für „Macher", die alles im Griff haben, rückt in den Hintergrund.

Dynamische Systeme haben die immanente Tendenz zur Stabilität. Das Wissen darum ist die Voraussetzung für Vertrauen in Prozesse, deren Ausgang unvorhersehbar ist. „Anstelle von Strukturfähigkeit tritt Prozessfähigkeit" (von Saldern, 1998, S. 108).

Jede Führungskraft ist in komplexen Strukturen gefordert, die Selbstorganisation nicht nur zuzulassen, sondern sie als die Voraussetzung zur Lösung elementarer Herausforderungen sogar zu forcieren.

Das erscheint uns in unserem Alltagsverständnis widersinnig. Wenn wir ein Risiko nicht kalkulieren können, tendieren wir dazu, gemäß dem Motto „lieber ein bekanntes Elend als eine unbekannte Freude" am Bestehenden festzuhalten.

Eine Führungskraft im Offshore-Projekt muss dementsprechend sich selbst und andere Menschen dazu befähigen, mit Instabilität umzugehen, über fachlich-inhaltliche Lösungen nachzudenken und dabei intensiv im Kontakt mit den anderen Beteiligten zu sein (Kommunikation, Konfliktmanagement, Zielorientierung). Wie das aussehen kann, wird in den folgenden Abschnitten beschrieben.

Intuition als zusätzliche zentrale Führungskompetenz

Wie oben ausgeführt, heißt Führung eines komplexen Offshore-Projekts, Komplexität zu verstehen, sie situationsabhängig zu reduzieren und gleichzeitig die beteiligten Menschen in

[603] Von Saldern 1998.

ihrer Unterschiedlichkeit zu erkennen, richtig einzusetzen und angemessene Kommunikationsformen zu finden. Das ist in der Tat viel verlangt. Wie kann ein einzelner Mensch all diese Anforderungen erfüllen? NIKLAS LUHMANN beschreibt die Intuition als Königsweg, Komplexität zu reduzieren. KRUSE geht noch einen Schritt weiter und nennt die Intuition „Professionalität zweiter Ordnung“. Intuition ist dabei die verdichtete Erfahrungswelt einer Person, die darüber in der Lage ist, weniger vom Detail kommend das große Ganze zu verstehen, als vielmehr das übergeordnete Muster zu erkennen und daraus Handlungen abzuleiten.

Auch für STEVE JOBS, Mitgründer und langjähriger CEO von APPLE INC., ist die Intuition keine alleinstehende Fähigkeit, sondern vielmehr das Extrakt der eigenen und der kulturellen Erfahrung:

> *"Western rational thought is not an innate human characteristic, it is learned and it is the great achievement of Western civilization. In the villages of India, they never learned it. They learned something else, which is in some ways just as valuable but in other ways is not. That's the power of intuition and experiential wisdom." (Isaacson, 2011).*

In einer Studie der UNIVERSITÄT VÄXJÖ haben Wissenschaftler unter PROF. JON AARUM ANDERSEN untersucht, welche Entscheidungsstrategie im Management am erfolgreichsten ist. ANDERSEN bildet mehrere Gruppen. Er teilt Manager nach ihrem Entscheidungsverhalten (Denken oder Fühlen) und ihrer Art und Weise, Informationen zu nutzen ein: ganzheitlich, zukunftsorientiert, intuitiv versus detailorientiert, gegenwartsbezogen oder sensitiv und lässt sie Entscheidungen treffen. Seine Studie belegt, dass Intuition eine wichtige Grundlage für Entscheidungen ist, also eine Art Basiskompetenz. Analyse und Logik kommen als Sekundärkompetenz unterstützend hinzu (Fleig, 2011).

Die menschliche Intuition ist nur schwer messbar. Aber Verantwortliche in komplexen Projektstrukturen sollten sich dahingehend überprüfen, ob sie in der Lage sind, spontan und ohne eingehende Analyse schwierige Entscheidungen zu treffen. Es gilt, die eigene Intuition wahrzunehmen und Vertrauen in diese ungewöhnliche Entscheidungskompetenz zu gewinnen.

3.7.4 Kommunikation

Zahlreiche Studien zeigen, dass mangelhafte Kommunikation die Ursache für Unzufriedenheit, Unsicherheit, Konflikte, mangelnde Identifikation ist und damit zu hoher Mitarbeiterfluktuation bei Fachkräftemangel und nicht zuletzt höheren Kosten durch sinkende Effizienz führt. Bei zunehmendem Konkurrenz- und Zeitdruck in der Offshore-Branche ist hier großer Handlungsbedarf.

Eine Studie der K.BRIO-BERATUNG GMBH in Zusammenarbeit mit der TECHNISCHEN UNIVERSITÄT BRAUNSCHWEIG bietet einen Einblick in die Bedeutung der Kommunikation für den Erfolg von Projekten (Collette, 2009). Abgesehen davon, dass die Befragten insgesamt ein eher pessimistisches Bild von Projekten als attraktive Arbeitsform zeichneten, stellte sich heraus, dass Kommunikation ein entscheidender Erfolgsfaktor für Projekte ist. Im Umkehrschluss äußerten sich die Teilnehmer der Studie, die z.T. in der Offshore-Branche arbeiteten, kritisch zu den von ihnen wahrgenommenen Risikofaktoren bei der Umsetzung: Gleichgültigkeit und mangelnde Informationsweitergabe, Desinteresse und Einzelkämpfertum standen für sie an oberster Stelle als Gründe für Projektmisserfolge.

Was bedeutet das auf der praktischen Ebene? FRIEDEMANN SCHULZ VON THUN schreibt in der Einleitung seines Standardwerks „Miteinander Reden“:

> *„Zwar handelt das Buch von Vorgängen, an denen jeder täglich teilnimmt: von zwischenmenschlicher Kommunikation, von der Art sich zu verständigen und miteinander umzugehen. Und so werden Sie durch dieses Buch kaum etwas wirklich ‚Neues‘ erfahren. Vielmehr werden Sie dem ‚Alten‘, dem Altbekannten (...) neue Seiten abgewinnen; Dinge im Licht sehen, die bisher im Halbdunkel verborgen waren.“ (Schulz von Thun, 1981, S. 11)*

Etwas Licht in das Halbdunkel zu bringen, soll der Anspruch der folgenden Ausführungen sein. Denn gerade in Stresssituationen verlieren wir allzu oft das sensible Feld der Kommunikation aus den Augen. Doch gerade dann kann ein kleiner Fehler große Folgen haben.

Die folgenden fünf grundsätzlichen Aspekte menschlicher Kommunikation geben Hinweise auf eine gezielte Kompetenzerweiterung für erfolgreiche Projektarbeit:

1. Kommunikationswege sind nicht linear

   Zunächst muss beachtet werden, dass Kommunikationswege trotz der besten Prozessbeschreibungen nicht linear verlaufen. Ein internationaler Konzern der IT-Branche untersuchte, welche Informationsknotenpunkte über eine vernetzte Kommunikationsstruktur tatsächlich entstehen. Im Gegensatz dazu eine geplante Projektstruktur.

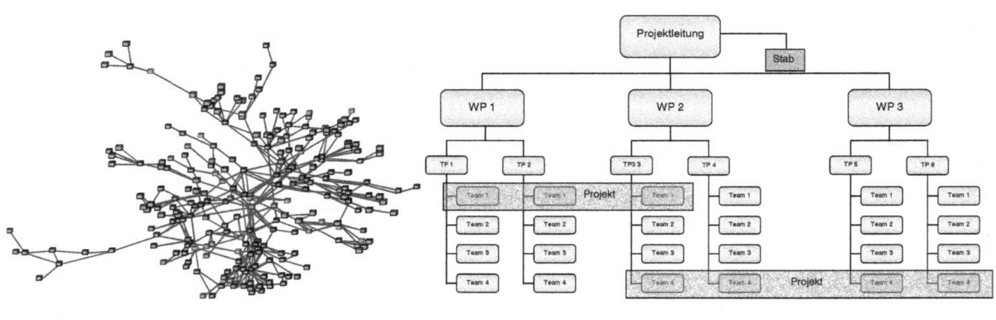

Abbildung 26: Links: Kommunikationsnetzwerk vs. rechts: geplanter Projektstruktur

Das Beispiel zeigt, dass Informationsweitergabe tatsächlich häufig in der Teeküche stattfindet oder von zufälligen sozialen Beziehungen, Sympathien und Antipathien abhängt. Selbstverständlich müssen Kommunikationswege in komplexen Projekten detailliert beschrieben sein und auf deren Einhaltung unbedingt geachtet werden. Besonders in stabilen Projektphasen macht das den Erfolg des Projektverlaufs aus. Wie oben beschrieben, kommt es jedoch zwangsläufig im Projektverlauf immer wieder zu instabilen Situationen. Und genau dann kommt der Tatsache der „hidden structure“ der Kommunikationskanäle eine große Bedeutung zu. Das Wissen um diese Struktur macht Projektverantwortliche handlungsfähig. Eine Führungskraft weiß im Idealfall, wo z.B. informelle Multiplikatoren sind, die im System die Selbstorganisation, die eigenständige Lösungskompetenz des Teams, anregen und so eine Neuordnung ermöglichen. Eine solche Multiplikatorenfunktion bekommt ein Projektteammitglied in der Regel nicht über seinen Status oder seine Funktion. Meistens handelt es sich um Menschen mit einer hohen sozialen Kompetenz. Ein Projektleiter sollte in jedem Fall darauf achten, welche Menschen besonders kulturbildend im System agieren. Auch die so genannten Viel- oder Lautredner gehören dazu, bilden jedoch sehr oft nicht das ab, was im System tatsächlich wichtig ist. In der Instabilität kann mit diesem Wissen zielgerichtet die richtige Kommunikationsstrategie eingesetzt werden. Da in der Instabilität kleine Ursachen große Wirkung haben, brauchen Führungskräfte ein hohes Maß an Sensibilität für schwache Signale auf vermeintlichen Nebenschauplätzen. Denn in der Instabilität muss aus der Führungsperspektive sichergestellt sein, über welche Medien und Informationskanäle alle Beteiligten schnellstmöglich informiert werden können.

2. Kommunikation ist mehrdeutig und suggestiv

   „Du schwarz – Ich weiß". Dieser Cartoon von RÖTGER FELDMANN alias Brösel beschreibt in prägnanter Form den zweiten wichtigen Aspekt von Kommunikation im Zusammenhang mit komplexem Projektgeschehen: Kommunikation ist mehrdeutig!

Abbildung 27: Mehrdeutigkeit in der Sprache (Quelle: Röttger Feldmann)

Es ist ein Alltagsmythos mit großem Schadenspotenzial, dass Kommunikation eindeutig ist. Wenn der Nachbar erzählt, er habe nun endlich für seinen Sohn ein neues Fahrrad bekommen, sollte die Antwort eher nicht sein, dass er damit einen guten Tausch gemacht hat. Diese einfachen Beispiele pointieren auf unterhaltsame Art und Weise das Phänomen der Mehrdeutigkeit. Ausgehend von der Tatsache, dass ein und dieselbe Aussage (Verhalten, Körpersprache) auf unterschiedliche Art und Weise verstanden werden kann, verschiebt sich das Verantwortungsgefüge in der Kommunikation. Der Akteur kann nun nicht mehr davon ausgehen, dass das Gesagte kausal in dem Sinne verknüpft und wiederum in Verhalten übersetzt wird, in dem es der ursprünglichen Absicht entsprach. Das bedeutet, der Mitteilende sollte sich, besonders in brisanten Situationen, systematisch davon überzeugen, dass das Gegenüber die „richtige" Interpretation vorgenommen hat. Ist das nicht der Fall, muss ein neuer Anlauf gestartet werden. Dahinter verbirgt sich der konstruktivistische Ansatz von Paul Watzlawik. Er zeigt darin auf, dass das, worauf wir uns in zwischenmenschlichen Beziehungen als Realität beziehen, häufig nicht etwas objektiv Vorhandenes, also im herkömmlichen Sinne „Wirkliches" ist, sondern vielmehr etwas, was wir selbst herstellen oder etwas, dem wir seine für „eigentlich" gehaltene Bedeutung selbst zuschreiben. Dabei betrachtet er die menschliche Kommunikation als offenes System, das heißt, dass zwei Personen, die kommunizieren, nicht als Einzelwesen zu sehen sind, sondern miteinander ein Ganzes, ein System bilden. In diesem System gibt es Rückkopplungen, so dass die Art der Kommunikation von Person A nicht nur eine bestimmte Wirkung hat, sondern gleichzeitig die Kommunikation der Person B mit bestimmt.

Paul Watzlawick macht darüber hinaus einen Unterschied zwischen der Wirklichkeit erster und zweiter Ordnung: In der Wirklichkeit erster Ordnung geht es um die physikalischen

Eigenschaften eines Objekts. In der Wirklichkeit zweiter Ordnung geht es um die Zuschreibung von Sinn, Bedeutung und Wert dieses Objektes. Der Optimist und der Pessimist, die sich über den halbvollen bzw. halbleeren Pool unterhalten, haben zwar dieselbe Wirklichkeit erster Ordnung, aber zwei grundverschiedene Wirklichkeiten zweiter Ordnung.

Abbildung 28: Aufmerksamkeit lenkt Energie[604].

Für Projektverantwortliche heißt das, gerade in der Instabilität darauf zu achten, in welche Richtung sie selber ihre Aufmerksamkeit lenken und kommunizieren. Es wird eine große Wirkung und einen starken suggestiven Einfluss auf alle Beteiligten haben. So berichteten kalifornische Medien, dass es aufgrund der Öllieferungstopps zu einer akuten Benzinknappheit kommen würde. Tatsächlich war jedoch genügend Benzin da, um den Normalverbrauch der kalifornischen Autofahrer zu decken. Die Medienberichte hatten allerdings Hamsterkäufe zur Folge. Damit trat nach wenigen Tagen tatsächlich der Zustand ein, der anfangs nur prophezeit worden war.

Für die Kommunikation im Projekt heißt das, sich als Verantwortlicher der suggestiven Bedeutung seines Kommunikationsverhaltens bewusst zu sein. Besonders in Schlüsselsituationen muss man sich vergewissern, dass das Gesagte so interpretiert wird, wie es gemeint ist.

3. Kommunikation ist emotional gesteuert

   Ein weiteres Vorurteil im Zusammenhang mit Kommunikation ist, dass wir nicht nur rational steuern, WAS wir sagen, sondern auch bewusst entscheiden, WIE wir es sagen.

   „Das ist ein großes Problem. Denn unser logisches Denken ist äußerst störanfällig. Gefühle und Zeitnot legen diejenigen Teile unseres Gehirns lahm, die mit Denken und rationalen Entscheidungen zu tun haben, nämlich das obere Stirnhirn. Wer hat nicht unter dem Einfluss von großem Zeitdruck oder starken Gefühlen wie Eifersucht oder Verliebtheit Dinge getan, die sie oder er später lange bereut hat! Stress und starke Gefühle engen unser Denken ein und hindern das Gehirn daran, abzuwägen und komplexe Schlussfolgerungen zu ziehen“,

   sagt dazu der Hirnforscher GERHARD ROTH in einem Interview. Er ergänzt:

---

604 In der Instabilität (Kugel auf dem Gipfel) gilt das Prinzip „kleine Ursache, große Wirkung“. Ein kommunikativer „Fehlgriff“ kann hier ein Desaster hervorrufen.

„Emotionen sind immer notwendig, um überhaupt etwas zu tun – die reine Vernunft ist wirkungslos. Ihre große Leistung ist es, Möglichkeiten und Alternativen und deren jeweilige Konsequenzen aufzuzeigen. Welche Möglichkeiten wir dann wollen und welche Konsequenzen wir akzeptieren, wird dann immer emotional entschieden. Wir können also rein emotional, aber nicht rein rational handeln" (Roth, 2009).

Gerade in Krisensituationen sind Menschen besonders auf der emotionalen Ebene empfänglich. „Ein wenig Zucker im Urin, schon eilt der Freigeist in die Kirche" beschreibt bereits VOLTAIRE diese beobachtbare menschliche Eigenschaft. Für den kommunikativen Umgang mit Krisen in komplexen Projektstrukturen heißt das, sich sehr genau zu überlegen, auf welcher Ebene eine Ansprache erfolgt. Als Verantwortlicher sollte man wissen, wie Menschen die vielleicht logisch nachvollziehbaren Details eines Sachverhalts emotional uminterpretieren oder gar ignorieren. Im Idealfall verfügt eine Führungskraft über die Fähigkeit, unterschiedliche Wahrnehmungsebenen anzusprechen und sich seiner Wirkung zu vergewissern.

4. Kommunikation ist kontextabhängig

Es macht einen großen Unterschied, aus welcher Perspektive ein Sachverhalt beobachtet oder kommentiert wird. Ein schönes Beispiel ist ein Werbespot der britischen Zeitung „THE GUARDIAN" aus den 1990er Jahren[605]. Darin wird eine Szene aus drei unterschiedlichen Kameraperspektiven gezeigt. Ein junger Mann mit Irokesenhaarschnitt läuft in der ersten Einstellung von einem Auto weg, in der nächsten Einstellung auf einen älteren Herrn mit einer Aktentasche unter dem Arm zu. Jede Kameraperspektive löst im Betrachter eine andere emotionale Reaktion aus. Das Gehirn verarbeitet die gegebenen Reize und konstruiert in unglaublicher Geschwindigkeit eine ganze Geschichte drum herum. So meint der Betrachter in der ersten Kameraeinstellung sehr genau zu wissen, dass der junge Mann vor einem Auto flieht, in der zweiten Einstellung, dass er den älteren Herrn überfällt und seiner Aktentasche beraubt. Die dritte Kameraeinstellung zoomt etwas weiter aus der Szene heraus und es wird sichtbar, dass sich eine Palette mit Steinen über dem älteren Herrn von einem Kran löst und der junge Mann ihn vor den herabfallenden Steinen rettet. Die gleiche Szene löst unterschiedliche Emotionen aus. Flucht, Angriff und Rettung in einer Szene. Nur unser Gehirn ist in der Lage, so schnell aus wenigen Kontextinformationen inhaltlich schlüssige „Geschichten" zu konstruieren.

Wichtig ist zu verstehen, dass all diese konstruierten Geschichten „wahr" sind, d.h. für den Beobachter in dem Augenblick absolut logisch sind. Ein häufiger Fehler besteht darin, diese Person zu der Einsicht bringen zu wollen, dass diese Geschichte falsch sei. Dadurch entsteht sehr oft eine Diskussion „um des Kaisers Bart". Denn am Ende geht es nur noch darum, Recht zu haben, lässt sich doch das objektiv Geschehene nicht mehr rekapitulieren. Viel wichtiger ist es, möglichst schnell heraus zu zoomen (wie beim Guardian) und ein gemeinsames Bild der Situation zu bekommen, um handlungsfähig zu bleiben.

In Projektsituationen heißt das, sich darüber im Klaren zu sein, dass in den vielen Köpfen der vielen Beteiligten sehr unterschiedliche (auch emotional geladene) „Geschichten" entstehen. Je mehr mögliche Interpretationen bekannt sind, desto flexibler kann man mit möglichen Einwänden umgehen. „Ich kann mir vorstellen, dass Sie jetzt den Eindruck haben…".

---

605 Siehe http://www.metacafe.com/watch/139663/the_guardian_point_of_view.

5. Kommunikation findet immer auf mehreren Ebenen gleichzeitig statt

   SCHULZ VON THUNS „4-Ohren-Modell" oder Nachrichtenquadrat beschreibt die verschiedenen Ebenen des Sendens und Empfangens in der menschlichen Kommunikation. PAUL WATZLAWICK stellte bereits 1969 das „Axiom" über mehrere Seiten der menschlichen Kommunikation auf: „Jede Kommunikation hat einen Inhalts- und einen Beziehungsaspekt…" (WATZLAWICK u.a., 1969). SCHULZ VON THUN entwickelte auf dieser Basis mit Kollegen dieses Axiom weiter und bezog dabei wichtige Erkenntnisse verschiedener psychologischer Schulen mit ein. Demnach gibt es vier Aspekte, die die menschliche Kommunikation ausmachen:

   - Der Sachaspekt: Wie kann ich Sachverhalte klar und verständlich mitteilen?
   - Der Beziehungsaspekt: Wie behandle ich meinen Mitmenschen durch die Art meiner Kommunikation? Je nachdem, wie ich ihn anspreche, bringe ich zum Ausdruck, was ich von ihm halte; entsprechend fühlt sich der andere entweder akzeptiert und vollwertig behandelt oder aber herabgesetzt, bevormundet, nicht ernst genommen. (…)
   - Selbstoffenbarungsaspekt: Wenn einer etwas von sich gibt, gibt er auch etwas von sich – dieser Umstand macht jede Nachricht zu einer kleinen Kostprobe der Persönlichkeit, (…)
   - Appellaspekt: Wenn einer etwas von sich gibt, will er in der Regel auch etwas bewirken (…)" (Schulz von Thun, 1981).

   Diese Aspekte gelten sowohl für den Sender, als auch für den Empfänger einer Nachricht. Für die Empfängerseite könnte das wie folgt aussehen:

   - Das Sachohr: Frage: „Haben Sie den Konflikt lösen können?" Antwort: „Da müssten wir erst einmal den Begriff ‚Konflikt' definieren."
   - Das Beziehungsohr: Sender: „Diese Arbeitsweise fällt mir schwer." Empfänger: „Wenn Sie lieber mit jemand anderem zusammenarbeiten wollen…"
   - Das Selbstoffenbarungsohr: Projektleiter: „Wir sind zum dritten Mal hinter dem Zeitplan! Das ist doch wohl nicht wahr!" Projektmitarbeiter: „Er muss einen schlechten Tag gehabt haben."
   - Das Appellohr: Sender: „Ist noch Kaffee in der Kanne?" Empfänger: „Ich koche sofort noch welchen!"

Abbildung 29: Die vier Seiten einer Nachricht von Schulz von Thun[606]

Die Diskrepanz zwischen dem kognitiven Verständnis der vorgenannten fünf grundsätzlichen Aspekte menschlicher Kommunikation und deren Umsetzung in der Alltagskommuni-

[606] Links in der Abbildung: Vier-Ohren-Modell, rechts: Nachrichtenquadrat.

kation ist groß. Das ist insofern verständlich, als dass es, ähnlich wie in anderen Disziplinen, einer gewissen Übung und Erfahrung bedarf, die Aufmerksamkeit in Kommunikationssituationen auf mehrere Ebenen zu lenken, um die Gesamtsituation zu verstehen und das eigene Verhalten darauf abzustimmen. Das alles noch in hoher Geschwindigkeit und unter ganz konkreten Sachzwängen.

Umso wichtiger ist es, sich dieser Aspekte bewusst zu sein, sein eigenes Kommunikationsverhalten systematisch zu trainieren, um irgendwann intuitiv mit den erworbenen Fähigkeiten umgehen zu können. Gelungene Kommunikation berücksichtigt die Wirkung unterschiedlicher Ebenen von Mitteilen und Verstehen.

Um ein Kommunikationsprofi zu werden, muss man üben.

Konfliktmanagement

Eine Studie des CONCOURS INSTITUTS zusammen mit der LONDON BUSINESS SCHOOL (Projektteams in 15 multinationalen Konzernen) zeigt:

- Bei Mitgliedern komplexer Teams ist die Wahrscheinlichkeit geringer, dass sie Wissen und Ressourcen teilen.
- Die Bereitschaft zur Kooperation sinkt, wenn ein Team mehr als 20 Mitglieder umfasst.
- Die Kooperation nimmt ab, wenn das Team über das Internet zusammenarbeitet (verteilte Standorte) (Gratton, Erickson, 2007).

Man kann sagen, dass Teams, die diese Beschreibungen bereits erfüllen, entweder unmittelbar vor einem Konflikt stehen oder dieser bereits eingetreten ist. Danach ist die Wahrscheinlichkeit für die Entstehung von Konflikten in Offshore-Teams relativ groß. Denn in vielen Fällen verbindet die Projektbeteiligten nicht einmal das „Dach“ einer gemeinsamen Unternehmensidentifikation.

Oberstes Ziel eines angemessenen Konfliktmanagements muss es sein, die Konfliktkosten zu minimieren. Dazu ist es hilfreich, zunächst Konflikte zu verstehen, um mit diesem Verständnis adäquate Konfliktlösungsstrategien zu erlernen bzw. anzuwenden. Erst dann ist es verlässlich möglich, in Konfliktsituationen handlungsfähig, i.e. effizient zu bleiben.

> *„In jedem Konflikt lassen sich idealtypisch drei Ebenen bzw. Komponenten ausmachen:*
>
> *ein bestimmtes Verhalten der Konfliktparteien, das auf den Konflikt hindeutet und ihn allzu oft weiter verschärft (z.B. Konkurrenz, unangemessene Aggressivität, Hass, Gewalt),*
>
> *ein Widerspruch, der sich zwischen den unvereinbar erscheinenden Zielen, Interessen bzw. Bedürfnissen der Konfliktparteien auftut, sowie*
>
> *Einstellungen und Haltungen der Konfliktparteien, die die eigene Position – bewusst oder unbewusst – rechtfertigen. Dazu gehören u.a. ihre Wahrnehmungen und Annahmen in Bezug auf die eigene Stellung im Konflikt, die Konfliktursachen und die Bewertung der ‚anderen Seite‘“. (Schrader, 2012)*

Konflikte haben immer einen Einfluss auf das soziale Umfeld, in dem sie stattfinden. „Jeder Konflikt hat seine Funktion und seinen Sinn für das Unternehmen“ (von Saldern, 1998). Das heißt, dass Spannungen oder Interessenskonflikte lediglich ein Hinweis darauf sind, dass ein Ungleichgewicht im Team/Projekt/System besteht. Die Hypothese ist, dass ein gelöster Konflikt immer einen Zugewinn für die Effizienz des Gesamtsystems darstellt. Kleine „Rangeleien" zu beheben ist dementsprechend wichtig für den gesamten Projekterfolg. Das fällt schwer zu glauben, zeigt unsere Alltagserfahrung doch allzu oft die triviale Seite eines Konflikts auf. Und doch: Jeder Konflikt beeinträchtigt die Interaktion der Systemkomponenten. Daher ist es notwendig, ein Instrumentarium zum Umgang mit den großen, aber auch den kleinen Konflikten zur Verfügung zu haben. Besonders in der Rolle des Projektleiters oder der Führungskraft.

Konfliktlösung nach dem Mediations-Prinzip

Eine Mediation ist in solchen Situationen angemessen, in denen die Konfliktbeteiligten nicht mehr ohne weiteres aufeinander zugehen können, um eine Lösung herbeizuführen. Besonders auf der Entscheider-Ebene ist es in solchen Situationen sinnvoll, eine neutrale Person als Mediator hinzuzuziehen. Die Grundhaltung eines Mediators orientiert sich an dem „Prinzip der vier A": (1) Allparteilichkeit, (2) Akzeptanz, (3) Anerkennung und (4) Affirmation. Eine neutrale Haltung (1) äußert sich darin, dass beide Parteien annähernd die gleiche Redezeit bekommen und auf ein Gleichgewicht der Kräfte geachtet wird. Akzeptanz (2) heißt, alle Perspektiven des Konflikts ernst zu nehmen und Verständnis dafür aufzubringen. Würde und Respekt in der Ansprache aller Parteien erfüllt das Kriterium der Anerkennung (3). Affirmation erfahren die Beteiligten über einfühlsames aktives Zuhören („Ich sage es mal mit meinen Worten... Stimmt das?") und über die Ermutigung, mehr emotionale Beteiligung in der Konfliktlösung zuzulassen. Über gegenseitigen Perspektivenwechsel und Entwicklung eines Verständnisses für die jeweils andere Position kommen die Konfliktbeteiligten moderiert zu einer gemeinsam getragenen Lösung. Es geht darum, die unterschiedlichen Fundamente des Eisbergs (Modell in Abbildung 30) zu erkunden und darüber das Verhalten zu verstehen. Erst wenn eine grundsätzliche Akzeptanz gegeben ist, kann eine Lösung verhandelt werden.

Als Mediator ist es wichtig, eine breite Wissens- und Erfahrungsbasis der Kommunikation zur Verfügung zu haben. Absolute Sicherheit in Moderationstechniken und die Bereitschaft, sich auf die Konfliktbeteiligten und deren Anliegen 100 %ig einzulassen sind die Voraussetzung für eine gelungene Mediation. Immer öfter wird bei Unstimmigkeiten mit hohem materiellem Streitwert auf die Mediation zurückgegriffen. Sie gilt oft als die „letzte" Möglichkeit, größeren Schaden von allen Beteiligten fernzuhalten und einen tragfähigen Kompromiss zu finden.

Lösungsorientierte Fragetechniken

Kleinere Konflikte, Unstimmigkeiten und auch störende Befindlichkeiten lassen sich mit relativ einfachen Mitteln lösen. Dabei ist es das Ziel, den Anderen mit seiner Aufmerksamkeit (Abbildung 28) in die Lösungsorientierung zu bringen, statt das Problem immer stärker zu fokussieren. Denn in der Lösungsorientierung steckt die Handlungsfähigkeit. Einfache Fragen können hier zu außergewöhnlichen Ergebnissen führen.

- Fragen nach bisherigen Lösungen und Lösungsideen: („Was haben Sie bereits unternommen, um das Problem zu lösen?", „Wenn Sie freie Hand hätten, was würden Sie dann tun?")

- Frage nach dem STATTDESSEN: („Ich habe verstanden, dass Sie diese Aufgabe nicht übernehmen können. Was können Sie STATTDESSEN tun?")
- Fragen nach Ressourcen ermöglichen die Wahrnehmung der eigenen Stärken: („Wie haben Sie es geschafft, dass Sie diese Situation so lange ausgehalten haben?", „Welche Ihrer Stärken könnte Ihnen bei der Lösung am meisten helfen?", „Woher könnten Sie sich Unterstützung holen?"
- Fragen nach Ausnahmen lenken die Aufmerksamkeit weg vom Defizit, hin zum Lösungszustand: („Gibt es Situationen, in denen das Problem gar nicht auftritt?", „Was ist dann anders?", „Was haben Sie oder andere dann anders gemacht?")
- Fragen nach Alternativen und Unterschieden helfen, die Flexibilität im Denken und Betrachten zu erhöhen, Festlegungen aufzuweisen: („Auf einer Skala von 1–10: Wie schätzen Sie den Einfluss dieses Problems auf den Erfolg des Projekts ein?", „Was müsste passieren, damit Sie einen Punkt höher werten könnten?", „Wie viel Prozent fehlt noch zur Lösung?")
- Hypothetische Fragen ermöglichen den Wechsel der Perspektive: („Mal angenommen …", „Stellen Sie sich vor, dass …", „Was würde passieren, wenn …", „Wenn Sie an meiner Stelle wären …")
- Zirkuläre Fragen ermöglichen das Hineinversetzen in eine andere Person: („Wenn wir jetzt Ihren Kollegen X fragen würden, wie würde der die Sache wohl sehen?", „Was, glauben Sie, würde ein Kollege denken, wenn Sie …?"
- Offene Fragen lassen Freiräume für Antworten und regen Denkprozesse an: (wer, wo, was, wie, wann? (Vorsicht vor dem „Warum"; damit fragt man oft noch tiefer in die Problemorientierung hinein))

Mit einer lösungsorientierten Fragetechnik als Werkzeug erzielt man mit wenig Aufwand große Effekte. Lösungsorientierung ist jedoch mehr als eine reine Kommunikationstechnik. Sie eignet sich auch, eine gemeinsame Einstellung zu etablieren, eine „Kultur der Lösungsorientierung" im Projektteam. Eine grundsätzliche Stimmung, die sich unter den Beteiligten als kulturelles Merkmal im Verhalten etabliert. Das könnte sich durch Aussagen wie „Für jedes Problem gibt es eine Lösung" zeigen.

Beziehungs- vs. Kompetenzteams

Menschen neigen dazu, Ähnlichkeit sympathisch zu finden. Das schafft (vordergründige) Harmonie. Eine Person mit ähnlichem Hintergrund, gleichen Vorlieben oder Eigenschaften ist uns näher und es fällt uns dementsprechend leichter, in eine stabile Beziehung mit dieser Person einzutreten, die evtl. sogar eine hohe Konflikttoleranz mitbringt. Die vielseitigen Anforderungen eines Offshore-Projekts erfordern aber möglichst viele unterschiedliche Kompetenzen in einem Team, um auf breiter Ebene Lösungen für die spontan auftretenden Probleme unterschiedlichster Art entwickeln zu können. So genannte Beziehungsteams weisen aber unter ihren Mitgliedern meistens ähnliche Kompetenzprofile auf, was eine Einschränkung in der Kreativität und Innovationskraft bei der Lösungssuche entspricht. In Kompetenzteams hingegen sind hohe Anforderungen an die einzelnen Teammitglieder gestellt in Bezug auf die Akzeptanz und Wertschätzung des „anders Seins". Es ist die Aufgabe des Projektleiters, „reife" Kompetenzteams einzurichten. Der Reifegrad des Teams bemisst sich an der Fähigkeit zur aktiven und bewussten Kulturentwicklung.

Vernetzung als kommunikative Herausforderung

Wie bereits erläutert, verlaufen Kommunikationsprozesse in komplexen Projektstrukturen alles andere als linear. Neben den vorgegebenen Kommunikationsprozessen gilt es, möglichst schnell und umfangreich zu informieren, wenn eine Veränderung ansteht. E-Mail hat längst das Telefon abgelöst, regelmäßiger persönlicher Kontakt ist z.T. auf Grund der großen Entfernungen gar nicht möglich. Auch wenn für einen solchen Fall die Kommunikationswege vorgezeichnet sind, lohnt es sich, einen wesentlichen weiteren Aspekt der Kommunikation in der Gegenwart zu betrachten.

En passant mit der revolutionären Entwicklung des Web 2.0 und der damit einhergehenden Veränderungen in der sozialen Interaktion (soziale Netzwerke nehmen einen immer größeren Stellenwert ein), verändert sich auch der Kommunikationsstil. Grundlegende Veränderungen in der Nachrichtenübermittlung haben Auswirkungen auf die Beziehungsstrukturen. Da es sich um eine noch relativ junge Entwicklung handelt, gibt es noch keine wirklich allgemeingültigen Formen für den kommunikativen Umgang miteinander. Das führt in der Praxis zu z.T. völlig überflüssigen Rundmails, bei denen zu viele Empfänger eingesetzt werden, allein aus dem Bedürfnis heraus, sich und das eigene Handeln abzusichern. Gleichzeitig fällt es immer schwerer, eine Entscheidung über wichtige und unwichtige Informationen vorzunehmen. Den Überblick über eingehende Informationen zu behalten, überfordert bereits heute viele Projektmitarbeiter. Neben der Quantität der Information steht noch die Qualität. Wie werden Informationen in eine Formulierung gebracht und welche sprachlichen und bildlichen Symbole werden gewählt, um eine Beziehung aufzubauen oder eine Aussage darüber zu machen, wie wir zueinander stehen? Versuche der Netzgemeinde, über Smileys Stimmungen oder mit hieroglyphenhaften Abkürzungen einen besonderen Stil zum Ausdruck zu bringen, können als erste Entwicklungsstufe einer neuen Qualität unserer Kommunikationskultur verstanden werden. Ein sachlich nüchterner Text per Mail kann bei dem Einen das Gefühl hervorrufen, bevormundet zu werden, bei dem Anderen löst er Dankbarkeit für die wenigen prägnanten Worte aus. In komplexen Projektstrukturen ist es daher von großer Bedeutung, diesen Aspekt der Projektkultur möglichst mit allen Projektbeteiligten zu erörtern und sich Regeln für die Kommunikation im Netzwerk zu geben. Ein gemeinsam entwickeltes Regelwerk hilft, auftretende Missverständnisse, Auseinandersetzungen oder schwelende Konflikte schneller und damit billiger zu lösen.

3.7.5 Kultur und Werte

> *„Obwohl es selbstverständlicher Konsens ist, dass wir längst in einem nachindustriellen Zeitalter von Dienstleistung, Information und Digitalem leben, werkelt die Mehrzahl von Politikern, Führungskräften und Experten an den heutigen Problemen mit diesen untauglichen, weil viel zu statischen Instrumenten herum: Lineares Denken, Knappheit und rigide Vertaktung prägen dieses Denken" (Lotter, 2006).*

WOLF LOTTER ist Wirtschaftsjournalist und beschreibt, in welch grundlegendem Wandel sich unsere Gesellschaft befindet. Der Glaube an Linearität ist für Projektverantwortliche und Investoren in Offshore-Projekten ein hoher Risikofaktor. Denn ständige Veränderungen prägen den Projektalltag. In jedem Veränderungsprozess lässt sich ein besonderes Phänomen beobachten: von einem Augenblick auf den anderen gilt die bisherige, alte Ordnung nicht mehr und eine neue ist noch nicht vorhanden oder greifbar. Eine Situation, die es allen Beteiligten nicht leicht macht. KRUSE (2004) beschreibt, dass insbesondere in diesen Zeiten der Instabilität der Vision als emotional verbindendes und verbindliches kulturelles Element eine entscheidende Rolle zukommt. Sie bildet das kulturelle Fundament (Abbildung 30).

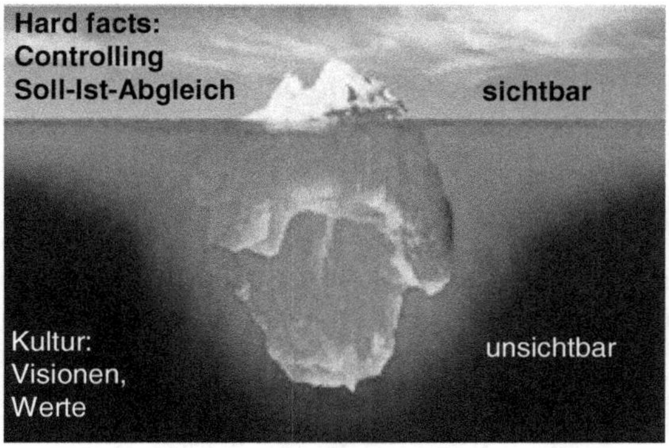

Abbildung 30: Eisbergmodell: Kultur als Fundament

Das Projektteam arbeitet dezentral, eigenständig in verschiedenen Einheiten und doch an der gleichen Sache. Was ist das verbindende Element? Gibt es eine gemeinsame, emotionale Ausrichtung, die den Projektmitarbeitern Halt und emotionale Sicherheit gibt, wenn Umbrüche und Veränderungen das Gesamtprojekt destabilisieren?

Am Anfang eines Projekts sollte eine gemeinsame Vision stehen, die neugierig macht und fasziniert und verhindert, dass die einzelnen Mitarbeiter in unterschiedliche Richtungen auseinander streben. Menschen wollen sich mit ihrem Unternehmen, ihrem Projekt identifizieren können. Und sie möchten wissen: Wofür steht das Unternehmen/Projekt? Wo wollen wir eigentlich hin? Eine Vision zu entwerfen, ist eine der wichtigsten Aufgaben der Projektleitung. Eine glaubwürdige Vision erleichtert es, Leistungseinbrüche zu ertragen, Unsicherheit zu tolerieren und persönliche Risikobereitschaft zu leben.

> *„In der Faszination überwiegt der Reiz des Unbekannten gegenüber der Bedrohung. Faszination verringert nicht das Risiko oder die Belastung. Aus einem ‚Weg-von' wird ein ‚Hin-zu'; die Situationsbewertung ist positiv. Aus Distress, aus negativ empfundener Belastung wird Eustress, (...)." (Kruse, 2004, S. 77).*

Am Anfang eines komplexen Offshore-Projekts sollte eine Vision stehen, die neugierig macht und fasziniert.

3.7.6 Ableitungen für die Praxis

Weiche Faktoren sind erfolgskritisch hart

Zugegeben: Dieser Artikel beschäftigt sich „nur" mit einem kleinen Teilaspekt des Projektmanagements. Am Ende kommt es jedoch immer darauf an, das menschliche Miteinander als Basis für die enormen Anforderungen an die Darstellung, Dokumentation und Handhabung eines komplexen Offshore-Projekts zu verstehen. TOM DE MARCO beschreibt das in seinem Buch „Der Termin" und weist darin auf die vier Grundsätze guten Managements hin:

- Wählen Sie die richtigen Leute aus.
- Betrauen Sie die richtigen Mitarbeiter mit den richtigen Aufgaben.
- Motivieren Sie die Mitarbeiter.
- Helfen Sie den Teams, durchzustarten und abzuheben.

Alles andere sind für ihn „Administrivialitäten“ (DeMarco, 1998). Offshore-Windprojekte sind immer noch in vielen Bereichen Neuland. Der zeitliche und finanzielle Druck wächst ebenso wie die Erwartung an eine 100 %ige regenerative Energieversorgung. Fachkräfte sind rar, das Erfahrungswissen wird gerade erst, bereits unter Realbedingungen, erworben. Grund genug also, auf allen Ebenen die Professionalisierung voranzutreiben. Die so genannten „weichen Faktoren“ entscheiden maßgeblich mit über den Erfolg. Von der Attraktivität als Arbeitgeber über zeitgemäßes Human Resources Management bis hin zur Qualitätssicherung in der Führungskompetenz: es sind die Menschen, die im Projekt agieren und die es am Ende erfolgreich machen.

Zentraler Bestandteil der Finanzierung eines Offshore-Windprojekts ist die Due Diligence, mit der potenzielle Investoren an Hand standardisierter Modelle die Höhe des Risikos einschätzen, das sie mit einer Beteiligung eingehen. Die global operierende Unternehmensberatung HAY GROUP beschreibt in ihrer Internetpräsenz, welche Rolle der Prüfung des so genannten Humankapitals zukommt (was sich in erster Linie auf Unternehmensübernahmen bezieht):

> *„Unternehmen neigen dazu, sich auf die Integration von Sachwerten – wie zum Beispiel IT-Systeme – zu konzentrieren und Kostensynergien zu erreichen, was häufig zum Nachteil der Kunden ist. Eine ausgewogene Sicht auf die Auswirkungen verschiedener Maßnahmen wird ebenso wenig vorgenommen, wie die Einbeziehung von immateriellen Vermögenswerten. Hierbei geht es zum Beispiel um das Wissen und die Erfahrung der Mitarbeiter, um Arbeitsprozesse und Strukturen.“ (Hahn, auf www.haygroup.com)*

Zusätzlich zu den bereits existierenden Kriterien der Due Diligence könnten folgende Aspekte noch stärker berücksichtigt werden, die als Schlüsselkompetenzen des Projektteams überprüft werden. Führung, Kommunikation und Kultur stehen dabei im Fokus:

- Vision: Gibt es eine Vision und wurden Ziele daraus abgeleitet? Wurden Projektmitarbeiter in diesen Prozess einbezogen?
- Leadership: Über welche Kompetenzen verfügen Projektverantwortliche und wie sichern sie die Qualität ihrer Führungstätigkeit?
- Team: Welche Maßnahmen sind geplant oder finden statt, Kompetenzteams in ihrer Teamfähigkeit unterstützen?
- Motivation: Welche Standards gibt es, um die Motivation aller Projektmitarbeiter auf einem hohen Niveau zu halten? Welche Messkriterien gibt es für „Motivation“ und „Arbeitsklima“?
- Welcher Führungsstil ist übergreifend gewünscht und wie geht man mit Unterschieden und Abweichungen um?
- Welche Einstellung gibt es projektübergreifend zum Umgang mit Risiken (technisch, finanziell, personell)?

- Umgang mit inter- und intra-Projektgruppenkonflikten: Gibt es Standards? Wie wird Konfliktlösungskompetenz sichergestellt?
- Wie sieht die formale Organisationsstruktur aus und wie weicht die informelle davon ab?

3.7.7 Fazit

Die Psychologie hält Einzug in die so genannten „harten Disziplinen". Bei allem Bemühen, die Komplexität unserer wirtschaftlichen und sozialen Lebensumwelt über logisch-rationale Methoden in den Griff zu bekommen, agieren Menschen eben nicht immer logisch, sondern psychologisch. Vor diesem Hintergrund bedarf es spezieller Qualifikationen für Verantwortliche in Offshore-Windprojekten. Inhalt dieser Qualifikationen sollte es sein, die grundlegenden persönlichen Kompetenzen zum Umgang mit Instabilität zu erwerben. Im zweiten Schritt gilt es, Führungsverantwortung zu verstehen als eine Mischung aus fachlicher und psychologischer Kompetenz. Erst im dritten Schritt können diese Kompetenzen durch konkretes Handwerkszeug unterfüttert werden. In den vorangegangenen Kapiteln finden sich bereits einige dieser Tools für den Handwerkskoffer: kommunikative Basiskompetenz, Konfliktmanagement und Kulturentwicklung.

4 Technische Rahmenbedingungen

4.1 Offshore-Windenergieanlagen und Entwicklungstendenzen

PROF. DIPL.-ING. LOTHAR DANNENBERG

4.1.1 Einleitung

Für Onshore-Windenergieanlagen sind bereits in mehreren Ländern wie z.B. in Deutschland, Dänemark und den Niederlanden die zur Verfügung stehenden Flächen zur Aufstellung, besonders in Gegenden mit günstigen Windverhältnissen, weitgehend ausgenutzt. Deshalb wird zunehmend auf Offshore-Windenergieanlagen (OWEA, von der Küste entfernt) ausgewichen, zumal dort meistens die Windbedingungen noch günstiger sind als an küstennahen Onshore-Standorten. Führend bei der Installation von OWEA sind z.Z. Großbritannien und Dänemark, jedoch sind dort hauptsächlich Standorte gewählt, die nahe an den Küsten liegen, geringe Wassertiefen aufweisen und gegen hohe Wellen relativ gut geschützt sind.

Im Gegensatz dazu liegen die geplanten Anlagen in der deutschen AWZ (Ausschließliche Wirtschaftszone) aus Gründen des Umweltschutzes (außerhalb des Naturparks „Wattenmeer"), der Touristik (hinter dem Horizont) und den vorhandenen Schifffahrtsstraßen ca. 30 bis 120 km von den Küsten entfernt bei Wassertiefen von ca. 25 bis 45 m. Dort herrschen in der Nordsee bereits annähernd „Hochseeverhältnisse", d.h., die Wellenhöhen und Windgeschwindigkeiten sind wesentlich größer als in den küstennahen Regionen. Dadurch sind die technischen und wirtschaftlichen Risiken sehr hoch, da bisher nur wenige Erfahrungen über Aufstellung, Beanspruchung und Betrieb der Offshore-Windenergieanlagen über einen längeren Zeitraum vorliegen.

Einer Studie der EWEA[607] (EUROPEAN WIND ENERGY ASSOCIATION) von 2011 zufolge sollen bis 2030 in Europa Offshore-Windenergieanlagen mit einer Kapazität von 150 GW (1 GW = 10^{12} Watt) aufgestellt werden, davon in der deutsche AWZ ca. 30 GW. Das entspricht einer Investitionssumme in Höhe von etwa 220 Milliarden Euro, siehe auch Abbildung 31. Z.Z. betragen die Kosten pro Megawatt ca. 2 bis 2,5 Millionen Euro, je nach Wassertiefe, Entfer-

607 EWEA 2011: Report Wind Energy Targets for 2020 and 2030.

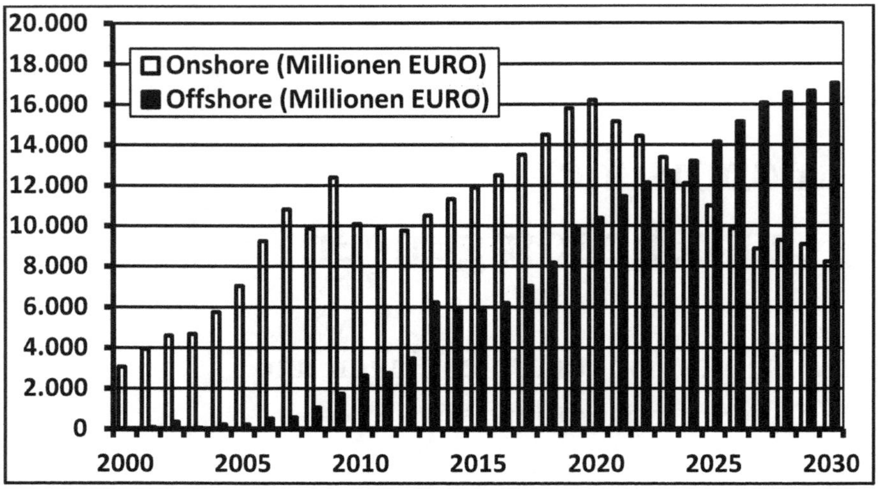

Abbildung 31: Geplante Investitionen Onshore-/Offshore-Windenergieanlagen

nung von der Küste und Umweltbedingungen. Es wird erwartet, dass die Kosten für OWEA innerhalb der nächsten 10 Jahre um 30 bis 50 % gesenkt werden können[608].

4.1.2 Erfahrungen aus der Öl- und Gas-Offshore-Industrie

Seit etwa 1960 (Golf von Mexiko) und 1970 (Nordsee) werden Öl und Gas im großen Umfang auch Offshore gefördert. Dabei sind umfangreiche Erfahrungen hinsichtlich der Offshore-Technik gewonnen worden, insbesondere hinsichtlich der Umweltbedingungen wie Wind- und Seegangsbelastungen, Gründungsarten (feste und schwimmende), Fertigungs- und Transporttechniken, Sicherheitsanforderungen usw. Diese Erfahrungen werden zum großen Teil auch in der Offshore-Windindustrie genutzt, wenn auch nicht immer in allen Bereichen (Beispiel: Korrosionsprobleme bei den Anlagen des Offshore-Windparks „HORNS REV 1“).

Allerdings sind die Größenordnungen der Anlagen der Öl- und Gas-Industrie und der Wassertiefen sehr unterschiedlich zu denen der Windanlagen. So beträgt die maximale Wassertiefe von festen Gründungen ca. 400 m (Jacket-Fundament, Norwegen) und das größte Gewicht einer festen Gründung ca. 350.000 t (Schwerkraft-Gründung aus Beton, Wassertiefe ca. 350 m, Norwegen). Bei schwimmenden Gründungen beträgt die größte Wassertiefe z.Z. ca. 2.000 m (Brasilien).

4.1.3 Unterschiede Offshore-/Onshore-WEA

Die Belastungen von Offshore-Windenergieanlagen durch den Wind sind ähnlich wie bei den Onshore-Windenergieanlagen, allerdings mit im Mittel größeren Windstärken und geringeren Turbulenzen des Windes. So rechnet man bei Offshore-Anlagen mit ca. 4.000 bis 4.500 Volllaststunden pro Jahr, bei Onshore-Anlagen mit ca. 1.700 bis 2.500 Volllaststun-

608 Siehe hierzu auch Ziffer 1.2.1.5.

den. Das bedeutet, dass Rotorblätter, Getriebe, Generatoren usw. bei den Offshore-Anlagen höher belastet werden als bei den Onshore-Anlagen.

Insbesondere wegen der Netzanbindekosten ist die Anzahl der Windenergieanlagen pro Park Offshore i.A. deutlich höher (bis zu 100 Anlagen) als Onshore und die Anlagen sind relativ dicht beieinander angeordnet; die Abstände betragen das ca. 5 bis 8-fache der Rotorblattdurchmesser. Durch die geringen Abstände beeinflussen sie sich gegenseitig, was zu höheren Turbulenzen und damit zu höheren Belastungen der Anlagen sowie zu Leistungseinbußen führt.

Bei den Offshore-Anlagen kommen noch folgende Belastungen hinzu, die hauptsächlich die Fundamentierungen betreffen:

- Strömungsbelastungen: Dabei unterscheidet man sogenannte thermo-saline Meeresströmungen (Beispiel: Golfstrom), windinduzierte Strömungen und Tideströmungen. Ferner können die Strukturteile der Fundamente durch Wirbelablösungen (Kármánsche Wirbelstraße) zu Schwingungen angeregt werden.
- Belastungen durch Wellen: Hier können zwei Arten der Wellenbelastungen auftreten, einmal durch durchlaufende Wellen in relativ zu den Wellenlängen großen Wassertiefen und durch brechende Wellen, wenn die Wellenhöhen groß im Verhältnis zur Wassertiefe sind. Allerdings können die Wellen auch in größerer Wassertiefe brechen, wenn das Verhältnis Wellenlänge zur Wellenhöhe kleiner als 7 (theoretisch) bzw. ca. 10 (in der Praxis) wird.
- Lastwechselzahlen: Die mittleren Wellenperioden betragen zwischen 3 und 6 s. Das führt zu sehr hohen Lastwechselzahlen für die Fundamente (bis zu $2{,}5 \cdot 10^8$ Lastwechsel in 25 Jahren).
- Kolkbildung: Durch die Auskolkung des die Fundamente umgebenden Meeresbodens – teilweise Freispülung durch höhere Umströmungsgeschwindigkeiten sowie Wirbelablösungen – werden die Steifigkeiten der Fundamente reduziert und die Spannungen in den Fundamenten erhöht.
- Mariner Bewuchs: Durch die Besiedelung der Offshore-Fundamente durch Muscheln, Algen usw. erhöhen sich die Strömungswiderstände in Wellen und Strömungen. Ferner wird das dynamische Verhalten (Schwingungsfrequenzen) der Anlagen durch die Masseerhöhungen teilweise verändert.
- Eisbelastungen: Die Fundamente können durch die verschiedenen Eisarten – Festeis, Treibeis, Eisberge, Eisansatz durch Spritzwasser usw. – belastet werden. Während man in der Ostsee generell mit Eisbildung rechnen muss, tritt in der offenen Nordsee durch den Golfstromeinfluss keine Eisbildung auf.
- Korrosion: Meerwasser ist eines der aggressivsten Medien, deshalb sind Fundament, Turm und Maschinenhaus entsprechend gegen Korrosion zu schützen.
- Schiffskollisionen: Bei einer Kollision mit einem Schiff sollen durch auf das Schiff herabstürzende Teile der Windenergieanlage keine Menschen gefährdet werden.
- Alterung von Rotorblättern: Durch die höhere UV-Belastung und dem höheren Feuchtigkeitsgehalt der Luft altern Rotorblätter aus Faserverbundwerkstoffen schneller. Die abrasive Wirkung der salzhaltigen Luft raut die Blattoberflächen auf und verschlechtert dadurch die Umströmung der Rotorblätter, was längerfristig zu höherem Verschleiß und Leistungseinbußen führt.

- Rückbau: Nach Ende der Betriebszeit einer Offshore-Windenergieanlage ist diese zurückzubauen, d.h. alle Teile der Anlage sind bis zu einer Tiefe von ca. 3 m unter dem Meeresboden zu entfernen (Forderung des BUNDESAMTES FÜR SEESCHIFFFAHRT UND HYDROGRAPHIE, BSH[609]). Das Verfahren ist bereits bei der Anlagengenehmigung darzustellen.

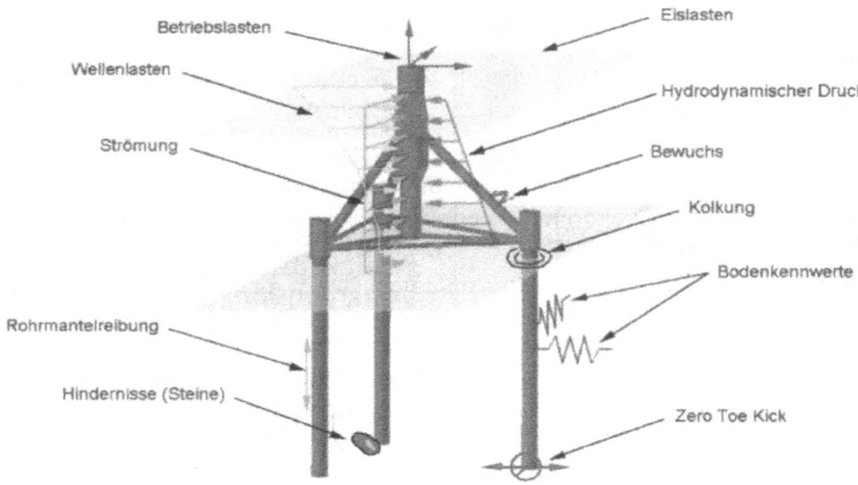

Abbildung 32: Belastungen eines Offshore-Fundamentes[610]

Ferner sind die Umweltbedingungen bei der Errichtung der Anlagen (sogenannte Installationsperioden) und dem Betrieb der Anlagen zu beachten. Notwendige Reparaturen können nur bei entsprechend günstigen Wetterbedingungen durchgeführt werden, im Gegensatz zu Onshore-Anlagen. Deswegen sind Condition Monitoring Systeme (CMS = Betriebsüberwachungssysteme) und angepasste Wartungskonzepte für Offshore-Anlagen besonders wichtig.

4.1.4 Belastungen von Offshore-Tragstrukturen

4.1.4.1 Strömungsbelastungen

Strömungen können nennenswerte statische und dynamische Belastungen auf die Tragstrukturen ausüben und müssen deswegen bei der Dimensionierung der Bauwerksabmessungen berücksichtigt werden. Man unterteilt die Strömungen in:

- **Konstante Meeresströmungen:** Hierfür liegen nur wenige Messungen vor, Offshore-Windenergieanlagen werden nur in Gebieten aufgestellt, in denen die Strömungsgeschwindigkeiten kleiner als ca. 5 kn[611] sind.

[609] BSH Standard 7005: Konstruktive Ausführung von Offshore-Windenergieanlagen, 2007.

[610] Schiff + Hafen, Heft 8/2007, S. 60.

[611] 1 kn (Knoten) = 1 sm/h (Seemeile/Stunde) = 1,852 km/h = 0,5144 m/s.

- **Windinduzierte Strömungen:** Durch die Reibung des Windes an der Meeresoberfläche entstehen Strömungen, für die i.A. ein über der Wassertiefe linearer Ansatz der Form gemacht wird.

$$u_{Wi}(z) = u_{Wi\,0} \cdot z / d \tag{4.1.1}$$

mit: $u_{Wi\,0}$ = Strömungsgeschwindigkeit an der Wasseroberfläche = 0,2 · $U_{1\,h}$; $U_{1\,h}$ = über eine Stunde gemittelte Windgeschwindigkeit in 10 m Höhe; d = Wassertiefe; z = Abstand vom Meeresboden

Der Germanische Lloyd[612] (GL) nimmt in seinen Vorschriften 2 kn für $u_{Wi\,0}$ an.

- **Tidenströmungen:** Für Tidenströmungen liegen umfangreiche Messungen vor. Für die Verteilung der Strömungsgeschwindigkeit über der Tiefe wird meistens ein Exponentialansatz verwendet. Er lautet mit u_{T0} = Strömungsgeschwindigkeit an der Meeresoberfläche:

$$u_T(z) = u_{T0} \cdot (z/d)^{1/n} \qquad \text{(der GL nimmt für } n = 7 \text{ an)} \tag{4.1.2}$$

Da die Änderungsperioden der Strömungen (Beispiel Tidenströmungen: Periodendauer ≈ 12,5 Stunden) im Vergleich zu den Schwingungsperioden bei Windenergieanlagen (≈ 0,1 bis 3 Sekunden) sehr groß sind, werden die sich daraus ergebenden Belastungen als quasistatische behandelt.

Allgemein gilt: Wenn die Frequenzen von dynamischen Belastungen deutlich größer oder kleiner sind als die Eigenfrequenzen von Bauteilen (ca. ± 30 bis 40 % je nach Dämpfung), werden diese nicht zu Schwingungen angeregt und man kann die Belastungen als quasistatische behandeln.

Strömungswiderstände

Die Belastung eines Offshore-Bauwerkes durch Strömungen ergibt sich aus der folgenden Gleichung (Strömungswiderstand):

$$F_D = -1/2 \cdot \rho \cdot \int_{(L)} c_D(z, A, \mathrm{Re}) \cdot |u(z)| \cdot u(z) \cdot A(z) \cdot dz \tag{4.1.3}$$

mit: F_D = Strömungswiderstand (D = Drag); ρ = spezifische Dichte des Wassers = 1.025 t/m³ für Meerwasser; c_D = Widerstandsbeiwert; u = Strömungsgeschwindigkeit; A = angeströmte Fläche.

Die einzelnen Parameter sind i.A. von der Wassertiefe z abhängig (unterschiedliche Strömungsgeschwindigkeiten, Bauwerksabmessungen und -formen). Der Widerstandsbeiwert ist noch zusätzlich von der REYNOLDS-Zahl abhängig.

$$\mathrm{Re} = D \cdot u / \nu \tag{4.1.4}$$

mit: Re = Reynolds-Zahl [–]; D = Bauwerksdurchmesser [m]; u = Strömungsgeschwindigkeit [m/s]; ν = kinematische Zähigkeit des Mediums = 1,19 · 10^6 m²/s für Meerwasser bei 15 °C.

612 GERMANISCHER LLOYD: Guideline for the Certification of Offshore Wind Turbines, 2011.

Angaben über die Widerstandsbeiwerte für unterschiedliche Querschnittsformen wie Zylinder, Kugeln, Quader usw. und den auftretenden Reynolds-Zahlen sind z.B. bei oder ECK[613] oder HAPEL[614] zu finden.

Wirbelablösungen

Bei der turbulenten Umströmung eines Bauteils sowohl in Wasser als auch in der Luft kann es zu Wirbelablösungen kommen (KÁRMÁNsche Wirbelstraßen). Durch die wechselseitigen Wirbelablösungen, die entsprechende Druckschwankungen an den Bauteiloberflächen verursachen, entstehen die Richtung wechselnde Kräfte quer zur Strömungsrichtung. Dadurch können Bauteile zu Schwingungen angeregt werden, wenn die Wirbelablösefrequenzen ungefähr mit den Bauteilfrequenzen übereinstimmen. Solche Anregungen können zu Resonanzen führen, die zu vermeiden sind, da sie zu einer Überbeanspruchung des betroffenen Bauteils führen können.

Die Wirbelablösefrequenzen lassen sich mit Hilfe der STROUHAL-Zahl ermitteln

$$f = S \cdot u / D \qquad (4.1.5)$$

mit: f = Wirbelablösefrequenz [Hz]; S = Strouhal-Zahl [–]; u = Strömungsgeschwindigkeit [m/s]; D = Bauwerksdurchmesser [m]

Die Größe der STROUHAL-Zahl ist von der Re-Zahl (s.o.) abhängig, man unterscheidet dabei drei Bereiche, wobei die aufgeführten Werte von S für Zylinder gelten.

unterkritischer Bereich:	$2.320 < Re < 3{,}5 \cdot 10^5$	$S \approx 0{,}65$
überkritischer Bereich:	$3{,}5 \cdot 10^5 < Re < 3{,}5 \cdot 10^6$	$S \approx 0{,}65$ bis 0,2 (Streubereich)
transkritischer Bereich:	$Re > 3{,}5 \cdot 10^6$	$S \approx 0{,}2$

Ausführlichere Angaben über die STROUHAL-Zahlen von Körpern mit unterschiedlichen Querschnittsformen sind z.B. in den Richtlinien von DET NORSKE VERITAS[615] (DNV) enthalten.

4.1.4.2 Wellenbelastungen

Die Wellenbelastungen sind eine der maßgeblichen Belastungen für die Dimensionierungen der Gründungen von Offshore-Windenergieanlagen. Das betrifft sowohl die Maximalbelastung durch die einmalig auftretende sogenannte 50- oder 100-Jahreswelle als auch die Betriebsfestigkeit durch die hohe Anzahl von kleineren Wellen während der Betriebszeit der Anlage.

Einzelwellentheorie nach AIRY

Die Gleichungen zur Beschreibung von Einzelwellen werden aus den beiden Grundgleichungen der Hydrodynamik, der BERNOULLI- und der Kontinuitäts-Gleichung, hergeleitet.

613 Eck, B.: Technische Strömungslehre, Springer-Verlag, Berlin, 1966.

614 Hapel, K.-H.: Festigkeitsanalyse dynamisch beanspruchter Offshore-Konstruktionen, Vieweg Verlag Stuttgart, 1990.

615 DET NORSKE VERITAS (DNV): Environmental Conditions and Environmental Loads, Oslo, 2000.

Die zum Erhalt einer eindeutigen Lösung erforderlichen Randbedingungen werden an der Wasseroberfläche – der Druck an der Oberfläche ist konstant – und am Meeresboden – die Wasserpartikel können sich hier nur horizontal bewegen – formuliert. Dabei setzt man ein inkompressibles, reibungs- und wirbelfreies Medium (ideales Medium) voraus.

Die sich daraus ergebenden Gleichungen sind nichtlineare Differenzialgleichungen, deshalb sind exakte Lösungen dafür nicht möglich, sondern nur Näherungslösungen.

Die bekannteste Näherungslösung ist die von AIRY. Durch die vereinfachenden Annahmen, dass der Einfluss des Meeresbodens vernachlässigt werden kann (tiefes Wasser) und die Wellenhöhen klein sind im Vergleich zu den Wellenlängen (geringe Wellensteilheit) kann die Differenzialgleichung linearisiert und für den Verlauf der Wellenhöhe der folgende Ansatz gemacht werden:

$$h(x,t) = \frac{H}{2} \cdot \cos\left(2 \cdot \pi \cdot \left[\frac{x}{L} - \frac{t}{T}\right]\right) = \frac{H}{2} \cdot \cos(k \cdot x - \omega \cdot t) \tag{4.1.6}$$

mit: $h(x, t)$ = lokale Wellenhöhe an der Stelle x zur Zeit t; H = Wellenhöhe; T = Wellenperiode; ω = Wellenfrequenz = $2 \cdot \pi / T$; k = Wellenzahl = $2 \cdot \omega / L$; c = Wellenausbreitungsgeschwindigkeit = L/T (s. Abbildung 33):

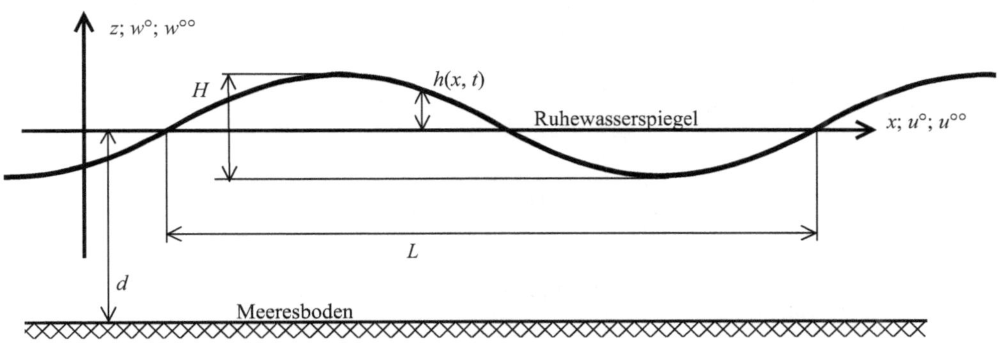

Abbildung 33: Bezeichnungen der AIRY-Welle

Unter der o.g. Voraussetzung eines idealen Mediums lässt sich ein sogenanntes zweidimensionales Geschwindigkeitspotenzial $\Phi(x, z, t)$ angeben – eine Bewegung quer zur Wellenfortschrittsrichtung, hier die y-Richtung, findet nicht statt. Ist das Potenzial bekannt, können die Geschwindigkeiten u° in x-Richtung bzw. w° in z-Richtung und die Beschleunigungen $u^{\circ\circ}$ bzw. $w^{\circ\circ}$ der Wasserpartikel in der Welle durch die entsprechenden Ableitungen berechnet werden.

Mit dem AIRY-Ansatz für die Wellenerhebung erhält man das Geschwindigkeitspotenzial:

$$\begin{aligned}\Phi(x,z,t) &= \frac{H}{2} \cdot \frac{g}{\omega} \cdot \frac{\cosh[k \cdot (z+d)]}{\cosh[k \cdot d]} \cdot \sin(k \cdot x - \omega \cdot t) \\ &= \frac{H}{2} \cdot \frac{g}{\omega} \cdot \eta(z) \cdot \sin(k \cdot x - \omega \cdot t)\end{aligned} \tag{4.1.7}$$

Der Ausdruck $\eta(z)$ stellt die Tiefenabhängigkeit des Geschwindigkeitspotenzials dar, z zählt nach unten negativ, g ist die Erdbeschleunigung.

Damit erhält man für die Geschwindigkeiten der Wasserpartikel in einer Welle:

$$u^{\circ}(x,z,t)=\frac{\partial\Phi}{\partial x}=\frac{g\cdot k}{\omega}\cdot\frac{\cosh[k\cdot(z+d)]}{\cosh[k\cdot d]}\cdot\frac{H}{2}\cdot\cos(k\cdot x-\omega\cdot t) \tag{4.1.8a}$$

$$w^{\circ}(x,z,t)=\frac{\partial\Phi}{\partial z}=\frac{g\cdot k}{\omega}\cdot\frac{\sinh[k\cdot(z+d)]}{\cosh[k\cdot d]}\cdot H\cdot\sin(k\cdot x-\omega\cdot t) \tag{4.1.8b}$$

und für die Beschleunigungen:

$$u^{\circ\circ}(x,z,t)=\frac{\partial u^{\circ}}{\partial t}=g\cdot k\cdot\frac{\cosh[k\cdot(z+d)]}{\cosh[k\cdot d]}\cdot\frac{H}{2}\cdot\sin(k\cdot x-\omega\cdot t) \tag{4.1.9a}$$

$$w^{\circ\circ}(x,z,t)=\frac{\partial\Phi}{\partial z}=g\cdot k\cdot\frac{\sinh[k\cdot(z+d)]}{\cosh[k\cdot d]}\cdot H\cdot\cos(k\cdot x-\omega\cdot t) \tag{4.1.9b}$$

Die Bahnkurven, die die einzelnen Wasserpartikel in einer Welle in Abhängigkeit von der Tiefe z beschreiben, erhält man durch die Integration der Geschwindigkeiten. Das ergibt die Wege u in x-Richtung und w in z-Richtung.

$$u(x,z,t)=\frac{H}{2}\cdot\frac{g\cdot k}{\omega^2}\cdot\frac{\cosh[k\cdot(z+d)]}{\cosh[k\cdot d]}\cdot\sin(k\cdot x-\omega\cdot t) \tag{4.1.10a}$$

$$w(x,z,t)=\frac{H}{2}\cdot\frac{g\cdot k}{\omega^2}\cdot\frac{\sinh[k\cdot(z+d)]}{\cosh[k\cdot d]}\cdot\cos(k\cdot x-\omega\cdot t) \tag{4.1.10b}$$

Im tiefen Wasser ($d\rightarrow\infty$) stellen die Bahnkurven Kreise, im flachen Wasser ($d \lessapprox L/20$) Ellipsen mit den Halbachsen dar:

$$\frac{H}{2}\cdot\frac{g\cdot k}{\omega^2}\cdot\frac{\cosh[k\cdot(z+d)]}{\cosh[k\cdot d]}\quad\text{(in } x\text{-Richtung)} \tag{4.1.11a}$$

$$\frac{H}{2}\cdot\frac{g\cdot k}{\omega^2}\cdot\frac{\sinh[k\cdot(z+d)]}{\cosh[k\cdot d]}\quad\text{(in } z\text{-Richtung)} \tag{4.1.11b}$$

Die Abhängigkeit der Wellenbewegungen von der Wassertiefe z ist in den o.g. Gleichungen enthalten, der Radius der Bahnkurven nimmt mit anwachsender Wassertiefe rasch ab, er wird:

$$r(z)=H/2\cdot e^{2\cdot\pi\cdot z/L} \tag{4.1.12}$$

An der Wasseroberfläche ist $r = H/2$, bei einer Wassertiefe von $z = -L/2$ wird $r \approx 0{,}043 \cdot H/2$.

Aus dem o.g. Geschwindigkeitspotenzial der Wellen lässt sich die sogenannte Dispersionsgleichung herleiten, die den Zusammenhang zwischen der Wellenfrequenz ω, der Wellenzahl k und der Wassertiefe d beschreibt: Sie lautet:

$$\omega^2 = g \cdot k \cdot \tanh(k \cdot d) \tag{4.1.13a}$$

Daraus werden die Wellenlänge L, die Wellenperiode T und die Wellenfortschrittsgeschwindigkeit c abgeleitet. Man erhält für diese Größen:

$$L = \frac{g \cdot T^2}{2 \cdot \pi} \cdot \tanh\left(2 \cdot \pi \cdot \frac{d}{L}\right) \tag{4.1.13b}$$

$$T = \sqrt{\frac{2 \cdot \pi \cdot L}{g} \cdot \frac{1}{\tanh(2 \cdot \pi \cdot d / L)}} \tag{4.1.13c}$$

$$c = \frac{L}{T} = \frac{\omega}{k} = \sqrt{\frac{g \cdot L}{2 \cdot \pi} \cdot \tanh\left(2 \cdot \pi \cdot \frac{d}{L}\right)} = \sqrt{\frac{g}{k} \cdot \tanh(k \cdot d)} \tag{4.1.13d}$$

Für unterschiedliche Wassertiefen d werden die Gleichungen entsprechend angepasst.

Tiefes Wasser

Mit $d \to \infty$ wird wegen $\tanh(k \cdot d) \to 1$ aus der Dispersionsgleichung:

$$\omega^2 = g \cdot k \tag{4.1.14a}$$

und für L, T und c erhält man:

$$L = \frac{g \cdot T^2}{2 \cdot \pi}; \quad T = \sqrt{\frac{2 \cdot \pi \cdot L}{g}} \quad \text{und} \quad c = \frac{L}{T} = \frac{\omega}{k} = \sqrt{\frac{g \cdot L}{2 \cdot \pi}} = \sqrt{\frac{g}{k}} \tag{4.1.14b-d}$$

Flaches Wasser

Von flachem Wasser spricht man dann, wenn die Tiefe kleiner als 1/20 der Wellenlänge ist. Man erhält bei kleinen Werten von d wegen $\tanh(k \cdot d) \approx k \cdot d$ für die Wellenausbreitungsgeschwindigkeit:

$$c = \frac{L}{T} = \sqrt{\frac{g}{d}} \tag{4.1.15}$$

d.h., die Wellenfortschrittsgeschwindigkeit ist dort nur von der Wassertiefe abhängig.

Der Übergang zwischen tiefem und flachem Wasser liegt in dem Bereich $L/2 < d < L/20$.

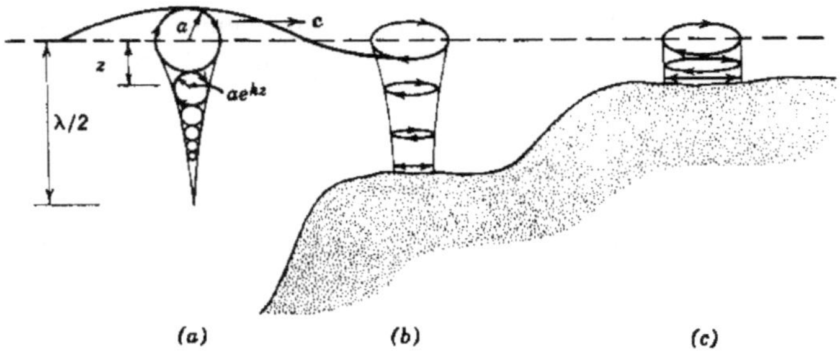

Abbildung 34: Bahnkurven von Wasserpartikeln[616]

Wenn eine Welle in flaches Wasser einläuft, ändern sich ihre Länge, Geschwindigkeit und Höhe. Der Tiefeneinfluss macht sich ab einem Verhältnis Wassertiefe zu Wellenlänge von ≈ 1/2 bemerkbar. Unter den Annahmen, dass die Welle noch nicht gebrochen ist (s. unten) und dass Energie und Periode der Welle konstant bleiben, ergibt sich aus Energiebetrachtungen für die Wellenhöhe H im flachen Wasser (H_0 =Höhe der Welle im tiefen Wasser):

$$\frac{H}{H_0} = \left[\frac{1}{\tan(k \cdot d) \cdot \left\{ 1 + \frac{2 \cdot k \cdot d}{\sinh(2 \cdot k \cdot d)} \right\}} \right]^{1/2} \tag{4.1.16a}$$

Im Grenzfall „Flaches Wasser" wird das Verhältnis:

$$\frac{H}{H_0} = \left[\frac{\sqrt{g \cdot T}}{4 \cdot \pi \cdot \sqrt{d}} \right]^{1/2} \approx 0{,}5 \cdot \sqrt{\frac{T}{\sqrt{d}}} \tag{4.1.16b}$$

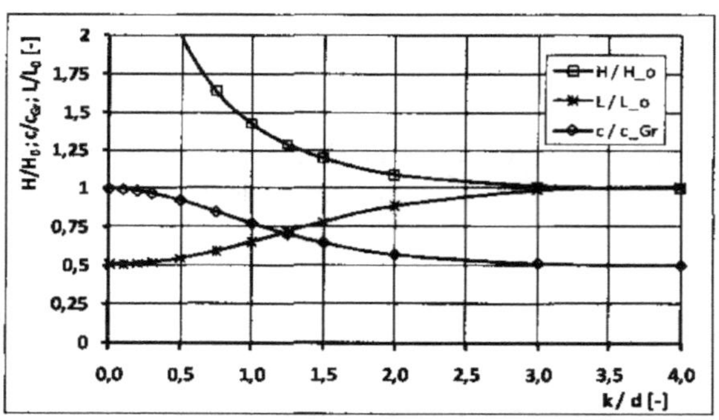

Abbildung 35: Änderung der Wellenhöhen, -längen und -geschwindigkeiten[617]

616 Bahnkurven der Wasserpartikel bei unterschiedlichen Wassertiefen, (a) für tiefes, (c) für flaches Wasser, (b) für den Übergangsbereich ($\lambda = L$; nach McCormick. M.E. McCormick: Ocean Engineering Wave Mechanics, John Wiley, New York, 1973.

617 Änderung der Wellenhöhen, -längen und -geschwindigkeiten beim Einlaufen von Wellen in flaches Wasser.

Wellenenergie

Die Energie einer Welle setzt sich aus den Anteilen der potentiellen und der Bewegungs- oder kinetischen Energie zusammen. Zur Berechnung der Energie wird ein Flüssigkeitsvolumen betrachtet, das in x-Richtung über eine Wellenlänge und in z-Richtung von der Wasseroberfläche bis zum Meeresboden reicht. In y-Richtung (quer zur Wellenrichtung) wird eine Einheitsbreite der Größe 1 angenommen.

Die potentielle Energie (Lageenergie) lautet allgemein (ohne Formänderungsenergie):

$$V(t) = \iiint_{(\mathrm{Vol.})} m(x,y,z) \cdot g \cdot z(t) \cdot dx \cdot dy \cdot dz \tag{4.1.17}$$

mit: m = Masse/Volumen

und die kinetische Energie:

$$T = \frac{1}{2} \cdot \iiint_{(\mathrm{Vol.})} m(x,y,z) \cdot [\underline{r}^{\circ}(x,y,z,t)]^2 \cdot dx \cdot dy \cdot dz \geq 0 \tag{4.1.18}$$

mit: $\underline{r}^{\circ}$ = Geschwindigkeitsvektor

Teilt man die Energie durch die Wellenlänge, erhält man die mittlere Energie einer Welle für ein Einheitsvolumen mit der Länge und Breite gleich 1 und der Höhe gleich der Wassertiefe. Es ergibt sich für die Einheitsenergie:

$$E = \frac{T+V}{L} = \frac{1}{8} \cdot \rho_{\mathrm{Seew.}} \cdot g \cdot H^2 \; [\mathrm{m^2/s}] \tag{4.1.19}$$

Der Energietransport erfolgt mit der Geschwindigkeit der Wellengruppe. Als Wellengruppe werden mehrere Wellen bezeichnet, die ähnliche Frequenzen, Längen und die gleiche Richtung haben. Eine Wellengruppe schreitet mit der Geschwindigkeit der „Einhüllenden“ fort, die Gruppengeschwindigkeit c_{Gr} beträgt:

$$c_{Gr} = \frac{c}{2} \cdot \left[1 + \frac{2 \cdot k \cdot d}{\sinh(2 \cdot k \cdot d)} \right] \tag{4.1.20a}$$

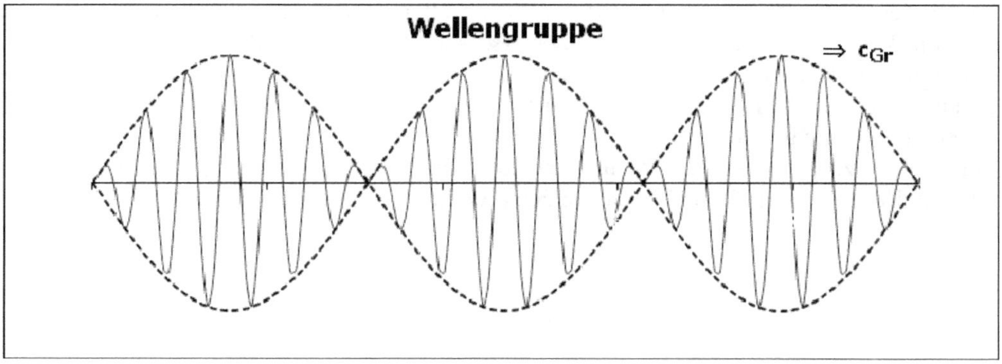

Abbildung 36: Wellengruppe

Im tiefen Wasser wird die Gruppengeschwindigkeit wegen des mit der Tiefe d rasch anwachsenden Ausdrucks für $\sinh(2 \cdot k \cdot d)$:

$$c_{Gr} = c / 2 \tag{4.1.20b}$$

Für flaches Wasser wird die Gruppengeschwindigkeit:

$$c_{Gr} = c \tag{4.1.20c}$$

Aus der linearen Wellentheorie nach AIRY ergibt sich, dass die Wasserpartikel in einer Welle sich kreis- bzw. ellipsenförmig bewegen, d.h., ein Partikel befindet sich nach einem Wellendurchgang auf der gleichen Position wie vorher. Es findet dabei kein Massetransport, sondern nur ein Energietransport statt. Das ist bei den realen Wellen sowie bei den nichtlinearen Wellentheorien nicht der Fall, danach findet in der Welle ein Massetransport statt. Die über eine Wellenperiode gemittelte Transportgeschwindigkeit in Wellenrichtung beträgt (mit $r(z)$ nach Gleichung 4.1.12):

$$u°(z) = \left(\frac{\pi \cdot r(z)}{L} \right)^2 \cdot c \tag{4.1.21}$$

Wellensteilheit, Brechende Wellen

Die Wellensteilheit wird durch das Verhältnis L/H (Wellenlänge zu Wellenhöhe) beschrieben. Wird der Wert kleiner als 7, brechen die Wellen theoretisch auch im tiefen Wasser. Im realen Seegang brechen sie bereits bei einem L/H-Verhältnis $\lessapprox 10$. Die AIRY-Wellentheorie gilt streng genommen nur für Wellen mit geringer Steilheit ($L/H \gtrapprox 50$).

Im flachen Wasser brechen Wellen bei dem Verhältnis $H/d > 0{,}78$ (Wellenhöhe zu Wassertiefe). Trifft eine brechende Welle auf ein Hindernis, können erhebliche stoßartige Belastungen, auch „Slamming" genannt, auftreten.

Nichtlineare Wellentheorien

Die lineare Wellentheorie nach AIRY ist stark vereinfacht gegenüber den realen Wellen, sie erlaubt aber eine gute Darstellung der wichtigsten Effekte in Wellen. Zur genaueren Berechnung der Geschwindigkeiten, Beschleunigungen und Kräfte in Wellen sind nichtlineare Wellentheorien wie nach STOKES, GERSTNER, Einzelwellentheorie usw., je nach den Verhältnissen von Wassertiefe, Wellenlänge und -höhe (s. Abbildung 37) erforderlich, da sich hiernach i.A. höhere Belastungen als nach der AIRY-Theorie ergeben. Da die Dimensionierungen der Fundamente von OWEA hauptsächlich durch die Wellenlasten bestimmt wird, ist deren genauere Berechnung erforderlich. Zur Berechnung von Wellenlasten stehen Computerprogramme wie z.B. WAVELOADS[618] zur Verfügung, die je nach den bei den Wellen vorliegenden o.g. Verhältnissen die am besten geeignete Wellentheorie verwenden.

618 WAVELOADS: Wellenberechnungsprogramm der TU Hannover, 2010.

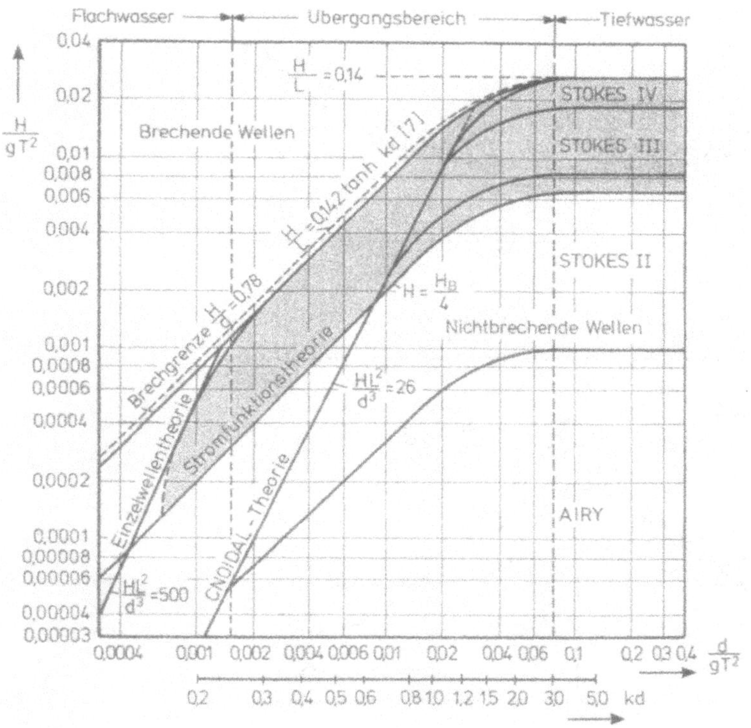

Abbildung 37: Anwendungsbereiche der unterschiedlichen Wellentheorien (nach CLAUSS)

Es soll hier nicht näher auf die einzelnen nichtlinearen Theorien eingegangen werden, da das den Rahmen dieser Einführung sprengen würde, die Theorien sind z.B. bei CLAUSS[619], SARPKAYA[620] oder WEHAUSEN[621] erläutert.

In der Abbildung 37 sind die Wellenprofile nach verschiedenen Wellentheorien dargestellt, man kann dabei insbesondere erkennen, dass im Gegensatz zur AIRY-Theorie, bei der die Längen von Wellental und Wellenberg gleich sind, bei den nichtlinearen Theorien das Wellental deutlich länger als der Wellenberg ist.

Überlagerung von Strömungen und Wellen

Wird den Wellen eine Strömung überlagert, werden die Wellen verzerrt, sie werden länger, schneller und niedriger, wenn die Strömung in Richtung der Wellen verläuft (Strömungsgeschwindigkeit $U > 0$) und kürzer, höher und langsamer, wenn die Strömung den Wellen entgegen gerichtet ist ($U < 0$). In der Abbildung 38 sind die Größenverläufe in Abhängigkeit vom Verhältnis Strömungsgeschwindigkeit zur Wellengeschwindigkeit dargestellt. Der Index 0 gilt für die Wellendaten im tiefen Wasser.

---

619 Clauss, G. u.a.: Meerestechnische Konstruktionen, Springer-Verlag, Berlin, 1988.

620 Sarpkaya, T. u.a.: Mechanics of Wave Forces on Offshore Structures, van Nostrand Reinhold, New York, 1981.

621 Wehausen, J. u.a.: Surface Waves, Handbuch der Physik Bd. 9, Springer-Verlag, 1960.

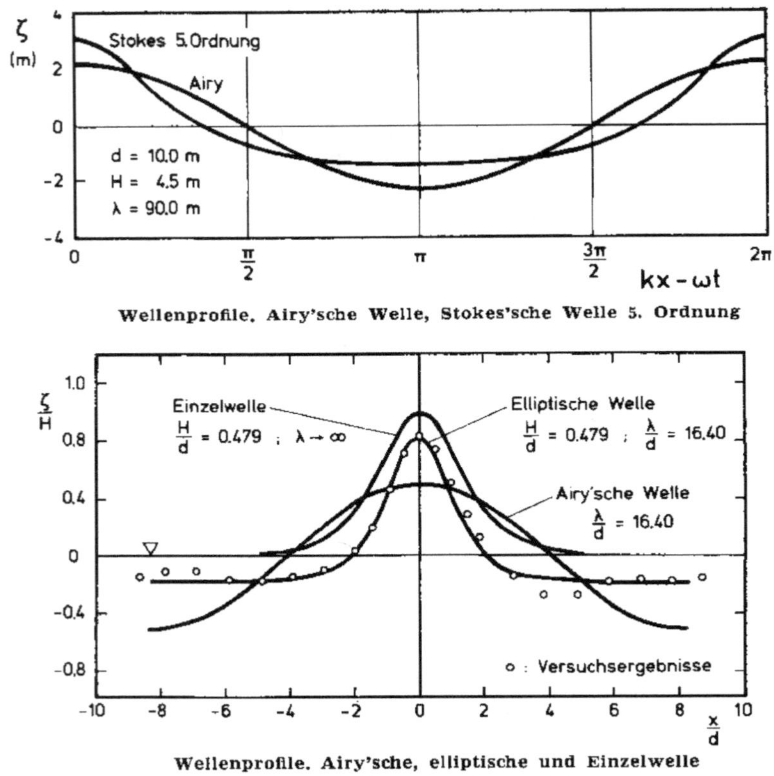

Abbildung 38: Wellenprofile nach verschiedenen Theorie (nach KOKKINOWRACHOS[622]*)*

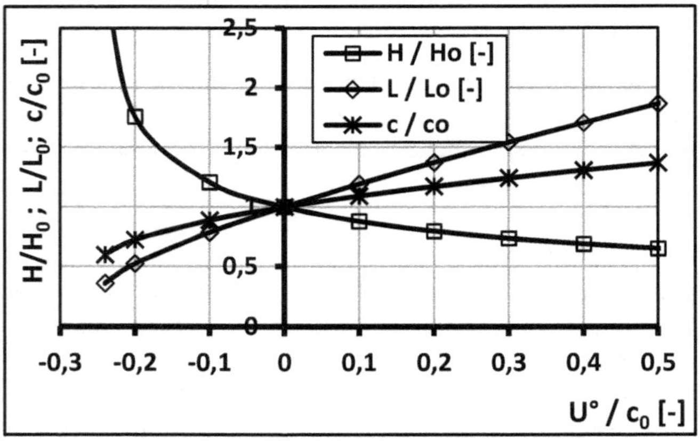

Abbildung 39: Änderungen der Wellenhöhen, längen und -geschwindigkeiten[623]

622 KOKKINOWRAHOS, K.: Offshore-Bauwerke, Handbuch der Werften Bd. XV, Schifffahrtsverlag Hansa Hamburg, 1980.

623 Änderungen der Wellenhöhen, längen und -geschwindigkeiten bei der Überlagerung von Wellen und Strömung.

Belastungen durch Wellen (MORISON-Verfahren)

Die Belastungen eines Offshore-Bauwerkes durch Wellen werden durch die Größe des Bauwerks im Verhältnis zur Höhe der Welle sowie der relativen Wassertiefe, dem Verhältnis *L*/*D*, beeinflusst. Die Größe des Bauwerkes wird durch die KEULEGAN-CARPENTER-Zahl KC berücksichtigt. Sie lautet:

$$KC = \pi \cdot \frac{H}{2 \cdot D} \tag{4.1.22}$$

mit: H = Wellenhöhe; D = Bauwerksabmessung quer zur Welle

In der Offshore-Technik unterscheidet man zwischen schlanken (hydrodynamisch transparent, $KC \lessapprox 0{,}4$) und großvolumigen (hydrodynamisch kompakt, $KC \gtrapprox 0{,}4$) Bauwerken. Bei hydrodynamisch kompakten Bauwerken geht man davon aus, dass die Wellen beim Passieren des Bauwerkes durch dieses beeinflusst werden. Dann müssen die Wellenkräfte nach der „Diffraktionstheorie" berechnet werden. Bei hydrodynamisch transparenten Bauwerken, wie sie die Fundamente der OWEA darstellen, nimmt man an, dass die Wellen das Bauwerk ungestört passieren. Die darauf wirkenden Wellenkräfte können dann nach dem „MORISON-Verfahren" ermittelt werden.

MORISON-Verfahren[624]

Beim MORISON-Verfahren werden die auf das Bauwerk wirkenden Wellenkräfte in zwei Komponenten aufgeteilt, in eine Strömungskraft F_D (Drag Force) und eine Trägheitskraft F_M (Mass Force).

$$F_D(t) = \frac{1}{2} \cdot \rho_{\text{Seew.}} \int_{z=0}^{z=d} c_D(z, \text{Re}, A) \cdot D(z) \cdot u^{\circ}(z,t) \cdot |\, u^{\circ}(z,t) \,| \cdot dz \tag{4.1.23}$$

$$F_M(t) = \rho_{Seew.} \cdot \int_{z=0}^{z=d} c_M(z, A) \cdot A(z) \cdot u^{\circ\circ}(z,t) \cdot dz \tag{4.1.24}$$

Die resultierenden Kräfte auf die Offshore-Struktur sind die Summen der beiden Anteile:

$$F_{\text{Result.}}(t) = F_D(t) + F_M(t) \tag{4.1.25}$$

Damit lassen sich die Beanspruchungen der Struktur (Querkräfte und Biegemomente) durch eine gegebene Welle und die sich daraus ergebenden Spannungen in den einzelnen Querschnitten bestimmen.

Die Geschwindigkeiten u° und die Beschleunigungen $u^{\circ\circ}$ erhält man aus den jeweiligen Wellentheorien, c_D ist der Widerstandskoeffizient des Querschnittes (s. oben), c_M der Massenkoeffizient. Der Massenkoeffizient ergibt sich zu $c_M = 1 + c_A$, wobei c_A der Koeffizient der hydrodynamischen Masse ist. Zahlenwerte für c_D und c_A sind z.B. bei HAPEL zu finden.

624 Morison, I. R. u.a.: The Force exerted by Surface Waves on Piles, Transactions AIME189, 1950.

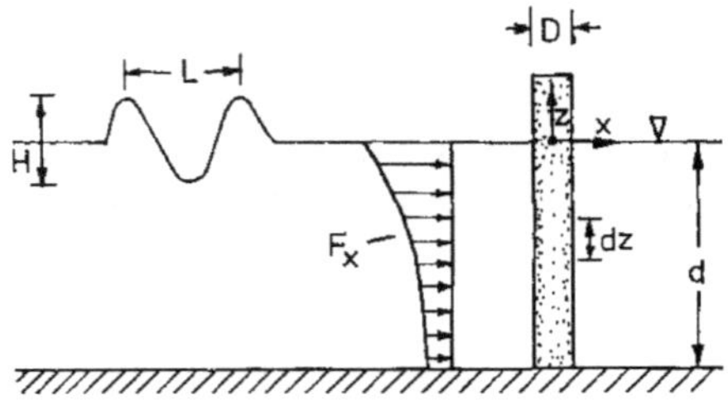

Abbildung 40: Wellenprofile nach verschiedenen Theorien (nach Hapel)

Hydrodynamische Masse

Wird ein Körper in Wasser beschleunigt, muss ein Teil des umgebenden Wassers mit beschleunigt werden. Diese mitbewegte Masse wird als hydrodynamische oder Zusatzmasse bezeichnet, da sie scheinbar die Masse des zu beschleunigenden Körpers vergrößert. Die Größe der hydrodynamischen Masse hängt im Wesentlichen von der Körperform ab und ob das Wasser den Körper einseitig oder beidseitig benetzt ist. Sie ist jedoch in weiten Bereichen von der Größe der Beschleunigung unabhängig.

Wegen der unterschiedlichen Zeitverläufe von Geschwindigkeit und Beschleunigung in einer Welle treten die Maxima der beiden Kraftanteile zu unterschiedlichen Zeiten auf, sie sind um ein Viertel der Wellenperiode versetzt. In der Abbildung 41 sind die zeitlichen Verläufe der maximalen Streckenlasten (Kraft pro Längeneinheit) aus Strömung und Beschleunigung für einen Monopile über eine Wellenperiode dargestellt (Daten des Beispiels: Durchmesser Monopile = 6 m, Wellenhöhe = 4 m, Wellenlänge = 50 m, Wassertiefe = 25 m). Die Maxima der Streckenlasten treten an der Wasseroberfläche auf.

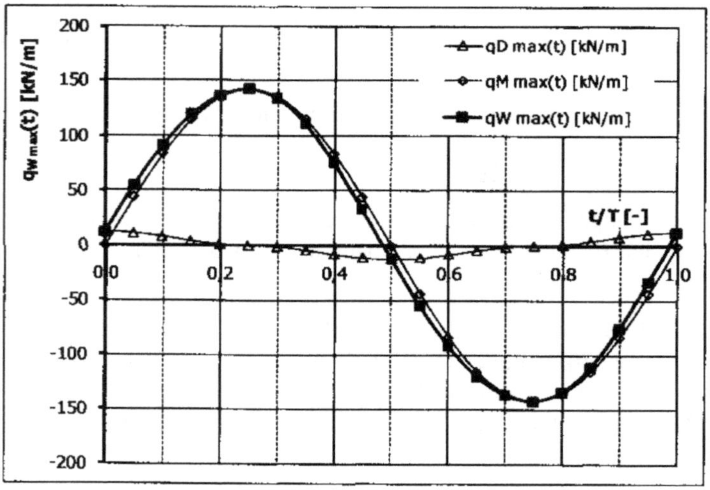

Abbildung 41: Zeitlicher Verlauf der maximalen Strömungs- und Beschleunigungsbelastungen[625]

[625] Zeitlicher Verlauf der maximalen Strömungs- und Beschleunigungsbelastungen eines Monopiles über die Wellenperiode *T*.

4.1.4.3 Seegangbelastungen

Meereswellen werden hauptsächlich durch die Einwirkung des Windes auf die Wasseroberfläche erzeugt. Streicht der Wind über die zunächst ruhige Oberfläche, entstehen durch die Reibung zwischen Luft und Wasser sowie den Turbulenzen in der Grenzschicht zunächst niedrige und kurze Wellen, die „Rippelwellen". Mit zunehmender Wirklänge (Streichlänge, engl.: *fetch length*) und Dauer (Streichdauer, engl.: *fetch time*) des Windes wachsen die Wellen ständig an (Wellenlänge, -höhe, -geschwindigkeit). Es entstehen ständig neue kleine Wellen, die ebenfalls anwachsen und die bereits vorhandenen überlagern. Die maximalen Wellen (Länge und Höhe) sind erreicht, wenn die Fortschrittsgeschwindigkeit der Wellen gleich der Windgeschwindigkeit ist. In der Praxis wird das selten erreicht, da die Voraussetzungen dafür bei höheren Windgeschwindigkeiten meistens nicht gegeben sind (konstante Windgeschwindigkeit und Richtung über eine Strecke von mehreren tausend km).

Regelmäßiger Seegang

Als „regelmäßiger" Seegang oder „ausgereifte Windsee" wird bezeichnet, wenn dieser durch aufeinander folgende Wellen gleicher Richtung mit ähnlichen Längen, Höhen und Geschwindigkeiten dominiert wird. Ein solcher Seegang kann sich nur ausbilden, wenn der Wind konstant – Richtung und Geschwindigkeit – über eine lange Strecke weht. Das trifft zu bei größeren Windstärken mit entsprechend langen und hohen Wellen im Nordatlantik, Nordpazifik sowie im indischen und pazifischen Ozean südlich des 40. Breitengrades (*„Roaring Fourties"*). In der Nord- oder Ostsee kann sich ein solcher Seegang wegen der kurzen Streichlängen nur bei relativ geringen Windstärken ausbilden. Die Wellen des regelmäßigen Seegangs können einzeln behandelt werden, um damit die auftretenden Belastungen und Spannungen in den Offshore-Strukturen zu berechnen, z.B. bei der einmalig während der Lebensdauer einer Offshore-Anlage auftretenden 50- oder 100-Jahres-Welle.

Unregelmäßiger oder natürlicher Seegang

Sind die Wellen im Hinblick auf Länge, Höhe, Geschwindigkeit und Richtung unterschiedlich, ohne dass dabei dominierende Größen auftreten, spricht man von einem „natürlichen" oder „unregelmäßigen" Seegang. Ein solcher Seegang lässt sich nur noch mit statistischen Methoden beschreiben. Dafür wird der Energiegehalt des Seegangs durch das sogenannte Energiespektrum beschrieben.

Statistik

Die wichtigsten statistischen Verteilungsgesetze in der Offshore-Technik sind die GAUSS-, die WEIBULL- und die RALEIGH-Verteilung.

Die Häufigkeitsverteilung der GAUSS-Verteilung eines Zufallsprozesses lautet (s = Streuung):

$$f(x) = \frac{1}{s \cdot \sqrt{2 \cdot \pi}} \cdot \exp\left[-\frac{x^2}{2 \cdot s^2} \right] \tag{4.1.26a}$$

Die Wahrscheinlichkeits-Verteilung ergibt sich daraus zu:

$$F(x_0) = \int_{-\infty}^{x_0} f(x) \cdot dx = \frac{1}{s \cdot \sqrt{2 \cdot \pi}} \cdot \int_{-\infty}^{x_0} \exp\left(-\frac{x^2}{2 \cdot s^2}\right) \cdot d\xi \qquad (4.1.26b)$$

Die Häufigkeitsverteilung der WEIBULL-Verteilung lautet:

$$f(x) \begin{cases} = \frac{m}{x_0} \cdot \left(\frac{x - x_u}{x_0}\right)^{m-1} \cdot \exp\left[-\left(\frac{x - x_u}{x_0}\right)^m\right] & \text{für } x \geq x_u \\ = 0 & \text{für } x < x_u \end{cases} \qquad (4.1.27a)$$

mit: x_0 = Nennwert der untersuchten Größe; x_u = untere Erwartungs- oder Versagensgrenze der untersuchten Größe; m = WEIBULL-Modul (je größer der Modul, umso „spitzer" ist die Häufigkeitsverteilung bzw. umso steiler die Wahrscheinlichkeits-Verteilung).

Für die Wahrscheinlichkeits-Verteilung erhält man danach:

$$F(x) = \int_0^x f(x) \cdot dx = \begin{cases} 1 - \exp\left[-\left(\frac{x - x_u}{x_0}\right)^m\right] & \text{für } x \geq x_u \\ 0 & \text{für } x < x_u \end{cases} \qquad (4.1.27b)$$

Die Häufigkeitsverteilung der RAYLEIGH-Verteilung lautet:

$$f(x) = \left\{ \frac{x \cdot \pi}{x_M \cdot 2} \cdot \exp\left[-\frac{\pi}{4} \cdot \left(\frac{x}{x_M}\right)^2\right] \right. \quad \text{für } x \geq 0 \qquad (4.1.28a)$$

mit: x_M = Referenzwert (z.B. mittlere Windgeschwindigkeit)

Die Wahrscheinlichkeits-Verteilung ergibt sich zu:

$$F(x) = \left\{ 1 - \exp\left[-\frac{\pi}{4} \cdot \left(\frac{x}{x_M}\right)^2\right] \right. \quad \text{für } x \geq 0 \qquad (4.1.28b)$$

Die statistischen Momente aus den Verteilungen $f(x)$ erhält man nach:

$$m_0 = \int_0^\infty f(x) \cdot dx \; ; \; m_n = \int_0^\infty x^n \cdot f(x) \cdot dx \qquad (4.1.29a/b)$$

Durch die GAUSS-Verteilung werden z.B. die Wellenperioden eines Seegangs beschrieben, durch die WEIBULL-Verteilung z.B. die Windgeschwindigkeiten oder die Festigkeit eines Materials und durch die RALEIGH-Verteilung die Wellenhöhen oder Windgeschwindigkeiten. Die RAYLEIGH-Verteilung ist ein Sonderfall der WEIBULL-Verteilung, bei der der Weibull-Modul $m = 2$ und der untere Erwartungswert $x_u = 0$ ist.

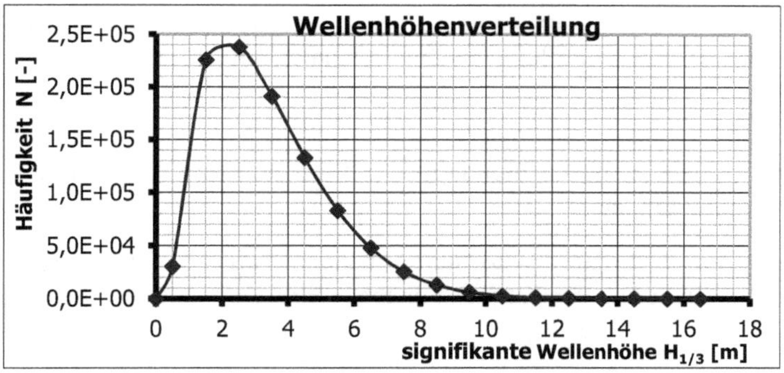

Abbildung 42: Wellenhöhenverteilung im Nordatlantik (RAYLEIGH-Verteilung, nach ISSC)

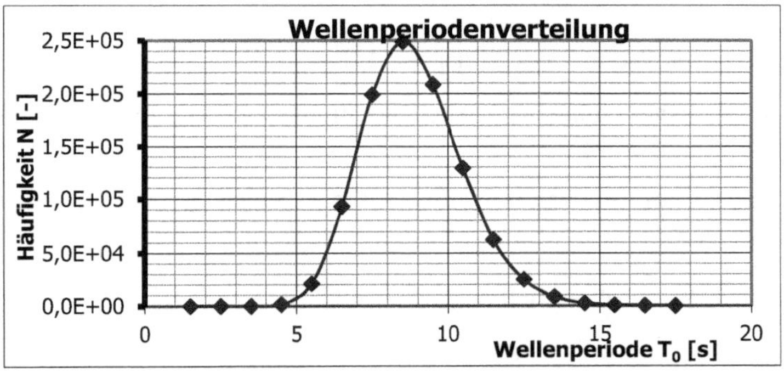

Abbildung 43: Wellenperiodenverteilung im Nordatlantik (GAUSS-Verteilung, nach ISSC)

Seegangsspektren

Bei einem natürlichen Seegang werden die Wellenhöhen durch das folgende FOURIER-Integral dargestellt:

$$h^2(t) = \int_{\omega=0}^{\infty} S_h(\omega) \cdot d\omega < \infty \tag{4.1.30a}$$

mit: $h(t)$ = Erhebung der Wasseroberfläche zum Zeitpunkt t; ω = Seegangsfrequenz; $S_h(\omega)$ = Spektrum des Seegangs (Energie-Spektraldichte)

Durch Multiplikation der Gleichung (4.1.30a) mit dem Faktor $\rho \cdot g/2$ erhält man die Energie, die in dem beschriebenen Seegang enthalten ist. Dabei stellt die linke Seite die mittlere Energie des Seegangs dar, die rechte Seite die Energieverteilung über der Seegangsfrequenz ω.

$$h^2(t) \cdot \frac{\rho \cdot g}{2} = \int_{\omega=0}^{\infty} \frac{\rho \cdot g}{2} \cdot S_h(\omega) \cdot d\omega \tag{4.1.30b}$$

Man kann unterschiedliche Richtungen der Wellen in einem unregelmäßigen Seegang durch eine Richtungsverteilungs-Funktion $G_h(\mu_e)$ berücksichtigen. Das führt i.A. zu einer geringeren Beanspruchung der Fundamente, da die maximalen Spannungen je nach Wellenrichtung an verschiedenen Stellen auftreten. Damit kann sich die Anzahl der ertragbaren Lastwechselzahlen erhöhen. Für die Windrichtungs-Verteilungen kann das analog angewandt werden.

$$S_h(\mu_e) = S_h(\omega) \cdot G(\mu_e) \tag{4.1.31}$$

mit: $G(\mu_e)$ = Richtungsfunktion der Wellenausbreitung; μ_e = Winkel einer Elementarwelle, gemessen von der Hauptwellenrichtung aus.

Für die Wellenrichtungsfunktion wird häufig unter der Annahme, dass die Verteilung der Wellenenergie über der Laufrichtung von der Frequenz unabhängig ist, ein Ansatz folgender Form verwendet:

$$G(\mu_e) = \begin{cases} k_n \cdot \cos^n(\mu_e) & \text{für } -\frac{\pi}{2} \leq \mu_e \leq +\frac{\pi}{2} \\ 0 & \text{sonst} \end{cases} \tag{4.1.32}$$

mit den am häufigsten angenommen Werten: $n = 2$ oder $n = 4$

Sind aus Messdaten die Häufigkeitsverteilungen der Wellenrichtungen (analog für Windrichtungen) bekannt, sollten diese verwandt werden.

Das PIERSON-MOSKOWITZ-Spektrum (P-M-Spektrum) stellt das Seegangsspektrum einer ausgereiften Windsee dar. Es lautet:

$$\begin{aligned} S_h(\omega) &= \alpha \cdot \omega^{-5} \cdot \exp(-\beta \cdot \omega^{-4}) \quad [\mathrm{m}^2 \cdot \mathrm{s}] \\ &= 0{,}0081 \cdot \mathrm{g}^2 \cdot \omega^{-5} \cdot \exp\left(-0{,}74 \cdot \left(\frac{\mathrm{g}}{u \cdot \omega}\right)^4\right) \end{aligned} \tag{4.1.33}$$

mit: $S_h(\omega)$ = Spektrum des Seegangs $[\mathrm{m}^2 \cdot \mathrm{s}]$; ω = Seegangsfrequenz $[\mathrm{s}^{-1}]$; α = Koeffizient $[\mathrm{m}^2/\mathrm{s}^4]$; β = Koeffizient $[\mathrm{s}^{-4}]$. Die Koeffizienten α und β sind aus Messungen von Seegängen im Nordatlantik ermittelt worden (u = Windgeschwindigkeit).

Für „unausgereifte Seegänge", bei denen Streichlänge und -dauer zu kurz sind, um einen ausgereiften Seegang zu erzeugen (Beispiel: Oststurm in der Nordsee), kann das modifizierte P-M- oder ISSC- Spektrum (INTERNATIONAL SHIP STRUCTURE COMMITTEE) verwendet werden. Dazu müssen weitere diesen Seegang charakterisierende Größen eingeführt werden.

Das sind die kennzeichnende oder „signifikante" Wellenhöhe H_S, für die meisten $H_{1/3}$ (der Mittelwert der Wellen, die höher als $^2/_3$ aller Wellen in dem Seegang sind) verwendet wird und die Wellenperiode T. Für die Periode T werden unterschiedlich definierte Werte verwendet, entweder T_0 (Periode der Nulldurchgänge der Wellenhöhen bei $h(t) = 0$) oder T_m (mittlere Periode) oder T_P (Periode des Maximums des Seegangsspektrums). Die Werte für H_S und T müssen aus Seegangsstatistiken ermittelt werden. Aus den Werten für T lassen sich die zugeordneten Wellenfrequenzen mit $\omega = 2 \cdot \pi/T$ ermitteln.

Die signifikante Wellenhöhe $H_{1/3}$ erhält man aus dem Moment 0-ter Ordnung des Seegangsspektrums:

$$H_{1/3} \approx 4 \cdot \sqrt{m_0} = 4 \cdot \sqrt{\int_0^\infty S_h(\omega) \cdot d\omega} \tag{4.1.34}$$

Zwischen den unterschiedlichen Perioden bestehen die Beziehungen:

$$T_m = 0{,}7716 \cdot T_P = 1{,}0864 \cdot T_0 \tag{4.1.35}$$

Das ISSC-Spektrum lautet:

$$\begin{aligned} S_h(\omega) &= 173 \cdot H_{1/3}^2 \cdot T_m^2 \cdot \omega^{-5} \cdot \exp\left[-692 \cdot \left(\frac{1}{T_m \cdot \omega}\right)^4\right] \\ &= 124 \cdot H_{1/3}^2 \cdot T_0^2 \cdot \omega^{-5} \cdot \exp\left[-496 \cdot \left(\frac{1}{T_0 \cdot \omega}\right)^4\right] \end{aligned} \tag{4.1.36}$$

Für Randmeere mit begrenzten Streichlängen und Tiefeneinfluss, wie z.B. in der Nordsee, ist das sogenannte JONSWAP-Spektrum (JOINT NORTH SEA WAVE PROJECT) besser als das P-M- oder ISSC-Spektrum geeignet. Es lautet:

$$S_h(\omega) = \alpha \cdot g^2 \cdot \omega^{-5} \cdot \exp\left[-1{,}25 \cdot \left(\frac{\omega}{\omega_P}\right)^4\right] \cdot \gamma^p \tag{4.1.37}$$

Mit den Parametern α, γ und p werden der Einfluss der Windgeschwindigkeit, der Streichlänge und der Wassertiefe beschrieben, sie sind z.B. in[626] näher erläutert. In der Abbildung 44 sind das P-M- und das JONSWAP-Spektrum mit den gleichen Werten für α und ω_P dargestellt.

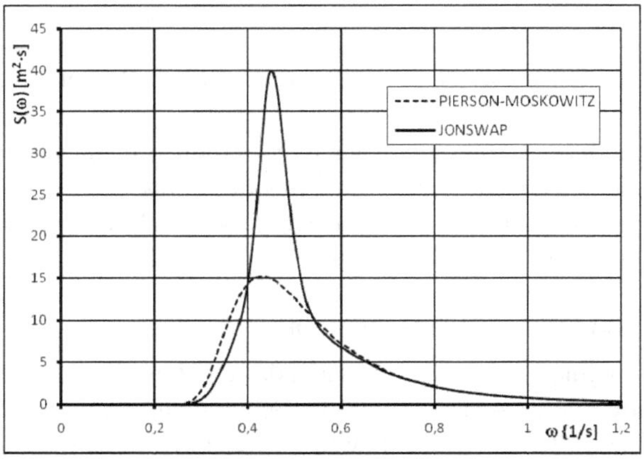

Abbildung 44: Pierson-Moskowitz- und Jonswap-Spektrum[627]

[626] Dannenberg, L.: Offshore Foundations, Vorlesungen an der Fachhochschule Kiel, 2011.

[627] PIERSON-MOSKOWITZ- und JONSWAP-Spektrum (Windgeschwindigkeit = 20 m/s, α und ω_P gleich).

Langzeitstatistik des Seegangs

Die oben beschriebenen Spektren gelten für einen Zeitraum, in dem die signifikante Wellenhöhe $H_{1/3}$, die Wellenperiode T_0 und die Hauptwellenrichtung μ_H konstant sind. Über längere Zeiträume sind diese Größen statistische Veränderliche, sodass für ein Langzeitkonzept des Seegangs eine vierdimensionale Verteilung der Wellenhöhen, Perioden usw. erforderlich ist. Deshalb wird die Langzeitverteilung der Wellenhöhen $f(H, H_{1/3}, T_0, \mu_H)$ in zwei Anteile zerlegt. Der erste Anteil beschreibt ein vorliegendes Spektrum, der zweite dessen Langzeitverteilung (Index L).

$$f(H,\, H_{1/3}, T_0, \mu_H) = f(H \,/\, H_{1/3}, T_0, \mu_H) \cdot f_L(H_{1/3}, T_0, \mu_H) \qquad (4.1.38)$$

Das führt zu der Langzeit-Überschreitungswahrscheinlichkeit der Wellenhöhe $H > H^*$:

$$P_L(H > H^*) = \int_0^{2\cdot\pi} \int_0^{\infty} \int_0^{\infty} P_K(H > H^*) \cdot f_L(H_{1/3}, T_0, \mu_H) \cdot d\,H_{1/3} \cdot d\,T_0 \cdot d\,\mu_H \qquad (4.1.39)$$

Hier soll nicht weiter darauf eingegangen, sondern auf die weiterführende Literatur verwiesen werden, z.B. bei HAPEL oder KOKKINOWRACHOS.

Extremwellen

Die maximal zu erwartenden Wellenhöhen lassen sich aus den signifikanten Wellenhöhen abschätzen, sie werden:

$$H_{\max} \approx 1{,}86 \cdot H_{1/3} \qquad \text{(mehrstündig wehender Wind)} \qquad [4.1.40a]$$

$$H_{\max} \approx 2{,}23 \cdot H_{1/3} \qquad \text{(mehrtägig wehender Wind)} \qquad [4.1.40b]$$

In dem nördlichsten Teil der deutschen AWZ (≈ 55°45' nördlicher Breite) ist mit Wellenhöhen bis zu ca. 24 m zu rechnen, im südlichen Teil (≈ 54° n. B.) mit bis zu ca. 18 m.

Die Ermittlung der maximal zu erwartenden Wellenhöhe (50- bzw. 100-Jahres-Welle) ist aus folgenden Gründen erforderlich:

- Diese Wellenhöhe stellt einen Extremfall hinsichtlich der Belastung durch Wellen dar, sie tritt theoretisch einmalig auf.
- Wenn eine Zugangsplattform vorhanden ist, die nicht überspült werden soll, muss sie höher als der maximale Wasserstand sein. Dieser ergibt sich aus dem Wasserstand bei NN (Normal Null oder Seekartennull, auf den mittleren Niedrigwasserstand bezogen) + maximaler Tidenhub + halbe maximale Wellenhöhe + Windstau.

Beanspruchungen der Offshore-Strukturen aus Seegangspektren

Sind die Eigenfrequenzen und das Schwingungsdämpfungsverhalten der Offshore-Strukturen bekannt, lassen sich die Strukturantworten durch den Seegang, die Schwingungsamplituden bzw. maximalen Verformungen und damit die in den Strukturen auftretenden Spannungen ermitteln, z.B. mit Hilfe von FEM-Berechnungen (Finite-Elemente-Methoden). Für die jeweiligen Schwingungsperioden bzw. den dazugehörigen Spannungen kann die Anzahl der jeweiligen Lastzyklen aus einer vorliegenden Seegangsstatistik errechnet und damit das Betriebsfestigkeitsverhalten der Strukturen beurteilt werden.

4.1.4.4 Kolkschutz

Werden Offshore-Bauwerke umströmt, erhöht sich in ihrer näheren Umgebung die Strömungsgeschwindigkeit und es kommt zusätzlich zu Wirbelablösungen. Je nach Beschaffenheit des Meeresbodens wird ein Teil davon weggespült und setzt sich in geringer Entfernung wieder ab. Dadurch werden die Gründungen teilweise freigelegt, d.h., der durch den Boden gestützte Bereich der Gründungen verkleinert sich. Das führt zu einer erhöhten Belastung des Bodens, zu höheren Spannungen in der Struktur und zu Eigenfrequenzreduzierungen. Die Zeit bis zur stabilen Ausbildung von Kolken kann von wenigen Stunden bis zu mehreren Monaten reichen, je nach den Strömungsgeschwindigkeiten, deren Ursachen (konstante Strömungen, Tideströmungen, Strömungen in Wellen) und der Bodenbeschaffenheit (loser oder dichter Sand, Ton, Kleie usw.).

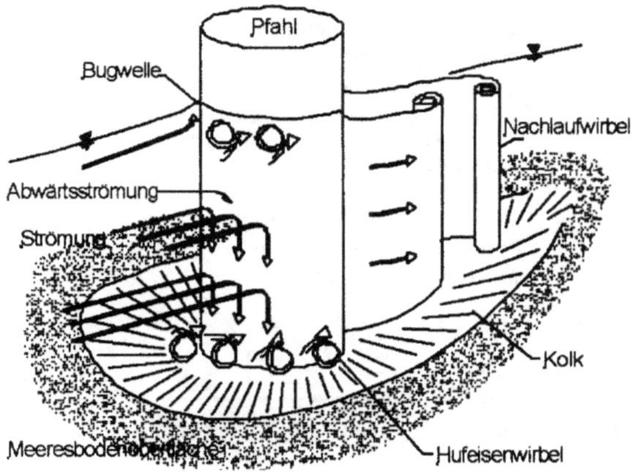

Abbildung 45: Kolkbildung (Prinzip, nach HAMIL[628])

Die Tiefe des Kolkes lässt sich bei den Gründungen von OWEA nur sehr ungenau vorhersagen, da die bisher existierenden Berechnungsformeln nur für kleine Pfahldurchmesser durch experimentelle Daten abgesichert sind. Die verschiedenen veröffentlichten Berechnungsformeln liefern für Durchmesser wie bei einem Monopile Kolktiefen vom 0,3-fachen bis zum 3,5-fachen des Durchmessers[629], mit anderen Worten: die Berechnungsformeln sind für die Praxis nicht brauchbar. Der GL nimmt in seinen Richtlinien eine Kolktiefe von 2,5 D an (*D* = Bauwerksdurchmesser am Meeresboden). Die Ausbildung von Kolken bei Offshore-Gründungen wird z.Z. intensiv untersucht (FINO1,2,3[630], „alpha ventus“ [631]).

Um die o.g. Risiken zu vermeiden, ist ein Kolkschutz bei der Gründung der OWEA vorzusehen. Dieser kann vorlaufend, d.h., vor der Einbringung der Gründung in den Meeresboden oder nachlaufend sein, d.h., nach dem Einbringen der Gründungen.

628 Hamil: Bridge Hydraulics, E&F Spon London, 1999.

629 Richwien, W., u.a.: Kann man Kolke an Offshore-Windenergieanlagen berechnen, BAW-Workshop Boden- und Sohlstabilität, 2004.

630 FINO: Forschungsplattformen in Nord- und Ostsee, www.fino-offshore.de.

631 alpha ventus: Forschungswindpark der Offshore-Stiftung, ca. 40 km nördlich von Borkum.

Beim vorlaufenden Kolkschutz wird eine dünne Schutzschicht auf dem Meeresboden vorgesehen, die beim Rammen der Gründungspfähle durchstoßen wird, danach erfolgt die endgültige Ausführung des Kolkschutzes. Beim nachlaufenden Kolkschutz wird die komplette Schutzschicht nach dem Einbringen der Pfähle ausgeführt, ein sich bereits gebildeter Kolk wird aufgefüllt.

Als Kolkschutz können Steine verschiedener Größe, wobei die kleinsten Steine unten, die größten oben angeordnet werden, synthetische Seegrasmatten o.ä. vorgesehen werden. Der Kolkschutz ist während des Betriebes der Windenergieanlagen regelmäßig zu kontrollieren und gegebenenfalls auszubessern.

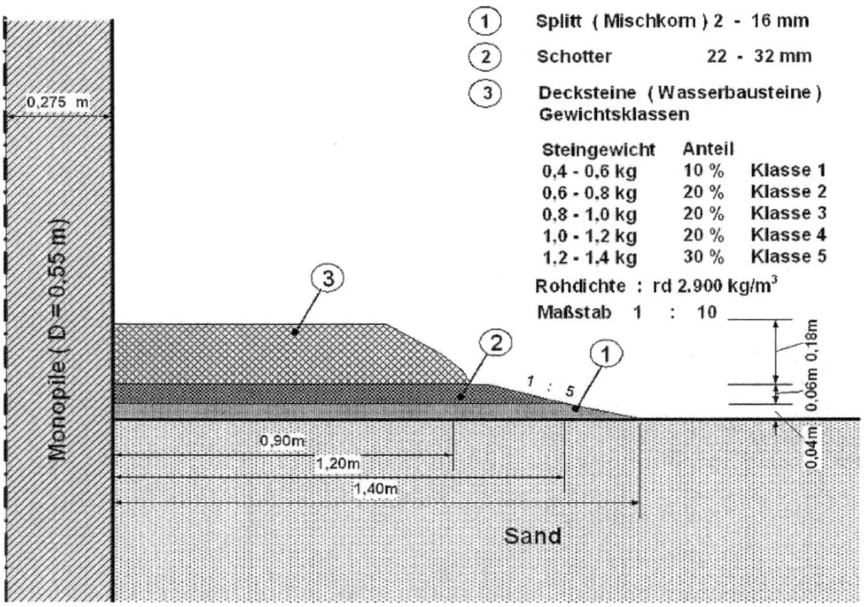

Abbildung 46: Beispiel eines Kolkschutzes

Insbesondere die Zuführungen der elektrischen Anschlusskabel sind gegen das Freispülen zu schützen, da diese i.A. nicht für die auftretenden Belastungen durch Wellen und Strömungen ausgelegt sind.

4.1.4.5 Mariner Bewuchs

Die Unterwasser liegenden Teile der Fundamente von Offshore-Bauwerken werden nach und nach von zahlreichen Tieren und Pflanzen besiedelt. Dieser Bewuchs beeinflusst das dynamische und statische Verhalten der besiedelten Strukturen. Dabei unterscheidet man zwischen „hartem" und „weichem" Bewuchs.

- **Harter Bewuchs:** Dazu gehören Muscheln, Röhrenwürmer, Seepocken usw. Diese Bewuchsart erhöht die Widerstandsbelastungen in Strömungen und Wellen durch die Vergrößerungen der Querschnitte und Erhöhungen der Oberflächenrauigkeiten sowie die statischen Massen. Ferner ändert sich das dynamische Verhalten (Reduzierung der Schwingungsfrequenzen) durch die Vergrößerung der schwingenden Massen, da diese Arten des Bewuchses die Bewegungen der Strukturen weitgehend mitmachen. Zusätzlich werden dadurch die hydrodynamischen Massen erhöht. Die spezifische Dichte des Bewuchses beträgt ca. 1,3 bis 1,4 t/m^3.

- **Weicher Bewuchs**: Dazu zählen Algen, Seetang, Seeanemonen usw. Der Bewuchs bewirkt ebenfalls Vergrößerungen der Querschnitte und Erhöhungen der Oberflächenrauigkeiten und damit höhere Reibungskräfte in Strömungen und Wellen. Die dynamischen Massen werden nur geringfügig erhöht, da diese Bewuchsart die Bewegungen (Schwingungen) der Strukturen kaum mitmacht. Die Erhöhung der statischen Massen ist vernachlässigbar, da die spezifische Dichte des weichen Bewuchses ca. 1 t/m^3 beträgt.

Abbildung 47: Muschelbewuchs an einer Offshore-Gründung (Horns Rev 1, Foto: Klaustrup)

Stärke und Geschwindigkeit des Bewuchses hängen im Wesentlichen von den folgenden Faktoren ab:

- Wassertiefe: Die Bewuchsdicke nimmt mit größer werdender Wassertiefe ab, bei einer Tiefe bis zu 10 bis 15 m kann sie bis 300 mm erreichen, bei einer Tiefe von > 50 m bis zu 20 bis 30 mm.
- Wassertemperatur: Je höher die Temperatur ist, umso schneller und stärker erfolgt der Bewuchs.
- Entfernung von der Küste: Je größer die Entfernungen von der Küste sind, umso geringer ist der Bewuchs und umso später erfolgt er.
- Strömungsgeschwindigkeit: Je höher die Strömungsgeschwindigkeit ist, umso schwieriger wird es für Algen, Muschel-, Seepockenlarven usw., sich an den Unterwasserstrukturen anzuheften.
- Klarheit des Wassers: Das Sonnenlicht fördert die Besiedelung und dringt bei klarem Wasser tiefer ein als bei trübem Wasser.
- Nährstoffgehalt des Wassers: Die Wachstumsbedingungen für Algen, Muscheln usw. sind umso besser, je höher der Nährstoffgehalt des Wassers ist.

Damit die Belastungen aus Strömungen und Wellen nicht zu groß werden und um die Eigenfrequenz-Verschiebungen durch die Masseerhöhungen zu reduzieren, ist der Bewuchs, wenn er eine größere Dicke erreicht hat, zu entfernen. Das erfolgt manuell durch Taucher.

4.1.4.6 Eisbelastungen

Bei den Standorten von OWEA in der offenen Nordsee ist nicht, in der Ostsee dagegen generell mit Eisbildungen zu rechnen. Das kann zu erheblichen Belastungen der Gründungen führen, sodass sie bei der Konstruktion und dem Bau zu berücksichtigen sind.

Wasser gefriert je nach Salzgehalt bei 0 °C (Süßwasser) und bei −1,8 °C (Meerwasser, Salzgehalt ≈ 3,5 %). Die Festigkeit des Eises ist abhängig von der Eistemperatur, dem Salzgehalt, der Menge der Lufteinschlüsse und der Geschwindigkeit der Eisbildung. Die Eisfestigkeit bei 0 °C beträgt bei Nordseewasser ca. 1,5 MPa[632], bei Ostseewasser ca. 1,8 und bei Süßwasser ca. 2,5 MPa. Sie nimmt zu bei tieferen Eistemperaturen, langsamerer Eisbildung und geringerem Salzgehalt, wobei der Salzgehalt des Eises bei anhaltendem Frost abnimmt, da das Salz langsam aus dem Eis diffundiert. Beim Bruch verhält sich das Eis amorph (spröde).

Es können sich die folgende Eisformen bilden: geschlossene Eisdecke (Festeis), Treibeis, Packeisfelder, Presseisrücken und Eisberge. Besonders kritisch für die Fundamente der Windenergieanlagen sind Treibeis und Presseisrücken, da sie hohe Kräfte auf die Fundamente ausüben können.

Bei tiefen Lufttemperaturen können sich auch in eisfreien Gewässern durch Spritzwasser große Eisansätze oberhalb des Wasserspiegels bilden, sodass bei Wellen größere Widerstandskräfte auftreten.

4.1.4.7 Korrosion

Meerwasser ist eines der aggressivsten Medien im Hinblick auf das Korrosionsverhalten von Materialien, insbesondere von Metallen. Besonders hohe Luftfeuchtigkeit, Salzgehalt der Luft und häufige Taupunktunterschreitungen fördern die Korrosion. Deshalb ist ein Korrosionsschutz bei den Offshore-Anlagen über die Lebensdauer von 20 bis 25 Jahren bei teilweise begrenzter Zugänglichkeit vorzusehen. Mängel wirken sich über kurz oder lang auf die Verfügbarkeit der Anlagen aus, können an den Außenflächen der Anlagen oft auch schnell sichtbar werden und so imageschädigend wirken. Die stark korrosiv wirkende salzhaltige Luft reicht bis über die Gondelhöhen.

Es gibt verschiedene Arten der Korrosion, man versteht darunter eine Umwandlung der Metalle, bei der sich die Materialeigenschaften wie Festigkeit, Elastizitätsmodul usw. stark verschlechtern oder einen Materialabtrag, sodass die Festigkeit der Strukturen gefährdet ist.

Die wichtigsten Korrosionsarten sind:

- Oxydation: Bei der Oxydation wird an der Oberfläche das Metall durch die Einwirkung des Sauerstoffes, der in der Luft oder im Wasser enthalten ist, in Metalloxyd umgewandelt.

---

[632] 1 MPa = 1 Megapascal = 10^6 N/m² = 1 N/mm².

Bei Stahl entsteht der Rost. Die Rostschicht ist sauerstoffdurchlässig, sodass die Oxydation ständig fortschreitet. Während die ferritischen (unlegierten) Stähle nicht gegen Rost beständig sind, kann durch hohe Anteile von Chrom und Nickel die Rostbeständigkeit der austenitischen (legierten) Stähle die Rostbeständigkeit auch im Meerwasser stark erhöht werden. Einen in Meerwasser über längere Zeit korrosionsbeständigen Stahl gibt es jedoch nicht. Bei Aluminium bildet sich sehr schnell eine Oxydhaut, die sauerstoffundurchlässig ist, sodass die Oxydation stoppt. Wird die Oxydhaut jedoch durch mechanischen Abrieb beschädigt oder ist sie nicht beständig gegen die Einwirkung von Meerwasser, bildet sich sofort eine neue Haut und die Oxydation schreitet weiter fort. Al-Legierungen mit Silizium und/oder Mangan erhöhen zwar die Korrosionsbeständigkeit im Meerwasser, können sie jedoch nicht vollständig vermeiden.

- **Galvanische Korrosion:** Sind zwei elektrisch leitende Materialien mit unterschiedlichen elektrischen Potentialen (z.B. Stahl und Aluminium) durch ein leitendes Medium wie z.B. Meerwasser verbunden, erfolgt ein Materialabtrag bei dem Material, das das geringere elektrische Potential hat. Je größer der Potentialunterschied ist, umso schneller erfolgt er.

Weitere Korrosionsarten sind: Loch- (Pitting), Spalt-, Spannungsriss-, Schwingungsriss- und biochemisch induzierte Korrosion.

Durch Schweißung kann die Korrosionsbeständigkeit von ansonsten als rostfrei geltenden austenitischen Stählen z.T. erheblich reduziert werden. Die Ursachen dafür sind: teilweise Entmischung der Legierungsbestandteile an den Korngrenzen durch das Aufschmelzen des Werkstoffes beim Schweißen und eine erhöhte Empfindlichkeit gegen Spannungs- und Schwingungsrisskorrosion durch die stets vorhandenen Schweißeigenspannungen.

Bei den unlegierten Stählen geht man davon aus, dass bei Bauteilen, die durch eine Beschichtung geschützt sind, eine durchschnittliche Reduzierung der Materialdicke um ca. 0,1 mm pro Jahr auftritt, bei ungeschützten um ca. 0,3 bis 0,5 mm. Die Bemessungsregeln der Zertifizierungsgesellschaften (GL, DNV usw.) enthalten für korrosionsgefährdete Bauteile Korrosionszuschläge, die gewährleisten sollen, dass die Bauteile auch nach längerer Zeit noch eine festigkeitsmäßig ausreichende Dicke haben.

Die wichtigsten Normen bzw. Richtlinien für Offshore-Bauwerke sind die DIN[633] EN ISO 12944 und die NORSOK M501[634]. In ihnen sind die Arten der Korrosionsbeanspruchung, des Korrosionsschutzes (Oberflächenbehandlung, Beschichtungen, Opferanoden usw.) und deren Ausführungen ausführlich erläutert.

4.1.5 Gründungsstrukturen – Stand der Technik

Die Kosten der Gründungen von Offshore-Windenergieanlagen können je nach Standort (Wassertiefe, Wind-, Seegangsbedingungen, Bodeneigenschaften) bis zu 50 % der Gesamtkosten einer Anlage ausmachen. Deswegen ist man bestrebt, möglichst kostengünstige und den jeweiligen Bedingungen genügende Gründungen zu verwenden. Das führt zu sehr unterschiedlichen Lösungen.

---

633 DIN EN ISO 12944: Korrosionsschutz von Stahlbauten, 1998.

634 NORSOK: M501 – Surface Preparation and Protective Coating, 2004, www.nts.no/norsok.

Als feste (auf dem Meeresboden stehend) Gründungen kommen in Frage:

- Schwerkraft- oder Gravitations-Gründungen, bis 30 m Wassertiefe
- Monopiles, bis 30 m Wassertiefe
- Tripods, bis ca. 40 m Tiefe
- Jackets, bis ca. 60 m Tiefe
- Suction Buckets, bis ca. 25 m Tiefe
- Varianten und Kombinationen der o.g. Gründungsarten

Die maximalen Wassertiefen und die Ausführungen der festen Gründungsarten richten sich nach den folgenden Kriterien:

- H = Höhe der Gondeln über dem Meeresboden (Steifigkeit der Gründung)
- die Spannungen in den Fundamenten am Meeresboden nehmen zu mit $\approx$ H bzw. H^2
- die Neigungen bzw. Verformungen im Gondelbereich nehmen zu mit $\approx H^3$ bzw. H^4
- die Eigenfrequenzen werden kleiner mit $\approx 1/H^2$
- die Bodenbelastungen steigen mit $\approx H^2$
- Rammbelastung der Pfähle (maximale Rammenergie, Schallemissionen)
- Seegebiet (Wellenhöhen, Windstärken, deren Richtungs- und Stärke-Verteilungen, Strömungen)
- Transport- und Installationsmöglichkeiten (Küstenentfernung, Gewichte, Installations-Geräte und -Perioden)

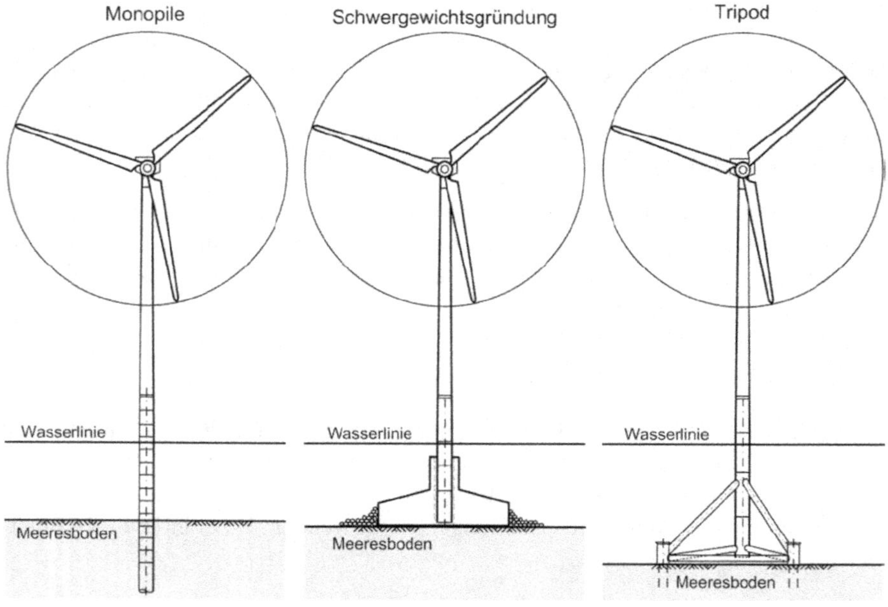

Abbildung 48: Feste Gründungsarten (von links: Monopile, Schwergewichtsgründung, Tripod)

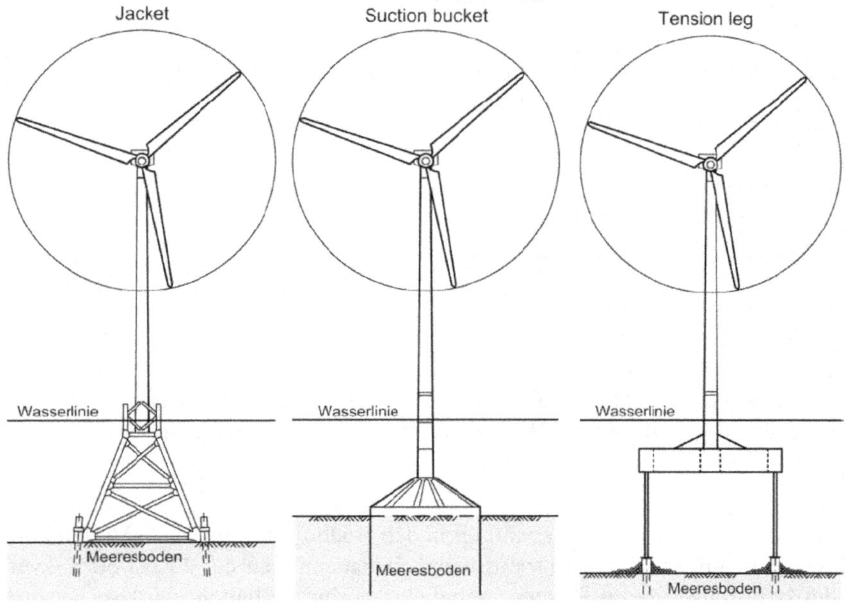

Abbildung 49: Feste bzw. schwimmende Gründungarten (von links: Jacket, Suction Bucket, Tension Leg)

Bei größeren als den oben genannten Wassertiefen sind schwimmende Gründungen erforderlich, da dort die Kosten der festen Gründungen die der schwimmenden übersteigen. Als schwimmende Gründungen kommen bewährte Lösungen aus der Offshore-Öl- und Gas-Industrie in Frage, wie z.B. die sogenannten TLP (*Tension Leg Platform*) oder Spar Buoys (senkrecht schwimmende Stäbe), allerdings mit anderen Anforderungen. Sie werden am Meeresboden mit Hilfe von Seilen und Rammpfählen oder Suction Buckets (Saugpfähle) oder Ankersteinen aus Beton verankert.

4.1.5.1 Monopiles

Monopile-Fundamente bestehen aus einem großen Rohr, entweder mit konstantem Durchmesser bei abnehmenden Wanddicken oder mit nach unten hin zunehmenden Durchmessern bei konstanten Wanddicken. Die Durchmesser betragen bis zu 7 m, die Wanddicken bis zu 90 mm. Bei einer Wassertiefe von 30 m und einer Eindringtiefe in den Boden von 30 m können die Längen mehr als 60 m betragen. Auf das Rohr wird dann Überwasser der Turm mit der Gondel und dem Rotorblatt gesetzt.

Vorteile des Monopiles:

- einfache und kostengünstige Herstellung des Rohres
- einfache und schnelle Installation durch Rammung
- Vorbereitung des Bodens ist nicht erforderlich
- gute Anlegemöglichkeit von Serviceschiffen
- relativ sicher bei Schiffskollisionen
- einfacher Rückbau

Nachteile des Monopiles:

- relativ geringe Steifigkeit, dadurch nur für geringere Wassertiefen einsetzbar
- große Abmessungen, hoher Materialverbrauch
- hohes Gewicht
- hohe Bodenbelastungen
- Rammung nur mit großem Gerät möglich
- hohe Belastungen des Pfahlkopfes beim Rammen
- hohe Schallemissionen beim Rammen

Bei der Monopile-Gründung werden die Gewichte durch die innere und äußere Mantelreibung sowie den Spitzendruck am Pfahlfuß in den Boden übertragen, die Horizontalkräfte und Biegemoment aus den Wellen- und Windbelastungen durch horizontalen Bodendruck. Das führt zu entsprechend hohen horizontalen Boden-Belastungen und -Verformungen.

Rammung

Der Monopile wird durch einen Hydraulikhammer in den Boden gerammt. Dabei treten hohe Belastungen des Pfahls auf und seine Betriebsfestigkeitsdauer ist zu ca. 25 bis 30 % „verbraucht“. Um die Belastungen beim Rammen möglichst gering zu halten, wird vorher eine Rammanalyse durchgeführt, mit der je nach erreichter Eindringtiefe und Bodenbeschaffenheiten der einzelnen Schichten die erforderlichen Rammenergien ermittelt werden. Dabei geht man davon aus, dass pro 10 mm Eindringtiefe maximal 25 Rammschläge erforderlich sind. Wird die Anzahl der Schläge größer, besteht die Gefahr, dass der Pfahl überbeansprucht wird. Insgesamt rechnet man mit ca. 3.000 bis 6.000 Rammschlägen bis zur vorgesehenen Eindringtiefe. Die Rammdauer beträgt normalerweise maximal 2 bis 3 Stunden.

Beim Rammen größerer Pfähle treten Schallbelastungen bis zu ca. 260 dB auf. Solche Schallpegel sind für Fische und Meeressäuger absolut tödlich. Deshalb lässt das BSH nur einen Pegel von 160 dB in 750 m Entfernung zu. Aus diesem Grund sind beim Rammen größerer Pfähle Schallschutzmaßnahmen wie z.B. Luftblasenvorhang, Pfahlummantelung u.ä. erforderlich. Deren Wirksamkeit bzw. Verbesserung wird z.Z. intensiv untersucht, da mit den o.g. Maßnahmen die Schallpegel-Begrenzung bisher noch nicht erreicht wurde.

Monopiles mit großen Abmessungen können auch durch Bohren oder Einspülen sowie mit Kombinationen der drei Verfahren in den Meeresboden eingebracht werden. Allerdings ist die Standsicherheit der so eingebrachten Pfähle z.Z. nicht hinreichend geklärt und wegen der höheren Kosten sind diese Verfahren in Praxis noch nicht angewandt worden.

Grouted Joints

Die Verbindung des Pfahls mit dem Turm erfolgt durch ein Übergangsstück („Grouted Joint“). Das Übergangsstück besteht aus einem Rohr mit ca. 200 bis 400 mm größerem Durchmesser und ca. 4 bis 6 m Länge, das über den Pfahlkopf und den Turmfuß gestülpt wird. Den Zwischenraum füllt man mit einem schnell aushärtenden seewasserbeständigen Beton aus. Mit der Grouted Joint-Verbindung lassen sich eine durch das Rammen vorhandene Schiefstellung des Monopiles und Unebenheiten des Pfahlkopfes ausgleichen. Geschraubte Verbindungen von Monopile und Turm kommen wegen der o.g. Gründe nicht in Frage.

Die Grouted Joint-Verbindung hat sich in der Offshore-Öl- und Gas-Industrie bewährt, bei den Offshore-Windenergieanlagen liegen dagegen bisher nur wenige Erfahrungen vor, da hier andere Belastungen wie stark wechselnde Biegebeanspruchungen mit hohen Lastwechselzahlen vorliegen. Die Klassifizierungsgesellschaft DNV empfiehlt deshalb zur Absicherung gegen das Abrutschen des Turms bei einer gelockerten Verbindung sogenannte „Shear Keys“ (Halteknaggen), das sind an Pfahl, Turm und Übergangsstück angeschweißte Ringe aus Stahl.

Materialien

Als Material für Monopiles werden ferritische (unlegierte) Stähle mit mittleren Festigkeiten, hohen Zähigkeitseigenschaften und guter Schweißbarkeit eingesetzt. Stähle mit hohen Festigkeiten (Fließgrenzen oder $\sigma_{0,2}$-Grenzen) sind normalerweise nicht erforderlich, da neben den maximal zulässigen Spannungen auch die Beulsicherheit bei Druckspannungen gewährleistet sein muss. Dafür ist neben den Wanddicken der Elastizitätsmodul maßgeblich, der unabhängig von der Festigkeit für alle ferritischen Stähle gleich ist.

Das oben gesagte über Rammung, Grouted Joint-Verbindung und Materialen gilt sinngemäß auch für die im Folgenden beschriebenen Gründungsformen.

4.1.5.2 Tripods

Bei größeren Wassertiefen (bis ca. 40 m) werden häufig Tripods (Dreibeine) als Gründungen verwendet. Die drei Beine werden durch Rammpfähle oder Suction Buckets im Meeresboden verankert und in einem Knoten, je nach Konstruktion Unterwasser oder Überwasser, zusammengefasst. Darauf wird der Turm gestellt. Die beiden Teile werden durch eine Verschraubung oder einen Grouted Joint miteinander verbunden. Tripods fertigt man komplett an Land, transportiert sie mit Pontons zum Aufstellungsort und setzt sie dort mit einem Kran auf die Gründungspfähle.

Die auf die Fundamentierung wirkenden Kräfte und Momente verteilen sich über die drei Beine auf dem Meeresboden, dadurch werden die Biegemomente in vertikal wirkende Druck- und Zugkräfte in den Beinen umgesetzt. Dass führt zu einer Reduzierung der Bodenbelastung.

Vorteile (im Vergleich zum Monopile):

- geringeres Gewicht als beim Monopile
- höhere Fertigungskosten durch das Schweißen dickwandiger Knoten
- höhere Steifigkeit
- kleinere Angriffsflächen bei Wellen durch geringere Durchmesser in der Wasserlinie
- kleinere Rammpfähle oder Suction Buckets, dadurch kleinere Rammhämmer und geringere Schallemissionen beim Rammen
- geringere Bodenbelastung

Nachteile:

- höhere Fertigungskosten durch die Herstellung und das Schweißen von dickwandigen Knoten

- Bodenvorbereitung erforderlich (einebnen)
- höherer Kolkschutzaufwand durch größere Bodenfläche
- geringere Sicherheit bei Schiffskollisionen
- höheres Risiko beim Anlegen von Serviceschiffen durch schräge Beine
- höheres Rammrisiko bei im Meeresboden vorhandenen Steinen („der letzte Pfahl trifft auf einen großen Stein")

Neben dem klassischen Tripod gibt es noch Varianten davon wie z.B. den „Tripile" oder den „asymmetrischen Tripod". Beim Tripile werden die Beine in einem über dem Wasserspiegel liegenden Kreuz zusammengeführt, dadurch wird das Schweißen von großen dickwandigen Knoten vermieden, die Korrosionsanfälligkeit ist geringerer, die kritischen Schweißnähte liegen hauptsächlich Überwasser und die Anlegemöglichkeit von Schiffen ist besser. Beim asymmetrischen Tripod steht ein Hauptrohr auf einem größeren Gründungspfahl und trägt den Turm, die beiden kleineren Beine stützen das Hauptrohr.

4.1.5.3 Jackets

Jacket-Gründungen sind aus Stahlrohren oder anderen Profilen hergestellte räumliche Fachwerke, die bei Offshore-Fundamenten durch in den unteren Ecken angeordnete Führungshülsen mit im Meeresboden verankerten Pfählen (Rammpfähle oder Suction Buckets) verbunden werden. Diese Fundamentart ist eine in der Offshore-Technik seit Jahrzehnten bewährte Konstruktion (bis zu 400 m Wassertiefe).

Die Lastabtragung im Boden wird auf die vier Gründungspfähle verteilt, dadurch wird die Bodenbelastung deutlich kleiner als beim Monopile. Durch die hohe Steifigkeit sind Jacket-Gründungen bei den OWEA in Wassertiefen bis ca. 60 m einsetzbar.

Das Jacket-Gerüst wird meistens komplett an Land gefertigt, mit einem Ponton zum Installationsort geschleppt und dort durch einen Kran aufgestellt.

Vorteile:

- geringes Gewicht (ca. 50 bis 60 % eines vergleichbaren Monopiles), dadurch kleinere Krankapazitäten erforderlich
- leichte Einzelteile bei der Fertigung
- hohe Steifigkeit erreichbar
- geringe Querschnitte in der Wasserlinie, dadurch geringere Wellenkräfte
- nur kleine Rammpfähle oder Suction Buckets erforderlich, dadurch kleinere Rammgeräte und geringere Schallemissionen
- geringere Bodenbelastung

Nachteile:

- hohe Fertigungskosten durch die große Anzahl von Einzelteilen und die Schweißung von vielen Knoten
- Bodenvorbereitung erforderlich (einebnen)
- größerer Kolkschutzaufwand durch die große Aufstandsfläche am Meeresboden
- hoher Korrosionsschutzaufwand durch die vielen Einzelflächen

- geringe Sicherheit bei Schiffskollisionen
- höheres Rammrisiko (s. Tripod)

4.1.5.4 Schwerkraft-Fundamente

Bei der Schwerkraft- oder Gravitations-Gründung wird ein schwerer Körper mit einer großen Aufstandsfläche auf dem Meeresboden abgesetzt. Durch das hohe Gewicht und die große Aufstandsfläche soll die Standsicherheit der Offshore-Windenergieanlage gewährleistet sein. Als Material für den Körper wird aus Kostengründen seewasserbeständiger Beton verwendet. Die Fertigung erfolgt an Land, z.B. im Dock einer Werft. Kleinere Fundamente können mit einem Kran auf einen Ponton gehoben, zum Installationsort geschleppt und dort mit einem Kran abgesetzt werden. Große Fundamente müssen schwimmfähig gestaltet sein, zum Installationsort geschleppt und dort geflutet werden. Um den Materialverbrauch zu minimieren, fertigt man die Fundamente als Hohlkörper und füllt die Hohlräume nach dem Absenken mit Ballast, z.B. Sand, um die Kippsicherheit zu erhöhen.

Vorteile:

- kostengünstige Herstellung, insbesondere bei Serienfertigung, billiges Material im Vergleich zu Stahl
- bei Wassertiefen bis zu ca. 20 m kostengünstigste Fundamentart
- umfangreiche Erfahrungen im Bezug auf Materialauswahl, Fertigung und Installation aus der Offshore-Öl- und Gas-Industrie
- nur Rammung eines Führungspfahls zur kontrollierten Absenkung
- sehr geringe Schallemissionen
- günstiges Korrosionsverhalten
- einfache Anordnung einer eisbrechenden Kontur (Konus in Höhe der Wasserlinie)

Nachteile:

- hohe Gewichte, beim Pontontransport sind große Kräne erforderlich
- hohe Startkosten für die Fertigung
- große Aufstandsfläche erforderlich
- umfangreiche Vorbereitung des Bodens (Einebnen einer großen Fläche), eventuell Erhöhung der Bodentragfähigkeit durch Verdichtung und/oder Aufschüttung mit Sand o.ä.
- hohe Bodenbelastung, besonders an den Kanten
- Gefahr der Sattelbildung, dadurch geringere Standsicherheit
- umfangreicher Kolkschutz erforderlich wegen der Größe des Bauwerks

Auf Grund der zu erwartenden hohen Stückzahlen von OWEA gibt es umfangreiche Bestrebungen, die Einsatztiefen der Schwerkraft-Gründungen deutlich zu erhöhen und die gravierendsten Nachteile dieser Gründungsart zu reduzieren. Dazu zählen das „Ocean Brick-System", bei dem aufgelöste Strukturen verwendet werden oder kreuzförmig angeordnete „Balken".

4.1.5.5 Suction Buckets

Suction Bucket-Fundamente (Saugpfähle) bestehen aus einem unten offenen, oben geschlossenen Zylinder (umgestülpter Eimer), der durch einen im Inneren erzeugten Unterdruck in den Boden gedrückt wird. Ist der Zylinder vollständig getaucht, kommt noch der Wasserdruck hinzu. In der Offshore-Öl- und Gas-Industrie haben sich die Suction Buckets als Verankerungen insbesondere in tiefem Wasser gut bewährt. Durch die Mantelreibung im Boden soll die Standsicherheit dieser Fundamentart sichergestellt werden. Deshalb sind Durchmesser und Längen der Zylinder sehr groß (Beispiel Suction Bucket für eine 5 MW-Anlage in 10 m Wassertiefe: Durchmesser 15 m, Länge 25 m, Wandstärke 45 mm). Die durch den Unterdruck entstehenden Kräfte dürfen bei der Berechnung der Standsicherheit nicht mit einbezogen werden, da sich der Unterdruck durch einströmendes Wasser langsam abbaut.

Vorteile:

- keine Rammarbeiten erforderlich
- keine Schallemissionen
- einfache, kostengünstige Fertigung und Installation

Nachteile:

- hoher Materialverbrauch wegen der großen Abmessungen
- Bodenvorbereitung erforderlich (einebnen)
- umfangreiche Bodenuntersuchungen notwendig, um sicherzustellen, dass der Unterdruck ausreicht, den Zylinder in den Boden zu drücken und durch die Mantelreibung eine ausreichende Standsicherheit erreicht wird
- wenige Erfahrung in flachen Gewässern und bei wechselnden Biegebelastungen
- optimale Materialausnutzung nur für tieferes Wasser (für flaches Wasser kleine Wanddicke bezüglich der Festigkeit, deutlich größere Wanddicke bezüglich der Beulsicherheit erforderlich)

4.1.5.6 Schwimmende Gründungen

Bei Wassertiefen größer als ca. 60 m werden die Abmessungen der festen Gründungen wegen der erforderlichen Festigkeit und Steifigkeit der Fundamente sowie der zulässigen Bodenbelastung und damit die Material-, Fertigungs- und Installationskosten so hoch, dass sie die Kosten von sogenannten „schwimmenden Gründungen" übersteigen. Diese Gründungsarten sind besonders interessant für Länder, die nur wenige Flachwasserbereiche haben, wie z.B. Norwegen oder Japan. Für die deutsche AWZ mit einer maximalen Wassertiefe von ca. 55 m sind derartige Gründungen nicht sinnvoll.

Als schwimmende Gründungen kommen hauptsächlich die aus der Offshore-Öl- und Gasindustrie übernommenen Konzepte in Frage. Das sind die *„Tension Leg Platforms"* und die „Spar Buoys" sowie daraus abgeleitete Varianten. Allerdings sind die Anforderungen an die Konstruktionen der Gründungen von Offshore-Windenergieanlagen teilweise unterschiedlich zu denen der Öl- und Gas-Industrie.

Tabelle 17: Unterschiede schwimmender Offshore Windenergieanlagen/Offshore Öl- und Gas-Anlagen

Offshore-Windenergieanlagen	**Offshore-Öl- und Gas-Anlagen**
Verhältnis Nutzlast-/Gründungsgewicht gering	Verhältnis Nutzlast-/Gründungsgewicht hoch
Große Krängungsmomente aus Wind und Wellen	Geringe Krängungsmomente aus Wind und Wellen
Große Horizontalkräfte	Kleine Horizontalkräfte
Empfindlich gegen Krängungen → Minimierung der Krängungsschwingungen	Empfindlich gegen Tiefgangsänderungen → Minimierung der Tauchschwingungen
Großer Auftriebsüberschuss	Geringer Auftriebsüberschuss

- **Tension Leg Platform (TLP):** Sie bestehen aus Schwimmkörpern in Stahl oder Beton mit hohem Auftriebsüberschuss und werden teilweise oder vollständig getaucht mit mindestens drei Seilen oder Ketten am Meeresboden verankert. Auf den Schwimmkörper werden mittig Turm, Gondel und Rotor gesetzt. Die Verankerungen am Meeresboden können durch Rammpfähle, Suction Buckets oder Ankersteine aus Beton erfolgen. Sie müssen die Vertikalkräfte aus der Differenz von Auftrieb und Gesamtgewicht der Anlage sowie die Horizontalkräfte aus Winddruck, Wellen und Strömungen aufnehmen. Durch den Auftriebsüberschuss stehen die Seile oder Ketten unter hoher Vorspannung. Die Anschlagpunkte der Seile sind möglichst weit entfernt von der Mitte anzuordnen.

  Krängt die Anlage durch die äußeren Belastungen, fallen ein oder zwei Seile lose und es entsteht ein rückdrehendes Moment, das die Anlage stabilisiert. D.h., das maximal mögliche rückdrehende Moment aus der Seilvorspannung und dem Abstand der Seilanschlagpunkte muss größer sein als das maximal im Betrieb auftretende Moment. Die dabei auftretenden Neigungen der Gondel dürfen nicht größer als ca. 2 Grad betragen.
- **Spar Buoy:** Diese Gründungsart besteht aus einem senkrecht schwimmenden Stab (Spar Buoy) bzw. Hohlzylinder mit hohem Auftriebsüberschuss, der ebenfalls am Meeresboden hauptsächlich durch Seile, eventuell mit auf den Seilen sitzenden Reitergewichten, verankert wird. Die senkrechte Schwimmlage wird dadurch erreicht, dass der Auftriebsschwerpunkt deutlich höher als der Gewichtsschwerpunkt liegt, sowie durch die Vorspannung der Ankerseile. Das erste wird erreicht, indem der untere Teil des Zylinders mit einer großen Ballastmenge z.B. aus Beton gefüllt wird. Durch den Auftriebsüberschuss sind die Seile entsprechend vorgespannt. Die Verankerungsmethoden am Meeresboden sind die gleichen wie beim TLP, die aufzunehmenden Kräfte in den Verankerungen ebenso.

  Die Stabilisierung der Spar Buoys bei Belastung durch die Windenergieanlage erfolgt nach einem anderen Prinzip als bei einer TLP. Bei einer Krängung wandern Auftriebs- und Gewichtsschwerpunkt unterschiedlich weit in Horizontalrichtung aus. Die Anschlagpunkte der Ankerseile wandern ebenfalls seitlich aus. Aus diesen Differenzen und dem Auftriebsüberschuss entsteht ein rückdrehendes oder stabilisierendes Moment, dessen Maximum wieder größer als das im Betrieb auftretende Moment sein muss.

Die Forschungen und Entwicklungen auf dem Gebiet der schwimmenden Gründungen von OWEA sind noch relativ jung und die Übertragungen der Techniken aus der Offshore-Öl- und Gasindustrie sind schwierig, da es sich dort um Objekte mit anderen Belastungen, Größenordnungen und Kostenrahmen handelt. Ein wichtiger Aspekt ist das dynamische Bewegungsverhalten durch Seegang und Wind sowie die daran anzupassende Betriebsführung. Bei der Spar Buoy-Gründung ist das noch ausgeprägter als bei einer TLP-Gründung.

Abbildung 50: Schwimmende Gründungen[635]

Eine erste Versuchsanlage als Spar Buoy mit 2,3 MW Leistung ist Ende 2010 vor der norwegischen Küste in ca. 120 m Wassertiefe installiert worden, umfangreichere Erfahrungen liegen z.Z. noch nicht vor. Eine TLP-Gründung dieser Größe als Testanlage ist z.Z. noch nicht realisiert.

Die Wirtschaftlichkeit von schwimmenden Gründungen ist auf Grund der hohen Kosten noch nicht gegeben. Hauptursache für die Kosten ist der große Materialbedarf.

In einer 2008 durchgeführten Vergleichsstudie am Institut für Schiffbau und Maritime Technik der Fachhochschule Kiel ergaben für eine 5 MW-Anlage folgende Daten:

- TLP für 60 m Wassertiefe: dreiecksförmiger Auftriebskörper, Kantenlänge 37,5 m, Höhe und Breite 5 m, Masse des Auftriebskörpers 400 t, Auftriebsüberschuss 2.750 m^3, Ankergewichte 3.200 t (Beton), Gewicht der Ankerketten 65 t
- Spar Buoy für 200 m Wassertiefe: Durchmesser Auftriebskörper 10 m, Länge 140 m, Auftriebsüberschuss 8.200 m^3, Ballastgewichte 5.000 t (Beton), Ankergewichte 4.300 t (Beton)

Aus diesen Daten ist zu erkennen, dass noch ein großer Forschungs- und Entwicklungsbedarf besteht, um die Wirtschaftlichkeit von Windenergieanlagen auf schwimmenden Gründungen zu erreichen.

635 Schwimmende Gründungen (von links: 2 halbgetauchte TLP, Spar Buoy mit mehreren Ankerseilen, 2 vollgetauchte TLP, Spar Buoy mit einem Ankerseil).

4.1.6 Bodenverhältnisse

Lastaufnahme durch den Boden

Die Belastungen der Offshore-Windenergieanlagen aus Wind, Wellen und Strömungen wie

- Horizontalkräfte aus dem Winddruck auf Rotorblatt, Gondel und Turm, der Strömung, den Wellen und eventuell dem Eisdruck,
- Vertikalkräfte aus den Eigengewichten von Rotor, Gondel, Turm und Fundament sowie
- Momente aus den o.g. Horizontalkräften

müssen von dem Boden aufgenommen werden. Die Kräfte und Momente werden je nach Art des Fundamentes unterschiedlich in den Boden eingeleitet (s. Abbildung 51).

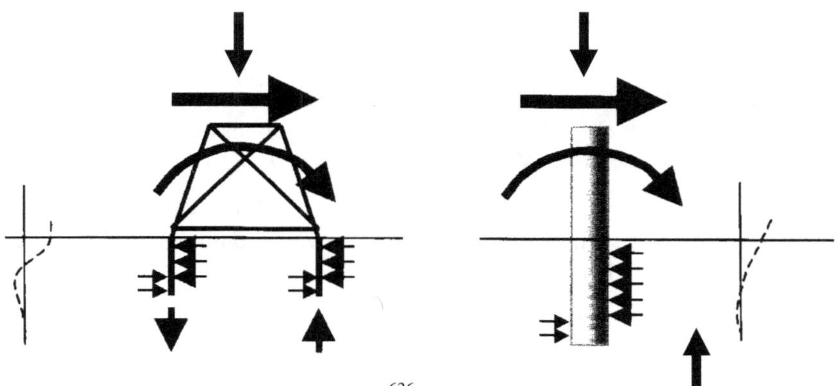

Abbildung 51: Gründungslast-Aufnahmen[636]

Bei den Monopiles werden die Horizontalkräfte und Biegemomente nur durch den Pfahl und den horizontalen Bodendruck aufgenommen, das Gewicht der Anlage durch die Rohrmantelreibung und die Kräfte am Pfahlfuß. Das führt zu hohen Biegespannungen im Pfahl und hohen Bodendrücken sowie Verformungen in Horizontalrichtung („der Pfahl lehnt sich nur mit einer Seite an den Boden"). Um diese Drücke und Verformungen auf die jeweils zulässigen Werte zu begrenzen, müssen die Abmessungen des Pfahls entsprechend groß sein (Länge, Durchmesser, Wandstärke). Dominiert im Betrieb eine Wellen- oder Windrichtung, besteht die Gefahr der langfristig zunehmenden Schiefstellung des Monopiles.

Tripods und Jackets bilden sogenannte aufgelöste Strukturen. Dabei werden nur die Horizontalkräfte durch den horizontalen Bodendruck aufgenommen, die Biegemomente durch die senkrecht wirkenden Kräftepaare aus der Mantelreibung und den Kräften an den Pfahlfüßen. Je größer der Abstand der einzelnen Pfähle ist, umso kleiner werden die vertikalen Kräfte in den Pfählen und im Boden. Insgesamt sind die Bodenbelastung und die Beanspruchung der Fundamente bei gleichen Belastungen kleiner als bei einem Monopile.

Bei den Schwerkraft-Gründungen werden die Vertikallasten und Momente durch den Bodendruck aufgenommen, die Horizontalkräfte durch Tangentialspannungen in der Sohlflä-

636 Gründungslast-Aufnahmen und Verformungen im Boden (links: Jacket, rechts: Monopile).

che. Da der Bodendruck bei einer Momentenbelastung ungleichförmig verteilt ist, kann er an der Leekante (dem Wind abgewandt) so groß werden, dass die Tragfähigkeit dort überschritten wird. Bei wechselnden Belastungsrichtungen führt dies zu einer Verdichtung des Bodens an den jeweiligen Leekanten, es kommt zu einer „Sattelbildung", die die Standsicherheit des Fundamentes reduziert.

Bodenarten

Die Beschaffenheit des Meeresbodens mit seinen unterschiedlichen Schichten hat deshalb einen entscheidenden Einfluss auf die Standsicherheit der Gründungen. Die Tragfähigkeit des Bodens bzw. seine mechanischen Eigenschaften (Festigkeit, Elastizität bzw. Plastizität) spielen dabei eine wichtige Rolle, deshalb ist deren Kenntnis zwingend notwendig.

Die Ermittlung der mechanischen Eigenschaften erfolgt meistens durch Probebohrungen bis zu den vorgesehenen Eindringtiefen der Pfähle an den geplanten Standorten. Es können auch seismische Methoden dazu verwendet werden.

Die Anzahl der Bohrungen richtet sich nach der Zahl der Anlagen im Windpark, sie wird für die deutsche AWZ vom BSH festgelegt. Die Mindestanforderungen an die Anzahl der Proben sind vier an den Ecken und eine in der Mitte des Windparks bzw. 10 % der Anlagen.

In der Nord- und Ostsee treten sehr unterschiedliche Bodenarten auf, die verschiedenen Arten kommen auch geschichtet mit variierenden Schichtdicken vor. Man unterscheidet generell zwei Bodenarten, bindige und nichtbindige Böden.

- Bindige Böden sind Lehm, Ton, Kleie, Schluff, Geschiebemergel und Torf. Sie haben plättchenförmige Strukturen, die Korngrößen sind mit 0,001 bis 0,06 mm sehr klein. Ihre Schüttwichten im Wasser (der Auftrieb ist dabei berücksichtigt) betragen zwischen 1 (Torf) und 12 kN/m^3 (Geschiebemergel),
- Nichtbindige Böden sind Sand und Kies mit rundlicher Struktur. Ihre Korngrößen betragen 0,06 mm (feiner Sand) bis 65 mm (Kies), die Schüttwichten im Wasser 10 bis 11 kN/m^3.

Je nachdem, wie stark die Böden verdichtet sind, spricht man von sehr losen, losen, mitteldichten, dichten und sehr dichten Böden mit jeweils unterschiedlichen mechanischen Eigenschaften.

Weitere Bodenarten sind Fels, der in der deutschen AWZ nicht auftritt und organischer Schlamm, der häufig in der Ostsee anzutreffen ist, sowie Gemische aus den o.g. Arten.

Die beiden o.g. Bodenarten können relativ große Druck- und Scherkräfte übertragen, dagegen ist die Belastbarkeit bei Zugbeanspruchungen (Kohäsion) bei den bindigen Böden relativ klein, bei den nichtbindigen Böden im trockenen Zustand gleich Null, im nassen Zustand sehr klein (Beispiel: trockener und nasser Sand).

Die wichtigsten mechanischen Kenngrößen der Böden sind: Druckfestigkeit, Scherfestigkeit, Sekantenmodul, innerer Reibungswinkel (ähnlich dem Schüttwinkel), Kohäsionsfaktor und Permeabilität. Diese Größen werden meistens experimentell ermittelt, z.B. durch Versuche mit den Bohrkernen oder durch seismische Methoden.

Die Permeabilität (Wasserdurchlässigkeit) gibt an, wie schnell sich Druckunterschiede im Boden-Wasser-Gemisch an den Umgebungsdruck anpassen. Bei dynamischen Gründungsbelastungen können im Boden Schwingungen und damit dort Druckschwankungen auftreten. Erfolgt der Druckabbau nicht schnell genug, kann es zu einer „Verflüssigung" des Bodens kommen, bei der er seine Tragfähigkeit vollständig verliert. Dieser Effekt ist bei der Gründungsauslegung zu berücksichtigen, wenn er sich z.Z. auch noch nicht berechnen lässt.

Bodenberechnungen

Die Horizontal-, Vertikalkräfte und Momente aus den Belastungen der OWEA werden von den verschiedenen Gründungsarten unterschiedlich in den Boden eingeleitet (s. Abb. 40). Bei der Berechnung der Bodenbelastungen werden die Bodeneigenschaften den jeweils vorhandenen Schichten zugeordnet, entweder durch lineare bzw. nichtlineare Federn dargestellt oder die Bodenumgebung der Gründungsstruktur wird durch ein FEM-Volumenmodell abgebildet. Den Federn bzw. den Volumenelementen werden die mechanischen Eigenschaften der einzelnen Schichten zugewiesen. Damit lassen sich dann die Beanspruchungen und Verformungen des Bodens bis zur Eindringtiefe des Pfahls infolge der äußeren Belastungen ermitteln und mit den ertragbaren bzw. zulässigen Werten vergleichen.

Die Federcharakteristiken lassen sich durch Spannungs- bzw. Kraft-Verschiebungs-Kurven darstellen. Die sogenannten p-y-Kurven geben z.B. die Bodenverschiebungen in Horizontalrichtung infolge des horizontal wirkenden Druckes an, die t-z-Kurven die Bodenverschiebungen in Vertikalrichtung durch die Tangentialspannungen am Mantel der Gründung (Wandreibung) und die Q-z-Kurven die Verformungen in z-Richtung infolge von senkrecht wirkenden Kräften am Fuß der Gründungen (s. Abbildung 52).

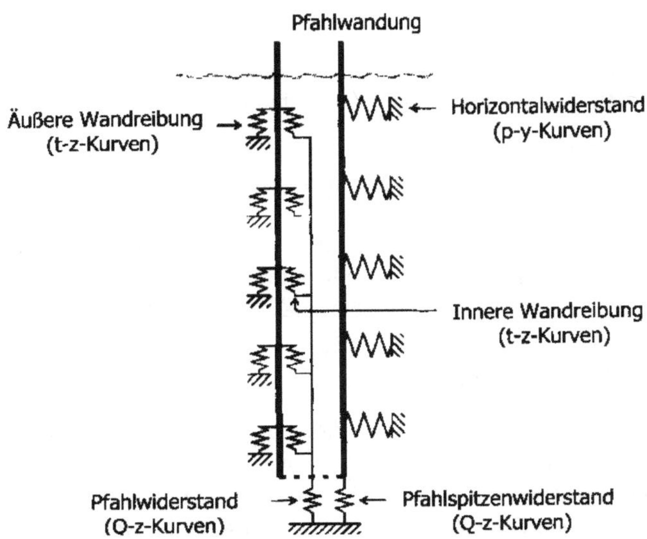

Abbildung 52: Federmodelle zur Berechnung von Pfahlgründungen

4.1.7 Entwicklungstendenzen

Der Anteil der Kosten der Gründungen (Konstruktion, Materialverbrauch, Fertigung, Transport und Errichtung) an den Gesamtkosten einer OWEA beträgt je nach den vorliegenden Umweltverhältnissen (Wassertiefe, Wind, Seegang usw.) zwischen ca. 35 und 50 %. Deshalb zielen die Forschungen und Entwicklungen bei den Gründungsarten darauf hin, deren Kosten drastisch zu reduzieren. Es wird erwartet, dass durch die Ergebnisse dieser Arbeiten die Gründungskosten in den nächsten 10 Jahren um 30 bis 50 % sinken. Es liegen bisher nur wenige Erfahrungen über das langfristige Verhalten der unterschiedlichen Gründungsarten vor, insbesondere bei größeren Wassertiefen und höheren Wellen. Deshalb sind die Unsicherheiten („Angstzuschläge“) bei den heutigen Konstruktionen noch relativ hoch und die o.g. erwarteten Kostenreduzierungen nicht unrealistisch.

Die Forschungen und Entwicklungen beschäftigen sich hauptsächlich mit den Bereichen, die die größten Kostentreiber bei den Gründungen sind. Das sind z.B. genauere Ermittlungen der Wind- und Seegangsbelastungen, Betriebsfestigkeitsverhalten der Gründungen, Kolkbildung, Fertigung, Materialverbrauch, Bodentragverhalten und Errichtung der Anlagen. So ist z.B. zu erwarten, dass durch höhere Stückzahlen, „Industrialisierung“ und verstärkte Automatisierung der Fertigung der Kostenanteil der Fundamente deutlich gesenkt werden kann. Z.Z. dominiert dort noch eine mehr oder mindere „Einzelfertigung“.

Auch in den nachfolgenden Bereichen der Zugangs- und Wartungskonzepte, Betriebsüberwachung (Condition Monitoring Systeme) und Ersatzteilversorgung ist der Forschungsbedarf noch sehr hoch. Die Anforderungen sind Offshore wesentlich höher als bei Onshore-Anlagen, da Zugänglichkeit und Reparaturmöglichkeiten durch die Umweltbedingungen Offshore wesentlich schwieriger sind (Entfernung von der Küste, Servicefenster, Logistik).

Bei den Monopile-Gründungen scheinen die konstruktiven Möglichkeiten und Fertigungstechniken weitgehend ausgereizt zu sein. Hier ist hauptsächlich bei der Seegangsbelastung, der Betriebsfestigkeit und dem Bodentragverhalten größerer Forschungsbedarf vorhanden.

Bei den anderen Gründungsarten ist ein deutlich größeres Entwicklungspotential vorhanden, insbesondere bei den Tripod-, den Suction Bucket- und den Schwerkraft-Gründungen. So untersucht die Bauindustrie sehr intensiv die Verwendung von Betonkonstruktionen, um die Einsatztiefen der Schwerkraft-Gründungen zu vergrößern und den Materialverbrauch bzw. die Gewichte der Gründungen und damit die Kosten zu reduzieren. Auch der Einsatz der Suction Buckets wird wegen der o.g. Vorteile (s. Ziffer 4.1.5.5) z.Z. intensiv erforscht.

4.1.8 Zusammenfassung und Ausblick

In diesem Kapitel sind die wichtigsten Unterschiede und Anforderungen sowie die Belastungen von Offshore-Windenergieanlagen im Vergleich zu Onshore-Anlagen behandelt worden. Obwohl umfangreiche Erfahrungen aus der Öl- und Gas-Industrie vorliegen, sind die technischen und wirtschaftlichen Risiken bei den OWEA noch sehr groß. Deshalb ist weiterhin ein großer Forschungsbedarf in den verschiedenen Bereichen vorhanden.

Die Kosten der Offshore erzeugten Energie sind im Vergleich zu der Onshore erzeugten nach dem heutigen Stand noch zu hoch. Das liegt zum einem Teil an den technischen Risiken, die zu höheren Sicherheitszuschlägen bei den technischen Komponenten führen, zum anderen

Teil sind die Herstellungskosten der Anlagenkomponenten auf Grund der bisherigen geringen Stückzahlen und der geringen Industrialisierung der Fertigung sehr hoch.

Durch die in den nächsten Jahren zu gewinnenden Erfahrungen, größere Stückzahlen sowie einer stärker industrialisierten und automatisierten Fertigung ist ein erhebliches Potenzial zur Reduzierung der Kosten vorhanden. Wie in dem Vorhergehenden bereits erwähnt, kann man davon ausgehen, dass in den nächsten zehn Jahre die Gesamtkosten von Offshore-Windenergieanlagen um 30 bis 50 % gesenkt werden können.

Einen erheblichen Anteil an den wirtschaftlichen Risiken hat auch die Verfügbarkeit der OWEA. Die Erwartungen an die technische Verfügbarkeit liegen zwischen 94 und 96 %. Mit technischer Verfügbarkeit ist gemeint, dass die Energieerzeugung auf Grund von technischen Problemen direkt an der Anlage, jedoch nicht durch z.B. Netzprobleme, reduziert wird. Um eine möglichst hohe technische Verfügbarkeit zu erreichen, sind umfassende Condition Monitoring Systeme, schnelle und sichere Erreichbarkeit der Anlagen bei technischen Problemen sowie optimierte Wartungskonzepte vorzusehen. So können z.B. geplante Wartungsarbeiten vorgezogen werden, wenn die Anlagen auf Grund von zu geringen Windstärken stillstehen. Auch auf diesen Gebieten werden intensive Forschungen und Entwicklungen durchgeführt.

Es ist zu erwarten, dass durch die auf den verschiedenen Gebieten der Offshore-Windenergie stattfindenden Forschungen und Entwicklungen, sowie der in den nächsten Jahren zu gewinnenden Erfahrungen, die zur Zeit noch vorhandenen technischen und wirtschaftlichen Probleme sowie die Kosten erheblich reduziert werden. Das wird zu deutlich niedrigeren Anlagen- und Betreibungskosten bei der Erzeugung der Offshore-Windenergie führen.

4.2 Darstellung und Mitigierung zentraler Fertigstellungsrisiken

HEIKO STOHLMEYER, JANOSCH ONDRACZEK

Danksagung

Wir danken an dieser Stelle den folgenden Gesprächspartnern für ihre Teilnahme an einem Telefoninterview: Jens Assheuer (WindMW GmbH), Georg Barton (RWE Innogy GmbH), Ralf Brinkema (Enova Energieanlagen GmbH), Jens Gößwein (DNV KEMA Energy & Sustainability), Thomas Haukje (Nordwest Assekuranzmakler GmbH & Co. KG), Torsten Hinsche (Nordex SE), Ralf Neulinger (EnBW Erneuerbare Energien GmbH), Heiko Ross (Windreich AG), Peter Steinfeld (K+K Management GmbH) und Dr. Klaus Weber (STRABAG Offshore Wind GmbH).[637] Darüber hinaus danken wir unserem Kollegen Dr. Peter Claudy sehr für seine Hilfe bei der Fertigstellung dieses Kapitels. Dank auch an Sönke Scheer und Thomas Flassbeck, die uns während ihrer Zeit als Werkstudent bzw. Praktikant tatkräftig durch Recherchen und Layout-Arbeiten unterstützt haben.

4.2.1 Einleitung

Der effiziente Umgang mit Fertigstellungsrisiken trägt maßgeblich zur Machbarkeit und Wirtschaftlichkeit von Offshore-Windparks bei. Lassen sich für die Fertigstellungsrisiken keine oder nur unzureichende Lösungsansätze und Vermeidungsstrategien finden, so wird die Finanzierung und Umsetzung eines solchen Projekts in aller Regel nicht gelingen – unabhängig davon, ob es sich bei der gewählten Finanzierungsform um die der Unternehmens- oder die der Projektfinanzierung handelt.

Dabei haben die ersten in der deutschen Nord- und Ostsee realisierten Offshore-Windparks eine Vielzahl von Problemen aufgezeigt, die mit der Fertigstellung eines solchen Projekts einhergehen können und die in vielen Fällen zu teils massiven technischen und wirtschaftlichen Problemen führten. Bevor wir uns in den folgenden Unterkapiteln den einzelnen wesentlichen Fertigstellungsrisiken, wie sie sich heute darstellen, zuwenden, wollen wir zunächst den Begriff der Fertigstellung und des Fertigstellungsrisikos definieren.

Als Fertigstellung bezeichnet man ganz allgemein im Rahmen eines Werkvertrags den Moment, in dem das Werk zur Abnahme durch den Auftraggeber bereit und demnach hergestellt und frei von Mängeln ist. Hierzu kann ein Gutachter eine Fertigstellungsbescheinigung erstellen.[638] Übertragen auf den Fall von Offshore-Windparks bedeutet dies, dass ein Projekt gemeinhin nach erfolgter Abnahme (engl. *„taking-over"*) als fertig gestellt gilt.

Für den Bau eines Offshore-Windparks fällt insofern unter die Fertigstellung der erfolgreiche Abschluss der Errichtung des gesamten Projekts und üblicherweise auch des Probebetriebs. Erst nach erfolgreicher Fertigstellung beginnt die Betriebsphase des Projekts, deren Herausforderungen und Risiken von RALF NEULINGER in Kapitel 4.6 weiter beschrieben werden.

---

637 Die im Rahmen der Interviews gemachten Aussagen sind anonymisiert in die Erstellung dieses Kapitels eingeflossen, ohne dass wir jeweils explizit darauf hinweisen, dass die Informationen aus einem unserer Interviews stammen.

638 Vgl. Hadeler, Winter & Arentzen (2000).

Aus der o.g. Definition der Fertigstellung des Projekts ergibt sich fast zwangsläufig eine erste grobe Definition des Fertigstellungsrisikos als solchem, welchem wir uns in diesem Kapitel zuwenden: Unter dem Fertigstellungsrisiko ist grundsätzlich jedes Risiko einer Abweichung von der geplanten Fertigstellung zu verstehen.

Dabei lässt sich in Anlehnung an BÖTTCHER (2009) und FROHBÖSE (2010) zwischen vier Fällen von Abweichungen unterscheiden, die für sich genommen und im wechselseitigen Zusammenspiel schlimmstenfalls erhebliche negative Auswirkungen auf die Wirtschaftlichkeit eines (erneuerbare Energien-)Projekts haben können:

- **Fertigstellung mit Mängeln:** Die geplanten und gegebenenfalls auch vertraglich vereinbarten Eigenschaften des Projekts werden nicht oder nur zum Teil erreicht. Beispielsweise wäre dies der Fall, wenn der Offshore-Windpark nicht die vereinbarte Erzeugungsleistung erreicht oder aufgrund von Mängeln von höheren Betriebskosten auszugehen ist.
- **Verspätete Fertigstellung:** Der geplante und möglicherweise vertraglich fixierte Fertigstellungstermin wird verfehlt und der Beginn der Betriebsphase verzögert sich somit. Für eine verspätete Fertigstellung kommt eine Vielzahl von Ursachen in Betracht, beispielhaft seien hier technische Schwierigkeiten im Bau oder eine verzögerte Netzanbindung genannt.
- **Fertigstellung zu höheren Kosten:** Das der Investitionsentscheidung zugrundeliegende und eventuell vertraglich vereinbarte Fertigstellungsbudget wird überschritten. Auch beim Budgetrisiko gibt es vielfältige Ursachen und Ausprägungen, die beispielsweise in gestiegenen Materialkosten, einer ungeplanten Mängelbeseitigung oder technischen Problemen bei der Errichtung zu suchen sind.
- **Nicht-Fertigstellung:** Den absoluten *Worst Case* bei den Fertigstellungsrisiken stellt die Nicht-Fertigstellung des Vorhabens dar, wobei zu konstatieren ist, dass bis heute alle Offshore-Windparks fertig gestellt wurden und eine Nicht-Fertigstellung – also ein komplettes Scheitern des Projekts – auch für die Zukunft aus verschiedenen Gründen (z.B. Genehmigungsauflagen und eingehende Prüfung des Gesamtkonzepts durch die Vielzahl der Projektbeteiligten) eher unwahrscheinlich erscheint.[639]

Wie FROHBÖSE und BÖTTCHER ausführen, wirken sich alle vier Fälle negativ auf den Cashflow des Projekts aus, so dass die Wirtschaftlichkeit des Projekts langfristig verringert wird. Dabei resultiert die Verschlechterung der Wirtschaftlichkeit entweder aus einer Erhöhung der Investitions- oder Betriebskosten oder einer Verringerung der Umsätze und Erlöse – und im schlimmsten Fall sogar einer Kombination der beiden Effekte.

Bei der Fertigstellung von Offshore-Windparks zeigen sich in der Praxis derzeit insbesondere vier wesentliche Offshore-spezifische Risiken, die jeweils für sich genommen und in ihrem Zusammenspiel dazu führen können, dass die Fertigstellung auf die eine oder andere der oben beschriebenen Arten negativ beeinträchtigt wird. Diese vier Risiken, sowie ihre Auswirkungen und Möglichkeiten der Risikoverminderung, stellen den Kern der Betrachtungen dieses Kapitels dar. Konkret handelt es sich hierbei um das

639 Vgl. Böttcher (2009) und Frohböse (2010).

- Gründungsrisiko,
- Errichtungs- und Inbetriebnahmerisiko,
- Netzanbindungsrisiko, und das
- Lieferrisiko.

Bei einer von uns Anfang 2012 durchgeführten Befragung von zehn Experten[640] im Bereich der Offshore-Windenergie haben wir diese gebeten, uns die oben genannten vier Hauptrisiken sowie einzeln für sich betrachtet das Wetterrisiko in eine Rangfolge zu bringen.[641] Hierbei ergab sich ein gemischtes Bild hinsichtlich der relativen Wichtigkeit der einzelnen Risiken, doch zeigte sich, dass Wetter- und Netzanbindungsrisiken von den meisten Experten als die wichtigsten Fertigstellungsrisiken erachtet werden. Bei den Netzanbindungsrisiken äußerten viele Experten zudem die Meinung, dass die Netzanbindung momentan zwar eines der Hauptrisiken darstelle, dass dieses Risiko aber mittelfristig stark an Signifikanz verlieren würde. Insofern stellt die folgende Tabelle die relative Wichtigkeit der einzelnen Risiken gemäß den von uns befragten Experten *zum Zeitpunkt der Befragung* dar.

Tabelle 18: Ranking der Fertigstellungsrisiken

Risiko	Wetter	Netzanbindung	Gründung	Errichtung/IBN	Lieferanten
Rang	1	2	5	3	4

In den nachfolgenden Unterkapiteln beleuchten wir diese Risiken weiter, das Wetterrisiko aus systematischen Gründen jedoch als Teil des Errichtungs- und Inbetriebnahmerisikos. Zunächst stellen wir die zentralen Fertigstellungsrisiken noch einmal im Detail dar, betrachten anschließend ihre erwarteten bzw. bereits tatsächlich in realisierten Windparks beobachteten Auswirkungen auf die budget-, termin- und qualitätsgerechte Fertigstellung und schließen mit einer Darstellung möglicher Ansätze zur Vermeidung oder zumindest Verminderung der entsprechenden Risiken.

4.2.2 Darstellung zentraler Fertigstellungsrisiken

Betrachtet man die Erfahrungen bei der Errichtung bereits realisierter Offshore-Windparks, so ergibt sich aus Literatur und unseren Hintergrundgesprächen mit Branchenexperten eine Vielzahl von möglichen Fertigstellungsrisiken. Je nach Betrachter und je nach Vorhaben liegen die Schwerpunkte teilweise unterschiedlich, doch werden in aller Regel immer wieder die gleichen Risiken bzw. Risikokategorien genannt. Die von uns gewählte und eingangs bereits dargestellte Kategorisierung in Gründungs-, Errichtungs-, Netzanbindungs- und Lieferrisiko ist insofern eine mögliche, aber mit Sicherheit nicht die einzige, Art der Darstellung.

640 Vgl. Danksagung am Beginn dieses Kapitels.

641 In diesem Kapitel behandeln wir das Wetterrisiko grundsätzlich im Rahmen des allgemeinen Errichtungs- und Inbetriebnahmerisikos. Bei unserer Befragung zur Erstellung einer Rangfolge der wichtigsten Risiken betrachteten wir hingegen das Wetterrisiko für sich gesondert und nicht als Teil des Errichtungs- und Inbetriebnahmerisikos.

Gründung

Hinsichtlich der Gründung kann es zu Fertigstellungsproblemen kommen, sofern bei der Entwicklung, Herstellung oder Einbringung der Gründung Fehler gemacht werden bzw. unerwartete Schwierigkeiten auftreten. In diesem Sinne ist das Fertigstellungsrisiko der Gründung eng verknüpft mit den Themen Errichtung und Lieferverzögerung, die nachfolgend behandelt werden.

Die ersten in Deutschland errichteten Offshore-Windparks haben bereits eine Vielzahl von möglichen Problemen bei der Gründung von Anlagen und Offshore-Umspannwerk aufgezeigt, mit denen es umzugehen gilt, um an dieser Stelle Fertigstellungsrisiken zu vermeiden. Probleme traten in der Vergangenheit sowohl in der Designphase – also der technischen Planung des konkreten Fundament- und Gründungskonzepts – wie der Herstellung der Unterkonstruktionen auf. Dabei beruhten diese Probleme in der Praxis nicht selten auf mangelnden Kenntnissen bzw. einer gewissen Unerfahrenheit der beteiligten Unternehmen, die erst am konkreten Fall lernen mussten, wie sich beispielsweise dynamische Lasten konkret berechnen lassen und welche Detailprobleme es bei der Fertigung von Jacket, Monopile und Co. zu lösen gilt.

Hinzu kommen in der Errichtungsphase die Herausforderungen einer präzisen und effizienten Einbringung von Pfählen in den Meeresgrund sowie die Installation der Substrukturen im oft rauen Meer. Darüber hinaus müssen der Bauherr und die von ihm beauftragten Lieferanten und Montageunternehmen eine Vielzahl von Zertifizierungsanforderungen und Genehmigungsauflagen beachten, die sich teils auch kurzfristig ändern können. Nicht zuletzt zeigte sich dies in der Vergangenheit bei Änderungen an den Designanforderungen im Bereich der Gründungspfähle und Schallschutzauflagen seitens des BSH bzw. des BfN.

Insbesondere das Thema Schallschutz stellt dabei eine spezielle Herausforderung bei der Einbringung der Pfähle und damit der Errichtung der Substrukturen insgesamt dar, nachdem das BfN eine maximale Schallemission bei den Rammarbeiten von 160 dB in einer Entfernung von 750 m vorgeschrieben hat, um das empfindliche Gehör der Schweinswale zu schützen. Zwar gibt es bereits erste vielversprechende Ansätze, um mit dem Thema Rammschall umzugehen, doch besteht hier noch weiterer Erprobungsbedarf, bis endgültig feststeht, ob Verfahren wie z.B. der sog. Blasenschleier[642] das Problem nachhaltig lösen helfen. Solange es keine erprobten und von allen Seiten akzeptierte Verfahren gibt, besteht deshalb grundsätzlich auch immer die Gefahr von Eingriffen durch die zuständigen Behörden, was zu teils erheblichen Verzögerungen beim Bau der Offshore-Windparks führen kann.

Errichtung und Inbetriebnahme

Bei der Errichtung und Inbetriebnahme eines Windparks kann es in vielen Bereichen zu Schwierigkeiten kommen, denen wir uns an dieser Stelle zuwenden wollen. Nach heutigem Stand gehören zu den wesentlichen Herausforderungen bei der Errichtung von Windparks auf See:

---

[642] Der Blasenschleier ist eine Schallminderungstechnik, die eingesetzt wird, um den Schall der Rammschläge, die zum Einbringen der Pfahlfundamente in den Meeresgrund benötigt werden, zu mindern. Hierbei wird ein perforierter Schlauch um die Baustelle gelegt, welcher einen vom Meeresgrund bis zur Wasseroberfläche reichenden Vorhang aus Blasen schafft.

- Wettereinflüsse auf See
- Logistik an Land und auf See
- Errichtungskonzept
- Technikeinsatz
- Sicherheit auf See
- Know-How der Beteiligten

Die Errichtung von Offshore-Windparks findet in einer natürlichen Umgebung statt, die die beteiligten Unternehmen und Personen vor deutlich größere Herausforderungen stellt, als dies traditionell bei Projekten im Bereich der erneuerbaren Energien der Fall ist. Bei einer Küstenentfernung von 30–40 km und mehr befinden sich die meisten deutschen Offshore-Windparks in Bereichen der deutschen Nord- und Ostsee, in denen raue bis extreme **Wetterbedingungen** vorherrschen und wo der Umgang mit den Naturgewalten insofern regelmäßig höchste Anforderungen an Mensch und Technik stellt. Dies gilt umso mehr, da die Windenergieanlagen häufig in Wassertiefen von 30–40 m oder mehr aufgestellt werden müssen.

Führt man sich den zentralen Beweggrund für die Nutzung der Windenergie auf dem Meer vor Augen, so zeigen sich die Vor- und Nachteile der Offshore-Windenergie: Einerseits lassen die höheren und konstanteren Windgeschwindigkeiten auf hoher See erwarten, dass dort besonders effizient in großem Stil Strom erzeugt werden kann. Andererseits bedeutet die Nutzung des unbestritten hohen Windpotenzials auf dem Meer aber auch, dass sich die Errichtung und der Betrieb solcher Parks erheblich schwieriger darstellen, als dies bei der Onshore-Windenergie der Fall ist.

Konkret lässt sich das Wetterrisiko in eine Reihe von spezifischen Einzelrisiken unterteilen:

- Wind
- Welle
- Eisgang
- Nebel
- Strömung

Die Wetterrisiken bestehen vor allem aus dem Risiko Wind und Welle, wobei diese meist unmittelbar miteinander zusammenhängen. Der **Wind** stellt insofern ein Risiko dar, als viele der auf hoher See erforderlichen Arbeiten (insbesondere Kranarbeiten) nur bis zu einer gewissen Geschwindigkeit sicher ausgeführt werden können. Übersteigt die Windgeschwindigkeit einen bestimmten Grenzwert, der vom eingesetzten Hebewerkzeug und anderen Parametern abhängt und in der Regel zwischen ca. 16 und 25 m/s liegt, so müssen die Errichtungsarbeiten unterbrochen werden, um die Sicherheit von Mensch und Material nicht zu gefährden. Insofern haben (zu) hohe Windgeschwindigkeiten vor allem negative Auswirkungen auf die Errichtung jener Bestandteile, die unter Einsatz von Kränen oder anderen Hebewerkzeugen installiert werden.

Neben den soeben beschriebenen direkten Auswirkungen bedingt Wind zudem die Entstehung von **Wellen**, so dass mit höheren Windgeschwindigkeiten üblicherweise auch höhere Wellenhöhen einhergehen. Dabei hängt die Wellenhöhe jedoch nicht in einem festen Verhältnis von der Windgeschwindigkeit ab. Vielmehr wird diese von verschiedenen Parametern beeinflusst, wie der Untergrundbeschaffenheit und den sonstigen meteorologischen Bedingungen (z.B. Wasser- und Lufttemperatur), so dass die gleiche Windgeschwindigkeit zu unterschiedlichen Zeitpunkten oder an unterschiedlichen Orten auch unterschiedliche Wellenhöhen hervorrufen kann. Zudem hält die Windwirkung auf die Wellenbildung auch dann noch an, wenn der die Wellen auslösende Wind bereits wieder nachgelassen hat. Dies bedeutet, dass Wellen auch dann noch auftreten können, wenn der sie auslösende (Stark-) Wind bereits wieder abgeklungen ist.

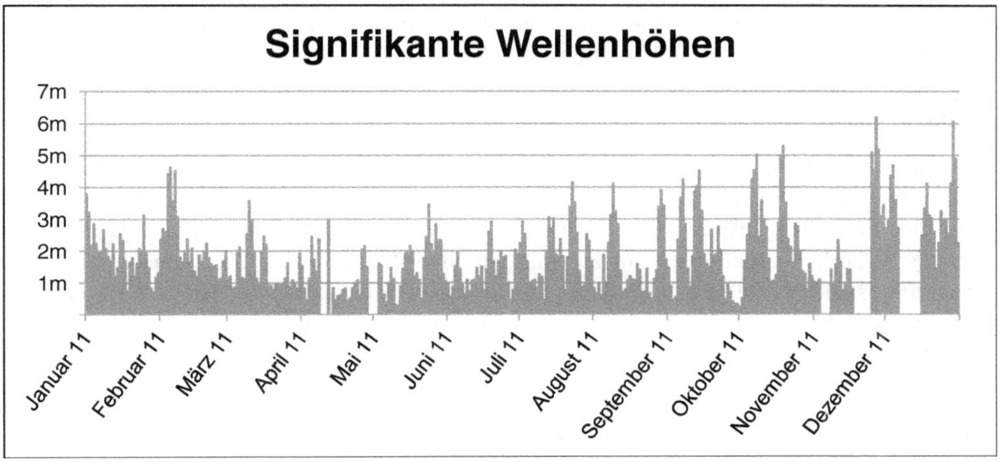

Abbildung 53: Signifikante Wellenhöhen im Jahr 2011 an der Forschungsplattform FINO1 (Datenquelle: BSH)

Dabei bewirken zu hohe Wellen grundsätzlich erschwerte Bedingungen für die Errichtung von Offshore-Windparks. Der Einsatz von Errichtungsgerät wird hierdurch eingeschränkt oder sogar unmöglich: Bei zu starkem Wellengang ist häufig kein sicheres Arbeiten mehr möglich, sofern die eingesetzten Schiffe dadurch zu sehr ins Schwanken geraten. Dies kann insbesondere bei der Arbeit mit großen Bauteilen wie Offshore-Umspannwerk, Fundament und Turm bzw. WEA bereits bei relativ geringen Wellenhöhen der Fall sein. Außerdem können Sicherheit und Wohlbefinden der Mannschaft ab einer gewissen Wellenhöhe nicht mehr gewährleistet werden, z.B. beim Übergang zwischen Schiff und Fundament oder Anlage[643], so dass die Arbeiten auch aus Sicherheitsaspekten bereits bei relativ geringen Wellenhöhen unterbrochen werden müssen, was die verfügbaren Wetterfenster – also die Zeiten, in denen überhaupt errichtet werden kann – weiter einschränkt. Unter Berücksichtigung des aktuellen Stands der Technik ist es beispielsweise bis zu einer signifikanten Wellenhöhe von ca. 2 m möglich, einen sicheren Übergang zwischen Schiff und Fundament zu gewährleisten.[644]

Eisgang kann die Errichtung von Offshore-Windparks beeinträchtigen, wenn hierdurch der Einsatz des Errichtungsgeräts eingeschränkt wird. Das Problem von Eisgang ist allerdings weitestgehend auf die Ostsee beschränkt, da diese aufgrund mangelnden Tidenhubs, geringeren Wellenhöhen und eines niedrigeren Salzgehalts eher zufriert als die Nordsee. Bisher ist es aufgrund von Eisgang jedoch noch zu keinen erheblichen Verzögerungen beim Bau von

643 Vgl. Frohböse (2010).

644 Vgl. SIEMENS plc (2012).

Offshore-Windparks gekommen, so dass das Problem des Eisgangs vor allem für die Betriebsphase von Windparks in der Ostsee von Bedeutung sein dürfte (vgl. Kapitel 4.6).

Dichter **Nebel** auf der anderen Seite kann auf allen Meeren plötzlich und oftmals unerwartet zu jeder Jahres- und Tageszeit auftreten und dazu führen, dass die Errichtungsarbeiten aus Sicherheitsgründen verlangsamt oder unterbrochen werden müssen. Dabei führt Nebel dazu, dass die Sichtweiten deutlich reduziert werden und die sonst üblichen Sicherheitsabstände zur Verhinderung von Schiffskollisionen deutlich vergrößert werden müssen. Denn in der Regel verfügen alle zum Bau eingesetzten Schiffe zwar über Radareinrichtungen, doch funktionieren diese bei der Vielzahl der Schiffe auf engem Raum (teilweise sind an der Errichtung eines Offshore-Windparks bis zu 60 Schiffe verschiedener Größen im Einsatz) nur eingeschränkt zuverlässig.

Die durch Tidenhub, Wind und andere Einflüsse entstehende **Strömung** des Meeres lässt sich zwar recht gut voraussagen, unterliegt aber ebenfalls einer gewissen Variabilität. Dabei kann eine zu starke Strömung vor allem den Einsatz von Tauchern beeinträchtigen (diese sind aus Sicherheitsgründen nur bis zu einer Geschwindigkeit von 0,1 m/s einsetzbar) sowie im schlimmsten Fall die Standfestigkeit von Hubinseln gefährden. Mindestens wird unerwartet starke Strömung jedoch dazu führen, dass die präzise Positionierung von Errichtungsgerät (z.B. zur Rammung von Pfählen) erschwert und dadurch technisch und zeitlich aufwendiger wird.

Zur Vorhersage der verschiedenen Wetterphänomene lässt sich zwar auf langfristige Wetterdaten aus den vergangenen fünf Jahrzehnten zurückgreifen, um über statistische Methoden die Eintrittswahrscheinlichkeiten von Starkwind, hoher Welle, Nebel und Co. abzuschätzen. Allerdings unterliegen diese statistischen Vorhersagen großen Unsicherheiten. Daher kann es trotz aufwendiger Wetterprognosen vorkommen, dass erwartete Wetterfenster für die Errichtung nicht oder zumindest nicht in vollem Umfang zur Verfügung stehen und die Arbeiten am Windpark unterbrochen werden müssen. Häufig lässt sich daher nur über kurzfristige Seewetterberichte abschätzen, wann die externen Wetterfaktoren (wie Wind, Welle, Eisgang etc.) Arbeiten am Projekt vermutlich zulassen, so dass die Vorlaufzeiten oft sehr knapp sind und Baukampagnen dennoch plötzlich wieder abgebrochen werden müssen, weil sich das Wetter überraschend schlechter als vorhergesagt herausstellt.[645]

Das Auseinanderdriften von langfristigen statistischen Durchschnittswerten und den tatsächlichen Bedingungen an einem bestimmten Tag zeigte sich sehr eindrücklich in den Sommern der Jahre 2010 und 2011, als die Wetterbedingungen in der Nord- und Ostsee im Gegensatz zum 50-jährigen Mittel in den Monaten August und September derart schlecht waren, dass so gut wie keine Arbeiten auf hoher See stattfinden konnten. In Folge ließen sich Projektpläne, die während dieser eigentlichen „Gutwetterperioden“ umfangreiche Baumaßnahmen vorsahen, nicht wie beabsichtigt umsetzen.

Stellt sich also das Wetter während der Errichtung oder Inbetriebnahme als zu schlecht heraus, müssen Arbeitsschritte ggf. verschoben oder die gesamte Errichtung – z.B. zum Abwettern eines Sturms – teils über längere Zeiträume unterbrochen werden. Schlechtwetter kann

645 Allerdings werden die Prognoseverfahren derzeit intensiv weiterentwickelt, so dass die Zuverlässigkeit von kleinräumigen und zeitlich hochauflösenden Wettervorhersagen in den letzten Jahren erheblich zugenommen hat.

insofern – quasi im Domino-Effekt – den gesamten Projektplan durcheinander bringen – ein Ereignis, das bisher in vielen Offshore-Windparks zu beobachten war.

Neben dem möglichen Einfluss schlechten Wetters auf die Logistikkette bestehen weitere Risiken für die **Logistik** an Land und auf See, da die Logistik für ein Offshore-Projekt von einer hohen Komplexität geprägt ist, bei der für einen typischen Offshore-Windpark hunderte meist schwerer und sperriger Bauteile über teilweise große Distanzen zu transportieren sind. Das dabei der größte Teil des Transports und ein großer Teil des Umschlags auf See stattfindet, erhöht diese Komplexität zusätzlich. Um die logistischen Herausforderungen, die die Errichtung eines solchen Projekts darstellt, erfolgreich zu meistern, braucht es eine professionelle Vorbereitung und ein erfahrenes Projektmanagement, damit die Abläufe möglichst reibungslos funktionieren[646]. Allerdings tendieren komplexe Systeme dazu, selbst bei bester Vorbereitung immer wieder durcheinander zu geraten. Konkret bedeutet dies, dass neben dem Wetter eine Vielzahl anderer Faktoren dazu führen kann, dass die Logistikkette an Land und auf See ins Stocken gerät oder ganz abreißt. Hierzu gehören unter anderem der Ausfall von Transportgeräten, Lieferverzögerungen (die wir später weiter vertiefen), mangelhafte Planung der Logistik und der Einsatz nicht adäquat ausgebildeter Mitarbeiter.

Bei der Errichtung und der anschließenden Inbetriebnahme kommt dem Einsatz geeigneter **Technik** eine immense Bedeutung zu. In der Vergangenheit traten bei allen deutschen und ausländischen Offshore-Windparks an der einen oder anderen Stelle teils gravierende Probleme mit der eingesetzten Technik auf, die so nicht vorausgesehen wurden und in der Konsequenz teils dramatische Auswirkungen auf den Baufortschritt und die Investitionskosten einzelner Offshore-Windparks hatten. Nach heutigem Erfahrungsstand kommt dabei die größte Bedeutung den verschiedenen Schiffen zur Verlegung von Kabeln sowie der Errichtung von Unterwasserstrukturen, Windenergieanlagen und dem Offshore-Umspannwerk zu. Erbringen diese Schiffe nicht die erwartete Leistung, indem sie beispielsweise ab einer gewissen Wellenhöhe technisch nicht mehr sicher oder nur noch eingeschränkt einsetzbar sind (z.B. hinsichtlich der nutzbaren Kranhöhe oder Kranlast), so bedeutet dies häufig, dass der gesamte Baufortschritt ins Stocken gerät. Nicht selten musste in der Praxis auch zusätzliches Gerät eingesetzt werden. Beispielhaft sei hier das Projekt ALPHA VENTUS genannt, bei dem zunächst ein Schwimmkran eingesetzt wurde, der sich im Bau aufgrund der Wellenbewegung jedoch als unzureichend herausstellte und durch eine andere Schiffslösung ersetzt werden musste. Dabei zeigten sich technische Unzulänglichkeiten nicht selten auch erst zum Zeitpunkt des konkreten Einsatzes im Baufeld. Gründe dafür waren, dass eine umfängliche Erprobung beispielsweise der Errichtungsschiffe vor Baubeginn aus Termin- und Kostengründen in vielen Fällen nicht oder nicht ausreichend eingeplant wurde. Auch das intensive Training der Crew hat erheblichen Einfluss auf den erfolgreichen Einsatz insbesondere neuer Errichtungsschiffe.

Fällt die Technik an einer Stelle aus, so wirkt sich dies dominoartig auf das gesamte Vorhaben aus. Ist zum Beispiel das Errichtungsschiff, mit dem die Fundamente gesetzt und die Windenergieanlagen installiert werden sollen, nicht wie geplant einsetzbar, bedeutet dies oft einen vollständigen Stillstand im Baufeld. Aber auch der Ausfall von Zubringerschiffen oder Kabellegern kann dazu führen, dass sämtliche hiervon abhängige Errichtungsschritte umgeplant und möglicherweise verschoben werden müssen. Im Wechselspiel mit dem Wetter und

[646] Siehe hierzu die Ausführungen von SILKE KATTERBACH in Kapitel 3.7.

anderen Faktoren kann es so passieren, dass auch ein grundsätzlich solides Errichtungskonzept ins Schwanken gerät.

Zwei weitere Punkte, auf die während unserer Experteninterviews wiederholt hingewiesen wurde und die bereits in mehreren Projekten auftraten, betreffen Sicherheitsaspekte und das erforderliche Know-How der Projektverantwortlichen wie der ausführenden Mitarbeiter. Beide können ebenfalls große Auswirkungen auf die Logistik an Land und auf See haben. Dabei gilt es bei der Frage der **Sicherheit** zwei Aspekte zu unterscheiden, nämlich erstens die Sicherheit der am Bau beteiligten Menschen und zweitens die Sicherheit des Materials. An die menschliche Sicherheit werden auf hoher See generell sehr hohe Anforderungen gestellt, die nicht zuletzt aus den Erfahrungen der (Offshore-) Öl- und Gasindustrie resultieren und dem Schutz von Leib und Leben höchste Priorität einräumen. Neben den Anforderungen an *Health and Safety* stellen die üblicherweise eingebundenen Versicherungen zudem einen sog. *Marine Warranty Surveyor* ab[647], der weitgehende Befugnisse hat, um auch materielle Schäden vom Projekt abzuhalten. Beide Aspekte, *Health and Safety* und maritime Versicherung, bergen die Gefahr von unerwarteten Ereignissen und Verzögerungen in sich, indem zum Schutz von Leib und Leben oder Material bestimmte Auflagen – oft kurzfristig – von Behörden, H&S-Beauftragtem oder dem Marine Warranty Surveyor gemacht werden, die zu Bauunterbrechungen und Ähnlichem führen können.

Schließlich kommt dem **Know-How** bzw. der Erfahrung aller Projektbeteiligten ein immenses Gewicht zu, denn ein Großteil des Detailwissens zu den Abläufen bei der Errichtung und Inbetriebnahme lässt sich kaum schriftlich festhalten und wiedergeben. Nur durch den Einsatz von erfahrenen Mitarbeitern lassen sich die Abläufe und Tätigkeiten in der Errichtungsphase realistisch planen und plangemäß umsetzen. Heute fehlen diese Erfahrungen jedoch noch bei vielen der eingesetzten Mitarbeiter. Dieses hat einerseits damit zu tun, dass bisher erst wenige Offshore-Windparks realisiert wurden und andererseits die Zahl der benötigten Mitarbeiter bereits heute die Zahl der ausreichend qualifizierten und erfahrenen Personen übersteigt. In kurzer Zeit müssen deshalb neue und unerfahrene Mitarbeiter an die Prozesse und Tätigkeiten herangeführt werden. Nicht selten können sie einen großen Teil ihrer Erfahrungen mangels geeigneter Trainings- und Ausbildungsmöglichkeiten und mangels Zeit erst im konkreten Projekt sammeln.

Netzanbindung

Das Fertigstellungsrisiko der Netzanbindung hat verschiedene Dimensionen, die wir im Folgenden darstellen wollen. Einerseits bestehen Risiken bei der Fertigstellung der **parkinternen Verkabelung**, also der Verkabelung zwischen den einzelnen Windenergieanlagen sowie zwischen dem Park und dem Offshore-Umspannwerk, an dem die Übergabe an das Seekabel des zuständigen Übertragungsnetzbetreibers erfolgt. Andererseits bestehen aber auch Risiken hinsichtlich der Fertigstellung und Funktionsfähigkeit des Offshore-Umspannwerks sowie des Exportkabels des Übertragungsnetzbetreibers, also der Verbindung zwischen Offshore-Umspannwerk und Landanschluss an das Übertragungsnetz.

Bei der parkinternen Verkabelung bestehen sowohl Risiken hinsichtlich des parkinternen Netzes, also der Kabelverbindungen zwischen den einzelnen Windenergieanlagen, wie des

647 Siehe hierzu die Ausführungen von Herrn ELLESER in Kapitel 5.1.3.

Übergabepunkts zwischen parkinternem Netz und Offshore-Umspannstation. Hier können verschiedene Probleme zu Verzögerungen führen, die eine termingerechte Fertigstellung der Netzanbindung verhindern. Einerseits besteht generell die Gefahr, dass die parkinterne Verkabelung sich durch Schwierigkeiten bei der Kabelverlegung verzögert (z.B. durch technische Schwierigkeiten oder den Ausfall des Kabellegeunternehmens), andererseits kann es auch passieren, dass bereits verlegte Kabel im weiteren Errichtungsprozess beschädigt werden, indem zum Beispiel einzelne Kabel durch die Stelzen von Jack-Up-Plattformen oder durch unbedachten Ankerwurf beschädigt werden.[648] Darüber hinaus kann es auch Probleme am Übergabepunkt zwischen parkinternem Netz und Offshore-Umspannstation geben, indem beispielsweise Schnittstellen nur unzureichend abgestimmt wurden.

Für die Realisierung eines Offshore-Windparks sind aber nicht nur die wirtschaftlichen Bedingungen auf Ebene des Windparks maßgeblich. Der **externe Netzanschluss** fällt für die Ostsee in den Zuständigkeitsbereich der 50HERTZ TRANSMISSION GMBH (50Hertz) und in der Nordsee der TENNET TSO GMBH (TenneT). Erfolgt dieser nicht oder nur mit Verzögerung, wird die Netzanbindung zum Engpass mit erheblich negativen wirtschaftlichen und technischen Folgewirkungen für ein Projekt.

Das Thema externer Netzanschluss wird derzeit besonders kontrovers diskutiert, nachdem der Übertragungsnetzbetreiber TenneT im November 2011 in einem Schreiben an die Bundesregierung erklärt hat, dass das Unternehmen mit der Vielzahl der Netzanschlussbegehren für Offshore-Windparks in der deutschen Nordsee finanziell und technisch überfordert sei.[649] In letzter Zeit haben sich dabei insbesondere drei wesentliche Problemfelder als kritisch für die zeitlich rechtzeitige Umsetzung von notwendigen Netzanbindungen herausgestellt.

Einerseits wird der seitens der Netzbetreiber zur Verfügung zu stellende Netzanschluss für eine Reihe von Windparks deutlich später als geplant fertiggestellt. Einige Windparks, für die die Anlagen- und Finanzierungsverträge bereits abgeschlossen wurden, können aller Voraussicht nach erst mit einer deutlichen Verzögerung ans Netz angebunden werden. Sowohl TENNET als auch 50HERTZ haben zum Ausdruck gebracht, dass aus ihrer Sicht die im Positionspapier der Bundesnetzagentur von 2009 genannten Lieferfristen für Netzanschlüsse von 30 Monaten ab Investitionsentscheidung zu knapp bemessen seien. Aktuell benötigen die Lieferanten für die Realisierung der Netzanschlüsse – nicht zuletzt wegen großer technischer Herausforderungen (erstmalige Anwendung der Gleichstromübertragungstechnologie in einer großen Dimension auf dem Meer) – z.T. über 50 Monate.

Dies erscheint aber wiederum aus Sicht der Windparkplaner als nicht akzeptabel, insbesondere da diese erst einmal zahlreiche Voraussetzungen erfüllen müssen, bevor die Planungen der benötigten Netzanschlüsse überhaupt beginnen. Die bisherigen Regelungen zielten insbesondere darauf ab, auf Seiten der Netzbetreiber sog. *„Stranded Investments“* zu vermeiden.

Betroffen von Verzögerungen ist u.a. das Projekt NORDSEE OST von RWE, dessen Netzanschluss sich gegenüber den ursprünglichen Planungen um bis zu ein Jahr verzögern wird. Das Unternehmen beziffert den erwarteten Schaden aus der Verzögerung auf 133 Mio.

---

648 Nach Angaben der im Offshore-Markt aktiven Versicherungsunternehmen stellen derartige Netzschäden derzeit die häufigste Schadensursache dar. Vgl. hierzu RICHARDSEN (2011).

649 Vgl. TENNET (2011).

Euro.[650] Auch im Falle des ersten deutschen Ostsee-Windparks (EnBW Baltic 1) konnte der dort zuständige Netzbetreiber 50Hertz die Netzanbindung erst mit einer Verzögerung von mehreren Monaten fertig stellen.[651]

Zweites großes Problemfeld ist die Haftungsproblematik für den Fall eines länger andauernden Ausfalls einer Netzanbindung – z.B. infolge eines Unfalls. In einem solchen Schadensfall können auf Seiten der Netzbetreiber extrem hohe Kosten entstehen, wenn für angeschlossene Windparks für einen längeren Zeitraum die entgangenen Gewinne der Windparkbetreiber ersetzt werden müssen. Diese Risiken sind durch private Versicherungsgesellschaften gegenwärtig nicht bzw. nicht vollumfänglich versicherbar. TenneT und 50Hertz drängen daher darauf, dass der Staat den nicht versicherbaren Teil der Risiken übernimmt, da ein – wenn auch unwahrscheinlicher – großer Schadensfall die finanzielle Leistungsfähigkeit eines Netzbetreibers deutlich übersteigen würde.

Schließlich hat der Netzbetreiber TenneT geäußert, dass die Finanzierung von geschätzten Investitionskosten von rd. 15 Mrd. Euro für Offshore-Anbindungen in der Nordsee in den nächsten zehn Jahren nicht von einem einzigen Netzbetreiber geleistet werden könnte. Zwar habe TenneT bereits die Anbindung von 5,3 GW angestoßen, doch sieht sich das Unternehmen darüber hinaus mit der Finanzierung aller Netzanbindungen in der Nordsee überfordert. TenneT hat daher vorgeschlagen, dass die Offshore-Netzanbindungen von einer Netzgesellschaft, an der alle vier Übertragungsnetzbetreiber in Deutschland (TenneT, 50Hertz, Amprion GmbH, Transnet BW GmbH) beteiligt werden, realisiert werden sollten. Dies wird von den anderen drei Übertragungsnetzbetreibern aber abgelehnt.

Zwar lassen sich die dargestellten Probleme möglicherweise durch weitere gesetzgeberische Maßnahmen sowie eine neue Risikoverteilung zwischen den Übertragungsnetzbetreibern und den Betreibern der Offshore-Windparks mittelfristig lösen (vgl. Ziffer 4.2.4), doch bleibt auch weiterhin die generelle Gefahr einer verzögerten Fertigstellung des externen Netzanschlusses bestehen. So kann es aus einer Vielzahl von Gründen, z.B. schlechtem Wetter, technischen Schwierigkeiten oder Lieferverzögerungen, dazu kommen, dass sich ein Offshore-Umspannwerk oder die externe Netzanbindung verzögern und ein bereits fertig gestellter Windpark zunächst nicht angeschlossen werden kann.[652]

Lieferverzögerung

Das Risiko von Lieferverzögerungen hängt wiederum eng mit den zuvor genannten Risiken in Verbindung mit der Netzanbindung und der Errichtung zusammen. Kommen Bauteile oder Errichtungsgerät erst verspätet im Baufeld bzw. an der Hafenkante an, so kann dies natürlich den gesamten Baufortschritt verzögern. Für solche Lieferverzögerungen, die bisher ebenfalls in (fast) allen Projekten aufgetreten sind, kann es eine Reihe von Ursachen geben.

Zunächst können Lieferverzögerungen aus **Schwierigkeiten bei den verschiedenen Zulieferern** resultieren. Dies war in der Vergangenheit im Bereich der Errichtungsschiffe mehrfach der Fall, indem diese schlicht später vom Stapel liefen, als zunächst vorgesehen und so erst verspätet für die Errichtung des Parks zur Verfügung standen. Andererseits kann sich die

650 Vgl. Wetzel (2012).
651 Vgl. HANDELSBLATT (2011).
652 Vgl. HANDELSBLATT (2011).

Auslieferung aber auch verspäten, weil bei Fertigung oder Abnahme Qualitätsmängel festgestellt werden, die eine zeitaufwändige Nachbesserung erfordern, um den Anforderungen von Projekt und Behörden zu entsprechen. Auch kann es zu teils massiven Lieferverzögerungen kommen, wenn die Zulieferer einzelner Gewerke in finanzielle Schwierigkeiten geraten und möglicherweise sogar ganz ausgetauscht werden müssen.

Lieferverzögerungen können zudem auch durch Probleme im Bereich des **Transports** der Bauteile oder Errichtungsgeräte entstehen. Diese müssen oft über viele hundert Seemeilen auf dem Seeweg zum Logistikhafen bzw. direkt zum Park transportiert werden, werden teils aber auch außerhalb Europas gefertigt und haben einen entsprechend sehr viel längeren Transportweg. Kommt es hierbei zu Verzögerungen oder Schäden, beispielsweise durch Kollisionen oder schlechtes Wetter, kann wiederum die gesamte Logistikkette durcheinander geraten.

4.2.3 Auswirkung zentraler Fertigstellungsrisiken

Wie bereits in der Einleitung dargestellt, können sich Fertigstellungsrisiken auf vier Wegen auswirken, indem Offshore-Windprojekte entweder verspätet fertiggestellt werden, es zu Kostenüberschreitungen kommt, die Qualität leidet oder ein Projekt insgesamt nicht fertiggestellt wird. Mit Ausnahme der Nicht-Fertigstellung, die bisher nicht aufgetreten ist, stellen wir die wesentlichen Auswirkungen im Folgenden dar und beschreiben diese anhand konkreter Beispiele aus der Praxis.

Wie bereits im vorangehenden Unterkapitel umfassend dargestellt, können verschiedene Ursachen dazu führen, dass sich die Errichtung oder Inbetriebnahme eines Offshore-Windparks verzögert und es gegebenenfalls zu Qualitätseinbußen beim Bau des Parks kommt. An dieser Stelle wollen wir uns daher insbesondere auf die wirtschaftlichen Auswirkungen von Problemen im Bereich der Fertigstellung konzentrieren, wie sie sich für Investoren und Banken darstellen. Hiermit verfolgen wir das Ziel, aufzuzeigen, weshalb Fertigstellungsrisiken nicht nur eine technische, sondern vor allem auch eine betriebswirtschaftliche Herausforderung darstellen, deren Lösung eine zwingende Voraussetzung für den Erfolg der Offshore-Windenergie insgesamt darstellt.

Verzögerung der Inbetriebnahme

Kommt es zu unvorhergesehenen Verzögerungen bei der Errichtung eines Offshore-Windparks, so können diese im schlechtesten Fall dazu führen, dass sich die Inbetriebnahme des Projekts über den geplanten Inbetriebnahmetermin hinaus verzögert. Unabhängig von den konkreten Ursachen für die verzögerte Inbetriebnahme kann sich hieraus eine Reihe von negativen Auswirkungen ergeben, die die Wirtschaftlichkeit des Projekts negativ beeinflussen, sofern keine entsprechende Kompensation durch einen oder mehrere Projektbeteiligte erfolgt.

Zunächst wird die verspätete Inbetriebnahme regelmäßig dazu führen, dass das Projekt mit Ertragsausfällen zu rechnen hat, die je nach Umfang der Verzögerung teils erhebliche Auswirkungen auf die Wirtschaftlichkeit des Projekts haben können. Ertragsausfälle entstehen, indem der Windpark ganz oder teilweise erst zu einem späteren als dem geplanten Zeitpunkt mit der Stromeinspeisung beginnen kann, so dass die eingeplanten Umsatzerlöse aus dem

Verkauf des erzeugten Stroms erst später erwirtschaftet werden. Handelt es sich um überschaubare Verzögerungen von einigen Tagen oder Wochen, dürfte der Effekt auf die Wirtschaftlichkeit des Projekts regelmäßig beherrschbar sein. Kommt es jedoch zu umfangreicheren Verzögerungen von vielen Wochen oder gar Monaten, so wird dies das Projekt möglicherweise vor erhebliche Probleme stellen, indem das Projekt in Liquiditätsprobleme gerät und damit Schuldendienst bzw. Ausschüttungen an die Eigentümer nicht oder nur unvollständig geleistet werden können.

Zusätzlich zu den unmittelbaren Auswirkungen auf die anfängliche Liquiditätssituation heutiger und zukünftiger Projekte kann es bei Projekten, die erst in einigen Jahren realisiert werden sollen, zusätzlich zu einer Verschlechterung der langfristigen Erlössituation kommen, sofern das Projekt durch die verspätete Inbetriebnahme insgesamt oder teilweise (da es letztlich eine Betrachtung auf Ebene der einzelnen WEA gibt) durch die im EEG vorgesehene Degression einen niedrigeren Vergütungstarif erhält. Dieser Effekt ist heute noch auf Onshore-Windparks und Solarenergie begrenzt, bei denen eine verspätete Inbetriebnahme über einen Jahreswechsel hinweg zu einer Absenkung des geltenden EEG-Tarifs führt, doch stellt dieses Problem – bei unveränderter Rechtslage – ab dem Jahr 2018 auch im Bereich der Offshore-Windenergie ein erhebliches Risiko dar. Nehmen wir z.B. an, ein Offshore-Windpark soll nach der ursprünglichen Planung bis zum Sommer 2017 vollständig errichtet und angeschlossen werden. Verspätet sich die Inbetriebnahme des Projekts aus Wetter- oder anderen Gründen nun aber erheblich, so dass es erst im Jahr 2018 an das Netz des ÜNB angeschlossen werden kann, so findet die Degressionsregelung des EEG Anwendung und die Umsatzerlöse verringern sich, *ceteris paribus*, um 7 % gegenüber dem ursprünglichen Business Plan.[653]

Überschreitung der Investitionskosten

Neben den unmittelbaren Auswirkungen auf die Liquiditätssituation durch fehlende Umsätze eines Offshore-Windparks führen Verzögerungen in der Errichtung und Inbetriebnahme in der Regel zusätzlich zu Überschreitungen bei den geplanten Investitionskosten.[654] Bauzeitverzögerungen stellen dabei nur eine mögliche Ursache für Kostenüberschreitungen dar. Häufig kommt es konkret in folgenden Bereichen zu Kostenüberschreitungen:

- Gesteigerte Errichtungskosten
- Erhöhte Bauzeitzinsen
- Gesteigerte Material- oder Personalkosten
- Gestiegene Lieferantenpreise
- Unversicherte Schäden

Bleiben wir zunächst bei den Auswirkungen von Verzögerungen im Bau von Offshore-Windparks, so können diese wiederum auf verschiedenen Wegen zu steigenden Investitionskosten führen. Zunächst können Maßnahmen zur Vermeidung oder zumindest Abschwächung einer (drohenden) Verzögerung bei der Inbetriebnahme dazu führen, dass zusätzliche Investitionskosten in Kauf genommen werden müssen. Ein aktuelles Beispiel für diesen Fall

653 Vgl. §20 des Erneuerbare Energien Gesetzes (EEG) in der Fassung vom 28.07.2011.

654 Gemäß einer im Jahr 2011 von PwC veröffentlichten Umfrage lagen die Investitionskosten bei 26 % aller bereits umgesetzten Projekte über dem Budget (PwC [2011]).

ist das viel beachtete Projekt BARD OFFSHORE 1, bei dem nicht zuletzt Schwierigkeiten in der **Errichtung** dazu geführt haben, dass das Vorhaben voraussichtlich erst mit einer erheblichen Verspätung und – nicht zuletzt durch den notwendigen Einsatz zusätzlichen Errichtungsgeräts – zu höheren Kosten in Betrieb genommen werden kann.[655]

Zusätzlich zu den mit der Verhinderung oder Abschwächung von Verzögerungen im Bau von Offshore-Windparks verbundenen Mehrkosten gibt es möglicherweise zusätzliche explizite Kosten im Bereich der **Bauzeitzinsen**. Besteht für die Errichtung des Parks eine Projektfinanzierung, so werden die Zinsen während der Bauphase üblicherweise dem ausgezahlten Kreditbetrag zugeschlagen, da das Projekt während der Bauphase noch keine Erlöse generiert. Verlängert sich nun die Bauphase, so steigt hierdurch der Betrag der Bauzeitzinsen möglicherweise erheblich an, was sich negativ auf die Liquiditätssituation und Wirtschaftlichkeit des Projekts auswirkt (vgl. Kapitel 5.9).

Auch unvorhergesehene Steigerungen im Bereich der **Material- oder Personalkosten** können dazu führen, dass die Investitionskosten insgesamt steigen. Dabei können solche Steigerungen wiederum die Folge von Schwierigkeiten oder Verzögerungen in der Errichtung des Parks sein, beispielsweise, wenn zusätzliches Personal eingestellt werden muss, um mit technischen Problemen oder Verzögerungen umzugehen. Zusätzlich können längere Errichtungszeiträume oder unerwartete Veränderungen in Rohstoffpreisen (z.B. Schweröl und andere Verbrauchstoffe) und Löhnen (z.B. durch intensiven Wettbewerb um qualifizierte Mitarbeiter) dazu führen, dass die Kosten insgesamt steigen.

Gestiegene **Lieferantenpreise** können ebenfalls zu steigenden Investitionskosten führen, sofern die entsprechenden Lieferverträge für die einzelnen Gewerke Preisanpassungsklauseln für steigende Rohstoffpreise oder ein höheres Lohnniveau vorsehen. Dabei werden die Preise für die wesentlichen Gewerke (Fundament, Verkabelung, WEA etc.) in der Regel zwar vor Baubeginn vertraglich fixiert, doch ist es bei Projekten mit einer derart langen Vorlauf- und Bauphase durchaus üblich, entsprechende Preisrisiken ganz oder teilweise vom Lieferant auf den Abnehmer zu verlagern. Eine Verzögerung im Bau des Offshore-Windparks kann sich somit auch hier negativ auswirken, da die Gefahr steigender Lieferantenpreise bei einer längeren Bauphase allgemein zunimmt und Lieferanten sich zudem mögliche – vom Projekt her erforderliche – Wartezeiten bei der Auslieferung zusätzlich vergüten lassen.

Sofern während der Errichtung **Schäden** am Windpark auftreten, die nicht vollständig durch entsprechende Gewährleistungen der Lieferanten oder eine Versicherung abgedeckt sind, können diese ebenfalls zu einer unerwarteten Steigerung der Investitionskosten führen. Für solche Schäden kann es eine Vielzahl von Gründen geben, die von Design- und Fertigungsfehlern (z.B. bei Unterstrukturen oder Windenergieanlagen) über eine unsachgemäße Errichtung oder Inbetriebnahme bis zu Unfällen an Land oder auf See reichen. So ist es in der Vergangenheit vorgekommen, dass sich einzelne Bauteile als unzulänglich herausgestellt haben oder dass es während der Errichtungsarbeiten zu Beschädigungen zum Beispiel des Offshore-Umspannwerks gekommen ist. Zwar sollten solche Schäden typischerweise durch den Verursacher bzw. eine entsprechende Versicherung ersetzt werden, doch kommt es in der Praxis regelmäßig vor, dass ein vollständiger Schadenersatz nicht erfolgt und die Projektgesellschaft insofern mindestens einen Teil der zusätzlichen Kosten selbst zu tragen hat.

[655] Vgl. zum Beispiel Maier (2012).

Für die oben genannten Fälle von Kostenüberschreitungen in der Investitionsphase wird in der Regel Vorsorge getragen, indem zusätzlich zu den vertragsgemäß zu erwartenden Kosten für die einzelnen Gewerke noch ein Posten für **Unvorhergesehenes** (engl. *„contingencies"*) gebildet wird, der üblicherweise pauschal etwa 5–10 % der geplanten Investitionskosten ausmacht. Bewegen sich die Kostenüberschreitungen in diesem Rahmen oder bleiben sie sogar darunter, so werden Kostenüberschreitungen nicht zu einer Verschlechterung der Wirtschaftlichkeit bzw. der Schuldendienstfähigkeit des Projekts führen. Jedoch zeigt die Praxis der bisher errichteten Projekte, dass der umgekehrte Fall nicht nur ein theoretisches Risiko darstellt.

Verbleibende Mängel und Einbußen bei der Qualität

Bewusst in Kauf genommene oder tolerierte Qualitätseinbußen bei der Errichtung von Offshore-Windparks dürften nur in seltenen Fällen eine gangbare Alternative zu einer längeren Bauphase bzw. höheren Investitionskosten darstellen. In der Regel werden auch Genehmigungsbehörden, Zertifizierer und Versicherer signifikanten Abstrichen bei der Qualität des errichteten Windparks aus Sicherheitsaspekten nicht zustimmen, sofern hiervon ein erhöhtes technisches Risiko ausgeht. Gleiches gilt für die finanzierenden Banken (im Falle einer Projektfinanzierung) sowie die Investoren, denen ebenfalls an einer hohen Qualität gelegen ist, um die planmäßige Rückführung der Kredite bzw. einen langfristig stabilen Projekt-Cashflow nicht zu gefährden.

Während in der Literatur zu anderen erneuerbare Energien-Technologien (z.B. Onshore-Wind und Photovoltaik) akzeptierte Abstriche bei der Qualität als Ergebnis von Fertigstellungsrisiken genannt werden[656], lässt sich im Bereich der Offshore-Windenergie beobachten, dass Abweichungen in der Qualität nur in sehr geringem Umfang toleriert werden, da hiermit ungleich höhere Risiken für den langfristigen Projekterfolg einhergehen. Der Hintergrund hierfür liegt einerseits in den insgesamt höheren Sicherheitsstandards bei der Offshore-Windenergie und andererseits in den ungleich größeren Schwierigkeiten und Kosten, die eine spätere Mängelbeseitigung während der Betriebsphase bereiten kann (z.B. wegen des erschwerten Zugangs zum Offshore-Windpark und der größeren logistischen Herausforderungen bei einem Tausch insbesondere von Großkomponenten wie Rotorblättern oder Getrieben).

Insofern ist insgesamt davon auszugehen, dass Qualitätseinbußen aufgrund von Fertigstellungsproblemen in der Regel nicht akzeptiert werden. Auftretende Qualitätsmängel dürften vielmehr unter Aufwendung zusätzlichen Kapitals und um den möglichen Preis von Verzögerungen in Errichtung und Inbetriebnahme behoben werden, um das Projekt bei der Inbetriebnahme im geplanten Sollzustand in die Betriebsphase zu überführen.

Erhöhung des Kapitalbedarfs sowie Reduzierung von DSCR oder Rendite

In der Konsequenz der zuvor beschriebenen Folgen von Fertigstellungsrisiken (Verzögerung in Bau und Inbetriebnahme sowie Erhöhung der Investitionskosten) kommt es in der Regel zu einem erhöhten Kapitalbedarf für die Fertigstellung des Projekts. Dieser ist zuvorderst durch die Investoren zu decken, die sowohl bei einer Unternehmensfinanzierung wie bei einer Projektfinanzierung die wesentlichen Nachschusspflichten haben, es sei denn, Dritte

[656] Vgl. Stanze (2012).

(z.B. Zulieferer oder Versicherungen) kommen für den zusätzlichen Finanzbedarf ganz oder teilweise auf.

Im Fall einer Unternehmensfinanzierung dürfte eine Nachschusspflicht vor allem bei den Eigentümern des Projekts liegen, doch auch im Fall einer Offshore-Projektfinanzierung sehen die Finanzierungsverträge üblicherweise vor, dass die Investoren im Rahmen einer *Limited-Recourse*-Finanzierung während der Bauphase in betraglich begrenztem Umfang Kapital nachschießen müssen, um die entsprechenden Schuldendienstkennzahlen (z.B. den Schuldendienstdeckungsgrad, engl. *„Debt Service Coverage Ratio"* [DSCR]), sowie weitere Kennzahlen, die als Kreditbedingungen festgehalten wurden) einzuhalten. Dies gilt insbesondere auch dann, wenn sich die erwarteten Umsätze in erheblichem Umfang (bspw. durch eine Inbetriebnahme erst im Jahr 2018) verschlechtern. Nur in einem begrenzten Umfang, meist beschränkt auf die angesetzten Contingencies, werden Banken in der Regel bereit sein, Verschlechterungen in der Schuldendienstfähigkeit eines Projekts zu akzeptieren. Durch entsprechende Regelungen in den Kreditverträgen sichern sich Banken dahingehend ab, dass das Projekt weiterhin in der Lage ist, den Schuldendienst wie vorgesehen zu erbringen, obwohl die Gesamtinvestition gestiegen ist oder sich die Umsatzerlöse reduziert haben.

Treten Fertigstellungsrisiken in erheblichem Umfang ein, stehen die Banken bei einer Limited-Recourse-Projektfinanzierung aber dennoch nach Ausschöpfung ggf. bestehender Nachschusspflichten der Investoren mit ihrem Kreditengagement im Risiko. Im Falle eines Bruchs vorgegebener Finanzierungsbedingungen (engl. *„covenants"*) werden sie vor der Aufgabe stehen, Maßnahmen zur Restrukturierung des Projektes zu treffen.

Während sich Fertigstellungsrisiken also primär durch eine Verschlechterung der Umsatzerlöse, eine Steigerung der Betriebs- und/oder Finanzierungskosten und vor allem erhöhte Investitionskosten negativ auf die Rendite der Investoren bzw. den Nettobarwert des Projekts auswirken, werden projektfinanzierende Banken mögliche Verschlechterungen in der Schuldendienstfähigkeit von Offshore-Windprojekten durch Fertigstellungsrisiken möglichst zu minimieren versuchen, auch wenn dies letztendlich nur im begrenzten Umfang möglich sein wird.

Insgesamt haben die bis hierher beschriebenen Fertigstellungsrisiken also erheblichen Einfluss auf die Wirtschaftlichkeit und damit die Machbarkeit von Offshore-Windparks, weshalb sich die Frage stellt, wie mit diesen Risiken umzugehen ist, um sie möglichst zu vermeiden oder zumindest zu vermindern. Dieser Frage wenden wir uns im folgenden Unterkapitel zu.

4.2.4 Abmilderung zentraler Fertigstellungsrisiken

Grundsätzlich lassen sich gemäß STANZE (2012) vier Möglichkeiten des Umgangs mit Fertigstellungsrisiken unterscheiden, die sich entsprechend ihrer wirtschaftlichen Auswirkungen auf ein Projekt in die folgende Reihenfolge einordnen lassen:

1. Vermeidung, d.h. das Risiko wird komplett ausgeschlossen, indem das Projekt entsprechend so geplant wird, dass das Risiko nicht eintreten kann.
2. Verminderung, d.h. das Risiko wird zwar nicht ganz ausgeschlossen, kann durch entsprechende Maßnahmen aber zumindest reduziert werden.

3. Überwälzung, d.h. das Risiko besteht zwar grundsätzlich fort, wird aber von einer anderen Partei getragen und insofern von der Projektgesellschaft ferngehalten.
4. Akzeptanz, d.h. das Risiko wird bewusst getragen und somit akzeptiert.

Meist wird es im Bereich der Fertigstellungsrisiken von Offshore-Windparks zu einem Mix der drei Strategien – Verminderung, Überwälzung und Akzeptanz – kommen, der sich aus den spezifischen Herausforderungen der einzelnen Risiken ergibt. Insofern kehren wir in der folgenden Betrachtung von Risikostrategien zu der zuvor verwendeten Gliederung von Risiken zurück und stellen die jeweiligen Ansätze der Marktbeteiligten zum Umgang mit diesen dar.

Gründung

Im Bereich der Gründung steht wiederum zu erwarten, dass sich ein großer Teil der Fertigstellungsrisiken in den nächsten Jahren durch eine Fortentwicklung der technischen Konzepte sowie die zunehmende Erfahrung der Projektbeteiligten reduzieren wird. Beim Umgang mit den Gründungsrisiken ist heute zwischen Baugrund-, Design- und Einbringungsrisiken zu unterscheiden (vgl. Ziffer 4.2.2). Während die **Baugrundrisiken** üblicherweise vom mit der Errichtung der Substruktur beauftragten Bauunternehmen getragen werden, gilt als wesentliche Einschränkung, dass unerwartete Abweichungen des Baugrunds von den vertraglich fixierten Parametern grundsätzlich zu Lasten des Projekts gehen. Konkret bedeutet dies, dass das unerwartete Auffinden von Findlingen oder ähnliche Komplikationen zu einer Anpassung des Auftragswerts führen können und das Kostenrisiko sowie eine mögliche Verzögerung letztlich nicht auf den Auftragnehmer gewälzt werden können.

Auch **Designrisiken** lassen sich meist nur eingeschränkt auf Lieferanten oder Errichter wälzen, da Design und Einbringungskonzept (z.B. durch Rammung oder Bohrung) in aller Regel auf Basis spezifischer Parameter im Rahmen einer sog. Design Basis angeboten werden und das Risiko von nachträglichen Änderungen an dieser Design Basis normalerweise nicht von den Auftragnehmern getragen wird. Insofern beschränkt sich die Wälzung von Risiken üblicherweise auf jene Risiken, die unmittelbar von den Zulieferern kontrolliert werden können, nicht jedoch auf nachträgliche Änderungen aufgrund von Anpassungen an der Design Basis, Maßnahmen der Aufsichtsbehörden oder Anforderungen der Zertifizierer. Die besondere Komplikation der vom BfN nachträglich vorgeschriebenen Schallobergrenze bei der Rammung von Unterwasserpfählen ist an dieser Stelle eine passende Illustration der mangelnden Wälzbarkeit von Gründungsrisiken, indem die derzeit viel diskutierte Lösung eines sog. Blasenschleiers das Problem zwar vermutlich lösen hilft, die hierfür entstehenden Zusatzkosten jedoch wiederum zu Lasten der Offshore-Windparks gehen.

Bei der Lösung des Schallproblems durch den Einsatz eines Blasenschleiers oder anderer technischer Systeme entsteht zudem die Gefahr eines weiteren Fertigstellungsrisikos, indem der Ausfall des Blasenschleiers (aufgrund behördlicher Auflagen) zu einer Unterbrechung der Fundamenterrichtung führen kann, die sich wiederum negativ auf die weitere Fertigstellung des Projekts auswirken könnte. Die hieraus entstehenden finanziellen Nachteile können dabei in der Regel nur in begrenztem Umfang auf den Vertragspartner des Projekts gewälzt werden. Es bestehen insofern bei der Errichtung der Fundamente die gleichen Herausforderungen wie bei der Errichtung des übrigen Parks.

Errichtung und Inbetriebnahme

Einen der wesentlichen Treiber für Fertigstellungsrisiken im Zuge der Errichtung und Inbetriebnahme stellt das Wetter dar, wobei sich Wetterrisiken grundsätzlich nicht vermeiden lassen. Es ist davon auszugehen, dass sich bei den Wetterbedingungen auf hoher See auch zukünftig keine dramatischen Veränderungen in positiver oder negativer Hinsicht ergeben werden und insofern auch in den nächsten Jahren und Jahrzehnten auf hoher See grundsätzlich mit gleichbleibend schwierigen Bedingungen zu rechnen, ist. Insofern wird die Errichtung von Offshore-Windparks auch in Zukunft unter Wetterbedingungen stattfinden, bei denen hohe Wellen, starke Winde und andere Umwelteinflüsse dazu führen können, dass die geplanten Baumaßnahmen nicht im vorgesehenen Umfang und/oder Zeitplan erfolgen können.

Daher sind die Wetterrisiken als solche zwar zu akzeptieren, sollten aber im Rahmen der Projektverträge zumindest teilweise auf andere Parteien (u.a. auch Versicherungen) übergewälzt werden und soweit wirtschaftlich sinnvoll und technisch machbar durch entsprechende Errichtungskonzepte und den Einsatz geeigneter Technik vermindert werden.[657] Zukünftig dürften schließlich Verbesserungen bei den Wetterprognosen und Errichtungstechnik und -konzepten (z.B. Zusammenfügen von Komponenten und Durchführung der – teilweisen – Inbetriebnahme an Land) dazu führen, das Wetterrisiko besser in den Griff zu bekommen (vgl. Ziffer 4.2.4).

Zur Verminderung von Fertigstellungsrisiken durch unerwartet kleine Wetterfenster bieten sich vier Vorgehensweisen an, die im Zuge einer fortschreitenden Lernkurve laufend austariert werden müssen. Erstens besteht die Möglichkeit, bereits in der Planungsphase konservativ und mit zusätzlichen Puffern zu planen, so dass auch unerwartete Wetterereignisse nicht zu außerplanmäßigen Verzögerungen führen.[658] In den bis dato realisierten Offshore-Windparks sowie jenen, die sich momentan im Bau befinden, hat sich dabei gezeigt, dass unter diesem Gesichtspunkt bisher meist zu optimistisch geplant wurde. Zweitens lassen sich Schlechtwetterereignisse auch durch den zusätzlichen Einsatz von Material und Personal bewältigen, indem z.B. weiteres Errichtungsgerät eingesetzt wird, um entstandene Verzögerungen wieder aufzuholen. Plant man zusätzliches Gerät und Personal jedoch bereits von Anfang an ein, so wird dies zunächst einmal dazu führen, dass die erwarteten Kosten der Fertigstellung insgesamt steigen, z.B. durch zusätzliche Charterraten für ein zweites Errichtungsschiff, wie bereits im Fall mehrerer Offshore-Windparks zu beobachten war. Daher dürften die Planer von Offshore-Windprojekten zukünftig als dritte Variante vermehrt daran arbeiten, die Errichtungspläne und den Einsatz von Mensch und Gerät zu flexibilisieren (beispielsweise durch Standby-Vereinbarungen mit Schiffseignern und Lieferanten). Schließlich arbeiten verschiedene Anbieter an Errichtungskonzepten, die eine Verlagerung möglichst vieler Errichtungs- und Inbetriebnahmeschritte an Land zum Ziel haben, um so wetterunabhängiger zu werden. Dieses Konzept wird beispielsweise von STRABAG mit seinen Schwerkraftfundamenten verfolgt.

Ein weiterer Aspekt, der bereits aktuell zu einer Verminderung von Errichtungsrisiken beiträgt und zukünftig nach Einschätzung aller Branchenvertreter an Bedeutung gewinnen wird,

---

657 Die verbleibenden und nicht weiter verminderbaren Wetterrisiken sind jedoch von der Projektgesellschaft zu tragen, da sie – aus heutiger Sicht – nicht komplett an eine andere Partei (z.B. Lieferant oder Versicherung) weitergegeben werden können.

658 Beispielsweise ließe sich ein größeres Errichtungsschiff einsetzen, um so die Wetterfenster zu erweitern. Jedoch betragen die Charterraten für die leistungsfähigsten Schiffe derzeit bis zu 700.000 € pro Tag und damit bis 10-mal so viel wie bei kleineren Schiffen.

ist der Einsatz verbesserter **Technik** entlang der gesamten Logistikkette. Durch den Einsatz leistungsfähigerer und wetterunabhängigerer Errichtungsschiffe und anderer Geräte lässt sich bereits heute beobachten, dass Wetterfenster für den Bau größer werden. So sollen beispielsweise die Errichtungsschiffe der RWE INNOGY in der Lage sein, bis zu einer signifikanten Wellenhöhe von 5 m zu arbeiten.[659] Zukünftige Schiffe der „3. Generation", die ab 2016/17 erwartet werden, dürften sogar noch leistungsfähiger sein. Gleichzeitig können sie in größeren Wassertiefen operieren und Lasten auch noch bei höheren Windgeschwindigkeiten heben, so dass ihr Einsatz planbarer wird und optimierte Errichtungskonzepte ermöglicht werden. Doch auch in den anderen Gliedern der Logistikkette vom Land bis hinein ins Baufeld steht zu erwarten, dass der Einsatz besser geeigneter und leistungsfähigerer Technik dazu führen wird, dass Errichtungs- und Fertigstellungsrisiken insgesamt abnehmen werden.

Neben dem Einsatz besseren Materials sowie einer möglicherweise konservativeren Projektplanung zur Berücksichtigung von Wetterrisiken kommt dem **Know-How** der Projektbeteiligten eine besondere Rolle zu. Derzeit steht die Offshore-Windenergie in Deutschland noch ganz am Anfang ihrer Entwicklung, so dass die Branche nach Einschätzung aller von uns befragten Experten noch erhebliches Lernpotenzial hat. Es steht zu erwarten, dass Sponsoren, Lieferanten und andere Beteiligte mit jedem durchgeführten Projekt dazu lernen und die verschiedenen Fertigstellungsrisiken durch diese Lernkurve insgesamt abnehmen. Dabei dürfte die Lernkurve in den Bereichen Offshore-Logistik und Errichtung besonders steil sein, da hier heute noch die geringsten Erfahrungswerte existieren. Zu betonen ist hierbei, dass auch der besseren Ausbildung der beteiligten Mannschaften große Bedeutung zukommt – zeigt sich doch heute, dass deren Ausbildung und Zusammenarbeit oft noch unzureichend ist. Wird die Ausbildung jedoch auf See – also quasi *„on the job"* – fortgesetzt, so ist dies der denkbar teuerste Weg, um aus den gemachten Fehlern zu lernen.

Neben der rein fachlichen Ausbildung (zu der auch die Sicherheitseinweisungen gehören) sollte vor allem auch das Zusammenspiel der einzelnen (Schiffs-)Mannschaften eingeübt werden – etwas, das heute noch nicht die Regel ist und somit in der Praxis zu vielen Abstimmungsproblemen auf hoher See führt. Möglicherweise wäre es in diesem Zusammenhang hilfreich, Arbeitsabläufe und prozessuale Schnittstellen im Vorfeld der eigentlichen Errichtungsmaßnahmen unter Zuhilfenahme eines Simulators zu proben[660] bzw. entsprechende Testläufe (sog. *„Mock-ups"*) durchzuführen. Hierdurch ließen sich nach Einschätzung von Marktakteuren Abläufe kostengünstig bereits im Vorfeld proben; gleichzeitig könnte man mit einem solchen Produkt generell auch die Auswirkungen von Wetter- und anderen Einflüssen simulieren, um so Schwachstellen im Gesamtkonzept zu identifizieren.

Schließlich kommt dem **Schnittstellenmanagement** bei der Errichtung von Offshore-Windparks eine ganz besondere Bedeutung zu. In Anbetracht der Tatsache, dass heutzutage *Multi-Contracting*-Strukturen die Regel sind, obliegt es den verschiedenen Lieferanten und vor allem dem Auftraggeber, Schnittstellen präzise zu definieren und ihre Einhaltung akribisch zu überwachen. Üblicherweise gelingt es dabei jedoch nicht, Schnittstellenrisiken voll-

---

659 Vgl. Polzin (2011).

660 Wir danken THORSTEN HINSCHE von der Nordex SE für diesen Hinweis. Bisher ist uns nicht bekannt, dass ein solcher „Offshore-Errichtungs-Simulator" bereits kommerziell angeboten wird. Teilaspekte hiervon finden sich jedoch im Dienstleistungsspektrum der Firma SYSTEMS NAVIGATOR aus den Niederlanden (vgl. SYSTEMS NAVIGATOR, 2012).

ständig an die Vertragspartner der Projektgesellschaft überzuwälzen, so dass ein Restrisiko aus unklar definierten oder unzulänglich erfüllten Schnittstellen beim Projekt verbleibt.

Dieses Risiko kann und sollte jedoch durch die Einbindung technischer Sachverständiger (Zertifizierer etc.) sowie ggf. einer entsprechenden Versicherung soweit wie möglich reduziert werden. Zukünftig steht zudem zu erwarten, dass vereinzelt auch Generalunternehmer-Strukturen zum Einsatz kommen, welche vor allem für Sponsoren interessant sein könnten, die nicht aus dem Bereich der Energieversorger stammen (bspw. Finanzinvestoren) und somit nicht über ausgeprägte technische Kompetenzen verfügen. Inwiefern diese jedoch insgesamt zu einer Verbesserung der Wirtschaftlichkeit führen werden, bleibt abzuwarten. Denn derzeit gehen die von uns befragten Personen davon aus, dass der GU-Aufschlag zur Übernahme der Schnittstellenrisiken bei etwa 6–10 % liegen dürfte.

Netzanbindung

Im Bereich der Netzanbindung ist zu hoffen, dass die heute bestehenden Probleme mittelfristig gelöst werden. Während die in verschiedenen Projekten zu beobachtenden Probleme bei der parkinternen Netzverkabelung vor allem auf fehlende Erfahrungen zurückzuführen sind, dürften die derzeitigen Probleme bei der externen Netzanbindung deutlich komplexer und somit schwieriger zu lösen sein.

Durch die technische Lernkurve der Kabelanbieter sowohl beim Material als auch bei der Verlegetechnik sollten sich die Risiken bei der internen Parkverkabelung zukünftig vermindern. Grundsätzlich bieten sich neben einer Risikoverminderung durch die Auswahl eines erfahrenen und finanziell belastbaren Vertragspartners eine stärkere Risikowälzung durch entsprechende Gewährleistungen und Garantien der Lieferanten an, die nach Möglichkeit auch eine Absicherung gegen den Ausfall des Vertragspartners beinhalten (Stichwort *Performance* und *Completion Bonds*). Zudem gibt es Hinweise, dass WEA und parkinterne Verkabelung in Zukunft als ein Gewerk am Markt angeboten werden und somit zumindest das Schnittstellenrisiko zwischen diesen beiden Gewerken absehbar entfallen könnte.

Auch im Bereich der Offshore-Umspannwerke ist eine Risikoreduzierung aus Sicht der Offshore-Windparks zu erwarten. Ebenso wie auch in den anderen Bereichen der Fertigstellung dürfte die fortschreitende Lernkurve dazu führen, dass die Errichtung und Inbetriebnahme der Umspannwerke auf See mittelfristig weit weniger häufig zu Problemen führen. Jedoch bestehen hierbei grundsätzlich die generell geltenden Wetterrisiken sowie die Risiken von Lieferverzögerungen fort, die sich prinzipiell nur eingeschränkt vermindern oder überwälzen lassen.

Hinsichtlich der **parkexternen Netzanbindung** sowie des Offshore-Umspannwerks ist die Situation insgesamt deutlich komplexer und damit schwieriger aufzulösen. Zwar besteht für die externe Netzanbindung grundsätzlich im Rahmen des EnWG eine Verpflichtung des Übertragungsnetzbetreibers zum fristgerechten Anschluss des Windparks, doch zeigt die Praxis, dass insbesondere TENNET dieser Pflicht nicht ohne weiteres nachzukommen vermag. Für die unter Ziffer 4.2.2 dargestellten Problemfelder sind unterschiedliche Lösungskonzepte in Diskussion bzw. für einzelne Aspekte zeichnen sich auch bereits Lösungen ab.[661]

661 Vgl. auch Claudy/Stohlmeyer (2012).

Was die Verzögerungen der gegenwärtig in der Umsetzung befindlichen Netzanbindungen betrifft, verständigten sich die zuständigen Ministerien BMWi und BMU laut einer gemeinsamen Presseerklärung vom 2. Juli 2012 inzwischen auf einen Systemwechsel hin zu einem Netzentwicklungsplan. Dieser soll Realisierungszeitpunkt sowie Ort und Größe zukünftiger Netzanschlüsse verbindlich festlegen. Der Offshore-Entwicklungsplan soll mit einer Haftungsregelung für Verzögerungen bei der Errichtung und Störungen beim Betrieb von Offshore-Netzanbindungsleitungen verknüpft werden. Die Planung und Errichtung von Windparks sowie der dazu notwendigen Netzanbindungen könnten dann zukünftig beschleunigt und parallel nebeneinander erfolgen. Das würde das Risiko einer verzögerten Netzanbindung für die Zukunft wahrscheinlich verringern.

Auch zur Haftungsproblematik legten die Ministerien inzwischen Eckpunkte für Regelungen eines pauschalisierten Schadensersatzes gegenüber Windparkbetreibern für bestimmte Fallkonstellationen vor. Die Kosten des pauschalierten Schadensersatzes trägt danach zunächst der anbindungsverpflichtete Übertragungsnetzbetreiber, der diese aber abhängig vom eigenen Verschuldensgrad über eine Haftungsumlage wälzen kann. Es bleibt jedoch abzuwarten, wie die Haftungsproblematik am Ende im Detail gesetzlich geregelt wird und ob hierdurch tatsächlich eine ausreichende Investitionssicherheit geschaffen wird.

Im Hinblick auf die Finanzierungsprobleme von Offshore-Netzanbindungen in der Nordsee steht zum einen eine stärkere Einbindung der KfW zur Diskussion. Alternativ könnte im Energiewirtschaftsgesetz festgelegt werden, dass in dem Fall, in dem ein zuständiger Offshore-Netzbetreiber eine Investition nicht vornehmen kann, obwohl er nach § 17 Abs. 2a EnWG dazu verpflichtet wäre, die Bundesnetzagentur berechtigt wäre, eine sofortige Ausschreibung von der betreffenden Offshore-Anbindung vorzunehmen. Schließlich gibt es auch Überlegungen, ggf. eine Art von Baukostenzuschuss an den Netzbetreiber zu gewähren, der in der Folge über entsprechend reduzierte Netzentgelte ausgeglichen wird.

Bis für die Problematik der unsicheren Netzanbindung belastbare Lösungen umgesetzt werden, stellt die externe Netzanbindung jedoch einen besonders kritischen Engpassfaktor und damit ein erhebliches wirtschaftliches Risiko für die Eigentümer von Offshore-Windparks dar, das sie nicht beeinflussen können.

Lieferverzögerung

Lieferverzögerungen können bei jeder Art von Großprojekt vorkommen und lassen sich selten gänzlich vermeiden. Allerdings ist davon auszugehen, dass eine Überwälzung von Verzögerungsrisiken (z.B. bei der Übergabe von Errichtungsschiffen, Fundamenten oder Windenergieanlagen) auf den jeweiligen Lieferanten üblicherweise Bestandteil der Lieferverträge und der darin enthaltenen Gewährleistungen ist.

So zeigt die Praxis, dass Lieferverträge im Bereich von Großprojekten, wozu auch Offshore-Windparks ohne Zweifel gehören, entsprechende Klauseln enthalten, die im Fall einer verspäteten Lieferung entsprechende Pönalen oder Schadenersatzzahlungen (engl. *„liquidated damages"*) vorsehen. Der Umfang dieser Pönalen hängt dabei sehr stark vom Einzelfall ab, wird aber im Allgemeinen keinen vollumfänglichen Ersatz für den wirtschaftlichen Schaden (insbesondere durch Folgekosten bei der Errichtung oder eine verspätete Inbetriebnahme) umfassen, so dass Schäden durch Lieferverzögerungen meist nur teilweise gewälzt werden können und zu einem gewissen Anteil beim Projekt verbleiben.

Vor diesem Hintergrund empfiehlt es sich heute, Lieferfristen konservativ im Errichtungszeitplan zu berücksichtigen, um entsprechende Puffer zu schaffen, so dass es nicht zu erheblichen Verzögerungen im Gesamtplan kommt, wenn einzelne Komponenten oder Geräte zu spät geliefert werden. Dabei gehen solche Puffer jedoch zu Lasten der Wirtschaftlichkeit (durch eine entsprechend verlängerte Bauphase) und schaffen neue Herausforderungen an die vorgelagerte Logistik (z.B. durch die Notwendigkeit größerer Lagerflächen).

Zukünftig ist zu erwarten, dass die teils drastischen Lieferverzögerungen bei den zentralen Komponenten Schiff und Netzanbindung durch eine entsprechende Stärkung der Lieferkette und eine steigende Lernkurve tendenziell abnehmen dürften. Andererseits könnten sich bei einem rasanten Aufbau der deutschen und europäischen Offshore-Windkapazitäten aber auch neue Engpässe in der Lieferkette ergeben, die wiederum zu Verzögerungen führen können. Heute zeichnet sich ein solches Szenario zwar noch nicht konkret ab, doch stellt sich mittelfristig die Frage, ob die gesamte Zulieferindustrie problemlos in der Lage sein wird, mehrere große Offshore-Windparks gleichzeitig mit Fundamenten, WEA, Kabeln, Umspannwerken und Schiffen zu versorgen, ohne dass es zu Engpässen kommt (zumal auch zukünftig das Risiko von Insolvenzen und Marktaustritten zentraler Zulieferer nicht ausgeschlossen werden kann).

4.2.5 Zusammenfassung und Schlussfolgerungen

Fertigstellungsrisiken stellen eine der zentralen Herausforderungen bei der Realisierung von Offshore-Windparks dar. Sie haben erhebliche und direkte Auswirkungen auf die Finanzierbarkeit und Wirtschaftlichkeit solcher Projekte und erfordern daher einen effizienten Umgang, der die Risiken soweit wie möglich vermeidet und vermindert bzw. jener Partei überträgt, die mit diesen Risiken am besten umgehen kann (engl. *„cheapest cost avoider“*).

Generell lässt sich unter der Überschrift der Fertigstellungsrisiken zwischen Gründungs-, Errichtungs-, Netzanbindungs- und Lieferrisiken unterscheiden. Diese können für sich genommen sowie in ihrem Zusammenspiel dazu führen, dass Projekte verspätet, über Budget oder nicht in der geplanten Qualität errichtet werden. Zudem kann ein Projekt auch komplett scheitern, indem es nicht fertig gestellt wird. Die bisherigen Erfahrungen im Bereich der deutschen Offshore-Windenergie zeigen dabei eindrücklich, dass diese Risiken nicht nur theoretischer Natur sind, sondern tatsächlich – teils auf dramatische Art und Weise – zum Tragen kommen.

In diesem Kapitel haben wir die einzelnen Risiken nicht nur vorgestellt und anhand von konkreten Praxisbeispielen illustriert, sondern auch aufgezeigt, welche Folgen Kosten- und Zeitüberschreitungen auf die Wirtschaftlichkeit von Projekten haben. Abschließend haben wir aufgezeigt, in welchen Bereichen Möglichkeiten zur Abmilderung der Fertigstellungsrisiken bestehen und wie diese in der Praxis konkret ausgestaltet werden können. Dabei zeigte unsere Darstellung auch auf, dass einige heute bestehende Fertigstellungsrisiken auch zukünftig noch bestehen werden, andere jedoch durch zunehmende Erfahrungen innerhalb der Branche abnehmen sollten.

Konkret erwarten wir, dass das Wetterrisiko bei der Errichtung von Offshore-WEA auch zukünftig eines der zentralen Fertigstellungs- (und Betriebsrisiken) bleiben wird. Allerdings erwarten wir ebenso wie die von uns befragten Experten, dass die Auswirkungen des Wetters insgesamt beherrschbarer werden, indem die Offshore-Industrie technische Lösungen und Errichtungskonzepte entwickelt, die den Errichtungs- und Inbetriebnahmeprozess deutlich wetterunabhängiger machen. Ebenso erwarten wir, dass sich die derzeit noch bestehenden gravierenden Probleme beim Netzanschluss und im Bereich der Gründung mittelfristig besser beherrschen lassen als heute.

Beim Umgang mit den verschiedenen Fertigstellungsrisiken kommt dem über die ersten Projekte angeeigneten Wissen und damit der Lernkurve der gesamten Offshore-Windindustrie eine enorm wichtige Rolle zu. Gelingt es, die richtigen Lehren aus den Fehlern und Problemen bei der Fertigstellung der ersten Windparks in der deutschen Nord- und Ostsee zu ziehen, so steht zu erwarten, dass Prozesse und Technologien graduell besser werden und Fertigstellungsrisiken damit tendenziell abnehmen.

Nicht zu vergessen ist in diesem Zusammenhang auch die besondere Rolle von Versicherungslösungen, die wir in unserem Kapitel nur gestreift haben, da sie in einem der folgenden Kapitel von zwei ausgewiesenen Fachleuten eingehend erläutert wird (vgl. Kapitel 5.1).

Vor dem Hintergrund der dargestellten Herausforderungen und der erfolgversprechenden Abmilderungsansätze für Fertigstellungsrisiken stellt sich die Frage, ob diese Risiken zukünftig insgesamt abnehmen und die Stromgestehungskosten der Offshore-Windenergie aus diesem Grund in Zukunft fallen werden. Der Einschätzung der von uns befragten Experten haben wir an dieser Stelle nichts hinzuzufügen: Die Mehrzahl von ihnen geht davon aus, dass die Fertigstellungsrisiken zukünftig beherrschbarer werden, die Fertigstellungskosten jedoch kurzfristig nicht sinken, da die Maßnahmen zur Risikovermeidung entsprechende Kosten nach sich ziehen.[662] Inwiefern sich dies mittel- und langfristig ändern wird, lässt sich aus Sicht der Experten heute noch nicht abschließend beurteilen und hängt stark von der zukünftigen Markt- und Technologieentwicklung ab. Insofern lässt sich abschließend festhalten, dass Fertigstellungsrisiken und der Umgang mit ihnen auch zukünftig eine große Herausforderung für alle Beteiligten bedeuten werden.[663]

662 Laut der im Jahr 2011 veröffentlichten Studie „Offshore Proof" gehen 25 % der befragten Unternehmen sogar von steigenden Kosten innerhalb der nächsten fünf Jahre aus (PWC [2011]).

663 Diese Einschätzung teilen auch die durch PwC befragten Banken, von denen 36 % die Bau- und Fertigstellungsrisiken weiterhin als hoch einschätzen (ebenda).

4.3 Zertifizierung von Offshore-Windenergieanlagen

MIGUEL ROENES BUENO, KIMON ARGYRIADIS, MIKE WÖBBEKING, AXEL DOMBROWSKI

4.3.1 Einleitung

Die Zahl der Offshore-Projekte steigt und damit auch die Bedeutung von Zertifizierung und der zugrunde liegenden Normen und Richtlinien. Zu Beginn der Entwicklung von Normen für Windenergieanlagen (WEA) existierten lediglich Projekte über die Durchführbarkeit von Offshore-WEA[664]. Es dauerte nahezu 25 Jahre, bis diese ersten Ideen ausgereift waren und tatsächlich 3MW-WEA in Tiefseewasser installiert wurden. Der erste Richtliniensatz für WEA wurde vom Germanischen Lloyd (GL) und Garrad Hassan innerhalb des EU-Projekts über Offshore-Windenergie in der Europäischen Union entwickelt[665]. Dieser Ansatz wurde weiterentwickelt und 1995 als GL-Richtlinie veröffentlicht[666]. Die Richtlinie vereinigt GL-Fachwissen über Windenergie sowie über Offshore-Öl und -Gas. In der Zwischenzeit veröffentlichte auch Dänemark die Verfahrensanweisung für Offshore-WEA „Empfehlungen für die technische Zulassung von Offshore-WEA“[667], welche bisher nicht zurückgezogen wurde. Bindend ist in Dänemark jedoch der Ministerialerlass über die technische Genehmigungsordnung[668]. Dieser referenziert auf die IEC WT 01[669]. Zurzeit wird in Dänemark an einer Revision des Ministerialerlasses gearbeitet, der sich auf die IEC 61400-22[670] beziehen wird.

Im Rahmen der Normung innerhalb der Internationalen Elektrotechnischen Kommission (IEC) wurde die erste Norm zur Sicherheit von Offshore-WEA[671] entwickelt und Det Norske Veritas (DNV) bereitete eine Richtlinie für Offshore-Gründungen in 2004[672] vor, die in den folgenden Jahren weiterentwickelt wurde[673]. Der GL veröffentlichte 2005 eine zweite[674], 2012 eine dritte[675] völlig überarbeitete Version seiner Richtlinie. Neuerdings haben auch andere

664 Östergaard, C: Randbedingungen zur Seeaufstellung großer Windkraftanlagen, Technischer Bericht Nr. STB-925, Germanischer Lloyd, Hamburg, 1982.

665 A. D. Garrad, H. G. Matthies, et. al.: Study of Offshore Wind Energy in the EC, Verlag Natürliche Energie, Brekendorf, Germany, 1995.

666 Germanischer Lloyd: Regulation for the Certification of Offshore Wind Energy Conversion Systems, Hamburg, 1995.

667 The Danish Energy Agency: “Recommendation for technical approval of offshore wind turbines”, December 2001.

668 Executive Order of the Danish Ministry of Economic and Business Affairs no. 1268 dated 10.12.2004: „Beendtgørelse om teknisk godkendelsesordning for konstuktion, fremstilling og opstilling af vindmøller“ (“Executive order on the technical certification scheme for the design, manufacture and installation of wind turbines”)

669 IEC WT 01: IEC System for Conformity Testing and Certification of Wind Turbines, Rules and Procedures, 2001-04

670 IEC 61400-22, Wind turbines – Part 22: Conformity testing and certification, 2010-05-31.

671 IEC 61400-3: Wind turbines – Part 3: Design requirements for offshore wind turbines, February 2009.

672 Det Norske Veritas: OS-J101: Design of Offshore Wind Turbine Structures, Oslo, 2004.

673 Det Norske Veritas: OS-J101: Design of Offshore Wind Turbine Structures, Oslo, 2011.

674 Germanischer Lloyd: Guidelines for the Certification of Offshore Wind Turbines, Edition 2005.

675 Germanischer Lloyd: Guidelines for the Certification of Offshore Wind Turbines, Edition 2012.

Klassifikationsgesellschaften Richtlinien für die Zertifizierung von Offshore-Windparks auf Grundlage der IEC Normen entwickelt[676, 677].

Im Allgemeinen wird die Bedeutung der Beurteilung, Begutachtung und Zertifizierung von Windenergieanlagen in Bezug auf technische Auslegung und Sicherheitsanforderungen deutlicher, wenn die Funktionstüchtigkeit und die strukturelle Standsicherheit betrachtet werden. Insbesondere bietet die Projektzertifizierung die Möglichkeit, die technische Auslegung der Windturbine angesichts der standortspezifischen Anforderungen – z.B. kaltes Klima oder Nachlaufeffekte bei der Windparkkonfiguration – zu beurteilen, um die Zuverlässigkeit von Windturbinen am Standort zu gewährleisten. Die Risikominimierung und der Vertrauensaufbau bei Investoren, Versicherern, Betreibern und Behörden sind die Hauptaspekte der Beurteilung durch Dritte im Rahmen der Projektzertifizierung[678].

4.3.2 Überblick über Normen und Richtlinien

Internationale Normen und Richtlinien werden genutzt, um Typen- und Projektzertifizierung in der Windenergiebranche durchzuführen. Es ist gängige Praxis, die Typenzertifizierung für die komplette Windturbine und die Projektzertifizierung für den kompletten Windpark durchzuführen. Weiterhin können einzelne Komponenten zertifiziert werden, damit z.B. Unterlieferanten einen Marktzutritt erhalten.

Die wichtigsten Normen und Richtlinien sind von IEC, GL und DNV erstellt worden und werden inzwischen durch zusätzliche nationale Dokumente ergänzt.

4.3.2.1 IEC

Die allgemeine Zertifizierungsprozedur von Windenergieanlagen und deren Komponenten wird in der IEC 61400-22[679] geregelt. Hier werden die Anforderungen für den Entwickler bzw. Betreiber als auch für den Zertifizierer für Windenergieanlagen und Projekte festgelegt. Speziell für Offshore-Windturbinen wurde die IEC 61400-3[680] 2009 als internationale Norm veröffentlicht und führt wichtige Konstruktionsanforderungen auf, die die technische Integrität von WEA sicherstellen sollen. Ihr Zweck ist ein angemessener Schutz vor Schäden durch sämtliche Risiken über die geplante Lebensdauer von Offshore-WEA. Diese Norm ist Bestandteil der IEC-Normenreihe 61400, die sich mit den Konstruktionserfordernissen und der Sicherheit von WEA sowie mit Messungen und Tests an WEA befasst.

Die IEC 61400-3 sollte in Verbindung mit den entsprechenden IEC/ISO-Normen verwendet werden, sie steht in Einklang mit den Anforderungen der IEC 61400-1[681], die die Konstruktionsanforderungen für Onshore-WEA – ohne die Einflüsse und Bedingungen aus dem See-

---

676 American Bureau of Shipping (ABS), "Guide For Building And Classing, Offshore Wind Turbine Installations", December 2010.

677 Lloyds Register, "Guidance on offshore wind farm Certification, Design, build and operational requirements", 2012-07-18.

678 Germanischer Lloyd: „Worauf kommt es bei der Typen- und Projektzertifizierung an?", beaufort 6, 3/2008.

679 IEC 61400-1: Wind Turbines – Part 1: Design Requirements, Ed. 3, August 2005.

680 Woebbeking, M.: "Type and Project Certification", Proceedings, Wind Power Shanghai, 2007.

681 Woebbeking, M. et al: "Type and Project Certification (Update 2012)", Homepage Germanischer Lloyd, http://www.gl-group.com/pdf/Type_and_Project_Certification_GL_Woebbeking_2012_2.pdf.

wasserstandard – definiert. Innerhalb der IEC 61400-3 wird der Bestimmung der Lastannahmen besondere Aufmerksamkeit geschenkt. Themen wie Werkstoffe, Strukturen, Anlagenkomponenten und Systeme (Sicherheitssystem, elektrisches System) stehen nicht im Fokus und werden nur kurz behandelt. Hierfür gibt die IEC 61400-3 (IEC 61400-1 ebenso) an:

> *„Bei der Bestimmung der Integrität von WEA-Elementen können sowohl nationale als auch internationale Konstruktionsvorschriften für das entsprechende Material angewendet werden. Besondere Sorgfalt ist erforderlich, wenn (Teile von) Sicherheitsfaktoren aus nationalen oder internationalen Konstruktionsvorschriften zusammen mit (Teilen von) Sicherheitsfaktoren aus dieser Vorschrift verwendet werden. Es sollte sichergestellt sein, dass der erreichte Sicherheitsstandard nicht unter dem angestrebten Sicherheitsstandard dieser Vorschrift bleibt."*

Zusammenfassend ist zu sagen, dass die IEC 61400-3 Lastannahmen und einen Sicherheitsstandard festlegt. Für die Bestimmung der Integrität von Struktur, Maschinenbaukomponenten, Rotorblätter, Sicherheit und elektrischem System verlässt sie sich jedoch weitgehend auf die Anwendung von nationalen und internationalen Konstruktionsvorschriften.

4.3.2.2 GL

Der Germanische Lloyd veröffentlichte die ersten Vorschriften für die Zertifizierung von Offshore-WEA im Jahr 1995. Diese Richtlinie wurde 2005[682] und 2012[683] komplett erneuert. Sie liefert Konstruktionsanforderungen auf dem neuesten Stand der Technik für die gesamte WEA und den Windpark; sie deckt die Bereiche Zertifizierungsverfahren, Lasten, Werkstoffe, Strukturen, Maschinenbaukomponenten, Rotorblätter, Elektrik, Sicherheit und das Condition Monitoring ebenso ab wie die Themen der Fertigung, Montage, Inbetriebnahme und regelmäßigen Wartung im laufenden Betrieb.

Der Sicherheitsgedanke folgt dem für Onshore-WEA, d.h. die Lasten-Sicherheitsfaktoren sind mit den IEC-Normen 61400-1/-3 im Einklang, und die Sicherheitsfaktoren für Werkstoffe sind vergleichbar, jedoch detailliert angepasst. In der GL-Richtlinie werden sowohl die Sicherheitsfaktoren für die Lasten, als auch für die verschiedenen Materialien und Strukturen, die in einer Offshore-WEA verwendet werden, konsistent festgelegt. Dies ist ein entscheidender Unterschied zu den genannten IEC-Normen, die Sicherheitsfaktoren für Werkstoffe in allgemeiner Form angeben, ohne die einzelnen Werkstoffe selbst zu berücksichtigen. Beispielsweise sind die Sicherheitsfaktoren in Bezug auf Bodenfestigkeit konservativ, da die Bodenfestigkeit nur mit einer relativ großen Unsicherheit geschätzt werden kann.

Der Anwendungsbereich und Umfang von Typen- oder Projektzertifizierung wird in der GL-Richtlinie detailliert dargestellt. Eine Beschreibung der Vorgehensweise bei der Typen- und Projektzertifizierung kann zwei Veröffentlichungen entnommen werden[684, 685].

---

682 Germanischer Lloyd: Guidelines for the Certification of Offshore Wind Turbines, Edition 2005.

683 Germanischer Lloyd: Guidelines for the Certification of Offshore Wind Turbines, Edition 2012.

684 Woebbeking, M.: "Type and Project Certification", Proceedings, Wind Power Shanghai, 2007.

685 Woebbeking, M. et al: "Type and Project Certification (Update 2012)", Homepage Germanischer Lloyd, http://www.gl-group.com/pdf/Type_and_Project_Certification_GL_Woebbeking_2012_2.pdf.

4.3.2.3 DNV

Det Norske Veritas (DNV) veröffentlichte seine ersten Vorschriften für den Entwurf von Offshore-WEA-Strukturen im Jahr 2004[686]. Die aktuelle Version wurde 2011[687] herausgegeben. Die Richtlinie deckt Entwurf, Fertigung, Installation und Inspektion ab; sie ist anwendbar auf alle Strukturteile von der Gondel abwärts, einschließlich Gründung und Boden. Besonderes Augenmerk wird auf die Herstellung und lebenslange Überwachung der tragenden Struktur gelegt. Für Stahl- und Betonstrukturen, gegossene Verbindungen, Korrosionsschutz, Lasteneinwirkungen, Transport und Installation werden Entwurfsgrundsätze und Anforderungen angegeben. Die Richtlinie basiert stark auf den Anforderungen der vorher genannten IEC-Normen. Sie spricht nicht alle wichtigen technischen Systeme und Komponenten an, wie Rotorblätter, Maschinenkomponenten, elektrische Anlagen sowie das Sicherheits- und das Condition Monitoring System.

4.3.2.4 Status Quo

Zusammenfassend zeigt Tabelle 19 die oben beschriebenen Normen und Richtlinien und gibt einen groben Überblick über deren Inhalt, auch die hier nicht explizit genannten Richtlinien von American Bureau of Shipping (ABS)[688] und Lloyd's Register (LR)[689].

Tabelle 19: Anwendungsbereiche der Normen/Richtlinien für Offshore-Windenergie

	Projekt-zertifizierung	**Lasten**	**Tragstruktur**	**Maschinenbau**	**Sicherheit, Elektrik und CMS**
IEC 61400-3		✓	(✓)		(✓)
IEC 61400-22	✓	(✓ über –1 und –3)			
GL-Richtlinie	✓	✓	✓	✓	✓
DNV-OS-J101	✓	✓	✓		
ABS	✓	(✓)	(✓)		
LR	✓	(✓)	(✓)		

✓= Thema wird abgedeckt, (✓) = Thema wird nur teilweise abgedeckt oder Bezug auf einen anderen Standard

4.3.2.5 Zukünftige Entwicklungen

Die schon jetzt absehbaren Entwicklungen und Herausforderungen aus Sicht der Zertifizierung seien hier beispielhaft in den Bereichen WEA, Windparks und Tiefwasseranforderungen genannt.

686 Det Norske Veritas: OS-J101: Design of Offshore Wind Turbine Structures, Oslo, 2004.

687 Det Norske Veritas: OS-J101: Design of Offshore Wind Turbine Structures, Oslo, 2011.

688 American Bureau of Shipping (ABS), "Guide For Building And Classing, Offshore Wind Turbine Installations", December 2010.

689 Lloyds Register, "Guidance on offshore wind farm Certification, Design, build and operational requirements", 2012-07-18.

1) Windenergieanlagen

Es wurde eine Anzahl von „New Work Item Proposals" innerhalb des IEC TC 88, dem technischen Komitee (TC) für Windenergie, begonnen. Diese decken Vorschriften sowohl für Komponenten, wie z.B. Getriebe[690] als auch für Tests ab.

In den ersten Offshore-Windparks traten noch ernsthafte Funktionsstörungen auf, die beträchtliche Nachrüstungsleistungen zur Folge hatten, da es sich bei den Turbinen eigentlich um modifizierte Onshore-Turbinen handelte. Für große Windparks in der Entwicklungsphase und für Standorte in Tiefwasser werden vor allem aus Kostengründen Turbinen mit größerer Leistung (> 5MW) entwickelt und verwendet. Die Größe eines Rotors mit einem Durchmesser von über 120 m bringt Herausforderungen nicht nur bei der Rotorblattentwicklung, sondern auch in Gebieten wie Lasten, Tragstruktur und Maschinenbau mit sich und beeinflusst die Turbinensicherheit stark. Aerodynamik, Struktur, Transport, Installation, Betrieb und Instandhaltung erfordern neue technische Lösungen. Die Forschung auf diesem Sektor wird zu Verbesserungen auch in Richtlinien und Vorschriften führen. Beispielsweise wurden im durch die Europäische Union (EU) finanzierten Forschungsprojekt „Integrated Wind Turbine Design" (UpWind)[691] und dessen Nachfolgeprojekt „Innovative wind conversion systems (10–20MW) for offshore applications" (Innwind.EU)[692] alle Aspekte der Konstruktion und Untersuchung von WEA berücksichtigt. Ein Teil dieser Projekte ist die Entwicklung neuer Richtlinien.

Die Entwicklung innerhalb der IEC wird dabei von den verschiedenen, auf das jeweilige technische Gebiet spezialisierten Arbeitsgruppen des TC 88 übernommen.

2) Offshore-Windparks

Aus den Erfahrungen aus dem Betrieb und dem Zertifizierungsprozess der ersten Offshore-Windparks findet eine kontinuierliche Weiterentwicklung der Zertifizierungsverfahren und Vorschriften statt, um den weiteren Stand der Technik zu definieren und zu verbessern. Wobei klar ist, dass weitere Arbeiten nötig sein werden, um mit der steigenden Komplexität der Systeme Schritt zu halten. In der EU wurde die Forschung an Bau und Zertifizierung von Offshore-WEA dabei durch verschiedene Projekte innerhalb des 6. und 7. Rahmenprogramms unterstützt, z.B. durch die Projekte „Integrated Wind Turbine Design" (UpWind)[693] und „Distant Offshore Wind farms with No Visual Impact in Deepwater" (DOWNVInD)[694]. Die speziellen Anforderungen an die gegenseitige Beeinflussung von Windenergieanlagen waren Gegenstand des Forschungsvorhabens „TOPFARM – Next Generation Design Tool for Optimisation of Wind Farm Topology and Operation"[695]. Dabei wurden der Einfluss des Nachstromes und seine Variabilität auf die Anlagen im Park untersucht und Modelle zur deren Berechnung entwickelt. Hierzu gehören auch Optimierungsmethoden, die den Energieer-

---

690 IEC 61400-4: Wind turbines – Design and specification for gearboxes (in preparation).

691 Projekt UpWind, http://www.upwind.eu/publications/4-offshore-foundations.aspx.

692 Projekt Innwind, EU,https://www.offshorewind.biz/2012/10/15/denmark-ramboll-member-of-eu-funded-innwind-eu-project/.

693 Siehe Fn. 691.

694 Projekt DOWNVInD, http://www.beatricewind.co.uk/Uploads/Downloads/Scoping_doc.pdf.

695 Gunner C. Larsen et al: TOPFARM – NEXT GENERATION DESIGN TOOL FOR OPTIMISATION OF WIND FARM TOPOLOGY AND OPERATION, Contract no. TREN07/FP6EN/S07.73680/038641, Final Activity Report, Riso, January 2011.

trag zwar maximieren, dabei aber auch die Belastung und damit die Lebensdauer der Anlage berücksichtigen.

Auf ähnliche Weise werden in den USA durch das Energieministerium und das „National Renewable Energy Laboratory (NREL)“ Untersuchungen hauptsächlich mit dem Schwerpunkt Tiefwasser-Systeme durchgeführt. In Deutschland wurden im Rahmen der Projekte RAVE[696] und FINO[697], unterstützt durch das Bundesministerium für Umwelt, Naturschutz und Reaktorsicherheit (BMU), neue Erkenntnisse in der Auslegung, beim Betrieb und in der Optimierung von Offshore-Windparks erlangt. Mehrere aktuelle Projekte befassen sich zudem mit den Themenbereichen Standortbewertung, Lastermittlung oder Auslegung spezieller Komponenten und Tragstrukturen.

Eine Herausforderung im Bau von Offshore-Windparks ist die Standortbewertung. Es stehen nur begrenzt Messungen zur Verfügung, einschließlich Wind- und Wellenmessungen, die für die Untersuchung von Offshore-WEA direkt verwendbar sind. Häufig werden zur Bewertung von Standortbedingungen Rückberechnungs-Modelle (Hindcast) verwendet. Diese Situation spiegelt sich auch in den zurzeit zur Verfügung stehenden Vorschriften wider, in denen Menge und Qualität der Untersuchungen noch Raum zur Optimierung bieten.

Eine grundsätzliche und daher hier exemplarische Herausforderung bei der Entwicklung von Offshore-Windparks ist die Lastermittlung. Aus den vorhandenen Standortdaten muss eine komplette, aber auch im Umfang übersichtliche Anzahl von Lastfällen entwickelt werden, wobei alle in der Lebenszeit des Windparks auftretenden Situationen erfasst werden müssen. Die Definition der Lastfälle erfolgt unter Verwendung der existierenden Richtlinien des GL oder der IEC 61400-3 Norm. Entsprechend dem gewünschten Optimierungsgrad der Struktur kann es zu mehreren hundert Lastfällen pro Standort führen. Dabei müssen die Variation der Wassertiefe und der Bodeneigenschaften sowie Nachstromeffekte berücksichtigt werden und mit den Wind- und Seegangsbedingungen kombiniert werden. Als Folge der Anzahl der Fälle werden die nachfolgenden Lastberechnungen nicht für jede Anlage im Park durchgeführt, sondern nur für ausgewählte Anlagen. Diese werden so ausgewählt, dass sie die höchsten Belastungen erfahren und die Ergebnisse auf andere Anlagen im Park übertragbar sind. Die Anzahl und Position der zu betrachtenden Anlagen hängen von der Homogenität des Gebietes und dem Windparkentwurf ab.

Auf Grund des dynamischen Verhaltens und der Komplexität innerhalb einer Offshore-WEA ist die Simulation im Zeitbereich zurzeit die anerkannte Technik für die Untersuchung von Lasten auf die Turbine und die tragende Struktur. Die Wechselwirkungen von Wind- und Wellenlast und die Reaktion der Struktur erfordern eine ganzheitliche Untersuchungsweise. Diese Methode ist gut eingeführt für stochastische Lasten und deren Strukturreaktion. Ein Schwachpunkt ist die Beschreibung der nicht-linearen Kinematik in stochastischen Wellenfeldern. Auf diesem Sektor ist weitere Forschung notwendig, da keine theoretisch einwandfrei fundierten Methoden angewendet werden, um diesem Effekt Rechnung zu tragen. Die zurzeit verwendete Lösung der Einbettung einer deterministischen nichtlinearen Welle in einen linearen stochastischen Seegang kann nur als eine technische Näherung betrachtet

---

[696] Projekt RAVE, Research at Alpha Ventus, www.rave-offshore.de
[697] Projekt FINO, www.fino-offshore.de

werden. Mögliche Lösungen werden direkten Einfluss auf die Berechnungsmethoden, Simulationszeiten und Vorschriften haben.

Der Einfluss der Turbinenregelung auf das Gesamtverhalten und die Belastung ist verständlicherweise essentiell. Heute werden intelligente Systeme zur aktiven Dämpfung des Systems und somit zur Minimierung der Lasten entwickelt (UPWIND-Projekt). Diese Situation öffnet ein neues Feld für Entwicklungen, aber auch für die notwendigen Vorschriften und Zertifizierungsabläufe, die in der Prüfung der Hard- und Software des Kontrollsystems münden werden.

Weiterhin werden neue Gründungskonzepte vorgebracht werden, um die Wirtschaftlichkeit von größeren Turbinen in sehr unterschiedlichen Standorten, häufig in Tiefwasser, zu verbessern. Die hierbei berücksichtigten Entwürfe beziehen sich auf Stahl- oder Beton-Tripods, Jackets und nachgiebige Strukturen, bekannt aus der Offshore-Öl- und Gasindustrie. Die bestehenden Konstruktionstools, Software und Untersuchungsmethoden müssen ggf. den Ansprüchen eines integrierten Designs angepasst werden. Dies wird in einigen Projekten berücksichtigt, wie z.B. im DOWNVInD-Projekt, bei dem ein Jacket-Gründungsdesign in einem Demonstrationsprojekt in Originalgröße mit zwei vor der Küste Schottlands in 43 m Wassertiefe errichteten Windturbinen angewendet wurde. Entsprechende Arbeiten haben im Rahmen des RAVE-Projektes am Windpark Alpha-Ventus stattgefunden. Die Erkenntnisse aus diesem Projekt sind für die Entwicklung von Berechnungsmethoden verwendet worden und haben die Entwicklung von Vorschriften stark beeinflusst.

Eine andere, in Betracht gezogene Alternative ist die „Suction Bucket"-Gründung, bekannt aus der Öl- und Gas-Offshoreindustrie. Ein weiterer Entwicklungspunkt ist das Verhalten des Meeresbodens und seine dynamischen Eigenschaften. Die Wechselwirkungen zwischen Boden und Pfahl beeinflussen das gesamte dynamische Verhalten des Offshore-WEA-Systems. Die nicht-lineare Lastaufnahme-Beschreibung des Bodens (P-Y-Kurven) war ursprünglich für Öl- und Gasstrukturen entwickelt und standardisiert worden, und die in den Vorschriften beschriebenen Parameter waren ursprünglich auf Pfahldurchmesser von 2–3 m beschränkt. Zudem ist wenig bekannt über Langzeit-Bodenverhalten bei zyklischen Lasten. Die Entwicklung von verlässlichen Vorschriften erfordert intensive Forschungsarbeit auf diesem Gebiet. Mehrere Forschungsvorhaben haben erste Aufschlüsse über das Verhalten von Pfählen unter zyklischer Last ergeben, so dass z.B. auch neue Auslegungskriterien definiert werden konnten[698]. Weitere Forschung in diesem Bereich wird sicherlich erfolgen.

Die Verbindung zwischen Gründungselementen, wie z.B. axial belasteten Stahlpfählen oder auf Biegung beanspruchten Großrammpfählen, und der Unterstruktur der Windenergieanlage wird oft mittels einer sogenannten „Grouted Connection" bewerkstelligt. Diese aus der Öl- und Gasindustrie entlehnte Bauweise dient vor allem dazu, die unvermeidlicherweise auftretenden Toleranzen zwischen Pfahlgründungselementen und Unterkonstruktion auszugleichen. Entgegen der Erwartung vieler Experten gab diese Verbindungsart in der jüngsten Vergangenheit Anlass zu Sorgen, Schäden traten unerwartet auf und neue Ansätze für Bemessungsverfahren mussten entwickelt werden. Der Prozess ist noch nicht abgeschlossen, es gibt zurzeit einen Stand der Wissenschaft, aber noch keinen allgemein akzeptierten Stand der Technik für Grouted Connections von Offshore-WEA.

---

698 Hauschildt, M., et al. "Analysis of axial-cyclic loaded piles from the certifier's view", Proceedings of the EWEA Offshore 2011 conference, Amsterdam.

Bei der Untersuchung von Offshore-WEA ist das Auskolkungsverhalten von großer Bedeutung. Die Auskolkungs-Vorhersage ist eine unsichere Wissenschaft, und häufig müssen Modelltests durchgeführt werden. Die Erfahrungen aus Modelltests, weitergehenden Untersuchungen und Erfahrungen aus bestehenden Projekten werden die Konstruktionsmethoden und die in den Vorschriften angegebenen Verfahren für den Auskolkungsschutz beeinflussen. Heutige Methoden zum Schutz vor Auskolkung wurden aus der Öl- und Gasindustrie übernommen, wo normalerweise kleinere Pfahldurchmesser zum Tragen kommen. Die Anwendbarkeit von Untersuchungsmethoden und die Effektivität der Schutzsysteme für WEA mit Pfahldurchmessern von bis zu 8 m müssen noch überprüft werden. Hierzu erwartet man aussagefähige Ergebnisse aus den Messungen im Offshore-Testfeld „Alpha Ventus“ im Rahmen des RAVE Forschungsvorhabens. Allerdings ist, um eine statistisch abgesicherte Aussage machen zu können, eine lange Messperiode an mehreren Anlagen notwendig.

Für den Netzanschluss eines Offshore-Windparks sind weitere Komponenten notwendig. Neben den Windenergieanlagen kann, abhängig von der Entfernung zum Festland, neben dem Umspannwerk auf See eine weitere Plattform für die Netzanbindung notwendig werden. Mit der sogenannten Hochspannungs-Gleichstrom-Übertragung (HGÜ), welche eine verlustarme Alternative zur herkömmlichen Wechselstromübertragung darstellt, wird die von den Windenergieanlagen erzeugte Leistung dann verlustarm in das Verbundnetz eingespeist. Da für diese Art der Übertragung zusätzlich Equipment für die Umrichtung benötigt wird, ist die Errichtung einer weiteren, zweiten Plattform unverzichtbar.

Verbunden werden die unterschiedlichen Anlagen und Strukturen mit Hilfe von Seekabeln. Bei der Auslegung dieser verseilten und durch Stahldraht bewehrten Seekabel, sind neben der maximalen Strombelastbarkeit, welche durch die Umgebungsbedingungen beeinflusst wird, auch nationale Vorschriften hinsichtlich Umwelt- und Personenschutz zu berücksichtigen. So dürfen thermische und elektro-magnetische Emissionen festgelegte Grenzwerte nicht überschreiten, um eine Gefahr für Mensch und Tier auszuschließen.

Bei der Zertifizierung der elektrischen Anlagen, des Brandschutzes und der Sicherheitssysteme dieser Plattformen und Kabel wird auf eine Vielzahl von Normen zurückgegriffen, welche teilweise aus der Öl- und Gasindustrie übernommen werden.

Neben dem technischen Design dieser Strukturen und den entsprechenden Aufbauten gilt es zudem, die Forderungen des jeweiligen Netzbetreibers zu erfüllen. Der Windpark, bestehend aus einzelnen Windenergieanlagen, soll im Verbund am vereinbarten Netzanschlusspunkt ähnliche Eigenschaften im Netzparallelbetrieb aufweisen, wie sie seit jeher von konventionellen Kraftwerken bereitgestellt werden. Der Offshore-Windpark soll einen Beitrag zur Netzstützung leisten, um einem großflächigen Netzausfall vorzubeugen.

3) Tiefwasser-Offshore

Die Installation von WEA in Tiefwasser bringt besondere Herausforderungen an Konstruktion und damit auch an die Zertifizierung mit sich. Die Verwendung von schwimmenden oder nachgiebigen Strukturen bringt nicht nur neue Aspekte hinsichtlich Systemdynamik, Neigung und Verankerung auf; Inspektion und Instandhaltung insbesondere von Unterwasserstrukturen sind noch einmal komplizierter. Andererseits wird erwartet, dass schwimmende Windturbinen oft auch eine größere Standardisierung der Konstruktion erlauben. In vielen

Fällen kann die komplette Anlage schon auf der Werft vollständig aufgestellt und schwimmend zum Endstandort geschleppt und installiert werden.

Die „International Energy Agency“ (IEA) hat über die Notwendigkeit, Offshore-Untersuchungsnormen für alle Wassertiefen zu verbessern, diskutiert und entschieden, ein Projekt zur Festlegung der Anforderungen für Modelle gekoppelter Turbinen/Substruktur-Dynamik innerhalb der „IEA Offshore Wind Energy Technology Deployment, Subtask 2 – Technical Research for Deeper Water”[699] zu starten.

Im IEA-Anhang 23 „Deepwater Offshore Turbine Modelling“[700] untersuchen die Teilnehmer die Möglichkeiten und Grenzen der derzeitigen Offshore-Modellierung. Im Projekt „Offshore Code Comparison Colaboration“ (OC^3)[701] wurde auf Grundlage einer standardisierten 5MW Offshore Windturbine ein Vergleich aller gängigen Simulationsverfahren durchgeführt. Dabei wurden systematisch alle wichtigen Parameter verglichen. In diesem ersten Schritt wurden sowohl Flachwasserstrukturen (Monopiles) und für tiefere Gewässer (Tripod, Jacket) als auch schwimmende Strukturen für große Wassertiefen (Spar, Hywind) untersucht. Der Erfolg des Projektes führte dazu, dass durch die IEA Annex 30 das Nachfolgeprojekt „Offshore Code Comparison Colaboration Continuation“ (OC^4)[702] aufgelegt wurde, in dem auch komplexere Strukturen wie Halbtaucher untersucht werden sollen. Die Berechnungen sollen in Zukunft auch mit Modellversuchen verglichen werden.

4.3.3 Details zur Zertifizierung von Offshore-Windenergieanlagen

4.3.3.1 Allgemeines

Die EU-Norm EN 45020[703] definiert die Konformitäts-Zertifizierung als die Aktivitäten unabhängiger Dritter, um zu bestätigen, dass ein Produkt oder eine Dienstleistung einer Vorschrift oder einer normativen Verweisung entspricht. Innerhalb des Zertifizierungsrahmens für WEA sind Untersuchung, Begutachtung, Messung und Bewertung abgedeckt. Verfahren für die Zertifizierung von Onshore-WEA wurden mit der kommerziellen Einführung von WEA vor mehr als 25 Jahren erstmals festgelegt und wurden ständig aktualisiert und weiterentwickelt. Im Jahr 1986 gab der GL eine erste umfassende Zertifizierungsvorschrift für internationale Typen- und Projektzertifizierung[704] heraus, die in ihren Ursprüngen bis heute Anwendung findet, jedoch dem Stand der Technik angepasst und verbessert wurde, um die praktischen Aspekte und die Erfahrungen und Entwicklungen auf diesem Gebiet abzudecken.

---

699 Projekt “IEA Offshore Wind Energy Technology Deployment, Subtask 2 – Technical Research for Deeper Water”, http://www.ieawind.org/summary_page_23.html.

700 Projekt “IEA Deepwater Offshore Turbine Modelling”, http://www.ieawind.org/summary_page_23.html.

701 J. Jonkman J., Musial W., Offshore Code Comparison Collaboration (OC^3) for IEA Task 23 Offshore Wind Technology and Deployment, National Renewable Energy Laboratory, Technical Report NREL/TP-5000-48191 December 2010.

702 Vorpahl F., Popko W.: IEA Wind Annex 30 – OC^4 Project The Offshore Code Comparison Collaboration Continuation Proceedings of the EWEA Offshore 2011 conference, Amsterdam.

703 EN 45020, 1998 Standardisation and related activities – general vocabulary.

704 Germanischer Lloyd: Richtlinien für die Prüfung, Abnahme und Überwachung von Windkraftanlagen, September 1986.

Die internationale Standardisierung von WEA-Zertifizierungsverfahren begann im Jahr 1995 innerhalb der IEC und mündete in der ersten Ausgabe der IEC WT01[705, 706], die vom Conformity Assessment Board (CAB) der IEC im April 2001 veröffentlicht wurde. Das Zertifizierungsverfahren gemäß IEC WT01[707] wurde im Jahr 2010 durch die IEC 61400-22[708, 709] ersetzt. Dieses sowie das Verfahren gemäß GL-Richtlinie[710, 711, 712] wurden international eingeführt und sind die bedeutendsten Richtlinien für die Zertifizierung von Onshore- und Offshore-WEA. Die Beschreibung des Zertifizierungsprozesses von Onshore- und Offshore-WEA in diesem Kapitel konzentriert sich daher ausschließlich auf diese beiden – sehr ähnlichen – Verfahren.

Die Zertifizierungsverfahren werden unterteilt in Typenzertifizierung (Zertifizierung des Produktes/der WEA) und Projektzertifizierung (Zertifizierung des Projektes oder des Windparks). Gemäß IEC 61400-22[713] und GL[714] umfasst die Typenzertifizierung im Allgemeinen die Module Konstruktionsbewertung, Bewertung der Herstellung (Qualitätsmanagement und Umsetzung von Konstruktionsanforderungen bei der Herstellung) und Produktion sowie Prototyp-Tests. Die Typenzertifizierung ist mehr als nur die Zertifizierung eines Produktentwurfs auf Grundlage von Dokumentationen. Sie umfasst auch den Herstellungsprozesses beim WEA-Hersteller und dessen Lieferanten, die Besichtigung der kritischen Komponenten und Fertigungsprozesse sowie den Test des Prototyps.

Bei einer Projektzertifizierung wird die Konformität beurteilt und bestätigt, dass die typenzertifizierten WEA und besonders die Konstruktion der tragenden Strukturen den Anforderungen entsprechen, die durch standortspezifische externe Bedingungen, lokale Vorschriften und andere für den Standort relevante Anforderungen vorgegeben sind. Innerhalb der Projektzertifizierung werden die einzelnen Offshore-WEA und Windparks gemäß GL[715] während der Herstellung, beim Transport, bei der Montage und Inbetriebnahme überwacht. In regelmäßigen Abständen werden wiederkehrende Prüfungen durchgeführt.

Die einzelnen Module des Zertifizierungsverfahrens werden mit Konformitätsbescheinigungen („Statements of Compliance“ (GL) oder „Conformity Statements“ (IEC)) abgeschlossen. Ein besonderes Augenmerk gilt der Standortbeurteilung für Windparks, wobei die Konfiguration sowie die Umweltbedingungen (Wind, Wellen, Erdbebengefahr, extremes Klima etc.) bei Offshore-Standorten berücksichtigt werden.

---

705 IEC WT 01: IEC System for Conformity Testing and Certification of Wind Turbines, Rules and Procedures, 2001-04.

706 Woebbeking, M. et al: “Wind Turbine Certification and Type Certification, IEC WT 01: IEC System for Conformity Testing and Certification of Wind Turbines”, 2001-04, Proceedings, World Wind Energy Conference, Beijing, 2004.

707 Siehe Fn. 705.

708 IEC 61400-22, Wind turbines – Part 22: Conformity testing and certification, 2010-05-31.

709 Woebbeking, M.: “IEC TS 61400-22 (First Revision of IEC WT 01) – The new standard for Wind Turbines and Wind Farms – Onshore and Offshore”, Proceedings, WindPower Asia, Beijing, 2008.

710 Germanischer Lloyd: Guidelines for the Certification of Offshore Wind Turbines, Edition 2012.

711 Woebbeking, M.: “Type and Project Certification”, Proceedings, Wind Power Shanghai, 2007.

712 Woebbeking, M. et al: “Type and Project Certification (Update 2012)”, Homepage Germanischer Lloyd, http://www.gl-group.com/pdf/Type_and_Project_Certification_GL_Woebbeking_2012_2.pdf.

713 IEC 61400-22, Wind turbines – Part 22: Conformity testing and certification, 2010-05-31

714 Germanischer Lloyd: Guidelines for the Certification of Offshore Wind Turbines, Edition 2012

715 Siehe Fn. 714.

4.3.3.2 Konstruktionsanforderungen

Sicherheitskonzept

In der ersten Phase der Zertifizierung des Entwurfs für eine Offshore-WEA liegt ein besonderer Schwerpunkt auf der Untersuchung des Sicherheits- und Überwachungssystems. Somit wird ein angemessener Schutz vor Schäden aus Gefahren aller Art während der geplanten Lebensdauer sichergestellt. Bei Offshore-Projekten muss den verschiedenen Umweltbedingungen und der begrenzten Zugänglichkeit besondere Beachtung geschenkt werden. Das Ziel ist es, die Bestimmungen über die Onshore-Sicherheitsphilosophie der bestehenden Richtlinien und Normen hinaus, auch die speziellen Offshore-Belange zu berücksichtigen.

Offshore-WEA sind unbemannte Strukturen und die Gefahr einer Beeinträchtigung Dritter ist weniger wahrscheinlich als auf Land. Aus diesem Grund könnte angenommen werden, dass es zulässig sei, das Sicherheitsniveau zu senken. Dahingegen ist die Ausfallsicherheit von Offshore-WEA wegen der geringeren Zugänglichkeit von sehr viel höherer kommerzieller Bedeutung. Im Allgemeinen werden für Offshore-WEA die Grenzzustände der Tragfähigkeit und Gebrauchstauglichkeit berücksichtigt. Während der Lebensdauer der Anlage wahrscheinliche Störzustände sind in den Grenzzuständen eingeschlossen. Ein sehr seltener unfallartiger Grenzzustand (Accidental Limit State – ALS[716]) wie in der Öl- und Gasindustrie wird nicht berücksichtigt, da keine Gefahr für Leib und Leben und relativ geringe Gefahr für die Umwelt besteht. Dies ist ein deutlicher Unterscheidungspunkt zur Öl- und Gas-Sicherheitsphilosophie, bei der die Struktur auch sehr seltenen Ereignissen standhalten muss. Dabei ist für die Öl- und Gasindustrie das Ziel, dass bei sehr seltenen Situationen, auch wenn es zu bleibenden Schäden auf die Struktur kommt, ein Einsturz oder Totalversagen und damit die Gefahr für das Leben der Besatzung oder einer Ölverschmutzung vermieden wird.

Im Vergleich zu Onshore-WEA müssen für Offshore-Installationen weitere Risiken berücksichtigt werden, z.B. die simultane Wirkung von Wind- und Wellenlast, See-Eis, Wassereinbruch, korrosive Atmosphäre, die Einwirkung von Versorgungsschiffen (Kollision) oder das Übersetzen von Wartungspersonal. Diese Risiken, welche für die Sicherheit von großer Bedeutung sind, können in verschiedene Kategorien unterteilt werden. Zusammenfassend werden folgende Zustände betrachtet:

- Verlust der Standsicherheit
- Verlust der Turbinenkontrolle
- Sinken oder Kentern (bei schwimmenden Windturbinen)
- Personensicherheit
- See-/Luftverkehrssicherheit
- Brandschutz
- Unzulässige Deformationen
- Korrosion

Um einen reibungslosen Betrieb der Offshore-WEA sicherzustellen, müssen zudem die Risiken sorgfältig betrachtet werden. Die Möglichkeiten einer ferngesteuerten Überwachung der

716 Germanischer Lloyd: Rules for Classification and Construction, IV Industrial Services, 6 Offshore Technology.

Turbine und der sicherheitsrelevanten Funktionen müssen in Betracht gezogen werden –, allein schon, weil der Zugang zur WEA für das Personal auf – zum Teil sehr kleine – Wetterfenster begrenzt ist und durch die Entfernung vom Festland mit entsprechendem Aufwand verbunden ist. In diesem Sinne müssen die Anforderungen an das Sicherheitssystem und die Fernsteuerung des Rotorblockiersystems entsprechend berücksichtigt werden.

So ist beispielsweise bei einer Onshore-WEA eine Störungsbeseitigung nach Aktivierung des Notfallsystems nur durch die Anwesenheit und das aktive Eingreifen ausreichend qualifizierter Mitarbeiter vor Ort möglich. Bei einer Offshore-WEA kann für eine begrenzte Anzahl von Aktivierungen eine Störungsbeseitigung per Fernsteuerung durch ausreichend qualifiziertes Personal zugelassen werden, wenn es eine adäquate Fernüberwachung gibt. Das Äußere der Anlage kann mit Hilfe einer Überwachungskamera auf einer benachbarten Anlage, einem Boot oder Hubschrauber untersucht werden. Das Innere der Gondel sollte nach der Fehlerbeseitigung und während des Anlaufens besichtigt werden, um zu überprüfen, ob die Hauptkomponenten an ihrem Platz, unbeschädigt und betriebsbereit sind. Diese Besichtigung kann auch durch Überwachungskameras, Mikrofone oder andere geeignete Methoden erfolgen.

An die Installation der elektrischen Anlagen in WEA und deren Widerstandsfähigkeit gegen äußere Einflüsse werden hohe Erwartungen gestellt. Ausfälle bzw. ungeplante Reparaturen sind aufgrund des logistischen Aufwands besonders schwer zu verschmerzen. Die Komponenten müssen daher den schroffen Umweltbedingungen standhalten, ohne vorzeitig Schaden zu erleiden. Dies ist bereits in einem frühen Stadium der Konstruktionsphase zu berücksichtigen.

Die erzeugte Verlustwärme der Hauptkomponenten, wie Transformatoren, Generatoren und Umrichter muss abgeführt werden, bestmöglich ohne den Austausch mit salzhaltiger Seeluft zu begünstigen. Abhängig vom Konzept sind entsprechende Korrosionsschutzanstriche zu wählen. Kriechstrecken bzw. Schutzabstände sind ausreichend zu dimensionieren, um Überschläge an der Isolation zu vermeiden. Schutzmaßnahmen sind für die Installationsräume der Schaltanlage und Transformatoren zu ergreifen, um im Falle von internen Fehlern den entstehenden Überdruck abzubauen. Ausreichender Berührungsschutz ist in jedem Fall für alle elektrischen Installationen zu berücksichtigen.

Die Einwirkungen auf eine Offshore-WEA

Die Lasten einer Offshore-WEA stellen einen umfangreichen Bereich in allen entsprechenden Vorschriften und Richtlinien dar. Selbst die Installation von Strukturen in Flachwasser mit seinen spezifischen dynamischen Eigenheiten birgt Herausforderungen.

Die Entwicklung von Vorschriften und Richtlinien verlief parallel mit den ersten Installationen und in enger Zusammenarbeit mit den beteiligten Organisationen. Die Ergebnisse aus EU-geförderten Projekten wie RECOFF, OWTES, Opti-pile und UpWind wurden in der Entwicklung angewendet. Zwischen der IEC 61400-3[717] und der GL-Richtlinie[718] gibt es diesbezüglich viele Parallelen.

[717] IEC 61400-3: Wind turbines – Part 3: Design requirements for offshore wind turbines, February 2009.

[718] Germanischer Lloyd: Guidelines for the Certification of Offshore Wind Turbines, Edition 2012.

Es gibt jedoch einige bedeutende Unterschiede zwischen den Vorschriften: Während die IEC 61400-3 auf der 3. Ausgabe der IEC 61400-1 basiert, wurde die GL-Richtlinie mit der GL-Richtlinie für Onshore-WEA und der 2. Ausgabe der IEC 61400-1 in der modifizierten Version der EN 61400-1[719] harmonisiert. Dies hat unterschiedliche Definitionen von externen Bedingungen (charakteristische vs. mittlere Turbulenzintensität) und Lastfällen (Extrapolation von extremen Betriebslasten oder deterministische Lastfälle) zur Folge. Ein Vergleich der vorherrschenden Windbedingungen gemäß GL[720] und IEC 61400-3[721] kann Tabelle 20 und

Tabelle 21 entnommen werden.

Tabelle 20: Definition der Typenklassen nach IEC 61400-3

WEA Klasse		I	II	III	S
V_{ref}	[m/s]	50	42.5	37.5	Werte sind vom Hersteller anzugeben
A	I_{ref}		0.16		
B	I_{ref}		0.14		
C	I_{ref}		0.12		

Tabelle 21: Definition der Typenklassen nach GL 2012

WEA Klasse		I	II	III	S
V_{ref}	[m/s]	50	42.5	37.5	standortspezifisch
V_{ave}	[m/s]	10	8.5	7.5	
A	I_{15}		0.18		
	a		2		
B	I_{15}		0.16		
	a		3		
C	I_{15}		0.145		
	a		3		

GL und IEC führen mit der Turbulenzenkategorie „C“ explizit Offshore-Bedingungen ein. Die Unterschiede in der Definition der Windgeschwindigkeits-Turbulenzintensität sind entsprechend den Tabellenwerten moderat vorgegeben. Abbildung 54 zeigt die Veränderung der Turbulenzintensitäten bei mittleren Windgeschwindigkeiten.

719 EN 61400-1: Wind Turbine Generator Systems – Part 1: Safety Requirements (IEC 61400-1:1999, modified), February 2004.

720 Germanischer Lloyd: Guidelines for the Certification of Offshore Wind Turbines, Edition 2012.

721 IEC 61400-3: Wind turbines – Part 3: Design requirements for offshore wind turbines, February 2009.

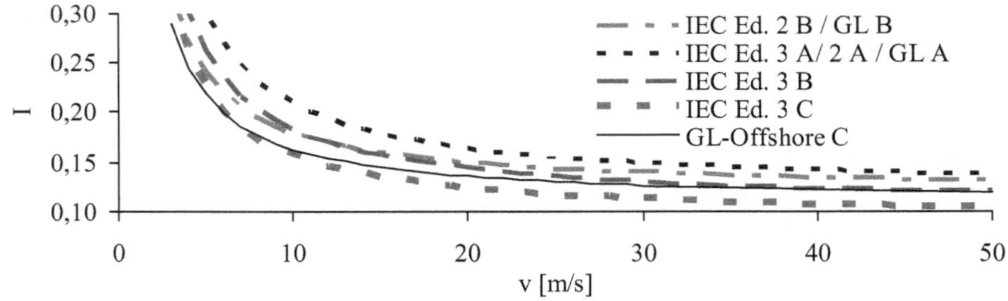

Abbildung 54: Turbulenzintensität nach verschiedenen Normen/Richtlinien

Die Beschreibung der Seebedingungen basiert auf der Standard-Herangehensweise für die Offshore-Öl- und Gasindustrie. Besondere Probleme treten auf, wenn die Berechnungen im Zeitbereich für Flachwasser durchgeführt werden. In diesen Fällen ist es überaus wichtig, den Einfluss des Flachwassers und der Bodenneigung auf das Wellenfeld und seine Verteilung zu berücksichtigen. Der GL schließt die Möglichkeit ein, modifizierte Wellenspektren gemäß Texel, Marsen, Arsloe (TMA)[722] zu verwenden, um die verschiedenen Frequenzgehalte der Wellen in stochastischen Wellenfeld-Simulationen zu berücksichtigen. Der unterschiedlichen Verteilung der maximalen Wellenhöhen wird durch die Anwendung von Flachwasser-Verteilungen Rechnung getragen.

Eine größere Herausforderung bei der Aufstellung der Umweltbedingungen für den Entwurf von WEA sind die von der Kombination von externen Bedingungen stammenden Konstruktionslasten. Entgegen den Offshore-Strukturen, bei denen Wellenlasten normalerweise bestimmend sind, können die tragenden Strukturen einer Offshore-WEA gleichermaßen Lasten durch Wind, Wellen und Eisgang ausgesetzt sein, wohingegen Strömungen in Flachwasser von geringerer Bedeutung sind. Untersuchungen haben gezeigt, dass Wind- und Wellenlast in den meisten Fällen die beiden Hauptquellen der Lasten sind. In manchen Regionen wie in der nördlichen Ostsee kann Eisgang die maßgebende Kraft für die Konstruktion sein. Es gilt als allgemein anerkannt, dass Eisgang nicht in Kombination mit Wellen auftritt, zumindest nicht in den küstennahen Gebieten, in denen Offshore-WEA errichtet werden.

Es existieren verschiedene Methoden der Kombination von externen Bedingungen, die ein unterschiedliches Maß an konservativen Annahmen und zu berücksichtigenden Daten aufzeigen. Im Allgemeinen wird bei der Konstruktion von Offshore-WEA der Ansatz gefolgt: „Je weniger Informationen über die realen Bedingungen verfügbar sind, desto konservativer sind die Annahmen auch in Kombination". Im Prinzip müssen für jeden Standort die gesamten Informationen über die gleichzeitig wirkende Windgeschwindigkeit, Windrichtung, Wellenhöhe, Wellenperiode, Wellenlaufrichtung, Wasserspiegelhöhe und Strömungsgeschwindigkeit und Richtung vorhanden sein. Da diese theoretisch und praktisch in ihrer Komplexität kaum zu verarbeiten sind, werden in den Richtlinien eben konservative Annahmen getroffen.

[722] E. Bouws, H. Günther, W. Rosenthal, C.L. Vincent, "Similarity of the Wind Wave Spectrum in Finite Depth Water" Journal of Geophysical Research, vol.90, 1985.

In GL[723] und in der IEC[724] wird die Annahme getroffen, dass extreme mittlere Windgeschwindigkeit und extreme See bei demselben 50-Jahressturm eintreffen. Die kurzfristigen Schwankungen korrelieren nicht. Wenn genauere Kenntnisse durch Messungen vom Standort verfügbar sind, können selbstverständlich diese Bedingungen in die Annahmen einfließen und angewendet werden. Häufig wird hierzu die Richtungsabhängigkeit der extremen Wind- und Seegangsbedingungen berücksichtigt und deren Richtungsabweichung.

Für eine Typenzertifizierung ohne Kenntnis über einen bestimmten Standort gibt der GL[725] eine einfache Methode an, um das Verhältnis Windgeschwindigkeit zu Wellenhöhe zu schätzen, indem das windgenerierte Wellen-Spektrum von JONSWAP in Verbindung mit dem TMA-Filter verwendet wird. Diese Herangehensweise ist für Typenzertifizierungen, bei denen nur die Struktur selbst betrachtet wird, ausreichend. Sie ist nicht auf standortspezifische Untersuchungen anwendbar.

Für die relativ flachen Standorte von Offshore-WEA muss eine nicht-lineare Wellenkinematik berücksichtigt werden. Leider gibt es keine weithin angewandte Ingenieursmethoden, um nicht-lineare Kinematik in stochastischen Wellenfeldern zu berücksichtigen. Dabei ist es bei dynamisch hoch belasteten Systemen wie Windenergieanlagen besonders wichtig, sowohl die dynamische Erregung als auch die Nichtlinearität der Wellenbelastung zu berücksichtigen. Die gängigen Methoden zur Berechnung nichtlinearer Wellenkinematik sind nur auf deterministische (regelmäßige) Wellen anwendbar. Die Berechnungen unter Verwendung eines stochastischen Modells des Seegangs berücksichtigen nur lineare Wellenkinematik, erlauben aber eine korrekte Darstellung der Systemdynamik. Um dieses Risiko in der Auslegung zu berücksichtigen, können nach den Richtlinien entweder stochastische Seegangsfelder, in denen die extremen, nichtlinearen, deterministischen Wellen „eingebettet" wurden, verwendet werden. Oder die stochastischen und die deterministischen Berechnungen haben getrennt zu erfolgen und entsprechende Überhöhungsfaktoren ermittelt werden, um die Kombination zu erhalten.

Um Brandung mit einzuschließen, müssen die zum Wellenbruch führenden Wellen- und Meeresbodenbedingungen definiert und die Art des Brandungsmechanismus angegeben werden. Der GL[726] bietet eine Methode, die von J. Wienke[727] entwickelt wurde, um die Lasteinwirkung von Brandungswellen zu berechnen.

Tragstruktur

1) Allgemein

Während der Lebensdauer einer Offshore-WEA hängt die Standsicherheit von verschiedenen Faktoren ab. Die Gebrauchstauglichkeit und funktionelle Betrachtungen beeinflussen den Bauentwurf, die Qualität des Materials und der Bauausführung sowie die Standfestigkeit unter den o.g. Lasten (Grenzzuständen). „Grenzzustände der Gebrauchstauglichkeit" betrachten hingegen

---

723 Germanischer Lloyd: Guidelines for the Certification of Offshore Wind Turbines, Edition 2012.

724 IEC 61400-3: Wind turbines – Part 3: Design requirements for offshore wind turbines, February 2009.

725 Siehe Fn. 723.

726 Germanischer Lloyd: Guidelines for the Certification of Offshore Wind Turbines, Edition 2012

727 J. Wienke, „Druckschlagbelastung auf schlanke zylindrische Bauwerke durch brechende Wellen – theoretische und großmaßstäbliche Laboruntersuchengen", Thesis, Technical University Braunschweig

die Vibrationsbandbreiten und Beschleunigungen, z.B. Wahrung eines Sicherheitsabstandes (Entfernung zwischen Rotorblatt und Turm oder Rotorblatt und Abspanndraht).

Die tragende Struktur für Offshore-WEA umfasst die Gründung, die Unterstruktur und den Turm (siehe Abbildung 55).

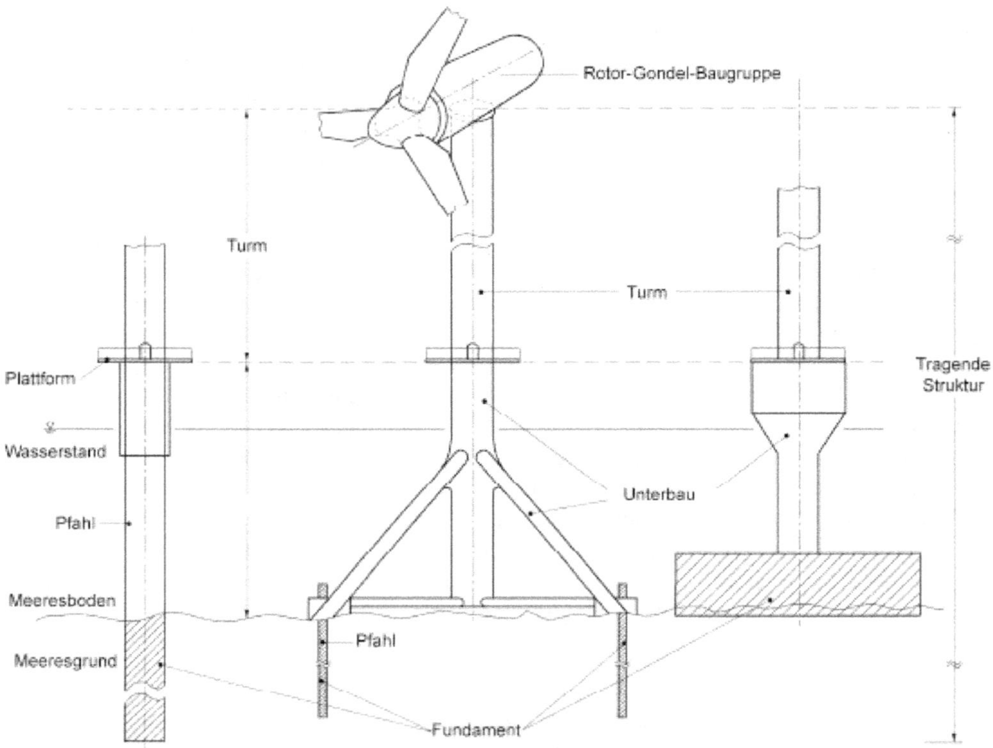

Abbildung 55: Strukturen einer Offshore-WEA nach GL 2012

Für die Gründung stehen verschiedene Konstruktionsmöglichkeiten zur Verfügung, wie Monopile, Schwergewichtsgründungen oder eine Anzahl von Stahlplattformen (aufgelöste Strukturen), je nach Untergrundbeschaffenheit und Wassertiefe.

2) Aspekte der Konstruktionsanforderungen
Die Bewertung der tragenden Struktur wird auf Basis standortspezifischer Lasten durchgeführt. Dabei muss das dynamische Verhalten der gesamten Struktur berücksichtigt werden, einschließlich der Verteilung der Masse der tragenden Struktur, der Gondel und des Rotors, sowie die Bodenfestigkeit. Der aktuelle Stand der Technik ist es, unter Berücksichtigung von simultanen Lasteinwirkungen und der Strukturelastizität abschnittsweise die Kräfte und Momente der tragenden Struktur durch Berechnungen im Zeitbereich zu bestimmen.

Rotorinduzierte Vibrationen, bei denen die Erregerfrequenz des rotierenden Rotors nahe der natürlichen Frequenz des kompletten Systems (proportionale Differenz kleiner als 5 %) oder den vom Wind induzierten quer laufenden Vibrationen liegt, müssen auf angemessene Weise vermieden werden, beispielsweise durch Dämpfungsvorrichtungen, Oszillationsüberwachung oder Steuerung der WEA.

Sobald die Lasten ermittelt wurden, muss die Untersuchung der Bruch- und Betriebsfestigkeiten für alle lasttragenden Strukturen und Verbindungen unter Berücksichtigung der Material- und Schweißqualitäten sowie der Herstellungstoleranzen durchgeführt werden. Strukturelemente, die vorrangig Druck- oder Schubspannung ausgesetzt sind, auch wenn diese durch Biegung oder Verwindung (Torsion) entstehen, müssen auf Ausbeulungsdefekte untersucht werden. Diese Beulungseffekte können globaler (Durchschlagen) oder lokaler Natur (unzulässige Deformationen) sein und ziehen häufig spezielle Ver- und Bearbeitung in der Produktion nach sich.

Ein weiteres Beispiel für einen Grenzzustand von tragenden Strukturen aus Beton ist der Rissbildungs-Grenzzustand. Rissbreiten müssen in tolerierbaren Grenzen gehalten werden. Der Spannungs- oder Beanspruchungs-Grenzzustand ist beispielsweise definiert durch die Begrenzung der Zug- und/oder Druckspannungen in Betonstrukturen, insbesondere von Vorspann-Elementen, oder der Vorbedingung, dass Stahlstrukturen unter typischen Abläufen keiner Plastifizierung ausgesetzt sein sollen.

3) Verbindungen

Verbindungen innerhalb der tragenden Struktur können als geschraubte, vergossene (vergroutete) oder geschweißte Verbindungen ausgeführt werden. Besonderes Augenmerk in der Zertifizierung wird dabei auf Spannungskonzentrationen, Fertigungsdefekte und Ermüdung gelegt.

Vergossene Pfahlverbindungen sind aus der Offshore-Öl- und Gasindustrie bekannt. Die Verbindung zwischen Gründungselementen wie z.B. axial belasteten Stahlpfählen oder auf Biegung beanspruchten Großrammpfählen und der Unterstruktur der Windenergieanlage wird oft mittels einer sogenannten „Grouted Connection“ bewerkstelligt. Diese besteht aus zwei mit großem Spiel übereinander geschobenen Stahlrohren. Der Zwischen(Spiel)raum wird dann permanent durch hochfesten Gussmörtel ausgefüllt. Bei Offshore-WEA unterliegen vergossene Pfahl-Struktur-Verbindungen jedoch großen Biegemomenten und hoher zyklischer Belastung und sollten mit geeigneten Methoden, z.B. FEM, untersucht oder getestet werden.

In den letzten Jahren hat sich leider gezeigt, dass die Erfahrungen und die Bemessungsansätze nicht direkt aus den einschlägigen Regeln der Öl- und Gasindustrie übernommen werden können. Die dynamischen Lasten einer Windenergieanlage sind wesentlich höher; auch die nun wesentlich größeren Abmessungen führen zu Maßstabseffekten, die zurzeit zu einer Revision der Auslegungsregeln führen.

Parametrische Formeln, die auf die Konstruktion von axial belasteten, vergossenen Verbindungen anwendbar sind, wurden vom American Petroleum Institute (API)[728] und dem UK Department of Energy entwickelt. Eine Revision dieser Regeln wird zurzeit federführend

728 API RP 2A LRFD: Planning, Designing and Constructing Fixed Offshore Platforms – Load and Resistance Factor Design, Washington D.C., 1994.

vom DNV im Rahmen eines privatwirtschaftlich finanzierten „Joint Industry Project" vorgenommen, an dem Universitäten, Planer, Baufirmen, Energieversorger und weitere Zertifizierer beteiligt sind.

Wegen der begrenzten Erfahrungswerte sind die Sicherheitsfaktoren für die Vergussmaterialien heutzutage weitaus stringenter als für die meisten sonst bei Offshore-WEA verwendeten Konstruktionswerkstoffe. Dauerfestigkeitsberechnungen zeigen wegen der Empfindlichkeit nichtlinearer Einwirkungen eine große Bandbreite von entstandenen Schäden. Die Eignung des Grout-Materials muss in der Zertifizierung daher vor der Installation belegt sein, die Druckfestigkeit muss z.B. durch Labortests an Auspressmörtel-Mustern bestätigt werden, die unter Offshore-Baustellenbedingungen angemischt und ausgehärtet wurden.

Verfahren für Schraub- und Rohrverbindungen können aus[729] und[730] entnommen werden. Für verschraubte Flanschverbindungen muss insbesondere dafür gesorgt werden, dass die Ebenheit der Kontaktflächen garantiert ist, um eine Überbeanspruchung durch zusätzliche Biegebelastungen der Schrauben zu vermeiden. Bei Rohrverbindungen muss darauf geachtet werden, die Schweißqualität sicherzustellen, die für diese Art von Verbindungen von größter Bedeutung ist. Die GL-Richtlinie[731] bietet detaillierte Anleitungen für die Ausführung und den Test von Schweißnähten an Rohrverbindungen. Verbindungen in der Spritzwasserzone sollten möglichst vermieden werden. Gegossene Komponenten können eine Alternative zu geschweißten Verbindungen sein, häufig werden sie auch als Knotenpunkte eingesetzt. Doch geschweißt werden diese am Ende auch, so dass die Schweißbarkeit zwischen Guss- und Stahlkonstruktion eine weitere Herausforderung darstellt, die allerdings auch aus dem Offshore Öl- und Gasbereich bekannt ist.

4) Boden

Die Bodenparameter können innerhalb des Windparks deutlich variieren. Daher muss im Anfangsstadium der Planung eine sorgfältige Bestimmung der Bodeneigenschaften an einer angemessenen Zahl von Orten innerhalb des Windparks durchgeführt werden. Die Auswahl des Gründungstyps, des Montageverfahrens und der Bodenvorbereitung (Kolkschutz) hängen von der Bodengüte und den Bodeneigenschaften jedes einzelnen WEA-Standorts ab. Folglich können verschiedene Gründungskonstruktionen innerhalb eines Windparks sinnvoll und ratsam sein.

Richtlinien zur Ableitung der horizontalen und vertikalen Bodenparameter finden sich beispielsweise im „Standard Baugrunderkundung" des Bundesamts für Seeschifffahrt und Hydrographie (BSH)[732]. Empfehlungen für die Art und den Umfang von Standortuntersuchungen werden ebenfalls in dieser Richtlinie gegeben.

Besondere Vorsicht ist geboten bei kurz- und langfristigen Wechselwirkungen zwischen der tragenden Struktur und dem Boden. Die Wechselwirkungen zwischen Struktur und Boden verhalten sich nicht-linear und haben eine Verringerung der Gründungsfestigkeit zur Folge,

---

729 Germanischer Lloyd: Guidelines for the Certification of Offshore Wind Turbines, Edition 2012.

730 API RP 2A LRFD: Planning, Designing and Constructing Fixed Offshore Platforms – Load and Resistance Factor Design, Washington D.C., 1994.

731 Siehe Nn 729.

732 Standard for Geotechnical Site and Route Surveys, Minimum Requirements for the Foundation of Offshore Wind Turbines, by Bundesamt für Seeschiffahrt und Hydrographie (BSH), Hamburg and Rostock 2003).

je nach Laststärke und -art. In der GL-Richtlinie[733] sind Verfahren zur Berücksichtigung der axialen Tragfähigkeit von Pfählen angegeben.

Wechselnde Wassertiefen und verschiedene Bodenfestigkeiten in Windparks beeinflussen die Dynamik der installierten Offshore-WEA. In der Zertifizierung wird diese Dynamik in den Lastannahmen überprüft. Wenn nötig, müssen die Lastannahmen korrigiert und die Konstruktion der tragenden Struktur überprüft werden. Außerdem sollten folgende Risiken untersucht werden: Absacken und Bewegungen des Seebodens, Verflüssigung des Bodens, die Möglichkeit der Bodeninstabilität für normale oder weiche undrainierte Lehmböden und loser Sand.

5) Unterspülung

Auskolkung ist die Erosion des Seebodens durch Strömung oder Wellengang und kommt häufig vor, wenn Strukturelemente die ungehinderte Strömung stören. Auskolkung mindert die vertikale und seitliche Stütze für Gründungen oder kann z.B. zum unerwünschten Absinken von Schwergewichtgründungen führen. Die Möglichkeit von Auskolkung oder Unterspülung um die Gründung herum muss immer geprüft und vermieden werden. Dies kann durch eine Kolkschutzvorrichtung erfolgen, die während der gesamten Lebensdauer der Offshore-WEA wirksam sein sollte. In regelmäßigen Abständen ist daher eine Inspektion notwendig und in der Zertifizierung gefordert.

Der Kolkschutz muss in Modelltests entwickelt und getestet werden. Alternativ kann die Gründung als teilweise nicht gelagert betrachtet werden. Wenn keine verlässlichen Daten für die einzelnen Standortbedingungen verfügbar sind, muss die Auskolkungstiefe um Pfahlgründungen zu Konstruktionszwecken in den Auslegungsberechnungen konservativ (2,5-mal dem Pfahldurchmesser) angenommen werden. Weniger vorsichtige Schätzungen können nur vorgenommen werden, wenn eine regelmäßige Überwachung und Inspektion durchgeführt werden. Auswaschungen des Kolkschutzes müssen aufgefüllt werden. Die Zeitabstände zwischen den Inspektionen sind den an den einzelnen Standorten erworbenen Erfahrungen anzupassen.

6) Korrosionsschutz

Offshore-WEA sind aggressiven Umweltbedingungen und maritimem Klima ausgesetzt. Der Korrosionsschutz hängt von der Auswahl geeigneter Materialien und Beschichtungen, Schutzfilmen und wiederum regelmäßigen Inspektionen ab. Bei der Wahl der mechanischen und elektrischen Komponenten muss ihre Korrosionsanfälligkeit und die Wirkung unentdeckter Korrosion auf ihre Funktion berücksichtigt werden, z.B. das Blockieren korrodierter Verbindungen oder der Ausfall von Sensoren.

Korrosion (Rost) kann nur für Komponenten von geringerer Bedeutung gestattet werden, wie z.B. für Strukturen mit kurzer Lebensdauer oder an Stellen, bei denen regelmäßige Besichtigungen und Reparaturen möglich sind.

---

[733] Siehe Nn 729.

7) Werkstoffauswahl

Die Werkstoffauswahl ist ein sehr wichtiger Aspekt des Entwurfs und beeinflusst auch die Herstellung sehr. Die Werkstoffe der Strukturteile müssen geeignet sein für:

- Umweltbedingungen,
- Lasten und
- Langfristige Haltbarkeit.

Für Stahl werden detaillierte Anforderungen in[734] gegeben. Neben den Anforderungen an die Festigkeit der Werkstoffe gegen extreme und Dauerbeanspruchung sind die Auswahlkriterien beispielsweise die Produktdicke (im Zusammenhang mit Kriterien für Schweißverfahren), Konstruktionstemperatur und die Bedeutung der Strukturteile. Weitere Beschränkungen hinsichtlich chemischer Zusammensetzung oder Aufprallenergie können ebenfalls wichtig für die Konstruktion und damit für die Zertifizierung sein.

Für Betonstrukturen liegt die größte Bedeutung im Schutz des Bewehrungsstahls gegen Korrosion. Dies wird sichergestellt durch eine angemessene Betonzusammensetzung und -überdeckung sowie durch eine Beschränkung der maximalen Rissbreite.

Maschinenbauliche Komponenten

Für den maschinenbaulichen Teil der Offshore-WEA müssen mittels Festigkeits- und Lebensdauerberechnungen für alle Komponenten und Verbindungen deren Eignung für den Offshore-Einsatz nachgewiesen werden. Für diese Berechnungen und Simulationen werden die oben beschriebenen Konstruktionslasten verwendet. Spezifikationen aller hydraulischen Flüssigkeiten und Schmiermittel sowie die ausreichende Dimensionierung der Kühlsysteme und des Heizsystems müssen ebenfalls geprüft werden, um die funktionellen Einwirkungen/Beanspruchungen auf das Gesamtsystem beurteilen zu können. Zusätzlich müssen besondere Anforderungen für die Offshore-Anwendung erfüllt werden. Die „Marinisierung" der maschinenbaulichen Komponenten umfasst unter anderem Luftstrom, Luftfilterung, Heizen/Kühlen, Salzfilter, Korrosionsschutz und Schutzklassen sowie die Gondelverkleidung. Die Anforderungen an das Getriebe schließen ein: (i) eine Einlaufzeit unter Teillast muss beachtet werden, und (ii) Konstruktion gegen unzulässige Lasten durch Pendeln des Rotors während WEA-Stillstand. Letzteres erfordert geeignete Methoden, wie z.B. eine Feststellbremse auf der langsamen Welle oder eine Rotorverriegelung, welche per Fernsteuerung aktiviert werden müssen.

Die Komponenten innerhalb der Offshore-WEA erfordern besondere atmosphärische Bedingungen. Eine relative Luftfeuchtigkeit von mehr als 70 % im Inneren der Offshore-WEA sollte vermieden werden, um die Korrosionshäufigkeit auf einem normalen Level zu halten. Die Einhaltung der atmosphärischen Anforderungen sollte durch das Kontrollsystem der Offshore-WEA überwacht werden.

Unterschiede zwischen Onshore- und Offshore-Anwendungen

Im Vergleich zu Onshore-WEA sind Offshore-Anlagen zusätzlichen Lasteinwirkungen durch Wellen und Strömungen ausgesetzt, die mit den Windlasten zusammenfallen. Für Lastuntersuchungen müssen Lasten aus Wind, Wellen, Strömung und Eisgang berücksich-

[734] Germanischer Lloyd: Guidelines for the Certification of Offshore Wind Turbines, Edition 2012.

tigt werden. Wenn keine Daten für die Seeklima-Parameter an dem spezifischen Standort verfügbar sind, können Annahmen von den entsprechenden Vorschriften und Richtlinien abgeleitet werden.

Die Offshore-Umweltbedingungen erfordern einige Anpassungen in der Konstruktion von WEA. Auch Lärmemission und die Wirkung auf die Umwelt haben eine genauso starke Bedeutung wie onshore, zum Teil sogar eine noch größere. Es muss zudem ein größeres Gewicht auf die Zuverlässigkeit der Anlagen und der Fernsteuerung sowie auf längere Besichtigungsintervalle gelegt werden. Nicht alle Fehlfunktionen einer Onshore-WEA können und dürfen über eine Fernsteuerung in Betrieb genommen werden, sondern ein Serviceteam muss die defekte Anlage vor Ort untersuchen und freigeben. Ein ähnlicher Defekt einer Offshore-Anlage könnte somit dazu führen, dass die Anlage für lange Zeit außer Betrieb genommen werden muss, wenn die Wetterbedingungen keinen Zugang zulassen. Daher sind in der Regel Fernsteuerungen und Überwachungssysteme für Offshore-WEA umfassender ausgelegt als solche für Onshore-Anlagen. Auch muss ein größeres Augenmerk auf planmäßige Inspektionen der tragenden Strukturen gelegt werden, inklusive einer Unterwasser-Beobachtung des Kolkschutzes, des Bewuchses und des Korrosionsschutzes.

Eine der bedeutendsten Konstruktionsänderungen für Offshore-Anlagen ist der verbesserte Korrosionsschutz einschließlich der Komponenten in der Gondel, des Krans, der Bootsanlegestelle, der Spritzwasserzone und ggf. der Einrichtungen für einen Hubschraubereinsatz. Um die Verkabelungskosten zu reduzieren, wird auch über die Notwendigkeit nachgedacht, in jeder WEA Transformatoren zu installieren, vorzugsweise sogar innerhalb des Turms, der Gondel und des Rotors. Das Schaffen eines speziellen korrosionsarmen Klimas innerhalb der Gondel ist eine weitere Herausforderung eines Offshore-Windparks.

4.3.3.3 Typenzertifizierung

GL Richtlinie

Ein besonders wichtiger Teil der Typenzertifizierung ist die Bewertung der Konstruktion (Design Assessment), eine sorgfältige Konstruktionsüberprüfung in Bezug auf die in den anzuwendenden Vorschriften und Richtlinien definierten Anforderungen, ergänzt durch einzelne Komponententests. Der Test der Prototypen-WEA inkl. Prototypenerprobung des Getriebes auf der WEA stellt den praktischen Teil der Typenzertifizierung zusammen mit der Herstellungsbewertung dar, die bestätigt, dass das Qualitäts-Management-System (QM-System) des Herstellers den Anforderungen der EN/ISO 9001:2008[735] entspricht, und dass der Hersteller in der Lage ist, die Komponenten herzustellen und die Anlage gemäß den Konstruktionsanforderungen zu installieren. Ein Überblick über die Verfahren für Typenzertifizierungen gemäß GL[736], die auf die Zertifizierung von Onshore- und Offshore-WEA anwendbar sind, kann Abbildung 56 entnommen werden. Wenn alle Module durch Konformitätsbescheinigungen abgeschlossen wurden und die abschließende Prüfung erfolgreich durchgeführt wurde, wird das Typenzertifikat durch die Zertifizierungsstelle ausgestellt[737, 738].

---

735 DIN EN ISO 9001, 2000-12, Quality management systems Requirements (ISO 9001:2000); Trilingual version EN ISO 9001:2000.

736 Germanischer Lloyd: Guidelines for the Certification of Offshore Wind Turbines, Edition 2012.

737 Woebbeking, M.: "Type and Project Certification", Proceedings, Wind Power Shanghai, 2007.

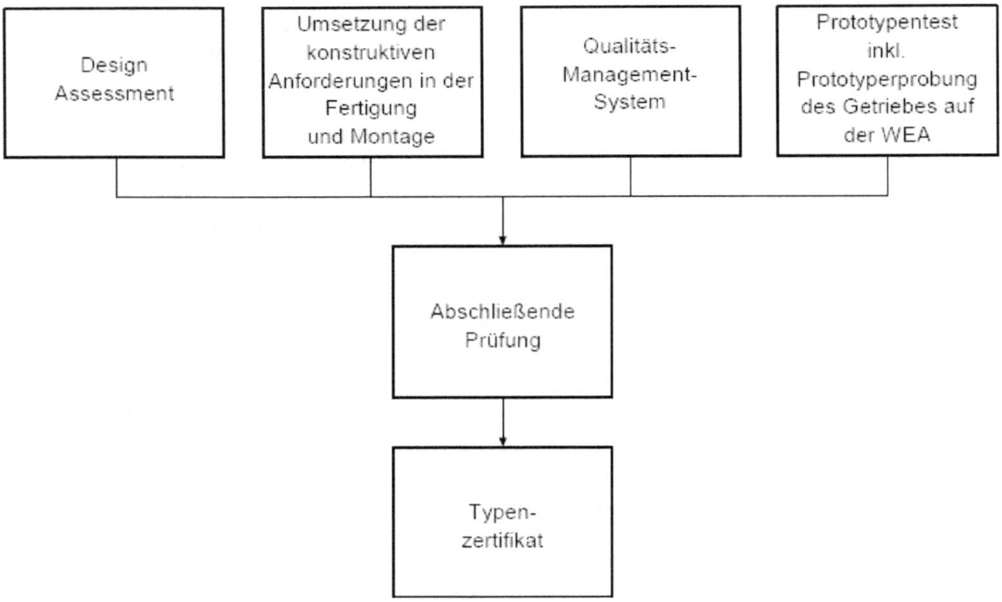

Abbildung 56: Module der Typenzertifizierung nach GL 2012

1) Design Assessment

Die Bewertung der Konstruktion oder das Design Assessment wird nach folgenden Bewertungsschritten („Elementen") vorgenommen:

- Lastannahmen und Controller
- Sicherheitskonzept, -system und Handbücher
- Rotorblätter
- Maschinenbauliche Komponenten
- Gondel- und Nabenverkleidung
- Turm und Gründung/Tragende Struktur
- Elektrische Anlagen und Blitzschutz
- Abnahme der Inbetriebnahme

Üblicherweise wird das Design Assessment in zwei aufeinander folgenden Schritten durchgeführt. Der erste Teil deckt alle Aspekte der Sicherheit und der Überwachung, der Lastannahmen und der Lastberechnungen ab. Die Lasten für Offshore-WEA sollten unter Anwendung von aeroelastischen Codes/Verfahren, stochastischen Windfeldern und Modale- oder Finite-Elemente-Methoden untersucht werden[739]. Zusätzlich müssen die Wechselwirkungen auf die Strukturen unter der Wasseroberfläche berücksichtigt werden, die auch direkt die Belastung der maschinenbaulichen Komponenten in der Gondel und im Rotor beeinflussen.

[738] Woebbeking, M. et al: "Type and Project Certification (Update 2012)", Homepage Germanischer Lloyd, http://www.gl-group.com/pdf/Type_and_Project_Certification_GL_Woebbeking_2012_2.pdf.

[739] D. Quarton, F. Rasmussen, K. Argyriadis, C. Nath: Wind Turbine Design Calculations – the State of the Art, Proceedings, European Wind Energy Conference, Göteborg, 1996.

Im zweiten Teil des Design Assessments müssen alle Komponenten (Rotorblätter, maschinenbauliche Komponenten, elektrische Anlagen im Turm und optional Gründung/tragende Struktur) auf Basis der vorher geprüften Lasten und der relevanten Vorschriften und Richtlinien untersucht werden. Am Ende der Konstruktionsbewertung werden die Handbücher und Verfahrensanweisungen für Transport, Errichtung, Inbetriebnahme, Betrieb und Wartung auf Tauglichkeit, Vollständigkeit und Übereinstimmung mit den Annahmen in den Konstruktionsdokumenten überprüft. Statische Rotorblatttests[740] stellen einen grundlegenden Teil der Konstruktionsbewertung des Blattes dar. Der Prototyptest des Hauptgetriebes und des Generators auf dem Teststand vor Auslieferung soll als Anforderung innerhalb der Bewertung der maschinenbaulichen und elektrischen Komponenten erfolgreich absolviert werden. Auch der Blitzschutz[741] zählt zum Untersuchungsumfang der elektrischen Installationen. Ein Ablauf des Design Assessments ist in Abbildung 57 dargestellt.

Die Konstruktionsbewertung wird unterteilt in D-, C-, B- und A-Design Assessment.

Das C-Design Assessment (Prototypen-Design Assessment) wird für den Prototyp einer WEA ausgestellt. In der Regel sollten Leistungs- und Lastmessungen am Prototyp durchgeführt und die Ergebnisse mit den berechneten Werten verglichen werden. Änderungen des Kontrollsystems sind im Zuge der Prototypenphase üblich und haben nicht selten Einfluss auf die Bemessungslasten des A-Design Assessments für die spätere Typenprüfung. Das C-Design Assessment erfordert üblicherweise eine komplette Plausibilitätsüberprüfung der Lasten, der Rotorblätter, der maschinenbaulichen Komponenten sowie des Turms und der Gründung/der tragenden Struktur. Vor dem Offshore-Einsatz werden Prototypen von Offshore-WEA in der Regel onshore getestet, um Kosten zu sparen und das Testen zu vereinfachen. Nationale oder regionale Vorschriften können es erforderlich machen, dass vor allem Turm und Gründung aber auch zusätzliche Komponenten einer kompletten Untersuchung anstelle einer Plausibilitätsbetrachtung unterzogen werden müssen.

Der letzte Schritt zu einer positiven Bewertung besteht darin, eine Konformitätsbescheinigung (Statement of Compliance) für das C-Design Assessment auszustellen, welches Gültigkeit für einen Testbetrieb von maximal zwei Jahren oder 4000 Volllaststunden hat. Am Ende dieses Zeitraums sollte dann mindestens das B-Design Assessment abgeschlossen sein.

Das D-Design Assessment unterscheidet sich vom C-Design Assessment oder der Prototypenprüfung darin, dass der Standortbezug entfällt. Es kann also für eine erste Einschätzung der Eignung der Turbine dienen und somit ist es häufig in Bezug auf Import, Finanzierung oder versicherungstechnische Anfragen hilfreich für den Zertifikatsinhaber.

Um das A-Design Assessment zu erlangen, ist eine komplette Untersuchung der Konstruktionsanalyse einschließlich Lastberechnungen für die entsprechende Offshore-Umgebung und die tragende Struktur notwendig. Alle erforderlichen Werkstoff- und Komponententests – wie oben genannt – sowie der Nachweis über die Inbetriebnahme einer der ersten WEA sind notwendig. Nach Beendigung des Prozesses stellt die Zertifizierungsstelle eine Konformitätsbescheinigung für das A-Design Assessment aus.

---

740 IEC TS 61400-23: Wind Turbine Generator Systems – Part 23: Full Scale Structural Testing of Rotor Blades, 2001-04.

741 IEC TR 61400-24: Wind Turbine Generator Systems – Part 24: Lightning Protection.

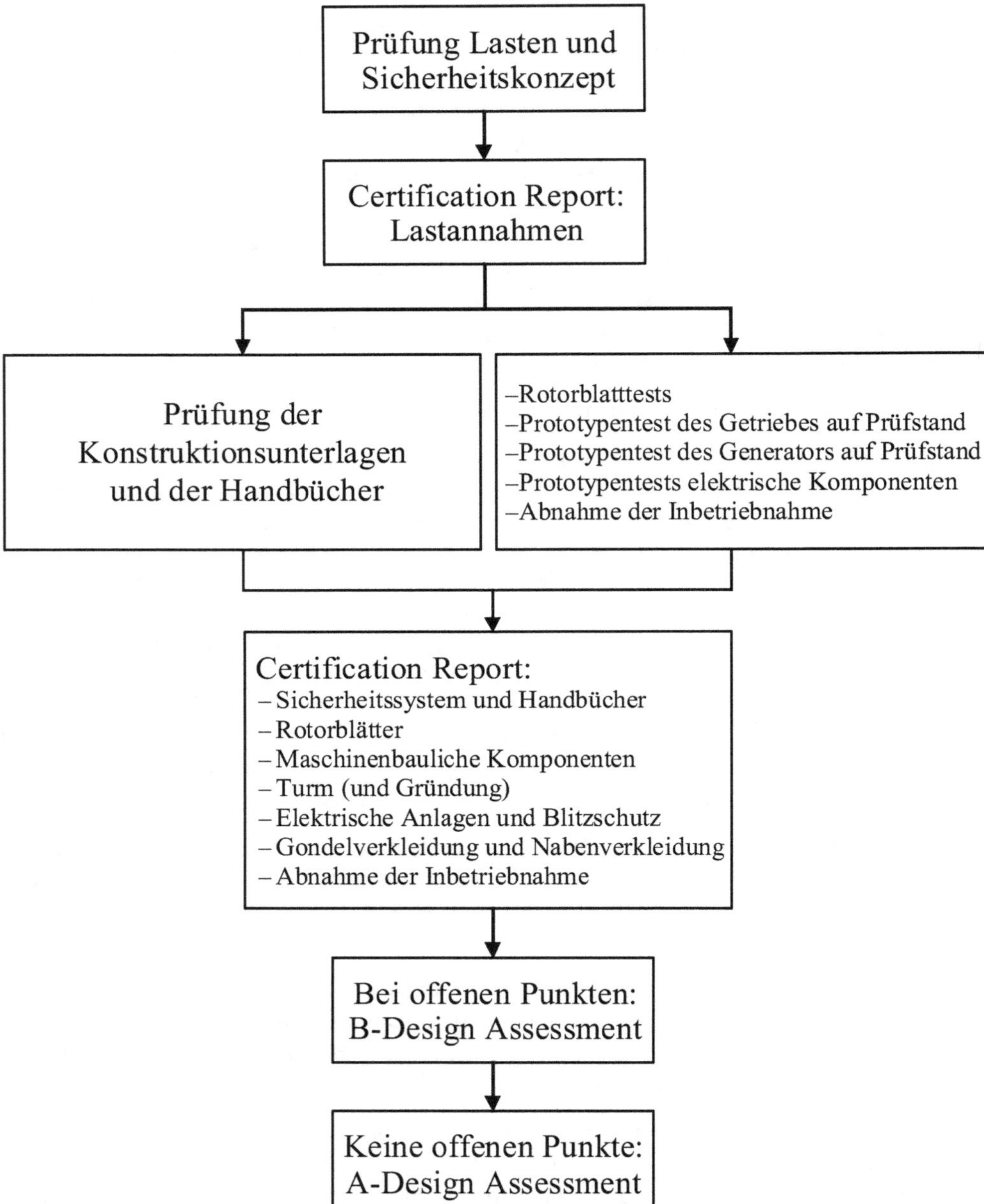

Abbildung 57: Ablauf für das A- und B-Design Assessment[742]

[742] Germanischer Lloyd: Guidelines for the Certification of Offshore Wind Turbines, Edition 2012.

Das B-Design Assessment wird bisweilen ausgestellt, wenn offene Punkte, die nicht direkt sicherheitsrelevant sind, noch ausstehen. Auch hiermit werden häufig finanzierungs- oder versicherungstechnische Anfragen vor Ausstellung des unbegrenzt gültigen A-Design Assessments befriedigt. Das B-Design Assessment hat eine Gültigkeitsdauer von einem Jahr. In diesem Zeitraum müssen alle installierten WEA dieses Typs der Zertifizierungsstelle genannt und die Anforderungen in Bezug auf die offenen Aspekte zum A-Design Assessment erfüllt werden.

Das A-Design Assessment wird ausgestellt, wenn keine offenen Punkte mehr vorhanden sind und die Komponententests auf dem Teststand vollständig durchgeführt wurden. Das A-Design Assessment ist unbegrenzt gültig, solange die Konstruktion bezüglich der Anforderungen nicht verändert wird.

Die vollständige Prüfung einer tragenden Struktur (Turm, Unterstruktur und Gründung) ist innerhalb des Prüfungsumfangs des A-Design Assessments für Offshore-WEA optional. Allerdings muss der dynamische Einfluss der tragenden Struktur in den Lastannahmen selbstverständlich berücksichtigt werden. Später im sogenannten Projektzertifikat werden diese tragenden Strukturen dann einer standortspezifischen vollständigen Prüfung unterzogen. Zudem wird selbstverständlich überprüft, ob diese tragenden Strukturen denn Annahmen im A-Design Assessment entsprechen. Nach erfolgreicher Bewertung werden die Konformitätsbescheinigung für das Design Assessment und die entsprechenden Zertifizierungsberichte (Certification Reports) über Lastannahmen, Sicherheitssystem, Rotorblätter, maschinenbauliche Komponenten, Turm, Unterstruktur und Gründung, elektrische Anlagen, Inbetriebnahme sowie Gondel- und Nabenverkleidung ausgestellt.

2) Umsetzung der konstruktiven Anforderungen in der Fertigung und Montage
Es muss sichergestellt werden, dass die in der technischen Dokumentation genannten Anforderungen bezüglich der Komponenten bei Produktion, Montage und Errichtung (Implementation of design-related requirements in Production and Erection = IPE) eingehalten werden. Die entsprechende IPE-Bewertung erfordert eine einmalige und abschließende Überprüfung durch Inspektionen, um nachzuprüfen, dass mindestens eine WEA gemäß den Konstruktionsanforderungen des A-Design Assessments der Zertifizierung hergestellt wird.

Bewertet werden u.a. Werkstattzeichnungen und -anweisungen, Einkaufsspezifikationen, Installationsanweisungen, Produktionsmethoden, Qualifikation der Mitarbeiter, Werkstoffzertifikate und Prüfungen bei der Herstellung.

Für alle tragenden Strukturen und sicherheitstechnisch funktionellen Komponenten ist eine IPE-Prüfung notwendig. Wenn Abweichungen von der Zertifizierungsdokumentation (A-Design Assessment) vorkommen, können weitere Besichtigungen und Maßnahmen erforderlich werden. Die Anforderungen für die Konformitätsbewertung von Design, Werkstätten und besonderen Produktionstechniken in dieser Prüfung bilden somit ein notwendiges Modul des (Typen-)Zertifizierungsprozesses.

3) Qualitätsmanagementsystem
Die Bewertung des Hersteller-Qualitätsmanagements deckt die gesamte Bandbreite von notwendigen Schritten zur Bestätigung der Produktqualität ab. Die Zertifizierung des Qualitäts-

Managementsystems des Herstellers gemäß DIN EN ISO 9001[743] (einschließlich der Konstruktion) deckt einen großen Teil dieser Anforderungen ab. Auf die Verbindung zwischen Qualitätsmanagement und Produktqualität wird während der IPE-Prüfung gesondert geachtet.

4) Prototypentest

Um die Konstruktionsberechnungen zu bewerten, das Steuerungs-, Leistungs- und Geräuschverhalten zu prüfen und das Betriebsführungs- und Sicherheitssystem zu überprüfen, wird der Prototyptest zu einem integrativen Teil des Konstruktions- und Zertifizierungsprozesses. Die WEA, an denen Messungen, Getriebe- und Generatortests durchgeführt werden, müssen mit der Konstruktion übereinstimmen, für die die Konstruktionsbewertung ausgestellt wird. Die in Tabelle 22 genannten Elemente des Prototyptests sollten durch Messungen auf Basis der entsprechenden Vorschriften belegt werden. Für die Einbindung von Messungen in den Zertifizierungsprozess müssen (i) die Messungen entweder durch unabhängige Stellen, akkreditiert gemäß ISO/IEC 17025[744] vorgenommen werden, oder (ii) die Zertifizierungsstelle oder ein akkreditiertes Labor muss den Messaufbau und die Kalibrierung bezeugen und bestätigen und Plausibilitätstests durchführen.

Tabelle 22: Elemente für Prototyptests und entsprechende Vorschriften

Elemente der Prototypentests	**anwendbare Vorschriften oder Richtlinien**
Leistungskurve	IEC 61400-12[745]
Geräuschemissionen (i.d.R. optional)	IEC 61400-11[746]
Einwirkungen, Lasten und Beanspruchung, dynamisches Verhalten	IEC TS 61400-13[747]
Elektrische Eigenschaften	IEC 61400-21[748]
Rotorblatttests	IEC TS 61400-23[749]
Prototypen-Testlauf des Getriebes auf der WEA	GL[750]
Inbetriebnahme, Sicherheit und Funktionstest	GL[751]

Die an einer Prototypen-Anlage onshore durchgeführten Prototypentests sind im Allgemeinen auch ausreichend für die Anforderungen eines Prototypentest einer Offshore-Anlage.

743 DIN EN ISO 9001, 2000-12, Quality management systems – Requirements (ISO 9001:2000); Trilingual version EN ISO 9001:2000.

744 DIN EN ISO/IEC 17025, Publication date: 2005-08, General requirements for the competence of testing and calibration laboratories (ISO/IEC 17025:2005).

745 IEC 61400-12: Wind Turbine Generator Systems – Part 12: Wind Turbine Power Performance Testing, 1998-02.

746 IEC 61400-11: Wind Turbine Generator Systems – Part 11: Acoustic Noise Measurement Techniques, 1998-09.

747 IEC TS 61400-13: Wind Turbine Generator Systems – Part 13: Measurements of Mechanical Loads, 2001-06.

748 IEC 61400-21: Wind Turbine Generator Systems – Part 21: Power Quality Requirements for Grid Connected Wind Turbines, 2003-02.

749 IEC TS 61400-23: Wind Turbine Generator Systems – Part 23: Full Scale Structural Testing of Rotor Blades, 2001-04.

750 Germanischer Lloyd: Guidelines for the Certification of Offshore Wind Turbines, Edition 2012.

751 Siehe Fn. 750.

Wenn eine Onshore-Prototypenanlage für die Prototypentests verwendet wird, ist es ratsam, einen Standort nahe an der Küste zu wählen, so dass die Seeklima- und -windbedingungen vergleichbar sind. Zudem ist eine frühzeitige Abstimmung unter Anlagenherstellern, Zertifizierern und Messlabor hilfreich.

Lastmessungen sind ein zentraler Teil innerhalb der Bewertung eines Prototypentests. Die Messungen werden mit den simulierten Lasten des Design Assessments verglichen. In diesem Zusammenhang werden hauptsächlich transiente Lastsituationen (wie Start- und Stoppprozedur, Not-Aus) und die Betriebslasten validiert. Da die Windbedingungen am Prototypenstandort, sei es onshore oder offshore, im Allgemeinen abweichen von den im Design Assessment angenommenen normalen Bedingungen, müssen für einen korrekten Vergleich ggf. neue Lastsimulationen unter Verwendung der standortspezifischen Windbedingungen durchgeführt werden.

Wie auch immer häufiger freiwillig bei onshore WEA-Zertifizierungen ist bei Offshore-WEA die Überprüfung des Condition Monitoring Systems[752] verbindlich und wird auf einer der ersten WEA inspiziert.

IEC 61400-22

Die IEC hat ein Zertifizierungssystem für WEA entwickelt, welches in der 61400-22[753] beschrieben wird. Es legt Verfahrens- und Managementvorschriften für die Durchführung der Konformitätsbewertung von WEA und Windparks in Bezug auf die Sicherheit, Zuverlässigkeit, Leistung, Prüfung und Wechselwirkung mit elektrischen Netzen fest. Abbildung 58 gibt einen Überblick über die Module für Typenzertifizierungen gemäß diesem System. Sobald alle Module durch einen Prüfbericht abgeschlossen wurden, wird die Dokumentation der Ergebnisse in der Abschlussbewertung zusammengefasst. Die Abschlussbewertung umfasst auch die Beurteilung der Handbücher und die Vorbereitungen zur Ausstellung des Typenzertifikats.

Die erfolgreiche Bewertung der einzelnen Module schließt mit der Konformitätsbescheinigung der Zertifizierungsstelle ab.

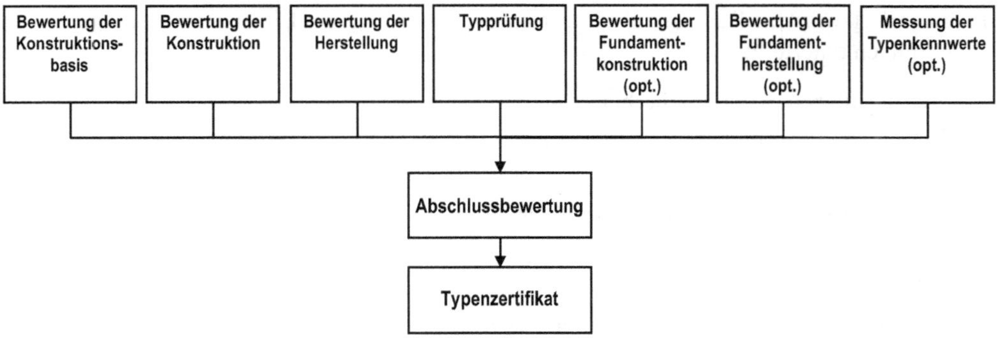

Abbildung 58: Module für die Typenzertifizierung nach IEC 61400-22 [753]

[752] Germanischer Lloyd: Guideline for the Certification of Condition Monitoring Systems for Wind Turbines, Edition 2007.

[753] IEC 61400-22, Wind turbines – Part 22: Conformity testing and certification, 2010-05-31.

Auch gemäß der IEC 61400-22 sind Prototyp-Zertifikate neben der Bewertung in Abbildung 58 (Prototyp-Assessment) möglich. Verglichen mit dem C-Design-Assessment nach GL ist hier der Prüfumfang als auch die Tiefe größer und entspricht in weiten Teilen einem B-Design-Assessment nach GL Richtlinie.

1) Bewertung der Konstruktionsbasis (Design Basis)

Der Zweck der Bewertung der Konstruktionsbasis ist die Überprüfung, ob diese ordnungsgemäß dokumentiert und für eine sichere Konstruktion des WEA-Typs angemessen ist. Sie soll alle Anforderungen, Annahmen und Methoden beinhalten, die für die Konstruktion und die Dokumentation der Konstruktion maßgebend sind. Dazu gehören Vorschriften und Normen, Konstruktionsparameter, getroffene Annahmen, verwendete Methoden und Grundsätze sowie Anforderungen an Herstellung, Transport, Installation, Inbetriebnahme, Betrieb und Instandhaltung. Dabei wird auf die Normen IEC 61400-1[754] für Onshore-WEA oder IEC 61400-3[755] für Offshore-WEA u.a. verwiesen.

Folgende Inhalte sind typisch für die Konstruktionsbasis:

- Lastfälle
- Teilsicherheitsbeiwerte und Lastreduktionsfaktoren
- Belastungen und Werkstoffe
- Simulationsdauer sowie Anzahl der Simulationen
- Verfahren für eine Analyse des Extremlast- und Betriebsfestigkeitsverhaltens
- für die Installation zutreffende Umgebungsbedingungen
- Umfang und Häufigkeit von Inspektionen
- Solllebensdauer von Komponenten, Systemen und Konstruktionen
- Anforderungen an Zustandsüberwachungssysteme.

2) Bewertung der Konstruktion

Die Bewertung der Konstruktion soll feststellen, ob Entwurfsannahmen, spezifische Normen und weitere technischen Anforderungen bei der Konstruktion eingehalten und entsprechend dokumentiert wurden. Das Modul Konstruktionsbewertung wird in die unten aufgeführten Bewertungen unterteilt:

- Betriebsführungs- und Sicherheitssystem
- Lasten und Lastfällen
- Rotorblätter
- Mechanische und konstruktive Komponenten
- Elektrische Komponenten
- Gehäuse und Verkleidungsbauteile
- Anforderungen an die Fundamentkonstruktion
- Komponentenprüfungen
- Herstellungsprozess

754 IEC 61400-4: Wind turbines – Design and specification for gearboxes (in preparation).

755 IEC 61400-3: Wind turbines – Part 3: Design requirements for offshore wind turbines, February 2009.

- Transportprozess
- Installations- und Montageprozess
- Instandhaltungsprozess
- Sicherheit von Personen/Arbeitssicherheit
- Sie entspricht in weiten Teilen dem A-Design Assessment der vorher vorgestellten GL-Richtlinien. Vor allem die Herstellungs-, Transport- und Installationsprozesse sollen hier frühzeitig spezifiziert werden. In der GL-Richtlinie wird dieser Schritt erst zu einem späteren Zeitpunkt, generell im IPE-Assessment und standortspezifisch im Projektzertifikat geprüft.

3) Typentests
Die Typentests sollen u.a. folgende Informationen liefern:

- Angaben für die Überprüfung des Leistungsverhaltens
- Sicherheitsrelevante Aspekte, die experimentell zu überprüfen sind
- Aspekte, die durch Berechnungen nicht zuverlässig ermittelt werden können

Typentests umfassen folgende Prüfungen:

- Sicherheits- und Funktionsprüfungen
- Messungen des Leistungsverhaltens
- Beanspruchungsmessungen
- Rotorblattprüfungen

Durch das Ausstellen der Konformitätsbescheinigung für die Typentests bestätigt die Zertifizierungsstelle, dass die vorgelegten Prüfungen und Prüfergebnisse zu einer WEA oder WEA-Komponente gehören, die repräsentativ für den zu zertifizierenden Typ sind.

4) Bewertung der Herstellung
Bei der Bewertung der Herstellung wird geprüft, ob ein bestimmter WEA-Typ entsprechend den Konstruktionsunterlagen so hergestellt wird, wie bei der Bewertung der Konstruktion dargelegt wurde. Diese Bewertung schließt die Bewertung des QM-Systems und die Inspektion der Herstellung ein.

Die Anforderungen an die Bewertung des QM-Systems sind erfüllt, wenn das QM-System nach ISO 9001 zertifiziert ist. Liegt keine Zertifizierung für das QM-System vor, muss eine Bewertung entsprechend durchgeführt werden.

Die Bewertung der Herstellung kann nur durchgeführt werden, wenn mindestens ein repräsentativer Prüfling für den zu zertifizierenden Typ gefertigt wurde. Es muss sichergestellt werden, dass kritische Komponenten und kritische Herstellungsprozesse bei der Produktion und der Montage berücksichtigt und umgesetzt werden.

Zu den Komponenten, die normalerweise zu inspizieren sind, gehören u.a. Rotorblätter, Rotornabe, Rotorwelle, Hauptlager, Pitch- und Yaw-Lager, Getriebe, Arretierungseinrichtungen und mechanische Bremse, Generator, Transformator, Maschinenträger, Generatorträger, Turm, usw.

Die Bewertung der Herstellung entspricht in weiten Teilen dem IPE-Assessment der vorher vorgestellten GL-Richtlinie.

5) Bewertung der Fundamentkonstruktion
Die Bewertung der Fundamentkonstruktion ist optional und dient dazu, eine oder mehrere Fundamentkonstruktionen in das Typenzertifikat aufzunehmen. Bei der Bewertung durch die Zertifizierungsstelle wird geprüft, ob bei der Konstruktion die vereinbarten Normen und Vorschriften eingehalten wurden. In diesem Verfahren wird die tragende Struktur gemäß Abbildung 55 erst plausibel angenommen und häufig vollständig standortspezifisch geprüft und zertifiziert.

Bei einer Offshore-WEA muss der Umfang der Bewertung der Fundamentkonstruktion die Unterkonstruktion einschließen, die das Fundament mit dem Turm verbindet. Je nach Ausführung sind hier verschiedene Disziplinen gefragt.

Die Zertifizierungsstelle wird fordern, dass die Bewehrung, die Ausführung des Betons und die Bauablaufpläne Bestandteil der Konstruktionsunterlagen des Fundamentes sind.

6) Bewertung der Fundamentherstellung
Auch bei diesem optionalen Modul muss sichergestellt werden, dass die bei der Bewertung der Konstruktion festgestellten Anforderungen in Bezug auf kritische Herstellungsprozesse bei der Herstellung berücksichtigt und umgesetzt werden. Die Zertifizierungsstelle muss bei einer Inspektion überprüfen, dass mindestens ein repräsentativer Prüfling nach der zu zertifizierenden Konstruktion hergestellt wurde.

Bei der Erneuerung des Zertifikates muss die Inspektion der Herstellung wiederholt werden.

7) Messungen der Typenkennwerte
Der Zweck der Messung der Typenkennwerte ist der Nachweis der leistungsbezogenen Kennwerte des WEA-Typs mit Ausnahme der Messung des Leistungsverhaltens, die ein notwendiges Element der Typtests ist. Diese ebenfalls für die Typenprüfung optionalen Messungen können vom Antragsteller ausgewählt werden und müssen nach den entsprechenden Normen der IEC 61400-Reihe durchgeführt werden. Die Messungen der Typenkennwerte umfassen ein oder mehrere Elemente:

- Prüfungen der Netzverträglichkeit
- Prüfung des Verhaltens bei Spannungseinbrüchen
- Geräuschmessungen

Die Messungen müssen von einem akkreditierten Prüflabor vorgenommen werden oder die Zertifizierungsstelle muss überprüfen, dass die Stelle, die die Messungen durchführt, mindestens die Kriterien nach ISO/IEC 17025 oder ISO/IEC 17020, wie zutreffend, erfüllt.

Die ausgestellte Konformitätsbescheinigung bestätigt, dass die Messungen entsprechend den zutreffenden Prüfverfahren und Normen durchgeführt wurden.

4.3.3.4 Projektzertifizierung

GL Richtlinie

Die Projektzertifizierung deckt die Aspekte Standortprüfung, Produktionsüberwachung, Transport und Errichtung, Überwachung der Inbetriebnahme und regelmäßige Überprüfung

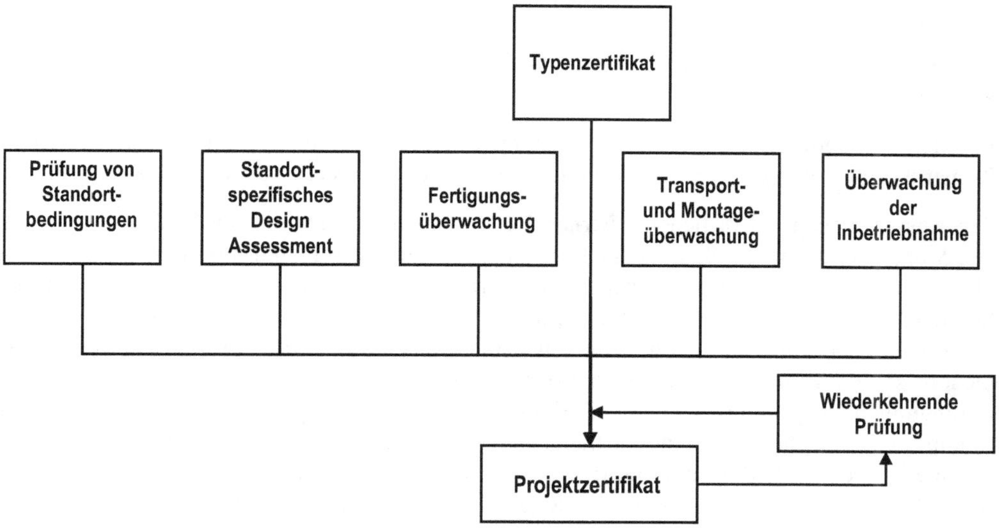

Abbildung 59: Module der Projektzertifizierung nach GL[756]

ab, siehe Abbildung 59. Nach erfolgreicher Bewertung dieser Module wird das Projektzertifikat ausgestellt. Die Projektzertifizierung wird durchgeführt für WEA mit Typenzertifizierung, die an Onshore- oder Offshore-Standorten errichtet werden sollen. Neben der WEA schließt sie weitere Bestandteile des Windparks, wie z.B. Kabel oder eine Transformatorstation, i.d.R. mit ein. Der Zweck einer Projektzertifizierung ist es, u.a. zu beurteilen, ob typenzertifizierte WEA und insbesondere die Konstruktion der tragenden Strukturen, geeignet sind für die für diesen speziellen Standort relevanten Anforderungen und die damit verbundene Bauausführung. Die Bewertung wird auch dann durchgeführt, wenn die Wind- und Seebedingungen, andere Umweltbedingungen, Gegebenheiten des elektrischen Netzes und Bodeneigenschaften schlechter sind, als in der Konstruktionsdokumentation angegeben. Grundsätzlich ist die Projektzertifizierung vorgesehen für Projekte, die mehr als eine einzelne WEA umfassen, wie etwa Onshore- und Offshore-Windparks. Diese Zertifizierung schließt alle notwendigen Installationen, wie Messmasten, Versorgungskabel, Kraftübertragung, Trafostationen, Plattformen usw. in der Regel ein.

1) Prüfung von Standortbedingungen

Die Prüfung von Standortbedingungen kann auf Basis der GL-Richtlinien[757] durchgeführt werden. Für den gewählten Standort sollten folgende Bedingungen durch Messungen bewertet und auf Entsprechungen mit Langzeit-Aufzeichnungen von Wetterstationen oder aus theoretischen oder anders gewonnenen Daten (z.B. aus Normen, im Fall von Erdbeben) geprüft werden:

- Windbedingungen
- Seebedingungen

756 Germanischer Lloyd: Guidelines for the Certification of Offshore Wind Turbines, Edition 2012.

757 Siehe Fn. 756.

- Bodenbeschaffenheit
- andere Umweltbedingungen (Strömungen, Temperatur, steigende Wasserstände, usw.)
- elektrische Bedingungen

Bei der Standortprüfung sollten die Standortbedingungen mit denen in der allgemeinen Konstruktionsprüfung als Teil der Typenzertifizierung verwendeten abgeglichen werden.

Die Auswirkungen der örtlichen externen Bedingungen und des lokalen Einflusses anderer WEA und Strukturen am Standort müssen untersucht werden. Es muss gezeigt werden, dass die externen Bedingungen nicht kritisch im Verhältnis zu denen sind, die bei der Konstruktion der WEA angenommen wurden. Wenn am Standort Bedingungen herrschen, die zu größeren Lasten oder ungünstigeren Situationen führen, als die bei der Konstruktion angenommenen, so muss eine Konstruktionsbewertung unter Anwendung der standortspezifischen Bedingungen vorgenommen werden. Wenn die Standortbedingungen zu größeren Lasten führen, müssen zusätzliche Untersuchungen oder Veränderungen am Anlagenentwurf vorgenommen werden, um die Integrität des Entwurfs für den betreffenden Standort zu belegen. Besondere Offshore-WEA-Varianten wie „cold climate" (für Standorte mit sehr niedrigen Temperaturen) und Eisgang müssen evtl. auch bewertet werden. Die allgemeine Konstruktionsbewertung der Typenprüfung wird somit weiterentwickelt zu einer standortspezifischen Konstruktionsprüfung.

2) Standortspezifisches Design Assessment
In Abhängigkeit von den externen Bedingungen am Standort sollte das standortspezifische Design Assessment in folgenden Bewertungsschritten durchgeführt werden:

- Standortspezifische Lastannahmen
- Vergleich von standortspezifischen Lasten mit denen der Typenzertifizierung
- Standortspezifische tragende Struktur (z.B. Turm, Unterkonstruktion und Gründung)
- Anpassungen des Maschinenbauteils und der Rotorblätter in Beziehung zur Typenzertifizierung, wenn Veränderungen vorgenommen wurden
- Berechnung von Reserven für den Maschinenteil und die Rotorblätter wenn Lastvergleiche größere Lasten aufzeigen als die für die typenzertifizierten Maschinenbaukomponenten
- Wartungsplan (z.B. Wetterfenster, Zugangsmöglichkeit und -systeme)
- eventuell zusätzliche Standortbedingungen (z.B. Eisgang, Erdbeben)

3) Fertigungsüberwachung
Bevor die Fertigungsüberwachung beginnt, müssen bestimmte Qualitätsmanagement-Anforderungen durch die Hersteller erfüllt werden. In der Regel sollte das QM-System gemäß ISO 9001[758] zertifiziert sein; falls nicht, müssen die QM-Maßnahmen durch die Zertifizierungsstelle der Typenzertifizierung geprüft werden. Der Umfang der Fertigungsüberwachung und die Anzahl der zu überwachenden Prüflinge hängt vom Standard der Qualitätsmaßnahmen und den so genannten kritischen Fertigungsprozessen (cmp = critical manufacturing process) ab. Die kritischen Fertigungsprozesse sind weitestgehend im Typenzertifikat definiert worden. Diese und standortbezogene cmp müssen mit der Zertifizierungsstelle vereinbart werden. Vor

---

758 DIN EN ISO 9001, 2000-12, Quality management systems – Requirements (ISO 9001:2000); Trilingual version EN ISO 9001:2000.

der Fertigungsüberwachung müssen die notwendigen Bewertungen und Genehmigungen der Werkstätten, Werkstoffe und Verfahren durchgeführt werden.

Konstruktionszeichnungen und Schweißspezifikationen werden auf Übereinstimmung mit den Konstruktionsdokumenten (Zeichnungen und vorläufige Schweißanweisungen), die für die Konstruktionsbewertung eingereicht wurden, abgeglichen.

Die Überwachung kann aufgeteilt werden in die Maßnahmen in den Fertigungswerkstätten und jene am Errichtungsstandort. Der Umfang der Überprüfung in den Werkstätten der Hersteller hängt zum großen Teil von den eingesetzten Werkstoffen und Fertigungsprozessen der hergestellten Komponenten ab. Die Fertigung wird im Allgemeinen durch Stichproben überwacht, deren Umfang mit dem Zertifizierer im Vorwege abgestimmt worden ist. Wichtige Prozesse und abschließende Tests werden in der Regel immer überwacht.

4) Transport- und Montageüberwachung
Am Errichtungsstandort müssen die wichtigen Schritte während der Montage der tragenden Struktur und der Windturbine überwacht werden. Zuvor muss der Transport der Komponenten vom Werk des Herstellers zum entsprechenden Standort überwacht werden. Bevor die Arbeiten beginnen, wurde ein Montagehandbuch erstellt, welches alle Maßnahmen unter Berücksichtigung der besonderen Umstände an dem Standort enthält. Dies wird auf Eignung für die bewertete Konstruktion und die vorherrschenden Transport- und Errichtungsbedingungen (Klima, Arbeitsplanung usw.) vom Zertifizierer vor der Montage grundsätzlich und auch dem entsprechenden Standort entsprechend geprüft.

Außerdem muss ein Positionsplan der Offshore-WEA erstellt werden, zusammen mit Plänen für die Elektroinstallation, die zeigen, wie die Anlage an das Energienetz angeschlossen wird. Der Umfang der Überwachung hängt zudem vom QM-Standard der an Transport und Errichtung beteiligten Unternehmen ab.

5) Überwachung der Inbetriebnahme
Die Überwachung der Inbetriebnahme stellt einen grundlegenden Teil des Zertifizierungsprozesses während des Übergangs vom Bau zum Betrieb dar und muss für alle WEA des Offshore-Windparks durchgeführt werden. Damit soll bestätigt werden, dass die Offshore-WEA betriebsbereit ist und alle anwendbaren Vorschriften und Anforderungen erfüllt. Während der Inbetriebnahme, die gemäß den zuvor geprüfter Verfahren erfolgt, müssen alle für den Betrieb und die Sicherheit relevanten Komponenten untersucht und getestet werden. Vor der Inbetriebnahme sollte der Zertifizierungsstelle ein Start-Up-Handbuch zusammen mit allen geplanten Tests zur Prüfung übergeben werden. Die Inbetriebnahme wird unter Überwachung der Zertifizierungsstelle durchgeführt.

Im Laufe der Inbetriebnahme sollten ausgewählte Tests aus dem Inbetriebnahme-Handbuch durchgeführt werden, wobei der Schwerpunkt auf Sicherheitstest und dem Turbinenverhalten liegen.

Dies schließt folgende Tests und Maßnahmen ein:

- Funktion der Notaus-Schalter
- Auslösen der Bremssysteme bei jeder möglichen Bedingung während des Betriebs
- Funktion des Windnachführungssystems

- Verhalten bei Lastverlust
- Verhalten bei Überdrehzahl
- Funktion des automatischen Betriebs
- Sichtinspektion der gesamten Offshore-Installation
- Überprüfen der Logik der Anzeigen des Kontrollsystems

6) Wiederkehrende Prüfung
Um die Gültigkeit des Projektzertifikats aufrecht zu erhalten, müssen Wartungen der Offshore-WEA in Übereinstimmung mit dem genehmigten Wartungshandbuch durchgeführt werden, und der Zustand der Installation muss regelmäßig durch die Zertifizierungsstelle überprüft werden. Wartungsarbeiten müssen von autorisiertem Personal durchgeführt und dokumentiert werden. Die Zeitabstände für Wartungen hängen von mehreren Parametern ab, wie z.B. der Wichtigkeit einer Komponente, dem Zustand des gesamten Systems und den Wartungsverfahren oder anderen Anforderungen, je nach Einzelfall. Regelmäßige Wartungsintervalle müssen im Inspektionsplan festgelegt und mit der Zertifizierungsstelle geprüft und abgestimmt sein.

In der Regel beträgt das regelmäßige Wartungsintervall vier Jahre. Dieses Intervall kann je nach Zustand der Installation verändert werden. Jeder Schaden oder größere Reparaturen müssen der Zertifizierungsstelle gemeldet werden. Damit das Zertifikat seine Gültigkeit behält, müssen relevante Veränderungen genehmigt werden. Der Umfang, in dem diese Arbeit überwacht wird, ist zu vereinbaren und wird ebenfalls von den Wartungsaufzeichnungen bestimmt und von der Zertifizierungsstelle durchgesehen.

Bei der Durchsicht der Inspektionsberichte der Offshore-WEA müssen auch der Kolkschutz, das Seebodenniveau, die Unterwasserstruktur und der Spritzwasserbereich überprüft werden. Die Struktur im Spritzwasserbereich muss einer Sichtprüfung hinsichtlich Korrosion, Bewuchs und Schäden, z.B. durch Kolk, unterzogen werden. Werden Schäden gefunden, können auch Taucher-Inspektionen notwendig sein. Messungen der Plattendicke können notwendig sein, an Stellen mit übermäßiger Korrosion. Betonoberflächen müssen auf Risse, Abrieb, Abschuppen und jegliches Anzeichen von Korrosion am Bewehrungsstahl inspiziert werden, insbesondere im Spritzwasserbereich und an bereits reparierten Stellen. Eine Reinigung der Oberfläche vom Bewuchs kann notwendig sein. Die Art, der Ort und der Umfang des Korrosionsschutzes (z.B. Beschichtungen, Kathodenschutzsystem usw.) und seine Effektivität sowie Reparaturen oder Erneuerungen werden bewertet.

Wiederkehrende Prüfungen müssen durch WEA-Experten durchgeführt werden, die durch die Zertifizierungsstelle anerkannt sind. Die Experten sollten über notwendige technische Kenntnisse für die Bewertung der gesamten WEA verfügen. Die Experten müssen unabhängig sein und Zugang zu relevanten technischen Unterlagen der WEA haben.

IEC 61400-22

Die Projektzertifizierung stellt für einen spezifischen Standort sicher, dass typenzertifizierte WEA und deren spezielle Fundamentkonstruktionen den Anforderungen entsprechen, die von standortspezifischen externen Bedingungen bestimmt werden, und sich in Übereinstimmung mit den geltenden örtlichen Vorschriften und weiteren für den Standort zutreffenden Anforderungen befinden. Die Projektzertifizierung kann auch die Übereinstimmung anderer

Installationen in Bezug auf den Windpark bestätigen. Die Zertifizierung muss bestätigen, dass die Wind-, weitere Umgebungs- und die elektrischen Netzbedingungen sowie die Bodenverhältnisse am Standort mit den Bedingungen im Einklang stehen, die in den Konstruktionsunterlagen für die WEA-Typen und die Fundamenttypen bzw. ggf. weitere Bestandteile des Parks wie Kabel oder Trafostationen festgelegt sind.

Mit der Projektzertifizierung wird außerdem bestätigt, dass Installation und Inbetriebnahme in Übereinstimmung mit spezifischen Normen und weiteren technischen Anforderungen erfolgt sind und dass die WEA in Übereinstimmung mit den betreffenden Handbüchern betrieben und instand gehalten wird.

Im Sinne der Norm dürfen die Zertifikate und Konformitätsbescheinigungen für die Projektzertifizierung nur für Windparks erteilt bzw. ausgestellt werden, deren WEA entsprechend den in Abschnitt 8 aus der Norm 61400-22[759] angegebenen Kriterien typenzertifiziert sind.

Alle folgenden Bewertungen werden bei Erfolg mit einer Konformitätsbescheinigung abgeschlossen.

1) Bewertung der Standortbedingungen
Die Bewertung der Standortbedingungen untersucht die Umgebungsbedingungen, die elektrischen Bedingungen und die Bodenverhältnisse an einem Standort auf Übereinstimmung mit den Parameterwerten in den Konstruktionsunterlagen.

Die Standortbedingungen sind in folgende Kategorien eingeteilt:

- Windbedingungen
- weitere Umgebungsbedingungen
- Erdbebenbedingungen
- elektrische Netzbedingungen
- geotechnische Verhältnisse

Für Offshore-Standorte werden diese Bedingungen ergänzt durch:

- Meeresbedingungen und
- Wetterfenster und wetterbedingte Pausenzeiten

Die Beurteilung der Standortbedingungen beruht auf standortspezifische Messungen, die durch numerische Analysen und/oder geltende Normen oder Verfahren, die für den Installationsort zutreffen, unterstützt werden. Standortspezifische Messungen müssen gewöhnlich mit Daten nahe gelegener Standorte korreliert werden, für die Langzeitmessungen vorliegen. Die Dauer für standortspezifische Messungen muss ausreichend lang sein, um zuverlässige Werte zu erzielen und jahreszeitbedingte Variationen zu berücksichtigen.

2) Bewertung der Konstruktionsbasis
Der Zweck der Bewertung der Konstruktionsbasis ist die Untersuchung, ob die Konstruktionsbasis ordnungsgemäß dokumentiert ist und für eine sichere Konstruktion und Ausführung des Projektes ausreicht.

[759] IEC 61400-22, Wind turbines – Part 22: Conformity testing and certification, 2010-05-31.

Die Konstruktionsbasis muss alle zutreffenden allgemeinen Konstruktionsaspekte und -parameter umfassen, die bei den Berechnungen anzuwenden sind. Sie muss weiterhin die Konstruktionsgrundsätze und -methoden beschreiben, die zutreffenden Herstellungs-, Transport-, Installations- und Inbetriebnahmeanforderungen sowie die zutreffenden Betriebs- und Instandhaltungsanforderungen enthalten.

3) Bewertung der standortspezifischen Konstruktion
Die standortspezifische Konstruktion der WEA muss auf Übereinstimmung mit der Konstruktionsbasis bewertet werden. Zusätzlich zu den Wind- und Meeresbedingungen können weitere externe Bedingungen (z.B. Erdbeben, Vereisung) die Standsicherheit der WEA beeinflussen.

Die Bedingungen und Beschränkungen für die Typenzertifizierung der WEA müssen mit den tatsächlichen Standortbedingungen, die in der Konstruktionsbasis angegeben sind, verglichen werden.

4) Bewertung der Konstruktion
Zu einem Projekt gehören in der Regel weitere Installationen wie Trafostationen, Kabel usw., deren Ausführung bewertet werden kann. Die Ausführung solcher weiteren Installationen muss auf Übereinstimmung mit den Normen und sonstigen Spezifikationen in der genehmigten Konstruktionsbasis sowie mit standortspezifischen Belastungen und Bedingungen bewertet werden.

5) Herstellungsüberwachung
Zusätzlich zu den während der Typenzertifizierung durchgeführten Messungen und Bewertungen umfasst die Projektzertifizierung weitere Inspektions-/Auditierungstätigkeiten (Überwachung) zum Nachweis dafür, dass die Herstellung der WEA für das spezifische Projekt nach der genehmigten Konstruktion und mit der vorgesehenen Qualität erfolgt.

Der Umfang von Inspektionen und Audits, die für die Projektzertifizierung durchzuführen sind, wird für jedes einzelne Projekt und jeden einzelnen WEA-Typ beurteilt und vereinbart.

6) Messungen der Projektkennwerte
Der Zweck der Messungen von Projektkennwerten innerhalb der Projektzertifizierung ist die Ermittlung des Leistungsverhaltens einer bestimmten WEA oder eines WEA-Projektes an einem bestimmten Standort. Die Messungen umfassen ein oder mehrere Elemente:

- Netzverträglichkeit nach den Netzanschlussregeln
- Überprüfung des Leistungsverhaltens
- Überprüfung der Geräuschemission

Eine Konformitätsbescheinigung bestätigt, dass die Messungen und Berichte nach den zutreffenden Verfahren und Normen der IEC 61400-Reihe durchgeführt wurden.

7) Transport- und Installationsüberwachung
Die Transport- und Installationsüberwachung soll die Übereinstimmung mit den Anforderungen der Konstruktionsbasis und die Belastungen der Komponenten und Teilsysteme der WEA beim Transport und bei der Installation nachweisen. Mögliche Transport- und/oder Handhabungsbeschädigungen müssen dabei identifiziert werden.

Die Komponenten sind im Hinblick auf Beschädigungen, die beim Transport und bei der Handhabung eintreten können, zu untersuchen. Für Offshore-Projekte muss die Überwachung:

- die Überwachung des Seetransportes,
- die Einhaltung der zulässigen Wetterbedingungen bei Transport und Installation und
- die Einhaltung der Installationsverfahren der Tragkonstruktion und der WEA umfassen.

Sämtliche Aktivitäten und Maßnahmen bezüglich Überprüfung, Inspektion und Überwachung müssen mit entsprechenden Berichten vom Projektierer dokumentiert und vom Zertifizierer geprüft werden.

8) Überwachung der Inbetriebnahme
Die Überwachung der Inbetriebnahme soll den Nachweis dafür liefern, dass die projekt- und standortspezifisch installierte WEA in Übereinstimmung mit den in den Konstruktionsunterlagen enthaltenen entsprechenden Handbüchern in Betrieb genommen wird.

Die Bewertung erfordert die Überprüfung der Berichte über die Inbetriebnahme. Darüber hinaus muss die Zertifizierungsstelle die Inbetriebnahme von mindestens einer WEA und zusätzlich von mindestens einer WEA je 50 WEA im Projekt begleiten. Idealerweise ist dieser Anteil erheblich höher, um die Sicherheit im Projekt zu gewährleisten und das Risiko zu minimieren.

Es muss mindestens überprüft und dokumentiert werden, dass:

- die vom Hersteller gelieferten Anweisungen für die Inbetriebnahme ausreichend waren,
- die vom Hersteller gelieferten Anweisungen bei der Inbetriebnahme befolgt wurden und
- die Abschlussberichte über die Inbetriebnahme vollständig sind.

9) Betriebs- und Instandhaltungsüberwachung
Der Zweck der Betriebs- und Instandhaltungsüberwachung ist die Überprüfung, dass eine bestimmte WEA oder ein WEA-Projekt an einem spezifischen Standort in Übereinstimmung mit den zutreffenden Handbüchern, die zu den Konstruktionsunterlagen gehören, betrieben und instand gehalten wird.

Diese Überwachung erfordert die Untersuchung der Betriebs- und Instandhaltungsberichte sowie die Inspektion von Anlagen und weiteren Installationen und Teilen, die im Projektzertifikat behandelt werden, in fest vereinbarten regelmäßigen Abständen.

Die Bewertung der Betriebs- und Instandhaltungsaufzeichnungen und -berichte muss mindestens bestätigen, dass:

- die Instandhaltung von autorisiertem und qualifiziertem Personal entsprechend den im Instandhaltungshandbuch festgelegten Umfang und Abständen durchgeführt wurde,
- die Betriebsführungsparameter hinsichtlich der Einhaltung von Grenzwerten, die in den Konstruktionsunterlagen festgelegt sind, überprüft wurden und
- sämtliche Reparaturen, Modifizierungen und der Austausch nach dem Zertifikat durchgeführt wurden.

Genehmigungsverfahren nach BSH

Das BUNDESAMT FÜR SEESCHIFFFAHRT UND HYDROGRAPHIE (BSH) ist die zuständige Behörde für die Erteilung von Genehmigungen für die Aufstellung von Offshore-Windparks in der deutschen Ausschließlichen Wirtschaftszone (AWZ) in der Nord- und Ostsee. Mit entsprechenden Vorschriften in der Seeanlagenverordnung (SeeAnlV)[760] soll sichergestellt sein, dass das geplante Windparkprojekt weder den Schiffsverkehr, noch die Luftraumsicherheit beeinträchtigt und dass es für die Meeresumwelt verträglich ist. Vor Erteilung einer Genehmigung ist die Zustimmung der örtlich zuständigen WASSER- UND SCHIFFFAHRTDIREKTION (WSD) unter diesem Gesichtspunkt einzuholen.

Ein Genehmigungsverfahren von Offshore-Windparks durchläuft mehrere Genehmigungsphasen, die im BSH Standard „Konstruktion“[761] beschrieben werden. Im BSH Standard sind die Anforderungen an WEA und Tragstruktur definiert sowie die erforderlichen Risiko- und Kollisionsanalysen. Im Rahmen der Genehmigung durch den BSH ist eine vollständige Projektzertifizierung nach GL[762] bzw. nach DNV[763] durchzuführen.

Bei einem positiven Ergebnis erhält der Antragsteller einen Genehmigungsbescheid, der zusätzlich zur Genehmigung eine Reihe von einzuhaltenden Nebenbestimmungen beinhaltet. Darunter fallen Auflagen für

- den Anfangstermin der Errichtung (sie muss innerhalb eines bestimmten Zeitraumes erfolgen),
- einen sicheren Baubetrieb,
- eine dem Stand der Technik entsprechende Baugrunderkundung,
- die Einhaltung des Standes der Technik bei der Konstruktion der WEA vor ihrer Inbetriebnahme,
- die Vorlage eines Schutz- und Sicherheitskonzeptes,
- die Ausrüstung der Anlagen mit Lichtern, Radar und dem Automatischen Identifizierungssystem (AIS),
- die Verwendung möglichst verträglicher Stoffe und blendfreier Anstriche,
- die Verwendung kollisionsfreundlicher Fundamente und
- die Schallminimierung während der Errichtung der WEA sowie für einen schallemissionsarmen Betrieb.

4.3.3.5 Zertifizierung von Komponenten und Systemen

Üblicherweise gelten die Zertifizierungsverfahren nach GL oder IEC in erster Linie für die Zertifizierung von Windanlagentypen oder Windparks. Darin enthalten sind allerdings Hinweise, wie spezielle Anforderungen auf die Zertifizierung von Komponenten und Systemen angewendet werden können.

760 BSH Seeanlagenverordnung – SeeAnlV, Januar 1997.

761 BSH Standard Konstruktive Ausführung von Offshore-Windenergieanlagen, 12. Juni 2007.

762 Germanischer Lloyd: Guidelines for the Certification of Offshore Wind Turbines, Edition 2012.

763 Det Norske Veritas: OS-J101: Design of Offshore Wind Turbine Structures, Oslo, 2011.

Die Zertifizierung einzelner Komponenten gewinnt zunehmend an Bedeutung. Die Anlagenhersteller versuchen diesen Teil der Zertifizierung auf ihre Lieferanten zu übertragen und nur die Gesamtzertifizierung der WEA eigenständig durchzuführen. Zunehmend werden Komponentenhersteller von den WEA-Herstellern aufgefordert, dies zu tun. Andere Komponentenhersteller sehen in der Zertifizierung eine Chance, ein Alleinstellungsmerkmal gegenüber Konkurrenten zu erlangen oder in einen Markt bzw. ein Marktsegment einzutreten. Ein weiterer Grund für die Zunahme der Komponentenzertifizierungen ist die Möglichkeit der Einbindung von zusätzlichen Komponenten in einer bereits zertifizierten Anlage.

Ähnliche Überlegungen gelten auch für Systeme, wie Feuerlöschsysteme, Condition Monitoring Systeme etc.

4.3.3.6 Gültigkeit und Re-Zertifizierung

Nach der GL-Offshore-Richtlinie[764] hat das Typenzertifikat eine Gültigkeit von fünf Jahren. Das Typenzertifikat läuft jedoch vorher aus, wenn das Zertifikat für das Qualitätssystem keine Gültigkeit mehr hat. Während der Gültigkeitsdauer müssen alle installierten WEA des Typs jährlich der Zertifizierungsstelle gemeldet werden.

Wenn das Typenzertifikat abläuft, kann der Zertifikatsinhaber eine Re-Zertifizierung anfragen. Nach Abschluss des Verfahrens stellt die Zertifizierungsstelle ein Typzertifikat mit Bezug auf die Re-Zertifizierung und einer Gültigkeitsdauer von weiteren fünf Jahren aus. Für die Re-Zertifizierung werden folgende Dokumente geprüft:

- Liste der gültigen Zeichnungen
- Liste der aktuellen Fertigungswerkstätten
- Liste aller Änderungen an der Konstruktion von Komponenten, die Bestandteil des Design Assessments sind und, falls zutreffend, Unterlagen zur Beurteilung der Änderungen
- Liste der Änderungen im QM-System seit dem letzten Audit
- Liste aller installierten WEA dieses Typs (mindestens Angabe von Typ mit genauer Bezeichnung der Variante, Seriennummer, Nabenhöhe und Standort)
- Liste aller Schäden und Ausfälle der installierten WEA

Falls an der Struktur Veränderungen vorgenommen wurden, müssen diese geprüft werden und eine Revision der Konformitätsbescheinigung für das A-Design Assessment und die IPE-Prüfung werden nach erfolgreicher Prüfung ausgestellt.

Das Projektzertifikat gemäß GL[765] hat unbegrenzte Gültigkeit und verliert diese nur, wenn die regelmäßigen Überprüfungen nicht durchgeführt werden. Größere Änderungen, Umbaumaßnahmen oder nicht durch die Zertifizierungsstelle genehmigte Reparaturen führen ebenso zum Erlöschen des Zertifikats.

Nach IEC 61400-22[766] darf die Gültigkeitsdauer für Typen- und Komponentenzertifikate und die zugehörigen Konformitätsbescheinigungen fünf Jahre nicht überschreiten. Ein Projekt-

---

764 Germanischer Lloyd: Guidelines for the Certification of Offshore Wind Turbines, Edition 2012.

765 Germanischer Lloyd: Guidelines for the Certification of Offshore Wind Turbines, Edition 2012.

766 IEC 61400-22, Wind turbines – Part 22: Conformity testing and certification, 2010-05-31.

zertifikat gilt für die Installation an dem festgelegten Standort, die am Ausgabedatum im Zertifikat festgelegt ist, und besitzt keine limitierte Gültigkeitsdauer.

Während des Gültigkeitszeitraums des Typenzertifikates muss der Zertifizierungsstelle ein jährlicher Bericht vom Zertifikatsinhaber eingereicht werden. Der Bericht muss Informationen über installierte Anlagen und dem Zertifikatsinhaber bekannte außergewöhnliche Betriebserfahrungen oder Fehler sowie deren Bewertung und Abhilfe enthalten.

Beim Projektzertifikat müssen Änderungen am Standort oder an der WEA der Zertifizierungsstelle zwecks Erneuerung der Gültigkeit des Zertifikats gemeldet werden.

4.3.3.7 Vergleich der Zertifizierungsverfahren nach IEC und GL

Die hier vorgestellten Zertifizierungsschemata sind ähnlich und beinhalten die in der Industrie eingeführten Typenzertifizierung und Projektzertifizierung. In beiden Fällen (IEC und GL) sind Grundlagen der Zertifizierung die Zeichnungsprüfung, die Qualitätskontrolle in der Fertigung sowie die Komponenten- und Prototypentests. Einige Unterschiede zeigen sich im Umfang der Analyse und im Inhalt in Teilbereichen der Zertifizierung.

Ein entscheidender Unterschied ist, dass nach GL-Richtline[767] eine Offshore-Typenzertifizierung der Anlage (Maschine und ggf. Turm und Tragstruktur) möglich ist, während in der IEC 61400-22 und IEC 61400-3[768] der Unterschied einer Onshore- und einer Offshore-Typenzertifizierung nicht gegeben ist. Demnach werden nach den IEC-Normen die Anlagen für Onshore-Bedingungen typenzertifiziert. In der Projektzertifizierung ist danach zu zeigen, dass sie den Offshore-Anforderungen genügen. Dabei müssen nicht nur die Lasten betrachtet werden, sondern auch Aspekte wie die Anpassung der Anlage an die maritime Atmosphäre, Korrosionsschutz, Fernsteuerung, etc.

Tabelle 19 zeigt bereits einige inhaltliche Unterschiede zwischen dem Zertifizierungsverfahren nach der IEC-Norm (IEC 61400-22[769]) und dem Zertifizierungsverfahren nach der GL-Richtlinie[770]. Während die IEC-Norm, soweit vorhanden, auf andere IEC- und ISO-Normen verweist, stellt die GL-Richtlinie ein komplettes Werk dar. Im Wesentlichen geht es um die Bereiche Lasten, Tragstruktur, Maschinenbau, Sicherheit, Elektrik und Condition Monitoring System. Die GL-Richtlinie deckt diese miteinander verbundenen Bereiche ganzheitlich und zudem auch detailliert ab.

Die IEC 61400-22[769] deckt hauptsächlich den Bereich Lasten und Sicherheitskonzept über die IEC 61400-1[771] und IEC 61400-3[772] ab. Die restlichen o.g. Bereiche werden dort nicht vollständig abgedeckt oder es wird Bezug auf verschiedene Standards genommen. Die wichtigsten Unterschiede sind im Folgenden aufgeführt:

---

767 Siehe Fn. 765 und 766.

768 IEC 61400-3: Wind turbines – Part 3: Design requirements for offshore wind turbines, February 2009.

769 IEC 61400-22, Wind turbines – Part 22: Conformity testing and certification, 2010-05-31.

770 Germanischer Lloyd: Guidelines for the Certification of Offshore Wind Turbines, Edition 2012.

771 IEC 61400-1: Wind Turbines – Part 1: Design Requirements, Ed. 3, August 2005.

772 IEC 61400-3: Wind turbines – Part 3: Design requirements for offshore wind turbines, February 2009.

- Nach der IEC-Norm wird bei der Typenzertifizierung als erster Schritt die Erstellung einer Design Basis gefordert, in der nicht nur die Entwurfsparameter, sondern auch die für die Nachweise verwendeten Normen und Methoden festgelegt werden. Dieser Schritt ist notwendig, da z.B. für einige Komponentennachweise unterschiedliche Normen verwendet werden können bzw. noch keine vollständig anwendbaren Normen existieren. Das bedeutet im Prinzip eine gewisse Freiheit bei der Wahl der anzuwendenden Normen, hat aber auch den Nachteil, dass nicht alle Normen miteinander harmonisieren und zusammenpassen, was im Zuge der weiteren Zertifizierung zu erhöhtem Diskussionsbedarf zwischen Projektierer, Hersteller und Zertifizierer führen kann.
- In der Zertifizierungsprozedur nach IEC wird bei der Berechnung der Lastannahmen ein Konzept auf die Grundlage stochastischer Analysen und einer Extrapolation von Extremlasten verwendet. Dagegen wird nach der GL Richtlinie ein Konzept aus stochastischer Berechnung und der Berücksichtigung deterministischer Böen verwendet. Damit ergeben sich einige Unterschiede in Umfang der Berechnung und der Methodik, die dabei verwendet werden. Letztendlich ergibt sich für die meisten Anlagen ein ähnliches Lastniveau.
- Ein relevanter Unterschied ist bei den Anforderungen für Blatttests zu finden. Während nach der GL-Richtlinie ein statischer Blatttest erforderlich ist, ist nach IEC-Norm ein Ermüdungstest notwendig. Dies ist der unterschiedlichen Herangehensweise geschuldet. Der statische Test wird vom GL im Rahmen der Zeichnungsprüfung „Design Assessment" gefordert, um die Annahmen zu den Struktureigenschaften des Blattes zu verifizieren. Nach der IEC-Norm wird der Ermüdungstest im Rahmen der Typenprüfung zu einem späteren Zeitpunkt gefordert. Der spätere Zeitpunkt für den Ermüdungstest ist auch durch die Dauer des Tests an sich begründet, der mehrere Monate dauern kann.
- Ein Aspekt, der bei der Zertifizierung nach IEC verlangt wird, ist die Betrachtung der Arbeitssicherheit. Dieser Teil ist bei der Zertifizierung nach GL optional, da die Anforderungen in vielen Ländern durch nationale Gesetzgebung geregelt werden.
- Für Offshore-Windturbinen ist nach der GL-Richtlinie die Installation und Prüfung eines „Condition Monitoring System" (CMS) Pflicht. Eine solche Anforderung ist in der IEC-Norm nicht berücksichtigt. Es wird aber davon ausgegangen, dass alle modernen Anlagen mit einem CMS ausgestattet werden. Damit soll den schwierigen Offshore-Wartungsbedingungen Rechnung getragen werden.
- Ähnlich wie beim Blatttest ist die Überwachung der Inbetriebnahme nach der GL-Richtlinie Teil des „Design Assessment", während bei der IEC-Norm diese im Rahmen der Anlagentests durchgeführt wird.
- Unterschiede bestehen auch bei den periodischen Überprüfungen, die zur Erhaltung eines Typenzertifikats notwendig sind.

  Nach der IEC-Norm muss die Zertifizierungsstelle periodische Überprüfungen durchführen, um nachzuweisen, dass sich die hergestellten WEA in Übereinstimmung mit typenzertifizierten Turbinen befinden. Die Periode darf in der Regel 2,5 Jahre nach dem Beginn der Serienproduktion nicht überschreiten und eine derartige Überwachung muss an einer vor kurzem installierten WEA oder in der Fertigungsstätte durchgeführt werden. Falls der Antragsteller nicht mit einem nach ISO 9001 zertifizierten QM-System arbeitet, muss die Zertifizierungsstelle wenigstens einmal jährlich überprüfen, dass sich die hergestellten WEA weiterhin in Übereinstimmung mit der zertifizierten Konstruktion befinden. Der Umfang der Überwachung ist wesentlich geringer als bei den Inspektionen, die als Teil des Typenzertifikates durchgeführt wurden. Dagegen findet die sogenannte Aktualisierung eines Typenzertifikats nach der GL-Richtlinie jährlich statt und ist im einfachsten Fall eine Auflistung der aufgestellten WEA, Änderungen oder Ergänzungen der Komponenten und/oder Fertigungsstätten sowie eventueller Schäden. Diese führen erst dann zu einer neuen oder ergänzenden Bewertung, wenn die Änderungen schwerwiegend vom Typenzertifikat abweichen.

- Als ein wichtiger Unterschied wird immer wieder die konservative Auslegung der Lastannahmen bei GL-Prüfung herangeführt. Diese soll zuweilen zu schwereren und damit teureren WEA führen. In Wirklichkeit führt allerdings der ganzheitliche Ansatz der GL-Richtlinie bei Beachtung auch aller materialtypischer Sicherheiten und vor allem fehlertoleranter Bauweise zu einer sicheren WEA nach neustem Stand der Technik und über den gesamten Lebenszyklus einer Anlage gesehen nicht zu einer teureren WEA.

4.3.4 Zusammenfassung und Schlussfolgerungen

Nach einer kurzen Einleitung in die Thematik wurde ein Überblick über Normen und Richtlinien für Offshore-WEA gegeben. Dabei werden die relevanten Regelwerke von IEC, GL und DNV kurz beschrieben und miteinander verglichen. Viele decken nur Teilaspekte eines gesamten Windparks ab, sie enthalten jedoch umfassende relevante Informationen über das gesamte System, von den Lasten an den Rotorblättern und der Tragstruktur bis hin zur Einspeisung ins Stromnetz.

Neue Konzepte und Projekte bringen die Entwicklung der Offshore-WEA weiter. Aus Sicht der Zertifizierung ergeben sich dadurch neue Herausforderungen, beispielsweise für die Anlagen selbst bezüglich Lasten, Tragstruktur, Maschinenbau, Rotorblatt, Transport, Installation, Betrieb und Instandhaltung. Aber auch das Zusammenführen dieser Offshore-WEA zu Offshore-Windparks oder die Installation in Tiefwasser bringen besondere Herausforderungen an die Zertifizierung und damit an die dafür verwendeten Regelwerke mit sich.

Der Abschnitt über Zertifizierung startete mit einer umfassenden Beschreibung der Konstruktionsanforderungen auf Offshore-Anwendungen und zeigte einige Unterschiede zu Onshore-Anlagen. Die Typenzertifizierung und die Projektzertifizierung wurden anhand der international gültigen Zertifizierungsverfahren von IEC und GL beschrieben.

Die raue Umwelt, die begrenzte Zugänglichkeit und die enormen finanziellen Risiken erfordern besondere Maßnahmen, in der Konstruktion, der Fertigung und der Installation. Dabei ist die Zertifizierung eine Qualität sichernde Maßnahme, die neben Design auch alle Prozesse der Fertigung, Errichtung und Instandhaltung als auch Netzanschluss beinhaltet. Die Zertifizierung für den Offshore-Bereich ist erheblich komplexer als für landgestützte Anlagen. Dabei muss beachtet werden, dass sie nicht nur die Tragstruktur, auf welche eine Zahl von neu entwickelten Konstruktionsmerkmalen angewendet werden, sondern auch für die Windturbine und den Rest des Windparks umfasst. Die maschinenbaulichen Komponenten und die elektrotechnischen Systeme sowie die Verkabelung und Transformatorplattformen müssen für den Betrieb auf See ausgelegt werden. Dabei ist das Ziel, unter der Berücksichtigung der Änderungen bestehender Konstruktionen und den Massenproduktionseffekten in der Offshore-Windenergie, den erforderlichen hohen Sicherheits- und Verfügbarkeitsstandard ähnlich wie für landgestützte Windparks zu erreichen.

An vielen Orten werden Offshore-Windparks nahe an Schifffahrtswegen, in der Nähe von umweltsensiblen Zonen und ohne jahrelange Betriebserfahrung geplant. Um Windparks sicher und verlässlich zu konstruieren, zu errichten und zu betreiben, stellt eine sorgfältige Risikoanalyse einschließlich Typen- und Projektzertifizierung eine unabdingbare Basis dar, die technischen Herausforderungen anzunehmen. Bezüglich der Zertifizierung liefert der GL mit seiner Ende 2012 veröffentlichten Offshore-Richtlinie[773] einen wichtigen Beitrag, um diese Herausforderungen zu meistern.

773 Germanischer Lloyd: Guidelines for the Certification of Offshore Wind Turbines, Edition 2012.

4.4 Abschätzung des Energieangebotes

DR. VOLKER BARTH, DR. BEATRIZ CAÑADILLAS,
DR. THOMAS NEUMANN, ANNETTE WESTERHELLWEG,
BERND NEDDERMANN

Einer der ersten Schritte bei der Planung eines Offshore-Windparks ist sinnvollerweise eine Abschätzung der verfügbaren Windressource. Diese bestimmt den möglichen Ertrag und bildet daher die Grundlage der gesamten Wirtschaftlichkeitsberechnung. Auch das Design des Windparks hängt zentral von den jeweiligen Windverhältnissen ab, da der Windpark so gestaltet sein soll, dass das vorhandene Windangebot möglichst effizient genutzt wird. Hieraus ergeben sich hohe Anforderungen an die Qualität der Berechnungen, die bei der Abschätzung des Windpotentials am Windparkstandort gestellt werden – insbesondere offshore, wo die Investitionssummen deutlich höher sind als onshore.

In diesem Kapitel beschreiben wir zunächst die grundsätzlichen Charakteristika des Windes über dem Meer und welche Messungen und Datenbasen zur Verfügung stehen, um das Windangebot abzuschätzen. Der Fokus liegt hierbei auf der deutschen Ausschließlichen Wirtschaftzone (AWZ), die Methodik ist aber prinzipiell weltweit anwendbar. Sodann wenden wir uns der Windströmung innerhalb des Windparks zu, denn insbesondere die Verringerung der Windgeschwindigkeit hinter einer Windturbine („*wake*“) spielt offshore eine zentrale Rolle, sowohl für den Energieertrag als auch für die auf die WEA wirkenden Lasten. Mit diesen Informationen sowie einigen WEA-Daten lässt sich somit der Energieertrag berechnen. Wir beschreiben die dabei angewandte Methode, gehen auf mögliche Ursachen für Verlust und Unsicherheitsquellen ein und geben einige Hinweise, wie diese reduziert werden können. Das Kapitel endet mit einem Ausblick auf einige mögliche Entwicklungen vor allem bei der Windmessung, die offshore derzeit noch immer auf wenige Messmasten beschränkt ist.

4.4.1 Windangebot Offshore

Die Offshore-Windbedingungen zeichnen sich durch hohe Windgeschwindigkeiten aus, die zudem nicht durch Hindernisse und die topografische Beschaffenheit gestört werden. Daher ist die Windströmung generell stetiger und weniger turbulent als über dem Land. In diesem Abschnitt gehen wir auf die wesentlichen Kennwerte der Atmosphäre über dem Meer ein, beschreiben die Vorgehensweise bei der Windmessung und stellen bestehende Datenbasen und Modellierungsansätze vor, die bei der Ertragsermittlung von Offshore-Standorten häufig zum Einsatz kommen.

4.4.1.1 Atmosphärische Parameter

Aufbau der marinen atmosphärischen Grenzschicht

Die atmosphärische Grenzschicht ist der untere Teil der Troposphäre, in der Wind von dem Wert Null am Boden auf die Windgeschwindigkeit des ungestörten geostrophischen Windes in etwa 1–2 km Höhe ansteigt. Darüber liegt die durch den Boden unbeeinflusste freie Atmosphäre. Die Höhe der atmosphärischen Grenzschicht variiert abhängig von dem Wettergeschehen und der solaren Einstrahlung. Bei labiler Schichtung mit starkem vertikalem Austausch ist sie etwas höher, bei stabiler Schichtung ist sie etwas niedriger. Über Land reicht sie bis ca. 1–2 km Höhe. Über Meer hat sie eine Dicke von etwa 0,5 km. Unter sehr stabilen Verhältnissen kann die Grenzschicht offshore aber im Extremfall eine minimale Höhe von nur 10 m haben.

Die marine atmosphärische Grenzschicht kann in drei Schichten aufgeteilt werden, die Wellenschicht, die stark durch einzelne Wellen beeinflusst wird, die durch die Bodenreibung bestimmte Prandtl-Schicht und die durch abnehmenden Einfluss der Bodenreibung bestimmte Ekman-Schicht (siehe Abbildung 60).

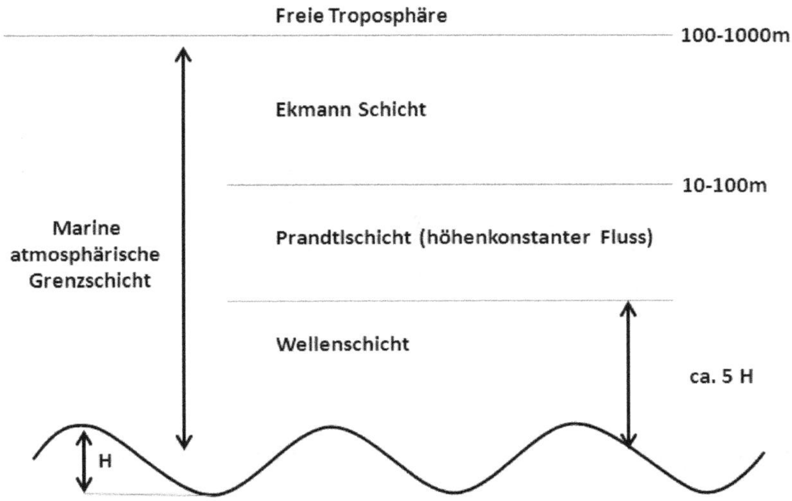

Abbildung 60: Aufbau der marinen atmosphärischen Grenzschicht (nach Emeis 2009)

Die **Prandtl-Schicht** umfasst etwa 10 % der Dicke der atmosphärischen Grenzschicht. In der Prandtl-Schicht erhöht sich die Windgeschwindigkeit mit der Höhe entsprechend des logarithmischen Windprofils. Hier sind vertikale Energie- und Stoffflüsse höhenkonstant. In dieser Schicht gibt es keine Windrichtungsdrehung.

In der **Ekman-Schicht** findet eine Windrichtungsdrehung statt. Oberhalb der atmosphärischen Grenzschicht bewegt sich der Wind aufgrund der Corioliskraft entlang der Isobaren, während er in der Ekman-Schicht bis zu 30–45°abgelenkt wird. Für die Nordhalbkugel gilt: mit zunehmender Höhe dreht der Wind nach rechts (im Uhrzeigersinn).

Logarithmisches Windprofil

In der Prandtl-Schicht wird der Anstieg der Windgeschwindigkeit maßgeblich durch die Bodenrauigkeit bestimmt. Bei neutraler atmosphärischer Schichtung gilt das logarithmische Windprofil:

$$u(z) = \frac{u_*}{\kappa} \ln \frac{z}{z_0}$$

mit $u(z)$ Windgeschwindigkeit in der Höhe z, u_* Schubspannungsgeschwindigkeit, κ von-KARMAN-Konstante und z_0 Rauigkeitslänge. Die Rauigkeitslänge ist ein Maß für die Wirkung der Bodenrauigkeit auf das Windprofil, ist also in ‚rauen' Städten höher als über dem ‚glatten' Meer: z.B. werden als Werte für Wasser 0,01 mm, Wiese 1 cm und Stadt 1 m (Troen 1990) angesetzt. Rechnerisch ist z_0 die Höhe über der Erdoberfläche, in der die Windgeschwindigkeit auf den Wert Null zurückgegangen ist. Über Wasser entwickelt sich das Windprofil aufgrund der niedrigen Rauigkeit zunächst mit besonders großer Windgeschwindigkeitssteigung, verläuft dann aber ab einer Höhe von 10–20 m im Mittel mit nur noch wenig Windgeschwindigkeitsänderung. Die Rauigkeitslänge ist über Wasser zwar niedrig, erhöht sich aber mit größer werdender Windgeschwindigkeit und der damit verbundenen größeren Wellenhöhe.

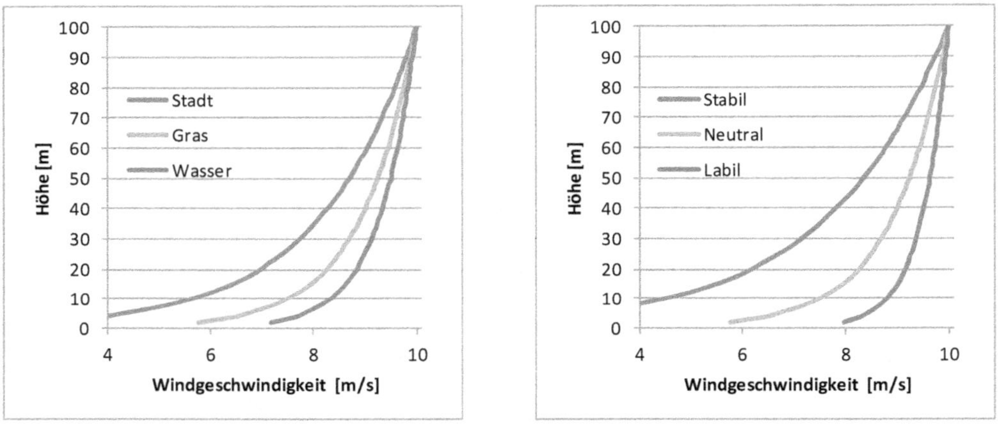

Abbildung 61: Bodenrauigkeit und atmosphärische Schichtung[774]

Stabilitätseinfluss

Atmosphärische Stabilität ist ein Ausdruck für den vertikalen Austausch von mechanischem Impuls und Wärme. Bei stabiler Schichtung ist der Austausch gering, Luftschichten sind von einander entkoppelt. Der Luftstrom ist laminar. Bei labiler Schichtung findet starker vertikaler Austausch statt und damit verbunden ist eine erhöhte Turbulenz.

Je nach thermischer Schichtung in der atmosphärischen Grenzschicht wird zwischen stabiler, neutraler und labiler Schichtung unterschieden. Ein Luftpaket dehnt sich beim Aufstieg aus und verliert dabei an Temperatur, für trockene Luft ist der Temperaturabfall ca. 1 K/100 m, im Durchschnitt über die Troposphäre beträgt der Temperaturabfall 0,65 K/100 m. Ist die vertikale Temperaturabnahme kleiner als die Temperaturabnahme eines aufsteigenden Luftpakets, spricht man von stabiler Schichtung. Das Luftpaket wird am Aufstieg gehindert, es gibt wenig vertikale Durchmischung der Luftschichten. Ist dagegen die vertikale Temperaturabnahme größer als die Temperaturabnahme eines aufsteigenden Luftpakets, wird der Aufstieg verstärkt und man spricht von labiler Schichtung. Diese zeichnet sich aus durch

774 Die Windgeschwindigkeitszunahme in der Bodenschicht kann durch das logarithmische Windprofil dargestellt werden und wird durch Bodenrauigkeit (linkes Bild) und atmosphärische Schichtung (rechtes Bild) bestimmt.

eine starke vertikale Durchmischung der Luftschichten und ist mit höherer Turbulenz verbunden. Ist die vertikale Temperaturabnahme identisch mit der Temperaturabnahme eines aufsteigenden Luftpakets, dann verbleibt das Luftpaket in „seiner“ Luftschicht, es gibt weder eine Kraftwirkung zum Aufsteigen noch zum Absinken.

An Land kommen labile Schichtungsverhältnisse vor allem tagsüber bei Sonneneinfluss vor, wenn die Sonne die Luft am Boden erwärmt. Lokal bilden sich Luftpakete, lösen sich vom Boden ab und steigen auf. Nachts dagegen überwiegen stabile Verhältnisse.

Offshore gibt es diesen Tagesgang nicht. Es gibt eine jahreszeitliche Variation mit eher stabiler Schichtung im Frühjahr, wenn das Wasser noch kalt ist und die darüber liegenden Luftschichten je nach Wettergeschehen wärmer sein können. Umgekehrt hat man die Tendenz zu labiler Schichtung im Herbst, wenn das Wasser noch warm ist und kalte Luftmassen über das Meer getrieben werden.

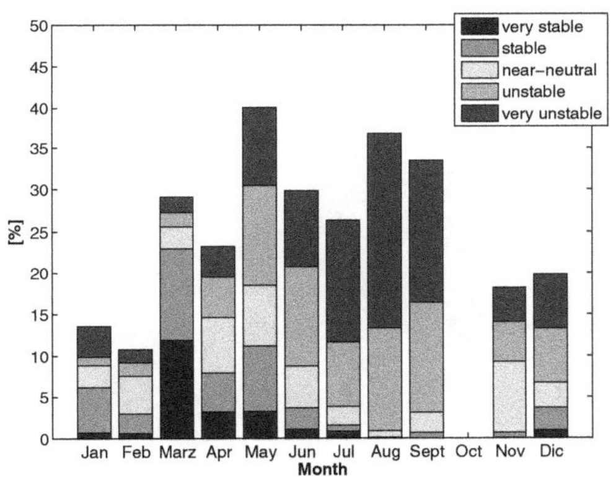

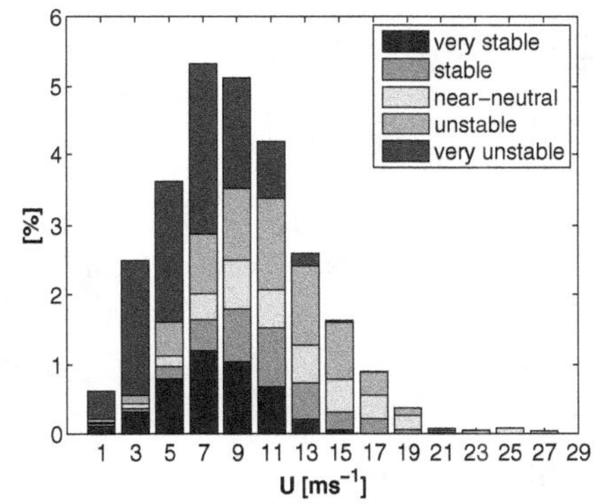

Abbildung 62: Häufigkeit (%) der Stabilität nach Monat und Windgeschwindigkeit[775]

Turbulenzintensität

Unter Turbulenzintensität versteht man die zeitliche und räumliche Schwankung der Windgeschwindigkeit. Ausgedrückt wird die Turbulenz durch das Verhältnis aus Standardabweichung σ_v und Mittelwert $\bar{v}$ der horizontalen Windgeschwindigkeit:

$$TI = \frac{\sigma_v}{\bar{v}}$$

Es gibt thermische Turbulenzquellen (vertikale Luftbewegungen) und Bodenbeschaffenheit als Turbulenzquellen (höhere Turbulenz im Gebirge). Bei niedrigen Windgeschwindigkeiten herrschen thermische Turbulenzquellen vor. Bei höheren Windgeschwindigkeiten sinkt die Turbulenzintensität üblicherweise (auch dadurch bedingt, dass v im Nenner steht). Offshore gibt es den Sonderfall, dass die Turbulenz wieder ansteigt, da sich bei höheren Windgeschwindigkeiten auch höhere Wellenhöhen und damit höhere Bodenrauigkeiten aufbauen.

[775] Häufigkeit (%) der Stabilität nach Monat und Windgeschwindigkeit an FINO1 in 91.5m/s in dem freien Windsektor (240°–255°; 285°–360°) im Jahr 2010 (Cañadillas 2011).

Durch die geringe Rauigkeit ergeben sich offshore einige Besonderheiten: 1. Die Turbulenzintensität ist sehr viel niedriger als onshore, wo Bodenstrukturen für Turbulenz sorgen. 2. Die Turbulenzintensität wird stark durch die atmosphärische Stabilität bestimmt. 3. Die Bodenstrukturen sind abhängig vom Wind und entwickeln sich mit der Wellenhöhe. Insgesamt ist die Turbulenzintensität offshore geringer als onshore und beträgt z.B. an FINO1[776] in 90 m Höhe im Mittel 6 %. Die folgende Abbildung 63 zeigt die Turbulenzintensität an FINO1.

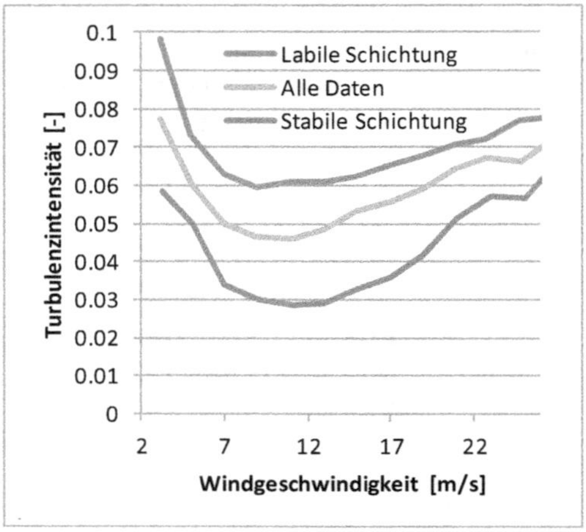

Abbildung 63: Gemessene Turbulenzintensität an FINO1[777]

Spezifika – Land/Meer

Im Gegensatz zu den Bedingungen onshore zeichnen sich die Windbedingungen offshore durch besonders hohe mittlere Windgeschwindigkeiten (im deutschen Nordseegebiet ca. 10 m/s in 100 m Höhe) aus. Die hohen Windgeschwindigkeiten sorgen für deutlich höhere Energieerträge als an Land, aber auch für ein hohes Niveau von kombinierten Wind- und Wellenlasten an den Offshore-Windenergieanlagen.

Durch die niedrige Bodenrauigkeit auf dem Meer und dem damit verbundenen steileren Windprofil ist auch die Windgeschwindigkeit in niedrigen Höhen schon sehr hoch. Während an Land die Turmhöhen von Windenergieanlagen (WEA) immer weiter erhöht werden, um höhere Erträge zu erzielen, bringt offshore eine Erhöhung der Türme nur einen deutlich geringeren Zuwachs an Energieertrag, somit gibt es nur einen geringen Anreiz Turmhöhen zu realisieren, die deutlich über dem Rotordurchmesser liegen.

Ein weiterer positiver Effekt ist die im Gegensatz zum Land geringere vertikale Windscherung offshore. Eine geringe Windscherung ist für den Betrieb und hinsichtlich der Belastungen der WEA besonders günstig.

[776] FINO1: Forschungsplattform in der Nordsee, ca. 45 km nördlich von Borkum

[777] Gemessene Turbulenzintensität an FINO1 in 91,5 m Höhe in dem ungestörten Windrichtungssektor 181°–270° in dem Zeitraum 2010–2011, bei stabiler Schichtung ist die Turbulenzintensität deutlich geringer als bei labiler Schichtung.

Die im Vergleich zu Onshore-Windbedingungen geringere Turbulenzintensität hat zur Folge, dass die Nachlaufströmungen von WEA („Wake") weiter getragen werden. Es gibt einen geringeren Impulsaustausch mit dem ungestörten Wind oberhalb und seitlich der Wake-Region, dadurch ist ein längerer Weg erforderlich, bis sich die ursprüngliche Windgeschwindigkeit wieder einstellt. Daher müssen offshore größere Abstände zwischen den WEA eingeplant werden.

Im Gegensatz zu Onshore-Bedingungen, wo aufgrund der Erwärmung des Bodens ein ausgeprägter Tagesgang der Windgeschwindigkeiten zu finden ist, hat man offshore nahezu keine tageszeitlichen Schwankungen der Windgeschwindigkeit. Jahreszeitlich hat man onshore wie offshore einen typischen Jahresgang mit windschwachen Sommermonaten und windstarken Wintermonaten.

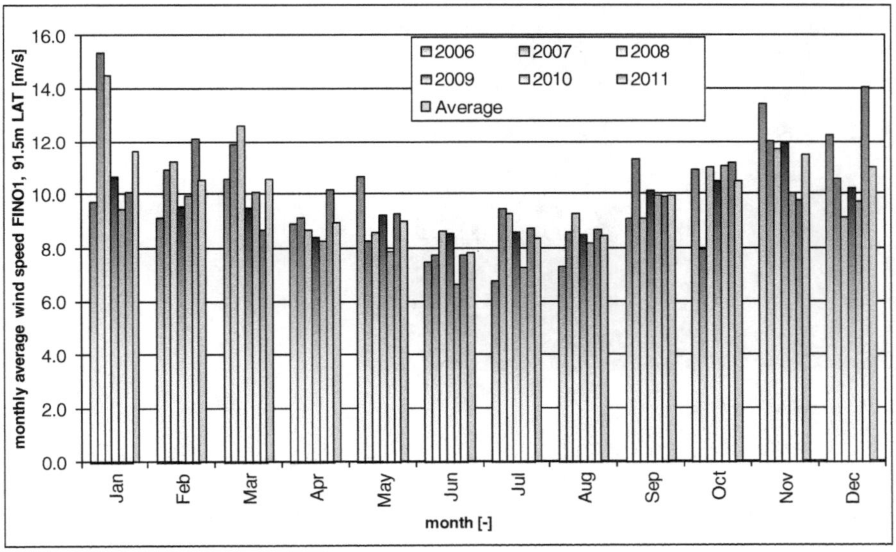

Abbildung 64: Saisonale Variation der mittleren Windgeschwindigkeit, gemessen an FINO1, 2006–2011

4.4.1.2 Messmethoden und Messdatenbasen

Messmethoden und Messdatenbasen

Im Zuge des Ausbaus der Offshore-Windenergie entstand der Bedarf zu einer höheren Qualität und Verfügbarkeit meteorologischer und hydrographischer Daten im Bereich der Deutschen Küstengebiete. Anfang 2000 gab es so gut wie keine direkten Wetteraufzeichnungen in den für die Windenergienutzung relevanten Höhen von 100m und mehr. Wetterbeobachtungen, die z.B. an Feuerschiffen in der Deutschen Bucht vorgenommen wurden, hatten darüber hinaus systembedingt eine hohe Unsicherheit. Aus diesem Grunde wurde in Deutschland, finanziert durch die Bundesregierung, ein Netz von insgesamt 3 Forschungsplattformen in Nord- und Ostsee aufgebaut (FINO = Forschungsplattformen in Nord- und Ostsee). FINO1 und FINO3 befinden sich in der Nordsee und sind seit 2003 bzw. 2009 in Betrieb, FINO2 wurde in der Ostsee errichtet und wird seit 2007 betrieben.

Abbildung 65: Die FINO1-Plattform[778]

Einer der wesentlichen Merkmale jeder FINO-Plattform ist ihr ca. 100 m hoher Mast, der mit meteorologischen Sensoren ausgerüstet ist. Neben den Temperatur-, Feuchte-, Luftdruck- und Strahlungssensoren sind insbesondere die Windgeschwindigkeits- und Windrichtungsmessungen von entscheidender Bedeutung für die Windenergienutzung. Bei allen Sensoren hat man auf konventionelle Systeme zurückgegriffen, da hier die längste Erfahrung vorlag und auch die wichtige Vergleichbarkeit zu den an Land bestehenden Messungen und Datenbasen gewährleistet ist.

Die Windmessung erfolgt durch sogenannte Schalensternanemometer, ein Drehkreuz mit Halbschalen, welches nach dem Prinzip eines Widerstandsläufers eine gute Proportionalität zwischen Windgeschwindigkeit und Umdrehungsfrequenz bietet. Der FINO1-Messmast ist auf 8 Höhen mit einem solchen Sensor ausgerüstet. Neben dem langfristigen Mittelwert ist auch die Ausprägung des vertikalen Profils (= die Zunahme des Windes mit der Höhe) ein wichtiger Untersuchungsgegenstand unter offshore-Bedingungen. Die Untersuchung der Turbulenz des Windes bedarf einer Messung mit einer zeitlichen Auflösung von weniger als einer Sekunde. Hierfür sind die Schalensternanemometer zu träge, es wurden schnellere Ultraschallanemometer eingesetzt, welche den Wind aus der Laufzeit des Schalls ermitteln.

[778] Die FINO 1-Plattform in der Nordsee ist seit September 2003 in Betrieb.

Die Genauigkeitsanforderungen an die Windmessung sind extrem hoch, da sich Messfehler unmittelbar auf den prognostizierten energetischen Ertrag auswirken. Aus diesem Grund wurden für Schalensternanemometer neue Kalibrier-Verfahren und -Anforderungen entwickelt. Ein Effekt, der jedoch nicht so leicht im Windkanal kalibriert werden kann, ist der Einfluss des Messmasts auf die Windgeschwindigkeitssensoren. Im Unterschied zu abgespannten Masten an Land ist die Beeinflussung durch die breiteren Offshore-Masten viel höher. Erst nach einer Datenaufbereitung (Filterung und Korrektur) lassen sich die Messdaten nutzen.

Die Messergebnisse von FINO1, FINO2 und FINO3 werden in eine speziell aufgebaute und öffentlich verfügbare FINO-Datenbank[779] eingespeist.

Die FINO-Datenbank stellt derzeit die größte öffentliche Datenquelle über die meteorologisch-hydrographischen Umweltbedingungen in Nord- und Ostsee dar. Neben den FINO-Plattformen gibt es eine wachsende Zahl privater Messplattformen, die im Zusammenhang mit dem fortschreitenden Offshore-Ausbau errichtet wurden, etwa der Windmessmast an der Amrumbank in der Nordsee oder dem Arkona Becken in der Ostsee.

Auch im europäischen Ausland werden seit längerer Zeit Offshore Messungen betrieben, z.B. beim Windpark Horns Rev I+II in Dänemark oder beim Windpark Egmond aan Zee in den Niederlanden. Auch diese Daten sind teilweise öffentlich zugänglich und ermöglichen so über die Deutsche Bucht hinausgehende Untersuchungen in der Nordsee.

4.4.1.3 Langfristige Datenbasen

Neben den bisher beschriebenen, meist direkt für die Windenergienutzung oder -forschung gedachten Datenbasen gibt es eine Reihe weiterer Datenbasen, die zumindest bedingt für die Abschätzung des Windenergiepotenzials genutzt werden können.

Hier ist zunächst das Netz der Wetterbeobachtungsstationen zu nennen, die von meteorologischen Diensten wie dem Deutschen Wetterdienst (DWD) betrieben werden. Solche Daten können entweder von diesen Diensten gekauft werden oder teilweise auch über öffentlich zugängliche Datenbanken, etwa die des amerikanischen National Center for Atmospheric Research (NCAR) bezogen werden. Die Windmessungen sind dort jedoch in aller Regel nicht für Ertragsermittlungen von Windenergieanlagen geeignet, da sie lediglich in 10 m Höhe gemessen und oft nur stündlich oder noch seltener protokolliert werden. Dennoch können solche Stationen für die AEP-Berechnung (vgl. Kapitel 4.4.3.2) von Nutzen sein.

Weitere hilfreiche Datenbasen stammen von globalen Modellrechnungen, die das Wettergeschehen auf dem Globus nachmodellieren. Zur Berechnung dieser sogenannten Reanalyse-Daten wird eine Vielzahl von Messdaten ständig in ein globales Atmosphärenmodell eingespeist, mit dem dann auf einem meist recht groben globalen Modellgitter (2.5° × 2.5°) der aktuelle Zustand der Atmosphäre berechnet wird. Eingangsdaten sind z.B. Stationsmessungen, Radiosonden, Satellitenmessungen und andere. Da der Fokus der Reanalyse-Daten auf der Wetterbeschreibung liegt, sind in den vergangenen Jahrzehnten beständig neue Datenquellen hinzugenommen worden, was die Qualität der heutigen Modelldaten im Vergleich zu früheren Ergebnissen erhöht hat. Auf der anderen Seite ist dadurch die interne Konsistenz

779 FINO-Datenbank: http://www.bsh.de/de/Meeresdaten/Projekte/FINO/index.jsp.

der Reanalyse-Daten nur noch bedingt gewährleistet, so dass Langzeitaussagen eine gründliche Prüfung und den Vergleich mit anderen Datenquellen erfordern.

Um dennoch Fragen angehen zu können, bei denen es genau auf diese interne Konsistenz ankommt, gibt es seit Kurzem in den USA das sog. Merra-Projekt (MODERN ERA-RETROSPECTIVE ANALYSIS FOR RESEARCH AND APPLICATIONS), das bei der Auswahl seiner Datenquellen auf höchstmögliche Langzeit-Konsistenz vor allem der Satellitendaten achtet. Zudem liegen die Daten dieses Projekts auf einem deutlich feineren Gitter (0,5° × 0,67°) vor, was ebenfalls Vorteile für die standortbezogene Auswertung dieser Daten hat.

4.4.1.4 Mesoskalige Modelle

In Europa bestehen sehr ambitionierte Ziele für den Ausbau der Offshore-Windenergie. Um die Windpotentiale großräumig darzustellen, spielen numerische Modelle eine wichtige Rolle. Sie liefern z.B. Kennwerte für die Optimierung von Windpark-Standorten und auch für die tägliche Energieproduktion (Stichwort: Kurzfristprognose).

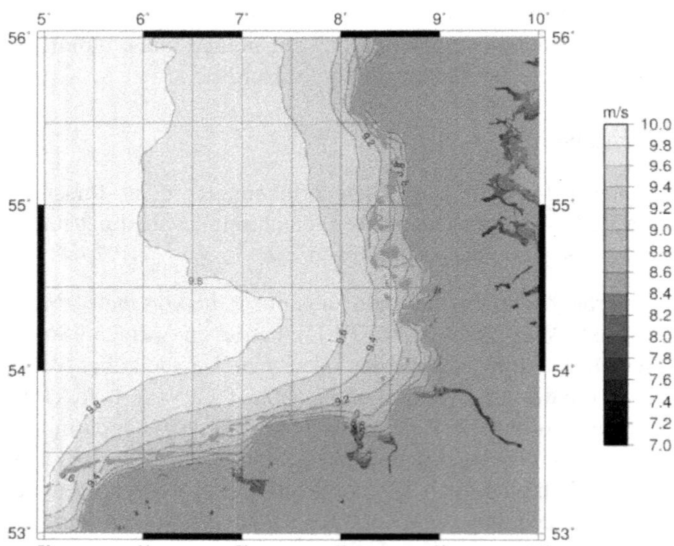

Abbildung 66: Mittlere Windgeschwindigkeit in 100 m[780]

Mesoskalige Modelle sind numerische Werkzeuge. Sie beruhen auf den Erhaltungsgleichungen für Masse, Impuls, innere Energie und andere maßgebliche Parameter wie z.B. Wasserdampf. Die Simulation der atmosphärischen Prozesse findet auf einer räumlichen Skala von 5 bis 1000 km statt, zeitliche Schwankungen werden im Bereich von 1 bis 12 Stunden aufgelöst. Der Effekt der vertikalen Durchmischung durch Turbulenz in der planetaren Grenzschicht (PBL) wird nicht explizit gelöst, sondern durch Parametrisierungen genähert.

[780] Mittlere Windgeschwindigkeit in 100 m für das Jahr 2006 aus Berechnungen mit einem mesoskaligen Modell. Durante, 2012.

In der jüngeren Vergangenheit wurden verschiedene Implementierungen für die Windenergie genutzt, zum Beispiel die WRF (Weather Research & Forecasting-Modell, NCAR/NCEP)[781] oder COSMOS (DWD)[782]Modelle.

4.4.2 Windströmung im Offshore-Windpark

Da die Umgebung im Gegensatz zu Windparks an Land offshore sehr homogen ist, kommt der Bestimmung der Verluste durch die Parkabschattung eine besonders große Bedeutung zu. Aufgrund der niedrigeren Bodenrauigkeiten hat man offshore geringere Turbulenzen, was im Vergleich zu Onshore-Windparks zu weitreichenderen Wakes führt. Verstärkt wird diese Tendenz noch durch die große Anlagenzahl der geplanten Offshore-Windparks, die z.B. bei Projekten in der deutschen Nordsee häufig bei 80 WEA liegt.

Nachfolgend wird kurz auf die Ausbildung von Wakes im Nahfeld und Fernfeld eingegangen, und es werden verschiedene im Einsatz befindliche Berechnungsmodelle für die Parkverluste vorgestellt.

4.4.2.1 Wakes

Nahfeld/Vorgänge in der Wake

Die Nachlaufströmung hinter einer Windenergieanlage lässt sich entsprechend der Vorgänge im Nachlauf in „near“ Wake (also der „nahen“ Wake, ca. 0–3 D), „intermediate“ Wake („mittlere“ Wake ca. 3–5 D) und „far“ Wake > („entfernte“ Wake, ab ca. 5 D – unendlich) aufteilen. (D: Rotordurchmesser der Windenergieanlage).

Vor dem Rotor erhöhen sich die Windgeschwindigkeit und der Druck. In der Rotorebene gibt es einen plötzlichen Druckabfall entsprechend der Impulsübertragung auf die Windenergieanlage. Direkt hinter der Rotorebene kommt es zu einem Abfall von Druck und Windgeschwindigkeit und es entsteht eine Windkomponente entgegen der Drehrichtung des Rotors entsprechend des Drehmoments der Anlage. Blattspitzenwirbel an der Flügelspitze „rollen“ weg und formen spiralförmige Bahnen. Wenn Wirbel schmal genug sind, also nahe der Anlage, kann man sie sich als zylinderförmige Scherungsschicht vorstellen, mit reduzierter Windgeschwindigkeit in der Mitte und ungestörter Windgeschwindigkeit außen. Der Druckunterschied zwischen innen und außen wird noch weiter verstärkt von der Zentrifugalkraft durch die Krümmung der Stromlinien des Luftstroms (siehe auch Abbildung 67).

Im weiteren Verlauf verbreitert sich die Scherungsschicht aufgrund von turbulenter Diffusion (bis ca. 1 D), der Druck erholt sich wieder, während sich die Windgeschwindigkeit solange verlangsamt, bis der Druck wieder auf Umgebungsdruck ist.

Hohe Turbulenz tritt vor allen in der Scherungsschicht auf, weil hier ein großer Windgeschwindigkeitsgradient vorliegt. Hier findet man einen ringförmigen Bereich mit erhöhter Turbulenzintensität in der zylinderförmigen Scherungsschicht.

Die Scherungsschicht wird immer dicker und erreicht irgendwann bei 2–5 D die Mitte der Wake. Dieses markiert das Ende der nahen Nachlaufströmung bzw. des „near“ Wake-Gebiets.

781 Skamarock, 2008.

782 Baldauf, 2011.

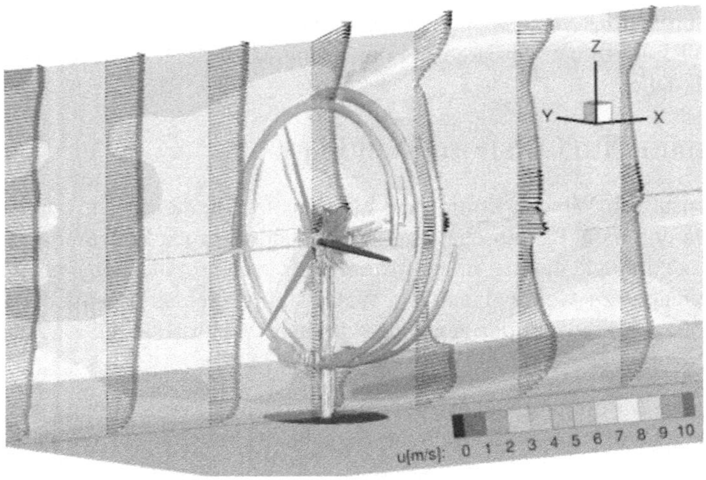

Abbildung 67: Simulation der relativen Windgeschwindigkeit[783]

Fernfeld

Im „far" Wake-Bereich, ca. 5 Rotordurchmesser hinter der WEA, ist die Nachlaufströmung voll ausgebildet. Beides, Windgeschwindigkeitsreduktion und Turbulenzerhöhung breiten sich achsensymmetrisch aus und werden gleichzeitig schwächer. In der Realität wird diese idealisierte Ausbreitung durch seitliche und vertikale Windscherungen gestört bzw. abgelenkt.

Für die Bestimmung der Energieausbeute im Windpark ist insbesondere das Fernfeld interessant, da offshore die WEA zumeist einen Abstand von mehr als 6D zueinander haben.

Hier gelten einfachere Zusammenhänge, die in Windparkmodellen genutzt werden, um die energetischen Verluste durch Parkabschattungen auszurechnen.

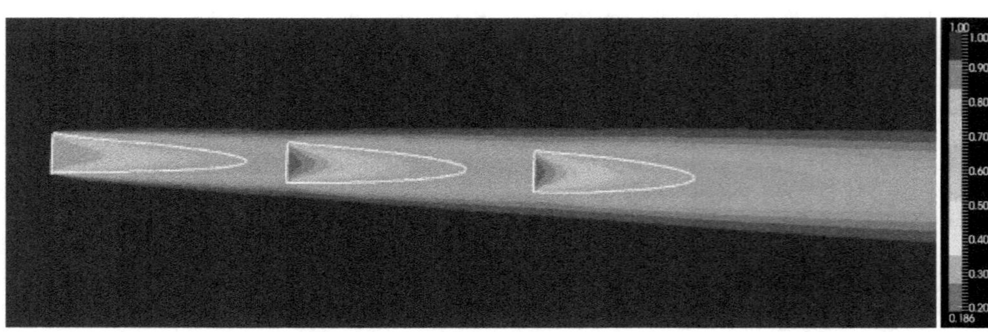

Abbildung 68: Relative Windgeschwindigkeit[784]

[783] Simulation der relativen Windgeschwindigkeit im Nachlauf einer Windenergieanlage. Quelle: Konrad Meister, DEWEK 2010.

Wake- und Windparkmodelle

Das **Jensen- oder Park-Modell** wurde von Jensen und Katic entwickelt und in die Windenergie-Software WAsP (= Wind Atlas Analysis and Application Program) implementiert (Jensen 1983, Katic 1986).

Es ist ein sehr häufig verwendetes Modell mit geringer Rechenzeit. Zugrunde liegt ein einfaches analytisches Modell, das Massenerhaltung und Impulserhaltung berücksichtigt. Die Wake-Effekte direkt hinter der Anlage bleiben unberücksichtigt, das Modell ist also nur für Abstände von mehr als 3–4 D gültig. Das Windgeschwindigkeitsdefizit wird als direkt hinter dem Rotor anliegend angenommen und aus dem Schubbeiwert berechnet. Im Modell vergrößert sich der Durchmesser der Wake linear mit dem Abstand vom Rotor und die Windgeschwindigkeit springt am Rand der Wake auf die ungestörte Windgeschwindigkeit mit einer scharfen Begrenzung der Wake (zylinderförmige Wake). Das Windgeschwindigkeitsdefizit ist über die Wake-Fläche konstant und verringert sich mit zunehmendem Abstand von der Anlage, bis wieder die Umgebungswindgeschwindigkeit erreicht ist. Empirisch wurde die Wake-Decay-Konstante ermittelt. Die Wake-Decay-Konstante bestimmt die Aufweitung (Verbreiterung) der Wake hinter der Anlage. Für Onshore-Standorte wird als Standardwert häufig eine Wake-Decay-Konstante von 0,075 verwendet, offshore muss ein geringerer Wert z.B. 0,04 verwendet werden, weil sich aufgrund der geringeren Turbulenz offshore die Wake weniger aufweitet, dafür aber weiter trägt.

Befindet sich eine WEA nur teilweise im Nachlauf, so wird eine mittlere Windgeschwindigkeit ermittelt. Befindet sie sich im Nachlauf von mehreren WEA, dann wird das Windgeschwindigkeitsdefizit quadratisch addiert.

Im **Ainslie- oder Eddy Viscosity-Modell** werden die zeitlich gemittelten Navier-Stokes-Gleichungen achsensymmetrisch mit mehreren Vereinfachungen gelöst. Die Gleichungen wurden von Ainslie entwickelt (Ainslie 1988). Massenerhaltung und Impulserhaltung werden dabei berücksichtigt. Die turbulente Scherungsspannung zwischen dem abgebremsten Wind in der Mitte der Wake und dem ungestörten Wind außen werden durch die Einführung einer Wirbel-Viskosität (Eddy viscosity) beschrieben. Das Modell setzt ab einem Abstand von 5D ein Gauss-förmiges Wake-Profil an, welches mit c_t-Kurve und Umgebungsturbulenz bestimmt werden kann.

Wesentlich aufwändiger ist die Bestimmung der Windparkströmung mit Strömungssimulationen. Mit **CFD** (Computational Fluid Dynamics) werden die Navier-Stokes-Gleichungen numerisch gelöst. Diese Gleichungen beschreiben die Bewegung von Flüssigkeiten oder Gasen unter Berücksichtigung von Massen-, Impuls- und Energieerhaltung. Da diese Berechnung in ihrer vollständigen Form extrem aufwändig und rechenintensiv ist, werden in der sehr häufig verwendeten RANS-Näherung (Reynolds averaged Navier Stokes) die Navier Stokes-Gleichungen nur zeitlich gemittelt gelöst. Der Vorteil dieser Methode ist der relativ überschaubare zeitliche Aufwand für die Berechnung, die mit einem modernen PC noch in einem Zeitrahmen von einigen Tagen durchgeführt werden kann.

---

[784] Relative Windgeschwindigkeit im Nachlauf von 3 Windenergieanlagen in Reihe am Beispiel von dem Offshore-Windpark Alpha Ventus und einer Windgeschwindigkeit von 10 m/s. Quelle: Westerhellweg/Neumann, 2011.

Für die räumliche Diskretisierung wird meistens die Finite-Volume-Methode verwendet (Integralform der Erhaltungsgleichung), mit der das Berechnungsgitter festgelegt wird. In den einzelnen Gittervolumen werden dann die zeitlich gemittelten Navier-Stokes-Gleichungen gelöst. Die Auflösung des Gitters liegt im Bereich der WEA typischerweise bei ca. 10 m.

Die Turbulenzterme der Bewegungsgleichungen werden durch vereinfachende Schließungsansätze berücksichtigt, z.B. mit dem k-ε Turbulenzmodell, bei dem zwei Transportgleichungen, eine für die turbulente kinetische Energie k und eine für die Rate der Dissipation der turbulenten kinetischen Energie ε gelöst werden.

Es handelt sich um stationäre Rechnungen. Die WEA werden bei Ertragsermittlungen üblicherweise als sogenannte Aktuator-Scheiben (actuator disc) dargestellt. Bei diesem Ansatz wird so getan, als würde gleichmäßig über die gesamte Rotorfläche der Strömung entsprechend der eingehenden Windgeschwindigkeit und der c_t-Kurve Impuls entzogen.

Ursprünglich werden Einflüsse der atmosphärischen Stabilität bei CFD-Rechnungen nicht berücksichtigt. Es gibt inzwischen aber auch CFD-Strömungsmodelle, die den Einfluss der atmosphärischen Stabilität mit berücksichtigen, indem sie Wärmeflüsse implementieren.

Aufwändigere Modelle

Alle vorher genannten Wake-Modelle werden häufig für die Berechnung der Abschattungsverluste im Windpark eingesetzt. Daneben gibt es auch **aufwändigere Modelle**, die wegen der noch hohen Rechenzeit bisher nicht im Tagesgeschäft verwendet werden. Ihre Anwendung findet eher im Forschungsbereich statt, wo sie unter anderem genutzt werden können, einfachere Modelle zu validieren.

Instationäre CFD Rechnungen bieten den Vorteil, das Windfeld bei rotierendem Rotor zeit- und ortsabhängig zu simulieren.

Mit **LES-**Rechnungen (Large Eddy Simulation) wird das turbulente Windfeld zeitlich und räumlich aufgelöst simuliert. Größere Wirbel werden nicht parametrisiert, sondern der turbulente Fluss wird bis in Längenskalen von wenigen Metern direkt berechnet. Erst darunter liegende, kleinere Turbulenzterme werden parametrisiert. Dabei können die WEA räumlich besser dargestellt und z.B. als „actuator line" Modell berücksichtigt werden.

4.4.2.2 Induzierte Turbulenzen, Lasten

Die Nachlaufströmung (Wake) der einzelnen WEA reduzieren nicht nur die Windgeschwindigkeit und somit den Energieertrag der im Windschatten stehenden WEA. Durch die Rotationsbewegung des Rotors entstehen auch Turbulenzen, die die Umgebungsturbulenz des Windfelds zum Teil deutlich erhöhen. Diese Turbulenzen führen daher zu erhöhten mechanischen Lasten gegenüber einer einzelnen, frei stehenden WEA, die bei der Auslegung der Anlage, des Turms und der Gründung berücksichtigt werden müssen.

Frandsen-Modell

Die Modellierung der konkreten Lasten direkt aus den gemessenen Winddaten und der WEA-Konstruktion ist sehr aufwändig, dieser Aufwand lässt sich oft nur bei der Entwicklung einer Windturbine rechtfertigen. In der Praxis geht es jedoch meist nur darum herauszufinden, ob bestimmte Turbulenzwerte, deren Unschädlichkeit bei der Zulassung der Windturbine zertifiziert wurde, eingehalten werden. Eine rechentechnisch effiziente Methode zur Abschätzung dieser auslegungsrelevanten Turbulenzlasten stellt das Modell von Sten T. Frandsen dar, das um die Jahrtausendwende am Risø DTU entwickelt wurde und das als solches auch Eingang in die IEC-Norm 61400-1 gefunden hat.

Dieses Modell nutzt eine einfache lineare Parametrisierung, um die Turbulenz in der Nachlaufströmung der WEA zu beschreiben. Um die Turbulenzintensität zu berechnen, die auf eine bestimmte WEA bei einer gegebenen Windrichtung einwirkt, ist daher entscheidend, ob sie sich gerade in einer ‚Wake' befindet. Zentrale Parameter sind daher der Abstand zur wake-erzeugenden Nachbar-WEA, deren Rotordurchmesser und die sog. wake decay-Konstante, die den Öffnungswinkel der Wakes bestimmt. Auch der Schubbeiwert (c_t-Wert) der wake-erzeugenden WEA spielt eine Rolle, jedoch wird für die Berechnung nach der IEC 61400-1 erst seit der 1. Ergänzung der Edition 3 (2010) gefordert, WEA-spezifische Werte zu verwenden. Vorher wurde eine konservative Annahme unabhängig vom WEA-Typ verwendet.

Die Berechnung der design-relevanten Turbulenzintensität am WEA-Standort erfolgt schließlich durch eine Mittelung der eintreffenden Turbulenzen über alle Richtungen, wobei sinnvollerweise die tatsächliche Häufigkeitsverteilung der Windrichtungen und die Richtungsabhängigkeit der Umgebungsturbulenz berücksichtigt werden sollte. Da das Frandsen-Modell vor allem an lastrelevanten Faktoren kalibriert worden ist, geht als Materialkonstante auch die sogenannte Wöhlersteigung m des WEA-Materials mit ein, die beschreibt, wie viele Lastwechsel ein Material aushält, bevor es bricht. Letztlich ergeben sich so für steifere Materialien wie glasfaserverstärkte Kunststoffe ($m \approx 10\ldots14$) höhere Werte der design-relevanten Turbulenzintensität als für zähere Materialien wie Stahl ($m \approx 3\ldots5$).

Windparkgeometrie und Parkoptimierung

Für einen optimalen Energieertrag ist eine effiziente Ausrichtung der WEA essentiell. Es gilt daher, das Layout zu finden, das unter Berücksichtigung aller Randbedingungen den maximalen Ertrag verspricht und auch unzulässig hohe Belastungen der Nachbar-WEA durch Turbulenzen in den Wakes zu vermeiden (Frandsen-Modell). Die Windpark-Außengrenzen sind in der Regel von der Genehmigungsbehörde vorgegeben, ebenso die Maximalzahl der WEA. Bei Offshore-Windparks fällt eine Reihe von Einschränkungen weg, die onshore eine große Rolle spielen. So sind Abstände zu Siedlungen und Schattenwurf kein Problem und Betriebsgeräusche spielen nach Abschluss der Bauphase nur eine geringe Rolle. Dafür ist der Baugrund schwieriger zu erkunden, und es sind üblicherweise ein Hubschrauberkorridor und ggf. relativ breite Abstandszonen zu Unterwasserkabeln und Pipelines zu berücksichtigen.

Grundsätzlich gilt als Regel der Layout-Gestaltung, möglichst viele WEA mit möglichst langer freier Anströmung in Hauptwindrichtung auszurichten. Onshore führt dies vor allem in Gebieten mit sehr dominanter Hauptwindrichtung oft zu Windparks, die je nach Gelände in einer oder wenigen Reihen senkrecht zur Hauptwindrichtung stehen. Auch offshore ist dies bereits realisiert worden, etwa im dänischen Windpark MIDDELGRUNDEN vor Kopenhagen.

In den deutschen Offshore-Gebieten ist dies aus drei Gründen weniger zweckmäßig bzw. sogar unmöglich. Zum einen sind die ausgewiesenen Flächen mehr oder weniger „flächig", d.h. die Ost-West-Ausdehnung ist vergleichbar der Nord-Süd-Ausdehnung. Zum zweiten liegen fast alle Gebiete in größeren „Clustern", so dass die Nachbarwindparks die Windanströmung beeinflussen. Und schließlich ist die Hauptwindrichtung nicht sehr scharf definiert, weil der Wind von Süd-Südwest bis Nordwest mit fast gleicher Wahrscheinlichkeit weht.

Die Folge ist, dass ein Layout mit klar definierten Achsen der WEA-Anordnung in Nord- und Ostsee selten optimale Erträge liefert. Abgesehen von möglichen Vorteilen bei der Parkverkabelung sind Layouts, bei denen die WEA in möglichst vielen Windrichtungen „auf Lücke“ stehen, klar im Vorteil. Diese Layouts lassen sich normalerweise nicht am Reißbrett finden, sondern erfordern den Einsatz von numerischen Optimierungsalgorithmen, wie sie in einer Reihe gängiger Software-Tools zum Windparkdesign enthalten sind.

Diese Algorithmen erfordern die Festlegung des WEA-Typs, der Windparkgrenzen und der Flächen, in denen keine WEA stehen dürfen. Dabei sind bei Kabeln und Pipelines typischerweise beidseitige Abstände von 500 m bis zum WEA-Mast einzuhalten. Hubschrauberkorridore müssen nach derzeitigem Stand einen senkrechten Abstand von 200 m plus vier WEA-Rotordurchmessern (D) zu den Türmen aufweisen. Um schädliche Turbulenzen in den Nachlaufströmungen zu minimieren, sollten die WEA darüber hinaus in Abständen von ca. 6–7 D in Hauptwindrichtung und 4–5 D senkrecht zur Hauptwindrichtung stehen. Die Einhaltung der Turbulenzgrenzwerte sollte nach der Optimierung nochmals überprüft werden.

Die Ergebnisse hängen dabei zum einen von den eingesetzten Wake-Modellen ab. Aufgrund der numerischen Effizienz wird bei der Layout-Optimierung zumeist das PARK-Modell [Jensen 1983, Katic 1986] eingesetzt. Da benachbarte Offshore-Windparks in der Regel direkt angrenzen, können deren Einflüsse einfach berücksichtigt werden, indem sämtliche WEA (Projektgebiet und Nachbarparks) wie ein großer Windpark behandelt werden. Auch weiter entfernte Windparks können in erster Näherung so behandelt werden. Allerdings wird so die Regeneration der Windströmung zwischen Nachbarpark und Projektgebiet möglicherweise nicht korrekt berücksichtigt. Die Frage der (entfernten) Nachlaufströmung ist derzeit aktives Forschungsthema, allerdings liegen noch keine allgemein gültigen Ergebnisse vor.

Zum andern hängen die optimierten Layouts aber auch von den verwendeten Optimierungsalgorithmen ab. Bei dem zugrundeliegenden Problem der multidimensionalen Optimierung ist leider nicht sichergestellt, dass es ein eindeutiges globales Optimum des Energieertrags oder mehrere Layouts mit gleichem (oder fast gleichem) Ertrag gibt. Da es jedoch sicher eine Reihe lokaler Optima gibt, muss ein solcher Algorithmus viele verschiedene Layouts ausprobieren, um relativ sicher sein zu können, dass das gefundene Optimum nicht von einer anderen Kombination übertroffen wird. Dies macht die Optimierung zu einer relativ zeitaufwändigen Angelegenheit. Da die meisten verwendeten Algorithmen auf eine Strategie des „intelligenten Ratens“ zurückgreifen, können sich die Ergebnisse von Software zu Software durchaus unterscheiden, auch wenn die Ergebnisse in der Regel ähnliche Erträge liefern.

4.4.3 Energieertragsberechnung aus Windverteilung und Leistungskurve

4.4.3.1 Leistungskurve

Erzeugung von elektrischer Energie mit einer Windenergieanlage

Die theoretisch verfügbare mechanische Leistung des Windes verhält sich proportional zur dritten Potenz der Windgeschwindigkeit und kann mit folgender Formel ausgedrückt werden:

$$P_w = \frac{1}{2}\rho A v^3 \qquad (4.4.1)$$

wobei ρ die Luftdichte ist, A die Rotorfläche und v die Windgeschwindigkeit ist.

Aufgrund dieser Abhängigkeit der Leistung von der dritten Potenz der Windgeschwindigkeit können bereits kleine Änderungen der Windgeschwindigkeit zu großen Änderungen der Leistung führen. Eine exakte Beschreibung des Windes, der auf die Rotorfläche der Windenergieanlage trifft, ist daher von großer Bedeutung.

Die elektrische Leistung, die eine Windenergieanlage aus dem ungestörten Wind erzeugen kann, wird folgendermaßen ausgedrückt:

$$P_e = C_p P_w \qquad (4.4.2)$$

wobei C_p der Leistungskoeffizient der Windenergieanlage ist.

Der Leistungskoeffizient C_p (Aero) beschreibt denjenigen Anteil an der Energie des Windes, der von der WEA in mechanische Arbeit umgewandelt werden kann. Er hat einen theoretischen Höchstwert von $^{16}/_{27} \approx 59\ \%$ (BETZ), liegt in der Praxis jedoch aufgrund verschiedener Verlustfaktoren (wie z.B. Luftreibung) immer niedriger. C_p variiert in Abhängigkeit von der Windgeschwindigkeit ($\approx$ 0,5 bei 6–10 ms^{-1}, je nach Auslegung der Windenergieanlage). Der Wert wird bei höheren Windgeschwindigkeiten bewusst durch das Anlagendesign reduziert, um damit die mechanische Leistung des Rotors ab Erreichen der Nennwindgeschwindigkeit konstant zu halten (siehe Abbildung 69).

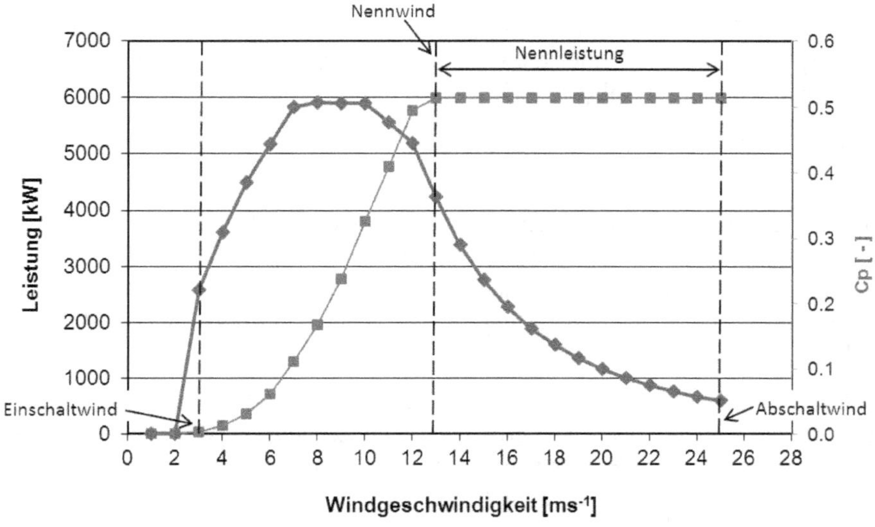

Abbildung 69: Beispiel einer WEA-Leistungskurve und ihres Leistungskoeffizienten C_p

Leistungskurve einer Windenergieanlage

Einer der wichtigsten Parameter für die Rentabilität eines Windparkprojekts und das herausragende Merkmal einer Windenergieanlage ist ihre Leistungskurve. Die Leistungskurve steht in direktem Zusammenhang mit dem Jahresenergieertrag eines Windparks.

Die Leistungskurve einer Windenergieanlage wird theoretisch oder durch Feldmessungen ermittelt. Sie zeigt an, wie die elektrische Leistung der Windenergieanlage sich mit gleichmäßig ansteigender Windgeschwindigkeit verändert. In Abbildung 69 sind die hypothetische Leistungsabgabe einer Offshore-Windenergieanlage und der Leistungskoeffizient der Windturbine (C_p) dargestellt. Die Mindestwindgeschwindigkeit, bei der eine Windenergieanlage verwertbare Energie erzeugt, wird als Einschaltwindgeschwindigkeit bezeichnet. Diese Windgeschwindigkeit liegt bei den meisten WEA zwischen 3 und 5 ms^{-1}. Bei Windgeschwindigkeiten oberhalb der Einschaltgeschwindigkeit steigt die Leistungsabgabe mit der Windgeschwindigkeit an, bis die Nennleistung erreicht ist (P_{rated}, **Nennleistung**), d.h. die Höchstleistung, die eine Anlage erzeugen kann. Die Windgeschwindigkeit, bei der diese erreicht wird, bezeichnet man als **Nennwindgeschwindigkeit**. Die Regelung der Windenergieanlagen erfolgt normalerweise dadurch, dass die Blattwinkel so verstellt werden, dass die Leistung konstant bleibt (Pitchregelung). Wenn die Windgeschwindigkeit die Nennwindgeschwindigkeit überschreitet, steigen die auf die Anlage einwirkenden Kräfte weiter an, so dass ab einem bestimmten Punkt die Gefahr von strukturellen Schäden besteht. Ab einer bestimmten Geschwindigkeit wird die Anlage deshalb abgeschaltet. Die Geschwindigkeit, bei der dies geschieht, nennt man **Abschaltwindgeschwindigkeit**. Sie liegt im Allgemeinen bei 25–30 ms^{-1}.

Vermessung von Leistungskurven

Eine entsprechend den Richtlinien durchgeführte Vermessung der Leistungskurve bietet Herstellern, Kunden, Betreibern und Projektentwicklern wichtige Informationen über die Leistungsfähigkeit einer Windenergieanlage.

Vermessungen von Leistungskurven werden vor allem aus zwei unterschiedlichen Gründen durchgeführt:

- Leistungsüberprüfung: Anhand von Leistungsmessungen wird überprüft, ob eine Anlage der vom Hersteller garantierten Leistungskurve entspricht.
- Typprüfungen: Eine Vermessung des Prototyps eines bestimmten Anlagenmodells liefert die Leistungskurve, die für die Typprüfung im Rahmen des Zertifizierungsverfahrens erforderlich ist.

Es gibt verschiedene nationale und internationale Normen und Richtlinien, nach denen Messungen, Analysen und Berichte über die Vermessung von Leistungskurven einzelner Windenergieanlagen durchgeführt werden können. Keine dieser Normen und Richtlinien wurde jedoch speziell für Offshore-Anlagen entwickelt:

- IEC 61400-12-1: Power performance measurements of electricity producing turbines, Edition 1, December 2005
- MEASNET: Power Performance Measurement Procedure, Version 5, December 2009
- FGW: Technische Richtlinien für Windenergieanlagen, Teil 2, Revision 16, 28.01.2010
- ISO Guide to the expression of uncertainties (GUM), 1995

Die aktuelle Fassung der IEC 61400-12-1[785] vom Dezember 2005 sieht folgendes Standardverfahren vor: Ein Messmast sollte nach Möglichkeit „upstream" (in Windrichtung vor) der Windturbine aufgestellt werden. An der Mastspitze und in Nabenhöhe werden kalibrierte Anemometer installiert, um die Windgeschwindigkeit zu messen. Weitere Parameter wie Windrichtung, Lufttemperatur und Luftdruck sind ebenfalls zu messen. Um ‚Staueffekte' durch die Windturbine selbst zu vermeiden, sollte der Mast in einer Entfernung von zwei bis vier Rotordurchmessern (D) vom Standort der Anlage aufgestellt werden (2,5 D wird empfohlen). Die erfassten Daten werden ausgewertet, nach bestimmten Kriterien gefiltert und nachbearbeitet, um die Leistungskurve der Anlage zu erhalten. Die Leistungskurve wird ermittelt, indem gleichzeitige Messungen von 10-Min.-Mittelwerten der Leistungsabgabe mit den 10-Min.-Mittelwerten der Windgeschwindigkeit zusammen aufgezeichnet werden. Die Messungen müssen über einen Zeitraum durchgeführt werden, der lang genug ist, um eine statistisch aussagefähige Datenmenge für diverse Windgeschwindigkeiten und unterschiedliche meteorologische Bedingungen zu erhalten. Dieser Ansatz geht davon aus, dass die Windbedingungen auf Nabenhöhe (Mastspitze) repräsentativ für die gesamte Rotorebene sind; angesichts der rasanten Größenentwicklung der modernen WEA ist dieser Ansatz jedoch mit Vorsicht zu betrachten. In den letzten Jahren haben verschiedene Studien (z.B.[786], [787]) gezeigt, dass andere standortspezifische Windeigenschaften wie Windscherung (Änderung der Windgeschwindigkeit mit der Höhe) und Turbulenzen auf der Rotorebene ebenfalls die Leistung, insbesondere von großen Windenergieanlagen, beeinflussen können.

In dem besonderen Fall des Betriebs von WEA auf dem Meer ist aufgrund der Gleichmäßigkeit der Oberfläche keine Standortkalibration (weitere Einzelheiten siehe IEC 61400-12-1) erforderlich. Andererseits ist es in der Offshore-Umgebung im Allgemeinen nicht möglich, die üblichen, auf Messmasten basierenden Windmessungen durchzuführen, da es in der Nähe der Windturbine/des Windparks normalerweise keinen Messmast gibt und es zu kostenaufwändig wäre, einzig für den Zweck einer Leistungsmessung einen Messmast dort aufzustellen.

Die neue IEC-Richtlinie 61400-12-2[788], die sich noch in der Entwurfsphase befindet (Stand: Sommer 2012), erlaubt eine größere Flexibilität bei der Ermittlung der Leistungskurve einer einzelnen Windturbine. Der neue Richtlinien-Entwurf sieht die Verwendung eines zusätzlichen Windgeschwindigkeitsmessers (Anemometers) oberhalb der Nabenhöhe der WEA oder die Anwendung von Fernerkundungsverfahren (remote sensing (RS)) wie z.B. LiDAR oder SoDAR (siehe Ziffer 4.4.4) vor, um die Windgeschwindigkeit auf der Rotorfläche besser erfassen zu können. Vorgesehen ist der Einsatz von am Boden installierten Geräten (Gondelanemometer sind nicht aufgeführt), deren Anwendung auf flaches Gelände beschränkt ist. Außerdem werden nur solche Anwendungen berücksichtigt, bei denen der Messwertgeber (*remote sensing device*) von einem Schalensternanemometer auf Höhe der unteren Blattspitze der Anlage überwacht wird, um dessen Funktion und Rückführbarkeit zu prüfen. Offshore ist jedoch die Verwendung eines solchen Systems problematisch und kostenaufwändig, da es eine stabile Plattform in einer Entfernung von zwei bis vier Rotordurchmessern vor der Anlage erforderlich machen würde. Eine Möglichkeit besteht darin, die Offshore-Plattform

785 IEC 61400-12-1.

786 Wagner, 2011.

787 Cañadillas, 2010.

788 IEC 61400-12-2.

für das Umspannwerk oder andere in der Umgebung befindliche Arbeitsstationen des Windparks als Standort für das RS-Gerät zu verwenden. Für die Ermittlung der Leistungskurve ist diese Option jedoch wegen der definierten Anforderungen an die Windmessbereiche oder den empfohlenen Abstand zur Testturbine nicht immer geeignet. Außerdem könnte nur die Anlage, die dem Umspannwerk am nächsten steht, hierfür verwendet werden.

Es wird klar, dass die jetzigen für die Onshore-Windenergie entwickelten Normen, einschließlich des neuen Entwurfs, für die Zwecke einer Leistungskurvenmessung von Offshore-WEA nicht direkt geeignet sind, und das neue Verfahren zur Messung der auf die Rotorebene frei einströmenden Luft berücksichtigt/entwickelt werden sollten.

Eine flexiblere Lösung, speziell für Offshore-Anlagen, ist der Einsatz von gondelbasierten LiDAR-Messgeräten. Dies scheint eine zuverlässigere Alternative zu den am Mast oder am Boden montierten Fernerkundungssystemen zu sein, da auf diese Weise die einströmende Luft vor der Rotorebene direkt gemessen werden kann. Zurzeit werden verschiedene Ansätze geprüft:

- Ein auf Nabenhöhe montiertes „Zwei-Strahl"-LiDAR, wie das im Handel erhältliche Iris LiDAR von „Avent Lidar Technology" oder der Vindicator von „Catch the wind". Mit diesen auf der Gondel installierten LiDAR-Systemen kann die Windgeschwindigkeit auf Nabenhöhe direkt gemessen werden. Daher folgt dieser Ansatz dem in der aktuellen IEC-Richtlinie vorgesehenen Verfahren.
- Ein Windscanner-LiDAR: Das Gerät misst die Windgeschwindigkeit an mehreren Punkten rund um die Rotorebene, so dass man dreidimensionale Informationen über die Anströmung der Rotorebene erhält. Diese Systeme werden zurzeit noch erforscht; Beispiele sind der Windscanner der Universität Stuttgart (SWE, Deutschland) oder der Windscanner von Risø-DTU (Dänemark). Im Unterschied zu den LiDAR-Geräten auf Nabenhöhe ist es bei diesen Systemen möglich, die Verteilung der Windgeschwindigkeit auf der Rotorebene zu ermitteln.

In der jüngsten Vergangenheit und aktuell befassen sich mehrere Forschungsprojekte (wie zum Beispiel RAVE-LiDAR (DE), UpWind WP6 (EU), NORSEWInD (EU)) sowie IEA-Fachgruppen damit, Erkenntnisse über die Einsatzmöglichkeiten der LiDAR-Technologie für Windenergieprojekte zu sammeln. Eine andere wichtige Aufgabe ist es, neue Normen und Richtlinien aufzustellen, nicht nur für die Überprüfung von Leistungskurven, sondern auch für Energieertragsermittlung, Regelungsstrategien oder Überwachung der Abschattungseffekte.

4.4.3.2 AEP-Berechnung

Während bei der Bestimmung des AEP in Deutschland in der Regel auf Ertragsdaten nahe benachbarter Windparks zurückgegriffen wird, ist dies offshore derzeit noch nicht üblich. Dies liegt vor allem daran, dass es bislang noch nicht genügend vergleichbare Windparks gibt, die hinreichend lange in Betrieb sind. Daher basieren alle derzeitigen Planungen für Offshore-Windparks nach wie vor auf den Messdaten der bestehenden Offshore-Messmasten und den daraus abgeleiteten Bedingungen im Windpark.

Die Windverteilung am WEA-Standort und die Leistungskurve sind die zentralen Zutaten für die Ermittlung des Jahresenergieertrags („AEP", *annual energy production*). Dazu wird aus der Häufigkeitsverteilung des Windes die Stundenzahl errechnet, die der Wind im Jahr mit einer bestimmten Windgeschwindigkeit weht. Da die Leistungskurve die Leistungsabgabe der WEA in Abhängigkeit von der Windgeschwindigkeit beschreibt, ergibt sich durch Multiplikation der Stundenzahl, für die eine bestimmte Windgeschwindigkeit auftritt, mit der zugehörigen Leistung dieser Geschwindigkeit der Jahresenergieertrag bei dieser Windgeschwindigkeit. Nach Integration über alle Windgeschwindigkeiten (bzw. in der Praxis diskreter Verteilungen: Summation über alle Geschwindigkeitsintervalle) ergibt sich so der Jahresenergieertrag der WEA.

Über diese grundlegende Methodik hinaus haben weitere Modellannahmen Einfluss auf den berechneten Ertrag. Hier ist zunächst das Wake-Modell zu nennen, das die Abschattung durch luvseitig vorgelagerte WEA beschreibt. Das Wake-Modell beschreibt für jede Windgeschwindigkeit und jede Windrichtung die Reduktion der Windgeschwindigkeit am WEA-Standort. Damit ergibt sich dort je nach Windrichtung eine neue Häufigkeitsverteilung, die dann zum Ausgangspunkt der Ertragsermittlung wird.

Weiterhin muss die Luftdichtekorrektur der Leistungskurve korrekt durchgeführt werden, da eine Volumeneinheit Luft bei höherer Luftdichte mehr Moleküle und damit mehr Bewegungsenergie enthält, die von der Turbine entnommen werden kann. Das Verfahren ist in der IEC 61400-12-1 festgelegt und nutzt Formel [1] (s. Ziffer 4.4.3.1)

$$P = \frac{\rho}{2} v^3 A\,,$$

um die Windgeschwindigkeit der Leistungskurve (bei festgehaltenen Leistungswerten) zu korrigieren.

Schließlich muss auch noch das Abschaltverhalten der Turbine bei Starkwind berücksichtigt werden. Die Anlagensteuerung ist in der Regel so ausgelegt, dass nach Sturmabschaltung die Windgeschwindigkeit erst wieder signifikant unter die Abschaltwindgeschwindigkeit gefallen sein muss, bevor die WEA wieder einschaltet. Diese Steuerung soll verhindern, dass bei Windgeschwindigkeiten um die Abschaltgeschwindigkeit die Turbine ständig ein- und ausschaltet, was zu enormen mechanischen Lasten führen würde. Allerdings tragen so bei abflauendem Sturm die Windgeschwindigkeiten zwischen Abschalt- und Wiedereinschaltwindgeschwindigkeit nicht zum Energieertrag bei, obwohl sie in der Windstatistik enthalten sind (weil die Messung bei Sturm nicht abschaltet). Die so entstehende Ertragsminderung kann entweder mit heuristischen Methoden der Leistungskurvenkorrektur oder über mehr oder weniger pauschale Abschläge berücksichtigt werden.

Langzeitkorrelation

Da die meisten Windmessungen an Windpark-Standorten nur eines oder wenige Jahre umfassen, stellt sich die Frage, wie repräsentativ die Messperiode für die typischen 20 Jahre Betriebsdauer eines Windparks ist. Weil man nicht in die Zukunft schauen kann, blickt man in die Vergangenheit und nimmt dann an, dass sich im langfristigen Mittel das Windklima nicht ändert.

Um die Repräsentativität der Messung innerhalb der zurückliegenden Windjahre abzuschätzen, vergleicht man die gemessene Zeitreihe mit Langzeit-Messungen in der Region, etwa meteorologischen Stationen oder auch Modelldaten. Falls diese im Messzeitraum gut korrelieren, nimmt man an, dass dies auch weiter in der Vergangenheit so gewesen sein sollte. Dann lässt sich aus dem Verlauf der Langzeit-Datenreihen abschätzen, wie stark der Messzeitraum das langfristige Mittel über- oder unterschätzt. Entsprechend kann die gemessene Zeitserie dann so skaliert werden, dass ihr Mittelwert dem langfristigen Mittelwert entspricht. Für Ertragsprognosen sollten nur solche langzeit-korrigierten Zeitserien bzw. Windstatistiken verwendet werden.

Diese Methode skaliert allerdings lediglich die Windgeschwindigkeit, so dass unübliche Windrichtungen, die besonders bei kurzen Messperioden durchaus signifikant sein können, nicht korrigiert werden und dann fehlerhafte Abschattungsverluste liefern. Auch verändert sich mit jedem zusätzlichen Jahr der Wert des langfristigen Mittels, so dass es durchaus sinnvoll ist, Ertragsprognosen mit jedem zusätzlichen Jahr an Messdaten zu erneuern.

4.4.3.3 Weitere Verluste

Neben den bereits genannten Verlusten durch die Sturmabschaltung gibt es eine ganze Reihe weiterer Verlustquellen, die die am Übergabepunkt (typischerweise oberspannungsseitig an der Umspannstation) gemessene Energie gegenüber der oben theoretisch berechneten verringern. Die folgende Auflistung beschreibt die wesentlichen Verlustquellen.

1. Verfügbarkeit der Windpark- und WEA-Komponenten: Dies ist üblicherweise der größte Verlustfaktor eines Offshore-Windparks, da gerade auf dem Meer Reparaturen wetter- und entfernungsbedingt nicht so rasch erfolgen können wie onshore. Erste Erfahrungen zeigen, dass 5–7 % Verluste keine Seltenheit sind. Durchdachte Notfallkonzepte können hier deutliche Verbesserungen bringen.
2. Geplante Wartungsarbeiten sorgen ebenfalls für WEA-Stillstand. Im Gegensatz zu ungeplanten Ausfällen können diese jedoch gezielt in erzeugungsarme Zeiten gelegt werden und beugen im Idealfall auch ungeplanten Ausfällen vor.
3. Elektrische Verluste in der Parkverkabelung und bei der Transformation in der Umspannstation können ebenfalls schnell nennenswerte Dimensionen erreichen. Hier spielen das Kabeldesign (Kabellängen), die Verlegung (Kabelentflechtung) und Verarbeitung der Komponenten (Kabel, Transformatoren) eine Rolle.
4. Netzabschaltung durch den Netzbetreiber ist zumindest auf absehbare Zeit ein realistisches Szenario, solange der Netzausbau nur schleppend vorankommt. Wenn dies tatsächlich geschieht, dann tendenziell zu ertragsstarken Zeiten, so dass hier durchaus nennenswerte Verluste auflaufen können. Darüber hinaus sind auch Störungen des Netzes (z.B. durch Schäden am Seekabel) nicht auszuschließen.
5. Über die Betriebsdauer der WEA von 20 Jahren und mehr ist zu erwarten, dass das aerodynamische Profil der Rotorblätter nicht konstant bleibt. Temporäre Effekte wie Vereisung, Insekten und Schmutz spielen in der deutschen Nord- und Ostsee vermutlich eine eher geringe Rolle, aber zusammen mit dauerhaften Verformungen im Zuge der Alterung sollte dieser Beitrag nicht komplett vernachlässigt werden.

4.4.3.4 Unsicherheiten und Möglichkeiten der Reduktion

Der Energieertrag nach Abzug aller berücksichtigten Verluste ist immer noch mit Unsicherheiten behaftet. Üblicherweise wird davon ausgegangen, dass diese Unsicherheiten gleichverteilt um den berechneten Wert sind, der daher mit 50 % Wahrscheinlichkeit über- bzw.

unterschritten wird (sog. P50). Für die Risikoabschätzung ist aber wichtig, die Breite der Verteilung zu kennen und damit die Energieerträge berechnen zu können, die mit 70 % oder 90 % Wahrscheinlichkeit erreicht werden. Daher müssen die Unsicherheiten im Detail identifiziert und quantifiziert werden. Die wesentlichen Unsicherheiten werden im Folgenden erläutert.

1. Zunächst ist die Windmessung selbst mit einer Reihe von Unsicherheiten behaftet. Diese umfassen die Qualität der verwendeten Instrumente, den Messaufbau, sowie die Qualität der Daten und ihrer Aufbereitung inklusive notwendiger Korrekturen. Die Langzeitkorrektur (vgl. Ziffer 4.4.3.2) sollte hier gesondert behandelt werden, weil eine Reihe statistischer Extrapolationen gemacht werden, die die Unsicherheit der Zeitreihe deutlich beeinflussen können.
2. Die Extrapolation von Messstandort und -höhe auf WEA-Standort und Nabenhöhe erfolgt in der Regel ebenfalls mit Hilfe von Modellen bzw. aufgrund von Annahmen, deren Unsicherheit abgeschätzt werden muss.
3. Die so ermittelte Unsicherheit der Windressource am WEA-Standort übersetzt sich direkt in eine Unsicherheit des Energieertrags. Dabei bestimmt im Wesentlichen die Steigung der Leistungskurve bei der mittleren Windgeschwindigkeit, wie sensitiv die Energieproduktion auf Schwankungen des Windes reagiert. Im Teillastbereich ist diese Abhängigkeit i.A. sehr hoch, im Bereich der Nennleistung haben Schwankungen des Windenergieangebotes dagegen nur einen geringen Einfluss auf die Leistungsabgabe.
4. Die Leistungskurve selbst ist ebenfalls mit technischen Unsicherheiten behaftet, die bei theoretisch berechneten Leistungskurven schnell eine Größenordnung von 10 % und darüber erreichen. Dies liegt vor allem daran, dass die verwendeten Modelle und die dahinter liegenden Annahmen nicht bekannt sind und von Hersteller zu Hersteller variieren. Die Unsicherheiten von vermessenen Leistungskurven lassen sich dagegen experimentell bestimmen und liegen in der Regel bei 5–7 %.
5. Weitere Einflussfaktoren ergeben sich aus der Parkabschattung, die durch das Parklayout und die Schubbeiwerte der abschattenden WEA bestimmt wird. Zusätzlich muss auch noch die Unsicherheit der verwendeten Wake-Modelle und Ihr Einfluss auf den Energieertrag abgeschätzt werden.

4.4.4 Ausblick: neue Methoden – Windmessung durch Fernerkundung

Konventionelle Messmasten, wie sie normalerweise in der Windenergie eingesetzt werden, um genaue Erkenntnisse über das Windfeld zu gewinnen, stehen für Offshore-Standorte nur begrenzt zur Verfügung und könnten nur unter hohem Kostenaufwand dort aufgestellt werden. Deshalb ist es notwendig, eine alternative Methode zu den Standard-Windmessungen (Schalenstern-/Ultraschallanemometer, Windfahnen) zu finden. Fernmessverfahren haben sich in den letzten Jahren zu einer sinnvollen und kostengünstigen Alternative für Windenergieanwendungen entwickelt, mit dem Vorteil, dass Messungen mit einer höheren vertikalen Auflösung über den gesamten Rotordurchmesser einer Windturbine durchgeführt werden können (bis ca. 250 m).

Die beiden heute in der Windenergie eingesetzten Fernerkundungsverfahren sind SODAR (SOnic Detection And Ranging) und LiDAR (Light Detection And Ranging). SODAR-Geräte messen die Windgeschwindigkeit, indem sie den Dopplereffekt von Schallwellen, die von inhomogenen Temperaturen in verschiedenen Höhen reflektiert werden, erkennen. LiDAR-Systeme basieren auf einer ähnlichen Technik, verwenden jedoch einen zusammenhängenden Laserstrahl, der von Staubteilchen (Aerosolen) zurückgestreut wird.

Windmessungen mit LiDAR und SODAR-Verfahren gibt es schon seit den 1960er Jahren. Während jedoch die SODAR-Technologie schon seit vielen Jahren in der Meteorologie kommerziell eingesetzt wird, war der Einsatz von LiDAR-Systemen bisher auf die Forschung beschränkt; erst 2006 wurde ein LiDAR-System zum ersten Mal kommerziell eingesetzt.

Wenngleich SODAR-Systeme als gute Alternative zu mastbasierten Windmessungen gelten, so scheint doch für den Offshorebereich die LiDAR-Technologie geeigneter zu sein. SODAR-Systeme können, nach aktuellem Stand, nicht die für die Ermittlung von Leistungskurven erforderliche Genauigkeit liefern und sie haben das grundlegende Problem von rückgestreuten Festechos, wenn sie in der Nähe von Messmasten oder Windkraftanlagen betrieben werden. Sie sind daher kaum für den Einbau an einer Gondel oder auf Nabenhöhe einer Windturbine geeignet. Daher wird die SODAR-Technik im folgenden Abschnitt nur kurz behandelt, während der Schwerpunkt dieses Kapitels auf der LiDAR-Technik liegt.

4.4.4.1 Bodengebundene Fernmessung

SODAR

Die Funktionsweise von SODAR-Systemen beruht darauf, dass ein kurzer akustischer Impuls in die atmosphärische Grenzschicht abgegeben wird und die Reflexionen gemessen werden. Sowohl die Intensität als auch der Dopplereffekt (Frequenz) des Rücksignals, das durch turbulente Strömungen in der Atmosphäre zurückgestreut wurde, werden analysiert, um daraus die Windgeschwindigkeit, Richtung und Turbulenz zu ermitteln. Bei einem monostatisch arbeitenden SODAR (Sender und Empfänger sind auf einem relativ kompakten Gerät installiert), hängt die Intensität des rückgestreuten Signals nur von Temperaturschwankungen ab. Die Reichweite der Messung, die bis zu mehreren hundert Metern betragen kann, ist abhängig von der Schallfrequenz, der Leistung des Geräts, der atmosphärischen Stabilität, Hintergrundgeräuschen usw. Die maximale Reichweite wird normalerweise an Standorten erreicht, die durch geringe Umgebungsgeräusche und eine mäßige bis hohe Luftfeuchtigkeit gekennzeichnet sind.

In[789] findet sich ein ausführlicher Überblick über akustische Fernmessverfahren und ihrem theoretischen Hintergrund. Außerdem werden in[790] verschiedene für Windenergieanwendungen relevante Aspekte der SODAR-Theorie behandelt.

[789] Bradley, 2007.

[790] Antoniou, 2003.

LiDAR

Funktionsweise

In diesem Abschnitt werden nur die wichtigsten Begriffe der LiDAR-Technologie erläutert. Für atmosphärische Zwecke verwendete Doppler-Wind-LiDAR-Systeme messen die Frequenzverschiebung (Doppler-Effekt) der schmalbandigen Laserstrahlen, die durch mikroskopisch kleine, und vom Wind bewegte Teilchen bzw. Aerosole rückgestreut werden. Die Frequenzverschiebung ist proportional zur Geschwindigkeit des gestreuten Ziels entlang dem Ausbreitungsweg des Laserlichts (Line-of-Sight, LOS), und wird auch als radiale Geschwindigkeit (v_r) bezeichnet, sie ergibt sich zu

$$f_d = \frac{2f_o}{c} \cdot v_r \qquad (4.4.3)$$

wobei f_d die Dopplerfrequenz ist, f_o die abgestrahlte Frequenz und c die Lichtgeschwindigkeit.

Die Entfernung zum Ziel wird bestimmt durch die Zeit für den Hin- und Rückweg.

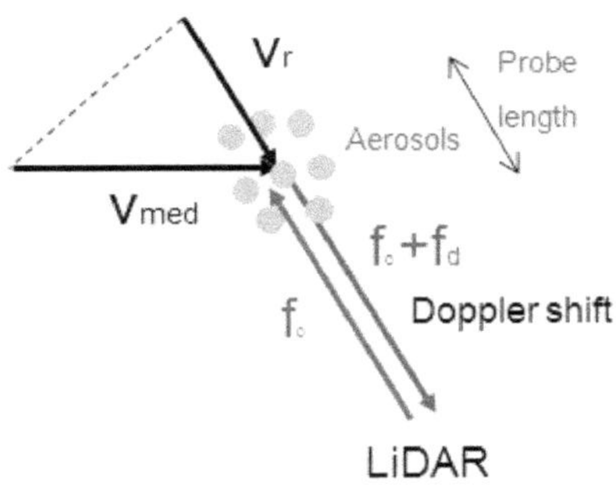

Abbildung 70: Skizze des Doppler-Wind-LiDAR-Prinzips

Die Intensität des Laserstrahls sowie die Höchstfrequenz (kürzeste Wellenlänge), mit der dieser fokussiert und abgestrahlt werden kann, wird aufgrund der Vorschriften für die Augensicherheit auf einen Wellenlängenbereich von 1,5–2,0 µm begrenzt.

Bei einem bodengebundenen LiDAR-Messsystem kann der Windgeschwindigkeitsvektor (**u**, **v**, **w**) durch Kombination von mehreren in verschiedenen Richtungen gemessenen Radialgeschwindigkeiten bestimmt werden. Hierbei ist jedoch die Annahme erforderlich, das der Wind an den verschiedenen Messpunkten einer Höhe konstant ist. In mehreren Studien [z.B.[791, 792]] wurde nachgewiesen, dass diese Annahme für flaches Gelände und Offshore zutrifft, jedoch für komplexes Gelände nur bedingt richtig ist.

Eine gängige Methode, nach der die dreidimensionalen Windkomponenten abgeleitet werden, nennt sich VAD (*velocity azimuth display*) -Verfahren. Es ist in der folgenden Abbildung schematisch dargestellt. Bei der VAD-Methode wird ein Konus entweder mit einem

[791] Canadillas, 2011.

[792] Guillén, 2011.

einzelnen Laserstrahl abgetastet oder es werden mehrere Strahlen gleichzeitig ausgesendet. Der Konus wird durch einen Winkel definiert, der der Abweichung des Strahls von der Vertikalen entspricht (φ).

Eine Vektor-Windmessung an einem bestimmten Punkt im Raum kann man erhalten, wenn man diesen Punkt von mindestens drei unabhängigen Punkten in Strahlrichtung (Line-of-Sight (LOS)) betrachtet. Ermöglicht wird dies durch drei oder mehr LiDAR-Systeme, die auf denselben Punkt ausgerichtet sind. Wenn man allerdings die vertikale Windgeschwindigkeit mit $\mathbf{w} = 0$ annimmt, sollten zwei LiDARs ausreichen. In Fällen, in denen der Einsatz von Mehrfach-LiDAR-Systemen nicht möglich ist und unter der Voraussetzung, dass das Windfeld über dem gemessenen Luftvolumen horizontal homogen ist, können zur Bestimmung der Vektor-Windgeschwindigkeit auch LiDAR-Strahlabtastverfahren eingesetzt werden

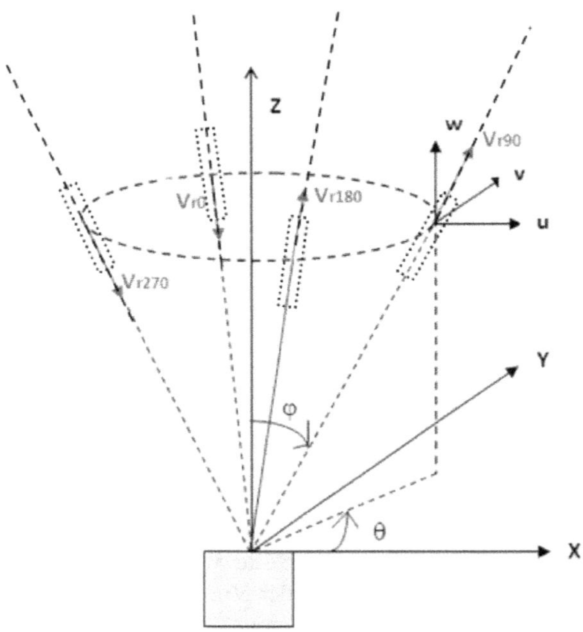

Abbildung 71: Skizze des VAD-Scans eines bodengebundenen LiDAR-Systems

Bei Wind-LiDAR-Geräten gibt es zwei Möglichkeiten, die Messhöhe, in der die Windgeschwindigkeit gemessen werden soll, zu ermitteln. Nach der ersten Methode wird die Detektoroptik des LiDARs auf eine bestimmte Brennweite eingestellt. Dieses Verfahren wird bei kontinuierlich laufenden Wind-LiDAR-Systemen (Dauerstrichlaser), wie z.B. dem ZephIR LiDAR eingesetzt. Das zweite Verfahren besteht darin, die Entfernung aus der Laufzeit eines Laserimpulses zu bestimmen und ist daher nur bei gepulsten Wind-LiDARen wie z.B. dem-WindCube LiDAR möglich. Die Zeit, die der Laserimpuls benötigt, um ausgesendet, rückgestreut und dann detektiert zu werden, multipliziert mit der Lichtgeschwindigkeit, ist die Entfernung zu dem Ort, von dem das Signal rückgestreut wurde.

Bei einem gepulsten System können alle mittleren Windgeschwindigkeiten, Windrichtungs- und Turbulenzwerte gleichzeitig in mehreren Höhen oder Messbereichen ermittelt werden. Bei einem Dauersystem können die Ebenen nur nacheinander fokussiert werden.

In den letzten Jahren ist in mehreren Feldversuchen mit in-situ-Messgeräten auf Messmasten nachgewiesen worden, dass das LiDAR-System ein zuverlässiges Instrument für die Erfassung der mittleren Windgeschwindigkeit (10-Min.-Mittelwerte) ist. Der Einsatz im Bereich von Messungen der Turbulenzintensität muss jedoch noch weiter erforscht werden.

Abbildung 72: Wind LiDAR auf der Offshore-Plattform FINO1

4.4.4.2 Weitere Entwicklung: Gondelbasiertes Wind-LiDAR

Bereits aus den vergangenen Abschnitten wurde klar, dass die Anwendung der LiDAR Technologie eine Palette von neuen Möglichkeiten bietet, den Wind zu erfassen. Es ist abzusehen, dass in Zukunft Wind nicht nur von bisher ungenutzten Plattformen, sondern auch in einer mit In-situ-Geräten (= an einem festen Ort) nicht realisierbaren räumlichen Auflösung gemessen werden wird.

Moderne WEA sind mit einem Gondelanemometer ausgestattet, das es ermöglicht, wichtige Angaben über das einströmende Windfeld für Steuerungszwecke zu erhalten. Da diese Windmessungen durch die rotierenden Rotorblätter stark beeinflusst werden, ergeben sie kein genaues Abbild der realen Windströmung vor dem Rotor.

Mit einem auf der Gondel oder in der Nabe einer Windturbine montierten LiDAR-System ist es möglich, detaillierte Messungen der Windeigenschaften (Geschwindigkeit und Richtung) des Windfeldes in verschiedenen Entfernungen von der Rotorebene sowie Angaben auch zu Abschattungseffekten durch benachbarte WEA zu erhalten.

Ein solches System kann für verschiedene Windenergieanwendungen eingesetzt werden und ist insbesondere für Offshore-Windenergie geeignet, zum Beispiel für die Ermittlung von

Leistungskurven oder eine aktive Steuerung der Windturbine mit dem Ziel, maximale Leistung bei minimaler Ermüdungslast der Anlage zu erreichen (z.B.[793, 794, 795, 796]).

Um diese Optionen im Offshore-Bereich weiter zu entwickeln, wird die Genauigkeit der Systeme aktuell und in der jüngeren Vergangenheit in mehreren Forschungsprojekten untersucht (z.B. RAVE-LiDAR (DE), Upwind (EU), NORSEWInD (EU)).

4.4.4.3 Floating LIDAR

Eine weitere Alternative, das vertikale Windprofil an der Offshore-Umgebung zu messen, ist die Installation von Wind-LIDAR[797] auf schwimmenden Offshore-Plattformen wie zum Beispiel Bojen, und Schiffe. Es könnte die Kosten für Fundament-Mast reduzieren, die Auswirkungen der Plattform Bewegung auf die Messungen müssen jedoch mit Vorsicht betrachtet werden.

793 Cañadillas, 2011.
794 Cañadillas, Schlipf, 2011.
795 Schlipf, 2011.
796 Rettenmeier, 2010.
797 Young, 2011.

4.5 Logistik- und Wartungskonzepte

DR. CLAUS BURKHARDT

4.5.1 Einleitung

Die Erstellung und der Betrieb eines Offshore-Windparks erfordern naturgemäß einen, im Vergleich zu Onshoreanlagen gleich welcher Art, völlig anderen Ansatz für die Logistik und die Wartung. In diesem Kapitel soll auf diese Besonderheiten eingegangen werden. Es wird dabei versucht darzustellen, wo die wesentlichen Unterschiede liegen und wie aus heutiger Sicht mit diesen umgegangen werden kann.

Oberste Priorität auch beim Betrieb eines Offshore-Windparks hat eine hohe Anlagenverfügbarkeit und die daraus resultierende hohe Stromeinspeisung. Da im Gegensatz zu Onshore-Windparks die Anlagen nicht innerhalb kürzester Zeit durch Serviceteams mit den notwendigen Servicewagen erreicht werden können, mussten und müssen hier neue Konzepte für den Betrieb der Offshore-Windparks entwickelt werden. Der Umgang mit dem aus industrieller Sicht neuen „Medium" Wasser und seine Bedeutung für die Wirtschaftlichkeit der Windparks sollen dargestellt und diskutiert werden. Durch die veränderten umwelttechnischen und technischen Rahmenbedingungen für die im Meer gebauten industriellen Großkraftwerke werden dabei ganz neue Anforderungen an Mensch und Maschine gestellt. Einige dieser Aspekte wurden bereits in den vorherigen Kapiteln besprochen.

Bevor hier mit der eigentlichen Diskussion gestartet wird, sollen noch Überlegungen dargelegt werden, die zu Beginn einer jeden Planung für Logistik und Betrieb von Offshore-Windparks stehen müssen. Folgende Fragen sind im Vorfeld einer solchen Planung unbedingt zu beantworten:

- In welcher Entfernung von der Küstenlinie wird der Windpark errichtet (innerhalb der 12 sm-Zone, im Bereich kurz hinter einem ersten Verkehrstrennungsgebiet, in sehr großer Küstenentfernung)?
- Was für ein Windanlagentyp soll installiert werden (z.B. erprobter Typ mit Getriebe, Prototyp ohne Erfahrung Offshore)?
- Welches Konzept der Innerparkverkabelung wird bevorzugt (Ringe, einzelne Stränge)?
- Wie soll das Umspannwerk ausgestattet sein (permanente Besatzung, nicht permanent besetzte Arbeitsplattform)?
- Wie sind die WEA ausgestattet (Erreichbarkeit durch größere oder kleinere Helikopter, Erreichbarkeit nur per Schiff)?

Alle genannten Aspekte haben einen großen Einfluss auf die nachfolgend beschriebenen Konzepte. Es muss bereits an dieser Stelle festgestellt werden, dass wegen der Vielfältigkeit der Einflussgrößen für jeden Offshore-Windpark individuell durch den Betreiber determiniert werden muss, was ihm wichtig ist und worauf die Schwerpunkte zum Betrieb gelegt werden sollen. Jeder Windpark wird ein anderes Betriebskonzept haben müssen, das individuell zugeschnitten ist. Es muss ein Betriebskonzept sein, welches Lösungen enthält, die die Verfügbarkeit der Anlagen beim gleichzeitigen Versuch der Kostenminimierung garantiert.

Übergreifend muss natürlich die Sicherheit der Mitarbeiter gewährleistet sein. Zu diesem Punkt werden ebenfalls Ausführungen folgen.

Da in der Einleitung dieses Buches bereits im Wesentlichen über die Motivation zur Errichtung und zum Betrieb von Offshore-Windparks gesprochen wurde, sei an dieser Stelle besonders darauf hingewiesen, dass in diesem Kapitel darüber diskutiert wird, wie der Ertrag bei möglichst geringen Kosten gesteigert werden kann. Es muss allerdings festgehalten werden, dass der Betrieb von Offshore-Windparks wesentlich aufwendiger und damit auch teurer ist, als der Betrieb von Onshore-Windparks. Eine interessante Frage in diesem Zusammenhang ist, was die Wirtschaftlichkeit des Gesamtprojektes bestimmt. Folgende maßgebliche Aspekte, die hier ohne Anspruch auf Vollständigkeit genannt seien, sind von großer Relevanz:

- die Höhe der Investitionssumme,
- die jeweiligen Verzinsungsansprüche des Betreibers,
- die Bauzeit,
- die Höhe des Ertrages über die gesamte Projektlaufzeit und
- die laufenden Kosten des Betriebes.

Da nahezu alle Kostenpunkte bereits vor Beginn der Realisierungsphase determiniert werden, soll auch mit der hier geführten Diskussion zu den Betriebskonzepten in der Planungsphase eines Offshore-Windparks begonnen werden. Bereits hier, in der Planungsphase, muss der zukünftige Windparkbetreiber sich die Frage stellen, wie die notwendige Verfügbarkeit der WEA gewährleistet werden kann.

Diese Überlegungen sollen mit dem eigentlich letzten Schritt in der gesamten Kette beginnen, nämlich mit der Wartung und Instandhaltung eines Offshore-Windparks. Bereits in der Planung einer Offshoreanlage werden die Rahmenbedingungen für die späteren Möglichkeiten im Betrieb gelegt. Der Anlagenhersteller determiniert durch die Konzeption der Windenergieanlage die Anlagenerreichbarkeit und damit im Endeffekt auch die Anlagenverfügbarkeit.

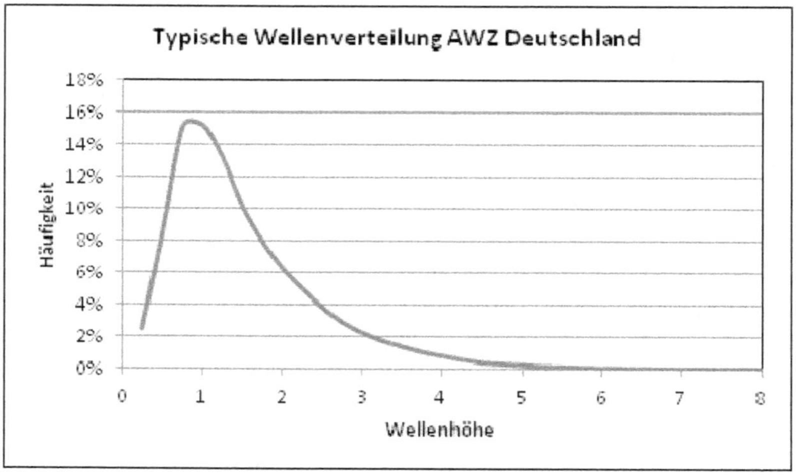

Abbildung 73: Verteilung der Wellenhöhe in der AWZ Deutschlands

Am Beispiel der typischen Wellenverteilung in der deutschen „AWZ“ (ausschließliche Wirtschaftszone) lässt sich die Verfügbarkeitsfrage erklären. Aus Abbildung 73 geht hervor, dass ca. während der Hälfte der Zeit eine signifikante Welle (Hs) < 1,5 m in diesem Bereich der Nordsee zu erwarten ist. Zu der anderen Hälfte der Zeit liegt die Wellenhöhe darüber. Zwar ist der absolute Wert einer signifikanten Wellenhöhe von 1,5 m nicht ausschlaggebend für die Konsequenzen, er soll aber an nachfolgendem Beispiel deutlich machen, welche Auswirkungen zu erwarten sind, wenn nicht frühzeitig daran gedacht wird, dass Auswirkungen vorhanden sind und diese sich naturgemäß auf ein Betriebskonzept auswirken.

Die Erreichbarkeit eines Offshore-Windparks ist ausschließlich über den Wasserweg mit dem Schiff oder auf dem Luftweg mit dem Helikopter möglich. Wird einer der möglichen Zugangswege ausgeschlossen (es wird immer wieder diskutiert, die Kosten für das Hoist-Deck der WEA einzusparen), so steht ausschließlich ein möglicher Zugangsweg (der Wasserweg) zur Verfügung. Dies wiederum bedeutet, dass bei einer Schifftauglichkeit von Hs > 1,5 m (viele Schiffe haben eine geringere Seetauglichkeit) die Anlagen nur an maximal 50 % der Jahrestage zu Wartungszwecken und für eventuelle Instandhaltungsmaßnahmen erreicht werden können. Dies ist für sinnvolle Instandhaltungen keine praktikable Lösung. Daher folgt daraus zweierlei:

- Entweder ist es möglich, Schiffe für einen wesentlich erweiterten Einsatzbereich zur Verfügung zu stellen oder aber
- es ist notwendig, die WEAs auch auf dem Luftweg mit dem Helikopter zu erreichen.

Beide Wege werden gegangen.

4.5.2 Transport von Mensch und Material zum Windpark

4.5.2.1 Erreichbarkeit der Anlagen vom Wasser

An dieser Stelle soll zunächst dargestellt werden, welche Schifftypen sich heute im Wesentlichen im Einsatz als sogenannte *„Crew Transfer Vessel“* (CTV) befinden. Folgende Schiffe werden für den Personentransfer zu den Anlagen eingesetzt:

Einrumpfschiffe. Das sind die allgemein bekannten und überall gängigen Schifftypen, die zuvor häufig im Einsatz z.B. als Seenotrettungsschiff waren. Diese Schiffe reagieren auf Seegang recht empfindlich, so dass der Einsatzbereich weit unterhalb der angegebenen 1,5 m signifikanter Wellenhöhe liegt. Diese Schiffe können allerdings größere Lasten transportieren; die Geschwindigkeit liegt in der Regel unter 20 kn.

Katamarane. Diese Zweirumpfschiffe reagieren etwas unempfindlicher auf den Seegang (Grenze bei ca. 1,5 m signifikanter Wellenhöhe) und können ebenfalls gut Lasten transportieren. Die Geschwindigkeit liegt in der Regel über 20 kn.

Sogenannte **Swath-** (*Small Waterplane Area Twin Hull*) **Tender.** Diese Doppelrumpfboote kennzeichnet eine spezielle Rumpfform, die besonders unempfindlich gegen Seegang ist. Bei ihr befinden sich zwei torpedoförmige Auftriebskörper unter der Wasseroberfläche. Eine über Wasser angeordnete Plattform ruht darauf mit beispielsweise vier Stützen, die eine minimale Wasserlinienfläche bilden. Die Einsatzgrenzen dieser Boote beim Personalversatz auf die Anlagen werden bei bis zu 3,0 m angegeben. Im täglichen Einsatz wird sich herausstellen

Abbildung 74: Einrumpfschiff (Quelle: Vesseltracker)

Abbildung 75: Katamaran (Quelle: Frisia-Offshore)

Abbildung 76: Swath (Quelle: Bard)

müssen, ob diese Annahmen realistisch sind. Durch die spezielle Rumpfform sind nur relativ geringe Lasten transportierbar. Die Geschwindigkeit der Schiffe liegt in der Regel unter 20 kn.

Bedingt durch die jeweilige Bugform, die Größe und die Krafteinwirkung des Schiffes auf die WEA beim Versatz des Personals vom Schiff auf die Anlagen (bedingt durch die Schubkraft der Motoren) ist es notwendig, bereits in der Planung der Anlagen bzw. der Gründungsstrukturen den zukünftig eingesetzten Schifftyp und damit das Betriebskonzept zu berücksichtigen. Die ausreichende Dimensionierung der sogenannten Boatlandings (und des gesamten sogenannten „Secondary Steels“) ist dabei nicht nur für das eigentliche Betriebskonzept, sondern auch für die sehr spezielle Fragestellung der Arbeitssicherheit von erheblicher Bedeutung.

Durch den Einsatz der Swath-Technologie soll die seeseitige Erreichbarkeit der Anlagen wesentlich erhöht werden. Neben dem bereits genannten Nachteil der sehr geringen Lastfähigkeit dieses Schiffstyps sind hier auch die im Vergleich mit den anderen Schifftypen wesentlich höheren Investitionskosten zu nennen.

Trotz der jeweiligen Vor- und Nachteile der genannten Schiffstypen werden auch zukünftig sicherlich alle dargestellten Schiffsarten im Einsatz sein und auch die jeweilige Berechtigung zum Einsatz haben. Wichtig ist, wie bereits mehrfach dargestellt, die Planung des Parks vor Beginn der Investitionsphase bereits auf die Erfordernisse des seeseitigen Betriebes auszurichten.

4.5.2.2 Erreichbarkeit der Anlagen aus der Luft

Die Offshore-Windparks, die in der deutschen AWZ errichtet werden, liegen zum größten Teil sehr weit vom Festland entfernt. Zukünftige Parks können über 200 km von der Küstenlinie entfernt sein. Die seeseitige Fahrt mit dem Schiff in diese Parks würde dann sechs Stunden und mehr dauern. Dies ist für die dort eingesetzten Mitarbeiter nicht zumutbar. Die Alternative hierzu ist der Einsatz von Helikoptern. Diese können für mindestens drei Einsatzzwecke benötigt werden:

- Der Transport von einer größeren Anzahl von Mitarbeitern in den Windpark. Hier wird in der Regel ein Transport zum Umspannwerk erfolgen.
- Der Versatz von Mitarbeitern an die WEAs.
- Der Rettungstransport von verunfallten bzw. erkrankten Personen aus dem Windpark an Land.

Der Transport von den Mitarbeitern in größerer Anzahl erfolgt in der Regel zu Windparks, die in großer Landentfernung errichtet wurden. Hier ist normalerweise eine permanente Besatzung im Windpark vorhanden. Die Einsatzzentrale befindet sich ebenso wie die Unterkünfte und die gesamten sozialen Bereiche auf dem Umspannwerk. Der Transport findet vom Flughafen an Land direkt auf das Umspannwerk statt. Dort kann der Helikopter landen und starten. Transporte dieser Art werden ausgeführt, um den sogenannten *„Crew Change“* durchzuführen. Es werden hierfür große Helikopter mit viel Transportkapazität und hohem Gewicht benötigt.

Der Versatz von Mitarbeitern auf die WEAs erfordert zunächst einmal die Möglichkeit, das Personal auf die Anlagen abseilen zu können (das sogenannte „winschen“). Hierzu werden spezielle Bereiche auf den WEAs benötigt, die auch in einem bestimmten Abstand zum Rotor errichtet sind. Es sind hier Eingriffe in die gesamte Statik der Gondel notwendig, um diese „Winsch Areas" realisieren zu können. Auch hier ist wieder ein Beispiel gegeben, das zeigt, dass eine frühzeitige Planungsberücksichtigung der Betriebsphase im Vorfeld der Errichtung zu positiven Ergebnissen führt. Alle neu konstruierten WEAs haben heute allerdings derartige Flächen auch vorgesehen. Lediglich einige ältere und nunmehr auslaufende Anlagentypen werden den Anforderungen an die Zugänglichkeit aus der Luft nicht gerecht. Zum Einsatz kommen hier kleinere Helikopter mit großer Leistungsfähigkeit und bzw. redundanter Motorauslegung.

In Abwägung von Kosten und Nutzen entscheiden sich heute nahezu alle Parkbetreiber, sowohl mit dem Schiff, als auch mit dem Helikopter zu agieren. Damit ist auch hinsichtlich des zu definierenden O&M-Konzeptes (Operation & Maintenance) ein gewisses Maß an Flexibilität gegeben.

4.5.2.3 Betriebs- und Wartungs- (O&M-) Konzepte für Offshore-Windparks

Wie bereits oben dargestellt, kommen in der Konzeption eines O&M-Konzeptes unterschiedlichste Aspekte zum Tragen. Neben den zuvor diskutierten Logistikfragestellungen für den Transport von Mensch und Material in den Windpark ist für den Betreiber zu klären, wie die organisatorische Ausgestaltung und die Aufgabenverteilung sowie die Verantwortlichkeiten während des Betriebes verteilt sind. Hier sind insbesondere die seitens des Betreibers gesehenen „hoheitlichen Aufgaben" zu definieren. In diesem Zusammenhang sind folgende Überlegungen bzgl. der zukünftigen Verantwortlichkeiten des Betreibers anzustellen:

- Ist die Übernahme aller Verantwortlichkeiten und Aufgaben durch den Betreiber selbst gewollt?
- Wer soll die Verantwortung für die kaufmännische Betriebsführung übernehmen?
- Wer soll die Verantwortung für die technische Betriebsführung übernehmen?
- Will der Betreiber die Wartungs- und Instandhaltungsaufgaben selbst durchführen?
- Will der Betreiber die Supervisor-Funktionen wahrnehmen?
- Will der Betreiber die Verantwortung gegenüber der Genehmigungsbehörde (zum Beispiel als verantwortliche Person nach Seeanlagenverordnung) übernehmen?
- Will der Betreiber die Rettungsorganisation selbst übernehmen?

Ein typisches Organigramm innerhalb einer Betriebskonzeption kann folgendermaßen aussehen (Abbildung 77).

Das hier dargestellte Organigramm stellt natürlich in vereinfachter Form dar, wie Entscheidungen und Verantwortlichkeiten in Offshore-Windparks geregelt werden können. Letztendlich verantwortlich ist natürlich der Windparkbetreiber (in Form der jeweiligen Geschäftsführung). Dieser kann und wird in der Regel nicht alle anfallenden Aufgaben selber wahrnehmen. Häufig ist es so, dass nahezu alle Aufgaben in Form von Beauftragungen an Fachfirmen delegiert werden. Die Rolle des Betreibers beschränkt sich damit auf eine Art Aufsichts- und Kontrollinstanz.

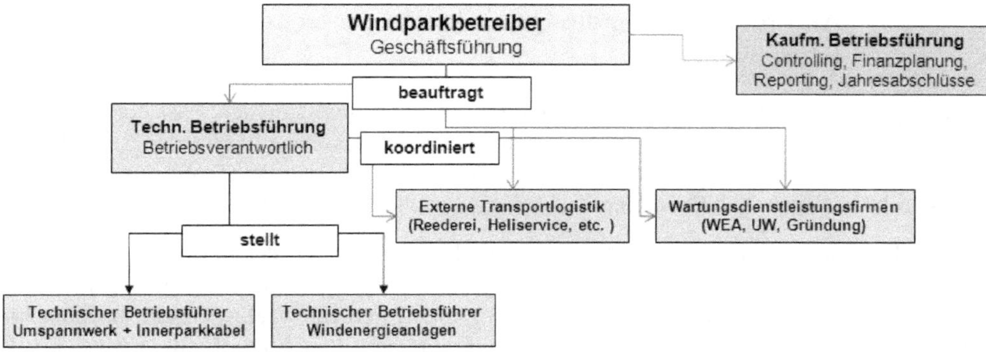

Abbildung 77: Beispiel für ein Betriebsorganigramm eines Offshore-Windparks

Kaufmännische Betriebsführung

Die kaufmännische Betriebsführung wird in der Regel als Kernkompetenz des Betreibers angesehen. Daher wird dies in eigener Hand gehalten. Aufgaben der kaufmännischen Betriebsführung sind die oben in der Abbildung genannten Aufgaben sowie zusätzlich häufig auch die Bearbeitung der juristischen Fragestellungen wie auch die Ausübung der Einkaufsfunktionen.

Technische Betriebsführung

Oberstes Ziel der technischen Betriebsführung ist die Sicherstellung und langfristig Erhöhung der technischen Verfügbarkeit sowohl der einzelnen Anlagen wie auch des gesamten Windparks. Außerdem ist durch die technische Betriebsleitung die allgemeine Parksicherheit zu gewährleisten! Nachdem der Windparkbetreiber die oben dargestellten Aufgaben für sich definiert hat, können auch die Aufgaben für die verschiedenen Partner während des Betriebes festgelegt werden.

Die technische Betriebsführung eines Offshore-Windparks ist wesentlich aufwendiger als die eines Onshore-Windparks. Ursachen sind die wesentlich größeren Parkdimensionen, die zusätzlichen Gewerke (Gründungsstrukturen, Umspannwerke), die exponierte Lage, die besondere Logistik sowie Wind, Wellen und Wetter.

Häufig bedient sich die Geschäftsführung des Betreibers sachkundiger Vertreter zur Aufgabenerfüllung. Es wird dabei ein technischer Betriebsführer beauftragt, der sowohl die technisch verantwortlichen Personen im Park stellt wie auch alle Aufgaben zur Koordination im Windpark übernimmt.

In Abhängigkeit vom gestellten Aufgabenprofil ist es nicht notwendig, zum Beispiel die Logistik und auch die Wartungen selbst durch die Betriebsführung wahrnehmen zu lassen. Vielmehr muss durch diesen Betriebsführer sichergestellt werden, dass der Windpark eine hohe Verfügbarkeit erreicht. Und hierzu müssen alle notwendigen Arbeiten koordiniert und die Einsatzplanung übernommen sowie überwacht werden.

4.5.2.4 Anforderungen an die Qualifikation der technischen Betriebsführung

Durch die hohe Anzahl an verschiedenen Gewerken ist es unumgänglich, dass eine hohe Anzahl von Qualifikationen sowie ein vieljähriger Erfahrungsschatz vorhanden sind. Neben Kenntnissen der Windenergieanlangen, der Elektrotechnik und des Stahlbaus der Gründungsstrukturen sind auch Grundkenntnisse im nautischen Bereich notwendig.

Die Erfahrung zeigt, dass durch den häufigen praktischen Einsatz des Personals auf See und die dort durchgeführten beaufsichtigenden Arbeiten eine gewerbliche Qualifikation auf Meister- oder Technikerqualifikation notwendig ist. Durch die Vielzahl elektrotechnischer Komponenten sollten hier Elektrofachkräfte (möglichst mit Schaltberechtigung auf den verschiedenen Spannungsebenen) den größeren Anteil stellen. Auf der administrativen Seite sind fachlich gut qualifizierte Ingenieure unverzichtbar.

Mit derartig qualifiziertem Personal kann die Funktion des technischen Betriebsführers wahrgenommen werde.

Weitere Kenntnisse des für nahezu alle Mitarbeiter neuen Mediums Offshore werden während der eigentlichen Tätigkeit erlangt. Da die Anforderungen für den einzelnen Windpark sehr unterschiedlich sein können, muss hier auch sehr individuell geschult werden.

4.5.2.5 Ausführung der Wartungs- und Instandhaltungsarbeiten

Neben der technischen Betriebsführung müssen natürlich die verschiedensten Wartungs- und Instandhaltungsarbeiten im Park ausgeführt werden.

Windenergieanlagen

Die Wartungs- und Instandhaltungsarbeiten an den Windenergieanlagen werden heute von den Anlagenlieferanten durchgeführt. Damit soll eine hohe Anlagenkompetenz für den Betreiber bereitgestellt werden. Zudem reduziert sich das Kostenrisiko für den Betreiber, da der Hersteller umfängliche Verpflichtungen wahrnimmt. Diese Verpflichtung umfasst häufig sogar die Übernahme der Logistik. Die Koordination der Arbeiten im Windpark wird dann allerdings wieder durch die Betriebsführung vorgenommen. Zudem sollten die ausgeführten Arbeiten auch immer durch den Betreiber (oder andere kompetente Personen wie der Betriebsführung) überwacht werden.

Umspannwerk

Die Wartungs- und Instandhaltungsarbeiten am Umspannwerk werden heute häufig nicht komplett vom Anlagenlieferanten vorgenommen. Die Gründe hierfür sind sehr vielfältig und sollen an dieser Stelle nicht vertieft werden. Zur Einhaltung der jeweiligen Gewährleistung ist es auch auf dem Umspannwerk essentiell notwendig, mit hoch fachkundigem Personal alle Gewerke entsprechend der Wartungsvorgaben der Hersteller zu pflegen. Beispielhaft seien hier die Brandschutzanlage oder das Notstromaggregat genannt. Zudem wird hier an spannungsführenden Gewerken gearbeitet. Es ist unbedingt notwendig, Personal mit den jeweiligen Schaltungsberechtigungen einzusetzen.

Gründungsstrukturen

Die Gründungsstrukturen sowohl der Windenergieanlagen wie auch des Umspannwerkes müssen regelmäßig inspiziert werden. Da ein Großteil der Gewerke unter der Wasserlinie steht, kommt hier nur der Einsatz von entsprechend geschulten Tauchern oder aber von Tauchrobotern infrage. Auch hier wird bereits in der Planungsphase des Parks der Aufwand im Betrieb bestimmt. Aufgelöste Gründungsstrukturen wie die sogenannten Jackets erfordern einen erheblichen Mehraufwand gegenüber einfacheren Strukturen wie Monopiles.

Arbeitssicherheit

Wie bereits erwähnt, müssen alle genannten Arbeiten seitens der Betriebsführung koordiniert werden. Dabei steht neben den wirtschaftlichen Betrachtungen der Aspekt der Arbeitssicherheit an oberster Stelle. Durch sehr umfangreiche Vorbereitungen des Personals auf die jeweiligen Arbeiten, durch Analyse der Arbeiten und Erstellung der Prozeduren sollen Unfälle ausgeschlossen werden. Es ist dabei immer zu bedenken, dass ein Einsatzfahrzeug des Rettungsdienstes nur bis an den Deich kommt. Dahinter können nur noch Helikopter oder Seenotrettungskreuzer eingesetzt werden. Bei Flugzeiten in die weit von der Küste entfernten Windparks von bis zu einer Stunde muss sichergestellt sein, dass die gesamte Rettungskette erprobt ist und dass sowohl die Rettungsärzte wie auch die Logistik schnell, erprobt und sicher agieren. Die notwendigen HSE-Konzepte (*Health, Environment and Safety*) und Prozeduren müssen detailliert erarbeitet sein. Diese umfangreichen Ausarbeitungen müssen jedem Mitarbeiter bekannt sein und die Abwicklungen müssen auch hier erprobt sein.

4.5.3 Fazit

Der Betrieb von Offshore-Windparks ist aufwändiger und damit teurer als der von Onshore-Windparks.

Die Betriebsführung von Offshore-Windparks gestaltet sich einerseits durch deren Größe aber im Wesentlichen durch das umgebende Medium Wasser maßgeblich von der Betriebsführung von Onshore-Anlagen. Durch die notwendige Logistik und die eingesetzten neuen Technologien sind umfangreichere und aufwändigere Planungen erforderlich.

Die Erreichbarkeit der Anlagen und die Sicherheit von Mensch und Maschine stehen dabei im Zentrum der notwendigen Arbeiten. Um eine möglichst hohe Verfügbarkeit der Anlagen und damit einen hohen Energieertrag zu gewährleisten, ist es bereits in der Planungsphase des Windparks notwendig, Betriebsaspekte zu berücksichtigen. Nur so kann ein wirtschaftlicher Betrieb der Windenergieanlagen über den gesamten Betriebszeitraum gewährleistet werden.

4.6 Betriebserfahrungen und Betriebskosten

RALF NEULINGER, RODERICK CLARK, KRESO PERINIC,
ALEXANDER HENTSCHEL, LARS STUIBLE

4.6.1 Einleitung

Die Betriebsphase umfasst die Zeitspanne ab Inbetriebnahme der Anlagen bis hin zur Außerbetriebnahme nach Ablauf der Designlebenslaufzeit. Mit mehr als 20 Jahren handelt es sich um die längste Phase des Gesamtprojekts. Innerhalb der Betriebsphase müssen die Entwicklungs- und Errichtungskosten und ein operativer Gewinn erwirtschaftet werden.

Unter der Zielsetzung der Energiewende in Deutschland befasst sich eine Vielzahl von Unternehmen mit dem Betrieb von Offshore-Windanlagen. Eine Anzahl der Unternehmen hat bereits Erfahrungen im Bereich der Onshore-Windkraft und erwartet diese auf die Offshore-Windkraft übertragen zu können.

Der Betreiber ist verantwortlich für den sicheren und genehmigungskonformen Betrieb eines Windparks und seinen Nebenanlagen bei optimaler Wirtschaftlichkeit, unter Einhaltung von gesetzlichen Vorschriften und den gültigen technischen Regelwerken.

Diese zunächst einfach anmutende Definition spiegelt nicht wider, in welchem Umfang und welchem Grad von Komplexität der Betrieb von Offshore Windprojekten von äußeren Faktoren beeinflusst wird. Einen Eindruck über die Komplexität wollen wir im Folgenden vermitteln.

4.6.2 Das technische und kommerzielle Umfeld eines Offshore-Windparks aus Sicht eines Betreibers

Offshore-Windprojekte sind schon allein deshalb komplex, weil sie kaum vergleichbar sind, so dass ein Technologie- und Know-How-Transfer nur bedingt gelingt. Im Gegensatz zum Onshore-Markt, in dem sich Prozesse (Genehmigung, Bau und Betrieb) bereits etabliert haben, müssen diese für Offshore-Projekte erst noch erarbeitet werden. Entsprechendes gilt auch für gesetzliche Rahmenbedingungen, die nicht oder nur sinngemäß für Offshore-Projekte speziell in der Außenwirtschaftszone (AWZ) anwendbar sind.

Hier ist der Themenbereich Arbeitssicherheit zu nennen, der für sämtliche Betreiber eine herausragende Bedeutung hat: Das Wohl und die Gesundheit der Menschen, die Arbeiten an den Anlagen verrichten, stehen an oberster Stelle. Die Rettung von Offshore verunglückten Mitarbeitern kann und muss Vorrang haben. Aktuell befinden sich Politik, Betreiber und die bisher in die Seenotrettung eingebundenen Institutionen in Diskussion, mit dem Ziel, ein effektives und ausgewogenes Rettungs-System zu erarbeiten. Durch den Gesetzgeber sind hier noch nicht alle Onshore geltenden Richtlinien und Gesetze in ihrem Geltungsbereich auf die deutsche AWZ ausgedehnt.

Offshore-Projekte müssen neben den Anforderungen an Onshore-Projekte auch die Anforderungen berücksichtigen, die sich aus Küstenentfernung und Wassertiefe ergeben: Positive

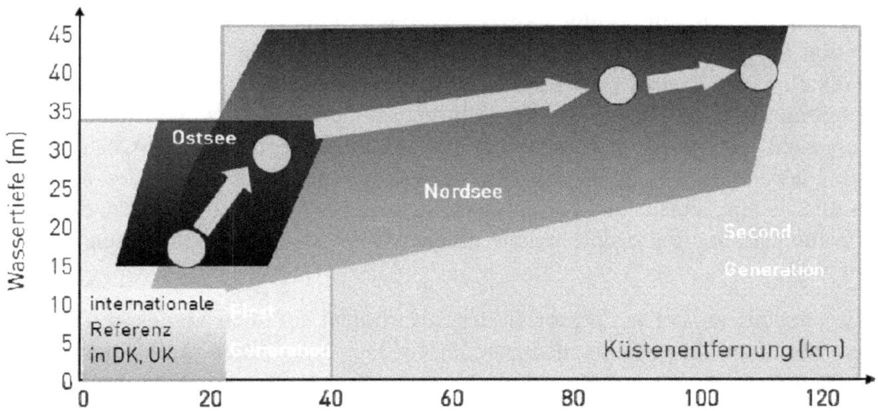

Abbildung 78: Offshore-Projekte in Abhängigkeit von Wassertiefe und Küstenentfernung[798]

Abweichungen werden als „Chance“ bezeichnet, negative Abweichungen als „Risiko im engeren Sinn“. Diese letztgenannte Interpretation des Risikobegriffs wird nachfolgend näher betrachtet.

Wie in Kapitel 2 beschrieben, definiert sich die Wirtschaftlichkeit eines Projektes vor allem aus dem operativen Cashflow, das heißt aus der Differenz zwischen Einzahlungen und Auszahlungen des Projektes. Die Einzahlungen ergeben sich aus dem Windpotenzial selbst und der Verfügbarkeit des gesamten Offshore-Windparks. Bei der Verfügbarkeit handelt es sich in der Regel um eine zeitliche Verfügbarkeit, die sich aus der technischen Verfügbarkeit der Windkraftanlagen sowie der weiteren technischen Komponenten auf Umspannplattform und des parkinternen Netzes ergibt. Hinzu kommen weitere Zeitkomponenten durch Nichtzugänglichkeit zu dem Offshore-Windpark auf Grund von Witterungsbedingungen, die Offshore eine weit größere Rolle spielen, als zum Beispiel Onshore. Eine weitere zeitliche Komponente ist die Verfügbarkeit des Stromübertragungsnetzes selbst und des netzseitigen Anschlusses, die durch den Betreiber nur bedingt gesteuert werden kann. Während bei dem Cash-Outflow Onshore im Bereich der Instandhaltung die Kostenkomponenten Ersatzteile, Reparatur und Pacht die entscheidende Rolle spielen, kommen Offshore erhebliche Aufwendungen für Logistik und Nebenanlagen, speziell der Umspannplattform, hinzu. Des Weiteren ist der Personalaufwand Offshore deutlich höher.

4.6.3 Wind-Boom: Fachkräftebedarf

Der in den letzten Jahren bereits boomende Windmarkt erfährt durch die geplanten Offshore-Projekte in Deutschland und Europa einen zusätzlichen Bedarf an qualifiziertem Personal. Durch die geplanten Terminschienen und zu erfüllenden Ziele bis 2020/2030 gibt es in den kommenden Jahren einen erheblichen Entwicklungsbedarf. Der Bedarf an (technisch) qualifiziertem Personal erstreckt sich jedoch nicht nur auf Hersteller, Betreiber und Wartungsunternehmen, sondern auch auf alle weiteren Bereiche der Offshore-Projekte wie Genehmigungsbehörden, Zertifizierer, Versicherern, Banken und Logistikdienstleister.

[798] Quelle: EnBW/www.Offshore-wind.de.

Die durch das BMU beauftragte Studie *„Kurz- und langfristige Auswirkungen des Ausbaus der erneuerbaren Energien auf den deutschen Arbeitsmarkt“* aus dem Jahr 2011 gibt bereits eine erste Indikation auf den zu erwartenden Anstieg an qualifizierten Arbeitskräften: In Deutschland betrug 2011 die Anzahl der Beschäftigten im Bereich Offshore für Investition und Betrieb nur rund 10 % im Verhältnis zu den Zahlen für das Segment Wind-Onshore. Die Quote erscheint deshalb so niedrig, da die verwendete Referenzbasis aufgrund des verzögerten Offshore-Ausbaus in Deutschland entsprechend niedrig war. Es ist zu erwarten, dass sich bei nächster Aktualisierung der Studie eine deutliche Anhebung der Beschäftigten im Offshore-Bereich zeigt.

Die Studie zeigt außerdem auch auf, dass sich der Bedarf nicht nur im akademischen Bereich ergibt, sondern vor allem im gewerblichen Bereich. Im Jahr 2011 waren im Segment Wind-Offshore lediglich 10 % im Bereich Betrieb und Wartung beschäftigt, während der Beschäftigungsgrad im Onshore-Bereich etwa 20 % betrug. Hinzu kommt, dass in einem typischen Offshore-Projekt die Anzahl an Servicetechnikern pro Windkraftanlage etwa doppelt so hoch ist wie bei einem typischen Onshore-Projekt. Die spezifisch höhere Anzahl ist einerseits der höheren Komplexität und Größe der einzelnen Systeme zuzuordnen, andererseits aber auch den HSE-Regularien Offshore, dem Schichtdienst in küstenfernen Offshore-Windparks und vor allem den notwendigen Reise- beziehungsweise Wartezeiten. In Kombination mit dem erwarteten Ausbau der Offshore-Windenergienutzung auf ein jährliches Niveau in der Größenordnung des Onshore-Ausbaus der letzten Jahre ist hier ein erheblicher Bedarf an Personal zu erwarten. Dies gilt gleichermaßen für Service-Personal wie auch für Support-Personal.

Menschen, die Offshore-Projekte errichten und Instand halten, benötigen einige in der Regel Offshore-spezifische Zusatzausbildungen medizinischer, nautischer, kommunikationsseitiger und rettungsseitiger Natur sowie entsprechende Zusatzausrüstung. Anbieterseitig ist hier der notwendige Markt erst im Aufbau begriffen.

Über die Tatsache hinaus, dass es einiger Zeit bedarf, um Techniker aus anderen Industriebereichen weiterzubilden beziehungsweise umzuschulen, darf ebenso nicht außer Acht gelassen werden, dass das Arbeiten Offshore respektive der Transport in den Windpark unabhängig vom Betriebskonzept auch hohe Anforderungen an Körper und Psyche stellen. Diese Anforderungen sind nur bedingt mit der Öl & Gas-Industrie vergleichbar, da dort die tägliche Transferkomponente zu und von der Anlage, wie sie heute bei den küstennahen Projekten anfällt, im Aufgabenspektrum keine Berücksichtigung findet. Am ehesten vergleichbar sind die Anforderungen an Tätigkeiten im Bereich der Fischerei und des Seetransports. Allerdings sind hier die Arbeiter auf den reduzierten Komfort und die Seekrankheit bereits eingestellt und dementsprechend angepasst. Diese Anforderung lässt sich aber nur schwer auf einen Spezialisten übertragen, der nicht stetig Offshore beschäftigt ist.

Die Anforderungen an das Personal, das täglich in den Offshore-Windparks arbeitet, sind nicht zu vernachlässigen. Es wird erwartet, dass die Personen körperlich dafür geeignet sind, was durch medizinische Untersuchungen vorab sichergestellt wird. Eine technische Ausbildung im Bereich Mechanik oder Elektrik ist Grundvoraussetzung, um als Servicetechniker eingesetzt zu werden. Die körperliche Belastung durch den Schichtdienst sowie das Verweilen auf See erschweren das Arbeiten dort zusätzlich.

Aus heutiger Sicht ist davon auszugehen, dass angesichts der Anforderungen auch die Dauer, über die ein Mensch diese Tätigkeiten ausführen kann, begrenzt sein wird. Anders ausgedrückt kann man sagen, dass nicht jeder gute Anlagen-Servicetechniker geeignet sein wird, um überhaupt oder über mehrere Jahre Offshore zu arbeiten und damit das Schließen der Bedarfslücke zusätzlich erschwert wird.

Hersteller und Betreiber sind bestrebt, geplante Wartungs- und Inspektionsarbeiten in den Sommermonaten durchzuführen. Im Sommer sind Wind- und Wellenbedingungen statistisch geeigneter, um Offshore zu arbeiten. In der Regel entsteht durch niedrigere Windgeschwindigkeiten geringerer Ertragsverlust durch Stillstand. Der dadurch verursachte Spitzen-Bedarf an Personal verschärft den Fachkräftemangel zusätzlich. Hier werden Hersteller und Betreiber zukünftig gefragt sein, alternative Wartungs- und Inspektionskonzepte zu finden. Eine mögliche Variante ist hier die Ausdehnung der Wartungs- und Inspektionsarbeiten über das gesamte Jahr unter Berücksichtigung entsprechender Zugangskonzepte.

Zukünftig werden zusätzlich zum EEG alternative Vermarktungsstrategien maßgeblicher Erfolgsfaktor auch für Offshore-Projekte darstellen. Es resultieren deutlich höhere Anforderungen an die Flexibilität des Einsatzes. Nicht zuletzt deswegen entwickelt sich zunehmend eine andere als die bisher etablierte Arbeitsteilung zwischen Betreibern und Herstellern im Bereich Betrieb und Instandhaltung.

4.6.4 Betriebskonzept

Das passende Betriebskonzept ist die Schlüsselfunktion für die optimale Wirtschaftlichkeit eines Offshore-Windparks. Es gilt abzuwägen zwischen Kosten und Ertrag: Prinzipiell ist es möglich, mit einem Minimum an Betriebskosten einen Offshore-Windpark zu betreiben, jedoch zu Lasten des Ertrags. Bei entsprechend hohem Betriebsaufwand wäre es zwar technisch möglich, jede Kilowattstunde Ertrag aus dem Park zu gewinnen, jedoch zu Betriebskosten, die die Wirtschaftlichkeit ad absurdum führt. Den ausgewogenen Mittelweg zu finden, führt zu optimaler Wirtschaftlichkeit.

Bei der Betrachtung der verschiedenen Konzepte lässt sich zunächst festhalten, dass es zwei prinzipielle Kategorien gibt: Land- und Seebasiert. Ersteres ist mittlerweile ein etabliertes und erprobtes System, das mehrfach erfolgreich für Offshore-Windparks in Küstennähe in Europa eingesetzt wird. Mit Seebasierten Konzepten, sei es mittels bemannter Plattform oder Schiff, gibt es allerdings bisher nur wenige Erfahrungen.

Die Thematik der Logistik ist im Bereich Offshore als zentrales Thema zu betrachten, und muss bereits ab der Konzeption einen hohen Stellenwert einnehmen.

> *Logistik ist die marktorientierte, integrierte Planung, Gestaltung, Abwicklung und Kontrolle des gesamten Material- und dazugehörigen Informationsflusses zwischen einem Unternehmen und seinen Lieferanten, innerhalb des Unternehmens sowie zwischen dem Unternehmen und seinen Kunden.*[799]

Im Offshore-Bereich wird unter dem Begriff der maritimen Logistik die Bereitstellung von maritimer Ausrüstung, das heißt Schiffen, Helikoptern und Hafenflächen sowie die Gestaltung der Prozesse für Material- und Personentransport zum Windpark verstanden.

[799] Schulte, C.: Logistik. 3. Aufl., München: Vahlen 1999.

Die Anforderungen an die maritime Logistik sind projektspezifisch und damit abhängig vom jeweiligen Servicekonzept. Unabhängig vom Servicekonzept ist aber die Notwendigkeit an die Verfügbarkeit von maritimer Logistik für den Betrieb und die Instandhaltung eines Offshore-Windparks.

Bei der Wahl zwischen einem Land- und einen Seebasierenden Konzept sind wesentlich zwei Faktoren zu berücksichtigen:

Zeit: *„Mean Time to Repair“* oder MTTR beschreibt die Zeit vom Eingang der Störungsmeldung bis Wiederinbetriebnahme der jeweiligen Komponente.

Geld: Die ausschlaggebendsten Kostenpunkte sind auf Logistik, Personal sowie Ersatz- und Verbrauchsteile zusammenfassbar.

Unter näherer Betrachtung des Faktors Zeit, der nicht nur die aktive Arbeitszeit, sondern auch Warte- und Reisezeiten berücksichtigt, spielt die Entfernung von der „Basis“ zum Einsatzort eine maßgebliche Rolle. Bei den bisher errichteten Windparks (*„First Generation“*) in der Nord-, Ost- und Irischen See, die überwiegend eine geringe Entfernung (< 40 km) zum Land und eine geringe Wassertiefe (< 35 m) haben, wird der Faktor Reisezeit durch den Faktor Schiffskosten weitestgehend neutralisiert. Durch die technologische Reife der etablierten Anlagen und die resultierend geringere Einsatzfrequenz können hier nicht die um einen Faktor 5–10 höheren Schiffskosten des seebasierten Konzepts gerechtfertigt werden, woraus der Einsatz eines Landbasierten Konzepts resultiert.

Diejenigen Offshore-Windparks, die momentan noch in der Entwicklungsphase sind (*„Second Generation“*), befinden sich überwiegend in tieferen Gewässern, weit von der Küste entfernt (UK Round 3, AWZ usw.) mit Parkgrößen jenseits der 100 Anlagen. Seebasierte Konzepte scheinen hier besser geeignet. Bei einem Landbasierten Konzept würde hier die nach Reisezeit verbleibende Arbeitszeit vor Ort nicht ausreichen, um das Arbeitsvolumen zu bewältigen.

Resultierend aus dieser Relation ergibt sich, dass für Projekte der zweiten Generation ein Seebasiertes Konzept zu präferieren ist. Es folgt im Anschluss eine Diskussion, ob dies den Einsatz von bemannten Plattformen wie in der Öl & Gas-Industrie oder von geeigneten Schiffen erfordert, welche gleichsam eine Transportfunktion innerhalb des Parks erfüllen. Diese Diskussion kann fundiert geführt werden, da entsprechendes Wissen bereits aus anderen Industrien verfügbar ist. Die Öl & Gas-Industrie setzt seit Jahrzehnten auf eine Kombination aus Plattform und Helikopter für den Transport zum landseitigen Service-Stützpunkt. Ein gravierender Unterschied bei den Offshore-Windparks ist hier allerdings die zentrale Anordnung der Arbeiten, die Offshore in der Öl & Gas-Industrie zu erfüllen sind. Durch die räumliche Anordnung eines Offshore-Windparks handelt es sich um eine dezentrale Produktion bei räumlich verteilten Strukturen, die einen Transport zwischen der Offshore-Basis und den einzelnen Anlagen erfordern.

Ein weiteres Konzept aus der Öl & Gas-Industrie ist das Versorgungsschiff. Hierbei handelt es sich um ein entsprechend dimensioniertes Schiff mit meist über 60 m Länge, welches Personal, Ersatzteile und erforderliche weitere Provisionen zu den jeweiligen Plattformen bringt. Eine Adaption dieses Konzeptes erlaubt den Einsatz im Bereich der Offshore-Windenergie. Das Versorgungsschiff oder auch *Service Operation Vessel* (SOV) wird mit einem dynamischen Positionierungssystem sowie einem ausreichend dimensionierten Kran ausgestattet

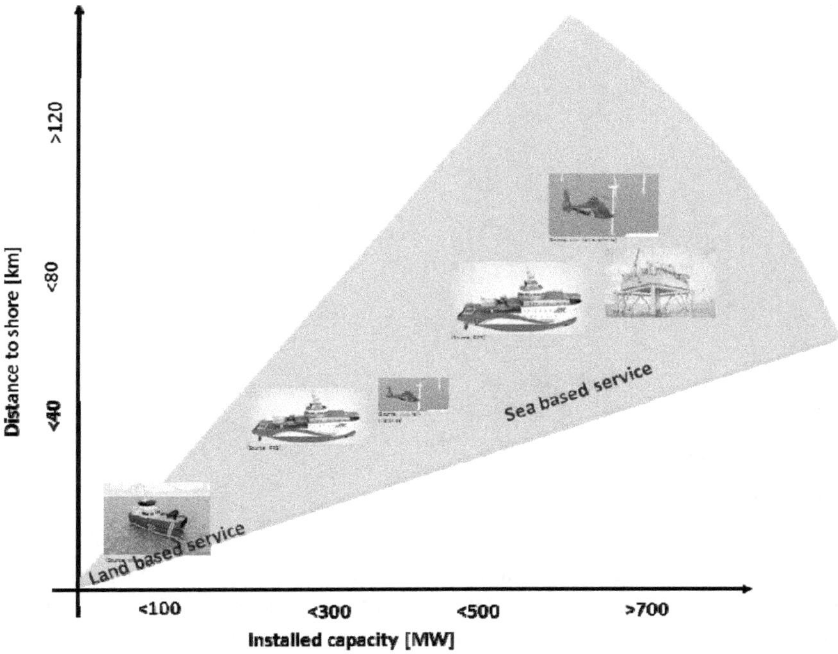

Abbildung 79: Servicekonzepte in Relation zu Entfernung und Leistung

und ist sowohl in der Lage im Windpark zu verweilen, um einen ‚mobilen' Service-Stützpunkt zu bieten, als auch ein sicheres Zugangssystem zu einzelnen Anlagen selbst bei widrigen Umständen zu ermöglichen.

In der Diskussion über den Betrieb eines Offshore-Windparks spielt das Thema Betriebskosten, näher beschrieben in Ziffer 4.6.5, eine entscheidende Rolle. Der Zugang zu den Offshore-Windanlagen stellt einen zentralen Kostenpunkt dar. Bei den Landbasierten Konzepten gibt es eine direkte Korrelation zwischen der Auswahl des Schiffes und den Charterkosten, was insbesondere auf der Fähigkeit des Schiffes, bei rauer See zu agieren und Personal überzusetzen, beruht. Bei einem Seebasierten Konzept beeinflussen die Größe des SOV und die Verweildauer im Park entsprechend die Betriebskosten und die Erträge.

Das SOV ermöglicht es, auch bei deutlich höheren Wellen die Anlagen in kurzer Zeit zu erreichen. In einem Ostsee-Windpark sind Steigerungen der Erreichbarkeit der Anlagen im Vergleich SOV (max. 2,5 m signifikante Welle bei Überstieg) zu *Crew Transfer Vessel* (max. 1,5 m signifikante Welle bei Überstieg) von bis zu 20 % möglich. Unterstützt wird dieses Konzept durch die Nutzung eines geeigneten Offshore-Access-Systems.

Das SOV stellt gleichzeitig Hotel, *Crew Transfer Vessel* und Ersatzteillager dar und ermöglicht so einen 24 Stunden/7 Tage-Einsatz an den Anlagen, sofern Regularien und HSE-Einschränkungen dies zulassen. Kürzere Wetterfenster als beim *Crew Transfer Vessel* können genutzt werden. Gleichzeitig hat eine Steigerung der Materialhandling-Kapazität positive Auswirkungen auf die Möglichkeit, Reparaturen und Service gegebenenfalls kurzfristig zu bewältigen.

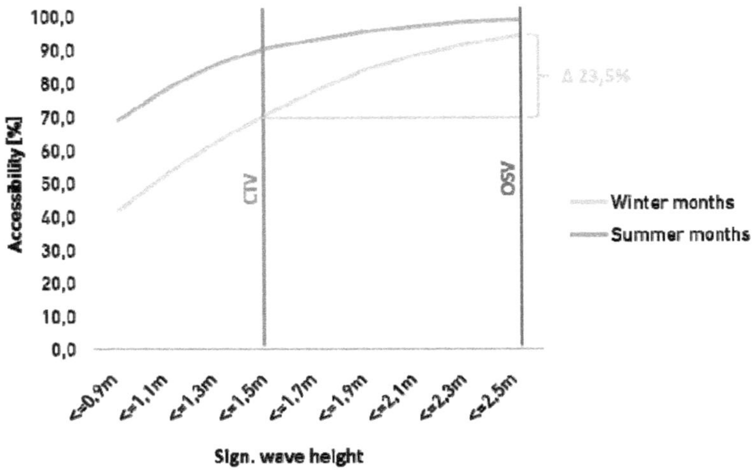

Abbildung 80: Zugangsstatistik CTV versus SOV

Entscheidend ist weiterhin der Zugang Offshore zu den Anlagen. Hier ist ein System gefordert, das einerseits sicher ist, anderseits auch den widrigen Umständen auf dem Meer standhalten kann. Die Ostsee ist im Gegensatz zu der Nordsee von einem anderen, bei weitem nicht so extremen Wellenbild gekennzeichnet (Abbildung 81). Es ergeben sich mit *Crew Transfer Vessel* und SOV damit im Vergleich weitaus größere Wetterfenster unter Berücksichtigung der jeweiligen Grenzwerte für den Überstieg.

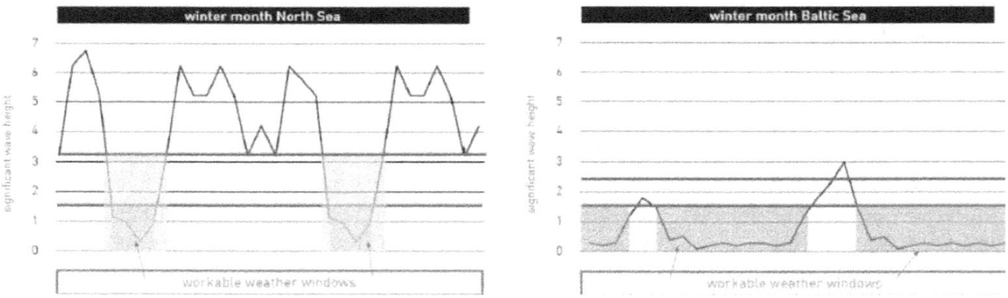

Abbildung 81: Nutzbare Wetterfenster in der Nord- und Ostsee

Bei einer wirtschaftlichen Gegenüberstellung von *Crew Transfer Vessel* und SOV (Abbildung 82) wird das Potenzial der Kosteneinsparungen deutlich. Maßgeblich sind hier die Faktoren Zugänglichkeit, Wartezeit und Erzeugungsausfall.

Eine nicht unerhebliche Rolle beim Landbasierten Konzept spielt in diesem Zusammenhang auch die Reisegeschwindigkeit des Schiffes, welche sich wiederum in den Personalkosten spiegelt. Studien haben gezeigt, dass eine Steigerung der Reisegeschwindigkeit eines *Crew Transfer Vessel* um 8 Knoten eine Einsparung von ca. 20 % in Bezug auf Personalkosten ergibt. Die logistikbezogenen Kosten eines schnelleren Schiffs erhöhen sich um den Faktor 2,5 und die Gesamtkosten um ca. 10 %.

	Land based service concept (CTV)	Sea based service concept (OSV)
N° of cruises	860	810
Singel cruise time [h]	2:45	0:30
Accessability	81%	97%
Vessel demand	3	1
Vessel costs (incl. charter, fuel, crew)	72%	100%
Cruising non-productive labour costs	100%	25%
Loss of production caused by cruising, non-accessibility and waiting time	100%	7%
Total	100%	81%

Abbildung 82: Kostenvergleich Seebasiert/Landbasiert für ein Offshore-Projekt in der Ostsee

Eine Alternative zu den *Crew Transfer Vessel* bietet der Helikopter-Einsatz. Die Kosten pro Flugminute von ca. 30–50 €, verbunden mit nicht unerheblichen Bereitschaftskosten in Kombination mit Arbeitssicherheitsaspekten, führen zu einer eher zurückhaltenden Betrachtung dieser Option. Aber auch diese Variante kommt zur Anwendung, da die schnellen Einsatzzeiten und hohen Erreichbarkeiten für Projekte mit großer Küstenentfernung bei einem Landbasierten Konzept erfolgsentscheidend sind[800].

Es ist zu erwarten, dass bei Anlagen jenseits der 5-MW-Klasse der Einsatz von Helikoptern mehr und mehr ökonomisch relevant ist. Der signifikante Ertragsverlust bei Stillständen rechtfertigt diesen Einsatz und die verbundenen Kosten. Dies wird zeitnah hauptsächlich bei Nordseeprojekten berücksichtigt werden und bedarf einer genauen Planung. Der Zugang zu den Anlagen über die Winschplattform sowie der Umspannplattform sind zwar theoretisch möglich, aber nicht gefahrlos. Hier ist ein Know-How-Transfer aus der Öl & Gas-Industrie sowie gegebenenfalls eine Anpassung der Sicherheitskonzepte vor Ort erforderlich. Der Schwerpunkt der Einsätze wird hier wegen der limitierten Zuladung der Entstörungseinsatz mit geringem Personal- und Materialaufwand sein.

Es ist konzeptionell auch möglich, Mischkonzepte zu nutzen: Eine Variante ist die Nutzung eines Hotelschiffs oder eines SOV für die jährliche Wartung und für Entstörungseinsätze mit Materialaufwand auf *Crew Transfer Vessels* oder bei der Fehlersuche auf Helikopter zurückzugreifen.

Unter Berücksichtigung der Betriebskosten gilt es eine Auswahl zwischen den drei Konzepten (*Crew Transfer Vessel*, Helikopter und SOV) zu treffen, die das Kostenoptimum für das jeweilige Offshore-Projekt darstellt. Zusammenfassend ist anzumerken, dass für Offshore-Windparks der ersten Generation aus Kostengründen meist nur ein Landbasiertes Konzept in Frage kommt, bei Offshore-Windparks der zweiten Generation hingegen ein See- oder Luftbasiertes Konzept zu bevorzugen ist.

800 UNICONSULT Universal Transport Consulting GmbH, 2011.

Abschließend ist anzuführen, dass eine Migration von Landbasierenden Service-Konzepten auf weitgehend autarke Seebasierte Systeme in Hinsicht auf die momentan konzeptionell vorhandenen Offshore-Windparks als realistisches Szenario anzusehen ist. Im Bereich des Plattformbaus ist noch Entwicklungsarbeit nötig, um von den ‚klassischen' Offshore-Umspannplattformen auf bewohnte Kombiplattformen mit integrierter Schifflogistik umzustellen. Hier sind die jeweiligen Genehmigungsbehörden frühzeitig einzubinden.

4.6.5 Betriebserfahrungen in der Ostsee

Für einige Ostsee-Offshore-Windparks ist die Entscheidung des Zugangskonzepts bereits getroffen beziehungsweise bereits umgesetzt. BALTIC 1 nutzt ein Landbasiertes Konzept unter Verwendung eines *Crew Transfer Vessels*. Für BALTIC 2 wird ein Seebasiertes Konzept mit zusätzlichem Landbasierten Logistikzentrum im Servicehafen zur Anwendung kommen. Die Konzepte für weitere Windparks in der Ostsee sind im Regelfall noch nicht veröffentlicht. Aus der Umweltverträglichkeitsstudie für das Projekt Wikinger (34 km vor Rügen) geht jedoch hervor, dass 2011 noch ein Landbasiertes Konzept mit Hubschrauberunterstützung geplant war[801].

Die Auswahl des Servicehafens muss bereits früh in der Projektphase festgelegt werden, um die nötige Logistikinfrastruktur rechtzeitig für den Betrieb bereitzustellen. Um den richtigen Standort auszuwählen, werden mehrere Parameter in Betracht gezogen: Abstand zum Offshore-Windpark, Revierfahrtdistanz, Eisgang, Onshore-Logistikanbindung und die Hafeninfrastruktur, um exemplarisch Beispiele zu nennen.

Es muss eine maximal zulässige Transferzeit festgelegt werden, die es ermöglicht, diejenigen Entstörungseinsätze zu bewältigen, die von Personal- und Materialaufwand mit einem *Crew Transfer Vessel* ausführbar sind. Die Transferzeit spielt, wie bereits im theoretischen Teil diskutiert, eine erhebliche Rolle für die Ermittlung der effektiven Arbeitszeit im Windpark sowie der Reaktionszeit für eine Störungsbehebung. Eine kürzere Reaktionszeit führt zu geringeren Ertragsverlusten.

Bei der Ausführung und der Anbringung eines Boatlandings muss auf die Positionierung in Relation zu Wind- und Wellenhauptrichtung geachtet und Redundanzen geschaffen werden. Dies kann einerseits durch Wellengang kompensierte Zugangssysteme (WKZ), andererseits aber auch durch das Anbringen weiterer Boatlandings erfolgen.

Die Nutzung des WKZ in Verbindung mit einem SOV (siehe Abbildung 81) bietet eine Überstiegsmöglichkeit bis ca. 2,5 m signifikanter Wellenhöhe. Eine nahezu durchgängige Erreichbarkeit der Anlagen ist in der Ostsee damit technisch möglich. Bei der Auswahl des WKZ ist speziell bei Ostsee-Projekten darauf zu achten, dass ein sicherer Überstieg auch bei Eisansatz an der Leiter möglich ist. Je nach Ausführung der Überstiegssysteme lassen sich statistisch in der küstennahen Ostsee bei Grenz-Wellenhöhen bis 1,5 m Zugänglichkeiten zu den Offshore-Bauwerken an mehr als 250 Tagen pro Jahr erreichen.

Schiff und Boatlanding müssen in der Lage sein, innerhalb des spezifizierten Wetterfensters ein sicheres Übersteigen auf die Offshore-Bauwerke zu gewährleisten. Um das Wetterfenster

801 Environmental Impact Assessment Offshore-Windfarm Wikinger, IBERDROLA Renewables Offshore Deutschland GmbH 2011.

zu erweitern, können leiterbezogene Überstiegssysteme zum Einsatz kommen. Bei einem *Crew Transfer Vessel* mit Verwendung eines leiterbezogenen Überstiegssystems ist ein Überstieg bis zu ca. 2 m (statt 1,5 m) signifikanter Wellenhöhe möglich. Dies bedeutet in den wellenreichen Monaten eine Steigerung der Zugänglichkeit um mehrere Prozentpunkte. Hier können exemplarisch einige Systeme wie beispielsweise AMPELMANN (für große Schiffe), MOTS (Momac-Offshore-Transfer-System) oder MAXCCES genannt werden.

4.6.6 Risikoverteilung während der Betriebsphase

Für den Betrieb eines Offshore-Windparks gilt es die jeweiligen Risiken zu identifizieren, zu validieren und in erster Linie zu vermeiden. Dies erfolgt idealerweise bereits in der Projektphase durch bauliche oder Design-Maßnahmen (z.B. Redundanzen). Ein Risiko kann aber auch Dritten zugewiesen oder versichert werden. Unabhängig von der Risikozuordnung hat der Betreiber beziehungsweise das Projekt die wirtschaftlichen Auswirkungen, die sich aus den Risiken ergeben, zu tragen. Entscheidend ist, die Risikostruktur zu kennen, zu bewerten, Maßnahmen zu definieren (Plan A und Plan B) und am Ende des Tages der geeignetsten Partei so zuzuordnen, dass der wirtschaftliche Einfluss auf das Projekt möglichst gering ist. Exemplarisch werden im Weiteren einige Risiken erörtert und ein Umgang damit aus Sicht des Betreibers beschrieben.

Wetterrisiken

Das Wetter beeinflusst maßgeblich die Kosten für Arbeiten an einem Offshore-Windpark. Es limitiert die Ausübung gewisser Arbeiten, die mit einem Wetterfenster verbunden sind. Es wirkt sich auch auf die Möglichkeit aus, ein *Crew Transfer Vessel* einzusetzen sowie einen sicheren Überstieg zu ermöglichen. Die Benutzung der Service- und Gondelkrane ist ein weiterer Aspekt, der durch das Wetterfenster beeinträchtigt wird und daher einer wetterabhängigen Planung und Risikobetrachtung bedarf.

Das Wetterrisiko trägt im Normalfall der Betreiber. Möglich ist aber auch, das Wetterrisiko ganz oder teilweise auf das Serviceunternehmen zu übertragen. Alternativ kann eine finanzielle Schlechtwetterregelung als Kombination von Kompensations- und Anreizmechanismen vorteilhaft sein, die eine ausgewogene Chancen- und Risikenverteilung bei allen Parteien vorsieht.

Um die mit dem Wetter verbundenen Risiken bewerten zu können und die Einsätze planbar zu machen, ist ein qualitativ hochwertiges Wetter-Prognosetool erforderlich. Hilfreich sind Prognosetools mit stündlicher Auflösung und regelmäßiger Aktualisierung, bei denen kurz- und mittelfristige Prognosen zu Wellenhöhe, -richtung, -frequenz, Windgeschwindigkeit und -richtung sowie Gewitterwarnungen als Vorankündigung und ad hoc-Meldung möglich sind. Diese Meldungen werden durch den Betreiber zentral in einer Leitwarte erfasst und an die relevanten Beteiligten weiterverteilt. Die Prognosen sind grundsätzlich als Langzeitprognosen zu sehen. Variationen der Wetterverhältnisse in einzelnen Jahren sind zu erwarten.

Wellen

Wellenhöhe, -richtung und -frequenz beeinflussen maßgeblich den Zugang zu den Offshore-Bauwerken. Abhängig vom Zugangskonzept können sehr unterschiedliche Zugänglichkeiten erreicht werden. Je nach baulichen Gegebenheiten ist die Wellenrichtung hier von größerer

Bedeutung als die Wellenhöhe. Das Wellenrisiko wird auch wesentlich durch die Expertise der Schiffscrew minimiert. Hier ist es wichtig, auf erfahrenes Personal im Offshore-Bereich zurückgreifen zu können. Es sind im Wesentlichen die Schiffsbesatzung und das Servicepersonal selbst, die über die ausreichende Sicherheit beim Überstieg entscheiden. Ein eingespieltes Team und regelmäßiges Training sind hier unersetzlich.

Wind

Windgeschwindigkeiten größer als 10 m/s stellen für die Instandhaltungsarbeiten eine Begrenzung dar, weil bei diesen Verhältnissen ein sicheres Kranen nicht oder nur eingeschränkt möglich ist. Zusätzlich sind Arbeiten an den Außenanlagen und am Rotor nicht durchführbar.

Bei höheren Windgeschwindigkeiten (> 15 m/s) ist ein Arbeiten in der Anlage nicht mehr zulässig. Darüber hinaus schaltet die Anlage zum Selbstschutz bei Windgeschwindigkeiten von über 25 m/s selbstständig ab. Um den Einfluss der Windgeschwindigkeit auf die Instandhaltung zu minimieren, wird die Hauptwartung der Anlagen traditionell in die windärmeren Monate, typischerweise die Sommermonate, gelegt.

Eis

Die Gefahr des Eisansatzes an Fundamenten der Offshore-Bauwerke besteht in der Regel nur in der Ostsee, vorrangig in den Monaten Dezember bis März. Bei entsprechenden Witterungsverhältnissen, das heißt bei Lufttemperaturen unterhalb des Gefrierpunkts und Wassertemperaturen im niedrigen einstelligen Bereich, kann sich an und auf den Oberflächen der Offshore-Bauwerke Eisansatz bilden. Bei entsprechend langanhaltender Kälteperiode können zentimeterdicke Eisschichten über größere Bereiche des Boatlandings entstehen. Diese können sich über mehrere Meter ausdehnen und den Überstieg auf ein Offshore-Bauwerk erheblich einschränken oder unmöglich machen. Abhängig von der Ausdehnung und Dicke der Eisschicht ist es notwendig, diese mechanisch oder mittels Wärmeeinwirkung zu entfernen, um wieder einen sicheren Überstieg zu ermöglichen.

Das *Crew Transfer Vessel* und auch die Schifffahrt generell werden von der Vereisung des Meeres beeinflusst. Die meisten *Crew Transfer Vessel* haben keine Eisklasse und sind auf freies Fahrwasser angewiesen. Unter Umständen muss die Route zum Park für das *Crew Transfer Vessel* eisfrei gehalten oder auf eine alternative Route beziehungsweise ein alternatives Schiff ausgewichen werden.

Eisgang im Servicehafen kann den Zugang zu den Anlagen ebenfalls verhindern. Zur Risikoreduzierung sollte hier rechtzeitig auf einen eisfreien Alternativhafen ausgewichen werden.

Netzeinspeisung

Eine Störung der Netzeinspeisung ist ein Risiko, das der Betreiber nicht unmittelbar beeinflussen kann. Das Exportkabel selbst liegt zwar im Verantwortungsbereich des Übertragungsnetzbetreibers (ÜNB), jedoch nicht vollumfänglich in Bezug auf die wirtschaftlichen Konsequenzen, wenn der Netzanschluss unterbrochen ist.

Technisch nicht zu vermeiden sind mehrtägige Unterbrechungen der Netzversorgung für geplante Wartungsarbeiten an den Schaltanlagen der Mittel- und Hochspannungsebene. Diese sind jährlich in unterschiedlichen Ausprägungen notwendig und verursachen einen Komplettstillstand des Offshore-Windparks von 5 bis 10 Tagen. Die Wartungsarbeiten werden zwar planmäßig in die windschwachen Monate gelegt; die entstehenden Einnahmeverluste gehen aber zu Lasten des Betreibers. Eine Optimierung ist möglich, wenn weitere Wartungsmaßnahmen zeitgleich durchgeführt werden. Diese beschränken sich aber auf Wartungsarbeiten, die kein Netz benötigen, also zum Beispiel im Fundamentbereich. Eine Beschleunigung durch Mehrschichtbetrieb ist ebenfalls möglich, setzt aber geeignete Bedingungen zum Verbleib im Windpark voraus.

Wirtschaftliche Konsequenzen aus eingeschränkter Einspeisung auf Grund von Schäden oder Störungen im Bereich des Netzanschlusses oder durch Netzengpässe gehen nach heutiger Rechtslage weitestgehend zu Lasten des Betreibers. Eine Versicherbarkeit ist zwar teilweise möglich, aber mit erheblichen Kosten und signifikanten Selbstbehalten verbunden. Die derzeit diskutierte Novellierung der Gesetzgebung berücksichtigt diesen Sachverhalt in der Form, dass eine finanzielle Kompensation für den Windpark bei längeren Netzunterbrechungen gesetzlich verankert werden soll.

Für einen potenziellen Schadensfall an der Netzeinspeisung eines Offshore-Windparks sollten sowohl Windparkbetreiber als auch ÜNB auf redundante Kommunikationsmittel und eine Netzersatzanlage zur Überwachung und Steuerung eines Notbetriebs und zur Aufrechterhaltung der Klimatisierungssysteme zurückgreifen können.

Schutz- und Sicherheitskonzept

Die Reduzierung der Risiken ist nicht nur aus wirtschaftlichen Erwägungen geboten. Der Gesetzgeber fordert, dass sämtliche Arbeiten am Offshore-Windpark durch geeignete Risikoanalysekonzepte untersucht werden. Das Restrisiko ist auf ein Minimum zu reduzieren. Die Identifikation und die Festlegung von Maßnahmen werden durch das sogenannte Schutz- und Sicherheitskonzept bestimmt. Hier werden unter anderem alle Themen des Arbeitsschutzes, maritime Anforderungen sowie der Umweltschutz betrachtet. Besondere Berücksichtigung findet hier auch die genehmigungsrelevante Thematik der Rettungskette. Während Onshore die Rettungskette vom Zeitpunkt des Rettens aus der Anlage durch staatlich finanzierte Rettungsdienste erfolgt, ist Offshore derzeit noch keine gesetzliche Regelung vorhanden. In küstennahen Offshore-Windparks übernimmt diese Rolle in der Regel die DEUTSCHE GESELLSCHAFT ZUR RETTUNG SCHIFFBRÜCHIGER gegebenenfalls gemeinsam mit dem Havarie-Kommando. Eine abschließende Regelung beziehungsweise Autorisierung für die AWZ steht noch aus.

Zusammenfassend ist festzustellen, dass ein erfolgreiches und funktionierendes Risikomanagement aus Sicht des Betreibers unumgänglich ist und nicht nur auf die materiellen Risiken limitiert sein darf. Der Betrieb eines Offshore-Windparks stellt auf Grund der Lokation und Umwelteinflüssen eine Herausforderung an das Material und Personal dar. Risiken, die Onshore bereits ausreichend verstanden sind, müssen Offshore neu betrachtet werden. Zugang zu den Anlagen und Folgeschäden stellen einen gravierenden Teil des Restrisikos dar und müssen daher von Grunde an bedacht und monetär bewertet werden.

4.6.7 Technische und kommerzielle Einsatzoptimierung

Leitwarte

Die Leitwarte steuert und koordiniert maßgeblich den sicheren und wirtschaftlichen Betrieb eines Offshore-Windparks. Als rund um die Uhr besetze Stelle übernimmt die Leitwarte die zentrale Überwachung der Anlagen. Betriebsrelevante Daten, wie zum Beispiel Online-Messdaten, Seeraumüberwachung, Wetterdaten oder Videoüberwachung der Anlagen, sind hier verfügbar, werden dokumentiert und bewertet, um dann gegebenenfalls weitere Maßnahmen zu veranlassen.

Die Leitwarte ist das informationstechnische Herzstück des Offshore-Windparks, ebenso wie die Offshore-Umspannplattform aus elektrotechnischer Sicht. Eingebunden in die Leitwarte sind Prozessnetze, SCADA-Systeme, Zugangskontrolle und diverse SAP-Systeme, um einen reibungslosen Betrieb des Offshore-Windparks zu ermöglichen. Des Weiteren erfolgt durch die Leitwarte die Meldung von Störungen und Zwischenfällen an die entsprechenden Behörden und Stellen.

Die Leitwarte ist mit Überwachungs- und Alarmsystemen für jede Windparkkomponente ausgerüstet, um Notfälle koordinieren und unterstützen zu können.

Die Kommunikationsanbindung des Offshore-Windparks erfolgt in der Regel über einen Lichtwellenleiter im Exportkabel und wird landseitig zur Leitwarte fortgesetzt. Hier ist es essentiell, auf die Qualität beziehungsweise Verfügbarkeit der Kommunikation und Redundanzen zu achten. Ein potenzielles Redundanzkonzept nutzt eine Richtfunkverbindung, aber auch Konzepte per Satellitenanbindung sind technisch möglich, wenn auch kostspieliger. Bei der Anbindung ist grundsätzlich darauf zu achten, dass die zur Verfügung stehende Bandbreite für das Datenvolumen ausreichend ist.

Condition Monitoring Systeme (CMS)

Das CMS stellt für den Betrieb eines Windparks, Offshore sowie Onshore, ein zunehmend essentielles Werkzeug dar. Während es bei Onshore-Anlagen noch die Möglichkeit gibt, vor Ort regelmäßig eine ‚Gehörprüfung' der Anlagen vorzunehmen, müssen Offshore-Anlagen so betrieben werden können, dass eine Anlage im Idealfall nur einmal pro Jahr für eine geplante Wartung besucht wird. Alle anderen Einsätze in der Anlage sind auf Störungen zurückzuführen. Das CMS-System bietet über diverse Sensorik die Möglichkeit, die einzelnen Komponenten der Anlagen zu überwachen und eine Abweichung von den normalen operativen Parametern zu melden. CMS-Systeme werden seit Jahren erfolgreich in konventionellen Kraftwerken genutzt. Diese linear und weitgehend konstant agierenden Anlagensysteme mit nur geringer dynamischer Abweichung von den Normparametern konnten durch CMS gut abgebildet werden. In den Anfangsphasen der Windenergie fand eine Anpassung der CMS statt, um mit den stark dynamischen Systemen der Windkraftanlagen mitzuhalten. In den letzten Jahren sind Systeme auf den Markt gekommen, die in der Lage sind, dynamische Reaktionen der Windkraftanlagenkomponenten nachzubilden und damit Abweichungen sowohl im Teil- auch als im Volllastbereich zu entdecken.

Mittlerweile sind die CMS durch Algorithmen wie zum Beispiel neuronale Netzwerke und Data Mining in der Lage, Abweichungen in den Leistungsmerkmalen zu erfassen und diese nachvollziehbar darzustellen. Im Bereich von Offshore-Anlagen lässt sich so eine Leistungsabweichung durch eine Voranalyse bestimmen, bevor eine Vor-Ort-Vermessung, die einen erheblichen Kostenaufwand darstellt, notwendig ist.

Der am meisten erprobte Einsatzbereich der CMS ist die Diagnose von Schäden am Antriebsstrang. Hier ist es nicht nur möglich, über das dynamische Vibrationsschema der Komponenten eine Schadensentwicklung zu ermitteln, sondern auf Grund der verschiedenen Frequenzschemata auch gleichzeitig eine Schadkomponentenbestimmung durchzuführen. Diese Methodik ist vor allem in der Getriebediagnose erprobt, kann aber auch auf die Mehrheit der Komponenten im Antriebsstrang angewandt werden.

Die Möglichkeit, über eine Fernüberwachung eine Schadensentwicklung zu ermitteln, hätte für den Betreiber den erheblichen Vorteil, dass er proaktiv an einer Korrekturmaßnahme arbeiten kann, anstatt wie bisher nur auf einen Schaden reagieren zu müssen. Dies ermöglicht es dem Betreiber, die gesamte Offshore-Logistik, Ersatzteile sowie Personal bereitstellen zu können, um zu einem geeigneten Zeitpunkt eine korrektive Maßnahme durchzuführen.

Bei ausreichender Datenlage ist eine Prognostik über Schäden an Anlagenteilen soweit vorgeschritten, dass ein Bestimmen des Schadenszeitpunkt oder der Restlaufzeit einer Komponente zeitnah möglich sein dürfte. Diese Methodik wird bereits heute durch sogenannte Condition-Based-Maintenance (CBM) implementiert. Im Gegensatz zur zeitbasierten Wartung wird es so in naher Zukunft möglich sein, die Lebenserwartung von Komponenten besser ausnutzen zu können, da bei bekanntem Fehlerbild die Restlebensdauer bestimmt werden kann.

CBM erlaubt den Betreibern, den kostenoptimalen Zeitpunkt einer Reparatur zu bestimmen. Sollte eine Komponente während der Starkwindperiode ein Schadensbild aufweisen, wäre es dann möglich, die Anlage weiterhin, wenn auch eventuell leistungsreduziert, zu betreiben. Gravierende Folgeschäden könnten vermieden werden, solange die Restlebensdauer und Folgeschadenmuster aus der Lernphase des CMS bereits bekannt sind.

Im operativen Einsatz kann dann ein Serviceteam zur Störungsbehebung mit dem richtigen Material entsendet werden. Diese Möglichkeiten der Einsatzoptimierung werden mittel- bis langfristig für den Betrieb von Offshore-Windparks einen wesentlichen Faktor zur Kostenoptimierung darstellen.

SCADA

Das SCADA-System stellt als übergeordnetes Leit- und Bediensystem eine Schnittstelle von der Leitwarte zu den Offshore-Anlagen zur Verfügung. Seine Hauptfunktionen sind die Überwachung und Steuerung der Anlagen sowie das systematische Archivieren von Prozessdaten. Durch die Umwandlung von unterschiedlichen, teilweise proprietären Übertragungsprotokollen der Komponenten und Anlagenteile auf ein Standard-Übertragungsprotokoll werden Anlageninformationen „normiert“ und damit die Weiterverarbeitung der Daten wesentlich erleichtert. Ein einheitliches Bedienkonzept hilft, den Betrieb einer großen Anzahl an Erzeugungsanlagen mit verhältnismäßig geringem Personalaufwand sicher zu stellen. Der Schulungsaufwand für neue Mitarbeiter ist mit einem zentralen SCADA-System geringer als mit mehreren unterschiedlichen, herstellerspezifischen SCADA-Systemen. Ebenso verhält es sich mit dem Wartungsaufwand der Systeme: Neue Anlagen können nach bewährtem Schema leichter in ein bestehendes, zentrales SCADA integriert werden. Störmeldungen und

Messdaten werden aus einem zentralen SCADA in vereinheitlichter Form an weitere Systeme (Instandhaltungsmanagement-System, Datensammler, Berichtswesen) übergeben. Kennwerte können einfacher ermittelt und daraus abgeleitet, Erfahrungen übertragen werden. Eine Standardisierung im Quelldatenformat würde hier wesentliche Vorteile bringen.

RDS-PP

Das RDS-PP „Reference Designation System for Power Plants" [DIN ISO/TS 16952-10] stellt ein international genormtes Kennzeichensystem für Kraftwerke dar und ist der Ersatz für das bewährte Kraftwerkskennzeichensystem KKS. Es entspricht den heutigen Anforderungen an die Kennzeichnung von Kraftwerkskomponenten und kann als Werkzeug zur Strukturierung und Kennzeichnung von Objekten und Prozessen innerhalb der Kraftwerkstechnik bezeichnet werden[802].

Ziel des RDS-PP ist es, über eine einheitliche und herstellerunabhängige Kennzeichnung unverwechselbare Objekt- Informationen, von der Einzel-ID über den Funktionsaspekt bis zur örtlichen Lage des Objekts, die für die Betriebsführung und somit auch für die in der Nutzungsphase der Anlage erforderliche Instandhaltung unerlässlich sind, zu generieren und zu dokumentieren. Das neue Kennzeichensystem schafft die nötige Transparenz verbauter Komponenten. RDS-PP eröffnet die Chance, prozessübergreifende Lebenslaufdaten zu generieren, mit dem Ziel einer optimierten Planung und Steuerung von Windenergieanlagen. Die Auswertung gesammelter Daten über eine sogenannte Wissensdatenbank ermöglicht die Rückkopplung zwischen technischer und kaufmännischer Betriebsführung und kann zum Beispiel durch Flottenauswertungen darüber hinaus die Verfügbarkeit der Anlage durch beschleunigten Zugriff auf Informationen verbessern[803].

Einsatzplanung

In Abhängigkeit vom Planungszeitraum und Detaillierungsgrad wird grundsätzlich zwischen drei Planungsstufen unterschieden:

Strategische Planung

Die strategische Planung ist für einen Zeitraum von mehreren Jahren angelegt und definiert das Servicekonzept. Hier wird z.B. entschieden, ob ein Seebasiertes oder Landbasiertes Servicekonzept verfolgt wird oder ob die Jahreswartung der Windkraftanlagen während der windarmen Zeit des Jahres oder stetig über das gesamte Jahr erfolgt. Die strategische Planung findet bereits während der Projektentwicklungsphase statt und ermöglicht die entsprechende Logistik vorzuhalten, sowie eine erste Personalplanung durchzuführen. Die Annahmen dieser Planung bestimmen den Rahmen des Business-Plans. Auf dieser Grundlage wird in der Regel auch eine Investitionsentscheidung getroffen. In dieser Phase sollte darauf geachtet werden, dass ausreichend vertraglicher und zeitlicher Spielraum vorliegt, um in der Betriebsphase Änderungen vornehmen zu können.

---

802 Vgl. Heymann TU Dresden, 2009, S. 1.

803 Vgl. ESG Elektroniksystem und Logistik GmbH, RDS-PP Referenzkennzeichensystem für Windenergieanlagen.

Taktische Planung
Aufbauend auf dem Servicekonzept werden Zeiträume für planbare Instandhaltungsaktivitäten nach DIN 31051 (Wartung, Inspektion, Instandsetzung und Verbesserung) innerhalb eines definierten Zeitintervalls festgehalten. Es wird jährlich ein Instandhaltungsplan für das kommende Jahr erstellt, der festlegt, welche Maßnahmen zu welchem Zeitpunkt mit welchem Personal durchgeführt werden sollen. Damit bildet der Jahresplan das Gerüst für die Koordination von Material und Logistik sowie die Einbindung von Lieferanten, Dienstleistern und des eigenen Personals. Dabei fließt eine Vielzahl von Einflussfaktoren ein, die wie folgt klassifiziert werden können:

- Wartungszeitfenster (beispielsweise Windangebot, Strömungen, Temperatur, Luftfeuchtigkeit)
- Ressourcen (beispielsweise Personal, Schiffe, Helikopter, Tauchroboter, Ersatzteile)
- Vorgaben an Prüf- beziehungsweise Wartungsintervalle (beispielsweise gesetzliche Vorgaben, Hersteller Vorgaben, wiederkehrende Prüfungen)
- Genehmigungsauflagen (beispielsweise Biomonitoring, Unterwasserschallmessung)
- Anlagen-Zustand (unterstützt durch Condition Monitoring-Auswertungen)
- Gewährleistungszeiträume
- Arbeitsabläufe
- Aufwand/Kosten beziehungsweise entgangene Erträge (kombinierbare Instandhaltungsmaßnahmen der einzelnen Gewerke)

Operative Planung
In der operativen Planung wird die Umsetzung der Instandhaltungstätigkeit detailliert vorgenommen. Die Gültigkeit eines operativen Plans ist abhängig vom Wetter beziehungsweise der Qualität der Wetterprognose und muss unter Umständen innerhalb von wenigen Stunden angepasst, in Einzelfällen sogar für einen längeren Zeitraum verschoben werden. Flexibilität ist daher die wesentliche Voraussetzung für die unmittelbare operative Einsatzplanung, da darin letztendlich die tatsächlichen Umsetzungstermine festgelegt werden. Bei gravierenden Abweichungen der operativen Umsetzung vom vorgesehenen Realisierungszeitraum sind deren Auswirkungen auf die taktische Planung zu prüfen und diese – falls notwendig – anzupassen.

Nicht alle Arbeiten im Offshore-Windpark sind planbar. Speziell die Störungsbeseitigung ist abhängig von der Anzahl und dem Ausmaß ungeplanter Ereignisse. Die erste strategische Planung basiert in Bezug auf Anzahl und Ausmaß der ungeplanten Maßnahmen, wie oben beschrieben, auf Annahmen und vorherigen Betriebserfahrungen. Je besser die Annahmen und je geringer die potenziellen Abweichungen von der strategischen Planung, desto effizienter kann auf diese reagiert werden. Stillstandszeiten können so minimiert werden. Generell ist ein Schaden aber immer im Einzelfall zu betrachten. Wie bereits beschrieben, wird zur Reduzierung von Ertragsverlusten die Fernüberwachung intensiv genutzt. Gute Interpretation der Ergebnisse aus einem CMS und das Vorhalten von Entstörungsteams auf Bereitschaft sowie eines entsprechenden Lagerbestands an Ersatzteilen unterstützen die Reduzierung weiter.

Im Idealfall kann die Schadensursache vorbestimmt werden. Das Schadensbild ist damit bekannt und es kann direkt entschieden werden, ob der Schaden mit den gegebenen Ressourcen behebbar ist, oder ob ein eigenständiges Instandsetzungsprojekt aufgesetzt werden muss.

Anhand der vorgenommenen Eingrenzung wird das voraussichtliche Ersatzteilmaterial festgelegt und der Einsatz des Entstörungsteams geplant. Der Zeitpunkt der Entstörung wird mit geplanten Arbeiten koordiniert, besitzt aber Priorität. Die Priorität steigt, wenn der Schaden den unmittelbaren Stillstand von Anlagen zur Folge hat. Bei zentralen Systemen wie der Umspannplattform oder sicherheitsrelevanten Störungen erfolgt die Instandsetzung ohne Zeitverzug. Kann das Entstörungsteam den Schaden nicht beheben, werden vor Ort weitere Informationen zum Schadensbild gesammelt. Alle vorhandenen Informationen werden der Projektleitung zur Verfügung gestellt und es ist eine eigenständige Planung zu erstellen. Eine taktische Planung, um eventuelle Synergieeffekte nutzen zu können, ist erforderlich, um Sicherheit, Kosteneffizienz und Produktionsoptimierung auch bei der ungeplanten Instandsetzung zu gewährleisten.

Service-Station

Die Service-Station bildet die zentrale Stelle für die operative Umsetzung von Maßnahmen im Windpark und die Koordination der Logistikkette. Daneben wird ein Lager für die Materialien des täglichen Bedarfs, strategische mechanische und elektrische Komponenten benötigt. Oberste Priorität ist der möglichst störungsfreie Betrieb des Windparks. Das Ersatzteilmanagement orientiert sich an dieser Prämisse. Damit sind diejenigen Ersatzteile vorzuhalten, die lange Lieferzeiten haben und Stillstände zur Folge hätten. Die Versorgung mit Ersatzteilen, die aus Platzmangel oder Logistikgründen nicht am parkeigenen Lagerstandort vorgehalten werden können, sollte über ein Lead-Time-Konzept sichergestellt werden.

Bei der Planung der Service-Station ist zu berücksichtigen, dass es Bauteile mit besonderen Lagerbedürfnissen gibt, hier beispielhaft die elektrischen Komponenten, die teilweise eines klimatisierten Lagerorts bedürfen. Weiterhin sind Lager für Gefahrstoffe, Werkstätten und PSA-Lagerräume vorzusehen. Das Lager sollte so ausgelegt sein, dass Hochregale mit dem Gabelstapler einfach und schnell zu erreichen sind. Freiflächen innerhalb des Lagers für temporäre Lagerfluktuation, meist während der Wartungsperiode, sollten ausreichend dimensioniert sein.

Die Dimensionierung der Service-Station sollte sich nicht nur an den vertraglichen Bedingungen der Garantiezeit orientieren, sondern auch die langfristige Betriebsplanung berücksichtigen. Gemeinschaftliche Lager können für Synergieeffekte zwischen mehreren Offshore-Windparks genutzt werden.

Je mehr Material im Lager vorgehalten wird, umso besser können Ausfälle von Komponenten beziehungsweise von Anlagen behoben und die Stillstandzeiten optimiert werden. Ein entsprechend bestücktes Lager verursacht aber auch erhebliche Unterhaltungskosten. Ziel ist es, die Lagerbestückung im Lauf der Betriebszeit so zu identifizieren, dass bei minimalen Lagerkosten Ertragsverluste auf Grund von Stillstandszeiten minimiert werden.

Logistik

Im Lauf des Betriebs kommt eine Vielzahl von Schiffen mit unterschiedlichsten Spezifikationen zum Einsatz. Für den Personentransport werden abhängig vom Servicekonzept *Crew Transfer Vessel* eingesetzt. Die Anforderungen an ein *Crew Transfer Vessel* sind gute Zugänglichkeit an die Anlagen und die Offshore-Umspannplattform, Personalkapazität, hohe Geschwindigkeit bei geringem Kraftstoffeinsatz sowie ausreichend Decksfläche für den Materialtransport. Ein attraktives und praktisches Innenraumkonzept sollte nicht vernachlässigt werden. Die Eignung von verfügbaren *Crew Transfer Vessel* ist stark abhängig vom Standort des Windparks in Ost- oder Nordsee. Nicht alle Schiffe, die für den Personentransport geeignet sind, eignen sich auch für einen sicheren Überstieg.

Neben dem Personentransport sind für die Instandhaltung noch weitere Herausforderungen, die nach anderen Spezifikationen an die maritime Logistik verlangen, zu lösen. Es kommen auch Versorgungsschiffe beispielsweise zur Betankung der Umspannplattform und speziell ausgerüstete Schiffe für den Einsatz von Tauchern und Tauchrobotern zum Einsatz. Für den Tausch von Großkomponenten ist der Einsatz von Hubschiffen notwendig. Bisher ist der Markt an Hubschiffen für betriebliche Belange überschaubar. Hubschiffe sind typischerweise auf die Errichtung ausgelegt und daher auch für Großkomponententausche in der Regel überdimensioniert. Der Ausbau der Offshore-Windenergie forciert die Nachfrage nach Hubschiffen über einen längeren Zeithorizont. Die Verfügbarkeit von Hubschiffen für einen kurzfristigen und vergleichsweise kurzen Serviceeinsatz ist, auch auf Grund der Wirtschaftlichkeit für Reeder, limitiert. Eine garantierte Verfügbarkeit ohne Langzeitcharter oder Abrufvertrag ist daher in der momentanen Marktsituation nur schwer realisierbar. Aufgrund der Knappheit sind diese Abrufverträge zu kostenintensiv, um eine attraktive Alternative zu bieten. Eine Langzeitcharter, oder der Kauf und Bereederung, ist nur dann ein Lösungsansatz, wenn eine kritische Anzahl an installierten Anlagen in einem Windpark oder einem Windpark-Cluster vorhanden ist. Ein gegenläufiger Effekt, der die Situation während des Betriebs in den nächsten Jahren verbessern wird, ist die Tatsache, dass die Anlagenleistung, Dimension und Masse von Windkraftanlagen weiter stetig wächst. Die heutige Flotte der Hubschiffe wird dann nicht mehr während der Bauphase einsetzbar sein, wohl aber für Serviceeinsätze.

Allgemein werden die Anforderungen an die maritime Logistik in Bezug auf Flexibilität und Variabilität steigen. Die zunehmenden Anfragen nach SOVs und Wohnschiffen bei Seebasierten Konzepten sind bereits heute ein Beleg dazu.

Ertrag

Offshore-Windparks erzeugen deutlich höhere Jahreserträge als Onshore-Windparks. Gute Onshore-Standorte in Deutschland erreichen ein Volllastäquivalent von mehr als 2.500h. Für Offshore-Windparks wird in der Regel mit einem Volllastäquivalent von bis zu 4.000h kalkuliert, bei sehr guten Standorten auch darüber. Erste Betriebsergebnisse bestätigen diese Kalkulationen. Die hohen Erwartungen an einen Offshore-Windpark können jedoch nur dann erfüllt werden, wenn die Zuverlässigkeit der Windenergieanlagen und der anderen eingesetzten Anlagen auf einem hohen Niveau sind. Ansonsten würden durch witterungsbedingte Nichtzugänglichkeiten die Verfügbarkeiten und damit die Erträge sinken. Gerade an Standorten mit eingeschränkter Zugänglichkeit zu den Anlagen kann die Zuverlässigkeit in Verbindung mit dem Wartungskonzept über die Wirtschaftlichkeit eines Offshore-Windparks entscheiden.

Downtime

Unter ‚Downtime' versteht man die Ausfallzeiten der Anlagen auf Grund von witterungsbedingten Nichtzugänglichkeiten im Störungsfall, oder die Nichtverfügbarkeit von Personal/ Spezialisten, Schiffen und Ersatzteilen. Der Einfluss auf die Erträge eines Offshore-Windparks kann groß sein, da diese in der Regel mit hohen Windgeschwindigkeiten einhergehen. Um diese Ausfallzeiten zu minimieren, ist es notwendig, die beinflussbaren Bereiche so gut und kostengünstig wie möglich auf Störungen vorzubereiten. Die Logistik spielt auch hier eine entscheidende Rolle.

Wetterfenster

Schlechtes Wetter kann zu erheblichen Einschränkungen bei den Wartungsarbeiten führen. Es kann aber ebenso auch die Entstörung von Anlagen behindern, wenn diese zur Behebung eines Defektes angefahren werden müssen. Je nach Wetterlage können sich erhebliche Wartezeiten für das Personal ergeben, bis der eigentliche Einsatz gestartet werden kann. Die Wetterfenster sind im Wesentlichen abhängig von den Wellenhöhen, beziehungsweise die Grenzen von Wellenhöhen, bis zu denen das Überstiegssystem einen sicheren Überstieg ermöglicht. Grundsätzlich gilt: „Je höher, desto besser", da mit höherem Grenzwert die Wahrscheinlich der Nichtzugänglichkeit sinkt. Die Maximierung der „machbaren" Wellenhöhen hat aber auch seine (finanziellen) Grenzen. Aus heutiger Sicht liegt von einem schwimmenden Gerät aus der Grenzwert bei ca. 3 m. In der Ostsee sollte eine signifikante Wellenhöhe von 1,5 m nicht unterschritten werden, in der Nordsee liegt der sinnvolle Wert höher.

Ein Konzept auf Basis von Helikoptern ist weitestgehend unabhängig von Wellenhöhen, da der begrenzende Witterungsparameter die Windgeschwindigkeit ist. Ein Helikopter kann bis zu annähernd 20 m/s Windgeschwindigkeit eine Windenergieanlage sicher anfliegen. Was dabei aber berücksichtigt werden muss, ist der Faktor Arbeitssicherheit beim Absetzen des Personals auf einer Anlage. Davon abgesehen gibt es Windgeschwindigkeitsgrenzwerte für Arbeiten in einer Windenergieanlage. Diese liegen in der Regel deutlich unterhalb von 20 m/s. Zu berücksichtigen ist hier auch die Korrelation zwischen Wind und Welle, die in der Ostsee deutlich größer ist als in der Nordsee. In der Ostsee korrespondieren Wellenhöhen ab 2,5 m üblicherweise mit Windgeschwindigkeiten, die Arbeiten an der Anlage verbieten. Insofern sind Konzepte auf Basis von Helikoptern zur Maximierung der Nutzung von Wetterfenstern in der Ostsee deutlich unwahrscheinlicher als in der Nordsee.

Beim Tausch von Großkomponenten ist für die Spezialschiffe ein Wetterfenster notwendig, das eine Einfahrt in den Offshore-Windpark und ein Aufstellen ermöglicht. Bei Hubschiffen ist dies meist an der Wellenhöhe festgeschrieben. Für die Ermittlung des tatsächlich notwendigen Wetterfensters kommen zusätzlich die Ausführung der Arbeit, der Abbau und die Rückfahrt in einen Hafen hinzu. Dieser nicht unerhebliche Zeitbedarf ist bei der Kalkulation zu berücksichtigen.

Lessons Learnt

Aus real gesammelten Erfahrungen mit Lieferanten, Dienstleistern, Kosten, Ausfallraten und Zugänglichkeiten können Rückschlüsse für die Auslegung von Komponenten, die strategische Planungen zum Servicekonzept und die Optimierung der internen Prozesse gewonnen und in neue Projekten übertragen werden. Funktionierende Condition Monitoring Systeme und vor allem die richtige Interpretation der gewonnenen Daten werden ein Erfolgsfaktor, speziell für Offshore-Windparks in größerer Küstenentfernung sein. Damit eröffnet sich der Weg zu kostengünstigeren, zustandsbasierten Instandhaltungskonzepte. Die Anzahl von ungeplanten Instandsetzungsmaßnahmen lässt sich ebenfalls reduzieren. Das Ergebnis wird eine Degression der Betriebskosten sowie die Steigerung der Erlösseite sein.

Weiterhin fließen die praktischen Vor-Ort-Erfahrungen in eine kontinuierliche Optimierung der Arbeitssicherheitsregularien mit ein, so dass ein sicheres, aber praktikables Arbeiten Offshore ständig verbessert wird.

4.6.8 Betriebskosten

Betriebskosten bezeichnen den Werteverzehr, der mit der Aufrechterhaltung des operativen Geschäftsbetriebes eines Unternehmens verbunden ist. Die Betriebsphase eines Projektes hat als Ziel, die Investitionsausgaben plus eine Rendite zu erwirtschaften. Die kumulierten Betriebskosten eines Offshore-Windparks bei einer Laufzeit von 20 Jahren sind nominal etwa so hoch wie die gesamten Investitionsausgaben. Angesichts dieser hohen Gewichtung sind sowohl Betreiber als auch Investoren, Banken und Versicherungen an einer möglichst präzisen Prognose sowie Reduzierung der Betriebskosten interessiert. Angewandte Methodik der Betriebskostenprognose sind Kennzahlenvergleiche (abhängig von Standort und Technik) oder Bottom-Up Analyse, sofern möglich basierend auf Erfahrungen beziehungsweise Übertragungen aus anderen Projekten (sowohl Off- als auch Onshore).

Eine Optimierung der Betriebskosten ist in Abhängigkeit der Verfügbarkeit und der direkten Instandhaltungs- sowie Opportunitätskosten zu sehen. Je höher die Verfügbarkeit, desto niedriger die Opportunitätskosten entgangener Produktion, desto höher aber auch die direkten Instandhaltungskosten. Ziel des Betreibers muss es also sein, eine auf das jeweilige Projekt und die eingesetzte Technologie angepasste Betriebs- und Instandhaltungsstrategie zu wählen, welche zu einem optimalen Verhältnis zwischen hoher Verfügbarkeit beziehungsweise hohem Erlös und dazu notwendigen Betriebsausgaben führt.

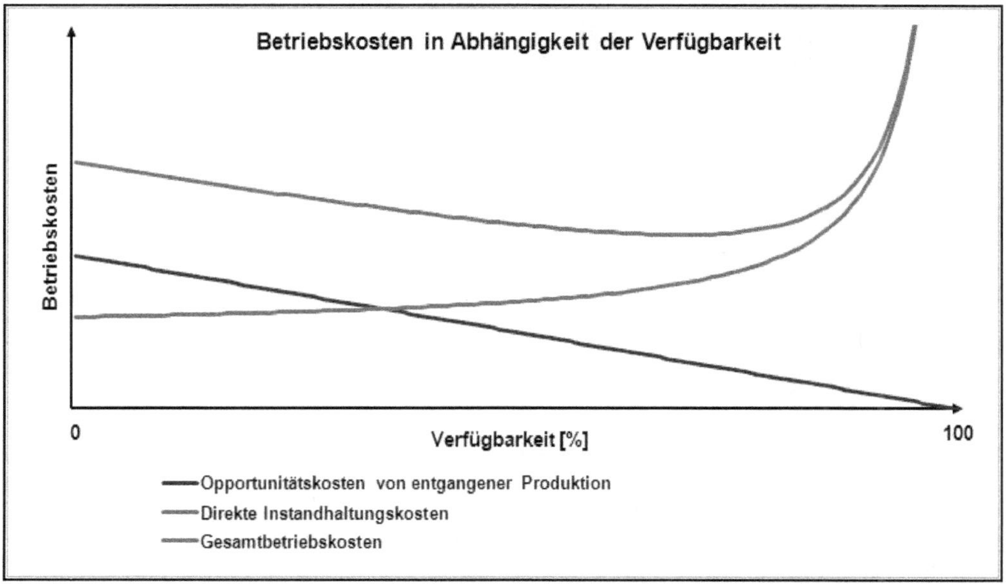

Abbildung 83: Betriebskosten im Vergleich zur Verfügbarkeit eines Windparks

Betriebskosten werden in der Regel als Fixkosten [Euro/a], als Kosten in Abhängigkeit der installierten Leistung [Euro/MW] oder als Stromerzeugungskosten in [Euro/MWh] dargestellt. Für die Windenergienutzung und alle Erzeugungsarten, die erlösseitig arbeits- und nicht leistungsdominiert sind, erweist sich die spezifische Größe Euro/MWh als die geeignetste.

Die Betriebskosten eines Offshore-Windparks gliedern sich in die Kostenblöcke:

1. Materialkosten für Ersatzteile und Verbrauchsstoffe der Hauptgewerke Windturbine, Fundament, Umspannplattform und Innerparkverkabelung,
2. Personalkosten inklusive Werkzeug, Schutzausrüstung und Schulungen,
3. Logistikkosten für Hub-, Offshore Versorgungs- sowie Crew Transfer Vessel,
4. Kosten für den Eigenstromverbrauch der Windturbine und Umspannplattform,
5. externe Servicekosten für beispielsweise Hafenlogistik, technisches Back-Up Office oder Biomonitoring,
6. Versicherungskosten,
7. Allgemeinkosten für Management und Fernwartung.

Gemittelt über mehrere Projekte ergibt sich eine Verteilung der Kostenblöcke wie in nachfolgender Abbildung dargestellt:

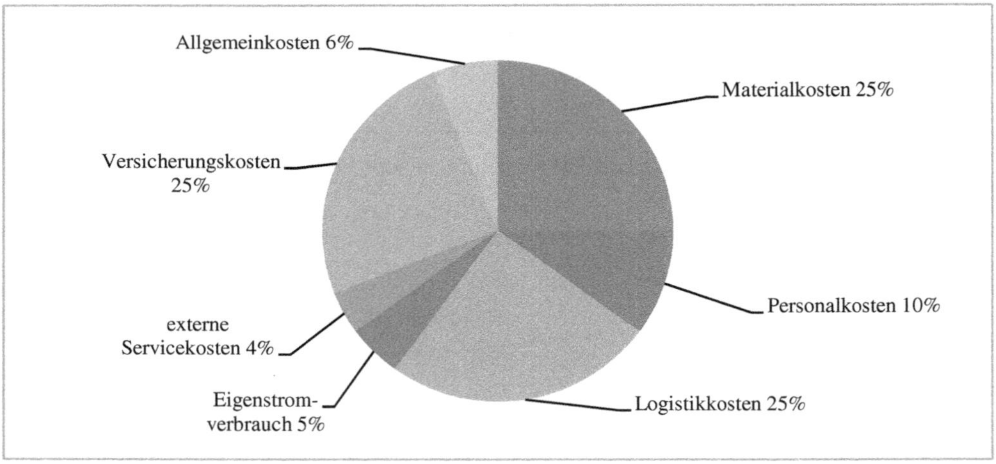

Abbildung 84: Verteilung Offshore-Betriebskosten

4.6.9 Resümee und Blick in die Zukunft

Die wesentlichen Herausforderungen für die Installation und den Betrieb der Offshore-Windparks liegen in der näheren Zukunft darin, die Energieerzeugungskosten deutlich zu reduzieren. Ziel ist es, die Energie auch künftig auf einem bezahlbaren Niveau zu halten. Dazu wird es notwendig sein, die Erzeugung auf ein nachhaltig hohes Niveau zu bringen und gleichzeitig die Kosten für Bau und Betrieb zu reduzieren.

Auf Grund der naturgegebenen Randbedingungen durch Wind und Welle und der damit einhergehenden Einschränkungen in Bezug auf Erreichbarkeit der Windparkkomponenten, muss für ein nachhaltig hohes Erzeugungsniveau die Verbesserung der Zuverlässigkeit an oberster Stelle stehen. Die Erfahrungen aus dem Betrieb müssen kontinuierlich in die Weiterentwicklung künftiger Technologien einfließen. Dies gilt besonders vor dem Hintergrund der bisher geringen Referenzbasis für Projekte mit großer Küstenentfernung und großer Wassertiefe. Auf Basis der bisherigen Erfahrungen darf man an dieser Stelle aber dennoch optimistisch in die Zukunft sehen, da die Betriebserfahrungen der ersten Offshore-Projekte in Deutschland grundsätzlich positiv sind und für Weiterentwicklungen in einigen Bereichen auf umfangreiche Erfahrungen aus der Onshore-Windenergie zurückgegriffen werden kann.

Dennoch muss man auch anmerken, dass aus heutiger Sicht der Schlüssel für stabile Wirtschaftlichkeit beziehungsweise optimalem Kosten-/Nutzen-Verhältnis der küstenfernen Offshore-Projekte darin liegt, das Servicepersonal möglichst dauerhaft vor Ort im Windpark zu belassen, ähnlich wie bei größeren Onshore-Parks. Damit, und mit geeigneten Überstiegssystemen, lässt sich die Verfügbarkeit und damit die Ertragsseite auf hohem Niveau halten. Die damit verbundenen Betriebskosten sind jedoch ebenfalls auf einem vergleichsweise hohen Niveau. Eine Reduktion der Vor-Ort-Präsenz und eine Verstetigung der regelmäßigen Wartungsmaßnahmen wird es ermöglichen, Betriebsaufwendungen und damit Kosten zu reduzieren.

Mit zunehmenden Betriebserfahrungen wird es auch gelingen, die heute zum Teil noch schwer einschätzbaren und damit begrenzt kalkulierbaren Risiken deutlich zu reduzieren, und daraus resultierend auch zum Beispiel Wartungskosten und Versicherungsprämien zu verringern. Kombiniert mit einem wachsenden Markt an Service- und Logistik-Anbietern werden sich dadurch in Summe betriebsseitige Kosten positiv beeinflussen lassen.

Für einen weiteren Ausbau der Offshore-Windenergie wird es notwendig sein, einen planbaren und stabilen regulatorischen Rahmen zu schaffen, der unter Berücksichtigung der systemimmanenten Risiken eine verlässliche Grundlage für weitere Investitionen schafft. Ein zügiger Netzausbau an Land und auf See wird dabei eine entscheidende Schlüsselrolle einnehmen. Weitere darüber hinaus existierende Lücken aus fehlender Wirksamkeit von Gesetzen in der deutschen AWZ müssen ebenfalls zeitnah geschlossen werden.

5 Wirtschaftlichkeit und Finanzierung

5.1 Einbindung eines geeigneten Versicherungskonzepts

THOMAS ELLESER, TIMOTHY HALPERIN SMITH

5.1.1 Rahmenbedingungen

Viele der Konzepte und Methoden, die heute Anwendung im Bereich von Offshore-Windparks finden, haben ihre Wurzeln im Bereich der Öl-, Gas- oder Telekommunikationsindustrie beziehungsweise im Onshore-Wind-Sektor. Die Adaption dieser Konzepte auf Offshore-Wind ist allerdings in vielen Fällen nicht gänzlich unkompliziert.

5.1.1.1 Was ist anders?

Obwohl bereits fast 4 GW an installierter Kapazität in Europa vorhanden sind, gilt es zu bedenken, dass die Errichtung von Offshore-Windparks noch in den Kinderschuhen steckt. Der Grund hierfür liegt auch in den mit jedem Projekt wechselnden Anforderungen, die selbst für erfahrene Entwickler eine große Herausforderung darstellen. Größere Wassertiefen, größere Küstenentfernung und damit unterschiedliche Witterungsverhältnisse sowie unterschiedliche gesetzliche Grundlagen sind nur einige exemplarische Beispiele einer langen Liste. Hinzu kommt, dass sich mit jedem neuen Projekt meist nicht nur eines dieser Elemente, sondern gleich eine ganze Reihe von Faktoren ändern. So ist es kein Geheimnis, dass sich der Windsektor in Richtung immer größerer Windturbinen-Generatoren, in größeren Windparks, in tieferem Wasser und in größerer Entfernung zur Küste entwickelt.

Von Beginn an mussten die Offshore-Windparks vielfach mit dem etablierten Öl- und Gassektor, in Bezug auf die Verfügbarkeit von Montageschiffen, Vertragspartnern, Beratern und in einigen Fällen auch hinsichtlich der Versicherungskapazität, konkurrieren. Nicht zuletzt aufgrund der überall in Europa proklamierten Energiewende etabliert sich jedoch dieser neue, grüne Sektor und die daran beteiligten Unternehmen erkennen die wirtschaftlichen Chancen und versuchen sich darauf einzustellen. Beispiele dafür, dass dies oft leichter gesagt als getan ist, sind auch in Deutschland leicht zu finden. Probleme der Energienetzbetreiber mit der Netzanbindung oder Engpässe renommierter Industrieunternehmen bei der Fertigstellung von Umspannplattformen sind aktuell in der Presse nachzulesen. Auch die weiterhin bestehenden Engpässe bei Errichtungs- und sonstigen Schiffskapazitäten, Kabelzulieferern und lange Vorlaufzeiten für Windturbinen, tragen zu den (Kosten-) Problemen der Offshore-Windbranche bei.

Die Offshore-Windbranche (und die Versicherungsindustrie) mussten bei den bisherigen Projekten oft auf dem harten Weg lernen, dass es merkliche Unterschiede zwischen den bewährten Konzepten und Methoden anderer Sektoren und deren Anwendung in der Offshore-Windindustrie gibt. Onshore-Turbinen können nicht einfach Offshore Verwendung finden, das Verlegen von Telekommunikationskabeln und Netzanschlusskabeln beziehungsweise interner Parkverkabelung hat unterschiedliche Herausforderungen und die Gründungsmaßnahmen, die in der Ölindustrie Anwendung finden, funktionieren bei schwingenden Anlagen nicht gleichermaßen.

Verstärkt wird die Auswirkung solcher „Lektionen" noch dadurch, dass bei Offshore-Projekten die Korrektur von Fehlern mit besonders hohen Kosten, zum Beispiel für Montageschiffe (in einigen Fällen 250.000 € und mehr pro Tag) einhergehen und durch oft enge, wetterabhängige Zeitfenster und den Wettbewerb um adäquate Vertragspartner (Zulieferer) behindert werden.

Die Entwickler, die bislang erfolgreich in der Konstruktion von Offshore-Windparks agiert haben, haben sich sehr früh mit den eigenen Wettbewerbern, den maßgeblichen Zulieferern und deren Fachleuten und den unterschiedlichen Beratern von WARRANTY SURVEYERN bis zu Versicherungsmaklern, die diese Industrie umgeben, auseinandergesetzt. Hieraus haben sich Geschäftsbeziehungen mit bewährten Vertragspartnern entwickelt, die ein Verständnis darüber eint, dass zusätzlicher Zeitaufwand unter anderem für die Beschäftigung mit Risiken und Methoden in der Planungsphase eines Projektes, sowie eine ausgewogene Verteilung von Risiken, Millionen an potentiellen Mehrkosten während der Errichtungsphase einsparen kann.

Im Vergleich zu Onshore realisierten Projekten sind Offshore-Projekte in aller Regel keine Turnkey Projekte, bei denen ein einzelner Generalunternehmer die Gesamtverantwortung übernimmt, sondern sogenannte Multicontracting-Projekte, die eine Vielzahl von Projektverträgen, -partner und -interessen zu berücksichtigen haben. Ein geeignetes Versicherungskonzept muss dies berücksichtigen.

Aufgrund der hohen Investitionsvolumen gilt es regelmäßig, auch den teilweise durchaus unterschiedlichen Sicherheitsbedürfnissen einer Mehrzahl von Kapitalgebern, im Rahmen des Versicherungskonzeptes Rechnung zu tragen.

Die Offshore-Wind-Branche wird weiter lernen und sich weiter entwickeln und die erfolgreichen Entwickler werden, durch Standardisierung, neue verbesserte Technologien, Methoden und Strukturen, die Projektkosten senken und Risiken von Kostenüberschreitungen, und damit der Volatilität der Erträge vermindern können.

5.1.1.2 Herausforderungen aus Sicht eines Versicherers

Die Versicherungsindustrie spielt eine sehr wesentliche Rolle für die Offshore-Windindustrie. Sie ist es, die im Fall des Falles die erforderlichen finanziellen Mittel zur Fertigstellung des Projektes oder der Fortführung des Betriebes zur Verfügung stellt. Allen Versicherern, die potentiell an einer Projektversicherung beteiligt sind, sollte deshalb, insbesondere hinsichtlich Informationen zu dem geplanten Projekt, der gleiche Status eingeräumt werden wie allen anderen finanzierenden Parteien, die an dem Projekt beteiligt sind; von Banken bis hin zu Eigenkapitalinvestoren.

Schadenfälle aus dem Offshore-Wind-Bereich werden später in diesem Kapitel noch weiter beleuchtet, jedoch ist es wichtig zu verstehen, dass historisch der Großteil der auftretenden Schadenfälle die Errichtungsphase betrifft. Dieser Projektabschnitt ist daher aus Sicht der Versicherungsindustrie besonders wichtig. Dieses Thema wird in Ziffer 5.1.2 „Risikomanagement und Versicherbarkeit" noch ausführlich behandelt.

Wie bereits beschrieben, müssen sich Offshore-Windprojekte meist mit einer Mehrzahl neuer Herausforderungen, von der Technologie bis hin zum Projektstandort, auseinandersetzen. Dies gilt gleichermaßen für die Versicherungspartner eines Projektes, die letztlich einen großen Teil der Risiken tragen. Diese werden zunächst versuchen, anhand bereits gesammelter Erfahrungen mit bestimmten Entwicklern, Vertragspartnern, Herstellern oder Standorten ihr Risiko zu quantifizieren.

Statistisch gesehen sind die häufigsten Schäden Kabelschäden (siehe Ziffer 5.1.2.5). Versicherer werden daher versuchen zu verstehen, welchen Einfluss ein solcher Schaden auf das konkrete Projekt haben kann und wie sich dieses konkrete Projekt – positiv oder negativ – von anderen Projekten unterscheidet. Hierzu prüfen Versicherer eine Vielzahl von sowohl harten als auch weichen Faktoren eines Projektes.

Beispiele für harte Faktoren:

- Versicherung: Welcher Versicherungsumfang soll bereitgestellt werden (unter anderem in Bezug auf Selbstbehalte, Sublimite und Planungsrisiken)?
- Versicherungsnehmer: Historie des Entwicklers/Betreibers im Bereich Offshore-Wind
- Standort: Entfernung zu Häfen/Küste, Wassertiefe, wetterabhängige Zeitfenster
- Investitionsvolumen: Vergleichbar mit der Marktnorm oder wurde unter-/überbudgetiert?
- Zeitplan: Ist dieser für das geplante Projekt an diesem Standort realistisch?
- Technologie: Erfahrungswerte mit der Technologie des Herstellers und mit Wiederbeschaffungszeiten

Beispiele für weiche Faktoren:

- Beteiligte Personen: Projektteam und dessen Erfahrung
- Projektstrategie: Baut der Entwickler, um die Anlage zu betreiben oder zu verkaufen?
- Auswahl Vertragspartner: Warum X statt Y? Kreditwürdigkeit und Erfahrung der ausgewählten Partner
- Risikomanagement: Reputation des Versicherungsnehmers, Input von Dritten
- Sonstige: Umfang der Vorplanung, bisherige Erfolgsbilanz und Erfahrung?

Wenn Versicherer gewillt sein sollen, den Transfer bestimmter Risiken zu akzeptieren, ist eine frühe Einbeziehung notwendig, damit die Versicherer mit dem Projekt, dessen Entwickler und der Strategie vertraut werden. Dazu ist es wichtig, dass die Versicherer den vollen Zugang zu allen wesentlichen Informationen bezüglich des Projektes bekommen. Dies endet jedoch nicht mit dem Abschluss einer Versicherungsdeckung, sondern erstreckt sich auf die gesamte Lebensdauer des Projektes. Jegliche Veränderungen „wesentlicher Fakten“, d.h. aller Tatsachen, die die ursprüngliche Entscheidung des Versicherers, das Risiko zu zeichnen, beeinflusst haben, müssen dem Versicherer unmittelbar zur Kenntnis gebracht werden, um die Werthaltigkeit der Versicherung aufrecht zu erhalten.

5.1.1.3 Versicherungsmärkte und die Rolle der Rückversicherer

Historisch gesehen, wird der Offshore-Wind-Versicherungsmarkt von fünf bis zehn Versicherern dominiert; dies sind vor allem Risikoträger aus dem Londoner und den skandinavischen Versicherungsmärkten, das heißt, aus Regionen, die bereits eine Anzahl von Offshore-Windprojekten realisiert haben. Diese Märkte haben ein internes Risikoverständnis für die oft komplexen und daneben auch zeitkritischen Problemstellungen bei Offshore-Windprojekten entwickelt, das sie in die Lage versetzt, solche Risiken profitabel zu zeichnen und die komplexen Schadenfälle professionell zu handhaben. Diese Handvoll Versicherer kann, wo benötigt, über 1 Mrd. € an Versicherungskapazität zur Verfügung stellen.

Erkennbar ist, dass mit der Zunahme von Offshore-Windprojekten in vielen europäischen Ländern auch die dortige Versicherungsindustrie sich mit diesem Trend auseinandersetzt. Insbesondere gilt dies auch für Deutschland, mit seinem hoch kapazitativen Versicherungsmarkt. Es ist hier deutlich die Bereitschaft zu erkennen, in das notwendige Know-How und die Infrastruktur, die für das Handling von Offshore-Risiken und Schäden erforderlich ist, zu investieren, um an diesen Wachstumspotentialen zu partizipieren.

Für deutsche Entwickler und Betreiber ist wiederum ein lokal platzierter Versicherungsschutz ebenfalls attraktiv – ein Trend, der sich erwartungsgemäß auch in Frankreich bei der Entwicklung der dortigen Offshore-Potentiale so wiederholen wird. Es ist demzufolge zu erwarten, dass die arrivierten Marktteilnehmer aus England und Skandinavien zunehmend neue Mitspieler bekommen werden.

Dies ist eine gute Entwicklung für die Offshore-Windbranche. Es entstehen zusätzliche Versicherungskapazitäten und damit auch Wettbewerb. Zumindest so lange, wie nicht durch fehlende Expertise, falsche Underwriting-Entscheidungen und hohe Versicherungsschäden der Appetit dieser neuen Versicherer auf Offshore-Wind über Nacht gestoppt wird.

Rückversicherer können bei Offshore-Windprojekten verschiedene Funktionen übernehmen. Es ist erkennbar, dass Rückversicherer – auf der Suche nach neuen Geschäftsfeldern – immer stärker darüber nachdenken, sich aus ihrem angestammten Geschäftsfeld, der reinen Rückversicherung, heraus zu entwickeln und sich unter anderem auch im Erstversicherungsbereich zu engagieren. Gerade Offshore-Projekte mit ihren hohen Kapazitätsanforderungen könnten hier prädestinierte Zeichnungsobjekte sein. Für diesen Fall erwarten Rückversicherer den gleichen Zugang zu Informationen und die gleiche Informationsqualität, die auch ein Erstversicherer fordert. Die entscheidungsrelevanten Kriterien für ein Engagement unterscheiden sich hierbei nicht von denen eines Erstversicherers.

In ihrem traditionellen Geschäftsfeld übernehmen Rückversicherer, häufig auf fakultativer Basis, Teile der Risiken, die vom Erstversicherungsmarkt für ein Projekt gezeichnet werden. Hier spielen für die Übernahme des Risikos noch weitere Kriterien eine wichtige Rolle.

- Expertise und Erfahrung des Erstversicherers,
- Nachvollziehbare Maximalschadenkalkulation,
- Aufsatzpunkt der Rückversicherungsdeckung,
- Bereits gezeichnete Exponierungen aus anderen Rückversicherungsverträgen in dem betreffenden geographischen Bereich (Kumulschadenrisiko) und
- Eventuelle Beteiligung bereits als Erstversicherer an dem Risiko.

Mit dem geplanten weiteren Ausbau der Offshore-Windkapazitäten und damit einhergehend zunehmender Nachfrage nach Versicherungskapazitäten und innovativen Absicherungsmodellen wird die Rückversicherungsindustrie in beiden der vorstehend beschriebenen Bereichen zunehmend an Bedeutung gewinnen.

5.1.2 Risikomanagement und Versicherbarkeit

Risikomanagement ist bei Offshore-Windprojekten, trotz eines Schwerpunktes in der frühen Phase eines Projektes, keine einmalige Angelegenheit, sondern muss als kontinuierlicher Prozess über die gesamte Projektdauer angelegt werden.

Der Risikomanagementprozess beinhaltet als Kernelemente die

- Risikoaufnahme,
- Risikobewertung und
- Risikobehandlung.

Ziel des Prozesses ist es, ein Risikoinventar zu erstellen und eine optimale Strategie zur Behandlung der verschiedenartigen Projektrisiken zu implementieren. Hierbei sind durchaus verschiedene Arten der Risikobehandlung, von der Selbsttragung über die Risikoverteilung auf unterschiedliche Parteien, Reduktion der Eintrittswahrscheinlichkeit und Reduktion der Auswirkungen bei Risikoverwirklichung möglich.

Dieser Prozess erschöpft sich nicht, wie häufig bei anderen Projekten, auf der technischen Seite, sondern muss bereits bei der Vertragsgestaltung beginnen.

Hierbei gilt es, insbesondere folgende Themen zu berücksichtigen:

1. Vertragliche Risikoverteilung, unter anderem
   (a) Gewährleistungen und Garantien,
   (b) Haftungsbeschränkungen und
   (c) Freistellungsvereinbarungen.
2. Versicherungsanforderungen, unter anderem hinsichtlich
   (a) Verantwortlichkeiten,
   (b) Deckungsinhalten,
   (c) maximalen Selbstbehalten und
   (d) Bonitätsanforderungen

unter Berücksichtigung der unterschiedlichen Interessenlagen von

- Kreditgebern,
- Gesellschaftern und
- Vertragsparteien.

Dieser Prozess sollte neben den Spezialisten für den Einkauf auch Spezialisten aus den Bereichen Recht und Versicherung sowie den MARINE WARRANTY SURVEYER einbeziehen und ist insbesondere bei der Verhandlung der Verträge mit den folgenden Projektpartnern unabdingbar.

- Netzbetreiber,
- Lieferant der Windturbinen,
- Lieferant der Kabel,
- Entwickler und Lieferant der Fundamente und
- Lieferant der Umspannplattform.

Letztlich beeinflusst die Qualität des Risikomanagementprozesses wesentlich auch die Verfügbarkeit und den Preis des Versicherungsschutzes.

5.1.2.1 Risikomatrix

Die Erstellung eines Risikoinventars im Rahmen einer Risikomatrix ist ein wichtiger Prozessschritt im Risikomanagement, um die Auswirkungen von Großschäden auf Kapitalausstattung, den Cashflow oder materielle Auswirkungen auf den laufenden Betrieb zu bewerten.

Dieser Prozess involviert regelmäßig sowohl interne Ressourcen (innerhalb des Projektteams) als auch externe Ressourcen (u.a. Versicherungsmakler, MARINE WARRANTY SURVEYER). Typischerweise werden diese Studien auf einzelne Elemente des Gesamtprojektes heruntergebrochen, z.B. Seekabel, Fundamente, Windkraftanlagen oder Offshore-Umspannplattform.

Die nachfolgende Abbildung 85 zeigt den typischen Output eines beliebigen Teilprojektes.

5.1.2.2 Technik und Projektpartner

Für die Versicherungsmärkte ist und bleibt Offshore-Wind eine Herausforderung, weil die Technologie darauf zielt, permanent Optimierungspotentiale und Leistungssteigerungen auszuschöpfen. Im Vergleich mit der eher statischen Technologie in der Offshore-Öl- und Gasindustrie gibt es eine stetige Weiterentwicklung, die für Versicherer Neuland darstellt und oft als prototypisch betrachtet wird.

Umso wichtiger ist für Versicherer daher die Auswahl von Projektpartnern beziehungsweise von Projektlieferanten, um das Projekt versicherungsfähig zu machen.

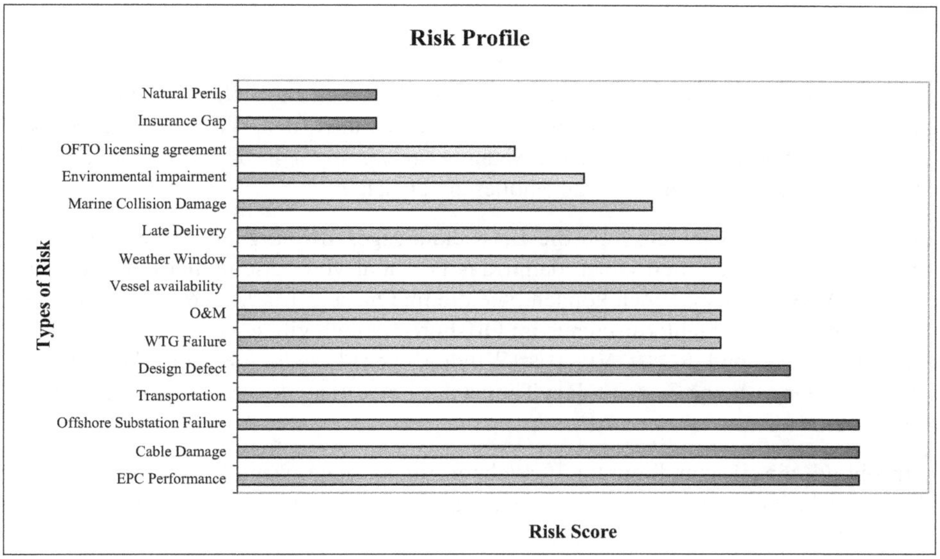

Abbildung 85: Risikoprofil aus Sicht der Versicherer

Projektpartner

Versicherungsverträge für die Errichtungs- und Betriebsphase werden im Regelfall durch den Projektentwickler oder -betreiber implementiert und decken die Interessen aller an dem Projekt beteiligten Unternehmer und Subunternehmer ab.

Diese breite Deckung bedeutet, dass die Versicherer dem Risiko von Fehlern dieser Projektpartner ausgesetzt sind und für diese Fehler im Rahmen der Versicherungsverträge, ohne die Möglichkeit eines Regresses, einstehen müssen. Es wundert daher nicht, wenn Versicherer besonderen Wert auf Leistungsbeschreibungen, technische Ausführungsplanung und insbesondere auf die Erfahrung der Projektpartner legen.

Versicherer beobachten heutzutage die Zulieferindustrie hinsichtlich deren individuellen Track Records sehr genau. Entwickler und Betreiber neigen zu langfristigen Partnerschaften mit den Unternehmern, mit denen bereits gute Erfahrungen gemacht wurden. Dennoch wächst der Bedarf mit der Entwicklung der Offshore-Windindustrie ständig und neue Unternehmen treten infolge dieser Kapazitätsengpässe in den Markt ein.

Nach Ansicht vieler Versicherer werden Schäden häufig durch Fehler der Lieferanten, wie Nichteinhaltung von Zusagen, Abweichungen von vereinbarten Ausführungsbestimmungen, ungeeigneter Ausrüstung, Kosten und Zeitdruck sowie engen Zeitfenstern bei Schiffsverfügbarkeit und Wetterbedingungen verursacht. Dieser Trend, im Zusammenspiel mit kürzlichen Insolvenzen so arrivierter Projektpartner wie SUBOCEAN oder SMULDERS, die Auftraggeber im Zweifel mit sehr eingeschränkten oder im schlimmsten Fall ohne Regressmöglichkeiten oder Gewährleitungsansprüche gegen diese Vertragspartner zurücklässt, führt dazu, dass plötzlich Ansprüche, für die ursprünglich ein Vertragspartner hätte einstehen müssen, beim Versicherer zur Regulierung angemeldet werden, was die Versicherer sehr vorsichtig hat werden lassen.

Technologie

Mit dem Bemühen von Projektentwicklern, Windparks zu realisieren, die mehr und mehr Energie erzeugen, verschärft sich auch der Wettlauf, Turbinen mit höheren Kapazitäten zu produzieren. Die Hersteller von Offshore-Windturbinen fühlen den Wettbewerbsdruck von Konkurrenten aus Südkorea, China, USA, Spanien und Frankreich, die mittlerweile bereits 7 MW+ Windturbinen auf dem Markt zu etablieren versuchen.

Die konstante Weiterentwicklung und die Entwicklungsgeschwindigkeit bergen das Risiko von konstruktiven Mängeln und haben damit das Potential von Serienfehlern, die durchaus vergleichbare Auswirkungen haben können, wie die im Onshore-Markt bereits beobachteten. Beispiele für solche Serienfehlerprobleme im Offshore-Bereich gibt es mit THORNTON BANK PHASE 1 (Fundament) und ALPHA VENTUS (Windturbinen) bereits. Für Versicherer ist dies ein guter Grund, eine Menge Zeit mit dem Thema der Bewertung des Risikos hinsichtlich der Turbinen zu verbringen.

Als unerprobt gilt eine Technologie für Versicherer immer dann, wenn keine oder nur eingeschränkte Betriebsdaten der Anlagen vorliegen, also insbesondere immer dann, wenn eine Technologie erstmalig kommerziell eingesetzt wird.

Da Versicherer in keinem Fall für die Forschungs- und Entwicklungsrisiken von Herstellern einstehen wollen, begrenzen sie versicherungsvertraglich ihre Haftung durch den Einsatz verschiedener Bestimmungen.

London Engineering Group (LEG)-Ausschlüsse

Diese Klauseln definieren in drei Stufen den Grad des Ausschlusses für konstruktive Mängel. Welche der Klauselformen gewählt wird, hängt von der Einschätzung der konkret verwendeten Technologie durch den Versicherer ab. Bislang ist in sehr vielen Projekten „LEG 2“ anzutreffen.

- LEG 1: kompletter Konstruktionsausschluss; Versicherer werden keine auf einen konstruktiven Mangel zurückzuführenden Sachschäden inklusive daraus resultierender Ertragsausfälle bezahlen. Dies ist die restriktivste Form des Konstruktionsausschlusses und wird in den Fällen genutzt, in denen die Technologie als unerprobt gilt.
- LEG 2: eingeschränkter Konstruktionsausschluss; der Versicherer übernimmt die Kosten für Sachfolgeschäden inklusive sich daraus ergebender Ertragsausfälle, nicht jedoch die Kosten für den direkt durch den konstruktiven Mangel ausgelösten Sachschaden an sich. Dies ist die derzeit meist benutzte Formulierung in Versicherungsverträgen.
- LEG 3: der Versicherer übernimmt die Kosten für Sachfolgeschäden inklusive sich daraus ergebender Ertragsausfälle, sowie Kosten, um die Anlage in den Zustand unmittelbar vor dem Schaden zu versetzen. Dies ist die breiteste mögliche Deckung. Voraussetzung hierfür wird immer eine gut erprobte und etablierte Technologie sein.

In keinem Fall wird der Versicherer allerdings die Kosten für die Beseitigung des konstruktiven Mangels an sich übernehmen.

Serienschadenausschluss
Abhängig von den eingesetzten Technologien werden Versicherer über die Vereinbarung entsprechender Klauseln ihre Haftung bei Serienschäden begrenzen. Eine häufig verwendete Regelung ist:

- 100 % Erstattung für den ersten, auftretenden Schaden,
- 75 % Erstattung für den zweiten, auftretenden Schaden,
- 50 % Erstattung für den dritten, auftretenden Schaden und
- keine Haftung für den vierten und die folgenden Schäden.

Gewährleistungsvereinbarungen

Die Verhandlung von vertraglichen Gewährleistungsregelungen spielt eine wichtige Rolle für den benötigten Versicherungsumfang eines Projektes. Neben Kostenauswirkungen werden Versicherer auch nicht immer eine Lösung für schwache vertragliche Positionen anbieten. Ein Beispiel hierfür ist der oben beschriebene Konstruktionsmängelausschluss. Je umfassender der Gewährleistungsanspruch des Projektes gegen den Vertragspartner ist, desto eher kann ein stringenter Ausschluss im Versicherungsvertrag akzeptiert werden, was oftmals auch dabei hilft, die Kosten des Risikotransfers auf den Versicherer zu begrenzen. Unabhängig davon ist der Anspruch, der auf Grundlage einer gut verhandelten und werthaltigen Gewährleistung geltend gemacht wird, im Regelfall für das Projekt günstiger, da keine anderweitigen Beschränkungen wie zum Beispiel Selbstbehalte einer Versicherungspolice eine Rolle spielen.

Kabel

Jeder, der sich intensiver mit der Offshore-Wind-Industrie befasst, wird früher oder später einer Statistik begegnen, die besagt, dass 80 % der Schäden im Offshore-Wind-Sektor durch Kabel verursacht werden, und unglücklicherweise entspricht das heute, genauso wie vor fünf Jahren, der Wahrheit. Schäden an Unterseekabeln entstehen hauptsächlich während der Installationsphase und die Reparaturkosten liegen durchschnittlich zwischen GBP 5–10 Millionen; ohne Berücksichtigung der Auswirkungen auf die Einnahmenseite.

Nachfolgend werden einige wesentliche Themen im Zusammenhang mit der Vermeidung von Kabelschäden näher beleuchtet.

Planung
Die Vorausplanung von Kabelrouten und Verlegemethoden ist ein essentieller Teil der erfolgreichen Kabelinstallation. Dabei müssen auch logistische Notwendigkeiten sowohl während der Installation als auch während des kommerziellen Betriebes, wie zum Beispiel Bereiche, in denen Montageschiffe potentiell ihre Stützfüße aufsetzen, berücksichtigt werden. Diese Planung und die Abstimmung der letztlichen Arbeits- und Ausführungsbeschreibungen sollten grundsätzlich unter Einbindung des Entwicklers, des Kabelzulieferers und eines *Marine Warranty Surveyers* stattfinden.

Bodenuntersuchungen
Diesbezügliche Untersuchungsergebnisse sind extrem wichtig und eine wesentliche Komponente bei der Planung der Arbeits- und Ausführungsbeschreibungen für die Kabelverlegung.

Die Erreichung der geplanten Verlegetiefe für Kabel (üblicherweise 1 Meter und darüber) führte bereits bei einigen Projekten zu Problemen, die zusätzliche Arbeiten wie beispielsweise eine künstliche Aufschüttung nach sich zogen.

Maximaler Krümmungsradius
Der maximale Krümmungsradius der Kabel ist eines der wesentlichen, durch den Kabelverleger zu beachtenden Restriktionen. Sofern Kabel über ihren maximalen Wert hinaus gekrümmt werden, hat dies zwar oft keine unmittelbaren Folgen, allerdings ist eine Reihe von Spätschäden bekannt, die auf die Nichtbeachtung der maximalen Kabelkrümmung zurückzuführen sind. Auslöser solcher Schäden können erfahrungsgemäß sowohl starke Strömungen während der Verlegeaktivität, eine Kabelverlegung ohne Einsatz geeigneter Ausrüstung oder Fahrzeuge, als auch das Abweichen von vereinbarten Arbeits- oder Ausführungsbeschreibungen sein. Ohne entsprechende Aufzeichnung und Dokumentierung solcher Zwischenfälle ist es darüber hinaus oft sehr schwierig, einen solchen Sachschaden gegenüber dem Versicherer geltend zu machen.

Kabelspannung
Einem Kabel während der Verlegung genug Spielraum und gleichzeitig genug Spannung zu verleihen, ist eine schwierige Gratwanderung. Ausreichend Bewegungsspielraum des Kabels ist notwendig, um zu gewährleisten, dass das Kabel richtig am Seeboden liegt, zu viel Spielraum verursacht jedoch häufig verdrehte Kabel.

Lieferkettenmanagement
Eine gut geplante und abgesicherte Ersatzteil-Strategie ist essentiell, um die Kosten von Kabelschäden zu minimieren.

Die Versicherungsindustrie ist sich der Anzahl an Kabelschäden im Offshore-Windbereich bewusst und nimmt zunehmend eine restriktivere Haltung zu solchen Schäden ein. Dies äußert sich etwa durch ein Anheben der Selbstbehalte für Kabelschäden, die Limitierung der Kostenpositionen für Stand-By-Gebühren, die einen großen Anteil der Reparaturkosten ausmachen, restriktivere Ersatzteilbevorratungsbestimmungen, die Forderung nach expliziten Schaden-Notfallplänen mit dem Ziel der Schadenminderung und letztlich der Forderung nach Einsatz von etablierten Partnern mit gutem Track Record.

Zusätzlich könnten Regressverzichte gegenüber den Kabel verlegenden Vertragspartnern eingeschränkt oder gar nicht mehr gewährt werden.

5.1.2.3 Logistik

Hinsichtlich der Logistik gilt die Sorge der Versicherer weniger der Vielzahl der Transporte als vielmehr den transportierten Werten. Es gibt bei neu gebauten Schiffen einen Trend zu zunehmender Größe und damit der Fähigkeit, eine größere Anzahl von großen Komponenten wie Turbinen, Rotorblättern, Turmsegmenten oder Fundamenten zu befördern. Man könnte dies vor dem Hintergrund knapper Transport- beziehungsweise Schiffskapazitäten als Vorteil sehen; die Versicherer sehen jedoch die damit steigenden, für die Abdeckung der Einzeltransporte benötigten Versicherungssummen als kritisch an.

Wie später noch im Detail ausgeführt, konzentrieren sich die Berechnungen zur Ermittlung des größtmöglichen Schadenpotentials, aufgrund ihres hohen Wertes und der langen Vorlaufzeit, gewöhnlich auf den Verlust einer Umspannstation. Nicht zuletzt deshalb fordern Versicherer im Rahmen ihrer Risikoanalyse sehr detailliert Informationen zur Transportlogistik für solche Umspannplattformen ein. Der Transport beispielsweise mehrerer Transformatoren für Umspannplattformen mit einem Schiff würde daher mit Sicherheit sehr kritisch gesehen werden.

Eine der größten logistischen Herausforderungen für Offshore-Windprojekte, egal ob während der Bau- oder der Betriebsphase, ist der Engpass bei der Verfügbarkeit von Schiffskapazitäten. Der Wettbewerb der Projekte um adäquate Schiffe führt dazu, dass Schiffe, die nicht für den Offshore-Wind-Bereich entworfen wurden, umgebaut und dort eingesetzt werden. Die Entwicklung des Offshore-Wind-Sektors beispielsweise in Frankreich und Südkorea wird den Wettbewerb um Schiffskapazitäten weiter befeuern.

Die hohe Nachfrage nach Schiffen sorgt dafür, dass die Schiffe den Projektstandort nach der Ausführung ihres Auftrags möglichst schnell wieder verlassen, um den nächsten Auftrag durchführen zu können. In der Konsequenz ist es sehr schwierig und teuer, Schiffe wieder zurückzuholen, was im Falle von notwendigen Nacharbeiten oder Korrekturen zu großen Zeitverzögerungen führen kann. Versicherer fordern daher klare Reservierungsvereinbarungen mit angemessenen Zeitfenstern, die in gewissem Umfang auch Zeitreserven enthalten.

5.1.2.4 Wind und Wetter

Wetterbedingungen spielen für Offshore-Windparks während der Planungsphase, der Errichtungsphase und der Phase des kommerziellen Betriebes eine wesentliche Rolle.

Die Erfassung von Wind- und Wellendaten in der frühen Phase der Projektplanung hat deshalb auch erheblichen Einfluss auf die Entscheidungen über den Einsatz bestimmter Techniken und Windturbinen, sowie die Planung von Zeitfenstern bestimmter Arbeiten.

Während der Errichtungsphase spielt das Wetter einerseits für die generelle Planung der Meilensteine des Konstruktionsprozesses eine Rolle, andererseits bestimmt es aber auch, ob ein Schaden innerhalb von 24 oder 96 Stunden behoben werden kann. Für die beteiligten Versicherer ein durchaus wichtiger Parameter, der darüber bestimmt, ob ein Montageschiff erforderliche Reparaturarbeiten ausführen kann oder untätig im Hafen bleiben muss und ggf. nicht unerhebliche Stand-By-Kosten den Schaden vergrößern.

Während der Phase der kommerziellen Nutzung des Parks entscheidet das Wetter maßgeblich darüber, wann Service-, Wartungs- aber auch Reparaturarbeiten ausgeführt werden können und natürlich bestimmt letztlich die Windmenge an einem bestimmten Standort den Ertrag des Projektes und damit seine Fähigkeit, den Schuldendienst und die Profiterwartungen der Kapitalgeber zu erfüllen.

Aus diesem Grund ist es unverzichtbar, das Thema Wetter zu einem fundamentalen Bestandteil des Risikomanagements für ein Projekt zu machen. Versicherer werden im Prozess ihrer internen Risikoanalyse solche Informationen sehr genau auswerten und sich eine Meinung darüber bilden, wie realistisch die getroffenen Annahmen und Maßnahmen sind.

5.1.2.5 Schadenerfahrungen

Unglücklicherweise sind Schäden bei Offshore-Windprojekten keine Seltenheit. Wie bereits unter Ziffer 5.1.2.2 beschrieben, gibt es eine Häufung bei den Schäden an Kabeln. Solange dieser Trend nicht durchbrochen werden kann, werden Versicherer sich durch die Vereinbarung hoher Selbstbehalte, Deckungsbeschränkungen und Prämienzuschläge für unerfahrene, beziehungsweise bereits historisch schadenauffällige Kabelpartner schützen.

Neben den Kabeln sind jedoch auch andere Bestandteile von Offshore-Windprojekten erfahrungsgemäß schadenträchtig. Nachfolgend einige wesentliche Beispiele.

- Getriebeschäden,
- Transformatorenschäden,
- Rotorblattschäden,
- Konstruktions- und Ausführungsfehler, insbesondere bei den Fundamenten und Turbinen,
- Schiffskollisionen und
- Fundamentschäden.

In der folgenden Tabelle 23 haben wir die Schadenhäufigkeiten und die damit verbundenen durchschnittlichen Versicherungsschäden dargestellt:

Tabelle 23: Schadenerfahrungen bei Offshore-Projekten

Schadenursache	Prozentsatz[804]	Versicherungsschaden (in T£)
Kabel	70 %	
Interne Verkabelung		1.750 (nur PD)[805]
Externe Verkabelung		4.000 (nur PD)
Fundament	15 %	750
Getriebe	6 %	1.000 (Serienschäden etwa um Faktor 10 höher)
Rotorblätter	3 %	500
Kollision	2 %	600
Sonstige Ursachen	3 %	./.

Die Gründe für solche Schäden können vielfältig sein. Häufig zu beobachten sind

- Unerfahrenheit der Lieferanten und Vertragspartner,
- Schwierige Umgebungsbedingungen auf See,
- Fehlerhafte Arbeitsmethoden und fehlende oder ungenügende Notfallplanung,
- Schwierigkeiten innerhalb der Lieferketten,
- Abweichen von vereinbarten Montagestandards,
- Ungeeignete Ausrüstung,

[804] Der jeweilige Prozentwert bezieht sich auf den Anteil dieser Schadensart an allen auftretenden Schäden. Dabei muss man berücksichtigen, dass nicht alle Offshore-Vorhaben Schäden aufweisen. Sofern etwa ein Fundamentschaden auftritt, verursacht dieser durchschnittlich 750 T£ an Kosten. Dieser Wert muss nicht unbedingt identisch mit der Versicherungsleistung sein.

[805] PD bedeutet Property Damage (Sachschaden).

- Planungsfehler und
- Schwierigkeiten bei der Qualitätskontrolle.

5.1.2.6 Versicherbarkeit schaffen

„Versicherbarkeit schaffen" heißt, durch einen professionellen Umgang mit den Projektrisiken hinsichtlich deren Erfassung, Bewertung und letztlich Behandlung, im Sinne von Vermeidung beziehungsweise Minimierung, ein Risiko für potentielle Versicherer möglichst positiv darzustellen, um damit ein Optimum zwischen Versicherungsschutz und Kostenbelastung für das Projekt zu erzielen.

Auch die Art der „Vermarktung" eines Risikos spielt eine nicht zu unterschätzende Rolle. So ist es durchaus empfehlenswert, potentiellen Versicherern persönlich zu begegnen und ihnen die Gelegenheit zu geben, direkt den jeweils Projektverantwortlichen ihre Fragen zu stellen und sich davon zu überzeugen, dass das Projekt über ein effektives und professionelles Risikomanagement verfügt. Dies hilft, Kapazitäten für das Projekt zu gewinnen und die Kosten zu senken.

Für die Entscheidung von Versicherern, ein Risiko zu zeichnen und für die Prämienkalkulation, gibt es eine Reihe von wesentlichen Faktoren. Unter anderem sind dies:

- Versicherungswerte,
- Höchstschadenpotential,
- Historische Schadenerfahrungen,
- Rückversicherungskosten,
- Generelle Verfassung des üblicherweise zyklischen Versicherungsmarktes (Käufer- oder Verkäufermarkt),
- Verfügbare Kapazitäten (gibt es Wettbewerb um die Zeichnung des Risikos?),
- Erfahrung und Reputation des Projektentwicklers, -betreibers und der wesentlichen Projektpartner und
- Risikoappetit eines Versicherers.

Allerdings gibt es daneben noch viele weitere, spezifische Fragestellungen, deren Beantwortung über die Verfügbarkeit von Versicherungskapazitäten und deren Preis entscheidet. So werden Versicherer insbesondere daran interessiert sein, die folgenden Informationen im Detail zu erhalten und zu analysieren.

Projektstandort

- Exakter Projektstandort,
- Entfernung zur Küste,
- Intensität des Schiffsverkehrs in dieser Region,
- Intensität von Fischereiaktivitäten in dem Gebiet,
- Wassertiefe,
- Wetter- und Wellendaten,
- Wahrscheinlichkeit einer „1 in 100 Jahren"-Welle,

- Namen und Erfahrung der Projektpartner,
- Projektzeitplan und
- Seebodenuntersuchungen und Untersuchungsmethodik.

Technische Ausführung

- Fundamenttyp und -design,
- Hersteller und Typ der Kernkomponenten (Turbinen, Rotoren, Getriebe, Generator, Transformator),
- Länge und Anzahl der Kabelverbindungen zum Festland,
- Verlegetiefe der Kabel,
- Kabelkreuzungen,
- Größe und Standorte der Transformatoren,
- Anzahl der Umspannplattformen und
- Sicherheitssysteme.

Wesentliche Projektpartner (Fundamente, Windturbinen, Kabel und Umspannplattform)

Reputation und Erfahrung dieser Projektpartner sind wesentliche Faktoren, die über Risikozeichnung und Preis einer Versicherung mitentscheiden. Nicht zuletzt die Finanzstärke eines solchen Partnerunternehmens und damit seine Fähigkeit, Risiken, die über die vertraglichen Konstruktionen bei diesem Partner verbleiben, auch tragen zu können, ist hier ein Schlüsselelement für einen potentiellen Versicherer; siehe hierzu auch die Ausführungen in Ziffer 5.1.2.2.

Vertragsgestaltung und Garantien

Versicherer möchten im Detail informiert sein, welche vertraglichen Garantien für das Projekt vereinbart sind, da diese bei möglichen Schäden vorrangig vor dem Versicherungsschutz greifen; siehe hierzu auch die Ausführungen in Ziffer 5.1.2.2.

Verfügbarkeit von Montage- und Versorgungsschiffen

Eine klare und nachvollziehbare Strategie hinsichtlich Schiffskapazitäten und entsprechenden Reservierungsvereinbarungen mit Schiffseignern oder -betreibern ist ein positives Signal für potentielle Versicherer.

Marine Warranty Surveyer

Die Einschaltung eines MARINE WARRANTY SURVEYER ist ein zentrales Element eines jeden Offshore-Projektes. Es handelt sich dabei um unabhängige Sachverständige, die jedoch mit Entscheidungsbefugnissen der Versicherer versehen sind und quasi als deren Augen und Ohren fungieren. Insbesondere in schwierigen Situationen, in denen es notwendig erscheint, ein etwas größeres Risiko einzugehen als vorgesehen, um ein Problem zu lösen oder einen Schaden zu vermeiden, tendieren Versicherer dazu, sich bei ihrer Entscheidungsfindung auf die Einschätzung des MARINE WARRANTY SURVEYERS zu stützen. Die Einschaltung eines solchen Sachverständigen ist eine definitive Forderung von Versicherern und muss bei der Budgetierung in einer Größenordnung von circa 10 % der Versicherungsprämie berücksichtigt werden.

Der MARINE WARRANTY SURVEYER sollte bereits in die Ausschreibung der wesentlichen Projektverträge, insbesondere hinsichtlich der Beschreibung der Arbeitsumfänge und -methoden eingebunden werden. Ebenso sollte er nicht nur die jeweils erste Schlüsselszene bei der Montage vor Ort begutachten, sondern das Projekt kontinuierlich begleiten und sämtliche Abweichungen, zum Beispiel von ursprünglich vereinbarten Vorgehensweisen oder veränderten Rahmenbedingungen prüfen und ggf. freigeben.

Die Erfahrung zeigt, dass Projekte, die ihren MARINE WARRANTY SURVEYOR nicht ausschließlich als Beauftragten der Versicherer, sondern als wertvolle, externe Projektressource wahrgenommen haben, auch die Projekte waren, die erfolgreich Budgetüberschreitungen vermieden haben und viele Probleme bereits im Vorfeld erkennen und ihnen erfolgreich begegnen konnten.

5.1.3 Versicherungskonzeption für Offshore-Windparks

Aufgrund der Komplexität sowie der hohen Investitionsvolumina kommt bei Offshore-Projekten dem Risikotransfer im Rahmen eines gesamtheitlichen Risikomanagementprozesses besondere Bedeutung zu.

Regelmäßig werden aufgrund der hohen benötigten Versicherungskapazitäten sogenannte Versichererkonsortien zu bilden sein, um das gesamte zu versichernde Risiko unter Versicherungsschutz stellen zu können.

Idealerweise sollte das Versicherungsprogramm zum Zeitpunkt der Unterzeichnung der wesentlichen Projektverträge verhandelt sein und in Kraft gesetzt werden.

Das Versicherungsprogramm muss dabei den Absicherungsinteressen der verschiedenen beteiligten Projektparteien, ebenso wie den Anforderungen der Kapitalgeber gerecht werden und gleichzeitig die ökonomischen Interessen des Projektes im Auge behalten.

5.1.3.1 Qualitative und quantitative Konzeption der Versicherungsverträge

Zentrale Kontrolle

Für Offshore-Windparkprojekte, die üblicherweise auf Multicontracting-Basis errichtet werden, haben sich vom Auftraggeber kontrollierte Projektversicherungsverträge am Markt durchgesetzt, die das Interesse aller Unternehmer und Generalunternehmer, die an dem Vertrag mit dem Auftraggeber beteiligt sind, einschließlich aller am Projekt beteiligten weiteren Unternehmen, zum Beispiel Subunternehmer, Sonderfachleute, Planungsbüros, Architekten etc. und auch das Interesse der finanzierenden Banken mitversichern. Dies hat die folgenden Gründe:

- Besonders in Hinblick auf die Vermögensschadenversicherungen (verzögerte Inbetriebnahme/Abnahme und daraus resultierende Erlösverluste, Betriebsunterbrechungsschäden) hat nur der Auftraggeber/Finanzierer ein Interesse an der Absicherung dieses Risikos.
- Der Auftraggeber gestaltet den Projektversicherungsvertrag und kann so sicherstellen, dass alle am Projekt beteiligten Unternehmen den vom Auftraggeber geforderten Deckungsschutz haben.

- Rechtzeitige Prämienzahlungen werden vom Auftraggeber kontrolliert.
- Schadenzahlungen gehen an den Auftraggeber/Finanzier.
- Schadenmeldungen müssen von den beteiligten Unternehmen über den Auftraggeber geleitet werden, so dass der Auftraggeber jederzeit Informationen über Probleme erhält.

Wesentliche Risiken

Wie unter Ziffer 5.1.2 bereits dargestellt, ist eine Übertragung im Wege des Risikotransfers auf einen Versicherer nur für einen Teil der insgesamt existierenden Risiken möglich und sinnvoll. Die wesentlichen projektgefährdenden Schadenszenarien, für die eine Versicherungslösung möglich ist, sind:

- Substanzschäden an den Montageobjekten durch unvorhergesehene Ereignisse während des Produktions-, Transports-, Lagerungs- oder Montageprozesses,
- Substanzschäden an den Projekt-Assets während der Betriebsphase,
- Verzögerungen der geplanten Fertigstellung durch einen Substanzschaden an den Montageobjekten,
- Ertragsausfälle infolge von Substanzschäden an den Projekt-Assets,
- Ertragsausfälle durch Schäden an und daraus resultierende Nichtverfügbarkeit der Einspeise-Infrastruktur Dritter (Rückwirkungsschäden) und
- Ansprüche auf Schadenersatz gegen das Projekt.

Die folgende Abbildung 86 zeigt mögliche Versicherungslösungen in den verschiedenen Projektphasen zur Absicherung der wesentlichen versicherbaren Interessen.

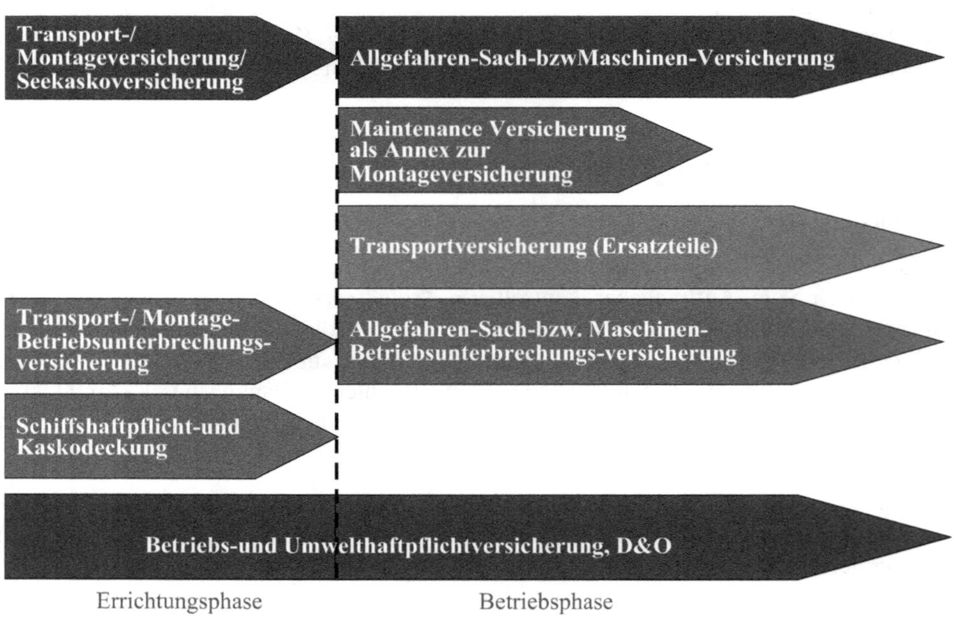

Abbildung 86: Mögliche Versicherungslösungen in den Projektphasen

Konzeption des Projektversicherungsschutzes

Vertragsbündelung

Die wesentlichen Versicherungssparten sollten idealerweise im Rahmen eines einzigen Vertrages mit einem einheitlichen Versichererkonsortium abgedeckt werden. Diskussionen bezüglich der Zuordnung einzelner Schäden werden damit eliminiert.

Einbezug Produktionsrisiko

Der vorzusehende Versicherungsschutz sollte bereits während der Produktion beziehungsweise der Vormontage der Schlüsselkomponenten in den Produktionsstätten der Lieferanten beginnen. Hierdurch wird auch die Absicherung für das Projektverzögerungsrisiko zeitlich maximal vorverlegt.

Betriebsphasenrisiko

Im Vergleich zu anderen Projekten erfolgt bei Offshore-Projekten im Regelfall eine Inbetriebnahme der Windkraftanlagen und damit der Übergang von der Errichtungs- in die Betriebsphase sukzessive nach Fertigstellung der einzelnen Anlagen. Daher ist für das Gesamtprojekt die eindeutige, zeitliche Definition des Übergangs von Bau- zu operativer Phase nicht möglich. Es ist daher vorzusehen, den Versicherungsschutz über die Errichtungsphase hinaus, sukzessive bis in die Betriebsphase hinein auszudehnen. Diese Maßnahme ist bei Offshore-Windprojekten mittlerweile gängige Praxis und garantiert nahtlosen Versicherungsschutz beim Übergang von der Errichtungs- in die Betriebsphase. Im Regelfall erstreckt sich diese Versicherungsdeckung zeitlich bis zum Ende des ersten kompletten Betriebsjahrs des Windparks.

Durch die Kombination dieser Maßnahmen werden Schnittstellenproblematiken, wie sie sich in klassischen Versicherungskonstellationen mit individuellen Versicherungsverträgen für unterschiedliche Risiken und Projektphasen ergeben können, in sinnvoller Weise eliminiert.

Ausschluss des Schadenfallkündigungsrechts des Versicherers

Aufgrund der essentiellen Bedeutung des Versicherungsschutzes, unter anderem auch als Finanzierungsvoraussetzung, und der langen Projektlaufzeit ist regelmäßig das Schadenfallkündigungsrecht des Versicherers auszuschließen.

Die nachfolgende Abbildung 87 zeigt beispielhaft die Interaktion der Deckungen hinsichtlich Sach- und Verzögerungs- beziehungsweise Unterbrechungsschäden im Projektablauf.

Worst-Case-Szenario

Zur Ermittlung des maximalen Schadenpotentiales wird häufig eine sogenannte EML-Studie (*Estimated Maximum Loss*) erstellt. Ohne diese Studie werden sehr konservative Kapitalgeber ggf. auf eine Versicherung auf Vollwertbasis, d.h. in Höhe der gesamten kumulierten Werte bestehen. Dies ist jedoch weder kostenoptimal, noch ohne weiteres umsetzbar, weil Versicherungskapazitäten nicht unlimitiert verfügbar sind.

Das größte Schadenpotential dürfte im Regelfall der Verlust der eigenen, beziehungsweise der Umspannplattform des Netzbetreibers, im Zusammenspiel mit einem außergewöhnlichen Naturereignis darstellen. Im Ergebnis kann bei einem solchen Szenario mit folgenden Auswirkungen als Worst-Case-Szenario gerechnet werden:

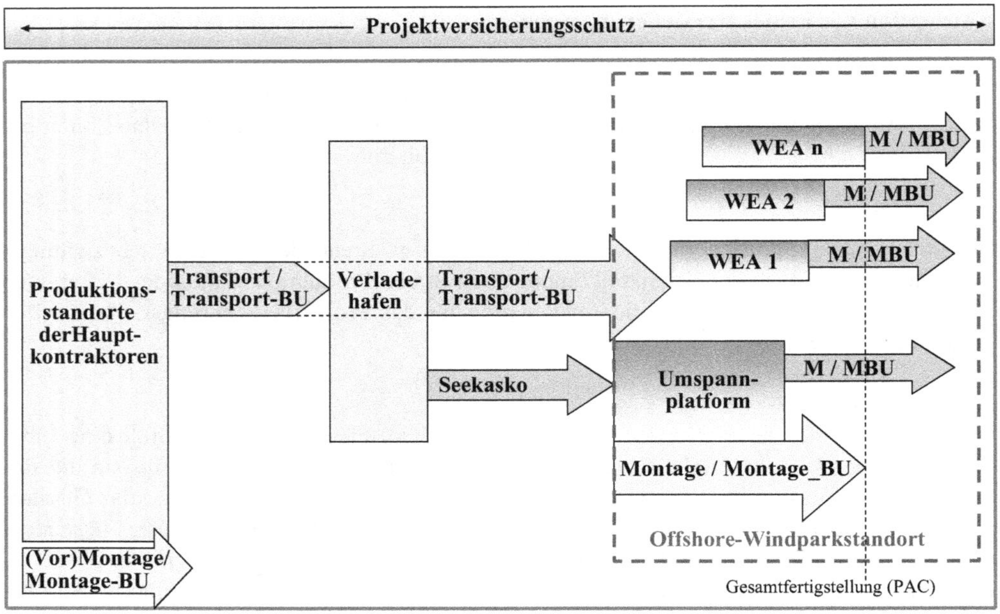

Abbildung 87: Interaktion verschiedener Deckungen

Schadenpotential Anlagen:	25 % der Anlageninvestition (exklusive Umspann-plattform)
Schadenpotential Umspannplattform:	100 %
Ertragsausfall:	18 bis 24 Monate

Die sich aus dieser Berechnung ergebende Gesamtsumme sollte als Leitlinie für die zu vereinbarende Höchstentschädigung des Versicherungsvertrages dienen.

5.1.3.2 Versicherungsschutz für die Errichtungsphase

Risikoallokation

Die Allokation der verschiedensten Risiken auf die einzelnen Projektbeteiligten ist im Wesentlichen im Rahmen der Werk- und Lieferverträge geregelt. Bei einem Offshore-Windparkvorhaben sind dies typischerweise Verträge über die Lieferung und Errichtung der Windturbinen, der Fundamente und der Umspannplattform, beziehungsweise die Verlegung der Parkverkabelung.

Wie bereits unter Ziffer 5.1.3.1 beschrieben, wird dieser Versicherungsschutz im Rahmen eines einheitlichen Versicherungsvertrages realisiert, der die Interessen aller am Projekt beteiligten Parteien, insbesondere auch der Lieferanten umfasst.

Risiko von Sachschaden an Projektwerten und Verzögerungsrisiko

Folgende Risikoabdeckungen sind für ein Offshore-Windparkprojekt während der Errichtungsphase zu erwarten:

- Versicherungsschutz für die Teilefertigung,
- Versicherungsschutz für Vormontagen,
- Versicherungsschutz für sämtliche Transport- und Lagervorgänge im Zusammenhang mit der Projektrealisation,
- Versicherungsschutz für sämtliche Montage- und sonstige Tätigkeiten im Zusammenhang mit der Projektrealisation,
- Schiffskaskoversicherung für die Umspannplattform während der Verbringung zum Offshore-Standort,
- Verzögerungen aufgrund Nichtverfügbarkeit von wesentlichem Equipment (insbesondere Schiffe) und
- Verzögerungen aufgrund Nichtverfügbarkeit der Einspeise-Infrastruktur Dritter.

Die folgende Abbildung zeigt die typische Struktur eines Projektversicherungsvertrages. Hierbei bleibt das Sachschadenrisiko für im Regelfall angemietetes oder gechartertes Equipment, ebenso wie für die Netzversorgerplattform und das Exportkabel zum Festland, beim jeweiligen Eigentümer. Hingegen wird das daraus möglicherweise resultierende Projektverzögerungsrisiko, als sogenannter Rückwirkungsschaden, in den Deckungsumfang des Projektversicherungsvertrages einbezogen.

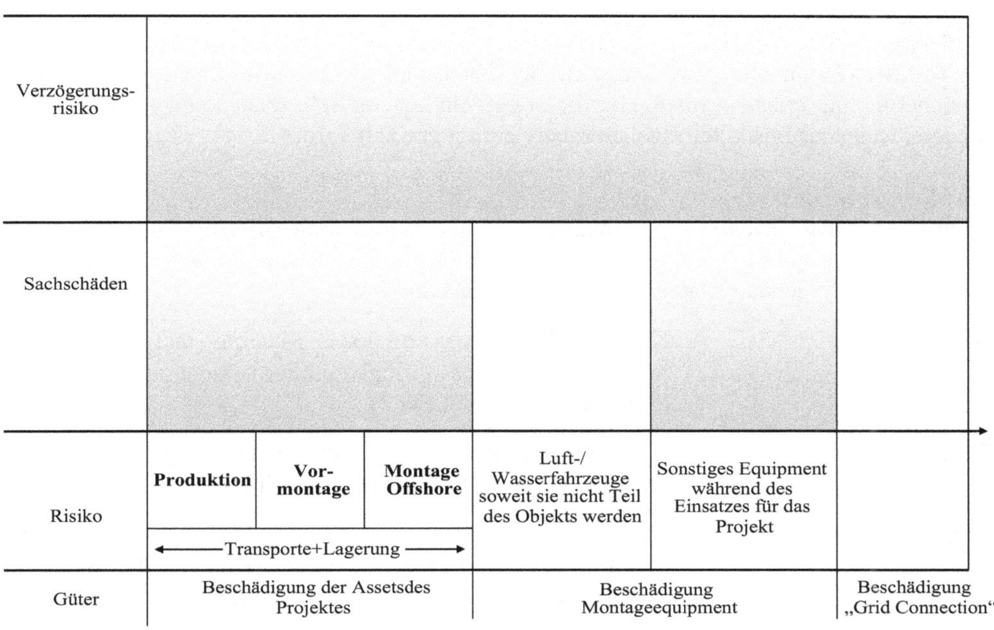

Abbildung 88: Struktur eines Projektversicherungsvertrages
Legende: Graufärbung = Deckung im Rahmen des Projektversicherungsschutzes

Deckungsumfang, Versicherungssummen und Entschädigungsgrenzen, Selbstbehalte, Haftzeiten

(A) Transportversicherung
Regelmäßig sollte die Transportversicherung als Allgefahren-Versicherung ausgestaltet sein. Üblicherweise basiert die Versicherung auf einem spezifischen, geschriebenen Spezialbedingungswerk unter Einschluss insbesondere der folgenden Klauseln: Kriegsklausel, Streik- und Aufruhrklausel, Bewegungs- und Schutzkostenklausel, Bergungs- und Beseitigungsklausel, Klassifikations- und Altersklausel, Kriegswerkzeugklausel. Alternativ können als Basis zum Beispiel auch die deutschen DTV Güter 2000/2011 oder vergleichbare internationale Versicherungsbedingungen zur Anwendung kommen.

Die zu vereinbarende Höchstersatzleistung hat sich im Schadenfall an dem maximalen Wert der mittels eines Transportmittels zu befördernden Güter zu orientieren. Häufig wird jedoch für die Transportversicherung kein eigenständiges Entschädigungslimit ausgewiesen.

Der Schadenselbstbehalt ist häufig in Abhängigkeit davon gestaffelt, ob sich der Schaden während eines Land- oder Seetransportes ereignet. Größenordnungen zwischen EUR 10.000 und EUR 100.000 finden sich hierfür häufig und sind im Wesentlichen abhängig von den Projektparteien und deren Risikoneigung.

(B) Schiffskaskoversicherung
Idealerweise sollte die Transportversicherung so ausgestaltet sein, dass schwimmende Teile, die Teil der Gesamtanlage werden, z.B. die Umspannplattform, im Rahmen der Transportversicherung mit erfasst werden. Hierfür ist ggf. ein höherer Selbstbehalt einzuplanen, insbesondere, wenn der Basis-Selbstbehalt relativ gering gewählt wird.

(C) Montageversicherung
Auch hierbei handelt es sich regelmäßig um eine Versicherung auf Allgefahren-Basis auf Grundlage eines spezifischen, geschriebenen Spezialbedingungswerkes unter Einschluss insbesondere der folgenden Klauseln und Erweiterungen:

Design Clause:	Kosten aufgrund Konstruktions-, Material- und Ausführungsfehlern in der weitest verfügbaren Form, wenn möglich LEG 3 (Standard ist jedoch LEG 2).
Cutting Clause:	Kappen der Kabel bei der Seekabelverlegung, um Gefahren für Personen oder die Schiffssicherheit abzuwenden.
Offshore-Stornierungskosten:	Stornierungskosten für Verträge mit Montageschiffen- oder -equipment, soweit aufgrund eines vorangehenden Schadens diese nicht zu der geplanten Zeit eingesetzt werden können.
Stand-By-Kosten:	Mehrkosten aufgrund witterungsbedingter Arbeitsstillstände von Montageschiffen- oder -equipment während der Reparatur eines vorangegangenen Schadens.
Neupositionierung:	Mehrkosten der Neupositionierung von Anlagen oder Anlagenteilen, soweit die Falschpositionierung durch ein versichertes Ereignis ausgelöst wurde.

Weitere Kostenpositionen: Schadenabwendungskosten, Aufräumungs- und Abbruchkosten, Bergungs- und Beseitigungskosten, Sachverständigenkosten sowie einige weitere Arten von schadenbedingten Mehrkosten.

Selbstbehalte für Montageschäden sind in hohem Maße abhängig von der verwendeten Technik beziehungsweise den beauftragten Errichterfirmen und bewegen sich häufig in einer Bandbreite zwischen EUR 100.000 und EUR 500.000 je Schadenfall. Für Montageschäden an der Umspannplattform und der internen Parkverkabelung, sowie während der Erprobungsphase sind in der momentanen Marktsituation Selbstbehalte im Bereich zwischen EUR 250.000 und EUR 1.000.000 zu veranschlagen.

(D) Fertigstellungsverzögerungsversicherung
Hierunter sind sämtliche Verzögerungen der Gesamtfertigstellung des Windparks zu versichern, die aus dem Eintritt eines unter der Transport-/Schiffskasko-/Montageversicherung versicherten Schadenereignisses resultieren und dazu führen, dass Erträge aus dem Anlagenbetrieb nicht zum geplanten Zeitpunkt erwirtschaftet werden können.

Die maximale zeitliche Dauer einer versicherten Verzögerung wird als Haftzeit bezeichnet. Diese Haftzeit muss sich an den konkreten Umständen des Projektes orientieren. Hier sind Zeiträume zwischen 18 und 24 Monaten üblich. Darüber hinausgehende Zeiträume sind erfahrungsgemäß kaum zu versichern.

Selbstbeteiligungen werden in dieser Versicherungssparte, statt in Beträgen, in Zeit, d.h. in Tagen ausgedrückt: 60 bis 90 Tage sind hierfür derzeit der Standard.

Im Rahmen dieser Versicherung sind zwingend auch solche Verzögerungen mitzuversichern, die sich aus der Abhängigkeit von Anlagen Dritter Parteien beziehungsweise der Nichtverfügbarkeit solcher Anlagen ergeben (sogenannte Rückwirkungsschäden). Für die Selbstbeteiligung für diese Art von Schäden liegt der Marktstandard derzeit bei einer Spanne von 90 bis 120 Tagen.

Die nachfolgende Abbildung 89 zeigt solche Abhängigkeiten.

Regelmäßig wird die maximale Entschädigung für einen Schaden aus den oben, unter (A) bis (D), beschriebenen Versicherungssparten insgesamt auf einen Maximalbetrag begrenzt. Dieser Betrag sollte nach Möglichkeit so gewählt werden, dass er den wie unter Ziffer 5.1.3.1 beschriebenen, errechneten Maximalschaden abdeckt, soweit diese Kapazitäten im Versicherungsmarkt verfügbar sind.

Haftpflichtrisiken

Folgende Risikoabdeckungen sind für ein Offshore-Windparkprojekt während der Errichtungsphase zu erwarten:

- Haftpflichtversicherung unter Einschluss von Umweltrisiken
- D & O Versicherung
- Schiffshaftpflicht (P & I) sowie Schiffskaskoversicherung, soweit von der Projektgesellschaft Wasserfahrzeuge gechartert werden oder in deren Eigentum stehen

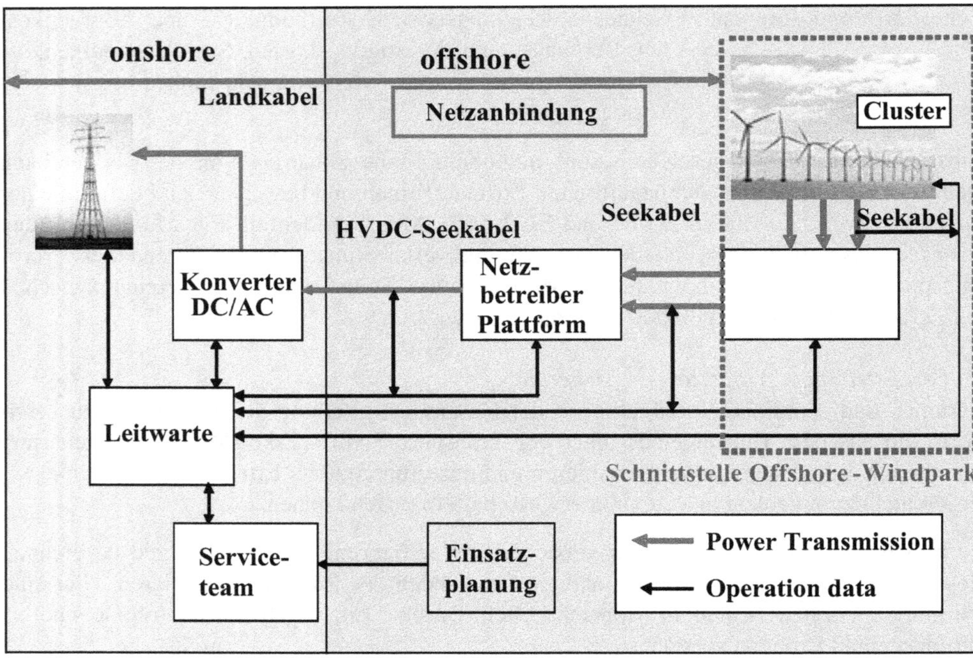

Abbildung 89: Rückwirkungsschäden

- Luftfahrthaftpflicht, soweit von der Projektgesellschaft Luftfahrzeuge gechartert werden oder in deren Eigentum stehen

(A) Haftpflicht unter Einschluss von Umweltrisiken

Die folgende Abbildung 90 zeigt die typische Struktur eines Projektversicherungsvertrages, der neben der Abdeckung der Betriebs- und Umwelthaftungsrisiken für das Projekt häufig auch die sonstigen Projektbeteiligten erfasst, wobei diese auch über eigenständigen Haftpflichtversicherungsschutz verfügen sollten, so dass über die Projektversicherung lediglich eine einheitliche Haftungssumme nach oben hergestellt wird.

Deckungsumfang

Der Versicherungsschutz erstreckt sich auf die gesetzliche und, soweit ausdrücklich vereinbart, die vertragliche Haftpflicht der Versicherten für Personen-, Sach- und daraus resultierende Folgeschäden gegenüber Dritten. Darüber hinaus sind sogenannte Umwelthaftpflichtschäden (Anspruchsgrundlage: Umwelthaftungsgesetz) sowie Schäden an der Biodiversität (Anspruchsgrundlage: Umweltschadengesetz) umfasst.

Versicherungssummen, Höchstentschädigung und Sublimite

Die vereinbarte maximale Entschädigung je Schadenfall sollte einen Betrag von EUR 25 Mio. nicht unterschreiten. Da es hierbei keinen objektiven Maßstab für die Bemessung der maximal zu vereinbarenden Entschädigung gibt, gilt es, einen tragfähigen Kompromiss zwischen Sicherheitsinteressen und Kostenaufwand zu finden.

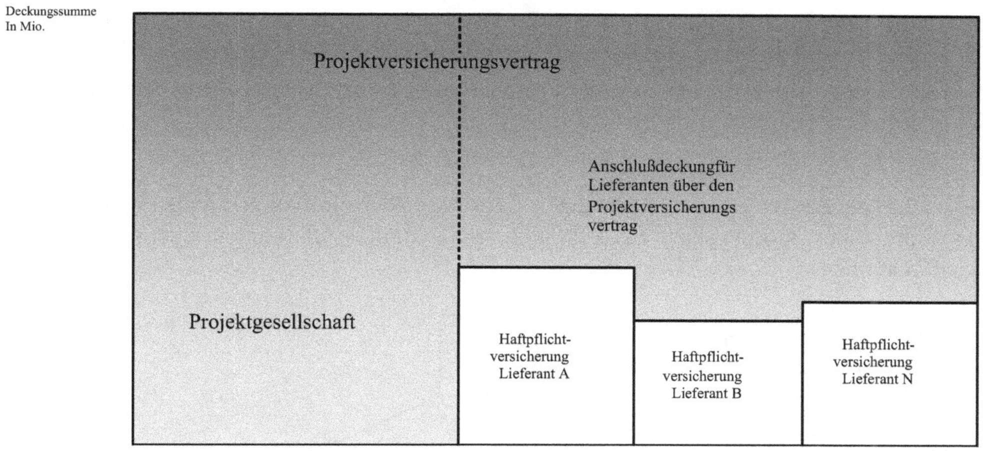

Abbildung 90: Struktur eines Projektversicherungsvertrages
Quelle: Willis GmbH&Co. KG

Selbstbehalte
Die für diese Versicherung vereinbarten Selbstbehalte sind regelmäßig im Vergleich zu denen der unter Ziffer 5.1.3.2 beschriebenen Versicherungen geringfügig.

(B) Vermögensschadenhaftpflicht für die Organe der Projektgesellschaft
Diese Versicherung dient der Arrondierung und schützt die Projektgesellschaft und deren Organe vor den finanziellen Konsequenzen von nicht vorsätzlich begangenen Pflichtverletzungen. Häufig wird dieser Versicherungsschutz jedoch nicht auf der Ebene der Projektgesellschaft, sondern bereits auf der gesellschaftsrechtlich obersten Ebene der Gesellschafter der Projektgesellschaft abgeschlossen und deckt dann auch die Organe der Projektgesellschaft.

(C) Schiffs- und Luftfahrthaftpflicht
Diese wird erforderlich, sofern solche Fahrzeuge durch die Projektgesellschaft angemietet beziehungsweise betrieben werden. Da dies im Regelfall jedoch durch die ausführenden Unternehmen und nicht durch die Projektgesellschaft erfolgt, soll an dieser Stelle hierauf nicht weiter eingegangen werden.

5.1.3.3 Versicherungsschutz für die Betriebsphase

Auch in der Betriebsphase spielt die vertragliche Allokation von Risiken eine große Rolle. Einschlägig sind hier die Gewährleistungs- und Garantiezusagen aus den Lieferverträgen sowie die Regelungen des Wartungsvertrages.

Folgende Risikoabdeckungen sind während der Errichtungsphase zu erwarten:

- Allgefahren Sach- und Betriebsunterbrechungsversicherung inklusive Maschinenbruch,
- Transportversicherung,
- Haftpflichtversicherung unter Einschluss von Umweltrisiken,
- D&O-Versicherung,

- Schiffshaftpflicht (P&I) sowie Schiffskaskoversicherung, soweit von der Projektgesellschaft Wasserfahrzeuge gechartert werden oder in deren Eigentum stehen,
- Luftfahrthaftpflicht, soweit von der Projektgesellschaft Luftfahrzeuge gechartert werden oder in deren Eigentum stehen und
- sonstige gesetzlich vorgeschriebene Versicherungen.

Die nachfolgende Abbildung 91 gibt einen Überblick über die typische Versicherungssituation während der Betriebsphase eines Projektes unter Berücksichtigung der vertraglichen Risikoallokationen.

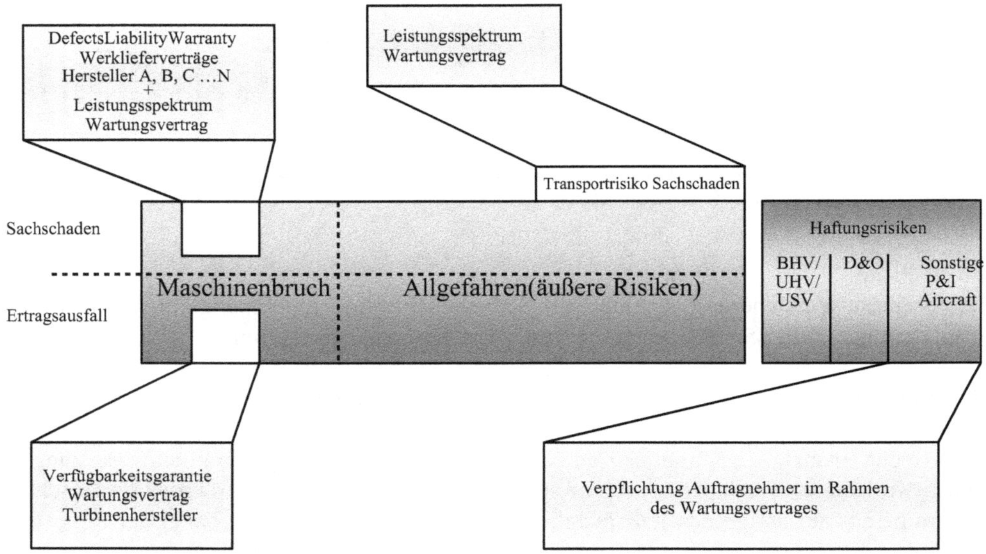

Abbildung 91: Typische Versicherungssituation während der Betriebsphase

(A) Allgefahren Sach- und Betriebsunterbrechungsversicherung inklusive Maschinenbruch
Die inhaltliche Ausgestaltung der Versicherung für Sachsubstanzschäden und daraus resultierende Ertragsausfälle aufgrund einer Unterbrechung des Betriebes sind ganz überwiegend identisch mit den entsprechenden Versicherungen in der Errichtungsphase. Auch hier handelt es sich um eine Allgefahrenversicherung, im Regelfall auf Basis eines spezifisch geschriebenen Deckungskonzeptes. Deckungserweiterungen, die montagespezifisch sind, wie zum Beispiel die Cutting-Klausel, können entfallen.

Hinsichtlich Selbstbehalten und Haftzeiten gelten auch für diese Versicherungen die unter Kapitel 5.1.3.2 [Risiko von Sachschaden] (C) und (D) gemachten Ausführungen.

In der Betriebsphase ergänzen sich aus Sicht des Windparkeigentümers die Gewährleistung aus den Lieferverträgen, das Leistungsspektrum des Wartungs- und Betriebsführungsvertrages, die Verfügbarkeitsgarantien der Windanlagenhersteller und der Versicherungsschutz zu einem ganzheitlichen Absicherungskonzept.

Für die Risikobewertung der Versicherer und damit sowohl für den Preis des Versicherungsschutzes, als auch die verfügbare Deckungskapazität und Deckungsbreite spielen einerseits die Inhalte der genannten vertraglichen Elemente, andererseits die jeweiligen Vertragspartner hinsichtlich ihrer technischen Erfahrung und ihrer Bonität, und nicht zuletzt auch die Lage des Windparks zur Küste eine entscheidende Rolle.

Hier wird erneut deutlich, welche entscheidenden Weichenstellungen bereits in der Projektierungs- und Vergabephase des Windparks für die spätere Versicherung der Anlagen und Erträge des Windparks getroffen werden.

(B) Transportversicherung
Hier geht es im Regelfall um Transportrisiken für Ersatzteile, die für den Park benötigt werden. Das Transportrisiko liegt in aller Regel in der Risikosphäre der technischen Betriebsführungsgesellschaft und sollte deshalb, geregelt im technischen Betriebsführungsvertrag, auch von dieser abgeschlossen und kostenmäßig getragen werden.

(C) Haftpflichtversicherung unter Einschluss von Umweltrisiken, – D&O Versicherung, – Schiffshaftpflicht (P&I) sowie Schiffskaskoversicherung, Luftfahrthaftpflicht
Diese Versicherungen werden im Regelfall in der Betriebsphase identisch zu denen der Errichtungsphase fortgeführt. Insofern sei an dieser Stelle auf die Ausführungen unter Kapitel 5.1.3.2 [Haftpflichtrisiken], S. 475, (A) bis (C) verwiesen.

5.1.4 Grundsätzliche Anforderungen an den Versicherungsschutz aus Sicht der Fremdkapitalgeber

Die Realisation von Offshore-Windprojekten ist regelmäßig mit einer signifikanten Fremdkapitalerfordernis verbunden. Insofern bestehen spezifische Anforderungen an die Qualität des Versicherungsschutzes, die Bonität der Risikoträger und die Handhabung der Versicherungsverträge.

5.1.4.1 Materielle Inhalte

Die inhaltliche Qualität sowie die formalen Erfordernisse werden regelmäßig im Rahmen einer sogenannten Versicherungs-Due Diligence durch einen, von den finanzierenden Banken beauftragten, unabhängigen Versicherungsberater überprüft und bestätigt.

Besondere Wertigkeit haben für Fremdkapitalgeber die Themen Schutz der sicherungsübereigneten Güter sowie Schuldendienstfähigkeit des Projektes und in diesem Zusammenhang auch die Vereinbarung ausreichender Ersatzleistung aus den Versicherungsverträgen und Höhe von Selbstbehalten. Hinsichtlich der Anforderungen an die inhaltliche Qualität sei hier auf die unter Ziffer 5.1.3 getroffenen Aussagen verwiesen. Hinsichtlich der formalen Kriterien sind wesentlich die folgend aufgeführten zu nennen.

5.1.4.2 Bonität

Das Mindestrating der beteiligten Versicherer muss üblicherweise mindestens im A-Bereich liegen, also schlechtestenfalls A- bei STANDARD & POOR'S (S & P) oder einem vergleichbaren Rating bei anderen Ratingagenturen.

Für den Fall einer Ratingverschlechterung (Down-Rating) einzelner Versicherer müssen im Versicherungsvertrag Ersetzungsmechanismen für die vom Down-Rating betroffenen Versicherer vereinbart werden.

5.1.4.3 Handhabung der Versicherungsverträge

Zur Abdeckung der formalen Erfordernisse der finanzierenden Banken haben sich im Versicherungsmarkt bestimmte Standards entwickelt. Diese Standards orientieren sich an den Ausarbeitungen der LONDON ENGINEERING GROUP (LEG LPEI 08)[806], auf die an dieser Stelle verwiesen sei. Mit diesen Anforderungen stellen die finanzierenden Banken nicht nur ihr eigenes, internes Qualitätsmanagement sicher, sondern ermöglichen auch eine Syndizierung des Kredits in den internationalen Kapitalmärkten.

5.1.4.4 Terrorismusrisiko

Nach Meinung der Verfasser spielt das Terrorismusrisiko für Offshore-Windparks in der deutschen ausschließlichen Wirtschaftszone eine lediglich untergeordnete Rolle. Nichtsdestoweniger muss je nach beteiligten Fremdkapitalgebern damit gerechnet werden, dass die Forderung nach einer Versicherung dieses Risikos aufkommt. Das Risiko ist versicherbar und entsprechende Marktkapazitäten sind im Bedarfsfall vorhanden.

5.1.5 Ausblick

Die politischen Ziele der Bundesregierung sehen bis zum Jahr 2020 einen Ausbau der Stromerzeugung aus erneuerbaren Energien auf 35 % der Gesamterzeugung vor. Um dieses Ziel erreichen zu können, ist unter anderem ein massiver Ausbau der Erzeugungskapazität deutscher Offshore-Windanlagen erforderlich.

Um einen solchen Ausbau zu befördern, ist neben der Verfügbarkeit der Netzanschlüsse, ausreichender Produktionskapazitäten für die Anlagenkomponenten und des zur Errichtung notwendigen Equipment, sowie des Zugangs zu Fremdkapital, die Verfügbarkeit von ausreichenden Versicherungskapazitäten essentiell.

5.1.5.1 Entwicklung von verfügbaren Versicherungskapazitäten

Über die verfügbaren Versicherungsmärkte ist für die derzeit zur Versicherung anstehenden Projekte im Regelfall ausreichende Versicherungskapazität verfügbar, um das vermutete Größtschadenpotential abzusichern.

Mit zunehmender Anzahl der realisierten Projekte könnte sich jedoch eine Problematik bei den besonders exponierten Netzbetreiberplattformen, beziehungsweise Exportkabeln ergeben, da durch die geplante Clusterung letztendlich mehrere Windparks über eine Netzbetreiberplattform einspeisen werden. Hierdurch entsteht für die Versicherer ein ernstzunehmendes Kumulschadenpotential.

[806] London Engineering Group (www.londonengineeringgroup.com).

Inwieweit dieses Potential alleine durch den Eintritt neuer Zeichnungskapazitäten in den Markt zu beherrschen sein wird, ist aus Sicht der Verfasser zweifelhaft. Hier müssen sich die Beteiligten frühzeitig mit alternativen Methoden der Finanzierung dieser Risiken, zum Beispiel dem Transfer solcher Risikospitzen in die Kapitalmärkte mittels Verbriefungen oder der Mitigierung über technische-organisatorische Maßnahmen, wie beispielsweise einer projektübergreifenden Vorhaltestrategie für Kernkomponenten auseinandersetzen.

Interessant zu beobachten ist das Interesse asiatischer Versicherer für den Offshore-Wind-Versicherungsmarkt. Bis heute werden Offshore-Windprojekte überwiegend in Europa vorangetrieben. Allerdings ist zu sehen, dass Länder wie China, Taiwan und an vorderster Front Südkorea, erheblich investieren, um zukünftig ebenfalls Energie aus Offshore-Anlagen zu erzeugen. Die südkoreanische Regierung hat mittlerweile grünes Licht für die Errichtung von Anlagen mit einer Kapazität von 2,5 GW innerhalb der kommenden fünf Jahre gegeben. Im Lichte dieser Entwicklung positionieren sich nun auch die kapitalstarken koreanischen und chinesischen Versicherer für Projekte in Europa, um letztlich eigene Expertise zu entwickeln und bei Beginn von Projekten im eigenen Land eine Führungsrolle übernehmen zu können.

5.1.5.2 Prämienentwicklung

Grundsätzlich gehen die Verfasser davon aus, dass in Deutschland, wie auch in anderen Märkten, zum Beispiel Großbritannien oder Skandinavien, zu beobachten war, mit zunehmender Projektanzahl und -erfahrung und einer Ausweitung der verfügbaren Kapazitäten tendenziell eine Entwicklung der Prämien nach unten stattfinden wird.

Ausschlaggebend für oder gegen eine solche Entwicklung dürften die Schadenerfahrungen der Versicherer bei den derzeit im Bau befindlichen und demnächst in die Realisierungsphase kommenden Projekten sein.

Für das jeweilige Einzelprojekt wird die Preisfindung, neben dem generellen Trend, wie beschrieben, maßgeblich von den konkreten Standortfaktoren wie Entfernung zur Küste und Wassertiefe, den beteiligten Projektparteien hinsichtlich deren technischer Kompetenz, den konkreten projektvertraglichen Ausgestaltungen und der Qualität des Risikomanagements bestimmt werden.

5.2 Absicherungsmöglichkeiten gegen Wetterrisiken

DR. THOMAS KOTTKE

5.2.1 Ausgangslage und Problem

Im Rahmen des Projektmanagements für die Planung, die Errichtung und für den Betrieb von Offshore-Windparks stellt das Thema „Wetter“ einen wichtigen Teilbereich dar. Vor allem vor dem Hintergrund der immensen Investitionssummen und wegen der Komplexität, die nicht zuletzt mit den vielen Schnittstellen, die die Planung, die Errichtung und der Betrieb von Offshore-Windparks mit sich bringen, zusammenhängt, stellt die Antizipation von Wetterbedingungen sowie die Herleitung von darauf basierenden folgerichtigen Projektschritten und Maßnahmen für die Projektbetreiber eine besondere Herausforderung dar.

Wie im vorangegangenen Kapitel abschließend kurz dargelegt, stellt schon die Errichtung von Offshore-Windparks ein höchst komplexes und anspruchsvolles Vorhaben dar. Hinzu kommt, dass die Arbeiten während der Errichtung durch hohe Windgeschwindigkeiten und Wellengang, die auf der Offshore-Baustelle vorherrschen, zusätzlich beeinträchtigt werden können. So können beispielsweise die für die Montage erforderlichen Spezialschiffe nur unter bestimmten Wetterbedingungen, also nur bis zu einer bestimmten Wellenhöhe und Windstärke, arbeiten. Zudem erstreckt sich die Dauer der Errichtung über einen langen Zeitraum, der eine Einschätzung der vorherrschenden Wetterbedingungen erschwert.

Aber auch während der Betriebsphase spielt das Wetter eine wichtige Rolle. Nicht nur, dass aufgrund niedriger Windgeschwindigkeiten die Energieausbeute geringer ausfallen könnte als im Zuge von Machbarkeitsstudien vorab ermittelt, auch können zu hohe Windgeschwindigkeiten dazu führen, dass Offshore-Windenergieanlagen zeitweise abgeschaltet werden müssen, damit sie nicht beschädigt werden. Dieses Abschalten beeinträchtigt die Energieausbeute ebenso. Ein weiteres wetterbedingtes Risiko während der Betriebsphase manifestiert sich mit der Frage, wann Wartungs- und Reparaturarbeiten im Windpark stattfinden können.

Aus diesen Gründen werden Wetterverhältnisse bereits während der Planungsphase als hohes Risiko eingestuft, erfasst und mögliche Maßnahmen eingeplant.

Dies war nicht immer so. Wetterrisiken wurden im Vergleich zu herkömmlichen Risiken regelmäßig als relativ gering eingeschätzt. Das hatte zur Folge, dass im Rahmen eines ausgewogenen Risikomanagements die Fokussierung auf andere Problemfelder stattfand. Außerdem wurde häufig auf den Einsatz von Wetterderivaten verzichtet, da diese als ökonomisch ineffizient angesehen wurden. So wurde die Meinung vertreten, dass die Kosten der Absicherung den möglichen Nutzen überwiegen. Ein anderer Grund könnte allerdings sein, dass Wetterderivate trotz der momentanen Entwicklung bisher eher wenig bekannt waren und diese Einstellung weitgehend aus der Planung, der Errichtung und dem Betrieb von Onshore-Windparks herrührte. Angesichts der unvergleichlich hohen Investitionssummen wird in der Offshore-Windbranche seit jeher auch das Wetterrisiko stark in die Planung mit einbezogen.

Ferner ist zu bemerken, dass im Zusammenhang mit der Offshore-Wind Industrie die sogenannten Bottleneck-Risiken eine ganz besondere Bedeutung erhalten. Zwei für die Offshore-

Windindustrie wichtige Bottleneck-Risiken sind die Verfügbarkeit von Spezialschiffen als auch das angesprochene Wetterrisiko.

Jedes Bottleneck-Risiko für sich stellt für das Risikomanagement eines Projekts bereits eine besondere Herausforderung dar. Die Besonderheit hier ist, dass die Einschätzung und Handhabung beider Risiken in Kombination aufzeigt, welche Kosten sich realisieren könnten. Beispielhaft soll die Verfügbarkeit von Spezialschiffen zur Installation in der Errichtungsphase und für Wartungs- und Reparaturarbeiten während der Betriebsphase genannt werden. Diese Schiffe müssen bereits lange vor der eigentlichen Installationstätigkeit gechartert werden. Wenn durch schlechtes Wetter oder aber durch einen Ausfall dieser Schiffe die Installation verzögert wird, hat dies nicht nur auf die dann durch die Verzögerung entgangenen Erträge eine negative Auswirkung. Auch die Charter für solche Schiffe, die mit rd. EUR 100.000,– pro Tag und mehr eingeschätzt werden muss, ist in der Regel vom Projektierer zu tragen – unabhängig davon, ob die Schiffe eingesetzt werden oder nicht. Außerdem ist in diesem Zusammenhang zu berücksichtigen, dass durch eventuelle Verzögerungen das Charter-Zeitfenster überschritten werden kann. Das bedeutet, dass in einem solchen Falle die Spezialschiffe nicht mehr zur Verfügung stehen, wenn wieder gearbeitet werden kann. Fraglich wäre dann, ob und zu welchem Preis alternative Spezialschiffe zur Verfügung stehen, die für den notwendigen Einsatz geeignet sind, oder aber ob weitere Verzögerungen entstehen.

Diese genannten Risiken können ein Projekt gefährden, da deren Handhabung bzw. die Auswirkungen bei Eintritt solcher Risiken nur schwer abschätzbar sind. Nicht nur den Projektierern selbst, die ein starkes Interesse an der erfolgreichen Umsetzung der Windpark-Projekte haben, auch Banken und Versicherer ist daran gelegen, diese Risiken bereits vor Beginn der Errichtungsphase einschätzbar gemacht haben zu können. Daher wird im Rahmen der Machbarkeitsstudie für die Finanzierung solcher Projekte ein starker Fokus neben weiteren Bottleneck-Risiken auf diese Risiken gelegt. Aber auch Versicherer bewerten kritisch mögliche Handlungskataloge, die im Projektrisikomanagement erstellt werden und die diese Risiken und deren Handhabbarkeit einschätzen.

5.2.2 Lösungsmöglichkeit

Weil sich die Errichtungsdauer bei Windparks mit einer Gesamtanzahl von 80 Anlagen und mehr über einen langen Zeitraum erstreckt, ist es unvermeidbar, dass einzelne Abschnitte während der Wintermonate durchgeführt werden müssen. Es ist somit nicht möglich, sämtliche Arbeiten in windstille Zeiten zu legen. Damit stellen die Wetterverhältnisse ein hohes Risiko dar.

Für die erfolgreiche Realisierung eines Offshore-Projektes ist es aber von großer Bedeutung, dass auch Verzögerungen durch extreme Wetterbedingungen abgesichert werden. Hierfür werden die sogenannten Stand-by-Kosten vereinbart. Unter der Voraussetzung, dass sich ein versicherter Sachschaden realisiert hat (und nur dann), werden diese Bereitstellungskosten für Reparaturschiffe ersetzt, wenn durch schlechte Wetterverhältnisse die Reparatur des Sachschadens verzögert wird.

Darüber hinaus etablieren sich zurzeit Absicherungsmöglichkeiten gegen Wetterrisiken, die aufgrund ihres Charakters von üblichen Versicherungsprodukten abweichen. Hierbei handelt es sich um Wetterderivate, die sich einer immer größer werdenden Bekanntheit erfreuen und deren Anwendungsgebiet vor allem für die erneuerbaren Energien und damit auch für die Windenergie interessant ist. In kaum einer anderen Branche ist eine solche unmittelbare Wetterabhängigkeit gegeben, weil meteorologische Faktoren unmittelbar die Betriebsergebnisse beeinflussen und die Absicherung gegen Negativabweichungen sowohl für Betreiber von Windparks als auch für Investoren von Windparkprojekten interessant sein dürfte.

Absicherungsmöglichkeiten gegen Wetterrisiken zählen zwar nicht direkt zu den üblichen Versicherungen, allerdings hat das Wetter einen unmittelbaren Einfluss auf die schon an vorangegangener Stelle angesprochene Verfügbarkeit von Schiffen, und es kann nicht oft genug betont werden, dass die Errichtung von Offshore-Windparks auf dem offenen Meer ein höchst komplexer und anspruchsvoller Vorgang ist, der nicht zuletzt auch vom Wetter abhängig ist.

Im Grunde handelt es sich bei Wetterderivaten um derivative Finanzinstrumente, die geeignet sind, Unternehmen gegen ungünstige Wetterbedingungen abzusichern. Im Unterschied zu herkömmlichen derivativen Finanzinstrumenten, die sich häufig der Güter- oder Finanzmärkte bedienen (z.B. Warentermingeschäfte), liegen bei Wetterderivaten meteorologische Daten zugrunde. Dies sind in der Regel Windstärke, Temperatur, Sonnenstunden oder Niederschlag. Da diese Wetterdaten – abgesehen von den Beschaffungskosten zum Erhalt der Daten – über keinen Preis verfügen und keine physischen Vermögensgegenstände sind, können sie weder gehandelt noch gelagert werden. Dies bedeutet, dass es sich bei Wetterderivaten um reine Finanztransaktionen handelt. Ein weiterer wichtiger Unterschied zu herkömmlichen derivativen Finanzinstrumenten ist, dass mit Wetterderivaten nicht Preisrisiken, sondern vielmehr Mengenrisiken abgesichert werden.

Eine Definition für Wetterderivate der Münchener Rückversicherung soll zum Verständnis beitragen (aus: Erneuerbare Energien – Versicherung einer Zukunftstechnologie, München, 2004):

> *„Derivate sind Finanzinstrumente, die von anderen Finanzinstrumenten abgeleitet werden oder auf diesen basieren. Bekannte Derivatformen sind Optionen oder Swaps. Optionen beruhen auf Aktien, Aktienindizes, Anleihen oder Wechselkursen. Diese Basis nennen Fachleute ‚Underlying' oder ‚Basiswert'. Wetterderivate unterscheiden sich von herkömmlichen Derivaten dadurch, dass sie keinen Basiswert als Bezugspunkt haben: Das Wetter ist für sich nicht handelbar. Das Underlying von Wetterderivaten fußt daher auf Daten wie der Temperatur oder der Windgeschwindigkeit. Die Folge: Das Ziel von Wetterderivaten ist es also nicht, Preisrisiken abzusichern, sondern Volumenrisiken, die sich aus einer veränderten Nachfrage nach Gütern infolge von (extremen) Witterungsschwankungen ergeben. Wetterderivate sollen das finanzielle Risiko absichern, das entsteht, wenn sich die Nachfrage und damit die Absatzmöglichkeiten aufgrund von Witterungsschwankungen verändern – mag es stark sinkender Speiseeisabsatz in einem verregneten Sommer sein oder sinkender Umsatz wegen des Preisverfalls bei einer Jahrhundert- Weizenernte."*

Wetterderivate unterscheiden sich außerdem von solchen Versicherungsprodukten, die geeignet sind, die Folgen aus Wetterrisiken zu verringern, darin, dass diese Versicherungsprodukte häufig standardisiert zur Absicherung selten auftretender außergewöhnlicher Wetterereignisse verwendet werden. Bei Wetterderivaten hingegen können auch weniger drastische Ereignisse, die aber häufiger auftreten, abgesichert werden.

Die Anwendung von Wetterderivaten zur Absicherung von Produktionsrisiken scheint insbesondere in der Anwendung bei Windkraft sinnvoll zu sein, da es bei dieser Form der Energieerzeugung möglich ist, einen unmittelbaren Zusammenhang zwischen Wetterindizes und Produktionsmenge herzustellen

5.2.3 Besonderheiten für die Offshore-Windindustrie

Für ein grundlegendes Verständnis wird folgend zunächst die Funktionsweise von Wetterderivaten erläutert: Sobald ein vorher definierter, objektiv messbarer Wert über- oder unterschritten wird, erfolgen bei Wetterderivaten Zahlungen, unabhängig von tatsächlich eingetretenen Schäden. Daher ist auch ein entsprechender Nachweis – wie dies bei Versicherungsprodukten der Fall ist – nicht notwendig. Ein Vorteil von Wetterderivaten ist, dass durch die Verwendung objektiver Wetterdaten ein Moral Hazard, also ein moralisches Risiko, das sich in einer negativen Verhaltensänderung durch die Versicherung gegen ein Risiko manifestiert, vermieden wird, weil es keine Informationsasymmetrien zwischen Käufer und Verkäufer gibt.

Allerdings ist anzumerken, dass keine klare Trennung des Übergangs von Versicherungsprodukten zu Wetterderivaten stattfindet. So werden beispielsweise auch auf Wetterindizes basierende Versicherungslösungen angeboten, die sowohl auf Extremwetterereignisse als auch auf unterdurchschnittliche Erträge abzielen.

Wetterderivate werden in der Regel von zwei Vertragsparteien abgeschlossen. Dabei übernimmt der Käufer vom Verkäufer das aus den Schwankungen von definierten Wetterindizes resultierende ökonomische Risiko. Verschiedene Parameter wie Wetterindex, Wetterstation, Laufzeit, Strike Level (kritischer Wert, ab dem eine Auszahlung erfolgt), Tick Size (zu bezahlender Geldbetrag je Indexpunkt) und Auszahlungsstruktur bilden die Grundlage für die jeweils auszugestaltenden Derivate.

Grundsätzlich sollte zwischen der Absicherung gegen Wetterrisiken während der Errichtungsphase und der Absicherung gegen Wetterrisiken während der Betriebsphase unterschieden werden. Für die Errichtungsphase ergibt sich als schwerwiegendstes Risiko, dass Errichtungsarbeiten in Ermangelung guter Wetterverhältnisse nicht durchgeführt werden können. Zum einen drohen Verzögerungen und damit verbundene Kosten oder aber die eingangs angesprochene Charter für die Spezialschiffe, die unabhängig von deren Gebrauch immer fällig wird.

Für die Absicherung gegen Wetterrisiken in der Errichtungsphase ist es notwendig, auf die besonderen Anforderungen abzustellen, die ein jedes Windpark-Projekt mit sich bringt. Zwar werden unterschiedliche standardisierte Versicherungslösungen und Derivatlösungen an den Märkten angeboten, fraglich ist allerdings, ob diese für die jeweils individuelle Errichtungsphase geeignet sind. Vielmehr wäre es hier für die Projektleitung empfehlenswert, gemeinsam mit einem fachkundigen Spezialisten z.B. die Projektstruktur, die verwendeten Schiffe oder auch die einzelnen Teilprojektphasen zu analysieren, um dann auf Basis belastbarer historischer Wetterdaten ein individuelles Absicherungskonzept zu entwerfen und zu implementieren. Dies kann je nach Anforderung und Projektstruktur ein Worst-Case-Szenario-Absicherungsprogramm sein oder bereits viel früher greifen.

Analog zur Errichtungsphase besteht in der Betriebsphase das Risiko, dass aufgrund der Wetterverhältnisse Wartungs- und Reparaturarbeiten nicht durchgeführt werden können und hierdurch Kosten für die Charter sowie Kosten durch Verzögerungen entstehen. An dieser Stelle sei noch einmal erwähnt, dass die Absicherung gegen solche Risiken durch ein übliches Versicherungskonzept in der Regel nicht gegeben ist, da normalerweise kein versicherter Sachschaden zugrunde liegt. Weiterhin ist es während der Betriebsphase möglicherweise noch notwendig, den Fall *„lack of wind"* – also den Mangel an Wind oder aber das eingangs angesprochene „Zuviel Wind" abzusichern, die sich jeweils negativ auf die Energieausbeute auswirken können.

Wenn Windparks in der Betriebsphase mit Wetterderivaten abgesichert werden sollen, müssen geeignete Windindizes gefunden werden. Dies stellt sich wie in der Errichtungsphase als eine besondere Herausforderung dar, da von den verfügbaren Daten von Wetterstationen nur schwer auf die tatsächliche Produktion von Elektrizität des Windparks geschlossen werden kann. Hier kommt es zu einer analogen Anwendung von Windindizes zur Onshore-Industrie.

Bei den Windindizes werden monatliche oder jährliche Windmessungen einem Vergleich mit langjährigen Meßreihen unterzogen. Ein Vorteil dieser Indizes ist das Vorhandensein von verlässlichen, langjährigen Meßreihen. Allerdings wird es regelmäßig bei vielen Standorten von Windparks in deren unmittelbarer Nähe keine offiziellen Windmessstationen geben, deren Daten verwendet werden könnten. Zudem wird die Windgeschwindigkeit bei solchen Stationen normalerweise in einer Höhe von 10m vorgenommen, was eine Umrechnung auf die Windverhältnisse in größeren Höhen notwendig macht. Hier wird mittels aufwändiger Modellierungsverfahren auf den jeweiligen Standort gerechnet.

Die Schwankungen in der Jahreserzeugungsmenge von Windparks machen eine Absicherung von Windparks in der Betriebsphase über Wetterderivate interessant. Eine sich ständig weiterentwickelnde Technik sowie die immer weiter verfeinerten Wetterderivate werden aus heutiger Sicht dazu führen, dass eine Absicherung gegen Wetterrisiken durch Wetterderivate künftig Standard ist.

5.2.4 Fazit

Zusammenfassend lässt sich feststellen, dass Wetterderivate innovative und durchaus wirksame Maßnahmen zum Risikomanagement für die Offshore-Wind Industrie sind. Für Betreiber von Windparks sind sie ein probates Mittel, die Risikostruktur des Windpark-Projekts zum eigenen Nutzen zu justieren. Für Investoren bieten sie als Bestandteil eines Finanzierungskonzeptes einen nicht zu unterschätzenden Vorteil hinsichtlich der Planungssicherheit, nicht zuletzt auch wegen der immer strengeren Kapitalanforderungen an Unternehmen.

5.3 Steuerliche Aspekte bei der Realisierung von Offshore-Windparks[807]

LARS BEHRENDT, FRANK WISCHOTT, JASKA KRÜGER (5.3.1–5.3.6, UND 5.3.8), GREGOR DZIEYK (5.3.7)

Die derzeitige Bundesregierung hat mit dem Ausstieg aus der Atomkraft einen Wandel in der Energieversorgung eingeleitet. Ziel dieser Energiewende ist u.a., dass bis zum Jahre 2020 insgesamt 35–40 %, bis 2050 sogar 80 % der Bruttostromerzeugung in Deutschland aus erneuerbaren Energien stammen sollen[808]. Eine wesentliche Rolle bei dieser Entwicklung spielen Investitionen in Offshore-Windparks. Steuerliche Themen stehen bei entsprechenden Investitionsentscheidungen zwar regelmäßig nicht im Vordergrund. Sie können jedoch maßgebliche Auswirkungen auf die Rendite dieser Projekte haben und somit die Investitionsentscheidungen beeinflussen.

Das folgende Kapitel soll einen Überblick über Praxisfragen geben, die im Zusammenhang mit der steuerlichen Beratung von Unternehmen zu Tage treten, die in Offshore-Windprojekte involviert sind und dabei Einnahmen durch den Bau, den Betrieb oder die Wartung von Offshore-Windparks sowie durch den Betrieb des Stromnetzes erzielen.

5.3.1 Zuweisung von Besteuerungsrechten im „Offshore-Niemandsland“

5.3.1.1 Völkerrechtliche Grundlagen

Momentan befindet sich nur einer der drei in Betrieb genommenen deutschen Offshore-Windparks innerhalb der sog. 12-Seemeilen-Zone[809] und damit noch relativ nah an der deutschen Küste. Auch die zukünftigen deutschen Offshore-Windprojekte sollen regelmäßig viele Kilometer entfernt auf offener See realisiert werden. Daher ist fraglich, ob Deutschland überhaupt die völkerrechtliche Legitimation besitzt, dort hoheitliche Rechte, insbesondere Besteuerungsrechte, auszuüben. Es wird daher zunächst in diesem Abschnitt ein völkerrechtlicher Überblick über die einzelnen (steuerlich) relevanten Zonen nebst den jeweiligen hoheitlichen Befugnissen der Bundesrepublik Deutschland dargestellt. Denn das Völkerrecht kann der Steuersouveränität der Staaten Grenzen setzen und der Besteuerung insoweit den Rahmen vorgeben, den auch der deutsche Steuergesetzgeber einzuhalten hat[810].

---

[807] Die Ausführungen in diesem Abschnitt stammen in weiten Teilen aus dem im Juli 2012 erschienenen Beitrag im BetriebsBerater von Behrendt/Wischott/Krüger, S. 1827ff.

[808] Presse und Informationsamt der Bundesregierung 2012, im Internet zuletzt abgerufen am 26.03.2012 unter: http://www.bundesregierung.de/Content/DE/StatischeSeiten/Breg/Energiekonzept/ma%C3%9Fnahmen-im-ueberblick.html.

[809] EnBW Windpark Baltic 1 (Ostsee, 12-Seemeilen-Zone), Testfeld Alpha Ventus, BARD Offshore I (beide Nordsee, in der deutschen AWZ).

[810] Vgl. Petry, Die Ertragsbesteuerung auf dem deutschen Festlandsockel und in der deutschen ausschließlichen Wirtschaftszone, S. 59.

Die einschlägigen Vorschriften befinden sich dabei überwiegend[811] im Seerechtsübereinkommen[812] (SRÜ) aus dem Jahre 1982, welchem Deutschland durch Gesetz vom 02.09.1994 beigetreten ist[813].

a) Basislinie

Als Grenze, von der sich die nachstehend genannten Zonen bemessen, dient die sog. Basislinie. Sie wird gemäß Art. 5 SRÜ vom Küstenstaat in amtlich anerkannten Seekarten großen Maßstabs eingetragen und ist die Niedrigwasserlinie entlang der Küste, d.h. sie verläuft parallel entlang der Küste bzw. der Küstenlinie. Aufgrund von Inselketten, Deltas, Einbuchtungen sowie Einschnitten der Küstenlinie verläuft die Basislinie nach Art. 7 SRÜ in mehreren Geraden, die durch geeignete Punkte miteinander verbunden sind.

b) Küstenmeer (12-Seemeilen-Zone)

Jeder Staat hat gemäß Art. 3 SRÜ das Recht, sein Küstenmeer mit einer Breite von maximal 12 Seemeilen ausgehend von der Basislinie festzulegen. Die Souveränität des (Küsten-) Staates leitet sich demzufolge durch Festlegung des Küstenmeeres ab[814] und erstreckt sich sowohl auf den Luftraum über dem Küstenmeer als auch auf den Meeresboden und Meeresgrund des Küstenmeeres (Art. 2 Abs. 2 SRÜ).

Deutschland hat in der Nordsee die 12-Seemeilen-Grenze voll und in der Ostsee teilweise ausgenutzt[815] und damit gemäß Art. 2 SRÜ die volle Souveränität über diese Zone erlangt. Das deutsche Küstenmeer gehört somit zum Staatsgebiet der Bundesrepublik Deutschland[816], in dem Deutschland souveräne Hoheitsrechte (inkl. Besteuerungsrechte) ausüben kann.

c) Ausschließliche Wirtschaftszone (AWZ)

Die AWZ grenzt an das Küstenmeer an und bemisst sich höchstens bis zu 200 Seemeilen seewärts von den Basislinien (Art. 55 und 57 SRÜ). Sie gehört nicht mehr zum Staatsgebiet des Küstenstaates; vielmehr werden dem Küstenstaat durch das SRÜ nur bestimmte (souveräne) Rechte und Hoheitsbefugnisse eingeräumt.[817] Die Deutschland zugeordnete AWZ in der Nord- und Ostsee wurde durch Proklamation errichtet.[818]

811 Es existieren noch Regelungen in der sog. „Genfer Konvention über den Festlandsockel" (entstanden auf der Tagung der Genfer Seerechtskonferenz vom 24.-27.02.1958 in Genf); nach Art. 311 Abs. 1 SRÜ hat das SRÜ jedoch Vorrang vor der Festlandsockelkonvention.

812 Vgl. Seerechtsübereinkommen der Vereinten Nationen, abgeschlossen am 10.12.1982, BGBl. 1994 II, S. 1798.

813 Vgl. BGBl II 94, S. 1798.

814 Vgl. Böttcher, RNotZ 2011, S. 589 (S. 590).

815 Proklamation der Bundesregierung über die Ausweitung des deutschen Küstenmeeres vom 11.11.1994, BGBl. I, S. 3428.

816 Vgl. Wille, Raumplanung in der Küsten- und Meeresregion, Umweltrechtliche Studien, 2009, S. 22; Beckert/Breuer, Öffentliches Seerecht, S. 12; Grabitz/Hilf/Nettesheim, Das Recht der Europäischen Union, Art. 355 Rn. 6-8.

817 Vgl. Beckert/Breuer, Öffentliches Seerecht, S. 18; Art. 55 i.V.m. 56 u. 58 SRÜ.

818 Proklamation der Bundesrepublik Deutschland über die Errichtung einer ausschließlichen Wirtschaftszone der Bundesrepublik Deutschland in der Nordsee und in der Ostsee, BGBl. II 1994, S. 3769.

d) Hohe See

Im Anschluss an die AWZ, d.h. ab 200 Seemeilen seewärts von der Basislinie, beginnt die sog. Hohe See. Die Hohe See umfasst gem. Art. 86 SRÜ alle Teile des Meeres, die nicht zur AWZ, zum Küstenmeer oder zu inneren Gewässern eines Staates gehören. Nach Art. 87 SRÜ steht die Hohe See grundsätzlich allen Staaten, ob Küsten- oder Binnenstaaten, offen. Demnach ist die Hohe See nicht einem einzelnen Küstenstaat, sondern der Gemeinschaft aller Staaten zugeordnet[819]. Aufgrund der verhältnismäßig geringen Entfernung der Küstenstaaten zueinander existiert jedoch weder in der Nordsee[820] noch in der Ostsee eine „Hohe See" i.S.d. SRÜ. Diese Zone ist daher für den vorliegenden Beitrag nicht von Relevanz.

5.3.1.2 Rechte in der Ausschließlichen Wirtschaftszone

Gemäß Art. 60 Abs. 2 SRÜ hat der Küstenstaat ausschließliche Hoheitsbefugnisse über die in der AWZ errichteten künstlichen Inseln, Anlagen und Bauwerke. Als ausschließliche Hoheitsbefugnisse werden dabei ausdrücklich auch die Zoll- und sonstigen Steuergesetze des Küstenstaates genannt.

Deutschland hat als Küstenstaat somit nach Art. 60 Abs. 2 SRÜ grundsätzlich die völkerrechtliche Legitimation, in der deutschen AWZ Besteuerungsrechte auszuüben bzw. für dort belegene Anlagen, künstliche Inseln und Bauwerke (zu denen Offshore-Windparks zählen)[821] Besteuerungsansprüche zu erheben. Fraglich ist daher, ob und inwieweit Deutschland durch Aufnahme entsprechender Vorschriften in den Einzelsteuergesetzen auch die (nationalen) Rechtsgrundlagen geschaffen hat, um eine Besteuerung tatsächlich durchführen zu können[822]. Eine solche „Erstreckungsklausel" in den nationalen Steuergesetzen ist erforderlich, damit diese Steuergesetze auch außerhalb des eigentlichen Staatsgebiets der Bundesrepublik Deutschland (d.h. in der deutschen AWZ) zur Anwendung gelangen. Dies wird im weiteren Verlauf dieses Kapitels für das Praxisbeispiel eines in der deutschen AWZ belegenen Offshore-Windparks für verschiedene Steuerarten und verschiedene Einkommensquellen im Zusammenhang mit dem Windpark geprüft bzw. detailliert in Frage gestellt.

5.3.1.3 „Problem" Gewerbesteuer

Mit dem Jahressteuergesetz 2008 wurde entsprechend der einkommensteuerlichen Vorschrift des § 1 Abs. 1 S. 2 EStG auch für gewerbesteuerliche Zwecke in § 2 Abs. 7 GewStG der Inlandsbegriff korrespondierend erweitert. Das bedeutet z.B., dass nach der hier vertretenen Auffassung ein inländisches Bauunternehmen mit den Einkünften seiner Betriebsstätte in der deutschen AWZ nicht der deutschen Gewerbesteuer unterliegt, weil für solche Bautätigkeiten aufgrund der noch fehlenden Energieerzeugung u.E. der erweiterte Inlandsbegriff noch nicht

819 Vgl. Petry, Die Ertragsbesteuerung auf dem deutschen Festlandsockel und in der deutschen ausschließlichen Wirtschaftszone, S. 57.

820 Lt. Fest existiert die Hohe See in der Nordsee zumindest für einen unbedeutenden Teilbereich: vgl. Fest, Die Errichtung von Windenergieanlagen in Deutschland und seiner Ausschließlichen Wirtschaftszone, Schriften zum Umweltrecht 2006, Band 166, S. 370.

821 Vgl. Pestke, Offshore-Windfarmen in der Ausschließlichen Wirtschaftszone, 2008, S. 91; Waldhoff/Engler, FR 6/2012, S. 257.

822 Zur Notwendigkeit einer sog. „Erstreckungsklausel" nach nationalem Recht: Wille, Raumplanung in der Küsten- und Meeresregion, Umweltrechtliche Studien, 2009, S. 25.

gilt und die entsprechende Baubetriebsstätte in der AWZ für gewerbesteuerliche Zwecke somit als ausländische Betriebsstätte gilt. Hierauf wird allerdings im Verlauf dieses Kapitels noch ausführlicher eingegangen.

Steuergegenstand der Gewerbesteuer ist nach § 2 Abs. 1 S. 1 GewStG jeder stehende Gewerbebetrieb, soweit er im Inland betrieben wird. Im Inland betrieben wird ein Gewerbebetrieb, soweit für ihn im Inland eine Betriebstätte unterhalten wird (vgl. § 2 Abs. 1 S. 3 GewStG). Anders als bei der Einkommen- und Körperschaftsteuer ist somit nicht nur für Steuerausländer, sondern auch für Steuerinländer eine Betriebsstätte im Inland zwingende Voraussetzung für die Steuerbarkeit des Gewerbeertrags (m.a.W.: für Zwecke der Gewerbesteuer gilt das sog. „Welteinkommensprinzip" nicht). Das bedeutet, dass territoriale Fragen für in- und ausländische Unternehmen, die einen Offshore-Windpark auf dem Gebiet der deutschen AWZ errichten, betreiben oder warten, in gleichem Maße relevant sein können.

Darüber hinaus kommt bei der Gewerbesteuer möglicherweise noch eine weitere generelle Frage hinzu. Denn in der Literatur wird vereinzelt die Auffassung vertreten, dass die Erhebung der Gewerbesteuer auf dem Gebiet der deutschen AWZ an sich bereits rechtlich nicht zulässig[823] bzw. zumindest problematisch[824] sei.

Einerseits wird behauptet, dass insoweit gegen völkerrechtliche Vorgaben verstoßen würde[825]. Die Gewerbesteuer ist keine Steuer des Küstenstaates, sondern eine seiner Gemeinden[826]. Die Gebiete innerhalb der 12-Seemeilen-Zone sind grundsätzlich gemeindefreie Gebiete[827]. Auch wenn die Hebeberechtigung sowie das Aufkommen in gemeindefreien Gebieten durch Landesverordnung auf die Küsten-Bundesländer gem. § 4 Abs. 2 GewStG übertragen werden kann (es sei angemerkt, dass im Schrifttum sogar die Auffassung vertreten wird, dass die Vorschrift des § 4 Abs. 2 GewStG keine ausreichende Ermächtigungsgrundlage für derartige Landesverordnungen darstellt[828]), wie es beispielsweise in Niedersachsen der Fall ist[829], so wird das betroffene Offshore-Gebiet dadurch noch nicht zu einem Bundesland[830]. Eine Erweiterung des gewerbesteuerlichen Inlandsbegriffs auf den deutschen Festlandsockel[831] könnte daher einen Verstoß gegen Art. 89 SRÜ darstellen, der regelt, dass kein Staat (und folglich auch keine Gemeinde) den Anspruch erheben darf, irgendeinen Teil der Hohen See seiner Souveränität zu unterwerfen[832]. Man könnte zudem argumentieren, dass die in Art. 60 Abs. 2 SRÜ genannten (beschränkten) ausschließlichen Hoheitsbefugnisse nur

823 Vgl. Gille, Erneuerbare Energien, 09/2009, S. 30; Petry, Die Ertragsbesteuerung auf dem deutschen Festlandsockel und in der deutschen ausschließlichen Wirtschaftszone, S. 159ff.; Till/Maurer, NVwZ 10/2012, S. 10.

824 Vgl. Waldhoff/Engler, FR 06/2012, S. 259, welche Fragen der finanzverfassungsrechtlichen Ertragskompetenz sowie dem anzuwendenden Hebesatz aufwerfen und analysieren.

825 Vgl. Gille, Erneuerbare Energien, 09/2009, S. 30.

826 Vgl. Art. 106 Abs. 6 GG.

827 Vgl. Waldhoff/Engler, FR 06/2012, S. 261; Hille/Herrmann, RdE 8/2008, S. 241.

828 Vgl. Till/Maurer, NVwZ 10/2012, S. 9.

829 Vgl. § 1 Abs. 1 Nr. 1 Verordnung über die Erhebung der Gewerbe- und der Grundsteuer in gemeindefreien Gebieten (GewStErhV); Nds. GVBl 1981, 203.

830 Vgl. Till/Maurer, NVwZ 10/2012, S. 9.

831 Zu Abgrenzungsfragen bzgl. Festlandssockel und AWZ bzw. zur Frage nach der rechtlichen Wirksamkeit des erweiterten Inlandsbegriffs auf dem (deutschen) Festlandsockel: Waldhoff/Engler, FR 06/2012, S. 257; Hille/Herrmann, RdE 8/2008, S. 239.

832 Vgl. Gille, Erneuerbare Energien, 09/2009, S. 30.

dem Küstenstaat selbst, nicht jedoch seinen Gemeinden (als separate Gebietskörperschaften), zustehen und dass sich somit zumindest für die Gemeinden keine oder zumindest nicht direkt Besteuerungsbefugnisse aus Art. 60 Abs. 2 SRÜ ableiten.

Des Weiteren wird im Schrifttum die Auffassung vertreten, dass die Ausdehnung der Gewerbesteuer auf den Festlandsockel verfassungswidrig sei, da ein Verstoß gegen Art. 3 Abs. 1 GG vorliege. Begründet wird dies u.a. dadurch, dass die Gewerbesteuer grundsätzlich den Zweck verfolgt, Gemeinden zu ihrer Erhebung zu berechtigen, sofern Gewerbebetriebe auf deren Gebiet die vorhandene Infrastruktur nutzen und Lasten verursachen[833]. Mangels vorhandener Infrastruktur auf dem Festlandsockel sei jedoch eine Ausdehnung der Gemeindesteuer auf die deutsche AWZ mit dem Wesen der Gewerbesteuer nicht vereinbar[834].

Es ist zwar davon auszugehen, dass die Finanzverwaltung aufgrund der gesetzlichen Ausdehnung des gewerbesteuerlichen Inlandsbegriffs auch auf dem Gebiet der deutschen AWZ grundsätzlich einen Gewerbesteuermessbescheid erlassen und damit das Land/die Behörden auch Gewerbesteuer erheben werden. Ob und inwieweit dies rechtlich zulässig ist, kann nur durch die zuständigen Gerichte geklärt werden. Bislang ist zu diesen Fragestellungen jedoch noch keine Rechtsprechung ergangen, so dass hier keine Rechtssicherheit besteht.

5.3.1.4 Nationales Einkommens- und Körperschaftsteuerrecht

Für Zwecke der Einkommen- und Körperschaftsteuer muss zunächst unterschieden werden, ob ein Offshore-Windpark in der deutschen AWZ von einem inländischen (d.h. unbeschränkt steuerpflichtigen) oder einem ausländischen (d.h. beschränkt steuerpflichtigen) Unternehmen errichtet, betrieben oder gewartet wird. Denn gem. § 2 Abs. 1 S. 1 EStG und § 1 Abs. 2 KStG erfolgt für unbeschränkt einkommen- oder körperschaftsteuerpflichtige Personen die Besteuerung nach dem sog. Welteinkommensprinzip. Sollte also beispielsweise ein Steuerinländer Einkünfte aus dem Betrieb eines Offshore-Windparks in der deutschen AWZ erzielen, kommt es grundsätzlich nicht darauf an, ob das Gebiet der AWZ im territorialen Anwendungsbereich des EStG bzw. KStG liegt, da ohnehin sein Welteinkommen besteuert wird[835]. Territoriale Fragen sind insoweit nicht von Bedeutung.

Anders verhält es sich bei grenzüberschreitenden Sachverhalten, d.h. wenn z.B. ein ausländisches Unternehmen Einkünfte aus dem Betrieb, dem Bau oder der Wartung eines Offshore-Windparks in der deutschen AWZ erzielen würde. Hier muss zunächst geprüft werden, ob und inwieweit überhaupt ein nationaler (deutscher) Besteuerungsanspruch existiert, bevor im Anschluss anhand des jeweils einschlägigen Doppelbesteuerungsabkommens (DBA) mit dem Ansässigkeitsstaat des Steuerpflichtigen zu prüfen ist, welchem der beteiligten Staaten das Besteuerungsrecht zuzuweisen ist.

Die beschränkte Einkommen- und Körperschaftsteuerpflicht erstreckt sich gem. § 1 Abs. 4 EStG und § 2 Nr. 1 KStG lediglich auf die inländischen Einkünfte (i.S.d. § 49 EStG) eines Steuerausländers. Für einen deutschen Besteuerungsanspruch ist somit ein konkreter In-

[833] Vgl. Till/Maurer, NVwZ 10/2012, S. 9.

[834] Vgl. Petry, Die Ertragsbesteuerung auf dem deutschen Festlandsockel und in der deutschen ausschließlichen Wirtschaftszone, S. 159ff.

[835] Vgl. Stapperfend in: Herrmann/Heuer/Raupach, EStG/KStG, § 1 EStG, Rz. 100.

landsbezug erforderlich. Der Betrieb oder die Errichtung eines Offshore-Windparks sind ertragsteuerlich grundsätzlich als gewerbliche Tätigkeiten zu klassifizieren[836].

Für Einkünfte aus Gewerbebetrieb besteht der erforderliche Anknüpfungspunkt für eine inländische Besteuerung gem. § 49 Abs. 1 Nr. 2 a) EStG üblicherweise in dem Vorliegen einer inländischen Betriebsstätte des ausländischen Unternehmens[837]. Eine Betriebsstätte ist gem. § 12 S. 1 AO eine feste Geschäftseinrichtung oder Anlage, die der Tätigkeit eines Unternehmens dient. Wird ein fertiggestellter Offshore-Windpark in der deutschen AWZ betrieben, ist grundsätzlich davon auszugehen, dass es sich am jeweiligen Standort um eine Betriebsstätte des betreibenden (ausländischen) Unternehmens handelt[838]. Je nach Dauer der jeweiligen Bauphase kann jedoch auch bereits die Errichtung eines Offshore-Windparks in der deutschen AWZ zu einer sog. Baubetriebsstätte führen. Hierbei ist zu beachten, dass gem. § 12 AO ein Bauprojekt nach rein nationalem Recht bereits eine Betriebsstätte begründen kann, wenn es sich über einen Zeitraum von mehr als sechs Monaten erstreckt.

Im Folgenden soll vereinfachend davon ausgegangen werden, dass sowohl im Falle der Errichtung als auch beim Betrieb eines Offshore-Windparks die entsprechenden nationalen Voraussetzungen einer Betriebsstätte erfüllt sind und es sich somit zumindest dem Grunde nach um eine Betriebsstätte handelt. Es stellt sich allerdings die Frage, ob sich die Betriebsstätte in der deutschen AWZ aus einkommen- und köperschaftsteuerlicher Sicht überhaupt im Inland im Sinne des EStG bzw. KStG (also im räumlichen Anwendungsbereich dieser Gesetze) befindet, da es sich bei der deutschen AWZ eben nicht um das Staatsgebiet der Bundesrepublik Deutschland handelt. Nur dann würde, zunächst aus rein nationaler Sicht, ein deutscher Besteuerungsanspruch bestehen[839]. Somit ist nun zu klären, ob und inwieweit Deutschland von seiner grundsätzlichen völkerrechtlichen Legitimation zur Besteuerung durch entsprechende Umsetzung in nationales Recht (d.h. durch Aufnahme einer „Erstreckungsklausel" in das nationale EStG bzw. KStG) Gebrauch gemacht hat.

Mit dem Jahressteuergesetz 2008 wurde in § 1 Abs. 1 S. 2 EStG der sog. „erweiterte Inlandsbegriff" für einkommen- und körperschaftsteuerliche Zwecke eingeführt[840]. Danach zählt der der Bundesrepublik Deutschland zustehende Anteil am Festlandsockel[841] zum Inland, soweit er der Energieerzeugung unter Nutzung erneuerbarer Energien dient. Der Betrieb eines fertiggestellten Offshore-Windparks in der deutschen AWZ (dem deutschen Festlandsockel) dient unstreitig der Erzeugung erneuerbarer Energien, so dass für diesen Fall auch der erweiterte Inlandsbegriff gem. § 1 Abs. 1 S. 2 EStG zur Anwendung kom-

836 Dies lässt sich aus den allgemeinen ertragsteuerlichen Besteuerungsprinzipien herleiten (vgl. § 15 Abs. 2 S. 1 EStG).

837 In § 49 EStG sind eine Vielzahl von Anknüpfungspunkten für eine deutsche Besteuerung geregelt (z.B. ständiger Vertreter, Belegenheit von unbeweglichem Vermögen etc.). In diesem Beitrag wird aus Vereinfachungsgründen lediglich auf Fragen im Zusammenhang mit einer inländischen Betriebsstätte eingegangen.

838 Vgl. Weber/Hammler/Kleinschmidt, BB 2012, S. 1838; Hille/Herrmann, RdE 8/2008; S. 243.

839 Vgl. Wille, Raumplanung in der Küsten- und Meeresregion, Umweltrechtliche Studien, 2009, S. 25.

840 Vgl. BR-Drucksache 747/07, S. 2.

841 Zu Abgrenzungsfragen bzgl. Festlandssockel und AWZ bzw. zur Frage nach der rechtlichen Wirksamkeit des erweiterten Inlandsbegriffs bezogen auf den (deutschen) Festlandsockel: Waldhoff/Engler, FR 06/2012, S. 257; Hille/Herrmann, RdE 8/2008, S. 239.

men wird[842]. Es liegt folglich für den ausländischen Betreiber des Windparks eine inländische Betriebsstätte vor und ein nationaler Anspruch auf die Besteuerung der erzielten Einkünfte ist gegeben.

Fraglich ist jedoch, ob dies auch für die Phase der Errichtung eines Offshore-Windparks in der deutschen AWZ gelten soll bzw. kann. Zu klären ist also, ob der deutsche Anteil am Festlandsockel bereits in der Bauphase eines Offshore-Windparks „der Energieerzeugung unter Nutzung erneuerbarer Energien dient". Fest steht zumindest, dass mangels Betrieb der Offshore-Windturbinen noch kein Strom eingespeist wird und somit noch keine erneuerbaren Energien erzeugt werden. Natürlich dient aber auch der Bau einer solchen Anlage im weiteren Sinne bereits der späteren Energieerzeugung. Der Gesetzgeber hatte bereits vor 2008 den ertragsteuerlichen Inlandsbegriff auf den deutschen Festlandsockel ausgedehnt, soweit dort Naturschätze des Meeresgrundes erforscht oder ausgebeutet werden. Vor diesem Hintergrund wird im Schrifttum bei der Frage, ob es sich bei einer im Bau befindlichen Bohrinsel bereits um eine Stätte der Gewinnung von Bodenschätzen handelt, die Auffassung vertreten, dass die Anlagen solange nicht der Gewinnung von Bodenschätzen dienen, sofern sie sich noch in der Aufbauphase befinden[843]. Dieser Auffassung ist unseres Erachtens zu folgen und gilt analog für den Bau von Offshore-Windparks.

Es ist zudem generell fraglich, ob andere gewerbliche Tätigkeiten, die als „Nebenprodukt" der Energieerzeugung zwar auch auf dem Gebiet der deutschen AWZ ausgeübt werden, jedoch mit der originären Energieerzeugung nicht direkt in Verbindung stehen (z.B. Wartungsunternehmen, gastronomische Einrichtungen auf fest stationierten Schiffen, Netzbetreiber etc.), ebenfalls in den Anwendungsbereich der Vorschrift des erweiterten Inlandsbegriffs nach § 1 Abs. 1 S. 2 EStG gehören sollen.

Die allgemein gehaltene Begründung für die Einführung der Vorschrift des § 1 Abs. 1 S. 2 EStG war zwar auch, dass Unternehmen, die Einkünfte aus der Erforschung und Ausbeutung des Meeresbodens auf dem Gebiet des deutschen Festlandsockels erzielen, nicht mehr steuerlich schlechter gestellt sein sollen als solche Unternehmen, die „andere Tätigkeiten mit dem Zweck der Einkunftserzielung" in demselben räumlichen Bereich ausüben[844]. Laut der ausdrücklichen Gesetzesbegründung sollte durch die Vorschrift allerdings erreicht werden, dass Unternehmen fortan mit der Tätigkeit der Energieerzeugung (Hervorhebung durch den Verfasser) auf dem Gebiet des deutschen Festlandsockels inländische und damit steuerbare Einkünfte erzielen[845]. Der Gesetzgeber hat damit bei der Erweiterung des ertragsteuerrechtlichen Inlandsbegriffs ausschließlich solche Unternehmen angesprochen, die Einkünfte aus der Energieerzeugung erzielen („Offshore-Betreiber"). Obgleich der Wortlaut des § 1 Abs. 1 S. 2 EStG („der Energieerzeugung dienen") auf den ersten Eindruck eine weitere Auslegung zulassen mag, ist letztlich anhand der Gesetzesbegründung der Wille des Gesetzgebers erkennbar und damit u.E. eine enge Auslegung geboten. Dies entspricht auch der überwiegenden

842 Im Schrifttum wird teilweise die Auffassung vertreten, dass zudem eine nicht nur vorübergehende Verbindung der Anlagen mit dem Meeresgrund erforderlich ist und dass schwimmende Anlagen ohne Fundament auf dem Meeresgrund nicht in den Anwendungsbereich der Vorschrift fallen sollen. Siehe hierzu: Stapperfend in: Herrmann/Heuer/Raupach, EStG/KStG, § 1 EStG, Rz. 99; Frotscher in: Frotscher, EStG, § 1, Rz. 22.

843 Vgl. Musil in: Hübschmann/Hepp/Spitaler, AO u. FGO, § 12 AO Rz. 33; Hillert, FR 1974, S. 267.

844 Vgl. BR-Drucksache 544/1/07, S. 4.

845 Vgl. Ebenda, S. 4.

Auffassung im Schrifttum, nach der nur für die sog. „Förderunternehmer" und deren Arbeitnehmer der erweiterte Inlandsbegriff gelten soll[846].

Es kann u.E. somit nach derzeitiger Fassung des § 1 Abs. 1 S. 2 EStG nicht jedwede Tätigkeit mit dem Zweck der Einkunftserzielung im Zusammenhang mit dem Betrieb eines Windparks auf dem Gebiet der deutschen AWZ derart klassifiziert werden, dass sie der Energieerzeugung unter Nutzung erneuerbarer Energien dient und somit in den Anwendungsbereich des erweiterten steuerrechtlichen Inlandsbegriff fallen. Das bedeutet z.B., dass Einkünfte ausländischer Bauunternehmen, die mit ihrer Bautätigkeit in der deutschen AWZ eine Betriebsstätte i.S.d. § 12 AO begründen, nicht dem erweiterten Inlandsbegriff des § 1 Abs. 1 S. 2 EStG unterliegen und insoweit Deutschland nach nationalem Steuerrecht keine Besteuerungsrechte für diese Einkünfte geltend machen kann. Es bleibt jedoch abzuwarten, wie die Finanzverwaltung und die Gerichte zukünftig mit dieser Frage umgehen werden. Rechtssicherheit besteht daher insoweit zum gegenwärtigen Zeitpunkt nicht.

5.3.1.5 Steuerrecht der Doppelbesteuerungsabkommen

Kommt man bei der Prüfung eines nationalen Einkommen- bzw. Körperschaftsteueranspruchs zu dem Ergebnis, dass trotz der aufgeworfenen Fragen steuerbare inländische Einkünfte vorliegen und ein nationaler Besteuerungsanspruch besteht (für den Betrieb von Offshore-Windparks ist dies ja zumindest der Fall), so ist überdies fraglich, ob Deutschland für die betroffenen Einkünfte auch nach den Vorschriften des jeweils einschlägigen DBA das Besteuerungsrecht behält. Denn für die Zuweisung des Besteuerungsrechts nach Deutschland ist es für die Besteuerung von Unternehmensgewinnen entsprechend der meisten von Deutschland abgeschlossenen DBA erforderlich, dass das (ausländische) Unternehmen seine Tätigkeit im anderen Staat (Deutschland) durch eine dort belegene Betriebsstätte ausübt[847]. Dabei unterscheiden sich die tatbestandlichen Voraussetzungen für das Vorliegen einer Betriebsstätte nach den Vorschriften der DBA in der Regel nicht wesentlich von denen nach nationalem Recht[848]. Hinsichtlich der zeitlichen Voraussetzungen für das Vorliegen einer Baubetriebsstätte ist jedoch zu beachten, dass nach dem Recht der Doppelbesteuerungsabkommen in der Regel eine Dauer von mindestens 12 Monaten erforderlich ist. Darüber hinaus können sich noch weitere Unterschiede zwischen nationalem Recht und den Vorschriften der einzelnen DBA ergeben, welche eine einzelfallbezogene Prüfung in Bezug auf das Vorliegen einer Betriebsstätte unerlässlich machen[849].

Unter der Annahme, dass auch nach Abkommensrecht ein sich im Bau befindlicher bzw. ein fertiggestellter Offshore-Windpark jeweils die Voraussetzungen einer Betriebsstätte erfüllt, stellt sich erneut die Frage, ob diese auch nach den Begriffsbestimmungen des jeweils ein-

846 Vgl. Heinicke in: Schmidt, EStG, 30. Aufl., § 1, Rz 30; Ebling in: Blümich, EStG/KStG/GewStG, § 1 EStG, Rz. 177; Frotscher in: Frotscher, EStG, § 1, Rz. 22.

847 Vgl. Art. 7 OECD-Musterabkommen.

848 Wortlaut des Art. 5 Abs. 1 OECD-Musterabkommen: „Im Sinne dieses Abkommens bedeutet der Ausdruck ‚Betriebsstätte' eine feste Geschäftseinrichtung, durch die die Geschäftstätigkeit eines Unternehmens ganz oder teilweise ausgeübt wird."

849 Wesentliche Unterschiede können beispielsweise bei der zeitlichen Bestimmung der Bauphase auftreten (Beginn, Unterbrechungen, Ende) sowie bei der Frage, ob und inwieweit mehrere (unterschiedliche) Projekte in einem Land zusammengerechnet werden müssen. Hierzu vertiefend Löwenstein in: Löwenstein/Looks/Heinsen, Betriebsstättenbesteuerung, S. 473ff.; Reiser/Glöggler/Mödinger, Ubg 5/2011, S. 344ff.

schlägigen DBA als in Deutschland belegen gilt. Hierzu sind je nach konkreter Formulierung des jeweils einschlägigen DBA unterschiedliche Fälle zu unterscheiden.

a) DBA mit eigener Inlandsdefinition

Einige von Deutschland abgeschlossene DBA enthalten eigene Definitionen des Begriffs „(Bundesrepublik) Deutschland“[850]. In diesen Fällen sollte das jeweilige DBA aufgrund seines spezielleren Charakters den allgemeinen unilateralen steuerlichen Vorschriften vorgehen und die abkommensrechtliche Definition zur Anwendung gelangen[851]. Da die einzelnen Definitionen in ihren Formulierungen jedoch unterschiedlich ausgestaltet sind, ist eine genauere Betrachtung jedes Abkommens erforderlich, um die jeweilige steuerrechtliche Wirkung der Formulierung beurteilen zu können[852].

So wird beispielsweise für Zwecke des Anwendungsbereichs des DBA-Dänemark zunächst auf den jeweiligen Geltungsbereich des nationalen Steuerrechts der Bundesrepublik Deutschland verwiesen. Im Anschluss daran wird der Bereich geografisch ausgedehnt auf die an das Küstenmeer der Bundesrepublik Deutschland grenzenden Gebiete des Meeresgrunds und Meeresuntergrunds und der darüber liegenden Gewässer, soweit die Bundesrepublik Deutschland dort zur Erforschung und zur Ausbeutung der Naturschätze in Übereinstimmung mit dem Völkerrecht souveräne Rechte und die Hoheitsgewalt ausübt. Da die Erzeugung von Windenergie nicht unter diese letztgenannte Aufzählung fällt[853], wird in der Literatur vereinzelt die Auffassung vertreten, dass Deutschland auch bei Anwendung des DBA-Dänemark mangels inländischer Betriebsstätte kein Besteuerungsrecht für einen in der deutschen AWZ belegenen und von einem dänischen Unternehmen betriebenen Offshore-Windpark hat[854]. Denkbar ist allerdings auch, dass gerade durch den Verweis auf den Geltungsbereich des nationalen Steuerrechts der Bundesrepublik Deutschland sichergestellt wird, dass der erweiterte Inlandsbegriff in § 1 Abs. 1 S. 2 EStG auch für abkommensrechtliche Zwecke zur Anwendung kommen kann. Dies würde bedeuten, dass ein Offshore-Windpark in der deutschen AWZ auch nach dem DBA-Dänemark als in Deutschland belegen gelten würde und Deutschland das Besteuerungsrecht für die daraus erzielten Einkünfte eines dänischen Unternehmens hätte.

b) DBA ohne eigene Inlandsdefinition

Viele von Deutschland abgeschlossene DBA enthalten keine eigene Definition des Begriffs „Deutschland“. Die Vertragsparteien könnten insoweit möglicherweise von einem einheitlichen Verständnis der jeweiligen Staatsgebiete der Vertragsstaaten ausgegangen sein und quasi als „Selbstverständlichkeit“ vorausgesetzt haben, dass der territoriale Anwendungsbe-

---

850 Vgl. DBA-Belgien, DBA-Großbritannien, DBA-Dänemark.

851 Vgl. deklaratorisch in § 2 AO; exemplarisch zum grundsätzlichen Vorrang von DBA als lex specialis: Gosch, IStR 2008, S. 413; Korn, IStR 2009, S. 641.

852 Vgl. Behrendt/Wischott/Krüger, BB 2012, S. 1830.

853 Gem. Art. 77 Abs. 4 SRÜ wird der Begriff der Naturschätze wie folgt definiert: „Die in diesem Teil genannten natürlichen Ressourcen umfassen die mineralischen und sonstigen nicht lebenden Ressourcen des Meeresbodens und seines Untergrunds sowie die zu den sesshaften Arten gehörenden Lebewesen, das heißt solche, die im nutzbaren Stadium entweder unbeweglich auf oder unter dem Meeresboden verbleiben oder sich nur in ständigem körperlichen Kontakt mit dem Meeresboden oder seinem Untergrund fortbewegen können.“ Siehe hierzu auch Stapperfend in: Herrmann/Heuer/Raupach, EStG/KStG, § 1 EStG, Rz. 98.

854 Vgl. Hille/Herrmann, RdE 8/2008, S. 241.

reich der DBA sich aus den allgemeinen völkerrechtlichen Grundsätzen bzw. der jeweiligen nationalen Verfassungen ergibt[855]. Fraglich ist u.E. jedoch, ob im Falle einer fehlenden Definition des Begriffs „Deutschland" der erweiterte Inlandsbegriff nach § 1 Abs. 1 S. 2 EStG zur Anwendung kommen soll bzw. kann oder ob in diesem Fall immer von dem völkerrechtlichen Inlandsbegriff (= Staatsgebiet) ausgegangen werden muss. Für Zwecke des geografischen Anwendungsbereichs eines DBA gilt – in Ermangelung anderer Vereinbarungen – als Vertragsstaat der Bereich, den jeder Vertragsstaat für sich als Inland beansprucht[856]. Soweit das jeweilige DBA keine Regelungen hinsichtlich des räumlichen Geltungsbereichs enthält, bestimmt sich dieser nach herrschender Meinung des Schrifttums somit nach dem innerstaatlichen (Steuer-)Recht des Anwenderstaates[857]. Dies entspricht auch grundsätzlich dem Wortlaut des Art. 3 Abs. 2 OECD-Musterabkommen, wonach, wenn der Zusammenhang nichts anderes erfordert, jeder im Abkommen nicht definierte Ausdruck die Bedeutung hat, die ihm nach dem Steuerrecht dieses Vertragsstaates (nicht nach dem allgemeinen Völkerrecht) zukommt. In diesen Fällen könnte also der erweiterte Inlandsbegriff in § 1 Abs. 1 S. 2 EStG zur Anwendung gelangen und die deutsche AWZ auch nach Anwendung der jeweiligen DBA steuerlich zum deutschen Inland zählen. Deutschland hätte dann, das grundsätzliche Vorliegen einer Betriebsstätte vorausgesetzt, das Besteuerungsrecht für die entsprechenden Einkünfte des jeweiligen ausländischen Unternehmens.

Entsprechend des Wortlauts von Art. 3 Abs. 2 OECD-Musterabkommen ist ein Rückgriff auf das nationale Steuerecht des jeweiligen Staates allerdings nur geboten, „wenn der Zusammenhang nichts anderes erfordert". Demzufolge stellt sich u.E. die Frage, ob im Falle einer fehlenden Definition des Gebietes eines Vertragsstaates in einem DBA der Zusammenhang nicht etwas anderes erfordert als den Rückgriff auf das jeweilige nationale Steuerrecht. Da es sich bei DBA um völkerrechtliche Verträge handelt, wäre u.E. denkbar, dass der Zusammenhang erfordert, die völkerrechtlich anerkannten Hoheitsgebiete der jeweiligen Staaten für Zwecke der Anwendung des jeweiligen DBA zugrunde zu legen[858]. Mit anderen Worten: Der völkerrechtliche Zusammenhang der Anwendung des DBA erfordert u.E. die Anwendung völkerrechtlicher Maßstäbe bei der Bestimmung des territorialen Anwendungsbereichs des DBA. Dieser Ansatz würde wiederum dazu führen, dass ein auf dem Gebiet der deutschen AWZ betriebener Windpark nicht der deutschen Besteuerung unterliegen würde, da die AWZ nicht zum deutschen Staatsgebiet zählt, für das das DBA Anwendung findet.

5.3.2 Gewerbesteuerzerlegung

5.3.2.1 Grundsätzliches

Bemessungsgrundlage für die Gewerbesteuer ist der Gewerbesteuermessbetrag. Vereinfacht ist dieser wie folgt zu ermitteln: Zunächst ist der einkommensteuerliche bzw. körperschaftsteuerliche Gewinn zu berechnen, der um gewerbesteuerliche Hinzurechnungen[859] zu erhö-

---

[855] Vgl. Strunk/Kaminski/Köhler, AStG/DBA, Art. 29 OECD-MA Rz. 3.

[856] Vgl. Wassermeyer in: Debatin/Wassermeyer, Doppelbesteuerungsabkommen, MA, Art. 1, Rz. 41.

[857] Vgl. Riemenschneider in: Löwenstein/Looks/Heinsen, Betriebsstättenbesteuerung, S. 525 Rz. 1433; Wassermeyer in: Debatin/Wassermeyer, Doppelbesteuerungsabkommen, MA, Art. 1, Rz. 40.

[858] Siehe hierzu vertiefend: Wassermeyer in: Debatin/Wassermeyer, Doppelbesteuerungsabkommen, MA, Art. 1, Rz. 48 und Art. 3, Rz. 82.

[859] § 8 GewStG, z.B. bestimmte Finanzierungsaufwendungen nach § 8 Nr. 1 GewStG.

hen und um gewerbesteuerliche Kürzungen[860] zu vermindern ist. Das Ergebnis ist der Gewerbeertrag, der mit einer (für alle Rechtsformen einheitlichen) Steuermesszahl von 3,5 Prozent zu multiplizieren ist, wodurch sich der Gewerbesteuermessbetrag ergibt.

Die Gewerbesteuer wird als Gemeindesteuer von der Gemeinde erhoben, in der eine Betriebsstätte zur Ausübung eines Gewerbebetriebes unterhalten wird[861]. Bestehen mehrere Betriebsstätten oder erstreckt sich eine Betriebsstätte über das Gebiet mehrerer Gemeinden, so kann jede Gemeinde nur auf den Teil des Gewerbesteuermessbetrags Gewerbesteuer erheben, der auf ihr Gebiet entfällt[862]. Die Gemeinde legt die Höhe der Gewerbesteuer durch einen Gewerbesteuerhebesatz fest (in Hamburg z.B. 470 Prozent), der auf den (ggf. anteiligen) Gewerbesteuermessbetrag angewandt wird.

Im Fall von Windparks bestehen regelmäßig mindestens zwei Betriebsstätten, nämlich der Windpark selbst und der Ort der Verwaltung/Geschäftsleitung (und ggf. weiterer Tätigkeiten). Deshalb ist regelmäßig eine Aufteilung der gewerbesteuerlichen Bemessungsgrundlage (d.h. Zerlegung des Steuermessbetrags), die durch den Betrieb des Windparks erzielt wird, erforderlich. Grundsätzlich erfolgt die Zerlegung nach dem Verhältnis der in den einzelnen Betriebsstätten anfallenden Arbeitslöhne („Regelzerlegung")[863]. Da am Standort eines Windparks mangels dort tätiger Arbeitnehmer regelmäßig keine Arbeitslöhne anfallen, würde dieser Zerlegungsmaßstab jedoch dazu führen, dass der Gemeinde, die der infrastrukturellen Belastung des Windparks unterliegt, ein relativ niedriger oder sogar kein Gewerbesteuermessbetrag zugeteilt wird. Auf Grund dieses unbilligen Ergebnisses der Regelzerlegung hat der Gesetzgeber für Anlagen zur Erzeugung von Windenergie einen besonderen Aufteilungsmaßstab vorgesehen[864] (die sog. „70/30-Regelung").

5.3.2.2 70/30-Regelung (§ 29 Abs. 1 Nr. 2 GewStG)

Die durch das JStG 2009 eingeführte 70/30-Regelung schreibt für die Zerlegung des Gewerbesteuermessbetrags zwischen der Betriebsstätte der Geschäftsleitung/Verwaltung und der Betriebsstätte des Windparks die folgende Vorgehensweise vor[865]:

- 30 Prozent des Gewerbesteuermessbetrags werden nach den in den Betriebsstätten anfallenden Arbeitslöhnen im Verhältnis zu den Arbeitslöhnen aller Betriebsstätten verteilt (siehe II.1.);
- 70 Prozent des Gewerbesteuermessbetrags werden nach dem Verhältnis der steuerlich maßgebenden Ansätze des steuerbilanziellen Sachanlagevermögens in den einzelnen Betriebsstätten verteilt (Betriebs- und Geschäftsausstattung, geleistete Anzahlungen und Anlagen im Bau werden nicht mit einbezogen).

[860] § 9 GewStG, z.B. Kürzung von Gewinnanteilen aus der Beteiligung an Mitunternehmerschaften nach § 9 Nr. 2 GewStG.

[861] §§ 1, 4 Abs. 1 Satz 1 GewStG.

[862] § 4 Abs. 1 Satz 2 GewStG.

[863] §§ 29 Abs. 1 Nr. 1, 31 GewStG.

[864] § 29 Abs. 1 Nr. 2 GewStG.

[865] § 29 Abs. 1 Nr. 2 GewStG.

Tabelle 24: Beispiel für 70/30-Regelung

TEUR	Betriebsstätte „Geschäftsleitung“	Betriebsstätte „Windpark“	Summen
Gewerbesteuermessbetrag gesamt			1.000
Davon 30 %			300
Arbeitslöhne	190	10	200
Verteilung Gewerbesteuermessbetrag	285	15	300
Davon 70 %			700
Steuerliche Werte des Sachanlagevermögens	100	1900	2.000
Verteilung Gewerbesteuermessbetrag	35	665	700
Anteil Gewerbesteuermessbetrag gesamt	320	680	1.000

Nach der regulären Aufteilung nach Arbeitslöhnen („Regelzerlegung“) würde der Gemeinde, in der die Windpark-Betriebsstätte belegen ist, nur ein Anteil am Gewerbesteuermessbetrag in Höhe von TEUR 50 zugeteilt werden (Gewerbesteuermessbetrag [1.000]/Summe der Arbeitslöhne [200] × Arbeitslöhne Betriebsstätte „Windpark“ [10] = 50 TEUR).

Verfügt der rechtliche Träger der Windpark-Betriebsstätte über keine weitere Betriebsstätte, weil z.B. die Verwaltung durch eine separate rechtliche Einheit betrieben wird, ist die Frage der Zuordnung der in der Verwaltung tätigen Arbeitnehmer (zu einer weiteren Betriebsstätte der Windparkgesellschaft am Ort der Verwaltung oder zur Betriebsstätte der Verwaltungsgesellschaft) nach wirtschaftlichen Gesichtspunkten zu entscheiden. Die Arbeitnehmer sind dem tatsächlichen Beschäftigungsunternehmen abweichend von dem Anstellungsunternehmen zuzurechnen, wenn:

- dort der vertragliche und tatsächliche Tätigkeitsbereich liegt,
- die Arbeitnehmer in den geschäftlichen Organismus des Beschäftigungsunternehmens eingegliedert und eingebunden sind und
- das Beschäftigungsunternehmen dem Anstellungsunternehmen lediglich die Lohnaufwendungen, aber nicht seine Verwaltungskosten und keinen Gewinnaufschlag vergütet[866].

Wenn für Verwaltungstätigkeiten mehrerer Windparkgesellschaften eine zentrale Verwaltungsgesellschaft eingeschaltet wird und die Windparkgesellschaft die Lohnkosten zuzüglich eines Gewinnaufschlags vergütet, sollten die Arbeitslöhne der Verwaltungsgesellschaft nicht in die Gewerbesteuerzerlegung bei der Windparkgesellschaft einzubeziehen sein. In diesem Fall sollte der gesamte Gewinn als der Windpark-Betriebsstättengemeinde zugehörig gelten.

Fraglich war bislang, welcher Aufteilungsmaßstab (Regelzerlegung oder 70/30-Regelung) anzuwenden ist, wenn der Betreiber des Windparks zusätzlich Erträge aus weiteren Tätigkeiten (außerhalb der Windenergie) erzielt (gemischte Tätigkeit). Nach dem Wortlaut des Gesetzes und nach der Literatur war auch in solchen Fällen der gemischten Tätigkeit vollumfänglich die 70/30-Regelung für den gesamten Gewerbeertrag des betreffenden Unternehmens anzuwenden[867]. Der Gesetzgeber

[866] Vgl. Güroff, in: Glanegger/Güroff, GewStG Kommentar, 6. Auflage, § 29 Rz. 5.

[867] Vgl. Hofmeister, in: Blümich, GewStG Kommentar, 114. Auflage, § 29 Rz. 16.

hat mit dem Jahressteuergesetz 2013 nunmehr klargestellt, dass die „70/30-Regel" nur noch bei Unternehmen anzuwenden sein soll, die ausschließlich Windparks betreiben[868].

5.3.2.3 Windpark-Betriebsstätte erstreckt sich über mehrere Gemeinden (§ 30 GewStG)

Der Vollständigkeit halber sei erwähnt, dass sich eine Betriebsstätte grundsätzlich – zumindest theoretisch – über mehrere Gemeinden erstrecken kann[869]. In diesem Fall ist zunächst der auf die gesamte Betriebsstätte entfallende Anteil am Gewerbesteuermessbetrag zu ermitteln. Dies geschieht wie unter Ziffer 5.3.2.2 beschrieben zu 30 Prozent nach den Arbeitslöhnen der Betriebsstätte und zu 70 Prozent nach der Summe des steuerbilanziellen Sachanlagevermögens der Betriebsstätte (dieser erste Schritt entfällt, wenn der Betreiber der Windpark-Betriebsstätte keine weitere Betriebsstätte unterhält).

Der so ermittelte Zerlegungsanteil am Gewerbesteuermessbetrag ist in einem zweiten Schritt auf die Gemeinden zu verteilen, auf die sich der Windpark erstreckt[870]. Der Gesetzgeber gibt nicht konkret vor, wie diese Verteilung zu erfolgen hat. Nach dem Wortlaut des Gesetzes soll die Aufteilung nach der Lage der örtlichen Verhältnisse unter Berücksichtigung der erwachsenden Gemeindelasten zu verteilen sein[871]. Weil die erforderlichen Werte im Einzelfall schwer zu ermitteln sein dürften, bleibt im Einzelfall nur eine „Schätzung im Wege der Abwägung aller Interessen"[872].

5.3.2.4 Zerlegung in besonderen Fällen (§ 33 GewStG)

Wenn die Zerlegung wie unter Ziffer 5.3.2.2 und 5.3.2.3 beschrieben zu einem offenbar unbilligen Ergebnis führt, so muss das für die Zerlegung zuständige Finanzamt die Zerlegung nach einem Maßstab vornehmen, der die tatsächlichen Verhältnisse besser berücksichtigt[873]. In der Vergangenheit spielte diese Sonderregelung eine große Rolle bei der Gewerbesteuerzerlegung von Windpark-Unternehmen, führte doch die Tatsache, dass der Windpark-Betriebsstätte nur wenige Arbeitslöhne zuzurechnen waren, zu dem unbilligen Ergebnis, dass die dortige Gemeinde nur einen geringen Anteil an der Gewerbesteuer erheben konnte.

Gem. Verfügungen der OFD Koblenz[874] und Düsseldorf[875] aus dem Jahr 2004 war diese besondere Zerlegung im Fall von Windparks so anzuwenden, dass je die Hälfte des Gewerbesteuermessbetrags nach den Arbeitslöhnen und der Höhe des steuerlichen Sachanlagevermögens auf die Gemeinden aufzuteilen war. Diese Praxis wurde durch das BFH-Urteil vom

868 Vgl. BT-Dr. 17/10000, BT-Dr. 17/11190. Das JStG 2013 befindet sich derzeit noch im Gesetzgebungsverfahren. Beschlüsse von Bundestag und Bundesrat über das geänderte JStG 2013 sind erst in 2013 zu erwarten.

869 In der deutschen Nordsee existieren jedoch keine Gemeinden, so dass diese spezielle Regelung für Offshore-Windparks keine praktische Relevanz entfalten dürfte.

870 § 30 GewStG.

871 Zu den hierbei relevanten Kriterien vgl. Güroff, in: Glanegger/Güroff, GewStG Kommentar, § 30 Rz. 4ff.

872 BFHE 59, 421, BStBl. III 1954, 372.

873 § 33 Abs. 1 GewStG.

874 OFD-Koblenz v. 25. 3. 2004, G-1450 A.

875 OFD-Düsseldorf v. 15. 3. 2004, G-1450 A – St 142.

4.4.2007 konterkariert[876], nach dem es auch zulässig sein sollte, der Windpark-Betriebsstätte einen Gewerbesteuermessbetrag von Null zuzuteilen. Die Finanzverwaltung hatte sich der Auffassung des BFH angeschlossen[877]. Diese für Investoren und Gemeinden unbefriedigende, weil steuerlich ggf. nachteilige und unklare Rechtslage hat der Gesetzgeber durch Einführung der 70/30-Regelung (siehe Ziffer 5.3.2.2) durch das JStG 2009 beendet[878].

Mit der Einführung der 70/30-Regelung durch das JStG 2009 sollte die Zerlegung in besonderen Fällen für Windparks nur noch in sehr seltenen Ausnahmefällen eine Rolle spielen, weil der Gesetzgeber mit der 70/30-Regelung einen speziellen Aufteilungsmaßstab für Windenergieanlagen geschaffen hat. Es dürfte für die Finanzverwaltung im Einzelfall zudem schwierig sein, zu begründen, dass ein anderer und welcher Aufteilungsmaßstab die tatsächlichen Verhältnisse besser berücksichtigt.

Es sei bemerkt, dass neben der besonderen Zerlegung durch die Finanzverwaltung die Möglichkeit besteht, dass der Steuerschuldner mit den Gemeinden eine Einigung über die Aufteilung des Steuermessbetrags erzielt, der das Finanzamt zu folgen hat[879]. Auch diese Regelung dürfte nach der Einführung der 70/30-Regelung wohl eine geringe praktische Bedeutung im Fall von Windparks haben.

5.3.2.5 (Offshore-)Windpark-Betriebsstätte in einem „gemeindefreien“ Gebiet

Auf den nach Ziffern 5.3.2.2, 5.3.2.3 oder 5.3.2.4 ermittelten Anteil am Gewerbesteuermessbetrag erhebt die jeweilige Gemeinde Gewerbesteuer entsprechend des von ihr festgelegten Gewerbesteuerhebesatzes. In den meisten Fällen befindet sich eine Offshore-Windpark-Betriebsstätte aber in einem sogenannten „gemeindefreien Gebiet“. In einem solchen Fall bestimmt nach § 4 Abs. 2 GewStG grundsätzlich die zuständige Landesregierung durch Rechtsverordnung, wer das Recht zur Erhebung der Gewerbesteuer ausübt[880]. Schleswig-Holstein hat das Recht zur Gewerbesteuererhebung der Gemeinde Helgoland zugeteilt (Gewerbesteuerhebesatz seit 1.1.2006: 350 Prozent). Bei zu Niedersachsen und Mecklenburg-Vorpommern zugehörigen gemeindefreien Gebieten liegt die Erhebungskompetenz beim jeweiligen Bundesland; der Gewerbesteuerhebesatz wird jeweils im Haushaltsgesetz festgelegt (Gewerbesteuerhebesatz Niedersachsen für die Haushaltsjahre 2012 und 2013[881]: 421 Prozent; Mecklenburg-Vorpommern für die Haushaltsjahre 2012 und 2013: 390 Prozent[882]). In der Literatur wird zum Teil die Auffassung vertreten, dass es sich bei der deutschen AWZ mangels einer erforderlichen Definition jedoch gar nicht erst um ein gemeindefreies Gebiet i.S.d. § 4 Abs. 2 GewStG handelt, da hierfür – korrespondierend zur Einführung des erweiterten ertragsteuerlichen Inlandsbegriffs in § 2 Abs. 7 GewStG – eine Anpassung der

876 BFH v. 4. 4. 2007, Az. I R 23/06, BStBl II 2007, 836.

877 BStBl II 2007, 836.

878 Zur Historie der Gewerbesteuerzerlegung bei Windpark-Unternehmen ausführlich Wischott/Krohn/Nogens, DStR 2009, 1737.

879 § 33 Abs. 2 GewStG.

880 § 4 Abs. 2 GewStG.

881 Haushaltsgesetz 2012/2013- HG 2012/2013.

882 Entwurf eines Haushaltsgesetzes 2012/2013 und eines Verbundquotenfestlegungsgesetzes 2012/2013 vom 14.2.2013, Beschluss steht derzeit noch aus.

Vorschrift notwendig sei und anderenfalls eine Erhebung von Gewerbesteuer auf diesem Gebiet dem Grunde nach nicht möglich sei[883]. Es kann insoweit auch auf die Ausführungen in Abschnitt 5.3.1.3 verwiesen werden.

5.3.3 Steuerliche Nutzung von Verlusten aus der Errichtungsphase

5.3.3.1 Grundsätzliches

Auch wenn der Betrieb eines Windparks mittel- bis langfristig Gewinne erwarten lässt, können – vor allem in frühen Projektphasen – zeitweise Verluste entstehen. Solche Verluste können sich z.B. in der Errichtungsphase eines Windparks daraus ergeben, dass der betriebsbereite Zustand einer Windkraftanlage vor der tatsächlichen Inbetriebnahme hergestellt ist, sodass bereits steuerliche Abschreibungen gewinnmindernd zu buchen sind[884]. Auf Grund der hohen Investitionssumme können auf diese Weise erhebliche „Anlaufverluste" entstehen. Derartige Verluste können steuerlich unter Umständen nur beschränkt nutzbar, d.h. nur beschränkt mit Gewinnen verrechenbar sein. Neben den Regeln für die beschränkte Nutzbarkeit von Verlusten aus der Errichtungsphase, die nachfolgend behandelt werden, können ggf. weitere Verlustbeschränkungsvorschriften für laufende Verluste zur Anwendung kommen (z.B. § 15a EStG, § 10a GewStG, § 8c KStG).

a) Einkommen-/Körperschaftsteuer

Wird ein Windpark durch eine inländische Kapitalgesellschaft (z.B. eine GmbH) betrieben, unterliegen die von ihr erzielten Gewinne grundsätzlich der deutschen Körperschaftsteuer (siehe hierzu Ziffer 5.3.1.4). Des Weiteren fällt Körperschaftsteuer an, wenn und soweit der Windpark zwar durch eine Personengesellschaft betrieben wird, an dieser jedoch Kapitalgesellschaften beteiligt sind. In diesem Fall werden die Gewinne (und Verluste) der Betreiber-Personengesellschaft den beteiligten Kapitalgesellschaften zugewiesen und dort mit Körperschaftsteuer besteuert (für gewerbesteuerliche Zwecke ist die Personengesellschaft selbst Steuerobjekt). Eine entsprechende Besteuerung mit Einkommensteuer erfolgt bei solchen Gesellschaftern der Betreiber-Personengesellschaft, die natürliche Personen sind.

aa) Betreiber ist eine Kapitalgesellschaft

Für die Behandlung von Anlaufverlusten (d.h. Verlusten, die vor Beginn des Leistungsangebots am Markt entstehen) bestehen keine körperschaftsteuerlichen Besonderheiten. Der Verlust kann ohne Einschränkungen innerhalb eines Wirtschaftsjahres mit Gewinnen der Kapitalgesellschaft verrechnet werden. Falls ein Verlustüberschuss entsteht, kann dieser mit einem positiven Gesamtbetrag der Einkünfte in späteren Veranlagungszeiträumen durch Verlustvortrag verrechnet werden. Zudem kommt ein Verlustrücktrag bis zur Höhe von 1.023.000 Euro in den unmittelbar vorangegangenen Veranlagungszeitraum in Betracht, wenn und soweit in diesem positive Einkünfte erzielt wurden[885]. Für den Verlustvortrag ist die sogenannte „Mindestbesteuerung" zu beachten, nach der

[883] Vgl. Till/Maurer, NVwZ 10/2012, S. 8.

[884] Vgl. Ziffer 5.3.3.

[885] Vgl. Erhöhung des Rücktragsbetrages von € 511.500 auf € 1.023.000 durch das Gesetz zur Änderung und Vereinfachung der Unternehmensbesteuerung und des steuerlichen Reisekostenrechts. Das Gesetz befindet sich

ein Verlustvortrag in jedem zukünftigen Erhebungszeitraum zunächst bis zur Höhe von einer Million Euro voll, darüber hinaus nur bis zur Höhe von 60 Prozent des verbleibenden Gesamtbetrags der Einkünfte verrechnet werden kann.[886]

bb) Betreiber ist eine Personengesellschaft

Soweit an der Betreiber-Personengesellschaft Körperschaften beteiligt sind, gilt Folgendes: Der Anlaufverlust wird den beteiligten Körperschaften (z.B. GmbH) für körperschaftsteuerliche Zwecke zugewiesen. Auf Ebene der Körperschaft kann der Anlaufverlust im laufenden Jahr zunächst vollständig mit laufenden Gewinnen verrechnet werden. Diese Verlustverrechnung ist im Fall einer Beteiligung als Kommanditist jedoch dadurch beschränkt, dass die Verlustverrechnung insgesamt – vereinfacht – nur bis zur Höhe der im Handelsregister für diesen Kommanditisten eingetragenen Haftsumme möglich ist.[887]

Soweit sich aus der Verlustzuweisung auf Ebene der Körperschaft ein Verlustüberschuss ergibt, ist ein Verlustvortrag möglich (siehe Ziffer 5.3.3.1, a) (aa)). Zudem ist ein Verlustrücktrag bei der Körperschaft möglich[885], durch den der Verlustüberschuss bis zur Höhe von 1.023.00 Euro mit einem positiven Gesamtbetrag der Einkünfte des vorangegangenen Veranlagungszeitraums verrechnet werden kann (vorausgesetzt, die Körperschaft hat bereits bestanden).

b) Gewerbesteuer

Die gewerbesteuerliche Nutzung von Verlusten aus der Errichtungsphase einer Windparkanlage, d.h. die Möglichkeit der Verrechnung solcher Verluste mit Erträgen aus dem späteren Betrieb der Anlage bei der Ermittlung der gewerbesteuerlichen Bemessungsgrundlage, kann rechtsformabhängig begrenzt sein.

Hintergrund ist, dass die Gewerbesteuerpflicht und somit die Möglichkeit, gewerbesteuerlich relevante Verluste zu erzielen, grundsätzlich erst mit dem „Ingangsetzen" des Betriebs beginnt[888]. Wann dies im Einzelnen der Fall ist, ist umstritten und muss einzelfallbezogen geprüft werden. Erforderlich ist jedenfalls das äußerlich erkennbare Anbieten einer entgeltlichen Tätigkeit an einen nicht abgeschlossenen Personenkreis. Beschaffungs- und Errichtungsaktivitäten sind für den Beginn der Gewerbesteuerpflicht noch nicht ausreichend[889]. Laut einer Verfügung der OFD Magdeburg[890] wird bei einer Wasserkraftanlage insoweit auf den Zeitpunkt der erstmaligen Inbetriebnahme abgestellt. Ein Probelauf ist demnach nicht von Bedeutung. Für Windkraftanlagen dürfte u.E. das gleiche gelten.

Für den Fall eines Windparks sollte daher gelten, dass Verluste, die bis zum Zeitpunkt des erstmaligen Angebots der Leistung am Markt entstehen, gewerbesteuerlich grundsätzlich

---

noch im Gesetzgebungsverfahren. Mit den Beschlüssen von Bundesrat und Bundestag ist im Frühjahr 2013 zu rechnen.

886 § 8 Abs. 1 KStG i.V.m. § 10d Abs. 2 EStG.

887 § 8 Abs. 1 KStG i.V.m. § 15a EStG.

888 Sog. „Rolladentheorie": Erst mit der an den Markt gerichteten Eröffnung des Geschäfts („dem Öffnen der Rolladen") beginnt die Gewerbesteuerpflicht. Vgl. Güroff, in: Glanegger/Güroff, GewStG Kommentar, 6. Auflage, § 2 Rz. 216 mit Verweis auf BFHE 176, 138, BStBl. II 1995, 900; BFH/NV 1993, 264.

889 Vgl. Drüen, in: Blümich, GewStG Kommentar, 113. Auflage, § 2 Rz. 236.

890 Vgl. OFD Magdeburg 2012-10-08 G 1400-23-St 216.

nicht nutzbar sind. Verluste, die ab dem Zeitpunkt des Anbietens der Leistung am Markt entstehen, sind dagegen gewerbesteuerlich zu berücksichtigen, auch wenn die Errichtung des Windparks noch nicht abgeschlossen ist.

Diese grundsätzlichen Aussagen zur Berücksichtigung von Anlaufverlusten können rechtsformabhängig variieren. Im Folgenden wird deshalb danach unterschieden, ob der Rechtsträger des Windparks eine Körperschaft oder eine Personengesellschaft ist.

aa) Betreiber ist eine Kapitalgesellschaft

Die Beschränkung für die gewerbesteuerliche Berücksichtigung von Anlaufverlusten gilt nicht, wenn der Windpark durch eine Kapitalgesellschaft (z.B. eine GmbH) betrieben wird, weil eine Kapitalgesellschaft kraft gesetzlicher Definition „stets und in vollem Umfang“[891] ein Gewerbe betreibt. Es wird somit nicht auf den Zeitpunkt des tatsächlichen Beginns der werbenden Tätigkeit abgestellt, da diese mit Eintragung in das Handelsregister fingiert bzw. festgeschrieben wird. Die Gewerbesteuerpflicht beginnt daher hier schon mit der (konstitutiv wirkenden) Eintragung der Kapitalgesellschaft in das Handelsregister[892].

Folglich sind bei Kapitalgesellschaften Verluste aus der Errichtungsphase, die nach ihrer Eintragung in das Handelsregister entstehen, stets gewerbesteuerlich zu berücksichtigen.[893] Ein Ausgleich solcher Verluste mit Erträgen aus demselben Erhebungszeitraum bzw. (falls ein Verlustüberschuss entsteht) mit Erträgen aus späteren Erhebungszeiträumen durch Verlustvortrag ist daher möglich. Für den Verlustvortrag ist die sogenannte „Mindestbesteuerung“ zu beachten, nach der ein Verlustvortrag in jedem zukünftigen Erhebungszeitraum bis zur Höhe von einer Million Euro voll, darüber hinaus nur bis zur Höhe von 60 Prozent der verbleibenden Gewerbeerträge verrechnet werden kann.[894]

bb) Betreiber ist eine Personengesellschaft

Wird der Windpark durch eine Personengesellschaft (z.B. eine KG) betrieben, gilt bei ausschließlicher Beteiligung natürlicher Personen als Gesellschafter grundsätzlich das einleitend Gesagte: Verluste aus der Errichtungsphase fallen außerhalb der Gewerbesteuerpflicht an und können deshalb nicht mit zukünftigen Gewerbeerträgen verrechnet werden. Spiegelbildlich dazu unterliegen Gewinne aus der Aufgabe des Gewerbebetriebs (bei Veräußerung aller wesentlichen Betriebsgrundlagen durch die Personengesellschaft) nicht der Gewerbesteuer.

In vielen Fällen sind die Gesellschafter einer Betreiber-Personengesellschaft jedoch ausschließlich Kapitalgesellschaften, wodurch sich eine abweichende Behandlung der Verluste aus der Errichtungsphase ergeben könnte:

Das FINANZGERICHT BERLIN-BRANDENBURG[895] vertrat z.B. die Auffassung, dass Anlaufverluste gewerbesteuerlich zu berücksichtigen sind, soweit an der Personengesellschaft keine natürlichen Personen (d.h. z.B. Kapitalgesellschaften) beteiligt sind. Zwar tritt die Gewerbe-

---

891 § 2 Abs. 2 Satz 1 GewStG.

892 Die Gewerbesteuerpflicht kann bereits davor eintreten, wenn bspw. die „Vorgesellschaft“ – wie einleitend beschrieben – ihren Betrieb „in Gang setzt“.

893 Allerdings gehören die Gewinne aus der Aufgabe des Gewerbes (d.h. aus der Veräußerung der Wirtschaftsgüter durch die Kapitalgesellschaft) spiegelbildlich ebenfalls zu den gewerbesteuerpflichtigen Erträgen.

894 § 10a Satz 1 und 2 GewStG.

895 FG Berlin-Brandenburg, Urteil vom 17.11.2010 – 7 K 1993/06.

steuerpflicht der Personengesellschaft durch die Beteiligung einer Kapitalgesellschaft nicht früher ein (insoweit ist auf das allgemeine Kriterium des „Ingangsetzens“ des Betriebs abzustellen); allerdings ist der Gewinn aus der Aufgabe des Gewerbebetriebs bei einer Personengesellschaft gewerbesteuerpflichtig, soweit keine natürlichen Personen an der Personengesellschaft beteiligt sind[896]. Aus Gründen der Folgerichtigkeit wurde gefordert, deshalb auch Verluste aus der Errichtungsphase gewerbesteuerlich zu berücksichtigen, soweit an der Personengesellschaft keine natürlichen Personen beteiligt sind.

Im anschließenden Revisionsverfahren hat der BFH jedoch entschieden, dass Verluste aus der Errichtungsphase auch dann nicht verrechenbar sind, wenn an der Betreiberpersonengesellschaft ausschließlich Kapitalgesellschaften beteiligt sind, da die sachliche Gewerbesteuerpflicht einer Personengesellschaft – unabhängig von der Rechtsform ihrer Gesellschafter – erst beginnt, wenn die tatbeständlichen Voraussetzungen eines Gewerbesteuerbetriebes erfüllt sind[897].

5.3.4 Steuerliche Abschreibung von Offshore-Windparks

Teilweise werden Investitions-Projekte im Offshore-Bereich mit einem hohen Anteil an Fremdkapital finanziert. Um die Liquidität der Unternehmen trotz hoher Fremdkapitalkosten in der Startphase der Projekte zu stärken, sind die Unternehmen auch darauf angewiesen, ihre Steuerlast so gering wie möglich zu halten. Vor diesem Hintergrund ist für die Rentabilität und Planungssicherheit dieser Projekte der Betrag der jährlichen steuerlichen Abschreibung der Offshore-Windparks von großer Bedeutung. In diesem Kapitel soll daher dargestellt werden, wie und zu welchem Zeitpunkt ein Offshore-Windpark bzw. einzelne Komponenten eines Offshore-Windparks steuerlich abzuschreiben sind. Im Vordergrund stehen dabei vor allem der Beginn, die Dauer und die Bemessungsgrundlage der steuerlichen Abschreibung.

1. Welche Wirtschaftsgüter eines Offshore-Windparks sind abzuschreiben?

Die steuerliche Abschreibung (Absetzung für Abnutzung) bezweckt die Verteilung der Aufwendungen des Steuerpflichtigen für die Anschaffung bzw. Herstellung von Wirtschaftsgütern über deren betriebsgewöhnliche Nutzungsdauer.[898] Nach der Rechtsprechung des Bundesfinanzhofs liegt ein Wirtschaftsgut vor, wenn sich der Kaufmann dies etwas kosten lässt, es der Verkehrsauffassung nach einer selbstständigen Bewertung zugänglich ist und in der Regel einen Nutzen für mehrere Jahre erbringt.[899] Grundsätzlich ist die Absetzung für Abnutzung für bewegliche und unbewegliche Wirtschaftsgüter, die keine Gebäude und Grundstücke sind, für immaterielle Wirtschaftsgüter sowie für Gebäude und Grundstücke vorzunehmen, die zur Erzielung von Einkünften verwendet werden und einer wirtschaftlichen und technischen Abnutzung unterliegen.[900] Gemäß der Rechtsprechung des Bundesfinanzhofs qualifi-

[896] § 7 Satz 2 GewStG.

[897] Vgl. BFH v. 30.08.2012, IV R 54/10.

[898] Vgl. Kulosa in: Schmidt, EStG, § 7 Rdn. 1; § 7 Abs. 1 EStG.

[899] Vgl. BFH v. 19.6.1997 (IV R 16/95), BStBl. II 1997, S. 808.

[900] Vgl. Kulosa in: Schmidt, EStG, § 7 Rdn. 25.

zieren die Komponenten eines Windparks trotz fester Verbindung mit der Erdoberfläche als bewegliche Wirtschaftsgüter.[901]

In der Handelsbilanz sind grundsätzlich alle Vermögensgegenstände einzeln anzusetzen und zu bewerten.[902] Dieser Grundsatz ist aufgrund des Maßgeblichkeitsprinzips auch für Wirtschaftsgüter in der Steuerbilanz anzuwenden.[903] Wird jedoch eine bewegliche Sache mit einer oder mehreren anderen beweglichen Sachen verbunden oder zu einer Anlage zusammengestellt, ist fraglich, ob es sich bei den einzelnen verbundenen Wirtschaftsgütern jeweils noch um selbstständig bewertbare Wirtschaftsgüter handelt oder nur um unselbstständige Teile des anderen verbundenen Wirtschaftsguts.[904]

Der Bundesfinanzhof hat mit seinem Urteil vom 14.4.2011 entschieden, dass ein Onshore-Windpark nach Zusammenfügung der einzelnen Komponenten nicht ein Wirtschaftsgut im Sinne einer nicht teilbaren Einheit ist, sondern aus den folgenden selbstständigen Wirtschaftsgütern besteht:

- jede einzelne Windkraftanlage bestehend aus Turm, Rotorblättern, Generatorgondel und Fundament einschließlich aller mechanischen und elektrischen Bauteile mit dem dazu gehörenden Transformator und der beide verbindenden Niederspannungsverkabelung (sog. Stromerzeugungsanlage),
- die mehrere Windkraftanlagen verbindende Mittelspannungsverkabelung einschließlich der Übergabestation zum Hochspannungsnetz und
- die Zuwegung[905].

Wird die Herstellung einzelner Bauteile einer (Onshore-)Stromerzeugungsanlage wie beispielsweise der Kompakttransformator, das Fundament oder die Niederspannungsverkabelung nicht mit der Herstellung der Windkraftanlage bestehend aus dem Turm, den Rotorblättern sowie der Generatorgondel in Auftrag gegeben, sind die genannten einzelnen Komponenten zunächst im Rahmen der jeweiligen Aufträge als selbstständige Wirtschaftsgüter steuerlich abzuschreiben.[906]

Die Grundsätze des o.g. Urteils dürften grundsätzlich auch für Offshore-Windparks anwendbar sein. Auf dem Meer wird der Strom genau wie an Land durch den von den Rotorblättern angetriebenen Generator einer Windkraftanlage erzeugt. Der erzeugte Strom wird über die Innerparkverkabelung (Niederspannungskabel) zum Umspannwerk geleitet. Die Umspannplattform stellt das Herzstück eines Offshore-Windparks dar, da an dieser Stelle der Strom aus den einzelnen Windkraftanlagen zusammenfließt und in Hochspannungsstrom transformiert wird. Diese Transformation ist notwendig, damit der erzeugte Strom in das Leitungsnetz eingespeist werden kann. Zudem findet an der Umspannstation der Informations- und Datenaustausch der einzelnen Anlagen mit der Leitwarte statt. Durch den Anschluss der Umspannstation an die Windkraftanlagen ist unter Zugrundelegung des Urteils des Bundesfi-

901 Vgl. BFH v. 14.4.2011 (IV R 46/09), BStBl. II 2011, S. 696.

902 Vgl. § 252 Abs. 1 Nr. 3 HGB.

903 Vgl. § 5 Abs. 1 Satz 1 EStG.

904 Vgl. BFH v. 14.4.2011 (IV R 46/09), BStBl. II 2011, S. 696.

905 Vgl. ebd.

906 Vgl. BFH v. 14.4.2011 (IV R 46/09), BStBl. II 2011, S. 696; BFH v. 1.2.2012 (I R 57/10).

nanzhofs vom 14.4.2011 davon auszugehen, dass diese nach der Verkehrsanschauung als technisch notwendiger Bestandteil der (Offshore-)Stromerzeugungsanlage ihre selbstständige Bewertbarkeit verliert und unselbstständiger Bestandteil des erweiterten einheitlichen Wirtschaftsguts (Offshore-)Stromerzeugungsanlage wird.[907]

Zudem ist nach den Grundsätzen dieses Urteils davon auszugehen, dass auch die Innerparkverkabelung, die die einzelnen Windkraftanlagen mit der Umspannstation verbindet, dem verbundenen Wirtschaftsgut „Offshore-Stromerzeugungsanlage" zugeordnet werden kann.[908]

Neben den o.g. (materiellen) Wirtschaftsgütern kann der zukünftige Betreiber eines Offshore-Windparks bei Erhalt der grundsätzlichen Bauerlaubnis bzw. beim Kauf von Anteilen an der Betreibergesellschaft auch immaterielle Wirtschaftsgüter schaffen. Denn der Wert von Offshore-Windprojekten kann bereits in frühen Phasen (d.h. lange Zeit vor Inbetriebnahme des Windparks) mehrere Millionen Euro betragen. Die in den Projekten bereits zu diesem Zeitpunkt existierenden stillen Reserven können dann möglicherweise auf immaterielle Wirtschaftsgüter unterschiedlicher Art allokiert werden (z.B. Standort, Erlaubnis zum Bau, Goodwill etc.)[909].

2. Beginn der steuerlichen Abschreibung

Die steuerliche Abschreibung (Absetzung für Abnutzung) eines Wirtschaftsguts beginnt erstmalig im Jahr der Anschaffung (Lieferung als Verschaffung der Verfügungsmacht) oder der Herstellung (Fertigstellung i.S.v. Betriebsbereitschaft).[910] Unter dem Anschaffungsvorgang ist der Erwerb eines bereits bestehenden (bzw. hergestellten) Wirtschaftsguts zu verstehen.[911] Hersteller eines Wirtschaftsguts ist der Bauherr, für den das Handeln auf eigene Rechnung und Gefahr prägend ist.[912] Grundsätzlich erfordert der Herstellerbegriff wesentliche Einwirkungsmöglichkeiten auf den Herstellungsprozesses sowie die Tragung des Kostenrisikos.[913] Der zukünftige Betreiber eines Offshore-Windparks ist nur Hersteller, wenn er das wirtschaftliche Risiko während des Herstellungsprozess trägt und die tatsächliche Planung und Ausführung des Projekts übernimmt. Sind diese Voraussetzungen nicht erfüllt, liegt eine Anschaffung vor.[914]

a) Beginn der steuerlichen Abschreibung bei Anschaffung

Grundsätzlich ist hinsichtlich der Bestimmung des maßgeblichen Zeitpunktes bei der Anschaffung eines Wirtschaftsguts das zivilrechtliche Eigentum maßgeblich. Der Eigentümer einer Sache kann demnach, soweit nicht das Gesetz oder Rechte Dritter entgegenstehen, mit der Sache nach Belieben verfahren und andere von jeder Einwirkung ausschließen.[915] Wird ein Wirtschaftsgut angeschafft, ist es steuerbilanziell jedoch dem sog. wirtschaftlichen

---

[907] Vgl. BFH v. 14.4.2011 (IV R 46/09), BStBl. II 2011, S. 696.

[908] Vgl. ebd.

[909] Vgl. Wischott/Krohn/Nogens, DStR 2009, S. 1741.

[910] Vgl. Kulosa in: Schmidt, EStG, § 7 Rdn. 90; § 9a EStDV.

[911] Vgl. Kulosa in: Schmidt, EStG, § 6 Rdn. 34; FG Nürnberg v. 28.7.2010 (3 K 2054/2007), DStR 2011, S. 1312.

[912] Vgl. Kulosa in: Schmidt, EStG, § 6 Rdn. 34 i.V.m. § 15 Abs. 1 EStDV.

[913] Vgl. Kulosa in: Schmidt, EStG, § 6 Rdn. 34.

[914] Vgl. FG Nürnberg v. 28.7.2010 (3 K 2054/2007), DStR 2011, S. 1312.

[915] Vgl. § 903 Satz 1 BGB.

Eigentümer zuzurechnen, wenn dieser die tatsächliche Herrschaft über das Wirtschaftgut in der Weise ausübt, dass er den Eigentümer über die gesamte betriebliche Nutzungsdauer von der Einwirkung auf das Wirtschaftsgut ausschließen kann.[916]

Zudem ist bei beweglichen Wirtschaftgütern der Übergang von Eigenbesitz, Gefahr, Nutzen und Lasten auf den Erwerber erforderlich, um ertragsteuerlich von einer Übertragung des betreffenden Wirtschaftsgutes (und mithin von einer Anschaffung) auszugehen.[917] Sollten am Bilanzstichtag diese Einzelkriterien nicht alle erfüllt sein, bedarf es bezogen auf die Frage der Anschaffung einer wertenden Beurteilung anhand der Verteilung von Chancen und Risiken, die aus dem zu bilanzierenden Wirtschaftsgut erwachsen.[918] Handelt es sich jedoch bei dem zu übereignenden Wirtschaftsgut um eine technische Anlage und soll diese erst nach erfolgreichem Abschluss eines Probebetriebs dem Verkäufer (Werklieferer)[919] abgenommen werden, ist die Erlangung des wirtschaftlichen Eigentums an den Übergang der Gefahr des zufälligen Untergangs der Sache gebunden.[920]

Im Falle der Anschaffung eines Offshore-Windparks beginnt die steuerliche Abschreibung somit grundsätzlich erstmalig in dem Jahr, in dem der Eigentümer das zivilrechtliche Eigentum an dem Windpark erlangt hat. Weicht jedoch der zivilrechtliche Eigentümer vom wirtschaftlichen Eigentümer des Windparks ab und hat der Übergang von Eigenbesitz, Gefahr, Nutzen und Lasten stattgefunden, ist der Offshore-Windpark ab diesem Zeitpunkt, d.h. vom Zeitpunkt des Übergangs des wirtschaftlichen Eigentums, abzuschreiben. Zu berücksichtigen hinsichtlich des steuerlichen Abschreibungsbeginns von Offshore-Windparks ist, dass der Bundesfinanzhof mit seinen Urteilen vom 14.4.2011 und vom 1.2.2012 entschieden hat, dass einzelne Bauteile möglicherweise bereits vor Anschaffung des kompletten Windparks abzuschreiben sein können, wenn die einzelnen Komponenten über verschiedene Aufträge angeschafft wurden und der zukünftige Betreiber wirtschaftlicher Eigentümer dieser ist bzw. wird. Werden diese selbstständigen Wirtschaftsgüter durch den Konstruktionsprozess zu einem späteren Zeitpunkt mit einem anderen Wirtschaftsgut zu einer technischen Anlage verbunden, stellen sie nur noch unselbstständige Bestandteile des verbundenen Wirtschaftsguts dar und sind aufgrund des einheitlichen Nutzungs- und Funktionszusammenhangs über die gleiche betriebsgewöhnliche Nutzungsdauer steuerlich abzuschreiben.

Für Zwecke der Anwendbarkeit des deutschen Zivilrechts findet der Akt der zivilrechtlichen Eigentumsübertragung der Windpark-Wirtschaftsgüter oftmals bereits auf dem Gebiet eines deutschen Hafens statt. In der steuerlichen Beratungspraxis ist in solchen Fällen gesondert zu prüfen, ob in diesem Zeitpunkt auch schon das wirtschaftliche Eigentum übertragen wurde oder ob es sich dabei lediglich um einen formellen Akt handelt und die Übertragung des wirtschaftlichen Eigentums erst zu einem späteren Zeitpunkt, z.B. bei Abnahme des fertigen Windparks am Offshore-Standort, übergeht. An dieser Stelle sei bereits erwähnt, dass sich in einer solchen Konstellation darüber hinaus auch umsatzsteuerrechtliche Fragestellungen er-

916 Vgl. § 39 Abs. 2 Nr. 1 AO.

917 Vgl. BFH v. 28.4.1977 (IV R 163/75), BStBl. II 1977, S. 553.

918 Vgl. BFH v. 17.12.2009 (III R 92/08), DStRE 2010, S. 430; BFH v. 1.2.2012 (I R 57/10).

919 § 631 BGB: Durch den Werkvertrag wird der Unternehmer zur Herstellung des versprochenen Werkes, der Besteller zur Entrichtung der vereinbarten Vergütung verpflichtet.

920 Vgl. BFH v. 28.11.2006 (III R 17/05), BFH/NV 2007, S. 975; BFH v. 1.2.2012 (I R 57/10).

geben können, auf welche im weiteren Verlauf in Abschnitt 5.3.7 gesondert eingegangen wird.

b) Beginn der steuerlichen Abschreibung bei Herstellung
Die Herstellung eines Wirtschaftsguts endet mit der Fertigstellung. Das bedeutet, dass der Zustand eines Wirtschaftsguts nach objektiven Merkmalen eine bestimmungsgemäße Verwendung ermöglichen muss.[921] Da es keine eindeutige Aussage bzgl. des Beginns der steuerlichen Abschreibung bei der Herstellung von technischen Anlagen gibt, die nach dem Herstellungsvorgang mit einem anderen Wirtschaftsgut in einem einheitlichen Nutzungs- und Funktionszusammenhang stehen, könnte an dieser Stelle auf die Grundsätze des Beginns der steuerlichen Abschreibung von Gebäuden bei der Errichtung in unterschiedlichen Bauabschnitten zurückgegriffen werden. Bei der Errichtung von Gebäuden in unterschiedlichen Bauabschnitten beginnt die steuerliche Abschreibung mit der Fertigstellung des ersten Bauabschnitts (wenn der Zustand des Wirtschaftsguts eine bestimmungsgemäße Nutzung ermöglicht).[922] Steht dieser Bauabschnitt mit späteren Abschnitten in einem einheitlichen Nutzungs- und Funktionszusammenhang, stellen die Aufwendungen für die späteren Bauabschnitte nachträgliche Herstellungskosten dar.[923] Die Restnutzungsdauer des zuerst hergestellten Wirtschaftsguts ist im Zeitpunkt der Beendigung der nachträglichen Herstellungskosten neu zu schätzen.[924] Das bedeutet, dass die Nutzungsdauer der im ersten Bauabschnitt produzierten Komponenten des Offshore-Windparks im Zeitpunkt der Zusammenfügung über die betriebliche Nutzungsdauer der Windkraftanlagen beginnt. Nach diesen Grundsätzen wären die Komponenten wie bspw. die Umspannstation nach isolierter Betrachtung ab dem Zeitpunkt der Fertigstellung steuerlich abzuschreiben.

3. Bemessungsgrundlage für die steuerliche Abschreibung

Wirtschaftsgüter des Anlagevermögens, die der Abnutzung unterliegen, sind grundsätzlich mit den Anschaffungs- oder Herstellungskosten, vermindert um die Absetzungen für Abnutzung, erhöhte Absetzungen, Sonderabschreibungen[925], Abzüge nach § 6b EStG und ähnliche Abzüge, anzusetzen.[926] Nach § 255 Abs. 1 HGB sind Anschaffungskosten die Aufwendungen, die geleistet werden, um einen Vermögensgegenstand zu erwerben und ihn in einen betriebsbereiten Zustand zu versetzen, soweit sie dem Vermögensgegenstand einzeln zugeordnet werden können. Zu den Anschaffungskosten gehören auch die Nebenkosten und nachträglichen Anschaffungskosten. Außerdem sind Anschaffungspreisminderungen abzusetzen. Zu den Herstellungskosten eines Vermögensgegenstands gehören nach § 255 Abs. 2 HGB die Aufwendungen, die durch den Verbrauch von Gütern und die Inanspruchnahme von Diensten für die Herstellung eines Vermögensgegenstands, seine Erweiterung oder für eine über seinen ur-

[921] Vgl. Fischer in: Kirchhof, EStG, § 6 Rdn. 69.

[922] Vgl. Kulosa in: Schmidt, EStG, § 7 Rdn. 90 i.V.m. BFH v. 20.2.1975 (IV R 241/69), BStBl. I 1975, S. 412.

[923] Vgl. Kulosa in: Schmidt, EStG, § 7 Rdn. 90.

[924] Vgl. R 7.4 Abs. 9 EStR; BFH v. 14.4.2011 (IV R 46/09); BStBl. II 2011, S. 696.

[925] Z.B. die Sonderabschreibung nach § 7g Abs. 5 EStG: Bei abnutzbaren beweglichen Wirtschaftsgütern des Anlagevermögens können unter den Voraussetzungen des Absatzes 6 im Jahr der Anschaffung oder Herstellung und in den vier folgenden Jahren Sonderabschreibungen bis insgesamt 20 Prozent der Anschaffungs- und Herstellungskosten in Anspruch genommen werden.

[926] § 6 Abs. 1 Nr. 1 EStG.

sprünglichen Zustand hinaus gehende wesentliche Verbesserung entstehen.[927] Diese Grundsätze der Bestimmung von Anschaffungs- oder Herstellungskosten sind aufgrund des Maßgeblichkeitsprinzips grundsätzlich auch für die Steuerbilanz anzuwenden[928]. Grundsätzlich ist die steuerliche Abschreibung so zu bemessen, dass die Anschaffungs- oder Herstellungskosten am Ende der betriebsgewöhnlichen Nutzungsdauer des Wirtschaftsguts voll abgesetzt sind.[929] In Bezug auf die Offshore-Windparks sind als Bemessungsgrundlage für die steuerliche Abschreibung daher grundsätzlich die Anschaffungs- oder Herstellungskosten anzusetzen. Fraglich ist, ob bei einem Windpark ein Schrottwert berücksichtigt werden muss, da er ein großes Eigengewicht haben kann.[930] Die steuerliche Abschreibung wäre dann nur auf die um den geschätzten Schrottwert zu kürzende Bemessungsgrundlage vorzunehmen.[931] Jedoch ist wiederum fraglich, ob ein Schrottwert überhaupt bei Offshore-Windparks berücksichtigt werden kann, da in der Regel bei Aufstellung der Windkraftanlagen keine Verträge über den Abbau und den Verkauf der Windkraftanlagen geschlossen werden. Zudem ist eine zutreffende Schätzung des Schrottpreises aufgrund der erheblichen Wertschwankungen in den letzten Jahren nur schwer möglich.[932]

4. Sonderabschreibungen nach § 7g EStG

Da die unselbstständigen Bestandteile des selbstständigen Wirtschaftsguts (Offshore-) Stromerzeugungsanlage als bewegliche Wirtschaftsgüter qualifizieren, kann der Betreiber der Anlage grundsätzlich auch von der Sonderabschreibung nach § 7g EStG profitieren. Voraussetzung für die Anwendung des § 7g Abs. 5 und 6 EStG ist allerdings, dass das Betriebsvermögen eines Gewerbebetriebs oder eines der selbständigen Arbeit dienenden Betriebs am Ende des Wirtschaftsjahres, in dem der Abzug vorgenommen wird, nicht mehr als 235.000 Euro beträgt.[933] Der Begünstigungszeitraum für die maximale Sonderabschreibung von 20 Prozent der Anschaffungs- bzw. Herstellungskosten beträgt fünf Jahre. Die Verteilung des Höchstbetrags steht dabei dem Steuerpflichtigen frei.[934] Er kann den maximalen Betrag bereits im Jahr der Anschaffung bzw. Herstellung unabhängig von der Lage des Zeitpunkts der

927 Zu den Herstellungskosten gehören nach § 255 Abs. 2 Satz 2 und 3 HGB die Materialkosten, die Fertigungskosten und die Sonderkosten der Fertigung sowie angemessene Teile der Materialgemeinkosten, der Fertigungsgemeinkosten und des Werteverzehrs des Anlagevermögens, soweit dieser durch die Fertigung veranlasst ist. Zudem dürfen bei der Berechnung der steuerbilanziellen Herstellungskosten angemessene Teile der Kosten der allgemeinen Verwaltung sowie angemessene Aufwendungen für soziale Einrichtungen des Betriebs, für freiwillige soziale Leistungen und für die betriebliche Altersversorgung einbezogen werden, soweit diese auf den Zeitraum der Herstellung entfallen und solange das Wirtschaftsjahr vor Veröffentlichung einer geänderten EStR-Fassung endet (Vgl. BMF v. 22.6.2010, BStBl. I 2010, S. 597 Rz. 25).

928 Vgl. BFH v. 25.11.1970 (I R 165/67), BStBl. II 1971, S. 142. Hinsichtlich des Ansatzes von angemessenen Aufwendungen für soziale Einrichtungen des Betriebes sowie für freiwillige soziale Leistungen und für die betriebliche Altersversorgung bei den Herstellungskosten können sich jedoch aufgrund der jüngsten Entwicklung der Finanzverwaltungsauffassung Unterschiede zwischen Handels- und Steuerbilanz ergeben.

929 Vgl. R 7.4 Abs. 1 EStR.

930 Vgl. Brandis in: Blümich, EStG, KStG, GewStG, § 7 Rdn. 246.

931 Vgl. Kulosa in: Schmidt, EStG, § 7 Rdn. 72.

932 Vgl. Wischott/Krohn/Nogens: Steuerliche Risiken und Gestaltungsmöglichkeiten beim Erwerb und Betrieb von Windkraftanlagen, DStR 2009, S. 1737.

933 Bzw. nicht mehr als 335.000 Euro umfasst, wenn das vorangegangene Wirtschaftsjahr nach dem 31.12.2008 und vor dem 01.01.2011 endet. (Vgl. § 7g Abs. 5 EStG i.V.m. § 52 Abs. 25 Satz 5 EStG).

934 Vgl. Kulosa in: Schmidt, EStG, § 7g Rdn. 45.

Anschaffung bzw. Herstellung voll in Anspruch nehmen.[935] Ist nach dem fünfjährigen Begünstigungszeitraum ein Restwert vorhanden, ist eine Restwertabschreibung nach § 7a Abs. 9 EStG durchzuführen.[936] Neben der Sonderabschreibung kann der Steuerpflichtige die planmäßige AfA gemäß § 7 Abs. 1 bzw. § 7 Abs. 2 EStG geltend machen.

5. Höhe der planmäßigen steuerlichen Abschreibung

Bei Wirtschaftsgütern, deren Verwendung oder Nutzung durch den Steuerpflichtigen zur Erzielung von Einkünften sich erfahrungsgemäß auf einen Zeitraum von mehr als einem Jahr erstreckt, ist jeweils für ein Jahr der Teil der Anschaffungs- oder Herstellungskosten abzusetzen (lineare Abschreibung), der bei gleichmäßiger Verteilung dieser Kosten auf die betriebsgewöhnliche Nutzungsdauer auf ein Jahr entfällt. Im Jahr des Beginns und des Endes der steuerlichen Abschreibung ist die steuerliche Abschreibung nur zeitanteilig nach angefangenen Monaten vorzunehmen.[937]

Prinzipiell ist die betriebsgewöhnliche Nutzungsdauer von Vermögensgegenständen vorsichtig festzulegen.[938] Dieser Grundsatz ordnungsgemäßer Buchführung ist ebenfalls aufgrund des Maßgeblichkeitsgrundsatzes im Steuerrecht anzuwenden.[939] Unter Nutzungsdauer ist der Zeitraum zu verstehen, in dem das Wirtschaftsgut erfahrungsgemäß verwendet oder genutzt werden kann. „Betriebsgewöhnliche" Nutzungsdauer bedeutet, dass die betrieblichen Verhältnisse zu beachten sind, unter denen das Wirtschaftsgut eingesetzt wird.[940] Somit ist für die Bestimmung der betriebsgewöhnlichen Nutzungsdauer die objektive Nutzbarkeit eines Wirtschaftsguts unter der Berücksichtigung der besonderen betriebstypischen Beanspruchung maßgebend.[941] Handelsrechtlich sowie steuerrechtlich wird die Nutzungsdauer eines Vermögensgegenstands bzw. Wirtschaftsguts durch den technischen Verschleiß, die wirtschaftliche Entwertung und die rechtlichen Gegebenheiten bestimmt.[942] Die technische und wirtschaftliche Nutzungsdauer fallen in der Regel zusammen.[943] Ist die wirtschaftliche Nutzungsdauer jedoch kürzer als die technische Nutzungsdauer, kann der Steuerpflichtige diese zugrundelegen.[944] Dabei ist zu berücksichtigen, dass ein wirtschaftlicher Verbrauch nur anzunehmen ist, wenn die Möglichkeit einer wirtschaftlich sinnvollen Verwendung durch Nutzung oder anderweitige Veräußerung endgültig entfallen ist.[945] Um die Schätzungen der betriebsgewöhnlichen Nutzungsdauer zu vereinheitlichen, hat das Bundesministerium der Finanzen unter Beteiligung der Fachverbände der Wirtschaft sog. „AfA-Tabellen" veröffentlicht[946], die die betriebsgewöhnlichen Nutzungsdauern von allgemein verwendbaren Anlage-

---

935 Vgl. ebd.

936 Vgl. Brandis in: Blümich, EStG, KStG, GewStG, § 7g Rdn. 105.

937 Vgl. Kulosa in: Schmidt EStG, § 7 Rdn. 91; § 7 Abs. 1 Satz 4 EStG.

938 Vgl. § 252 Abs. 1 Nr. 4 HGB.

939 Vgl. § 5 Abs. 1 EStG.

940 Vgl. BFH v. 14.4.2011 (IV R 46/09), BStBl. II 2011, S. 696.

941 Vgl. BFH v. 19.11.1997 (X R 78/94), BStBl. II 1998, S. 59.

942 Vgl. Heusinger in: Haufe, Bilanz, § 253 Rnd. 160; BFH, Urteil v. 19.11.1997 (X R 78/94), BStBl. II 1998, S. 59.

943 Vgl. BFH v. 19.11.1997 (X R 78/94), BStBl. II 1998, S. 59.

944 Vgl. ebd.

945 Vgl. BFH v. 15.2.1989 (X R 97/87), BStBl. II 1989, S. 604.

946 Vgl. BMF v. 6.12.2001 (IV D 2- S 1551-498/01), BStBl. I 2001, S. 860.

gütern und verschiedenen Wirtschaftszweige festlegen.[947] Da es sich bei den AfA-Tabellen jedoch nur um interne Verwaltungsanweisungen und nicht um ein Gesetz handelt, sind sie für den Steuerpflichtigen und die Gerichte grundsätzlich nicht bindend.[948] Wählt der Steuerpflichtige eine kürzere Nutzungsdauer als in den AfA-Tabellen angegeben oder geht auf der anderen Seite die Finanzverwaltung von einer längeren Nutzungsdauer aus, müssen objektiv nachweisbare Gründe hierfür vorgebracht werden.[949]

Gemäß dem Urteil des Bundesfinanzhofs vom 14.4.2011 sind die Anschaffungs- und Herstellungskosten der selbstständigen Wirtschaftsgüter eines Windparks aufgrund des einheitlichen Nutzungs- und Funktionszusammenhangs über eine einheitliche betriebsgewöhnliche Nutzungsdauer abzuschreiben. Bei der Festlegung dieser betriebsgewöhnlichen Nutzungsdauer haben sich der Bundesfinanzhof und vorgängig das Finanzgericht Schleswig-Holstein an der in den AfA-Tabellen festgelegten Nutzungsdauer für Windkraftanlagen von 16 Jahren orientiert.[950] Bislang ungeklärt ist, ob für die steuerliche Abschreibung von Offshore-Windparks auch eine betriebsgewöhnliche Nutzungsdauer von 16 Jahren zugrundezulegen ist, da diese auf der Basis der technischen und wirtschaftlichen Abnutzung von kleinen, leistungsschwächeren Onshore-Windkraftanlagen festgelegt wurde. Steuerlich bestimmt sich die betriebsgewöhnliche Nutzungsdauer vorrangig durch den technischen Verschleiß.[951] Ist ein Wirtschaftsgut vor Ende der technischen Nutzungsdauer wirtschaftlich verbraucht, kann diese kürzere Nutzungsdauer der Absetzung für Abnutzung zugrunde gelegt werden. Obgleich in einer Vielzahl von Business-Plänen zukünftiger Offshore-Windpark-Betreiber eine (betriebswirtschaftliche) Lebensdauer der Offshore-Windkraftanlagen von mehr als 20 Jahren prognostiziert wird, ist damit zu rechnen, dass die Finanzverwaltung die AfA-Tabellen bei der Bestimmung der betriebsgewöhnlichen Nutzungsdauer heranziehen wird. Zudem sei nach einer Finanzgerichtsentscheidung ein Betriebskonzept grundsätzlich nicht geeignet, die betriebsgewöhnliche Nutzungsdauer eines Wirtschaftsguts herzuleiten.[952] Ob dies im Rahmen einer wirtschaftlichen Betrachtungsweise sachgerecht ist, ist derzeit aufgrund der rasanten Technologieentwicklungen schwer zu beantworten. Möglicherweise sind auch kürzere Nutzungsdauern denkbar, da Offshore-Anlagen besonderen physikalischen und meteorologischen Abnutzungen ausgesetzt sind. Es bleibt daher abzuwarten, welche Auffassung die Literatur, Finanzverwaltung und die Gerichte vertreten werden. Es besteht insoweit derzeit noch keine Rechtssicherheit.

Wie bereits zu Beginn dargestellt, kann der Wert eines Windparks bereits vor Inbetriebnahme des Windparks mehrere Millionen Euro betragen. Dieser Wert kann dann möglicherweise auf immaterielle Wirtschaftsgüter (z.B. Standort, grundsätzliche Erlaubnis zum Bau, Goodwill etc.) verteilt werden. Immaterielle Wirtschaftsgüter sind abnutzbare Wirtschaftsgüter, insbesondere wenn sie für ihren Inhaber unter rechtlichen und wirtschaftlichen Gesichts-

---

[947] Vgl. BFH v. 19.11.1997 (X R 78/94), BStBl. II 1998, S. 59.

[948] Vgl. Meinel, Lars: Die Frage nach der Nutzungsdauer – Neue Gestaltungsmöglichkeiten durch die Regelung des BilMoG? in DStR 36/2011, S. 1724–1728.

[949] Vgl. BFH v. 8.11.1996 (VI R 29/96), BFH/NV 1997, S. 288; BFH v. 14.4.2011 (IV R 46/09), BStBl.

[950] Vgl. BFH v. 14.4.2011 (IV R 46/09), BStBl. II 2011, S. 696.

[951] Vgl. Meinel, Lars: Die Frage nach der Nutzungsdauer – Neue Gestaltungsmöglichkeiten durch die Regelung des BilMoG? in DStR 36/2011, S. 1724–1728 i.V.m. BFH v. 19.11.1997 (X R 74/94), BStBl. II 1998, S. 59.

[952] Vgl. FG Münster v. 13.3.2009 (14 K 3638/05 F), DStR 2010, S. 1431.

punkten nur zeitlich begrenzt nutzbar und verwertbar sind.[953] Sie sind daher grundsätzlich auch – entsprechend der anderen Wirtschaftsgüter eines Offshore-Windparks – über eine betriebsgewöhnliche Nutzungsdauer von 16 Jahren abzuschreiben. Ausgenommen davon ist der Goodwill (Geschäfts- und Firmenwert), dessen betriebsgewöhnliche Nutzungsdauer per Gesetz auf 15 Jahre festgelegt ist.[954]

6. Ende der steuerlichen Abschreibung

Die steuerliche Abschreibung endet, wenn die Bemessungsgrundlage im vollen Umfang abgesetzt wurde. Dabei ist zu beachten, dass die Bemessungsgrundlage nur einmal verwendet werden darf.[955]

Wie bereits dargestellt, werden alle Wirtschaftsgüter eines Offshore-Windparks aufgrund ihres wirtschaftlichen Verbrauchs in Anlehnung an die betriebsgewöhnliche Nutzungsdauer der Windkraftanlage über einen einheitlichen Zeitraum (wohl 16 Jahre) abgeschrieben.[956] Werden die einzelnen Komponenten einer Offshore-Windkraftanlage jedoch über verschiedene Aufträge angeschafft bzw. hergestellt, sind sie zunächst im Rahmen der jeweiligen Aufträge als selbstständige Wirtschaftsgüter steuerlich abzuschreiben. Im Falle eines unterschiedlichen Abschreibungsbeginns der einzelnen Komponenten des selbstständigen Wirtschaftsguts Stromerzeugungsanlage ist der Ablauf der jeweiligen Abschreibungszeiträume, ungeachtet des früheren Abschreibungsbeginns, am Ende der betriebsgewöhnlichen Nutzungsdauer der Windkraftanlage auszurichten.[957] Somit können sich teilweise auch längere Abschreibungszeiträume (als z.B. 16 Jahre) ergeben.

5.3.5 Bauabzugsteuer

Die Bauabzugsteuer, geregelt in §§ 48 EStG ff., ist keine eigene Steuerart, sondern lediglich eine andere Erhebungsform der Einkommen- bzw. Körperschaftsteuer. Die Erhebung der Bauabzugsteuer erfolgt im Wege des Abzugs an der Einkunftsquelle und grundsätzlich unabhängig von einer etwaigen Freistellung nach einem DBA. Ihr unterliegen im Inland erbrachte Bauleistungen an einen Unternehmer i.S.d. § 2 UStG oder an eine juristische Person des öffentlichen Rechts. Bauleistungen sind gem. § 48 Abs. 1 S. 3 EStG alle Leistungen, die der Herstellung, Instandsetzung, Instandhaltung, Änderung oder Beseitigung von Bauwerken dienen. Da Offshore-Windparks als Bauwerke im Sinne dieser Vorschrift gelten[958], kann die Bauabzugsteuer von der Errichtungsphase bis zum Betrieb bzw. der laufenden Wartung eines Offshore-Windparks in der deutschen AWZ relevant sein[959].

---

953 Vgl. Kulosa in: Schmidt, EStG, § 7 Rdn. 29.

954 Vgl. § 7 Abs. 1 Satz 3 EStG.

955 Vgl. Kulosa in: Schmidt, EStG, § 7 Rnd. 60; § 7 Abs. 1 Satz 1 EStG.

956 Vgl. BFH v. 14.4.2011 (IV R 46/09), BStBl. II 2011, S. 696.

957 Vgl. BFH v. 1.2.2012 (I R 57/10).

958 Vgl. BMF-Schreiben v. 27.12.2002, BStBl. I S. 1399, Tz. 5. Es handelt sich bei einem Offshore-Windpark um eine irgendwie mit dem Erdboden verbundene Anlage und der Windpark ist daher als Bauwerk i.S.d. Vorschrift anzusehen; zu Offshore-Windparks als „Anlagen" bzw. „Bauwerke" i.S.d. SRÜ siehe auch: Waldhoff/Engler, FR 6/2012, S. 257.

959 Vgl. Weber/Hammler/Kleinschmidt, BB 2012, S. 1837.

Probleme in der steuerlichen Beratungspraxis können vor allem dann auftreten, wenn es um die Frage geht, ob es sich bei der erbrachten Bauleistung im Zusammenhang mit einem Offshore-Windpark in der deutschen AWZ um eine inländische Bauleistung handelt. Da es sich bei der Bauabzugsteuer lediglich um eine andere Erhebungsform der Einkommen- bzw. Körperschaftsteuer handelt, kann insoweit auf die Ausführungen zum erweiterten einkommensteuerlichen Inlandsbegriff nach § 1 Abs. 1 S. 2 EStG verwiesen werden. Das bedeutet, dass der erweiterte Inlandsbegriff grundsätzlich auch für die Bauabzugsteuer anwendbar sein könnte (Freistellungen nach DBA sind insoweit ohnehin nicht anwendbar). Nach unserer Auffassung gilt dieser Begriff jedoch nicht für Bauleistungen in der deutschen AWZ, da der erweiterte Inlandsbegriff lt. der Gesetzesbegründung lediglich für die originäre Energieerzeugung zur Anwendung kommen soll[960], so dass insoweit auch keine deutsche Bauabzugsteuer erhoben werden darf. Es handelt sich demzufolge u.E. nicht um inländische Bauleistungen[961]. Ungeachtet dessen besteht natürlich die Möglichkeit, sich gem. § 48b EStG unter den dort genannten Voraussetzungen auf Antrag von der gesetzlichen Pflicht zum Einbehalt und der Abführung der Bauabzugsteuer befreien zu lassen.

5.3.6 Lohnsteuer

5.3.6.1 Lohnsteuerabzugsverpflichtung

Für die unterschiedlichen Lebensphasen eines Windparks (wie z.B. der Errichtung, den Betrieb oder der Wartung) ist das jeweilige Windpark-Unternehmen auf die Arbeitskraft seiner Mitarbeiter angewiesen.

Für die involvierten Unternehmen ist es daher wichtig zu wissen, ob durch den Einsatz ihrer Mitarbeiter eine Pflicht zum Einbehalt und der Abführung von deutscher Lohnsteuer entsteht[962]. Dies stellt insbesondere für ausländische Unternehmen, welche normalerweise keine Mitarbeiter in Deutschland beschäftigen, einen gewissen Mehraufwand dar, da aus einer solchen Pflicht zum einen weitere gesetzliche Folgen (z.B. die Übermittlung von Lohnsteuerbescheinigungen) resultieren und sich zum anderen auch administrative Folgen ergeben. Diese bestehen bspw. darin, deutsche Lohnsteuer in die jeweilige Gehaltsabrechnung der Mitarbeiter aufzunehmen und sich bei den deutschen Finanzbehörden registrieren zu lassen.

Eine Verpflichtung, Lohnsteuer einzubehalten, kann für ein Unternehmen, das Arbeitnehmer im Bereich eines Offshore-Windparks einsetzt, grundsätzlich nur bestehen, wenn es als inländischer Arbeitgeber i.S.d. Lohnsteuerrechts gemäß § 38 Abs. 1 Satz 1 Nr. 1 EStG qualifiziert. Dies ist dann gegeben, wenn der Arbeitgeber seine Geschäftsleitung, den Sitz oder eine Betriebsstätte in Deutschland begründet bzw. ein ständiger Vertreter im Sinne der §§ 8 bis 13 AO vorhanden wäre. Das bedeutet, dass für in Deutschland ansässige Unternehmen somit regelmäßig eine Pflicht besteht, Lohnsteuer einzubehalten und abzuführen.

Für ausländische Unternehmen ist im Einzelfall zu prüfen, ob die o.a. Voraussetzungen für eine Pflicht zum Lohnsteuereinbehalt vorliegen. Dabei ist in der Regel von entscheidender

960 Vgl. BR-Drucksache 544/1/07, S. 4.

961 Behrendt/Wischott/Krüger, BB 2012, S. 1832.

962 Auf eine mögliche Abzugsverpflichtung für Beiträge der Arbeitnehmer zur Sozialversicherung wird im Folgenden nicht eingegangen.

Bedeutung, ob durch die Aktivitäten in der deutschen AWZ eine Betriebsstätte in Deutschland begründet wird. Hinsichtlich der Definition des Inlandsbegriffes der Bundesrepublik Deutschland greift das Lohnsteuerrecht auf die allgemeinen Regelungen des Einkommensteuergesetzes[963] zurück. Somit kann für die grundsätzliche Frage, ob und wann ein Offshore-Windpark in der deutschen AWZ aus ertragssteuerlicher Sicht als *inländische* Betriebsstätte qualifiziert wird, auf unsere Ausführungen unter Abschnitt 5.3.1.4 verwiesen werden.

Bei einem Offshore-Windpark innerhalb der 12-Seemeilen-Zone sind die territorialen Voraussetzungen für das Vorliegen einer Betriebsstätte somit in jedem Fall erfüllt (siehe Abschnitt 5.3.1.1), da die 12-Seemeilen-Zone zum Staatsgebiet der Bundesrepublik Deutschland zählt.

Für das Gebiet der deutschen AWZ gibt es keine expliziten lohnsteuerlichen Regelungen, die die Anwendbarkeit des erweiterten Inlandsbegriffs i.S.d. § 1 Abs. 1 S.2 EStG ausschließen, so dass dieser grundsätzlich auch für die Beurteilung heranzuziehen ist, ob und inwieweit es sich bei dem jeweiligen Unternehmen um einen inländischen Arbeitgeber handelt oder nicht[964].

Wie unter Abschnitt 5.3.1.4 ausgeführt, greift der erweiterte Inlandsbegriff jedoch nur, wenn der Festlandsockel der Energieerzeugung unter Nutzung erneuerbarer Energien dient. Da dies lt. Gesetzesbegründung nur beim Betrieb eines Windparks vorliegt, kann u.E. eine Pflicht zum Lohnsteuereinbehalt auch nur während der Betriebsphase eines Offshore-Windparks bestehen.

Besteht für ein Unternehmen sodann eine Pflicht zum Lohnsteuerabzug, ist dieser allerdings nur für solche Arbeitnehmer durchzuführen, die in Deutschland einkommensteuerpflichtige Einkünfte aus nichtselbstständiger Arbeit i.S.d. § 19 EStG (ggf. i.V.m. § 49 EStG) erzielen. Dies gilt unabhängig davon, ob es sich um ein ausländisches oder inländisches (d.h. deutsches) Unternehmen handelt. Daher wird im Folgenden auf die persönliche Einkommensteuerpflicht der betroffenen Mitarbeiter eingegangen.

5.3.6.2 Einkommensteuerpflicht der Mitarbeiter

a) Beurteilung nach nationalem Recht

Im Folgenden soll nun dargestellt werden, in welchen Konstellationen Arbeitnehmer, die im Bereich eines Windparks eingesetzt werden, in Deutschland einkommensteuerpflichtige Einkünfte aus nichtselbstständiger Tätigkeit im Sinne des § 19 EStG erzielen können.

Zur Klärung der Frage, ob natürliche Personen in Deutschland einkommensteuerpflichtigen Arbeitslohn beziehen, ist grundsätzlich zwischen einer unbeschränkten und einer beschränkten Steuerpflicht zu unterscheiden. Liegt eine unbeschränkte Einkommensteuerpflicht vor, ist das gesamte Welteinkommen des Arbeitnehmers in Deutschland einkommensteuerpflichtig. Ist der Arbeitnehmer hingegen nur beschränkt einkommensteuerpflichtig, wird er nur hinsichtlich seiner inländischen Einkünfte in Deutschland steuerpflichtig.

---

963 Vgl. Hartz/Meeßen/Wolf, ABC-Führer Lohnsteuer, Inland, Tz. 1.

964 Vgl. Hartz/Meeßen/Wolf, ABC-Führer Lohnsteuer, Inland, Tz. 2.

aa) Unbeschränkte Steuerpflicht

Eine unbeschränkte Einkommensteuerpflicht nach § 1 Abs. 1 Satz 1 EStG kann nur vorliegen, wenn der Steuerpflichtige einen Wohnsitz oder einen gewöhnlichen Aufenthalt in Deutschland innehat. Ein gewöhnlicher Aufenthalt wird gem. § 9 Satz 1 AO dann begründet, wenn sich eine Person in Deutschland unter Umständen aufhält, die nicht erkennen lassen, dass er hier nur vorübergehend verweilt. Dies wird regelmäßig bei einer Dauer von mindestens 6 Monaten angenommen[965].

Eine unbeschränkte Einkommensteuerpflicht liegt daher regelmäßig vor, wenn Arbeitnehmer mit Wohnsitz in Deutschland beschäftigt werden. Bei ausländischen Arbeitnehmern stellt sich hingegen die Frage, ob diese einen Wohnsitz oder gewöhnlichen Aufenthalt in Deutschland während ihrer Tätigkeit im Zusammenhang mit dem Windpark begründen. Das Wohnsitzmerkmal des § 8 AO knüpft hierbei an das Innehaben eines zum dauerhaften Wohnen geeigneten Raumes an. Die Ausstattung und die Begleitumstände eines solchen Raumes sind für das Vorliegen eines Wohnsitzes grundsätzlich unerheblich[966]. Daher kann auch eine Sammelunterkunft wie z.B. bei einer Baubaracke[967] oder auf einem Schiff[968] grundsätzlich einen Wohnsitz begründen.

Ob innerhalb der deutschen 12-Seemeilen-Zone oder der deutschen AWZ jedoch aus deutscher steuerlicher Sicht ein Wohnsitz begründet werden kann, wird in der Literatur teilweise kritisch gesehen[969]. Die Möglichkeit ist jedoch zumindest theoretisch gegeben, da neben dem S. 1 des § 1 Abs. 1 EStG auch S. 2 der Vorschrift auf die Steuerpflicht von natürlichen Personen Anwendung findet.

Dass die tatsächlichen Voraussetzungen eines Wohnsitzes im herkömmlichen Sinne bei einem Offshore-Windpark bzw. einem Offshore-Windpark im Bau oder in dessen Bauumgebung (z.B. auf einer Hubinsel oder auf einem Versorgungsschiff) vorliegen können, erscheint hingegen eher fragwürdig.

Anders wäre das Vorliegen eines gewöhnlichen Aufenthaltes im Sinne des § 9 AO zu werten. Hierzu bedarf es keiner technischen Voraussetzung wie dem Innehaben eines Raumes, sondern lediglich eines einfachen Zeitablaufes[970]. Eine unbeschränkte Einkommensteuerpflicht kann danach auch vorliegen, wenn sich eine Person nicht nur vorübergehend an einem bestimmten Ort oder einem bestimmten Gebiet aufhält[971]. Während der Errichtung eines Windparks innerhalb der deutschen 12-Seemeilen-Zone werden ausländische Mitarbeiter daher regelmäßig bei entsprechender Aufenthaltsdauer eine unbeschränkte Einkommensteuerpflicht in Deutschland begründen.

---

965 Siehe Koenig, in Pahlke/Koenig, Abgabenordnung, § 9 AO, Tz. 10.

966 Vgl. Kruse, in Tipke/Kruse, Abgabenordnung, § 8 AO, Tz. 5.

967 Vgl. FG München in: Entscheidung der Finanzgerichte 1984, Seite 574.

968 Vgl. BFH, BStBl 74, Seite 361.

969 So wird bei Schmidt/Heinicke EStG § 1 Rz. 30, keine unbeschränkte Einkommensteuerpflicht angenommen, wenn eine Person ihren gewöhnlichen Aufenthalt auf einer Bohrinsel in der AWZ hat. Dem gegenüber bejaht Ebling in Blümich EStG §1 Rz. 176 die theoretische Möglichkeit, einen Wohnsitz auf dem Festlandsockel zu begründen, verweist aber auch auf die schwierigen technischen Voraussetzungen, in der AWZ einen Wohnsitz zu begründen.

970 Vgl. § 9 Satz 2 AO.

971 Vgl. Siehe Kruse, in Tipke/Kruse, Abgabenordnung, § 12 AO, Tz. 6; demnach kann ein längerer Zeitraum aber auch unter 6 Monaten vorliegen, wenn die Begleitumstände dafür sprechen.

Dies verhält sich bei einem Offshore-Windpark in der deutschen AWZ u.E. jedoch anders. Der erweiterte Inlandsbegriff kann für beide Voraussetzungen (§ 8 und § 9 AO) nur greifen, wenn an dem Ort des gewöhnlichen Aufenthaltes eine Energieerzeugung unter Nutzung erneuerbarer Energien stattfindet. Der Anwendungsbereich der Vorschrift dürfte u. E. daher hier wahrscheinlich nicht zum Tragen kommen, da eine Aufenthaltsdauer von über 6 Monaten für das Vorliegen eines gewöhnlichen Aufenthaltes wohl eher nur in der Errichtungsphase erfüllt sein wird. Da in dieser Zeit allerdings noch keine Möglichkeit zur Energieerzeugung unter Nutzung erneuerbarer Energien besteht, kommt der erweiterte ertragsteuerliche Inlandsbegriff nicht zur Anwendung und das Gebiet der deutschen AWZ zählt für ertragsteuerliche Zwecke während dieser Phase nach der hier vertretenen Auffassung noch nicht zum Inland (siehe Abschnitt 5.3.1.4).

Ab Inbetriebnahme des Windparks wird zwar der erweiterte Inlandsbegriff anwendbar sein, aber es dürften in der Regel nur kurzfristige Arbeitseinsätze mit einer Dauer von weniger als 6 Monaten in der deutschen AWZ (z.B. bei Wartungseinsätzen) in Betracht kommen.

bb) Beschränkte Steuerpflicht

Auch bei einem fehlenden Wohnsitz oder gewöhnlichen Aufenthalt kann für den Mitarbeiter eine Steuerpflicht in Deutschland bestehen. Dies gilt jedoch nur in Form einer beschränkten Einkommensteuerpflicht nach § 1 Abs. 4 EStG, welche auf inländische Einkünfte i.S. d. § 49 Abs. 1 EStG [972] begrenzt ist. Bei den betroffenen Mitarbeitern werden als inländische Einkünfte regelmäßig nur Einkünfte aus nichtselbständiger Arbeit nach § 19 EStG i.V.m. § 49 Abs. 1 Nr. 4 Buchstabe a EStG, die im Inland ausgeübt oder verwertet werden oder worden sind, vorliegen.

Auch bei der Prüfung der Frage, ob beschränkt steuerpflichtige Einkünfte aus nichtselbständiger Arbeit vorliegen, ist es also wichtig festzustellen, ob und wann der Inlandsbegriff erfüllt ist.

Bei Tätigkeitstagen innerhalb der deutschen 12-Meilen-Zone werden daher immer zumindest beschränkt steuerpflichtige Einkünfte aus nichtselbständiger Arbeit vorliegen, da diese Zone jederzeit zum Inland gehört.

Im Bereich der deutschen AWZ würden ausländische Arbeitnehmer während ihrer Tätigkeitstage erst dann in Deutschland beschränkt steuerpflichtige Einkünfte erzielen, wenn der erweiterte Inlandsbegriff nach § 1 Abs. 1 S. 2 EStG greift. D.h. für ausländische Arbeitnehmer, die im Bereich der deutschen AWZ arbeiten, braucht nach der hier vertretenen Auffassung eine beschränkte Einkommensteuerpflicht erst geprüft zu werden, wenn eine Energieerzeugung unter Nutzung erneuerbarer Energien stattfindet (siehe Abschnitt 5.3.1.4).

b) Beurteilung nach Abkommensrecht

Kommt man zu dem Ergebnis, dass unter Anwendung des deutschen Einkommensteuerrechts ein nationaler Steueranspruch Deutschlands besteht, so ist in einem zweiten Schritt zu prüfen, ob dieser möglicherweise aufgrund eines Doppelbesteuerungsabkommens mit einem anderen Staat wieder eingeschränkt wird.

---

[972] Vgl. Schmidt/Heinicke EStG § 1 Rz. 30.

Für eine solche Prüfung ist zunächst zu klären, in welchem Staat der betroffene Arbeitnehmer ansässig ist bzw. seinen Wohnsitz hat. Diese Prüfung hat losgelöst von der Prüfung nach dem innerstaatlichen Steuerrecht zu erfolgen.

Für ausländische Arbeitnehmer, die im Zusammenhang mit dem Bau oder dem Betrieb von Windparks beschäftigt werden, kann in der Regel davon ausgegangen werden, dass diese in ihrem Heimatstaat über einen Wohnsitz verfügen. Fraglich ist jedoch, ob die betroffenen Mitarbeiter am jeweiligen Standort des Windparks (der unter Umständen in der deutschen AWZ liegt) einen zweiten Wohnsitz im Sinne eines Doppelbesteuerungsabkommens begründen können[973]. Sollte dem so sein, würde eine Doppelansässigkeit vorliegen. Bei einer doppelten Ansässigkeit regelt die sog. *„tie-breaker rule"* im Art. 4 Abs. 2 Buchstabe a des OECD-Musterabkommens (OECD-MA), dass für Zwecke des Abkommens der Ansässigkeitsstaat der Staat ist, in dem sich der Mittelpunkt der Lebensinteressen der betroffenen Person befindet. Als Lebensmittelpunkt wird der Ort angenommen, an dem eine Person engere persönliche und wirtschaftliche Beziehungen hat. Ein ausschlaggebendes Argument wäre hier der Familienwohnsitz im Ausland[974]. Diese sogenannte *„tie-breaker rule"* befindet sich in vielen DBA zwischen Deutschland und dessen Anrainerstaaten[975]. Unter Zugrundelegung derartiger Kriterien wird ein ausländischer Arbeitnehmer daher wohl keinen Lebensmittelpunkt auf dem Gebiet der deutschen 12 Seemeilen-Zone oder der deutschen AWZ haben. Denn dieser dürfte sich üblicherweise im Heimatstaat des betroffenen Arbeitnehmers befinden.

Deshalb ist es u. E. grundsätzlich unerheblich, ob in der deutschen 12-Seemeilen-Zone oder der deutschen AWZ theoretisch ein Wohnsitz im Sinne eines DBA begründet werden kann. Bei Anwendung der *„tie-breaker rule"* des jeweiligen DBA wird Deutschland regelmäßig nicht der Staat sein, in dem der betroffene Mitarbeiter aus abkommensrechtlicher Sicht ansässig ist, sondern es wird lediglich der Quellenstaat sein können[976]. Als Quellenstaat wird Deutschland abkommensrechtlich lediglich ein eingeschränktes Besteuerungsrecht zustehen.

Der obigen Annahme folgend, dass die Mitarbeiter ihren Wohnsitz im Sinne des Art. 4 Abs. 2 Buchstabe a OECD-MA im Ausland haben (d.h. für abkommenrechtliche Zwecke nicht als in Deutschland ansässig gelten), behält Deutschland nach abkommensrechtlichen Bestimmungen sein Recht zur Besteuerung als Quellenstaat der Einkünfte aus unselbständiger Arbeit nach Art. 15 Abs. 2 OECD-MA nur dann, wenn

- der Arbeitnehmer sich insgesamt länger als 183 Tage innerhalb eines Zeitraums von zwölf Monaten in Deutschland aufhält oder
- die Vergütungen von einem Arbeitgeber oder für einen Arbeitgeber gezahlt werden, der in Deutschland ansässig ist, oder
- die Vergütungen von einer Betriebstätte getragen werden, die der Arbeitgeber in Deutschland hat.

973 Vgl. Ausführungen bzgl. der internationalen Auslegung der AWZ in DBAs unter Punkt 5.3.1.5.

974 Vgl. Lehner in Vogel/Lehner, DBA, Artikel 4, Tz. 190 und 192.

975 Vgl. Aufstellung von Lehner in Vogel/Lehner, DBA, Artikel 4, Tz. 220; insbesondere ist danach Artikel 4 Abs. 2 OECD-MA in den DBA mit Dänemark umgesetzt worden.

976 Vgl. Lehner in Vogel/Lehner, DBA, Artikel 4, Tz. 168.

Auch diese Passagen des OECD-MA wurden in vielen von Deutschland abgeschlossenen DBA umgesetzt[977].

Bei dem Betrieb bzw. der Errichtung eines Offshore-Windparks innerhalb der deutschen 12-Seemeilen-Zone würde Deutschland also regelmäßig der Besteuerungsanspruch zufallen, da die Offshore-Windpark Betriebsstätte als inländischer Arbeitgeber qualifiziert.

Im Bereich der deutschen AWZ könnte ein Besteuerungsrecht für Deutschland abkommensrechtlich jedoch nur Bestand haben, wenn der Windpark in Betrieb ist. Denn nur in der Phase der Energieerzeugung würde nach der hier vertretenen Auffassung unter Bezug auf den erweiterten Inlandsbegriff ein inländischer Arbeitgeber aufgrund einer Betriebsstätte und einer Tätigkeit der Arbeitnehmer in Deutschland vorliegen (siehe Abschnitt 5.3.1.4).

Abweichend hiervon müsste jedoch auf das jeweilige DBA abgestellt werden, ob und inwieweit der (nationale) erweiterte Inlandsbegriff Anwendung findet (siehe Abschnitt 5.3.1.5). Sollte dies nicht der Fall sein, würde es sich bei den Einkünften aus unselbständiger Tätigkeit für die Tätigkeitstage im Bereich eines Windparks um sogenannte Drittlandseinkünfte handeln, deren Besteuerung regelmäßig nur dem Wohnsitzstaat zusteht.

5.3.7 Umsatzsteuer

Auch im Bereich der Umsatzsteuer ergeben sich einige Praxisfragen im Zusammenhang mit Offshore-Wind Projekten. Die folgenden Ausführungen beschränken sich dabei auf grundsätzliche Fragen zur Steuerbarkeit von Leistungen, welche typischerweise während der Errichtung, dem Betrieb und der Wartung von Offshore-Windparks auf dem Gebiet der deutschen AWZ von den beteiligten Unternehmen erbracht werden.

5.3.7.1 Umsatzsteuerrechtlicher Inlandsbegriff

Gemäß § 1 Abs. 1 Nr. 1 UStG unterliegen der Umsatzsteuer grundsätzlich nur solche Lieferungen und Leistungen, die im Inland erbracht werden. Es stellt sich demnach die Frage nach dem räumlichen Anwendungsbereich des UStG, d.h. nach dem umsatzsteuerrechtlichen Inlandsbegriff.

Die Vorschrift des § 1 Abs. 2 S. 1 UStG regelt, dass die Gewässer und Watten zwischen der Hoheitsgrenze und der jeweiligen Strandlinie (Küstengewässer) – in den Grenzen der Ausnahmeregelung des § 1 Abs. 3 UStG – kein umsatzsteuerrechtliches Inland sind. Demzufolge weicht der umsatzsteuerrechtliche Inlandsbegriff vom ertragsteuerlichen Inlandsbegriff insoweit ab, als dass im Regelfall das Gebiet jenseits der sog. Strandlinie (vgl. Basislinie gem. Art. 7 SRÜ) bereits umsatzsteuerrechtliches Ausland ist. Nach dem Schrifttum ist fraglich, ob der umsatzsteuerrechtliche Inlandsbegriff gegen Europarecht verstößt, da das Umsatzsteuergesetz insoweit im Widerspruch zur Mehrwertsteuersystemrichtlinie steht[978]. Dies soll jedoch im Folgenden nicht weiter untersucht werden. Es wird vielmehr davon ausgegangen, dass der in § 1 Abs. 2 S. 1 UStG definierte umsatzsteuerrechtliche Inlandsbegriff Anwendung findet.

---

[977] Vgl. Aufstellung von Prokisch in Vogel/Lehner, DBA, Artikel 15, Tz. 69.

[978] Vgl. Moog/Schweizer, UR 2011, S. 885.

5.3.7.2 Art und Ort der Leistung

Bei der Bestimmung des Ortes der Leistung ist zunächst auf die jeweilige Art der Leistung abzustellen. In Abhängigkeit von der jeweiligen Phase des Projekts kann diese in einer Lieferung oder einer sonstigen Leistung bestehen.

a) Bauphase

Die zu erbringenden Leistungen während der Errichtung eines Offshore-Windparks werden für umsatzsteuerliche Zwecke im Zweifel sonstige Leistungen sein und könnten sowohl als grundstücksbezogene Leistungen als auch als reine Ingenieurleistungen zu klassifizieren sein[979]. Vor allem in der Errichtungsphase können aber auch sog. Versendungslieferungen externer Hersteller vorliegen[980]. Während sich bei Lieferungen der Ort der Leistung und evtl. Steuerbefreiungen nach dem Ort des Beginns des Transports und ggf. dessen Ende richten bzw. nach dem Ort, an dem die Verfügungsmacht übergeben wird, richtet sich gem. § 3a Abs. 3 Nr. 1 UStG der Ort der Leistung bei Leistungen in Zusammenhang mit einem Grundstück nach der Belegenheit des betroffenen Grundstücks. Handelt es sich hingegen nicht um eine Leistung in Zusammenhang mit einem Grundstück, so würde sich der Leistungsort gem. § 3a Abs. 2 UStG – wenn keine Spezialnorm einschlägig ist – grundsätzlich am Sitz des Leistungsempfängers befinden. Im Schrifttum wird die Auffassung vertreten, dass es sich bei Offshore-Windparks aus umsatzsteuerrechtlicher Sicht um Grundstücke handelt[981]. Unter Hinweis auf die EuGH-Rechtsprechung[982] wird dies damit begründet, dass Offshore-Windparks regelmäßig (selbst wenn auch nur über Seile[983]) fest mit dem Meeresboden verankert sind und damit eine fest abgrenzbare, nicht verlegbare Fläche darstellen[984]. Der erforderliche direkte Zusammenhang der erbrachten (Ingenieur-)Leistungen mit dem Offshore-Windpark sei ebenfalls gegeben[985]. Wir schließen uns insoweit der Meinung im Schrifttum an.

Der Ort der sonstigen Leistung richtet sich demzufolge grundsätzlich nach dem Standort des jeweiligen Offshore-Windparks. Da es sich bei der deutschen AWZ aus umsatzsteuerrechtlicher Sicht nicht mehr um Inland handelt, sind Leistungen bezogen auf in der AWZ belegene Windparks folglich in Deutschland nicht umsatzsteuerbar.

An dieser Stelle sei darauf hingewiesen, dass sich im Falle einer Lieferung und einer zivilrechtlichen Eigentumsübertragung in einem deutschen Hafen (siehe Ziffer 5.3.4) – aufgrund der grundsätzlichen Anknüpfung des deutschen Umsatzsteuerrechtes an die zivilrechtlichen Leistungsbeziehungen – eine Umsatzsteuerbarkeit in Deutschland ergeben kann. Aufgrund der komplexen Vertragsgestaltungen in der Praxis ist hier in jedem Fall eine einzelfallbezogene Prüfung erforderlich.

---

979 Vgl. Ebenda, S. 882.

980 Vgl. Weber/Hammler/Kleinschmidt, BB 2012, S. 1841.

981 Vgl. Ebenda, S. 882.

982 Vgl. EuGH, Urt. v. 16.1.2003, Rs. C-315/00 „Maierhofer", EuGHE 2003, I-563; EuGH, Urt. v. 03.03.2005 – Rs. C-428/02 „Fonden Marselisborg Lystbadehavn", EuGHE 2005, I-1527.

983 In der Regel stehen die Windkraftträder fest auf dem Fundament am Meeresboden. Es sind jedoch bereits schwimmende Windkraftträder, welche nur noch über Stahlseile mit dem Meeresgrund verbunden sind, geplant.

984 Vgl. Moog/Schweizer, UR 2011, S. 882.

985 Vgl. Moog/Schweizer, UR 2011, S. 884.

Im Falle von sog. Versendungslieferungen (z.B. Lieferung von Baubestandteilen wie Turbinen, Rotorblättern etc.) durch externe Lieferanten bzw. Hersteller ist zu beachten, dass es sich bei Lieferungen aus Deutschland in das Gebiet der deutschen AWZ grundsätzlich um steuerfreie Ausfuhrlieferungen handelt[986]. Demzufolge hat der leistende Unternehmer eine Rechnung ohne Ausweis deutscher Umsatzsteuer auszustellen, in der auf die Steuerbefreiung gesondert hingewiesen werden muss[987]. Die allgemeinen Buch– und Belegnachweise sind zwingend vorzuhalten, um die Steuerfreiheit zu erlangen. Im Falle von im Ausland ansässigen Unternehmern, die eine Ausfuhrlieferung in Deutschland tätigen, hat für umsatzsteuerliche Zwecke ggf. eine Registrierung des im Ausland ansässigen Unternehmers in Deutschland zu erfolgen. Erfolgt die Lieferung aus dem Drittland oder dem übrigen Gemeinschaftsgebiet in die deutsche AWZ, ist der daraus erzielte Umsatz mangels Anknüpfungspunkt für eine deutsche Besteuerung nicht in Deutschland umsatzsteuerbar[988]. Es können sich aber ggf. umsatzsteuerliche Pflichten im Ausland ergeben.

Schließlich ist noch anzumerken, dass in der Errichtungsphase eines Offshore-Windparks auch die Umsatzsteuerbarkeit von Leistungen zu beurteilen sind, die im Zusammenhang mit der Verlegung von Seekabeln stehen. Hierbei ist vor allem zu beachten, dass sich in diesem Fall nur eine Steuerbarkeit dieser Leistungen ergeben kann, soweit das Kabel im umsatzsteuerlichen Inland verlegt wird. Insoweit ist ggf. eine Aufteilung des entsprechenden Entgelts erforderlich.

b) Betrieb

Der Betrieb eines Offshore-Windparks besteht vor allem aus der Lieferung von Strom. Der Ort der Lieferung von Elektrizität richtet sich in diesen Fällen grundsätzlich nach § 3g Abs. 1 UStG und damit nach dem Ort, an dem der Abnehmer des Stroms sein Unternehmen betreibt. Der Ort der Stromlieferung richtet sich demzufolge nicht nach dem Standort des Offshore-Windparks. Bei in Deutschland ansässigen Unternehmern (deutschen Stromabnehmern) liegt der Ort der Leistung folglich im Inland. Die Stromlieferung von einem Offshore-Windpark, der in der deutschen AWZ betrieben wird, wäre dann in Deutschland umsatzsteuerbar und umsatzsteuerpflichtig[989] [990].

c) Wartung

Bei Leistungen, die im Zusammenhang mit der Wartung eines Offshore-Windparks erbracht werden, stellt sich ebenfalls die Frage nach dem umsatzsteuerrechtlichen Ort dieser Leistungen. Es muss hier zunächst geprüft werden, um welche Art von Leistungen es sich im Einzel-

986 Vgl. Weber/Hammler/Kleinschmidt, BB 2012, S. 1841.

987 Im Falle der Beförderung oder Versendung durch den Abnehmer ergibt sich eine Steuerbefreiung hingegen nach § 6 Abs. 1 Nr. 2 UStG nur, wenn es sich um einen ausländischen Abnehmer i.S.d. § 6 Abs. 2 UStG handelt.

988 Vgl. Weber/Hammler/Kleinschmidt, BB 2012, S. 1841.

989 Falls es sich beim Betreiber des Windparks um einen ausländischen Unternehmer i.S.d. UStG handelt, findet das „Reverse-Charge-Verfahren“ Anwendung (vgl. § 13b Abs. 2 Nr. 5 i.V.m Abs. 5 UStG).

990 Es ist zudem darauf hinzuweisen, dass die im Falle der Direktvermarktung des erzeugten Stroms nach § 33g EEG geleistete sog. „Marktprämie“ zwar lt. der Gesetzesbegründung des EEG sowie lt. Aussagen im Schrifttum dem Grunde nach nicht umsatzsteuerbar sei (vgl. Lehnert, ZUR 1/2012, S. 13). Dennoch vertritt die OFD Niedersachsen in einer Verfügung vom 13.03.2012 die Auffassung, dass es sich bei der „Marktprämie“ um umsatzsteuerbares Entgelt von dritter Seite handeln soll.

fall handelt. Denkbar sind sowohl Werklieferungen als auch Werkleistungen. Während Werklieferungen gem. § 3 Abs. 4 UStG regelmäßig ihren Leistungsort am Ort der Verschaffung der Verfügungsmacht (d.h. am Ort des Windparks in der deutschen AWZ) und damit im umsatzsteuerlichen Ausland haben, ist bei den Werkleistungen zu prüfen, ob diese im Zusammenhang mit einem Grundstück erbracht werden. Nur dann würde sich der Ort der sonstigen Leistungen nach dem Standort des betroffenen Offshore-Windparks richten. Bei reinen Wartungsleistungen sollte es sich u.E. in der Regel um sonstige Leistungen im Zusammenhang mit einem Grundstück handeln, so dass diese für in der deutschen AWZ belegene Windparks – wie auch bereits die Leistungen in der Errichtungsphase – mangels inländischen Leistungsorts nicht der deutschen Umsatzsteuer unterliegen.

5.3.8 Versicherungsteuer

Wie eingangs erwähnt, handelt es sich bei Offshore-Windprojekten um finanzielle Großprojekte. Hersteller und Betreiber von Offshore-Windparks wollen sich daher gegen diverse wirtschaftliche Risiken, die im Zusammenhang mit diesen Anlagen stehen, versichern und schließen entsprechende Versicherungsverträge ab. Es ist somit fraglich, ob Versicherungsverträge, die in Bezug auf Offshore-Windparks innerhalb der deutschen AWZ als versichertes Risiko abgeschlossen werden, der deutschen Versicherungsteuer unterliegen[991].

Der Versicherungsteuer unterliegt nach § 1 Abs. 1 VersStG die Zahlung des Versicherungsentgelts auf Grund eines durch Vertrag oder auf sonstige Weise entstandenen Versicherungsverhältnisses[992]. Versicherungsentgelt (Versicherungsprämie) ist jede Leistung, die für die Begründung und zur Durchführung des Versicherungsverhältnisses an den Versicherer zu bewirken ist (z.B. Prämien, Beiträge etc.).

Bei Versicherungsverhältnissen mit Versicherern, die im Gebiet der EWR-Vertragsstaaten niedergelassen sind, entsteht die Steuerpflicht gem. § 1 Abs. 2 S. 1 VersStG nur dann, wenn das versicherte Risiko „im Geltungsbereich des VersStG“ belegen ist. Ist der Versicherungsnehmer keine natürliche Person, ist das Risiko im Geltungsbereich des VersStG belegen, wenn sich hier bei Zahlung der Versicherungsprämie das Unternehmen, die Betriebsstätte oder die entsprechende Einrichtung befindet, auf die sich das Versicherungsverhältnis bezieht. Der Begriff der Betriebsstätte wird deckungsgleich mit der ertragsteuerlichen Betriebsstätte definiert, so dass ein in Bezug auf einen als Betriebsstätte qualifizierenden Offshore-Windpark abgeschlossenes Versicherungsverhältnis grundsätzlich auch zur Auslösung deutscher Versicherungsteuer führen könnte[993]. Fraglich ist jedoch, ob es sich bei einem Offshore-Windpark nach versicherungsteuerlichen Grundsätzen überhaupt um eine im Gel-

---

991 Vgl. Behrendt/Wischott/Krüger, BB 2012, S. 1834.

992 Mit Inbetriebnahme eines Offshore-Windparks schließen die Betreiber üblicherweise Verträge mit Wartungsunternehmen ab. Die Wartungsverträge beinhalten nicht selten sog. Verfügbarkeitsgarantien. Je nach Ausgestaltung dieser Verträge wurde in steuerlichen Außenprüfungen teilweise die Auffassung vertreten, dass diese Versicherungscharakter haben und das zu leistende Entgelt u.U. der Versicherungsteuer unterliege. Dies ist u.E. grundsätzlich (vorbehaltlich einer einzelfallbezogenen Betrachtung) abzulehnen.

993 Die Begriffe „Unternehmen“, „Betriebsstätte“ und „entsprechende Einrichtung“ sind aus dem in Art. 2 Bst.d der Zweiten Schadenversicherungsrichtlinie verwendeten Begriff der „Niederlassung“ abgeleitet. „Unternehmen“ oder „Betriebsstätte“ ist jede feste Geschäftseinrichtung oder Anlage, die der Tätigkeit eines Unternehmens dient (vgl. hierzu bspw. BMF vom 16.12.1994, IV C 8- S-6356-16/94/IV C 8- S-6550-12/94).

tungsbereich des VersStG belegene Betriebsstätte bzw. um ein im Geltungsbereich des VersStG belegenes versichertes Risiko handelt.

Der Geltungsbereich des VersStG wird derzeit nicht im VersStG definiert. Zudem kann hierzu weder auf Rechtsprechung noch auf aktuelle Literaturmeinungen zurückgegriffen werden. So wird in der (veralteten) Literatur bislang noch gesagt, dass „Inland im Sinne des Versicherungsteuergesetzes das Reichsgebiet mit Ausnahme der Zollausschlüsse ist"[994]. Es wird zudem seit jeher ebenso die Auffassung vertreten, dass der umsatzsteuerliche Inlandsbegriff „zumindest richtungsweisend für den Inlandsbegriff i.S.d. VersStG" sein soll, da es sich bei der Umsatzsteuer wie auch bei der Versicherungsteuer um eine Verkehrsteuer handelt[995]. Danach wäre bereits ein Offshore-Windpark auf dem Gebiet der deutschen 12-Seemeilen-Zone kein im Geltungsbereich des VersStG belegenes Risiko. Es bleibt allerdings abzuwarten, ob die Finanzverwaltung und die Finanzgerichtsbarkeiten dieser Auffassung folgen.

Da das VersStG keine eigene Inlandsdefinition oder gar eine Erweiterung des versicherungsteuerlichen Inlandsbegriffs bzw. Geltungsbereichs enthält, ist u.E. ein Rückgriff auf das Völkerrecht zur Bestimmung des Staatsgebietes der Bundesrepublik Deutschland oder auf den Geltungsbereich des deutschen Grundgesetzes geboten. In beiden Fällen würde es sich danach bei einem Offshore-Windpark in der deutschen AWZ nicht um ein im Geltungsbereich des VersStG belegenes Risiko handeln.

Wie bereits weiter oben erwähnt, bedarf es einer ausdrücklichen Erstreckungsklausel, falls der Anwendungsbereich des VersStG über die Staatsgrenzen hinaus auf das Gebiet der deutschen AWZ ausgedehnt werden soll. Eine solche Klausel ist in der aktuellen Fassung des VersStG jedoch nicht vorhanden.

Es sei noch erwähnt, dass auch Fälle denkbar sind, in denen das versicherte Risiko nicht als ein solches der Betriebsstätte, sondern als eines des Herstellers bzw. Betreibers anzusehen ist. So hat zumindest das FG München in einer – noch nicht rechtskräftigen – Entscheidung geurteilt[996]. Je nach Ausgestaltung und Auslegung des Versicherungsvertrages wäre es hiernach also auch durchaus denkbar, das versicherte Risiko als am Sitz des Versicherungsnehmers belegen anzusehen. Ist der Vertragspartner daher ein deutsches Unternehmen, könnte das Risiko folglich in Deutschland belegen sein und die anteilige Versicherungsprämie – unabhängig von der Qualifikation des Offshore-Windparks als Betriebsstätte im Geltungsbereich des VersStG – der deutschen Versicherungsteuer unterworfen werden.

Durch den Beschluss des Verkehrsteueränderungsgesetzes wurde jedoch der Geltungsbereich des VersStG erstmalig gesetzlich festgelegt[997]. Nach § 1 Abs. 4 VersStG Neu wird ab 2014 auch das Gebiet der deutschen AWZ in den räumlichen Anwendungsbereich des VersStG fallen[998]. Ab dem 1.1.2014 kann es sich daher auch bei in der deutschen AWZ befindlichen

994 Vgl. Gambke/Flick, VerstG, 4. Aufl. 1966, Anm. 9 zu § 1.

995 Vgl. Ebenda, Anm. 9 zu § 1.

996 Vgl. FG München vom 21.04.2010, 4-K-2880/05, DStRE 2010, S. 1524.

997 Vgl. Gesetzesentwurf der Bundesregierung, Entwurf eines Gesetzes zur Änderung des Versicherungsteuergesetzes und des Kraftfahrzeugsteuergesetzes (Verkehrsteueränderungsgesetz – VerkehrStÄndG), S. 8, Stand: 03.05.2012.

998 Ebenda.

Offshore-Windparks nach versicherungsteuerlichen Vorschriften um im Inland gelegene Betriebsstätten und Risiken handeln.

Nach den Vorschriften des neuen VersStG gilt die Erstreckung des Geltungsbereiches des VersStG für Versicherungszeiträume ab dem 1.1.2014, damit also für Versicherungsprämien, die nach dem 1.1.2014 gezahlt werden.

5.4 Die Rolle institutioneller Investoren

JÜRGEN MAIER

5.4.1 Erwartungen und Anforderungen institutioneller Investoren an die Kapitalanlage

Als institutionelle Investoren werden üblicherweise Banken, Versicherungen, Pensions- und Investmentfonds sowie ähnliche Kapitalsammelstellen bezeichnet, deren Geschäftsmodell die Kapitalanlage beinhaltet und die über hinreichende Mittel sowie einen meist langfristigen Anlagehorizont verfügen. Sie sind bedeutende Marktteilnehmer und verfügen daneben je nach Größe über entsprechend ausgebildetes eigenes Personal, um Anlageentscheidungen für Direktinvestments zu vergeben bzw. bestimmen zentrale Parameter (z.B. die *Asset Allocation*) selbst und vergeben ansonsten Mandate an Asset Manager, die über die entsprechende Fachkompetenz in den jeweiligen Assetklassen verfügen.

Am Beispiel einer Lebensversicherung sollen wichtige Prinzipien diskutiert werden, die für institutionelle Investoren gelten. Wesentliche Kapitalanlageziele werden durch § 54 I VAG vorgegeben:

- Sicherheit: Dauerhafte Erfüllbarkeit der Verpflichtungen aus dem Versicherungsgeschäft
- Rentabilität: Rendite und nachhaltiger Ertrag, auch durch Garantieversprechen gefordert
- Liquidität: Unverzügliche Erfüllung fälliger Zahlungsverpflichtungen

Viele dieser Ziele gelten zumindest für die meisten institutionellen Investoren gleichermaßen. Sie stehen bisweilen auch in einer negativen Wechselbeziehung. So wird eine besonders sichere und liquide Anlage wie z.B. Bundesanleihen c.p. eine eher niedrige Liquidität aufweisen, während beispielsweise ein Privat Equity-Fonds eine hohe Rentabilität verspricht, aber mit Risiko verbunden und auch nicht sehr liquide ist.

Durch eine Portfoliobildung kann innerhalb der weiteren gesetzlichen Rahmenbedingungen eine Mischung aus Anlagen erfolgen, die die Ziele insgesamt erfüllt.

Offshore-Windenergie ist aus der Sicht institutioneller Investoren in den Bereich Alternative Investments einzuordnen. Alternative Investments werden hierbei verstanden als Anlagen, die nicht dem klassischen Kapitalmarktbereich (Aktien, Rentenanlagen) zuzuordnen sind[999].

Eine wichtige Eigenschaft von Alternative Investments ist, dass sie nicht auf liquiden Märkten gehandelt werden, also keinen jederzeit beobachtbaren Preis haben. Alternative Investments an sich sind keine Neuentwicklung der letzten Jahre, sondern in Form der weithin dazu gerechneten Immobilien ein traditioneller Bestandteil der Portfolien institutioneller Investoren. Im deutschen Sprachgebrauch verbindet möglicherweise manch interessierter Marktteilnehmer Alternative Investments (nur) mit ökologisch oder allgemeiner nach ESG-Kriterien ausgerichteten Anlagen[1000], aber tatsächlich ist der Begriff wesentlich umfassender. Konkret umfasst er im Wesentlichen folgende Kategorien:

---

999 Vgl. hierzu auch Domseifer (2009), S. 360ff.

1000 ESG = Environmental, Social and (Corporate) Governance.

- Immobilien
- Private Equity
- Infrastruktur
- Erneuerbare Energien
- Rohstoffe
- Hedgefonds

Anlagen in Infrastruktur und Erneuerbare Energien werden bisweilen auch unter Private Equity subsumiert, Anlagen in Erneuerbare Energien auch unter Infrastruktur.

Alternative Investments sind grundsätzlich vielschichtig. Aus der Sicht institutioneller Investoren weisen sie v.a. folgende Vorteile gegenüber den klassischen Kapitalmarktanlagen auf[1001]:

- Meist höhere Rendite bei möglicherweise höherem Gesamtrisiko, aber durch fehlende bzw. niedrige Korrelation zum Gesamtmarkt (hohe Diversifikationswirkung) attraktives Risiko/Rendite-Profil
- Lange Laufzeit (gegenüber Renten)
- Hohe Cash Yield (Infrastruktur, Erneuerbare Energien)
- Einnahmesicherheit (Infrastruktur, Erneuerbare Energien gegenüber Aktien)

Demgegenüber stehen folgende Nachteile:

- Fehlende bzw. mangelnde Liquidität
- Einschränkungen bzw. Hemmnisse im aufsichtsrechtlichen Bereich (z.B. Beschränkungen des Portfolioanteils bzw. relativ hohe geforderte Kapitalunterlegungen)
- Erforderliche Sachkenntnis macht Direktinvestments meist nur für größere institutionelle Investoren sinnvoll, mittelgroße und kleine müssen auf Fondskonstruktionen ausweichen, deren Gebührenstruktur oft den Renditevorteil (teilweise) neutralisiert

5.4.2 Charakteristika von Anlagen in Erneuerbare Energien

Erneuerbare Energien sind seit Jahren ein kleiner, aber wachsender Bestandteil in den Portfolien diverser institutioneller Anleger wie der Allianz SE bzw. ihrer Gruppengesellschaften, der Münchner Rück AG und der Deutschen Bank AG. In vielen Fällen sind derzeit Onshore Wind- und Solarparks im Euroraum Bestandteil des Portfolios. Die Allianz Group hatte beispielsweise per 31.12.2011 in einem Umfang von 1,3 Mrd. Euro in Onshore Wind- und Solarparks in Deutschland, Frankreich und Italien investiert[1002].

Anlagen in Erneuerbaren Energien können grundsätzlich in folgender Form erfolgen:

1. Eigenkapital
   (a) Direkt
   (b) Indirekt/Fonds

[1001] Domseifer (2009), S. 360ff.

[1002] Allianz SE (2012), S. 11.

2. Mezzanine-Kapital
3. Fremdkapital

Unter Ziffer 5.4.4 wird genauer auf die verschiedenen Arten der Anlagen eingegangen. Im Folgenden sollen zunächst die grundlegenden Eigenschaften einer Eigenkapitalanlage (ohne Leverage) in einem Windpark dargestellt werden, da diese die Basisrendite und -risiken dieser Anlageform unverzerrt widerspiegeln.

Im Folgenden wird zunächst davon ausgegangen, dass eine Vergütung nach dem deutschen EEG vorliegt, d.h. eine nominale Festvergütung pro eingespeister kWh. Schließt der Betreiber nun einen langfristigen Pachtvertrag, einen langfristigen Vollwartungsvertrag sowie langfristige kaufmännische und technische Betriebsführungsverträge ab, so hängt sein Umsatz im Wesentlichen vom aktuellen Windangebot ab, während die Cash-Kostenpositionen meist inflationsindexiert sind und nur teilweise von der Einspeisung abhängen. Die Abschreibungen als wichtigste Nicht-Cashkostenposition sind i.d.R. linear und hängen nicht von der Produktion ab. Damit ergibt sich bei den Kosten eine Inflations- aber nur eine geringe Windabhängigkeit.

Nachstehendes Beispiel verdeutlicht die Zusammenhänge: Ein deutscher Onshore-Windpark mit einer Nennleistung von 10 MW (5 Anlagen zu je 2 MW) kann schlüsselfertig für 15 Mio. Euro (ohne Betrachtung der MwSt.) erworben werden. Der jährliche Sollertrag betrage 23 GWh, die Vergütung 0,09 Euro/kWh (zur Vereinfachung als konstant angenommen). Für den Pachtvertrag werden anfänglich 50.000 Euro p.a. fällig, für den Vollwartungsvertrag anfänglich 300.000 Euro p.a., für die technische und kaufmännische Betriebsführung je 3 % der Einspeiseerlöse. Zur Vereinfachung seien alle Kostenpositionen inflationsindexiert, wobei zunächst der Fall einer Inflation von 2 % p.a. betrachtet wird. Die Abschreibung erfolge linear über 20 Jahre, der Steuersatz betrage 30 %. Die Nutzungsdauer belaufe sich auf 25 Jahre, der Restwert entspreche den Abbruchkosten. Zur Vereinfachung wird eine Besteuerung auf Unternehmensebene angenommen, obwohl bei deutschen Windparks i.d.R. die Rechtsform einer GmbH & Co. KG gewählt wird.

Daraus resultiert während der Laufzeit folgendes einfaches Cashflow-Modell als Basis der ökonomischen Modellierung und zur Berechnung des Internen Zinssatzes:

Tabelle 25: Grundsätzliches Cashflow-Modell

	Jahr									
Mio. Euro	**0**	**1**	**2**	**3**	**4**	**5 (...)**	**10 (...)**	**15 (...)**	**20 (...)**	**25**
Investition	-15,00									
Einspeiseerlöse		2,07	2,07	2,07	2,07	2,07	2,07	2,07	2,07	2,07
Vollwartungsvertrag		-0,30	-0,31	-0,31	-0,32	-0,32	-0,36	-0,40	-0,44	-0,48
Pacht		-0,05	-0,05	-0,05	-0,05	-0,05	-0,06	-0,07	-0,07	-0,08
Betriebsführung		-0,12	-0,13	-0,13	-0,13	-0,13	-0,15	-0,16	-0,18	-0,20
Abschreibung		-0,75	-0,75	-0,75	-0,75	-0,75	-0,75	-0,75	-0,75	0,00
Gewinn vor Steuern		0,85	0,84	0,83	0,82	0,81	0,75	0,69	0,63	1,31
Steuern		-0,25	-0,25	-0,25	-0,25	-0,24	-0,23	-0,21	-0,19	-0,39
Cash Flow vor Steuern	-15,00	1,60	1,59	1,58	1,57	1,56	1,50	1,44	1,38	1,31
Cash Flow nach Steuern	-15,00	1,34	1,34	1,33	1,32	1,31	1,28	1,24	1,19	0,92
IRR vor Steuern	8,87%									
IRR nach Steuern	6,72%									

Der resultierende Interne Zinssatz/die Internal Rate of Return (IRR) liegt bei 8,87 % vor bzw. 6,72 % nach Steuern. Die IRR entspricht dem Diskontierungssatz, der bei der Berechnung des Kapitalwertes der Netto-Zahlungsströme zu einem Kapitalwert von Null führt. Die Zahlenwerte sind im derzeitigen Kontext als realistisch anzusehen. Angesichts der aktuellen Niedrigzinsphase insbesondere in Deutschland ist gegenüber einer sicheren festverzinslichen Anlage (wie etwa Bundesanleihen) ein deutlicher Aufschlag festzustellen, der als Risikoprämie für folgende Faktoren gesehen werden kann:

- Ressourcenrisiko
- Regulatorisches Risiko
- Geringe Liquidität

Dabei spielt das Ressourcenrisiko, d.h. die Gefahr der Überschätzung des tatsächlichen Windangebots durch die erstellten Windgutachten, eine bedeutende Rolle. Nachfolgend wird die Rechnung für den Fall dargestellt, dass die Stromproduktion um 10 % unter dem jährlichen Sollertrag liegt:

Tabelle 26: Wirtschaftlichkeit bei 10 %-Minderertrag

Mio. Euro	Jahr 0	1	2	3	4	5 (...)	10 (...)	15 (...)	20 (...)	25
Investition	−15,00									
Einspeiseerlöse		1,86	1,86	1,86	1,86	1,86	1,86	1,86	1,86	1,86
Vollwartungsvertrag		−0,30	−0,31	−0,31	−0,32	−0,32	−0,36	−0,40	−0,44	−0,48
Pacht		−0,05	−0,05	−0,05	−0,05	−0,05	−0,06	−0,07	−0,07	−0,08
Betriebsführung		−0,11	−0,11	−0,12	−0,12	−0,12	−0,13	−0,15	−0,16	−0,18
Abschreibung		−0,75	−0,75	−0,75	−0,75	−0,75	−0,75	−0,75	−0,75	0,00
Gewinn vor Steuern		0,65	0,64	0,63	0,62	0,61	0,56	0,50	0,44	1,12
Steuern		−0,20	−0,19	−0,19	−0,19	−0,18	−0,17	−0,15	−0,13	−0,34
Cash Flow vor Steuern	−15,00	1,40	1,39	1,38	1,37	1,36	1,31	1,25	1,19	1,12
Cash Flow nach Steuern	−15,00	1,21	1,20	1,19	1,19	1,18	1,14	1,10	1,06	0,78
IRR vor Steuern	7,21%									
IRR nach Steuern	5,44%									

Da nur ein Teil der Kosten von der Stromproduktion abhängt, schlägt die verringerte Stromproduktion merklich auf die wesentlichen Ertragskennzahlen und auch den internen Zinssatz durch, der nur noch 7,21 % vor bzw. 5,44 % nach Steuern beträgt. Dies zeigt, wie wichtig ein oder mehrere möglichst zuverlässige Windgutachten für den Erfolg eines Windparks sind[1003]. Ein nicht zu unterschätzender positiver Aspekt dieses Risikos liegt darin, dass es unkorreliert zur allgemeinen Kapitalmarktentwicklung ist, d.h. ein diversifizierbares Risiko vorliegt.

Eine steigende Inflationsrate hat ebenfalls eine nicht unbeachtliche Auswirkung auf den Erfolg des Windparks, die aber bei Weitem nicht so gravierend ist wie die der Abschätzung des Jahresenergieertrages. Beträgt die jährliche Inflationsrate 3 % statt 2 %, so stellt sich die Rechnung wie folgt dar:

1003 Siehe hierzu etwa H. Schwartz 2012, S. 195–231.

Tabelle 27: Wirtschaftlichkeit bei erhöhter Inflationsrate

Mio. Euro	Jahr 0	1	2	3	4	5 (...)	10 (...)	15 (...)	20 (...)	25
Investition	−15,00									
Einspeiseerlöse		2,07	2,07	2,07	2,07	2,07	2,07	2,07	2,07	2,07
Vollwartungsvertrag		−0,30	−0,31	−0,32	−0,33	−0,34	−0,39	−0,45	−0,53	−0,61
Pacht		−0,05	−0,05	−0,05	−0,05	−0,06	−0,07	−0,08	−0,09	−0,10
Betriebsführung		−0,12	−0,13	−0,13	−0,14	−0,14	−0,16	−0,19	−0,22	−0,25
Abschreibung		−0,75	−0,75	−0,75	−0,75	−0,75	−0,75	−0,75	−0,75	0,00
Gewinn vor Steuern		0,85	0,83	0,82	0,80	0,79	0,70	0,60	0,49	1,11
Steuern		−0,25	−0,25	−0,25	−0,24	−0,24	−0,21	−0,18	−0,15	−0,33
Cash Flow vor Steuern	−15,00	1,60	1,58	1,57	1,55	1,54	1,45	1,35	1,24	1,11
Cash Flow nach Steuern	−15,00	1,34	1,33	1,32	1,31	1,30	1,24	1,17	1,09	0,77
IRR vor Steuern	8,42%									
IRR nach Steuern	6,33%									

Der Interne Zinssatz fällt nunmehr c.p. auf 8,42 % vor bzw. 6,33 % nach Steuern. Dabei ist zu berücksichtigen, dass wegen der Möglichkeit, das EEG jederzeit (monatlich) zu verlassen, bei höheren Inflationsraten und in deren Folge einem Überschreiten der EEG-Vergütung durch den Marktpreis (bei Onshore-Wind schneller als bei Offshore-Wind und Solar) ein systemimmanenter Hedgingmechanismus gegen starke Inflation besteht. Beträgt der Strompreis zunächst 0,06 Euro/kWh und die Inflationsrate (auch für Strom) 10 % p.a., so kann im vorliegenden Fall im Jahr 6 ein Übergang vom EEG-Tarif in den Markt erfolgen, mit anschließendem Inflationshedge. Dies führt zu folgender Wirtschaftlichkeitsrechnung:

Tabelle 28: Wirtschaftlichkeit – bei hoher Inflationsrate und unterstelltem Wechsel in einen Markttarif

Mio Euro	Jahr 0	1	2	3	4	5 (...)	10 (...)	15 (...)	20 (...)	25
Investition	−15,00									
Einspeiseerlöse		2,07	2,07	2,07	2,07	2,07	3,25	5,24	8,44	13,59
Vollwartungsvertrag		−0,30	−0,33	−0,36	−0,40	−0,44	−0,71	−1,14	−1,83	−2,95
Pacht		−0,05	−0,06	−0,06	−0,07	−0,07	−0,12	−0,19	−0,31	−0,49
Betriebsführung		−0,12	−0,14	−0,15	−0,17	−0,18	−0,29	−0,47	−0,76	−1,22
Abschreibung		−0,75	−0,75	−0,75	−0,75	−0,75	−0,75	−0,75	−0,75	0,00
Gewinn vor Steuern		0,85	0,80	0,75	0,69	0,63	1,39	2,69	4,79	8,92
Steuern		−0,25	−0,24	−0,22	−0,21	−0,19	−0,42	−0,81	−1,44	−2,68
Cash Flow vor Steuern	−15,00	1,60	1,55	1,50	1,44	1,38	2,14	3,44	5,54	8,92
Cash Flow nach Steuern	−15,00	1,34	1,31	1,27	1,23	1,19	1,72	2,63	4,10	6,25
IRR vor Steuern	13,88%									
IRR nach Steuern	11,46%									

Deutlich wird hierbei der gegenüber dem Basisfall gestiegene Interne Zinssatz, der die Wirkungen der höheren Inflationsrate kompensiert. Eine langfristige Rentenanlage wäre deutlich negativer von der höheren Inflation beeinflusst.

Eine Fremdkapitalaufnahme führt zu einer Veränderung des Risiko/Rendite-Profils mit dem bekannten Leverage-Effekt[1004]. Solange die erwartete Gesamtkapitalrendite über der Fremdkapitalrendite liegt, steigt die erwartete Eigenkapitalrendite mit dem Verschuldungsgrad linear an.

[1004] Vgl. etwa Becker (2012), S. 11.

Für das Beispiel wird nun angenommen, dass 50 % der benötigten Investitionssumme über ein Darlehen mit einem Zinssatz von 6 % p.a. und einer Ratentilgungsvereinbarung über 15 Jahre finanziert werden. Im Basisfall stellt sich die Wirtschaftlichkeitsrechnung nunmehr wie folgt dar:

Tabelle 29: Wirtschaftlichkeit bei Aufnahme von Fremdkapital

	Jahr									
Mio. Euro	**0**	**1**	**2**	**3**	**4**	**5 (...)**	**10 (...)**	**15 (...)**	**20 (...)**	**25**
Investition	−15,00									
Kredit/Tilgung	7,50	−0,50	−0,50	−0,50	−0,50	−0,50	−0,50	−0,50		
Einspeiseerlöse		2,07	2,07	2,07	2,07	2,07	2,07	2,07	2,07	2,07
Vollwartungsvertrag		−0,30	−0,31	−0,31	−0,32	−0,32	−0,36	−0,40	−0,44	−0,48
Pacht		−0,05	−0,05	−0,05	−0,05	−0,05	−0,06	−0,07	−0,07	−0,08
Betriebsführung		−0,12	−0,13	−0,13	−0,13	−0,13	−0,15	−0,16	−0,18	−0,20
Abschreibung		−0,75	−0,75	−0,75	−0,75	−0,75	−0,75	−0,75	−0,75	0,00
Zins		−0,45	−0,42	−0,39	−0,36	−0,33	−0,18	−0,03		
Gewinn vor Steuern		0,40	0,42	0,44	0,46	0,48	0,57	0,66	0,63	1,31
Steuern		−0,12	−0,12	−0,13	−0,14	−0,14	−0,17	−0,20	−0,19	−0,39
Cash Flow vor Steuern	−7,50	0,65	0,67	0,69	0,71	0,73	0,82	0,91	1,38	1,31
Cash Flow nach Steuern	−7,50	0,53	0,54	0,56	0,57	0,58	0,65	0,72	1,19	0,92
IRR vor Steuern	10,34%									
IRR nach Steuern	8,00%									

Der Interne Zinssatz (für das Eigenkapital) beträgt nunmehr 10,34 % vor bzw. 8,00 % nach Steuern.

Bei Kreditaufnahme zeigt sich auf besondere Weise, wie wichtig die realistische Ertragsschätzung ist. Liegt hier der Windertrag dauerhaft um 20 % unter der Prognose, resultiert nachstehende Wirtschaftlichkeitsrechnung:

Tabelle 30: Wirtschaftlichkeit bei Aufnahme von Fremdkapital 20 %-Minderertrag

	Jahr									
Mio. Euro	**0**	**1**	**2**	**3**	**4**	**5 (...)**	**10 (...)**	**15 (...)**	**20 (...)**	**25**
Investition	−15,00									
Kredit/Tilgung	7,50	−0,50	−0,50	−0,50	−0,50	−0,50	−0,50	−0,50		
Einspeiseerlöse		1,66	1,66	1,66	1,66	1,66	1,66	1,66	1,66	1,66
Vollwartungsvertrag		−0,30	−0,31	−0,31	−0,32	−0,32	−0,36	−0,40	−0,44	−0,48
Pacht		−0,05	−0,05	−0,05	−0,05	−0,05	−0,06	−0,07	−0,07	−0,08
Betriebsführung		−0,10	−0,10	−0,10	−0,11	−0,11	−0,12	−0,13	−0,14	−0,16
Abschreibung		−0,75	−0,75	−0,75	−0,75	−0,75	−0,75	−0,75	−0,75	0,00
Zins		−0,45	−0,42	−0,39	−0,36	−0,33	−0,18	−0,03		
Gewinn vor Steuern		0,01	0,03	0,05	0,07	0,09	0,19	0,28	0,25	0,93
Steuern		0,00	−0,01	−0,01	−0,02	−0,03	−0,06	−0,08	−0,08	−0,28
Cash Flow vor Steuern	−7,50	0,26	0,28	0,30	0,32	0,34	0,44	0,53	1,00	0,93
Cash Flow nach Steuern	−7,50	0,25	0,27	0,28	0,30	0,31	0,38	0,45	0,93	0,65
IRR vor Steuern	5,16%									
IRR nach Steuern	4,02%									

Der Interne Zinssatz (für das Eigenkapital) beläuft sich nunmehr auf 5,16 % vor bzw. 4,02 % nach Steuern. Bei einer Unterschreitung der Ertragsprognose um 20 % ist das Projekt (z.B. gegenüber einer Anlage in Aktien) damit relativ unattraktiv.

Dies verdeutlicht, dass ein risikoaverser Investor möglicherweise eine reine Eigenfinanzierung bevorzugen sollte, wenn es darum geht, relativ stabile Cashflows aus der Anlage zu erhalten. Sollte es dagegen eher um die Maximierung der erwarteten Rendite gehen, ist Fremdfinanzierung sinnvoll. Wenn der Investor im Extremfall auch mit sehr niedrigen Renditen leben kann, darf der Leverage auch höher sein. Ein Vorteil klassischer Onshore-Windparks ist für mittelgroße und große Investoren die Losgröße. Im Bereich 10–100 Mio. Euro finden sich viele technisch und ökonomisch gut dimensionierte Projekte. Auf der anderen Seite ist im unteren Teil des Bereichs allerdings die (Bieter-)Konkurrenz relativ hoch, so dass die Preise auch bisweilen anspruchsvoll sind.

5.4.3 Offshore- versus Onshore-Wind-Anlagen: Gemeinsamkeiten und Unterschiede

Nachdem viele der bedeutenden institutionellen Investoren bereits Erfahrungen mit Erneuerbaren Energien (bzw. zumindest mit Infrastruktur) haben, stellt sich die Frage, welche Gemeinsamkeiten und Unterschiede zwischen Onshore- und Offshore-Windenergie vorliegen, die Investitionen in Offshore-Windenergie fördern oder hemmen können.

5.4.3.1 Grundsätzliche Gemeinsamkeiten von Offshore- und Onshore-Windenergie mit Differenzierungen im Detail

Abhängigkeit vom Vorliegen natürlicher Ressourcen (Wind)

Erfolgt die Vergütung über eine Einspeisung oder andere Mechanismen wie die (zusätzliche) Gewährung Grüner Zertifikate pro eingespeister kWh, so besteht bei einem Windpark ein Mengenrisiko. Das Preisrisiko ist bei einer Einspeisung meist (jedenfalls für eine bestimmte Mindesteinspeisungszeit bzw. -menge) ausgeschlossen. Insofern ist die natürliche Ressource Wind entscheidend für den Erfolg einer Windparkinvestition.

Bezüglich des Ressourcenrisikos lässt sich eine Unterteilung in zwei Grundtypen vornehmen:

Kurz- und langfristige natürliche Schwankungen
Wind unterliegt spürbaren natürlichen Schwankungen. Die Standardabweichung der Windindizes wie etwa dem Keiler/Häuser-Index für Deutschland liegt im Bereich 5–10 %. Da der Windertrag nicht einfach linear zur (durchschnittlichen) Windgeschwindigkeit wächst, lässt sich dies nicht einfach am Verhalten der durchschnittlichen Windgeschwindigkeiten ablesen.

Ein solide kalkuliertes und finanziertes Projekt sollte zufällige Schwankungen im Windangebot einschließlich Phasen längerer unterdurchschnittlicher Erträge wie etwa 2009/2010 in Mitteleuropa absorbieren können und insbesondere nicht in Liquiditätsprobleme kommen. Dies kann mit einer konservativen Finanzierung, auskömmlichen Liquiditätsreserven und einer allgemein konservativen Kalkulation (inkl. entsprechender Sicherheitsabschläge) erreicht werden.

Ist der Windertrag über längere Zeit (z.B. wegen Veränderung der Windverhältnisse gegenüber den Windgutachten oder aufgrund individueller Schätzfehler) deutlich niedriger als geplant, muss ggf. eine Umstrukturierung der Finanzierung erfolgen, um den Projekterfolg zumindest langfristig abzusichern. Hierfür käme z.B. eine Tilgungsstreckung in Frage. Bei zu großen Abweichungen im Windertrag werden die Eigenkapitalgeber auch bei konservativer Finanzierung eine deutlich niedrigere Rendite als geplant realisieren bzw. evtl. sogar einen Teil ihrer Einlagen verlieren oder entsprechende Nachschüsse leisten müssen.

Es hat in der Vergangenheit bereits umfangreiche Diskussionen gegeben, ob aus Vergangenheitsdaten (z.B. möglicherweise sehr hohen Windgeschwindigkeiten bzw. -erträgen in den 1980er Jahren in Dänemark) abgeleitete Windprognosen bzw. -gutachten nachhaltig sind oder den künftig zu erwarteten Ertrag eher überschätzen. Auch wurde der Keiler/Häuser-Index bereits mehrfach nach unten korrigiert. Vermutlich ist es noch zu früh, mit genügender statistischer Signifikanz abgeleitete Aussagen hierzu zu treffen. Für die Zukunft kann nicht ausgeschlossen werden, dass etwa der Klimawandel zu Minder- (oder evtl. auch Mehrerträgen) gegenüber auf Vergangenheitsdaten basierenden Prognosen führen kann.

Wegen der großen Nabenhöhen und der insgesamt besser zu prognostizierenden Erträge sollte die Schätzungenauigkeit bei Offshore-Anlagen c.p. etwas geringer sein als bei Onshore-Anlagen.

Individuelle Schätzungenauigkeiten bzw. -fehler
Neben den genannten Makrofaktoren spielen auch Mikrofaktoren im Rahmen der Windprojekte eine wichtige Rolle. Die Unsicherheit von Ertragsprognosen hängt nicht zuletzt von der Bodenrauhigkeit bzw. den Abschattungseffekten ab.

Computersimulationen und Messmasten in niedrigerer Höhe als der Nabenhöhe ermöglichen eine Abschätzung der Auswirkung, die aber mit Unsicherheiten verbunden ist, weshalb man z.B. in hügeligem Terrain ggf. einen zusätzlichen Sicherheitsabschlag vornehmen sollte. Mit zunehmender Nabenhöhe verlieren diese Faktoren c.p. an Bedeutung.

Bei Offshore-Anlagen ist das Problem der Bodenrauhigkeit nicht vorhanden, und die parkinternen Abschattungseffekte können durch entsprechende Aufstellung quer zur Hauptwindrichtung minimiert werden.

Spezielle technische und kaufmännische Expertise erforderlich

Prinzipiell ist das Geschäftsmodell eines Windparks einfach. Umwandlung von Wind in eine Drehbewegung, Umwandlung der Drehbewegung in Strom, Einspeisung des Stroms in ein Netz und damit Transformation von Strom in Erlöse bzw. Cash. Das technische und kaufmännische Management eines Windparks ist mit entsprechender Expertise und Erfahrung sicher kein Hexenwerk (v.a. Onshore), aber jede Ausfallzeit kostet c.p. bares Geld, wenn niemand die Haftung dafür übernimmt.

Ein institutioneller Investor verfügt i.d.R. nicht über entsprechende Personalressourcen, die vor Ort für das technische und kaufmännische Management eines Windparks verantwortlich sind. Das ist auch nicht zwingend erforderlich, da auch in anderen Bereichen (wie etwa IT) Outsourcing betrieben wird. Wichtig ist allerdings, dass das Niveau der eigenen Entscheidung bzw. Einbindung des Investors konsistent mit den dafür bereit gestellten Ressourcen ist. Auf die genauen Detailvarianten wird später noch im Einzelnen eingegangen, so dass an dieser Stelle nur zwei charakteristische Ausprägungen erläutert werden sollen:

Ein **kleiner oder mittelgroßer Investor**, der einen Windfonds zeichnet, sollte über Fähigkeiten in der Asset Manager Selection (vor- und nachgelagert) verfügen. Vor Auswahl des Asset Managers sollte zunächst der Markt sondiert und dann für mehrere Alternativen der Track Record inkl. des aktuellen Teams genau analysiert werden und die Asset Manager im Rahmen des Prozesses ihre geplante Strategie vorstellen. Danach erfolgt die Auswahl, wobei grundsätzlich bei Fonds auch eine Verteilung auf mehrere Asset Manager erfolgen kann. Während der Laufzeit des Fonds sollte die Performance laufend verfolgt und analysiert werden, wobei ein Vergleich mit einem geeigneten Index oder einer ähnlichen Benchmark sinnvoll ist. Sollte die Performance unbefriedigend sein, so ist über Konsequenzen nachzudenken.

Bei einer Fondszeichnung liegen die erforderlichen Kernkompetenzen des Investors v.a. im Bereich Asset Manager Selection, d.h. in der Analyse des Marktes und der in Frage kommenden Asset Manager bzw. Fonds. Dies erfolgt auch bei klassischen Anlagen auf vergleichbare Weise. Speziell in Bezug auf die Assetklasse Wind kann sich der Investor hier auch von entsprechenden Beratern unterstützen lassen, wenn er nur über allgemeine Kenntnisse im Bereich Asset Manager Selection verfügt. Auf diese Weise sollten auch kleinere interessierte Investoren in der Lage sein, eine fundierte Anlageentscheidung zu treffen.

Ein **großer** Investor, der sich mit einem namhaften Betrag und einem beträchtlichen Prozentsatz (z.B. 25 %) an einem (Offshore-) Windpark beteiligt, kann ebenfalls mit Beratern arbeiten, aber es macht Sinn, dass er zumindest einige Mitarbeiter mit entsprechender technischer Kompetenz im Haus angestellt hat. Dies ist auf Dauer kosteneffizienter und vermindert mögliche Interessenkonflikte. Die eigenen Mitarbeiter können schon beim Sourcing möglicher Transaktionen aktiv sein und Projekte mit attraktiven Risiko/Rendite-Profilen frühzeitig identifizieren sowie entsprechend unattraktive Projekte frühzeitig ablehnen. Entsprechend kann die Due Diligence-Prüfung, auch wenn externe Berater mandatiert werden, kompetent begleitet und die Ergebnisse ausgewertet sowie die Entscheidung vorbereitet werden. Auch im Rahmen des laufenden Managements ist es sinnvoll, ein eigenes begleitendes Team zu haben, das z.B. auch die Reportings verschiedener Windparks konsolidiert und dem eigenen Management laufend Bericht erstattet und Empfehlungen abgibt.

Bei einem (umfangreicheren) Direktinvestment sollten die Kernkompetenzen des Investors deutlich über die Asset Manager Selection hinausgehen. Hier ist es wichtig, dass auch technische Kenntnisse vorhanden sind, die in Teilbereichen durch externe Expertise ergänzt werden können. Zusätzlich ist es erforderlich, auch die laufenden Notwendigkeiten im Accounting (z.B. Einbeziehung von Daten zu Quartalsabschlüssen im Rahmen der Equity-Methode) erfüllen zu können, d.h. auch das Rechnungswesen des Investors muss in der Lage sein, innerhalb der (kurzen) zur Verfügung stehenden Fristen die Daten aus den Systemen des Initiators bzw. der Projektgesellschaft (ggf. entsprechend angepasst) in die eigenen Systeme zu übernehmen.

Unabhängigkeit von der allgemeinen Kapitalmarktentwicklung

Die zentrale Frage im Rahmen der Bewertung von Vermögensgegenständen bzw. Kapitalanlagen ist das Risiko/Rendite-Profil. Als erwartete Rendite wird dabei der Erwartungswert der Vermögensänderung (inkl. Ausschüttungen usw.) bezeichnet. Das Risiko kann auf verschiedene Weisen gemessen werden, z.B. über die Standardabweichung der erwarteten Renditen.

Das Modell von MARKOWITZ bildet den Ausgangspunkt der modernen Portfoliotheorie. Im Endeffekt leitet MARKOWITZ folgende Aussagen ab:[1005]

[1005] Vgl. hierzu Markowitz (1952), S. 77ff.

- Ein Anleger sollte eine Kombination aus Marktportefeuille und risikoloser Anlage (sofern verfügbar) halten, da diese effizienter sind als beliebige Kombinationen riskanter Anlagen. Effizienz bedeutet dabei, dass es kein Portfolio gibt, das bei gegebenem Risiko eine höhere erwartete Rendite besitzt bzw. bei gleicher erwarteter Rendite ein niedrigeres Risiko aufweist. Das Marktportfolio ist wiederum die Aggregation aus allen risikobehafteten Anlagen.
- Die Kombination aus Marktportfolio und risikoloser Anlage ergibt die Kapitalmarktlinie und damit ein Risiko/Rendite-Profil aller effizienten Portfolios.

In Fortführung des Ansatzes von Markowitz haben SHARPE und LINTNER das *Capital Asset Pricing Model* (CAPM) entwickelt. Dies ermöglicht es, eine Risiko/Rendite-Beziehung einzelner Vermögensgegenstände bzw. Kapitalanlagen abzuleiten:[1006]

- Die erwartete Rendite einer Anlage *i* ergibt sich demnach wie folgt:

  $$E(r_i) = r_f + \beta_i * [E(r_m) - r_f]$$

  mit
  $E(r_i)$ = erwartete Rendite der Anlage *i*,
  r_f = Rendite der risikolosen Anlage,
  β_i = Betafaktor der Anlage i,
  $E(r_m)$ = erwartete Rendite des Marktportefeuilles aller riskanter Anlagen.
- Unter den Voraussetzungen des CAPM hängt die Risikoprämie, die die Marktteilnehmer für einzelne Vermögensgegenstände bzw. Kapitalanlagen fordern, lediglich vom Betafaktor ab.
- Bewertungsrelevant ist in jedem Fall das sogenannte nicht diversifizierbare Risiko, das dem entsprechend skalierten Marktrisiko entspricht. Das sogenannte nicht diversifizierbare Risiko ist evtl. im Einzelfall beachtlich (z.B. Untergang, technisches Versagen oder Missmanagement einzelner Vermögensgegenstände), aber nicht bewertungsrelevant, weil jede Einzelanlage nur im Gesamtportfoliokontext bewertet wird, und dort wird eine Kombination aus Marktportfolio und risikoloser Anlage gehalten.
- Bei jeder einzelnen Anlage ist somit zu fragen, inwieweit ihre Rendite mit der allgemeinen Kapitalmarktentwicklung korreliert ist. Im Fall von Windenergieanlagen liegt i.d.R. folgende Situation vor: Zentraler Werttreiber ist der Windenergieertrag, der c.p. nicht mit der Kapitalmarktentwicklung korreliert ist (Korrelation 0). Bei einer festen nominalen Einspeisevergütung ist damit auch der Gesamtertrag nicht mit der Marktentwicklung korreliert. Ist die Einspeisevergütung inflationsangepasst oder liegen inflationsindexierte Kostenpositionen vor (wie etwa Pacht, Wartung/Instandhaltung und kaufmännische/technische Betriebsführung), so besteht grundsätzlich die Möglichkeit eines teilweisen Ausgleichs, aber evtl. verbleibt eine minimale Korrelation zwischen Rendite und allgemeiner Kapitalmarktentwicklung.
- Wegen der teilweise nicht inflationsangepassten Vergütung und der relativ geringen Belastungen aus inflationsindexierten Kostenpositionen wird im Folgenden unterstellt, dass eine Windparkanlage einen Betafaktor von Null (bzw. eine Korrelation von Null) im Vergleich zum Marktportfolio aufweist.

[1006] Vgl. hierzu u.a. Sharpe (1964), S. 425ff.

- Unter der Logik des CAPM folgt hieraus, dass für Windparkanlagen lediglich eine erwartete Rendite in Höhe des risikolosen Zinssatzes verlangt bzw. erwirtschaftet würde. Dies erscheint intuitiv vermutlich zu niedrig, was auch in Erweiterung des Modells folgende Gründe haben kann:

  Das CAPM geht von jederzeit liquiden Anlagen aus. Das ist bei Windparkanlagen nicht der Fall. Prinzipiell sind auch Windparks liquidierbar, jedoch nicht standardisiert, so dass ein Verkauf i.d.R. wie bereits der Kauf mit einer Due Diligence-Prüfung verbunden ist und einige Monate dauern kann. Folglich könnte ein risikoaverser Investor eine Liquiditätsprämie z.B. in einer Größenordnung von 1–2 % p.a. zur nach CAPM geforderten Rendite addieren.

  Weiterhin zeigen viele Untersuchungen, dass das CAPM in der Empirie diverse Faktoren nicht einbezieht, die auch bei Windparks eine Rolle spielen könnten. Fama/French haben herausgearbeitet, dass ein Größenfaktor (SMB[1007]) und ein Buchwert/Marktwert-Faktor (HML[1008]) eine Rolle spielen.[1009] Bei einem Windpark könnten beide Faktoren einschlägig sein. Ein Onshore-Windpark mit einer typischen Eigenkapital-Größenordnung von 10–30 Mio. Euro wäre sicherlich für den SMB-Faktor einschlägig, und selbst ein Offshore-Windpark mit einer typischen Eigenkapital-Größenordnung von 200–400 Mio. Euro dürfte demnach noch mit einer Renditeprämie verbunden sein. Der Buchwert/Marktwert-Faktor sollte i.d.R. relativ hoch sein, da seine Bewertung auf der Bewertung der Assets basiert und kein nennenswerter Goodwill vorliegen dürfte. Insofern sollte auch der HML-Faktor einschlägig sein.

  Unter Verwendung aktueller risikoloser Zinssätze, von Liquiditäts- und CAPM-spezifischen Prämien sind erwartete Eigenkapitalrenditen im Bereich von 7–10 % p.a. gut argumentierbar, selbst wenn ein systematisches Risiko von Null angenommen wird.

Zusammengefasst lässt sich sagen, dass sowohl Onshore- als auch Offshore-Windanlagen mit Hilfe der Portfoliotheorie von MARKOWITZ und des CAPM mit entsprechenden Erweiterungen so zu bewerten sind, dass plausible Ergebnisse resultieren.

(Noch) Abhängigkeit von staatlicher Förderung

Bei mittleren Großhandelspreisen im Bereich von 0,04–0,07 Euro/kWh und Einspeisetarifen im Bereich von 0,08–0,10 Euro/kWh (Onshore) bzw. 0,15–0,20 Euro/kWh (Offshore) wird klar, dass Windkraft im Mittel am Markt noch nicht vollständig konkurrenzfähig ist.

Folgende Abbildung 92 verdeutlicht die Entwicklung der Strompreise an der Strombörse EEX.[1010]

1007 SMB = Small Minus Big (Unternehmensgröße).

1008 HML = High Minus Low (Buchwert/Marktwert).

1009 Vgl. hierzu Fama/French (1992), S. 427ff. und Fama/French (1993), S. 3ff.

1010 http://www.eex.com/de/Marktdaten/Handelsdaten/Strom/Stundenkontrakte%20%7C%20Spotmarkt%-20Stundenauktion/Stundenkontrakte%20Chart%20%7C%20Spotmarkt%20Stundenauktion/spot-hours-chart/2012-07-20/EU/-/a, Abfrage vom 15.08.2012. Abgebildet sind ELIX Peak und ELIX Base.

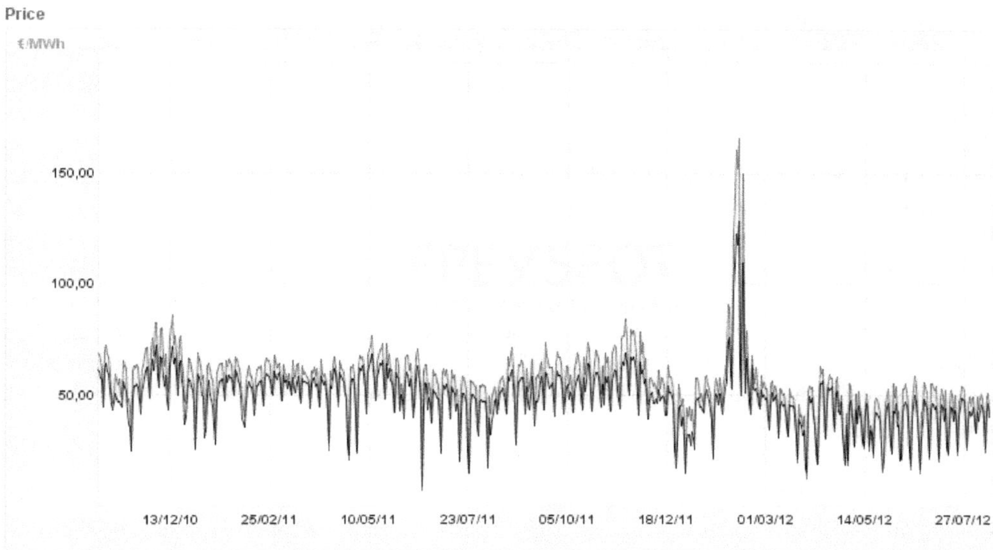

Abbildung 92: Entwicklung der Strompreise an der EEX

Hieran wird deutlich, dass insbesondere Onshore-Windkraft in Peak-Zeiten durchaus mit Strom aus konventioneller Erzeugung konkurrenzfähig ist. Nimmt man die Kosten für die Verteilnetzebene hinzu und analysiert die Stromkosten für industrielle, gewerbliche und Privatverbraucher, so kommt man zu dem Ergebnis, dass Windstrom zwar für sich genommen (noch) nicht grundlastfähig ist, jedoch die sogenannte *Grid Parity* auf verschiedenen Ebenen bereits erreicht ist.[1011]

Die Grid Parity v.a. im Onshore-Bereich wurde bereits mit aktuellen Kostenstrukturen erreicht. Im Solarbereich konnten in den letzten Jahren deutliche Degressionseffekte und *Economies of Scale* nicht zuletzt durch kostengünstige und dennoch qualitativ gute chinesische Solarmodule erzielt wurden. Damit stellt sich die Frage, ob die lange Zeit relativ stabilen (bzw. temporär im Rahmen des Rohstoffpreisanstiegs sogar gekletterten) Preise pro MW installierter Leistung im Windbereich auf diesem Niveau verharren oder welche Degressionseffekte sich hier einstellen könnten.

Nachdem insgesamt weltweite Überkapazitäten herrschen und in jüngster Zeit chinesische Hersteller auch deutlich in den Windbereich drängen, ist zu erwarten, dass es auch hier zu weiteren spürbaren Degressionseffekten kommt, die On- und Offshore-Windstrom noch konkurrenzfähiger machen, aber auch zu einer Bereinigung auf Seiten der Hersteller führen könnte. Unabhängige Hersteller dürften hier vor noch größeren Herausforderungen stehen als in einen größeren Verbund integrierte Hersteller.

1011 Die Grid Parity ist erreicht, wenn Strom aus Erneuerbaren Energien auf der Haushalts- oder Großhandelsebene nicht teurer als Strom aus „normaler" Erzeugung ist. Bei Erzeugungskosten von 8 Ct/kWh ist die Grid Parity für Windstrom in Deutschland auf der Haushaltsebene (Strompreis derzeit ca. 25 Ct/kWh) längst erreicht, auf der Großhandelsebene (durchschnittlicher Strompreis 5–6 Ct/kWh) außerhalb der Peak-Zeiten noch nicht.

Als Ergänzung zum Einspeisetarif wurde in Deutschland eine degressive Marktprämie eingeführt, die einen Anreiz zur Direktvermarktung setzt. Die Erfahrung mit diesem Instrument ist bislang relativ gut, da größere und kleinere Marktteilnehmer auf dem Stromhandelsmarkt Modelle hieraus entwickelt haben, die den Nutzen auf den eigentlichen Stromproduzenten und den Vermarkter verteilen und dem Einspeiser eine gewisse Prämie auf den EEG-Preis sichern. Wegen der Option zur Rückkehr zum EEG-Tarif in Verbindung mit entsprechenden Sicherheitsleistungen und mit einem namhaften Partner im Rücken haben i.d.R. auch die Finanzierer eines Windparks kein Problem damit, die Direktvermarktung zu unterstützen. Wegen der deutlich höheren EEG-Vergütung für Offshore-Windstrom dürfte es noch etwas dauern, bis Direktvermarkter auch entsprechende Pakete für Offshore-Windparks anbieten. Hierfür müssten entweder Kunden bereit sein, den deutlich höheren Preis zu bezahlen oder im Rahmen einer Mischkalkulation ein gewisser Anteil an Offshore-Windstrom enthalten sein. Solange genügend Onshore-Windstrom verfügbar ist, dürfte dies eher nicht in größerem Umfang der Fall sein.

Kein oder nur geringer Restwert

Ein wichtiges Kennzeichen von Investitionen in Erneuerbare Energien ist die Tatsache bzw. Annahme, dass am Ende der Laufzeit von 20–30 Jahren kein oder nur ein geringer Restwert verbleibt. Dies hängt im Wesentlichen damit zusammen, dass die ökonomische Lebensdauer von Windenergieanlagen in diesem Zeitraum erreicht ist. Die technische Lebensdauer könnte vermutlich noch länger sein, aber es stellt sich die Frage, inwiefern nicht nach 20–30 Jahren ein Ersatz (z.B. über Repowering) eine ökonomisch sinnvolle Alternative ist. Die technische Entwicklung dürfte auch in Zukunft weitergehen, und wenn das Projekt innerhalb von 20–30 Jahren bei konservativen Restwertannahmen eine attraktive Rendite erwirtschaftet, so ist eine evtl. längere Lebensdauer als Option auf eine noch höhere Rendite zu sehen. Eine wahrscheinlich konservative Restwertannahme besteht z.B. darin, den Wert der verlegten Kabel und des Stahls, die auch in 20–30 Jahren in den Recyclingkreislauf gehen können, gegen die Abbruchkosten aufzurechnen und einen Restwert von Null anzunehmen.

Hohe Cash Yield und attraktive IRR

Auf Basis der Aussagen zum Risiko/Rendite-Profil resultiert bei Windanlagen eine durchaus attraktive Rendite (IRR) in einer Größenordnung von 7–10 % (ohne Leverage) bzw. im niedrigen zweistelligen Bereich (mit Leverage). Im Vergleich zu den Alternativen wie z.B. Bundesanleihen oder Aktien ist dies durchaus in einem attraktiven Bereich. Unter der Annahme eines Restwerts von Null ist die durchschnittliche Cash Yield bei einer Laufzeit von 25 Jahren um ca. 2 %-Punkte höher als die IRR, d.h. eine zweistellige Cash Yield ist eher die Regel als die Ausnahme. Die Cash Yield umfasst dabei Abschreibungen als Gegenposition, für die im Projekt selbst keine Reinvestition erforderlich ist, da die ökonomische Laufzeit unter der technisch möglichen Laufzeit liegt. Da auf der anderen Seite nach 20–30 Jahren die Ertragskraft des Projektes erschöpft ist, muss rechtzeitig eine Investition in neue Projekte erfolgen.

Wird diese Reinvestition systematisch betrieben, so ist zumindest zwischenzeitlich eine Ausweitung der Kapazität möglich (LOHMANN-RUCHTI-Effekt[1012]). In jedem Fall ist der

[1012] Vgl. hierzu Lohmann (1949), S. 353ff. und Ruchti (1942), S. 1ff.

langfristige Ersatz der Ertragskraft anzustreben, da viele institutionelle Investoren sehr langfristige Verpflichtungen haben, die abgedeckt werden müssen.

5.4.3.2 Unterschiede von Offshore- gegenüber Onshore-Windenergie

Höhere Losgrößen

Ein wichtiger Unterschied zwischen Onshore- und Offshore-Windparks besteht in der Losgröße möglicher Direktinvestitionen. Während viele Onshore-Windparks im Bereich von 10–100 Mio. Euro Investitionssumme liegen (wobei Einzelanlagen bzw. kleinere Parks auch darunter möglich sind), sind es im Offshore-Bereich oft über 1 Mrd. Euro. Dies ist als Einzelinvestition auch für große institutionelle Investoren aus Diversifikationsüberlegungen nicht optimal.

Für den kleineren institutionellen Investor impliziert dies, dass er bei Onshore-Windparks eine namhafte Beteiligung zumindest an einem Windpark erwerben könnte, wohingegen er an einem Offshore-Windpark nur über eine sehr kleine Beteiligung bzw. einen Fonds einsteigen könnte. Ein mittelgroßer institutioneller Investor könnte sich ein Portfolio von (kleineren) Onshore-Windparks aufbauen bzw. sich mit einer kleinen Beteiligung an einem Offshore-Windpark engagieren. Ein großer institutioneller Investor kann sich sowohl Onshore als auch Offshore beteiligen und neben einem Portfolio von Onshore-Windparks auch einige Minderheitsbeteiligungen an Offshore-Windparks erwerben.

Da insbesondere bei Offshore-Windparks diversifizierbare Risiken vorliegen, ist es sinnvoll, dass ein institutioneller Investor nicht die gesamten für Erneuerbare Energien vorgesehenen Mittel in ein einzelnes Projekt investiert, sondern systematisch ein diversifiziertes Portfolio aufbaut. Dies führt zu einer besseren Streuung, auch wenn insgesamt ein höherer Koordinationsaufwand damit verbunden ist.

Längere Bauzeit

Die reine Bauzeit liegt bei Onshore-Windparks derzeit meist im Bereich von 6–12 Monaten. Dies ist auch für viele Initiatoren so überschaubar, dass sie diese Windparks schlüsselfertig errichten und z.B. an institutionelle Investoren verkaufen können, die keine Entwicklungs- und Baurisiken übernehmen möchten, sondern an den relativ stabilen Cashflows aus den Projekten interessiert sind. Offshore-Windparks dagegen weisen Bauzeiten von mehreren Jahren auf, so dass selbst für große Initiatoren eine Notwendigkeit besteht, eine längere Zwischenfinanzierung vorzunehmen bzw. die externen Eigenkapitalgeber frühzeitig einzubeziehen.

Institutionelle Investoren, die bereits kurz nach Erwerb aus dem laufenden Cashflow ihrer Projekte im Bereich Erneuerbaren Energien ihre Verpflichtungen bedienen möchten, müssen mit einem reinen Offshore-Windparkportfolio eine längere Anlaufphase überbrücken, in der noch nicht genügend Cash-Inflows vorhanden sind. Wahrscheinlich würde es Sinn machen, zunächst ein Onshore-Windparkportfolio aufzubauen und aus den zeitnahen Cash-Inflows zumindest teilweise die Einzahlungen für ein entsprechendes Offshore-Windparkportfolio abzudecken. Auch diese Überlegung zeigt, wie wichtig der Portfoliogedanke hierbei ist.

Größere technische Herausforderungen beim Bau

Während der Bau von Onshore-Windparks aus technischer Sicht mittlerweile Routine geworden ist, stellt sich die Situation bei Offshore-Windparks anders da. Nicht zuletzt deswegen und auf Grund der schlechteren Erreichbarkeit liegt die Bauzeit auch deutlich höher als bei Onshore-Windparks. Für Eigenkapitalgeber implizieren diese technischen Herausforderungen Zeit- und Budgetrisiken, die c.p. zu einer höheren Renditeforderung führen.

Fundamente und Netzanschluss stellen wichtige Komplexitäts- und Kostenfaktoren für Offshore-Windparks dar. Die richtige Gründung auf dem Meeresboden muss gut konzipiert und dargestellt werden. Hierfür bestehen diverse Methoden, z.B. Monopile und Tripod[1013]. Sollte sich im Verlauf der Bauphase herausstellen, dass die Gründung gegenüber der Planung modifiziert werden muss, so droht die Wirtschaftlichkeit des Projektes spürbar vermindert zu werden.

Größere technische Herausforderungen beim Betrieb

Der Betrieb von Onshore-Windparks ist heutzutage ein Standardgeschäft, das auch von vielen externen Dienstleistern angeboten wird. Eine Fernüberwachung hilft dabei, dem Eigentümer auch aus der Ferne ein gewisses Kontrollgefühl zu geben.

Faktoren wie Salzhaltige Luft (Korrosionsgefahr) und schlechte Erreichbarkeit (insbesondere bei Sturm/Schlechtwetter) stellen echte Herausforderungen für den Betrieb eines Offshore-Windparks dar. Hier wäre ein Outsourcing der Betriebsführung derzeit ziemlich problematisch. Haftungsrisiken würden dazu führen, dass sich entweder kein Betriebsführer findet, dieser deren finanzielle Folgen für ihn stark begrenzt bzw. in jedem Fall, dass die Kosten der Betriebsführung relativ hoch werden. Deswegen verbleibt die Betriebsführung im Offshore-Bereich derzeit zumeist bei den Versorgern bzw. Mehrheitseigentümern, die über entsprechendes Personal und technisches Gerät (z.B. Spezialschiffe oder Hubschrauber) verfügen, das schnell und in ausreichender Zahl zur Verfügung steht.

Insgesamt bieten Offshore-Windparks gegenüber Onshore-Windparks demnach zusätzliche Risiken, die unter der Annahme von Risikoaversion c.p. insgesamt zu einer höheren Renditeforderung des institutionellen Investors führen sollten. Rein verfahrenstechnisch kann eine Analyse und Ableitung konkreter Werte z.B. mittels einer Monte Carlo-Simulation erfolgen. Dieses Standardverfahren setzt zunächst voraus, dass ein mathematisches Modell des Windparks aufgestellt wird, wobei die einzelnen Risikofaktoren über entsprechende Verteilungen abgebildet werden. Anschließend simuliert man eine bestimmte Zahl (z.B. 10.000) Durchläufe, wobei von den stochastischen Variablen jeweils eine Ausprägung aus der Verteilungsannahme gezogen wird. Aus der Simulation wird eine Verteilung relevanter Parameter abgeleitet, z.B. die Verteilung der Kapitalwerte des Projekts. Unter Zuhilfenahme mathematischer Größen, z.B. des *Value at Risk* (VaR) auf einem bestimmten Konfidenzniveau, kann dann eine Entscheidung getroffen werden.

Die angesprochene Modellierung ist auch in dem Fall sinnvoll, dass z.B. ein Versicherungsunternehmen im Solvency II-Standard ein eigenes internes Modell verwenden möchte, das eine niedrigere Risikokapitalunterlegung als im Standardmodell ermöglicht. Bei einem Standardsatz von 49 % für Private Equity-Anlagen (inkl. Erneuerbare Energien) müssen die erwarteten Renditen schon relativ hoch sein, um z.B. gegenüber Aktien (Standardsatz 39 %) bestehen zu können. Rein optisch kann dies durch einen entsprechenden Leverage erreicht werden, aber dieser verändert das Risiko/Rendite-Profil wie oben beschrieben. Größere Versicherungsunternehmen werden deshalb i.d.R. versuchen, sich ein internes Modell genehmi-

[1013] Siehe hierzu den Beitrag von Prof. Dannenberg in Kapitel 4.1.

gen zu lassen, das dem konservativen Risiko/Rendite-Profil von Windparks Rechnung trägt. Dabei wird die Risikokapitalunterlegung für Onshore-Windparks i.d.R. spürbar geringer sein als die für Offshore-Windparks.

5.4.4 Rolle des institutionellen Investors und Beteiligungsmodelle

5.4.4.1 Basisüberlegungen

Wegen der hohen Investitionsvolumina, der langen Bauzeit und den höheren Betriebsrisiken wird ein institutioneller Investor i.d.R. keinen Offshore-Windpark zu 100 % erwerben, sondern strategische bzw. Finanzinvestoren als Partner suchen. Viele Versorger stehen vor großen Investitionsprogrammen im konventionellen und regenerativen Bereich, wobei sie gleichzeitig die (gesamte) Ökostromproduktion des Windparks für die Erfüllung ihrer Verpflichtungen im Rahmen des Klimaschutzes/Emissionshandels für sich beanspruchen wollen oder müssen. Damit liegt eine Partnerschaft mit einem Versorger auf der Hand, der zugleich noch eine umfassende technische Expertise und (meist) genügend technisches Personal vor Ort hat, das im Störungsfall für eine möglichst schnelle Behebung sorgen kann.

Es liegt deswegen nahe, einen größeren Offshore-Windpark durch ein Konsortium zu bauen bzw. zu betreiben, dessen Anteile z.B. zu 51 % bei dem entsprechenden Versorger liegen, zu 49 % in den Händen eines bzw. mehrerer Finanzinvestoren. Mit 49 % können diese über starke Minderheitsrechte verfügen, z.B. negative Kontrolle. Die Tatsache, dass der Versorger die Mehrheit der Anteile hält, ermöglicht ihm i.d.R. die Konsolidierung der „grünen MW" und die Vollkonsolidierung der Aktivitäten. Bei einem Anteil von 49 % wird der Windpark bei dem institutionellen Investor über die Equity-Methode erfasst, bei einem Anteil im Bereich 24–25 % als „normale" unternehmerische Beteiligung. In der Regel wird es im operativen Management- und im Aufsichtsgremium – sofern eine dualistische und keine monistische Struktur mit einem Verwaltungsrat vorliegt – Vertreter aller Beteiligten geben, wobei im Managementgremium auf eine paritätische Verteilung weniger Wert gelegt wird.

5.4.4.2 Risikomanagement

Wegen der höheren Risiken in der Bau- und Betriebsphase ist das Risikomanagement für alle Beteiligten zentral. Die Entwicklungsphase muss die vorgeschriebenen und sachlich gerechtfertigten Schritte zur möglichst optimalen Vorbereitung der Errichtung umfassen. In der Bauphase ist ein straffes Zeit- und Kostencontrolling erforderlich, um Verzögerungen und Planüberschreitungen zu vermeiden. Die ersten Offshore-Windparks wurden mit erheblichen Verspätungen und Kostenüberschreitungen in Betrieb genommen. Auch bei aktuellen Projekten wird von Problemen berichtet. Dies ist insofern verständlich, als es sich um echte Großprojekte handelt, bei denen bereits kleinere Verzögerungen auf dem kritischen Weg zu größeren Verzögerungen und Budgetüberschreitungen führen können. Dies ist auch bei anderen Infrastrukturprojekten gängig. Es sei hier nur an die erheblichen und relativ spät publik gewordenen Verzögerungen und Budgetüberschreitungen bei dem neuen Berliner Flughafen erinnert.

5.4.4.3 Organisation

Institutionelle Investoren, die sich ernsthaft mit Erneuerbaren Energien bzw. konkret mit Offshore-Windparks befassen, können sich entweder einer Fondslösung anschließen oder Dirketinvestments durch ein spezielles eigenes Team durchführen. Ein solches Team kann dabei folgende Aufgaben übernehmen:

- Strategieentwicklung,
- Deal Sourcing,
- Durchführung Due Diligence-Prüfung und Vertragsverhandlungen,
- Vorbereitung der Entscheidungsgrundlage für die Investition,
- Abgabe des Angebots,
- Vorbereitung und Durchführung Closing und
- laufende Überwachung.

Die Teams sind meist sehr spezialisiert und werden mit einer entsprechenden Vergütungs- und Incentivestruktur an den Mutterkonzern gebunden. Ausgangspunkt sind marktübliche Modelle wie etwa 2 %/20 % (Management Fee p.a./Carried Interest), die allerdings wegen des geringeren Risikos für das Team nach unten angepasst werden sollten. Das Team übt meist eine *Captive*-Rolle aus, d.h. für die Konzerngesellschaften besteht in der entsprechenden Kategorie praktisch Kontrahierungszwang, während der Asset Manager in vielen Fällen kein Drittgeschäft betreiben kann.

Das Team hat innerhalb seiner Aufgaben üblicherweise eine gewisse Autonomie, aber die Investitionsentscheidungen werden meist durch ein *Investment Committee* getroffen, in dem hochrangige Manager des Mutterunternehmens bzw. der investierenden Tochterunternehmer vertreten sind. Der Prozess kann ein- oder zweistufig sein. Bei einem einstufigen Prozess bereitet das Team (meist mit externer Unterstützung durch Berater) alle Schritte bis zum entscheidenden *Investment Proposal* in eigener Verantwortung vor und hat innerhalb eines pro Transaktion oder pro Jahr festzulegenden Rahmens auch ein Budget für Due Diligence-Prüfungen. In einem zweistufigen Prozess erstellt das Team zunächst eine *Licence to Hunt* und beantragt darin die Durchführung einer Due Diligence-Prüfung mit entsprechender Genehmigungsanfrage. Das *Investment Committee* entscheidet dann, ggf. nach vorheriger Empfehlung einer eigenen Investment Management-Einheit, die eine inhaltliche Überprüfung vornimmt und ebenfalls entsprechende technische Kompetenzen aufweisen sollte.

Bei Offshore-Windparks, die mit hohen Volumina und langen Bauzeiten verbunden sind, empfiehlt sich grundsätzlich eine zweistufige Vorgehensweise. Da das Team i.d.R. nicht diverse größere Transaktionen parallel verfolgen kann, wird über einen entsprechenden *Licence to Hunt*-Prozess eine Priorisierung der Ressourcen und Fokussierung auf wenige vielversprechende Transaktionen möglich. Sofern es sich um wettbewerbsorientierte Prozesse (z.B. Auktionen) handelt, sollte allerdings sichergestellt werden, dass Alternativen vorhanden sind, da es ansonsten bei diszipliniertem Bietverhalten gut möglich ist, dass strategische oder aggressive Finanzinvestoren ein höheres Gebot abgeben und die Transaktion verloren geht. Die Alternative, einen strategischen Preis zu bezahlen, der ökonomisch nicht mehr zu rechtfertigen ist, sollte möglichst vermieden werden.

5.4.4.4 Ownership Unbundling als Herausforderung

Für Transaktionen innerhalb der EU ist zu beachten, dass Investoren grundsätzlich entweder in Energieerzeugung oder in Energieübertragung aktiv (beteiligt) sein dürfen. Dies gilt im Bereich leitungsgebundener Energieträger wie Strom und Gas. Obwohl immer wieder Forderungen laut werden, die institutionellen Investoren sollten sich stärker im Bereich Infrastruktur engagieren, stellt das *Ownership Unbundling* derzeit ein großes Hindernis für dieses Engagement dar. Streng genommen müssen sich institutionelle Investoren zwischen dem Erzeugung- und Übertragungsbereich entscheiden. Eine Beteiligung von unter 25 % ist allerdings unschädlich, ebenso existiert für Altfälle die Lösung eines *Independent Transmission Operator* (ITO).

Ein ITO ist allerdings mit erheblich weniger Autonomie ausgestattet als ein „normales" Übertragungsunternehmen. So müssen z.B. Investitionspläne durch den Regulierer (in Deutschland die Bundesnetzagentur BNetzA) genehmigt werden und es muss ein unabhängiger Aufsichtsrat eingesetzt werden, der eine besonders starke Stellung hat.

Das Motiv für das Ownership Unbundling war der Gedanke, dass ein integrierter Versorger, der neben eigener Erzeugung auch einen Übertragungsbereich hat, im Zweifel der eigenen Erzeugung den Vorrang vor Fremdeinspeisung gibt, d.h. keinen diskriminierungsfreien Netzzugang gewährleistet. Sofern aber die Erzeugung ohnehin privilegiert ist (z.B. über das EEG), erscheint dieses Motiv eher unbegründet. Die EU-Kommission denkt offensichtlich gerade darüber nach, Einzelfallgenehmigungen als Lösungsmöglichkeit einzuführen, diese sind jedoch mit Rechtsunsicherheit verbunden und stellen noch keine vollständig befriedigende Lösung dar, die Finanzinvestoren anhalten wird, sich stärker in den Bereichen Erneuerbare Energien und Infrastruktur zu engagieren. Bei allem Verständnis für die Forderung nach mehr Wettbewerb im Energiebereich sollte hier eher eine generelle Ausnahmeregelung für (Finanz-)Investoren gefunden werden, die ohnehin kein Interesse an einem diskriminierenden Netzzugang haben.

5.4.4.5 Institutionelle Investoren als Sponsor bzw. Projektmanager

Da diverse Offshore-Windparks von kleineren Unternehmen entwickelt werden, besteht grundsätzlich die Möglichkeit, dass ein Windpark während der Entwicklungsphase von einem institutionellen Investor erworben und weiterentwickelt wird, um später (teilweise) an andere Investoren verkauft zu werden. Im Offshore-Bereich ist dies jedoch wegen der hohen Volumina und der beträchtlichen Entwicklungs- und Baurisiken eine Strategie, die nur sehr erfahrenen großen Investoren vorbehalten ist. In den meisten Fällen fehlt den institutionellen Investoren auch die technische Kompetenz bzw. ein ausreichend großes Team, um dies besser oder zumindest so gut wie die Versorger durchzuführen. Ein eigenes Team mit 10–20 Mitarbeitern stößt bei komplexen Entwicklungsprojekten schnell an seine Grenzen, selbst wenn externe Berater eingebunden werden.

Selbst die größten institutionellen Investoren werden sich gut überlegen, welche ihre Kernkompetenzen sind und ob sie mit einem großen eigenen Team über Jahre Projekte entwickeln, deren positive Cashflows für die Eigenanlage erst nach der Inbetriebnahme fließen. Gerade im Offshore-Bereich muss während der Entwicklungs- und Bauphase ein erheblicher Apparat an Mitarbeitern vorgehalten werden. Zur Risikostreuung ist es zudem erforderlich bzw. naheliegend, mehrere Projekte parallel zu verfolgen. Da die nötigen Investitionen kumuliert im Milliardenbereich liegen, besteht auch für Großinvestoren ein erhebliches finanzielles Risiko. Dagegen steht möglicherweise ein größerer einmaliger Gewinn aus dem Verkauf des Windparks bzw. von Anteilen daran nach der Entwicklungs- bzw. Bauphase. Ein solches Risiko/Rendite-Profil ist für die meisten institutionellen Investoren nicht sonderlich attraktiv, da sie eher an stetigen Cashflows und Erträgen interessiert sind.

Institutionelle Investoren sind auf sinnvolle Streuung ihrer finanziellen Mittel und anderen Ressourcen angewiesen. Die Fokussierung auf ein bzw. wenige Milliardenprojekte im Offshore-Bereich ist bei kleineren und mittelgroßen institutionellen Investoren nicht zuletzt aus aufsichtsrechtlichen Gründen nicht möglich und würde selbst bei des meisten Großinvestoren das eigene Asset Management an den Rand der Überforderung bringen bzw. darüber hinaus.

5.4.4.6 Institutionelle Investoren als Eigenkapitalgeber

Nachdem es für institutionelle Investoren bis auf Ausnahmefälle nicht sinnvoll ist, als Sponsor bzw. Projektmanager eines (großen) Offshore-Windparks aufzutreten, stellt sich die Frage nach realistischen Möglichkeiten der Beteiligung an Offshore-Windparks. Hierunter fallen folgende typische Alternativen:

- Fondsinvestment
- Splitterbeteiligung
- Sperrminorität
- JV-Beteiligung
- Mehrheitsbeteiligung
- 100 %-Beteiligung

a) Fondsinvestment

Für kleinere bzw. mittelgroße institutionelle Investoren und zur Erschließung der Anlageklasse für größere institutionelle Investoren eignet sich ein Fondsinvestment als indirekte Anlage. Bei begrenzten Anlagebeträgen (z.B. einige Mio. Euro pro Investment), aufgrund der Notwendigkeit zur Streuung und beschränkter eigener Personalressourcen mit entsprechender Sachkompetenz ist es für kleinere bzw. mittelgroße institutionelle Investoren wenig sinnvoll, sich direkt an einem Milliardenprojekt im Offshorebereich zu engagieren. Anstatt dessen ist es vorzuziehen, die eigenen Personalressourcen auf die Asset Manager Selection zu fokussieren, also die (richtige) Auswahl der Asset Manager der verschiedenen Anlageklassen. Je nach Größe kann dies sogar bei den Hauptanlageklassen Aktien und Festverzinsliche Wertpapiere sinnvoll sein, in jedem Fall aber bei Ergänzungsanlageklassen wie Private Equity, Infrastruktur und Erneuerbare Energien.

Fondsinvestments werden im Bereich Erneuerbare Energien von diversen Initiatoren angeboten. Sie bieten den Vorteil, auch für überschaubare Anlagebeträge in ein kompetent zusammengestelltes und verwaltetes sowie gestreutes Portfolio investieren zu können und damit den wesentlichen Nutzen der Anlageklasse (im vorliegenden Fall u.a. relativ sichere, hohe und nicht mit der allgemeinen Kapitalmarktentwicklung korrelierte Cashflows) erzielen zu können, ohne substanziell beteiligt zu sein und ohne ein Spezialistenteam beschäftigen zu müssen. Als Nachteile lassen sich der beschränkte Einfluss auf die Auswahl, die Finanzierung und das Management der Anlagen sowie die mitunter anspruchsvollen Gebührenstrukturen identifizieren. Investoren, die einen größeren Betrag in einen Fonds investieren, erhalten i.d.R. einen Rabatt auf die Verwaltungsvergütung und einen Sitz in einem *Advisory Board* des Fonds, sofern ein solches eingerichtet wird. Aggressiver Leverage (z.B. ein Fremdkapitalanteil von 80 % des Gesamtinvestments) erhöht zwar die erwartete Rendite, reduziert aber die Stabilität der Cashflows deutlich, so dass Vorteile der Anlageklasse wieder neutralisiert werden können.

b) Splitterbeteiligung

Als Alternative bzw. Steigerung zu einem Fondsinvestment bietet sich eine kleine Beteiligung (z.B. 3–10 %) an einem Offshore-Windpark dar, sofern ein Sponsor bereit ist, eine solche kleine Beteiligung zu gewähren. Damit wird ein direktes Investment möglich, das von der Gebührenstruktur i.d.R. günstiger als ein Fondsinvestment ist, aber dafür findet keine Streuung über verschiedene Projekte innerhalb des Investments statt. Zudem muss der Anleger in gewisser Weise auf die großen beteiligten Partner vertrauen und hat i.d.R. keine Einflussmöglichkeiten. Echte Minderheitenrechte werden meist erst ab einer größeren Beteiligung von 25 % gewährt.

c) Sperrminorität

Nach deutschem (Aktien-)Recht ist für die meisten Grundlagenentscheidungen eine Mehrheit von 75 % des Grundkapitals erforderlich. Eine Beteiligung von 25 % sichert demgemäß die sogenannte Sperrminorität, sofern die Satzung keine noch höheren Mehrheiten vorschreibt. Auf der anderen Seite ist bei einem größeren Offshore-Projekt ein Anteil in einer Größenordnung von 25 % auch bei aggressivem Leverage schnell in einer Größenordnung von 100 Mio. Euro, was als Einzelanlage nur für größere institutionelle Investoren in Frage kommen dürfte. Bei dieser Größenordnung ist es sinnvoll, eigenes fachkundiges Personal für das Management der Beteiligung anzustellen, das in den Gremien des Beteiligungsunternehmens vertreten ist bzw. den entsprechenden Repräsentanten des Investors in diesen Gremien zuarbeitet. Bei einer *Cash Yield* von 10 % erbringt eine solche Beteiligung von 100 Mio. Euro pro Jahr immerhin einen Cash-Zufluss von 10 Mio. Euro, so dass auch bei größeren Investoren das Interesse an einem professionellen Management auf alle Fälle vorhanden sein sollte.

d) JV-Beteiligung

Strebt etwa ein Versorger eine (knappe) Mehrheit von 51 % an, so kann ein großer institutioneller Investor alleine einen 49 %-Anteil erwerben (oder er nimmt mit einem weiteren Partner je 24,5 %). Damit lässt sich annähernd bzw. faktisch eine gleichberechtigte Stellung herstellen, was angesichts des beträchtlichen Investitionsvolumens für diesen Fall aus Sicht beider Partner auch durchaus wünschenswert bzw. verständlich ist. Die industrielle Führung kann damit bei dem Versorger liegen, während ein beträchtlicher Teil des Kapitals von dem bzw. den Finanzinvestoren stammt. Nachdem die Versorger z.B. wegen der Energiewende in Deutschland vor großen organisatorischen und finanziellen Herausforderungen stehen, ist dies eine sehr gute Möglichkeit der Verteilung von Finanzierungs- und anderen Risiken bei gleichzeitiger operativer Kontrolle über die Assets. Natürlich werden sich der bzw. die Finanzinvestoren entsprechend starke (Minderheits-) Rechte einräumen lassen, die folgende Punkte umfassen können:

- Vertretung in Geschäftsführungs- und Aufsichtsgremien des Windparks bzw. entsprechende Mitsprache bei der Besetzung wichtiger Stellen
- Vertretung in Aufsichtsgremien auf höherer Konzernebene
- Zustimmungsvorbehalte
- Umfassende Einblicks- und Prüfungsrechte

Damit können mögliche Agency-Probleme bei Joint Ventures vermindert werden. Eine weitere Methode zur Verminderung des Risikos der Finanzinvestoren wäre ein Eingriff in das Risikoprofil des Windparks, der zwar nicht ganz einem reinen Joint Venture entspricht, aber möglicherweise dem Sicherheitsbedürfnis vieler Finanzinvestoren Rechnung trägt. Konkret könnte der Versorger dem bzw. den Finanzinvestoren eine bestimmte Mindestrendite (z.B. Ausschüttung pro Jahr) garantieren und gleichzeitig ab einer bestimmten Ausschüttung den Mehrertrag ganz oder teilweise abschöpfen, also eine Art Collar-Struktur. Dies wäre natürlich grundsätzlich bei allen Formen der Beteiligung möglich, denen eine Mehrheitsbeteiligung eines Versorgers zu Grunde liegt.

Folgendes Beispiel soll dies veranschaulichen. Angenommen, ein Windpark mit einem Investitionsvolumen von 1 Mrd. Euro wird zu gleichen Teilen von einem Versorger und einem Finanzinvestor gehalten. Die erwartete jährliche *Cash Yield* auf Gesamtkapitalebene beträgt annahmegemäß 10 %. Es wird angenommen, dass 50 % der Gesamtinvestitionskosten des Windparks fremdfinanziert sind (Fremdkapitalzins 5 %, Ratentilgung über 20 Jahre). Im ersten Jahr beträgt die erwartete *Cash Yield* auf das Eigenkapital somit ebenfalls 10 %. Wenn die garantierte Cash Yield (Floor) nun 6 % beträgt, die Obergrenze (Cap) im symmetrischen Fall 14 %, lassen sich zwei folgende Fälle unterscheiden:

- Fall 1: Schlechtes Windjahr mit Cash Yield (GK) von 5 % – Cash Yield (EK) würde eigentlich 0 % betragen, Versorger muss institutionellem Investor 6 % bezahlen.
- Fall 2: Gutes Windjahr mit Cash Yield (GK) von 15 % – Cash Yield (EK) würde eigentlich 20 % betragen, Versorger bezahlt nur 14 % und behält 6 % für sich.

Eine klassische Projektfinanzierung auf Standalone-/Non recourse-Basis, bei der nur der Windpark für die Verpflichtungen gegenüber den Kapitalgebern haftet, ist mit dieser Konstruktion nicht ohne Weiteres möglich, da insbesondere bei Anlaufschwierigkeiten oder anfänglich schlechten Windjahren zunächst eine Nachschusspflicht für den Versorger besteht. Ist der Start dagegen gut, könnte auch eine Art Reserve/Guthaben im Projekt „angespart" werden, die mögliche Nachschüsse des Versorgers bei einer künftig negativen Entwicklung unwahrscheinlich macht.

Für den Finanzinvestor bietet diese symmetrische Glättung eine Verminderung der Standardabweichung der Ausschüttungen und ist damit unter der Annahme der Risikoaversion c.p. positiv für das Risiko/Rendite-Profil. In der Praxis ist eher von einer asymmetrischen Glättung auszugehen, z.B. ein Floor bei 4 % und ein Cap bei 14 %. Ob dies für den institutionellen Investor akzeptabel ist, hängt von dessen Risikoaversion ab. Zur Beurteilung der Auszahlungsprofile mit und ohne Glättung ist es sinnvoll, z.B. eine Monte Carlo-Simulation durchzuführen und den Entscheidungsträgern anhand der Ergebnisse auch für Extremszenarien die Frage zu stellen, ob sie das nicht geglättete oder das geglättete Profil bevorzugen.

e) (Qualifizierte) Mehrheitsbeteiligung

Eine (qualifizierte) Mehrheitsbeteiligung eines institutionellen Investors ist bei großen Offshore-Windparks dann vorstellbar, wenn der Initiator nur noch eine kleinere Beteiligung (z.B. Sperrminorität) halten kann oder will, z.B. weil er weitere Offshore-Windparks entwickelt. Das technische Management kann er dann trotzdem übernehmen.

f) 100 %-Beteiligung

Eine 100 %-Beteiligung eines institutionellen Investors an einem Offshore-Windpark dürfte aktuell nur von sehr wenigen großen und spezialisierten Adressen angestrebt werden. Sie setzt hohe Kapitalkraft und ein entsprechendes Spezialistenteam voraus, das auch bei Problemen schnell und zahlreich genug ist, die Behebung von Störungen unverzüglich einzuleiten bzw. durchzuführen. Dafür dürfte ein Team von 10–20 Mitarbeitern i.d.R. nicht ausreichen, und bei einem entsprechenden Portfolio aus mehreren Offshore-Windparks könnte es auch ökonomisch sinnvoll sein, ein entsprechend größeres Team vorzuhalten, ggf. unterstützt durch externe Experten. Da ein Zeitverlust von einigen Tagen schnell zu einem beträchtlichen Einnahmeverlust führen kann, ist Schnelligkeit und Flexibilität hier sehr wichtig.

5.4.4.7 Institutionelle Investoren als Mezzanine- oder Fremdkapitalgeber

Eine nicht zu unterschätzende Möglichkeit des Engagements finanzieller Investoren besteht in der Bereitstellung von Mezzanine- oder Fremdkapital. Während dies für Banken lange Zeit die klassische Form der Zurverfügungstellung von Mitteln (sei es zur kurz- und mittelfristigen Baufinanzierung oder zur langfristigen Fremdfinanzierung) war, treten nicht zuletzt nach dem Rückzug vieler Banken aus dem Langfristbereich andere institutionelle Investoren wie Versicherungen und Pensionsfonds verstärkt als (langfristige) Mezzanine- oder Fremdkapitalgeber auf.

Nachdem Staats- und Bankanleihen in Zeiten der Unsicherheit entweder (wie im Fall vieler Euro-Peripheriestaaten) mit echtem Ausfallrisiko verbunden sind oder (wie im Fall Deutschlands) nur eine Mini- oder sogar Nullverzinsung versprechen, sind diese Institutionen auf der Suche nach (neuen) attraktiven Anlagemöglichkeiten im Mezzanine- und Fremdkapitalbereich. Dies gilt umso mehr, weil z.B. deutsche Lebensversicherungen eine Garantieverzinsung (nach Abzug der Verwaltungskosten) anbieten müssen, die derzeit über der Umlaufrendite von Bundeswertpapieren liegt.

Neben einer Anlage in Aktien und Alternative Investments, die zwar mit höheren erwarteten Renditen verbunden sind, aber dafür auch mit höheren Risiken, bietet sich auch ein Engagement im Fremdkapitalbereich an. Dies kann über den Entwickler/Betreiber indirekt oder direkt über eine Projektfinanzierung erfolgen, bei der lediglich das Asset bzw. der Windpark mit seinen Zahlungsströmen für die ordnungsgemäße Bedienung des Fremdkapitals haftet.

Übliche Beleihungsgrade (Fremdkapital bezogen auf die Gesamtinvestitionssumme) von Windparks sind meist im Bereich 50–80 %. Je niedriger die Beleihung, desto höher c.p. die Wahrscheinlichkeit dafür, dass das Fremdkapital ordnungsgemäß bedient werden kann und desto niedriger der anzusetzende Fremdkapitalzins, desto höher aber auch der von den Eigenkapitalgebern aufzubringende Betrag (und desto niedriger deren erwartete Rendite). Mezzaninekapital wiederum kann eine Art Brücke zwischen Eigen- und Fremdkapital darstellen.

Sieht man von der reinen Entwicklungsfinanzierung ab, so bestehen bei einem Onshore-Windpark in der Bau- und Betriebsphase im Wesentlichen die Möglichkeit einer relativ kurzfristigen Baufinanzierung und einer evtl. zur Ablösung dieser Baufinanzierung verwendeten Langfristfinanzierung. Die Baufinanzierung umfasst im Onshore-Bereich üblicherweise einen Zeitraum von 6–12 Monaten (evtl. zzgl. einer Finanzierung einer evtl. früheren Anzahlung auf die Windturbinen), während sie im Offshore-Bereich mehrere Jahre betragen kann. In dieser Zeit besteht ein Fertigstellungsrisiko zeitlicher und ggf. auch betragsmäßiger Natur, soweit keine entsprechenden mit Kompensationszahlungen hinterlegten Garantien mit dem Verkäufer vereinbart wurden. Die Mezzanine-Finanzierung umfasst i.d.R. nur 10–20 % der Gesamtsumme, ist mit einem höheren Zinssatz bzw. einer höheren erwarteten Rendite verbunden und oft so strukturiert, dass bei normalem Verlauf eine zügige Rückführung erfolgt.

5.5 Beteiligungsmodelle im Offshore-Bereich

BETTINA AMBACHER, JÖRN DÄINGHAUS

5.5.1 Einleitung

Die Finanzierung kapitalintensiver Offshore-Windparks ist und bleibt eine der wesentlichen Herausforderungen beim Ausbau der Offshore-Windenergie. Der Offshore-Markt in Deutschland ist vergleichsweise jung, da erst mit der Novellierung[1014] des Erneuerbare-Energien-Gesetzes (EEG) ab 2009 die Rahmenbedingungen für eine wirtschaftliche Realisierung der Projekte geschaffen wurden. Daher sind neben der Entwicklung der eigentlichen Offshore-Industrie auch der Aufbau und die Professionalisierung von Fremd- und Eigenkapitalmärkten für diese vergleichsweise neue Anlageklasse notwendig.

Der Investitionsbedarf für den Ausbau der Offshore-Windenergie ist enorm. Das Energiekonzept der Bundesregierung sieht vor, „die Offshore-Windleistung bis 2030 auf 25 GW auszubauen".[1015] „Der Anteil der auf See gewonnenen Energie an der Stromerzeugung soll dann bei voraussichtlich 15 Prozent liegen."[1016] Bei spezifischen Investitionskosten von 3–4 Mio. EUR je MW ergibt sich somit ein Investitionsbedarf von 75–100 Mrd. EUR. Bei einer angenommenen Fremdfinanzierungsquote von durchschnittlich 65 % sind ca. 26–35 Mrd. EUR Eigenkapital für die Durchführung der Projekte notwendig. Dies unterstellt, dass Projektfinanzierungen grundsätzlich für alle Projekte und bereits frühzeitig in der Bauphase verfügbar sind. Die Realität zeigt jedoch, dass dies nicht der Fall ist, so dass der Eigenkapitalbedarf eher noch höher sein wird.

Die sich aus einer Projektfinanzierung ergebenden Anforderungen und die primär risikoorientierte Perspektive der Banken wurden in Kapitel 2 dargestellt. In diesem Kapitel wird die eher chancenorientierte Perspektive der Eigenkapitalgeber eingenommen. Chancen können dabei finanzieller, aber auch strategischer Art sein.

In der Vergangenheit haben klassische Projektentwickler überwiegend an Energieversorgungsunternehmen (EVU) und Stadtwerke verkauft. Da die Finanzierungskraft der deutschen EVU durch den notwendigen Netzausbau, den Rückbau der Kernkraftwerke und den allgemeinen Umbau des Erzeugungsportfolios zunehmend belastet wird, ist es umso wichtiger, dass in Zukunft zusätzliche Investoren auf dem Eigenkapitalmarkt für Offshore-Projekte aktiv werden.

Beteiligungsmodellen wird dabei eine große Bedeutung zuteil werden, um eine zunehmende Zahl von Investoren an Offshore-Projekten zu beteiligen. Dazu wird es notwendig sein, die Voraussetzungen für die Einbindung verschiedener Investorentypen zu schaffen. Die Rolle der Finanzinvestoren ist bislang begrenzt, Pensionsfonds sind bei deutschen Offshore-

[1014] Vgl. Gesetz zur Neuregelung des Rechts der Erneuerbaren Energien im Strombereich und zur Änderung damit zusammenhängender Vorschriften vom 25.10.2008; Bundesgesetzblatt Jahrgang 2008, Teil I, Nr. 49.

[1015] Vgl. Energiekonzept für eine umweltschonende, zuverlässige und bezahlbare Energieversorgung vom 28.09.2010; Bundesministerium für Wirtschaft und Technologie und Bundesministerium für Umwelt, Naturschutz und Reaktorsicherheit.

[1016] www.offshore-wind.de/page/uploads/media/Factsheet_Zahlen_und_Fakten_Offshore-Windenergie.pdf.

Projekten noch nicht in Erscheinung getreten. Eine Verbreiterung der Investorenbasis wird jedoch notwendig sein, um die hohen Investitionsbedarfe für den Ausbau der Offshore-Vorhaben zu decken. Diese stehen dabei natürlich auch in Konkurrenz zu anderen kapitalintensiven Investitionsobjekten, etwa den von den Übertragungsnetzbetreibern bereitzustellenden Netzanschlüssen für Offshore-Windparks.

Folgende Kernfragen werden daher in diesem Kapitel betrachtet:

- Welche wesentlichen Kriterien sind für eine erfolgreiche Strukturierung von Beteiligungsmodellen im Offshore-Bereich zu beachten?
- Welche Anforderungen haben einerseits die Verkäufer und andererseits die Investoren von Offshore-Projekten und welche Arten von Investoren gibt es?
- Was sind schließlich kritische Erfolgsfaktoren für die Umsetzung von Beteiligungsmodellen?

In Ziffer 5.5.3 werden abschließend die Grundzüge des Beteiligungsmodells für den Offshore-Windpark ENBW BALTIC 1 skizziert.

5.5.2 Beteiligungsmodelle im Offshore-Bereich

Abhängig von den Anforderungen der Verkäufer und Käufer können und müssen Beteiligungsmodelle im Offshore-Bereich unterschiedlich ausgestaltet werden. Standardmodelle wird es in diesem neuen Marktsegment aufgrund sehr individueller Anforderungen der Marktteilnehmer und der Größe der Transaktionen in absehbarer Zeit nicht geben. Es lassen sich jedoch zentrale Kriterien ableiten, die zur Strukturierung von Beteiligungsmodellen an Offshore-Windparks wesentlich sind (Ziffer 5.5.2.1). Auf Seite der Verkäufer (Ziffer 5.5.2.2) wird die Struktur eines Beteiligungsmodells maßgeblich durch den Finanzierungsbedarf bestimmt, bei den Käufern (Ziffer 5.5.2.3) überwiegen strategische Interessen und Renditeerwartung bzw. Risikobereitschaft. Der Erfolg eines Beteiligungsmodells wird durch das Zusammenspiel dieser Kriterien und weiterer Faktoren bestimmt, die in Ziffer 5.5.2.4 zusammengefasst werden.

5.5.2.1 Kriterien zur Strukturierung von Beteiligungsmodellen

Um die Anforderungen von Verkäufer und Käufer (im Folgenden auch „Parteien“) eines Offshore-Windparks zu harmonisieren, ist es zunächst erforderlich, wesentliche Strukturierungskriterien zu definieren. Wenngleich nicht alle Kriterien für Verkäufer und Käufer im gleichen Maße wichtig sind, so müssen sie doch von beiden Seiten für den erfolgreichen Abschluss eines Beteiligungsmodells beachtet werden.

Strategische Interessen: Im ersten Schritt sind die strategischen Interessen der Parteien zu definieren. Diese können auf beiden Seiten sehr unterschiedlich sein, sollten aber in wesentlichen Punkten aufeinander abgestimmt werden, um ein Beteiligungsmodell sinnvoll zu strukturieren. Die Interessen können von einer reinen Kapitalbeteiligung mit einer Fokussierung auf die Rendite bis zu strategischen Partnerschaften zum Aufbau einer gemeinsamen Projektpipeline reichen.

Renditeerwartung: Die Renditeerwartungen von Käufer und Verkäufer beeinflussen die Struktur des Beteiligungsmodells i.W. durch die damit in Zusammenhang stehende Bereitschaft, Projektrisiken zu übernehmen oder nicht.

Zeitpunkt der Beteiligung: Das Risikoprofil eines Offshore-Projekts ist ganz wesentlich von seiner Entwicklungsstufe abhängig. Insbesondere die Bauphase zwischen Abschluss der wesentlichen Projektverträge (Windkraftanlagen, Fundamente, Innerparkverkabelung und Umspannstation) und Inbetriebnahme des Windparks ist kritisch, da hier schlagend werdende Risiken weitreichende finanzielle Auswirkungen haben können. Wesentliche Risiken während der Errichtung eines Offshore-Windparks sind Stillstandkosten für die Errichtungsschiffe bei schlechten Wetterbedingungen (Windgeschwindigkeit und Wellenhöhe), Schnittstellenrisiken aufgrund des bislang nicht vermeidbaren Multicontractings, Nachtragsrisiken in Folge technischer Änderungen, Preisrisiken bei variabler Preisgestaltung und Baugrundrisiken sofern diese nicht durch umfangreiche Untersuchungen weitgehend ausgeschlossen werden können. Auch aus Sicht des Investitionsbedarfs ist der Beteiligungszeitpunkt ein wesentliches Strukturierungskriterium. Folgende Abbildung 93 zeigt illustrativ das Zusammenspiel von Projektfortschritt, Risikoprofil und Investitionshochlauf.

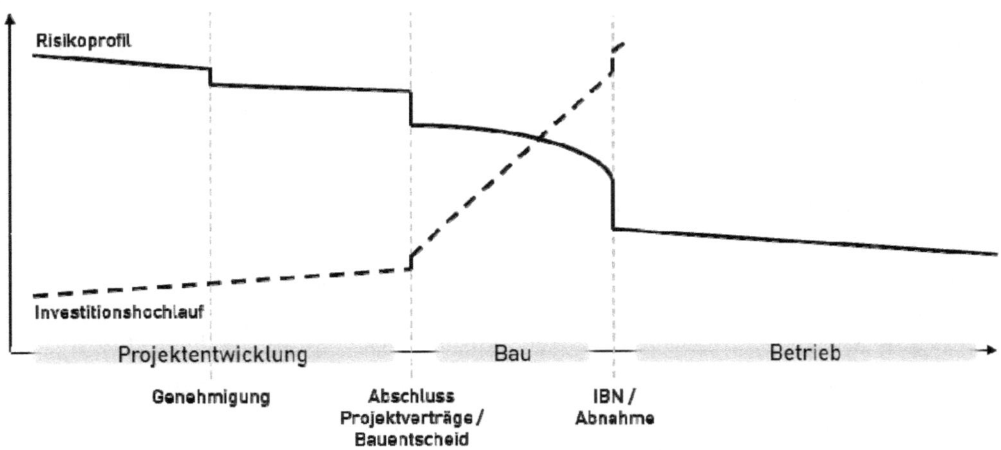

Abbildung 93: Illustrativer Zusammenhang von Projektfortschritt, Risikoprofil und Investitionsbedarf

Mehrheits- bzw. Minderheitsbeteiligung: Die Beteiligungshöhe wird wesentlich von den strategischen Interessen und vom Finanzierungsbedarf beeinflusst und hat direkt Auswirkung auf Ergebnisausweis (operatives Ergebnis oder Finanz-/Beteiligungsergebnis), Ratingfragen (Konsolidierung FK), operative Kontrolle im Projekt und Bilanzierung der Energiemengen.

Operative Kontrolle: Das gewünschte Maß an Einflussnahme durch den Investor bzw. der Wunsch des Verkäufers während der Projektumsetzung möglichst autark und damit schnell zu agieren, ist bei der Gestaltung eines Beteiligungsmodells im Vorfeld durch Kontroll- und Mitspracheregeln zu regeln.

Zurechnung Energiemengen: Das Interesse der Parteien, den „grünen Strom“ in der eigenen Energiebilanz auszuweisen, sollte optimaler Weise entgegen gerichtet sein.

Erfordernis (Projekt-)Finanzierung: Ob eine Fremdfinanzierung, im Regelfall eine Projektfinanzierung, notwendig ist, hängt von der Finanzierungsstärke des Verkäufers bzw. vom Investitionsangebot des Käufers ab. Weitere mögliche Aspekte, die gegen bzw. für die Einbindung einer Projektfinanzierung sprechen, sind Einschränkung der operativen Kontrolle auf der einen Seite und Erhöhung der Eigenkapitalrendite durch den Leverage-Effekt auf der anderen Seite. Falls eine Projektfinanzierung geplant ist, kann dies auch Auswirkungen auf die Investorensuche haben, da Banken in der Regel bestimmte Sponsoren präferieren.

Einzel vs. Portfolio Deal: (Ver-)Kauf eines Portfolios von Bestandsprojekten bzw. einer Pipeline von künftigen Projekten schafft (Des-)Investitionssicherheit beim (Ver-)Käufer. Auch aus Gründen der Risikodiversifikation kann es für beide Parteien von Vorteil sein, die Beteiligung auf mehr als ein Projekt auszudehnen. Dagegen spricht die zunehmende Komplexität des Beteiligungsmodells.

Anlagehorizont: Die Beteiligungsdauer wird stark vom strategischen Interesse der Parteien abhängen. Ist ein Ausstieg einer der Parteien bereits bei Strukturierung des Beteiligungsmodells absehbar, sollten vereinfachte Veräußerungsmöglichkeiten vorgesehen werden.

5.5.2.2 Verkäufer von Offshore-Projekten und deren Finanzierungsbedarf

In Deutschland sind bislang vor allem Projektentwickler und große EVU als Verkäufer von Offshore-Windparks aufgetreten. In diesem Abschnitt werden zunächst exemplarisch einige Transaktionen dargestellt, um darauf aufbauend Anforderungen typischer Verkäufer deutscher Offshore-Projekte zu analysieren.

Projektverkäufe in der deutschen Nord- und Ostsee

Projektentwickler veräußern Projekte bzw. beteiligen Investoren zu einem frühen Entwicklungszeitpunkt mit entsprechend hohen Risiken. Nachfolgende Beispiele für den Verkauf von Windparks an Energieversorger, an einen Finanzinvestor bzw. an ein Joint Venture eines Baukonzerns und eines Finanzinvestors sollen einen exemplarischen Überblick geben:

- Im Mai 2008 hat die WPD OFFSHORE GMBH ein Portfolio von vier Offshore-Projekten – BALTIC 1 und KRIEGERS FLAK 1 (heute: BALTIC 2) in der Ostsee sowie HOHE SEE und HE DREIHT in der Nordsee – nach der Projektgenehmigung an EnBW AG verkauft. EnBW entwickelt die Projekte sukzessiv bis zur Baureife weiter, errichtet und betreibt die Windparks. Parallel zum Erwerb der Projektgesellschaften haben EnBW und wpd einen Kooperationsvertrag geschlossen, auf dessen Basis wpd als Dienstleister bei der Weiterentwicklung der Projekte unterstützt.[1017]
- Der Projektentwickler PNE Wind AG verkaufte im August 2012 die Offshore-Projekte GODE WIND 1, 2 und 3 an den dänischen Energiekonzern DONG Energy. GODE WIND 1 und 2 waren zu dem Zeitpunkt bereits genehmigt, GODE WIND 3 war noch im Genehmigungsverfahren.[1018]

[1017] Pressemitteilung EnBW AG vom 13.05.2008: „EnBW erwirbt vier Offshore-Windkraftprojekte".

[1018] Pressemitteilung DONG Energy vom 14.08.2012: „DONG Energy acquires three German offshore wind development projects".

- Die Windland Energieerzeugungs GmbH schloss im Juli 2008 eine Partnerschaft mit Blackstone zur Weiterentwicklung und Bau des Offshore-Windparks Meerwind Süd/Ost ab. Der Finanzinvestor übernahm 80 % der Anteile an der Projektgesellschaft WindMW GmbH, der Projektentwickler behielt 20 %.[1019]
- Der Projektentwickler Enova veräußerte im März 2012 die vier Offshore-Windparks NORTH SEA WINDPOWER 4–7 zu einem frühen Zeitpunkt in der Projektentwicklung vor Genehmigung an HOCHTIEF Offshore Development Solutions, ein Joint Venture von HOCHTIEF Solutions und VENTIZZ CAPITAL PARTNERS. Der Käufer beabsichtigt, die Projekte gemeinsam mit Enova bis zur Genehmigung weiterzuentwickeln, um sie anschließend weiter zu veräußern. In gleicher Weise soll mit dem Nordsee-Windpark Nautilus II verfahren werden, den PNE Wind bereits im November 2011 an VENTIZZ CAPITAL PARTNERS verkaufte.[1020] Damit werden künftig ab Genehmigung der Windparks neben Projektentwicklern und EVU weitere Marktteilnehmer, in dem Fall ein Baukonzern und ein Private Equity Investor, als Verkäufer deutscher Offshore-Projekte auftreten.

Energieversorger bieten Beteiligungen zu einem späteren Projektzeitpunkt an und eröffnen somit eher risikoaversen Investoren Investitionsmöglichkeiten:

- EnBW hat an BALTIC 1, dem ersten kommerziellen Offshore-Projekt in der deutschen Ostsee 19 Stadtwerke – meist verbundene Unternehmen oder strategische Partner – mit insgesamt 49,7 % beteiligt. Das Beteiligungsmodell BALTIC 1 ist zweistufig aufgebaut, die Investoren haben erst nach Inbetriebnahme des Windparks ihre finale Investitionszusage erteilt und damit kein Baurisiko getragen (vgl. im Detail Ziffer 5.5.3).
- Der dänische Energieversorger Dong Energy hat im Februar 2012 zwei Investoren mit 50 % an dem Projekt BORKUM RIFFGRUND 1 beteiligt. KIRKBI, die Muttergesellschaft von LEGO, hält 32 % der Anteile und die OTICON-Stiftung hält die restlichen 18 %. Dong verkauft Anteile an Windparks, um den Bau der nächsten Projekte zu finanzieren. Dabei übernimmt der Energieversorger i.d.R. das Baurisiko und spricht damit risikoscheue Investoren an.[1021]
- E.on beabsichtigt, Minderheitsbeteiligungen an seinen Offshore-Windparks abzugeben, um mit dem gegebenen Investitionsbudget größere Kapazitäten aufbauen zu können. Im Fokus sind Finanzinvestoren wie Pensionsfonds oder Rückversicherungen.[1022]

Anforderungen von Projektentwicklern und Energieversorgern

Die Anforderungen von Projektentwicklern und Energieversorgern als typische Verkäufer von Offshore-Windparks unterscheiden sich im Wesentlichen aufgrund ihres Finanzierungsbedarfs. Die deutlichsten Unterschiede betreffen damit die strategischen Interessen sowie Zeitpunkt und Höhe der Beteiligung.

1019 www.windmw.de und FAZ, 06.08.2011: „Blackstone und KfW finanzieren Meerwind-Park", S. 14.

1020 Pressemitteilung HOCHTIEF Solutions AG vom 17.02.2012: „HOCHTIEF gründet Joint Venture für Offshore-Windparks mit Investmentpartner Ventizz" und 20.03.2012: „HOCHTIEF Offshore Development Solutions erwirbt vier Nordsee-Windparks von Enova".

1021 FTD, 24.02.2012: „Lego-Eigner stecken Geld in Windkraft".

1022 FTD, 20.02.2012: „Eon öffnet Windparks für Investoren".

Der Verkauf von (teil-)entwickelten Windparks ist das Geschäftsmodell eines Projektentwicklers. Je weiter der Park entwickelt ist, desto höhere Verkaufspreise lassen sich erzielen, desto höher sind jedoch auch die Vorfinanzierungskosten. Aus diesem Grund wird ein Projektentwickler Anteile am Projekt bereits in einer frühen Projektphase verkaufen, häufig nach erteilter Genehmigung. Bis zu diesem Zeitpunkt fallen Kosten insbesondere für Baugrunduntersuchungen und Personal an. Spätestens mit Abschluss der wesentlichen Projektverträge für die Windkraftanlagen, die Fundamente, die Innerparkverkabelung und die Umspannstation steigt der Finanzierungsbedarf, so dass vor diesem Zeitpunkt Investoren für den weiteren Projektfortschritt benötigt werden.

Sofern Projektentwickler nicht 100 % des Projekts verkaufen, werden sie aus Finanzierungsgründen i.d.R. die Mehrheit am Projekt abgeben. Eine weitere Involvierung des Projektentwicklers kann sowohl aus eigenem Interesse zur Auftragssicherung oder auch von Seite des Investors gewünscht sein, sofern dieser nicht über ausreichende Projektentwicklungskompetenzen verfügt. Durch den Verbleib eines Minderheitsanteils beim Projektentwickler ist aus Entwicklersicht eine langfristige Einbindung und Erfolgsbeteiligung sowie aus Investorensicht eine starke Incentivierung sichergestellt. Alternativ kann die weitere Projektentwicklung als Dienstleistung angeboten werden, welche aus Sicht des Entwicklers weniger riskant bzw. kapitalintensiv ist. Aus Sicht des Investors kann eine Dienstleistungskooperation einfacher beendet werden, sobald z.B. die erforderlichen Projektentwicklungskompetenzen im eigenen Unternehmen aufgebaut sind. Die Beteiligung könnte sich auf die Betriebsphase ausdehnen, falls der Projektentwickler auch die Betriebsführung als Dienstleistung für das Projekt anbieten möchte.

Das strategische Interesse eines Energieversorgers zur Beteiligung von Investoren kann vielfältig sein: Ein Grund kann die Einbindung strategischer Partner wie verbundene Unternehmen oder Komponentenhersteller sein. Insbesondere, wenn mehrere Offshore-Projekte innerhalb weniger Jahre umgesetzt werden sollen, ist die Beteiligung von Investoren ein Mittel, um nachfolgende Projekte zu finanzieren. Im Unterschied zu Projektentwicklern ist es Energieversorgern jedoch eher möglich, die Beteiligung auch zu einem späteren Zeitpunkt – teils erst in der Betriebsphase – abzugeben. Eine Möglichkeit, die Risiken des Offshore-Geschäfts zu mitigieren, ist eine Diversifizierung des (Offshore-)Erzeugungsportfolios. Durch eine Beteiligung von Investoren an den eigenen Projekten können entweder Beteiligungen an anderen Projekten hinzugekauft werden oder es kann eine größere Pipeline von Offshore-Projekten umgesetzt werden.

Bei Energieversorgern sprechen viele Gründe für die Abgabe einer Minderheitsbeteiligung. In der Regel ist nur bei Behalt der Mehrheit die weitere operative Kontrolle sichergestellt. Diese ist wichtig, um die strategische und operative Entscheidungsfähigkeit im Projekt, z.B. in Bezug auf Verfügungs- und Vergabeentscheidungen (sowohl in Planungs-, Bau- und Betriebsphase), sicherzustellen. Auch die vollständige Zurechnung der Energiemengen und die Bilanzierung der Ergebnisbeiträge sind bei einer Mehrheitsabgabe i.d.R. nicht möglich. Aus Konsolidierungsgesichtspunkten kann jedoch auch eine Minderheitsbeteiligung von Vorteil sein, insbesondere wenn eine Projektfinanzierung abgeschlossen wird. Während bei einer Mehrheitsbeteiligung die Projektverbindlichkeiten voll konsolidiert werden, wird bei einer Minderheitsbeteiligung nach IFRS der Beteiligungsbuchwert bilanziert. Welche Vorgehensweise aus der häufig relevanten Ratingsicht empfehlenswert ist, muss im Einzelfall beurteilt werden, da Ratingagenturen häufig differenzierter vorgehen.

Die folgende Tabelle 31 fasst die wesentlichen Anforderungen von Projektentwicklern und Energieversorgern nochmals idealtypisch zusammen.

Tabelle 31: Anforderungen von Projektentwicklern und Energieversorgern als Verkäufer von Offshore-Windprojekten

Kriterium	Projektentwickler	EVU
Strategische Interessen	• Veräußerung Projektrechte mit Gewinn • Sicherung von Aufträgen für die weitere Projektentwicklung als Dienstleister • Sicherung von Aufträgen für spätere (kaufmännische) Betriebsführung	• Kapitalbeschaffung • Einbindung strategischer Partner • Diversifizierung des Erzeugungsportfolios
Zeitpunkt der Beteiligung	• eher frühe Projektphase • häufig nach der Genehmigung aber vor Abschluss der wesentlichen Projektverträge (Finanzierungsbedarf)	• eher späte Projektphase, auch nach der Bauphase • abhängig von Finanzierungsbedarf und sonstigen strategischen Interessen unterschiedlich
Mehrheits- bzw. Minderheitsbeteiligung	• i.d.R Abgabe einer Mehrheitsbeteiligung • behält Minderheitsanteil in der Bauphase (mögliche Forderung des Investors um Commitment des Projektentwicklers sicherzustellen) und möglicherweise auch in der Betriebsphase (insbesondere falls Projektentwickler die Betriebsführung anbieten möchte)	• eher Abgabe einer Minderheitsbeteiligung • neben Finanzierungsaspekten spielen für EVU auch die operative Kontrolle, Energiemengenzurechnung, Bilanzierungs- und Ratingaspekte eine Rolle

5.5.2.3 Investoren im Offshore-Bereich und deren Anforderungen

Während bei Fremdkapitalgebern die Rückzahlung des zur Verfügung gestellten Kapitals und der darauf entfallenden Zinsen im Mittelpunkt stehen und Projekte aus Risikosicht bewertet werden, stehen bei Eigenkapitalinvestoren die Chancen, die ein Projekt bietet, im Vordergrund. Für die Analyse der Investoren und deren Anforderungen sollen im Folgenden zunächst die verschiedenen Investorentypen und deren Zielsetzungen klassifiziert werden. Daraus ergeben sich die Anforderungen, die die einzelnen Investoren an eine Beteiligung stellen.

Klassifizierung von Investorentypen

Eigenkapitalgeber unterscheiden sich zunächst nach ihrer Zielsetzung bei der Investition in ein Projekt. Eine erste Grobunterteilung kann in strategische und kapitalanlageorientierte Investoren vorgenommen werden (vgl. auch Abbildung 94).

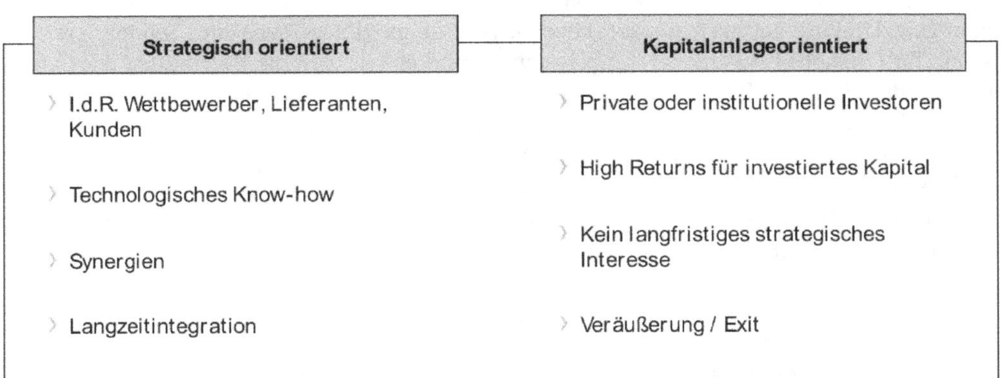

Abbildung 94: Grundsätzliche Klassifikation von Investorentypen

Am Markt aktive strategische Investoren im Offshore-Bereich sind im Wesentlichen große EVU, die sowohl als Verkäufer als auch als Käufer auftreten sowie Stadtwerke und zunehmend weitere kommunale Investoren (z.B. Städte oder Gemeinden ohne eigene Stadtwerke). Teilweise investieren auch Hersteller oder Lieferanten von Offshore-Komponenten in Projekte. Seit einiger Zeit zeigen zudem große, in der Regel energieintensive Industrieunternehmen, Interesse für Offshore-Projekte. Die Zielsetzungen sind hierbei unterschiedlich. Während Energieversorger, Stadtwerke, kommunale Investoren aber auch die großen Industrieunternehmen ihr Energieportfolio erweitern oder technologisches Know-How gewinnen möchten, wollen Hersteller oder Lieferanten mit der Investition in ein Projekt vor allem den eigenen Absatz fördern. Renditemaximierung steht bei diesen Investoren nicht unbedingt im Vordergrund, sondern ist Teil ihrer gesamten strategischen Zielsetzung.

Ganz anders dagegen bei kapitalanlageorientierten Investoren: Ziel einer Investition ist hier das Erreichen von bestimmten Renditeanforderungen; dies dominiert die Entscheidung für oder gegen ein Projekt. Kapitalanlageorientierte Investoren im Offshore-Bereich lassen sich nach institutionellen und privaten Investoren unterscheiden.

Private Equity Investoren zeigen erst seit kürzerer Zeit Interesse für Offshore-Projekte. Ein Beispiel dafür ist der amerikanische Finanzinvestor BLACKSTONE, der über die WINDMW GmbH, Bremerhaven 80 % am Offshore-Projekt MEERWIND bei Helgoland erworben hat.

Weitere institutionelle Investoren, deren Anlagehorizont allerdings längerfristiger und deren Renditeanforderung moderater als die von klassischen Private Equity Investoren ist, sind im Wesentlichen Staatsfonds, Infrastrukturfonds, Versicherer, Versorgungswerke und Pensionsfonds. Allerdings wagen im Augenblick eher internationale Investoren dieser Kategorie den Schritt in Offshore-Projekte – u.a. hat der dänische Pensionsfonds PENSIONDANMARK A/S im Jahr 2011 50 % am Windpark ANHOLT in Kattegat/Dänemark erworben. In Deutschland gibt es bisher kaum Transaktionen mit diesen Investoren. Sollte das Zinsniveau aber weiterhin auf dem aktuellen niedrigen Niveau bleiben, könnten Offshore-Beteiligungen auch für deutsche institutionelle Investoren immer lukrativer werden.

Unter Privatinvestoren sind vor allem vermögende Privatinvestoren, die z.B. über *Family Offices* professionelles Vermögensanlagenmanagement betreiben und geschlossene Fonds zu verstehen. Die Gruppe der Privatinvestoren spielt im Offshore-Bereich aktuell noch eine untergeordnete Rolle, da die Investitionsgrößen von Privaten in der Regel nicht oder nur in geringem Umfang getragen werden können. Allerdings gibt es auch hier schon erste Beispiele für Offshore-Investments von privaten Investoren wie z.B. die Beteiligung des Family Offices der Familie MELTL am Offshore-Windpark GLOBAL TECH 1[1023]. Auch im Bereich der geschlossenen Fonds wird vereinzelt versucht, Kapital von Investoren einzuwerben: Hier ist z.B. das Beteiligungsangebot von ENOVA zu nennen, bei dem zunächst über einen geschlossenen Fonds versucht wurde, Anleger für das Offshore-Projekt ENOVA OFFSHORE NORTH SEA WINDPOWER 4 und 5 zu gewinnen[1024], bevor das Projekt im März 2012 an HOCHTIEF OFFSHORE DEVELOPMENT SOLUTIONS verkauft wurde.

[1023] Pressemitteilung Windreich AG vom 30.01.2012 „Offshore-Park ‚Global Tech I‘ zum ‚Wind Deal of the Year‘ gekürt“.

[1024] Verkaufsprospekt der ENOVA zweite Offshore Projektbeteiligungs GmbH vom 04.10.2010.

Die nachfolgende Tabelle 32 veranschaulicht die strategischen Zielsetzungen der verschiedenen Investoren sowie deren Anlagehorizont.

Tabelle 32: Investoren im Offshore-Bereich

	Investorentyp	Strategische Zielsetzung	Beteiligungszeitpunkt		
			Bau	Inbetriebnahme	Langfristiger Betrieb
strategisch	Große EVU's	Erweiterung Energieportfolio	✓	✓	✓
	Stadtwerke	Erweiterung Energieportfolio	✓	✓	✓
	Industrieunternehmen	Energieerzeugung zur eigenen CO2 Entlastung, Positive Außenkommunikation	✓	✓	✓
	Hersteller	Absatzförderung	✓	✓	
	Städte und Kommunen	Politische Vorgaben zum Ausbau der erneuerbaren Energien		✓	✓
kapitalorientiert	Private Equity	Renditemaximierung mit Hilfe von Leverageinstrumenten	(✓)	✓	
	Staatsfonds, Infrastrukturfonds	Renditeoptimierung auch unter Inkaufnahme höherer Risiken	(✓)	✓	✓
	Versicherungen, Versorgungswerke, Pensionsfonds	Renditeoptimierung bei stabilen Cash Flows	(✓)	✓	✓
	Family Offices	Kapitalerhalt		✓	✓
	Geschlossene Fonds	Renditeoptimierung	(✓)	✓	✓

Spezifische Anforderungen

Im Folgenden sollen die Anforderungen an Offshore-Projekte nach den Investorentypen anhand der in Kapitel 5.5.2.1 bereits definierten Kriterien differenziert werden.

Renditeerwartung

Bei deutschen Offshore-Projekten sind, im Gegensatz zu Großbritannien oder den Niederlanden, die Renditeerwartungen deutlich moderater. Das Stauchungsmodell (siehe auch Kapitel 3.3) hat gegenüber der bisherigen EEG-Regelung zwar zu einer Verbesserung der Renditeerwartung geführt, jedoch bewegen sich die Renditen deutscher Projekte unter den Renditen im internationalen Vergleich. Die Renditeerwartung hängt natürlich in hohem Maße davon ab, welches Risiko die Investoren bereit sind zu tragen, d.h. im Wesentlichen, ob bereits in der Bauphase ein Einstieg (mit Übernahme des damit verbundenen Risikos) erfolgen soll oder erst nach Inbetriebnahme.

Strategische Investoren werden die Renditeerwartung immer im Gesamtzusammenhang mit weiteren Zielsetzungen sehen, so dass eine Renditeoptimierung nicht im Vordergrund steht, sondern mit weiteren Kriterien bewertet wird.

Für kapitalorientierte Investoren ist die Renditeerwartung naturgemäß ein wesentliches Investitionskriterium: Deutsche Offshore-Projekte sind für klassische Private Equity Investoren daher in der Regel wenig interessant.

Etwas anders sieht es dagegen bei den anderen in Tabelle 32 genannten kapitalorientierten Investoren aus. Versicherungen, Pensionsfonds und Versorgungskassen sind in der Regel an langfristigen und relativ sicheren und stabilen Cashflows bei überschaubarem Risiko interessiert, um ihre laufenden Verpflichtungen gegenüber ihren Investoren erfüllen zu können. Die Maximierung ihrer Rendite steht nicht im Vordergrund. Allerdings werden auch diese Investoren nur in Projekte investieren, die das Risiko-Rendite-Profil adäquat berücksichtigen. Bisher wurden noch keine deutschen Projekte von diesem Investorenkreis finanziert, was Rückschlüsse über die Höhe des eingeschätzten Risikos im Vergleich zur erzielbaren Rendite und eine gewisse Unsicherheit aufgrund fehlender Offshore-Erfahrung zulässt. Eine Ausnahme bilden hier Staatsfonds, die auch bereit sein könnten, ein etwas höheres Risiko für eine höhere Rendite in Kauf zu nehmen. Allerdings hat bisher noch kein Staatsfonds in ein deutsches Projekt investiert.

Das Augenmerk von Family-Offices vermögender Privatpersonen liegt eher auf dem Vermögenserhalt als auf dem Vermögensaufbau. Damit nimmt auch diese Gruppe eher moderate Renditen, bei entsprechend niedrigerem Risiko in Kauf.

Geschlossene Fonds spielen bisher kaum eine Rolle bei Offshore-Finanzierungen. Aufgrund der Kostenstruktur dieser Assetklasse sind höhere Projektrenditen erforderlich, um ein für Anleger attraktives Produkt anbieten zu können. Das bedeutet, dass sich Anleger geschlossener Fonds vermutlich mit niedrigeren Renditen zufrieden geben müssten.

Aufgrund des aktuell niedrigen Zinsniveaus ist es allerdings auch für kapitalorientierte Investoren aktuell interessant, in Offshore-Projekte – in Deutschland – zu investieren. Dazu kommt das hohe Vertrauen, das Deutschland hinsichtlich der Stabilität der Rahmenbedingungen und des Fördersystems genießt. Dafür werden Investoren bereit sein, auch etwas niedrigere Renditen in Kauf zu nehmen – wenn das Rendite-Risiko-Profil stimmt.

Zeitpunkt der Beteiligung und die Bereitschaft zur Übernahme von Baurisiken
Wie bereits unter Ziffer 5.5.2.1 ausgeführt, lässt sich der Zeitpunkt einer möglichen Beteiligung grob in zwei Phasen unterteilen: Der Einstieg in der Bauphase mit Übernahme von Baurisiken (Zeit und Kosten) sowie der Einstieg nach Inbetriebnahme, wenn die Investitionskosten bekannt sind. Wenn im Folgenden vom Einstieg während der Bauphase gesprochen wird, handelt es sich immer auch um die Übernahme von Baurisiken. Natürlich ist es auch möglich, dass Investoren sich über Garantien weitgehend von Baurisiken freistellen lassen. Dies entspricht wirtschaftlich jedoch eher einem Einstieg nach Inbetriebnahme.

Das Tragen von Baurisiken stellt aktuell eine der großen Herausforderungen im Offshore-Bereich sowohl auf der Fremd- als auch auf der Eigenkapitalseite dar. Bei deutschen Projekten dominieren bisher große Energieversorger und Stadtwerke als Bauphase-Investoren. Vereinzelt wagen auch einzelne kapitalorientierte Investoren den Einstieg in der Bauphase. Insgesamt sind sowohl strategische als auch kapitalorientierte Investoren eher darauf bedacht, die Risiken der Bauphase nicht tragen zu müssen. Das zeigen auch die Erfolge von Offshore-Beteiligungsangeboten, die erst nach Inbetriebnahme stattfinden sollen.

Als Hauptgründe für die Zurückhaltung der Investoren sind häufig deren mangelnde Erfahrung und die Höhe der Investitionen, die zur Finanzierung erforderlich sind, zu nennen. Häufig werden vor allem die großen Energieversorger mit dem Know-How aus dem Bau und Management von großen Kraftwerken, aber auch Hersteller oder große Industrieunternehmen mit entsprechender Finanzstärke bereits in der Bauphase investieren.

Eine Ausnahme stellen Stadtwerke dar, die trotz allgemein fehlender Erfahrungswerte bereits in der Bauphase aktive Investoren sind. Durch Kooperation einer größeren Zahl von Stadtwerken werden Risiken und die erforderlichen Investitionssummen auf viele Schultern verteilt. Beispiele dafür sind der WINDPARK BORKUM WEST, an dem sich über 30 Stadtwerke mit einer Bündelgesellschaft, der TRIANEL WINDKRAFTWERK BORKUM GMBH & CO. KG beteiligt haben oder BALTIC 1, an dem 19 Stadtwerke über eine Bündelungsgesellschaft beteiligt sind.

Gemeinden und Kommunen sind, sofern sie nicht über eigene Stadtwerke verfügen, bisher nicht als Investoren bei Offshore-Projekten am Markt sichtbar. Allerdings ist auch hier, getrieben durch die politischen Zielsetzungen zum Ausbau der erneuerbaren Energien, das Interesse an Investitionsmöglichkeiten groß, da häufig eigene Projekte vor Ort nicht oder nur in begrenztem Umfang möglich sind. Dieser Investorenkreis wird sich voraussichtlich jedoch eher an Projekten beteiligen, die bereits in Betrieb genommen sind, um so das Risiko möglichst gering zu halten.

Kapitalorientierte Investoren werden sich dagegen bei einer Bauphasenfinanzierung eher absichern bzw. erst nach Inbetriebnahme einsteigen. Allerdings wagen einzelne Investoren das Risiko der Bauphase. Bei den deutschen Offshore-Projekten ist im Wesentlichen BLACKSTONE zu nennen, die sich am MEERWIND-Projekt bereits in einem frühen Stadium beteiligt haben. Es bleibt abzuwarten, inwieweit sich weitere kapitalorientierte Investoren für ein Investment im Offshore-Bereich entscheiden. Voraussichtlich wird dann eine ausreichende Absicherung des Baurisikos notwendig sein, um eine für kapitalorientierte Investoren adäquate Risikoallokation zu erzielen. Wir werden vermutlich erste Beteiligungen eher nach Inbetriebnahme sehen. Engagements in der Bauphase dürften auf absehbare Zeit die Ausnahme bleiben.

Allgemein gilt für eine Beteiligung in der Bauphase, dass die Investition nicht auf zu viele Investoren aufgeteilt werden sollte. Komplizierte und langwierige Gremienentscheidungen mit einer Vielzahl von Gesellschaftern können den Bauprozess erschweren und verzögern. Wenn möglich, sollte der Finanzbedarf in der Bauphase durch einige wenige Partner gedeckt werden.

Mögliches Investitionsvolumen und angestrebte Beteiligungshöhe – Mehrheits- oder Minderheitsbeteiligung

Mit Ausnahme der großen Energieversorger gilt auch für strategische Investoren, dass eher Minderheitsbeteiligungen eingegangen werden. Das liegt vor allem daran, dass die Finanzierung einer Investition von durchschnittlich rd. 3,7 Mio. EUR[1025] pro MW installierter Leistung und einer durchschnittlichen Windparkgröße von rd. 360 MW[1026] in der Regel nur durch den Zusammenschluss mehrerer Investoren möglich ist. Auf den Sachverhalt, dass auch Fremdkapitalgeber bei der Finanzierung von Offshore-Projekten gefordert sind, wird an dieser Stelle nicht weiter eingegangen. Die Finanzierung einer Mehrheit, d.h. mehr als 50 % des Investitionsbedarfs ist in der Regel nur finanzstarken Energieversorgern, Industrieunternehmen oder einzelnen großen Finanzinvestoren, Staatsfonds, Versicherungen, Versorgungs-

[1025] „Offshore-Windparks in Europa“ KPMG Marktstudie 2010, S. 52.

[1026] Eigene Berechnungen aus genehmigten Windparks in der ersten Baustufe, Quelle: Deutsche Energie-Agentur GmbH (dena).

werken oder Pensionsfonds möglich. Wie bereits ausgeführt, sind diese Investoren zwar interessiert, jedoch erfolgte bisher bei deutschen Projekten noch keine Transaktion. Besonders internationale Investoren beobachten derzeit den Markt und die verschiedenen Projekte – auch im Hinblick auf die Übernahme einer Mehrheit. Deutsche bzw. europäische Investoren zeigen sich dagegen zurückhaltender. Ob diese Investoren am Ende wirklich an einer Mehrheit interessiert sind, bleibt abzuwarten. Dagegen sprechen Aussagen der ALLIANZ: Wenn Investitionen im Offshore-Bereich getätigt werden sollen, dann offenbar nur in einer Minderheitsposition.[1027]

Das Erreichen bzw. Halten einer Mehrheit spielt für große Energieversorger trotz hohem Finanzierungsbedarf eine wichtige Rolle: Bei einer Mehrheit von 50 % plus einer Stimme oder dem Nachweis, dass die unternehmerische Führung bei einem Gesellschafter liegt, führt dies zur Vollkonsolidierung der Anteile und damit der Möglichkeit, 100 % der erzeugten Energie beim Mehrheitsgesellschafter ausweisen zu können. Darauf wird im nächsten Abschnitt näher eingegangen.

Nur kurz erwähnt werden soll, dass es aus Finanzierungsgesichtspunkten erforderlich sein kann, eben gerade nicht die Mehrheit zu halten. Das wird insbesondere dann der Fall sein, wenn hohe Investitionserfordernisse dazu führen, dass es für ein Unternehmen vorteilhafter ist, Projekte außerhalb der Bilanz zu führen, um die eigene Verschuldungskapazität nicht übermäßig zu belasten.

Nutzungs- bzw. Ausweismöglichkeit von Energiemengen
Strategische Investoren (mit Ausnahme der Hersteller und evtl. Städte und Gemeinden ohne eigene Energieversorgung) wollen erzeugte Energiemengen in der Regel selbst nutzen oder mindestens in ihrer Energiebilanz ausweisen können. Eine eigene Nutzung von erneuerbaren Energien ist nicht möglich, solange sie über das EEG vermarktet werden (Doppelvermarktungsverbot). Interessant wird es jedoch für Energieversorger, Stadtwerke und Industrieunternehmen dann, wenn z.B. über Direktvermarktung eine Nutzung des Grünstroms möglich ist. Bei einer Vielzahl von Beteiligten erscheint eine direkte Bezugsmöglichkeit aufgrund der damit verbundenen Komplexität eher wenig praktikabel, wird jedoch häufig (zumindest nach Ablauf des EEG-Zeitraums) gefordert. Ob ein solches Bezugsrecht ermöglicht werden soll, ist im Einzelfall abzuwägen: Grundsätzlich gilt wohl die Regel, dass je mehr Investoren und je kleinteiliger die Beteiligungen sind, desto weniger erscheint ein direktes Bezugsrecht ökonomisch sinnvoll.

Von der echten Nutzungsmöglichkeit ist die rein bilanzielle Ausweismöglichkeit von Energiemengen in der Energiebilanz zu unterscheiden. Der Ausweis ist für alle Versorgungsunternehmen interessant, weil hier ein Abgleich zwischen gesetzten Zielen zur Steigerung der erneuerbaren Energien und dem tatsächlich erreichten Mengen erfolgt. Ein vollständiger Ausweis in der Energiebilanz kann nur erfolgen, wenn das Projekt vollkonsolidiert wird, ansonsten ist nur ein anteiliger Ausweis möglich.

Anlagehorizont
Nicht alle Investoren sind bereit, bis zum Ende der Laufzeit eines Offshore-Windparks mit an Bord zu bleiben. Durch die Einführung des (optionalen) Stauchungsmodells hat sich der

[1027] „Finanzinvestoren sind die Risiken auf Hoher See zu groß“, Handelsblatt vom 17.04.2012.

EEG-Zeitraum für die Anfangsvergütung von 12 Jahre auf 8 Jahre verkürzt. Dazu kommt je nach Wassertiefe und Küstenentfernung eine standortbedingte Anschlussverlängerung, so dass sich der EEG-Zeitraum bei ca. 10–12 Jahren bewegt. Die gesamte Lebensdauer eines Offshore-Projekts kann mit ca. 25 Jahren angenommen werden.

Bei den strategischen Investoren werden insbesondere die Hersteller, deren Zielsetzung im Wesentlichen die Absatzförderung ihrer Produkte und nicht die langfristige Bindung ihrer Investitionsmittel ist, bereits nach ein paar Betriebsjahren einen sogenannten Exit anstreben. Gleiches gilt bei den kapitalorientierten Investoren für Private Equity Investoren, die i.d.R. Anlagehorizonte zwischen sechs und acht Jahren haben. Damit sind diese Investoren eher für eine Bauphasenfinanzierung mit höherer Rendite und Möglichkeit eines Exits nach Inbetriebnahme geeignet. Eine Strukturierung der Finanzierung könnte in diesem Fall zwei Beteiligungsphasen vorsehen: In der ersten (Bau-)Phase finanzieren die kurzfristig orientierten Investoren und nach Inbetriebnahme erfolgt die Veräußerung an langfristige Investoren.

Alle anderen, sowohl die strategischen als auch die kapitalanlageorientierten Investoren, haben einen längerfristigen Investitionshorizont und können auch bis zum Ende der Projektlaufzeit an Bord bleiben, solange sich stetige Cashflows aus dem Projekt realisieren lassen.

Erzielung eines Technologie-Transfers

Die Gewinnung von Know-How bei Offshore-Projekten ist vor allem für strategische Investoren von Bedeutung. Die Entwicklung, der Bau und der Betrieb von Windparks dieser Größenordnung erfordert ein hohes Maß an Fachkenntnis und Erfahrung mit Großprojekten. Deshalb werden diese Investoren besonderen Wert auf Einflussnahmemöglichkeiten legen, die sich nicht nur auf die reinen Gesellschafterrechte beschränken. Dies kann dadurch geschehen, dass sie in die operativen Entscheidungsprozesse eingebunden sein wollen (passiver Technologie-Transfer) oder aktiv eigene Vorstellungen einbringen und durchsetzen wollen (aktiver Technologie-Transfer).

Für kapitalorientierte Investoren spielt dieses Kriterium eine eher untergeordnete Rolle, da sie mit einem Investment vor allem Geld verdienen möchten. Für sie ist wichtig, dass sie die technischen und operativen Sachverhalte kennen und verstehen, um eine umfassende Bewertung von Chancen und Risiken vornehmen zu können. Das heißt jedoch nicht, dass diese Investoren nicht vollständig informiert sein wollen: Weiter weg vom Tagesgeschäft wird erwartet, dass eine zeitnahe und transparente Kommunikation über laufende und v.a. besondere Vorkommnisse stattfindet.

Vorhandensein einer Projektfinanzierung

Wie bereits weiter oben ausgeführt, erfordert das hohe Investitionsvolumen entweder finanzkräftige Investoren oder aber die Möglichkeit, einen Teil des Kapitals mit Hilfe einer Projektfinanzierung bereitzustellen. Aus Renditeaspekten ist eine Projektfinanzierung dann wirtschaftlich sinnvoll und wünschenswert, wenn sie zu einer Verbesserung der Rendite führt. Da das Thema Projektfinanzierung bereits in den Kapiteln 2 und 5.9 ausführlich erläutert wird, hier nur ein paar wenige Worte dazu.

Große Investoren werden eine Projektfinanzierung eher gemeinsam entscheiden und verhandeln, für kleinere Investoren kann bei einer Investitionsentscheidung dagegen das Vorhandensein einer Projektfinanzierung entscheidend für die positive Investitionsentscheidung sein. Der Einstieg in Projekte, bei denen nicht klar ist, ob eine Projektfinanzierung möglich ist, birgt neben dem Risiko, dass nicht genügend Eigenkapitalinvestoren gefunden werden können, auch noch ein Fremdfinanzierungsrisiko, das kleinere Investoren nicht tragen wollen.

5.5.2.4 Erfolgsfaktoren zur Umsetzung von Beteiligungsmodellen

Nach Angabe der DEUTSCHE ENERGIE-AGENTUR GMBH (dena) befinden sich in Nord- und Ostsee allein 27 genehmigte Windparks in der ersten Baustufe[1028]. Auch ohne Berücksichtigung aller weiteren genehmigten Projekte in Nord- und Ostsee zeigt diese Zahl den enormen Finanzierungsbedarf bei Offshore-Projekten. Damit wird auch die Zahl der Projekte steigen, für die Beteiligungen angeboten werden. Die Projekte werden untereinander im Wettbewerb um Investorenkapital stehen, so dass die Ausgestaltung von Beteiligungsmodellen auf die Finanzierung und damit letztendlich auf die Realisierung eines Projekts entscheidenden Einfluss haben wird.

Im ersten Schritt muss zunächst entschieden werden, welche Investoren angesprochen werden sollen. Ziel muss es sein, die Anforderungen von Verkäufer (vgl. Ziffer 5.5.2.2) und Käufer (vgl. Ziffer 5.5.2.3) hinsichtlich der wesentlichen Strukturierungskriterien zu harmonisieren. Ist der passende Investorenkreis eingegrenzt, ist die Konzeption des Beteiligungsmodells auf diesen abzustimmen.

Die Verteilung der Projektrisiken wird dabei eine der Kernfragen sein. Soweit Risiken nicht oder nicht wirtschaftlich sinnvoll auf einen Dritten übertragen werden können, sind diese je nach Renditeerwartung in einem ausgewogenen Risiko-Chance-Verhältnis auf die Vertragspartner zu verteilen.

Risiken sollten möglichst von der Partei getragen werden, die sie beeinflussen kann[1029]. Dies beinhaltet auch die während der Bau- und Betriebsphase beteiligten Lieferanten und Dienstleister. Damit kommt einer adäquaten Risikoallokation in den abzuschließenden Projektverträgen zur Errichtung und zum Betrieb des Windparks große Bedeutung zu. Bei den Errichtungsverträgen ist sicherzustellen, dass der Lieferant in ausreichendem Maße für von ihm verschuldete Projektverzögerungen haftet. Neben der eigentlichen zeitlichen Verzögerung werden ansonsten Ansprüche anderer Lieferanten schlagend, die aufgrund der Verzögerung z.B. bereits vereinbarte Charterverträge ändern müssen oder gezwungen sind, in einer Schlechtwetterperiode mit entsprechend höheren Ausfallzeiten zu arbeiten. Investoren, die sich erst in der Betriebsphase beteiligen, werden sich primär die Haftung der Unternehmer für mögliche Gewährleistungsansprüche anschauen. Beim Abschluss des Servicevertrags für die Windturbinen ist eine möglichst hohe Verfügbarkeitsgarantie mit möglichst wenigen Ausschlüssen (z.B. aufgrund nicht gegebener Erreichbarkeit des Windparks wegen Schlechtwetter) ein wesentliches Element zur Risikomitigation.

Sofern Risiken von keinem der Vertragspartner getragen werden können, ist zu analysieren, ob diese zumindest teilweise auf Dritte übertragbar sind. Ein Beispiel zur externen Absicherung von Projektrisiken ist – neben der klassischen Bau- und Betriebsversicherung – der Ab-

[1028] Eine Übersichtstabelle findet sich auf der Internetseite http://www.offshore-wind.de, Stand Mai 2012.

[1029] Siehe hierzu die Diskussion unter Ziffer 2.2.

schluss eines Wetterderivats[1030]. Damit können die Auswirkungen von Perioden mit unterdurchschnittlichen Windverhältnissen teilweise abgemildert werden, um einen möglichst stetigen Projekt-Cashflow zu gewährleisten. Ob dies wirtschaftlich sinnvoll ist, hängt einerseits vom künftigen Angebot an Absicherungsinstrumenten und den zu zahlenden Risikoprämien und andererseits vom Risiko-/Rendite-Bedarf der Investoren ab.

Neben einer adäquaten Risikoverteilung werden vor allem auch die Maßnahmen zur Vermeidung von Risiken den Erfolg eines Beteiligungsmodells bestimmen. In dem noch neuen Geschäftsfeld Offshore-Wind spielt dabei der *Track Record* der Projektbeteiligten eine entscheidende Rolle. Ein zunehmend positiver *Track Record* wird Voraussetzung für eine Verbreiterung der heute noch begrenzten Investorenbasis für Offshore-Windparks sein. Verbleibt das Baumanagement beim Verkäufer, wird ein Investor dessen Professionalität und personelle Ressourcen zur Projektumsetzung in die Investitionsentscheidung einfließen lassen. Andererseits wird bei einer geteilten operativen Kontrolle des Projekts auch der Verkäufer das „Offshore-Verständnis“ des möglichen Investors beurteilen, da insbesondere in der kritischen Bauphase eine schnelle Entscheidungsfähigkeit nicht unterschätzt werden darf.

Die Auswahl der Projektbeteiligten wie Lieferanten und Dienstleister und die Erprobung der ausgewählten Technik sind Voraussetzung für eine positive Bewertung eines Projekts. Sollen neue Technologien zum Einsatz kommen – was sich einerseits in dem neuem Marktumfeld nicht vermeiden lässt und andererseits natürlich auch vorteilhaft sein kann – sind die damit verbundenen Risiken soweit wie möglich auf den Lieferanten zu übertragen.

Aufgrund der geringen Erfahrung im Betrieb von Offshore-Windparks werden solche Verkäufer bei Beteiligungsmodellen Erfolg haben, die ein umfassendes und erprobtes Betriebskonzept anbieten können.[1031] Die Serviceverträge der Windturbinenhersteller werden häufig für einen Zeitraum von fünf Jahren angeboten. Wenn weder Verkäufer noch Käufer beabsichtigen, zu einem späteren Zeitpunkt den Service zu übernehmen, ist eine – in optimaler Weise bereits zum Beteiligungszeitpunkt vorliegende – Option auf Verlängerung des Servicevertrags eine sinnvolle Maßnahme, um spätere Projektrisiken zu vermeiden.

Ursache vieler Risiken während der Bauphase sind die für den Projekteigentümer aus heutiger Sicht noch nicht vermeidbaren Schnittstellen zwischen den Gewerken. Um die Schnittstellenrisiken zu begrenzen und im gleichen Maße die Attraktivität für Investoren zu steigern, sollte die Anzahl der Gewerke und damit der Schnittstellen minimiert werden[1032]. Eine sinnvolle und mittlerweile verfügbare Möglichkeit ist die gemeinsame Vergabe von Herstellung und Installation der Komponenten durch EPCI Verträge[1033]. Es treten vermehrt auch Marktteilnehmer auf, die mehrere Gewerke gleichzeitig anbieten, etwa die Kombination von Fundamenten und Parkverkabelung. Ein Generalunternehmervertrag zur Lieferung eines schlüsselfertigen Offshore-Windparks ist am Markt nicht oder nur eingeschränkt verfügbar. Die Tendenz muss jedoch mit zunehmender Erfahrung der Marktteilnehmer in diese Richtung gehen, um künftig auch risikoaverse Investoren bereits in der Bauphase an Offshore-Windparks zu beteiligen.

[1030] Siehe hierzu den Beitrag von Dr. Kottke in Kapitel 5.2.

[1031] Vgl. hierzu die Ausführungen in Kapitel 4.5 und 4.6.

[1032] Siehe hierzu die Ausführungen in Kapitel 3.4.

[1033] EPCI – Engineering, Procurement, Construction, Installation.

Die regulatorischen Rahmenbedingungen entscheiden über die Zukunft von Offshore-Projekten. Investoren müssen sich darauf verlassen können, dass es z.B. keine rückwirkenden gesetzlichen Änderungen gibt, die die wirtschaftliche Umsetzung eines Projekts gefährden oder gar unmöglich machen. Der deutsche Gesetzgeber hat mit dem EEG einen sicheren Rechtsrahmen für die Einspeisevergütung des produzierten Stroms geschaffen. Auch besteht eine generelle Anschlussverpflichtung der Offshore-Windparks durch die zuständigen Netzbetreiber, sofern die Bedingungen für eine unbedingte Netzanschlusszusage erreicht wurden. Die aktuellen Unsicherheiten in Bezug auf die Herstellung der Netzanschlüsse, Haftung bei verspäteten Netzanschluss und Ausbau der Übertragungsnetze müssen so schnell wie möglich geklärt werden, um Investitionssicherheit zu gewährleisten. Kapitel 3.2 beschäftigt sich im Detail mit diesen Themen, so dass dieser Aspekt hier nicht vertieft werden soll.

Das Beteiligungsangebot könnte auch Besonderheiten aufweisen, die sich vom Markt abheben. Beispiele wären die Absicherung der Investitionskosten durch einen Maximalbetrag oder die Gewährung bestimmter Garantien auf Sachverhalte, auf die der Investor keinen oder nur geringen Einfluss hat. Sollen z.B. Finanzinvestoren und Stadtwerke einbezogen werden, könnte ein Modell für beide Seiten attraktiv sein, das den Einstieg der Finanzinvestoren in der Bauphase vorsieht, diesen aber bereits heute ein Andienungsrecht ihrer Anteile auf Stadtwerkeinvestoren gibt und damit einen kalkulierbaren Anlagehorizont erlaubt. Es gibt eine Vielzahl von Strukturierungsmöglichkeiten, die nach Abschluss der internen Zielüberlegungen am besten zunächst durch Vorabgespräche mit ausgewählten Investoren überprüft und im Anschluss mit juristischer und steuerlicher Hilfe umgesetzt werden.

Neben der Ausgestaltung des Beteiligungsmodells spielen jedoch auch weitere Faktoren für den Umsetzungserfolg eine Rolle: Für den gesamten Prozess, d.h. Entwicklung, Bau und Inbetriebnahme sollten ausreichend Puffer im Bauzeitplan und Investitionsbudget eingeplant werden, um begrenzte Verzögerungen oder Kostenüberschreitungen abfedern zu können. Trotz aller risikovermeidenden Maßnahmen und neuer Technologien wird man auf See immer wieder Wetterbedingungen ausgesetzt sein, die aus Sicherheitsgründen eine Verschiebung von Arbeiten notwendig machen. Auch für den Finanzierungsprozess sollte ausreichend Zeit eingeplant werden, da aufgrund fehlender Marktstandards das Verständnis für Offshore-Projekte sich noch entwickeln muss.

Eine optimale Aufbereitung der Daten im Vorfeld ist für einen zügigen Prozess unabdingbar. Die Größe und Komplexität von Offshore-Projekten bringt es mit sich, dass eine Vielzahl von Dokumenten und Sachverhalten über einen vergleichsweise langen Zeitraum zu verwalten sind. Ein professionell strukturierter und laufend zu pflegender Datenraum, auf den ggf. auch Dritte zugreifen können, sollte von Anfang an Bestandteil des Datenmanagements sein.

Häufig werden Investoren eine tiefergehende Due Diligence vornehmen wollen. Die Ausgestaltung des Due Diligence-Prozesses wird sich dabei je nach Größe des Investorenkreises und nach Höhe der Investitionsvolumina einzelner Investoren unterscheiden. Bei einer Vielzahl von Investoren mit kleineren Investitionsbeträgen sollte der Due Diligence-Prozess weitgehend standardisiert oder durch eine *Vendor Due Diligence* ersetzt werden, bei der keine eigene Due Diligence der Investoren vorgesehen ist. Großen Einzelinvestoren wird man dagegen den Zugang zum Datenraum für einen eigenen Überblick verschaffen.

Die Erfolgsfaktoren einer gelungenen Transaktion liegen im Wesentlichen im professionellen Management des Prozesses und der Verhandlungen sowie der Vorgabe realistischer Zeitziele. Daneben sollten externe Berater rechtzeitig in den Prozess eingebunden werden, sofern die Expertise nicht intern vorhanden ist.

Verhandlungen scheitern, wenn über bestimmte Punkte keine Einigung erzielt werden kann. Zeigt sich dies erst zu einem späten Zeitpunkt, wurde in den Prozess schon viel Energie und Geld investiert. Durch die Definition der wesentlichen Strukturierungskriterien, die sowohl für Verkäufer also auch Investor unabdingbar sind, können Verhandlungen effizient geführt, oder notfalls auch frühzeitig abgebrochen werden.

5.5.3 Offshore-Windpark EnBW Baltic 1 als Beispiel für die Strukturierung und Umsetzung eines Beteiligungsmodells

Für den ersten kommerziellen Windpark in der deutschen Ostsee, EnBW Baltic 1[1034], wurde bereits erfolgreich ein Beteiligungsmodell mit Stadtwerken als Co-Investoren umgesetzt. Der Windpark steht 16 km nördlich der Halbinsel Darß/Zingst in einer Wassertiefe von 16–19 m. Die 21 Windenergieanlagen von Siemens haben eine Gesamtleistung von 48,3 MW und produzieren einen jährlichen Nettoenergieertrag von 185 GWh. Der Park wurde ab 2010 errichtet und im Mai 2011 in Betrieb genommen.

Das Beteiligungsmodell zeichnet sich durch ein zweistufiges Verfahren aus, das es den Investoren ermöglichte, in ein Wind-Offshore-Projekt mit begrenztem Risiko einzusteigen.

Abbildung 95 veranschaulicht das Beteiligungsmodell: Im Mai 2010 erwarben Stadtwerke in einem ersten Schritt Beteiligungsoptionen in Höhe von umgerechnet insgesamt 24 MW (oder 49,7 %), die sie im Juli 2011 nach Inbetriebnahme des Parks in einem zweiten Schritt voll ausgeübt haben. Die endgültige Investitionsentscheidung musste also erst zu einem Zeitpunkt getroffen werden, zu dem der Windpark bereits fertiggestellt und in Betrieb war. Die 19 Stadtwerke sind über eine Beteiligungsgesellschaft, die Baltic Windpark Beteiligungen GmbH & Co. KG (BWB), an der eigentlichen Projektgesellschaft EnBW Baltic 1 GmbH & Co. KG beteiligt.

Das Modell hatte für die Stadtwerkeinvestoren und EnBW gleichermaßen Vorteile: Die Stadtwerke konnten eine Beteiligung frühzeitig öffentlich kommunizieren und werblich nutzen. Über einen endgültigen Einstieg wurde jedoch erst nach erfolgreicher Inbetriebnahme und Vorlage aller Wirtschaftlichkeitsdaten entschieden. Die EnBW hatte im Gegenzug während der Bau- und Strukturierungsphase die nötige Entscheidungs- und Handlungsfreiheit.

Der Einstieg der Stadtwerke erfolgte auf Eigenkapitalbasis. Rund 70 % des Kapitals konnte über eine Projektfinanzierung mit der Europäischen Investitionsbank (EIB) und drei weiteren Geschäftsbanken dargestellt werden, die durch EnBW AG verhandelt und nach Inbetriebnahme gezogen wurde.

[1034] Vgl. http://www.baltic1.de.

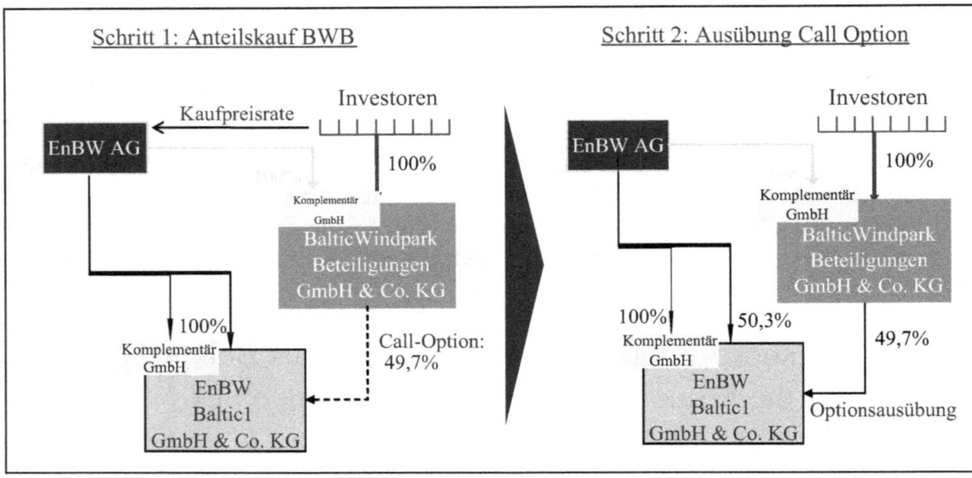

Abbildung 95: Beteiligungsmodell EnBW Baltic 1

5.5.4 Ausblick

Die voranstehenden Kapitel haben verdeutlicht, dass der für die Anzahl und Größe der Offshore-Projekte erforderliche Investitionsbedarf weder von Fremd- noch den derzeitigen potenziellen Eigenkapitalgebern vollständig getragen werden kann. Strategische Investoren dominieren heute den Markt, während kapitalorientierte Investoren noch zurückhaltend agieren. Diese Investoren zeigen zwar grundsätzliches Interesse an Offshore-Projekten, investieren aktuell aber kaum. Es ist zu erwarten, dass mit zunehmender Anzahl von Projekten und steigender Erfahrung auch diese Investoren ihre Zurückhaltung aufgeben, sofern die wirtschaftlichen und regulatorischen Rahmenparameter stimmen.

Aufgrund der Kapitalstärke von Finanzinvestoren werden strategische Investoren künftig nicht mehr die bisherige dominierende Stellung einnehmen. Beteiligungsmodelle werden vermutlich eher auf die Anforderungen kapitalorientierter Investoren zugeschnitten werden (z.B. Absicherung von Risiken, Mindestrenditeanforderungen, Kontrollrechte).

Hier sind insbesondere Pensionsfonds und Versicherungen gefragt, die aufgrund ihres hohen Anlagevolumens, ihrem langfristigem Investitionshorizont und ihren Renditeanforderungen für Offshore-Projekte ein wichtiger und passender Finanzierungsgeber wären. Zuvor müssen jedoch noch einige Herausforderungen bewältigt werden, um diese eher risikoaversen Investoren zu gewinnen. Als Stichworte seien hier nochmals Baurisiko, regulatorischer Rahmen und langfristige technische Risiken im Betrieb genannt. Solange diese Themen nicht abschließend beurteilt werden können, wird sich am Finanzierungsengpass im Offshore-Bereich nichts ändern.

Daneben sind zusätzlich neue innovative Wege erforderlich, um die Eigenkapitallücke zu schließen. Erste Versuche werden bereits im Bereich der geschlossenen Fonds unternommen. Ob Offshore-Projekte aufgrund Ihrer Risiko- und Beteiligungsstruktur sich tatsächlich auch für Privatinvestoren eignen bzw. hier Interesse seitens der Privaten besteht, ist aus heutiger Sicht offen. Auch Mezzanine-Formen sind denkbar, wie z.B. die Ausgabe von börsennotierten Anleihen in gegebenenfalls speziell dafür geschaffenen Börsensegmenten. Auf jeden Fall lohnt es sich, über weitere Finanzierungsmöglichkeiten nachzudenken. Insgesamt wird sich der Investorenkreis vergrößern, während Einzelinvestitionen eventuell kleinteiliger werden. Kapitalorientierte Investoren werden eine größere Rolle spielen, wobei der Kreis der Investoren zunehmend internationaler werden wird.

5.6 Das KfW-Programm Offshore-Windenergie

CARLOS CHRISTIAN SOBOTTA

5.6.1 Hintergrund

Am 8. Juni 2011 stellte die KfW das Programm Offshore-Windenergie bereit. Die KfW wurde vom Bundesministerium für Umwelt, Naturschutz und Reaktorsicherheit mit der Durchführung des Programms beauftragt. Dieses Programm ist Bestandteil des im Energiekonzept der Bundesregierung aufgezeigten Maßnahmenkatalogs zur Beschleunigung des Ausbaus der Offshore-Windenergie. Das Programm reiht sich ein in ein umfassendes Angebot der KfW zur Förderung des Ausbaus der Erneuerbaren Energien. Im Folgenden werden Intention, Hintergründe und Rahmenbedingungen des Programms dargestellt.

5.6.1.1 KfW – Institution und Aufgabe

Die KfW wurde 1948 in der Rechtsform einer Anstalt des öffentlichen Rechts gegründet. Heute gehört die KfW zu 80 % der Bundesrepublik Deutschland und zu 20 % den Bundesländern. Mit einer Bilanzsumme von über EUR 400 Milliarden gehört die KfW zu den größten Banken in Deutschland. Sie refinanziert sich beinahe ausschließlich durch die Aufnahme von Mitteln an den internationalen Kapitalmärkten.

Schwerpunkte ihrer Tätigkeit sind:

- die Förderung von Gründung, kleineren und mittleren Unternehmen, Innovation sowie Umwelt- und Klimaschutz,
- Programme für die Wohnungswirtschaft, Umweltschutz sowie Bildungsförderung für private Personen,
- die Export- und Projektfinanzierung,
- Förderangebote für Kommunen und regionale Förderbanken,
- Förderung von Entwicklungs- und Transformationsländern und
- Kreditverbriefungen.

Auf die Förderung des Umwelt- und Klimaschutzes entfällt ca. ein Drittel des Fördervolumens der KfW. Vorhaben mit diesen Zielsetzungen werden mit Finanzierungsangeboten der inländischen Geschäftsbereiche Mittelstandsbank, Privatkundenbank und Kommunalbank unterstützt. Darüber hinaus finanziert die KfW Vorhaben des Umwelt- und Klimaschutzes im Geschäftsbereich Export- und Projektfinanzierung durch die KfW IPEX-Bank sowie in Entwicklungs- und Transformationsländern mit der Entwicklungsbank und der DEG.[1035]

Das KfW-Programm Offshore-Windenergie ist im Geschäftsbereich Mittelstandsbank der KfW angesiedelt. Neben der Förderung der Errichtung von Offshore-Windparks unterstützt die Mittelstandsbank seit vielen Jahren die Investitionen von Unternehmen und gewerblich

[1035] Weitere Informationen zur KfW finden sich in der Broschüre „KfW im Überblick" bzw. im Internet unter www.kfw.de).

tätigen Personen in erneuerbare Energien, die Steigerung der betrieblichen Energieeffizienz und des Umweltschutzes.[1036]

Die für das Programm Offshore-Windenergie verantwortlichen Mitarbeiter der KfW im Geschäftsbereich Mittelstandsbank haben ihren Sitz in Frankfurt. Für ihre Tätigkeit greifen Sie auf im KfW-Konzern vorhandenes Know-How zu Projektfinanzierungen von Erneuerbaren Energien zurück. Im Geschäftsbereich Entwicklungsbank verfügt die KfW über technische Sachverständige mit Expertise in der Prüfung von Windenergie-Projekten. Die KfW IPEX-Bank ist seit mehreren Jahren in der Finanzierung von Offshore-Projekten im In- und Ausland aktiv und verfügt über eine Einheit, die auf die Modellierung und Prüfung von Cashflow-Berechnungen sowie die Risikoklassifizierung von Projektfinanzierungen spezialisiert ist.

5.6.1.2 Das Energiekonzept der Bundesregierung

Die Bundesregierung hat am 28. September 2010 das Energiekonzept für eine umweltschonende, zuverlässige und bezahlbare Energieversorgung veröffentlicht. In diesem Dokument werden die Ziele der Bundesregierung formuliert, Handlungsfelder identifiziert und Maßnahmen definiert. Unter der Prämisse einer zuverlässigen und wirtschaftlichen Energieversorgung soll Deutschland eine der energieeffizientesten und umweltschonendsten Volkswirtschaften der Welt werden[1037].

Um den Klimaschutzzielen zu entsprechen, soll die Energieversorgung in den nächsten Jahrzehnten zunehmend auf erneuerbare Energien umgestellt werden. Der Anteil der erneuerbaren Energien soll von derzeit etwa 20 % auf 50 % in 2030 bzw. 80 % in 2050 steigen. Ein wesentlicher Bestandteil des zukünftigen Energiemixes bildet die Offshore-Windenergie. Für das Jahr 2050 wird eine installierte Leistung von 25 Gigawatt angestrebt. Das damit verbundene Investitionsvolumen wird dabei mit etwa EUR 75 Mrd. beziffert.

Die Bundesregierung benennt als konkrete Maßnahmen zur Beschleunigung des Ausbaus der Offshore-Windkapazitäten u.a. die inzwischen umgesetzte Novelle des Erneuerbaren Energien Gesetzes (EEG) mit einer erhöhten Anfangsförderung[1038], die Rechtsgrundlage von Genehmigungen und Raumordnung sowie ein Förderprogramm der KfW mit einem Volumen von insgesamt EUR 5 Mrd. für die Errichtung der ersten 10 Offshore-Windparks.

Das Energiekonzept der Bundesregierung datiert somit vor dem Reaktorunfall in Japan im März 2011. Mit der in Folge vorgenommenen Abschaltung von acht älteren Kernkraftwerken gewinnt die Umsetzung der im Energiekonzept genannten Maßnahmen an Bedeutung und Dringlichkeit.

[1036] Die Details zu dem „KfW Programm Erneuerbare Energien" und anderen Programmen zur Förderung des Umwelt- Klimaschutzes können der Internet-Seite der KfW www.kfw.de unter Inlandsförderung/Programmübersicht entnommen werden.

[1037] BUNDESMINISTERIUM FÜR WIRTSCHAFT UND TECHNOLOGIE/BUNDESMINISTERIUM FÜR UMWELT, NATURSCHUTZ UND REAKTORSICHERHEIT, Energiekonzept, Seite 3ff. und zum Ausbau der Offshore-Windenergie, Seite 8ff.

[1038] Siehe hierzu DIRK TRAUTMANN, Gliederungspunkt 3.3.2. in diesem Handbuch.

5.6.2 Auftrag der Bundesregierung

Die Bundesregierung hat die KfW mit der Durchführung dieses Programms beauftragt. Das Programm steht seit dem 8. Juni 2011 zur Verfügung.

5.6.2.1 Programmkriterien des „KfW-Programm Offshore-Windenergie“

Informationen über das KfW-Programm Offshore-Windenergie sind öffentlich zugänglich über das Internet. Die Eckpunkte des Programms werden in einem Merkblatt zusammengefasst, das in seiner jeweils gültigen Fassung auf der Internet-Seite der KfW veröffentlicht wird.[1039]

Die folgenden Ausführungen beschreiben und erläutern die Ausgestaltung des Programms. Die Darstellung der Eckpunkte ist an das Merkblatt angelehnt. Für die Information für Antragsteller und Banken ist ausschließlich das Merkblatt in seiner jeweils gültigen Version maßgeblich.

5.6.2.2 Der Verwendungszweck des „KfW-Programms Offshore-Windenergie“

Um den Ausbau der Offshore-Windenergie in Deutschland zu beschleunigen, beteiligt sich die KfW an konsortialen Projektfinanzierungen für Offshore-Windparks in der deutschen Ausschließlichen Wirtschaftszone oder der 12-Seemeilen-Zone in der deutschen Nord- und Ostsee. Die aus dem Programm geförderten Anlagen müssen den Anforderungen des Gesetzes zur Neuregelung des Rechts des EEG entsprechen. Damit ist auch der Bogen gespannt zu der im EEG vorgesehenen Abnahme und Vergütung des von den Windparks zu produzierenden Stroms, die ein zentrales Element der Förderung des Ausbaus der erneuerbaren Energien darstellen.

Eine Finanzierung von Offshore-Projekten außerhalb der benannten Zonen ist aus dem Programm nicht möglich. Da die KfW mit dem Programm den Aufbau neuer Offshore-Windparks fördert, kann sie sich jeweils nur an der *ersten* Finanzierung für die Errichtung eines Windparks beteiligen. Deswegen kann die KfW an der Umschuldung bestehender Finanzierungen auch nicht mitwirken.

5.6.2.3 Kreditnehmer

Das Programm ist auf Projektfinanzierungen im Sinne des banküblichen Begriffs beschränkt. Die Definition und Abgrenzung von Projektfinanzierungen wird in Kapital 2.2 dieses Handbuchs dargestellt.[1040]

Die KfW kann sich an Unternehmensfinanzierungen zur Errichtung von Windparks *nicht* beteiligen. Sofern ein Unternehmen eine Investition in einen Offshore-Windpark in der eigenen Unternehmenssphäre tätigt und dieses Vorhaben aus der Innenfinanzierung finanziert oder

[1039] Das jeweils gültige Merkblatt „KfW-Programm Erneuerbare Energien“ ist auf der Internet-Seite www.kfw.de der KfW unter Inlandsförderung/Programmübersicht verfügbar.

[1040] Siehe zur Abgrenzung von Projektfinanzierungen den Beitrag von Jörg Böttcher, Projektfinanzierung eines Offshore-Windparks, Kapitel 2.2 in diesem Handbuch.

für Mittelaufnahmen die eigene Unternehmensbonität zur Verfügung stellt, um Kredite, Anleihen oder andere Kapitalmarktmittel aufzunehmen, kann die KfW aus dem Offshore-Programm nicht partizipieren. Insbesondere Vorhaben größerer Energieversorger werden durch die Unternehmen ohne eine Fremdfinanzierung oder Projektfinanzierung finanziert, bei der Fremdkapitalgeber Projektrisiken übernehmen.

Das Programm ist offen für Projektgesellschaften, und zwar unabhängig von ihrem Gesellschafterhintergrund. In Abgrenzung zu anderen Förderprogrammen und aufgrund praktischer Relevanz sei hier ausdrücklich genannt, dass öffentliche Eigner (z.B. in- und ausländische kommunale Versorger), Finanzinvestoren und große Unternehmen auch mehrheitlich im Gesellschafterkreis sein können, solange es sich bei der Finanzierung um eine Projektfinanzierung handelt.

Unabhängig von der grundsätzlichen Berechtigung zu einer Finanzierung aus dem Programm sind die Zusammensetzung des Gesellschafterkreises, deren Kapitalstärke, Hintergrund und Erfahrung in der Branche, deren Rolle in dem Projekt, Organisation und Abstimmungsregeln der Eigentümerseite zentrale Aspekte bei der Strukturierung der Finanzierung und der Kreditprüfung durch Banken.

Das Programm ist auf 10 Projekte beschränkt. Die Vergabe erfolgt dabei nach dem verschärften Windhundverfahren[1041]. Mit dem Abschluss der Finanzierungsverträge ist dafür ein eindeutiges und transparentes Kriterium für die Vergabe der 10 Projekte maßgeblich. Die KfW informiert über die Anzahl der unter dem Programm abgeschlossenen Projektfinanzierungen.

5.6.2.4 Finanzierungsformen

Die KfW beteiligt sich in Form eines Konsorten an Projektfinanzierungen, die durch eine Konsortialkreditfinanzierung dargestellt werden. Unabhängig von der Größe ihres Finanzierungsanteils an der Gesamtfinanzierung und relativ zu anderen Banken übernimmt die KfW als Förderbank nicht die Führung des Konsortiums.

Zu unterscheiden sind folgende Formen der Beteiligung der KfW:

a) Die KfW beteiligt sich mit einem **Direktkredit** A an einem Bankenkonsortium, sofern sich eine oder mehrere Geschäftsbanken pari passu zu gleichen Bedingungen und zusammen in mindestens gleicher Höhe wie die KfW an dem Konsortium beteiligen. Der maximale Finanzierungsanteil beträgt 50 % des Fremdkapitalbedarfs. Der maximale Kreditbetrag beträgt EUR 400 Millionen pro Projekt.

b) Alternativ zur Finanzierung wie unter a) dargestellt, kann sich die KfW mit einem **Finanzierungspaket** B aus einem bankdurchgeleiteten Kredit – ohne Haftungsfreistellung der durchleitenden Bank – und einem Direktkredit an der Projektfinanzierung beteiligen. Der maximale Finanzierungsanteil beträgt 70 % des Fremdkapitalbedarfs und der Direktkredit unter dem Finanzierungspaket ist maximal gleich hoch wie der Durchleitungskredit. Der maximale Kreditbetrag des Finanzierungspakets beträgt EUR 700 Millionen pro

[1041] D.h., die Anträge werden streng nach der zeitlichen Reihenfolge der Kreditzusagen der jeweiligen Finanzierungskonsortien vergeben.

Vorhaben. Aufgrund der genannten Bedingung beträgt die direkte Risikoübernahme der KfW bei dem Finanzierungspaket maximal EUR 350 Millionen pro Vorhaben.

c) Die KfW kann sich an der Absicherung unvorhergesehener Mehrkosten in der Errichtungsphase in Form eines Direktkredites im Rahmen von Bankkonsortien beteiligen (**„Cost Overrun Facility" oder Kostenüberschreitungslinie** C), sofern sich eine oder mehrere Geschäftsbanken pari passu zusammen mindestens in gleicher Höhe wie die KfW an der betreffenden Konsortialfinanzierung beteiligen. Der maximale Finanzierungsanteil beträgt damit 50 % des Fremdkapitalbedarfs für unvorhergesehene Mehrkosten und der maximale Kreditbetrag beläuft sich auf EUR 100 Millionen.

5.6.2.5 Kreditlaufzeiten und Tilgungsvereinbarung

Die KfW übernimmt die von den arrangierenden Geschäftsbanken mit dem Kreditnehmer vereinbarten für Projektfinanzierungen von Offshore-Projekten üblichen Laufzeiten und Tilgungsregelungen. Bei den in dem Merkblatt genannten Kreditlaufzeiten (20 Jahre bei höchstens drei tilgungsfreien Anlaufjahren) handelt es sich um den Rahmen der maximal unter dem Programm zulässigen Laufzeiten und Freijahre.

Die Tilgungsvereinbarungen werden bei den Projektfinanzierungen ausgerichtet an dem geplanten Termin für die Fertigstellung des Windparks, da erst mit Fertigstellung des Projektes die für den Schuldendienst erforderlichen Zahlungsströme aus dem Verkauf von Strom zur Verfügung stehen. Für die Festsetzung des ersten Tilgungstermins werden gegenüber dem Zeitplan für die Errichtung gewisse zeitliche Puffer eingeräumt.[1042]

Bei Projektfinanzierungen für Wind-Offshoreprojekte wird ein Regeltilgungsprofil festgesetzt, das sich an der geplanten Schuldendienstfähigkeit gemäß dem Cashflow-Model orientiert. Die regelmäßig halbjährlich fälligen Tilgungsraten unterscheiden sich entsprechend ihrer Höhe nach.[1043] Darüber hinaus ergeben sich gegebenenfalls weitere Tilgungsleistungen aus Mittelüberschüssen („cash sweep" oder Sondertilgung). Für die Verteilung der Cashflows des Projektes auf verschiedene Verwendungszwecke werden in den Finanzierungsverträgen detaillierte Regelungen getroffen in Form einer Verteilungskaskade, häufig als „Cashflow Waterfall" bezeichnet. Sofern – etwa bei guten Windertägen – ausreichend Mittel dafür anfallen, erfolgt ein cash sweep, zum Teil kann dies vertraglich aber auch bei einer Performance vereinbart werden, die unter Plan liegt. Die Höhe der Sondertilgungen wird i.d.R. halbjährlich zu den Tilgungsterminen nach den Regeln des Cashflow Waterfalls ermittelt. Diese zusätzlichen Tilgungsleistungen werden auf die zuletzt fälligen Regeltilgungsraten angerechnet. Durch diese vorzeitigen Tilgungen wird möglichst eine komplette Rückführung des Kredites während der Laufzeit der erhöhten Einspeisevergütung gem. EEG angestrebt.

Die Tilgung der Kostenüberschreitungslinie erfolgt ab dem ersten Tilgungstermin ausschließlich aus dem Cash Sweep, wobei die Kostenüberschreitungslinie gem. den Regelun-

---

[1042] Sofern ein Projekt zu diesem Spätesttermin nicht in der Lage ist, aus seinen Einnahmen den Schuldendienst zu bedienen, etwa weil die Fertigstellung nur teilweise erreicht ist und die entsprechend erwarteten Erlöse aus Stromverkäufen nicht erzielt werden, wird die Projektgesellschaft mit den Banken Gespräche aufnehmen, um eine Vereinbarung zu erzielen. Da Banken ausschließlich auf die Cashflows des Projektes für die Bedienung des Schuldendienstes angewiesen sind, werden Banken in der Regel gesprächsbereit sein, wenn begründete Aussicht auf eine Fertigstellung eines wirtschaftlich tragfähigen Projektes besteht.

[1043] Siehe hierzu JÖRG BÖTTCHER in Kapitel 5.9.

gen zum Cashflow Waterfall üblicherweise vor den anderen Kredittranchen durch Sondertilgungen bedient wird. Für die Kostenüberschreitungslinie wird zudem ein spätester Fälligkeitstermin vereinbart. Den Finanzierungsusancen entsprechend ist in den Programmkriterien festgelegt, dass diese Tranche spätestens am Ende der Kreditlaufzeit in einer Summe fällig ist.

5.6.2.6 Kreditkonditionen

Bei dem Direktkredit und der Kostenüberschreitungslinie (siehe Ziffer 5.6.2.4, A und C) übernimmt die KfW die von den Konsortialpartnern vereinbarten Konditionen. Voraussetzung dafür ist, dass diese Konditionen von Geschäftsbanken vereinbart wurden, und dass diese Geschäftsbanken mindestens 50 % der Finanzierung stellen. Eine weitere Voraussetzung ist, dass diese Konditionen banküblich sind. Dies betrifft alle Bestandteile der Konditionengestaltung (u.a. die Zinsgestaltung, die Bereitstellungsprovision auf nicht ausgezahlte Kreditbeträge, einmalige Gebühren).

Bei dem Finanzierungspaket (Variante B gem. Ziffer 5.6.2.4) stellt die KfW einen nach den geltenden Vorschriften der EU Beihilfe-freien Zinssatz. Dies erfolgt entsprechend der Systematik im bankdurchgeleiteten Fördergeschäft der KfW[1044]. Zunächst ermittelt die Hausbank anhand ihrer bankmäßigen standardisierten Risikoklassifizierungsverfahren eine Bonität des Kreditnehmers ausgedrückt in Form einer Ausfallwahrscheinlichkeit, die einer von der KfW vorgegebenen Bonitätsklasse zugeordnet wird. In einem zweiten Schritt bewertet die Hausbank anhand der in ihrem Hause anwendbaren Bewertungsverfahren die Werthaltigkeit der Besicherung, um diese einer Besicherungsklasse zuzuordnen. Aus der Kombination der Bonitäts- und Besicherungsklasse ergibt sich eine Preisklasse, die eine maximal mögliche Marge vorsieht. Geringere Margen innerhalb jeder Preisklasse sind auf Vorschlag der Hausbank möglich.

Die KfW ermittelt einen ab dem Tag der Kreditzusage geltenden Festzinssatz, der sich an den aktuellen Kapitalmarktkosten orientiert und eine Marge entsprechend der Preisklasse enthält. Es handelt sich dabei um einen Maximalzinssatz für den Kunden. Dieser Festzinssatz hat eine Gültigkeit von 10 Jahren. Bei Kreditlaufzeiten von mehr als 10 Jahren wird nach der gleichen Systematik nach Ablauf der Zinsbindungsfrist ein neuer Zinssatz ermittelt. Die Bereitstellungsprovision beträgt – wie bei Förderkrediten mit Festzinssätzen üblich – 0,25 % pro Monat. Die Geschäftsbanken können marktübliche Bearbeitungsgebühren in Rechnung stellen, an denen die KfW mit dem Direktkredit unter dem Finanzierungspaket anteilig partizipiert. Bei vorfälligen Rückzahlungen – z.B. bei Tilgungen aus dem Cash Sweep außerhalb der Zinsanpassungstermine – fallen Vorfälligkeitsentschädigungen an.

In beiden beschriebenen Varianten überprüft die KfW die Einschätzung der Banken zu Bonität und Bewertung von Sicherheiten. Fallweise kann es bei einer abweichenden Einschätzung zur Notwendigkeit der Anpassung der von den Banken vorgeschlagenen Kreditkonditionen kommen.

[1044] Siehe hierzu die auf der Internet-Seite der KfW unter Zinskonditionen erhältliche Anlage „Risikogerechtes Zinssystem".

5.6.2.7 Besicherung der Finanzierung

Bei Projektfinanzierungen stellen die Kreditgeber für den Schuldendienst ausschließlich auf den Cashflow des finanzierten Projektes ab. Folglich ist es die Zielsetzung der Banken, sich den Zugriff auf das Projekt in seiner Gesamtheit zu sichern. Eine Verwertung von einzelnen Projektsicherheiten dürfte in der Regel bei Offshore-Windparks weder zweckmäßig noch zielführend sein.

Entsprechend erfolgt die Besicherung bei Projektfinanzierungen banküblich an dem Projekt. In der Praxis handelt es sich im Wesentlichen um die Einräumung folgender Sicherheiten zu Gunsten der Kreditgeber:

- Die Verpfändung der Anteile an der Projektgesellschaft,
- die Sicherungsübereignung aller zentralen Projektaktiva einschließlich aller Konten und
- die Abtretung sämtlicher Forderungen der Projektgesellschaften, z.B. aus der Stromeinspeisung oder Versicherungen.

Die KfW partizipiert pari-passu mit den anderen Kreditgebern an den Sicherheiten.

5.6.3 Einbindung des KfW-Sonderprogramms in die Projektfinanzierung

5.6.3.1 Aufbringung des Eigenkapitals

Eine Projektfinanzierung erfordert die umfassende Ermittlung des bis zur Fertigstellung des Projektes erforderlichen Gesamtkapitalbedarfs. Dieser umfasst neben den harten Investitionskosten wie für Turbinen und Fundamente, u.a. Erwerbskosten, Beratungskosten, Finanzierungskosten bis zur Fertigstellung, die Berücksichtigung von Kostenreserven, die Befüllung des Schuldendienstreservekontos und Betriebsmittel-Bedarfe. Dieser konservativ zu ermittelnde Gesamtkapitalbedarf wird durch Eigenkapital und Fremdkapital finanziert[1045].

Gemäß den Anforderungen des Programms ist mindestens ein Drittel dieses Bedarfes durch die Aufbringung von Eigenkapital zu stellen, das, wie bei Offshore-Projektfinanzierungen üblich, vor erster Auszahlung der Kredite in mindestens dieser Höhe in das Projekt einzubringen ist.

5.6.3.2 Kombination mit anderen Fördermitteln

Die Kredite aus dem KfW-Programm Offshore-Windenergie können mit Krediten anderer öffentlicher Kreditgeber kombiniert werden unter Beachtung folgender Regeln:

- Die Kombination mit anderen ERP-Programmen oder Programmen der KfW sowie Mitteln oder Absicherungen des Bundes ist ausgeschlossen.

[1045] Zu diesen und weiteren Aufgaben, die ein Sponsor bei Offshore-Projekten zu erfüllen hat, siehe den Beitrag von JÜRGEN MAIER, Kapitel 5.4.

- Die Kombination mit anderen öffentlichen Mitteln oder Programmen wie z.B. Programmen der Bundesländer ist möglich, solange der Anteil der Risikoübernahme der öffentlichen Hand nicht mehr als 50 % der Fremdfinanzierung beträgt.
- Die Kombination mit Mitteln der Europäischen Investitionsbank oder Mitteln anderer Banken, die von ausländischen staatlichen Exportkreditversicherern abgesichert werden, ist möglich.

Die Kombination von Finanzierungsmitteln verschiedener öffentlicher Institutionen ist gerade für große Projekte von Bedeutung, da langfristige Finanzierungsmittel für Projektfinanzierungen dieser Art am Markt nur in begrenztem Umfang bereitgestellt werden. Je nachdem, welches Finanzierungsinstrument in Anspruch genommen wird, profitieren Projekte zudem von günstigen Refinanzierungskonditionen.

5.6.3.3 Einbindung des Programmkredites in ein Finanzierungskonsortium

Die KfW beteiligt sich an den Finanzierungen unter den gleichen Bedingungen wie andere Banken. Der Einfachheit halber und im Interesse der Transparenz für alle Finanzierungsparteien bietet sich deswegen die Einbindung der KfW in einen Konsortialkredit an.

Bei dem Direktkredit und der Kostenüberschreitungslinie ist die Gestaltung der Kreditkondition identisch mit den Konditionen der Geschäftsbanken. Eine Einbindung in den Konsortialkredit ist daher ohne weiteres möglich.

Auch für das Finanzierungspaket B bietet sich aus den genannten Gründen die Einbindung in den Konsortialkreditvertrag an. Die KfW ist einerseits direkter Kreditgeber (Direktkredit) und refinanziert eine oder mehrere Geschäftsbanken (Durchleitungskredit). Für diesen Durchleitungskredit schließt die KfW angelehnt an die Handhabung im bankdurchgeleiteten Fördergeschäft mit der refinanzierenden Bank eine separate Refinanzierungsvereinbarung ab. Da die aus dem Finanzierungspaket B gestellten KfW-Kredite (Direktkredit und Durchleitungskredit) mit einem fixen Zinssatz gewährt werden, während ansonsten eine variable Verzinsung üblich ist, sind im Konsortialkreditvertrag separate Tranchen erforderlich.

5.6.3.4 Beispiele für Finanzierungsstrukturen

Die Projektrechte für die Offshore-Windparks wurden bis auf einige Ausnahmen für größere Parks mit einer höheren zweistelligen Anzahl an Turbinen und Gesamtleistungen von mehreren hundert MW vergeben. Einen guten Überblick hierzu verschafft die WINDENERGIE AGENTUR mit einer Übersicht über alle deutschen Offshore-Projekte[1046]. Somit dürfte die Finanzierung eines Windparks regelmäßig eine Mittelaufbringung von über EUR 1 Mrd. erfordern.

Der Einfachheit halber wird im Folgenden ein Gesamtfinanzierungsbedarf von EUR 1,5 Mrd. unterstellt, was für einen Windpark der 300–400 MW-Klasse typisch sein dürfte.

In der folgenden Tabelle 33 wird beispielhaft eine Mittelverwendung für ein größeres Offshore-Projekt dargestellt. Die Gliederung der Positionen lehnen sich an aktuelle Fälle an. Die Kostenpositionen für die einzelnen Errichtungslose sind selbst bei ähnlicher technischer Aus-

[1046] WINDENERGIEAGENTUR, S. 46–50.

Tabelle 33: Mittelverwendung einer typischen Projektfinanzierung Wind-Offshore

Mittelverwendung	**EUR Mio.**
Windkraftanlagen	660
Fundamente	215
Innerpark Verkabelung	65
Transformer-Station	55
Installation und Logistik	100
Erwerb der Projektrechte	95
Wartungsschiff	15
Geplante Reserve	65
Versicherungen	20
Finanzierungskosten bis zur Fertigstellung	95
Befüllung des Schuldendienstreservekontos	65
Sonstige Kosten	50
Summe	1.500
Kostenüberschreitungen (Contingency)	120

legung von Projekten nur bedingt vergleichbar. Je nach Abgrenzung von Umfängen und Verantwortlichkeiten können die Auftragswerte auch bei vergleichbarer technischer Auslegung des Windparks sehr unterschiedlich ausfallen. So fallen Auftragswerte im Vergleich zu reinen Lieferverträgen bedeutend höher aus, wenn Lieferanten etwa Transport und Installation übernehmen und Wetterrisiken tragen.

Die Aufstellung macht deutlich, dass alle bis zur Fertigstellung des Projektes anfallenden Kosten bei Projektfinanzierungen umfassend ermittelt werden. Neben den „harten" Investitionskosten etwa für die Windkraftanlagen, Fundamente und Kabel sind u.U. auch der Erwerb des Projektes zu finanzieren sowie die während der Bauzeit zu zahlenden Zinsen, laufenden Kosten der Gesellschaft oder Versicherungen, da ja Erlöse aus dem Verkauf von Strom zunächst nicht anfallen. Weiterhin werden aufgrund der technischen Herausforderungen Reserven innerhalb des Budgets eingeplant und darüber hinaus eine Kostenüberschreitungsreserve vorgehalten. Die Annahmen für die Ermittlung der Kostenbudgets werden von den technischen Gutachtern überprüft.

Wir wenden uns jetzt der Mittelherkunft zu:

Tabelle 34: Mittelherkunft, Beispiel mit Direktkredit A

Mittelherkunft	**EUR Mio.**	**%**
Eigenkapital	500	33
Geschäftsbanken	600	40
KfW-Programm Offshore-Windenergie (Direktkredit A)	400	27
Summe	1.500	100
Eigenkapital für Kostenüberschreitung (Contingent Equity)	48	40
Kommerzielle Banken (Contingent Debt)	36	30
KfW-Programm Offshore-Windenergie (Cost Overrun Facility C)	36	30
Summe Kostenüberschreitungsfazilitäten	120	100

In dem Beispiel in Tabelle 34 wird die KfW mit dem Direktkredit A und der Kostenüberschreitungslinie C in Anspruch genommen. Die Anforderung an den Mindestanteil an Eigenkapital ist in diesem Beispiel erbracht mit 33 % bezogen auf das Budget. Falls die Kostenüberschreitung eintritt, wird diese mit 40 % Eigenkapital finanziert, so dass auch in der Gesamtfinanzierungsbetrachtung der erforderliche Anteil an Eigenkapital erbracht wird. Der Direktkredit A ist mit dem maximal möglichen Kreditbetrag von EUR 400 Mio. vorgesehen. Die Cost Overrun Facility C erreicht den maximal möglichen Finanzierungsanteil von 50 % des entsprechenden Fremdkapitalbedarfs.

In dem Beispiel in Tabelle 35 wird das Finanzierungspaket B mit dem maximal möglichen Kreditbetrag von EUR 700 Mio. in Anspruch genommen. Die Risikoübernahme durch die KfW beträgt EUR 350 Mio., da der Direktkredit nicht größer sein darf als der Durchleitungskredit. Bei der Cost Overrun Facility C, die als zusätzlicher Baustein aus dem Programm gewährt wird, ergibt sich keine Änderung gegenüber dem Beispiel in Tabelle 34.

Tabelle 35: Mittelherkunft, Beispiel Finanzierungspaket B

Mittelherkunft	**EUR Mio.**		**%**
Eigenkapital	500		33
Geschäftsbanken	300		20
KfW Programm Offshore (Finanzierungspaket B), davon:	700		47
Direktkredit		350	
Durchleitungskredit		350	
Summe	1.500		100
Eigenkapital für Kostenüberschreitung (Contingent Equity)	48		40
Kommerzielle Banken (Contingent Debt)	36		30
KfW-Programm Offshore-Windenergie (Cost Overrun Facility C)	36		30
Summe Kostenüberschreitungsfazilitäten	120		100

Wenn die Mittel aus dem KfW-Programm mit anderen öffentlichen Mitteln, z.B. der EUROPÄISCHEN INVESTITIONSBANK oder ausländischen Exportkreditversicherungen kombiniert werden, ergibt sich die in Tabelle 36 dargestellte Konstellation. Der Direktkredit A der KfW wird in dem Umfang gewährt, wie sich Geschäftsbanken an der Fremdfinanzierung beteiligen.

Tabelle 36: Mittelherkunft, Beispiel Direktkredit A und andere Förderprogramme

Mittelherkunft	**EUR Mio.**	**%**
Eigenkapital	500	33
Öffentliche Programme (z.B. EIB, Exportkreditversicherungen)	350	40
Geschäftsbanken	325	27
KfW Programm Offshore Windenergie (Direktkredit A)	325	27
Summe	1.500	100
Eigenkapital für Kostenüberschreitung (Contingent Equity)	48	40
Kommerzielle Banken (Contingent Debt)	36	30
KfW-Programm Offshore-Windenergie (Cost Overrun Facility C)	36	30
Summe Kostenüberschreitungsfazilitäten	120	100

Würden in dem in Tabelle 36 genannten Beispiel Mittel der Bundesländer hinzukommen, dann wären diese auf den möglichen Anteil der KfW anzurechnen, da die Risikoübernahme der öffentlichen Hand nicht mehr als 50 % der Bezugsgröße betragen darf.

Aufgrund der Vielfalt der denkbaren Kombinationen von Finanzierungsmitteln und der dabei zu beachtenden Anforderungen an Risikoverteilung und Beihilfefreiheit der Kreditkonditionen sollten die die Finanzierung arrangierenden Geschäftsbanken die Überlegungen zur Finanzierungsstruktur frühzeitig mit der KfW abstimmen.

5.6.3.5 Beratung und Beantragung der Kredite

Die KfW ist als Förderbank im Rahmen von Programmen subsidiär zu Geschäftsbanken tätig. Auch wenn die KfW mit dem Programm Offshore-Windenergie unter den größten Kreditgebern einer Projektfinanzierung ist, wird die KfW in ihrer Rolle als Förderbank nicht die Konsortialführung übernehmen.

Wie bei den Förderprogrammen der KfW üblich, erfolgt die Antragstellung für einen Kredit aus dem Programm über ein Kreditinstitut. Die Wahl des Kreditinstitutes steht dem Kreditnehmer frei. Aus Effizienzgründen ist es sinnvoll und zweckmäßig, dass ein Kreditinstitut die Antragstellung übernimmt, das in der Arrangierung der Projektfinanzierung eine führende Rolle übernimmt und mit einem entsprechenden Kreditbetrag zur Verfügung steht.

Im Vorfeld der Strukturierung stehen die Kreditinstitute potentiellen Kreditnehmern beratend zur Verfügung. Sobald die Strukturierung der Finanzierung konkretere Formen annimmt und auch wesentliche Eckdaten der Projektfinanzierung und damit wichtige Eckpunkte der Kreditgewährung feststehen, sollte die arrangierende bzw. die für die Antragstellung verantwortliche Bank mit der KfW Kontakt aufnehmen.

Die Antragstellung für die Direktkredite erfolgt formlos bei der KfW. Für den bankdurchgeleiteten Kredit unter dem Finanzierungspaket B steht den Kreditinstituten ein Antragsformular zur Verfügung. Die für die Antragstellung erforderlichen Unterlagen sind in dem Merkblatt zu dem Programm aufgeführt. Es handelt sich dabei im Wesentlichen um die für die bankmäßige Prüfung einer Wind-Offshore-Projektfinanzierung üblichen Unterlagen. Hinzu kommen KfW-spezifisch die Einwilligungserklärungen zum Datenaustausch innerhalb der KfW-Bankengruppe sowie mit den zuständigen Bundesministerien. Darüber hinaus benötigt die KfW, wie im Fördergeschäft im Falle von Risikoübernahmen durch die KfW üblich, eine risikoorientierte Stellungnahme der antragstellenden Bank bzw. die interne Kreditvorlage inklusive Votum.

Die Unterlagen müssen vollständig bei Antragstellung vorliegen, da andernfalls eine Kreditprüfung nicht sinnvoll möglich ist. Üblich ist, dass endgültige Versionen von einzelnen Dokumenten wie Gutachten erst sukzessive bis zum Abschluss der Kreditverträge erstellt werden. Die Kreditprüfung kann auf Basis hinreichend ausgereifter Entwürfe der entsprechenden Dokumente bereits initiiert werden. Gegebenenfalls wird die KfW ergänzende Unterlagen anfordern.

5.6.4 Kreditprüfung und Kreditentscheidung

5.6.4.1 Formale Prüfung des Kreditantrages

Die Kreditgewährung erfolgt bei Förderprogrammen unter bestimmten Voraussetzungen und Kriterien, die in den jeweils veröffentlichten Merkblättern festgelegt sind. Daher prüft die KfW umfassend das Vorliegen der entsprechenden Kriterien. Um eine Gleichbehandlung von potentiellen Kreditnehmern in der Förderung sicherzustellen, kann eine Kreditgewährung nicht erfolgen, wenn ein Projekt den Programmkriterien nicht entspricht. Aus diesem Grunde kann eine Kreditprüfung auch nur dann sinnvoll aufgenommen werden, wenn die Erfüllung der Programmkriterien gewährleistet ist.

5.6.4.2 Leitplanken und Kriterien der Risikoprüfung

Die Kreditprüfung durch die KfW hat einen der Komplexität und dem Risikogehalt dieser Projektfinanzierungen entsprechenden bankmäßig üblichen Umfang und Tiefe. Die Prüfung beinhaltet die Analyse der technischen Grundlagen, der resultierenden Risiken und Strategien zur Risikobegrenzung, der Kompetenz und Bonität der Projektpartner, der Verteilung der Projektrisiken und der ökonomischen Tragfähigkeit der Projektes (Cashflow-Analyse). In ihrer Risikoanalyse legt die KfW die für Projektfinanzierungen im Wind-Offshore-Bereich üblichen Standards an, z.B. Qualität und Aussagekraft von Gutachten, Schuldendienstdeckungsrelationen, Ausstattung von Lieferverträgen und Gestaltung von Schnittstellen oder etwa Vereinbarungen zur Verwendung von Liquiditätsüberschüssen („cash sweeps"). Im Dialog mit den Führungsbanken nimmt die KfW zu Fragen zu Technik, Finanzierungsstruktur, Vertragsgestaltungen in Liefer- oder Kreditverträgen konstruktiv Stellung. Da die KfW ihre Kredite aus dem Programm grundsätzlich auf gleicher Basis wie Geschäftsbanken gewährt, folgt die KfW grundsätzlich der Marktpraxis in der Strukturierung und trägt mit ihren häufig vergleichsweise hohen Kreditbeträgen nicht zu einer Verschiebung von Interessen bei. Besonderes Augenmerk richtet die KfW auf Fragen des Interessenausgleichs zwischen Kreditgebern und Eigenkapitalgebern.

5.6.4.3 Kreditentscheidungsprozess

Die Bundesregierung hat die KfW auch mit der Entscheidung über Kreditanträge beauftragt. Eine Befassung der Bundesregierung mit einzelnen Kreditentscheidungen ist nicht vorgesehen. Die KfW unterzieht die Kreditanträge einem banküblichen Kreditprozess, der die Analyse der technischen, rechtlichen und finanziellen Risiken und der Projektpartner umfasst. Die Genehmigungskompetenzen für Kreditentscheidungen in der KfW richten sich wie bei Banken üblich nach Risikogehalt und Kreditbetrag. Das höchste Entscheidungsgremium ist der Kreditausschuss des Verwaltungsrates der KfW.

5.6.5 Verhandlung, Abschluss und weitere Abwicklung des Kreditvertrages

5.6.5.1 Einbindung der KfW in die Verhandlung der Kreditverträge

Die KfW wirkt bei der Verhandlung der Kreditverträge mit. Die Vertragsverhandlungen werden von Bankenseite von einer der Führungsbanken und von einer Anwaltskanzlei, die die Interessen der finanzierenden Banken vertritt, geführt. Die KfW übt ihre Mitwirkungsmöglichkeit als Konsorte aus. In der Praxis hat es sich bewährt, die KfW sowie andere öffentliche Kreditgeber, die für die Finanzierung von großer Bedeutung sind, frühzeitig und punktuell in die Vertragsverhandlungen einzubinden.

5.6.5.2 Spezielle Anforderungen der KfW an Gestaltungen des Kreditvertrages

Die Kreditgewährung durch die KfW erfolgt grundsätzlich zu den gleichen Bedingungen wie die anderer Banken. Programmspezifische Anforderungen ergeben sich durch die Beteiligung der KfW hinsichtlich der

- Bestimmungen zur Vertraulichkeit und Weitergabe von Informationen mit der Bundesregierung und dem Bundesrechnungshof.
- Die KfW muss über die Laufzeit der Kredite die Einhaltung der Programmkriterien sicherstellen und auf entsprechende vertragliche Regelungen achten und sich gegebenenfalls Zustimmungsrechte vorbehalten.
- Soweit anderen öffentlichen Kreditgebern besondere vertragliche Mitspracherechte eingeräumt werden, wird die KfW die gleichen Mitspracherechte beanspruchen.

5.6.5.3 Abwicklung der Finanzierung und Risikoüberwachung

Die weitere Bearbeitung abgeschlossener Kreditverträge in der KfW entspricht der banküblichen Praxis. In den Kreditverträgen sind bei Projektfinanzierungen umfassende Regelungen zu Informationsverpflichtungen gegenüber den Kreditgebern enthalten. Die KfW überwacht die Engagements regelmäßig und wird entsprechend periodisch oder Anlass-bezogen auch mit ihrem Risikoklassifizierungssystem eine Rating-Einstufung des Kreditengagements vornehmen.

5.6.5.4 Vertragsänderungen

Die Kreditverträge für Projektfinanzierungen enthalten umfangreiche Auflagen und Bestimmungen zur Durchführung des Projektes. In dem Konsortialkreditvertrag wird definiert, welche Ereignisse oder Änderungen in der Durchführung des Projektes einer Zustimmung durch die Kreditgeber bedürfen. In dem Vertrag oder in einem separaten *Intercreditor Agreement* wird zudem geregelt, welche Änderungen bzw. Abstimmungen darüber welche Mehrheiten auf der Kreditgeberseite bedürfen.

Die sogenannten Kreditfolge-Entscheidungen der KfW unterliegen einem banküblichen Genehmigungsprozess. Die Entscheidungskompetenzen richten sich nach der Risikorelevanz der Entscheidung. Die KfW nimmt ihre Rechte verantwortlich wahr im Interesse einer erfolgreichen Durchführung der Projekte und der Finanzierung.

5.6.6 Referenzprojekte unter dem KfW-Programm Offshore-Windenergie und Ausblick

5.6.6.1 Überblick über die umgesetzten Projekte

Kurz nach Start des KfW-Programms Offshore-Windenergie wurden die Kreditverträge für zwei Projektfinanzierungen abgeschlossen. Ein kurzer Überblick über die beiden Projekte:

Tabelle 37: Kerndaten Global Tech 1 und WindMW

Kreditnehmer	Global Tech 1 Offshore Wind GmbH	WindMW GmbH
Projektbezeichnung	„Global Tech 1“	„Meerwind Ost/Süd“
Lage	180 km nordwestlich von Bremerhaven	23 km vor Helgoland
Windturbinen	80 AREVA je 5 MW	80 Siemens je 3,6 MW
Gesamtleistung	400 MW	288 MW
Äquivalent Bedarf von	445.000 Haushalten	360.000 Haushalten
Finanzierungsanteil KfW-Programm	EUR 280 Mio. incl. cost overrun facility	EUR 264 Mio. incl. cost overrun facility
Eigentümer	Stadtwerke München GmbH, HSE (HEAG Südhessische Energie AG), EGL AG, Esportes Offshore Beteiligungs GmbH, Windreich AG, Norderland Projekt GmbH	Blackstone, Windland Energieerzeugungs GmbH
Geplante Fertigstellung	2013	2013

5.6.6.2 Ausblick

Mit dem KfW-Programm Offshore-Windenergie konnte kurz nach dem Programmstart der Abschluss zweier Finanzierungen für große Projekte ermöglicht werden. Das Interesse an dem Programm ist weiterhin sehr hoch.

Die Entwicklung von Projekten dieser Größenordnung und Komplexität bis zur „Finanzierungsreife“ nimmt jedoch mehrere Jahre in Anspruch und ist technisch anspruchsvoll, da entsprechende Untersuchungen und Gutachten erstellt, Genehmigungen beantragt, mit Lieferanten technische Lösungen und Verträge verhandelt werden müssen. Wie bei Projektfinanzierungen dieser Komplexität auch in anderen Branchen üblich, kommt es daher bis zur Umsetzung eines Projektes immer wieder zu Anpassungen von Zeitplänen für die Errichtung von Projekten. In der Wind-Offshore-Industrie kommt hinzu, dass es sich um eine auch international stark wachsende Industrie handelt, so dass es immer wieder zu Kapazitätsengpässen kommt, die eine sorgfältige Abstimmung der Zeitpläne für die verschiedenen Gewerke erforderlich machen.

Von großer Bedeutung für den weiteren Ausbaus der Windkraftkapazitäten in der deutschen Nord- und Ostsee ist die rechtzeitige und zuverlässige Bereitstellung von Netzanschlüssen. Derzeit werden unter Mitwirkung aller Beteiligten die nötigen Voraussetzungen für mehr Planungssicherheit bezüglich des Netzanschlusses geschaffen, so dass dann auf dieser Basis

Entscheidungen über Investitionen in weitere Offshore-Windparks getroffen werden können.

Aus all diesen Gründen kann nicht prognostiziert werden, wann die Kredite für die vorgesehenen zehn Projekte unter dem Programm zugesagt werden können. Die KfW steht mit dem Programm Offshore-Windenergie zur Verfügung, einen wichtigen Beitrag für die Realisierung künftiger Windpark-Projekte in der deutschen Nord- und Ostsee und damit zur Umsetzung der Energiewende zu leisten.

5.7 Die Rolle der EIB bei der Finanzierung von Offshore-Windparks

BRANKO CEPURAN

5.7.1 Einleitung

Auf die Frage des Deutschlandfunks: „Was macht die EIB?“, antwortete der seit Beginn des Jahres 2012 im Amt befindliche Präsident der Europäischen Investitionsbank (EIB), Dr. Werner Hoyer, dass die Gründer im Jahr 1958 beschlossen hatten, eine Bank zu gründen, die den Auftrag habe, Investitionen langfristig zu finanzieren, die sonst schwer zu finanzieren wären und bei denen es einen besonderen europäischen Mehrwert gäbe.[1047]

Den Gründern der EIB ging es vornehmlich um die Strukturförderung schwach entwickelter Regionen. Seitdem sind mehr als 50 Jahre vergangen. Heute könnte man den Eindruck gewinnen, dass die EIB nach wie vor oder sogar mehr denn je zur Kohäsionsförderung benötigt wird. Die Formulierung, mit der Herr Dr. Hoyer in besagtem Interview den Auftrag der Bank beschrieb, geht aber bewusst weit darüber hinaus. Sie erlaubt einen Brückenschlag zur Rollenbeschreibung der EIB bei Offshore-Wind-Finanzierungen. Es geht um Investitionen, um Herausforderungen, um zusätzlichen Nutzen und um Europa.

Klingt das zu pathetisch für einen Beitrag in einem Finanzierungshandbuch? Möglicherweise. Deswegen wird es im folgenden Beitrag nur einleitend um das Profil der Bank und ihre politischen Rahmenbedingungen gehen. Das Hauptaugenmerk wird auf der Vorstellung von Zielen, internen Prozessen und Arbeitsweisen liegen, erläutert am praktischen Beispiel von Finanzierungen von Offshore-Windparks. Davon hat die EIB seit 2003 schon einige Projekte finanziert, bislang insgesamt ca. 3,2 GW an Leistung. Allerdings befinden sich diese ausnahmslos in der Nord- und Ostsee und nicht im Mittelmeer, was aber topografische Gründe hat.

5.7.2 Die EIB im Profil

Die Geschichte der EIB ist untrennbar mit der des europäischen Projekts und den einzelnen Etappen seiner Umsetzung verbunden. Die Idee einer Institution zur Finanzierung großer Infrastrukturanlagen in Europa, die schon in den Jahren zwischen den zwei Weltkriegen aufkam, wurde in der Zeit des Wiederaufbaus und des Marshall-Plans wieder aufgegriffen, als MAURICE PETSCHE 1949 vor der ORGANISATION FÜR EUROPÄISCHE WIRTSCHAFTLICHE ZUSAMMENARBEIT die Schaffung einer Europäischen Investitionsbank vorschlug. Die Gründung der Bank wurde schließlich im Rahmen der Verhandlungen beschlossen, die zur Unterzeichnung der Römischen Verträge im Jahr 1957 geführt haben.[1048]

Heute ist die EIB eine der weltweit größten multilateralen Finanzierungsinstitutionen. Anteilseigner der EIB sind die 27 Mitgliedsstaaten der Europäischen Union. Als Bank der Europäischen Union bringt sie ihre Expertise und Ressourcen ein, um tragfähige und den

[1047] Deutschlandfunk, Interview der Woche, 3. Juni 2012.

[1048] Vgl. „Die Bank der Europäischen Union. Die EIB, 1958–2008“, Eric Bussière, u.a.

EU-Zielen dienende Investitionsvorhaben zu fördern und so die Zukunft Europas und der EU-Partner mitzugestalten. Mit ihren Darlehen unterstützt sie in erster Linie Vorhaben in den Mitgliedstaaten der Europäischen Union: im Jahr 2011 entfielen ca. 88 % des Finanzierungsvolumens der EIB auf EU-Staaten und EFTA-Staaten. Dabei kommen die einzelnen EU-Mitgliedsstaaten uneingeschränkt für Finanzierungen der Bank in Betracht, ohne dass geographische oder Sektorquoten gelten.

Außerhalb der EU unterstützt die EIB die Umsetzung der Kooperations- und Entwicklungshilfepolitik der Union im Rahmen einzelner sogenannter Regionalmandate. In unmittelbarer Nachbarschaft erstrecken sich die Mandate auf die sogenannten Kandidatenländer und potenziellen Kandidatenländer in der Erweiterungsregion. Darüber hinaus erfassen sie die Partnerländer im Mittelmeerraum, Russland und die östlichen Nachbarn, Zentralasien, die Länder in Afrika, im karibischen Raum und im Pazifischen Ozean (AKP) und die Republik Südafrika sowie Asien und Lateinamerika.

Die EIB-Gruppe umfasst neben der Europäischen Investitionsbank noch den EUROPÄISCHEN INVESTITIONSFONDS (EIF). Der EIF konzentriert sich hauptsächlich auf die Unterstützung kleiner und mittlerer Unternehmen (KMU). Der EIF ist u.a. spezialisiert auf die Beteiligungen an Risikokapitalfonds, die Investitionen in innovative KMU in der EU und den Erweiterungsländern tätigen.

Die Bank ist zwar Teil des institutionellen Systems der EU, sie trifft ihre Entscheidungen jedoch autonom.[1049] Hauptsitz der Bank ist Luxemburg. Dort arbeitet auch die große Mehrheit der gegenwärtig ca. 1.900 angestellten und nicht verbeamteten Mitarbeiter.

Die Leitungs- und Kontrollstrukturen der EIB spiegeln diese Unabhängigkeit wider und ermöglichen es ihr, beispielsweise ihre Entscheidungen über die Vergabe von Darlehen ausschließlich aufgrund der jeweiligen Projekteigenheiten zu treffen.

Oberstes Organ der EIB ist der **Rat der Gouverneure** *(Board of Governors)*, der aus den von den 27 Mitgliedstaaten benannten Ministern besteht, bei denen es sich in der Regel um die Finanzminister handelt. Der Rat der Gouverneure erlässt die Leitlinien für die Kreditpolitik der Bank, genehmigt die Jahresbilanz und die Ergebnisrechnung, erteilt die Genehmigungen für die Beteiligung der Bank an Finanzierungsoperationen außerhalb der Union und entscheidet über Kapitalerhöhungen. Er bestellt außerdem die Mitglieder des Verwaltungsrats, des Direktoriums und des Prüfungsausschusses. Der Rat der Gouverneure tagt in der Regel einmal im Jahr.

Der **Verwaltungsrat** *(Board of Directors)* hat die ausschließliche Entscheidungsbefugnis z.B. für die Gewährung von Darlehen an Projektträger oder die Aufnahme von Anleihen am Kapitalmarkt. Der Verwaltungsrat ist somit u.a. das Entscheidungsgremium im Kreditentscheidungsprozess der EIB. Er sorgt für die ordnungsgemäße Verwaltung der Bank und gewährleistet, dass die Führung der Geschäfte der Bank mit den Bestimmungen des EG-Vertrags und ihrer Satzung sowie mit den allgemeinen Leitlinien des Rates der Gouverneure in Einklang steht. Die Mitglieder des Verwaltungsrats werden von den Mitgliedstaaten benannt und vom

[1049] Gemäß Artikel 18, 4 der Satzung der EIB dürfen weder die Bank noch die Mitgliedstaaten Bedingungen vorschreiben, nach denen Beträge aus ihren Darlehen in einem bestimmten Mitgliedstaat ausgegeben werden müssen.

Rat der Gouverneure für fünf Jahre bestellt. Der Verwaltungsrat besteht aus 28 Mitgliedern, wobei jeder Mitgliedstaat durch ein ordentliches Mitglied vertreten ist. Hinzu kommt ein ordentliches Mitglied als Vertreter der Europäischen Kommission. Der Verwaltungsrat ist kein ständiges Gremium: seine Mitglieder tagen generell ca. zehn Mal im Jahr.

Das **Direktorium der EIB** *(Management Committee)* ist das Exekutivorgan der EIB. Neben dem Präsidenten umfasst es neun Mitglieder, die den Titel Vizepräsidenten tragen. Es nimmt unter der Aufsicht des Präsidenten der EIB (seit 1.1.2012 der Deutsche Werner Hoyer, ehemals Staatssekretär im Auswärtigen Amt) und der Kontrolle des Verwaltungsrats die laufenden Geschäfte der Bank wahr, bereitet die Entscheidungen des Verwaltungsrats vor und sorgt für ihre Durchführung. Die Mitglieder des Direktoriums werden vom Rat der Gouverneure auf Vorschlag des Verwaltungsrats für sechs Jahre bestellt. Gemäß der Satzung der Bank ist der Präsident auch Vorsitzender des Verwaltungsrats.

Autonom ist die EIB auch im Hinblick auf ihre Finanzierung. Sie erhält die für ihre Finanzierungstätigkeit benötigten Mittel nicht aus dem EU-Haushalt, sondern beschafft sie sich auf den Kapitalmärkten. Sie ist weltweit der größte Anleiheemittent. Im Jahr 2011 belief sich das Emissionsvolumen der EIB auf ca. 76 Mrd. Euro, was etwa dem 2,5 fachen des Emissionsvolumens der Weltbank entspricht und womit sich die Bank zwischen den Emissionsvolumina ihrer Anteilseigner Spanien und den Niederlanden einordnete.

Das Geschäftsmodell der EIB beruht auf ihrem erstklassigen Kreditstatus, durch den sie in der Lage ist, Kapital zu günstigen Konditionen aufzunehmen. Da die Bank keinen Gewinn maximierenden Zweck verfolgt, gibt sie die Vorteile in Form von zinsgünstigen Darlehen an ihre Kunden weiter.

5.7.3 Öffentlicher Auftrag und Zielsetzung

Mit der Gründung der EIB ging es darum, Kapital zum Nutzen der Kohäsion, also der Angleichung der unterschiedlichen Entwicklungsstände im europäischen Raum und zur Modernisierung der Wirtschaft, zu mobilisieren. Diese Ziele gelten bis heute. Dennoch hat sich die Bank in den vergangenen Jahrzehnten (stark) verändert. Das Europa der Sechs ist heute das Europa der Siebenundzwanzig und die historische Abschottung der nationalen Volkswirtschaften ist einem gemeinsamen Markt gewichen. Der Euro wurde als offizielle Währung in 17 EU-Mitgliedsländern eingeführt. Sowohl die Industrie als auch die Finanzdienstleistungen hatten einen steten technologischen Fortschritt zu verzeichnen, und auch die Bedürfnisse und Anforderungen der Bürger haben sich verändert.

Der öffentliche Auftrag an die EIB besteht nach wie vor darin, durch langfristige Bankfinanzierungen für tragfähige Investitionsvorhaben zur Erreichung der Ziele der Europäischen Union beizutragen[1050]. Die vorrangigen Ziele, die die EIB bei ihrer Finanzierungstätigkeit heute verfolgt, sind folgende:

- Wirtschaftliche und soziale Kohäsion und Konvergenz, d.h. Unterstützung der wirtschaftlich schwächeren Regionen in Europa,
- Unterstützung kleiner und mittlerer Unternehmen (KMU),

[1050] Siehe dazu Artikel 309 „Vertrag über die Arbeitsweise der Europäischen Union".

- Schutz und Verbesserung der Umwelt sowie Förderung einer nachhaltigen Kommunalentwicklung,
- Schaffung einer wissensbasierten Wirtschaft,
- Bau und Ausbau von Transeuropäischen Netzen (TEN) und
- Förderung einer sicheren, wettbewerbsfähigen und nachhaltigen Energieversorgung.

Außerhalb der EU orientiert sich die Finanzierungstätigkeit der EIB an der Entwicklungs- und Kooperationspolitik der EU, die in erster Linie die Entwicklung des Privatsektors, den Ausbau von Infrastruktur, die Sicherheit der Energieversorgung sowie die ökologische Nachhaltigkeit und den Klimaschutz zum Ziel hat.

Es liegt auf der Hand, dass die EIB mit ihrem Engagement im Offshore-Windbereich die Förderung des o.a. energiepolitischen Zieles der EU verfolgt. Dieses leitet sich aus der sogenannten Europa-2020-Strategie ab, die auf ein nachhaltiges Wachstum und einen schonenden Umgang mit den Ressourcen abzielt. Die EU hat sich das ehrgeizige Ziel gesetzt, bis 2020 die Treibhausgasemissionen um 20 % gegenüber dem Stand von 1990 zu senken und 20 % des Energieverbrauchs aus erneuerbaren Energien zu decken. Sie will damit den Einsatz umweltfreundlicherer und stärker diversifizierter Energiequellen fördern. Gleichzeitig hat sich die EU vorgenommen, ihren Energieverbrauch bis 2020 um 20 % zu reduzieren, um nicht mehr so stark von Energieimporten abhängig zu sein und die Energiekosten zu senken.

Erneuerbare Energieträger und Energieeffizienz bilden deshalb das Herz der Europa-2020-Strategie. Um diese Ziele zu erreichen, konzentriert die Bank ihre Darlehensvergabe im Energiesektor auf fünf strategische Bereiche:

- Erneuerbare Energieträger,
- Energieeffizienz,
- Forschung, Entwicklung und Innovation im Energiebereich,
- Sicherheit und Diversifizierung der heimischen Energieversorgung, vor allem durch den Bau transeuropäischer Energienetze, sowie
- Sicherheit der Energielieferungen aus Drittländern und wirtschaftliche Entwicklung.

In Anlehnung an die 2020-Strategie hat sich die Bank ferner einen Mindestschwellenwert gesetzt, nach dem mindestens 20 % der künftigen Finanzierungen im Energiebereich in der EU erneuerbare Energiequellen fördern müssen.

Im Grundsatz ist die Förderwürdigkeit von Offshore-Windprojekten in maritimen EU-Gewässern gegeben, steht sie doch offensichtlich im Einklang mit der seitens der EU verfolgten Ziel einer verstärkten Nutzung Erneuerbarer Energien. Abschließend ist ein Projekt im Sinne der EIB aber erst dann förderwürdig, wenn weitere Kriterien zufriedenstellend erfüllt werden.

5.7.4 Projektanforderungen

Die EIB kann sich nur bei Projekten einbringen, wenn diese nach ihrer Einschätzung dazu beitragen, die Ziele der EU zu erreichen. Des Weiteren soll durch das Mitwirken der EIB an der Finanzierung eines Projektes ein „zusätzlicher Nutzen entstehen“. Dieser kann sich beispielweise aus den angebotenen finanziellen Konditionen der EIB (z.B. in Form eines Zinsvorteils oder durch die Bereitstellung von sehr langfristigen Kreditmitteln) oder auch aus der Verbesserung der technischen Planung des Projekts (z.B. bei Entwicklungshilfeprojekten) ergeben. Ein Zusatznutzen entsteht auch, wenn der EIB eine „Katalysatorfunktion" zugesprochen werden kann, d.h. durch die aktive Mitwirkung der EIB zusätzliche Finanzierungsmittel von privaten Finanzinstituten für die Finanzierung eines Projektes gewonnen werden können. Letzteres Kriterium wird zumeist bei großen Infrastrukturprojekten erfüllt, in Deutschland beispielsweise bei den Autobahn-PPP-Modellen oder auch bei den ersten Offshore-Windparks. In der aktuellen Banken- und Schuldenkrise hat sich gezeigt, dass EIB-Mittel teils unabdingbar sind, um Finanzierungen von Großprojekten sicherzustellen.

Die Projekte selbst müssen **wirtschaftlich, technisch, ökologisch und finanziell** tragfähig sein. Die Projektanforderungen der EIB unterscheiden sich im Wesentlichen nicht von denen einer Geschäftsbank. So analysiert die EIB z.B. die Marktstellung und die Wirtschaftlichkeit eines Projektes. Sie bewertet die finanziellen, kreditrisikorelevanten Aspekte eines Projektes, wie die Eigenkapitalausstattung, Cashflow oder die Rentabilität des Projektes im Rahmen einer klassischen Kreditwürdigkeitsprüfung eines Finanzinstituts. Einen besonderen Augenmerk legt die EIB aber auf folgende Punkte:

Projektkosten: Gemäß ihren Statuten kann die EIB nur Projektkosten eines neuen Vorhabens finanzieren. EIB-finanzierbare Projektkosten sind im wesentlichen Neu- und Ersatzinvestitionen, Planungskosten und Bauzeitzinsen. Vor diesem Hintergrund darf sich die EIB nicht an reinen Um- oder Refinanzierungen bestehender oder bereits fertiggestellter Projekte beteiligen. Bei Akquisitionsfinanzierungen kann sich die EIB lediglich in dem Rahmen einbringen, in dem die Finanzierungspläne der Projekte auch die Finanzierung von Neu- oder Ersatzinvestitionen vorsehen. Die EIB stellt keine revolvierenden Betriebsmittel- (*Working capital*) oder Mehrwertsteuervorfinanzierungen zur Verfügung.

Die EIB untersucht die Projektkosten und die einzelnen Investitionskomponenten, vergleicht die wichtigsten Kostenelemente des betreffenden Projekts mit denen anderer Projekte, analysiert u.a. die Höhe der Spannen für Unvorhergesehenes und für Preissteigerungen. Abschließend beziffert die EIB die nach Ermessen der EIB förderwürdigen „EIB-Projektkosten". Erfahrungsgemäß weichen die EIB-Projektkosten nur geringfügig von den Finanzierungsplänen der Projekte ab, was auf unterschiedliche Projektannahmen einzelner Komponenten (z.B. Preissteigerungsannahmen) zurückgeführt werden kann. Die Summe der EIB-Projektkosten bildet den quantitativen Rahmen für die spätere EIB-Finanzierung, dazu später mehr.

Technische Tragfähigkeit: Die EIB beteiligt sich nur an der Finanzierung von Projekten, bei denen die besten verfügbaren Technologien zum Einsatz kommen, schließlich geht es darum, in Europa eine wettbewerbsfähige, innovative und wissensbasierte Wirtschaft zu schaffen. Deshalb analysieren eigene technische Experten der EIB die technischen Konzeptionen der Projekte, ihre Solidität sowie die Fähigkeit der Projektträger, die gewählten technischen Optionen umzusetzen. Die ausführliche technische Analyse beinhaltet i.d.R. einen Besuch des Projektträgers vor Ort, bei dem der fachliche Austausch mit dem verantwortlichen technischen Fachpersonal gesucht wird.

Auftragsvergabe und Umweltauswirkungen: Für die EIB – als Europäische Institution – ist es unabdingbar, dass die Projekte, die sie finanziert, im Einklang mit der geltenden EU- und nationalen Gesetzgebung stehen. Dies gilt insbesondere für die Regelungen zur öffentlichen Auftragsvergabe und zu Umweltbestimmungen. Im Rahmen ihrer Projektprüfung lässt sich die EIB z.B. die Auftragsvergabe wesentlicher Projektverträge oder die Ausschreibung von Konzessionen vom Projektträger erläutern. Private Unternehmen unterliegen im Regelfall nicht der öffentlichen Ausschreibungspflicht. Dementsprechend kurz kann dieser Punkt bei der Projektprüfung abgehandelt werden. Für Unternehmen in öffentlicher Trägerschaft, wie z.B. Stadtwerken, ist hingegen die öffentliche Ausschreibung etwa von Turbinenlieferverträgen gängige Praxis. Die EIB lässt sich dazu vom Projektträger die entsprechende Veröffentlichung der Ausschreibung im EU-Amtsblatt zusenden und veröffentlicht eine elektronische Verknüpfung auf der Internetseite der EIB gemeinsam mit der entsprechenden Projektbeschreibung.

Erläuterungen zu den Anforderungen und Verfahren veröffentlicht die EIB auf ihrer Internetseite in einem Leitfaden für die Auftragsvergabe von Bau-, Liefer- und Dienstleistungsaufträgen. Zwar kann die EIB laut Satzung[1051] eine internationale Ausschreibung zur Bedingung für eine Darlehensgewährung machen. In der Praxis fordert die EIB allerdings nicht mehr als das, was ohnehin gesetzlich vorgeschrieben ist. Die EIB hat nicht den Auftrag, als vorgelagerte Kontrollinstanz der EU aufzutreten, die z.B. die Vergabe einzelner Verträge im Laufe eines Projektfortschritts prüft.

Gleiches gilt im Grunde für die Prüfung von Umweltaspekten. Die Bank analysiert u.a. die Umweltsituation mit oder ohne Durchführung des Projekts. Sie bewertet Alternativlösungen, prüft die Auswirkungen des Projekts auf die natürliche und menschliche Umwelt (z.B. auch auf NATURA 2000-Gebiete) oder Maßnahmen zur Verhinderung, Milderung oder Kompensierung von Umweltbeeinträchtigungen. Sofern der Projektträger einen Umweltmanagementplan erstellt, bewertet sie diesen und die Fähigkeit des Projektträgers, den Plan durchzuführen und umzusetzen. Die Bank stützt sich bei der Analyse der Umweltfragen üblicherweise auf Studien, die vom Projektträger selbst oder von durch ihn beauftragten unabhängigen Beratern erstellt wurden (z.B. Umweltverträglichkeitsprüfung (UVP) oder Strategische Umweltbewertung).

Sofern der Projektträger eine gesetzlich erforderliche Umweltverträglichkeitsprüfung für sein Projekt mit den zuständigen nationalen Stellen durchgeführt hat, wie sie z.B. für eine Bau- und Betriebsgenehmigung des BUNDESAMT FÜR SEESCHIFFFAHRT UND HYDROGRAPHIE (BSH) für größere Offshore-Windparks vorausgesetzt wird, ist das Thema Umwelt aus Sicht der EIB im Wesentlichen ausreichend gewürdigt. Die EIB lässt sich dazu vom Projektträger die elektronische Verknüpfung zur „Nichttechnischen Beschreibung" der UVP zusenden und veröffentlicht diese mit der entsprechenden Projektbeschreibung auf der EIB-Internetseite.

Volkswirtschaftlicher Nutzen: Laut Satzung der EIB darf die EIB nur dann Darlehen gewähren – wenn die Investition zu einer Steigerung der volkswirtschaftlichen Produktivität im Allgemeinen beiträgt [...]"[1052].

Die EIB hat dazu eigene Modelle entwickelt, mittels derer sie externe Kosten- und Nutzenelemente eines Projektes (beispielsweise Umweltwirkung und Regionalentwicklung) bewertet. Bei Energieprojekten sind z.B. Versorgungssicherheit, die Diversifizierung und die Nachhaltigkeit der Energieversorgung maßgebliche Nutzenelemente. Die EIB errechnet auch

1051 Satzung der EIB, Artikel 18, 5.

1052 Satzung der EIB, Artikel 18, Satz 1.

eine volkswirtschaftliche Rentabilität eines Projektes. Mit der Kennziffer werden Vergleiche z.B. zur Energieeffizienz unterschiedlicher Projekte angestellt. Bei Energieprojekten werden dabei beispielsweise die Stromgestehungskosten eines Projektes mit Referenzwerten von nächstgünstigen Alternativen verglichen, wobei auch die ökologischen Auswirkungen der CO_2- und anderer Emissionen in die Berechnung einbezogen werden.[1053] Dieser Ansatz wird sowohl bei konventionellen, fossilen Energieprojekten angewendet, als auch bei Erneuerbaren Energieprojekten mit „etablierter", ausgereifter Technologie (z.B. Wasserkraft, Geothermie, thermische Nutzung von Biomasse und Onshore-Windkraftanlagen) Nach EIB-Methodologie sind ausgereifte Technologien solche, die bereits kommerziell genutzt werden können. Im Ergebnis muss ein Projekt, das diese etablierten Technologien nutzt, eine positive Rentabilität aufweisen, oder anders ausgedrückt, es darf bestimmte Referenzwerte nicht übersteigen.

Bei neuen, innovativen Technologien liegen die Stromgestehungskosten immer deutlich über denen ausgereifter Technologien. Der ausschließliche Vergleich von Referenzwerten würde somit Investitionen in Innovationen unterbinden. Das Argument, dass innovative Projekte einen positiven volkswirtschaftlichen Nutzen bringen, liegt darin, dass durch ihre zunehmende Nutzung in der Zukunft deutliche Produktivitätssteigerungen und Kostenersparnisse erzielt werden. Als gutes aktuelles Beispiel dafür dient die kommerzielle Wettbewerbsfähigkeit von Photovoltaikprojekten in bestimmten Marktsegmenten. Für Offshore-Windprojekte rechtfertigt also die begründbare Aussicht auf künftig deutlich sinkende Gestehungskosten das Förderengagement der EIB – unter volkswirtschaftlichen Gesichtspunkten. Das muss aber nicht bedeuten, dass die EIB finanzwirtschaftliche Überlegungen vernachlässigt. Ein Projekt, dessen Gestehungskosten deutlich über denen von Vergleichsprojekten liegen, muss schlüssig begründen, warum dies so ist.

Bei Offshore-Windprojekten in Deutschland umfasst die Berechnung der volkswirtschaftlichen Rentabilität auch die Netzanschlusskosten, auch wenn diese nicht durch das Projekt, sondern durch den Netzbetreiber zu projektieren und finanzieren sind. Eine möglichst belastbare Aussage des Projektträgers zu den voraussichtlichen Kosten wird seitens der EIB erbeten.

Damit die EIB eine erste Einschätzung der Förderwürdigkeit eines Projektes anstellen kann, empfiehlt es sich, der Bank ein Kurzexposé zum Projekt in elektronischer Form zu übermitteln, das folgende Inhalte skizziert:

- Allgemeine Angaben zum Projekt, dem/den Projektsponsoren, Ort und geografische Lage;
- Technische Beschreibung: Konzeption des Projektes einschließlich eines detaillierten Kostenvoranschlages für die einzelnen Investitionsbestandteile;
- Informationen zur Genehmigungslage eines Projektes;
- Informationen zur Auftragsvergabe;
- Angaben zu Umweltaspekten; Maßnahmen, die ergriffen werden, um die geltenden nationalen, europäischen und internationalen Standards einzuhalten, sofern erforderlich, die Durchführung einer Umweltverträglichkeitsprüfung, gegebenenfalls Angaben zur Nähe des Projektes zu etwaigen Natura 2000-Gebieten;

[1053] Vgl. dazu auch: „Saubere Energie für Europa – Ein verstärkter Beitrag der EIB".

- Wirtschaftliche Kalkulation und Projektionen mit Darstellung und Erörterung der wesentlichen Annahmen, gegebenenfalls ergänzt durch externe Studien (z.B. Windertragsgutachten), Angaben zu Beschäftigungseffekten; (bei Energieprojekten: Angaben zu den Stromgestehungskosten eines Projektes).
- Finanzierung (z.B. Finanz- und Investitionsplanung, Eigenkapitalnachweis, Sicherheiten, Involvierung/Mandatierung von Finanzberatern oder einer arrangierenden Geschäftsbank).

Grundsätzlich sollte die EIB frühzeitig auf eine Mitwirkung in einem Projekt angesprochen werden, um EIB-spezifische Aspekte möglichst beizeiten zu berücksichtigen. Erfahrungsgemäß sollte das Projekt so weit entwickelt sein, dass die wesentlichen Genehmigungen vorliegen, z.B. sollte bei einem Offshore-Windprojekt die erste BSH-Genehmigung vorliegen.

5.7.5 Der EIB-Projektzyklus

Mit den genannten Informationen zum Projekt kann der EIB-Projektzyklus gestartet werden. Er umfasst, wie in der folgenden Abbildung 96 dargestellt, den Finanzierungsprozess eines Projektes von der Projektanbahnung, über die Projektprüfung (*Due Diligence*) bis hin zu einer etwaigen Projektevaluierung durch die EIB.

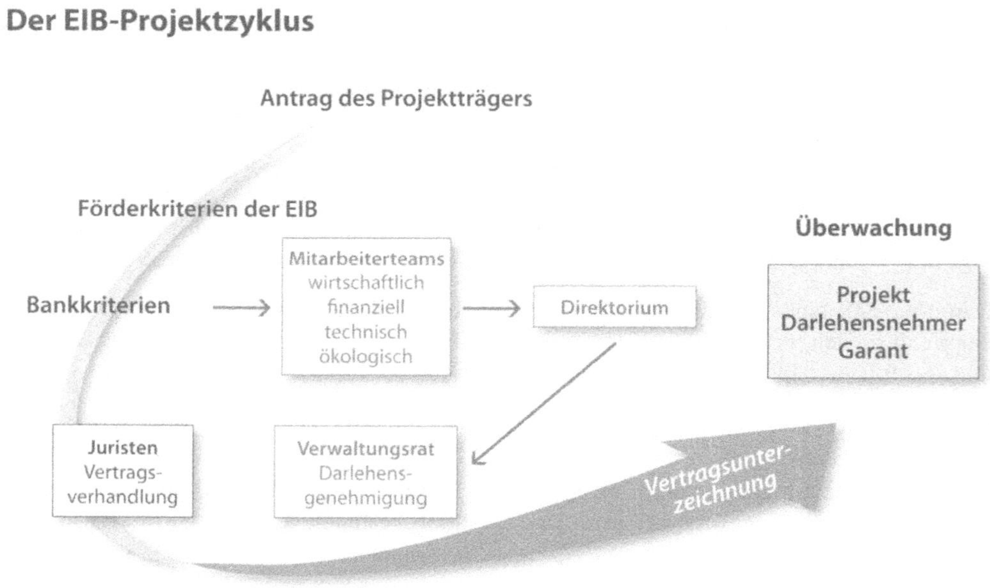

Abbildung 96: Der Projektzyklus der EIB

Projekte können formlos von verschiedenen Seiten an die Bank herangetragen werden, entweder von den privaten oder öffentlichen Projektträgern selbst, von involvierten Geschäftsbanken oder öffentlichen Stellen, wie z.B. von der EU-Kommission. Ein formaler Antrag ist zur Projektanbahnung noch nicht erforderlich.

Über sämtliche Stufen des Prozesses ist der oder die Kreditreferent/in (*Loan Officer*) des jeweiligen Länderbereiches (Direktion), in dem sich das Projekt befindet, der primäre Ansprechpartner für den oder die Vertreter des Projektes. Bei Kontaktaufnahme wird der *Loan Officer* abzuschätzen versuchen, ob das Projekt grundsätzlich von der EIB begleitet werden kann. Je aussagekräftiger das o.a. Kurzexposé, desto genauer wird eine solche Einschätzung möglich sein.

Wenn abzusehen ist, dass ein Projekt die Projektanforderungen der Bank erfüllt, wird der *Loan Officer* veranlassen, dass ein **Projektteam für die Projektprüfung** zusammengestellt wird. Dieses besteht in der Regel aus zwei Mitarbeitern der Projektabteilung – jeweils einem Ingenieur und einem Volkswirt – sowie einem Juristen (siehe Abbildung 97). Die Mitglieder des Teams verantworten jeweils ihre Fachbereiche. Der Loan Officer koordiniert und leitet das Projektteam über den gesamten Prozess.

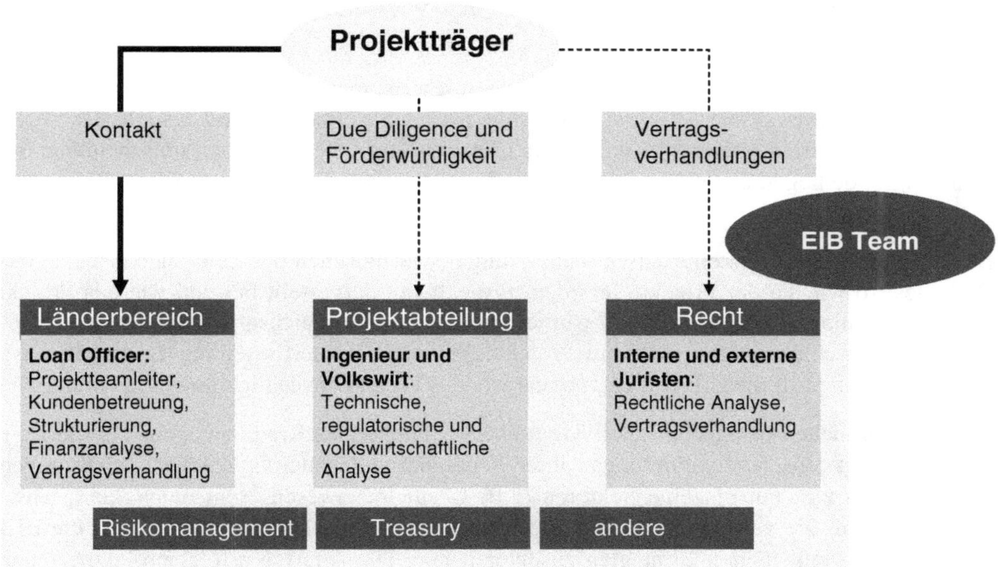

Abbildung 97: Das Projektteam der EIB: Aufgaben und Tätigkeiten

Auf der Grundlage der zur Verfügung gestellten Projektinformationen erstellt das Projektteam eine erste gemeinsame Projektstellungnahme für das EIB-Direktorium. Darin identifiziert es die Kernaspekte und Risiken für die eigentliche Projektprüfung, für die es die Zustimmung des EIB-Direktoriums einholt. Sofern das EIB-Direktorium die weitere Projektprüfung autorisiert, beginnt das Projektteam mit der eigentlichen Projektanalyse.

Eine Besonderheit der EIB-Projektprüfung ist ein Vor-Ort-Besuch des Projektteams beim Projektträger und falls möglich am künftigen Projektstandort (auf letzteres wird bei Offshore-Windprojekten üblicherweise verzichtet). Ziel des Besuches ist, insbesondere die technischen Kernpunkte des Projektes zu verstehen und diese in einem persönlichen Austausch mit Management und verantwortlichen Fachkräften (gegebenenfalls unterstützt durch externe Berater) zu diskutieren. Vorab stellt das Projektteam eine Liste der relevanten Themen und

Fragen zusammen, die sie dem Projektträger rechtzeitig vor dem Besuch zur Verfügung stellt.

Die abschließenden Prüfungsergebnisse der jeweiligen Fachbereiche werden in einem Projektbericht zusammengefasst, der auch die Kreditbeschlussvorlage für den Verwaltungsrat der EIB enthält.

Parallel holt das Projektteam Stellungnahmen der EU-Kommission und des jeweiligen EU-Mitgliedslandes[1054] ein, die ebenfalls in den Projektbericht aufgenommen werden. Im Rahmen ihrer Transparenzpolitik veröffentlicht die EIB (siehe Ziffer 5.7.6) eine kurze Projektzusammenfassung auf der Internetseite der EIB, die zuvor mit dem Projektträger abgestimmt wird.

Der fertige Projektbericht wird – einschließlich Kreditbeschlussvorlage – in einem ersten Schritt dem EIB-Direktorium vorgelegt. Stimmt das EIB-Direktorium diesem inhaltlich zu, wird der Bericht in einem zweiten Schritt an den Verwaltungsrat zur abschließenden Beschlussfassung weitergeleitet.

Üblicherweise wird die Kredit- und Projektvertragsdokumentation parallel zum laufenden Genehmigungsprozess der EIB mit den Projektparteien verhandelt und erstellt. Der EIB-Finanzierungsvertrag greift alle wichtigen Elemente auf, die der Kreditentscheidung der Bank zugrunde liegen und die im Rahmen der Projektprüfung untersucht wurden.

Als Anlage wird ihm u.a. die sogenannte „Technische Beschreibung“ beigefügt. Die „Technische Beschreibung“ ist eine Zusammenfassung der technischen und zeitlichen Aspekte des Projektes, so wie sie der Projektträger dem Projektteam dargestellt hat und wie das Projekt von den Gremien der EIB genehmigt wurde. Sie dient als Vergleichsgrundlage für den späteren Projektabschlussbericht, der vom Projektträger nach Baufertigstellung zu erstellen ist. Anhand dessen prüft die EIB ex post, ob und wie das Projekt tatsächlich umgesetzt wurde.

Neben der üblichen banktechnischen Kreditüberwachung eines Kreditengagements führt die EIB themenspezifische Evaluierungen ihrer Kreditaktivitäten durch. Solche Evaluierungen beziehen sich z.B. auf einzelne Sektoren (z.B. Gesundheitswesen, Schienenverkehr, usw.) oder Regionen. Sie verfolgen das Ziel, die Umsetzung politischer Vorgaben durch die EIB und die Wirksamkeit ihrer Strategien zu untersuchen. Die Analyse erfolgt projektbezogen. Das Ergebnis einer Evaluierung ist ein zusammenfassender Bericht, der keine spezifischen Projektangaben enthält und nach der Vorlage im Verwaltungsrat auf der Internetseite der Bank veröffentlicht wird.

Je nach Komplexität des Projektes und seiner Finanzierung benötigt die EIB erfahrungsgemäß zwischen drei bis neun Monate von erster Projektansprache bis zum Kreditvertragsabschluss.

[1054] Gemäß Artikel 18,6 der Satzung der EIB darf die EIB eine Investition weder finanzieren noch zu ihrer Finanzierung beitragen, wenn der Mitgliedstaat, in dessen Hoheitsgebiet sie getätigt werden soll, Einspruch erhebt. Gemäß Artikel 19, 2, Absatz 2 der Satzung der EIB haben die betreffenden Mitgliedstaaten und die Kommission eine Frist von zwei Monaten zur Abgabe ihrer Stellungnahme einzuhalten. Ist diese Frist verstrichen, so kann die Bank das betreffende Vorhaben als genehmigt betrachten.

5.7.6 Finanzierungsinstrumente und -grundsätze

Die EIB bietet ihren Geschäftspartnern eine Vielzahl von Finanzierungsinstrumenten an. Die Produktpalette der EIB-Gruppe umfasst Darlehen, Garantien, Risikokapital und Mikrofinanzinstrumente. Letztere werden überwiegend vom EIF in Zusammenarbeit mit Partnerinstituten angeboten. Ergänzend ist die EIB an Fonds, wie dem 2020 Europäischer Fonds für Energie, Klimawandel und Infrastruktur 2020 („Marguerite-Fonds"), beteiligt, um dem wachsenden Bedarf an Eigenkapitalfinanzierungen zu entsprechen[1055].

Darlehen sind mit Abstand das wichtigste Produkt der EIB. Die EIB vergibt sie für tragfähige Investitionsprogramme oder Einzelprojekte sowohl im öffentlichen als auch im privaten Sektor. Darlehensnehmer können große Unternehmen, Banken (siehe Mittelvergabe über Partnerinstitute), Kommunen sowie kleine und mittlere Unternehmen („KMUs") sein. Die Förderung erfolgt entweder durch eine direkte und eine indirekte Darlehensvergabe.

- **Einzeldarlehen:** gewährt die EIB direkt an die Projektträger oder indirekt über ihre Hausbank (Beispiele siehe Ziffer 5.7.7.3), sofern die Gesamtinvestitionskosten des Projektes grundsätzlich mehr als 25 Mio. Euro betragen. Was allerdings die Mindestgröße eines Projektes betrifft, sei darauf hingewiesen, dass die EIB in ihrer Geschäftsausrichtung und Ressourcenausstattung primär auf die Finanzierung von Großprojekten ausgerichtet ist. In den großen Volkswirtschaften der EU stellt die EIB Einzeldarlehen in der Regel erst bei Projekten mit Investitionsvolumina von mehr als 150–200 Mio. Euro zur Verfügung. In kleineren EU-Mitgliedsländern liegen die Mindestgrößen deutlich niedriger.
- **Globaldarlehen:** „Kleinere" Projekte fördert die EIB mittels sogenannter Globaldarlehen, die die EIB an kommerzielle Partnerinstitute ausreicht. Projektträger können somit indirekt zinsvergünstigte EIB-Darlehen in Anspruch nehmen. „Klein" im Sinne der EIB sind Projekte mit einem Investitionsvolumen von bis zu 25 Mio. Euro.

Im Darlehenssegment verfügt die EIB über besondere Finanzierungsfazilitäten wie beispielsweise die „Fazilität für Strukturierte Finanzierungen" („Structured Finance Facility" – SFF) oder die Fazilität für Finanzierungen auf Risikoteilungsbasis (*„Risk Sharing Financing Facility"* – RSFF). Bei diesen Fazilitäten handelt es sich streng genommen nicht um eigenständige Produkte, sondern vielmehr um „Risikomittel" der EIB zur Darlehensgewährung. Die Structured Finance Facility wurde 2001 eingerichtet, um besonders vorrangige Projekte[1056] „EIB-förderfähig" zu machen, die bis dahin aus risikopolitischen Erwägungen nicht förderfähig waren, weil sie nicht über das für die EIB übliche „Investment Grade"-Kreditrisikoprofil verfügen. Damit öffnete sich die EIB für risikoreichere Kreditrisiken und -instrumente (z.B. Nachrangdarlehen). Die SFF wird genutzt, wenn sich die EIB z.B. an Limited-Recourse-Projektfinanzierungen von Offshore-Windparks beteiligt und dabei u.a. Fertigstellungsrisiken während der Bauphase übernimmt.

[1055] Das erste Investment des Marguerite Fonds ist eine Eigenkapitalbeteiligung am Offshore-Windpark C-POWER, Belgien im Jahr 2011, vgl. Pressemitteilung Marguerite "The Marguerite Fund completes first investment to acquire stake in C-Power's Thornton Bank Offshore-Wind Project", 21.12.2011.

[1056] Projekte von gegenwärtig besonderem politischen Interesse liegen insbesondere in den Zielrichtungen TEN, Energie und wissensbasierte Wirtschaft.

Die RSFF wurde in Zusammenarbeit mit der Europäischen Kommission entwickelt, um der Bank vermehrt risikoreichere Finanzierungen im Bereich Forschung und Entwicklung zu ermöglichen. Auf der Grundlage des Siebten Forschungsrahmenprogramms (2007–2013) stellte die EU der EIB Mittel zur Abdeckung drohender Kreditausfälle im Gesamtumfang von max. 1 Mrd. Euro für die RSFF zur Verfügung, verbunden mit dem Auftrag, Forschungs- und Innovationsfinanzierungen deutlich auszubauen. Die EIB hat diesen Betrag ihrerseits auf 2 Mrd. Euro erhöht, um insgesamt Kreditmittel in Höhe von ca. EUR 10 Mrd. auszureichen. Diese RSFF-Mittel werden vor allem für Unternehmensfinanzierungen verwendet, um z.B. Forschungsprogramme oder Pilotanlagen zu finanzieren. Sie können grundsätzlich auch bei Offshore-Wind-Projektfinanzierungen Anwendung finden, sofern innovative Technologien genutzt werden. Die EIB hat die RSFF z.B. bei den Projektfinanzierungen BORKUM WEST II und GLOBAL TECH I genutzt, die innovative 5 MW AREVA Offshore-Windturbinen einsetzen werden.

Dies widerspricht scheinbar dem Finanzierungsgrundsatz, dass sich mit Projektfinanzierungen lediglich bewährte Technologie („*Proven technology*") finanzieren lässt. Betrachtet man jedoch die Projekte, die im Bereich Erneuerbare Energien bereits projektfinanziert wurden, wird man zu dem Schluss kommen, dass Banken durchaus bereit sind, auch neue Technologien zu unterstützen (z.B. *Concentrated Solar Power*, CSP oder Offshore-Windprojekte mit relativ neuen Windturbinentypen). Dies setzt allerdings voraus, dass die Projekte solide strukturiert sind, was insbesondere eine adäquate Risikoteilung der Projektrisiken unter den Projektbeteiligten betrifft.

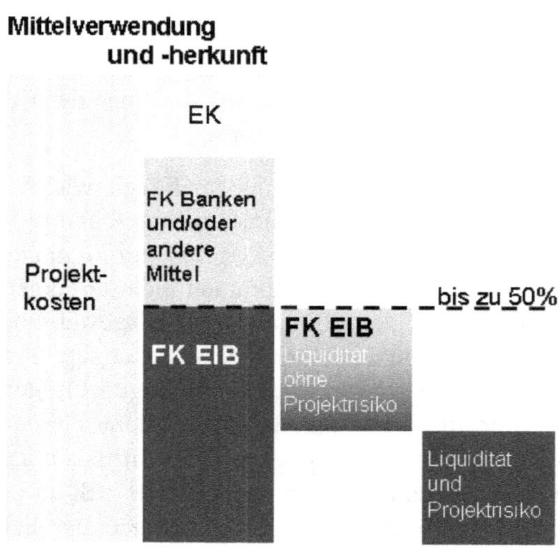

Abbildung 98: EIB-Einbindung – Obergrenze

Der vermutlich bekannteste Finanzierungsgrundsatz der EIB ist, sich in der Regel[1057] mit nicht mehr als 50 % der Projektkosten an einer Finanzierung zu beteiligen (siehe Abbildung 98). Für diese 50 %-Quote ist es unerheblich, mit wie viel Fremdkapital diese Projektkosten

[1057] In besonderen Ausnahmefällen ist eine Quote von 75 % möglich.

finanziert werden. Es ist auch nachrangig, ob die Projektkosten durch die EIB indirekt oder direkt bzw. mit oder ohne Beteiligung am Projektrisiko finanziert werden. Wesentlich ist, dass die nominale EIB-Kreditbeteiligung insgesamt 50 % der Projektkosten nicht übersteigt. Diese EIB-Kreditquote wird bei Strukturierung der einzelnen Finanzierungsfazilitäten bemessen. Damit die Quote auch nach Auszahlung der Kreditmittel nicht überschritten wird, wird eine vertragliche Auflage („*Undertaking*") in die Kreditdokumentation aufgenommen, dass der EIB-Kredit mit einem Teilbetrag vorzeitig zurückzuzahlen ist, sollten die Projektkosten z.B. nach Baufertigstellung geringer als budgetiert ausfallen. Der Teilbetrag wird so bemessen, dass nach vorzeitiger Rückzahlung des Teilbetrages die 50 %-EIB-Quote wieder eingehalten ist.

Sofern die SFF zum Tragen kommt, d.h. die EIB beteiligt sich am Projektrisiko, gilt zusätzlich, dass die Risikotranche (SFF) 50 % des gesamten Fremdkapitals nicht überschreiten soll.

Wie bereits oben dargestellt, ist es der EIB wichtig, dass durch ihr Zutun ein zusätzlicher Nutzen beim Projekt entsteht, üblicherweise in Form eines Finanzierungsvorteils. Bestandteile des EIB-Zinssatzes sind die Refinanzierungskosten der EIB, ein Bearbeitungs- und Verwaltungskostenaufschlag sowie eine Komponente zur Deckung der projektspezifischen Risikokosten. Die Refinanzierungskosten der EIB werden taggenau auf der Grundlage der aktuellen Kapitalmarktkonditionen der EIB ermittelt. Aufgrund des erstklassigen Kreditratings der EIB sind ihre Refinanzierungskosten i.d.R. niedriger als die von Geschäftsbanken.

Gleiche Risikokosten unterstellt, ergibt sich der EIB-Finanzierungsvorteil aus der Differenz der Refinanzierungskosten der Geschäftsbanken und der EIB, abzüglich des Bearbeitungs- und Verwaltungskostenaufschlags der EIB (siehe Abbildung 99).

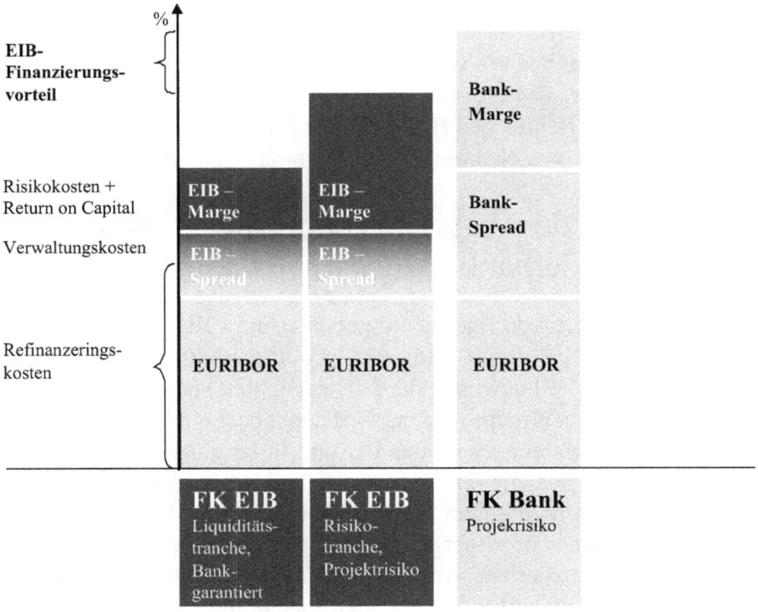

Abbildung 99: EIB-Zinsbestandteile im Vergleich zu „kommerziellen" Darlehen

Die Risikokosten bemessen sich nach dem jeweiligen Kreditrisiko eines Darlehens bzw. einzelner Darlehenstranchen; d.h. bei einer Bank-garantierten Liquiditätstranche (siehe dazu Ziffer 5.7.7.3) dient das Kreditrisiko der Garantin, bei einer Projektrisikotranche das Kreditrisiko des Projektes als Bemessungsgrundlage. Der EIB-Zinssatz kann grundsätzlich als Festzins über die gesamte Laufzeit des Darlehens (z.B. 5 % p.a.) oder als variabler Zinssatz auf der Grundlage eines variablen Referenzzinssatzes (z.B. EURIBOR) zuzüglich eines über die Laufzeit festen EIB-Spreads (z.B. ± 20 Basispunkte) vereinbart werden. Die bisher von der EIB finanzierten Offshore-Windparks konnten eine Eigenkapitalersparnis in Höhe eines zweistelligen Millionenbetrages über die Projektlaufzeit erzielen.

Die EIB versteht sich als langfristiger Finanzierer, nicht nur in puncto Fristigkeit der Kreditmittel, sondern auch im Hinblick auf die Dauer des Engagements. Mit anderen Worten, die EIB verfolgt bei ihren Kreditausreichungen einen „Take and Hold-Ansatz", d.h. eine kommerzielle Weiterveräußerung des Engagements oder Teile dessen entspricht nicht der gängigen EIB-Geschäftspraxis. Bei Projektfinanzierungen mit großen Bankenkonsortien, wie bei den bisherigen Offshore-Windprojekten üblich, trägt dieser Grundsatz zu einer gewissen Stabilität im Bankenkonsortium bei.

Transparenz und Informationsanliegen der EIB sind zwar keine Finanzierungsgrundsätze im eigentlichen Sinne, aber sie haben für die Bank in der Praxis eine große Bedeutung. Im Rahmen ihrer Informationspolitik veröffentlicht die Bank seit Beginn des Jahres 2001 auf ihrer Internetseite eine Liste der Projekte, mit deren Projektprüfung sie sich in Abstimmung mit dem Projektträger aktiv befasst. Zur Veröffentlichung und zum Wortlaut der kurzen Projektzusammenfassung wird das Einverständnis des Projektträgers eingeholt, der diese nur aus berechtigten Gründen der Vertraulichkeit ablehnen kann. Prinzipiell werden diese mit dem Projektträger abgestimmten Projektinformationen vor der abschließenden Kreditgenehmigung durch den Verwaltungsrat veröffentlicht.

Die Informationspolitik der Bank ist auf der Website der EIB dargestellt. Diese Seite enthält sämtliche Unterlagen, die die Beziehung der EIB zur Öffentlichkeit regeln, verschiedene Publikationen über die Politik und die Verfahren des Hauses sowie Informationen über die Projekte, die Gegenstand von Anfragen z.B. von Nichtregierungsorganisationen („NGOs") waren.

5.7.7 Offshore-Wind in der Praxis aus dem Blickwinkel einer Europäischen Förderbank

Mit der aktiven Förderung von Erneuerbaren Energien unterstützt die EIB gleichzeitig eine Vielzahl von EU-Zielen bzw. Initiativen: Sie bedient Umwelt-, Energie- und Klimapolitische Ziele der EU (20-20-20). Der Blickwinkel der EIB gegenüber spezifischen Erneuerbaren Energien, wie z.B. den Offshore-Windprojekten, wird dabei bestimmt durch die politischen Rahmenbedingungen und Ausrichtungen in der EU und ihren einzelnen Mitgliedsländern. Das EIB-Engagement zielt auf die Unterstützung ihrer Anteilseigner bei der Erfüllung ihrer energiepolitischen Verpflichtungen. Diese legten im Jahr 2010 ihre jeweiligen Nationalen Aktionspläne für Erneuerbare Energie vor und folgten damit ihrer Berichtspflicht unter der EU-Richtlinie für Erneuerbare Energien (Richtlinie 2009/28/EG). In den Nationalen Aktionsplänen dokumentierten die EU-Mitgliedstaaten ihre Maßnahmen und Ausbaupfade zur Erreichung ihrer verbindlichen nationalen Erneuerbare Energie-Ziele. Die

Entwicklung und der Ausbau der Offshore-Windenergie-Erzeugerkapazitäten ist darin ein wichtiger Baustein. Während im Jahr 2010 europaweit eine Offshore-Wind-Gesamtkapazität von ca. 3 GW (mittlerweile 2012: 3,8 GW[1058]) installiert war, ist bis zum Jahr 2020 noch ein Zubau von 37 GW geplant. Dies entspricht ca. 18 % der bis 2020 geplanten und noch zu installierenden Erneuerbaren Energie-Kapazitäten. Mit 40 GW geplanter installierter Erzeugungskapazität im Jahr 2020 würde der Offshore-Windsektor ca. 9 % der gesamten Europäischen Erneuerbaren Energiekapazitäten stellen.

Nach EIB-Schätzungen entspricht dies jährlich zu finanzierenden Investitionsvolumina zwischen 7 Mrd. Euro in 2012 und ca. 15 Mrd. Euro in 2020 bzw. einem Gesamtinvestitionsvolumen von ca. 110 Mrd. Euro allein im Offshore-Windsektor. Wie die folgende Abbildung 100 zeigt, erwarten die EU-Mitgliedsländer, dass die nominal höchsten Investitionen in Erneuerbare Energiekapazitäten ab 2016 im Bereich Offshore-Wind getätigt werden.

Aktuellere Schätzungen z.B. von KPMG/Bloomberg gehen von einem noch höheren Finanzierungsbedarf bei zum Teil geringerem bzw. verzögertem Ausbau der Offshore-Windparks aus (siehe dazu auch Kapitel 1.1 und 1.2). In Anbetracht dieses enormen Finanzierungsbedarfs bleibt wohl die Finanzierung von Offshore-Windenergieprojekten bis auf weiteres eine herausfordernde Aufgabe. Öffentlichen Institutionen und Förderbanken, wie der EIB oder der KfW, kommt eine bedeutende Rolle zu, hinreichend Finanzierungsmittel bereitzustellen und durch ein entschlossenes Vorangehen Vertrauen in neue, junge Technologien zu schaffen. Die bereits beschriebene Katalysatorfunktion wird bei Offshore-Windprojekten mehr als deutlich.

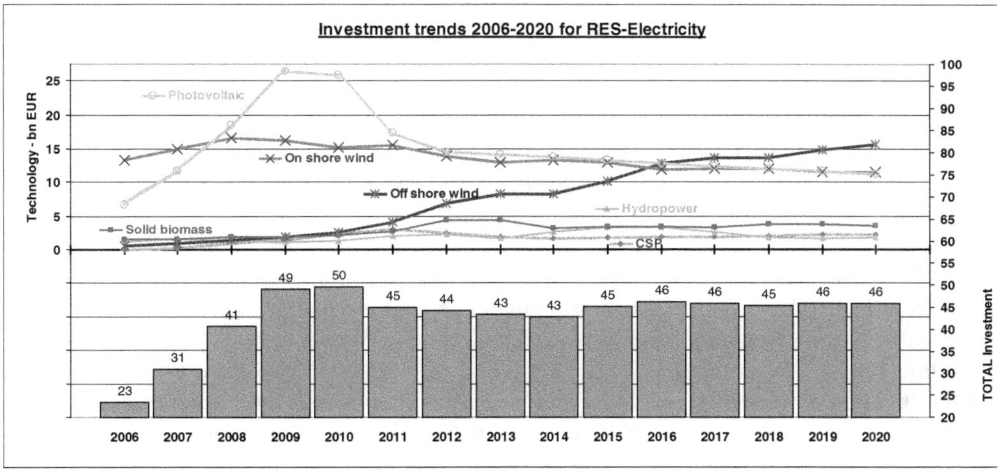

Abbildung 100: Nationale Aktionspläne für erneuerbare Energien/EIB

5.7.7.1 Herausforderungen und Förderansatz

Hinsichtlich der (kredit-) technischen, logistischen, rechtlichen und auch wirtschaftlichen Herausforderungen der Offshore-Windprojekte sei auf die anderen Beiträge in diesem Buch ver-

[1058] EWEA – The European Offshore-Windindustry Key 2011 trends and statistics, Januar 2012.

wiesen[1059]. Sie spielen zwar indirekt auch in der folgenden Betrachtung eine Rolle, jedoch soll der Schwerpunkt hier auf die Umstände gelegt werden, die in Summe zu einer „Finanzierungslücke" von Erneuerbaren Energieprojekten bzw. konkret von Offshore-Windprojekten führen. Zur Schließung derselben bedarf es der gemeinschaftlichen Mitwirkung der Industrie, der Politik und öffentlichen Hand sowie der Finanzwirtschaft, einschließlich des Beitrages der EIB.

Wie in Abbildung 101 dargestellt, ergibt sich die Finanzierungslücke (i) aus Kostennachteilen der neuen, noch nicht langfristig etablierten Erneuerbare-Energie-Technologien gegenüber konventionellen fossilen Kraftwerkstechnologien, (ii) einer zunehmenden Projektgröße insbesondere der Offshore-Windparks und (iii) der aktuellen Banken- und Schuldenkrise der öffentlichen Hand.

Abbildung 101: Finanzierungslücke bei Offshore-Projekten

Kostennachteile von Offshore-Wind: Die gewichteten durchschnittlichen Gestehungskosten von Offshore-Windprojekten (*Levelized Electricity Cost*) beliefen sich im Jahr 2011 zwischen 149 Euro und 204 Euro/MWh[1060]. Da sie damit deutlich über aktuellen Marktpreisen liegen, ist davon auszugehen, dass Offshore-Windprojekte noch länger auf öffentliche Einspeisevergütungssysteme angewiesen sein werden, um rentabel betrieben zu werden. Deutliche und schnelle Kostensenkungen sind notwendig, um diese Technologie dauerhaft wettbewerbsfähig zu machen. Eine schnelle Weiterentwicklung, Standardisierung und Industrialisierung der Technologie und der Prozesse wird dazu erforderlich sein, flankiert durch Forschungs- und Entwicklungsanstrengungen. Der Förderansatz der EIB zielt zum einen auf die nachhaltige langfristige Kostensenkung der Offshore-Windtechnologie und ihrer Infrastruktur, indem sie Forschungsprogramme (z.B. der Windturbinenhersteller), Errichterschiffe und Übertragungsnetze finanziert. Zu erwähnen ist hier auch die NER-300-Initiative der Europäischen Kommission und der EIB, das weltweit umfangreichste Finanzierungsprogramm u.a. für Demonstrationsprojekte im Bereich Erneuerbare Energien, einschließlich Offshore-Wind. Zum anderen zielt die EIB darauf ab, die Rentabilität der einzelnen Offshore-Windparks durch zinsvergünstigte langfristige Finanzierungsmittel zu verbessern.

1059 Eine Übersicht über die einzelnen Beiträge wird in Ziffer 2.1 gegeben.

1060 Vgl. Bloomberg H1 2012 Offshore-Wind Market Outlook, 31. Januar 2012.

Zunehmende Projektgröße: Die folgende Abbildung 102 zeigt den deutlichen Trend zu größeren Offshore-Windprojekten hinsichtlich installierter Leistung, was mit zwangsläufig steigenden Finanzierungserfordernissen pro Projekt einhergeht. Die Abbildung zeigt zugleich die überwiegend ansteigenden Finanzierungsbeiträge der EIB. Die EIB engagiert sich seit dem Jahr 2003 bei der Finanzierung von Offshore-Windprojekten, anfangs ausschließlich über Unternehmensfinanzierungen großer Energieversorger, seit 2009 aber zunehmend in Form von Projektfinanzierungen bzw. Mischformen von Unternehmens- und Projektfinanzierungen. Insgesamt hat die EIB seit 2003 ein Kreditvolumen von ca. 3,5 Mrd. Euro zur Finanzierung von Offshore-Windprojekten ausgereicht bzw. fest zugesagt.

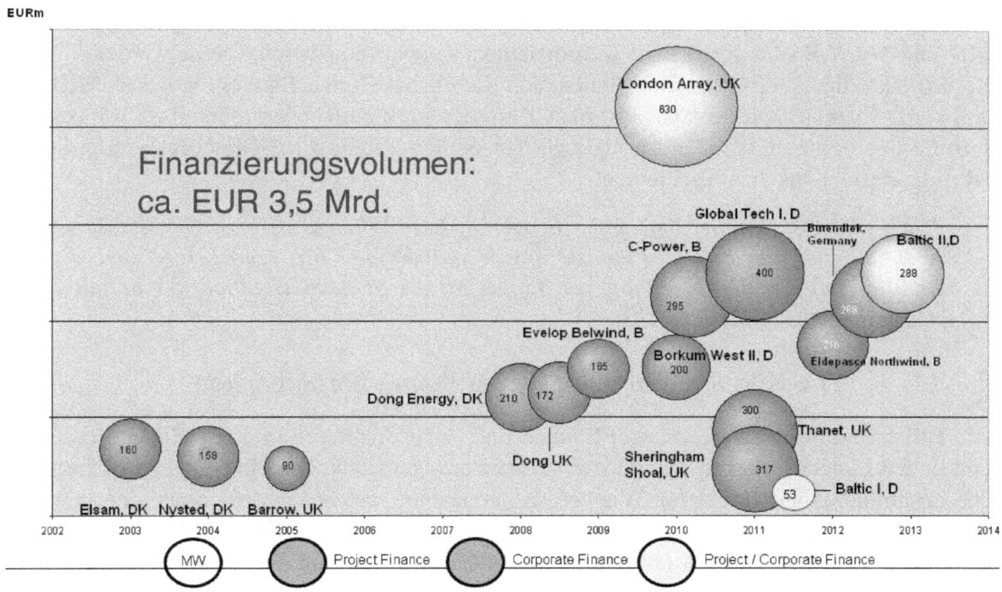

Abbildung 102: Abgeschlossene und genehmigte Offshore-Parks mit EIB-Beteiligung

Banken- und Schuldenkrise: Ohne zu sehr in Details zu gehen: die Auswirkungen der Banken- und Schuldenkrise für den Sektor sind gravierend:

1. regulatorische Risiken sind gestiegen,
2. die Anzahl potenzieller Banken hat abgenommen,
3. es gibt nominal deutlich geringere „Tickets“ der Banken, d.h. es stehen geringere Kreditbeträge pro Projekt pro Bank zur Verfügung, dadurch sind numerisch großer Bankenkonsortien erforderlich,
4. das wiederum ist gepaart mit dem Ansatz „Club Deals“ statt „Underwritings“, d.h. jede Bank verhandelt mit, einen Syndizierungsmarkt gibt es faktisch nicht und
5. die Margenerwartungen sind gestiegen, etc.

Die direkten Auswirkungen der Finanzkrise lassen sich besonders anschaulich am Beispiel des Projektes BORKUM WEST II der Trianel-Stadtwerke-Gruppe verdeutlichen. TRIANEL sprach den Bankenmarkt und die EIB erstmals Anfang 2008 auf das 400 MW-Projekt in der Nordsee an. Im Zuge der sich verschärfenden Bankenkrise nach dem Zusammenbruch von LEHMAN BROTHERS im September 2008, der u.a. einen Zusammenbruch des Syndizierungsmarktes und den Rückzug bedeutender globaler Projektfinanzierungsbanken aus diesem Geschäft nach sich zog, teilte Trianel das Projekt in zwei Ausbaustufen von jeweils 200 MW, um die Finanzierung zumindest der ersten Ausbaustufe sichern zu können.[1061] Die Finanzierungsverträge für die erste Projektausbaustufe wurden schließlich im Jahr 2010 zwischen Trianel und einem Konsortium von elf Banken, einschließlich EIB, abgeschlossen.

Die Investitionssumme für den ersten Bauabschnitt beträgt über 700 Mio. Euro. Die Finanzierung des Vorhabens umfasst Darlehen in Höhe von insgesamt 550 Mio. Euro. Das Finanzierungsvolumen beinhaltet langfristige Kredite von insgesamt 470 Mio. Euro, die von der EIB und NRW.BANK durch eine weitreichende Kooperation bereitgestellt werden.[1062] Das Kreditrisiko dieser 470 Mio. Euro teilen sich die elf beteiligten Banken, wobei die EIB mit einer EIB-Risikotranche von ca. 100 Mio. Euro den größten Konsortialanteil im Bankenkonsortium übernommen hat. Der zusätzliche Nutzen, den die EIB bei Offshore-Windprojekten erbringt, besteht aus zwei Elementen.

> *„Nach Einschätzung der befragten, in der Offshore-Windindustrie tätigen Banken ist die Beteiligung der EIB an Finanzierungen unabdingbar für ihren Erfolg, und zwar mit Blick auf die Bereitstellung von Liquidität als auch hinsichtlich der anteiligen Übernahme des Baurisikos.“*[1063]

5.7.7.2 Die Kooperation mit Geschäfts- und Förderbanken

Die EIB hat mit einer Vielzahl von Banken und Finanzinstituten in den EU-Mitgliedstaaten und in den Ländern, für die die Bank ein Finanzierungsmandat hat, eine enge partnerschaftliche Zusammenarbeit aufgebaut. Wie bereits dargestellt, besteht die Zusammenarbeit im konkreten Förderkreditgeschäft überwiegend aus Co-Finanzierungen und „durchgeleiteten“ EIB-Darlehen, bei denen Banken als Intermediär zwischen EIB und Endkreditnehmer auftreten (siehe dazu Ziffer 5.7.7.3). Per 31.12.2011 hatte die EIB Darlehen in Höhe von ca. 134 Mrd. Euro an Banken und Finanzinstitute (ca. 28 % der EIB-Bilanzsumme) sowie 250 Mrd. Euro an andere Schuldner (ca. 52 %)[1064] ausgereicht.

Bei strukturierten Finanzierungen dürfte die konkrete Zusammenarbeit zwischen EIB, nationalen und anderen internationalen Förderbanken sowie privaten Geschäftsbanken ihre intensivste Ausgestaltung finden, wenn gemeinsam an spezifischen Projektlösungen gearbeitet wird. Aufgrund ihrer zumeist prominenten Stellung nimmt die EIB eine aktive Rolle bei der Strukturierung einer Projektfinanzierung ein. In der Praxis bedeutet dies, dass sich die EIB in dieser Phase eng mit Arrangerbanken und dem Projektträger austauscht und an Vertragsverhandlungen teilnimmt, ohne selbst den Status eines Arrangers zu beanspruchen. Zu anderen Förderbanken, beispielhaft seien im Zusammenhang mit dem Thema nur die BREMER AUFBAUBANK oder die INVESTITIONSBANK SCHLESWIG-HOLSTEIN genannt, pflegt die EIB weit-

[1061] Vgl. Handelsblatt „Banken verzögern die Energiewende durch maue Kreditvergabe“, 05.01.2012.

[1062] Vgl. Trianel GmbH, Pressemitteilung v. 21.12.2010, „Weg zum Trianel Offshore-Windpark Borkum ist frei“.

[1063] Vgl. Offshore-Windparks in Europa – Marktstudie 2010 der KPMG, S. 61.

[1064] Vgl. EIB-Geschäftsbericht 2011.

reichende Kooperationen (z.B. der Marguerite Fonds). In der praktischen Umsetzung können Mittel aus entsprechenden Förderprogrammen und EIB-Mittel kombiniert werden, wie z.B. beim Offshore-Windprojekt GLOBAL TECH I geschehen, als erstmalig Mittel des KfW-Offshore-Windprogramms genutzt werden konnten[1065].

Ein umfassendes und verbindliches Finanzierungsangebot (*Term Sheet*) lässt sich aber nur gemeinsam mit der oder den vom Projektträger mandatierten Arrangerbank(en) erarbeiten. Vorab bietet es sich an, die grundsätzliche Förderwürdigkeit eines Projektes bilateral zwischen Projektträger und der EIB zu klären und gegebenenfalls EIB-Spezifika oder Eckwerte einer Finanzierungsstruktur zu besprechen.

Die EIB reglementiert die Finanzierungskonditionen der kommerziellen Finanzierungspartner nicht. D.h. die Geschäftsbanken, die bei indirekten Finanzierungen die EIB-Mittel „durchreichen" oder die bei direkten Finanzierungen parallel zur EIB Kredite ausreichen, sind frei in ihrer Preis- und Margengestaltung. Die EIB achtet allerdings darauf, dass ein EIB-Finanzierungsvorteil auch beim Projekt ankommt.

5.7.7.3 Typische Finanzierungsstrukturen und EIB-Spezifika

Wie bereits in Abbildung 102 dargestellt, hat sich die EIB im Offshore-Windsektor anfangs über Unternehmenskredite engagiert, um sich seit 2009 zunehmend über Projektfinanzierungen oder Mischformen beider Finanzierungsarten einzubringen. In diesem Kapitel sollen insbesondere die typischen Projektfinanzierungsstrukturen dargestellt werden, die mit der Einbindung der EIB einhergehen.

In der folgenden Abbildung 103 ist eine indirekte Beteiligung der EIB an einer Finanzierung dargestellt, bei der die EIB ausschließlich langfristige Refinanzierungsmittel bereitstellt. Diese Struktur, auch als „Hausbanken-Konzept" bezeichnet, ist bisher vor allem bei konventionellen Energie- und z.B. Photovoltaik-Projekten umgesetzt worden, wo eine Risikobeteiligung der EIB nicht erforderlich erschien. Die langfristigen Kreditmittel der EIB werden über Finanzintermediäre/Geschäftsbanken an die Projektzweckgesellschaft („*Special Purpose Vehicle/SPV*"), den Endbegünstigten „durchgeleitet". Ein direktes Kreditvertragsverhältnis zwischen dem Endkreditnehmer und der EIB wird nicht begründet; Kreditnehmer der EIB werden die an der Konsortialfinanzierung beteiligten Geschäftsbanken, die bilateral Refinanzierungsverträge mit der EIB abschließen. Zwischen der EIB und dem Projekt/Endbegünstigten wird ein sogenannter **Projektdurchführungsvertrag** (*„Project Implementation Agreement"*) abgeschlossen. Dieser Vertrag hat in der Regel einen Umfang von wenigen Seiten; ist im Vergleich zum üblichen Dokumentationsumfang von Projektfinanzierungen also relativ kurz. Er enthält im Wesentlichen die „Technische Beschreibung" des Projektes (siehe dazu Ziffer 5.7.5), die Definition der förderwürdigen EIB-Projektkosten und EIB-relevante Auflagen und -bedingungen, wie z.B. Umwelt- oder Auftragsvergabebestimmungen. Der Konsortialkreditvertrag der Konsortialbanken enthält die Auflage an die Banken, einen entstehenden Finanzierungsvorteil aus der EIB-Refinanzierung an den Endkreditnehmer weiterzuleiten.

[1065] Siehe hierzu den Beitrag von CARLOS CHRISTIAN SOBOTTA in Kapitel 5.6.

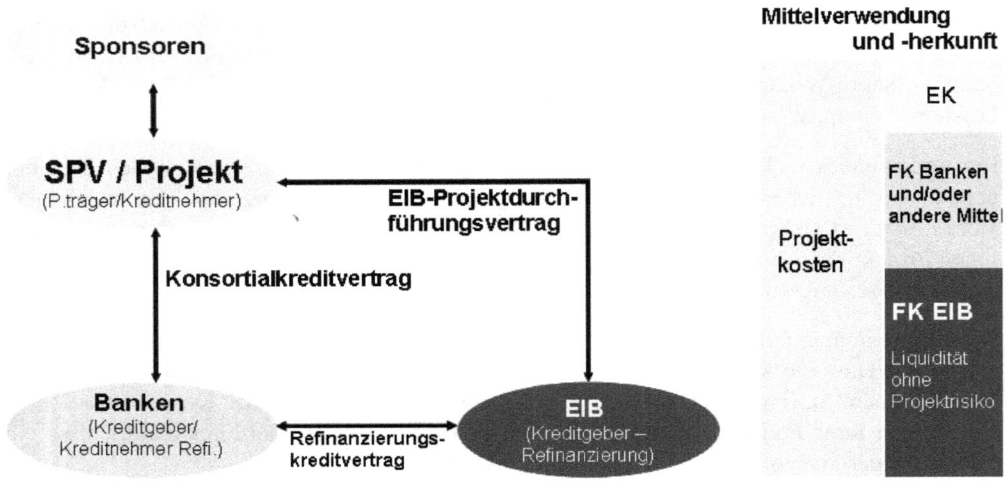

Abbildung 103: Durchgeleitete Finanzierung[1066]

In der folgenden Abbildung 104 ist alternativ eine direkte Beteiligung der EIB im Sinne eines direkten Kreditvertragsverhältnisses zwischen EIB und dem Projekt dargestellt. Diese Struktur ist z.B. bei den Offshore-Wind-Finanzierungen in Deutschland BORKUM WEST II und GLOBAL TECH I umgesetzt worden.

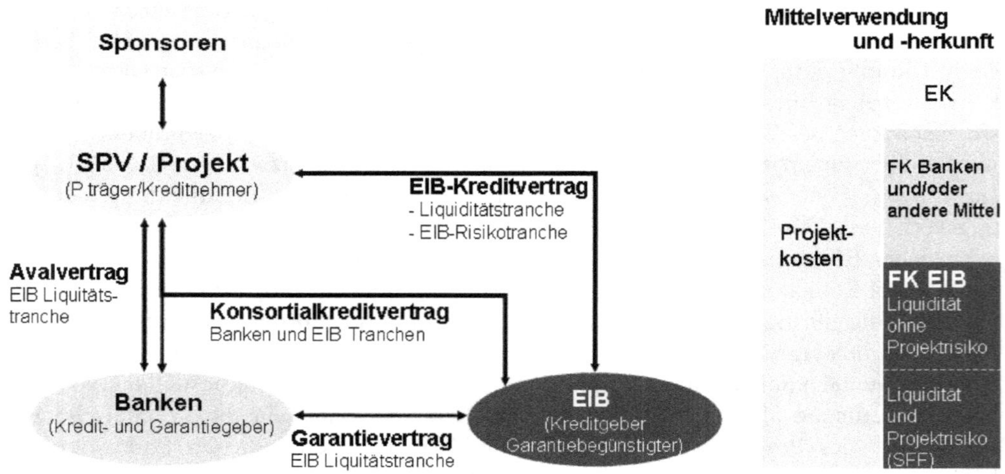

Abbildung 104: Direkte EIB-Projektrisikobeteiligung[1067]

[1066] Projektfinanzierung durch ein Bankenkonsortium und EIB indirekt ohne EIB-Projektrisikobeteiligung.

[1067] Co-Finanzierung: Projektfinanzierung durch ein Bankenkonsortium und EIB direkt mit EIB-Projektrisikobeteiligung.

Diese direkte Vertragsstruktur wird insbesondere bei Projekten gewählt, bei denen sich die EIB nicht nur mit der Bereitstellung von langfristiger Liquidität („EIB-Liquiditätstranche"), sondern auch mit einer Beteiligung am Projektrisiko beteiligt („EIB-Risikotranche"). Die EIB wird hier Vertragspartei des Konsortialkreditvertrages („Common Terms Agreement"), und ergänzend wird ein eigener EIB-Kreditvertrag mit dem Projekt abgeschlossen, der mit dem Konsortialvertrag rechtlich verknüpft ist. Dieser enthält neben den „Projekt"-bezogenen Klauseln, die in dem o.a. Projektdurchführungsvertrag enthalten sind, einige bank-technische Klauseln, sofern EIB-interne Prozesse oder Sachverhalte von denen der Konsortialbanken abweichen (z.B. EIB-Zinssatz, Gebühren, Regelungen zur Auszahlung des Darlehens, vorzeitige Rückzahlung des Darlehens).

Mittels Garantievertrag, der zwischen den Konsortialbanken, die gegenüber der EIB als Garanten auftreten, und der EIB abgeschlossen wird, übernehmen die Konsortialbanken die Projektrisiken unter der EIB-Liquiditätstranche und garantieren entsprechend die Zins- und Tilgungsraten dieser Tranche. Risikotechnisch ersetzt die EIB somit das Kreditrisiko des Projektes durch das Ausfallrisiko der garantiegebenden Bank. Dabei akzeptiert die EIB nur Institute als Garanten, die gewisse Mindestanforderungen erfüllen, z.B. über Ratings auf höheren Ratingstufen verfügen. Um zudem die qualitative Nachhaltigkeit dieses Risikotransfers zu gewährleisten, knüpft die EIB Rechtsfolgen an Ratingverschlechterungen der Garanten. Solche Rechtsfolgen sehen beispielsweise eine Nachbesicherung durch den Garanten oder den Austausch desselben vor. Zugleich folgen die in der Praxis umgesetzten vertraglichen Konstruktionen dem Ansatz, Projekt-fremde Risiken, wie die Bonitätsverschlechterung einer Bank, vom Projekt fern zu halten[1068]. Die Geschäftsgrundlage des Garantievertrages ist ein Avalvertrag, der zwischen dem Projektträger und den garantierenden Konsortialbanken abgeschlossen wird.

Diese Struktur in Abbildung 105, die im Wesentlichen bei dem Offshore-Windprojekt BELWIND in Belgien angewendet wurde, ist eine Abwandlung der zuvor dargestellten Schemata. Statt der Geschäftsbanken garantiert ein Exportkreditversicherer (z.B. der EKSPORT KREDIT FONDEN aus Dänemark) eine Investitionsfazilität, hier in Form der EIB-Liquiditätstranche. Der Exportkreditversicherer muss aber nicht zwangsläufig als Garant für die EIB eingebunden werden. Alternativ garantiert beim Offshore-Windprojekt C-POWER II in Belgien die EULER HERMES DEUTSCHLAND AG als Mandatar des Bundes eine Investitionsfazilität, die von den Geschäftsbanken bereitgestellt wird.

Welche dieser alternativen Ausgestaltungsformen Anwendung findet, ist Projekt-abhängig und zwischen den involvierten Projektparteien zu diskutieren. Im Falle einer EIB-Risikobeteiligung spricht vieles für die direkte Variante. Gleiches gilt, wenn Projekte und ihre Finanzierungsvolumina sehr groß sind und sich dementsprechend die Bankkonsortien aus vielen Geschäftsbanken zusammensetzen. Erfahrungsgemäß ist es leichter und schneller möglich, einen einheitlichen, standardisierten Garantievertrag zu verhandeln, als mit jedem einzelnen Konsorten bilaterale Refinanzierungsverträge abzuschließen. Die indirekte Variante, d.h. die ausschließliche Refinanzierung von Geschäftsbanken, wurde in der Vergangenheit vor allem dann gewählt, wenn die EIB spät in die Strukturierung der Finanzierung eingebunden wurde und die Entwicklung des Projektes oder der Finanzierungsverträge zwischen dem Projektträ-

[1068] Vgl. dazu M. O. Kersting, „Die Projektfinanzierung eines Offshore-Windparks", Zeitschrift für Bank und Kapitalmarktrecht, Sonderdruck Heft 2/2011.

ger und den arrangierenden Banken bereits weit fortgeschritten war. In solch einem Fall erfolgten der „kommerzielle“ Kreditvertragsabschluss und oft auch der Baubeginn des Projektes, bevor die EIB-Dokumentation unterschrieben wurde.

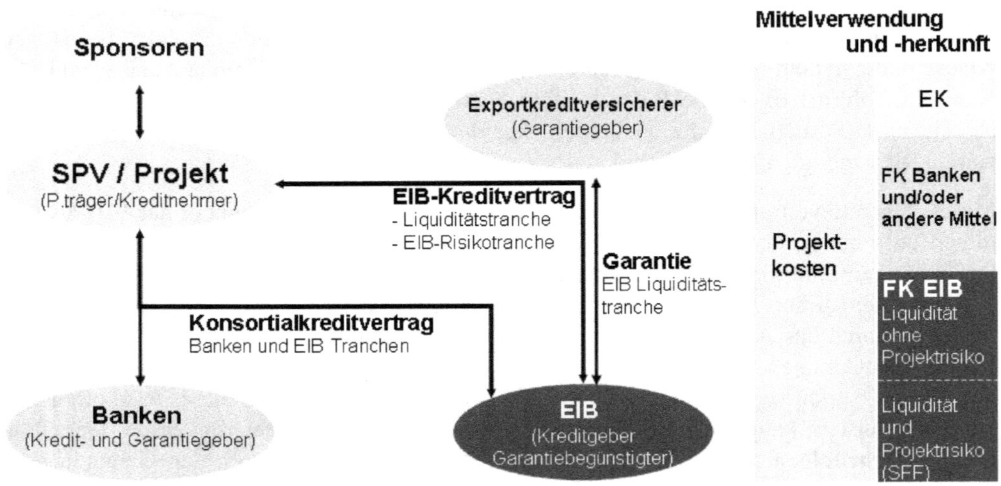

Abbildung 105: EIB-Projektrisikobeteiligung im Rahmen einer Co-Finanzierung

5.7.8 Diskussion und Würdigung in eigener Sache

In diesem letzten Kapitel sollen die Rolle der EIB, ihre Besonderheiten und entsprechende Auswirkungen auf die Praxis am Beispiel von Offshore-Windfinanzierungen anhand dreier exemplarischer Aussagen diskutiert werden. Die eine oder andere wird der interessierte Leser so oder ähnlich der Fachpresse entnehmen können.

„Die EIB ist konservativ und risikoavers“.

Das Magazin CAPITAL bezeichnete die EIB im Jahr 2009 als „Europas langweiligste Bank“, primär aufgrund ihres einfachen Geschäftsansatzes mit Fokus auf das Förderkreditgeschäft. „Sie ist das Musterexemplar eines öffentlichen Instituts, das den Steuerzahler [...] nicht Milliarden kostet, sondern einbringt.“[1069] In der nunmehr mehrere Jahre andauernden weltweiten Bankenkrise sei es dem Leser überlassen, sich der Meinung des Verfassers anzuschließen und diese Bezeichnung als Kompliment zu betrachten oder eine andere Meinung zu vertreten. Die EIB hat ihre Ursprünge in der Finanzierung öffentlicher Infrastrukturprojekte und hier hat sie ihre Expertise und Stärken entwickelt. Vor dem Hintergrund dieser Historie ist eine konservative Grundhaltung im Geschäft der Bank nicht zu verneinen. Aber wie äußert sich eine solche Haltung z.B. bei der Finanzierung von Offshore-Windprojekten? Kann eine Bank gar als risikoavers bezeichnet werden, wenn sie mehr als 3,5 Mrd. Euro Offshore-Wind-Kreditrisiken in ihre Bücher genommen hat und davon ungefähr eine Milliarde Euro mit vollem Projektrisiko?

[1069] Capital, 12.03.2012, Europas langweiligste Bank.

Abbildung 102 und die folgende Abbildung 106 geben einen Überblick über die Grundstrukturen der Offshore-Wind-Projektfinanzierungen von 2006 bis 2011.[1070]

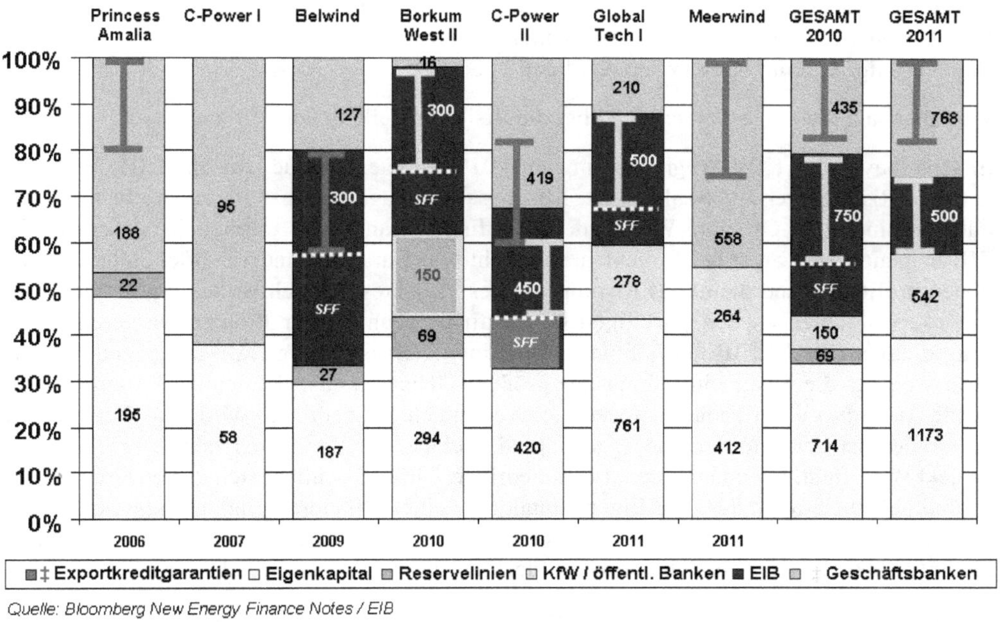

Abbildung 106: Grundstrukturen von Offshore-Wind-Projektfinanzierungen 2006–2011

Diese ersten beiden Projekte, die durch Projektfinanzierungen finanziert wurden, waren die Projekte PRINCESS AMALIA (ehemals Q7) in den Niederlanden (2006) und C-POWER PHASE 1, in Belgien (2007). Beide Projekte sind mit einer installierten Kapazität von 40 MW bzw. 30 MW noch verhältnismäßig klein gewesen und ihre Finanzierungen sind ausschließlich von niederländischen und belgischen Geschäftsbanken strukturiert und bereitgestellt worden. PRINCESS AMALIA profitiert von staatlichen Exportkreditgarantien des Dänischen Exportkreditversicherers EXPORT KREDIT FONDEN. Die EIB war bei diesen beiden Projekten nicht involviert, wie auch aus der zweijährigen Lücke in der Kette EIB-finanzierter Projekte in Abbildung 106 deutlich wird. Nach drei unternehmensfinanzierten Projekten in den Jahren 2003 bis 2005, die über eine installierte Kapazität zwischen 90 und 160 MW verfügen, beteiligte sich die EIB im Jahr 2009 erstmalig wieder an einer Projektfinanzierung bei dem 165 MW-Projekt BELWIND in Belgien. In 2010 folgten die beiden Projekte BORKUM-WEST II und C-POWER II und in 2011 GLOBAL TECH I. Bei allen vieren handelt es sich um verhältnismäßig große Projekte, für die die EIB jeweils signifikante Kreditbeträge, sowohl in Form von Risiko- (SFF) als auch Liquiditätstranchen bereitgestellt hat. Das Projektrisiko der Liquiditätstranchen ist dabei entweder durch Geschäftsbanken oder alternativ durch Exportkreditversicherer garantiert (siehe dazu auch Abbildung 104).

1070 Vgl. Bloomberg H1 2012 Offshore-Wind Market Outlook, 31. Januar 2012.

Aus dem Vergleich der aufgeführten Projekte wird deutlich, dass große Offshore-Windprojekte die öffentlichen Institutionen, sei es die EIB, die KfW oder die nationalen Exportkreditversicherer brauchen, um die Gesamtfinanzierung sicherzustellen. Die Bedeutung öffentlicher Banken und staatlicher Exportkreditversicherer steigt also mit zunehmender Projektgröße. Für die Projekte in Deutschland ist hier insbesondere das fünf Mrd. Euro Offshore-Windprogramm der KfW zu würdigen[1071].

Was aber sagt die obige Darstellung über die Risikoeinstellung der EIB aus?

Erstens, bevor das KfW-Programm im Jahr 2011 aufgelegt wurde, war die EIB der größte einzelne Risikoträger auf Bankenseite. Mit diesem Engagement hat sie andere Institutionen mitgenommen und Offshore-Wind auf Projektfinanzierungsbasis ermöglicht. Zweitens, die EIB engagiert sich auch bei Projekten, die nicht von Garantien anderer öffentlicher Institutionen profitieren und damit das Risikoprofil des Projektes deutlich verbessern. Drittens, die Eigenkapitalquoten an den jeweiligen Gesamtfinanzierungen der Projekte variieren, unabhängig davon, ob die EIB in die Finanzierung involviert ist oder nicht. Maßgebend ist demnach weniger die Risikoeinstellung der größten Gläubiger als vielmehr das zugrunde liegende Risikoprofil der Projekte. Oder stark vereinfacht ausgedrückt: wird neue Technologie verwendet, ist der erforderliche Eigenkapitalzuschuss der Sponsoren höher, profitiert das Projekt von öffentlichen Garantien, ist er niedriger. Die EIB schließt sich diesen Grundsätzen an und hebelt sie nicht aus. Die Eigenkapitalquote eines Offshore-Windprojektes sollte nach Ansicht der EIB und gängiger Praxis so bemessen sein, dass u.a. in einem p99-Wahrscheinlichkeitsszenario ein Schuldendienstdeckungsgrad von eins erreicht wird.

Was die weiteren Finanzierungskonditionen angeht, gilt grundsätzlich, dass sich die EIB in die Bankenkonsortien einreiht und keine Sonderrolle bei Projektfinanzierungen beansprucht. Beispielsweise sind die Rückzahlungsprofile der einzelnen Finanzierungstranchen gleich. Auch bei den Sicherheiten der Projekte gilt der sogenannte „pari passu“-Ansatz zwischen Geschäftsbanken und EIB. An die Ausgestaltung der Lieferverträge stellt die EIB im Grundsatz die gleichen Anforderungen wie private Banken.

Ein weiterer Diskussionspunkt könnten die Mindestanforderungen (insbesondere Mindestratings) sein, die die EIB an Garantiegeber stellt, nebst vertraglicher „Heilungsmechanismen“, falls diese nicht mehr erfüllt werden (siehe Ziffer 5.7.7.3). Das Grundgeschäft ist einfach: Ein relativ „riskantes“ Projekt erhält viel zinsvergünstigte langfristige Liquidität von der EIB unter der Voraussetzung, dass das damit verbundene Kreditrisiko gut ist und auch langfristig gut bleibt. Große Kreditvolumina kann auch die EIB langfristig nur an erstklassige Adressen mit geringem Ausfallrisiko verleihen. Erhöht sich das Ausfall- bzw. Kreditrisiko, ist diesbezüglich nachzubessern, sonst geht die Gleichung nicht mehr auf – und zwar langfristig nicht für die EIB. Denn die EIB ist auch geratet und die Qualität des EIB-Portfolios ist ein entscheidendes Kriterium in der Bonitätseinschätzung der Ratingagenturen. Wie bereits dargestellt, hat die EIB gemeinsam mit ihren Geschäftspartnern Strukturen entwickelt, um Projektfremde Risiken, wie Ratingverschlechterungen von Garanten, von Projekten fernzuhalten. Damit sind zwar i.d.R. höhere Kosten verbunden, aber solange diese den Finanzierungsvorteil nicht aufzehren, bleibt ein positiver Renditebeitrag.

1071 Siehe hierzu Kapitel 5.6.

Das Beispiel Offshore-Wind zeigt, dass sich anspruchsvolle Projekte, Renditeerwartungen der Sponsoren und mehr oder minder konservative EIB-Geschäftsprinzipien vereinen lassen. Langweilig geht anders.

„Dies ist eine Standardklausel der EIB"

Vermutlich wird jeder Projektträger in Kreditvertragsverhandlung mit der EIB früher oder später obige Aussage der EIB hören. Möglicherweise wird er diesen kurzen Satz auch von Banken oder Rechtsanwälten vernehmen, mit denen er eine Finanzierung bespricht, die später eine EIB-Tranche enthalten soll. Es ist nicht auszuschließen, dass das Thema „Standardklausel der EIB" öfter in Gesprächen ohne EIB-Beteiligung als mit Beteiligung der EIB angesprochen wird. Wie dem auch sei, Unklarheiten, was sogenannte EIB-Standards sind und was nicht, sind aber verständlich, da auch die EIB von Zeit zu Zeit ihre Musterverträge aktualisiert.

Jedenfalls hätte die Überschrift dieses Abschnitts alternativ auch lauten können: „Die EIB ist unflexibel". Und ja, für einige Punkte stimmt das, für andere nicht. Förderbanken wie die EIB sind keine Geschäftsbanken und sie haben einen politischen Auftrag, der u.a. in ihren Statuten festgeschrieben ist. Daraus ergeben sich Rahmenbedingungen, die bei bestimmten Sachverhalten keine Flexibilität zulassen und somit auch Standards für das operative Geschäft setzen.

Beispiele für solche Standards, die direkt aus den Statuten der EIB abgeleitet sind, sind die bereits beschriebene 50 %-Klausel oder die Klauseln zur Auftragsvergabe und zu Umweltaspekten. Im Kontext von Projektfinanzierungen kann sich die EIB bei diesen Klauseln keinem Mehrheitsentscheid der beteiligten Konsortialbanken unterwerfen. In einem rein hypothetischen Fall wird ein Projekt deutlich günstiger fertig gestellt als geplant, sodass sich ein EIB-Finanzierungsanteil von 53 % ergibt. Der Projektträger stellt den Antrag an das Konsortium, auf eine vorzeitige Rückzahlung der 3 % zu verzichten. Ein solcher Antrag kann nicht ohne die Zustimmung der EIB verabschiedet werden. Sie wird deshalb schon bei den Vertragsverhandlungen sicherstellen, dass für einen Änderungsbeschluss zu Aspekten, die EIB-Statuten betreffen, immer die Zustimmung der EIB erforderlich ist, um wirksam zu werden.

Andererseits steht nicht der gesamte Mustervertrag in den EIB-Statuten festgeschrieben. Es gibt auch EIB-Standards, die im operativen Geschäft der EIB (z.B. in der Art, wie sich die EIB refinanziert oder wie sie ihre Darlehen auszahlt) oder ihrem Risikomanagement begründet liegen (z.B. Mindestratings für Garanten). Hier etabliert die EIB operative Standards, um als weltweit größtes Förderinstitut einen reibungslosen Geschäftsbetrieb sicherzustellen bzw. die Qualität ihres Kreditportfolios zu erhalten bzw. zu steuern. Letzteres hat im Zuge der Banken- und Schuldenkrise zwangsläufig stark an Bedeutung gewonnen. Vor diesem Hintergrund stoßen die Bonitätsanforderungen der EIB an Konsortialbanken selbstverständlich nicht überall auf Gegenliebe. Zum Nachteil des Projektes sind sie aber gewiss nicht; je niedriger das gesamte Risikoprofil des Projektes, desto niedriger die Risikokosten der EIB, desto niedriger die Eigenkapitalerfordernisse des Projektes.

Ungeachtet diverser EIB-Standards sollte aber nicht vergessen werden, dass die Finanzierungen der EIB individuell auf die Projekterfordernisse zugeschnitten werden. Die EIB-Finanzierungen können z.B. mit Förderprogrammen der KfW oder anderer nationaler Förderinstitute kombiniert werden (wie bei den Projekten BORKUM WEST II und GLOBAL TECH I geschehen). Bei Großprojekten besteht somit kein Erfordernis, sie in viele kleine, juristisch eigenständige Wirtschaftseinheiten zu teilen, weil ein Förderprogramm nur von entsprechend kleinen Wirtschaftseinheiten in Anspruch genommen werden kann.

Der Projektträger möge Nachsicht walten lassen und sich Folgendes vergegenwärtigen: Die EIB gibt es seit mehr als einem halben Jahrhundert. Sie praktiziert mit ihren Standards seit vielen Jahren, was sich die Offshore-Windindustrie in den künftigen Jahren zum Ziel gesetzt hat: sie senkt Kosten bzw. hält sie niedrig mit dem Ziel, Finanzierungsvorteile zu erwirtschaften und diese an die Projekte weiterzureichen.

„Die EIB verlängert den Finanzierungsprozess."

Vor dem Hintergrund der öffentlichen Trägerschaft der EIB sollte es nicht verwundern, dass die EIB sicherstellen will, dass die Projekte, die sie finanziert, solide sind und im Einklang mit geltendem nationalen und EU-Recht stehen. Damit sei nicht gesagt, dass private Geschäftsbanken mit diesen Themen laxer umgehen. Jedoch steht die EIB als „politische Bank" im besonderen öffentlichen Interesse. Diesem Interesse begegnet sie mit ihrem zum Teil besonderen Projektzyklus und mit Transparenz.

Die Prüfung der Auftragsvergabepraxis eines Projektträgers oder der Umweltaspekte eines Projektes gehören zu den Besonderheiten im Prozess der Projektprüfung durch die EIB. Zeitkritisch müssen diese Besonderheiten aber nicht sein, vor allem wenn sie ohnehin gängige Praxis für die „betroffenen" Projektträger ist. Dass der Projektträger zudem etwaigen Auflagen der Genehmigungsbehörden nachkommt, wie z.B. die Begrenzung der zulässigen Schallemissionen bei Rammarbeiten für Offshore-Fundamente, erwartet die EIB gleichermaßen wie die privaten Geschäftsbanken.

Die EIB hat, wie in Ziffer 5.7.5 dargestellt, möglicherweise einen längeren Kreditgenehmigungsprozess als Geschäftsbanken. Dieser ist bedingt durch die Sitzungsintervalle des EIB-Verwaltungsrates, der sich i.d.R. ca. alle sechs Wochen zusammenfindet, um u.a. über Kreditanträge zu entscheiden. Diese Taktung kann in der Tat den Finanzierungsprozess verzögern, sofern z.B. Abgabefristen für den Kreditantrag nicht eingehalten werden konnten und das Projekt erst in der folgenden Sitzung zur Entscheidung vorgelegt werden kann. Andererseits hat eine Taktung, die allen Projektbeteiligten bekannt ist, auch den Vorteil, dass zeitliche Vorgaben und Absprachen verbindlich werden. Sie hat, nennen wir es, eine disziplinierende Wirkung, insbesondere dann, wenn Projekte komplex (d.h. viele Parteien, z.B. Banken involviert sind), ihre Umsetzung zeitsensibel ist (Stichwort „Wetterfenster") und sie groß sind, d.h. die EIB eine prominente Rolle in der Finanzierung übernimmt.

Das Projekt GLOBAL TECH I ist dafür ein Beispiel. Der von den Sponsoren für den Financial Close vorgesehene und für seine Liquiditätsplanung wichtige Termin konnte insbesondere deswegen gehalten werden, weil die EIB die Verbindlichkeit von abgesprochenen Terminvorgaben einforderte und damit die Arrangerbanken in einem aufwendigen Syndizierungsprozess unterstützte. Ein weiteres Beispiel ist das Projekt C-POWER II in Belgien. C-POWER II hat mehrfach öffentlich betont, dass die komplexe Projektfinanzierung mit Beteiligung der EIB, dem Kreditversicherer Euler-Hermes und einem Bankenkonsortium von sieben Geschäftsbanken von Beginn der ersten Term Sheet-Verhandlungen bis hin zum Kreditvertragsabschluss in neun Monaten bewerkstelligt werden konnte.

In der Praxis der bisherigen Offshore-Wind-Projektfinanzierungen hat sich gezeigt, dass Art und Dauer des EIB-Prüfungs- und Genehmigungsverfahrens keine oder nur geringe negative Auswirkungen auf die zeitliche Projektentwicklung haben müssen. Entscheidend sind eine frühzeitige Ansprache der EIB und ein gutes Projektmanagement der Beteiligten.

5.7.9 Fazit und Ausblick

„Wir sind nicht die Lösung des Problems, wir sind ein Teil der Problemlösung." Mit diesen Worten schließt WERNER HOYER das besagte Interview mit dem Deutschlandfunk. Allerdings ging es in dem Interview nicht um Offshore-Wind, sondern primär um die Rolle der EIB in der aktuellen Europäischen Schuldenkrise.[1072]

Die Herausforderungen der Schuldenkrise in Europa und der Offshore-Windindustrie sind nicht vergleichbar. Aber in der Bewältigung beider spielt die EIB eine Rolle, die darin besteht, einen Beitrag im Interesse Europas zu leisten. Wir sind ein kleiner Teil der Lösung. Den bereits erwähnten immensen Investitionsbedarf der Erneuerbaren Energien wird die EIB nicht decken können. Aber sie kann katalysieren, z.B. mit Förderdarlehen oder über Fondsbeteiligungen. Vielleicht auch mit der neuen *Project Bond-Initiative*, die zum Ziel hat, große Infrastrukturmaßnahmen über die Kapitalmärkte zu finanzieren. Daran wird gearbeitet. Möglicherweise lassen sich die entwickelten Instrumente eines Tages auch für Offshore-Windprojekte nutzen. Ist das Standard?

„Wenn's mal was länger dauert ... EIB" – es kann an der EIB liegen, aber nicht zwangsläufig. Die EIB kann langfristig, manchmal langsam, nicht unbedingt langweilig sein. Sie kann standardisieren und weiterentwickeln – im Rahmen ihrer Möglichkeiten. Sie will vergünstigen, verbessern, fördern – entsprechend ihrem Auftrag. Die EIB arbeitet daran, dass eines Tages, hoffentlich im Jahr 2020, viele Gigawatt Offshore-Windkapazitäten in Europäischen Meeren installiert sein werden.

[1072] Deutschlandfunk, Interview der Woche, 3. Juni 2012.

5.8 Möglichkeiten der Einbindung von Exportkreditversicherungen

KAI-HENNING KIEHN

5.8.1 Einleitung

Im Juni 2011 hat die Bundesregierung mit dem Beschluss zum schrittweisen Ausstieg aus der Kernenergie den Anstoß für eine fundamentale Neuausrichtung der deutschen Energiepolitik gegeben. Zweifelsohne sind die Herausforderungen der Energiewende enorm, und im gesellschaftspolitischen Diskurs wurde berechtigterweise darauf hingewiesen, dass wesentliche Grundfragen, wie etwa die Aufrechterhaltung der Versorgungssicherheit oder eine sozialverträgliche Verteilung der Kosten von der Politik noch zu beantworten sind. Sollten diese Herausforderungen der Energiewende jedoch erfolgreich gemeistert werden, würde nicht nur ein bedeutsamer Beitrag für die Zukunftsfähigkeit Deutschlands geleistet, sondern auch international dem Einsatz von Erneuerbaren Energien zusätzliche Schubkraft gegeben.

Bereits heutzutage sichert nach einer Schätzung des Bundesministeriums für Umwelt, Naturschutz und Reaktorsicherheit der Sektor Erneuerbare Energien in Deutschland rd. 380 Tausend Arbeitsplätze. Das renommierte DEUTSCHE INSTITUT FÜR WIRTSCHAFT (DIW) hält es sogar für realistisch, dass allein in Deutschland in diesem Sektor langfristig bis zu einer Million neuer Arbeitsplätze entstehen können. Das Investitionsumfeld der Energiewende bietet dieser aufstrebenden Branche nun die einmalige Chance, wichtige Erfahrungen zu sammeln, um ihre Technologieführerschaft im weltweiten Wettbewerb nicht nur zu behaupten, sondern in einem vielversprechenden Wachstumsmarkt wie etwa dem Offshore-Bereich auch noch weiter auszubauen.

Führt man sich die Dimension des Investitionsbedarfs der Energiewende von mehreren Hundert Milliarden Euro allein für den Offshore-Bereich in Deutschland vor Augen, stellt sich relativ schnell die Frage nach der Finanzierbarkeit. Die finanziellen Ressourcen der internationalen Kapitalmärkte sind (nicht erst) seit der „Finanzkrise“ begrenzt. Zudem sind solche Investitionen, wie etwa die Errichtung von Windparks auf hoher See, mit dem Manko des Risikokapitals behaftet. Solange nicht typische Fertigstellungsrisiken – wie etwa die hinreichende Verfügbarkeit von Errichterschiffen oder die Sicherstellung der Netzanbindung auf hoher See – zur Zufriedenheit der Kapitalgeber geklärt sind, bleibt deren Investitionsbereitschaft gering.

In einem derartigen Marktumfeld werden schnell die Rufe nach staatlicher Förderung laut. Wie kann jedoch ein staatliches Förderinstrument sinnvoll ausgestaltet werden, ohne dass die (ordnungspolitisch wünschenswerte) privatwirtschaftliche Aktivität verdrängt wird? Diese Fragen sind letztendlich noch von der Bundesregierung zu beantworten. Ein mögliches Förderinstrument für die Mobilisierung von Finanzierungsmitteln kommerzieller Kreditgeber stellen auf föderativer Ebene die so genannten Landesbürgschaften der involvierten Bundesländer, aber auch staatliche Garantien der Bundesrepublik Deutschland dar.

Eine Sonderform dieser Garantien bilden staatliche Kreditversicherungen. Die Bundesrepublik Deutschland bietet seit 1949 eine derartige Kreditversicherung als Förderinstrument für die deutsche Exportwirtschaft an, das gemeinhin besser unter dem Begriff der „Hermesdeckung“ bekannt ist. Für die deutsche Energiewende ist dieses Förderinstrument aus formalen Gründen nur bedingt geeignet. Die Bundesregierung hat jedoch jüngst unter dem Dach der Hermesdeckung für einen Offshore-Windpark in einem Mitgliedstaat der Europäischen Union eine Absicherung über mehrere Hundert Millionen Euro übernommen. Insofern können Hermesdeckungen zumindest bei der Erschließung neuer Märkte unterstützend eingesetzt werden.

Der angeführte Offshore-Windpark wurde auf Basis einer Projektfinanzierung strukturiert. Das heißt, dass bei der herausgelegten Finanzierung allein auf das verhandelte Sicherheitenpaket und die potentiellen Projekterlöse abgestellt wurde. Im damals vorherrschenden Finanzierungsumfeld wäre das Projekt ohne Einbindung verschiedener staatlicher Institutionen, wie etwa der EUROPÄISCHEN INVESTITIONSBANK EIB, des dänischen Exportkreditversicherers EKF und Euler Hermes, wahrscheinlich nicht zustande gekommen. Weitere Praxisbeispiele aus jüngster Zeit belegen, dass der Einbindung staatlicher Exportkreditversicherungen bei der Finanzierungsbereitstellung im Offshore-Bereich eine Vorreiterrolle zukommt. Was verbirgt sich jedoch hinter diesem Exportförderinstrument des Bundes und welche Vorteile bietet mir als Exporteur oder finanzierende Bank diese staatliche Kreditversicherung im konkreten Einzelfall?

Im Folgenden sollen zunächst die grundsätzlichen Beweggründe für die Einbindung einer staatlichen Exportkreditversicherung erläutert werden, bevor typische Aspekte am konkreten Beispiel der deutschen Hermesdeckung im Detail und hierbei mit besonderem Fokus auf Projektfinanzierungen erörtert werden. Als abschließende Ergänzung wird im Abschlusskapitel ein kurzer Blick über den Tellerrand anhand der Deckungssystematik der Exportkreditversicherung in den Niederlanden, der Schweiz und den Vereinigten Staaten gegeben, die aufgrund der gegebenen Lieferantenstruktur ebenfalls als potentielle Kreditversicherer für die Finanzierung von Offshore-Windparks in Frage kommen.

5.8.2 Welchen Nutzen bietet eine Exportkreditversicherung?

Der Grundgedanke einer Kreditversicherung unterscheidet sich nicht wesentlich von anderen Versicherungstypen. Bei jedem Kreditgeschäft besteht das grundsätzliche Risiko, dass die zugrunde liegende Zahlungsverpflichtung vom Schuldner zur gegebenen Fälligkeit nicht oder nur unzureichend erfüllt wird. Eine derartige Erfahrung ist aus Sicht des Gläubigers in aller Regel unerfreulich und häufig mit erheblichen Zusatzkosten für die Rechtsverfolgung verbunden. Selbst der Erfolg des Rechtsweges ist mit gewissen Unwägbarkeiten behaftet, insbesondere wenn die beengten Finanzverhältnisse des Schuldners die ordnungsgemäße Bedienung der Forderung nicht mehr zulassen.

Vor derartigen Zahlungsausfällen kann sich der Gläubiger über den Abschluss einer Kreditversicherung schützen. Der Versicherungsfall tritt ein, wenn der Schuldner seine Zahlungsverpflichtung nicht ordnungsgemäß erfüllen sollte. Die Versicherung würde dann die Forderung entsprechend der Fälligkeiten und möglicherweise nach Abzug eines vorher vereinbarten Selbstbehaltes begleichen. Der Vollständigkeit halber sollte erwähnt werden, dass mit der Entschädigungszahlung im rechtlichen Sinne die Ursprungsforderung nicht untergegangen ist. Üblicherweise wird der Versicherer seine Regressansprüche gegenüber dem Schuldner gesondert geltend machen. Bei Erfolg würde selbstverständlich der ursprüngliche Gläubiger quotal anteilig zum Selbstbehalt an möglichen Rückflüssen partizipieren.

Die Dienstleistung des Versicherungsschutzes ist mit zusätzlichen Kosten für die Versicherungsprämie verbunden, die in Abhängigkeit des Versicherungsumfangs und des möglichen Ausfallrisikos des Schuldners stark variieren können. Insofern steht der Kreditgeber vor dem Abschluss der Kreditversicherung immer vor einer Abwägungsentscheidung zwischen der Wahrscheinlichkeit und den verbundenen Kosten eines potentiellen Zahlungsausfalls einerseits und der Höhe der Versicherungsprämie andererseits.

Bei Barzahlungsgeschäften oder kurzfristigen Zahlungszielen mit relativ geringen Kreditbeträgen ist die Wahrscheinlichkeit eines Zahlungsausfalls relativ gering. Mit zunehmendem Kreditbetrag und steigender Laufzeit wächst jedoch für den Gläubiger die Unsicherheit über die Solvenz des Schuldners und damit auch das Ausfallrisiko. Hiervor kann der Gläubiger sich auf unterschiedliche Art und Weise schützen. Bei Handelsgeschäften kann beispielsweise der Verkäufer einer Ware oder Dienstleistung immer versuchen, die Gesamtkosten der Güterbereitstellung einschließlich der Kosten eines potentiellen Zahlungsausfalls in den Kaufpreis einfließen zu lassen. Dagegen sind der Preisgestaltung bei Großgeschäften – je nach Wettbewerbssituation und Verhandlungsgeschick – mit zunehmendem Finanzierungsvolumen und steigenden Kreditlaufzeiten natürliche Grenzen gesetzt. In einem solchen Fall könnte das Ausfallrisiko auch ergänzend über zusätzliche Sicherheiten, wie etwa einem verspäteten Eigentumsübergang, dingliche Sicherheiten oder die Zahlungen aus einem Akkreditiv, gemindert werden. Sollte dagegen das Geschäft von vornherein über eine Bank finanziert werden, würden ohnehin etwaige Ausfallrisiken von der finanzierenden Bank getragen.

Unabhängig von der Art der Geschäftsabwicklung ist die Absicherung vor Zahlungsausfällen immer mit Mehrkosten verbunden. Die direkten Kosten sind relativ offensichtlich und ergeben sich aus den Finanzierungskosten beim Lieferanten- oder Bestellerkredit einschließlich der administrativen Aufwendungen für die Bestellung der Sicherheiten oder aber der veranschlagten Versicherungsprämie für die Kreditversicherung. Stellt man bei der Entscheidung jedoch nur isoliert auf diese direkten Kosten ab, ist nicht notwendigerweise die Auswahl der günstigsten Finanzierungsalternative gewährleistet. Gemeinhin sollten in einer solchen Entscheidungssituation auch die Opportunitätskosten berücksichtigt werden, die sich aus dem Verzicht der Inanspruchnahme der anderen Handlungsalternativen ergeben. Zudem bestehen zwischen den verschiedenen Handlungsalternativen durchaus qualitative Unterschiede hinsichtlich der tatsächlichen Vermeidung eventueller Ausfallrisiken.

So ist bei der Strukturierung eines Geschäftes nicht nur die rechtliche Belastbarkeit der vereinbarten Sicherheiten von Bedeutung, sondern auch die Höhe des Erlöses, die sich realistischer Weise in einem möglichen Verwertungsfall erzielen ließe. Beim Abschluss einer Kreditversicherung können diese Risikoaspekte weitgehend vernachlässigt werden, da der Kreditversicherer ohnehin die nachgelagerten Verwertungsrisiken zu tragen hätte. Weniger offensichtlich ist der Tatbestand, dass sich mit einer Kreditversicherung auch insgesamt die Finanzierungskosten einer Geschäftstransaktion senken lassen.

Hauptbestandteil der Finanzierungskosten einer Bank sind (neben typischen Finanzierungsnebenkosten, wie Ausfertigungs-, Bereitstellungs- oder Hedging-Gebühren) die Zinsen. Üblicherweise wird in der internen Kostenkalkulation der Bank die Höhe des Zinssatzes maßgeblich von ihren eigenen Refinanzierungskosten bei dritten Finanzinstituten und ihren eigenen Einschätzungen zur Solvenz des Schuldners in Form der Rückzahlungswahrscheinlichkeit für das Finanzierungsvolumen bestimmt. Wesentliche Maßzahlen sind hierfür der sog. Basiszinssatz (London Interbanking offered Rate, LIBOR) und das sog. „Credit Rating", hinter dem sich üblicherweise die Zahlungserfahrungen einer Vielzahl von Unternehmen mit dem Schuldner, Einschätzungen zur Finanzstärke in Form von Bilanzen und Gewinn- und Verlustrechnungen sowie möglicherweise weitere Kennzahlen zum allgemeinen Marktumfeld verbergen.

Mit einer Kreditversicherung lässt sich sowohl der Basiszinssatz als auch das Credit Rating der Geschäftstransaktion verbessern, indem der Kreditversicherer gegenüber der finanzierenden Bank das Risiko des Nicht-Zahlungstatbestandes für den gedeckten Finanzierungsanteil übernimmt. Hierbei sind zwei Effekte zu unterscheiden. Zunächst wird aus Sicht der Bank die Ausfallwahrscheinlichkeit der Forderung gesenkt. Entsprechend sollte bei der Risikobewertung des versicherten Finanzierungsanteils nicht mehr auf das Credit Rating des originären Schuldners, sondern vielmehr auf das des Kreditversicherers abgestellt werden. Tritt zudem an die Stelle des Kreditversicherers eine staatliche Institution, kann der Versicherungsschein für diesen Finanzierungsanteil sogar pfandbrieffähig werden, womit sich die Refinanzierungskosten der finanzierenden Bank nochmals senken lassen. Denn im Endeffekt bürgt gegenüber der refinanzierenden Partei nunmehr der Staat anstelle der Bank. Zudem ist die finanzierende Bank unter den Basel II-Bestimmungen zur Mindestreservehaltung nicht mehr verpflichtet, den gedeckten Finanzierungsanteil proportional anteilig mit Eigenkapital zu unterlegen.

Die Summe dieser Vorteile kommt über niedrigere Finanzierungskosten nicht nur allein dem Käufer zugute. Auch der Verkäufer sollte hiervon profitieren, indem in der Kalkulation für den Angebotspreis auf einen Risikoaufschlag für die Ausfallrisiken verzichtet werden kann. Dies stärkt auch die Wettbewerbsposition gegenüber potentiellen Konkurrenten.

Darüber hinaus bietet eine staatliche Kreditversicherung zusätzliche Vorteile, die sich jedoch zunächst einer objektiven Kostenbewertung entziehen. Einen wesentlichen Aspekt stellt hierbei die Absicherung der sog. politischen Risiken dar; also die Absicherung von Zahlungsausfällen aufgrund von politischen Unruhen oder dem Schutz vor staatlicher Willkür, die ebenfalls die ordnungsgemäße Geschäftsabwicklung ernsthaft behindern können. Die Relevanz dieser Risikotatbestände wird maßgeblich von der Rechtsordnung und der politischen Stabilität des Landes bestimmt, in der das Geschäft abgewickelt wird. Aber selbst in einem Mitgliedstaat der OECD ist man nicht automatisch vor staatlichen Eingriffen gefeit, wie auf dem Höhepunkt der Finanzkrise im Sommer 2010 Spaniens Versuch der nachträglichen Änderung der Solarförderung gezeigt hat.

Eine Kreditversicherung schützt nicht nur allein die Fremdkapitalgeber vor möglichen Zahlungsausfällen, sondern kann im Fall staatlicher Eingriffe auch die Verhandlungsposition der Investoren stärken. Beispielsweise kann ein staatlicher Kreditversicherer in möglichen Verhandlungen mit den zuständigen Behörden im Bestellerland auf bilaterale Investitionsschutzabkommen verweisen, die nicht notwendigerweise auch Privatinvestoren begünstigen. Ohnehin sollte eine Kreditversicherung als staatliche Institution über effiziente Möglichkeiten der Interessensvertretung im Vergleich zu Privatunternehmen verfügen, die zumindest als „Türöffner" für die anderen Projektbeteiligten genutzt werden können.

Selbst die beste Planung kann ein Projekt nicht vollständig vor unvorhersehbaren Ereignissen bewahren. Schlechte Witterungsbedingungen können die Fertigstellung eines Offshore-Windparks deutlich verzögern und in der Folgewirkung zu ernsthaften Liquiditätsengpässen bei der Projektgesellschaft führen. Sollte es zu materiellen Zahlungsverzögerungen kommen, verfügt eine Kreditversicherung aufgrund ihres staatlichen Hintergrundes über einen größeren Handlungsspielraum als ein rein kommerzieller Kreditgeber. Beide verbindet das berechtigte Interesse an der Rückzahlung des Kredites. Jedoch orientiert sich der kommerzielle Kreditgeber in aller Regel eher an der kurzfristigen Gewinnmaximierung. Dagegen steht für die staatliche Kreditversicherung unter haushaltspolitischen Erwägungen heraus zunächst die Schadensvermeidung im Vordergrund.

Ungeachtet der verschiedenen Vorteile stehen manche Investoren der Einbindung einer staatlichen Kreditversicherung noch immer kritisch gegenüber. In diesem Zusammenhang wird insbesondere angeführt, dass der administrative Aufwand im Verhältnis zum tatsächlichen Nutzen relativ hoch sei. So sind für den Entscheidungsprozess umfangreiche Prüfungsunterlagen einzureichen, und die Strukturierung des Fremdkapitals wird in relativ engen Grenzen reglementiert.

5.8.3 Private oder staatliche Kreditversicherung?

Kreditversicherungen sind kein staatliches Monopol. Tatsächlich steht für die Forderungsabsicherung eine Vielzahl von Versicherungsprodukten der privaten Assekuranz zur Verfügung. Das Angebot ist jedoch vornehmlich auf die Absicherung von kurzfristigen Lieferantenkrediten im Inland ausgerichtet. Unterschiede zu staatlichen Kreditversicherungen bestehen insbesondere in der Ausgestaltung der Versicherungsverträge, in der Zielgruppe der potentiellen Versicherungsnehmer, in den Kriterien der Versicherungsübernahme und den damit verbundenen Kosten.

Die privaten Versicherungsprodukte basieren per se auf privatrechtlichen Verträgen und unterliegen in der Bundesrepublik Deutschland den einschlägigen Bestimmungen des Bürgerlichen Gesetzbuches (BGB). Daneben ist für die konkrete Vertragsgestaltung auch das Versicherungsvertragsgesetz (VVG) zu berücksichtigen, das einen Mindest-Standard für die Rechte und Pflichten zwischen Versicherungsnehmer und der Versicherungsgesellschaft definiert. Unter Berücksichtigung dieser Formalvoraussetzung ist der private Versicherungsvertrag weitgehend frei verhandelbar. In der Praxis werden meist nur standardisierte Versicherungspolicen angeboten, die jedoch in der Qualität des Deckungsumfangs zwischen den einzelnen Versicherungsanbietern stark variieren können. Dabei agiert die private Assekuranz grundsätzlich als normaler Marktakteur mit typischer Gewinnerzielungsabsicht.

Dagegen ist die staatliche Kreditversicherung ein Förderinstrument der deutschen Exportwirtschaft. Bei den Vergabekriterien steht die Sicherung von Arbeitsplätzen in der Bundesrepublik Deutschland im Vordergrund. Unter der Bezeichnung „Ausfuhrgewährleistungen des Bundes“ erfolgt die administrative Abwicklung unter maßgeblicher Verantwortung des Bundesministeriums für Wirtschaft und Technologie.

Die Ausfuhrgewährleistungen belasten als Eventualverbindlichkeiten den Bundeshaushalt und unterliegen insoweit in der institutionellen Ausgestaltung nicht nur den einschlägigen Bestimmungen des BGB und des VVG, sondern auch dem Bundeshaushaltsrecht und diversen bilateralen und multilateralen Abkommen. Formal ist die Ausfuhrgewährleistung als privatrechtlicher Versicherungsvertrag zu verstehen, der jedoch in der Ausgestaltung maßgeblich vom öffentlichen Recht beeinflusst wird. So gilt bei den Vergabekriterien für die

Antragsteller grundsätzlich der Gleichbehandlungsgrundsatz. Hieraus kann zwar noch nicht auf einen Kontrahierungszwang des Bundes für den Abschluss des Gewährleistungsvertrages geschlossen werden, jedoch hat ein Antragsteller grundsätzlich einen Anspruch auf eine gleiche Entscheidung bei einer vergleichbaren Sach- und Rechtslage.

Die Ausgestaltung des Versicherungsvertrages wird unter der Hermesdeckung weitgehend über die Allgemeinen Bedingungen vorgegeben. Dies bietet dem Deckungsnehmer einen hohen Grad an Transparenz; der Deckungsgegenstand ist jedoch durch die Förderungswürdigkeit vorgegeben und ist in der Auswahl der gedeckten Risikotatbestände nur bedingt verhandelbar. Die Deckungsübernahme ist entgeltpflichtig, wobei sich die Bemessung an internationalen Mindest-Standards orientiert und vornehmlich die Bereitstellungskosten des Deckungsinstrumentes abdecken soll. Nach Maßgabe der Europäischen Kommission dürfen staatliche Kreditversicherungen nicht in Wettbewerb zur privaten Kredit- und Versicherungswirtschaft treten. Daher ist das staatliche Angebot auf solche Geschäftstransaktionen beschränkt, bei denen die Funktionsfähigkeit der freien Kapitalmärkte zumindest fragwürdig erscheint. Innerhalb der OECD Länder wird dies üblicherweise nur bei größeren Finanzierungsvolumina und langfristigen Zahlungszielen angenommen.

Die privaten Versicherungsprodukte und die Ausfuhrgewährleistung des Bundes verbindet das Element der Forderungsabsicherung. Versicherungsgegenstand ist immer eine Zahlungsverpflichtung eines Dritten (Schuldner) unter einer (Geld)-Forderung gegenüber dem Versicherungsnehmer (Gläubiger); mit Abschluss des Versicherungsvertrages übernimmt der Versicherer gegen Zahlung eines Entgeltes (Versicherungsprämie) das Ausfallrisiko unter der versicherten Forderung. Sollte der Schuldner seine Zahlungsverpflichtung unter der gedeckten Forderung nicht ordnungsgemäß erfüllen, entschädigt der Kreditversicherer (bzw. der Bund) entsprechend der vereinbarten Fälligkeit abzüglich eines vorher festgelegten Selbstbehaltes.

Zusammengefasst sollte festgehalten werden, dass die Versicherungsprodukte der privaten Assekuranz sich ihrem Wesen nach durchaus mit staatlichen Exportkreditversicherungen vergleichen lassen. Substantielle Unterschiede bestehen jedoch im versicherbaren Haftungsumfang und den gewährten Kreditlaufzeiten.

5.8.4 Die Ausführgewährleistung des Bundes

Die Ausfuhrgewährleistung wird unter der Federführung des Bundesministeriums für Wirtschaft und Technologie betreut und ist in der Bundesrepublik Deutschland ein fest etabliertes Element der Exportförderung. Die administrative Abwicklung wurde bereits im Jahr 1949 privatwirtschaftlich ausgelagert und erfolgt gemeinsam über die EULER HERMES KREDITVERSICHERUNGS-AG und PRICEWATERHOUSECOOPERS mit Sitz in Hamburg. Euler Hermes ist für die Abwicklung der Ausfuhrgewährleistung seit über sechzig Jahren zentraler Ansprechpartner der deutsche Exportwirtschaft. Daher hat sich auch der Begriff „Hermesdeckung" synonym für das Deckungsinstrument etabliert.

Unternehmen mit Niederlassung in der Bundesrepublik Deutschland steht eine Vielzahl von Absicherungsinstrumenten zur Verfügung, mit denen den besonderen Anforderungen der deutschen Exportwirtschaft Rechnung getragen werden soll. So können nicht nur Forderungsansprüche gegenüber ausländischen Käufern, sondern auch etwaige Fabrikationsrisiken und Avale im direkten Zusammenhang mit dem Exportgeschäft abgesichert werden, um zugunsten des deutschen Exporteurs etwaige Kapitalbindungskosten zu senken und zusätzliche Freiräume beim Working Capital zu schaffen.

5.8.4.1 Deckungstatbestände

Bei den Deckungstatbeständen ist grundsätzlich zwischen politischen und wirtschaftlichen Risiken zu unterscheiden:

Politische Risiken umfassen

- Forderungsausfälle durch gesetzgeberische oder behördliche Maßnahmen, kriegerische Ereignisse, Aufruhr oder Revolution im Ausland (so genannter allgemeiner politischer Schadenfall)
- Schadenfälle aus nicht durchführbarer Konvertierung und Transferierung der vom Schuldner in Landeswährung eingezahlten Beträge durch Beschränkungen des zwischenstaatlichen Zahlungsverkehrs (in der Vergangenheit der häufigste Schadenfall)
- Verluste von Ansprüchen aus nicht möglicher Vertragserfüllung aus politischen Gründen
- Verluste von Waren vor Gefahrübergang infolge politischer Umstände (Ware ist beim Käufer z.B. wegen Beschlagnahme, Zerstörung etc. nicht eingetroffen)

Dagegen beinhalten sog. wirtschaftliche Risiken

- Forderungsausfälle im Nichtzahlungsfall (*protracted default*)
- Forderungsausfälle durch Konkurs, amtlichen oder außeramtlichen Vergleich, erfolglose Zwangsvollstreckung und Zahlungseinstellung

5.8.4.2 Das Deckungsangebot

Nach Selbstverständnis des Bundes soll nicht in die Vertragsfreiheit des Exporteurs oder des Investors eingegriffen werden. Die Ausgestaltung der Gewährleistung gibt zwar die Rechte und Pflichten zwischen dem Deckungsbegünstigten und dem Bund vor; sie ist jedoch als Rechtsgeschäft weitgehend unabhängig vom zugrunde liegenden Export- oder Kreditgeschäft zu sehen. Die Ausfuhrgewährleistung stellt lediglich ein ergänzendes (Versicherungs-) Angebot an die deutsche Exportwirtschaft für die Erschließung neuer Märkt und eine Unterstützung für Finanzierungsbereitstellung dar. Die Verhandlungen zwischen Exporteur und ausländischen Besteller sind jedoch bilateral zu führen, und die Finanzierung ist unabhängig von einer Bank beizubringen.

Dabei stehen sowohl für große Projektfinanzierungen als auch für Handelsgeschäfte kleiner und mittelständischer Unternehmen maßgeschneiderte Absicherungsmöglichkeiten zur Verfügung. Das Angebot richtet sich nicht nur allein an deutsche Exporteure, sondern auch an deutsche Investoren im Ausland bei der Erschließung neuer Absatzmärkte oder beim Aufbau von Tochtergesellschaften. Häufig wird das Instrument auch kombiniert eingesetzt. An dieser Stelle liegt der Fokus jedoch allein auf den Aspekten der Exportförderung. Folgende gängige Deckungsformen stehen einem Antragsteller grundsätzlich zur Auswahl zur Verfügung.

Fabrikationsrisiken

Sollte sich im Rahmen eines Exportgeschäftes der ausländische Käufer einseitig von seiner Abnahmeverpflichtung lossagen, besteht möglicherweise die Aussicht auf Konventionalstrafen, jedoch können hieraus gerade bei Spezialanfertigungen nur in den seltensten Fällen die entstandenen Fertigungskosten abgedeckt werden. Dieses Risiko kann mit einer Fabrikationsrisikodeckung in Höhe der eigenen Selbstkosten einschließlich der Vorleistungen von Dritten abgesichert werden. Die Risikolaufzeit umfasst die Produktionsphase der Ware, also vom Beginn der Fertigung bis zum Versand. Die Deckung ist isoliert oder kombiniert mit einer Ausfuhrdeckung erhältlich und empfiehlt sich besonders bei Spezialanfertigungen.

Das Fabrikationsrisiko tritt ein, wenn politische oder wirtschaftliche Umstände die Fertigstellung oder den Versand der Waren verhindern. Dies umfasst auch Embargorisiken. Der Entschädigungsanspruch ist maximal auf die Höhe der entstandenen Selbstkosten begrenzt. Diese werden zunächst auf Basis bester Schätzung vom Antragsteller vorgegeben und der Deckung als Höchstbetrag zugrunde gelegt. Im Schadenfall stellt ein Gutachten die Höhe des tatsächlich entstandenen Schadens fest.

Kurzfristige Ausfuhrdeckungen

Der Export von Handels- oder kurzlebigen Investitionsgütern wird meist zu kurzfristigen Zahlungsbedingungen abgewickelt. Die kurzfristigen Einzeldeckungen umfassen die Absicherung kurzfristiger Lieferantenkredite, die deutsche Exporteure ihren ausländischen Kunden als Zwischenfinanzierung gewähren. Bei den Lieferungen handelt es sich meist um Rohstoffe, Halbfertigwaren, Komponenten, Konsumgüter und Ersatzteile. Üblicherweise ist bei solchen Geschäften das deckungsfähige Zahlungsziel auf maximal sechs Monaten beschränkt. Bei hochwertigen Komponenten und langlebigen Konsumgütern kommt eine Kreditlaufzeit von bis zu 12 Monaten und in bestimmten Ausnahmefällen sogar von bis zu 23 Monaten in Betracht. Deckungsgegenstand sind neben den politischen auch die wirtschaftlichen Risiken, und hierbei insbesondere der Nicht-Zahlungstatbestand innerhalb von sechs Monaten nach vereinbartem Zahlungstermin.

Bei einer regelmäßigen Geschäftsbeziehung bietet der Bund die Einzeldeckungen auch auf revolvierender Basis an, um die administrative Abwicklung zu vereinfachen. Im Deckungsumfang und in der Höhe des Entgelts unterscheidet sich dieses Verfahren nicht von der kurzfristigen Einzeldeckung. Dabei werden auf einen bestimmten ausländischen Abnehmer auf wiederkehrender Basis die im Laufe eines Jahres getätigten Umsätze im Rahmen eines im Voraus festgesetzten Höchstbetrags gedeckt.

Ein weiterer Schwerpunkt der staatlichen Ausfuhrdeckungen besteht in der Sammeldeckung unter der sog. Ausfuhr-Pauschal-Gewährleistung (APG). Unter der APG besteht die Möglichkeit, sämtliche kurzfristigen Forderungen eines Exporteurs innerhalb eines definierten Länderbereiches pauschal beim Bund abzusichern. Aufgrund des breiteren Risikoportfolios ist die Prämie meistens deutlich günstiger als bei vergleichbaren Einzeldeckungen. Zudem entfallen Antrags- und Prüfungsgebühren. Der APG-Vertrag hat eine Laufzeit von einem Jahr. Der Deckungsschutz für die einzelnen Forderungen beginnt mit dem Versand der Waren. Gerade für mittelständische Unternehmen bietet die APG einen umfassenden Versicherungsschutz zu einem verhältnismäßig niedrigen Verwaltungsaufwand. Zudem kann der APG-Vertrag laufend um neue Geschäftsbeziehungen ergänzt werden.

Mittel- und Langfristige Ausfuhrdeckungen

Exportkredite ab einer Laufzeit von zwei Jahren unterliegen dem sog. OECD-Konsensus, der als notwendige Deckungsvoraussetzung eine (nicht deckungsfähige) Anzahlung in Höhe von 15 % des zugrunde liegenden Auftragswertes und ein Rückzahlungsprofil mindestens in gleichhohen Halbjahresraten vorgibt. Für die Absicherung von Exportgeschäften mit Kreditlaufzeiten von mehr als zwei Jahren haben die Mitgliedsländer der OECD verbindliche Leitlinien für die Vergabe von staatlichen Kreditversicherungen vereinbart. Hierdurch sollen Wettbewerbsverzerrungen verhindert werden. Diese Leitlinien – auch OECD-Konsensus genannt – definieren wesentliche Vertragskonditionen für die Deckungsfähigkeit der Exportgeschäfte, wie beispielsweise nach Ländern gestaffelte Mindestprämien für die Deckungsübernahme und maximale Kreditlaufzeiten, differenziert nach Warengruppen und Entwicklungsstand (im Sinne der Zulässigkeit staatlicher Förderung) für fast alle Länder der Welt. Die konkreten Anforderungen für die Deckungsübernahme bei Exportgeschäften in den einzelnen Abnehmerländern legt jedes Mitgliedsland der OECD eigenständig fest. Unter den deutschen Länderbeschlusslagen können beispielsweise bei Importländern mit erhöhten Risiken die Obergrenze aller zu übernehmenden Risiken durch Plafonds begrenzt oder die Stellung zusätzlicher Sicherheiten zur Deckungsvoraussetzung gemacht werden.

5.8.4.3 Deckungen für gebundene Finanzkredite

In der Praxis werden rd. 80 % der mittel- und langfristigen Exportgeschäfte von Kreditinstituten unter den sog. gebundenen Finanzkrediten finanziert. Notwendige Deckungsvoraussetzung ist eine direkte Auszahlung des Kredites an den Exporteur (gemäß vereinbarten Zahlungsbedingungen unter dem Liefergeschäft) oder eine Auszahlung im sog. Erstattungsverfahren für bereits bezahlte Lieferungen an den ausländischen Käufer.

Grundsätzlich ist auch eine Kombination der verschiedenen Deckungsformen, beispielsweise in Form einer Ausfuhrgarantie zugunsten des deutschen Exporteurs und einer Finanzkreditgarantie zugunsten der finanzierenden Bank, denkbar. Dann ginge der gedeckte Zahlungsanspruch mit der jeweiligen Auszahlung unter dem Finanzkredit proportional anteilig vom Exporteur auf die Bank über. Die gemeinsame Höchsthaftung des Bundes bliebe hiervon jedoch unberührt.

Bei der Finanzkreditdeckung handelt es sich um die Absicherung einer abstrakten Darlehensforderung. Unter den einschlägigen Bestimmungen des BGB entsteht der Rückzahlungsanspruch der Bank gegenüber dem Schuldner unabhängig von der tatsächlichen Leistungserbringung unter dem Kaufvertrag. Sollte aufgrund einer mangelhaften Leistungserfüllung der Schuldner die Darlehensrückzahlung verweigern, müsste der Bund unter der Finanzkreditdeckung die Bank dennoch entschädigen. Um einer unberechtigten Inanspruchnahme der Deckung vorzubeugen, muss sich der Exporteur gegenüber dem Bund zur ordnungsgemäßen Vertragserfüllung verpflichten. Die Pflichten umfassen zudem die vollständige Unterrichtung über die Abwicklung des Ausfuhrgeschäftes, das Anerkennen von Weisungsbefugnissen des Bundes und die Freistellung von der Entschädigung bei eigenem Verschulden.

Für einen Deckungsantrag muss das Exportgeschäft nicht notwendigerweise abgeschlossen sein, jedoch sollte der Antrag unbedingt vor erster Lieferung bzw. Leistung gestellt werden, um den Vorwurf „Gefahr erhöhender Umstände“ zu vermeiden, die ansonsten möglicherweise die Antragstellung hätten motiviert haben können. Sollte der Kaufvertrag noch nicht abgeschlossen sein, ist auch eine grundsätzliche Deckungszusage möglich. Hierbei erwerben die Deckungsbegünstigten einen einklagbaren Rechtsanspruch auf die Hermesdeckung, wenn das Geschäft tatsächlich in der angedienten Art und Weise abgeschlossen werden sollte.

Die Grundsatzzusage ist zeitlich auf sechs Monate befristet, kann jedoch bei Bedarf verlängert werden. Hiermit soll dem Antragsteller die Möglichkeit eröffnet werden, die Vertragsverhandlungen auf Basis einer belastbaren Entscheidungsgrundlage zum Abschluss zu bringen. Sollten jedoch zwischen dem Zeitpunkt der Grundsatzentscheidung und dem tatsächlichen Vertragsabschluss wesentliche Änderungen in der Sach- und Rechtslage eintreten – beispielsweise materielle Änderungen in der Vertragsgestaltung, wesentliche Verschlechterung der Finanzlage des Käufers oder politische Unruhen im Bestellerland – so wird der Bund von seiner Verpflichtung zur Indeckungnahme des Geschäftes frei.

5.8.4.4 Der Deckungsgegenstand

Für den Haftungsumfang der Hermesdeckung ist der nicht nur die zugrunde liegende Forderung unter dem Exportvertrag des deutschen Exporteurs bzw. dem gebundenen Finanzkredit der finanzierenden Bank maßgeblich, sondern insbesondere auch die Förderungswürdigkeit des Exportgeschäftes, die maßgeblich den Deckungsgegenstand definiert. Hierbei sind insbesondere die Regelungen zu den Selbstkosten unter einer möglichen Fabrikationsrisikodeckung und zu den deckungsfähigen ausländischen Zulieferungen bei einer Ausfuhrdeckung zu berücksichtigen.

Selbstkosten

Die Fabrikationsrisikodeckung umfasst die Selbstkosten des Deckungsnehmers bis zum Versand. Für die Geldendmachung in einem etwaigen Schadensfall sind solche Selbstkosten maßgeblich, die bei wirtschaftlicher Betriebsführung zur Durchführung des Ausfuhrvertrages erforderlich sind. In aller Regel sind hiervon alle Einzel- und Gemeinkosten im Sinne der Leitsätze für die Preisermittlung (Anlage zur Verordnung PR Nr. 30/53 über die Preise bei öffentlichen Aufträgen) erfasst. Auf diese Verordnung wird innerhalb der Bundesrepublik Deutschland üblicherweise bei öffentlichen Ausschreibungen Bezug genommen. Im Zusammenhang mit der Hermesdeckung bietet der Verweis auf diese Verordnung den Vorteil, dass der Inhalt zumindest solchen Exporteuren vertraut sein dürfte, die sich auch um öffentliche Aufträge bemühen. Die Leitsätze für die Preismitteilung halten zudem einen Bewertungsrahmen für die wichtigsten Kostenarten nebst den zulässigen Mengen- und Bewertungsansätzen bereit und bieten auch für die interne Buchhaltung des Antragstellers Kriterien für ein geordnetes Rechnungswesen und die Mindestgliederung für eine Preiskalkulation auf der Grundlage einer Ist-Kostenrechnung.

Darüber hinaus werden in aller Regel unter der Hermesdeckung auch solche Aufwendungen als Selbstkosten anerkannt, die für die Inanspruchnahme von Fremdkapital entstehen oder im Zusammenhang mit der Ausfuhrfinanzierung anfallen. Voraussetzung ist jedoch, dass sie dem Ausfuhrvertrag unmittelbar zugeordnet werden können. Die Aufnahme des Fremdkapitals muss nicht notwendigerweise fristenkongruent zur Abwicklung des Ausfuhrgeschäftes erfolgen. Es sollte jedoch darauf geachtet werden, dass ein plausibler Zusammenhang zwischen der Abwicklung des Exportgeschäftes und der Inanspruchnahme der Fremdmittel gewahrt bleibt. Unter die direkten Kosten der Ausfuhrfinanzierung fallen beispielsweise Bereitstellungsprovisionen für Exportkredite, Bankgebühren und unter Umständen auch Kurssicherungsgeschäften. Dagegen ist der kalkulatorische Gewinn des Deckungsnehmers nicht Bestandteil der deckungsfähigen Selbstkosten.

Die Bezugnahme auf die Leitsätze für die Preismitteilung bedeutet nicht, dass damit den Exporteuren eine bestimmte Form der Kostenrechnung verbindlich vorgegeben würde. Sie gibt lediglich die Prüfungsmaßstäbe vor, nach denen in einem etwaigen Schadensfall die gedeckten und entschädigungsfähigen Selbstkosten ermittelt werden. Allerdings ist der Deckungsnehmer unter den Allgemeinen Bedingungen der Hermesdeckung verpflichtet, den Grund und die Höhe des Schadens nachzuweisen. Insofern sollte es auch in seinem ureigenem Interesse liegen, dass sein Rechnungswesen auch eine Selbstkostenprüfung in einem etwaigen Schadensfall ermöglicht.

Ausländische Zulieferungen

Nur wenige Exporteure haben in ihrem Unternehmen noch eine derartige Fertigungstiefe, die es ihnen erlaubt, sämtliche mit dem Exportauftrag verbundene Lieferungen und Leistungen in vollem Umfang selbst zu erbringen. Zukäufe von in- und ausländischen Produzenten sind üblich und notwendig für eine wettbewerbsfähige Angebotsgestaltung. Insofern stellt sich die Frage, in welchem Umfang ausländische Zulieferungen unter der Hermesdeckung einbezogen werden können und wie die daraus entstehenden Kosten zu behandeln sind.

Lieferungen von deutschen Unterlieferanten sind grundsätzlich deckungsfähig. Dagegen können Zukäufe aus dem Ausland nur eingeschränkt einbezogen werden. Zunächst ist es maßgeblich, ob die ausländischen Zulieferungen direkt in die deutsche Wertschöpfung einfließen. Sollten beispielsweise die ausländischen Zulieferungen in einer derartigen Weise in das Gesamterzeugnis des deutschen Hauptlieferanten integriert werden, dass diese Zulieferungen ihre eigene Identität verlieren und Bestandteil einer neuen Sachgesamtheit werden, für die insgesamt ein einheitliches deutsches Ursprungszeugnis erteilt wird, so ist die Herkunft der einzelnen Bestandteile unerheblich. Für die Prüfung der Förderungswürdigkeit würde allein auf das deutsche Ursprungszertifikat abgestellt.

Dagegen sind ausländische Zulieferungen ohne direkte Auswirkung auf die deutsche Wertschöpfung nur eingeschränkt deckungsfähig. Seit Februar 2008 können ausländische Zulieferungen grundsätzlich bis zu 30 % des Gesamtauftragswertes als Sockelbetrag in die Deckung einbezogen werden. Der Sockelbetrag kann in zwei Steigerungsstufen auf bis 49 % (Aufstockung I) und sogar darüber hinaus (Aufstockung II) angehoben werden, wenn die ausländischen Zulieferungen von verbundenen Unternehmen des Exporteurs erbracht werden oder aus technischen Gründen nicht anderweitig bezogen werden können (Aufstockung I). Dagegen ist für die Aufstockung II eine besondere Förderungswürdigkeit des zugrunde liegenden Exportgeschäftes erforderlich und kommt nur bei ganz besonderen, nicht vorab definierten Umständen im Einzelfall in Frage.

Notwendige Voraussetzung für den Deckungseinschluss der ausländischen Zulieferungen ist ein eigenständiger Zahlungsanspruch des deutschen Exporteurs unter dem Exportvertrag. Dabei bezieht sich der Begriff der ausländischen Zulieferungen sowohl auf Lieferungen aus Drittländern als auch aus dem Bestellerland (sog. örtliche Kosten) und umfasst sowohl Zulieferungen (in technischer und wirtschaftlicher Hinsicht notwendige Ergänzung) als auch sonstige (selbstständig bleibende) Auslandsware. Für örtliche Kosten ist dabei zu berücksichtigen, dass diese aufgrund von Vorgaben des OECD-Konsensus nur zu einem nicht steigerungsfähigen Satz von maximal 23 % bezogen auf den Gesamtauftragswert mit gedeckt werden können.

Berechnungsbasis für die genannten Prozentsätze ist der vertraglich vereinbarte Auftragswert einschließlich Transport- und Versicherungskosten, jedoch ohne sichtbar oder unsichtbar eingeschlossene Finanzierungskosten. Die Anknüpfung an den Auftragswert gilt unabhängig davon, ob die Fabrikationsrisiken nur isoliert oder in Kombination mit den Forderungsrisiken über eine parallele Lieferantenkreditdeckung gedeckt werden sollen. Objekt der Förderung und damit der Betrachtung ist immer das Exportgeschäft im Ganzen, unabhängig davon, zu welchem Umfang die damit verbundenen Risiken abgesichert werden sollen oder können.

Scheidet nach diesen Regeln eine Einbeziehung der ausländischen Warenanteile ganz oder teilweise aus, könnten alternativ die Möglichkeiten der Mit- und Rückversicherung in Erwägung gezogen werden. Diese Alternativen stehen freilich nur bei Lieferanteilen aus Ländern zur Verfügung, mit denen entsprechende Rückversicherungsabkommen bestehen.

5.8.4.5 Kriterien der Deckungsübernahme

Für die Vergabe von Ausfuhrgewährleistungen hat der Bund einen festen Anforderungskatalog formuliert, der zum einen den besonderen Bedürfnissen der deutschen Exportwirtschaft im internationalen Wettbewerb genügen, zum anderen aber unter Berücksichtigung aller wesentlichen Einzelaspekte der Geschäftstransaktion einen schadensfreien Verlauf gewährleisten soll. Die wesentlichen Kriterien für eine Deckungsentscheidung lassen sich in der Prüfung der folgenden vier Einzelaspekte zusammenfassen:

- Förderungswürdigkeit
- Risikomäßige Vertretbarkeit
- Konsensus konforme Vertragsbedingungen
- Haushaltsrechtliche Zulässigkeit

Zur Förderungswürdigkeit

Fragen der Förderungswürdigkeit setzen implizit ein übergeordnetes Gemeinschaftsinteresse voraus, dass das zur Deckung beantragte Geschäft tatsächlich zustande kommt. Grundsätzlich wird bei einer erheblichen Beschäftigungswirkung innerhalb der Bundesrepublik Deutschland ein übergeordnetes Gemeinschaftsinteresse angenommen. Das bedeutet jedoch nicht, dass der Antragsteller notwendigerweise als juristische Person seinen rechtlichen Sitz innerhalb der Bundesrepublik Deutschland haben muss; auch eine unselbständige Niederlassung wäre denkbar, solange plausibel nachgewiesen werden kann, dass das Geschäft der Arbeitsplatzsicherung in Deutschland dient.

Die Absicherungsmöglichkeiten sind nicht allein auf die deutsche Wertschöpfung beschränkt. Auch der Einschluss von ausländischer Zulieferungen und/oder örtlicher Kosten ist in engen Grenzen denkbar, wenn diese Lieferanteile aus technischen Gründen nicht aus Deutschland bereitgestellt oder etwaige Mehrkosten, die durch eine deutsche Bereitstellung verursacht würden, den Auftragserhalt gefährden können. Grundsätzlich bleibt jedoch die Höchsthaftung des Bundes auf den deckungsfähigen Zahlungsanspruch des deutschen Exporteurs bzw. der finanzierenden Bank unter dem Exportgeschäft beschränkt. Insofern sind auch ausländische Zulieferungen einer dritten Partei mit einem eigenständigen Zahlungsanspruch gegenüber dem ausländischen Besteller nicht deckungsfähig.

Zudem setzt die Förderungswürdigkeit voraus, dass der abzusichernde Zahlungsanspruch tatsächlich aus der Abwicklung eines Exportgeschäftes resultiert. Vor diesem Hintergrund ist in geeigneter Art und Weise (beispielsweise über entsprechende Ursprungszertifikate und Lieferdokumente) sicherzustellen, dass unter dem zu deckenden Geschäft tatsächlich Lieferungen und/oder Leistungen aus Deutschland physisch in ein Drittland transferiert werden. Insoweit ist ein Zahlungsanspruch gegenüber einem ausländischen Besteller zwar notwendige Deckungsvoraussetzung, aber isoliert betrachtet nicht hinreichend für die Deckungsübernahme. Außerdem müssen die Zahlungsbedingungen sowohl im Einklang mit dem sog. OECD-Konsensus stehen, als auch der individuellen Länderbeschlusslage für das Bestellerland genügen.

Ein weiterer Aspekt der Förderungswürdigkeit ist die Bewertung der Umweltverträglichkeit, die ab einem Gesamtfinanzierungsvolumen von 15 Millionen Euro für jedes zu deckende Geschäft obligatorisch vorgesehen ist. Bereits im Jahre 2002 hat die Bundesrepublik Deutschland der Anwendung der OECD-Umweltleitlinien (Common Approaches) zugestimmt. Die Bewertung der Umweltaspekte erfolgt anhand ökologischer, sozialer und entwicklungspolitischer Gesichtspunkte. Dabei wird das Geschäft anhand der zu erwartenden Umweltauswirkungen kategorisiert und bei möglichen Bedenken eingehend geprüft. Bei umweltpolitisch sensiblen Sektoren (z.B. Staudammbauten, Kernkraftwerke, Papierherstellungsanlagen) wird von Nichtregierungsorganisationen sowohl auf internationaler als auch auf nationaler Ebene gefordert, dass diese Geschäfte bereits vor einer etwaigen Entscheidung veröffentlicht werden, um etwaige Bedenken vortragen zu können. Mit Hinweis auf den Schutz des Intellektuellen Eigentums des Exporteurs, aber auch aus wettbewerblichen Gründen steht der Bund derzeit einer weitreichenden Veröffentlichungspraxis zurückhaltend gegenüber. Zur Veröffentlichung von Geschäftsdaten kommt es gegenwärtig nur dann, wenn das Geschäft als umweltpolitisch sensitiv kategorisiert wurde und der Deckungsnehmer der Veröffentlichung ausdrücklich zustimmt.

Zur risikomäßigen Vertretbarkeit

Aus haushaltspolitischen Erwägungen heraus muss für die Deckungsübernahme eine vernünftige Aussicht auf einen schadensfreien Verlauf des Exportgeschäftes bestehen. Bei konventionellen Exportgeschäften erfolgt diese Prüfung der risikomäßigen Vertretbarkeit anhand üblicher Finanzdaten zur Geschäftslage des Schuldners unter dem Exportgeschäft. Bei werthaltigen Sicherheiten – beispielsweise auf Grundlage abgegebener Garantien (Staats- oder Bankgarantie) – kann auch auf die Kreditwürdigkeit des Garanten abgestellt werden. Grundsätzlich ist jedoch nicht allein die aktuelle wirtschaftliche Situation des ausländischen Schuldners entscheidend, sondern vielmehr auch dessen Fähigkeit, durch die Geschäftsabwicklung hinreichende Erlöse für den Schuldendienst des gedeckten Geschäftes zu generieren. Bei Projektfinanzierung wird außerdem ein besonderes Augenmerk auf zusätzliche Risikoaspekte – wie die rechtlichen Rahmenbedingungen, die technische Projektumsetzung sowie Beschaffungs- und Absatzrisiken – gelegt, um die Auswirkungen auf die Liquiditätsposition des Schuldners möglichst objektiv einschätzen zu können. Grundsätzlich müssen für die Entscheidungsgrundlage nicht nur die potentiellen Risikoaspekte identifiziert, sondern auch abgewogen und qualifiziert bewertet werden können.

Die Entscheidungsgrundlage besteht im Wesentlichen aus begleitenden Unterlagen, wie Wirtschaftsauskünfte von Kreditprüfungsunternehmen, belastbare Geschäftsabschlüsse, Vorschaurechnungen, eigene Zahlungserfahrungen und ggf. ergänzende Erläuterungen des Antragstellers. Bei Projektfinanzierungen ist die Betrachtung der wirtschaftlichen Tragfähigkeit des Projektvorhabens wahrscheinlich das wesentlichste Entscheidungskriterium. Dabei wird insbesondere untersucht, inwieweit die Projektgesellschaft aus den prognostizierten Projekterlösen heraus in der Lage ist, die operativen Kosten und den Schuldendienst unter der Finanzierungsbereitstellung zu leisten. Die wesentlichen Kriterien bestehen dabei aus dem sog. Schuldendienst-Deckungsgrad, also dem Verhältnis zwischen der frei verfügbaren Liquidität der Projektgesellschaft zum anstehenden Schuldendienst zum Zeitpunkt der jeweiligen Fälligkeit, und aus der Plausibilität der zugrunde gelegten Annahmen.

Die Prüfung erfolgt dann anhand eines Financial Model, das in aller Regel von der finanzierenden Bank bereitgestellt und ggf. bei komplexen Geschäftstransaktionen von einem unabhängigen Dritten geprüft wurde. Das Modell sollte das Projekt in seiner Vertrags- und Finanzierungsstruktur abbilden und sämtliche Zahlungsströme über den vollen Finanzierungszeitraum (Bau- und Betriebsphase bis Ende der Kreditlaufzeit) umfassen. Entscheidend für die Aussagekraft des Modells sind die Plausibilität der zugrunde gelegten Annahmen und die korrekte Abbildung der Zahlungsströme (Cashflow Waterfall). Das Modell sollte zudem flexibel für die Berechnung verschiedener Szenarien gestaltet sein, um die Belastbarkeit des Projektkonzeptes auf mögliche Planabweichungen abschätzen zu können[1073].

Bei der Entscheidung zur Deckungsübernahme werden die Angaben der Antragsteller lediglich auf ihre Plausibilität, nicht aber auf ihre rechtliche Belastbarkeit geprüft. Der Deckungsnehmer trägt grundsätzlich immer die sog. Dokumentationsrisiken. Nachweise zu den bei der Deckungsentscheidung zugrunde gelegten Annahmen, wie Liefer- und Vertragsdokumentation, müssen vom Antragsteller erst in einem etwaigen Schadensfall beigebracht werden. Sollten dann jedoch materielle Abweichungen zum beantragten Sachverhalt festgestellt werden oder keine rechtliche Anspruchsgrundlage in der versicherten Art und Weise bestehen, behält sich der Bund das Recht vor, bei diesem Geschäft die Entschädigung zu verweigern.

Zu den Konsensus konformen Vertragsbedingungen

Die OECD-Länder bemühten sich bereits 1978 um einheitliche Leitlinien für Mindeststandards bei Zahlungsbedingungen und Kreditlaufzeiten (OECD-Konsensus). Seit 2011 sind auch Länderrisikoeinstufungen in der OECD harmonisiert und den einzelnen Risikokategorien Mindestprämien zugeordnet. Damit soll sichergestellt werden, dass der Wettbewerb über den Preis und die Qualität der Exportprodukte geführt wird und nicht über den Umfang der staatlichen Unterstützung.

Bei Exportgeschäften mit einem Finanzierungszeitraum von mehr als zwei Jahren (maßgeblich ist hierbei die Kreditlaufzeit ab Fertigstellung) sind staatliche Förderungen der Unterzeichnerstaaten nur im Einklang mit dem OECD-Konsensus zulässig. Die wesentlichen Reglementierungen betreffen den Umfang der staatlichen Förderung im Verhältnis zum Auftragswert des Exportgeschäftes, die deckungsfähigen örtlichen Kosten und die Rückzahlungsbedingungen unter den eingebundenen Finanzierungsvehikeln.

[1073] Siehe hierzu etwa die Ausführungen im folgenden Kapitel 5.9.

Grundsätzlich kann maximal 85 % des Auftragswertes eines Exportgeschäftes über eine Exportkreditversicherung abgesichert werden. Bei den Kriterien der deckungsfähigen Lieferungen und Leistungen ist außerdem zwischen der Wertschöpfung im Bestellerland (bzw. örtlichen Kosten) und der Wertschöpfung außerhalb des Bestellerlandes (bzw. Exportwert) zu unterscheiden. Die unter der Deckung einbezogenen örtlichen Kosten dürfen maximal 30 % des Exportwertes betragen. Zudem erfolgt eine differenzierte Betrachtung der zulässigen Zahlungsbedingungen anhand des Industriesektors, anhand des Bestellerlandes und anhand der Strukturierungsform des Exportgeschäftes.

Eine Kreditrückzahlung in gleichen Halbjahresraten (oder jedes andere Rückzahlungsprofil, dass zu jeder Fälligkeit einen niedrigeren Kreditaußenstand gewährleistet, als es bei einer vergleichbaren Kreditrückzahlung in Halbjahresraten geben hätte) ist deckungsfähig. Bei konventionellen Exportgeschäften beträgt die maximal zulässige Kreditlaufzeit in OECD-Ländern 8 ½ Jahre und ansonsten 10 Jahre. Für bestimmte Industriesektoren, wie beispielsweise Schiffe und Flugzeuge, aber insbesondere auch für Erneuerbare Energien gelten flexiblere Bestimmungen. So können im Bereich Erneuerbare Energien, zudem u.a. Wind-, Wasser-, Geothermal-, Gezeitenkraft-, Solar-, und Bioenergie aber auch Trinkwasserver- und Abwasserentsorgungsprojekte zählen, Kreditlaufzeiten von maximal 18 Jahren und in bestimmten Ausnahmefällen ein Cashflow-basiertes Rückzahlungsprofil beantragt werden.

Zum Bundeshaushaltsrecht

Als Eventualverbindlichkeit des Bundes unterliegen die Ausfuhrgewährleistungen dem Bundeshaushalt, der als Gesetzesvorlage jährlich vom Bundestag und Bundesrat beschlossen wird. Über den Bundeshaushalt wird beispielsweise jährlich der Obligorahmen definiert, in dessen Gesamthöhe Ausfuhrgewährleistungen übernommen werden können. Hinzu kommen Restriktionen hinsichtlich der Finanzierungsformen, für die Exportgarantien herausgelegt werden können. So sind in aller Regel Kreditgeschäfte unproblematisch, nicht jedoch eine Bond-Finanzierung aufgrund der Vielzahl der schuldrechtlichen Verflechtungen zu den einzelnen Bondholdern und dem Schuldner. Eine weitere Restriktion betrifft die Freigabe von Sicherheiten. Beispielsweise kann auf Basis der bestehenden Gesetzeslage der Bund selbst bei einer äußerst positiven Projektentwicklung nicht einseitig auf Sicherheiten verzichten, es sei denn, dieser Verzicht wurde unter den Vertragsbedingungen von vornherein so vereinbart.

5.8.4.6 Entscheidungsverfahren

Bei Vorlage aller entscheidungsrelevanten Unterlagen erfolgt die Deckungsentscheidung üblicherweise innerhalb von vier Wochen nach Antragstellung. Dagegen kann die Bearbeitungszeit bei komplexen Exportgeschäften bis zu sechs Monate in Anspruch nehmen. In aller Regel finden dabei vor Antragstellung erste Gespräche über die risikorelevanten Aspekte des Projektes und die vorgesehene Besicherungsstruktur zwischen den Projektsponsoren, den Exporteur, der finanzierenden Bank und den Mandataren (Euler Hermes Kreditversicherungs-AG und PricewaterhouseCoopers) statt. Auf dieser Grundlage kann bereits eine erste Indikation von den Berliner Ressorts für die generelle Deckungsfähigkeit des Vorhabens eingeholt werden.

Sollte das Vorhaben auf Basis einer Projektfinanzierung umgesetzt werden, wird nach Antragstellung zunächst eine kursorische Vorprüfung durchgeführt, um frühzeitig die wesentlichen Risikoaspekte für den weiteren Strukturierungsprozess zu adressieren. Kernaspekte dieser Vorprüfung sind die Förderungswürdigkeit des Vorhabens, das Länderrisiko, die Zahlungsbedingungen sowie eine überschlägige Bewertung der wirtschaftlichen Tragfähigkeit des Projektes. Das Ergebnis der Vorprüfung wird zunächst mit verschiedenen Ressortvertretern im sog. ARBEITSKREIS FÜR PROJEKTFINANZIERUNG erörtert und letztendlich im sog. INTERMINISTERIELLEN AUSSCHUSS (IMA) entschieden, ob das Projekt tatsächlich als Projektfinanzierung geeignet erscheint. Bei einem positiven Votum wird für die weitere Projektprüfung eine Gutachtliche Stellungnahme eines externen Wirtschaftsprüfungsunternehmens erforderlich, in der alle wesentlichen Risikoaspekte kritisch gewürdigt werden sollen.

Die Ergebnisse des externen Gutachtens werden dann mit den Ressortvertretern erneut diskutiert und – ebenso wie konventionelle Exportgeschäfte – im IMA entschieden. Zu diesem Zeitpunkt sind üblicherweise noch nicht sämtliche relevanten Projektverträge abgeschlossen. Zudem können sich aus der Projektprüfung weitere Anforderungen an die Geschäftsstrukturierung ergeben. Erst nach Abschluss aller relevanten Projektverträge wird die Deckungsurkunde ausgestellt und die Versicherungsprämie fällig.

5.8.4.7 Deckungsentgelte

Die Höhe des Deckungsentgeltes bemisst sich am beantragten Versicherungsumfang und den geschäftsspezifischen Risiken. Innerhalb der Mitgliedstaaten der OECD wurde ein verbindliches Prämienmodell vereinbart, an dem sich auch die Hermesdeckungen orientieren. Die OECD unterscheidet für sämtliche gedeckten Kreditgeschäfte weltweit mit einer Mindest-Kreditlaufzeit von zwei Jahren zwischen sieben Länderkategorien, den jeweils bis zu sieben Käuferkategorien zugeordnet werden. Anhand eines ökonometrischen Modells wurden in Abhängigkeit der Risikolaufzeit (bzw. des gewichteten Rückzahlungsprofils des zugrunde liegenden Kreditgeschäftes) Mindestprämiensätze festgelegt.

Die folgende Übersicht in tilgung in Halbjahresraten vorausgesetzt wird. Erfolgt die Kredittilgung nach einem anderen Rückzahlungsprofil, ist zunächst die gewogene, mittlere Kreditlaufzeit zu ermitteln und dann auf ein Rückzahlungsprofil in Halbjahresraten zu normieren. Die Prämienbenchmarks gelten auch, wenn die staatliche Unterstützung des Exports nicht in Form einer Versicherung, sondern in Form einer direkten Kreditvergabe erfolgt. Die Mindestprämien und die Berechnungsmethode sind im Internet über die Website der OECD (www.oecd.org) unter dem Stichwort *„Premium Rules of the Arrangement“* verfügbar.

Tabelle 38 zeigt die mögliche Kombination von Länderrisiko- und Käuferrisikokategorien. In dieser Übersicht ist auch angegeben, welche Kategorisierung nährungsweise welcher Ratingstufe typischer Ratingagenturen entspricht.

Für die Bemessung des Entgeltsatzes wird das Länderrisiko des Bestellerlandes zunächst anhand makroökonomischer Daten gemessen, die sowohl die wirtschaftliche als auch die finanzielle Situation in diesem Land reflektieren. Wesentliche Variablen sind in diesem Bereich die Auslandsschuld, der Schuldendienst, die Exporte und deren Entwicklung, die Währungsreserven sowie Indikatoren zum Potential einer Volkswirtschaft, wie z.B. das Entwicklungsniveau, langfristige Wachstumstrends sowie die Spar- und die Investitionsquote. Den zweiten Eckpfeiler bilden Prämienbenchmarks für die Käuferkategorisierung, die aus einer vergangenheitsbezogenen Durchschnittsbetrachtung der tatsächlichen Prämien der beteiligten staatlichen Exportkreditversicherungen hergeleitet wurden. Bei der Festlegung dieses Benchmarks sind Kreditzinsen von durchschnittlich 8 % p.a. bereits in die Prämienkalku lation mit eingeflossen. Die für die Berechnung maßgebliche Risikolaufzeit entspricht der Kreditlaufzeit zuzüglich der halben Zeitspanne zwischen Beginn der Lieferung und dem für den Beginn der Kredittilgung festgelegten Zeitpunkt („starting point"), wobei eine Kredit tilgung in Halbjahresraten vorausgesetzt wird. Erfolgt die Kredittilgung nach einem anderen Rückzahlungsprofil, ist zunächst die gewogene, mittlere Kreditlaufzeit zu ermitteln und dann auf ein Rückzahlungsprofil in Halbjahresraten zu normieren. Die Prämienbenchmarks gelten auch, wenn die staatliche Unterstützung des Exports nicht in Form einer Versicherung, sondern in Form einer direkten Kreditvergabe erfolgt. Die Mindestprämien und die Berechnungsmethode sind im Internet über die Website der OECD (www.oecd.org) unter dem Stichwort *„Premium Rules of the Arrangement"* verfügbar.

Tabelle 38: Kombination von Länderrisiko- und Käuferrisikokategorien

		Participants Country Risk Category						
		1	*2*	*3*	*4*	*5*	*6*	*7*
Buyer Risk Category	Participants	SOV+	SOV+	SOV+	SOV+	SOV+	SOV+	SOV+
	Participants	SOV/CC0	SOV/CC0	SOV/CC0	SOV/CC0	SOV/CC0	SOV/CC0	SOV/CC0
	Participants	CC1	CC1	CC1	CC1	CC1	CC1	CC1
	SP Fitch IBCA	AAA to AA-	A+ to A-	BBB+ to BBB-	BB+ to BB	BB-	B+	B
	Moodys	Aaa to Aa3	A1 to A3	Baa1 to Baa3	Ba1 to Ba2	Ba3	B1	B2
	Participants	CC2	CC2	CC2	CC2	CC2	CC2	CC2
	SP Fitch IBCA	A+ to A-	BBB+ to BBB-	BB+ to BB	BB-	B+	B	B- or worse
	Moodys	A1 to A3	Baa1 to Baa3	Ba1 to Ba2	Ba3	B1	B2	B3 or worse
	Participants	CC3	CC3	CC3	CC3	CC3	CC3	
	SPFitch IBCA	BBB+ to BBB-	BB+ to BB	BB-	B+	B	B- or worse	
	Moodys	Baa1 to Baa3	Ba1 to Ba2	Ba3	B1	B2	B3 or worse	
	Participants	CC4	CC4	CC4	CC4	CC4		
	SP Fitch IBCA	BB+ to BB	BB-	B+	B	B- or worse		
	Moodys	Ba1 to Ba2	Ba3	B1	B2	B3 or worse		
	Participants	CC5	CC5	CC5	CC5			
	SP Fitch IBCA	BB- or worse	B+ or worse	B or worse	B- or worse			
	Moodys	Ba3 or worse	B1 or worse	B2 or worse	B3 or worse			

Unter bestimmten Voraussetzungen, beispielsweise bei der Vereinbarung zusätzlicher Sicherheiten oder bei der Verlagerung von Zahlungsströmen über Offshore-Konten sind Prämienabschläge möglich. Diese Abschläge werden jedoch in aller Regel nur gewährt, wenn sie nicht notwendige Voraussetzung für die Indeckungnahme des Geschäfte gewesen sind. Bei Projektfinanzierungen sind die vereinbarten Sicherheiten eine wesentliche Deckungsvoraussetzung. Daher wird bei derartigen Geschäften in aller Regel kein Prämienabschlag gewährt.

5.8.4.8 Entschädigung und Selbstbehalt

Voraussetzung für die Leistung einer Entschädigung ist die Uneinbringlichkeit der rechtsbeständigen und fälligen Forderung aufgrund eines der gedeckten Risiken. Der Deckungsnehmer trägt dabei grundsätzlich die Dokumentationsrisiken. Das bedeutet, dass der Deckungsnehmer gegenüber dem Bund den Bestand der garantierten Forderung, das Vorhandensein der Sicherheiten, den Eintritt des Garantiefalles sowie Grund und Höhe seines Schadens auf eigene Kosten nachzuweisen hat.

Der Bund behält sich vor, Verträge und sonstige Unterlagen erst im Entschädigungsverfahren zu prüfen. Liegen alle erforderlichen Unterlagen vor, wird die Schadensberechnung binnen eines Monats aufgestellt. Die Auszahlung der Entschädigung erfolgt dann innerhalb von fünf Bankarbeitstagen nach Aufstellung der Schadensberechnung. Hat der Garantienehmer aus seiner Geschäftstätigkeit mit dem ausländischen Schuldner gedeckte und ungedeckte Forderungen, werden Zahlungen des ausländischen Schuldners verrechnet. Mit der Leistung der Entschädigung geht die entschädigte Forderung mit Zinsen und Ansprüchen aus bestehenden Sicherheiten insoweit auf den Bund über, als dies dem Anteil des Bundes am Ausfall der entschädigten Forderung entspricht. Gleichwohl ist der Garantienehmer verpflichtet, alle Maßnahmen durchzuführen, die zur Einziehung der Forderung und zur Verwertung von Sicherheiten geeignet sind.

Treten nach der Haftungsübernahme durch den Bund Zahlungsverzögerungen mit dem ausländischen Schuldner auf, sollten die Deckungsbegünstigten frühzeitig die Mandatare informieren, um gemeinsam geeignete Maßnahmen zu ergreifen. Sollte die Auslandsforderung nicht vertragsgemäß beglichen werden, steht es dem Exporteur oder die Bank frei, einen Entschädigungsantrag bei Euler Hermes einzureichen.

Nur rechtsbeständige Forderungen können Gegenstand einer Entschädigung sein. Bestreitet ein ausländischer Schuldner seine Zahlungsverpflichtung, kann der Bund seine Entschädigung bis zur Klärung zurückstellen. Bei drohenden Schäden gelingt es im Zusammenspiel von Bund, Exporteur, finanzierender Bank und Euler Hermes häufig, wirtschaftlich instabil gewordene Projekte zu stabilisieren und Entschädigungen – zumindest teilweise – zu vermeiden. Hierbei werden Restrukturierungen meistens in Form von Prolongationen vorgenommen. Zudem beteiligt sich der Bund auch an den Kosten der Rechtsverfolgung in Form von Gerichtskosten oder der Einschaltung eines Rechtsanwalts. Bei politischen Schäden versucht der Bund in aller Regel über eine Umschuldung, eine Rückzahlung der entschädigten Forderungen zu erlangen.

In einem Entschädigungsfall ist – je nach Schadensursache – ein differenzierter Selbstbehalt zulasten des Deckungsnehmers zu berücksichtigen. Bei politischen Risikotatbeständen beträgt der Selbstbehalt grundsätzlich 5 % auf den zugrundeliegenden Entschädigungsanspruch. Dagegen beträgt bei wirtschaftlichen Risikotatbeständen der Selbstbehalt üblicherweise 15 % für den deutschen Exporteur bzw. 5 % für die finanzierende Bank. Bereits bei näherer Betrachtung der Risikoteilung von 95 % zulasten des Bundes und 5 % zulasten des Deckungsnehmers wird deutlich, dass der Selbstbehalt nicht der Minderung von Entschädigungszahlungen im eigentlichem Sinne dienen soll. Vielmehr wurde der Selbstbehalt eingeführt, um über eine vertretbare Risikobeteiligung ein gleich gerichtetes Interesse zwischen Antragsteller und Bund bei allen Aspekten der Schadensvermeidung und der Schadensverfolgung zu schaffen.

Schließlich sind von der Deckung Aufwendungen ausgeschlossen, die nach dem anwendbaren Recht verboten sind. Das Problem illegaler Zahlungen hat allerdings eine weit über die fehlende Anerkennung der Deckungsfähigkeit hinausreichende Dimension. Einmal können Zahlungen dieser Art („nützliche Abgaben") die Förderungswürdigkeit eines Geschäftes und damit eine Grundvoraussetzung für die Deckungsübernahme überhaupt in Frage stellen. Zum anderen können Zahlungen, die gegen das für den Vertrag geltende Recht verstoßen, die Wirksamkeit des Ausfuhrvertrages insgesamt beseitigen. In diesem Falle würde eine Entschädigungspflicht des Bundes in jeglicher Form entfallen, da die Wirksamkeit des Ausfuhrvertrages Voraussetzung für eine Entschädigung ist.

Was speziell die Zahlung von Bestechungsgeldern im Geschäftsverkehr angeht, sind derartige Aufwendungen international, namentlich auf OECD-Ebene, geächtet und im nationalen Recht der Bundesrepublik Deutschland ausnahmslos strafbar. Sie sind damit zweifelsfrei illegal. Ein Exporteur muss heute bereits im Antragsverfahren über das Antragsformular ausdrücklich eine Erklärung zur Korruptionsfreiheit des Exportgeschäfts abgeben. Bei Nichtabgabe dieser Erklärung übernimmt der Bund keine Exportkreditgarantie. Stellt sich späterhin heraus, dass die Erklärung wahrheitswidrig abgegeben bzw. vor Deckungsübernahme nicht realitätsentsprechend korrigiert wurde, führt dieser Umstand zur Haftungsbefreiung des Bundes unter Verfall gezahlten Entgelts. Insoweit sind Bestechungsgelder nicht nur der Deckungsfähigkeit ausgenommen, sondern führen über die möglichen Konsequenzen zu einer Haftungsbefreiung.

5.8.5 Besondere Aspekte bei einer Projektfinanzierung

Unter den Ausfuhrgewährleistungen des Bundes sind die Absicherungsmöglichkeiten für konventionelle Exportgeschäfte und Projektfinanzierungen weitgehend identisch. Qualitative Unterschiede bestehen jedoch im Umfang der beizubringenden Informationen bei Antragstellung (Projektinformationsmemorandum, Financial Model und ggf. externe Gutachten zur Marktsituation, zu den rechtlichen Rahmenbedingungen und zum technischen Projektkonzept), der Prüfungstiefe und insofern auch in der Bearbeitungszeit, die zum Erhalt einer Deckungsentscheidung des Bundes erforderlich ist.

Bei Ausfuhrgewährleistungen für konventionelle Exportgeschäften handelt es um Deckungen auf etablierte Marktteilnehmer. Bei der Prüfung der Kreditwürdigkeit kann somit auf belastbare Finanzdaten und ggf. auf langjährige Zahlungserfahrungen der Antragsteller mit diesem Unternehmen abgestellt werden. Dagegen ist bei einer Projektfinanzierung der ultimative Zahlungsverpflichtete eine Neugründung, die allein zum Zweck der Projektabwicklung gegründet wurde. Für die Kreditprüfung liegen weder Finanzdaten noch aussagekräftige Zahlungserfahrungen vor. Zudem verfügt die Projektgesellschaft auch über keine nennenswerte Vermögenswerte außerhalb des Investitionsvolumens, die zur Besicherung der

Gesamtfinanzierung herangezogen werden könnten. Die wesentlichen Unternehmensaktiva sollen erst durch die anstehenden Investitionen geschaffen und zudem auch noch aus dem abzusichernden Fremdkapital finanziert werden. Auch die Kreditwürdigkeit der Investoren kann nur bedingt für die Deckungsentscheidung herangezogen werden. Deren Bereitstellungspflichten ist auf die Gesellschaftereinlagen (und mögliche Nachschusspflichten für Kostenüberschreitungen) beschränkt und dies umfasst eben gerade nicht die Haftung für die Zahlungsverpflichtungen der Projektgesellschaft gegenüber den zu versichernden Kreditgebern. Auch das Abschreibungspotential unterscheidet sich deutlich. Sollte – aus welchen Gründen auch immer – das Projekt nicht funktionsfähig fertig gestellt werden, ist aufgrund der Besonderheiten einer Projektfinanzierung weder von adäquaten Verwertungserlösen noch von kostendeckenden Projekteinnahmen auszugehen.

Vor diesem Hintergrund wird bei der Projektprüfung ein besonderes Augenmerk auf die Plausibilität der wirtschaftlichen Tragfähigkeit des Projektkonzeptes, auf die fachliche Kompetenz aller Projektbeteiligten in ihrem jeweiligen Verantwortungsbereich und schließlich auf die Belastbarkeit aller relevanten Projektverträge gelegt.

5.8.5.1 Projektrisiken

Nur wenn alle Finanzierungsparteien vom langfristigen Projekterfolg überzeugt sind, hat eine Projektfinanzierung ernsthafte Realisierungschancen. Aufgrund dieser Verhandlungskonstellation ist der Strukturierungsprozess einer Projektfinanzierung häufig zeitintensiv und das resultierende Projekt- und Finanzierungskonzept fast immer maßgeschneidert. Aufgrund des hohen Komplexitätsgrades werden häufig Beratungsgesellschaften mit der Strukturierung des Projekt- und Finanzierungskonzeptes beauftragt. Dies kann erhebliche Zusatzkosten verursachen.

Um den Strukturierungsaufwand so niedrig wie möglich zu halten, sollten alle relevanten Projektrisiken frühzeitig adressiert und risikoadäquate Lösungsalternativen erarbeitet werden. Die Auseinandersetzung mit verschiedenen Einflussgrößen auf den Projekterfolg aus unterschiedlichen Blickwinkeln kann zudem wichtige Argumente für die Durchsetzung der eigenen Verhandlungsposition in den anstehenden Strukturierungsverhandlungen liefern. Eine Projektfinanzierung weist fast immer ein komplexes Geflecht vertraglicher Beziehungen unter einer Vielzahl von Projektbeteiligten auf. Daher besteht die Gefahr, dass man bei der vorbereitenden Projektanalyse die falschen Schwerpunkte setzt oder sich in Detailfragen verliert. Bestimmte Fragen sind für den Projekterfolg jedoch derart fundamental, dass sie in unterschiedlichen Gewändern praktisch bei jeder Projektfinanzierung anzutreffen sind. Folgende fünf Hauptgruppen lassen sich typischerweise unterscheiden:

- Markt (Absatz, Preis und Wettbewerb)
- Fertigstellung (Budgetüberschreitung, ordnungsgemäße Vertragserfüllung, zeitliche Verzögerungen und höhere Gewalt)
- Betrieb (kaufmännische Kompetenz des Managements, Working Capital Bedarf, Personalverfügbarkeit, Wartung und Instandhaltung, Versicherungen)
- Beschaffung und Versorgung (Verfügbarkeit von Roh-, Hilfs-, und Betriebsstoffen, Zugriff auf Grund und Boden, Transport und behördliche Genehmigungen)

- Finanzierung (Strukturierung von Eigen- und Fremdkapital, Burden Sharing, Bereitstellungsfristen, Qualität des Besicherungskonzepts, Sicherstellung des Schuldendienst und Rechtssicherheit)

Zu den Marktrisiken

Bei einer Projektfinanzierung stellen die Produkterlöse die wichtigste Einnahmequelle für die Gewährleistung des Schuldendienstes dar. Daher werden potentielle Kreditgeber immer die Marktchancen des Projektes eingehend prüfen. Dabei ist nicht nur von Bedeutung, ob die Projektgesellschaft die erforderlichen Mittel für die Bedienung aller Zahlungsverpflichtungen erwirtschaften kann, sondern auch welche Faktoren möglicherweise dem entgegenstehen können. Das wichtigste Analysewerkzeug der Kreditprüfung ist die Cashflow-Betrachtung. Hierbei werden sämtliche Kosten periodenbezogen den Projekterlösen gegenübergestellt, um die wirtschaftliche Tragfähigkeit des Projektes beurteilen zu können. Die Projektamortisation und die Planungssicherheit der zugrunde gelegten Annahmen sind dabei wesentliche Entscheidungskriterien für die Beurteilung des potentiellen Projekterfolges.

Die Belastbarkeit der getroffenen Annahmen für die wesentlichen Projektdeterminanten und die Aussagekraft der Cashflow-Betrachtung zum potentiellen Projekterfolg sind im Prinzip zwei Seiten derselben Medaille. Insofern sollten diese Annahmen immer auf ihre Plausibilität geprüft werden. Beispielsweise erwartet der Bund bei der Strukturierung größerer Projektfinanzierungen eine unabhängige Prüfung der wesentlichen Projektdeterminanten. Diese unabhängige Stellungnahme kann eine Prüfung eines Abnahmevertrages oder aber auch unabhängige Marktgutachten umfassen. Selbst ein gegebenes Nachfragepotential sichert nicht zwingend den langfristigen Projekterfolg, wenn in der Vergangenheit im relevanten Markt starke Preis- oder Absatzschwankungen aufgetreten sind, oder etablierte Anbieter eine wettbewerbsfähige Bereitstellung verhindern können.

Im Bereich Erneuerbare Energien (EE) werden viele Vorhaben von Stromversorgern über langfristige garantierte Abnahmeverträge für einen ansonsten relativ fest definierten Projektrahmen ausgeschrieben. Ausschlaggebend ist meist der vom Bieterkonsortium angebotene Einspeise-Tarif. Offshore-Windparks weisen aufgrund der relativ konstanten Windverhältnisse auf hoher See eine stetige Stromproduktion mit einer stabilen Cashflow-Entwicklung auf. Insofern sollten bei der Marktanalyse Fragen der Planungssicherheit eher in den Hintergrund treten. Jedoch werden an vielen nationalen Strombörsen – je nach Bereitstellungszeitpunkt und Strommenge – nur preisdifferenzierte Einspeise-Tarife gewährt. Insofern setzt diese Art der Ausschreibung beim Stromversorger meist einen staatlichen Hintergrund oder andere Formen der staatlichen Förderung voraus. In vielen Jurisdiktionen wird auch eine Mindestvergütung garantiert, womit eine ähnliche Planungssicherheit für die Investitionsentscheidung geschaffen werden kann.

Bei der Prüfung von EE-Projekten sind Fragen der Planungssicherheit nur bedingt mit der rechtlichen Belastbarkeit staatlicher Fördermaßnahmen gleichzusetzen. Beispielsweise liegt in der Türkei der staatlich garantierte Einspeisetarif für Strom aus Windprojekten häufig unter den Notierungen der türkischen Strombörse. Selbst in einer solchen Marktsituation ist die Durchführung einer Projektfinanzierung denkbar, solange der bestehende Bedarfsüberhang, die Wettbewerbssituation bei den Erzeugerkapazitäten und bestehende Marktzutrittsbarrieren langfristig auskömmliche Einspeisetarife erwarten lassen.

Zu den Fertigstellungsrisiken

Wie bereits ausgeführt, besteht ein wesentliches Merkmal einer Projektfinanzierung in dem Umstand, dass das Projekt sich aus sich selbst heraus tragen muss. Als „Limited Recourse" Finanzierung sind gegenüber der Projektgesellschaft qua definitionem die Pflichten Dritter (Gewährleistungen der Lieferanten oder Nachschusspflichten der Investoren) auf die eine oder andere Weise beschränkt. Aufgrund dieser Ausgangslage ist das Erreichen der Betriebsbereitschaft aller für den operativen Geschäftsbetrieb erforderlichen Produktionsanlage für den Projekterfolg zwingend erforderlich. Ein vorzeitiger Projektabbruch gefährdet nicht nur allein die Zahlungsfähigkeit der Projektgesellschaft; aus Sicht der Kapitalgeber bestehen bei einer Projektruine auch schlechte Aussichten auf kostendeckende Verwertungserlöse.

Daher sollte sowohl bei auf der Eigen- als auch auf der Fremdkapitalseite ein gleich gerichtetes Interesse bestehen, einen vorzeitigen Projektabbruch unter allen Umständen zu vermeiden. Hierbei gilt es nicht nur allein, ein Gefährdungspotential frühzeitig zu adressieren, sondern auch geeignete Maßnahmen zu ergreifen, um sich von vornherein alternative Handlungsmöglichkeiten offenzuhalten, um trotz aller vorhersehbaren Widrigkeiten den Projekterfolg gewährleisten zu können.

Die Fertigstellungsrisiken eines Projektes werden maßgeblich von der technischen Reife der Anlagentechnologie, von der Belastbarkeit der Werkverträge und insbesondere von den Erfahrungen und der Fachkompetenz der ausführenden Vertragsparteien beeinflusst. Idealerweise sollte die Projektausführung unter der Verantwortung eines technisch versierten und finanzstarken Generalunternehmers erfolgen, der ggf. auch für eingebundene Unterlieferanten haften sollte. Gegenüber vergleichbaren Einzelgewerken verursacht der Generalunternehmervertrag zwar für die zusätzliche Haftungsübernahme Mehrkosten, jedoch entfällt das Schnittstellenrisiko, das im Falle einer mangelhaften Vertragserfüllung die Zuordnung der Verantwortlichkeiten deutlich erschweren kann. Darüber hinaus sollte eine Festpreisbindung und ein verbindlicher Abnahmetermin vereinbart werden, um das Risiko von Kostenüberschreitungen und zeitlichen Verzögerungen zu begrenzen. Außerdem sollte bei Schlüsselkomponenten eine alternative Anlagenverfügbarkeit geprüft und Eintrittsrechte unter den maßgeblichen Verträgen vereinbart werden, um einseitige Abhängigkeiten bei den einzelnen Lieferanten zu minimieren und eine rechtliche Handhabe für eine alternative Bereitstellung im Falle der Nicht- oder Schlechterfüllung zu schaffen.

Die Risikoanalyse sollte sämtliche erforderlichen Genehmigungen für den Bau und Betrieb, die konkrete Umsetzung der technischen Anforderungen des Projektes und die rechtliche Ausgestaltung der relevanten Projektverträge unter Berücksichtigung der Gewährleistungsansprüche und -fristen umfassen. Zudem sollte über einen angemessenen Abnahmetest ein Nachweis für den einwandfreien Betrieb der Anlagen erbracht werden. Dieser Abnahmetest sollte nicht nur die Anlage als solches, sondern auch alle erforderlichen Nebenanlagen, beispielsweise auch die Sicherstellung des Netzanschlusses mit einschließen.

Typische Fertigstellungsrisiken lassen sich über markttypische Versicherungspakete bei renommierten Erstversicherern absichern. Sollten materielle Einzelrisiken in der Projektstruktur dennoch nicht hinreichend ausgeräumt werden können, erwarten die Kreditgeber üblicherweise von den Projektsponsoren die Abgabe einer Fertigstellungsgarantie und/oder die Übernahme von weiteren Nachschusspflichten, um mögliche Kostenüberschreitungen oder zeitliche Verzögerungen abzusichern. Gerade die Frage, ob bestimmte Aspekte der Bauplanung tatsächlich ein materielles Fertigstellungsrisiko darstellen, wird häufig in den Strukturierungsverhandlungen einer Projektfinanzierung intensiv diskutiert. Daher lohnt es sich immer, argumentativ gewappnet zu sein.

Zu den Betriebsrisiken

Der Begriff der „Betriebsrisiken" ist eher irreführend, da man hiermit umgangssprachlich die Gefahren verbindet, die vom Produktionsprozess auf Mensch und Natur ausgehen können. Dieses Gefährdungspotential betrifft ausschließlich Fragen der Verfahrenstechnik und ist als solches Untersuchungsgegenstand der Bau- und Betriebsgenehmigung. Stattdessen sollen an dieser Stelle solche Faktoren angesprochen werden, die einen ordnungsgemäßen Geschäftsbetrieb be- oder sogar verhindern können. Dies beinhaltet insbesondere Fragen der Absatz- und Versorgungssicherheit, der Personalplanung, der technischen Wartung und Instandhaltung, aber auch Liquiditätsaspekte im Sinne des Projektbedarfs an Working Capital.

Bei einer breiten Produktpalette ist die Optimierung der Fertigungsplanung äußerst komplex und Gegenstand vieler betriebswirtschaftlicher Untersuchungen. Dagegen dienen Windparks ausschließlich der Stromproduktion. Sollte ein langfristiger Abnahmevertrag vorliegen, sind die Absatzrisiken im Wesentlichen auf die rechtliche Belastbarkeit des Abnahmevertrages und auf die wirtschaftlichen Verhältnisse des Stromabnehmers begrenzt. Sollte die Finanzierung jedoch nicht in Landeswährung erfolgen, ist bei einer schwachen Währung der Abschluss von fristenkongruenten Kurssicherungsgeschäften zweckdienlich, um Wechselkursrisiken zu vermeiden.

Auf der Versorgungsseite bilden die Prognose-Unsicherheit für das Windaufkommen und die Störanfälligkeit der Produktionstechnologie die beiden zentralen Beschaffungsrisiken. Für beide Fragestellungen sollten jedoch hinreichende Erfahrungswerte aus vergleichbaren Projekten vorliegen. Sollte der Anlagenlieferant einen Wartungs- und Instandhaltungsvertrag anbieten, umfasst dieser Vertrag üblicherweise auch eine verschuldensunabhängige Verfügbarkeitsgarantie. Ob der Vertragsabschluss betriebswirtschaftlich sinnvoll ist, hängt im Wesentlichen von den Preiserwartungen des Vertragsanbieters ab. Jedoch ergibt sich unter Kostengesichtspunkten für die Projektgesellschaft auch erhebliches Einsparungspotential beim Personalaufwand und der Lagerhaltung von Ersatzteilen.

Operative Fragen der Betriebsführung sollten weitgehend in der Verantwortungskompetenz der Projektgesellschaft geregelt werden, um den erforderlichen Handlungsspielraum im Alltagsgeschäft zu gewährleisten. Erfahrungsgemäß wären hierbei lange Entscheidungshierarchien eher hinderlich. Von schwachen Betriebsergebnissen wird jedoch auch die Risikoposition der Kreditgeber berührt, und unter Umständen werden sogar materielle Änderungen in der Projektstruktur erforderlich. Um bei diesen Fragen ein Mitspracherecht der Kreditgeber zu ermöglichen, wird in aller Regel unter den Kreditverträgen ein sog. „Covenant-Regime" vereinbart, bei dem betriebswirtschaftliche Kennzahlen regelmäßig überprüft werden. Sollten dann bestimmte Schwellenwerte unterschritten werden, erwachsen hieraus unterschiedliche Rechtsfolgen, die im ungünstigen Fall eine sofortige Fälligstellung der Fremdmittel bzw. eine Verwertung der Vermögenswerte der Projektgesellschaft nach sich ziehen kann.

Zu den Finanzierungsrisiken

Häufig erfolgt die Fremdkapitalbereitstellung bei einer Projektfinanzierung aus einer Hand. Dies bietet den höchsten Grad an Planungssicherheiten, denn kaum eine Finanzierungspartei wird sich auf eine Projektfinanzierung einlassen, wenn nicht von vornherein die Gesamtfinanzierung des Projektes sichergestellt ist. Gleichzeitig ist jedoch bei einer Projektfinanzierung die Kapitalverfügbarkeit insgesamt begrenzt. Hieraus folgt nicht nur, dass sämtliche Projektkosten (einschließlich möglicher Überschreitungsreserven) in einem Kostenbudget erfasst und deren Finanzierung unbedingt sichergestellt werden sollte, sondern möglicherweise auch Bereitstellungsfristen und Ziehungsvoraussetzungen zu beachten sind, um die Zahlungsfähigkeit der Projektgesellschaft zu jedem Zeitpunkt während der Bauzeit aufrechterhalten zu können. So ist die Inanspruchnahme der Fremdmittel in aller Regel an die Einhaltung bestimmter Ziehungsvoraussetzungen, den sog. *„Condition Precedent“*, geknüpft, um eine ordnungsgemäße Mittelverwendung innerhalb des Projektbudgets zu gewährleisten. Sollten bei einem einzelnen Gewerk jedoch Mehrkosten auftreten, kann hiervon ein erhebliches Gefährdungspotential für die Fertigstellung des gesamten Projektes ausgehen, selbst wenn das Projektbudget noch nicht ausgeschöpft ist. Diese Mehrkosten zeichnen sich gerade dadurch aus, dass sie im Kostenbudget nicht vorgesehen waren. Insofern besteht die Gefahr, dass die finanzierenden Banken entsprechende Ziehungen des Fremdkapitals verweigern, wenn die Gesamtfinanzierung des Projektes im vorgesehenen Kostenbudget nicht mehr sichergestellt werden kann.

Da die Finanzierungsquellen einer Projektgesellschaft natürlicherweise beschränkt sind, ist die Zahlungsfähigkeit der Projektgesellschaft unter allen Umständen zu gewährleisten, um größere Schäden zulasten der Projektbeteiligten zu vermeiden. Daher werden die Projekterlöse in aller Regel einem sog. Cashflow-Waterfall unterworfen, in dem unter einer verpfändeten Kontostruktur zunächst die operativen Kosten vor dem Schuldendienst gedeckt werden, bevor an dessen Ende mögliche Dividendenzahlungen an die Projektsponsoren stehen.

Um sicherzustellen, dass der in der Betriebsphase generierte Cashflow auch tatsächlich in der vereinbarten Verwendungsreihenfolge zur Verfügung steht, werden bei langfristigen Abnahmeverträgen häufig die Forderungen an die Kreditgeber abgetreten, um eine projektfremde Verwendung zu erschweren. Als weitere Sicherungsmittel wird üblicherweise eine Verpfändung aller wesentlichen Vermögenswerte (einschließlich der Gesellschafteranteile der Sponsoren an der Projektgesellschaft) erwartet, um bei einem Nicht-Zahlungstatbestand einen entsprechenden Zugriff auf die Vermögenswerte der Projektgesellschaft zu gewährleisten.

5.8.5.2 Erwartungen des Bundes an die Projektstrukturierung

Der Bund erwartet eine faire Verteilung der Risiken zwischen den Projektbeteiligten (*fair burden sharing*). Vor diesem Hintergrund ist es zunächst wichtig, dass sich die Sponsoren in einem angemessenen finanziellen Umfang in das Projekt einbringen. Eine bestimmte Mindest-Eigenkapitalquote gibt der Bund allerdings nicht vor. Ebenso erwartet er nicht zwingend, dass sich die Banken mit einem ungedeckten Darlehen (kommerzielle Tranche) an den Ausfallrisiken beteiligen. Gleichwohl kommt dem Vorhandensein einer solchen Tranche aus Sicht des Bundes eine signifikante Bedeutung zu.

Unverzichtbar ist das Vorliegen eines projektfinanzierungstypischen Sicherheitenpakets. Hierzu gehören nicht nur die typischen Kreditsicherheiten (z.B. Pfandrechte und Forderungsabtretungen), sondern alle Vereinbarungen und Verpflichtungen der Projektbeteiligten im Gesamtprojektkonzept, die Bau, Versorgung und Betrieb des Projekts, Produktabsatz und Erlösstrom sowie die Gesamtfinanzierung betreffen.

Die Ausgestaltung des Besicherungskonzeptes wird zwangsläufig von der konkreten Art des Projektes vorgegeben. Die Projektsicherheiten sollen jedoch den langfristigen Kreditgebern gleichrangig (pari passu) zustehen. Einzelheiten werden typischerweise durch ein Intercreditor-Agreement geregelt. Hier ist es dem Bund wichtig, dass die Position und die Interessen der einzelnen Kreditgeber bzw. der jeweiligen staatlichen Exportkreditversicherung (ECA/Export Credit Agency) adäquat berücksichtigt werden, insbesondere in Bezug auf die Stimmrechte.

Zudem ist bei Projektfinanzierungen vor einer Entscheidung des INTERMINISTERIELLEN AUSSCHUSSES (IMA) über die Indeckungnahme des Projekts in aller Regel eine Gutachtliche Stellungnahme zur wirtschaftlichen Tragfähigkeit des jeweiligen Vorhabens einzuholen. Der Bund hat mit Wirkung vom 1. März 2004 folgendes Verfahren für die Vergabe von Gutachten durch die Antragsteller beschlossen:

Gutachter müssen folgende Anforderungen erfüllen:

I. Gewährleistung der Unabhängigkeit:

- Risikobeurteilung aus der Sicht des Bundes
- Fachliche und honorarmäßige Unabhängigkeit
- Ausschluss von Interessenkonflikten
- Verschwiegenheit/Vertraulichkeit

II. International tätige Wirtschaftsprüfungsgesellschaft

- Umfassende theoretische und praktische Kenntnisse über die Instrumente und Elemente von Projektfinanzierungen und Strukturierten Finanzierungen
- Kenntnis der Deckungsinstrumente und der besonderen Anforderungen des Bundes, der Exportkreditversicherer und der Political Risk Insurer
- Erfahrung mit der Arbeitsweise internationaler Banken und anderer Finanzierungsinstitute (IFIs etc.), Financial Advisor sowie anderer Gutachter und Sponsoren-Gruppen

Der Antragsteller hat die Kosten der Gutachtererstellung zu tragen, ist jedoch bei der Auswahl der Wirtschaftsprüfungsgesellschaft grundsätzlich frei. Allerdings ist dabei zu berücksichtigen, dass das Gutachten im Wesentlichen der unabhängigen Risikobewertung des Projektes aus der Handlungsperspektive des Bundes dienen soll. Aufgrund des besonderen Anforderungsprofils des Bundes und der mit der Haftungsübernahme verbundenen Risiken kommt üblicherweise nur ein eingeschränkter Kreis von Wirtschaftsprüfungsgesellschaften für die Gutachtererstellung in Frage. Das Gutachten selbst sollte dabei immer eine Untersuchung sowohl aller rechtlichen Aspekte einschließlich sämtlicher relevanter Projektverträge und erforderlichen Genehmigungen als auch die wirtschaftliche Belastbarkeit des zugrunde liegenden Projektkonzeptes umfassen.

Wie bereits erwähnt, ist der Strukturierungsprozess einer Projektfinanzierung häufig zeitintensiv. Zudem können im weiteren Prüfungsprozess zwischen den Verhandlungsparteien durchaus abweichende Zielvorstellungen über die Ausgestaltung des Projekt- und Finanzierungskonzeptes auftreten. Und schließlich sollte dem Bund die Möglichkeit gegeben werden, seine eigenen Erwartungen in den Strukturierungsprozess konstruktiv einzubringen. Vor diesem Hintergrund kann es durchaus sinnvoll sein, die Gutachter frühzeitig in den Strukturierungsprozess einzubinden, um unnötige Zeitverzögerungen zu vermeiden.

5.8.6 Ausländische Kreditversicherer

Fast alle Mitgliedstaaten der OECD verfügen über eigenständige Förderinstrumente für ihre eigene Exportwirtschaft. Selbst viele Schwellen- und Entwicklungsländer haben mittlerweile ein eigenständiges System staatlicher Exportkreditversicherung oder Exportfinanzierung etabliert. Vielfach werden die gleichen Produkte angeboten; die Ausgestaltung ist jedoch individuell verschieden und reflektiert vielfach die politischen, historischen oder rechtlichen Gegebenheiten in dem jeweiligen Land. Die Organisationsformen können dabei stark variieren. So werden im Vereinigten Königreich diese Aufgaben von der ECGD und in Dänemark von der EKF jeweils als Unterabteilung des Wirtschaftsministeriums übernommen. Dagegen ist die US-EXIM Bank eine mehr oder weniger unabhängige Regierungsagentur, und die italienische SACE und die kanadische ECD sind quasi-staatliche Aktiengesellschaften. Schließlich wurden in Frankreich, den Niederlanden und Deutschland mit COFACE, ATRADIUS und EULER HERMES über einen jeweiligen Dienstleistungsvertrag mit der Regierung privatrechtliche Versicherungsunternehmen mit dieser Aufgabe betraut.

Manche Exportkreditversicherer agieren in ihren Deckungsentscheidungen relativ eigenständig; andere stehen unter einer strengeren staatlichen Aufsicht. Auch die Finanzierungsquellen sind häufig unterschiedlich. Das deutsche System ist fest im Bundeshaushalt verankert. Andere staatliche Kreditversicherer verfügen über eigenes Sondervermögen oder finanzieren sich über staatliches Kapital, Aktien oder Anleihen. Zudem ist der Schwerpunkt der Geschäftsaktivität meist auf die spezifischen Bedürfnisse der jeweiligen Exportwirtschaft ausgerichtet. So ist in manchen Ländern der Export auf bestimmte Sektoren, wie typischerweise Agrarerzeugnisse oder bestimmte Rohstoffe begrenzt. In diesen Ländern konzentriert sich das Versicherungsangebot der staatlichen Kreditversicherer eher auf den Sammeldeckungsbereich zu kurzfristigen Zahlungsbedingungen. In anderen Ländern steht dagegen der klassische Anlagenbau im Vordergrund. Hier werden häufig auch ergänzende Versicherungsprodukte – wie beispielsweise auch die Absicherung von Investitionsrisiken – angeboten.

Auch der staatliche Förderungsauftrag ist nicht überall deckungsgleich. Manche Exportkreditversicherer folgen strikt dem Subsidiaritätsgedanken, andere sehen sich im eigenen Selbstverständnis mehr als Marktteilnehmer. Diese unterschiedlichen Auffassungen beeinflussen selbstverständlich auch die Frage, wie sich der jeweilige Exportkreditversicherer zur Frage der nationalen Wertschöpfung und zur Deckung lokaler Kosten positioniert. Für den einen Exportversicherer steht die Beschäftigungssicherung im Inland im Vordergrund, dagegen ist für andere vielfach ein recht weit definiertes „nationales Interesse“ ausreichend.

5.8.6.1 Niederlande

Die staatliche Exportkreditversicherung wird in den Niederlanden von der ATRADIUS DUTCH STATE BUSINESS N.V., David Ricardostraat 1, 1066 JS Amsterdam wahrgenommen, Internet: www.atradiusdutchstatebusiness.nl.

Organisation und rechtliche Struktur

ATRADIUS DUTCH STATE BUSINESS N.V., (ATRADIUS), ist eine 100 % Tochter der Atradius-Gruppe. ATRADIUS ist einer der größten internationalen Kreditversicherer mit Hauptsitz in Amsterdam. Der weltweite Marktanteil beträgt ca. 30 %; Hauptaktionäre sind die spanische Gruppe CRÉDITO Y CAUCIÓN, die SWISS RE und die DEUTSCHE BANK.

Bereits seit 1932 ist ATRADIUS für den niederländischen Staat auf dem Gebiet der Exportkreditversicherung tätig. Anfänglich war ATRADIUS Erstversicherer, und der niederländische Staat stellte eine Rückversicherung zur Verfügung. Seit 2010 wird diese Funktion vom niederländischen Staat selbst übernommen, während ATRADIUS – ähnlich wie im deutschen System der Exportkreditgarantien – namens und im Auftrag des Staates das operative Geschäft betreibt.

Verhältnis zum Staat

Die Rechtsbeziehungen zwischen dem niederländischen Staat (vertreten durch das Finanzministerium) und ATRADIUS werden durch einen privatrechtlichen Vertrag geregelt. ATRADIUS ist berechtigt, im Rahmen bestimmter Obergrenzen Risiken für Rechnung des niederländischen Staates zu übernehmen. In den besten Länderrisikokategorien kann ATRADIUS Geschäfte bis zu EUR 25 Millionen selbst entscheiden; in schlechteren Risikokategorien ist dieser Schwellenwert geringer. In einigen besonders risikoreichen Ländern behält sich das Finanzministerium die Entscheidung selbst vor. Das niederländische Finanzministerium vertritt den niederländischen Staat federführend in den für Exportkreditversicherungen zuständigen Gremien der EU und der OECD.

Produkte

Das niederländische System der Exportkreditgarantien ist stark dem Subsidiaritätsgedanken verpflichtet. Der Staat will nur dort tätig werden, wo der private Markt kein adäquates Angebot zur Verfügung stellt. Die Abgrenzung zwischen den zulässigen Aktivitäten des Staates und dem privaten Markt wird jährlich unter Berücksichtigung der Kapazitäten des privaten Marktes vorgenommen. Dabei können die Regeln durchaus restriktiver sein, als sie es nach der Definition der nicht-marktfähigen Risiken im Sinne der Kommissionsmitteilung für das kurzfristige Geschäft sein müssten.

ATRADIUS deckt grundsätzlich kein kurzfristiges Geschäft. Im Übrigen werden die üblichen Deckungsformen angeboten. Die maximale Deckungsquote beträgt für politische Risiken 98 %, für wirtschaftliche Risiken 95 %. ATRADIUS verlangt grundsätzlich einen niederländischen Lieferanteil von mindestens 50 %. Ein höherer ausländischer Anteil kann ausnahmsweise unter dem Gesichtspunkt nationalen Interesses deckungsfähig sein. ATRADIUS stellt die Finanzkreditdeckung auch zugunsten ausländischer Banken zur Verfügung, wenn diese Banken überwiegend niederländische Lieferungen und Leistungen finanzieren. Voraussetzung ist, dass die Auslandsbank einer effektiven Bankenaufsicht unterliegt.

Neben den üblichen Deckungsformen (Lieferantenkredit, Finanzkredit, Fabrikationsrisikodeckung) stellt ATRADIUS auch Gegengarantiedeckungen, eine Avaldeckung, eine spezielle Form der Leasingdeckung, Bauleistungsdeckung, Projektfinanzierungen und Deckungen für strukturierte Finanzierungen zur Verfügung. Daneben gibt es eine Importdeckung und Investitionsgarantien.

Für Investitionsgarantien gibt es pro Geschäft eine Obergrenze von EUR 100 Millionen für eine Direktinvestition bzw. eine Obergrenze von EUR 75 Millionen für ein Darlehen. Die jährliche Prämie beträgt je nach Investitionsland zwischen 0,65 % p.a. und 1,1 % p.a.

Prämien

ATRADIUS erhebt Gebühren für Deckungszusagen und die Ausstellung von Deckungsurkunden. Daneben werden auch Auskunftskosten erhoben. Im Falle einer Prämienrückerstattung wird maximal 10 % des Erstattungsbetrages als Verwaltungskosten einbehalten.

Für die Ermittlung der anwendbaren Prämien für individuelle Geschäfte steht im Internet ein Prämienkalkulator zur Verfügung. Als Folge der finanziellen Krise sind die Prämien für Risiken auf Banken in bestimmten Ländern Osteuropas erhöht worden.

Finanzielle Krise

Als Reaktion auf die finanzielle Krise ist in den Niederlanden ein Refinanzierungsmodell eingeführt worden. Die Garantie unter diesem Refinanzierungsmodell erfasst bestehende von ATRADIUS gedeckte Exportkredite und soll die Liquidität exportfinanzierender Banken erhöhen. Außerdem ist eine Top-Up-Fazilität für kurzfristige Risiken und eine Deckung für Betriebsmittelkredite zeitlich befristet eingeführt worden.

5.8.6.2 Schweiz

Die staatliche Exportkreditversicherung wird in der Schweiz von der SCHWEIZERISCHEN EXPORTKREDITVERSICHERUNG (SERV), Kirchenweg 8, 8032 Zürich, wahrgenommen. Internet: www.serv-ch.com.

Organisation und rechtliche Struktur

Die SERV hat als neue öffentlich-rechtliche Anstalt des Bundes seine Tätigkeit zum 1. Januar 2007 aufgenommen. Zu den rechtlichen Grundlagen gehören das Bundesgesetz über die Schweizerische Exportrisikoversicherung (SERVG) vom 16. Dezember 2005, das Bundesgesetz über die befristete Ergänzung der Versicherungsleistungen der SERV vom 20. März 2009 und die Verordnung über die Schweizerische Exportrisikoversicherung (SERV-V) vom 24. Oktober 2006. SERV hat von der Vorgängerorganisation (Exportrisikogarantie- ERG) alle Vermögenswerte und Verbindlichkeiten übernommen.

Der Grund für den Wechsel von der ERG zur SERV besteht darin, dass die ERG nicht das private Käuferrisiko abgedeckt hat. Die Einführung der Deckung von Käuferrisiken in der Schweiz erforderte eine organisatorische und personelle Neuausrichtung der staatlichen Exportkreditversicherung.

Verhältnis zum Staat

Der Bundesrat der Schweiz trägt die haushaltsrechtliche Verantwortung und beaufsichtigt die SERV. Er legt jeweils für vier Jahre die strategischen Ziele der SERV fest und überprüft sie periodisch. Außerdem definiert der Bundesrat das maximale Obligo der SERV.

Der Verwaltungsrat der SERV setzt sich aus neun Mitgliedern zusammen, die vom Bundesrat für eine Dauer von vier Jahren gewählt werden. Auch die Industrie und die Gewerkschaften sind im Verwaltungsrat vertreten. Der Verwaltungsrat wiederum setzt einen Ausschuss für das Versicherungsgeschäft (Versicherungsausschuss), einen Finanz- und Organisationsausschuss sowie einen Ausschuss für Personelles ein. Der Versicherungsausschuss hat die Aufgabe, die Deckungspolitik für die einzelnen Länder festzulegen und die Deckungsentscheidungen für größere Geschäfte zu treffen.

Als fachliche Aufsichtsbehörde der SERV fungiert das STAATSSEKRETARIAT FÜR WIRTSCHAFT (SECO) des Eidgenössischen Volkswirtschaftsdepartements. SECO führt u.a. die Verhandlungen für die Schweiz in den für Exportkreditfragen zuständigen Gremien der OECD.

Produkte

SERV stellt Versicherungsprodukte für Exporteure, Banken und ein Produkt für Verbände zur Verfügung. Für Exporteure gibt es die übliche Lieferantenkreditversicherung, eine Fabrikationsrisikoversicherung, eine Vertragsgarantieversicherung und eine Beschlagnahmerisikoversicherung. Bei der Lieferantenkreditdeckung liegt die Deckungsquote für die politischen Risiken bei maximal 95 %; die Quote für wirtschaftliche Risiken liegt (bis Ende 2011 befristet) ebenfalls bei 95 %. Bei der Deckung kurzfristiger Risiken orientiert sich die SERV an den in der EU geltenden Regelungen. Unter Beachtung des Subsidiaritätsgedankens deckt SERV keine Risiken mit einem Risikohorizont von weniger als zwei Jahren in einem EU-Land oder einem Kernland der OECD. Im Ergebnis wendet die SERV damit die Regelungen der Kommissionsmitteilung für das kurzfristige Geschäft entsprechend an. Die Versicherungsverträge können auf Schweizer Franken, EURO oder US-Dollar lauten.

Mit der Fabrikationsrisikoversicherung werden die Selbstkosten des Exporteurs für die im Liefervertrag mit dem ausländischen Besteller vereinbarten Lieferungen und Leistungen bis maximal zur Höhe des Auftragswertes gegen das Risiko eines Produktionsabbruchs abgesichert. Das Risiko einer Inanspruchnahme der Anzahlungsgarantie ist in der Fabrikationsrisikoversicherung mit versichert.

Mit der Käuferkreditversicherung wird eine allgemein übliche Finanzkreditdeckung zur Verfügung gestellt. Die Deckungsquote beträgt in der Regel 95 %, die Karenzfrist beträgt ein Monat; Verzugszinsen während der Karenzfrist werden ebenfalls gedeckt.

Für Verbände wird eine sogenannte Globalversicherung zur Verfügung gestellt. Die Globalversicherung basiert auf einem Vertrag zwischen SERV und einer von Schweizer Exporteuren ermächtigten Globalstelle. Über die Globalversicherung können mehrere Versicherungsanträge verschiedener Besteller in unterschiedlichen, nicht-marktfähigen Länder zusammengefasst werden. Hierbei handelt es sich um eine vereinfachte Pauschaldeckung; die maximal zulässige Kreditlaufzeit beträgt zwölf Monate.

Prämien

Die SERV erhebt zwei Arten von Prämien, die sogenannte Aufwandsprämie und die Versicherungsprämie. Die Versicherungsprämie reflektiert die Deckung des zu versichernden Risikos. Dagegen soll die Aufwandsprämie den Prüfaufwand abgelten, der im Zusammenhang mit Versicherungsanträgen anfällt.

Dabei ist die Aufwandsprämie nicht als Antragsgebühr zu verstehen. Aufwandsprämien werden nur für den über die rein administrativen Tätigkeiten hinausgehenden zusätzlichen Prüfaufwand berechnet. Aufwandsprämien werden als Prüf-, Verlängerungs- und Sonderprüfprämien erhoben. Sie werden weder auf die Versicherungsprämie angerechnet, noch können sie erstattet werden. Sonderprüfprämien werden z.B. bei komplexen Finanzierungsstrukturen oder umweltsensitiven Projekten erhoben.

Eine Besonderheit besteht bei einem erhöhten Anteil ausländischer Zulieferungen. Übersteigt der Anteil der ausländischen Zulieferungen 50 %, wird auf die Versicherungsprämie ein Zuschlag erhoben, der sich nach dem Anteil ausländischer Zulieferungen staffelt. Liegen z.B. die ausländischen Zulieferungen in einem Bereich von 66 bis 70 % des Auftragswertes (das ist die Obergrenze), wird ein Zuschlag von 10 % auf die Versicherungsprämie berechnet.

Finanzielle Krise

In der aktuellen Wirtschaftskrise bietet die SERV im Auftrag des Bundes seit Mai 2009 befristet bis Ende 2011 vier neue Produkte an. Diese im Rahmen der Stabilisierungsmaßnahmen II des Bundes eingeführten Produkte sollen die Ausführung von Exportgeschäften erleichtern. Dabei handelt es sich um eine Akkreditiv-Bestätigungsversicherung, eine Refinanzierungsgarantie, eine Bondgarantie und eine Betriebsmittelgarantie in Höhe von maximal 80 %.

Handelsbezogene Entwicklungshilfekredite

Die Zuständigkeit für die wirtschaftliche Entwicklungszusammenarbeit liegt beim SECO. Diese entwicklungspolitische Zusammenarbeit ist auf einige Schwerpunktländer konzentriert. Handelsbezogene Entwicklungshilfekredite können in der Form von Mischkrediten abgewickelt werden. Dabei enthält die eine Tranche ein Schenkungselement im Rahmen der international üblichen Regelungen; daneben gibt es eine Komponente zu Marktbedingungen, die über die SERV abgesichert wird.

5.8.6.3 Vereinigte Staaten von Amerika

Die staatliche Exportkreditversicherung wird in den Vereinigten Staaten von der EXPORT-IMPORT BANK OF THE UNITED STATES (US-Eximbank), 811 Vermont Avenue, N.W., Washington D.C. 20571 wahrgenommen; Internet: www.exim.gov.

Organisation und rechtliche Struktur

Die US-Eximbank wurde 1945 auf der Grundlage des *Export-Import Bank Act of 1945* gegründet und hat den Status einer unabhängigen Regierungsbehörde. Dieser Status bewirkt, dass sämtliche Zahlungs- und Garantieverpflichtungen der US-Eximbank von der Regierung gedeckt werden, also der vollen Staatshaftung unterliegen. Die fünf stimmberechtigten Mitglieder des Direktoriums (*Board of Directors*) werden vom Präsidenten der USA mit Zustimmung des Senats ernannt. Des Weiteren gehören dem Board of Directors der U.S. SECRETARY OF COMMERCE und der U.S. TRADE REPRESENTATIVE ex officio an. Dieses Direktorium beschließt über Geschäftsführungsmaßnahmen, insbesondere über die Vergabe von Krediten und Garantien. Dabei können bestimmte Kompetenzen an einen Kreditausschuss delegiert werden. So kann der Kreditausschuss bis zu einem Betrag von 10 Millionen US-Dollar selbst entscheiden. Im Übrigen wird die Arbeit der US-Eximbank neben dem Export-Import Bank Act auch durch eine Satzung geregelt.

Die US-Eximbank sieht sich dem Subsidiaritätsgedanken verpflichtet („*lender of last resort*") und betont den Gedanken der Exportförderung. Hinsichtlich der Deckung von Auslandsanteilen und der Deckung lokaler Kosten ist die US-Eximbank relativ restriktiv. Im mittel-/langfristigen Geschäft sollen die Auslandsanteile maximal 15 % des Exportvertrages betragen und müssen aus den USA heraus versandt werden.

Verhältnis zum Staat

Der US-Kongress hat wesentliche Einflussmöglichkeiten auf die Tätigkeit der US-Eximbank. Der Export-Import Bank Act hat nur eine begrenzte Gültigkeitsdauer und muss in bestimmten Zeitintervallen durch den Kongress verlängert werden (*reauthorization*). Außerdem erstattet die US-Eximbank dem Kongress einen jährlichen Bericht über die Wettbewerbsfähigkeit der Bank im Vergleich zu anderen Exportkreditversicherern in der G7.

Die US-Eximbank refinanziert ihre Geschäfte mit einer Kombination aus Darlehen des Finanzministeriums und aus Zuschüssen. Der Gesamtbetrag aller Kredite, Garantien und Versicherungen, die die US-Eximbank vergeben hat, ist durch einen Höchstbetrag (vergleichbar dem deutschen Ermächtigungsrahmen) begrenzt.

Die US-Eximbank ist Mitglied im NATIONAL ADVISORY COUNCIL ON INTERNATIONAL MONETARY AND FINANCIAL POLICIES (NAC). Der NAC koordiniert die Tätigkeiten verschiedener amerikanischer Regierungsstellen auf dem Finanzsektor. Kredite und Garantien sowie Kreditversicherungen ab einer bestimmten Höhe unterliegen einer Überprüfung durch den NAC.

Im Übrigen liegt die Sachkompetenz für die politische Ausrichtung auf dem Gebiet der staatlichen Exportkreditversicherung in den Gremien der OECD beim US-Finanzministerium.

Produkte

Die US-Eximbank bietet kurzfristige und mittel-/langfristige Versicherungen und Garantien an. Die Deckung kann auf politische Risiken beschränkt werden. Als Deckungsformen sind die Einzeldeckung und eine der deutschen APG vergleichbaren Sammeldeckung (*Multiple Buyer Policies*) zu unterscheiden. Auch eine revolvierende Einzeldeckung wird angeboten.

Für das mittelfristige Geschäft (nach der Definition der US-Eximbank Geschäfte für Kapitalgüter mit einer maximalen Kreditlaufzeit von sieben Jahren und einem Auftragswert bis 10 Millionen US-Dollar werden Einzeldeckungen und revolvierende Einzeldeckungen angeboten. Beim kurzfristigen Geschäft gibt es in der Regel eine Selbstbeteiligung, während die Police für das mittelfristige Geschäft 100 % der wirtschaftlichen und politischen Risiken abdeckt. Bei der Sammeldeckung werden Entschädigungen erst ab einer gewissen Schadenssumme, die sich individuell nach dem Gesamtumsatz des Vertrages errechnet, geleistet. Der Exporteur hat also eine gewisse Franchise selbst zu tragen.

Für das Investitionsgütergeschäft steht außerdem die Deckungsform der *„Loan Guarantee“* zur Verfügung. Mit dieser Garantie werden 100 % der wirtschaftlichen und politischen Risiken gedeckt.

Sonderformen der Exportkreditversicherung

Die US-Eximbank bietet auch *Working Capital Guarantees* an. Damit deckt die US-Eximbank Inlandsrisiken, d.h. Kredite an amerikanische Exporteure zur Finanzierung exportbezogener Aktivitäten.

Die US-Eximbank vergibt direkte Exportkredite für den Export amerikanischer Waren und Dienstleistungen als liefergebundene Finanzkredite. Die Kreditsumme soll in der Regel mindestens 10 Millionen US-Dollar betragen. Auf diese Kredite wird der CIRR als Mindestzinssatz erhoben. Zusätzlich zu den Zinsen wird eine Commitment Fee in Höhe von 0,5 % p.a. auf den noch nicht ausgezahlten Kreditbetrag berechnet. Zinsstabilisierungsprogramme gibt es in den USA nicht.

5.9 Wirtschaftlichkeit und Ausgestaltung einer geeigneten Finanzierungsstruktur

DR. JÖRG BÖTTCHER

5.9.1 Anforderungen an die Finanzierungsstruktur aus Sicht von Investoren und Banken

Regelmäßig erfolgt die Ausgestaltung der Finanzierungsstruktur im Anschluss an die Fragestellung, wie sich das Risikoprofil des Vorhabens darstellt, welche Partei welche Risiken übernimmt und welche Ergebnisse sich aus einer Risikoquantifizierung des Projektes ergeben. Die Ausgestaltung der Finanzierungsstruktur selbst beinhaltet mehrere Teilaspekte: Zunächst einmal geht es um die Frage, wieviel Fremdmittel einem Vorhaben zur Verfügung gestellt und in welcher Form sie getilgt werden können. Um diese Frage beantworten zu können, muss im Vorfeld der Risikomanagement-Prozess einer Projektfinanzierung durchlaufen werden, wobei die Teilfragen der Risikoidentifikation, der Risikoallokation und der Risikoquantifizierung beantwortet werden müssen. Diesen Prozess haben wir in den bisherigen Kapiteln dieses Buchs umfassend dargestellt: Dort werden die Einflussfaktoren des Chance-Risiko-Profils von Offshore-Windenergievorhaben detailliert dargestellt und auch Gründe angeführt, warum diese derzeit deutlich anders zu bewerten sind als Onshore-Vorhaben. Die Themen Genehmigungen, erprobte Technik, Versicherbarkeit und Prognostizierbarkeit der Cashflows entscheiden zunächst ganz grundsätzlich darüber, ob Offshore-Vorhaben als Projektfinanzierungen realisiert werden können.

In einem zweiten Schritt müssen die Modalitäten der einzelnen Finanzierungstranchen geklärt werden:

- Welche Fremd-Finanzierungsformen kommen in Frage, um die Gesamtfinanzierung langfristig planbar sicherstellen? Hier muss auch berücksichtigt werden, welche Kapitalgeber in das Projektkonzept eingebunden werden.
- Wie kann der gesamte Zinsaufwand möglichst gering gehalten werden? Dies ist eine ökonomische Frage, die sich unmittelbar auf die Investorenrendite, aber auch auf die Belastbarkeit des Vorhabens auswirkt.
- In welchen Teilschritten erfolgt die Sicherstellung der Fremdfinanzierung? Hier muss der Prozess dargestellt werden, wie die fremdfinanzierenden Banken und anderen Finanzintermediäre in die Projektfinanzierung eingebunden werden.

Diese Fragestellungen werden in diesem Kapitel beantwortet.

Die Ausgestaltung der Finanzierungsstruktur und die Wahl der geeigneten Finanzierungstranchen sind eng miteinander verbunden: Einerseits bestimmt die Fremdfinanzierungshöhe wesentlich die Zinskosten, andererseits wird das Vorhaben bei geringeren und planbaren Zinsaufwendungen entlastet, was sich positiv auf das Risikoprofil des Vorhabens ausübt.

Die bisherigen Kapitel haben deutlich vor Augen geführt, dass es zur Realisierung von Windenergieprojekten einer verlässlichen Technologie und eines belastbaren Rechts- und Regulierungsumfeldes bedarf. Sind diese beiden grundsätzlichen Anforderungen erfüllt, eröffnet sich die Möglichkeit für eine wirtschaftliche Nutzung der Windenergie, und zwar zumeist in Form einer Projektfinanzierung.

Da bei einer Projektfinanzierung die Cashflows die einzige Quelle der Kreditbedienung und Eigenmittelverzinsung sind, ergeben sich besondere Anforderungen an ihre Stabilität und Verlässlichkeit. Neben einer intensiven Risikoidentifikation geht es darum, nach ökonomischen Kriterien Risiken einzelnen Projektbeteiligten zuzuweisen. Im Anschluss erfolgt eine Risikoquantifizierung in Form eines Cashflow-Modells, die u.a. darüber Auskunft gibt, wieviel Fremdmittel einem Vorhaben zur Verfügung gestellt werden können, wie die Tilgungsstruktur aussehen sollte und welche weiteren Gestaltungselemente Einzug in die Struktur finden sollten. Die Erarbeitung einer Finanzierungsstruktur und die Möglichkeiten ihrer Optimierung sind Gegenstand dieses Kapitels.

Allerdings markiert das Cashflow-Modell noch nicht den Endpunkt der Projektbewertung der Kreditgeber. In einem weiteren Schritt geht es darum, eine Simulationsrechnung des Cashflow-Verlaufs vorzunehmen, die darüber informiert, wie sich das Projekt unter einer Vielzahl von möglichen Umweltszenarien entwickeln kann. Ein Ergebnis dieser Simulationsrechnungen ist ein Rating-Ergebnis, das eine Risikokategorie ausweist und damit über die Risikoprämie die Zinskosten bestimmt und auch die Finanzierungsstruktur maßgeblich beeinflusst. Damit geht es in einem zweiten Teil darum herauszuarbeiten, welche quantitativen und qualitativen Faktoren das Rating beeinflussen können.

Dabei muss man sich bewusst sein, dass die jeweiligen Teilaspekte des Risikomanagementprozesses – Identifikation, Allokation und Quantifizierung von Risiken – nicht in einer gerichteten zeitlichen Abfolge geschehen, sondern miteinander wechselseitig in Verbindung stehen. Um die Aussagen zur Risikoquantifizierung angemessen würdigen zu können, ist es daher notwendig, die verschiedenen Teilaspekte eines Risikomanagements zu berücksichtigen, was wir in den verschiedenen Kapiteln vorgenommen haben.

Das Cashflow-Modell eines Projektes ist aber nicht nur für die Kreditgeber von herausragender Bedeutung, sondern auch für die Investoren eines Projektes. Beide Kapitalgebergruppen sind gleichermaßen am Erfolg eines Vorhabens interessiert, wobei sie allerdings unterschiedliche Anspruchsgrundlagen und Anspruchsebenen haben. Während die Fremdkapitalgeber einen erfolgsunabhängigen und fixen Anspruch auf Bedienung des Kapitaldienstes aus dem Projekt haben, haben die Eigenkapitalgeber einen erfolgsabhängigen und damit variablen Anspruch auf den verbleibenden freien Cashflow. Das methodische Werkzeug, mit dem beide Gruppen ein Vorhaben beurteilen, ist ein projektspezifisches Cashflow-Modell.

Starten wollen wir mit einem Blick auf die methodischen Grundsätze, mit dem die Kapitalgebergruppen – Eigenkapitalgeber und Fremdkapitalgeber – Projekte im Windenergiebereich beurteilen.

5.9.2 Methodik und Zusammenspiel zwischen Risikoidentifikation, Risikoallokation und Risikoquantifizierung

Jede unternehmerische Tätigkeit ist durch die Existenz von Unsicherheit und unvollkommenen Informationen im Rahmen des betrieblichen Handelns Risiken ausgesetzt. Das Unternehmen ist allerdings nicht gezwungen, diese Risiken hinzunehmen, sondern vielmehr gefordert, geeignete Gegenmaßnahmen zu ergreifen. Bezogen auf eine Projektfinanzierung bedeutet dies in erster Linie die Sicherung der Projektexistenz. Dies ist darin begründet, dass nur durch das Betreiben des Projektes ein Cashflow generiert werden kann, der die in den meisten Fällen einzige bzw. werthaltigste Sicherheit darstellt, die zur Bedienung der Finanzierung zur Verfügung steht.

Bevor wir auf den Aspekt der Risikoquantifizierung bei einem Windenergievorhaben eingehen, wollen wir das Thema Risikoquantifizierung im gesamten Zusammenhang des Risikomanagementprozesses mit seinen verschiedenen methodischen Hilfsmitteln darstellen. Im Rahmen einer qualitativen Projektprüfung müssen zunächst bestimmte Fragen grundsätzlich positiv beantwortet werden (siehe hierzu auch das Kapitel 2 und das Schaubild „Erfolgsfaktoren einer Projektfinanzierung“ [Tabelle 7]):

1. Ist das Rechts- und Regulierungsumfeld hinlänglich verlässlich und prognostizierbar? Die relevanten Fragestellungen sind dabei in Kapitel 3 aufgegriffen worden.
2. Wird ausschließlich bewährte Technik eingesetzt? Das Kapitel 4.1 hat dabei über die eigentliche Technik informiert, das Kapitel 4.2 über die Betriebserfahrungen.
3. Wie können die verschiedenen, zentralen Projektbeteiligten angemessen an den Chancen und Risiken des Vorhabens partizipieren? Einige grundsätzliche Überlegungen finden sich in Ziffer 2.4.

Für mindestens diese Fragen müssen zufrieden stellende Antworten gefunden werden, bevor eine Cashflow-Modellierung erfolgen kann, die dann wiederum in eine Finanzierungsstruktur einmündet.

Methodisch erfolgt im Anschluss an die drei genannten Fragen eine Überprüfung der Wirtschaftlichkeit, die im Dialog zwischen dem Projekt und der fremdfinanzierenden Bank über ein Cashflow-Modell erfolgt, wobei die Bank intern die Cashflow-Struktur zusätzlich über ein separates Rating-Tool bewertet, woraus sich wiederum Änderungen an der Finanzierungsstruktur ergeben können. Dabei basiert diese zweite Analysestufe auf anderen methodischen Tools und ist auch von außen her wenig transparent. Dies ist durchaus bedauerlich, da sich häufig durch relativ kleine Änderungen an den Vertrags- und Finanzierungsstrukturen deutliche Rating-Verbesserungen ergeben können, die in Vorteilen bei den Zinskosten und der Finanzierungsstruktur resultieren können.

Wir starten in diesem Kapitel mit der Darstellung des Risikomanagementprozesses bei einer Projektfinanzierung. In der betriebswirtschaftlichen Literatur existiert eine Vielzahl von Interpretationsvarianten für den Risikobegriff. Im Rahmen dieses Beitrages soll Risiko als negative Abweichung vom Planwert einer Zielgröße verstanden werden, da sie für jeden Beteiligten eine Verlustgefahr bedeutet. Die Bedeutung der Behandlung von Risiken im Zusammenhang mit einer Projektfinanzierung ergibt sich unmittelbar aus ihrem Charakter: Da es allein das Vorhaben ist, das als wirtschaftliche Basis für die angemessene Eigenkapitalverzinsung und die Bedienung des Kapitaldienstes dient, sind die Werthaltigkeit und die Robustheit des Projektes von entscheidender Bedeutung. Da das Projekt aber erst sukzessive entsteht, lässt sich seine Wirtschaftlichkeit nur per Prognose bestimmen. Da die Perspektive in die Zukunft zunehmend unsicher ist, hat sich die Prognose mit dem Eintritt aller Arten von Einflüssen zu befassen, deren Wirkung auf das Projekt einzuschätzen und nach Wegen zu suchen, ob und inwieweit einzelne Projektbeteiligte bereit sind, das Projekt von Risiken freizuhalten.

Die Risiken einer Projektfinanzierung sind mit dem Instrumentarium des Risikomanagements zu steuern, das versucht, Risiken den Projektbeteiligten zuzuordnen, die diese zu verantworten haben und damit auch kontrollieren können. Wesensmerkmal jeder Projektfinanzierung ist die Orientierung an den zukünftigen Cashflows und der Einbindung der Projektbeteiligten, wie wir es in Kapitel 1 skizziert haben.

Das Risikomanagement umfasst die Gesamtheit aller Aufgaben zur Handhabung von Projektrisiken unter Beachtung des Risk-Sharing-Prinzips. Das Ziel des Risikomanagements ist die Entwicklung einer Entscheidungsgrundlage für die Auswahl besonders geeigneter risikopolitischer Maßnahmen zur Reduzierung der Projektrisiken auf ein akzeptables Niveau.

Der Prozess des Risikomanagements wird häufig als eine Stufenfolge beschrieben:

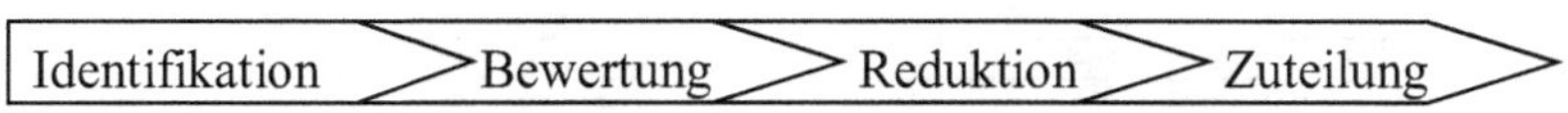

Abbildung 107: Bestandteile des Risikomanagementprozesses

Das Erkennen der einzelnen Risiken ist Grundvoraussetzung für die Anwendung risikopolitischer Maßnahmen. Zur Identifikation der einzelnen Risiken bei der Projektfinanzierung werden die Phasen, die ein Projekt bei der Erstellung und im Betrieb durchläuft, systematisch auf ihre Einflussfaktoren hin untersucht. Die Bewertung der einzelnen Risiken erfolgt anhand ihrer Auswirkungen auf den Cashflow, wobei die Ursachen eines Risikos aufgedeckt und die Risikofolgen qualitativ und quantitativ aufgezeigt werden. Das dazu verwendete Instrument – das Cashflow-Modell – wird aufgrund seiner Bedeutung gesondert dargestellt. Im dritten Schritt sind die identifizierten Risiken mit Hilfe geeigneter Techniken auf das mögliche Minimum zu reduzieren. Bei der Zuteilung – der Risikoallokation – wird untersucht, ob und in welchem Maße die identifizierten Risiken den Projektbeteiligten zugewiesen werden sollen und welche Restrisiken nach Zuteilung bei den Kapitalgebergruppen verbleiben. Schließlich sind die Risiken während der Projektlaufzeit zu kontrollieren und – bei Bedarf – geeignete Gegenmaßnahmen einzuleiten.

Die dargestellten Prozessstufen sind nicht als isolierte Teilaufgaben zu verstehen, sondern als ein wechselseitig ineinander greifender Prozess, der das Projekt begleitet und dessen Ergebnis nicht nur vom Risikoprofil des Projektes abhängt, sondern wesentlich auch von den Chance-/Risiko-Präferenzen der verschiedenen Projektbeteiligten. Die Aufgabe der Auswahl und die Anwendung der Risikoinstrumente sowie der Risikoträger erweist sich in der Praxis als komplexer und diffiziler Verhandlungsprozess. In der weiteren Darstellung wird auch deutlich werden, dass die obige Stufenfolge zunächst aus didaktischen Gründen gewählt wird. In der Praxis ergibt sich eine Wechselwirkung zwischen den einzelnen Prozessstufen.

Der Katalog der möglichen Maßnahmen des Risikomanagements ist umfangreich und vielschichtig, wodurch sich für den Kreditgeber und die Projektgesellschaft eine Vielzahl von Handlungsoptionen ergibt. Die Auswahl der möglichen Maßnahmen wird als Risikopolitik bezeichnet, deren Ziel es ist, die Kombinationen von Sicherungsinstrumenten zu finden, welche eine auf das Projekt abgestimmte und von allen gemeinsam akzeptierte Risikoverteilung ermöglicht.

Die Risikoanalyse ist Ausgangspunkt des Risikomanagementprozesses, da sie maßgeblich die Struktur des Vertragsgeflechtes sowie die materiellen Regelungen jedes einzelnen Vertrages bestimmt. Daher wird man sich mit den Zielsetzungen der Projektbeteiligten und den technischen, rechtlichen und wirtschaftlichen Aspekten des Vorhabens vertraut machen müssen.

In den bisherigen Abschnitten haben wir uns vertieft mit den verschiedenen Risiken, Risikoinstrumenten und Risikoträgern beschäftigt; insofern dient die folgende Tabelle 39 nur der Zusammenfassung:

Tabelle 39: Risikoart, Risiko-Instrument und Risikoträger

Risikoart	Risiko-Instrument	Risikoträger
Verfügbarkeit Rohstoffe oder Energie	Vertrag: Angbeot oder Zahlung, Machbarkeitsstduie	Zulieferer, evtl. Sponsoren
Vertragserfüllung Vertragspartner	Machbarkeitsstudie	Sponsoren
Kostenüberschreitung	Fertigstellunggarantie, Kreditlinie	Sponsoren, Generalunternehmer, Kreditgeber
Abnahmerisiko	Take-or-Pay-Verträge	Nachfrager des Outputs
Performancerisiko	Machbarkeitsstudie, Vertragskonditionen (Anreize)	Anlagenlieferant
Rechts- und Regulierungsrisiko	Reputation des Landes, gute Zusammenarbeit mit Regierungen	Sponsoren
Länderrisiko	Machbarkeitsstudie, Versicherung	Versicherungsagenturen, ECAs
Technologisches Risiko	möglicherweise K-O-Kriterium, ansonsten: Lizenzvereinbarung	Lizenzgeber
Devisenkurs	Optionen, Futures, Swaps usw.	Finanzinstitute
Inflationsrate	Langfristige Verträge (Kauf und Verkauf)	Anbieter und Nachfrager
Zinssätze	Feste Zinskonditionen, Zinsderivate usw.	Finanzinstitute, Gläubiger
Force Majeure	Eindeutige Abgrenzung, Versicherung	Versicherung

Risikoart, Risiko-Instrument und Risikoträger

Im nächsten Schritt werden wir die wesentlichen Risiken bei Projekten im Bereich Erneuerbare Energien betrachten, die wir bereits im einführenden Kapitel skizziert haben. Beispielhaft stellen sich die verschiedenen Risikokategorien im Zeitablauf bei einem Projekt im Bereich Erneuerbare Energien wie folgt dar:

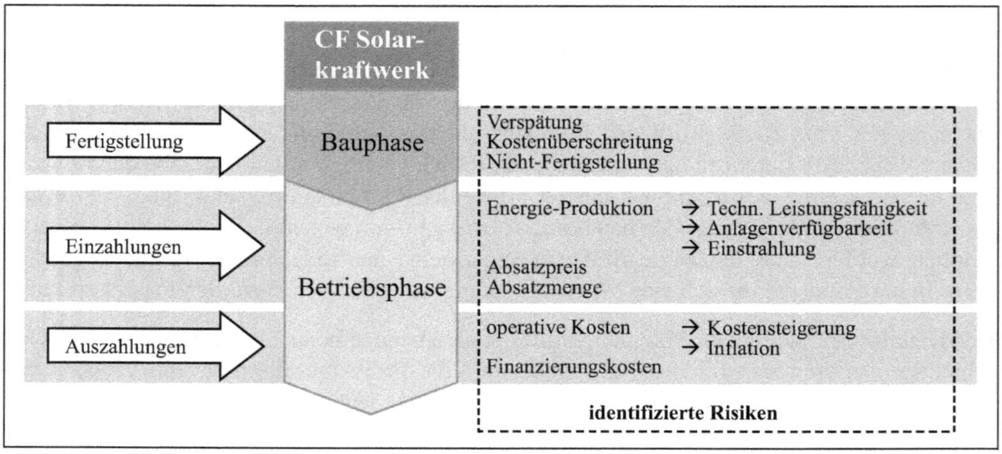

Abbildung 108: Risikoeinflüsse auf ein Erneuerbare-Energien-Projekt

Offensichtlich ist, dass die Risiken quantifizierbare Auswirkungen haben und in ihrer Gesamtheit betrachtet und bewertet werden müssen. Die Quantifizierung der Chancen und Risiken eines Projektes erweist sich als der Dreh- und Angelpunkt eines übergeordneten Sicherungssystems. Die Quantifizierung ermöglicht dabei, aus Investorensicht die Wirtschaftlichkeit, aus Sicht der weiteren Projektbeteiligten die Angemessenheit der Anreiz-Beitragsstruktur und aus Kapitalgebersicht die Robustheit des Projektes zu beurteilen.

Die Investoren beurteilen das Projekt aus einer Base-Case-Betrachtung, wobei sie in ihr Kalkül bessere und schlechtere Projektentwicklungen einbeziehen werden. Die anderen Projektbeteiligten beurteilen das Vorhaben danach, welche Beiträge sie zu leisten haben und ob die Gegenleistung dazu in einem angemessenen Verhältnis steht. Die Kreditgeber beurteilen das Projekt danach, ob bei einer Worst-Case-Betrachtung die Bedienung des Kapitaldienstes gesichert erscheint. Hierzu überprüfen sie zum einen die Reagibilität des Projektes gegenüber möglichen adversen Projektänderungen – z.B. verspätete Fertigstellung, Minder-Performance der Anlagen oder Preisverfall auf der Marktseite – und bewerten zum anderen die Möglichkeiten und Verpflichtungen des Projektes und der Projektbeteiligten, bei negativen Planabweichungen unterstützend einzuspringen. Eine Möglichkeit, von Seiten des Projektes gegenzusteuern, kann dabei z.B. die Verpflichtung sein, bei Unterschreitung bestimmter *Trigger Events* – typischerweise Unterschreiten eines bestimmten Schuldendienstdeckungsgrades – eine beschleunigte Tilgung der Darlehen vorzunehmen (*cash sweep*).

Die verschiedenen Verpflichtungen der Projektbeteiligten gegenüber dem Projekt haben wir im Zusammenhang mit der Diskussion der Einzelrisiken diskutiert. Im Zusammenhang mit der Risikoquantifizierung geht es nunmehr darum, die vertraglichen Verpflichtungen der Projektbeteiligten zu bewerten, was neben dem Umfang der möglichen Verpflichtungen auch eine Bonitätsbeurteilung der Verpflichteten erfordert. Darüber hinaus signalisiert die Verpflichtung der Projektbeteiligten ein Interesse am Projekterfolg, was über die Ebene der Quantifizierbarkeit hinaus von qualitativer Bedeutung ist.

Damit wird ersichtlich, dass Risikoquantifizierung und Risikoallokation in einem engen Wechselverhältnis zueinander stehen. Eine Risikoquantifizierung ist erst dann vollständig, wenn neben der isolierten Projektbetrachtung auch die verschiedenen Beiträge der Projektbeteiligten mit betrachtet werden, die bestimmte Projekt-Risiken übernehmen und das Projekt insoweit freihalten. Nach der Anreiz-Beitrags-Theorie nach BARNARD und MARCH können die individuellen Vor- und Nachteile der Beteiligten als positive und negative Anreize definiert werden, die die Projektbeteiligten durch ihre eingebrachten Beiträge erhalten.

Andererseits erfordert eine Risikoallokation die Quantifizierung der Chancen und Risiken sowohl auf Ebene der einzelnen Projektbeteiligten als auch auf Ebene des Gesamtprojektes. Der einzelne Projektbeteiligte kann erst dann seine Chance-Risiko-Position beurteilen, wenn er die vollständige Risikoquantifizierung des Cashflow-Modells mit den oben beschriebenen Beiträgen der einzelnen Projektbeteiligten kennt.

An dieser Stelle wird deutlich, dass die Ermittlung einer geeigneten Finanzierungsstruktur mit der Ausgestaltung der Projektstruktur und der Projektverträge auf das engste zusammenhängt: Einerseits bestimmt die Ausgestaltung der Finanzierungsstruktur darüber, welche Beiträge insbesondere die Sponsoren und die Kreditgeber zu leisten haben, andererseits lässt sich eine Finanzierungsstruktur nur vor dem Hintergrund der vertraglichen Verpflichtungen der verschiedenen Beteiligten beurteilen. Aus diesem Grunde ist die von Seiten der Sponsoren gestellte Frage nach der notwendigen Höhe der Eigenmitteleinbringung auch erst dann abschließend zu beantworten, wenn neben dem Risikoprofil des Projektes auch die vertraglichen Verpflichtungen der einzelnen Projektbeteiligten bekannt sind.

Weiter ermöglicht erst die Risikoquantifizierung die Information über die Performance des Projektes und ist damit Anknüpfungspunkt für Steuerungsmaßnahmen der Projektgesellschaft bzw. für das Auslösen von Verpflichtungen der Projektbeteiligten. Weichen Kennzahlen von Planwerten ab, werden – je nach vertraglicher Ausgestaltung – die Projektbeteiligten verpflichtet, bestimmte Beiträge zu leisten oder bestimmte Kreditsicherheiten greifen. Damit ermöglicht die Risikoquantifizierung eine dauerhafte Begleitung des Projektes im Zeitablauf und erfüllt die Funktion eines Steuerungsmechanismus. Die folgende Abbildung 109 soll dies abschließend verdeutlichen:

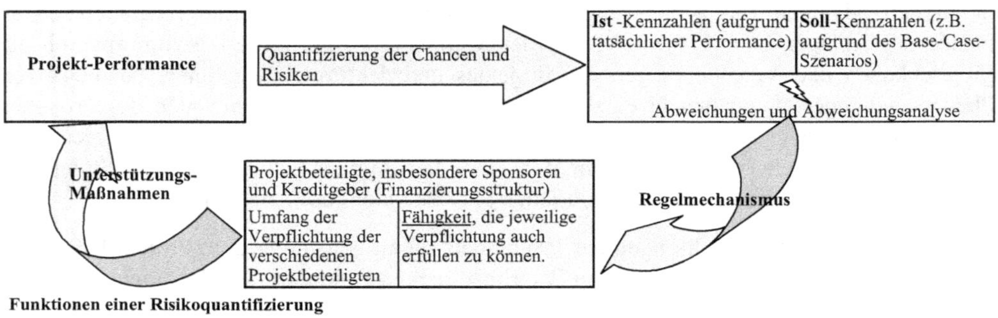

Abbildung 109: Risikomanagementprozess bei einer Projektfinanzierung – Teil II

Das Cashflow-Modell ist für die Risikoquantifizierung von zentraler Bedeutung, aber die Risikoquantifizierung endet nicht mit dem Cashflow-Modell. Zusätzlich erfolgen auf Grundlage des Cashflow-Modells – zumeist separat vorgenommene – Simulationsrechnungen über ein Rating-Tool, die verschiedene Projektverläufe bei unterschiedlichen Umweltszenarien simulieren und aus Risikosicht der Banken bewerten. Die Simulationsrechnungen werden dabei im Windenergiebereich wesentlich durch die Verteilungsfunktion des Windangebots sowie der Entwicklung der Zinsstrukturkurven beeinflusst. Qualitative Faktoren, wie etwa die Bewertung des Fertigstellungsrisikos und die Erfahrungen des EPC-Contractors, haben gegenüber den quantitativen Faktoren eine zumeist nachrangige Bedeutung.

Zusammenfassend erfüllt die Risikoquantifizierung folgende Funktionen:

1. Quantifizierung der Wirtschaftlichkeit und der Belastbarkeit des Projektes,
2. Erarbeitung einer Projektstruktur, die die einzelnen Chancen und Risiken sachgerecht zuweist und damit einen nachhaltigen Projekterfolg unterstützt,
3. Festlegung eines Frühwarnsystems, das Plan-Abweichungen erkennt und damit die Handhabe liefert, um frühzeitig Gegenmaßnahmen durch einzelne Projektbeteiligte oder den Einsatz von Kreditsicherheiten einzuleiten.

Wir werden im folgenden Abschnitt skizzieren, wie eine Risikoquantifizierung bei einer Projektfinanzierung erfolgen kann.

Tabelle 40: Systematisches Vorgehen bei der Risikoquantifizierung

	Schritte:	Besonderheiten und Hinweise:	Bankenspezifika:
CF-Modell	Plausibilisierung und Übernahme der Daten des Entwicklers in ein Cashflow-Modell (im Prinzip soll die wahrscheinlichste Entwicklung des Projektes angegeben werden)	1. Nicht überoptimistisch sein, aber auch nicht das Projekt schlechter machen; 2. Ausnahme: Wartungskosten werden mindestens zu Full-Service-Preisen eingestellt	Es bestehen bankenspezifische Unterschiede hinsichtlich der Laufzeit der Term Loans und Belastbarkeitskriterien
Rating-Tool	Übertragung des Cashflow-Modells in ein Rating-Tool und Vornahme von automatisierten Simulationsrechnungen => Ziele: Objektive Risikoeinschätzung	1. Variabilität und Untergrenzen von Projektverträgen berücksichtigen; 2. Explizite Angabe der Gutachter-Unsicherheit im Solargutachten verlangen	Risikobewertung sollte bei demselben Projekt bei unterschiedlichen Banken identisch sein
Kalkulations-Tool	Einstellung der Risikoeinschätzung und der Margenbestandteile in ein weiteres Bewertungs-Tool, das die Wirtschaftlichkeit aus Bankensicht bewertet		Je nach Verzinsungsanforderungen der Banken können sich unterschiedliche Preise für das Risiko ergeben

5.9.3 Darstellung der Reagibilität eines Windenergievorhabens auf verschiedene Parameter-Änderungen

Im Folgenden soll ein Offshore-Projekt mittels einer Analyse seiner Risikopotentiale auf seine Projektfinanzierungsfähigkeit hin untersucht werden. Da die Ausprägung der Projektrisiken in großem Maße von dem jeweiligen Finanzierungsobjekt abhängt, soll ein Fallbeispiel aus der Praxis betrachtet und bewertet werden[1074].

Tabelle 41: Rahmendaten eines OWP-Projektes in Deutschland

Projektname:	DOWNY O'DRAKE
Projektstandort:	Deutschland, AWZ (Nordsee)
Gesamtinvestitionsvolumen:	M€ 1.174
Fremdkapitalvolumen:	M€ 710
Eigenkapitalvolumen:	M€ 464
Finanzierungsstruktur:	Rückzahlung der Projektfinanzierungsdarlehen über 10,5 Jahre bei annuitätischem Tilgungsverlauf.
Tilgungsfreie Zeit	18 Monate
Schuldendienstreserve:	nicht vorgesehen
Summe der Betriebskosten p.a.:	M€ 39,3 (anfänglich)
Inbetriebnahmezeitpunkt:	01.07.2014
Nennleistung:	288 MW
Jahresenergieproduktion:	1.090 GWh (auf p(90)-Niveau kalkuliert)
Einspeisetarif:	19 Ct/kWh für 8 Jahre, im Anschluss wird mit einem Marktpreis von 5,7 Ct/kWh gerechnet.

Auf Basis dieser Daten wurde von den Sponsoren ein erstes Cashflow-Modell als Sponsors Case erstellt. Dieses Modell stellt die Ausgangsbasis für die Analyse einzelner Projektrisiken dar, bevor es später im Rahmen der Risikoquantifizierung unter Berücksichtigung sämtlicher zu bewertenden Risiken zur Entwicklung einer geeigneten und tragfähigen Projektfinanzierungsstruktur dient.

[1074] Es handelt sich um ein fiktives Projekt, das allerdings an eine reale Investition angelehnt ist.

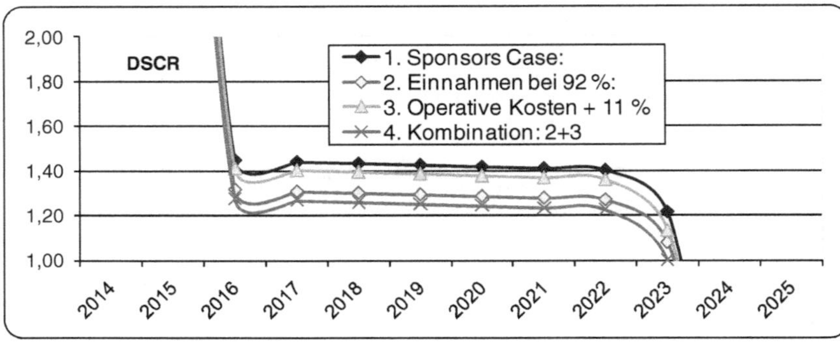

Abbildung 110: DSCR im Ausgangsfall (Sponsors Case)

	Min. DSCR	Ø DSCR	IRR
1. Sponsors Case:	1,22	2,04	6,32 %
2. Einnahmen bei 92 %:	1,08	1,85	0,17 %
3. Operative Kosten plus 11 %:	1,14	1,98	3,36 %
4. Kombinationsfall (2+3):	1,00	1,79	–4,29 %

Zinssatzänderung

Anhand des Fallbeispiels werden die Auswirkungen von Zinsänderungen in verschiedenen Abstufungen dargestellt. Dabei werden ausgehend von der von den Sponsoren vorgeschlagenen Finanzierungsstruktur der Zinssatz des Projektfinanzierungskredites in diesem Modell verändert und die hieraus resultierenden Ergebnisse im Folgenden beschrieben.

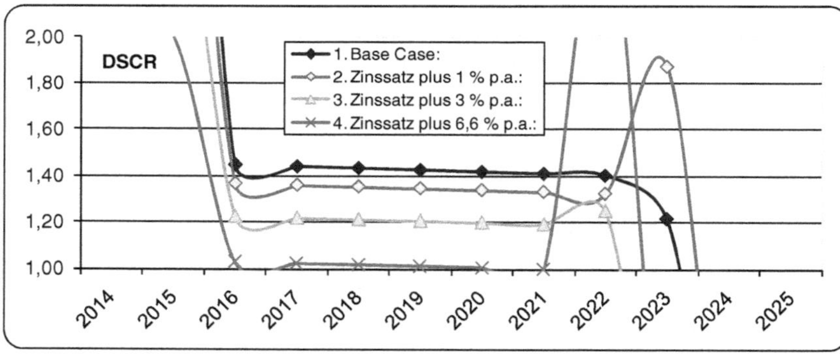

Abbildung 111: DSCR bei unterschiedlichen Zinssätzen

	Min. DSCR	Ø DSCR	IRR
1. Sponsors Case:	1,22	2,04	6,32 %
2. Zinssatz plus 1 % p.a.:	1,32	1,90	4,87 %
3. Zinssatz plus 3 % p.a.:	1,19	1,59	2,32 %
4. Zinssatz plus 6,6 % p.a.:	1,00	1,42	–1,34 %

Die Erhöhung der Zinssätze führt dazu, dass der DSCR durchgängig über die gesamte Finanzierungslaufzeit unterhalb der Ausgangslage im Sponsors Case liegt. Bei einem Anstieg des Zinssatzes des Projektfinanzierungskredites um 6,6 Prozentpunkte auf einen Satz von 11,7 % jährlich beträgt der DSCR im Jahr 2016 noch 1,0, was bedeutet, dass der Kapitaldienst gerade noch geleistet werden kann. Bei einem noch höheren Zinsanstieg wäre dies nicht mehr sichergestellt und die bankseitigen Anforderungen der jederzeitigen und vollständigen Leistung des Kapitaldienstes würden verfehlt. Die betrachtete Höhe des Zinsanstieges stellt somit die Grenze der Projektbelastbarkeit dar.

Die Erhöhungsdifferenz von 6,6 Prozentpunkten bis zur Erreichung der Projektbelastbarkeitsgrenze kann als Sicherheitspuffer des Projektes für das Zinsänderungsrisiko verstanden werden. Bei der Interpretation muss man an dieser Stelle allerdings vorsichtig sein: Durch die unterstellte annuitätische Tilgung ergibt sich mit Erhöhung des Zinssatzes eine höhere Annuität und damit eine schnellere Tilgung als im Ausgangsfall. Die Ausreißer des DSCR zum Ende der Kreditlaufzeit ergeben sich dadurch, dass die Darlehen zum Teil unterjährig getilgt werden, rechnerisch aber der Cashflow des gesamten Jahres für die Kalkulation herangezogen wird.

Trotz dieser Einschränkungen in der Aussagekraft zeigt sich das Projekt DOWNY O'DRAKE aus Fremdkapitalgebersicht einigermaßen unempfindlich gegenüber einem Zinsanstieg. Allerdings ergibt sich ein erheblicher Einfluss auf die Wirtschaftlichkeit des Vorhabens. Diese Beobachtung kann generell bei Projektfinanzierungen im Bereich Windenergie gemacht werden.

Betriebskostenänderung

Die Folgen aus dem Eintritt des Betriebs- und Managementrisikos werden über eine Variation der Betriebskosten dargestellt und die hieraus resultierenden Ergebnisse im Folgenden beschrieben. Die jährlichen Betriebskosten werden in verschiedenen Szenarien um jeweils 10 %-Punkte erhöht. Die genannten Beträge beziehen sich auf den Ausgangswert der Betriebskosten im ersten Betriebsjahr ohne Berücksichtigung des im Modell generell kalkulierten Betriebskostenanstieges von 2 % jährlich.

Die entgegen der Ausgangslage im Sponsors-Case zusätzlich anfallenden Betriebskosten müssen durch den unveränderten Projekt-Cashflow gedeckt werden. Dadurch sinkt der Teil des Projekt-Cashflows, der für die Bedienung des Kapitaldienstes zur Verfügung stehen kann. Die Kapitaldienstfähigkeit in Form des DSCR sinkt folglich über die gesamte Finanzierungslaufzeit, wie es die nachfolgende Abbildung 112 veranschaulicht.

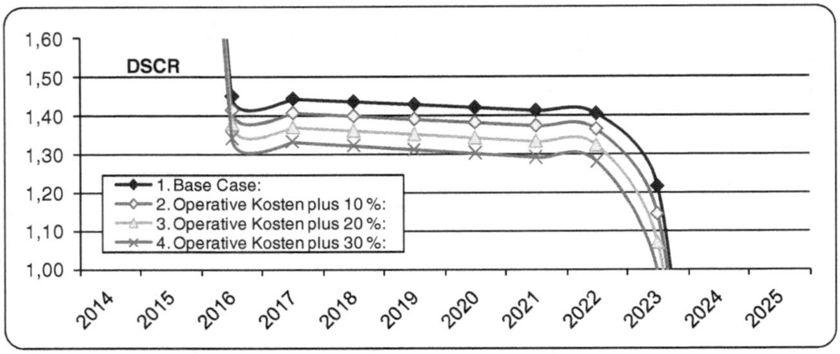

Abbildung 112: DSCR bei veränderten Betriebskosten

	Min. DSCR	Ø DSCR	IRR
1. Sponsors Case:	1,22	2,04	6,32 %
2. Operative Kosten plus 10 %:	1,14	1,99	3,65 %
3. Operative Kosten plus 20 %:	1,07	1,93	0,73 %
4. Operative Kosten plus 30 %:	1,00	1,88	−1,89 %

Es zeigt sich, dass auch hier der DSCR durch die vorgenommene Veränderung durchgängig unterhalb der Ausgangslage im Sponsors-Case liegt. Bei allen betrachteten Fällen liegt der DSCR gleichwohl deutlich über 1,0. Das Projekt kann somit in allen Fällen den Kapitaldienst noch leisten. Bei noch höheren Betriebskosten wäre dies nicht mehr sichergestellt und die bankseitigen Anforderungen der jederzeitigen und vollständigen Leistung des Kapitaldienstes würden verfehlt. Hierbei muss man zwischen der rechnerischen und der tatsächlichen Empfindlichkeit unterscheiden: In der Realität der Projektfinanzierungen wird die Mehrzahl der operativen Kosten vertraglich fixiert sein, so dass eine derartige Kostensteigerung nicht realistisch ist.

Insgesamt zeigt sich das Projekt DOWNY O'DRAKE weniger empfindlich gegenüber einem Betriebskostenanstieg, weil die Betriebskosten im Verhältnis zum Projekt-Cashflow während des Zeitraums der erhöhten Vergütung nur einen geringen Anteil ausmachen. Allerdings ändert sich das Bild, wenn man eine Betriebskostensteigerung im Zeitraum nach der erhöhten Vergütung kalkuliert. Lediglich während des Zeitraums der erhöhten Vergütung zeigen Offshore-Windparks ein ähnliches Verhalten wie Onshore-Windenergieprojekte.

Einnahmenrückgang

Die dargestellten Folgen aus dem Eintritt des Ressourcenrisikos und die sich hierdurch ergebenden Auswirkungen haben wir im Folgenden über eine stufenweise Absenkung des Jahresenergieertrages in mehreren Szenarien abgebildet. Die Kapitaldienstfähigkeit in Form des DSCR sinkt folglich über die gesamte Finanzierungslaufzeit, wie es die nachfolgende Abbildung 113 veranschaulicht.

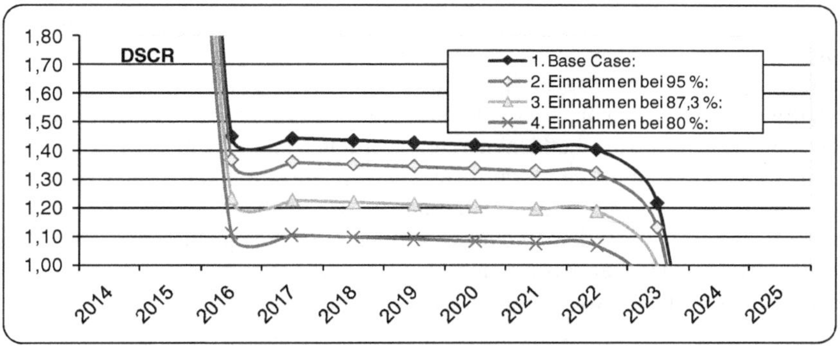

Abbildung 113: DSCR bei Einnahmenveränderung

	Min. DSCR	Ø DSCR	IRR
1. Sponsors Case:	1,22	2,04	6,32 %
2. Einnahmen bei 95 %:	1,13	1,92	2,66 %
3. Einnahmen bei 87,3 %:	1,00	1,73	–4,65 %
4. Einnahmen bei 80 %:	0,87	1,56	–17,53 %

Durch die vorgenommene Veränderung liegt der DSCR durchgängig unterhalb der Ausgangslage im Sponsors Case. Bei einer Senkung des Jahresenergieertrages um 12,7 % erreicht der DSCR im vierten Betriebsjahr des Projektes sein Minimum von 1,0. Das hier betrachtete Ausmaß des Absinkens des Jahresenergieertrages stellt folglich die Grenze der Projektbelastbarkeit dar.

Die Differenz von 12,7 % bis zum Erreichen der Projektbelastbarkeitsgrenze aus Sicht des Sponsors-Case kann somit auch als dessen Sicherheitspuffer im Hinblick auf das Ressourcenrisiko verstanden werden. Die Höhe des Sicherheitspuffers bei DOWNY O'DRAKE ist dabei als sehr knapp zu bewerten, wenn man sich die durchschnittliche Schwankung der jährlichen Energieproduktion vor Augen hält (siehe Kapitel 4.4).

Die dortigen Ausführungen zeigen, dass das jährliche Energieangebot am Standort in einem nicht unerheblichen Maße schwanken kann. Dem theoretischen Sicherheitspuffer von 12,7 % im Cashflow-Modell steht eine gutachterlich ausgewiesene Standardabweichung des Energieangebotes in Höhe von etwa 12 % am Projektstandort gegenüber. Damit ist der Sicherheitspuffer im Sponsors Case zu gering, so dass Anpassungen an der Finanzierungsstruktur notwendig werden. Bevor wir uns den damit verbundenen Möglichkeiten zuwenden, stellen wir zunächst die relevanten Beurteilungsverfahren dar.

5.9.4 Verfahren der Risikoquantifizierung: Cashflow-Modell und Rating-Verfahren

5.9.4.1 Dynamische Ziele einer Risikoquantifizierung

Ziel einer Risikoquantifizierung ist, die Wahrscheinlichkeit und den quantitativen Umfang möglicher negativer Abweichungen des Projektes im zeitlichen Ablauf zu ermitteln. Die hierzu in der Praxis entwickelten Methoden haben dabei die betriebswirtschaftlichen Tendenzen nachvollzogen und entwickelten sich von den statischen Methoden zu dynamischen Verfahren, die nunmehr die einzelnen Risiken im zeitlichen Ablauf berücksichtigen. Zum Teil sieht man allerdings auch heute noch Kalkulationsbeispiele, die darauf abzielen, eine Betrachtung für lediglich ein Jahr anzustellen oder aber eine Gewinngröße zu ermitteln. Von beiden Herangehensweisen muss dringend abgeraten werden: Zum einen sollte klar sein, dass eine statische Betrachtung künftige Veränderungen von Einzahlungen und Auszahlungen nicht abbilden und damit zu einer gravierenden Fehleinschätzung der Wirtschaftlichkeit eines Vorhabens führen kann. Zum anderen sind es lediglich die zahlungswirksamen Größen, die für die Begleichung der operativen Kosten und des Kapitaldienstes herangezogen werden können, nicht aber eine aus der Gewinn- und Verlustrechnung stammende Größe, die für Rechnungslegungszwecke entwickelt wurde. Es sollte daher Standard sein, auf dynamische Verfahren zu setzen und nur Nach-Steuer-Cashflows zu betrachten.

Abbildung 114: Gegenüberstellung Interner Zinssatz/Debt Service Cover Ratio

Aus Sicht des Investors werden regelmäßig die Ein- und Auszahlungen, die er leisten muss bzw. erhält, auf den Zeitpunkt der Investitionsentscheidung mit einem geeigneten Kalkulationszinssatz abgezinst. Ergibt sich ein positiver Kapitalwert, erscheint das Vorhaben vorteilhaft. Alternativ – wenn auch mit gewissen theoretischen Nachteilen – kann der interne Zinssatz den Investor darüber informieren, ob eine bestimmte Mindestverzinsung seines Eigenkapitals erreicht oder überschritten wird. In der Praxis wird hierfür meist der interne Zinssatz (Internal Rate of Return) herangezogen. Bei dieser Methode wird der Zinssatz berechnet, bei dem die Barwerte der Einzahlungen und Auszahlungen des Investitionsvorhabens gleich groß sind. Daraus ergibt sich folgende Formel, wobei die Zielgröße der interne Zinssatz r ist:

$$\sum_{t=0}^{n}(E_t - A_t)*(1+r)^{-t} = 0$$

E_t: Einzahlungen in Periode t
A_t: Auszahlungen in Periode t
t: Periode
n: Nutzungsdauer des Investitionsobjektes
r: interner Zinssatz

Auf diese Weise erhält man die Effektivverzinsung eines Investitionsvorhabens. Die Investition wird unter der Annahme eines vollkommenen Kapitalmarktes dann durchgeführt, wenn der interne Zins über dem Kapitalmarktzins liegt. Für die Berechnung wird außerdem die Annahme getroffen, dass etwaige Überschüsse zum jeweiligen internen Zinssatz angelegt werden. Allerdings sind die so abgeleiteten Kennzahlen nicht geeignet, die Dimensionierung und Struktur der Fremdmittel zu bestimmen. Hier kommt die Sichtweise der Fremdkapitalgeber ins Spiel.

Aus Sicht der Fremdkapitalgeber interessiert die Frage, wie sicher es ist, dass Zinsen und Tilgung aus dem Cashflow des Projektes erbracht werden können – je höher hier die Überdeckung ist, um so robuster sollte das Projekt auf Planänderungen reagieren. Im Folgenden betrachten wir das Cashflow-Modell unter dem Blickwinkel der Ausgestaltung einer Finanzierungsstruktur, und damit in einem fortgeschrittenen Stadium aus Sicht der Fremdkapitalgeber.

Hauptproblem der im Folgenden darzustellenden Verfahren ist die Prognose der zukünftigen Periodenerfolge, die sich – in den Planungen der Projektbeteiligten – häufig als eine einmalige Analyse der wahrscheinlichen Entwicklung des Projektes darstellt. Dabei weisen diese Verfahren zwei Mängel auf: Zum einen wird die Wechselwirkung des Projekterfolgs mit den Interessen der verschiedenen Projektbeteiligten meist nicht thematisiert. Wir haben diesen Aspekt im Einführungskapitel skizziert. Zum anderen werden Handlungsmöglichkeiten der Projektbeteiligten – v.a. der Projektgesellschaft – auf Veränderungen der Umwelt, die auf das Projekt einwirken, nicht abgebildet, so dass die eher statische und gerichtete Sicht der traditionellen Bewertungsverfahren ergänzt werden muss. Gleichwohl sind die Kennzahlenermittlung und die Projektsteuerung über Kennzahlen die zentralen Elemente jeder Risikoquantifizierung.

Der primäre Finanzierungsgedanke einer Projektfinanzierung beinhaltet, dass der generierte Cashflow ausreichen soll, um einerseits den Schuldendienst zu decken und andererseits eine angemessene Absicherung gegen den Eintritt möglicher Risiken zu bieten. Zur Umsetzung dieser Zielvorgabe werden die erwarteten Projekterlöse ermittelt und anschließend in Bezug zum ausstehenden Schuldendienst oder Kreditbetrag gesetzt.

Bei diesem Modell werden die Cashflows des Projekts unter Annahme der Plandaten periodenweise simuliert und es wird dann geprüft, inwiefern das Projekt in der Lage ist, seinen Verpflichtungen nachzukommen.

Die ermittelte Über- oder Unterdeckung kann mit Hilfe des Debt Service Cover Ratio (DSCR, Schuldendienstdeckungsgrad) aggregiert dargestellt werden. Der DSCR beschreibt dabei, inwieweit der Cashflow zur Deckung des Schuldendienstes ausreicht. Da es üblich ist, zur Erhöhung der Belastbarkeit des Projekts eine Schuldendienstsreserve (SDR) vorzuhalten, wird der DSCR im weiteren Verlauf wie folgt definiert:

$$\text{DSCR} = \frac{\text{Cashflow der Periode} + \text{Schuldendienstreserve}}{\text{Schuldendienst der Periode}}$$

Die so für die einzelnen Perioden ermittelten DSCR können in einem Graphen, der die gesamte Kreditlaufzeit abbildet, dargestellt werden, wodurch die für das Projekt kritischen Phasen leicht zu identifizieren sind.

Bei einem DSCR ≥ 1,0 ist der Schuldendienst der Periode durch die Cashflows gedeckt. Um eine Absicherung gegen Schwankungen des Cashflows vorzunehmen, besteht von Seiten des finanzierenden Kreditinstituts im Allgemeinen der Anspruch, dass das Projekt in der Lage sein muss, auch in einem Worst-Case-Fall einen DSCR ≥ 1,0 zu generieren. Die Anforderung an die als notwendig angesehene Überdeckung hängen von dem Umfang der Risikoüberwälzung ab, so dass eine bankseitige Forderung nach einem Mindestdeckungsverhältnis durch die projektspezifische Risikostruktur mit beeinflusst wird. Je ausgeprägter die Risikoübernahme unter Berücksichtigung der Risikotragfähigkeit des betreffenden Risikoträgers ist, umso geringer kann die Überdeckung ausfallen.

Der Schuldendienstdeckungsgrad fordert lediglich eine pauschale Überdeckung für den Risikofall. Demnach gibt der DSCR noch keine Auskunft über die Entwicklung des Cashflows unter Risikoeinfluss. Inwieweit eine im DSCR enthaltene Sicherheitsmarge im Falle einer Risikorealisation ausreichend bemessen ist, wird zunächst noch nicht ersichtlich. Erst unter Anwendung von dynamischen Analysemethoden wird der DSCR zu einer Bewertungs- und Steuerungsgröße.

Der Einsatz des Cashflow-Modells und die Betrachtung des DSCR als zentrale Kenngröße unterstützt auch die in dieser Arbeit eingenommene Sichtweise, da die aus Sicht der Kredit gebenden Bank elementare Fähigkeit des Projektes zur Leistung von Zins und Tilgung abgebildet wird.

Neben der Bewertung der Ausgangssituation mit Plandaten kann mit dem Cashflow-Modell auch der Einfluss einzelner Risiken auf das Projekt bewertet werden. Mit Hilfe der Sensitivitätsanalyse wird dabei durch eine Simulation der verschiedenen Input-Daten geprüft, inwiefern entstehende Veränderungen im Cashflow die Tragfähigkeit des Projektes beeinflussen. Ziel ist es, die Reaktionsempfindlichkeit des Projektes auf veränderte Umweltbedingungen aufzuzeigen. Auf diese Weise wird ersichtlich, welche Bedeutung jeweils der Absicherung eines Risikos zukommt.

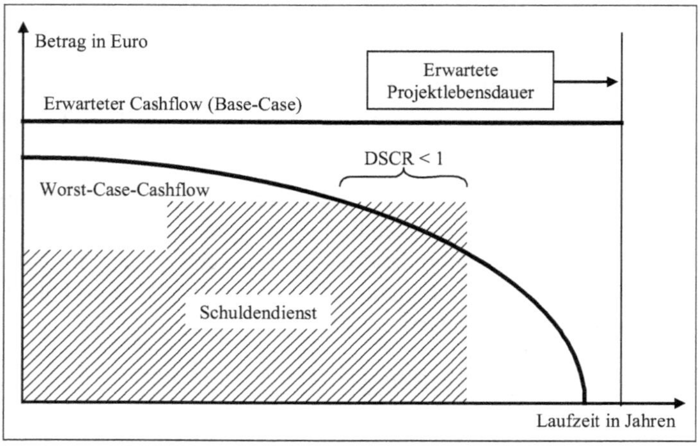

Abbildung 115: Grundlegendes Cashflow-Modell mit Base- und Worst-Case[1075]

[1075] P.K. Nevitt; F.J. Fabozzi 2000, S. 12.

Da sich die Einzelrisiken und die spezifischen Risikoinstrumente im zeitlichen Ablauf des Projektes wandeln können, treten neben die eher statische Betrachtung des Schuldendienstdeckungsgrades den zeitlichen Ablauf stärker betonende dynamische Methoden in den Vordergrund, nämlich die Sensitivitätsanalyse, die Szenariotechnik, die simulative Risikoanalyse und neuerdings die Methode der Real- oder Handlungsoptionen.

Ziel der Sensitivitätsanalyse ist die Darstellung der Auswirkungen von Variationen des Wertes einzelner oder mehrerer Parameter auf das Entscheidungskriterium (z.B. Cashflow oder DSCR), um so zusätzliche Informationen über den Risikogehalt des Projektes zu gewinnen. Die Sensitivitätsanalyse kann dabei grundsätzlich in zweierlei Weise vorgenommen werden: Zum einen vom gewählten Beurteilungskriterium zum variablen Risikoparameter (Fragestellung: um wie viel darf der Risikoparameter schwanken, ohne den Zielwert beim gewählten Kriterium zu beinträchtigen? – Methode der kritischen Werte), zum anderen vom Risikoparameter zum Beurteilungskriterium (Fragestellung: Wie schwankt die Messzahl des Beurteilungskriteriums, wenn der Risikoparameter verändert wird – Alternativenrechnung). Vorteilhaft ist dabei die Ermittlung, welche Änderungen des Datenkranzes sich besonders sensibel auf den Cashflow auswirken.

Nachteilig bei der Sensitivitätsanalyse ist der Umstand, dass sich in der Realität nur selten einzelne Parameter c.p. verändern, sondern Interdependenzen zwischen den Cashflow-Determinanten eher die Regel sind. Weiter ist mit der Sensitivitätsanalyse noch nichts für die Frage der Eintrittswahrscheinlichkeit der verschiedenen Parametereinsätze gewonnen. Das Verfahren macht jedoch deutlich, auf welche Änderungen das Projekt – gemessen am Beurteilungskriterium – am sensibelsten reagiert und weist so darauf hin, welchen Risiken besonderes Augenmerk geschenkt werden muss.

Einen Schritt weiter geht die Szenariotechnik. Die Szenariotechnik stellt eine besondere Form der Sensitivitätsanalyse dar, bei der auf Basis verschiedener als realistisch angenommener Datenkonstellationen – so genannten Szenarien – die Auswirkungen auf den Cashflow aufgezeigt werden, gemessen über den Schuldendienstdeckungsgrad (DSCR). Dadurch wird abgebildet, wie sich die Wirtschaftlichkeit des Vorhabens in Abhängigkeit der für die wichtigsten Einflussparameter hypothetisch unterstellten Entwicklungen verändern kann. Die Untersuchung wird häufig auf drei Szenarien eingegrenzt:

- Base-Case (Unterstellung der wahrscheinlichsten Parameterwerte),
- Best-Case (Unterstellung günstigster Parameterwerte) und
- Worst-Case (Unterstellung ungünstigster Parameterwerte).

Als Vergleichsgröße dient das Base Case-Szenario, das die verschiedenen Projektparameter mit ihrem wahrscheinlichsten Wert berücksichtigt. Ausgehend von dem Base Case-Szenario lässt sich durch pessimistische Schätzungen ein Worst Case-Szenario aufstellen. In diesem Szenario wird eine Projektsituation antizipiert, die bei einer ungünstigen Entwicklung der Cashflow-Determinanten eintritt und deshalb für die Fremdkapitalgeber von besonderer Bedeutung ist. Denn anhand einer Worst Case-Betrachtung kann festgestellt werden, ob auch bei stark negativen Entwicklungen das Projekt in der Lage ist, den Schuldendienst zu erbringen. Ergeben die Auswertungen dieses Szenarios, dass eine Unterdeckung des Schuldendienstes vorliegt, müssen die Banken über mögliche Modifikationen am entworfenen Finanzierungsplan nachdenken. Aus Sicht der fremd finanzierenden Bank ist ein besserer Verlauf als der Base Case nicht entscheidungsrelevant, da ihr Risikobegriff aufgrund ihrer Chance-Risikoposition als negative Zielabweichung definiert ist und der Schuldendienst unabhängig davon erbracht werden muss, welches Ergebnis das Projekt generiert.

Bedeutung des Base Case-Szenarios:

- Als Vergleichsgröße zu anderen Vorhaben dient das Base Case-Szenario, das die verschiedenen Projektparameter mit ihrem wahrscheinlichsten Wert berücksichtigt.
- Für die Eingaben in das Rating-Tool der Banken müssen die Annahmen auf ein Base Case-Niveau gebracht werden. Die Rechnung innerhalb des Rating Tools simuliert auch negative Projektverläufe, die das maximal vertretbare Fremdfinanzierungsvolumen aufzeigen.

Bedeutung des Worst-Case-Szenarios:

- In diesem Szenario wird eine Projektsituation antizipiert, die bei einer ungünstigen Entwicklung der Cashflow-Determinanten eintritt und für die Fremdkapitalgeber von besonderer Bedeutung ist, da geprüft wird, ob auch bei stark negativen Entwicklungen das Projekt in der Lage ist, den Schuldendienst zu erbringen.
- Liegt im Worst Case-Szenario eine Unterdeckung des Schuldendienstes vor, müssen die Banken über mögliche Modifikationen am entworfenen Finanzierungsplan nachdenken.

Bei Windenergie-Vorhaben werden die folgenden Parameter im Rahmen einer Simulationsrechnung variiert:

1. Die Volatilitäten, die sich aus dem Windangebot ergeben, werden fortgeschrieben und sind der Haupttreiber für das Rating-Ergebnis eines Windenergie-Projektes. Diese Volatilitäten ergeben sich im Regelfall auf Grundlage einer Verteilungsfunktion des Windangebots an dem Standort, deren Standardabweichung für die Simulation fortgeschrieben wird.
2. Für das Zinsumfeld, soweit die Darlehenstranchen nicht zinsgesichert sind, erfolgt ebenfalls eine Simulation von Zinsszenarien, die länderspezifisch hinterlegt sind.
3. Des Weiteren gibt es weitere makroökonomische Größen – wie z.B. Inflationssätze – die als eigene Datensätze hinterlegt sind.

Dabei wird das Rating-Ergebnis umso besser ausfallen, je geringer die Volatilitäten sind und je höher die Überdeckungsrelationen (DSCRs) ausfallen.

Die Tatsache, dass auf der Grundlage der Sensitivitätsrechnung bzw. Szenariotechnik keine Aussage über die Eintrittswahrscheinlichkeit der unterstellten Cashflow-Konstellationen möglich ist, wird als das größte Defizit dieser Untersuchungsmethode angesehen. Um dies zu kompensieren, können aufgrund vorhandenen Fachwissens subjektive Eintrittswahrscheinlichkeiten unterstellt werden.

In den folgenden Abschnitten werden wir die verschiedenen, in der Praxis dominierenden Kennzahlen innerhalb einer Projektfinanzierung darstellen und kritisch würdigen.

5.9.4.2 Der Schuldendienstdeckungsgrad als zentrale Kennziffer

Der Schuldendienstdeckungsgrad (*Debt Service Cover Ratio*, DSCR) ist die wahrscheinlich am häufigsten gebräuchliche Kennzahl innerhalb einer Projektfinanzierung:

$$\text{DSCR} = \frac{\text{Cashflow der Periode} + \text{Schuldendienstreserve}}{\text{Schuldendienst der Periode}}$$

Diese Kennzahl wird zum einen jährlich – manchmal auch zu jedem Kapitaldiensttermin – berechnet, zum anderen aber bereits zur Planung eines Projektes über die gesamte Kreditlaufzeit ausgewiesen. Die Dominanz des DSCR erklärt sich unmittelbar aus dem zentralen, wirtschaftlichen Charakteristikum einer Projektfinanzierung: Da die zur Finanzierung des Projektes aufgenommenen Darlehen ausschließlich aus dem vom Projekt generierten Cashflows zurückgeführt werden, ist es nahe liegend, den Cashflow-Verlauf dahingehend zu untersuchen, ob er in der Lage ist, den Kapitaldienst für die Darlehen zu erbringen. Selbst wenn der Schuldendienstdeckungsgrad die einzige verwandte Kennzahl ist, ist dies für die Zwecke einer Projektfinanzierung gleichwohl ausreichend.

Der DSCR gibt an, um welchen Faktor der erwartete Cashflow den Kapitaldienst in jedem Jahr über- oder unterdeckt. Banken sind aufgrund ihrer Risikopräferenzen nur bereit, Projektkredite bei Überschreitung bestimmter Überdeckungsverhältnissen zur Verfügung zu stellen. Wenn der DSCR unter 1,00 fällt, kann das Projekt seinen Verpflichtungen aus dem Kreditvertrag nicht mehr vollständig nachkommen und muss entweder weitere Kreditmittel aufnehmen, Eigenmitteleinschüsse erhalten oder eine Änderung des Tilgungsprofils muss verhandelt werden. Die Kennzahl ist im besonderen Maße dafür geeignet, das Rückzahlungsprofil eines Projektes zu bestimmen. In der oben genannten Verwendung beinhaltet sie die Schuldendienstreserve: Dies hat zwar den Nachteil, dass im Basisfall der DSCR strukturell überschätzt wird, aber den deutlichen Vorteil, dass in einem Belastungsfall – und vor allem dieser interessiert die Kreditgeber – die Belastbarkeit des Vorhabens inklusive der Reserven, die für die Bedienung des Kapitaldienstes zur Verfügung stehen, aufgezeigt wird.

Wenn die Kennzahl wie oben benutzt wird, sollte sich die Interpretation auf einen Belastungsfall beziehen. In einem Basisfall ist zu berücksichtigen, dass der DSCR um die Schuldendienstreserve zu hoch ausgewiesen wird. Keinesfalls dürfen hier andere Konten als die Schuldendienstreserve eingerechnet werden, wie z.B. eine Wartungskostenreserve. Der Schuldendienstdeckungsgrad ist eine hochgradig verdichtete Kennzahl, da sie sämtliche Einzahlungen und Auszahlungen eines Vorhabens vor dem Hintergrund der Kapitaldienstfähigkeit darstellt.

In jedem Fall sei davor gewarnt, allein auf den minimalen Schuldendienstdeckungsgrad eines Vorhabens zu sehen. Dies ist ein eher allgemeiner Merksatz, der bereits in einer Reihe von Rechnungslegungssystemen festgeschrieben ist: Es existiert keine Möglichkeit, die Performance eines Unternehmens in einer Kennzahl auszudrücken. Daher sollte keine alleinige, übertriebene Bedeutung auf eine noch so wichtige Kennzahl gelegt werden, sondern zusätzlich untersucht werden, welche Parameter realistischerweise wie weit schwanken können und welche Konsequenzen sich insoweit auf die Belastbarkeit des Vorhabens ergeben.

Je nach Risikoeinschätzung kann der festgesetzte Mindestdeckungsgrad stark variieren, wobei er umso höher sein wird, je größer die Risikoübernahme der Projektbeteiligten ist. Entsprechend schwanken die Überdeckungsverhältnisse in Abhängigkeit von den Erfahrungen der Branche und dem jeweiligen Risikoprofil eines Projektes. Wichtig ist die Frage, wie robust das Projekt auf negative Planabweichungen reagiert und welche Sicherungsmechanismen greifen, um daraus eine Mindestdeckungsrelation für die Vergabe von Projektkrediten zu ermitteln.

Die Bedeutung der Risikoabsicherung nach dem Kriterium des Schuldendienstdeckungsgrades zeigt auch eine Schwäche dieses Verfahrens: Sein Ausgangspunkt ist nicht die Analyse der Risiken als solche und ihre Bemessung, sondern die auf die möglichen Folgen abgestellte Bemessung eines Risikopolsters, mit dem die verbleibenden Risiken pauschal abgesichert werden sollen. Solange das pauschal bestimmte Sicherheitspolster eine ausreichende Abfederung verschafft, mag dies genügen. Je dünner allerdings die Polster werden, umso stärker rücken wiederum die Einzelrisiken und die spezifischen Risikoinstrumente in den Vordergrund.

5.9.5 Die Einbindung des Rating-Verfahrens

Wie wir oben dargestellt haben, sind das Cashflow-Modell und das Rating-Verfahren zwei ineinander greifende methodische Verfahren, deren Ziel es letztlich ist, eine für ein Projekt aus Risikoaspekten angemessene Risikostruktur zu ermitteln.

Dabei dient das Cashflow-Modell einer ersten Abschätzung der Projektbelastbarkeit und Wirtschaftlichkeit und das Rating-Verfahren ermöglicht es dann, den Cashflow-Verlauf innerhalb einer Simulation zu bewerten. Das Rating-Ergebnis korrespondiert mit einer Risikobepreisung. Sofern diese von der im Cashflow-Modell verwandten Risikobepreisung abweicht, die ja zunächst eine Schätzgröße abbildet, muss das Modell angepasst und die Simulationsrechnung wiederholt werden. Im Bedarfsfall muss dieser Prozess so lange wiederholt werden, bis Cashflow-Modell und Rating-Verfahren von denselben Angaben ausgehen. Insofern ist die Cashflow-Modellierung und die Bewertung durch ein Rating-Tool ein iterativer Prozess.

Die Ziele, die mit einem Rating-Tool verfolgt werden, lassen sich wie folgt subsumieren:

1. Objektive und standardisierte Risikobeurteilung eines Projektes.
2. Kalkulation eines Gesamtrisikos für eine Projektfinanzierung – Ermittlung einer Ausfallwahrscheinlichkeit (PD, *„probability of default“*), die wiederum für die Risikobepreisung relevant ist.
3. Regulatorische Anforderungen, insbesondere die Kapitaladäquanzanforderungen nach Basel II, können eingehalten werden.

Das Rating-Tool geht dabei wie folgt vor:

1. Simulation der wesentlichen Risikotreiber unter einem bestimmten Annahmen-Set und unter Berücksichtigung von
2. makroökonomischen Faktoren: Zinssätze, Wechselkurse und Inflationsannahmen sowie
3. branchenspezifischen Annahmen: basierend auf einem Random-Walk-Ansatz, der auf historischen Volatilitäten und Korrelationen basiert.

In diesem Zusammenhang müssen zwei Volatilitäten unterschieden werden: Dies ist zum einen die Volatilität des Elementarangebots, zum anderen die im Windgutachten angegebene

Prognoseunsicherheit der Gutachter. Die Volatilität des Elementarangebotes wird typischerweise über standortspezifische Gutachten dargestellt. Zu den Details der Abschätzung des Elementarangebots siehe insbesondere das Kapitel 4.4.

Die zweite Volatilität, die sich auf das Elementarangebot bezieht, ist die im Gutachten angegebene Unsicherheit, die so genannte *Banking Case Uncertainty* (BCU). Die BCU beschreibt den Umstand, dass nicht nur die Einstrahlung als solche unsicher ist, sondern auch das korrekte Startniveau der Einstrahlung. Das im Rating-Sinn korrekte Start-Niveau ist das Annahmen-Set, das mit derselben Wahrscheinlichkeit überschritten und unterschritten wird (so genannter p(50)-Fall). Die BCU ist daher ein Maß für die Verlässlichkeit der Prognose eines Ertragswertgutachtens.

1. Die Berücksichtigung der BCU führt zu einer Parallelverschiebung der DSCR-Reihe und damit zu einer Erhöhung der PD.
2. Wird die BCU nicht explizit vom Gutachter angegeben, wird ein Wert von 10 % unterstellt (üblich sind vielleicht 5 %).

Damit ergeben sich folgende Empfehlungen für die Beauftragung von Windgutachten:

1. Es sollten standortspezifische Gutachten erstellt werden. Regelmäßig sind die dabei ermittelten Standardabweichungen deutlich geringer als die länderbezogenen Werte.
2. Des Weiteren sollte der Gutachter explizit angeben, mit welcher Unsicherheit er bei seinem Gutachten rechnet, ansonsten erfolgt auch hier eine „Bestrafung" des Projektes mit verhältnismäßig hohen Werten. Ggf. lässt sich auch über relativ kostengünstige Maßnahmen eine Verbesserung der Prognosequalität erreichen, etwa dem Einbezug von Daten benachbarter Windparks.
3. Beide Maßnahmen führen dazu, dass die Volatilitäten bezogen auf das Elementarangebot geringer ausfallen, was sich günstig auf das Rating-Ergebnis und damit auf die Fremdkapitalausstattung auswirkt.

Neben den quantitativen Eingaben, die Eingang in das Cashflow-Modell finden, wird das Vorhaben hinsichtlich seiner Struktur und der Einbindung der Projektbeteiligten qualitativ beurteilt.

1. Projektstruktur und Beurteilung der Einbindung von Projektparteien,
2. Bewertung der Wettbewerbsfähigkeit des Projektes und Marktumfeld und
3. Komplexität der Transaktion.

Die vorgenannten Faktoren werden über ein Scorecard-System zu einer Kennzahl verdichtet, die zu dem Rating vor qualitativen Faktoren hinzuaddiert wird. Die maximal mögliche Verbesserung – sofern alle qualitativen Faktoren den bestmöglichen Wert erzielen (was aber unrealistisch ist) – läge bei zwei Notches, das maximale Downgrade bei drei Notches. Eine typische Veränderung liegt regelmäßig bei einem Notch. Im Ergebnis dominiert damit die Höhe und Entwicklung der Schuldendienstdeckungsgrade das Rating-Ergebnis.

Dem Länderrisiko kommt für jede Projektfinanzierung eine besondere Bedeutung zu, da im Rahmen der üblichen Rating-Verfahren das Länderrating das Projektrating nach oben begrenzt – oder anders formuliert: ein Projektrating kann im Rahmen der Ratingverfahren nicht besser sein als das Rating des Sitzlandes.

Nunmehr haben wir mit der Darstellung des Cashflow-Modells und des ihn bewertenden Rating-Tools die Voraussetzungen geschaffen, um Hinweise für eine Optimierung der für ein Projekt geeigneten Finanzierungsstruktur zu entwickeln.

5.9.6 Entwicklung einer geeigneten Finanzierungsstruktur

Investoren und Kreditgeber haben das gleichgerichtete Interesse, ein Projekt so wirtschaftlich wie möglich zu gestalten. Ein hoher Cashflow-Überschuss bedeutet einerseits, dass die Fremdkapitalgeber mit größerer Sicherheit ihre festen und erfolgsunabhängigen Rückzahlungsansprüche erfüllt sehen, aber auch, dass die Sponsoren mehr bzw. frühzeitigere Ausschüttungen realisieren können. Während beide Gruppen ein gleichgerichtetes Interesse haben, den Projektwert zu steigern, besteht ein Wettbewerb um die Verwendung der Cashflows. Wie bereits oben angesprochen, haben die Sponsoren tendenziell ein Interesse daran, möglichst viel Cashflow frühzeitig auszuschütten, während die Fremdkapitalgeber möglichst schnell getilgt werden wollen. Die Erarbeitung einer Finanzierungsstruktur beinhaltet damit immer auch einen Verhandlungsprozess zwischen den beiden Kapitalgebergruppen. Die folgenden Beispiele sollen verdeutlichen, wie ein Prozess zur Entwicklung einer Finanzierungsstruktur aussehen kann und welche Möglichkeiten bestehen, ein Projekt aus Sicht beider Kapitalgebergruppen zu verbessern.

Zu diesem Zweck werden wir jeweils einzelne Parameter unseres obigen Beispiels verändern (siehe Tabelle 41), uns die hieraus resultierenden Auswirkungen auf die jeweiligen Beurteilungskennziffern der Kapitalgeber ansehen und im Anschluss eine Finanzierungsstruktur entwickeln, die die verschiedenen Gestaltungsparameter in einem unterschiedlichen Maße aufgreift. In einem ersten Schritt sehen wir uns an, welche Auswirkungen sich auf eine Finanzierungsstruktur ergeben, wenn wir die Laufzeit verändern.

Laufzeit-Variation

Während bei der ursprünglichen Struktur eine Laufzeit von 10 Jahren vorgeschlagen wurde, ist diese nunmehr um ein Jahr erhöht worden. Damit ergibt sich folgende Abbildung 116:

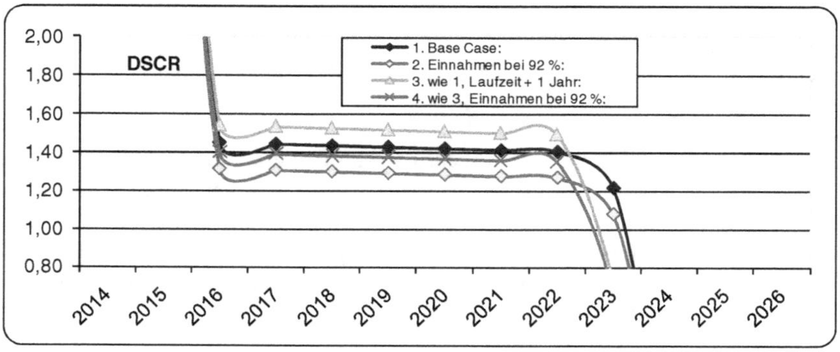

Abbildung 116: Laufzeitverlängerung bei einem Windenergieprojekt

	Min. DSCR	Ø DSCR	IRR
1. Sponsors Case:	1,22	2,04	6,32 %
2. Einnahmen bei 91 %:	1,08	1,85	0,17 %
3. wie 1, Laufzeit + 1 Jahr:	0,74	2,06	6,41 %
4. wie 2, Einnahmen bei 91 %:	0,65	1,87	–0,37 %

Erkennbar ist, dass der Schuldendienstdeckungsgrad im Sponsors Case zunächst niedriger ist als bei einer um ein Jahr längeren Laufzeit. Im letzten Jahr sinkt der DSCR bei der Variante mit der um ein Jahr verlängerten Laufzeit allerdings deutlich und liegt sogar unter 1,0. Während die Belastbarkeit im Sponsors Case bei einem Einnahmenniveau von 87,3 % liegt, verschlechtert sie sich mit der Verlängerung der Laufzeit zumindest im letzten Jahr. Die Laufzeitverlängerung geht mit einer leichten Erhöhung der internen Rendite einher, und zwar von 6,32 % auf 6,41 %. Bei einer Verkürzung der Laufzeit kehren sich die beschriebenen Effekte spiegelbildlich um.

Üblicherweise stellt man bei anderen Vorhaben im Bereich der Erneuerbaren Energien fest, dass sich mit längerer Laufzeit sowohl die Belastbarkeit als auch die Wirtschaftlichkeit verbessern. Dies ist hier nicht der Fall.

Bei Offshore-Windparks ergibt sich in Deutschland ein deutliches Gefälle zwischen dem anfänglichen Tarif und dem späteren EEG-Tarif oder einem – wie hier unterstellt – leicht erhöhten Markttarif. Dies hat Konsequenzen, wenn man die Laufzeit der Darlehen so verlängert, dass man in den Bereich der geringeren Markt- oder EEG-Vergütung kommt: Die Tarifsenkung trifft auf einen durch Inflation leicht steigenden Betriebskostenblock, der dann etwa vier Fünftel der Einnahmen ausmacht. Unterstellt man den EEG-Vergütungssatz von 3,5 Ct/kWh (statt eines hier unterstellten Marktsatzes von 5,7 Ct/kWh), können die Betriebskosten im Beispielfall nicht mehr vollständig verdient werden. In jedem Fall ist mit einsetzender Tarifreduzierung kaum mehr Cashflow verfügbar, um etwaige ausstehende Darlehen zu verzinsen oder zu tilgen. Bei anderen EE-Vorhaben fällt die Differenz in den Vergütungssätzen – sofern es sie denn überhaupt gibt –, nicht so eklatant aus, wie es bei Offshore-Windenergieprojekten in Deutschland der Fall ist.

Auch bei anderen EE-Vorhaben sind der Darlehenslaufzeit durch die ökonomische Nutzungsdauer Grenzen gesetzt. Die ökonomische Nutzungsdauer wird beschrieben durch die technische Nutzungsdauer der Anlagen einerseits und die Laufzeit des Regulierungsumfeldes andererseits. Üblicherweise erwarten die Banken, dass ihre Darlehen früher zurückgeführt sind, als es die maximale Laufzeit der Vergütung nach dem Regulierungssystem vorsieht.

Laufzeit – Erkenntnisse:

1. Je länger die Laufzeit gewählt wird, umso höher wird die interne Rendite ausfallen und umso besser werden die Deckungsrelationen sein. Eine leichte Kompensation ergibt sich dadurch, dass mit längerer Laufzeit auch mehr Zinsen gezahlt werden müssen.
2. Es gibt regelmäßig Restriktionen der Banken hinsichtlich einer maximalen Laufzeit des *Term Loans*, die sich wesentlich aus der Laufzeit und Struktur des Regulierungsumfeldes sowie der verwendeten Technik ableiten lassen. Bei Offshore-Windparks fällt diese Grenze durch das starke Gefälle der Vergütungssätze besonders deutlich aus.

3. Es lässt sich der allgemeine Hinweis ableiten, die Laufzeit des *Term Loans* so lange zu wählen, wie es die anderen Beteiligten zulassen.
4. Kommt es zu Verzögerungen oder zu temporären Ausfällen während des Betriebes, bestehen zumeist nur geringe Aussichten, nennenswerte Kapitaldienstleistungen im Anschluss an die erhöhte Vergütung zu erwarten. Fremdkapitalgeber werden daher stark daran interessiert sein, neben den Pflichttilgungen auch Pflichtsondertilgungen (*Cash Sweeps*) in die Finanzierungsstruktur einzubauen, um bei Planabweichungen bereits in der Phase der erhöhten Vergütungen ihr Risiko zu reduzieren.
5. Die für eine Bank maximale Laufzeit des *Term Loans* ist noch aus einem anderen Grunde interessant: Aus ihrer Kenntnis und der Kenntnis des geforderten Belastbarkeitsabschlages lässt sich mit dem restlichen Annahmen-Set ableiten, wie die Eigenkapital-/Fremdkapitalausstattung aussehen sollte.

Verwendung einer linearen Tilgung

Im Anschluss zeigen wir die Veränderungen, die sich ergeben, wenn statt eines annuitätischen Darlehens ein lineares Darlehen eingebaut wird:

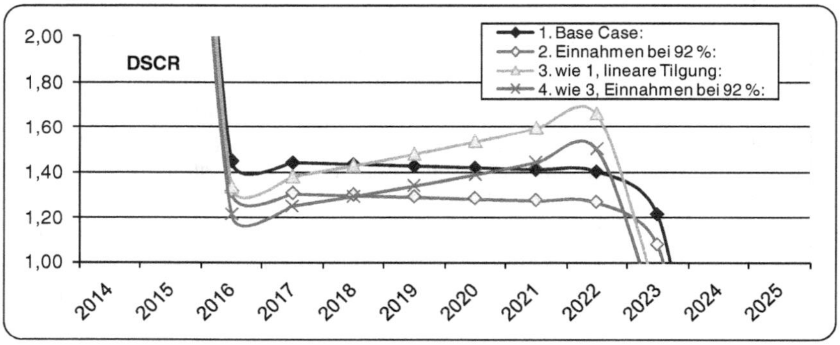

Abbildung 117: Vergleich annuitätisches und lineares Darlehen

	Min. DSCR	Ø DSCR	IRR
1. Sponsors Case:	1,17	1,76	6,32 %
2. Einnahmen bei 92 %:	1,08	1,69	0,17 %
3. wie 1, lineare Tilgung:	0,86	2,05	6,30 %
4. wie 3, Einnahmen bei 92 %:	0,76	1,86	0,12 %

Während bei der ursprünglichen Struktur eine annuitätische Tilgung vorgeschlagen wurde, ist nunmehr ein Ratendarlehen eingesetzt worden, wobei die Gesamtlaufzeit der Darlehen bis zu ihrer vollständigen Rückführung gleich geblieben ist.

Erkennbar ist, dass der Schuldendienstdeckungsgrad im Sponsors Case konstant ist, während er bei linearer Tilgung bei einem niedrigeren Wert beginnt und im Verlauf des Projektes dann allerdings oberhalb des DSCR-Wertes einer annuitätischen Tilgung liegt. Die Belastbarkeit und die Wirtschaftlichkeit sind bei einem annuitätischen Darlehen allerdings regelmäßig etwas besser, auch wenn die Unterschiede in unserem Beispielsfall nur relativ gering sind.

Welche Tilgungsstruktur nunmehr für ein Vorhaben geeigneter ist, wird sich erst im Zeitablauf sagen lassen, wenn die tatsächlichen Probleme bei Offshore-Windparks auftreten. Einerseits führen gleichbleibende DSCR-Werte zu tendenziell besseren Rating-Ergebnissen, andererseits eröffnen lineare Tilgungsverläufe Spielräume für etwaige notwendige Restrukturierungen. Die Diskussion kann insoweit auch abgekürzt werden, als die Einbindung von Mitteln aus dem KfW-Programm Offshore-Windenergie praktisch unabdingbar ist. Dies liegt wesentlich daran, dass für diese Programmmittel keine Liquiditätskosten anfallen. KfW-Programmmittel werden lediglich als Ratendarlehen zur Verfügung gestellt.

Annuitätische Darlehen versus Ratendarlehn – Erkenntnisse:

1. Grundsätzlich ist die Überlegung sinnvoll, dass Rückzahlungsprofil an die Cashflows eines Projektes anzulehnen, was für den Einsatz von annuitätischen Darlehen spricht. Andererseits ergibt sich ein geringerer Puffer im späteren Verlauf eines Projektes, was insbesondere vor dem Hintergrund der geringen Erfahrungen und des deutlich sinkenden Tarifniveaus kritisch zu sehen ist.
2. Faktisch wird für Offshore-Vorhaben in Deutschland regelmäßig eine weitgehende Einbindung von KfW-Mitteln angestrebt werden.

Die Dimensionierung der tilgungsfreien Zeit muss auch im Zusammenhang mit der Höhe und Dotierung der Schuldendienstreserve gesehen werden, wie wir im Folgenden darstellen werden.

Tilgungsfreie Zeit

Im nächsten Beispiel sei die Veränderung der tilgungsfreien Zeit des Vorhabens dargestellt.

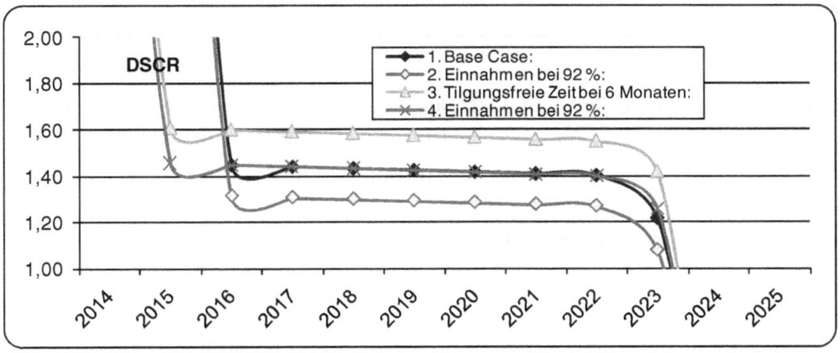

Abbildung 118: DSCR bei Veränderung der tilgungsfreien Zeit

	Min. DSCR	Ø DSCR	IRR
1. Sponsors Case:	1,22	2,04	6,32 %
2. Einnahmen bei 92 %:	1,08	1,85	0,17 %
3. wie 1, Tilgungsfreie Zeit bei 6 Monaten:	1,42	1,87	6,20 %
4. wie 3, Einnahmen bei 92 %:	1,26	1,69	0,73 %

Während bei der ursprünglichen Struktur eine tilgungsfreie Zeit von 18 Monaten vorgeschlagen wurde, ist diese nunmehr auf sechs Monate gekürzt worden, wobei die Gesamtlaufzeit der Darlehen bis zu ihrer vollständigen Rückführung gleich geblieben ist.

Erkennbar ist, dass der Schuldendienstdeckungsgrad im Sponsors Case praktisch durchgängig geringer ist als bei einer kürzeren tilgungsfreien Zeit. Dies korrespondiert mit einer verbesserten Belastbarkeit der kürzeren tilgungsfreien Zeit in einem Belastungsfall. Während die Belastbarkeit im Sponsors Case bei einem Einnahmenniveau von 87,3 % liegt, verbessert sie sich bei einer tilgungsfreien Zeit von nur sechs Monaten um 4,3 Prozentpunkte auf 83,0 %. Allerdings geht die Verbesserung der Belastbarkeit mit einem leichten Rückgang der internen Rendite einher, und zwar von 6,32 % auf 6,20 %.

Der Grund für die unterschiedlichen Belastbarkeiten ergibt sich aus folgender Überlegung: Angenommen sei, man verzichte bei gegebener Gesamtlaufzeit des Darlehens auf eine tilgungsfreie Zeit. In diesem Fall ergeben sich einerseits insgesamt mehr Rückzahlungszeitpunkte, in denen das Darlehen zurückgezahlt werden kann, so dass sich die jeweiligen Tilgungsbeträge reduzieren und die ausgewiesenen Schuldendienstdeckungsrelationen erhöhen. Andererseits besteht in einem Belastungs-Szenario praktisch keine Möglichkeit mehr, die Schuldendienstreserve aus dem Cashflow des Projektes aufzubauen, so dass kein Risikopuffer vorhanden ist. Im umgekehrten Fall einer verhältnismäßig langen tilgungsfreien Zeit kann zwar auch in einem Belastungs-Szenario die Schuldendienstreserve aufgebaut werden, aber die Tilgungsbeträge steigen pro Rückzahlungstermin an, da relativ weniger Rückzahlungstermine zur Verfügung stehen. Aus Sicht der Fremdkapitalgeber ergibt sich damit eine Optimierungsaufgabe mit Blick auf die Ausgestaltung der tilgungsfreien Zeit, die jeweils projektspezifisch zu lösen ist. Die Sponsoren haben tendenziell ein Interesse daran, eine möglichst lange tilgungsfreie Zeit durchzusetzen, da sie ihnen ermöglicht, früher Ausschüttungen vorzunehmen, so dass sich ihre interne Rendite verbessert.

Tilgungsfreie Zeit – Erkenntnisse:

1. Bereits leichte Veränderungen der tilgungsfreien Zeit haben deutliche Änderungen der internen Rendite zur Folge und noch größeren Einfluss auf die Belastbarkeit.
2. Für die meisten Offshore-Projekte scheint eine tilgungsfreie Zeit von 12 Monaten eine erste gute Näherung zu sein.

Die Dimensionierung der tilgungsfreien Zeit muss auch im Zusammenhang mit der Höhe und Dotierung der Schuldendienstreserve gesehen werden, wie wir im Folgenden darstellen werden.

Die Schuldendienstreserve

Ein Diskussionspunkt zwischen Banken und Projektgesellschaft ist die angemessene Höhe der Schuldendienstreserve. Wiederum seien die beiden Extrempositionen betrachtet: Würde auf die Schuldendienstreserve verzichtet, stünden bei Schwankungen des operativen Cashflows möglicherweise nicht genügend liquide Mittel zur Verfügung, um den Kapitaldienst zu bedienen. Um dies von vornherein zu vermeiden, würden die Banken ihre Belastbarkeitsprüfung rein auf Basis der operativen Cashflows auslegen, so dass sich c.p. eine höhere Eigenmittelausstattung und damit auch eine niedrigere interne Rendite ergäbe. Auf der anderen Seite ist es aber weder durchsetzbar noch notwendig, die Schuldendienstreserve übermäßig zu dimensionieren. Zum einen wirkt der Einbau einer Schuldendienstreserve in eine Finanzierungsstruktur als eine faktische Ausschüttungssperre, da sie aus dem Cashflow zwar nach dem Kapitaldienst dotiert wird, aber vor den Ausschüttungen. Daher wird die interne Rendite umso niedriger ausfallen, je mehr Liquidität in die Dotierung der Schuldendienstreserve umgeleitet wird, anstatt an die Sponsoren ausgeschüttet zu werden. Zum anderen muss der Cashflow des Vorhabens auch so strukturiert sein, dass realistischerweise der Zielwert der Schuldendienstreserve erreicht werden kann. Wenn unter einem Stress-Szenario das Projekt nicht in der Lage ist, einen bestimmten Zielwert der Schuldendienstreserve zu überschreiten, ist es auch aus Kapitalgebersicht nicht zielführend, auf diesem überhöhten Zielwert zu beharren.

In unserem Beispiel wird gegenüber dem Sponsors Case der Zielwert der Schuldendienstreserve von 0 % des Kapitaldienstes des Folgejahres auf 50 % angehoben. Damit wird während der tilgungsfreien Zeit Cashflow in die Dotierung der Schuldendienstreserve umgeleitet, so dass sich einerseits die Belastbarkeit des Vorhabens auf einen Wert von 80 % verbessert, andererseits aber die interne Rendite des Vorhabens von 6,32 % auf 5,57 % sinkt.

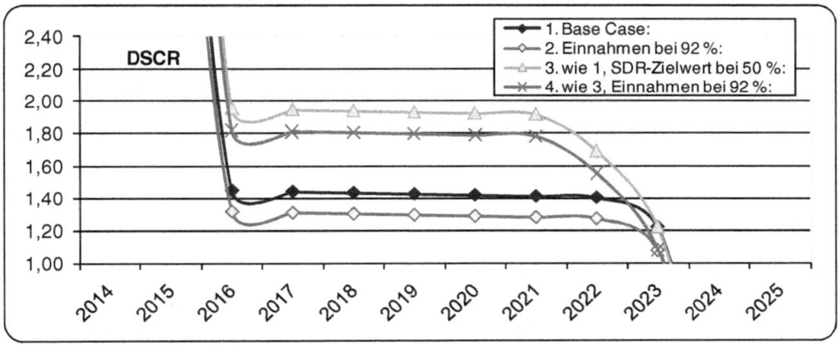

Abbildung 119: DSCR bei Veränderung der Höhe der Schuldendienstreserve

	Min. DSCR	Ø DSCR	IRR
1. Sponsors Case:	1,22	2,04	6,32 %
2. Einnahmen bei 92 %:	1,08	1,85	0,17 %
3. wie 1, SDR von 6 Monaten:	1,22	2,53	5,57 %
4. wie 3, Einnahmen bei 80 %:	1,08	2,34	0,22 %

Schuldendienstreserve – Erkenntnisse:

1. Der Einbau einer Schuldendienstreserve führt regelmäßig zu einer erheblichen Verbesserung der Belastbarkeit, was wiederum Raum für Gestaltungen der Finanzierungsstruktur bei anderen Elementen lässt, wie etwa der Eigenkapitalausstattung. Dies setzt voraus, dass die Banken bei ihren Stress-Szenarien die Schuldendienstreserve mit berücksichtigen, was im Regelfall so ist.
2. Eine Obergrenze der Ausstattung der Schuldendienstreserve wird dann erreicht, wenn in einem unterstellten Belastungsszenario die Schuldendienstreserve nicht mehr angespart werden kann. In diesem Fall entfaltet die Schuldendienstreserve keine Sicherungswirkung mehr für die Banken, verschlechtert aber die interne Rendite der Investoren.

Neben der Höhe der Schuldendienstreserve gibt es weitere Gestaltungselemente, die bei der Ausgestaltung der Schuldendienstreserve eine Rolle spielen, die aber nur skizziert werden sollen:

1. In unserem Fallbeispiel wird die Schuldendienstreserve aus dem Cashflow des Vorhabens aufgebaut. Alternativ ist denkbar, dass diese von Anfang an als zusätzliche Kreditlinie durch die finanzierenden Banken zur Verfügung gestellt wird. Aus Sicht der Sponsoren ergibt sich der Vorteil, dass für die Verfügbarkeit dieser Kreditlinie lediglich eine Bereitstellungsprovision anfällt und Ausschüttungen früher möglich sind. Da die Kreditgeber das Vorhaben vorrangig unter einem Belastungsszenario bewerten, werden sie nur dann bereit sein, eine derartige Fazilität zur Verfügung zu stellen, wenn das Vorhaben eine Verschuldungskapazität hat, die die Inanspruchnahme und planmäßige Rückführung dieser Linie mit abdeckt. Regelmäßig kommt diese Variante daher dann in Frage, wenn die Überdeckungsrelationen des Vorhabens besonders gut sind. In jedem Fall ist die Entscheidung, ob eine der vorgenannten Varianten gewählt wird, auch aus Sicht der Sponsoren ein Rechenexempel, bei dem Bereitstellungsprovisionen und etwaige Zinszahlungen mit dem Vorteil früherer Ausschüttungen verglichen werden müssen.
2. Die Höhe der Schuldendienstreserve kann in Abhängigkeit gebracht werden von der Performance des Projektes. In Phasen mit geringeren Überdeckungsrelationen kann etwa der Zielwert der Schuldendienstreserve höher sein als in Phasen mit höheren Überdeckungsrelationen.

Performance abhängige Betriebskosten

Wenn operative Kosten Performance abhängig sind, besteht ein natürlicher Puffer bei einem Einnahmenrückgang. Dieser Puffer ist umso ausgeprägter, je größer der Anteil dieser Performance abhängigen Kosten an den Einnahmen ist. Die Belastbarkeit kann sich bei einigen Projekten um mehrere Prozentpunkte verbessern, was wiederum Spielraum bei anderen Finanzierungsparametern eröffnet.

Variable Kosten müssen nicht vollständig variabel sein, um als „variabel" im Sinne von Rating-Verfahren der Banken angesehen zu werden. Wird etwa ein Floor in der Größenordnung von max. 75 % des Wertes der jeweiligen Kostenposition im Vergleich zum Base Case vereinbart, wird regelmäßig der gesamte Kostenblock als variabel angesehen.

In unserem Beispiel wird gegenüber dem Sponsors Case ein Teil der operativen Kosten in Abhängigkeit von der Performance des Vorhabens gezahlt. Im Sponsors' Case betrugen die gesamten operativen Kosten M€ 39,3. Wie ändert sich das Bild, wenn die Wartungskosten – das sind etwa 64 % der gesamten operativen Kosten – nunmehr variabel sind? Damit sinken in einem Belastungsfall zunächst die Einnahmen, allerdings reduziert sich auch ein Teil der operativen Kosten, so dass sich die Belastbarkeit des Vorhabens gegenüber dem Basisfall mit fixierten operativen Kosten erhöht. Graphisch stellt sich die Situation wie folgt dar:

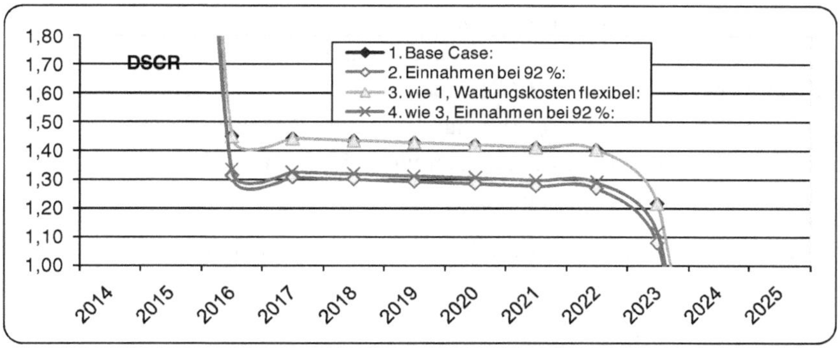

Abbildung 120: DSCR bei Flexibilisierung der Wartungskosten

	Min. DSCR	Ø DSCR	IRR
1. Sponsors Case:	1,22	2,04	6,32 %
2. Einnahmen bei 92 %:	1,08	1,85	0,17 %
3. wie 1, Wartungskosten flexibel:	1,22	2,04	6,32 %
4. wie 3, Einnahmen bei 92 %:	1,12	1,88	1,94 %

Operative Kosten – Erkenntnisse

1. Der Vergleich der beiden Basisfälle (1 und 3) zeigt keine Unterschiede. Dies liegt darin begründet, dass die Flexibilisierung der Wartungskosten im Basisfall noch keine Auswirkung hat, sondern nur in den vom Basisfall abweichenden Szenarien.
2. Obwohl die vertragliche Veränderung scheinbar gering ist und sich nur auf etwa zwei Drittel der gesamten operativen Kosten bezieht, ergibt sich doch eine deutliche Verbesserung bei der Belastbarkeit: Diese verbessert sich von 87,5 % auf 83,0 %.
3. Ob sich die interne Rendite verbessert, hängt von der tatsächlichen Performance ab. Ist sie schlechter als im Basisfall, verbessert sie sich relativ zu dem Szenario ohne Flexibilisierung, ist sie besser, verschlechtert sie sich relativ.
4. Insgesamt kann der Rat gegeben werden, möglichst weitgehend Performance-abhängige Verträge (mit einem angemessenen niedrigen Floorpreis) abzuschließen. Dies ist meist für die Vertragspartei nicht mit übermäßigen Einschränkungen verbunden, verbessert aber die Belastbarkeit des Vorhabens erheblich und eröffnet so die Chance auf eine höhere Fremdkapitalausstattung für das Projekt.

Die Beispiele zeigen, dass die angesprochenen Veränderungen einzelner Finanzierungsparameter hinsichtlich der Verwendung der Cashflows in einem Konkurrenzverhältnis stehen. Zwar verbessert sich durch einzelne Maßnahmen die Belastbarkeit aus Sicht der Fremdkapitalgeber, andererseits verschlechtert sich die interne Rendite der Sponsoren. In der Diskussion der beiden Kapitalgebergruppen wird jeweils neu auszutarieren sein, wie sich die endgültige Finanzierungsstruktur darstellt. Eine Ausnahme von diesem Konkurrenzverhältnis stellt die Gestaltung der Verträge in der Betriebsphase dar.

Nach einem Verhandlungsprozess zwischen Sponsoren und Banken könnte eine geänderte Finanzierungsstruktur wie folgt aussehen:

- Zielwert der Schuldendienstreserve bei 50 % des Kapitaldienstes des Folgejahres, wobei diese mit M€ 60 im Rahmen der Gesamtfinanzierung dargestellt wird,
- Tilgungsfreie Zeit läuft aus am 01.01.2016 (eineinhalb Jahre tilgungsfrei),
- Flexibilisierung der Wartungskosten in Abhängigkeit vom Jahresenergieertrag,
- Lineare Tilgung des Darlehens bei einer Laufzeit von 8,5 Jahren,
- Erhöhung des *Term Loans* um M€ 80 auf insgesamt M€ 790.

Unter diesen Rahmendaten verändern sich die Wirtschaftlichkeit und Belastbarkeit gemäß Abbildung 121:

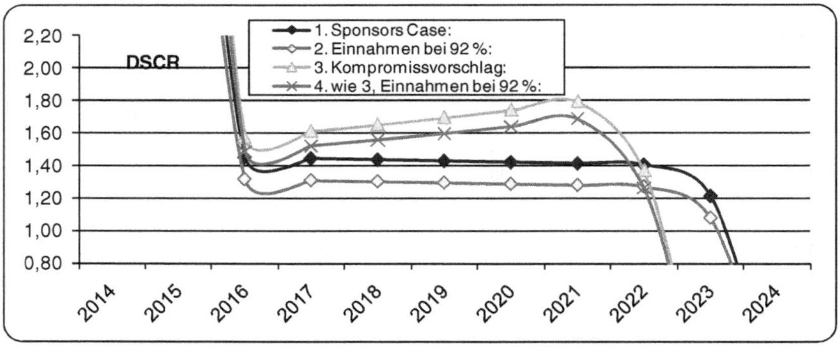

Abbildung 121: DSCR nach Verhandlungsprozess

	Min. DSCR	Ø DSCR	IRR
1. Sponsors Case	1,22	2,04	6,32 %
2. Einnahmen bei 92 %:	1,08	1,85	0,17 %
3. Kompromiss:	1,37	2,74	5,52 %
4. wie 3, Einnahmen bei 92 %:	1,26	2,58	1,68 %

Die Belastbarkeit des Vorhabens verbessert sich von ursprünglich 87,3 % auf 77,5 %, die interne Rendite verschlechtert sich im Basisfall von 6,32 % auf 5,52 %. Wichtig ist, dass die Änderungen an der Finanzierungsstruktur es der Bank überhaupt ermöglichen, das Vorhaben zu finanzieren.

Literaturverzeichnis

Einleitung

Status und Perspektiven der Offshore-Branche

(Dirk Briese und Mareike Westhäuser)

Briese, D./Jund, E.: Noch wird zuviel experimentiert, in: DVZ Offshore Logistics, 2012

Briese, D.: Ausbau der Offshore-Windenergie in Deutschland, in: UmweltMagazin, 09/2012

MARIKO (Hrsg.): Potenziale für die Offshore-Windenergie in der Wachstumsregion Ems-Achse, 2012

PWC/WAB (Hrsg.): Volle Kraft aus Hochseewind – Potenziale der Offshorewindenergie in Deutschland bis 2021, 2012

wind:research**:** Marktvolumen für Operation und Maintenance in der deutschen Offshore-Windenergie in 2030: 3 Mrd. Euro, 2011.

wind:research**:** Transport, Logistik und Häfen für die Offshore-Windenergie in Europa bis 2030, 2. Auflage, 2011

wind:research**:** Große Windenergieanlagen (> 5 MW) erobern den Markt, 2011

wind:research**:** Offshore Wind Deutschland: Status, Marktanteile, Entwicklungen

WirtschaftsWoche: Windkraft auf See droht ein Desaster, 09/2012

Projektfinanzierung eines Windprojektes

(Dr. Jörg Böttcher)

Böttcher, Jörg: Finanzierung von Erneuerbare-Energien-Vorhaben, München und Wien 2009

Böttcher, Jörg: Möglichkeiten einer Projektfinanzierung bei CSP-Projekten, Frankfurt am Main 2012 [J. Böttcher 2012a]

Böttcher, Jörg; Blattner, Peter: Projektfinanzierung, 2. Auflage, München und Wien 2009

Böttcher, Jörg (Hrsg.): Handbuch Windenergie – Onshore-Projekte: Wirtschaftlichkeit, Recht, Technik, München und Wien 2012 [J. Böttcher 2012b]

Böttcher, Jörg (Hrsg.): Solarenergie – Finanzierung, Recht und Technik, München und Wien 2012 [J. Böttcher 2012c]

Buljevich, Esteban C.; Park, Yoon S.: Project Financing and the International Financial Markets, Boston, Dordrecht, London 1999

Bundesministerium für Umwelt, Naturschutz und Reaktorsicherheit (Hrsg.): Erneuerbare Energien – Innovationen für eine nachhaltige Energiezukunft, 2009, http://www. .erneuerbare-energien.de/files/pdfs/application/pdf/ ee_innovationen_energiezu-kunft_bf.pdf, Zugriff: 25.05.2010

Esty, Benjamin C.: Modern Project Finance, Boston 2004

Finnerty, John D.: Project Finance, New Jersey 2007

Haukje, Thomas; Kottke, Thomas: Versicherbarkeit und Versicherungslösungen bei Offshore-Projekten, Düsseldorf 2010

International Energy Agency (IEA): Ensuring Green Growth in a Time of Economic Crisis: The Role of Energy Technology, Paris 2009 [IEA 2009a]

International Energy Agency (IEA): World Energy Outlook, Paris 2009 [IEA 2009b]

Nevitt, Peter K.; Fabozzi, Frank J.: Project Financing, Seventh Edition, London 2000

Stern, Nicholas: The Economics of Climate Change: The Stern Review, Cambridge 2007

Tinsley, Richard: Advanced Project Financing – Structuring Risk, London 2000

Vinter, Graham D.: Project Finance, 3rd edition, London 2006

Rechtliche Rahmenbedingungen

Darstellung und Konzeption eines Due Diligence-Prozesses sowie Der Netzanschluss

(Dr. Kristina Rebmann, Matthias Hirschmann)

Frenz, Walter/Müggenborg, Hans-Jürgen (Hrsg.): Erneuerbare-Energien-Gesetz Kommentar, 2. Auflage, Berlin 2011

Jarass, Hans: Bundesimmissionsschutzgesetz Kommentar, 10. Auflage, München 2010

Palandt, Otto u.a. (Hrsg.): Bürgerliches Gesetzbuch Kommentar, 70. Auflage, München 2011

Peters, Bernd: Windkraftanlagen und §§ 93 ff. BGB, in: Zeitschrift für Wirtschafts- und Bankrecht, S. 2003–2007

Säcker, Franz Jürgen/Rixecker, Roland (Hrsg.): Münchener Kommentar zum Bürgerlichen Gesetzbuch, Band II, 5. Auflage, München 2007

Säcker, Franz Jürgen/Rixecker, Roland (Hrsg.): Münchener Kommentar zum Bürgerlichen Gesetzbuch, Band III, 5. Auflage, München 2008

Säcker, Franz Jürgen/Rixecker, Roland (Hrsg.): Münchener Kommentar zum Bürgerlichen Gesetzbuch, Band VI, 5. Auflage, München 2009

Seibt, Christoph: Beck'sches Formularhandbuch, Mergers & Acquisitions, München 2008

Vergleich einzelner Regulierungssysteme – Deutschland und Frankreich

(DIRK TRAUTMANN)

Altrock, Martin; Lehnert, Wieland: Die EEG-Novelle 2009, in: ZNER 2008, S. 118

Cremer, Wolfram: Staatlich geförderter Klimaschutz und Gemeinschaftsrecht – Sind das EEG und das KWKG seit dem 1. 7. 2007 gemeinschaftsrechtswidrig?, in: EuZW 2007, S. 591

Danner, Wolfgang; Theobald, Christian (Hrsg.): Energierecht-Kommentar, Stand: 66. Ergänzungslieferung Mai 2010, München 2010 (zitiert als: *Bearbeiter* in Danner/ Theobald)

Fischer, Jochen; Henning, Jan: Stromabnahme, Netzlastmanagement und Netzausbau nach § 4 EEG, ZUR 2006, S. 225

Kahl, Wolfgang: Schwerpunktbereich – Einführung in das Umweltenergierecht, in: JuS 2010, S. 599

Kersting, Mark Oliver: Die Projektfinanzierung eines Offshore-Windparks, in: BKR 2011, S. 57

Kühling, Jürgen; Pisal, Ruben: Investitionspflichten beim Ausbau der Energieinfrastrukturen zwischen staatlicher Regulierung und nachfrageorientierter Netzbewirtschaftung, ZNER 2011, S. 13

Lehnert, Wieland/Vollprecht, Jens: Neue Impulse von Europa: Die Erneuerbare-Energien-Richtlinie der EU, in: ZUR 2009, S. 307

Oschmann, Volker: Zehn Jahre Erneuerbare-Energien-Gesetz (EEG) – Bilanz und Ausblick, in: ZNER 2010, S. 117

Oschmann, Volker: Neues Recht für Erneuerbare Energien, in: NJW 2009, S. 263

Reshöft, Jan (Hrsg.): EEG – Erneuerbare-Energien-Gesetz, Handkommentar, 3. Aufl., Baden-Baden 2009 (zitiert als: *Bearbeiter* in Reshöft)

Rostankowski, Anke: Die Ausgleichsmechanismus–Verordnung und der Ausbau Erneuerbarer Energien, in: ZNER 2010, S. 125

Salje, Peter: Erneuerbare-Energien-Gesetz, Kommentar, 5. Aufl., Köln/Berlin/Bonn/ München, 2009 (zitiert als *Salje*, EEG)

Scholtka, Boris; Baumbach, Antje: Die Entwicklung des Energierechts in den Jahren 2008 und 2009, in: NJW 2010, S. 1118

Stein, Roland M.; Thoms, Anahita: Zum Einfluss der Umwelt- und Energiepolitik auf das Wirtschafts- und Steuerrecht, in: BB 2009, S. 1451

Sicherheitenstruktur und Finanzierungsdokumentation bei Offshore-Windprojekten

(DR. STEFAN KILGUS, ALEXANDER WOJTEK UND DR. WICHARD VON HOFF)

Bamberger, Heinz Georg/Roth, Herbert (Hrsg.): Kommentar zum Bürgerlichen Gesetzbuch, 2. Aufl., München 2008

Böttcher, Leif: Das Meer als Rechtsraum – Anwendbarkeit deutschen Sachenrechts auf Offshore Windkraftanlagen und Möglichkeiten der Kreditsicherung, RNotZ 2011, 589 ff.

Brandt, Edmund/Gaßner, Hartmut: Seeanlagenverordnung, Berlin 2002

Büllesfeld, Dirk/Multmeier, Vanessa: „Auf hoher See?“ – Zur Anwendbarkeit nationalen Zivilrechts auf Offshore-Windenergieanalgen in der deutschen Ausschließlichen Wirtschaftszone, ZNER 2009, 7 ff.

Czybulka, Detlef: Das Rechtsregime der Ausschließlichen Wirtschaftszone im Spannungsfeld von Nutzungs- und Schutzinteressen, NuR 2001, 367 ff.

Dannecker, Marcus/Kerth, Yvonne: Die rechtlichen Rahmenbedingungen für Offshore-Windenergieanlagen in der deutschen Ausschließlichen Wirtschaftszone (AWZ), DVBl 2009, 748 ff.

Diekamp, Tilman: Sicherungsübereignung von Offshore-Windenergieanlagen, ZBB 2004, 10 ff.

Dietlein, Johannes: Nachfolge im Öffentlichen Recht, Diss., Berlin 1999

Dinger, Felix/Goldner, Thies: Sicherungsübereignung von Windenergieanlagen in der Ausschließlichen Wirtschaftszone, ZBB 2009, 204 ff.

Erichsen, Hans-Uwe/Ehlers, Dirk (Hrsg.): Allgemeines Verwaltungsrecht, 14. Aufl., Berlin/New York 2010

Erman, Walter: BGB, 13. Aufl., Köln 2011

Ganter, Hans G.: Die Sicherungsübereignung von Windkraftanlagen als Scheinbestandteil eines fremden Grundstücks, WM 2002, 105 ff.

Goecke, Klaus/Gamon, Peter: Windkraftanlagen auf fremdem Grund und Boden, WM 2000, 1309 ff.

Goette, Wulf/Fleischer, Holger u.a. (Hrsg.): Münchener Kommentar zum GmbH-Gesetz, Band 1, München 2010

Gottschall, Anna Catharina: Die Besicherung von Offshore-Windkraftanlagen nach deutschem und US-amerikanischem Recht, Diss., Universität zu Köln, 2011

Kahle, Christian: Nationale (Umwelt-)Gesetzgebung in der deutschen ausschließlichen Wirtschaftszone am Beispiel der Offshore Windparks, ZUR 2004, 80 ff.

Kersting, Mark O.: Die Projektfinanzierung eines Offshore-Windparks, BKR 2011, 57 ff.

Kirchhof, Hans-Peter/Lwowski, Hans-Jürgen/Stürner, Rolf: Münchener Kommentar zur Insolvenzordnung, 2. Aufl., München 2009

Marotzke, Wolfgang u.a. (Hrsg.): Heidelberger Kommentar zur Insolvenzordnung, 6. Aufl., Heidelberg 2011

Müller-Helle, Adrian/Theilmann, Timm: Eigentum und Eigentumsvorbehalt an Offshore-Windkraftanlagen, RdE 2010, 369 ff.

Palandt, Otto: Bürgerliches Gesetzbuch, 71. Aufl., München 2012

Peters, Bernd: Wem gehören Windkraftanlagen auf fremdem Grund und Boden?, WM 2002, 110 ff.

Peters, Bernd: Windkraftanlagen und §§ 93 ff. BGB, WM 2007, 2003 ff.

Reichert-Facilides, Daniel: Eigentumsschutz und Verwertung von Windenergieanlagen in der ausschließlichen Wirtschaftszone , WM 2011, 1544 ff.

Risch, Jessica: Windenergieanlagen in der Ausschließlichen Wirtschaftszone, Diss., Berlin 2006

Säcker, Franz Jürgen/Rixecker, Roland (Hrsg.): Münchener Kommentar zum Bürgerlichen Gesetzbuch, 5. Aufl., München 2010

Sester, Peter: Insolvenzfeste Direktverträge in der Projektfinanzierung und bei Public-Private-Partnership-Projekten, ZBB 2004, 283 ff.

Soergel, Hans Theodor: Bürgerliches Gesetzbuch, Band 1, 13. Aufl., Stuttgart 2000

Ulmer, Peter/Habersack, Matthias/Winter, Martin (Hrsg.): GmbHG, Band I, Tübingen 2005

Vinter, Graham D.: Project Finance, 3. Aufl., London 2006

von Mangoldt, Hermann/Klein, Friedrich/Starck, Christian (Hrsg.): Kommentar zum Grundgesetz, Band 3, 6. Aufl., München 2010

Wurmnest, Wolfgang: Windige Geschäfte? Zur Bestellung von Sicherungsrechten an Offshore-Windkraftanlagen, RabelsZ 72 (2008), 236 ff.

Projekt- und Konfliktmanagement

(SILKE KATTERBACH)

Ashby, William Ross: An Introduction to cybernetics, New York, 1961

Collette, Lena Christin: Erfolgsfaktoren für Projektmanagement in Unternehmen, Master Thesis an der Carl-Friedrich-Gauß-Fakultät der Technischen Universität Braunschweig, Braunschweig, 2009

DeMarco, Tom: Der Termin: Ein Roman über Projektmanagement, Leipzig, 1998

Dörner, Dietrich: Die Logik des Misslingens: Strategisches Denken in komplexen Situationen, 7. Aufl., Reinbek bei Hamburg, 1992.

Dulabaum, Nina L.: Mediation: Das ABC: Die Kunst, in Konflikten erfolgreich zu vermitteln, 2. vollst. überarb. Aufl., Weinheim und Basel, 1998

Engel, Claus und Quadejacob, Nils: Studie von GPM und PA Consulting: Fünf Erfolgsfaktoren für Projekte, Projekt Magazin, Ausg. 19, 2008, unter: http://www.competence-site.de/downloads/f5/c6/i_file_12399/PA_GPM_Studie_Erfolgsfaktoren_Projekte.pdf, (abgerufen am 03.05.2012)

Fleig, Jürgen: Intuition: Warum Manager mit Bauchgefühl besser entscheiden, business-wissen.de, 2011, unter http://www.business-wissen.de/arbeitstechniken/intuition-entscheidungen-mit-bauchgefuehl/ (abgerufen am 12.05.2012)

Gratton, Lynda, Erickson, Tamara J.: Eight Ways to Build Collaborative Teams, Harvard Business Review The Magazine, November 2007, unter http://hbr.org/2007/11/eight-ways-to-build-collaborative-teams/ (abgerufen am 22.04.2012)

Hahn, Bibi: Können Fusionen und Übernahmen wirklich erfolgreich sein?, (kein Erscheinungsdatum) unter: http://www.haygroup.com/de/challenges/index.aspx?ID=20733&gclid=CJ-uh5-yjLACFQa-zAod7UwtsA, (abgerufen am 02.05.2012)

Hahn, Rolf: Projektmanagement für Ingenieure, Weinheim, 2002

Isaacson, Walter: Steve Jobs: Die autorisierte Biografie des Apple-Gründers, New York, 2011

Kruse, Peter, Strüber, Daniel und Stadler, Michael: The significance of perceptual multistability for research on cognitive self-organization, in: Kruse, Peter und Stadler, Michael (Hrsg.): Ambiguity in Mind and Nature, Berlin, 1995

Kruse, Peter: Next practice: Erfolgreiches Management von Instabilität, Veränderung durch Vernetzung, Offenbach, 2004

Lotter, Wolf: Mehr Konsumenten braucht das Land, 2006, unter http://www.wolflotter.de/frankfurterrundschau.html (abgerufen am 20.05.2012)

Luhmann, Niklas: Soziale Systeme: Grundriß einer allgemeinen Theorie, Frankfurt am Main, 1984

Prigogine, Ilya: Vom Sein zum Werden, 5. überarb. Aufl., München, 1992

Roth, Gerhard: Die reine Vernunft ist wirkungslos, Interview von Ulrike Bartholomäus, Focus Magazin 42, 2009, unter http://www.focus.de/wissen/mensch/tid-16051/entscheidungsfreude-die-reine-vernunft-ist-wirkungslos_aid_443664.html (abgerufen am 20.04.2012)

Saldern, Matthias von: Grundlagen systemischer Organisationsentwicklung, Hohengehren, 1998 (Betriebspädagogik aktuell; Bd. 2)

Schrader, Lutz: Was ist ein Konflikt? Bundeszentrale für Politische Bildung, Dossier Innerstaatliche Konflikte, 2012, unter: http://www.bpb.de/themen/V24LGM,0,Was_ist_ein_Konflikt.html (abgerufen am 18.05.2012)

Schulz von Thun, Friedemann: Miteinander Reden: Störungen und Klärungen, Hamburg, 1981

Von Dohmen, Frank und Hornig, Frank: Näher am Ziel in: Der Spiegel 36, 2004, unter http://www.spiegel.de/spiegel/print/d-31977086.html (abgerufen am 26.04.2012)

Watzlawick, Paul, Beavin, Janet und Jackson, Don D.: Menschliche Kommunikation: Formen, Störungen, Paradoxien, 7., unveränd. Aufl., Bern, Stuttgart, Wien, 1985

Weißbuch der Europäischen Union: Wachstum, Wettbewerbsfähigkeit, Beschäftigung (1993, S.141), unter http://europa.eu/documentation/official-docs/white-papers/pdf/growth_wp_com_93_700_parts_a_b.pdf. (abgerufen am 20.04.2012)

Projektverträge: Generalunternehmer-Vertrag und Wartungsvertrag

(DR. HOLGER KRAFT und MATTHIAS SETHMANN)

Basedow, Jürgen, in: Münchener Kommentar zum Bürgerlichen Gesetzbuch §§ 241–432, 5. Aufl. München 2007

Beise, Herward, Gewährleistungsprobleme bei Wartungsverträgen, DB 1979, S. 1214f.

Böttcher, Jörg, Finanzierung von Erneuerbare-Energien-Vorhaben, München Wien 2009

Bunsen, Christian, Reichert-Facilides, Daniel, Objekt- und Projektfinanzierungen, in: Unternehmensfinanzierung, Hrsg.: Eilers, Stephan, Rödding, Adalbert, Schmalenbach, Dirk, München 2008

Busch, Ralph, Ausgewählte (vertrags-) rechtliche Fragen bei der Errichtung von Offshore-Windparks, NZBau 2011, S. 2 ff.

Busche, Jan, in: Staudinger, Kommentar zum Bürgerlichen Gesetzbuch mit Einführungsgesetz und Nebengesetzen, §§ 397–432, Berlin 2005

derselbe, in: Münchener Kommentar zum Bürgerlichen Gesetzbuch §§ 611–704, 5. Aufl. München 2009

Füller, Jens Thomas, in: Münchener Kommentar zum Bürgerlichen Gesetzbuch §§ 854–1296, 5. Aufl. München 2009

Ganter, Hans Gerhard, Die Sicherungsübereignung von Windkraftanlagen als Scheinbestandteil eines fremden Grundstücks, WM 2002, 105 ff.

Goecke, Klaus, Gamon, Peter Windkraftanlagen auf fremdem Grund und Boden, WM 2000, 1309 ff.

Hartung, Sven, Die Abnahme im Baurecht, NJW 2007, S. 1099 ff.

Heddäus, Jürgen, Probleme und Lösungen um den Pauschalvertrag – Mischformen von Pauschalverträgen – Komplettheitsklauseln, ZfBR 2005, S. 114 ff.

Hefermehl, Anmerkungen zu BGH, Urt. v. 19.09.1974, GRUR 1975, S. 329f.

Heuchemer, Claus, II. Das Baugrundrisiko in der internationalen Vertragspraxis, BB 1991 Beilage 20 S. 12ff.

Hölzle, Gerrit, Triebel, Volker, Schuldrechtsreform und Unternehmenskaufverträge, BB 2002, 521ff.

Jickeli, Joachim, Stieper, Malte, in: Staudinger, Kommentar zum Bürgerlichen Gesetzbuch mit Einführungsgesetz und Nebengesetzen, § 90–133, Berlin 2004

Kersting, Mark Oliver, Die Projektfinanzierung eines Offshore-Windparks, BKR 2011, S. 57ff.

Kühnel, Wolfgang, Vollwartungsverträge, BB 1985, S. 1227ff.

derselbe, Instandhaltung und das Jahr 2000 im Maschinen- und Anlagenbau, BB 1998, S. 2586ff.

Larenz, Karl, Canaris, Claus-Wilhelm, Methodenlehre der Rechtswissenschaft, 3. Aufl., Berlin u.a.O. 1995

Lotz, Burkard, Haftungsbeschränkungen in Anlagenverträgen, ZfBR 2003, 424ff.

Matusche-Beckmann, Annemarie, in: Staudinger, Kommentar zum Bürgerlichen Gesetzbuch mit Einführungsgesetz und Nebengesetzen, §§ 433–487, Berlin 2004

Magnus, Ulrich, in: Staudinger, Kommentar zum Bürgerlichen Gesetzbuch mit Einführungsgesetz und Nebengesetzen, Wiener UN-Kaufrecht, Berlin 2005

Michaelis de Vasconcellos, Harald, Muss der Anlagenbauer alles wissen?, NZBau 2000, S. 361 ff.

Derselbe, Garantien in der Praxis des Anlagenvertrages und das neue Schuldrecht: ein unauflöslicher Widerspruch?, NZBau 2003, 121 ff.

Minuth, Klaus, Stiller, Dietrich, Direktverträge mit Generalunternehmern in der Projektfinanzierung, NZBau 2009, 574 ff.

Möller, Jutta, VOB/B als Ganzes nur ohne jede vertragliche Abweichung – Konsequenzen für die baurechtliche Beratung, ZfBR 2005 S. 119 ff.

Müller, Klaus J., Unternehmenskauf, Garantie und Schuldrechtsreform – ein Sturm im Wasserglas? NJW 2002, 1026 ff.

Nicklisch, Fritz, Rechtsfragen des Subunternehmervertrages bei Bau- und Anlagenprojekten im In-und Auslandsgeschäft, NJW 1985 S. 2361 ff.

Peters, Bernd, Windkraftanlagen und §§ 93 ff. BGB, WM 2007, 2003 ff.

Derselbe, Wem gehören die Windkraftanlagen auf fremden Grund und Boden?, WM 2002, 110 ff.

Peters, Frank, Jacoby, Florian, in: Staudinger, Kommentar zum Bürgerlichen Gesetzbuch mit Einführungsgesetz und Nebengesetzen, §§ 631–651, Berlin 2008

Quack, Friedrich, Baugrundrisiken in der Rechtsprechung des Bundesgerichtshofes, BB 1991, Beilage 20 S. 9 ff.

Reuter, Alexander, Wecker, Claus, Projektfinanzierung, Stuttgart 1999

Roquette, Andreas J., Vollständigkeitsklauseln: Abwälzung eines Risikos unvollständiger oder unrichtiger Leistungsbeschreibungen auf den Auftragnehmer, NZBau 2001, S. 57 ff.

Roth, Herbert, in: Münchener Kommentar zum Bürgerlichen Gesetzbuch §§ 241–432, 5. Aufl., München 2007

Schuhmann, Ralph, Neuere Entwicklungen im Vertragsrecht des Anlagenbaus, BauR 2005, S. 293 ff.

Schuska, Frederek, Die Wirksamkeit des Haftungsausschlusses bei Erwerb sanierter Altbauten, NZM 2009, 108 ff.

Sester, Peter, Insolvenzfeste Direktverträge in der Projektfinanzierung und bei Public-Private-Partnership-Projekten, ZBB 2004, 283 ff.

Siebel, Ulf, Röver, Jan-Hendrik, Knütel, Christian, Rechtshandbuch Projektfinanzierung und PPP, 2. Aufl., Köln München 2008

Sprau, Hartwig, in: Palandt – Bürgerliches Gesetzbuch, 70. Auflage, München 2011

Thomas Günther, Ausschluss von Mängelrechten – schärfere Rügepflichten bei Solar- und Windenergieanlagen? NZBau 2010, S. 465 ff.

v. Westphalen, Friedrich Graf, Nach der Schuldrechtsreform: Neue Grenzen für Haftungsfreizeichnungs- und Haftungsbegrenzungsklauseln BB 2002 209 ff.

Wiegand, Wolfgang, in: Staudinger, Kommentar zum Bürgerlichen Gesetzbuch mit Einführungsgesetz und Nebengesetzen, §§ 925–984, Berlin 2004

Technische Aspekte

Darstellung und Mitigierung zentraler Fertigstellungsrisiken

(HEIKO STOHLMEYER und JANOSCH ONDRACZEK)

Böttcher, Jörg und Blattner, Peter: Projektfinanzierung, 2. Auflage, Oldenbourg Wissenschaftsverlag, München/Wien 2009

Claudy, Peter und Stohlmeyer, Heiko: Offshore-Windindustrie: Durchbruch nach Systemwechsel bei der Netzanbindung?, in: Dow Jones Energy Weekly, Nr. 32, 10.08.2012

Frohböse, Peter: Das Fertigstellungsrisiko bei Offshore-Projekten: Risiken während , Fertigung, Montage, Transport, Installation und Logistik (Offshore-Wind. Schriftlicher Management-Lehrgang in 8 Lektionen, Lektion 3), Düsseldorf 2010

Hadeler, Thorsten, Eggert, Winter und Arentzen, Ute: Gabler Wirtschafts-Lexikon, 15. Aufl., Wiesbaden 2000

Handelsblatt: EnBW plant Millionenklage, 26.05.2011

Maier, Angela: Windpark kommt HVB noch teurer, in: Financial Times Deutschland Online, 2012, http://www.ftd.de/unternehmen/finanzdienstleister/:bard-offshore-1-windpark-kommt-hvb-noch-teurer/60156578.html, Zugriff 16.05.2012

Polzin, Jürgen: Die Strombranche sticht in See, in: WAZ Online, 2011, http://www.derwesten.de/wirtschaft/die-strombranche-sticht-in-see-id4523307.html, Zugriff 16.05.2012

PricewaterhouseCoopers (eds.): Offshore proof: Turning windpower promise into performance, 2011

Richardsen, Per Wiggo: An insurance perspective on offshore wind projects, 2011, http://www.dnv.com/industry/energy/publications/updates/wind_energy/2011/windenergy_3_2011/aninsuranceperspectiveonoffshorewindprojects.asp, Zugriff 25.07.2012

Siemens plc, Press Release: Siemens purchases MaXccess system to ensure safe access to offshore wind turbines and reduce the cost of energy, 2012, http://www.siemens.co.uk/en/news_press/index/news_archive/siemens-purchases-maxccess-system-to-ensuresafe-access-to-offshore-wind-turbines-and-reduce-cost-of-energy.htm, Zugriff 25.07.2012

Stanze, Roland: Professionelles Management von Fertigstellungsrisiken, in: Jörg Böttcher (Hrsg.): Handbuch Windenergie: Onshore-Projekte: Realisierung, Finanzierung, Recht und Technik, Oldenbourg Wissenschaftsverlag, München 2012, S. 175–194

Systems Navigator: Managing logistical risks for HLV Svanen installation works Walney 2 (UK), Konferenzpräsentation, 2012

TenneT: TenneT plädiert für eine breite Diskussion zum Anschluss von Offshore-Windparks, Pressemitteilung, 14.11.2011

Wetzel, Daniel: Wind-Industrie wälzt Risiken ab, in: Die Welt, 23.03.2012

Zertifizierung von Offshore-Windenergieanlagen

(MIGUEL ROENES BUENO, KIMON ARGYRIADIS, MIKE WÖBBEKING, AXEL DOMBROWSKI)

American Bureau of Shipping (ABS): "Guide for Building and Classing, Offshore Wind Turbine Installations", December 2010

API RP 2A LRFD: Planning, Designing and Constructing Fixed Offshore Platforms – Load and Resistance Factor Design, Washington D.C., 1994

Bouws, E., Günther, H., Rosenthal, W., Vincent, C.L.: "Similarity of the Wind Wave Spectrum in Finite Depth Water" Journal of Geophysical Research, vol.90, 1985

BSH Seeanlagenverordnung: SeeAnlV, Januar 1997

BSH: Standard for Geotechnical Site and Route Surveys, Minimum Requirements for the Foundation of Offshore Wind Turbines, Hamburg and Rostock 2003

BSH: Standard Konstruktive Ausführung von Offshore-Windenergieanlagen, 12. Juni 2007

Det Norske Veritas: OS-J101: Design of Offshore Wind Turbine Structures, Oslo, 2004

Det Norske Veritas: OS-J101: Design of Offshore Wind Turbine Structures, Oslo, 2011

DIN EN ISO 9001, 2000-12: Quality management systems Requirements (ISO 9001:2000); Trilingual version EN ISO 9001:2000

DIN EN ISO/IEC 17025: Publication date: 2005-08, General requirements for the competence of testing and calibration laboratories (ISO/IEC 17025:2005)

EN 45020, 1998: Standardisation and related activities – general vocabulary

EN 61400-1: Wind Turbine Generator Systems – Part 1: Safety Requirements (IEC 61400-1:1999, modified), February 2004

Executive Order of the Danish Ministry of Economic and Business Affairs no. 1268 dated 10.12.2004: "Beendtgørelse om teknisk godkendelsesordning for konstuktion, fremstilling og opstilling af vindmøller" ("Executive order on the technical certification scheme for the design, manufacture and installation of wind turbines")

Garrad, A. D., Matthies, H. G. et al: Study of Offshore Wind Energy in the EC, Verlag Natürliche Energie, Brekendorf, Germany, 1995

Germanischer Lloyd: „Worauf kommt es bei der Typen- und Projektzertifizierung an?“, beaufort 6, 3/2008

Germanischer Lloyd: Guideline for the Certification of Condition Monitoring Systems for Wind Turbines, Edition 2007

Germanischer Lloyd: Guidelines for the Certification of Offshore Wind Turbines, Edition 2005

Germanischer Lloyd: Guidelines for the Certification of Offshore Wind Turbines, Edition 2012

Germanischer Lloyd: Regulation for the Certification of Offshore Wind Energy Conversion Systems, Hamburg, 1995

Germanischer Lloyd: Richtlinien für die Prüfung, Abnahme und Überwachung von Windkraftanlagen, September 1986

Germanischer Lloyd: Rules for Classification and Construction, IV Industrial Services, 6 Offshore Technology

Hauschildt, M., et al.: "Analysis of axial-cyclic loaded piles from the certifier's view", Proceedings of the EWEA Offshore 2011 conference, Amsterdam

IEC 61400-1: Wind Turbines – Part 1: Design Requirements, Ed. 3, August 2005

IEC 61400-11: Wind Turbine Generator Systems – Part 11: Acoustic Noise Measurement Techniques, 1998-09

IEC 61400-12: Wind Turbine Generator Systems – Part 12: Wind Turbine Power Performance Testing, 1998-02

IEC 61400-21: Wind Turbine Generator Systems – Part 21: Power Quality Requirements for Grid Connected Wind Turbines, 2003-02

IEC 61400-22: Wind turbines – Part 22: Conformity testing and certification, 2010-05-31

IEC 61400-3: Wind turbines – Part 3: Design requirements for offshore wind turbines, February 2009

IEC 61400-4: Wind turbines – Design and specification for gearboxes (in preparation)

IEC TR 61400-24: Wind Turbine Generator Systems – Part 24: Lightning Protection

IEC TS 61400-13: Wind Turbine Generator Systems – Part 13: Measurements of Mechanical Loads, 2001-06

IEC TS 61400-23: Wind Turbine Generator Systems – Part 23: Full Scale Structural Testing of Rotor Blades, 2001-04

IEC WT 01: IEC System for Conformity Testing and Certification of Wind Turbines, Rules and Procedures, 2001-04

Jonkman J., Musial W.: Offshore Code Comparison Collaboration (OC3) for IEA Task 23 Offshore Wind Technology and Deployment, National Renewable Energy Laboratory, Technical Report NREL/TP-5000- 48191 December 2010

Larsen, Gunner C. et al: Topfarm – next generation design tool for optimisation of wind farm topology and operation, Contract no. TREN07/FP6EN/S07.73680/038641, Final Activity Report, Riso, January 2011

Lloyds Register: “Guidance on offshore wind farm Certification, Design, build and operational requirements”, 2012-07-18

Östergaard, C.: Randbedingungen zur Seeaufstellung großer Windkraftanlagen, Technischer Bericht Nr. STB-925, Germanischer Lloyd, Hamburg, 1982

Projekt “IEA Deepwater Offshore Turbine Modelling”: http://www.ieawind.org/summary_page_23.html

Projekt “IEA Offshore Wind Energy Technology Deployment, Subtask 2 – Technical Research for Deeper Water”: http://www.ieawind.org/summary_page_23.html

Projekt DOWNVInD: http://www.beatricewind.co.uk/Uploads/Downloads/Scoping_doc.pdf

Projekt FINO: www.fino-offshore.de

Projekt Innwind: EU,https://www.offshorewind.biz/2012/10/15/denmark-ramboll-member-of-eu-fundedinnwind-eu-project/

Projekt RAVE: Research at Alpha Ventus, www.rave-offshore.de

Projekt UpWind: http://www.upwind.eu/publications/4-offshore-foundations.aspx.

Quarton, D., Rasmussen, F., Argyriadis, K., Nath, C.: Wind Turbine Design Calculations – the State of the Art, Proceedings, European Wind Energy Conference, Göteborg, 1996

The Danish Energy Agency: “Recommendation for technical approval of offshore wind turbines”, December 2001

Vorpahl, F., Popko, W.: IEA Wind Annex 30 – OC4 Project The Offshore Code Comparison Collaboration Continuation Proceedings of the EWEA Offshore 2011 conference, Amsterdam

Wienke, J.: „Druckschlagbelastung auf schlanke zylindrische Bauwerke durch brechende Wellen – theoretische und großmaßstäbliche Laboruntersuchengen“, Thesis, Technical University Braunschweig

Woebbeking, M. et al: “Type and Project Certification (Update 2012)”, Homepage Germanischer Lloyd

Woebbeking, M. et al: “Wind Turbine Certification and Type Certification, IEC WT 01: IEC System for Conformity Testing and Certification of Wind Turbines”, 2001-04, Proceedings, World Wind Energy Conference, Beijing, 2004

Woebbeking, M.: “IEC TS 61400-22 (First Revision of IEC WT 01) – The new standard for Wind Turbines and Wind Farms – Onshore and Offshore”, Proceedings, WindPower Asia, Beijing, 2008

Woebbeking, M.: “Type and Project Certification”, Proceedings, Wind Power Shanghai, 2007

Abschätzung des Energieangebots

(DR. VOLKER BARTH, DR. BEATRIZ CAÑADILLAS, DR. THOMAS NEUMANN, ANNETTE WESTERHELLWEG UND BERND NEDDERMANN)

Ainslie, J. F.: Calculating the flowfield in the wake of wind turbines, Journal of Wind Engineering and Industrial Aerodynamics, vol. 27; 213–224, 1988

Antoniou, I. et al (2003): On the Theory of Sodar Measurement techniques. Final report on WP1, EU WISE project NNE5-2001-297

Azau, S., Z. Casey (eds.): Wind in our sails: the coming of Europe's offshore wind energy industry (European Wind Energy Association Report, Brussels, Belgium, 2011)

Baldauf, M., J. Forstner, S. Klink, T. Reinhardt, C. Schra, A. Seifert und K. Stephan: 2011 Deutscher Wetterdienst. http://www.dwd.de/bvbw/generator/DWDWWW/Content/Forschung/FE1/Veroeffentlichungen/Download/LMK__DBbeschr__1104__en,templateId=raw,property=publicationFile.pdf

Bradley, S. G.: Atmospheric Acoustic Remote Sensing. FL, USA: CRC Press: Boca Raton, 2007

Cañadillas, B., Neumann, T.: Uncertainties in wind power measurements under offshore conditions. A Large Eddy Simulation study. DEWEK 2010, Bremen

Cañadillas, B., Neumann, T.: First Test of a Nacelle-based "2-beam" Wind LiDAR System under Offshore Conditions. DEWI Magazin, 39, 2011

Cañadillas, B., A. Westerhellweg, T. Neumann: Testing the Performance of a Ground-based Wind LiDAR System. One Year Intercomparison at the Offshore Platform FINO1. DEWI Magazin, 38, 2011

Cañadillas, B., D. Schlipf, T. Neumann, D. Kuehnel: Validation of Taylors Hypothesis under offshore conditions. An experimental study using a nacelle-based two-beam Lidar, EGU, Vienna, Austria, April 2011

Crespo, A., Hernandez, J., Frandsen, S.: Survey of Modelling Methods for Wind Turbine Wakes and Wind Farms. Wind Energy 1999, 2: 1–24

Däumler, Klaus-Dieter: Grundlagen der Investitions- und Wirtschaftlichkeitsrechnung, 11. Aufl., Herne/Berlin 2003

Durante, F, Westerhellweg, A, Jiminez, B.: Comparison of a Mesoscale Model with FINO Measurements in the German Bight and the Baltic Sea, DEWI Magazin, 40, 2012

Emeis, S., Türk, M.: Wind-driven wave heights in the German Bight, Ocean Dynamics (2009) 59:463–475

Foken, T.: Angewandte Meteorologie, Springer, 2006

Gräfer, H., R Beike und G.A. Scheld: Finanzierung, 5. Aufl., Berlin 2001

Guillén, F. B., P. Gómez, J. Sánz, M. Courtney, A. Cuerva: Investigation of sources for lidar uncertainty in flat and complex terrain. EWEA 2011, Belgium

International Energy Agency (ed.): IEA Wind Annex 23 ("Offshore Wind Energy Technology Deployment"), IEA Topical Expert Meetings, e.g. "State of the art of Remote

Wind Speed Sensing Techniques using SoDAR, LiDAR and Satellites", and the IEC committee TC88

International Electrotechnical Commission (IEC): International Standard IEC 61400-1 Wind Turbines – Part1: Design Requirements, 3rd Edition, 2005

International Electrotechnical Commission (IEC): International Standard IEC 61400-1 Wind Turbines – Part1: Design Requirements, 3rd Edition, Amendment 1, 2010

International Electrotechnical Commission (IEC): IEC61400-12-1 Wind turbines – Part 12-1: Power performance measurements of electricity producing wind turbines, 1st ed., 12/2005

International Electrotechnical Commission (IEC): IEC 61400-12-1 Ed.2: Wind turbines – Part 12-1: Power performance measurements of electricity producing wind turbines. 88/422/CD: 2011-11

Jensen, N.O.: A note on wind generator interaction. Technical Report m-2411, Risø, Roskilde, 1983

Katic, I, Højstrup, J, Jensen, N.O.: A Simple Model for Cluster Efficiency, European Wind Energy Association Conference and Exhibition, 7–9 October 1986, Rome, Italy

Meister, K., Lutz, Th., Krämer, E.: Consideration of unsteady inflow conditions in wind turbine CFD simulations, DEWEK 2010, Bremen, 2010

Rettenmeier, A., O. Bischoff, M. Hofsäß, D. Schlipf, J.J. Trujillo: Wind Field Analysis Using A Nacelle-Based LiDAR System, EWEC, Warsaw, Poland, April 2010

Rettenmeier,A., P. Klausmann, O. Bischoff, M. Hofsäß, D. Schlipf, B. Siegmeier, M. Kühn: Determination of Power Curves Based on Wind Field Measurements Using a Nacelle-based Lidar Scanner, EWEA, Brussels, Belgium, March 2011

Röhrich, M.: Wirtschaftlichkeitsanalysen kommunaler Investitionen am Beispiel Eigentum versus Miete: Ein Plädoyer für die gesetzliche Festschreibung der Kapitalwertmethode, in: Zeitschrift für Kommunalfinanzen 44 (1994), S. 4–8

Schlipf, D. S. Kapp, J. Anger, O. Bischoff, M. Hofsäß, A. Rettenmeier, U. Smolka, M. Kühn: Prospects of Optimization of Energy Production by LiDAR Assisted Control of Wind Turbines, EWEA, Brussels, Belgium, March 2011

Skamarock,W., J. Klemp, J. Dudhia, D. Gill, D. Barker, M. Duda, X. Huang, W. Wang, and J. Powers: A description of the advanced research WRF version 3 (NCAR Tech. Note NCAR/TN-475+STR, 2008)

Troen, I., Petersen, E. L.: European Wind Atlas. Risø National Laboratory, Roskilde, Denmark, 1990

Wagner, R. et al.: Accounting for the speed shear in wind turbine power performance measurement. Wind Energy, Vol. 14, No. 8, 2011, p. 993–1004

Wagner, R. et al.: Nacelle Lidar power performance measurement in the context of the IEC 61400-12-1 standard. Offshore- EWEA 2011, Amsterdam

Westerhellweg, A., Neumann, T.: CFD Simulations and measurements of wake effects at the Alpha Ventus offshore wind farm, EWEA offshore 2011, Amsterdam

Young, M., H. Hughes, T. Rogers, G. Randall, K. Briggs: Remote Sensing on Moving Offshore Platforms. Offshore- EWEA 2011, Amsterdam

Betriebserfahrungen und Betriebskosten

(RALF NEULINGER, RODERICK CLARK, KRESO PERINIC, ALEXANDER HENTSCHEL UND LARS STUIBLE)

Bea, Franz X./Helm, Roland/Schweitzer, Marcell: BWL-Lexikon, Stuttgart 2009

Bundesverband Windenergie: http://www.wind-energie.de/de/statistiken/, Zugriff: 27.04.2011

de Barros Costa, Christina: Mit Argusaugen, Erneuerbare Energien, Ausgabe Dezember 2010

DEWI Deutsches Windenergie Institut: Studie zur aktuellen Kostensituation 2002 der Windenergienutzung in Deutschland

DIN 31051: 2003-06: Grundlagen der Instandhaltung

DIN EN 13306: 2001-09

DIN 31051: 1982-03

Geyer, Joachim; Mengelkamp, Heinz-Theo: Fehlendes Windzehntel, Erneuerbare Energien, März 2011

Gille, Denny: Verkannt, erspart, verloren; Erneuerbare Energien, Ausgabe Juni 2010

Gonding, Hanspeter/Wagner, Thomas: Facility Management, München 2007

Hau, Erich: Windkraftanlagen; 3. Auflage, Berlin u.a.O. 2003

Hau, Erich: Windkraftanlagen; 4. Auflage, Berlin u.a.O. 2008

Hentzschel, Jürgen/Patzke, Uwe: Stillgestanden? Eine optimierte Wartung schafft Abhilfe, Erneuerbare Energien, November 2009

Kellermann, Daniel: Ratgeber für Umwelt- und Erneuerbare Energien Beteiligungen, Ausgabe 2011/2012, S. 144 f.

Leitfaden des Betriebsführerbeirats im Bundesverband WindEnergie: „Anforderungen an Gutachter und Sachverständige“, verabschiedet am 29.01.2008

Leitfaden des Betriebsführerbeirats im Bundesverband WindEnergie: „Inhalte von Verträgen zur technischen und kaufmännischen Betriebsführung“, verabschiedet am 20.09.2007

Molly, J. P.; DEWI-Studie: Status der Windenergienutzung in Deutschland – Stand 31.12.2010

Positionspapier des Bundesverbandes Wind Energie e.V. (BWE e.V.) zur Novelle des Erneuerbaren-Energien-Gesetzes, Dezember 2010

Schmalenbach, Eugen: Kostenrechnung, Köln und Opladen 1963

Sächsisches Staatsministerium für Umwelt- und Landwirtschaft (SMUL): Windkraftanlagen: Hinweise für Grundstückseigentümer und Landwirte, August 2003

von Arnim, Matthias: Rendite mit Rückenwind, Rheinische Post extra, Geschlossene Fonds, 25.03.2011

Wöhe, Günter: Einführung in die allgemeine Betriebswirtschaftslehre, 24. Auflage, München 2010

Zimmermann, Jörg-Rainer: 50 Prozent plus – Strom aus Landwind, Neue Energie, Ausgabe April 2011

Wirtschaftliche Aspekte

Einbindung eines geeigneten Versicherungskonzepts

(THOMAS ELLESER und TIMOTHY HALPERIN SMITH)

Bofinger, Stefan et al.: Studie zum Potenzial der Windenergienutzung an Land – Kurzfassung, Fraunhofer Institut für Windenergie und Energiesystemtechnik (IWES) – Abteilung Energiewirtschaft und Netzbetrieb, Kassel 2011

BWE (Hrsg.): Windstrom bringt mehr als doppelt so viel wie Atomkraft, 25.04.2011, http://www.wind-energie.de/de/aktuelles/article/windstrom-bringt-mehr-als-doppelt-so-viel-wie-atomkraft/145/.

GDV (Hrsg.): Erneuerbare Energien, Stand März 2010, S. 149–178

Haukje, Thomas/Kottke, Thomas: Versicherbarkeit und Versicherungslösungen bei Offshore-Projekten, Düsseldorf 2010

Töglhofer, Christoph: Einsatzpotentiale von Wetterderivaten im Bereich Erneuerbarer Energien, Graz 2007

Absicherungsmöglichkeiten gegen Wetterrisiken

(KOTTKE, THOMAS)

Gort, Christoph: Der Markt für Wetterderivative in Europa, Bern, 2003

Kottke, Thomas: Einbindung eines geeigneten Versicherungskonzepts, in: Handbuch Windenergie, Hrsg. Jörg Böttcher, München, 2012

Münchener Rückversicherung AG: Erneuerbare Energien – Versicherung einer Zukunftstechnologie, München, 2004

Toglhöpfer, Christoph: Einsatzpotenziale von Wetterderivaten im Bereich Erneuerbarer Energien, Graz, 2007

Die Rolle institutioneller Investoren: Sponsor, Eigenkapitalgeber, Projektmanager

(JÜRGEN MAIER)

Allianz SE (Hrsg.): Nachhaltigkeitsbericht 2011, München 2012

Becker, Hans Paul: Investition und Finanzierung, 5. Aufl., Wiesbaden 2012

Bennemann, Christoph, Oehlenberg, Lutz und Gerhard Stahl (Hrsg.): Handbuch Solvency II: Von der Standardformel zum Internen Modell, vom Governance-System zu den MaRisk VA, Stuttgart 2011

Dornseifer, Frank: Alternative Investments – Bedeutung und Rahmenbedingungen in einem geänderten Marktumfeld, in: Zeitschrift für das gesamte Kreditwesen 62 (2009), S. 360–362

Fama, Eugene und Kenneth French: The Cross-Section of Expected Stock Returns, in: Journal of Finance 47 (1992), S. 427–465

Fama, Eugene und Kenneth French: Common Risk Factors in the Returns on Stocks and Bonds, in: Journal of Financial Economics 33 (1993), S. 3–56

Lohmann, Martin: Abschreibungen, was sie sind und was sie nicht sind, in: Der Wirtschaftsprüfer 2 (1949), S. 353–360

Markowitz, Harry: Portfolio Selection: in: Journal of Finance 7 (1952), S. 77–91

PricewaterhouseCoopers AG WPG (Hrsg.): Entflechtung und Regulierung in der deutschen Energiewirtschaft, 3. Aufl., Freiburg 2012

Ruchti, Hans: Die Bedeutung der Abschreibung für den Betrieb, Berlin 1942

Schwartz, Herbert: Abschätzung des Energieertrages, in: Jörg Böttcher (Hrsg.): Handbuch Windenergie, München 2012, S. 195–231

Sharpe, William, Capital Asset Prices: A Theory of Market Equilibrium under Conditions of Risk, in: Journal of Finance 19 (1964), S. 425–442

Das KfW-Programm Offshore-Windenergie

(CARLOS CHRISTIAN SOBOTTA)

Böttcher, Jörg: Projektfinanzierung eines Offshore-Windparks, in: Jörg Böttcher (Hrsg.): Handbuch Windenergie – Offshore-Windenergie – Rechtliche, technische und wirtschaftliche Aspekte, München und Wien 2013, Kapitel 2

Böttcher, Jörg: Wirtschaftlichkeit und Ausgestaltung einer geeigneten Finanzierungsstruktur in: Jörg Böttcher (Hrsg.): Handbuch Windenergie – Offshore-Windenergie – Rechtliche, technische und wirtschaftliche Aspekte, München und Wien 2013, Kapitel 5.9

Bundesministerium für Wirtschaft und Technologie/Bundesministerium für Umwelt, Naturschutz und Reaktorsicherheit (Hrsg.): Energiekonzept für eine umweltschonende, zuverlässige und bezahlbare Energieversorgung, Berlin 2010

Trautmann, Dirk: Vergleich einzelner Regulierungssysteme – Deutschland und Frankreich, in: Jörg Böttcher (Hrsg.): Handbuch Windenergie – Offshore-Windenergie – Rechtliche, technische und wirtschaftliche Aspekte, München und Wien 2013

Windenergieagentur: Deutsche Offshore-Projekte in OFFSHORE Windenergie (2011), S. 46–50

Wirtschaftlichkeit und Ausgestaltung einer geeigneten Finanzierungsstruktur

(DR. JÖRG BÖTTCHER)

Böttcher, Jörg: Finanzierung von Erneuerbare-Energien-Vorhaben, München und Wien 2009

Böttcher, Jörg; Blattner, Peter: Projektfinanzierung, München und Wien 2006

Nevitt, Peter K.; Fabozzi, Frank J.: Project Financing, Seventh Edition, London 2000

Glossar

Abnahme: Im Werkvertragsrecht vorgesehene Handlung des Auftraggebers, durch die er das errichtete Werk als solches körperlich hinnimmt und als zumindest im Wesentlichen vertragsgerechte Leistung anerkennt. An die Abnahme knüpft das Werkvertragsrecht für beide Parteien wesentliche Rechtsfolgen.

Abschalthysterese: Windkraftanlagen stellen den Produktionsbetrieb ein, wenn der Wind die bei der Auslegung festgelegte Abschaltwindgeschwindigkeit übersteigt. Sie nehmen den Produktionsbetrieb aber erst nach Unterschreiten niedrigerer Windgeschwindigkeiten wieder auf. Das bedeutet, dass sie auch unterhalb der Abschaltwindgeschwindigkeit zeitweise nicht in Betrieb sind. Die Leistungskennlinien gelten aber für permanenten Betrieb bis zur Abschaltwindgeschwindigkeit.

Akkreditierung als Prüflaboratorium: Als Prüflaboratorien akkreditierte Firmen müssen über ein firmenweit implementiertes Qualitätssicherungssystem verfügen (entsprechend ISO 9001), eine unabhängige und neutrale Ermittlung der Ergebnisse sicher stellen und bei den der Akkreditierung unterworfenen Messungen und Auswertungen festgelegten Vorgehensweisen folgen, so dass beim selben Prüfobjekt stets im Rahmen der Messstreuung dasselbe Prüfergebnis ermittelt wird. Ziel ist eine Übereinstimmung der Prüfergebnisse verschiedener Laboratorien. Wichtiger Teil der Qualitätssicherung ist die durchgängige Dokumentation aller Vorgänge und der Vita aller Messgeräte.

Anemometer: Windmessinstrument

Anfechtung: Willenserklärung, durch die eine Person eigene oder fremde Verträge und Verfügungen aufheben kann, wenn dadurch geschützte eigenen Rechte verletzt oder von der Rechtsordnung nicht anerkannte Rechtsfolgen vermieden werden. Im Zusammenhang mit der Projektfinanzierung ist in der Regel nur die Anfechtung durch den Insolvenzverwalter relevant, mit der dieser Verfügungen aufheben kann, durch die im Vorfeld einer Insolvenz Vermögenswerte des insolventen Unternehmens beiseite geschafft werden.

Ein **Asset Deal** ist eine Form des Unternehmenskaufs, bei dem – im Gegensatz zum Share Deal – nicht eine Gesellschaft als solche, sondern alle Wirtschaftsgüter und Verbindlichkeiten einer Gesellschaft als Sachgesamtheit einzeln übertragen werden. Hierfür werden alle Vermögensgegenstände, die Teil des zu verkaufenden Unternehmens sind, erfasst und zum Gegenstand des Unternehmenskaufvertrages gemacht.

Atmosphärische Schichtung: Fällt die Temperatur vom Boden aus in die Höhe, steigt Warmluft auf (genannt: Konvektion). Die aufsteigende Warmluft trägt zu einer Verringerung der Temperaturstruktur bei. Dies nennt man labile Schichtung. Es findet ein Energieaustausch zwischen den Luftschichten statt. Der Wind ist eher turbulent und das Höhenprofil der Windgeschwindigkeit ist schwach ausgeprägt. Diese Situation ist typisch für tagsüber an sonnigen Tagen. Steigt die Temperatur mit der Höhe über Grund, liegt stabile Schichtung vor. Es gibt wenig Antrieb für einen Energieaustausch zwischen den Höhenschichten. Der Wind ist eher turbulenzarm. Die Windgeschwindigkeit kann stark mit der Höhe über Grund zunehmen. Diese Situation ist typisch für ruhige Sommernächte. Zwischen stabiler und labiler Schichtung liegt die neutrale Schichtung.

Außenbereich: Flächen, die weder innerhalb des Geltungsbereichs eines Bebauungsplans, noch innerhalb der im Zusammenhang bebauten Ortsteile (so genannter Innenbereich) liegen. Der Außenbereich ist von Bebauung grundsätzlich freizuhalten.

Bauwerk: Ist jedes durch menschliche Tätigkeit mit einem Grundstück verbundene Werk unabhängig von seinem Zweck oder der Betretbarkeit durch Menschen, z.B. Häuser, Strommasten, Dämme, Straßen, Kanäle, Brücken.

BDB-Index: Von der BDB herausgegebene monatliche Produktionsindices für Deutschland, früher auch IWET-Index und umgangssprachlich Keiler-Häuser-Index genannt. Siehe auch Windindices

Bebauungsplan: So genannter verbindlicher Bauleitplan der Gemeinde in Form einer Satzung. Enthält grundstücksgenaue rechtsverbindliche Festsetzungen für die zulässige Bodennutzung.

Eine **beschränkte persönliche Dienstbarkeit** räumt dem Begünstigten das dingliche Recht ein, das Grundstück eines anderen in einzelnen Beziehungen zu nutzen, etwa für die Errichtung einer Windenergieanlage an einem bestimmten Standort des Grundstücks oder zur Verlegung einer Kabeltrasse. Als dingliches Recht wird die beschränkte persönliche Dienstbarkeit in das Grundbuch des belasteten Grundstückes eingetragen und so publik gemacht. Beschränkte persönliche Dienstbarkeiten können im Nachhinein in ihrem Inhalt geändert werden, sie sind jedoch grundsätzlich nicht übertragbar. Eine Ausnahme hiervon bilden etwa beschränkte persönliche Dienstbarkeiten für „Anlagen zur Fortleitung von Elektrizität“, wie z.B. Kabel oder ein Umspannwerk.

Mit **Betriebskosten** wird üblicherweise der Werteverzehr bezeichnet, der mit der Aufrechterhaltung des operativen Geschäftsbetriebes eines Unternehmens verbunden ist.

Betriebsunterbrechungsversicherung: ist in Kombination mit einer Montage- oder Maschinenversicherung abschließbar und sichert Ertragsausfälle ab, die infolge eines dem Grunde nach versicherten Schadenfalls im Rahmen des Sachversicherungsvertrages entstehen. Entschädigt werden der entgangene Gewinn sowie fortlaufende Fix- und Finanzierungskosten während des Unterbrechungszeitraums, welcher durch eine vertraglich vereinbarte Haftzeit begrenzt wird.

Grundsätzlich werden **bewegliche Sachen**, die mit einem Grundstück fest verbunden werden, Bestandteile dieses Grundstücks und gehen somit in das Eigentum des Grundstückeigentümers über. Scheinbestandteile hingegen bleiben, auch wenn sie fest mit einem Grundstück verbunden werden, eigenständige bewegliche Sachen, weil sie entweder nur zu einem vorübergehenden Zweck oder in Ausübung eines dinglichen Rechtes mit dem Grundstück verbunden worden sind. Werden Windenergieanlagen auf einem gepachteten Grundstück errichtet, so sind sie also nur dann Scheinbestandteil und verbleiben im Eigentum des Betreibers, wenn im Pachtvertrag vorgesehen ist, dass sie nur zu einem vorübergehenden Zweck, also zeitlich begrenzt, mit dem Grundstück verbunden werden und nach Beendigung des Pachtvertrages vom Pächter von dem Grundstück zu entfernen ist (sog. Rückbauverpflichtung). Gleiches gilt, wenn die Windenergieanlagen in Ausübung eines dinglichen Rechts, in der Regel einer beschränkten persönlichen Dienstbarkeit, auf dem Grundstück errichtet werden. Vorsorglich sollte die beschränkte persönliche Dienstbarkeit dann bei Baubeginn bereits im Grundbuch eingetragen sein.

Blasenschleier: Der Blasenschleier ist eine Schallminderungstechnik, die eingesetzt wird, um den Schall der Rammschläge, die zum Einbringen der Pfahlfundamente in den Meeresgrund benötigt werden, zu mindern. Hierbei wird ein perforierter Schlauch in einem Radius von 80–100 Metern um die Baustelle gelegt, welcher einen vom Meeresgrund bis zur Wasseroberfläche reichenden Vorhang aus Blasen schafft (www.trianel.com).

Cash sweep: Zusätzliche Tilgungsleistungen auf Kredite, die von dem Kreditnehmer über die plangemäßen Tilgungen hinaus geleistet werden. Diese werden aus den verfügbaren Cashflows erbracht, die sich z.B. durch einen guten Windertrag im Betrachtungszeitraum ergeben. Die Höhe des cash sweeps für den jeweiligen Betrachtungszeitraum wird nach den Regelungen des cash waterfalls ermittelt. Aufgrund der Unsicherheiten bei den Projektfinanzierungen werden zunächst längere Kreditlaufzeiten mit entsprechend niedrigeren geplanten Tilgungsraten vereinbart. Mit dem cash sweep, der in der Regel auf die zuletzt fällige Tilgungsrate angerechnet wird, kann somit eine Verkürzung der Kreditlaufzeit erreicht werden.

Cash waterfall: Detaillierte Regelung für die Verwendung von finanziellen Mitteln in Wind-Offshore-Projektfinanzierungen. Dabei wird eine Reihenfolge für die Verwendung der Cashflows vorgesehen. In dieser Systematik werden die jeweils nach Bedienung eines bestimmten Verwendungszweckes noch verfügbaren Mittel dann dem im cash waterfall jeweils nachgeordneten Verwendungszweck zugeführt.

Cost Overrun Facility: Eine im Kreditvertrag vereinbarte Kredittranche zur Finanzierung unvorhersehbarer Kostenüberschreitungen. Diese kann in Anspruch genommen werden, wenn sich z.B. aufgrund von Schnittstellenproblemen oder aufgrund von Wetter-bedingten Verzögerungen Mehrkosten ergeben und die anderen für die Finanzierung der Investitionen vorgesehen Mittel schon ausgeschöpft sind.

Eigentumsvorbehalt: Soweit der Verkäufer oder Generalunternehmer auch Eigentümer der errichteten oder gelieferten Sache ist, kann er sich das Eigentum bis zum Eintritt der aufschiebenden Bedingung (§ 158 BGB) der Bezahlung seiner Vergütung vorbehalten. Die den Auftraggeber finanzierende Bank kann ihr vereinbartes Sicherungseigentum an der betreffenden Sache erst mit Erlöschen des Eigentumsvorbehalts, also nach Erfüllung dieser aufschiebenden Bedingung erlangen.

Eisgang: Bezeichnet das Treiben von Eis auf Gewässern.

Fertigstellungsrisiko: Als Fertigstellungsrisiko bezeichnet man alle Risiken, die dazu führen können, dass die planmäßige Errichtung eines Windparks gefährdet wird.

Flächennutzungsplan: So genannter vorbereitender Bauleitplan, der von der Gemeinde für ihr Gebiet aufgestellt wird, um die beabsichtigte städtebauliche Entwicklung darzustellen.

Gründung: Die Gründung beschreibt das Mittel zur Verankerung einer Windenergieanlage im Meeresgrund (bzw. im Ausnahmefall eines Schwerkraftfundaments: das Mittel zur Platzierung der Windenergieanlage auf dem Meeresgrund).

Häufigkeitsverteilung der Windgeschwindigkeit: Darstellung der relativen oder der kumulativen Auftretenshäufigkeit von Windgeschwindigkeiten

Höhenprofil: Veränderung der Windgeschwindigkeit mit der Höhe über Grund. Der Begriff Höhenprofil wird sowohl für den langfristigen mittleren Verlauf der Windgeschwindigkeit als auch für momentane Verläufe verwendet. Äquivalenter Begriff: Höhenprofil der Windgeschwindigkeit.

Eine **Inspektion** umfasst Maßnahmen zur Feststellung und Beurteilung des Ist-Zustands einer Betrachtungseinheit, einschließlich der Bestimmung der Ursache der Abnutzung und dem Ableiten der notwendigen Konsequenzen für eine künftige Nutzung.

Unter **Instandhaltung** ist die Kombination aller technischen und administrativen Maßnahmen zu verstehen, um den funktionsfähigen Zustand oder die Rückführung in diesen über die Dauer des Lebenszyklus einer Betrachtungseinheit zu erhalten, so dass die geforderte Funktion erfüllt werden kann.

Unter **Instandsetzung** werden Maßnahmen verstanden, die eine Betrachtungseinheit in den funktionsfähigen Zustand zurückführen, mit Ausnahme von Verbesserungen.

IWET-Index: Ingenieurwerkstatt Energietechnik. IWET-Index siehe BDB-Index

Langfristbezug: Umrechnung von Windmessdaten oder Ertragsdaten bestehender Windkraftanlagen in langjährig repräsentative Mittelwerte. Äquivalente Begriffe: Langfristextrapolation, Langzeitbezug

Leistungsbeschreibung: Vertragliche Festlegung des geschuldeten Leistungsumfang durch Auflistung von Tätigkeiten, Qualitätsanforderungen, Normen etc. Die Leistungsbeschreibung definiert zugleich die von der vereinbarten Vergütung abgegoltenen Leistungen und bildet den Maßstab für Abnahme und Mängelgewährleistung.

Leistungskennlinie: Verlauf der von einer Windkraftanlage im Mittel abgegebenen Leistung über der Windgeschwindigkeit. Eine Leistungskennlinie bezieht sich stets auf 10-Minuten-Mittelwerte und eine mittlere Luftdichte, in der Regel die Standardluftdichte von 1,225 kg/m³.

Lidar-Messgeräte: Analog zu Sodar-Messgeräten, wobei statt Schallimpulsen Laserimpulse verwendet werden. Diese werden nicht an der Luft direkt, sondern an Aerosolen in der Luft reflektiert.

Maschinenversicherung: übliche Absicherungsform für WEA während der Betriebsphase in Form einer Allgefahrenversicherung. Versicherungsschutz besteht für unvorhergesehen eintretende Sachschäden bzw. für Verluste durch Abhandenkommen mit Ausnahme einiger definierter Ausschlüsse. Die Versicherung beginnt frühestens mit der Betriebsfertigkeit nach abgeschlossenem Probebetrieb.

Minderung: Herabsetzung der Vergütung eines Werkvertrages oder des Kaufpreises im Kaufvertrag in dem Umfang, in dem der geleistete Vertragsgegenstand wegen eines Sach-

oder Rechtsmangels einen geringeren Wert hat als eine korrekte Leistung. Die Minderung erfolgt durch einseitige Erklärung des Bestellers bzw. Käufers.

Modell: Vereinfachte Darstellung der Realität, in der Regel unter Verwendung grundlegender physikalischer Gleichungen, zur Abbildung realer Prozesse insbesondere mit einem Computer

Montageversicherung: Versicherungsprodukt zur Versicherung sämtlicher Lieferungen und Leistungen zur Errichtung eines bestimmten Montageobjekts. Versicherungsschutz besteht dabei für unvorhergesehen eintretende Sachschäden bzw. für Verluste durch Abhandenkommen mit Ausnahme einiger definierter Ausschlüsse. Üblicherweise werden die Interessen aller an der Errichtung beteiligten Parteien versichert, sodass ein einziger Versicherungsvertrag geschlossen wird.

Multi-Contracting: Bezeichnet im Bezug auf Offshore-Windparks den Abschluss von mehreren Verträgen mit verschiedenen Lieferanten/Dienstleistern hinsichtlich der Errichtung des Offshore-Windparks. Im Gegensatz zum Multi-Contracting stehen sog. EPC-Verträge, bei denen ein Generalunternehmer den Windpark schlüsselfertig errichtet, was sich bis jetzt nur im Onshore-Bereich etabliert hat.

Netzanbindung: Unter dem Begriff Netzanbindung werden alle Maßnahmen zusammengefasst, die für den Anschluss des Offshore-Windparks an den landseitigen Netzeinspeisepunkt nötig sind. Hierfür muss der Windpark zum einen intern verkabelt werden, zum anderen muss seitens eines Übertragungsnetzbetreibers die externe Verkabelung, i.S. eines Seekabels vom Windpark zum landseitigen Netzeinspeisepunkt, durchgeführt werden.

Option: die regelmäßig durch zweiseitige Vereinbarung einer Partei eingeräumte Befugnis bei Eintritt bestimmter Voraussetzungen durch einseitige Entscheidung mit verbindlicher Wirkung für die andere/n Partei/en ein Recht auszuüben oder zwischen mehreren Rechten zu wählen.

Pauschalpreis: Preis, der für einen bestimmten Leistungsumfang von vornherein fest vereinbart wird und nicht nachträglich an die Kostenentwicklung beim Auftragnehmer angepasst werden soll.

Performance and Completion Bonds: Zu Deutsch: Vertragserfüllungsgarantien. Sichern im Vertragsverhältnis den Auftraggeber (z.B. Besteller) für den Fall ab, dass der Auftragnehmer seinen vertraglichen Pflichten nicht vollständig nachkommt (vgl. HADELER, WINTER & ARENTZEN, 2000).

Phasenmodell: Dient zur Orientierung interner Prozesse während der Realisierung eines Windparkprojektes. Es beschreibt die einzelnen Phasen und deren Besonderheiten.

Projektfinanzierung: Finanzierungsmethode, bei der sämtliche Kosten eines Vorhabens allein aus dem Cashflow des Projekts beglichen werden.

Projektrisikomanagement: integrierter Prozess, der mit Fokus auf die Sicherung des finanziellen und technischen Projekterfolgs bestandsgefährdende Risiken in einem Projekt identifiziert und bewältigt. Ziele des Projektrisikomanagements sind u.a. die Sicherung und der Ausbau des Erfolgspotenzials von Projekten unter Berücksichtigung langfristiger und strategischer Überlegungen unter Schärfung des Risikobewusstseins aller am Projekt Beteiligten sowie die Analyse von Unsicherheitsfaktoren und die Abwägung von Handlungsalternativen hinsichtlich Verlustgefahren und Gewinnchancen.

Rauigkeit: Nahe dem Boden wird Wind durch Bewuchs (Gras, Büsche, Bäume, Wälder), Bebauung und allgemein unebene Oberflächenstruktur (Felsen, Hügellandschaft) gebremst. Die bremsenden Strukturen werden als Rauigkeit bezeichnet. Äquivalenter Begriff: Oberflächenrauigkeit. In der physikalischen Modellierung wird die Rauigkeit durch eine Maßzahl, die Rauigkeitslänge (Einheit: Meter) charakterisiert. Vereinfachend werden in der Windenergie auch Rauigkeitsklassen verwendet.

Reanalysedaten: Ein meteorologisches Modell wird mit den weltweit kontinuierlich erhobenen und zwischen Wetterdiensten ausgetauschten meteorologischen Messdaten angetrieben. Das Modell versucht, Ausreißer und Messfehler zu eliminieren und auf dieser Basis eine bestmögliche konsistente Darstellung des Wettergeschehens der Vergangenheit zu erstellen. Die Messdaten werden also zeitlich und räumlich homogenisiert und interpretiert. Die gängigen meteorologischen Größen werden dann weltweit an regelmäßig verteilten Gitterpunkten in verschiedenen Höhen zu festen Zeitabständen ausgegeben. Die am meisten verwendeten Reanalysedaten sind derzeit die der NCAR/NCEP (NCAR = National Center for Atmospheric Research, NCEP = National Center for Environmental Protection) in den USA [NCAR] und des ECMWF (Europäisches Zentrum für Mittelfristvorhersage)

Mit einem **Reliance Letter** wird schriftlich zugesichert, für einen erstellten Due Diligence-Bericht zu haften. Wird ein Reliance Letter gegenüber einem Dritten, z.B. einer finanzierenden Bank, abgegeben, erklärt der Ersteller den Due Diligence-Bericht auch gegenüber diesem Dritten für verbindlich.

Repowering: Ersetzt ältere Windenergieanlagen durch neue und leistungsstärkere Anlagen.

Risk-Sharing: Als Risk-Sharing bezeichnet man die Aufteilung von Risiken auf die jeweiligen Projektpartner. Hierbei gilt es zu beachten, dass die Risiken auf diejenigen Projektbeteiligten verteilt werden, die diese am besten managen können.

Risikoinstrumente: Methoden und Ansätze, die genutzt werden, um Risiken in Projektprozessen zu eliminieren.

Risikomanagement: Identifikation und Bewertung von Risiken, um mit ausgewählten Methoden entsprechend reagieren zu können.

Risikotransfer (auch Risikoüberwälzung): hierunter ist die faktische oder die vertragliche, teilweise oder völlige Überwälzung von Risiken auf Dritte zu verstehen (Wechsel des Risikoträgers). Bei diesem Verfahren wird das Risiko nicht beseitigt, sondern vollständig oder zu wesentlichen Teilen über ein zusätzliches Geschäft an Dritte weitergegeben.

Rücktritt: Einseitige Willenserklärung, durch die eine Partei eines Vertrages gegen den Willen der anderen Parteien den Vertrag einseitig auflösen und die Rückabwicklung der bereits ausgetauschten Leistungen verlangen kann.

Skalare Mittelung des Windes: Windgeschwindigkeit und Windrichtung werden separat aufgezeichnet. Über das Mittelungsintervall werden jeweils separat Mittelwerte gebildet. Siehe auch vektorielle Mittelung

Schubbeiwerte: Normierte Darstellung der Schubkraft. Die Schubkraft ist die Kraft, die der Wind in Windrichtung auf den Rotor einer Windkraftanlage ausübt bzw. die Windkraftanlage in Gegenrichtung auf die Luftmassen. Mit der Schubkraft bremst die Windkraftanlage den Wind. Die Schubbeiwerte sind daher ein wesentlicher Eingangsparameter für die Berechnung der gegenseitigen Abschattung von Windkraftanlagen im Windpark.

Bei einer **Sicherungsübereignung** überträgt der Eigentümer einer Sache dieses Eigentum auf einen anderen, zumeist auf eine Bank, um so eine Forderung, die gegen ihn besteht, etwa den Anspruch auf Rückzahlung eines Darlehens, das ihm eingeräumt wurde, abzusichern. Der andere erlangt dadurch Sicherungseigentum an der übereigneten Sache. Sobald der Sicherungszweck wegfällt, also etwa das Darlehen vollständig zurückgezahlt wurde, hat der ursprüngliche Eigentümer einen Rückgewähranspruch gegen den Sicherungseigentümer auf Rückübertragung der sicherungsübereigneten Sache.

Signifikante Wellenhöhe: Mittelwert des Drittels der höchsten Wellen (BSH).

Sodar-Messgeräte: Sodar steht für „Sound Detecting and Ranging". Messgeräte, die vom Boden aus Schallimpulse in verschiedene Richtungen nach oben in die Luft senden. Aufgrund von Dichteunterschieden findet eine Reflektion statt, so dass die reflektierten Schallimpulse wieder am Boden gemessen werden können. In der bewegten Luft entstehen Frequenzverschiebungen (Dopplerverschiebungen), aus denen die Bewegung der Luft, also die Windgeschwindigkeit, in allen Raumrichtungen berechnet werden kann. Beschrieben ist hier nur die Anwendung in der Windenergie. In der Meteorologie werden Sodargeräte vielfältiger eingesetzt.

Turbulenz: Veränderlichkeit der Windgeschwindigkeit in Betrag und Richtung an einem Ort oder in einem kleinen Volumen (Größenskala bis wenige 100 m) über einen eher überschaubaren Zeitraum (Größenskala Sekunden bis ca. 10 Minuten)

Übertragungsnetzbetreiber: Die Übertragungsnetzbetreiber sind für den Betrieb und Ausbau von überregionalen Stromnetzen (Höchstspannungsnetze) und der dazugehörigen Infrastruktur verantwortlich. Im Rahmen des Anschlusses eines Offshore-Windparks an das Stromnetz ist der Übertragungsnetzbetreiber für das den Offshore-Windpark mit dem Land verbindende Seekabel verantwortlich. Der Übertragungsnetzbetreiber TenneT ist für die Offshore-Windparks der Nordsee zuständig, 50Hertz für die der Ostsee.

Ultraschallanemometer: Windmessgerät, bei dem Schallimpulse über relativ kurze Entfernungen (Größenordnung 20 cm) von einem Sender zu einem Empfänger gesandt werden. Die Bewegung der Luft verursacht eine Frequenzverschiebung (Dopplerverschiebung). Über diese kann die Windgeschwindigkeitskomponente in der Richtung zwischen Sender und Empfänger bestimmt werden. Werden 2 Paare von Sender und Empfänger verwendet, kann Windgeschwindigkeit und -richtung in der horizontalen Ebene berechnet werden. Mit 3 Paaren von Sendern und Empfängern kann auch der Wind in der 3. Dimension erfasst werden.

Umsetzungsphase: Diese Phase der Windparkentstehung ist dadurch geprägt, dass die Finanzierung des Projektes gesichert ist und der Windpark gebaut und schließlich in Betrieb genommen wird.

Umweltschadengesetz: Gesetz über die Vermeidung und Sanierung von Umweltschäden. Hiermit wird die EU-Richtlinie 2004/35/EG über „Umwelthaftung zur Vermeidung und Sanierung von Umweltschäden“ vom 21.04.2004 umgesetzt. Daraus ergibt sich eine öffentlich-rechtliche Umwelthaftung für Boden, Gewässer und Biodiversität.

Vektorielle Mittelung des Windes: Zu jedem Zeitpunkt wird der Windvektor (also Windgeschwindigkeit in Zusammenhang mit der Windrichtung) aufgezeichnet. Über das Mittelungsintervall wird der mittlere Windvektor berechnet. Dabei heben sich beispielsweise die Ost- und Westkomponenten gleicher Windgeschwindigkeit und Dauer gegenseitig auf. Siehe auch skalare Mittelung

Verbesserungen sind alle Maßnahmen zur Steigerung der Funktionssicherheit einer Betrachtungseinheit, ohne die von ihr geforderte Funktion zu verändern.

Verdingungsordnung Bauleistungen (VOB): Einheitliche Verwaltungsvorschriften für die Vergabe und Vertragsgestaltung von Bauvorhaben durch die öffentliche Hand, die durch die private Bauwirtschaft häufig durch vertragliche Einigung übernommen oder als Vorlage für die Vertragsgestaltung genutzt werden.

Vergleichsanlagen: Bestehende Windkraftanlagen, deren Energieerträge zur Überprüfung und ggf. Justierung von Modellrechnungen verwendet werden.

Vertrag zugunsten Dritter: Vereinbarung zwischen zwei Parteien, durch die einer dritten Person ein Recht gegenüber den Parteien der Vereinbarung eingeräumt wird, welches diese dritte Person als eigenes Recht geltend machen kann (§ 328 BGB).

Unter **Wartung** werden Maßnahmen verstanden, die zur Verzögerung des Abbaus des vorhandenen Abnutzungsvorrates der Betrachtungseinheit beitragen. Bezogen auf eine WEA sind damit alle Maßnahmen zur Erhaltung und Wiederherstellung der uneingeschränkten Produktionsfähigkeit der WEA gemeint.

WAsP: Kurzbezeichnung für „Wind Atlas Analysis and Application Program“. Strömungsmodell für Windenergiezwecke, vom dänischen Forschungszentrum Risø entwickelt. Die Strömungsgleichungen werden unter Annahme einer nicht-turbulenten Strömung für eine Luftsäule über einem betrachteten Punkt in Abhängigkeit von der Geländeform und Rauigkeit der Umgebung gelöst. WAsP ermöglicht darüber hinaus Ertragsberechnungen für Windkraftanlagen.

Wetterderivat: derivatives Finanzinstrument, das zur Absicherung gegen finanzielle Verluste aufgrund von Wetterrisiken geeignet ist. Grundlage sind meteorologische Daten wie bspw. Windgeschwindigkeit, die als Basiswert verwendet werden. Wetterderivate werden zwischen einem Unternehmen und Banken oder Versicherungsunternehmen abgeschlossen. Das Wetterrisiko wird hierbei auf die Bank oder auf das Versicherungsunternehmen transferiert.

Windindex: Maßzahlen, die das Windangebot eines Monats im Verhältnis zu einem längerfristigen Mittel ausdrückt. Manche Windindices beziehen sich auf die mittlere Windgeschwindigkeit, manche auf den Energieinhalt des Windes, die meisten aber auf den Energieertrag von Windkraftanlagen. Hier werden die Begriffe Produktionsindices und Ertragsindices ebenfalls verwendet. Siehe auch BDB-Index

Windrichtungsverteilung: Darstellung der relativen Auftretenshäufigkeit von Windrichtungen. Äquivalente Begriffe: Windrose, Häufigkeitsverteilung der Windrichtung

Autorenverzeichnis

Bettina Ambacher ist bei der Stadtwerke Stuttgart GmbH für den Aufbau des Bereichs Erneuerbare Energien verantwortlich. Zuvor war sie für die Konzeption, Strukturierung und Umsetzung von Beteiligungsmodellen bei erneuerbare Energien Projekten sowie Kooperationsmodellen für strategische Partner bei EnBW Erneuerbare Energien GmbH zuständig. Bettina Ambacher hat langjährige Erfahrung bei der Strukturierung von Finanzierungsmodellen für Investoren durch ihre Tätigkeiten bei einem Emissionshaus für geschlossene Fonds und einem Beratungsunternehmen, das auf Management Equity Programme im Rahmen von Management Buy Out Transaktionen spezialisiert ist.

Kimon Argyriadis ist Leiter der Abteilung Forschung und Entwicklung bei GL Renewables Certification. Nachdem er sein Schiffbaustudium an der Universität Hamburg abgeschlossen hat, war er als Ingenieur in der Schiffbauindustrie tätig, bevor er 1994 zum Germanischen Lloyd wechselte. Als Experte in der Lastenanalyse für Onshore- und Offshore-Windturbinen, beschäftigt er sich mit der nationalen und internationalen Standardisierung in der Windindustrie und Meeresenergie. Er ist Mitglied beim IEC TC 114 „Meeresenergie“ sowie verschiedenen Arbeitsgruppen im Rahmen von IEC TC 88 „Windenergie“.

Dr. Volker Barth studierte Physik mit Schwerpunkt Atmosphärenphysik in Marburg und Heidelberg. Nach Promotion am Max-Planck-Institut für Meteorologie und anschließender langjähriger Forschungstätigkeit an der Universität Oldenburg wechselte er zur DEWI GmbH – Deutsches Windenergie-Institut. Seit 2010 arbeitet er dort vor allem im Bereich des Micrositing von Offshore-Windparks.

Lars Behrendt wurde 1972 in Hamburg geboren. Er ist Diplom-Kaufmann (Universität Hamburg) und Steuerberater. Seit 1999 ist Lars Behrendt bei der KPMG AG Wirtschaftsprüfungsgesellschaft in Hamburg beschäftigt. Die Bestellung zum Partner erfolgte in 2006. Als Leiter des KPMG-Steuernetzwerks „Energy and Natural Resources“ ist Herr Behrendt mit den steuerlichen Fragen der Energiebranche bestens vertraut. Er hat viele Energieversorgungsunternehmen in Umstrukturierungsprojekten steuerlich beraten und dabei reichhaltige praktische Erfahrungen sammeln können. Sein besonderer Fokus liegt dabei auf Investitionen in Erneuerbare-Energien-Projekte und deren steuerliche Optimierung. Seine Kenntnisse hat Herr Behrendt in zahlreichen KPMG-internen Fortbildungsveranstaltungen und externen Mandantenveranstaltungen als Referent genutzt.

Dr. Jörg Böttcher studierte Wirtschaftswissenschaften an der Ruhr-Universität Bochum und promovierte 2011 an der Justus-Liebig-Universität Gießen. Seit 1995 ist er bei der HSH Nordbank AG tätig. Als Senior Risk Adviser ist er dort mit der Strukturierung und dem Risikomanagement von Projekten im Bereich Erneuerbare Energien befasst. Er hat in den letzten Jahren eine Reihe von Publikationen zu den Themen Erneuerbare Energien und Projektfinanzierung veröffentlicht.

Dirk Briese ist Diplom-Kaufmann und seit 2001 als Geschäftsführer von trend**:research** GmbH – Institut für Trend- und Marktforschung verantwortlich tätig. Zuvor war Herr Briese vier Jahre als Projektleiter und Leiter Beteiligungsentwicklung in der Unternehmensentwicklung der swb AG (früher: Stadtwerke Bremen AG) aktiv. Davor, von 1993 bis 1997, war er Berater und ab 1996 Mitglied der Geschäftsleitung in einem auf Umwelt- und Energietechnik spezialisierten Beratungsunternehmen. In allen diesen Tätigkeiten leitete Herr Briese verschiedene, vielfach auch strategische Projekte. Bei wind**:research** verantwortet Herr Briese die Geschäftsentwicklung und die Erstellung und Durchführung von Exklusivstudien sowie ausgewählten Gutachten zu den Themen On- und Offshore-Windenergie. Herr Briese ist Autor einer Vielzahl von Artikeln und Fachbeiträgen in der Tages- und Fachpresse, tritt in Fernseh- und Radiosendungen als Energieexperte auf und referiert auf diversen Fachkonferenzen zu Themen der Ver- und Entsorgungswirtschaft im In- und Ausland.

Dr. Claus Burkhardt ist Geschäftsführer der EWE Offshore Service & Solutions GmbH und damit verantwortlich für die operativen Tätigkeiten der EWE im Bereich Offshore-Wind. Hierunter fallen die Aktivitäten Beratung, Projektierung und Betriebsführung innerhalb von Offshore-Projekten sowohl für EWE-eigene wie auch für Projekte Dritter. Das im ersten deutschen Offshore-Projekt „alpha ventus“ sowie im Folgeprojekt „RIFFGAT“ gewonnene technische und organisatorische Wissen wird unter seiner Leitung Partnern außerhalb des EWE-Konzerns zur Verfügung gestellt werden.

Dr. Beatriz Cañadillas studierte Physik mit Schwerpunkt Astrophysik in Teneriffa. Von 2001–2006 hat sie bei einem Windenergieanlagen-Hersteller als Projektleiterin für Micrositing und Leistungskurven gearbeitet und 2009 an der Universität Hannover im Bereich „Atmosphärische Turbulenz“ promoviert. Seit 2006 ist sie bei der DEWI GmbH – Deutsches Windenergie-Institut in der Abteilung Forschung und Studien beschäftigt. Arbeitsschwerpunkte sind Lidar-Messung, Windsimulation, Offshore-Meteorologie und Atmosphärische Turbulenz.

Branko Cepuran, Dipl.-Kaufmann und Bankkaufmann, ist seit 2004 bei der EUROPÄISCHEN INVESTITIONSBANK tätig. Als Kreditreferent ist er dort in der Direktion „Operationen Mitteleuropa – Strukturierte Finanzierungen und Gemeinschaftsinitiativen“ mit der Strukturierung und Finanzierungen von Projekten u.a. im Bereich Erneuerbare Energien befasst. Branko Cepuran war seitens der EIB maßgeblich bei den ersten beiden deutschen Offshore-Windparks, die als Projektfinanzierungen finanziert werden, Borkum West II und Global Tech I beteiligt. Von 1995 bis 2003 war er bei der Bayerischen HypoVereinsbank AG und der WestLB AG in den Bereichen Projekt- und Exportfinanzierung tätig.

Jörn Däinghaus ist Wirtschaftsingenieur und seit 2010 für die EnBW Erneuerbare Energien GmbH am Standort Hamburg tätig. Als Commercial Manager ist er dort für die kaufmännische Betreuung von Offshore-Projekten zuständig. Dabei ist er u.a. mit der Strukturierung und Umsetzung von Projektfinanzierungen und Beteiligungsmodellen betraut. Jörn Däinghaus arbeitet seit insgesamt 5 Jahren im Bereich der Erneuerbaren Energien, zuvor für die HSH Nordbank in Hamburg.

Christian Dahlke, ist Leiter des Referates „Ordnung des Meeres“ im Bundesamt für Seeschifffahrt und Hydrographie (BSH) in Hamburg. Seine beruflichen Wurzeln liegen in der Wasser- und Schifffahrtsverwaltung des Bundes. In den Wasser- und Schifffahrtsdirektionen Nord und Süd war er als Justitiar, Planfeststeller und Schifffahrtsreferent tätig. Seit

1998 ist er Referatsleiter im BSH und dort mit der Führung von Genehmigungsverfahren für Offshore-Pipelines, Seekabel und Offshore-Windparks betraut. Unter seiner Leitung wurden die Genehmigungsverfahren sowie die Grundzüge der maritimen Raumordnung entwickelt.

PROF. DIPL.-ING. LOTHAR DANNENBERG beschäftigt sich seit mehr als 10 Jahren am Institut für Schiffbau & Maritime Technik der Fachhochschule Kiel mit Windenergieanlagen, insbesondere mit der Festigkeit und Fertigung von Rotorblättern und Offshore-Gründungen. Seine Hauptfachgebiete sind Konstruktion und Festigkeit von Schiffen, Faserverbundwerkstoffe, Unterwasserfahrzeuge und Finite-Element-Methoden.

AXEL DOMBROWSKI ist Diplom-Ingenieur Maschinenbau. Bei GL Renewables Certification verantwortet er die Abteilung Maschinenbau und Elektrotechnik und ist stellvertretender Leiter der Zertifizierungsstelle. Seit 2003 ist er Bereichs Koordinator für Qualitätsstrategien in der Fertigungsüberwachung und seit 2001 Projektmanager für internationale Kunden, Trainer für Besichtiger sowie Experte für Maschinenbauteile und Wiederkehrende Prüfung.

GREGOR DZIEYK, Jahrgang 1966, ist Rechtsanwalt und Steuerberater. Seit 1998 ist Gregor Dzieyk bei der KPMG AG Wirtschaftsprüfungsgesellschaft in Hamburg beschäftigt. Die Bestellung zum Partner erfolgte in 2006. Als Jurist arbeitet er häufig an der Schnittestelle zwischen Zivil- und Steuerrecht. Er ist Spezialist für internationales Umsatzsteuerrecht und leitet in diesem Bereich die Gruppe „Energy and Natural Resources“. Er hat viele Unternehmen aus diesem Bereich steuerrechtlich beraten und dabei reichhaltige praktische Erfahrungen sammeln können. Sein besonderer Fokus liegt dabei auf der umsatzsteuerrechtlichen Beratung von Erneuerbare-Energien-Projekten und deren steuerlichen Optimierung. Gregor Dzieyk tritt regelmäßig als Referent in zahlreichen KPMG-internen Fortbildungsveranstaltungen und externen Mandantenveranstaltungen auf und ist Lehrbeauftragter der Universität Hamburg.

THOMAS ELLESER, Diplom-Betriebswirt B.A., ist seit 1990 für die WILLIS GMBH & CO. KG in verschiedenen Leitungsfunktionen tätig. Neben der Konzeption und Umsetzung von Versicherungslösungen für multinationale Kunden ist er spezialisiert auf die unabhängige Beratung von Finanzierungsgebern im Rahmen von Projektfinanzierungen und Investoren bei Unternehmenstransaktionen oder Projektinvestitionen insbesondere im Bereich der erneuerbaren Energien. Unter anderem begleitete er Investorenkonsortien bei den deutschen Offshore-Projekten BARD I und BUTENDIEK.

THORSTEN FALK, Dipl.-Geograph, beschäftigt sich seit 1999 in verschiedenen Funktionen mit dem Ausbau der erneuerbaren Energien, insbesondere der Windenergie sowie Fragen der Netz- und Systemintegration. Seit Oktober 2011 ist er Bevollmächtigter der STIFTUNG OFFSHORE-WINDENERGIE in Berlin.

MATTHIAS HIRSCHMANN ist Partner am Hamburger Standort von HOGAN LOVELLS und Leiter der deutschen Praxisgruppe Energie und Rohstoffe. Matthias Hirschmann ist spezialisiert auf alle sektorspezifischen Fragestellungen der Energiebranche in Verbindung mit nationalen oder internationalen M&A-Transaktionen, Übernahmen, Joint Ventures sowie allgemeinem Energierecht und regulatorischen Fragen. Er verfügt über umfassende Erfahrung bei der Beratung von Energieliefer- und Transportverträgen sowie bei allen regulatorischen Compliance-Aspekten (inklusive Verhandlungen mit der Bundesnetzagentur).

Silke Katterbach (Jahrgang 1965) ist Psychologin. Schon während ihres Studiums interessierte sie sich für das Verhalten von Systemen. In der Kognitionspsychologie entwickelte sich ihr Verständnis über das menschliche Gehirn als komplexes dynamisches System. Fasziniert übertrug sie die Prinzipien der Ordnungsbildung auf Unternehmen und Organisationen. Bis Mitte 2012 war sie als geschäftsführende Gesellschafterin bei der k.brio beratung GmbH in Bremen tätig. Dabei beschäftigt sie sich hauptsächlich mit Kulturentwicklung und Coaching. In Beratungsprojekten u.a. in der Windbranche beschäftigt sie sich hauptsächlich mit Kulturentwicklung und Coaching.

Kai-Henning Kiehn ist Direktionsbevollmächtigter im Bereich Project Finance bei der EULER HERMES KREDITVERSICHERUNGS-AG. Der studierte Volkswirt ist seit 1999 mit Projektfinanzierungen betraut und war mehrere Jahre für die Regionen Süd-Ostasien und Europa im DEPARTMENT UNDERWRITING KREDITVERGABE tätig, worauf die Abteilung Project Finance folgte. Schwerpunkte seiner Arbeit sind unter anderem die Bewertung von speziellen Anforderungen des Bundes und der Umfang der deckungsfähigen Risiken für Erneuerbare Energie-Projekte.

Dr. Stefan Kilgus ist Rechtsanwalt und Partner bei WATSON, FARLEY & WILLIAMS LLP in der Finance Group in Hamburg.

Dr. Thomas Kottke, Versicherungskaufmann und Diplom-Ökonom, ist seit Anfang 2010 für die Nordwest Assekuranzmakler GmbH & Co. KG tätig. Als Spezialist für Risikomanagement und Industrieversicherung ist er dort mit der Konzeption von Risikomanagementlösungen betraut. Er betreut deren Integration in internationale Projekte, die u.a. Installation und Betrieb von Onshore- und Offshore-Windparks zum Ziel haben. Vorher war er von Juli 2001 bis Dezember 2007 an der Professur für Risikomanagement und Versicherungswirtschaft der Justus-Liebig-Universität Gießen tätig und hat im Anschluss zwei Jahre bei einem Bremer Versicherungsmakler namhafte deutsche Industriekonzerne im Bereich internationale Versicherungen betreut.

Dr. Holger Kraft ist Rechtsanwalt und Partner bei CMS Hasche Sigle, Hamburg.

Jaska Mathias Krüger wurde 1978 in Berlin geboren. Er ist Diplom-Wirtschaftsjurist FH (Leuphana Universität Lüneburg), Executive Master of Accounting and Taxation (M.Sc., Mannheim Business School) und Steuerberater. Seit 2008 ist Jaska Krüger bei der KPMG AG Wirtschaftsprüfungsgesellschaft in Hamburg beschäftigt. Seit 2011 ist Herr Krüger Manager und Prokurist im Bereich Corporate Tax Services. Als Mitglied des KPMG-Steuernetzwerks „Energy and Natural Resources“ liegt der Schwerpunkt seiner Tätigkeit im Bereich der steuerlichen Beratung von Unternehmen aus der Energiewirtschaft. Er betreut laufend sowie in Projektarbeit diverse Mandanten aus dieser Branche. Neben der laufenden Steuerberatung verfügt Herr Krüger über Erfahrung auf dem Gebiet der nationalen und internationalen Steuerplanung und –gestaltung. Herr Krüger ist zudem als Dozent an der Fresenius Hochschule in Hamburg im Bereich Unternehmensbesteuerung tätig und schreibt regelmäßig Beiträge in der Fachliteratur.

Jürgen Maier, CFA, ist Director und als Referatsleiter im Bereich Investment Strategy/Alternative Investments der Allianz Investment Management SE für die Bereiche Renewable Energies und Infrastructure verantwortlich. Er ist daneben als Dozent an der FOM Hochschule für Oekonomie & Management tätig.

Bernd Neddermann ist Dipl.-Ing. Verfahrenstechnik und hat an der TU Clausthal und der Universität Karlsruhe (TH) studiert. Er verfügt über langjährige Erfahrungen in der Windenergiebranche, u.a. aus Tätigkeiten für einen Windenergieverband, ein Planungsbüro sowie ein Consulting-Unternehmen. Seit 2002 arbeitet er bei der DEWI GmbH – Deutsches Windenergie-Institut in der Abteilung Forschung und Studien.

Ralf Neulinger, Dipl.-Ing. der Luft- und Raumfahrttechnik arbeitet seit 1997 für die Energie Baden-Württemberg AG und hat sich in der Vergangenheit mit der Entwicklung und Realisierung von Windprojekten im In- und Ausland befasst. Nach der Errichtung und Inbetriebnahme von EnBW Baltic 1 hat er die Verantwortung für den Bereich Betrieb und Assetmanagement der EnBW Erneuerbare Energien GmbH übernommen. **Kreso Perinic**, **Alexander Hentschel**, **Roderick Clark** und **Lars Stuible** sind für EnBW Erneuerbare Energien GmbH tätig und sind als zuständige Projektleiter verantwortlich für den Betrieb von EnBW Baltic 1 und perspektivisch EnBW Baltic 2. Zuvor waren sie in verschiedenen Unternehmen im (Wind-)Energie-Sektor in den Bereichen Beratung für Betreiber und Banken, Projektentwicklung und -errichtung sowie im Betrieb tätig.

Dr. Thomas Neumann studierte Physik an der Universität Osnabrück und promovierte 1994 im Bereich der Halbleiterphysik. Danach wendete er sich den Erneuerbaren Energien zu und arbeitete zunächst in einem Planungsbüro für Windenergie. Mit dem Wechsel zur Fördergesellschaft Windenergie befasste er sich wieder mit Forschungsthemen und Richtlinienarbeit. Seit 2001 ist er bei der DEWI GmbH – Deutsches Windenergie Institut beschäftigt und leitet seit 2005 die Abteilung Forschung und Studien.

Janosch Ondraczek beschäftigt sich als Manager bei der PricewaterhouseCoopers AG Wirtschaftsprüfungsgesellschaft (PwC) seit acht Jahren mit Fragen der erneuerbaren Energien. Dabei reicht sein Tätigkeitsspektrum von der Transaktions- bis zur Finanzierungsberatung und umfasst auch strategische Fragestellungen bei Projekten in den Bereichen der On- und Offshore-Windenergie sowie der Solarenergie. Neben seiner Tätigkeit bei PwC promoviert er derzeit an der Universität Hamburg zu den ökonomischen Potenzialen der Solarenergienutzung in Ostafrika.

Dr. Kristina Rebmann ist Rechtsanwältin am Hamburger Standort von Hogan Lovells und ebenfalls Mitglied der Praxisgruppe Energie und Rohstoffe. Schwerpunktmäßig berät sie nationale und internationale Unternehmen in den Bereichen Gesellschaftsrecht, Energierecht, Mergers and Acquisitions sowie bei allen Rechtsfragen aus dem Bereich der Erneuerbaren Energien.

Miguel Roenes Bueno ist Leiter der Abteilung Meeresenergie und Business Development Manager bei GL Renewables Certification. Er hat Schiffbau an der Universität Kiel und Wirtschaftsingenieurwesen an der Universität Wedel studiert. Seit 2006 beschäftigt er sich beim Germanischen Lloyd mit dem Projektmanagement für die Zertifizierung von Windturbinen und Meeresenergieanlagen.

Matthias Sethmann ist Rechtsanwalt und Senior Associate bei CMS Hasche Sigle, Hamburg.

Timothy Halperin Smith, Divisional Director bei Willis London, verfügt über langjährige Erfahrung sowohl in der Projektbetreuung als auch der Versicherungsplatzierung für Risiken aus dem Bereich der erneuerbaren Energien weltweit. Im Bereich von Offshore-Windparks beriet er unter anderem so profilierte Projekte wie DanTysk, Teesside and Thornton Bank Phase II and III (Europas größter projektfinanzierter Offshore-Windpark) und platzierte Versicherungslösungen für Projekte wie zum Beispiel Thanet, Ormonde und Kentish Flats. Aktuell berät er Offshore-Projekte im Volumen von insgesamt 9 GW.

Diplom-Kaufmann **Carlos Christian Sobotta** ist in leitender Position für die Kreditvergabe unter dem KfW-Programm Offshore-Windenergie verantwortlich. Herr Sobotta hat an der Universität zu Köln Betriebswirtschaft studiert und ist seit 1992 in der KfW, Frankfurt am Main, tätig. Zunächst war er mit Exportfinanzierungen und Projektfinanzierungen befasst. Anschließend war Herr Sobotta im Zuge einer Delegation im Bundesministerium der Finanzen im Referat für Ausfuhrgewährleistungen (Hermes-Deckungen) tätig. Später war er in der KfW IPEX-Bank in führender Funktion verantwortlich für die Strukturierung von Finanzierungen in der Automobilindustrie und im Maschinenbau. Seit Ende 2009 ist Herr Sobotta im Geschäftsbereich Mittelstandsbank der KfW tätig und zunächst für die größeren Engagements im Rahmen des KfW-Sonderprogramms verantwortlich. Die Einführung des Programms Offshore-Windenergie hat Herr Sobotta seit der Entwicklung des Programms begleitet.

Heiko Stohlmeyer ist Diplom-Kaufmann und leitet als Director bei PwC den Bereich Erneuerbare Energien in Hamburg. Seit mehr als zwölf Jahren berät er Unternehmen bei Projekttransaktionen, strategischen Fragestellungen und Finanzierungen. Insbesondere im Bereich Offshore-Windenergie zählt er zu den anerkannten und bekannten Branchenexperten mit einem weitreichenden Netzwerk. Er initiierte u.a. bereits in 2002 den Offshore Finance Circle und hat in den letzten Jahren verschiedene Publikationen im Bereich Offshore-Windenergie veröffentlicht. Er ist seit vielen Jahren Vorsitzender der Euroforum Offshore Konferenz in Hamburg, Kurator der Stiftung Offshore Windenergie, Mitglied der Windenergieagentur Bremerhaven sowie des Clusters Erneuerbare Energien Hamburg.

Dirk Trautmann ist Rechtsanwalt und Partner im Münchener Büro der internationalen Anwaltskanzlei Norton Rose. Sein Tätigkeitsschwerpunkt liegt in der Beratung großvolumiger deutscher und internationaler Energie- und Infrastrukturprojekte.

Dr. Kai Trümpler leitet das Sachgebiet Umweltschutz im Seeverkehr beim Bundesamt für Seeschifffahrt und Hydrographie (BSH). Von 2007 bis 2009 hat er an der Zulassung von Offshore-Windenergieanlagen mitgearbeitet. Dr. Trümpler hat zum Seevölkerrecht promoviert und ist Mitautor eines im Herbst 2012 erschienenen Kommentars zum Seerechtsübereinkommen.

Wichard von Hoff ist Rechtsanwalt bei WATSON, FARLEY & WILLIAMS LLP in der Finance Group in Hamburg.

Andreas Wagner ist seit 2008 Geschäftsführer der Stiftung Offshore-Windenergie mit Sitz in Varel. Von 2000 bis 2008 war Herr Wagner bei einem Windenergieanlagenhersteller in verschiedenen Funktionen im Bereich Marketing, Public Affairs und Business Development tätig. In den 90er Jahren arbeitete er als Geschäftsführer der Fördergesellschaft Windenergie in Hamburg, als Berater und Leiter von EU-Projekten sowie als Wissenschaftlicher Mitarbeiter im Deutschen Bundestag. Herr Wagner hat einen Abschluss der Universität Innsbruck (MA, Politikwissenschaft).

Annette Westerhellweg studierte Physik an der Universität Oldenburg, arbeitete als Energieberaterin und ist seit 2000 bei der DEWI GmbH – Deutsches Windenergie-Institut im Bereich Windpotentialstudien und seit 2010 in der Abteilung Forschung und Studien tätig. Arbeitsschwerpunkte sind Ertragsermittlungen an komplexen Standorten, Vereisung, Lidar- und Sodar-Auswertung sowie die Untersuchung der Nachlaufströmung in Offshore-Windparks.

Mareike Westhäuser, MSc. International Development Studies, verfügt durch ihr sozialwissenschaftliches Studium und Forschungserfahrung in Europa und Asien über fundierte Kenntnisse im Bereich der quantitativen und qualitativen Sozialforschung, welche sie bei ihrer Tätigkeit für wind**:research**, bspw. in der Durchführung von Expertengesprächen, zum Einsatz bringt. Neben methodischem Wissen verfügt Frau Westhäuser durch die Leitung einer Multi-Client-Studie zu Gründungsstrukturen in der Offshore-Windenergie sowie der Mitarbeit an Exklusiv-Projekten zu Offshore-Windenergie in Deutschland über fachliches Know-How.

Frank Wischott, Jahrgang 1965, ist Rechtsanwalt und Steuerberater. Seit 2001 ist Frank Wischott bei der KPMG AG Wirtschaftsprüfungsgesellschaft in Hamburg beschäftigt, seit 2007 Partner und seit 2008 Head of Mergers & Acquisitions Tax Services der Region Nord. Er verfügt über langjährige Erfahrung bei Akquisitionen im Bereich der erneuerbaren Energien im In- und Ausland und hat eine Vielzahl von grenzüberschreitenden M&A Transaktionen im Bereich Windkraft, sowohl on-shore als auch off-shore beraten. Sein besonderer Fokus liegt dabei auf der Beratung von strategischen Investoren und Finanzinvestoren im Bereich Renewable Energies. Frank Wischott tritt regelmäßig als Referent in zahlreichen KPMG-internen Fortbildungsveranstaltungen und externen Mandantenveranstaltungen auf. Er ist Autor zahlreicher Beiträge im steuerlichen Schrifttum und Lehrbeauftragter der Universität Hamburg.

Mike Wöbbeking ist Vice President und Leiter der Zertifizierungsstelle bei GL Renewables Certification. Er hält ein Diplom als Bauingenieur von der Universität Hannover und ist ausgebildeter Schweißfachingenieur (SFI). Seit mehr als zehn Jahren ist er aktiv in die Zertifizierung von Windenergieanlagen sowie der Entwicklung von Standards und Richtlinien involviert. Er ist Vorsitzender des GL Fachausschusses für Wind- und Meeresenergie, Obmann des deutschen DKE K 383 für Windenergieanlagen, Mitglied von IEC TC 88 „Windenergie“ und dem „Certification Advisory Committee“ (CAC).

Alexander Wojtek ist Rechtsanwalt bei WATSON, FARLEY & WILLIAMS LLP in der Finance Group in Hamburg.

www.ingramcontent.com/pod-product-compliance
Lightning Source LLC
LaVergne TN
LVHW080758011026
849160LV00015B/1486